T0177421

t

Vegetation der Erde

Univ. Prof. Dr. rer. nat. Jörg S. Pfadenhauer (links), geb. am 01.02.1945 in München, war bis zu seiner Emeritierung im Jahr 2010 Leiter des Lehrstuhls für Vegetationsökologie (heute Renaturierungsökologie) an der TU München. Univ. Prof. Dr. sc. nat. Dr. h.c. Frank A. Klötzli ist ein Schweizer Ökologe und war bis 1999 am Geobotanischen Institut an der ETH Zürich tätig.

Jörg S. Pfadenhauer/Frank A. Klötzli

Vegetation der Erde

Grundlagen, Ökologie, Verbreitung

Jörg S. Pfadenhauer, Freising
Technische Universität München, Lehrstuhl für Renaturierungsökologie
E-Mail: pfadenha@wzw.tum.de

Frank A. Klötzli, Wallisellen
ETH Zürich

ISBN 978-3-642-41949-2   ISBN 978-3-642-41950-8 (eBook)
DOI 10.1007/ 978-3-642-41950-8

Die Deutsche Nationalbibliothek verzeichnet diese Publikation in der Deutschen Nationalbibliografie; detaillierte bibliografische
Daten sind im Internet über http://dnb.d-nb.de abrufbar.

Springer Spektrum
© Springer-Verlag Berlin Heidelberg 2014

Planung und Lektorat: Dr. Ulrich G. Moltmann, Merlet Behncke-Braunbeck, Barbara Lühker
Redaktion: Dr. Andreas Held, Eberbach
Zeichnungen: Dr. Martin Lay, Breisach
Satz: klartext, Heidelberg
Einbandentwurf: deblik, Berlin

Gedruckt auf säurefreiem und chlorfrei gebleichtem Papier

Springer Spektrum ist eine Marke von Springer DE. Springer DE ist Teil der Fachverlagsgruppe Springer Science+Business Media.
www.springer-spektrum.de

Für Sophie

Statt eines Vorworts

Wir verzichten auf ein ausführliches Vorwort. Alles, worauf es ankommt, steht im Text. Wir begründen nicht, warum wir das Buch verfasst haben. Der Erstautor hat sich nach seiner Pensionierung in den Bayerischen Wald zurückgezogen und drauflos geschrieben; der Zweitautor hat die Texte studiert und aus seinem reichhaltigen globalen Erfahrungsschatz ergänzt. Die Arbeit hat unglaublichen Spaß gemacht.

Wir danken

- den vielen Kolleginnen und Kollegen, die uns auf Exkursionen begleitet haben und von deren regionalen Kenntnissen wir profitierten,
- den Studentinnen und Studenten, die mit ihren kritischen Fragen in Vorlesungen und auf Geländeübungen vermeintlich festgefügte Interpretationen ins Wanken brachten,
- den Freunden und Bekannten, die uns aus ihrem Fundus mit Fotos aushalfen, wo wir Lücken hatten,
- Dr. Peter Schad, TU München, für die Korrektur der boden- und gesteinskundlichen Teile,
- Prof. Dr. Johannes Kollmann, TU München, für die konstruktive Durchsicht des Manuskripts und die Hinweise auf Fehler,
- Elisabeth Pfadenhauer für die Prüfung der Texte auf Verständlichkeit auch für Nicht-Fachleute,
- Dr. Martin Lay, Breisach, für die sorgfältige Anfertigung der Grafiken und Karten,
- Dr. Andreas Held, Eberbach, für das gewissenhafte Lektorat,
- Dr. Ulrich Moltmann, Merlet Behncke-Braunbeck und Barbara Lühker, Verlag Springer Spektrum, Heidelberg, für die professionelle Zusammenarbeit und
- allen Leserinnen und Lesern für Kritik und Anregungen.

September 2013
Jörg S. Pfadenhauer
Frank A. Klötzli

Nomenklatur: Naturgemäß sind im Text sowie in den Abbildungen und Tabellen viele Pflanzennamen aufgeführt. Wir haben deshalb Wert auf eine einheitliche Nomenklatur gelegt. Bei der Zuordnung von Arten zu Gattungen bzw. Familien orientieren wir uns an Mabberley (2008), außer in den wenigen Fällen, in denen uns die Beibehaltung alter Taxa-Bezeichnungen zum besseren Verständnis opportun erschien (Clusiaceae statt Guttiferae, Arecaceae statt Palmae, Poaceae statt Gramineae; Beibehaltung der Fabaceae (*s. str.*), Mimosaceae und Caesalpiniaceae innerhalb der Leguminosen (Fabales) als eigenständige Familien (statt der Unterfamilien Faboideae, Mimosoideae und Caesalpinoideae der Fabaceae *s. l.),* sowie der Chenopodiaceae (heute Unterfamilie der Amaranthaceae); Beibehaltung des Gattungsnamens *Acacia* statt Auflösung in die vier monophyletischen Gattungen *Acacia, Acaciella, Senegalia* und *Vachellia,* solange die Diskussion unter den Taxonomen noch nicht abgeschlossen ist; Ochard & Maslin 2005, www.worldwidewattle.com/infogallery/nameissue/decision.php). Die Nomenklatur der Phanerogamen richtet sich nach www.theplantlist.org (letzter Zugriff 2014), der Moose und Flechten nach Wirth & Düll (2000) bzw. Frahm & Frey (2004).

Schreibweise: Bei geographischen Bezeichnungen haben wir uns (weitgehend) an die internationale Schreibweise gehalten, die in englischsprachigen Fachpublikationen verwendet wird (z. B. Kilimanjaro statt Kilimandscharo); für die Transkription chinesischer Eigennamen verwenden wir die Pinyin-Umschrift (z. B. Tian Shan statt Tienschan).

Bildnachweis: Folgende Personen haben uns dankenswerterweise Bilder von Arten und Vegetationstypen zur Verfügung gestellt:

Dr. Harald Albrecht, Freising (Abb. 4-9b, 4-11c, e, f, h; 5-24d, g; 5-42a, 1 in Box 5-8; 6-3b, c, d; 6-4d, f; 6-17a, b, d; 6-25e; 6-29d; 6-30g; 6-35a; 6-36b, f, g)

Dr. Gabriele Carraro und Ennio Grisa, Locarno (Abb. 6-11e)

Dr. Urs Blösch, Zürich (Abb. 3-9f, g)

Prof. Dr. S.-W. Breckle, Bielefeld (Abb. 6-20e; 6-38b; 6-47d; 6-51e)

Prof. Dr. Helge Brühlheide, Halle (Abb. 5-3a)

Prof. Dr. Peter K. Endress, Zürich (Abb. 1-6a)

Dr. Alessandra Fidels, Botocatu (Abb. 5-36a)

Prof. Dr. Gerhard Gottsberger, Ulm (Abb. 3-10b; 3-22b, c)

Prof. Dr. Dr. h.c. Wolfgang Haber (Abb. 2-15d, f)

Prof. Dr. Dr. h.c. Hans Joosten, Greifswald (Abb. 2-36d, 6-43e)

Peter Karasch, Gauting (Abb. 3-17c; 6-36a, g2)

Dr. Alexandra Kellner und Peter Schlittenhardt, Gießen (Abb. 1 in Kasten 4-2)

Prof. Dr. Michael Kessler, Zürich (Abb. 4-32b)

Prof. Dr. Kathrin Kiehl, Osnabrück (Abb. 5-37d)

Prof. Dr. Johannes Kollmann, Freising (Abb. 6-26c, d, e)

Walter Lämmler, Zürich (Abb. 1 in Kasten 2-4)

Prof. Dr. Cornelius Lütz, Innsbruck (Abb. 8-5a, b)

Prof. Dr. Georg Miehe, Marburg (Abb. 5-42c, d, f; 5-43a; 6-52d)

Prof. Dr. Peter Poschlod, Regensburg (6-29e)

Dr. Peter Schad, Freising (Abb. 7-10b; 8-4d)

Prof. Dr. Fritz Hans Schweingruber, Birmensdorf (Abb. 7-10c, d)

Dr. Michael Shane und Dr. Hans Lambers, Perth (Abb. 1 in Kasten 5-4)

Peter Steiger, Basel (Abb. 5-3d; 6-35b)

Prof. Dr. Uwe Treter, Erlangen (Abb. 6-11i; 6-17d; 6-38a; 6-39a; 7-8d, e; 7-11a; Abb. 7-14a, b, e, f)

Dr. Johanna Üblagger, Salzburg (Abb. 2-41e)

Dr. Wolfgang Zielonkowski, Hohenwarth (Abb. 4-8a; 4-9f; 4-11a; 4-23d; 5-20a, b; 5-42g)

Von Frank Klötzli stammen die Abb. 1 in Kasten 1-2; 2-24; 2-30a; 2-32d; 2-40c, f, g; 2-41d; 3-21a; 4-15b; 4-21a; 4-23a; 4-32i; 5-10c; 5-24a, b, c, e, f; 5-29; 5-36d; 5-42b, e; 5-43c, d; 6-11h; 6-35d; 6-49e; 8-13a, b.

Alle übrigen Fotos stammen vom Erstautor.

Inhaltsverzeichnis

1 Grundlagen zum Verständnis der Pflanzendecke

1.1 Einführung und Begriffe

Um die Vegetation eines geographischen Raums beschreiben und analysieren zu können, bedient man sich floristischer, physiognomischer und funktionaler Merkmale. Sie sind die Bausteine von **Pflanzengemeinschaften** (Vegetationstypen, Vegetationseinheiten, **Phytozönosen**).

Floristische Merkmale sind dominante oder/und ökologisch repräsentative Pflanzenarten in einer Pflanzengemeinschaft, aber auch Gruppen von Pflanzenarten mit ähnlichen Ansprüchen bezüglich ihres Ressourcenbedarfs, ihrer Stress- oder Störungstoleranz. Solche Gruppen sind z. B. soziologische Artengruppen, mit deren Hilfe man **Pflanzengesellschaften** als **Syntaxa** im hierarchischen Klassifikationssystem der Pflanzensoziologie kennzeichnet; sie treten innerhalb eines floristisch einheitlichen Raums immer wieder unter gleichen Standortbedingungen auf.

Physiognomische Merkmale beschreiben die äußere Gestalt einer Pflanze (die Wuchsform) oder eines Vegetationstyps (z. B. Höhe des Pflanzenbestands, Deckungsgrad, Schichtung). Die Wuchsform ist häufig unabhängig von der taxonomischen Zuordnung des betreffenden Pflanzenindividuums und das Ergebnis der Evolution unter den jeweiligen Umweltbedingungen, unter denen sie entstanden ist. Damit kann die Wuchsform als Indikator für diese Umweltbedingungen verwendet werden. So haben sich stammsukkulente Formen bei den nicht miteinander verwandten Familien der Euphorbiaceae in den altweltlichen Tropen und der Cactaceae in den neuweltlichen Tropen unter semiariden Halbwüstenklimaten entwickelt. Diese Ähnlichkeit der äußeren Gestalt bei nicht miteinander verwandten Taxa wird als **Konvergenz** bezeichnet. Physiognomische Merkmale kann man oft (aber keineswegs immer) funktional interpretieren, so wie die Stammsukkulenz auf die Fähigkeit der Wasserspeicherung in tropisch-subtropischen (heißen) Halbwüsten hinweist. Pflanzengemeinschaften, die anhand von physiognomischen Merkmalen beschrieben sind, nennt man **Formationen**.

Physiognomische Merkmale verwendet man zum Vergleich von geographischen Räumen mit unterschiedlicher Florenausstattung, allerdings nur dann, wenn sie funktional definiert werden können, d. h. wenn sie Ausdruck einer Funktion im Wirkungsgefüge des jeweiligen Ökosystems sind. Hierzu macht man sich das Phänomen der Konvergenz zunutze: Unter gleichen oder ähnlichen Umweltbedingungen entstehen ähnliche Wuchsformen und Vegetationsstrukturen mit ähnlichen ökologischen Verhaltensmustern, unabhängig von der taxonomischen Zuordnung der betreffenden Art. Solche physiognomischen Merkmale dienen – oft in Kombination mit taxonomischen Einheiten – in diesem Buch zur Kennzeichnung der Vegetationszonen der Erde.

Funktionale Merkmale sind solche, die auf die Überlebensstrategie von Pflanzen schließen lassen. Beispielsweise ist die Lage des Meristems (ober- oder unterirdisch, geschützt durch eine dicke Borke oder ungeschützt) ein Merkmal, das bei vielen Arten auf ihre Fähigkeit verweist, regelmäßige Feuer zu überleben. So besitzen viele Bäume afrikanischer Savannen eine mehrere Zentimeter dicke Borke aus abgestorbenen Korkzellen, die als Isolierschicht für das Kambium dient. Solche Merkmale können dazu dienen, Pflanzen bestimmten Pflanzenfunktionstypen zuzuweisen (in diesem Fall dem Funktionstyp *resister*). Das bekannteste Beispiel sind die Lebensformen, die der dänischen Botanikers Raunkiaer aufgestellt hat (Frey & Lösch 2010). Sie sind nach der Lage derjenigen Organe (Knospen) definiert, die das Überleben der Pflanze während lebensfeindlicher Perioden (Frostperioden, Trockenzeit) sichern.

Unabhängig von der Art und Weise, wie pflanzliche Lebensgemeinschaften (Phytozönosen) charakterisiert werden, sind sie Teil eines Ökosystems. Sie bestehen aus Pflanzenarten und deren Populationen, wobei in der Vegetationsökologie meist nur die makroskopisch in Erscheinung tretenden Pflanzen berücksichtigt werden. Das sind vor allem die Gefäß-pflanzen (**Tracheophyten**) mit Bärlappartigen (Lycophyta), Farnpflanzen inklusive Schachtelhalmartigen, Gymno- und Angiospermen. Moose und Flechten sind für die Differenzierung der Vegetation besonders in polaren Tundren, borealen Wäldern und in der Hochgebirgsvegetation, also an thermischen Grenzstandorten von Bedeutung. Alle übrigen nicht zum Tierreich gehörenden Organismengruppen (Algen, Bakterien) sind ebenso wie die Pilze in der Vegetation nicht immer oder gar nicht sichtbar; hier sind ohne molekulare Methoden (*barcoding*) keine vollständigen Artenlisten möglich oder ihre Erhebung wäre extrem zeitaufwendig. Bei den Artenzahlen liegen sie dagegen mit über einer Million (Bakterien), über 30.000 (Algen) und knapp 100.000 (Pilze, geschätzt bis zu 1,5 Mio.) an der Spitze (Chapman 2009), gefolgt von Moosen (Bryophyta, 16.236 derzeit bekannte Arten) und Flechten (Lichenophyta, ca. 17.000 Arten). Unter den Tracheophyten nehmen die Angiospermen nach derzeitiger Schätzung (Paton et al. 2008, Chapman 2009) mit 268.600 bisher beschriebenen Arten die erste Stelle ein, gefolgt von Farnen, Schachtelhalmen und Bärlappgewächsen mit insgesamt rund 12.000 Arten und Gymnospermen mit 1.021 derzeit bekannten Arten. Die Gesamtzahl der Tracheophyten beträgt somit (derzeit) 281.621 Arten. Die genannten Zahlen sind aus methodischen Gründen nicht endgültig, denn viele Gebiete der Erdoberfläche sind immer noch ungenügend floristisch erfasst, sodass in Zukunft mit der Beschreibung vieler weiterer Sippen zu rechnen sein wird. Andererseits könnte sich die Anzahl von Sippen auch wieder reduzieren, denn eine beträchtliche Zahl ist unter verschiedenen Namen in den Florenwerken der Erde verzeichnet. Die Anzahl dieser Synonyme kann in manchen Pflanzenfamilien (Poaceae, Asteraceae, Orchidaceae) mehr als 50 % betragen (Paton et al. 2008). So stehen den knapp 12.000 akzeptierten Poaceae-Arten etwa 40.000 Grasarten in den einschlägigen Artenlisten gegenüber (z. B. im International Plant Names Index, IPNI 2006), eine Diskrepanz, die auf unklare Namensgebung zurückzuführen sein dürfte.

Die Arten in einer Pflanzengemeinschaft konkurrieren miteinander um grundlegende Ressourcen wie Licht, Wasser und Nährstoffe; sie koexistieren, indem sie sich zeitlich oder räumlich aus dem Weg gehen (raum-zeitliche Nischennutzung) oder sind voneinander abhängig (Symbiosen). Eine natürliche, d. h. nicht vom Menschen geprägte Pflanzengemeinschaft ist in der Regel mit Arten gesättigt, sofern aus dem zur Verfügung stehenden Artenpool alle Nischen besetzt werden konnten; Einwanderer haben deshalb kaum Chancen, sich hier zu etablieren. Es gibt allerdings auch Beispiele für nicht gesättigte Pflanzengemeinschaften, z. B. auf jungen Vulkaninseln wie im Fall von Hawai'i; hier hat die Zeit seit der Entstehung dieser Insel nicht ausgereicht hat, um einen entsprechend großen Artenpool aufzubauen. In diesem Fall kann die Vegetation leicht von nicht heimischen, invasiven Arten unterwandert werden.

Die Kombination von Pflanzenarten zu bestimmten Pflanzengemeinschaften folgt an jedem Ort der Erdoberfläche ähnlichen Regeln: Aus einem erdgeschichtlich erklärbaren Artenpool werden durch die jeweiligen Standort- und Nutzungsbedingungen bestimmte Arten herausgefiltert, die dann zur örtlichen Pflanzengemeinschaft zusammentreten. Um also eine Pflanzengemeinschaft ökologisch interpretieren und mit anderen Phytozönosen vergleichen zu können, und um zu wissen, warum eine Art mit einem ganz bestimmten Verhaltensmuster an einem bestimmten Ort vorkommt (und nicht eine andere, vielleicht ähnlich aussehende), muss man die folgenden Faktoren beachten:

1. Die entwicklungsgeschichtlich-historische Dimension

Hier fragen wir nach dem Raum, in dem das Taxon entstanden ist, nach den (paläo-)ökologischen Bedingungen, die damals geherrscht haben mögen, nach Ausbreitung, lokalem Aussterben bzw. (Neu-)Etablierung in einem sich ständig verändernden Umfeld und – als Ergebnis – nach dem heutigen **Areal**, also dem aktuellen Verbreitungsgebiet. Jede Art und ihre Wuchsform, so wie wir sie heute sehen, sind das Ergebnis eines langen, oft viele Millionen Jahre dauernden Prozesses und liegen in der Fähigkeit begründet, sich genetisch (und damit auch ökologisch) zu verändern, wenn sich die Umweltbedingungen wandeln. Dennoch gibt es eine große Zahl von Paläorelikten, die auch heute noch so aussehen wie zur Zeit ihrer Entstehung: Das beste Beispiel hierfür sind die Vertreter altertümlicher Gymnospermen-Familien wie die der Araucariaceae, Podocarpaceae und Cupressaceae, welche die erfolgreiche Ausbreitung der Angiospermen und deren Inbesitznahme der Landoberfläche in speziellen Nischen überlebt haben und heute mit ihren eindrucksvollen Baumgestalten nur noch an wenigen Stellen vorwiegend der Südhemisphäre vorkommen.

2. Die zeitliche Dimension

Zeitliche Prozesse können zyklisch sein, also immer wieder nach relativ kurzer Zeit in den Ausgangszustand zurückkehren (**Fluktuation**) oder auf ein Endstadium ausgerichtet sein (**Sukzession**). Fluktuationen können, wie der jahreszeitlich bestimmte Wechsel zwischen Vegetations- und Ruhezeit (Sommer – Winter, Regenzeit – Trockenzeit) sehr schnell, also in kurzer Zeitspanne ablaufen (kurzfristige Fluktuationen) oder viele Jahrhunderte dauern wie der Regenerationszyklus eines tropischen Regenwaldes. Die Vegetation ist also ein zeitliches Kontinuum, und wir sehen nur ein Zeitfenster daraus, also ein bestimmtes Entwicklungsstadium. Dies kann auch ein Klimaxstadium (abgekürzt **Klimax**) sein, das unter konstanten Klimabedingungen einigermaßen stabil ist, sich also in seiner Struktur nicht wesentlich ändert. Es kann sich aber auch um ein Entwicklungsstadium handeln, das wir auf den ersten Blick gar nicht als solches erkennen können. Die Wirkung schleichender Klimaänderungen auf die Vegetation kann man ohnehin kaum beobachten. Nur in Einzelfällen können wir das Ergebnis mancherorts tatsächlich sehen, wenn sich beispielsweise einige immergrüne Zierpflanzen aus den Wäldern Japans in sommergrüne Wälder des Alpensüdrands ausbreiten und beginnen, den Wald umzugestalten.

3. Die räumliche Dimension

Pflanzengemeinschaften bilden im geographischen Raum ein bestimmtes Muster, das vom Standort und/oder von der Art und Intensität der Landnutzung abhängt. Folgen beispielsweise entlang eines Höhengradienten im Gebirge mit abnehmender Temperatur verschiedene Wälder aufeinander, so spricht man von **Zonation**. In einer Agrarlandschaft folgt die Vegetation dagegen dem Muster der verschieden bewirtschafteten Acker- und Grünlandschlägen, sie bildet ein **Mosaik**. Zonations- und Mosaikkomplexe gibt es auf allen Maßstabsebenen. Ein Beispiel für einen großmaßstäblichen Mosaikkomplex ist der Bult-Schlenken-Komplex einer Hochmoorweite; ein Beispiel für einen kleinmaßstäblichen Zonationskomplex ist die Anordnung der Vegetationszonen von den Polen bis zum Äquator.

4. Die Vegetation als Teil des Ökosystems

Hier handelt es sich um die Beziehungen zwischen den biotischen Komponenten eines Ökosystems und ihrem biotischen und abiotischen Umfeld: Die Reaktion von Arten und Artengemeinschaften auf abiotischen **Stress** (wie Wassermangel und -überschuss, Nährstoffmangel und -überschuss), die Versorgung mit Ressourcen im Optimalbereich und um die physiologische Konstitution pflanzlicher Organismen, die inner- und zwischenartlichen Funktionen wie **Konkurrenz** und **Koexistenz**, Symbiose und Parasitismus, die Auswirkung von und die Reaktion auf Prädation in all ihren Facetten. In der Forschung bestehen hier die größten Defizite. Über Bestände aus Pflanzen, die in irgendeiner Weise für den Menschen nützlich sind (Agrar- und Forstökosysteme), weiß man inzwischen gut Bescheid. Bei Wildpflanzenbeständen sind die Lücken aber immer noch groß.

5. Vegetation und Landnutzung

Nahezu jede Pflanzengemeinschaft ist menschlich beeinflusst, auch wenn man dies auf den ersten Blick vielleicht gar nicht erkennen kann. Bezogen auf die von Vegetation eingenommene Landoberfläche, haben Kulturpflanzenbestände als **naturferne Vegetation** weitaus höhere Bedeutung in der Fläche als die sogenannte **natürliche Vegetation**, die in den industrialisierten Ländern nur noch in einigen Nationalparks und anderen Schutzgebieten erhalten geblieben ist. Aber auch in dünn besiedelten Gebieten ist der Einfluss auf die Pflanzendecke oft schon seit Jahrtausenden erheblich. V. a. die Grenzen zwischen Wald und Offenland haben sich häufig zuungunsten des Waldes verschoben, weil Bäume an einer klimatischen oder edaphischen (bodenbedingten) Waldgrenze selbst auf eher unbedeutende Störungen durch den Menschen besonders sensibel reagieren. In vielen Fällen können wir heute nicht mehr sagen, ob ein Vegetationstyp tatsächlich die natürlichen Standortbedingungen widerspiegelt oder nicht doch durch den Menschen verändert wurde, obwohl er auf den ersten Blick einen natürlichen Eindruck macht. Ein Beispiel sind die afrikanischen Feuchtsavannen: Nach wie vor ist nicht auszuschließen, dass ihre parkartige Struktur ein Ergebnis anthropogener Feuer ist, in einem Kontinent, der mit über 50.000 Jahren die längste menschliche Besiedlungsgeschichte aufweist und damit auch die längste Tradition des feuerverwendenden *Homo sapiens.*

So, wie wir die **Vegetation der Erde** beschreiben und in ihrer Abhängigkeit von Klima- und Bodeneigenschaften analysieren und interpretieren, richten wir uns nach der Anordnung der Vegetationseinheiten im geographischen Raum, also ihrer horizontalen Abfolge im Tiefland und ihrer vertikalen (etagealen) Abfolge im Gebirge. Die Vegetationseinheiten des Tieflands tragen deshalb **zonalen Charakter**, sind also in erster Linie von Merkmalen des Allgemeinklimas bestimmt. Im kleinen Maßstab einer weltweiten

Betrachtung sprechen wir deshalb von **Vegetations-zonen**. Beispiele sind boreale immergrüne Nadelwälder oder nemorale sommergrüne Laubwälder. Dieser zonale Charakter gilt auch für die meisten **azonalen** (also von extremen Bodenmerkmalen bestimmten) Ökosysteme; so sind Regenwassermoore im Wesentlichen in hochozeanischen Gebieten der kühl-gemäßigten Klimazone (also innerhalb der Vegetationszonen sommergrüne und immergrüne nemorale Laubwälder) angesiedelt und werden dort dann auch besprochen. In ähnlicher Weise gehen wir im Fall der Küstenvegetation, der Auen und der Hochgebirge vor. Der folgende Abschnitt 1.2 über die Floren- und Vegetationsgeschichte, zu den Bioregionen und zur Biodiversität beschränkt sich auf die für die Thematik einer Vegetation der Erde relevanten Themen. Eine ausführlichere Darstellung findet man in den einschlägigen Lehrbüchern der Botanik (Bresinsky et al. 2008), der Pflanzenökologie (Schulze et al. 2002, Gurewitch et al. 2006, Keddy 2007), Geobotanik und Biogeographie (Schroeder 1998, Beierkuhnlein 2007, Cox & Moore 2010, Frey & Lösch 2010), der pflanzlichen Evolution (Willis & McElwain 2002, Ingrouille & Eddie 2006), der Vegetationsgeschichte (Lang 1994, Mai 1995) und der Erdgeschichte (Condie & Sloan 1998, Gornitz 2009).

1.2 Phytodiversität und Evolution

1.2.1 Florengeschichte

Die geologische Zeitskala (Abb. 1-1) teilt die vergangenen 4,7 Mrd. Jahre seit der Entstehung des Planeten Erde in das Präkambrium und das Phanerozoikum ein. Das Präkambrium endet mit der Entwicklung der ersten Trilobiten und Amphibien etwa um 542 Mio. Jahre BP (= **B**efore **P**resent). In der gesamten Erdgeschichte macht es also etwa 87 % aus. In dieser Zeit bildet sich die Erdkruste, formen sich die ersten Landmassen mit den ältesten Gesteinen der Erde (knapp 4.000 Mio. Jahre BP), beginnt die Photosynthese (etwa 2.600 Mio. Jahre BP), entstehen die einzelligen Eukaryota (etwa 1.400 Mio. Jahre BP). Das Phanerozoikum beginnt mit dem Paläozoikum (543 Mio. Jahre BP), das in die Perioden Kambrium, Silur, Devon, Karbon und Perm unterteilt wird. Es folgt das Mesozoikum (ab 248 Mio. Jahre BP) mit

Trias, Jura und Kreidezeit und das Känozoikum (ab 65 Mio. Jahre BP) mit Tertiär und Quartär.

Das Phanerozoikum ist die Zeit des erstmals deutlich erkennbaren Tier- und Pflanzenlebens. Hier findet die Eroberung des Festlands statt, hier bilden sich zunächst die Farne, dann die Gymnospermen und schließlich explosionsartig vor etwa 130 Mio. Jahren die Angiospermen, die heute fast die gesamte Pflanzendecke der Erde physiognomisch dominieren. Man kann das Phanerozoikum deshalb entwicklungsgeschichtlich in ein Zeitalter der Farne (Paläophytikum; vom Mittel-Silur bis zum Oberen Perm), ein Zeitalter der Gymnospermen (Mesophytikum; vom Oberen Perm bis zur Mittleren Kreide) und ein Zeitalter der Angiospermen (Neophytikum; Obere Kreide bis heute) untergliedern (Abb. 1-1).

Treibende Kraft der pflanzlichen Evolution und der Entwicklungsgeschichte der Pflanzendecke sind Klimaveränderungen (Harper 2009). Vulkanismus, Gebirgsbildung und Austrocknung sind das Ergebnis der Verschiebung der Kontinente, des Auseinanderbrechens von Landmassen und ihrer erneuten Kollision andernorts. Für einen Überblick über die Vegetation der Erde sind insbesondere die folgenden Ereignisse wichtig, weil sie große Teile der Pflanzendecke heute noch prägen.

1. Die ersten Landpflanzen
Um 400 Mio. Jahre BP entwickelt sich mit den ersten Gefäßpflanzen der Rhyniophyten, zu denen die Gattungen *Cooksonia*, *Rhynia* und *Aglaophyton* (Abb. 1-2) gehören, die erste fossil nachgewiesene (endotrophe) Mykorrhiza (Kerp & Hass 2009). Der fossilführende Hornstein aus dem Devon (in der Nähe der Ortschaft Rhynie bei Aberdeen, Schottland) repräsentiert eine vollständig erhaltene Vergesellschaftung von Landpflanzen aus dieser Zeit in einem von warmen Quellen gespeisten Feuchtgebiet. Die Pilze aus der Gruppe der Glomaceae (vesikulär-arbuskuläre Mykorrhiza) drangen durch die Spaltöffnungen in die Achsen ein und lebten bis auf ihre intrazellularen Arbuskeln in Hohlräumen zwischen den Zellen. Die Entwicklung von Gefäßen zum Wasser- und Nährstofftransport und der Mykorrhiza zur Verbesserung der Wasser- und Nährstoffversorgung von höheren Pflanzen sind ein wichtiger Schritt zur Entstehung der heutigen Pflanzendecke.

2. Die ersten Wälder
Die Zeit zwischen 395 und 286 Mio. Jahren BP (frühes Devon bis spätes Karbon) ist eine Periode klimatischer Veränderungen von weltweit warm-feucht zu (regional) kühl-trocken. Die Ursache ist vermutlich

Geologische Einteilung			Zeitspanne Mio. Jahre	Einteilung nach der Entwicklung der Flora	Entwicklung einiger Hauptgruppen des Pflanzenreichs
Ära	Periode	Epoche			
Känozoikum	Quartär	Holozän	seit 0,12	Neophytikum	
		Pleistozän	seit 1,8		
	Tertiär	Pliozän	5–1,8		
		Miozän	23–5	Zeitalter der Angiospermen	
		Oligozän	34–23		
		Eozän	56–34		
		Paläozän	66–56		
Mesozoikum	Kreide	Obere	100–66		
		Untere	146–100	Mesophytikum	
	Jura	Oberer	161–146		
		Mittlerer	176–161		
		Unterer	200–176	Zeitalter der Gymnospermen	
	Trias	Obere	228–200		
		Mittlere	245–228		
		Untere	251–245		
Paläozoikum	Perm		299–251	Paläophytikum	
	Karbon		359–299	Zeitalter der Farne	
	Devon		415–359		
	Silur		444–415	Archäophytikum	
	Ordovizium		488–444		
	Kambrium		542–488		
Präkambrium	Proterozoikum		2500–542		
	Archäozoikum		>3600–2500		

Entwicklung einiger Hauptgruppen des Pflanzenreichs: Farnpflanzen, Pinales, Gnetales, Cycadales, Angiospermen, Urfarne

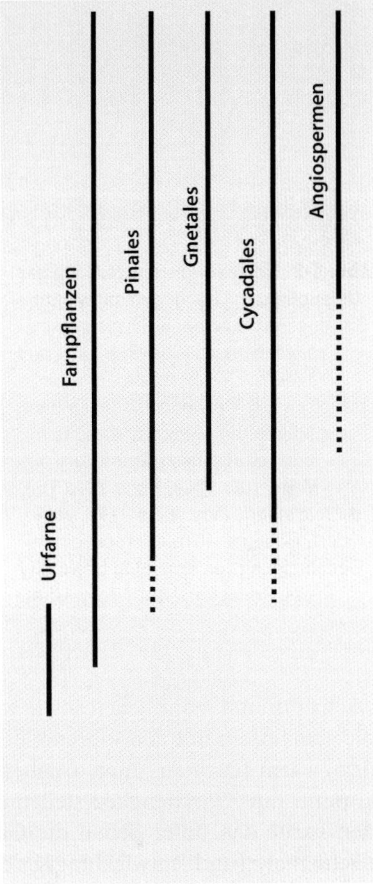

Abb. 1-1 Geologische Zeittafel (nach International Stratigraphy Chart, www.stratigraphy.org) und Angaben zur Evolution der Tracheophyten (nach White 1990, Willis & McElwain 2002).

die Bildung des Superkontinents Pangäa mit seiner riesigen Landmasse: Die Folgen sind eine ausgeprägten Kontinentalität im Innern und Vergletscherungen in den Gebirgen der Südhemisphäre. Zudem senkt die globale Ausbreitung der Gefäßpflanzen die CO_2-Konzentration in der Atmosphäre beträchtlich, nämlich von 3.600 ppm auf rund 300 ppm (Abb. 1-3). Die Konsequenz für die Weiterentwicklung der Pflanzen ist die zunehmende Komplexität der Gefäße für einen effizienteren Stofftransport, damit verbunden die Entwicklung von Stämmen mit Rinde, von Wurzeln mit bis zu 1 m Tiefe (z. B. bei der Pro-Gymnosperme *Archaeopteris*) und von Blättern, und zwar von Mikrophyllen (wie sie heute noch bei der Gattung *Lycopodium* auftreten) und von Megaphyllen als zusammengewachsene Sprossverzwei-

gungen (Vorläufer der Angiospermen-Blätter). Letztere sind möglicherweise eine Antwort auf die Reduktion des Kohlendioxids und die kühleren Temperaturen (verbesserte CO_2-Aufnahme, weniger Hitzestress; Beerling et al. 2001). Somit bilden sich nunmehr Wälder aus sporenbildenden Bäumen der Bärlappartigen (Lycopsida, Beispiel Gattung *Lepidodendron*), der Schachtelhalmartigen (Equisetopsida, z. B. *Calamites*), der Farnartigen (Filicopsida, z. B. *Psaronius*) sowie aus Progymnospermen, darunter die Gattung *Archaeopteris*, ein megaphyller, heterosporer Baum mit einer Gymnospermen-artigen Stammanatomie (Abb. 1-2). Gegen Ende dieser Periode treten auch die ersten samenbildenden Bäume auf; ein Beispiel ist die Gattung *Cordaites* mit bis zu 30 m hohen Stämmen, sekundärem Dicken-

Abb. 1-2 Einige für die Entwicklung der Gefäßpflanzen (Tracheophyta) wichtige Gattungen und Arten: **a** *Rhynia gwynne-vaughani* (nach Kidston & Lang aus Mägdefrau 1968, Größe der Pflanze ca. 20 cm), **b** *Archaeopteris* (nach Beck aus Mägdefrau 1968; Höhe ca. 15 m), **c** *Cordaites* (nach Grand'Eury aus Mägdefrau 1968; Höhe 20–25 m), **d** *Glossopteris* (aus White 1990, verändert, Höhe ca. 15 m, reproduziert mit Genehmigung von Princeton University Press, Princeton, New Jersey, USA).

wachstum und männlichen sowie weiblichen Blüten, die gemeinsam mit den sporenbildenden Bäumen in den warm-feuchten äquatornahen Gebieten vorkommt. Ein Zwischenglied stellen die samenbildenden Farne dar, unter denen die Gattung *Medullosa* flächenhaft (und entwicklungsgeschichtlich, s. unten) bedeutend ist.

3. Die Entstehung der Gymnospermen

Auch der nächste Evolutionsschritt im Pflanzenreich, das Entstehen der Gymnospermen, wird durch Klimaänderungen ausgelöst. Es ist die Zeit vom Beginn des Perm bis zur Oberen Trias, die sich durch steigende Erwärmung und Trockenheit (sowie erneuter Zunahme der CO_2-Konzentrationen in der Atmosphäre, vermutlich verursacht durch hohe vulkanische Aktivität) auszeichnet. Die Antwort darauf ist die Entwicklung der frühen Gymnospermen, die gegen Trockenstress besser gerüstet sind als die Farne: Die Blätter sind sklerenchymreich, und von einer dicken Kutikula gegen zu hohe Transpirationsverluste geschützt, die Spaltöffnungen sind eingesenkt. Die Stämme sind von einer lufterfüllten Borke umgeben, die das empfindliche Kambium vor Austrocknung und Feuer schützt. Herausragende Vertreter sind die Cycadales, die sich vermutlich aus den samenbildenden Farnen (*Medullosa*) entwickelt haben. Die Relikte dieser altertümlichen Ordnung leben heute überwiegend in den subhumiden Tropen und Subtropen.

Ein weiteres lebendes Fossil ist der sommergrüne und zweihäusige Ginkgo (*Ginkgo biloba*), die einzige Art, die von der im Perm und in der Trias recht häufigen Ordnung Ginkgoales übrig geblieben ist. Weite globale Verbreitung haben die Bennettitales, die fossil bis in die Kreidezeit nachgewiesen, dann offensichtlich der Konkurrenz mit den Angiospermen nicht mehr gewachsen waren und in der Folge ausstarben. Ähnlich erging es wohl der Familie Glossopteridaceae (Abb. 1-2). Sie sind ebenfalls eine Weiterentwicklung der Samenfarne und dominierten den als Gondwana bezeichneten Südteil der Pangäa. Rund 200 Arten sind fossil bekannt. Ihre Anatomie zeigt manche Ähnlichkeit mit der Gattung *Araucaria* (White 1990). Der laubabwerfende Charakter und die Jahresringe weisen auf ein semiarides oder winterkaltes Klima hin. Ob ihre Vertreter die Ahnen der Angiospermen sind, wie öfter vermutet wird, ist umstritten (Willis & McElwain 2002; s. Punkt 5). Besonders wichtig ist in diesem Zeitabschnitt der Erdgeschichte aber die Entstehung der heute noch existierenden Familien der Pinales. Sie sind alle im Perm (Podocarpaceae), im Trias (Araucariaceae) und im Jura entstanden (Cupressaceae, Taxodiaceae, Taxaceae, die jüngsten Familien Pinaceae und Cephalotaxaceae im Oberen Jura). Im Gegensatz zu

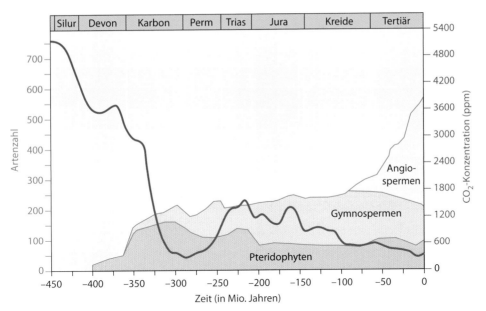

Abb. 1-3 Verlauf der Entwicklung der CO_2-Konzentration in der Atmosphäre (verändert nach Berner 1991) und der wichtigsten Pflanzengruppen seit 400 Mio. Jahren (Beginn des Devon) (nach Niklas 1997, verändert).

den vorher genannten Gruppen haben sie mit Luftsäcken versehene Pollen, die mit dem Wind ausgebreitet werden (Anemogamie) und einen Pollenschlauch für die Befruchtung der Eizelle ausbilden. Sie sind also weiter fortgeschritten und besser geeignet, neue Lebensräume wie die kalt-gemäßigten (borealen) Regionen der Nordhemisphäre am Ende des Tertiärs zu erobern.

4. Der Zerfall der Pangäa

In die Mitte der Jurazeit fällt der Beginn des Zerfalls der Pangäa (Abb. 1-4), zunächst durch Trennung in den nordhemisphärischen Kontinent Laurasia (abgleitet aus Laurentia für den nordamerikanischen Kontinent und Eurasia) und sein südhemisphärisches Gegenstück Gondwana (abgeleitet von Gond, dem Namen eines indischen Volkstamms). Der die beiden Kontinente trennende Meeresarm, die Tethys, eine Art Urmittelmeer, wirkt als Ausbreitungsbarriere; die Floren der beiden Kontinente entwickeln sich deshalb unterschiedlich. Ein Beispiel sind die beiden jüngsten Koniferenfamilien Pinaceae und Cephalotaxaceae, die erst nach der Trennung auf Laurasia entstanden und deshalb bis heute auf die Nordhemisphäre (mit Schwerpunkt im Florenreich der Holarktis; s. Abschn. 1.2.2) beschränkt sind. Einige von ihnen, wie die nordamerikanischen *Pinus*-Arten *P. radiata*, *P. elliottii* und *P. contorta*, invadieren inzwischen auf der Südhemisphäre die

einheimische Vegetation wie die Grasländer Südbrasiliens oder den Fynbos in Südafrika, nachdem sie dort als schnell wachsende Forstbäume für die Zelluloseproduktion angepflanzt wurden.

Wir können also eine Gondwana- von einer Laurasia-Flora unterscheiden. Auf die heutigen Bruchstücke des ehemaligen Gondwana-Kontinents beschränkt sind z. B. die Familien der Podocarpaceae, Proteaceae, Restionaceae und Cunoniaceae. Typische Laurasia-Taxa sind Fagaceae, Betulaceae, Salicaceae sowie die Pinaceae mit den „modernen" Gattungen *Abies*, *Pinus*, *Picea* und *Larix*. In der Kreidezeit und im Tertiär geht dann der Zerfall von Gondwana weiter: Trennung von Afrika und Südamerika vor 100–120 Mio. Jahren; Loslösung des indischen Subkontinents von der Antarktis vor ca. 132 Mio. Jahren und Kollision mit Asien vor ca. 43 Mio. Jahren (der Anlass zur Auffaltung des Himalaya und zur Hebung des tibetischen Plateaus); Loslösung Australiens und Südamerikas von der Antarktis vor 30–50 Mio. Jahren bei gleichzeitiger Vereisung der Antarktis (McLoughlin 2001). Die unterschiedlich lange Isolation der Bruchstücke hat – trotz aller Gemeinsamkeiten – doch zu mehr oder minder großen Florenunterschieden geführt, die sich in der pflanzengeographischen Gliederung der Südhemisphäre bemerkbar machen (s. Abschn. 1.2.2). Im Gegensatz zu Gondwana ist Laurasia im Wesentlichen nur in zwei große Landmassen zerfallen,

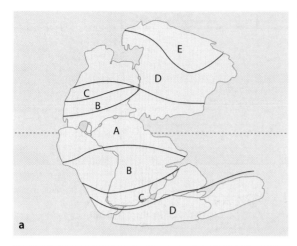

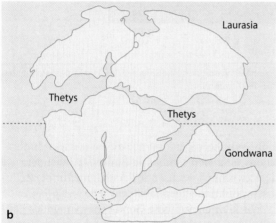

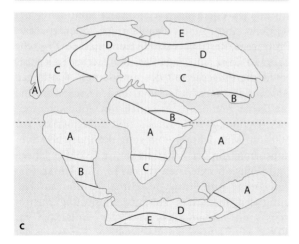

◀ **Abb. 1-4** Drei Stadien der Kontinentalverschiebung: **a** vor 200 Mio. Jahren zu Beginn des Jura (A = tropisch-sommerfeucht, B = arid mit Dünenbildung, C = tropisch-winterfeucht, D = warm-gemäßigt mit Farnen, E = kühl-gemäßigt mit zahlreichen Vertretern der Ginkgoales), **b** vor 135 Mio., **c** vor 65 Mio. Jahren am Ende der Kreidezeit: A = tropisch-immerfeucht bis sommerfeucht mit immergrünen Laubbäumen, Baumfarnen und Palmen, B = arid mit Dünenbildung, C = subtropisch-sommerfeucht mit immergrünen und regengrünen Laubbäumen, D = warm-gemäßigt mit immergrünen und sommergrünen Laubbäumen, Koniferen und Ginkgo, E = kühl-gemäßigt mit sommergrünen Laubbäumen, sommer- und immergrünen Nadelbäumen und Ginkgoales (Kartengrundlage nach *Meyers Großes Universallexikon* 1983, verändert; Klima und Vegetation nach Willis & McElwain 2002). Die waagrechte gestrichelte Linie gibt die ungefähre Lage des Äquators an.

und Gattungsniveau ist diesem lang andauernden Florenaustausch geschuldet.

5. Die Entstehung der Angiospermen

Molekulare Studien deuten darauf hin, dass sich Gymnospermen und Angiospermen aus einem gemeinsamen prä-kreidezeitlichen, moosartigen Vorfahren entwickelt haben (Qiu et al. 2007, Abb. 1-5); sie müssen also im Lauf der Evolution den Schritt von einem Gametophyten- (haploid) zu einem Sporophyten-dominierten (diploid) Generationswechsel geschafft haben. Ihr Ursprung reicht also wohl weiter zurück, als vielfach angenommen (möglicherweise bis in die Frühzeit des Erdmittelalters; Crane et al. 1995, Qiu et al. 1999). Jedenfalls stehen am Anfang des Stammbaums der monophyletischen Angiospermen Formen, wie sie rezent und reliktisch in *Amborella trichopoda* (einzige Art der einzigen Gattung der einzigen Familie Amborellaceae der Ordnung Amborellales), einem kleinen, zweihäusigen, immergrünen Strauch auf Neukaledonien vorkommen, gefolgt von den Nymphaeales, den Austrobaileyales (kleine Bäume und Sträucher in den Tropen), den Canellales mit den Winteraceen und anderen (Abb. 1-6). Die Diversifikation und Radiation der Angiospermen in der Oberkreide wird – ähnlich, wie wir das auch bei den Gymnospermen gesehen haben – von einer Reihe globaler Veränderungen ausgelöst, ihr Anteil an der Vegetation bleibt aber zunächst bescheiden (Willis & McElwain 2002). Erst zu Beginn des Tertiärs können sie sich massiv ausbreiten und alle anderen bis dahin existenten Pflanzengruppen mehr oder weniger auf Sonderstandorte zurückdrängen.

Diesem Prozess geht offenbar eine beschleunigte Plattentektonik voraus, verbunden mit einer erheb-

Nordamerika und Eurasien, die sich zwar schon vor rund 120 Mio. Jahren getrennt haben, aber bis in das Tertiär hinein über Inseln wie Grönland und Island sowie Beringia (s. Abschn. 8.3.2) Florenkontakt hatten. Die floristische Ähnlichkeit zwischen den beiden nordhemisphärischen Kontinenten auf Familien-

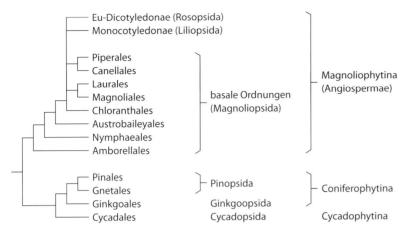

Abb. 1-5 Vermutlicher Stammbaum zwischen den Verwandtschaftsgruppen der rezenten Gymnospermen (Coniferophytina und Cycadophytina) und Angiospermen (Magnoliophytina) auf der Grundlage von Genomanalysen (nach Qiu et al. 1999, Stevens 2001, Bresinsky et al. 2008). Die „basalen Ordnungen" stehen am Anfang des Stammbaums der Blütenpflanzen. Zur Ordnung Canellales gehört die Familie Winteraceae, deren Gattung *Drimys* von den feuchten Tropen Mittelamerikas bis in die *Nothofagus*-Wälder von Feuerland vorkommt.

lichen Zunahme des CO_2-Gehalts der Atmosphäre durch die gestiegene vulkanische Aktivität und einer entsprechenden Klimaerwärmung (global etwa 4,8 °C wärmer als heute, Abb. 1-3). Ob unter diesen Bedingungen große, flächige, mit einer Kutikula geschützte Assimilationsorgane effizienter waren als diejenigen der Farne und Gymnospermen (von denen einige wie die Gingkoales auch breite Blätter hatten), ist eher spekulativ. Immerhin sind Angiospermen-Samen mit einem von einer harten Samenschale geschützten Embryo unempfindlicher als die Sporen von Farnen oder die Samen der Gymnospermen; Störungen wie ein rascher Wechsel der Umweltbedingungen, Herbivorie und Feuer ertragen die Angiospermen besser. Auch eine persistente Samenbank wird möglich und erhöht die Störungsverträglichkeit (vgl. die Ruderalvegetation in menschlichen Siedlungen und auf Äckern). Hinzu kommt auch die bessere Regenerationsfähigkeit der Angiospermen nach beweidungsbedingtem Verlust von

Sprossteilen. Deshalb könnten die in der frühen Kreidezeit verstärkt auftretenden *low-browsers* (das sind Herbivore, die die Blätter von niedrigen Gehölzen fressen) unter den Dinosauriern ruderale Formen bei den frühen Angiospermen ermöglicht haben, bei gleichzeitiger Öffnung der Gymnospermen-Wälder durch die im Kronenbereich der Bäume fressenden *high browsers*. Mit entscheidend für den Siegeszug der Angiospermen dürfte wohl auch die Koevolution mit blütenbestäubenden Insekten gewesen sein, mit dem Vorteil des genetischen Austauschs zwischen weit entfernten Individuen oder Populationen.

Zu Beginn des Tertiärs gab es schon die meisten Familien, die auch heute noch die Vegetation der Erde bestimmen, darunter Ericaceae, Ulmaceae, Betulaceae, Juglandaceae, Fagaceae, Nothofagaceae und Gunneraceae. Zu den ältesten fossil nachweisbaren Familien gehören die Platanaceae und die Arecaceae (rund 112–99 Mio. Jahre BP; Wing & Boucher 1998).

Abb. 1-6 Einige am Beginn des Angiospermen-Stammbaum stehende altertümliche Pflanzen: **a** *Amborella trichopoda*, Neukaledonien (Amborellaceae; Foto P. Endress), **b** *Nelumbo nucifera*, Japan (Nymphaeaceae), **c** *Drimys gardneriana*, Costa Rica (Winteraceae).

6. Diversifikation der Angiospermen im Tertiär

Will man die heutige Verbreitung der Vegetation mit ihren Sippen verstehen, dann sind die letzten 65 Mio. Jahre (Tertiär und Quartär) besonders wichtig (Abb. 1-7). Was sich in dieser Zeit abgespielt hat, waren gewaltige Gebirgsbildungen, ein dramatischer Abkühlungsprozess, gipfelnd in den Eiszeiten des Pleistozäns, die Vergletscherung der Antarktis (Beginn vor ca. 34 Mio. Jahren; Liu et al. 2009) und schließlich der zunehmende Einfluss des Menschen im Holozän. Das Zeitalter beginnt mit einem der wärmsten Klimate während der gesamten Erdgeschichte (65–45 Mio. Jahre BP, Paläozän bis frühes Eozän), im Wesentlichen durch hohe Gehalte an CO_2 und Methan bedingt. Die Temperatur der Ozeane dürfte um 9–12 °C höher gelegen haben als heute. Gebiete, in denen heute polare Eiswüsten und Tundren herrschen, trugen damals eine warm- bis kühl-gemäßigte Flora aus sommergrünen Laub- (*Acer, Alnus, Betula, Ginkgo, Juglans, Populus, Quercus*) und Nadelbäumen (z. B. *Larix, Metasequoia, Taxodium*). Man findet sie fossil beispielsweise als arktotertiäre Flora in den Braunkohlelagerstätten auf Svalbard (Spitzbergen). In dieser Zeit treten die ersten Gräser auf. Im Eozän beginnt ein Abkühlungsprozess, der mit einer Unterbrechung von etwa 15 Mio. Jahren im Oligo- und Miozän fast bis zu Gegenwart andauert, verbunden mit den niedrigsten CO_2-Konzentrationen, die jemals in der gesamten Erdgeschichte erreicht wurden (200 ppm während der Eiszeiten, 300 ppm in den Interglazialzeiten). Während dieses Abkühlungsprozesses entstehen viele neue Sippen, beispielsweise die gesamte Hochgebirgs- und Tundrenflora, die Asteraceae, die Gräser, aber auch die meisten Formationen, wie wir sie heute noch kennen (Wolfe 1985): die Steppen im Innern der Kontinente (15–10 Mio. Jahre BP), die Savannen mit dominierendem C_4-Graswuchs unter einer lockeren Gehölzschicht (ca. 16–11 Mio. Jahre BP, s. Kasten 1-1 und 1-2), die Hartlaubvegetation des warm-gemäßigten, winterfeuchten Klimas (wahrscheinlich aus immergrünen, „laurophyllen" Wäldern des Paläozäns entstanden, seit ca. 35 Mio. Jahren), und die Vegetation der Wüsten und Halbwüsten. Am Ende des Tertiärs, vor etwa 2,5 Mio. Jahren, dürfte die Vegetation deshalb schon sehr ähnlich derjenigen gewesen sein, wie wir sie heute vorfinden (Abb. 1-8). Ein eindrucksvolles Beispiel ist die als „Frankfurter Klärbeckenflora" (entdeckt 1885 beim Bau eines Klärbeckens für Frankfurt/Main) in die paläoökologische Literatur eingegangene Rekonstruktion der Vegetation in Mitteleuropa (Mägdefrau 1968): Zu den rund 150 Taxa, die man im Sediment einer Flussschlinge gefunden hat, gehören Arten von heute noch in Mitteleuropa vorkommende Gattungen (z. B. *Betula, Carpinus, Fagus, Populus, Salix*), aber auch von Genera, die in Europa während des Pleistozäns ausgestorben sind und heute nur noch in Ostasien bzw. Nordamerika vorkommen (u. a. *Magnolia, Nyssa, Liriodendron*) sowie rund 30 Koniferenarten (darunter Vertreter von *Cephalotaxus, Libocedrus, Podocarpus, Sequoia, Taxodium, Thuja*).

7. Jüngste Prozesse im Quartär

Das Quartär ist die Zeit beträchtlicher und – für erdgeschichtliche Verhältnisse – rasch aufeinander folgender Temperaturschwankungen (8–12 °C in Europa und Nordamerika, 4–8 °C in den Tropen; Frenzel et al. 1992), ausgelöst vermutlich durch die Exzentrizität der Erdbahn und einer Art Unwucht der Erdachse (Lang 1994). Während der Kaltzeiten, von denen man heute sechs unterscheidet (Biber, Donau, Günz, Mindel, Riss und Würm im Alpenraum, ent-

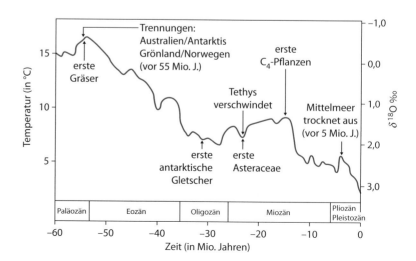

Abb. 1-7 Temperaturverlauf im Tertiär mit Angaben wichtiger geologischer und botanischer Ereignisse (nach Miller et al. 1987, Morley 2000, Willis & McElwain 2002, verändert). Die Temperaturskala gilt nur für die Zeit ab etwa 30 Mio. Jahre BP (Vergletscherung der Pole). Das Verhältnis zwischen ^{16}O und ^{18}O (‰ ^{18}O ‰) wurde an benthischen Foraminiferen ermittelt; es ist ein Maß für die Temperaturen an der Meeresoberfläche in hohen Breiten.

sprechend Prätegelen, Eburon, Menap, Elster, Saale, Weichsel in Nordeuropa) ist besonders die Nordhemisphäre mit ihrer gewaltigen Landmasse vergletschert, wenngleich nicht zur Gänze (Abb. 1-9): Große Gebiete in Zentral-und Ostsibirien bleiben aus klimatischen Gründen (zu geringe Niederschläge) eisfrei, ebenso Teile der durch die Absenkung des Meeresspiegels zum Festland gewordenen heutigen Beringstraße, was die Einwanderung der Clovis-Gruppe (Vorfahren der amerikanischen Urbevölkerung) aus Sibirien ermöglicht. Die Hochgebirge der Nordhemisphäre sind durchwegs vergletschert. Auf der Südhemisphäre konzentrieren sich die eisbedeckten Gebiete auf die Südanden (ab etwa 42° S; Mittelchile und Ostpatagonien bis Feuerland bleiben eisfrei) und auf Gebirgsspitzen in Südostaustralien und Tasmanien. Der Meeresspiegel sinkt um bis zu 200 m und verbindet heute isolierte Inselgruppen mit dem Festland. Der dadurch einsetzende Florenaustausch beispielsweise zwischen Australien und Neuguinea sowie im pazifisch-südostasiatischen Raum (Kalimantan, Malaysia) erklärt die Verwandtschaft der Florenregionen innerhalb des indopazifischen Florenreichs.

In vielen Regionen der Erde wird wegen des im Eis gebundenen Wassers das Klima trockener; so ziehen sich die tropischen Regenwälder in Südamerika und Afrika zugunsten von Trockenwäldern und Savannen auf wenige isolierte Gebiete zurück (Abb. 1-10); temperierte Grasländer breiten sich in heute waldfähige Gebiete aus, wie die osteuropäischen Steppen nach Mittel- und Westeuropa und der Campo in Südbrasilien und Uruguay. In den Warmzeiten zwischen den Glazialen wandern die kaltzeitlich verdrängten Wälder wieder ein. Diese temperatur- und niederschlagsgesteuerten Oszillationen der Vegetation während des Pleistozäns haben gravierende Folgen für die Artenzusammensetzung: Es entstehen die für Europa charakteristischen arktisch-alpinen (*Eriophorum scheuchzeri*, *Dryas octopetala*) und asiatisch-alpinen Disjunktionen (*Leontopodium*, *Saussurea*), die eiszeitlichen Steppen- (z. B. *Adonis vernalis*) und Tundrenrelikte („Glazialrelikte"; z. B. *Betula nana*), die Großdisjunktionen der Tertiärflora, von der viele Sippen in Europa ausgestorben sind, nicht dagegen im barrierefreien Ostasien und Nordamerika (*Liriodendron*, *Platanus*, *Thuja* und viele andere Gattun-

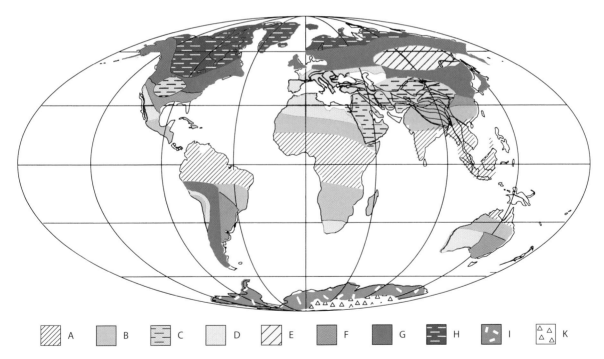

Abb. 1-8 Rekonstruktion der Ökozonen im ausgehenden Tertiär (11,2–5,3 Mio. Jahre BP) (nach Willis & McElwain 2002, verändert). A = immerfeuchte Tropen mit immergrünen Regenwaldbäumen, Lianen und Baumfarnen, B = sommerfeuchte Tropen mit immergrünen Bäumen, Palmen, Nadelbäumen und Baumfarnen, C = tropisch-trocken mit regengrünen Bäumen (*Acacia* sp.), C_4-Gräsern und Gebüschen, D = winterfeucht mit immergrünen Laub- und Nadelbäumen, E = kontinentale Steppen mit C_3-Gräsern, F = warmgemäßigte Laubwälder mit immergrünen und sommergrünen Bäumen, G = kühl-gemäßigte Wälder mit sommergrünen Laub- und Nadelbäumen, sowie immergrünen Nadelbäumen, H = kalt-gemäßigte immergrüne Nadelwälder, I = arktische Tundren mit C_3-Gräsern, K = vergletscherte Gebiete.

Kasten 1-1

Die Evolution der Photosynthesewege

Die Mehrzahl der heute lebenden Angiospermen, Gymnospermen und Farnpflanzen folgt dem C_3-Weg der Photosynthese, bei dem das erste fassbare Produkt der C_3-Körper D-3-Phosphoglycerat ist (Calvin-Zyklus). C_4-Pflanzen, bei denen die Carboxylierung von Phosphoenolpyruvat zu Verbindungen mit vier C-Atomen führt (zuerst Oxalacetat, als Folgeprodukte Malat bzw. Aspartat), finden sich vor allem unter den Poaceen (tropisch-subtropischer Gebiete), Chenopodiaceen, Amaranthaceen, Euphorbiaceen, Portulaccaceen und bei manchen Cyperaceen. CAM-Pflanzen (CAM = Crassulacean Acid Metabolism) sind vorwiegend Sukkulente, namentlich Cactaceen, die meisten Apocynaceen, Bromeliaceen und Orchidaceen sowie die sukkulenten Euphorbiaceen, aber auch manchen Farne. C_4-Pflanzen sind photosynthetisch besonders leistungsfähig unter hoher Sonneneinstrahlung und niedriger CO_2-Konzentration; CAM-Pflanzen ermöglicht ihre Fähigkeit, bei tagsüber geschlossenen Spaltöffnungen CO_2 nur nachts aufzunehmen, das Gedeihen in den Trockengebieten der Tropen und Subtropen. Beide nutzen Malat als Zwischenprodukt der Carboxylase, wobei C_4-Pflanzen einen räumlichen (die Bündelscheide), CAM-Pflanzen einen zeitlichen Zwischenspeicher (die Nacht) haben. Sofern man bei fossilen Pflanzenresten eine Bündelscheide erkennen kann (Kranzanatomie), wäre dies ein Hinweis auf den C_4-Weg der Photosynthese. Weitere Hinweise liefert die Isotopendiskriminierung, da C_4-Pflanzen eine höhere Konzentration des in der Atmosphäre in geringen Mengen vorkommenden stabilen Kohlenstoffisotops ^{13}C aufweisen als C_3-Pflanzen. Ursache ist die unterschiedliche Affinität der CO_2-fixierenden Enzyme PEP-Carboxylase (C_4) und Rubisco (C_3) zu diesem Isotop.

Nach bisherigem Kenntnisstand dürfte die Evolution der C_3-Photosynthese im späten Silur, also vor rund 420 Mio. Jahren stattgefunden haben, während C_4-Pflanzen erstmals aus dem mittleren Miozän (vor rund 16 Mio. Jahren) nachweisbar sind. Bei CAM deuten fossile Belege ebenfalls auf eine Entstehung im Jungtertiär hin. Die Ursache für die Evolution dieser Sonderwege der Photosynthese dürfte die Kombination aus einem trocken-warmen Klima und einer besonders geringen CO_2-Konzentration in der Atmosphäre gewesen sein; solche Bedingungen herrschten im Verlauf der Erdgeschichte nur im Miozän (Cerling et al. 1997).

---

gen; Abb. 1-11), und in Nordamerika und Eurasien kommt es zu Extinktionen der Megafauna (vermutlich verursacht durch die Kombination von raschen Klima- und Vegetationsänderungen, die Jagd der Nomaden und Krankheiten, die von den Haustieren des Menschen eingeschleppt wurden; Hugget 2004). Darauf wird im Einzelnen bei den Vegetationszonen in Kap. 2ff noch einzugehen sein. Im Holozän

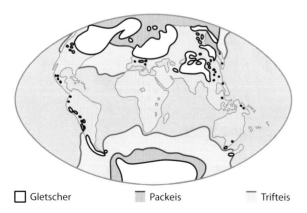

☐ Gletscher   ▨ Packeis   ▨ Trifteis

Abb. 1-9 Maximale Vergletscherung der Erde im Pleistozän (Riss-/Elster-Glazial) (nach Krutzsch 1989, verändert). Der Meeresspiegel lag in dieser Zeit um rund 100 m tiefer als heute. Neuguinea und Tasmanien waren mit Australien, Sri Lanka mit Indien und Sumatra, Borneo sowie die Philippinen mit Asien verbunden.

schließlich, den letzten 12.000 Jahren, verändert der Mensch Vegetation und Flora: Er schafft neue Artenkombinationen, wie die anthropogenen Wiesen und Weiden und die Ruderalvegetation in Siedlungen, er verbringt Sippen in andere Erdgegenden, wo sie ohne seine Mithilfe nie hingelangt wären, und verändert damit sowohl das Erscheinungsbild der Landschaft, das ja von der Vegetation wesentlich geprägt wird, als auch das Floreninventar.

Betrachtet man die beschriebenen Ereignisse unter Evolutionsgesichtspunkten, so sieht man, dass die Entwicklung neuer Pflanzengruppen nie gleichmäßig, sondern sprunghaft erfolgte, und zwar immer im Anschluss an eine besonders rasche und intensive Plattentektonik. Es liegt nahe, die damit zusammenhängenden physikalischen und chemischen Prozesse mit der Evolution neuer Formen in Verbindung zu bringen. Abiotischer Stress wie Temperaturextreme oder der Anstieg des atmosphärischen CO_2-Gehalts mögen der eigentliche Evolutionsmotor gewesen sein (Willis & McElwain 2002).

Die phylogenetische Aufspaltung einer wenig spezialisierten Sippe in mehrere stärker spezialisierte Sippen, etwa bei der Erschließung neuer Habitate während der Gebirgsbildung, wird als **adaptive Radiation** bezeichnet. Die Sippenneubildung selbst beruht auf Mutationen und Rekombinationen des Genoms und auf der am Phänotyp angreifenden

Kasten 1-2

Die Entstehung der Grasländer der Erde

Natürliche Grasländer (Steppen, Savannen, subtropisches Grasland) nehmen rund ein Drittel der Landoberfläche der Erde ein, sind also neben den Wäldern der zweithäufigste Vegetationstyp. Sie sind außerdem Nahrungsgebiete zahlreicher herbivorer Huftierarten und dienen dem Menschen direkt (Getreide) oder indirekt (Rinder, Schafe, Ziegen) als Nahrungsgrundlage (Suttie et al. 2005). Die ersten Graspollen kennt man aus der ausgehenden Kreidezeit und dem Paläozän, die ersten fossilen Gräser stammen aus der Zeit um 55 Mio. Jahre BP. Vermutlich haben sich die primitiven Unterfamilien Bambusoideae, Oryzoideae und Pooideae zuerst entwickelt, gefolgt von den übrigen, eher abgeleiteten Unterfamilien, die alle auch C_4-Gräser enthalten (z. B. Chloridoideae, Panicoideae). Aber erst im mittleren Miozän, also vor rund 15 Mio. Jahren, entwickelten sich von Gräsern dominierte Ökosysteme zuerst in Nordamerika, etwas später auch in Afrika, gefolgt von den übrigen Kontinenten, wobei C_4-dominierte Grasländer erst ab rund 5 Mio. Jahren BP großflächig auftraten (Abb. 1-8). Auslöser war sicher nicht nur die zunehmende Aridität, sondern auch das vermehrte Auftreten von Feuer, das Horstgräser mit ihrer Fähigkeit, nach Verlust der oberirdischen Phytomasse rasch wieder auszutreiben, begünstigt. Hinzu kommt, dass Blätter und Sprosse von Gräsern weiter wachsen, wenn sie abgefressen werden, ja sogar mehr Phytomasse bilden können als vor dieser Störung (Überkompensation), ausreichende Nährstoff- und Wasserverfügbarkeit vorausgesetzt. Weidetiere sind also ein natürlicher Bestandteil von Graslandökosystemen. Pflanzenfressende Säugetiere (auch Huftiere) gab es zwar schon im Paläo- und Eozän; wie der Aufbau der Backenzähne zeigt, ernährten sie sich aber von Blättern und Früchten niedriger Laubbäume (*browsers*) und nicht von Gräsern. Hochkronige, lophodonte Backenzähne, bei denen die Zahnhöcker durch kammförmige Schmelzleisten verbunden und die für Tiere mit zellulose- und siliziumreicher Grasnahrung (*grazers*) charakteristisch sind, findet man unter den Huftieren (in Australien auch unter den Beuteltieren) in Südamerika schon im frühen Oligozän, sonst erst im mittleren und späten Miozän. Die Zunahme der C_4-Gräser in den warmen Gebieten der Erde spiegelt sich in der ^{13}C-Signatur des Zahnschmelzes wieder. Man kann also von einer Art Koevolution von Grasländern und herbivoren Huftieren sprechen. Jacobs et al. (1999) unterscheiden fünf Phasen der Entstehung der Grasländer:

1. Entstehung der Poaceae in der späten Kreidezeit und im frühen Tertiär,
2. Öffnung der kreidezeitlichen und paläozänen Wälder im frühen und mittleren Tertiär,
3. Zunahme der Häufigkeit der C_3-Gräser im mittleren Tertiär,
4. Entstehung der C_4-Gräser im mittleren Miozän und
5. Ausbreitung des C_4- auf Kosten des C_3-dominierten Graslands im späten Miozän.

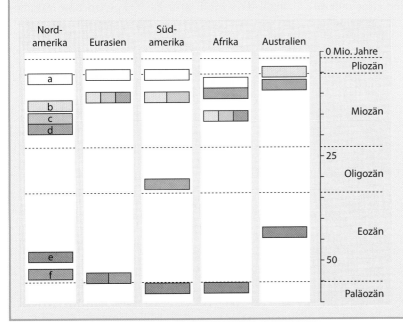

Abb. 1 Entwicklung von Grasländern während des Tertiärs (nach Jacobs et al. 2009). a = erstes Auftreten einer reinen C_4-Diät, b = erster Nachweis für reine Grasländer, c = erster Nachweis von C_4-Gräsern im Futter, d = Gebiss weist auf Gräser als Hauptnahrung hin, e = erste Graspollen, f = erster fossiler Nachweis von Gräsern.

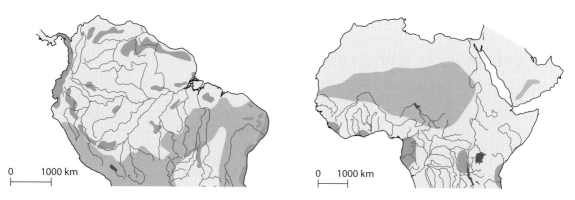

Abb. 1-10 Rückzugsgebiete (blau) des tropischen Regenwaldes in Südamerika und Afrika vor 20.000 Jahren zum Höchststand der letzten Vereisung und Trockengebiete (gelb) anstelle der heutigen Wälder (nach Cox & Moore 2010, verändert).

Positiv- und Negativ-Selektion durch die aktuell gegebene Umwelt (Frey & Lösch 2010). Da die Umwelt ständigen Veränderungen unterliegt, ist der Selektionsfilter keine konstante Größe, sondern verändert sich ständig, sodass der Sippenneubildung auch immer ein Sippenverlust gegenübersteht. Bei den ortsunbeweglichen Pflanzen sind auch das Ausbreitungsverhalten und damit verbunden die Fähigkeit zur Überwindung von Barrieren ein wichtiger Antrieb für die Sippenbildung; gelingt es einer Art, ein Gebirgsmassiv oder einen Meeresarm zu überwinden, so können am neuen Ort durch Isolation (also ohne die Möglichkeit der Rückkreuzung mit den Mutterpopulationen) neue Arten (**Neoendemi-**

ten) entstehen, besonders dann, wenn eine Vielzahl unterschiedlicher Standorte zur Verfügung steht. Solche Neoendemiten, hervorgegangen aus einer gemeinsamen Mutterpopulation und deshalb eng mit einander verwandt, sind **Vikarianten**; sie vertreten sich gegenseitig in vergleichbaren, wenn auch nicht immer gleichen Habitaten. Diese Art der Bildung neuer Sippen, also durch räumliche Isolation, bezeichnet man als **allopatrisch**. Neue Arten können sich aber auch ohne räumliche Trennung von den Elternpopulationen bilden, z. B. durch genetische Isolation nach Polyploidisierung. Dann spricht man von einer **sympatrischen** Sippenbildung. Bedenkt man, dass rund 40 % der Dikotylen und 60 % der

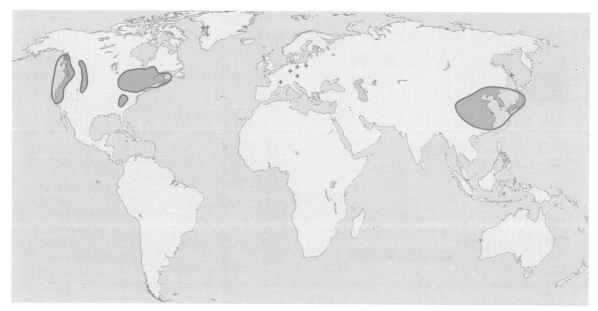

Abb. 1-11 Heutiges Areal der Gattung *Thuja* (nach Walter & Straka 1970). Kreuze: Fossilfunde aus dem Tertiär. Die Gattung war noch im Pliozän in Europa weit verbreitet, starb aber während des Pleistozäns aus.

Monokotylen polyploid sind (Niklas 1997), wird deutlich, wie wichtig die sympatrische Sippenneubildung im Verlauf der Angiospermen-Entwicklung gewesen sein dürfte. Hinzu kommt, dass Polyploide genetisch variabler und deshalb oft weiter verbreitet sind als die diploiden Eltern.

In Kasten 1-3 ist ein Beispiel für eine Sippenbildung wiedergegeben, das in besonders eindrucksvoller Weise zeigt, wie die Plattentektonik in der Erdgeschichte die Entstehung neuer Taxa anregt.

1.2.2 Areale und Bioregionen

Die heutigen Verbreitungsgebiete (Areale) von Pflanzensippen (Taxa) sind das Ergebnis a) historischer Prozesse (Ort und Zeit der Sippenentstehung, Klimaänderungen), b) des Ausbreitungsvermögens (Geschwindigkeit, Barrieren) und c) der physiologischen (Stresstoleranz, optimale Nutzung von Ressourcen) und ökologischen Eigenschaften (Konkurrenz, Koexistenz). So sind die Ursachen vieler Arealgrenzen Ausbreitungsbarrieren wie Meeresarme, Wüsten oder Gebirgszüge, welche die Sippen aus eigener Kraft nicht überwinden können. Auf diese Weise entstanden eigene Floren auf Meeresinseln, aber auch innerhalb eines Kontinents in den durch Hochgebirge getrennten Räumen. Solche Fälle zeigen, dass das realisierte Areal kleiner sein kann als das potenziell besiedelbare; so können manche nordamerikanische Sippen auch in der naturbetonten Vegetation Mittel- und Westeuropas wachsen, sofern sie mithilfe des Menschen die Barriere des Atlantischen Ozeans überwinden (wie z. B. die nordamerikanische Baumart *Robinia pseudacacia* als Pionier in Europa; Kowarik 2010). Arealgrenzen können auch klimatisch bedingt sein, wenn das Taxon beispielsweise durch seine mangelnde Frostresistenz nicht außerhalb der frostfreien Tropen vorkommen kann, oder sie können durch Konkurrenz zustande kommen, wenn z. B. arktische Spaliersträucher in den angrenzenden borealen Wäldern durch die konkurrenzstärkeren Bäume verdrängt werden (biotische Arealgrenze). Areale werden nach ihrer **Form** (geschlossen = kontinuierlich, zerstückelt = disjunkt), ihrer **Größe** (lokal = endemisch, weltweit = kosmopolitisch), der **Besiedlungsdichte** (häufig, selten) und ihrer **Entwicklung** (Schrumpfung, Ausdehnung) charakterisiert und interpretiert.

1. Form der Areale
Als **kontinuierliches Areal** bezeichnet man ein geschlossenes, mehr oder minder einheitliches Verbreitungsgebiet einer Sippe. Ein Beispiel hierfür bildet die holarktische Familie Betulaceae (Abb. 1-12). **Disjunkte Areale** bestehen aus Splittern eines einstmals geschlossenen (kontinuierlichen) Verbreitungsgebiets, in welchem die Sippe durch Klimaänderungen oder andere Ereignisse stellenweise ausgestorben ist (vgl. Abb. 1-11). Ihr Areal ist also kleiner geworden. So ist z. B. das disjunkte Areal der Gattung *Acacia* (nordamerikanisch-mexikanische Wüsten und Atacama in Peru und Chile) folgendermaßen entstanden (Raven 1963): An beiden Seiten des geschlossenen Areals der Ausgangssippe entwickelten sich, ausgelöst möglicherweise durch eine Klimaänderung, zwei Tochterarten. Im Folgenden starb die gemeinsame

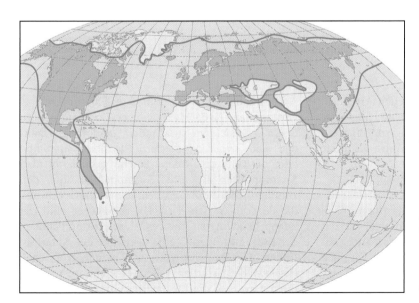

Abb. 1-12 Heutiges Areal der Betulaceae (nach Meusel et al. 1965–1992). Beispiel für ein holarktisches Florenelement mit einem geschlossenen (kontinuierlichem) Areal. Die Öffnung der mittelamerikanischen Landbrücke vor rund 3 Mio. Jahren ermöglichte es Vertretern der Familie, über die Andenbrücke nach Südamerika vorzustoßen (*Alnus acuminata*). Im indopazifischen Raum gelang dies ebenfalls (*Alnus nepalensis*).

Kasten 1-3

Phyletische Evolution und Quantenevolution am Beispiel der Gattung *Nepenthes*

Die polyploide Gattung *Nepenthes* (Nepenthaceae, Kannenpflanzen; so benannt wegen der zu einer Insektenfalle umgestalteten Blattspreiten) kommt auf Madagaskar (zwei Arten), auf den Seychellen, auf Sri Lanka und in Nordostindien (jeweils eine Art) und im Raum Hinterindien–Indonesien sowie Neuguinea-Nordaustralien (zusammen 87 anerkannte Arten; Cheek & Jebb 2001) vor. Aus dieser Verbreitung könnte man schließen, dass das pazifische Inselreich das Kerngebiet und damit das Entfaltungszentrum der Gattung ist (Raven & Axelrod 1974). Funde fossiler Pollen aus dem europäischen Eozän könnten aber auch auf eine Entstehung in der Nordthetys hinweisen, von wo aus sich die Gattung über das Gebiet des heutigen Iran und Afghanistan vor der Bildung der Gebirgs- und Wüstenbarrieren bis Südostasien ausgebreitet haben könnte (Krutzsch 1989).

Morphologische und biogeographische Merkmale lassen schließlich den Schluss zu, dass *Nepenthes* ein Gondwana-Element ist, also zu einer Zeit entstanden ist, als Madagaskar, die Seychellen, der indische Subkontinent und Afrika noch eine zusammenhängende Landmasse waren (Danser 1928). Mit der Norddrift des indischen Subkontinents gelangte die Gattung während der folgenden Jahrmillionen in den asiatischen und pazifischen Raum. Dort fand sie im Eozän, vermutlich noch vor der Auffaltung der großen Gebirgsketten, neue geeignete Nischen mit anderen Konkurrenzverhältnissen. Es kam zu einem Evolutionsschub und einer Aufgliederung in viele genetisch und ökologisch verschiedene Teilpopulationen sowie zu einer Ausbreitung bis in die Hochlagen mit zahlreichen endemischen Arten. Während die Ausgangssippen mit ihrer Lebensweise in oligotrophen Moor- und Heidegebieten der Tieflagen also einer gleichmäßigen, im selben Habitat ablaufenden phyletischen Radiation unterlagen, erschloss sich die Gattung durch den Kontakt mit der pazifischen Inselwelt zahlreiche weitere (überwie-

Tab. 1 Gesamtartenzahl und Anzahl von Endemiten der Gattung *Nepenthes* in den verschieden Vorkommensgebieten (nach Meimberg 2002, Barthlott et al. 2004).

Region	Gesamtartenzahl pro Region	Zahl endemischer Arten
Madagaskar	2	2
Seychellen	1	1
Sri Lanka	1	1
Indien (Assam)	1	1
Malakka	9	6
Sumatra	27	18
Indochina	5	2
Kalimantan	34	24
Philippinen	11	9
Sulawesi	7	3
Neuguinea	12	9
Australien	1	0
Neukaledonien	1	1

Ausgangssippe aus und die beiden neuen Arten mit getrennten Arealen überlebten. Heute trägt der Mensch zur sprunghaften Verbreitung von Pflanzen bei und schafft auf diese Art und Weise disjunkte Areale.

2. Größe der Areale
Sie ist zum einen abhängig von der taxonomischen Hierarchie: Oft (aber keineswegs immer) ist das Areal einer Pflanzenfamilie größer als das einer Gattung oder einer Art. Dennoch können auch Familien sehr kleine, lokal begrenzte Verbreitungsgebiete aufweisen, wie etwa die Degeneriaceae, deren zwei

Arten nur auf jeweils einer Insel im Fidschi-Archipel vorkommen. Andererseits gibt es Taxa, die nahezu überall an den ihnen zusagenden Standorten vorhanden sind, wie der Adlerfarn *Pteridium aquilinum* oder die Gattung *Drosera*. Solche Taxa nennt man **Kosmopoliten**. Bekannte Kosmopoliten unter den Familien sind die Asteraceen, die Orchidaceen und die Poaceen (s. Tab. 1-6). Die Asteraceen sind mit knapp 23.000 Arten eine der artenreichsten Familien der Erde. Fast überall, mit Ausnahme der Antarktis, findet man ihre Vertreter; nur in den tropischen Regenwäldern sind sie selten. Gemeinsam mit den Orchideen mag die Ausbreitung ihrer Samen durch

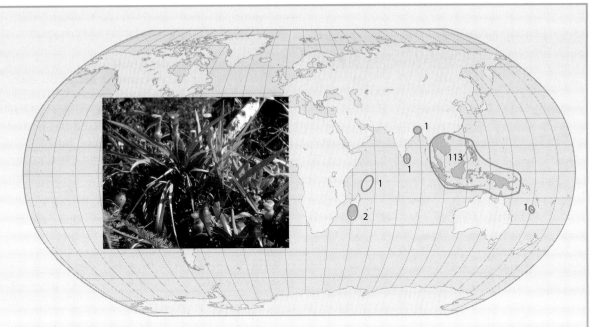

Abb. 1 Verbreitung der Gattung *Nepenthes* mit Anzahl der Arten im jeweiligen Vorkommensgebiet (nach Angaben in Lösch 1990 und Barthlott et al. 2004). Das Foto (F. Klötzli) stellt *Nepenthes pervillei* dar (Seychellen).

gend mesotrophe) Habitate, die Tieflagen- und Gebirgsregenwälder umfassen (Lösch 1990).

Molekularbiologische Untersuchungen von DNA-Sequenzen (Meimberg 2002, Meimberg et al. 2001) belegen in der Tat Südostasien als sekundäres evolutives Zentrum. Die im Westen überdauernden Arten, von denen insbesondere die auf Madagaskar heimischen *N. madagascariensis* und *N. masoalensis* ursprünglichen Charakter aufweisen, sind deshalb wohl als Paläorelikte eines ehemals weiter westlich gelegenen Verbreitungsgebiets anzunehmen (primäres evolutives Zentrum). Die meisten Arten dieses ursprünglichen Areals sind ausgestorben. Den Sprung der fortlaufenden Artenbildung von der adaptiven Zone der Ausgangsarten (hier den Tieflagenmooren und -heiden) zu einer neuen adaptiven Zone mit anderen Umwelt- und Konkurrenzbedingungen (hier die Bergländer von Sumatra, Borneo und Neuguinea) nennt man Quantenevolution. Die vielen endemischen *Nepenthes*-Arten, die man heute dort findet, sind also klassische Neoendemiten.

Das Beispiel ist im Übrigen ein weiterer Beleg, dass Blütenpflanzen wohl schon vor Beginn der Kreidezeit vorhanden gewesen sein müssen, auch wenn sie in der damaligen Vegetation keine prägende Rolle einnahmen. Krautige Pflanzen wie *Nepenthes* hinterlassen eben kaum Fossilien, die man mit paläobotanischen Methoden auffinden könnte.

den Wind (Anemochorie) ein Grund für das weltweite Vorkommen sein. Die ebenfalls kosmopolitischen Poaceen dominieren rund ein Drittel der Vegetation der Erde (Steppen, Savannen) und prägen den größten Teil der landwirtschaftlichen Nutzflächen (Getreide, Grünland).

Den Kosmopoliten stehen die **Endemiten** mit räumlich begrenztem (lokalem) Areal gegenüber, wobei man zwischen **Paläoendemiten** oder Reliktendemiten und **Neoenedemiten** unterscheidet. Paläoendemiten sind Überbleibsel von in erdgeschichtlicher Zeit weiter verbreiteten Taxa, die heute nur noch an wenigen Stellen reliktisch vorkommen (Tab. 1-1, Abb. 1-13). Neoendemiten bilden sich dagegen bei der Eroberung eines noch nicht besiedelten Raumes z. B. durch eine Art, die sich dann weiter aufspaltet (s. Kasten 1-3 am Beispiel von *Nepenthes* sowie Kasten 8-1). Als besonders endemitenreich gelten Meeresinseln, wo durch genetische Isolation allopatrisch (also mit räumlicher Isolation) neue Formen entstehen können. Im Vergleich zum Festland weisen sie im Durchschnitt einen 9,5-mal so hohen Endemitenreichtum auf (Kier et al. 2009). In der Regel geht man davon aus, dass der Endemitenanteil an der Gesamtflora der Inseln umso größer ist, je weiter diese vom Festland entfernt sind. Bei einem Vergleich verschie-

Tab. 1-1 Beispiele für vortertiäre Relikte (aus Willis & McElwain 2002).

Gattung	Familie/Ordnung	nachgewiesen seit (Mio. Jahre)
Selaginella	Selaginellaceae	300
Lycopodium	Lycopodiaceae	325
Equisetum	Equisetaceae	280
Cycas	Cycadales	240
Gingko	Gingkoales	240
Ephedra, Welwitschia	Gnetales	200
Araucaria	Araucariaceae	150
Taxus	Taxaceae	214
Sequoia	Taxodiaceae	100

Archipels beruht dagegen auf den zahlreichen Neoendemiten, da sich die Flora dort ausschließlich durch Zuwanderung aus anderen Gebieten speist.

3. Besiedlungsdichte der Areale
Schließlich ist für die Abgrenzung des Areals einer Sippe wichtig, ob sie **häufig** oder **selten** vorkommt. Viele Taxa sind im Innern ihres Verbreitungsgebiets häufig und werden gegen dessen Rand hin immer seltener; das geschlossene, auf einer topographischen Karte mit einer durchgehenden Linie abgrenzbare Areal löst sich in Einzelvorkommen auf. Diese Einzelvorkommen können Reste eines ehemals größeren Verbreitungsgebiets unter historischen Klimabedingungen sein; das gegenwärtige Klima erlaubt der Sippe nur, auf den gerade noch für sie günstigen Standorten zu gedeihen. Ein Beispiel ist die osteuropäische Steppenart *Adonis vernalis*, die westlich der Arealgrenze ihres geschlossenen Verbreitungsgebiets natürliche Einzelvorkommen in einer – weitgehend anthropogenen – Vegetation Mittel- und Westeuropas aufweist (z. B. in den Naturschutzgebieten Garchinger Heide nördlich von München und Mainzer Sand im Rhein-Main-Gebiet; Abb. 1-14). Bei ranghöheren Taxa kommt es des Öfteren zur Häufung rangniedrigerer Sippen in Teilgebieten des Areals; solche Häufigkeits- oder Mannigfaltigkeitszentren können das Entstehungsgebiet der jeweiligen Gat-

dener Inseln und Inselgruppen zeigen sich jedoch Abweichungen von dieser Regel (Tab. 1-2). So ist die Flora der Kanaren trotz ihrer Nähe zum afrikanischen Kontinent wegen des Reliktcharakters ihrer Vegetation mit über 50 % sehr reich an Paläoendemiten; der Endemitenreichtum des jungen Hawai'i-

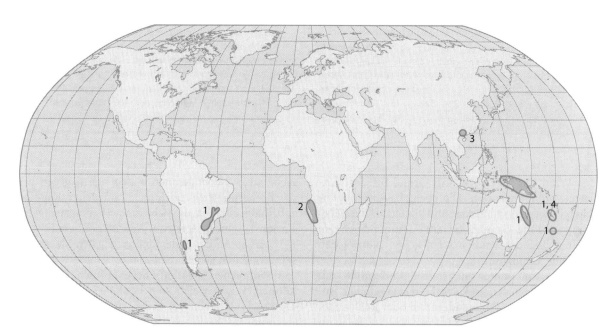

Abb. 1-13 Vorkommen einiger Paläoendemiten (nach Walter & Straka 1970): 1 = *Araucaria*, 2 = *Welwitschia mirabilis* (einzige Art der Familie Welwitschiaceae), 3 = *Ginkgo biloba* (einzige Art der Familie Ginkgoaceae), 4 = *Amborella trichopoda* (einzige Art der Familie Amborellaceae).

Tab. 1-2 Prozentualer Anteil der Endemiten an der Gesamtzahl der einheimischen Pflanzenarten ozeanischer Inseln (nach verschiedenen Autoren aus Frey & Lösch 2010).

Ort	Endemiten (%)	Abstand zum nächsten Festland (km)
Fernando Po	12	100
Kanarische Inseln	53,3	170
São Tomé	19,4	250
Kapverdische Inseln	15,0	500
Juan Fernandez	66,7	750
Madeira	10,5	970
Galapagos-Inseln	40,9	1120
Azoren	36,0	1450
St. Helena	88,9	1920
Hawai'i-Inseln	94,4	4400
Marquesas-Inseln	52,3	6000

verschiedene geographische Räume (Bioregionen), die durch Sippen mit ähnlicher Arealstruktur, d. h. nahezu gleicher geographischer Verbreitung gekennzeichnet sind. Solche Sippen nennt man geographische Florenelemente; sie gehören demselben Arealtyp an. So gibt es Pflanzenfamilien, die ausschließlich oder schwerpunktmäßig in den Tropen und Subtropen der Neuen Welt vorkommen, wie die Cactaceae und die Bromeliaceae; der Arealtyp ist neotropisch. Die Bioregion, in diesem Fall ein Florenreich, heißt Neotropis.

Bioregionen sind hierarchisch gegliedert: Die höchste Einheit ist das Florenreich. Hier sind meist Pflanzenfamilien die charakteristischen geographischen Florenelemente. Auf der Ebene darunter (Florenregionen, Florenprovinzen, Florendistrikte) sind es die Pflanzengattungen und -arten. Auf diese Weise hat schon Engler (1882) vier Florenreiche und etwa 30 Florengebiete unterschieden. Inzwischen hat es eine Reihe von Veränderungen und Ergänzungen an diesem System gegeben, insbesondere durch die Arbeiten von Rikli (1913), Mattick (1964), Good (1974), Takhtajan (1986) und Meusel et al. (1965–1992).

Da die Grenzen zwischen den Bioregionen meist unscharf sind, die Zuordnung von Sippen zu einem Arealtyp nicht immer eindeutig ist und taxonomische Einheiten durch die Fortschritte in der molekularbiologischen Taxonomie einem beträchtlichen Wandel unterliegen, differieren die Grenzen der Bioregionen und ihre Bezeichnungen zwischen verschiedenen Autoren. Hinzu kommen Unterschiede in der Interpretation der Merkmale, die zur Ausweisung der Arealtypen führen. Auf diese Problematik hat ins-

tung bzw. Familie sein (z. B. bei der Gattung *Artemisia*; Abb. 1-15), oder aber, wie im Fall von *Nepenthes* bereits dargelegt, durch Quantenevolution mit adaptiver Radiation zustande gekommen sein.

Legt man die Areale aller bekannten Taxa der verschiedenen Hierarchieebenen des Pflanzenreiches (Art, Gattung, Familie) übereinander, so ergeben sich

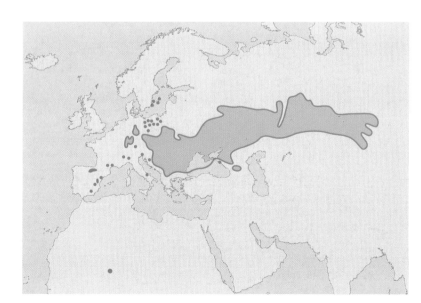

Abb. 1-14 Areal von *Adonis vernalis* (einer pontisch-südsibirischen Steppenpflanze) (nach Meusel et al. 1965–1992). Die vereinzelten Vorkommen in Mittel- und Westeuropa (z. B. Rhein-Main-Gebiet, NSG Garchinger Heide auf der nördlichen Münchener Schotterebene) sind Relikte der hochglazialen Steppen während der Würmvereisung.

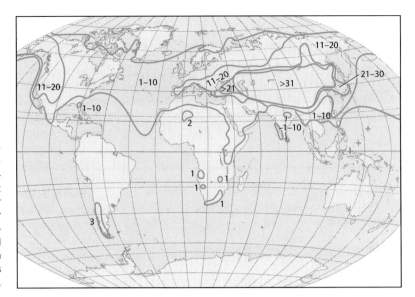

Abb. 1-15 Areal der Gattung *Artemisia* mit Linien gleicher Artenzahl (nach Meusel et al. 1965–1992). Das Sippenzentrum mit über 31 Arten und damit wohl auch das Entstehungsgebiet der vorwiegend in Trockengebieten der kühl-gemäßigten Klimazone vorkommenden Gattung liegen in Mittel- und Zentralasien. Synanthrope Vorkommen sind mit Kreuzen gekennzeichnet; das Areal weitet sich also anthropogen aus.

besondere Cox (2001) hingewiesen. Zumindest die Florenreiche sollten etwa gleich groß und durch eine ähnliche Zahl von endemischen Familien gekennzeichnet sein. Auch darf sich die Grenzziehung nicht nach ökologischen Merkmalen richten, z. B. nach dem Vorkommen von Vegetationszonen oder Wuchsformen. Wir verwenden deshalb hier (Tab. 1-3; Abb. 1-16) die Gliederung von Mattick (1964) und Takhtajan (1986), modifiziert nach Vorschlägen von Cox

(2001; s. auch Cox & Moore 2010). Die im Folgenden genannten Endemitenzahlen richten sich, sofern nicht anders angegeben, bei Familien nach Heywood et al. (2007), bei Gattungen und Arten nach Takhtajan (1986).

I. Das holarktisches Florenreich (Holarktis)

Die Holarktis ist das größte Florenreich der Erde mit rund 41 endemischen Familien und vielen gemeinsa-

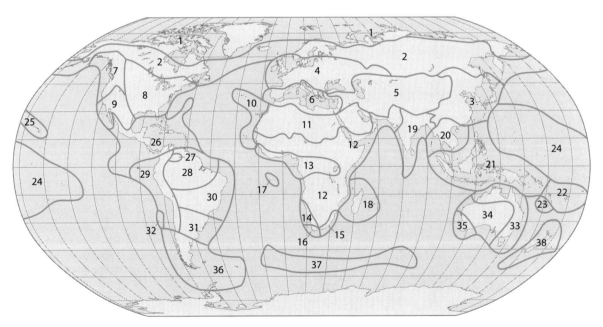

Abb. 1-16 Florenreiche und Florenregionen der Erde (nach Mattick 1964, Meusel et al. 1965–1992, Takhtajan 1986, Schroeder 1998 und Cox 2001, verändert). Die Ziffern entsprechen denjenigen in Tab. 1-3.

Tab. 1-3 Florenreiche und Florenregionen (nach Mattick 1964, Meusel et al. 1965-1992, Takhtajan 1986, Schroeder 1998, Cox 2001).

Florenreich	Florenunterreich	Nr.	Florenregion	Nr.	Florenregion
holarktisch		1	zirkumarktisch	2	zirkumboreal
		3	ostasiatisch	4	südeurosibirisch
		5	irano-turanisch	6	mediterran
		7	Rocky-Mountain-Region	8	nordamerikanisch-atlantisch
		9	madrisch		
afrikanisch	äthiopisch	10	makaronesisch	11	saharo-arabisch
		12	sudano-sambesisch	13	guineo-kongolesisch
		14	karoo-namibisch	15	Zulu-Region
		16	kapensisch	17	Ascension, St. Helena
	madagassisch	18	madagassisch		
indo-pazifisch	indomalesisch	19	indisch	20	indochinesisch
		21	malesisch	22	Fidschi-Region
		23	neukaledonisch		
	polynesisch	24	polynesisch	25	hawaiianisch
neotropisch		26	karibisch	27	Guayana-Region
		28	amazonisch	29	andin-pazifisch
		30	brasilianisch	31	argentinisch
		32	Fernandez-Region		
australisch		33	nordostaustralisch	34	zentralaustralisch
		35	westaustralisch		
holantarktisch		36	patagonisch	37	antarktisch
		38	neuseeländisch		

men Sippen, insbesondere auf der Ebene der Gattungen. Grund ist die lange gemeinsame Florengeschichte des ehemaligen Laurasia-Kontinents. Das Florenreich ist ökologisch außerordentlich heterogen; es umfasst ebenso polare Tundren wie kaltgemäßigte (boreale), kühl-gemäßigte sommergrüne und subtropische immergrüne Wälder, Steppen, Halbwüsten und Wüsten sowie ausgedehnte Hochgebirge. Die Holarktis wird in insgesamt sieben Florenregionen aufgeteilt:

1. Die **zirkumarktische Florenregion** nimmt die gesamte Tundrenzone der Nordhemisphäre ein.

Die Flora ist auch auf Artniveau sehr einheitlich; rund 80 % der arktischen, d. h. jenseits der polaren Baumgrenze vorkommenden Gefäßpflanzenarten (etwa 2.000) sind sowohl in der eurasiatischen als auch in der nordamerikanischen Arktis verbreitet (wie z. B. *Carex bigelowii, Phippsia algida* und *Salix polaris*; s. Abb. 8-7). Wegen der Dominanz arktischer Sippen werden auch Island und Südgrönland hierher gestellt, obwohl ihre Vegetation überwiegend der kalt-gemäßigten (borealen) Ökozone zuzuordnen ist (Schroeder 1998). Bezeichnend sind arktisch-alpine Florenelemente (wie *Saxi-*

Abb. 1-17 Areal von *Eriophorum vaginatum* (zirkumboreal) (nach Meusel et al. 1965–1992).

fraga oppositifolia), die sowohl in den polaren Tundren als auch in der alpinen Stufe nemoraler Hochgebirge vorkommen (s. Abschn. 8.3.1).

2. Die **zirkumboreale Florenregion** ist flächenmäßig die größte Florenregion der Holarktis; sie umfasst die borealen Laub- und Nadelwälder sowie ausgedehnte Moorgebiete. Ihre floristische Gemeinsamkeit liegt im Endemismus auf Gattungsniveau bei den Nadelhölzern (*Abies, Larix, Picea, Pinus*) sowie ihren Begleitern (wie *Empetrum, Trientalis, Vaccinium*). Wie die zirkumarktische enthält auch die zirkumboreale Florenregion zahlreiche gemeinsame Arten (z. B. *Eriophorum vaginatum*, Abb. 1-17), die eine enge floristische Verwandtschaft zwischen den heute durch Atlantik und Beringstraße getrennten Kontinenten belegen. Der Anschluss der west- und mitteleuropäischen Laubwaldzone (südeurosibirische Florenprovinz) an die zirkumboreale Florenregion im Sinn von Takhtajan (1986) ist der pleistozänen Florenverarmung geschuldet; ökologisch ähnliche Laubwaldgebiete in Ostasien und Nordamerika sind ungleich artenreicher und werden deshalb als eigene Florenregionen ausgewiesen.

Hieraus wird deutlich, dass nicht etwa ein ökologisches Merkmal wie der sommergrüne Charakter der zonalen Vegetation, sondern ausschließlich die Florenausstattung (insbesondere der Endemismus) als Kriterium für die Ausweisung von Bioregionen dient (Kasten 1-4).

3. Die **ostasiatische Florenregion** beginnt bei etwa 83° O und umfasst West-, Zentral- und Nordostchina sowie Korea und Japan; im Süden reicht sie fast bis zum nördlichen Wendekreis und im Westen bis zum Himalaya. Sie ist das Gegenstück zur nordamerikanisch-atlantischen Florenregion (Nr. 6) und enthält einige endemische Familien (unter ihnen die Baumfamilien Ginkgoaceae, Trochodendraceae, Cephalotaxaceae sowie die monogenerische Familie Hostaceae mit der in europäischen Gärten beliebten Staude *Hosta*) und über 300 endemische Gattungen, zu denen auch einige Paläoendemiten wie *Metasequoia*, *Pseudotaxus*, *Cryptomeria* und der in europäischen Städten häufig gepflanzte Zierbaum *Paulownia* (Bignoniaceae) gehören. Die auch in Europa vorkommenden Baumgattungen *Acer*, *Quercus* und *Prunus* sind hier besonders artenreich: Allein in China

gibt es 104 *Quercus*-Arten (inkl. der monophyletischen Gattung *Cyclobalanopsis*; Nixon 2006).

4. Die **südeurosibirische Florenregion** umfasst denjenigen Teil Europas, der zonal überwiegend von sommergrünen Laubwäldern (einschließlich der Waldsteppen) eingenommen wird (von Südschweden bis Norditalien einschließlich der Balkanhalbinsel und des Südrands des Schwarzen Meeres, und von Nordspanien bzw. Frankreich bis zum Ural), sowie den Südrand des westsibirischen Tieflands. Sie hat mit den Florenregionen 3 bzw. 8 zahlreiche Baum- (wie *Acer, Carpinus, Carya, Fagus, Juglans*) sowie Krautgattungen gemeinsam (z. B. *Asarum, Lamium, Paris, Viola*), ist aber wegen der in Abschnitt 1.2.1 angesprochenen pleistozänen Extinktionen deutlich artenärmer als diese. Unter den Hochgebirgen (Pyrenäen, Alpen, der Nordteil des Apennin, Karpaten, Kaukasus) ist der Kaukasus besonders artenreich (auf rund 500.000 km² etwa 6.300 Pflanzenarten, davon 25 % endemisch; Myers et al. 2000). Die Florenregion wird in sieben Florenprovinzen (atlantisch, mitteleuropäisch, sarmatisch, submediterran, euxinisch, pontisch-südsibirisch, alpisch) gegliedert (Frey & Lösch 2010).

5. Die **irano-turanische Florenregion** umfasst die winterkalten Trockengebiete West- und Zentralasiens; sie reicht von Ostanatolien bis etwa 83°O, wo sie in die ostasiatische Florenregion übergeht. Sie wird in eine westliche (orientalisch-kasachische) und eine – durch die mittelasiatischen Gebirge (Tian Shan, Pamir) getrennte – östliche tibetisch-mongolische Unterregion unterteilt. Letztere besteht vorwiegend aus Steppen, Halbwüsten und Hochgebirgsvegetation und ist mit rund 5.000 Arten deutlich artenärmer als die ökologisch vielseitigere westliche Unterregion mit ihrem ausgeprägten Hochgebirgsrelief und ihrer Nähe zum mediterranen Raum. Endemische Familien gibt es nicht (wenn auch manche auf trockenkalte Klimate spezialisierte Taxa hier einen gewissen Schwerpunkt haben, wie die Biebersteiniaceae), wohl aber zahlreiche endemische Gattungen, insbesondere unter den Brassicaceae, den Apiaceae, den Asteraceae und den Lamiaceae.

6. Die **mediterrane Florenregion** ist eines der artenreichsten Gebiete der Erde und gehört zu den Hotspots der Biodiversität (Myers et al. 2000, Barthlott et al. 2007). Sie beherbergt rund 25.000 Gefäßpflanzen-Arten auf 2,3 Mio. km²; davon sind etwa 60 % endemisch (Greuter 1991). Sechs Familien sind endemisch (wie die Coridaceae, die westmediterranen Cneoraceae und die Ruscaceae mit ihren blattartigen, bedornten Phyllokladien)

oder haben den Schwerpunkt ihres Vorkommens hier (z. B. die Globulariaceae). Die Hauptursachen für die herausragende Phytodiversität (trotz erheblicher Extinktionen während jungtertiärer Austrocknungs- und pleistozäner Abkühlungsphasen) sind die räumliche Heterogenität des mediterranen Raums und die feucht-subtropische wie temperierte Herkunft seiner Flora (Thompson 2005). Die Grenze nach Süden und nach Norden kann floristisch über die Areale charakteristischer Florenelemente wie *Quercus ilex, Olea europaea* (kultiviert), *Pinus halepensis, Quercus coccifera, Phillyrea angustifolia, Arbutus unedo* und vieler anderer bestimmt werden. Es gibt rund 150 endemische Gattungen, unter ihnen die Zwergsträucher *Rosmarinus* und *Sarcopoterium* sowie die Palme *Chamaerops*. Auffallend ist das Fehlen altertümlicher Gattungen; stattdessen findet man Neoendemiten, die auf die Entstehung der Florenregion in der zweiten Hälfte des Tertiärs (zunehmender Aridität) schließen lassen. Vegetationsökologisch ist die Region im Wesentlichen von Hartlaubwäldern und -gebüschen geprägt, also im Gegensatz beispielsweise zu Florenregion 1 recht einheitlich.

7. Die **Rocky-Mountain-Region** im Nordwesten Nordamerikas zeigt noch Merkmale des südlich anschließenden kalifornischen Winterregengebiets, ist aber trotzdem der nemoralen (kühlgemäßigten) Klimazone zuzuordnen. Sie umfasst einen schmalen Küstenstreifen von Alaska bis San Francisco sowie die Rocky Mountains und den pazifischen Küstengebirgskomplex der USA und Kanadas sowie die Olympic Mountains. Es gibt keine endemischen Familien unter den Gefäßpflanzen, aber 40 endemische Gattungen (einschließlich der Subendemiten, die nur geringfügig außerhalb des Gebiets vorkommen), unter ihnen die Paläoendemiten *Sequoia* und *Sequoiadendron* (Taxodiaceae). Die pazifischen Nadelwälder enthalten weitere Reliktkoniferen mit endemischen Arten (wie *Chamaecyparis, Tsuga, Pseudotsuga, Taxus*). Alles in allem ist die Florenregion mit über 30 Gymnospermenarten pro 10.000 km² einer der Hotspots der Gymnospermendiversität (Barthlott et al. 2007). Im Vergleich dazu ist die zirkumboreale Florenregion mit den borealen Nadelwäldern, dem größten zusammenhängenden Nadelwaldgebiet der Erde (s. Kap. 7), geradezu arm (fünf bis zehn Arten pro 10.000 km²). Vegetationsökologisch ist die Region sehr divers: Außer den erwähnten Nadelwäldern kommen Steppen, Halbwüsten und Hochgebirgstundren vor.

Kasten 1-4

Die südeurosibirische Florenregion

Wie alle Florenregionen besteht auch die südeurosibirische aus mehreren Florenprovinzen, deren Zustandekommen auf die Florengeschichte seit dem Spättertiär zurückzuführen ist. Nach Schroeder (1998) unterscheidet man (Abb. 1):

1. Die atlantische Florenprovinz, die einen durchschnittlich 200 km breiten Streifen entlang der europäischen Westküste von Nordspanien über Frankreich, die Benelux-Staaten, Nordwestdeutschland und Westdänemark einnimmt;
2. die mitteleuropäische Florenprovinz mit Deutschland, der Nordschweiz, Österreich, Polen, den baltischen Staaten, der Tschechischen Republik, der Slowakei und Teilen Ungarns;
3. die sarmatische (mittelrussische) Florenprovinz (Weißrussland und die Laubwaldregion des europäischen Russlands);
4. die pontisch-südsibirische Florenprovinz (Ungarn, die Ukraine, das nördliche Kasachstan und der Süden Westsibiriens einschließlich der Hochgrassteppen-Gebiete);
5. die euxinisch-hyrkanische Florenprovinz mit der südwestlichen und südlichen Küstenregion des Schwarzen Meeres (= griech. *pontos euxeinos*), dem Kaukasus mit seinem Vorland und dem Elburz im Nordiran (= Hyrkanien);
6. die submediterrane Florenprovinz (Nordspanien, Südfrankreich, Oberitalien und die Balkanhalbinsel außerhalb der Küsten) sowie
7. die alpische Florenprovinz mit den süd- bzw. mitteleuropäischen Hochgebirgen (Pyrenäen, Alpen, Dinariden, Karpaten, Kaukasus).

Das Sippeninventar dieser Florenprovinzen zeigt enge Bindungen an das jeweilige Regionalklima, weil nur diejenigen Taxa überleben konnten, die sich mit der holozänen Klimaentwicklung zu arrangieren vermochten. Deshalb kann man die räumliche Verteilung vieler Arten ökologisch interpretieren: Von West nach Ost (hochozeanisch bis gemäßigtkontinental) und von Nord nach Süd (kalt-gemäßigt bis submediterran) folgt das Florengefälle einem Temperatur- und Niederschlagsgradienten, sodass die jeweiligen geographischen Florenelemente als klimatische Zeigerpflanzen für Kontinentalität bzw. Ozeanität oder für Temperatur verwendet werden können (Ellenberg et al. 2001). So ist die Flaumeiche *Quercus pubescens* ein Bestandteil zonal verbreiteter submediterraner Wälder; als thermophiler Laubbaum kommt sie nördlich der Alpen (mitteleuropäische Florenprovinz) nur in besonders wärmebegünstigten Lagen, also extrazonal, vor. Das (sub-)atlantische Florenelement *Calluna vulgaris* (Besenheide) dominiert in küstennahen Zwergstrauchheiden Westeuropas; in Osteuropa (sarmatische Florenprovinz) zieht sich die frostempfindliche Pflanze in die Wälder zurück, die in dem gemäßigt-kontinentalen Allgemeinklima ein ozeanisch getöntes Waldinnenklima aufweisen. Das alpische Florenelement *Primula farinosa* (Mehlprimel) ist im Zentrum seines Areals ein Bestandteil kalkalpiner Rasen oberhalb der Waldgrenze; im Alpenvorland kommt die kleine Rosettenpflanze natürlicherweise in offenen (nicht bewaldeten) Kalk-Kleinseggenrieden der Niedermoore vor.

Dieser Standortwechsel eines Taxons vom Zentrum zum Rand seines Areals wurde von Walter & Walter (1953) sinn-

8. Die **nordamerikanisch-atlantische Region** umfasst die nordamerikanischen sommergrünen Laubwälder und die westlich angrenzenden Steppen (Prärien). Die Flora ist weniger reich als die korrespondierende ostasiatische Florenregion, aber wesentlich reicher als das Gebiet der sommergrünen Laubwälder und Steppen in Europa (südeurosibirische Provinz). Es gibt keine endemische Familie, aber rund 100 endemische und subendemische Gefäßpflanzengattungen (darunter die Heil- und Zierstaude *Echinacea*). Einige weitere Asteraceen-Gattungen (*Rudbeckia, Solidago, Helianthus, Aster*) fallen durch hohen Artenreichtum auf. Die floristische Ähnlichkeit mit Ostasien ist auffallend: Es gibt viele identische oder nahe verwandte Gattungen (z. B. *Liriodendron tulipifera* in Nordamerika, *L. chinense* in Ostasien), zurückzuführen auf einen regen Florenaustausch im Miozän unter feucht-warmen Bedingungen ohne pleistozäne Extinktionen wie in Europa.

9. Die **madrische Florenregion** umfasst den Südwestteil der USA und das mexikanische Hochland (Winterregengebiet, vergleichbar mit der mediterranen Florenregion). Sie ist benannt nach der Sierra Madre Occidental in Mexiko. Die Pflanzendecke besteht aus Hartlaubwäldern und -gebüschen, Gebirgsnadelwäldern, Halbwüsten und Wüsten. Das Gebiet ist mit rund 4.400 Arten, und einem Endemitenanteil von 48 % einer der Hotspots der Biodiversität („kalifornische Provinz", nach Myers et al. 2000). Takhtajan (1986) gibt rund 250 endemische Gattungen an, von denen allein 100 zur Familie der Asteraceae gehören. Die endemische Familie der Fouquieriaceae besteht aus trockenheitsadaptierten, dornigen, sukkulenten Büschen und Flaschenbäumen. Vergleichbar

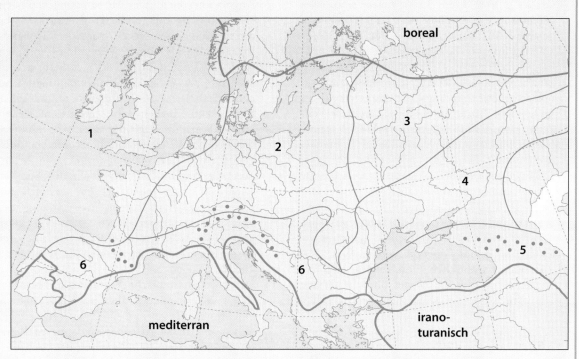

Abb. 1 Florenprovinzen der südeurosibirischen Florenregion (nach Walter & Straka 1970 und Schroeder 1998, verändert). Die Ziffern entsprechen denjenigen im Text; punktiert = alpische Florenprovinz.

gemäß folgendermaßen formuliert: Wenn sich das Allgemeinklima innerhalb des Areals einer Pflanzenart in einer bestimmten Richtung ändert, so tritt bei dieser Art oft ein Biotopwechsel ein, durch den die Klimaänderung mehr oder minder aufgehoben wird („Gesetz der relativen Standortkonstanz").

mit der mediterranen Florenregion hat sich auch die madrische Flora im Wesentlichen aus feuchttropischen bis -subtropischen Taxa während der Austrocknungsphase im ausgehenden Tertiär entwickelt. So unterschiedlich das Floreninventar ist (trotz konvergenter Wuchsformen), so gibt es doch einige Gattungen, die in beiden Gebieten vorkommen (*Arbutus, Cercis, Cupressus, Pistacia, Salvia* u. a.).

II. Das afrikanische Florenreich

Der Westteil der altweltlichen Tropen (Paläotropis) umfasst den gesamten Kontinent Afrika sowie die Arabische Halbinsel (ohne ihren mediterranen Teil) und Madagaskar. Trotz ihres Endemitenreichtums wird die Südspitze des Kontinents, die Capensis, wegen ihrer geringen Flächenausdehnung und der niedrigen Anzahl an endemischen Familien nicht als eigenes Florenreich angesehen, sondern erhält den Rang eines Unterreichs bzw. einer Florenregion (Cox 2001), ähnlich wie Madagaskar. Beide Gebiete beherbergen dieselbe Zahl von endemischen Familien, nämlich sieben. Somit kann man das afrikanische Florenreich in ein äthiopisches (kontinentales Afrika), kapländisches (Südspitze Afrikas) und madagassisches Unterreich aufteilen. Auffallend ist die Artenarmut des tropischen Afrika (ca. 26.000 Arten; Lebrun & Storck 2003) im Vergleich zu Südamerika (ca. 90.000 Arten; Thomas 1999) und Südostasien (ca. 50.000 Arten; Whitmore 1998), bezogen auf das Gebiet zwischen den Wendekreisen.

10. Die **makaronesische Florenregion** umfasst die im Atlantik gelegenen Inselgruppen der Azoren, Madeira, Kanaren und Kapverden mit Resten subtropischer Lorbeerwälder (Relikte der eozänen Regenwaldflora) und vielen Endemiten

(Name = μακάρων νῆσοι griech. „Inseln des Glücks"). Von rund 3.200 Arten sind etwa 680 endemisch; darunter viele Reliktendemiten, deren nächste Verwandte in Asien oder Nordamerika leben (z. B. *Pinus canariensis* – *P. roxburghii* im Himalaya). Ein großer Teil der Pflanzenarten ist afrikanischen (paläotropischen, nicht holarktischen) Ursprungs; sie wanderten ein, als im heutigen Trockengebiet der Sahara noch Wälder, später dann Savannen verbreitet waren. Hierzu gehören u. a. die Lauraceae mit Gattungen wie *Laurus*, *Ocotea*, *Apollonias*, *Persea*, die Oleaceae (*Picconia*), die Myricaceae (*Myrica*), die Myrsinaceae (*Heberdenia*), alles pan- bzw. paläotropische Taxa. Der sukkulente Trockenbusch der Kanaren beispielsweise auf der Südostseite von Teneriffa ist von paläotropischen Stammsukkulenten der Gattung *Euphorbia* geprägt.

11. Zur **saharo-arabischen Florenregion** gehören, wie der Name sagt, die Wüsten und Halbwüsten Nordafrikas und der größte Teil der arabischen Halbinsel (ohne den Südwestteil). Auf die Schwierigkeit der Abgrenzung gegen den tropischen Süden und die damit zusammenhängende Frage nach der Zuordnung (Holarktis oder Paläotropis) weist Takhtajan (1986) hin. Das Gebiet ist im Gegensatz zu anderen Florenregionen ökologisch einigermaßen einheitlich; der Schwerpunkt liegt auf Familien, die trockenheitstolerante Arten hervorbringen (Chenopodiaceae, Brassicaceae, Zygophyllaceae u. a.). Die Artenzahl liegt bei rund 1.500. Endemismus ist eher selten; er beschränkt sich auf räumlich isolierte Taxa wie *Cupressus dupreziana* auf dem Ajjer-Plateau in Algerien (Quézel 1978).

12. Die Vegetation der **sudano-sambesischen Florenregion**, der flächenmäßig größten in Afrika, besteht überwiegend aus regen- und immergrünen Trockenwäldern (Miombo), Feucht- und Trockensavannen sowie Zwergstrauch-Halbwüsten der sommerfeuchten Tropen. Es gibt nur drei endemische Familien, die allerdings (bis auf die Kirkiaceae) nur kleine Areale innerhalb der Florenregion einnehmen. Bemerkenswert sind einige vegetationsprägende Gattungen, die als endemisch gelten oder als Subendemiten wenigstens ihren Verbreitungsschwerpunkt hier haben wie *Combretum* und *Terminalia* (beide Combretaceae), *Acacia*, *Hyparrhenia* (Poaceae), *Colophospermum* („Mopane") und *Brachystegia* (beide Fabaceae).

13. Die **guineo-kongolesische Florenregion** erstreckt sich von Südwest-Gambia und dem südwestlichen Senegal bis in den Nordwesten von Angola und reicht über das Kongobecken nach Osten bis Uganda und den Viktoriasee. Es dominieren artenreiche, tropische Tieflandregenwälder als zonale Vegetation. Von den rund 8.000 Arten dürften 80 % endemisch sein (Lebrun 2001). Sieben Pflanzenfamilien sind endemisch (u. a. Dioncophyllaceae mit einer Reihe von Lianen, die monogenerischen Hoplestigmataceae mit nur zwei, vom Aussterben bedrohten Arten, und die ebenfalls monogenerischen Medusandraceae mit zwei Arten, deren Verwandtschaft innerhalb der Eudikotyledonen völlig unklar ist). Die westafrikanischen tropischen Regenwälder entlang der Küste gelten mit stellenweise zwischen 3.000 und 4.000 Arten pro $10.000\,km^2$ als eines der besonders artenreichen Gebiete (Barthlott et al. 2007).

14. Die **karoo-namibische Florenregion** zeichnet sich durch eine außerordentlich reiche Sukkulentenflora mit extrem vielfältig an Trockenheit, teilweise auch an Nebelnässe adaptieren Xerophyten. Sie ist ein Beispiel dafür, dass sich Bioregionen ökologisch interpretieren lassen. Die Wüsten und Halbwüsten (Sukkulenten- und Zwergstrauch-Halbwüsten) enthalten zwar nur eine endemische Familie, die aber stammesgeschichtlich besonders interessant ist, nämlich die zu der altertümlichen Ordnung Gnetales gehörenden Welwitschiaceae mit nur einer Gattung und einer Art, *Welwitschia mirabilis* (s. Kasten 4-4 in Abschn. 4.3.4.5). Es gibt aber einen gewissen Verbreitungsschwerpunkt von Pflanzenfamilien mit sukkulenten Wuchsformen, wie die Mesembryanthemoideae (Aizoaceae), von denen die meisten in der Sukkulenten-Karoo Südafrikas und Namibias vorkommen (hierzu u. a. die Gattungen *Carpobrotus* und *Lithops*), aber auch Asteraceae, Aizoaceae, Euphorbiaceae, Portulacaceae u. a. Etwa 1.500 Arten der Mesembryanthemaceae dürften endemisch sein. Hinzu kommen trockentolerante Sträucher mit der Fähigkeit, Nebelniederschlag zu verwerten, wie *Arthraerua leubnitziae* (Amaranthaceae), und zahlreiche Gräser der Gattung *Stipagrostis*.

15. Die **Zulu-Florenregion** bildet einen schmalen Streifen entlang der Südostküste Afrikas (von Somalia bis Port Elizabeth in Südafrika). Sie enthält nur eine endemische Familie, ist aber bezüglich der Artenausstattung mit rund 40 % endemitenreich, wenn auch deutlich ärmer als etwa die Florenregion 11 (White 1983). Die Vegetation ist

ein Mosaik aus afromontanen Wäldern, Trockengebüsch und Grasland.

16. Die **kapensische Florenregion** (Unterreich Kapensis) an der Südspitze Afrikas beherbergt auf lediglich 100.000 km² sechs endemische, allerdings sehr arten- und gattungsarme Familien (Bruniaceae, Geissolomantaceae, Grubbiaceae, Pennaeaceae, Stilbaceae, Prioniaceae). Von den 8.500 Arten der kapensischen Florenregion sind 73 % endemisch; der Schwerpunkt ihres Vorkommens liegt im Fynbos, benannt nach der erikoiden Feinblättrigkeit vieler Taxa quer durch alle Familien (s. Abschn. 5.3.2.5). Bemerkenswert ist die mit rund 500 Arten vertretene Gattung *Erica*. Hinzu treten sklerophylle Wuchsformen, besonders unter den zahlreichen Vertretern der südhemisphärischen Proteaceae (*Protea*, *Leucadendron*). Diese und eine weitere Familie, nämlich die mit den Cyperaceae verwandten Restionaceae weisen auf die floristische Verwandtschaft der Kapensis mit Australien hin. Die Region ist wohl einer der bekanntesten Hotspots der Phytodiversität. Eine befriedigende Erklärung für diesen außerordentlichen Endemitenreichtum steht immer noch aus (s. Abschn. 5.3.1.3).

17. Die Florenregion der Inseln **Ascension und St. Helena** umfasst die beiden namengebenden vulkanischen Inseln im Südatlantik, mit einer artenarmen, aber zu 90 % endemischen Flora (Tab. 1-4).

18. Zur **madagassischen Florenregion** (Unterreich Madagaskar) gehören neben Madagaskar auch die Inselgruppen der Komoren, Seychellen und Maskarenen. Die Region zeichnet sich durch einen außerordentlich hohen Endemismus aus, und zwar sowohl auf dem Niveau der Familien (Barbeuiaceae, Didymelaceae, Diegodendraceae, Melanophyllaceae, Physenaceae, Sarcolaenaceae, Sphaerosepalaceae, außer den letzten beiden alle monogenerisch), der Gattungen (über 400) und Arten (insgesamt über 10.000, davon schätzungsweise über 80 % endemisch; Koechlin et al. 1974, Good 1974). Die artenreichste Familie auf Madagaskar sind die Orchidaceae mit über 900 Arten. Bemerkenswert ist, dass nur rund ein Viertel der Flora afrikanischen Ursprungs ist; die restlichen drei Viertel zeigen Gemeinsamkeiten mit Indien und Sri Lanka (Beginn der Trennung Madagaskars von Afrika bereits am Ende des Paläozoikums). Ein Beispiel für die Verwandtschaft mit dem indo-pazifischen Florenreich ist die Gattung *Nepenthes* (s. Kasten 1-3).

Tab. 1-4 Vorkommen von Samenpflanzen (Gattungen) auf einigen Inselgruppen des pazifischen Raumes (nach Balgooy 1971). Neukaledonien und die Fidschi-Inseln sind Bruchstücke des Gondwana-Kontinents; die übrigen sind vulkanischen Ursprungs. Zu beachten ist, dass die Zahlen nicht mehr auf dem neuesten Stand sind. Sie dienen deshalb lediglich zum Vergleich zwischen den Inseln.

Inselgruppen	Gesamtzahl Gattungen	Zahl endemischer Gattungen
Neukaledonien	655	104
Neukaledonien[1]	788	108
Fidschi	476	10
Marianen	215	1
Marquesas	113	2
Samoa	302	1
Gesellschaftsinseln	201	2
Süd-Tuamotu	81	0
Hawai'i	226	43

[1] nach Morat (1993).

III. Das indo-pazifische Florenreich

Die höhere Artenzahl im Vergleich zum afrikanischen Unterreich erklärt sich durch das gemeinsame Vorkommen sowohl gondwanischer als auch laurasischer Florenelemente, verursacht durch den Kontakt der Gondwana-Fragmente Australien und Neuguinea über die pazifischen Inseln mit Asien. Das Florenreich zeichnet sich durch 16 endemische Familien aus, von denen allerdings einige ein extrem kleines Areal haben (wie die bereits erwähnten monogenerischen Degeneriaceae). Bemerkenswert ist, dass kein anderes Florenreich einen derartigen Reichtum an altertümlicher Gattungen und Familien aufweist wie das indo-pazifische; das betrifft in erster Linie die basalen Ordnungen der Blütenpflanzen mit ihren Familien (s. Abb. 1-5), aber auch die Gymnospermen mit Podocarpaceae, Araucariaceae u.a. Offensichtlich ist der Grund hierfür die klimatischer Kontinuität dieses Raums seit dem Mesozoikum.

19. Die **indische Florenregion** ist im Vergleich zu anderen Florenregionen des indo-pazifischen Florenreiches arm an endemischen Gattungen altertümlicher Familien (begründet durch das späte Andocken des indischen Subkontinents an Asien vor rund 45 Mio. Jahren und die klimati-

sche Instabilität während seiner Wanderung als Gondwana-Bruchstück nach Norden). Aus diesem Grund fehlen wohl auch die Vertreter der Ranunculales, Saxifragales und Rosales, die in den anderen Florenregionen dieses Florenreichs verbreitet sind. Die indische Florenregion umfasst außer dem indischen Subkontinent auch Sri Lanka und die Malediven. Die Vegetation ist heterogen und besteht aus tropischen Regen- und Monsunwäldern, Savannen und Halbwüsten.

20. Zur **indochinesischen Florenregion** gehören Myanmar, Thailand (außer dem nördlichsten Teil), Indochina (Kambodscha, Laos, Vietnam) sowie die tropischen Anteile im Süden und Südwesten von China einschließlich der Insel Hainan. Die Florenregion enthält zahlreiche holarktische Sippen, die wegen der von Nord nach Süd verlaufenden Gebirgsketten weit nach Süden vordringen konnten. So kommen in den montanen Wäldern Vertreter der Fagaceen-Gattungen *Lithocarpus*, *Castanopsis* und *Quercus* vor. Vor allem der Südwesten Chinas mit seinem ausgeprägten Georelief ist einer der Hotspots der pflanzlichen Biodiversität (4.000 bis 5.000 Gefäßpflanzen pro 10.000 km^2; Barthlott et al. 2007). Es herrschen tropische Tieflands- und Gebirgsregenwälder vor.

21. Die **malesische Florenregion** besteht aus Sumatra, Süd-Malakka, Java, Kalimantan (Borneo), den Philippinen und Neuguinea und ist mit insgesamt etwa 41.000 Gefäßpflanzenarten sehr artenreich (Roos et al. 2004). Es gibt vier endemische Familien und etwa 400 endemische Gattungen. Hotspots der Biodiversität sind Sundaland (Malakka, Kalimantan, Sumatra und Java), die Philippinen sowie Sulawesi mit den Molukken, den Sunda-Inseln und Timor. Alle Inseln sind gebirgig mit Meereshöhen über 3.000 m NN (Sumatra, Java) bzw. über 4.000 m NN (Neuguinea). Die Hochgebirgsflora stammt zum großen Teil aus der Holarktis mit Gattungen wie *Anemone*, *Ranunculus*, *Galium*, *Thalictrum*, *Hypericum* u. v. a., die vermutlich während der Eiszeiten von Norden her über die Malaiische Halbinsel bis nach Neuguinea eingewandert sind (Steenis 1972). Es gibt auch einige holantarktische Florenelemente wie *Gunnera*. Neuguinea nimmt florengeographisch eine Sonderstellung ein: Ein wiederholter Florenaustausch mit Australien (letztmals im Pleistozän durch das Absinken des Meeresspiegels) spiegelt sich in der Zusammensetzung der Gebirgswälder wieder, z. B. durch das Auftreten von *Eucalyptus*- und *Nothofagus*-Arten. Aus diesem Grund könnte man auch eine eigene papuanische Florenregion ausweisen (Mattick 1964); die Grenze zur malesischen Florenregion verliefe dann zwischen Kalimantan und Sulawesi und folgte damit mehr oder minder der sog. Wallace-Linie (benannt nach dem englischen Naturforscher Alfred Russel Wallace, einem Zeitgenossen von Charles Darwin; Smith 2005), die das asiatische und das australischen Faunenreich voneinander trennt (Takhtajan 1986, Cox & Moore 2007).

22. Die **Fidschi-Florenregion** umfasst außer den Fidschi-Inseln auch die Neuen Hebriden, Samoa und Tonga sowie weitere Inseln. Es gibt eine endemische Familie (Degeneriaceae) und zwölf endemische Gattungen, unter denen vier zu den Arecacae gehören (Takhtajan 1986).

23. Zur **neukaledonischen Florenregion** gehören neben Neukaledonien selbst (Grande Terre; 16.300 km^2) die Loyality-Inseln und weitere (mit zusammen 2.200 km^2). Sie ist eine florengeographisch in mehrfacher Hinsicht besonders interessante Florenregion: Erstens ist sie im Hinblick auf ihre Flächenausdehnung (18.500 km^2) außerordentlich arten- und endemitenreich. Es gibt rund 3.200 Angiospermenarten (davon 79 % endemisch), verteilt auf 165 Familien und 788 Gattungen (davon 108 endemisch; Morat 1993). Von 44 Gymnospermenarten sind 43 endemisch. Zweitens: Die Flora enthält besonders viele Paläoendemiten; so u. a. Winteraceae, Podocarpaceae und Araucariaceae mit jeweils 18 Arten. Besonders bemerkenswert ist das Vorkommen der altertümlichen Sippe *Amborella trichopoda*. Drittens: Die Flora Neukaledoniens speist sich aus der gesamten Nachbarschaft. Eine besonders enge floristische Verwandtschaft besteht zu Australien (z. B. mit dem Vorkommen der Proteaceen-Gattungen *Grevillea* und *Macadamia* sowie der Myrtaceen-Gattungen *Callistemon* und *Metrosideros*), zu Neuguinea und Malaysia mit zahlreichen paläotropischen Sippen und zu Neuseeland (und damit zum antarktischen Florenreich) mit *Agathis* (Araucariaceae), *Podocarpus*, *Libocedrus*, *Dacrydium* (alle Podocarpaceae) und *Nothofagus* (und zwar der Untergattung *Brassospora*). Die Ursache für diese Sonderstellung Neukaledoniens liegt erstens an der frühen Trennung vom Rest des Gondwana-Kontinents (deshalb fehlt auch die relativ junge Gattung *Eucalyptus*) und zweitens an der klimatischen Kontinuität (keine Vergletscherung, gleichmäßiges ozeanisches Klima).

24. Die **polynesische Florenregion** umfasst die Inselgruppen im Pazifik östlich der Florenregionen 19 und 20. Da es sich um Inseln vulkanischen Ursprungs handelt, sind sie jünger als das Gondwana-Fragment Neukaledonien und deshalb deutlich artenärmer. Alter der Inseln und Distanz zur nächsten vegetationsbedeckten Region (hier Amerika, Neuguinea, Kalimantan, Südostasien) bestimmen also die Anzahl der Taxa (Tab. 1-4). Die Florenregion enthält keine endemische Familie, nur wenige endemische Gattungen, aber über 50 % endemische Arten. Die Flora ist überwiegend indo-malesischen Ursprungs; die Arten müssen vorwiegend mit dem Wind oder durch Vögel transportiert worden sein. Da der Anteil tropischer Strände am Festland bei Inseln groß ist, sind besonders Salz- (Halophyten) und Sandpflanzen (Psammophyten) reichlich vertreten. Unter ihnen gibt es viele, deren Fortpflanzungseinheiten (Samen, Früchte, vegetative Teile) einen längeren Aufenthalt im Meerwasser vertragen. Ein Beispiel ist die Kokospalme (*Cocos nucifera*), die faktisch überall an tropischen Stränden auftritt.

25. Die **hawaiianische Florenregion** ist unter den pazifischen Inselgruppen am stärksten räumlich isoliert und erdgeschichtlich jung: Die Hauptinsel Hawai'i (Big Island) ist gerade einmal 700.000 Jahre alt; Maui gibt es seit 1,3 Mio. und Kauai seit 5 Mio. Jahren. Die Konsequenz ist eine disharmonische Inselflora aus Sippen unterschiedlicher Herkunft, schwerpunktmäßig aber aus der malesischen und polynesischen Florenregion. Der selbst für die Tropen ungewöhnliche Farnreichtum (168 Arten) spricht für den Wind als Ausbreitungsmedium (möglicherweise mit dem ostwärts gerichteten Jetstrom, in den die Samen durch tropische Wirbelströme gelangen können; Mueller-Dombois & Fosberg 1998). Auch der einzige Baum der tropischen Regenwälder der Inselgruppe, *Metrosideros polymorpha*, ist vermutlich mit dem Wind eingetragen worden. Die meisten Arten kamen aber wohl in den Federn oder im Verdauungstrakt von Vögeln. Es gibt 956 Samenpflanzen, wovon 850 endemisch sind (Wagner et al. 1990). Wegen der ungesättigten Vegetation waren und sind die Inseln anfällig für vom Menschen eingeschleppte Arten; so invadiert beispielsweise die als Zierpflanze nach Hawai'i gekommene Staude *Hedychium gardnerianum* (Zingiberaceae) die *Metrosideros*-Wälder und verdrängt dort die heimischen Baumfarne (Minden et al. 2010).

IV. Das neotropische Florenreich

Die Neotropis umfasst die tropische Südhälfte von Florida, die Küstengebiete und den Südteil des mexikanischen Hochlands, ganz Mittelamerika und den größten Teil Südamerikas ohne Patagonien und Feuerland. Dazu kommen die Großen (Kuba, Jamaica, Hispañola) und Kleinen Antillen, sowie die Galapagos-Inseln. Trotz der gemeinsamen Herkunft aus der Flora von Gondwana (repräsentiert durch 91 pantropische Familien) gibt es deutliche Unterschiede zu den beiden anderen tropischen Florenreichen: Die Zahl der endemischen Familien ist mit 42 besonders hoch (gegenüber 19 im afrikanischen und 16 im indo-pazifischen Florenreich). Hierzu zählen neben den markanten Bromeliaceae (u. a. mit der epiphytischen Gattung *Tillandsia*) und Cactaceae auch die altertümlichen Canellaceae (zu der basalen Ordnung Canellales gehörend), die Caricaceae (zu denen *Carica papaya*, der Papayabaum, gehört), die Cecropiaceae mit der Gattung *Cecropia*, ein Pionier in tropischen und subtropischen Wäldern, die Tropaeolaceae (mit der beliebten Balkonpflanze *Tropaeolum majus*, der Kapuzinerkresse), die Agavaceae mit den Gattungen *Agave* und *Yucca* sowie die dekorativen Alstroemeriaceae mit ihren großen, intensiv gefärbten Blüten. Manche Familien wie die Solanaceae sind zwar weit verbreitet, haben aber einen Schwerpunkt in der Neotropis (rund 2.000 *Solanum*-Arten, darunter wichtige Kulturpflanzen wie Tomate und Kartoffel). Pflanzengeographisch von Bedeutung ist, dass nach der Verbindung von Nord- mit Südamerika durch den mittelamerikanischen Landrücken (vor etwa 3,5 Mio. Jahren) holarktische Florenelemente nach Südamerika (wie *Quercus* und *Alnus*) und holantarktische nach Nordamerika (wie die Ericaceen-Gattung *Gaultheria*) einwandern konnten.

26. Die **karibische Florenregion** umfasst den mittelamerikanischen Landrücken vom Norden Kolumbiens (einschließlich der Regenwälder der Pazifikküste, der Region Chocó: Letztere ein Schwerpunkt der Entwicklung der Palmen) und Venezuelas bis in den Süden Mexikos (einschließlich Niederkaliforniens) sowie die karibische Inselwelt. Die Vegetation ist mit der Kombination aus tropischen Trockenwäldern, tropischen Tiefland- und Gebirgsregenwäldern, Mangroven und Páramos (Vegetation der alpinen Stufe feuchttropischer Hochgebirge) sehr vielfältig. Das ausgeprägte Georelief mit steilen Niederschlags- und Temperaturgradienten macht die Florenregion zu einem der Hotspots der Biodiversität: Rund 60 % der etwa 7.000 Arten dürften endemisch sein. Mit sieben endemischen Familien

(wie die Lennoaceae) und etwa 600 endemischen Gattungen (Good 1974) gehört das Gebiet zu einer der endemitenreichsten Regionen der Erde.

27. Die **Guayana-Florenregion** ist im Vergleich zu den anderen Florenregionen der Neotropis zwar klein, enthält aber dennoch über 8.000 Arten, von denen etwa die Hälfte endemisch ist (mit dem Schwerpunkt ihres Vorkommens in höheren Gebirgslagen). Die Region umfasst den östlichen Teil von Venezuela südlich des Orinoco mit der Hochebene der Gran Sabana und ihren völlig vom Florenaustausch abgeschnittenen, schwer zugänglichen Tafelbergen (Tepuis), die ein besonders typischer Wuchsort für einen großen Teil der Endemiten sind (s. Kasten 3-5 in Abschn. 3.3.3.2). Jeder einzelne Tepui hat seine eigenen Endemiten, ein perfektes Beispiel für (allopatrische) Artbildungsprozesse durch Isolation.

28. Die **amazonische Florenregion** umfasst den größten Teil des Amazonasbeckens, soweit es von tropischen Regenwäldern eingenommen wird, sowie den Westteil von Venezuela und Teile von Kolumbien (Llanos Provinz). Die Vegetation ist demgemäß sehr vielfältig: Sie besteht aus tropischen Tieflands- und Gebirgsregenwäldern, Savannen, Feuchtgebieten und Paramos. Die Region ist das Gegenstück zur guineo-kongolesischen Florenregion in Afrika, aber floristisch reichhaltiger, allerdings immer noch nicht völlig inventarisiert. Deshalb ist die Zahl von rund 8.000 Arten noch nicht endgültig. Die Hälfte davon dürfte nach Takhtajan (1986) endemisch sein, wobei der Endemismus sich vorwiegend auf die Gebirgslagen beschränkt. Das Gebiet ist mit bis 5.000 Arten pro 10.000 km^2 einer der Hotspots der Phytodiversität (Myers et al. 2000, Barthlott et al. 2007).

29. Zur **andin-pazifischen Florenregion** werden die von der karibischen Florenregion nach Süden anschließenden Küsten und Küstengebirge sowie die Hochanden von Kolumbien bis Mittelchile zusammengefasst: Pflanzengeographisch besonders interessant ist hier das Zusammentreffen holarktischer (z. B. *Berberis*, *Quercus*) und holantarktischer Florenelemente (*Azorella*, *Psychrophila* (= *Caltha*) *sagittata*, *Colobanthus*), begünstigt durch die Andenketten, die als Wanderweg für kühladaptierte Arten dienen. Die Florenregion ist außerdem durch einen besonders ausgeprägten Höhengradienten gekennzeichnet, der alle Höhenstufen bis in die Páramos der feucht-

und die Puna der trockentropischen Hochgebirge umfasst und horizontal von tropischen Tiefland- und Gebirgsregenwäldern (Kolumbien und Ecuador) über Wüsten und Halbwüsten bis in das Hartlaubgebiet von Chile reicht. Es gibt vier endemische Familien, zu denen unter anderen die Desfontainiaceae gehören. Die Region ist ein Beispiel für einen reliefbedingten Artenreichtum, ähnlich wie in der Florenregion 25 an der Grenze von Südwestchina zu Myanmar. Die tropischen Anden werden deshalb zu den Hotspots der Phytodiversität gerechnet.

30. Die **brasilianische Florenregion** umfasst Brasilien südlich der amazonischen Florenregion bis etwa 30° S sowie Nordargentinien außerhalb der Anden und Paraguay. Die Vegetation besteht aus tropisch-subtropischen Dorngebüschen und Trockenwäldern (Chaco, Caatinga), tropischen und subtropischen Küstenregenwäldern (Mata Atlantica), und Savannen (Cerrado). Es gibt keine endemischen Familien, aber rund 400 endemische Gattungen (Good 1974) und zahlreiche endemische Arten. Darunter sind so auffallende Pflanzen wie *Araucaria angustifolia* (und andere Relikt-Gymnospermen wie *Podocarpus lambertii*), *Ilex paraguayensis* (dessen geröstete Blätter für die Zubereitung des traditionellen Matetees dienen), der prachtvoll rosa blühende Baum *Handroanthus heptaphyllus*, ein Vertreter der pantropischen Familie Bignoniaceae und viele andere. Die tropischen und subtropischen Küstenregenwälder (atlantische Provinz nach Takhtajan 1986; zwischen Salvador de Bahia im Norden und Porto Alegre im Süden, nach Westen bis zu den Iguazú-Wasserfällen reichend) ist besonders artenreich und wird deshalb zu den Hotspots der Phytodiversität gerechnet (Tab. 1-6). Der Cerrado ist mit 1,8 Mio. km^2 einer der bedeutendsten Lebensräume der sommerfeuchten Tropen mit einer Vegetation, die von Grasländern bis zu geschlossenen Trockenwäldern reicht (44 % endemische Arten).

31. Die **argentinische Florenregion** umfasst die subtropischen Grasländer von Südbrasilien (Rio Grande do Sul), Uruguay und Argentinien einschließlich der subtropischen Trockengehölze des Monte. Die Region ist deutlich artenärmer als die bisher genannten neotropischen Florenregionen, aber pflanzengeographisch interessant wegen des gemeinsamen Auftretens von C_4- (z. B. *Aristida*, *Panicum*) und C_3-Gräsern (z. B. *Briza*, *Bromus*, *Stipa*). Die ausgedehnten Grasländer (Campo, Pampa) reichen von etwa 30–

40° S und sind kulturprägend (extensive Rinder-beweidung, die den Typ des südamerikanischen Gaucho hervorgebracht hat). Südlich davon kommen Halbwüsten vor. Die Region wird von Takhtajan (1986) zur Chile-Patagonien-Region im Florenreich der Holantarktis gestellt.

32. Zur **Fernandez-Florenregion** gehören die Insel-gruppen Juan Fernandez (mit der Robinson-Crusoe-Insel) und Desventuradas westlich von Chile. Die Flora von Juan Fernandez enthält nach Stuessy et al. (1992) 158 Blütenpflanzen, von denen ca. 100 endemisch sind. Es gibt eine endemische Familie (Lactoridaceae) mit einer Art. Die Zahl invasiver Pflanzenarten übersteigt inzwischen diejenige der einheimischen.

V. Das australische Florenreich

Australien nimmt hinsichtlich seiner Florenentwick-lung eine Sonderstellung gegenüber den anderen, weitaus größeren Landmassen ein. Der Kontinent hat sich in der frühen Kreidezeit (vor rund 120 Mio. Jah-ren) von den Gondwana-Bruchstücken Afrika und Indien getrennt, und die letzte Landverbindung mit der Antarktis, die noch im Paläozän einen Florenaus-tausch mit Südamerika ermöglichte, riss im Eozän vor etwa 40 Mio. Jahren ab. Die Sonderentwicklung am Nordrand der südlichen Extratropen auf extrem basen- und phosphorarmen Gesteinen führte zu einer stark spezialisierten Flora und einer extremen Diversität bestimmter Taxa (Zahlen von Gattungen und Arten im Folgenden nach Beadle 1981, Lüpnitz 1998; s. auch Mabberley 2008): Innerhalb der Familie der Myrtaceae bildete sich vermutlich erst im späten Eozän und im Oligozän die Gattung *Eucalyptus* s. l. (heute in *Eucalyptus* s. str. und *Corymbia* mit zusam-men über 800 Arten aufgeteilt), innerhalb der Mimo-saceae zur selben Zeit die dornenlosen und mit Phyl-lodien ausgestatteten rund 500 *Acacia*-Arten. Es gibt 19 endemische Familien, von denen die Casuarina-ceae (auch außerhalb Australiens häufig als Zierge-hölz gepflanzt) und die eigenwilligen Grasbäume der Xanthorrhoeaceae und Dasypogonaceae besonders herausragen. Reichlich vertreten ist auch die Gond-wana-Familie Proteaceae (840 Arten) mit endemi-schen Gattungen (*Banksia, Hakea, Dryandra*) und vielen endemischen Arten (über 200 in der Gattung *Grevillea*), vor allem im Süden und Südwesten, sowie die übrigen südhemisphärischen Familien (Restiona-ceae, Epacridaceae). Erwähnenswert sind schließlich reliktische Gymnospermen der Cycadales mit *Cycas, Macrozamia* u. a. Floristische Beziehungen gibt es zum indo-pazifischen Florenreich über Neuguinea und zum antarktischen Florenreich (z. B. mit der Gattung *Nothofagus* in Südostaustralien und auf Tas-manien).

33. Die **nordostaustralische Florenregion** umfasst den Norden, Osten und Südosten des Kontinents und schließt auch Tasmanien mit ein. Ökologisch heterogen (tropische Savannen und Regenwälder, subtropische Lorbeerwälder, in höheren Gebirgs-lagen auch holantarktische Florenelemente wie *Nothofagus*) zeichnet sie sich durch eine Reihe gemeinsamer endemischer Familien aus, z. B. die altertümlichen Austrobaileyaceae, sowie durch reliktische Gymnospermen-Gattungen aus den Familien Zamiaceae (z. B. *Bowenia*), Cupressa-ceae (*Athrotaxis, Diselma, Microstrobus*) und Podocarpaceae (*Pherosphaera*). Besonders arten-reich ist die Queensland-Provinz mit vielen Flo-renelementen aus der malesischen Florenregion.

34. Die **zentralaustralische (eremäische) Florenre-gion** ist von Halbwüsten und Savannen bedeckt; erwartungsgemäß sind Asteraceae, Brassicaceae, Chenopodiaceae (Halophyten) und Poaceae zahlreich vertreten. Typische endemische Gat-tungen sind unter den Bäumen *Allocasuarina*, unter den Poaceae das Igelgras *Triodia* sowie das Horstgras *Astrebla*, unter den Chenopodiaceae *Maireana*. Die Region enthält Regenwaldrelikte, die in der Umgebung wasserführender Sand-steine den spättertiären Austrocknungsprozess überlebt haben, wie *Macrozamia macdonnellii* (Zamiaceae; Macdonell Range) und *Livistona mariae* (Arecaceae; Palm Valley). Vermutlich sind über 90 % der Arten endemisch.

35. Die **westaustralische Florenregion** umfasst das Winterregengebiet mit Hartlaubcharakter. Von den rund 8.000 Arten sind fast 80 % endemisch. Dazu gehören bestandesbildende *Eucalyptus*-Arten wie *E. diversicolor*, ein Baum, der eine Höhe von über 80 m erreichen kann, aber auch viele *Banksia*-Arten. Endemisch sind die Gattun-gen *Kingia* und *Dasypogon* der Familie Dasypo-gonaceae. Die Vegetation besteht aus Hartlaub-wäldern aus *Eucalyptus*- und *Corymbia*-Arten sowie aus Hartlaubgebüschen (Kwongan), die besonders reich an Proteaceae sind.

VI. Das holantarktische Florenreich

Seit dem Zerfall von Gondwana und der Vereisung der Antarktis ist das holantarktische Florenreich stark zersplittert und reliktisch. Es setzt sich aus heute weit voneinander entfernt liegenden Gebieten zusammen, nämlich Patagonien und Feuerland in Südamerika, Neuseeland, den Malwinen (= Falkland-Inseln), der Antarktischen Halbinsel und einigen

Kasten 1-5

Die Gattung *Nothofagus*

Das Vorkommen der Gattung *Nothofagus* ist ausschließlich auf die Südhemisphäre beschränkt. Es kennzeichnet die Bruchstücke des ehemaligen Gondwana-Kontinents. Die 36 *Nothofagus*-Arten findet man nach Donoso (1996) deshalb in Neuseeland (fünf Arten), Neukaledonien (vier Arten), Neuguinea (15 Arten), Australien und Tasmanien (drei Arten) sowie in Südamerika (zehn Arten, einschließlich *N. leoni* als Hybrid zwischen *N. glauca* und *obliqua*; *N. macrocarpa* wird nicht als eigene Art aufgeführt). *Nothofagus* ist die einzige Gattung der Familie Nothofagaceae (Hill & Jordan 1993); sie hat nachweislich (durch Pollenfunde bestätigt) bereits in der Oberen Kreidezeit vor 80 Mio. Jahren (Campan, Maastrich) existiert, ist also eine Bildung der Südhemisphäre und demnach älter als *Fagus* auf der Nordhemisphäre (Hill & Dettmann 1996). Fossile Funde, Pollenmorphologie und die Analyse der rbcL-(Ribulose-Biphosphat-Carboxylase-Gen-) Sequenzen in den Chloroplasten zeigen inzwischen ein recht differenziertes Bild der Entwicklung der Arten in Abhängig-

keit von den Zeiträumen des Zerfalls von Gondwana (Manos 1997, Swenson et al. 2001): Die vier (ursprünglich nach der Pollenmorphologie definierten und später molekularbiologisch bestätigten) Untergattungen *Lophozonia*, *Fuscospora*, *Nothofagus* und *Brassospora* existierten bereits vor dem Auseinanderbrechen von Ost-Gondwana (Neukaledonien, Neuseeland, Neuguinea, Australien, Antarktis, Südamerika). Die Entstehung der Untergattungen ist also überwiegend sympatrisch erfolgt, d. h. ohne räumliche Trennung auf der ehemals geschlossenen Landmasse. Ein Beispiel sind die beiden eng verwandten Untergattungen *Nothofagus* (heute ausschließlich in Südamerika) und *Brassospora* (heute ausschließlich in Neukaledonien und Neuguinea). Würde man von einer allopatrischen Bildung ausgehen, dann müsste Südamerika sich zuerst von Neuguinea und Neukaledonien getrennt haben. Das war aber nicht der Fall; vielmehr war Neukaledonien schon lange isoliert, bevor die Verbindung zwischen Südamerika über Antarktis-Australien nach Neu-

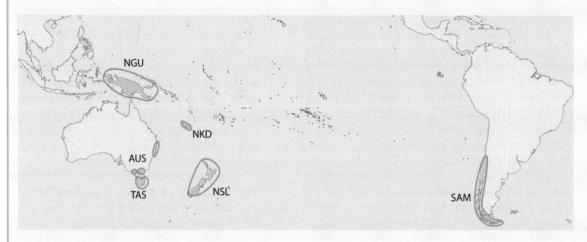

Abb. 1 Verbreitung der Gattung *Nothofagus* (aus Swenson et al. 2001). Südamerika (SAM) zehn Arten, Neuseeland (NSL) fünf Arten, Tasmanien und Australien (AUS, TAS) drei Arten, Neukaledonien (NKD) vier Arten sowie Neuguinea (NGU) 15 Arten.

kleineren Inselgruppen im Südatlantik und Südpazifik. Einige oligotypische endemische Familien (wie Aextocicaceae, Gomortegaceae, Misodendraceae) und endemische Taxa, welche die ehemalige Verbindung zwischen den verschiedenen Teilen des Florenreichs zeigen (wie z. B. die Nothofagaceae und die Gattungen *Colobanthus*, *Donatia*, *Ourisia*, *Laurelia*, *Marsippospermum*, *Rostkovia*, die Art *Blechnum penna-marina*) sind charakteristisch und lassen es als gerechtfertigt erscheinen, die genannten Gebiete zu einem eigenen Florenreich zusammenzufassen.

Andererseits könnte das stete und stellenweise dominante Auftreten neotropischer Florenelemente in Südamerika sowie indo-malesischer und vor allem australischer Florenelemente in Neuseeland auch für eine Anbindung an die Neotropis bzw. die Australis sprechen (Cox 2001). Wir möchten aber die Eigenständigkeit der Holantarktis betonen und richten uns bei der Abgrenzung nach Schroeder (1998).

Zu dieser Eigenständigkeit gehört auch die Dominanz der *Nothofagus*-Arten in den Wäldern; die Nothofagaceae kommen zwar auch außerhalb der

guinea abgerissen ist. Für die Evolution der beiden Untergattungen bedeutet dies, dass sie bereits vor dem Zerfall
von Gondwana existiert haben müssen. Tatsächlich findet
man Fossilien von *Brassospora* in Südamerika und von *Nothofagus* in Neuguinea, Australien und Tasmanien.

Die allopatrische (also durch räumliche Trennung der
Bruchstücke des Gondwana-Kontinents hervorgerufene) Differenzierung in vikariierende Arten bzw. Artengruppen (eng
verwandte Untergruppen innerhalb einer Untergattung) ist in
Abhängigkeit vom Alter der Trennung dagegen erst im Tertiär
erfolgt. Ein Beispiel ist die Untergattung *Lophozonia*: Hier ist
von einer allopatrischen Bildung der südamerikanischen
Artengruppe *Nothofagus glauca*, *N. obliqua* und *N. alpina* und
der australisch-tasmanischen Artengruppe *N. cunninghamii*
und *N. moorei* im Eozän, also etwa vor 35 Mio. Jahren, auszugehen (Isolation von Australien einerseits und Antark-
tis/Südamerika andererseits). Innerhalb der heute isolierten
Teilräume des ehemaligen Gondwanalands findet weiterhin
eine sympatrische Differenzierung auf Artebene statt.

Nach wie vor ungeklärt ist, ob die laubabwerfenden,
sommergrünen oder die immergrünen *Nothofagus*-Arten die
älteren sind. Geht man davon aus, dass sich sommergrüne
Laubbäume in der kühl-gemäßigten Zone der Nordhemisphäre unter dem Einfluss der Kontinentalität mit tiefen
Temperaturen im Winter gebildet haben, dürften sich die
sommergrünen *Nothofagus*-Arten als eine Reaktion auf die
Vergletscherung der Antarktis erst im Eozän entwickelt
haben. Immerhin zeigt sich der sommergrüne Charakter vor
allem in Südamerika mit der größten Nähe zur Antarktis
besonders deutlich, wo nur drei von zehn Arten immergrün
sind. Die übrigen sind in der kühleren Jahreszeit kahl, und es
liegt nahe, dieses Verhalten mit demjenigen der Gattung
Fagus auf der Nordhemisphäre gleich zu setzen. Allerdings
geht das nur mit den kleinblättrigen *Nothofagus*-Arten *N.
pumilio* und *N. antarctica*, die beide entweder wegen der
Höhenlage an der Waldgrenze (*N. pumilio*) oder wegen des
kontinentalen Klimas im Übergang zu den patagonischen
Steppen am Ostrand der Anden (*N. antarctica*) länger andauernde Frostperioden ertragen müssen. Für die großblättri-
gen *Nothofagus*-Arten wie *N. glauca*, *N. obliqua*, *N. alessan-*

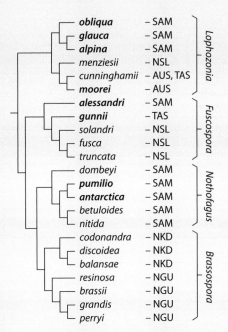

Abb. 2 Kladogramm einiger Arten und Untergattungen von
Nothofagus nach morphologischen (Pollen) und molekularbiologischen (Nuklear-ITS, Chloroplast-rbcL-Sequenzen) Daten. Abkürzung der Gebiete wie in Abb. 1. Die sommergrünen Arten sind fett gedruckt (aus Swenson et al. 2001,
verändert).

dri und *N. alpina* besteht klimatisch keine zwingende Notwendigkeit, die Blätter abzuwerfen. Immerhin kommen in
ihrem Areal auch deutlich frostempfindlichere Laurophylle
und andere Immergrüne (*N. dombeyi*) vor. Vielleicht handelt
es sich um spättertiäre Relikte, die sowohl Pionier- (lichtbedürftig in der Jugend, leichte anemochore Samen) als auch
Klimaxbäume (langlebig) sind und sich so mit den Immergrünen arrangiert haben (Pollmann 2001).

Holantarktis vor (mit 15 Arten in Neuguinea, mit
vier Arten in Neukaledonien und mit drei Arten in
Australien und Tasmanien), haben aber dennoch
ihren Schwerpunkt in der Holantarktis.

36. Die Nordgrenze der **patagonischen Florenregion** fällt mit der Nordgrenze Patagoniens zusammen (Rio Biobio in Chile, Rio Colorado in
Argentinien) und umfasst auch Feuerland und
die Malwinen. Die winterfeuchten Subtropen
mit Mittelchile und die Trockengebiete des
Monte sowie die Pampa werden besser zur Neo-

tropis gestellt, weil die neotropischen Florenelemente überwiegen. Wegen der großen klimatischen Unterschiede vor allem von West nach Ost
und entlang des Höhengradienten im südandinen Raum handelt es sich um eine sehr vielfältige
Flora mit drei endemischen Familien (Aextoxicaceae, Misodendraceae und Philesiaceae) und
zahlreichen endemischen Gattungen wie *Saxegothaea* (Podocarpaceae), *Austrocedrus*, *Fitzroya*
und *Pilgerodendron* (Cupressaceae), *Lebetanthus*
(Ericaceae), *Caldcluvia* (Cunoniaceae), *Tepualia*

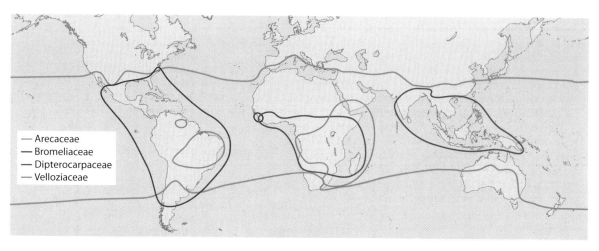

Abb. 1-18 Areale einiger tropischen Familien: Arecaceae (pantropisch), Bromeliaceae (neotropisch), Dipterocarpaceae (paläotropisch), Velloziaceae (neotropisch-afrikanisch) (nach Schroeder 1998).

(Myrtaceae), *Misodendrum* (Misodendraceae, charakteristischer Parasit auf *Nothofagus*), *Chiliotrichum* (Asteraceae), *Tetroncium* (Juncaginaceae), *Lapageria* (*L. rosea* als Nationalblume Chiles; Luzuriagaceae), *Fascicularia* (Bromeliaceae) und viele andere. Hinzu treten einige holarktische Sippen (z. B. *Stipa* und *Bromus* in den patagonischen Steppen, Zwergsträucher wie die Gattung *Empetrum*).

37. Die **Florenregion der subantarktischen Inseln** umfasst Tristan da Cunha, die Prince Edward-Inseln, die Crozet-Inseln, die Kerguelen u. a. mit ziemlich artenarmer Flora und einer einförmigen Vegetation aus Horstgräsern ohne Bäume.

38. Zur **neuseeländischen Florenregion** gehören neben der Nord- und Südinsel von Neuseeland auch verschiedene Inseln und Inselgruppen in der Umgebung wie die Auckland-Inseln im Süden, die Steward- und Lord-Howe-Insel u. a. Neben den zwei endemischen Familien (Hectorellaceae, auch auf den Kerguelen, und Ixerbaceae) gibt es zahlreiche endemische Gattungen und Arten; rund 80 % der Angiospermen und fast alle Gymnospermen sind endemisch. Darunter sind *Agathis australis* (Kauri; Araucariaceae), *Araucaria heterophylla*, vier *Podocarpus*-, zwei *Prumnopitys*-, eine *Dacrycarpus*-, eine *Dacrydium*-, drei *Halocarpus*-, eine *Lagarostrobos*-,

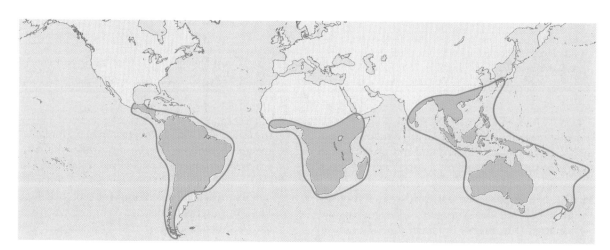

Abb. 1-19 Areal der Proteaceae (nach Meusel et al. 1965–1992). Die Familie hat ihr Mannigfaltigkeitszentrum im Süden und Südwesten Australiens und in der Kapensis. Sie ist südhemisphärisch verbreitet und zeigt eine enge Bindung an die Bruchstücke des ehemaligen Gondwana-Kontinents („gondwanisch").

Tab. 1-5 Verbreitungstypen einiger wichtiger Pflanzenfamilien mit Angaben der Zahl der Familien, Gattungen und Arten.

Verbreitungstyp	Anzahl Familien[1]	Familie (Beispiele)	Anzahl Gattungen[2]	Anzahl Arten[2]
kosmopolitisch	71	Asteraceae	1.590	23.600
		Orchidaceae	779	22.500
		Poaceae	715	10.550
		Fabaceae[3]	640	17.200
holarktisch	41	Fagaceae	8	620–750
		Salicaceae	2	435
		Betulaceae	6	150
		Papaveraceae	41	ca. 760
holantarktisch	5	Nothofagaceae	1	37
		Donatiaceae	1	2
		Misodendraceae	1	8
		Asteliaceae	4	35
gondwanisch	9	Proteaceae	75	1.775
		Restionaceae	48	460
		Cunoniaceae	25	350
		Gunneraceae	1	50–70
paläotropisch	15	Dipterocarpaceae	16	600
		Pandanaceae	3	800
		Pedaliaceae	12–13	ca. 74
		Musaceae	2	ca. 40
neotropisch	42	Cactaceae	100	1.500
		Bromeliaceae	56	2.600
		Tropaeolaceae	1	90
		Caricaceae	6	34
pantropisch	91	Lauraceae	ca. 50	2.500–2.750
		Myrtaceae	ca. 140	ca. 5.800
		Meliaceae	50	550
		Arecaceae	ca. 190	ca. 2.000
australisch	19	Casuarinaceae	4	98
		Myoporaceae	7	ca. 250
		Xanthorrhoeaceae	1	30
		Dasypogonaceae	4	8–16

[1] Auswertung der Verbreitungskarten in Heywood et al. (2007), [2] nach Heywood et al. (2007) und Mabberley (2008) [3] inkl. Mimosaceae und Caesalpiniaceae.

zwei *Lepidothamnus*- und drei *Phyllocladus*-Arten (Podocarpaceae) sowie zwei *Libocedrus*-Arten (Cupressaceae). Bemerkenswert ist ein besonders großer Reichtum an Farnpflanzen (viele Endemiten in den Baumfarngattungen *Dicksonia* und *Cyathea*); rund 45 % sind gemeinsame Arten mit Südostaustralien und Tasmanien, einige *Blechnum*-Arten kommen auch in Chile vor (z. B. *Blechnum penna-marina*). Trotz der Nachbarschaft zu Australien gibt es in Neuseeland weder *Eucalyptus*- noch *Acacia*-Arten, weil die Inseln schon vor der Radiation der beiden Gattungen abgetrennt waren.

Keineswegs alle Sippen lassen sich eindeutig einer bestimmten Bioregion zuordnen (Tab. 1-5). Häufig sind Überschneidungen des Vorkommens von Taxa im Grenzbereich der Florenregionen, wie beispielsweise auf der Südinsel von Neuseeland, wo neben antarktischen Florenelementen auch paläotropische vorkommen. Dann gibt es Areale, die Klimazonen widerspiegeln: So sind die Chenopodiaceae mit ihren rund 1.500 Arten zwar Kosmopoliten; die meisten Arten kommen aber auf beiden Seiten des feuchten Tropengürtels in den salzbeeinflussten tropischen und subtropischen Trockengebieten vor. Einige Familien haben einen Verbreitungsschwerpunkt außerhalb der Tropen; man findet sie auf der Nord- und der Südhemisphäre eher in den gemäßigten Klimalagen. Hierzu gehören die Apiaceae, die Rosaceae, die Caryophyllaceae, die Ranunculaceae und andere bipolar-extratropische Familien. Dann gibt es weit verbreitete tropische Sippen, wie die arten- und gattungsreiche Familie der Myrtaceae mit Schwerpunkt in den Tropen und Subtropen, die man als pantropisch bezeichnet. Paläotropisch sind Taxa, die sowohl im afrikanischen als auch im indo-pazifischen Florenreich vorkommen. Neotropische Familien sind auf Mittel- und Südamerika beschränkt (einige Beispiele in Abb. 1-18).

Auf der Südhalbkugel kommen die Proteaceae und viele andere Familien nicht nur in der Holantarktis vor, sondern auch in den angrenzenden Florenreichen, sofern es sich um Teile des ehemaligen Gondwana-Kontinents handelt („gondwanisch"; Abb. 1-19). Ähnliche Verbreitungsmuster haben beispielsweise die Winteraceae und die Restionaceae. Dagegen täuschen die beiden altertümlichen Gymnospermen-Familien Araucariaceae und Podocarpaceae ihrer heutigen Verbreitung entsprechend einen Gondwana-Ursprung nur vor: Fossil findet man sie nämlich auch in Eurasien und Nordamerika, rezent sind sie hier heute nur noch mit einer Art,

nämlich mit *Podocarpus macrophyllus* in Südjapan vertreten.

1.2.3 Phytodiversität

Unter Biodiversität verstehen wir „die qualitative, quantitative oder funktionale Vielfalt biotischer Objekte verschiedener Organisationsebenen in einem konkreten oder abstrakten, räumlichen oder zeitlichen Bezugsraum" (Beierkuhnlein 2001; Kasten 1-6). Biodiversität kann demnach durch die Anzahl von Genomen, Sippen (Arten, Gattungen, Familien), funktionalen Einheiten (Wuchsformen, Pflanzenfunktionstypen) oder Lebensgemeinschaften in einem konkreten (Flächeneinheit, Zeiteinheit) oder abstrakten Bezugsraum (Pflanzengesellschaft, taxonomische Einheit) ausgedrückt werden. Es gibt also beispielsweise eine Artendiversität, eine funktionale Diversität, eine genetische Diversität u. a. m. (Kasten 1-6). Beziehen wir uns auf die pflanzlichen Organismen, sprechen wir von Phytodiversität. In diesem Abschnitt geht es um einen Teilaspekt, nämlich um die Artenzahl von Gefäßpflanzen. Deren Anzahl beträgt nach derzeitigem Kenntnisstand rund 352.000 (Paton et al. 2008). Besonders artenreiche Regionen werden als Hotspots der pflanzlichen Diversität bezeichnet.

Die erste weltweit umfassende Datenerhebung (u. a. durch die Befragung regionaler Experten) durch Myers et al. (2000) ergab zunächst 25 Hotspots der Biodiversität, später mit exakteren Daten 34 (Mittermeier et al. 2004), wobei in diesen Untersuchungen nicht nur Gefäßpflanzen, sondern auch Säugetiere, Vögel, Reptilien und Amphibien erfasst wurden. Die Kriterien für die Ausweisung eines Gebiets als Hotspot war nicht nur die überdurchschnittlich hohe Artenzahl, sondern auch der herausragende Endemitenanteil an Flora und Fauna (z. B. mindestens 1.500 endemische Arten = 0,5 % aller derzeit bekannten Tracheophyten) und dessen Gefährdungsgrad beispielsweise durch zunehmende Intensivierung der Landnutzung. Hotspots mit mehr als 1,5 % endemischen Gefäßpflanzen sind in Tab. 1-6 aufgelistet. Es handelt es sich durchwegs um großflächige Gebiete, die von Hochgebirgen geprägt sind (hohe Geodiversität) und/oder aus Inselgruppen bestehen. Da der Gefährdungsgrad und der Endemismus berücksichtigt sind, eignen sich die *Hotspots* gut als Argumentationshilfe für den Naturschutz (Baur 2010).

Einen wissenschaftlich fundierteren Ansatz, den Florenreichtum darzustellen, entwickelten Barthlott et al. (1996) auf der Basis der inzwischen relativ guten Verfügbarkeit großer Verbreitungsdatensätze von Taxa; sie verwendeten ein rasterbasiertes Verfahren mit einer Zellengröße von $100 \times 100 \text{ km}^2$. Das Ergebnis sind fünf globale Megadiversitätszentren für Gefäßpflanzen (Tab. 1-7), die teilweise gut mit Florenregionen bzw. Teilen davon (Florenprovinzen) übereinstimmen (z. B. Costa Rica/Chocó = zentralamerikanische Provinz der karibischen Florenregion in Abb. 1-16). Der Vorteil dieser Phytodiversitätskarte liegt darin, dass sie für die gesamte Landoberfläche der Erde einen Eindruck der Artendichte vermittelt und so eine gute Basis für den Vergleich der Vegetationszonen bietet. Diese Karte, die inzwischen in Botanik-Lehrbüchern abgedruckt wird (z. B. Bresinsky et al. 2008), gibt Abb. 1-20 wieder.

Die räumlichen Muster der Artendichte folgen einigen allgemein gültigen Grundprinzipien (Gaston 2000): Artenzahlen steigen mit zunehmender Klimagunst (Klimaeffekt), mit zunehmender Standortheterogenität (Geodiversität) und mit zunehmender Flächengröße (Skaleneffekt); sie sind abhängig von der regionalen Florengeschichte (und deshalb ständigen Veränderungen unterworfen) und dem Grad der zeitlichen und räumlichen Isolation. Kausale Zusammenhänge zwischen Artenzahlen und ökosystemaren Funktionen (z. B. Primärproduktion) gibt es, sie sind aber nur regional und/oder objektbezogen gültig.

1. Skaleneffekt
Zu den seit langem üblichen Angaben zu Artenzahlen in Lebensgemeinschaften gehört die Beziehung zwischen Artenzahl und Flächengröße (Dierschke 1994). In doppelt-logarithmischem Maßstab handelt es sich um eine Gerade, die umso steiler ist, je mehr Arten pro Fläche vorkommen. Mithilfe der Kennwerte dieser Gerade (α-Index, z- und c-Wert; Details s. Hobohm 2000) kann man verschiedene Gebiete skalenunabhängig miteinander vergleichen. Zu beachten ist dabei, dass die Artenzahlen verschieden großer Flächen von unterschiedlichen Faktoren gesteuert werden (Sarr et al. 2005): Im kleinen Maßstab (mikroskalig mit Flächengrößen zwischen 10^{10} und 10^{14} m^2) wird die Phytodiversität in erster Linie durch Klimafaktoren gesteuert (s. Punkt 2), im mittleren Maßstab (mesoskalig mit Flächengrößen zwischen 10^4 und 10^{10} m^2) primär durch die Geodiversität und

---

Kasten 1-6

Biodiversität: Definitionen und Begriffe

(nach Van der Maarel 1997b, Hobohm 2000, Beierkuhnlein 2007, Baur 2010, ergänzt)

Alpha-Diversität: Die von Whittaker (1972) erstmals eingeführten Begriffe α, β und γ-Diversität sollte man wegen ihres seitdem oft falsch und/oder missverständlichen Gebrauchs eher vermeiden. α-Diversität ist die Artenzahl pro Untersuchungsfläche (*sample*, Vegetationsaufnahme), β-Diversität kennzeichnet die Ähnlichkeit zwischen zwei Untersuchungsflächen (z. B. mithilfe eines Ähnlichkeitsmaßes), und γ-Diversität ist die Artenzahl von mehreren Untersuchungsflächen in einem geographischen Raum (s. Beierkuhnlein 2007).

Artendichte: Artenzahl pro Flächeneinheit (S/A).

Artendiversität: Artenzahl (S).

Biodiversität: Summe der genetischen Diversität aller Organismen, ihre Häufigkeit und ihr Verteilungsmuster in einem speziellen Untersuchungsgebiet.

Biozönosendiversität: Anzahl von Biozönosen pro Flächeneinheit.

Endemitendiversität: Anzahl von Endemiten (meist einschließlich von Subendemiten) in einem Gebiet (z. B. einem Florenreich, einer Florenregion, einer Florenprovinz), ausgedrückt als prozentualer Anteil von endemischen Sippen (Familien, Gattungen, Arten) an der Gesamtsippenzahl des Gebiets oder der Erde. Kier & Barthlott (2001) schlagen einen Index der Endemitendichte (*endemism richness*) vor, der den spezifischen Beitrag eines Gebiets, z. B. der Rasterflächen von $100 \times 100 \text{ km}^2$ zur globalen Biodiversität wiedergibt. Der Index ist die Summe der „*range equivalents*" aller in dem Gebiet vorkommenden Arten. Er ist dimensionslos und reicht von 1 (arktische Zone) und 2 (Sahara, boreale Zone) bis 1.350 (Neukaledonien; Kier et al. 2009).

Genetische Diversität: Genetische Vielfalt innerhalb von Individuen (z. B. Heterozygosität), zwischen Individuen innerhalb einer Population und zwischen Populationen derselben Art.

Geodiversität: Summe der Diversität abiotischer Faktoren (Klima, Gestein, Relief, Boden).

Phytodiversität: Biodiversität bezogen auf die Pflanzenwelt.

Taxondiversität: Zahl von Taxa (Familie, Gattung, Art usw.) in einem geographischen Raum.

im großen Maßstab (makroskalig mit Flächengrößen zwischen 10 und 10^4 m^2) vorwiegend durch Ungleichgewichtsprozesse wie Störungen im Konkurrenz- und Koexistenzgefüge.

Daraus folgt, dass man großklimatisch bedingte Vegetationszonen nur unter Verwendung großer Probeflächen vergleichen kann (wie mithilfe eines 10.000 km^2-Rasters in Abb. 1-20) und nicht mittels kleiner, wie nachfolgende Gegenüberstellung zeigt: In den mit weniger als 200 Arten pro 10.000 km^2 Rasterfläche artenarmen arktischen Tundren wachsen auf 1 m^2 noch 40–50 Gefäßpflanzen, Moose und Flechten (Callaghan et al. 2004). Im wärmeren und artenreicheren Mitteleuropa (mit rund 1.500 Arten pro 10.000 km^2) gedeihen in den hochdiversen Kalkmagerrasen durchschnittlich lediglich zehn Arten derselben Pflanzengruppen, auf 10 m^2 16 und auf 100 m^2 etwa 25 (mit allerdings beträchtlicher Variationsbreite; Hobohm 2000). Nach einer weltweiten Auswertung aller bis zum Publikationsdatum vorliegender Datensätze sind die beiden artenreichsten Pflanzengemeinschaften großmaßstäblich halbnatürliche, beweidete, nemorale Grasländer (maximal 89 Arten pro Quadratmeter in Argentinien) und klein-

maßstäblich tropische Tieflandregenwälder (maximal 942 Arten pro Hektar in Ecuador; Wilson et al. 2012).

2. Klimaeffekt

Die Artendichte nimmt (mikroskalig) von den Polen zum Äquator zu, unter der Voraussetzung eines gleichmäßig humiden Klimas. Unter solchen Bedingungen steigt die Artenzahl pro Rasterfläche von unter 200 in den Tundren bis über 2.000 in subtropisch-tropischen Wäldern an (Abb. 1-20). Der Grund liegt in der Abnahme des thermischen Stresses (Frost), der ein wesentliches Ausschlusskriterium für viele Arten ist. Die hygrisch und thermisch für das Pflanzenwachstum günstigen immerfeuchten Tropen gehören deshalb zu den besonders artenreichen Regionen. Unterbrochen wird diese Sequenz nur durch aride Gebiete oder durch Hochgebirge mit ihrer ausgeprägten Geodiversität (s. Punkt 3). Humide Räume sind global gesehen, unter sonst thermisch gleichen Bedingungen, artenreicher als aride. In einheitlich humiden Hochgebirgen (wie in den feuchttropischen Anden und den Alpen) nehmen analog zum thermischen Breitengrad-Gradienten die Artenzahlen von unten nach oben ab.

Tab. 1-6 Hotspots mit mehr als 1,5 % Anteil endemischer Arten an der globalen Artenzahl der Gefäßpflanzen (Daten aus Myers et al. 2000).

Gebiet	Flächengröße (km^2)	Gesamtartenzahl	Endemitendiversität		
			absolut	% der Gesamtartenzahl	% aller Gefäßpflanzen (300.000)
tropische Anden	1.258.000	45.000	20.000	44	6,7
Mittelamerika	1.155.000	24.000	5.000	21	1,7
karibische Inseln	263.500	12.000	7.000	58	2,3
Mata Atlantica, Brasilien	1.227.600	20.000	8.000	40	2,7
Cerrado, Brasilien	1.783.200	10.000	4.400	44	1,5
kapensische Florenregion	74.000	8.200	5.682	69	1,9
mediterrane Florenregion	2.363.000	25.000	13.000	52	4,3
malesische Florenregion ohne Philippinen	1.600.000	25.000	15.000	60	5,0
Philippinen	300.800	7.620	5.832	77	1,9
Indo-Burma (Indochin. Florenregion)	2.060.000	135.000	7.000	52	2,3

Tab. 1-7 Die fünf globalen Megadiversitätszentren mit über 5.000 Gefäßpflanzenarten pro 10.000 km² (aus Barthlott et al. 2007).

Gebiet	Flächengröße (km²)	Gesamt-artenzahl[1]	Endemitendiversität			Meereshöhen (m NN)
			absolut[1]	% der Gesamt-artenzahl	% aller Gefäß-pflanzen (300.000)	
Costa Rica-Chocó	78.000	≥ 12.500	5.500	44	1,8	0–3.800
tropische Ostanden	62.000	10.000	3.000	30	1,0	250–3.500
brasilianische Ostküste	50.000	≥ 6.000	4.500	75	1,5	0–2.800
Nordkalimantan	57.000	9.000	3.500	39	1,2	0–4.100
Neuguinea	87.000	≥ 6.000	2.000	33	0,7	0–4.500

[1] Artenzahl pro Rasterfläche (10.000 km²)

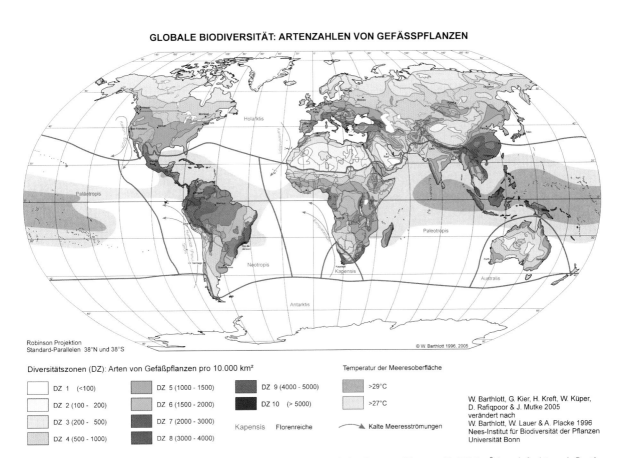

Abb. 1-20 Globales Muster der Gefäßpflanzen-Diversität, bezogen auf eine Rastergröße von 10.000 km² (vereinfacht nach Barthlott et al. 2007).

3. Geodiversität

Je ausgeprägter das Relief, desto höher ist die Artendichte, vor allem dann, wenn die Bezugsfläche sehr groß ist, wie im Fall der Phytodiversitätskarte in Abb. 1-20. In einer Rasterfläche von $100 \times 100\,km^2$ kommen in Hochgebirgslandschaften sowohl warme Gebirgsfußlagen und Täler als auch Tundren der alpinen Stufe über einen Höhengradienten von mehreren Tausend Metern vor, ferner verschiedene Expositionen mit extrazonaler Vegetation aus nördlich bzw. südlich anschließenden Vegetationszonen und unterschiedliche (azonale) Kleinstandorte. Damit ist eine Rasterfläche im Hochgebirge artenreicher als eine gleich große in der Ebene. Da die Artenzahlen von den Polen zum Äquator ansteigen, ist die Artendichte erwartungsgemäß in tropischen Gebirgen am höchsten (z. B. in den ecuadorianischen, kolumbianischen und venezolanischen Anden sowie am Südostrand des Himalaya).

Einen Nachweis für die Korrelation zwischen Artendichte und Temperatur liefern Jaramillo et al. (2006) aus den Anden Kolumbiens und Venezuelas, einem Hotspot der Phytodiversität, anhand von fossilen Belegen zwischen 65 und 20 Mio. Jahren BP: Danach folgt die Entwicklung der Artenzahlen eng dem Verlauf der Temperatur; die Artenzahlen waren im mittleren Eozän am höchsten und sanken bis zum Beginn des Oligozäns parallel zum spättertiären Abkühlungsprozess um über die Hälfte.

4. Florengeschichte

Die heutige Artendichte kann auch das Ergebnis der Florengeschichte sein. So ermöglicht die ausgeprägte Kontinuität feuchttropischer Vegetation vom Miozän bis heute in manchen äquatornahen Gebieten Spezialisierung und lokale Anpassung über lange Zeiträume, noch dazu unter Umweltbedingungen, die für Pflanzen optimal sind. Besonders deutlich zeigt sich dieser Sachverhalt in der malesischen Florenregion. Ihren hohen Artenreichtum führt man auf ein beständiges feucht-tropisches Klima selbst im Pleistozän zurück. Umgekehrt sind starke Klimaschwankungen wie das periodische Absinken der Temperatur während der Eiszeiten ein Grund für das Aussterben vieler Sippen und damit für die Verminderung der Artendichte.

5. Isolation

Inseln können zwar recht artenarm sein, wenn sie weit entfernt vom Festland liegen (s. Tab. 1-2 und 1-4), aber ihr Endemitenreichtum übersteigt denjenigen des Festlands im Durchschnitt um das 9,5-Fache (Kier et al. 2009). Der relative Beitrag einer Region,

ausgedrückt in Rangzahlen pro $10.000\,km^2$ (zur Methode s. Kier & Barthlott 2001; Kasten 1-5) ist für Neukaledonien mit 1.350 am höchsten, gefolgt von der Kapensis (771), der polynesischen Florenregion (680), der Gruppe atlantischer Inseln (650) und den tropischen Regenwäldern Nordostaustraliens (380). Offenbar sind auf dem Festland vor allem solche Gebiete besonders endemitenreich, die wie Inseln durch Gebirge, Wüsten oder Meeresarme von ihrer Umgebung isoliert sind (im Fall der Kapensis durch die Trockengebiete der Karoo im Norden; s. Linder 2003). Am unteren Ende der Skala stehen die arktischen Tundren und die borealen Nadelwälder mit Rangzahlen zwischen 2 und 5.

6. Ökosystemare Funktionen

Ein kausaler Zusammenhang zwischen der Artendichte einerseits und bestimmten Ökosystemfunktionen wie Produktivität, Transpiration und Persistenz andererseits konnte immer wieder nachgewiesen werden, jedoch ohne einen allgemein gültigen Trend (z. B. Hooper et al. 2005). Dennoch ist aus Freiland- und Laborexperimenten bekannt, dass die Artenzahl von Primärproduzenten positiv mit der Zahl und Diversität von Primärkonsumenten, mit der Intensität der mikrobiellen Aktivität im Boden (Mykorrhiza) und mit der lokalen Resistenz gegen invasive Arten korreliert ist (Balvanera et al. 2006). Im Fall der Primärproduktion beschränken sich die nachgewiesenen Zusammenhänge auf die einzelnen, funktional verschiedenen Artengruppen (wie Bäume, Arten der Feldschicht im Unterwuchs) innerhalb des Ökosystems. Ein bekanntes Beispiel ist die Baumartendiversität in Nordamerika, kalkuliert auf einer Rasterzellengröße von $70.000\,km^2$ (Currie & Paquin 1987, Abb. 1-21). Wie sich in dieser Untersuchung zeigte, verlaufen die Linien gleicher Artenzahl südlich von Kanada nicht einfach parallel zu den Breitengraden; geringere Baumartenzahlen als hinsichtlich der geographischen Breite zu erwarten wären, gibt es im Mittleren Westen der USA, höhere im Südosten. Mit diesen Daten korrelierten besonders signifikant die Evapotranspiration und damit die Menge des pro Jahr von der Pflanzendecke aufgenommenen Kohlenstoffs. Kausalität vorausgesetzt, wäre die Produktivität der Wälder Nordamerikas somit von der Baumartendiversität abhängig. In Wirklichkeit ist aber die Ursache für den festgestellten Zusammenhang in der unterschiedlichen klimatischen Wasserbilanz Nordamerikas zu suchen: Die höchsten Artenzahlen werden im feuchten Südosten, die geringsten (mit nur wenigen dürretoleranten Bäumen) im Westen erreicht.

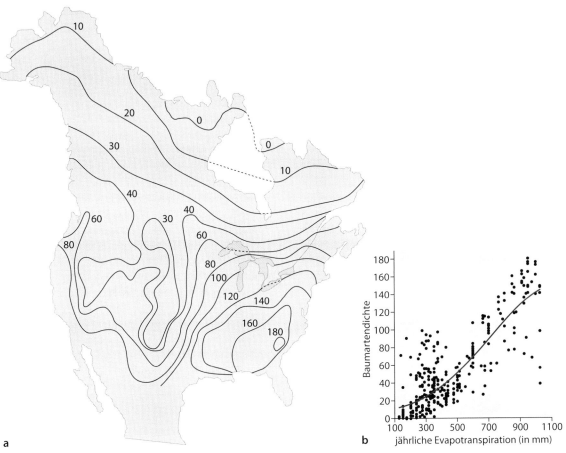

Abb. 1-21 Baumartendichte (Anzahl pro 70.000 km^2 Rasterfläche) in Nordamerika (**a**) und Beziehung zur jährlichen Evapotranspiration (**b**; n = 366) (nach Currie & Paquin 1987).

1.3 Ökologische Gliederung der Erdoberfläche

1.3.1 Klima

Die Basis für eine zonale ökologische Gliederung der Erde ist das Klima. Es beeinflusst die Oberflächengestalt der Erdoberfläche, bestimmt wesentlich die Prozesse der Gesteinsverwitterung und damit die Bodengenese und filtert regional aus dem weltweiten Artenpool die passenden Wuchs- und Lebensformen aus. Unter Klima verstehen wir das Wettergeschehen an einem bestimmten Ort über längere Zeiträume, wobei mithilfe statistischer Verfahren eine überschaubare Zahl von Kenngrößen berechnet wird (Häckel 2005, Leser et al. 2011). Solche Kenngrößen (Klimaelemente) sind z. B. Strahlung, Temperatur, Luftfeuchte, Niederschlag, Verdunstung (Evaporation), Luftdruck und Wind. Das Klima wird beeinflusst von der geographischen Breite, der großräumigen Verteilung von Land und Meer, warmen und kalten Meeresströmungen, der Höhenlage über dem Meeresspiegel, der Lage und Ausrichtung von Gebirgen (Luv und Lee), dem Vulkanismus sowie der Geländequalität (Wasser, Land; Art der Vegetationsbedeckung). Das Klima einer Erdregion ist also nicht nur ein Ergebnis physikalischer Prozesse innerhalb der Atmosphäre, sondern auch der Wechselwirkungen mit den übrigen „Sphären" unseres globalen Ökosystems wie Lithosphäre (Gesteine), Hydrosphäre (Gewässer), Pedosphäre (Böden), Biosphäre (Vegetation) und Kryosphäre (Eisoberflächen). In der räumlichen Dimension des Klimas unterscheidet man vereinfacht Makro-, Meso- und Mikroklima. Makroklima ist das Klima größerer Erdregionen etwa der Alpen oder des Norddeutschen Tieflands;

zum Makroklima gehören aber auch die Klimate der allgemeinen Klimaklassifikation (s. unten). Mesoklima ist das Klima eines Tals oder eines Hangs (Geländeklima). Mikroklima ist dasjenige in Pflanzenbeständen oder an Straßen und Gebäuden.

Für unsere Betrachtungsebene, nämlich die Vegetation der Erde, ist das Makroklima entscheidend, auf das wir uns im Folgenden fokussieren. Es wird primär von der allgemeinen Zirkulation der Atmosphäre bestimmt, die stark vereinfacht in Abb. 1-22 dargestellt ist: Die beim senkrechten Stand der Sonne erwärmten Luftmassen steigen nach oben, verlieren dabei ihre Feuchtigkeit in Form der tropischen Zenitalregen und fließen als Antipassat nach Norden bzw. nach Süden ab. Ungefähr zwischen 15 und 20° nördlicher bzw. südlicher Breite sinken sie im subtropischen Hochdruckgürtel nach unten und gelangen als Nordost- (Nordhemisphäre) bzw. Südostpassat (Südhemisphäre) wieder zum Ausgangspunkt zurück. Das Gebiet des Zusammentreffens der Passate nennt man innertropische Konvergenzzone (ITCZ). Ihre Lage ist nicht konstant, sondern folgt dem Sonnenstand zwischen den Wendekreisen (s. Abb. 1-23). Im Einflussgebiet der ITCZ liegen viele tropische Tieflandregenwälder, im Bereich des subtropischen Hochdruckgürtels die großen Trockengebiete (Sahara, arabische Wüsten, zentralaustralische Halbwüsten).

Nördlich bzw. südlich des subtropischen Hochdruckgürtels folgt das Gebiet der westwärts ziehenden Zyklone (Tiefdruckgebiete) mit ihren Kalt- (in Richtung Äquator) und Warmluftausbrüchen (in Richtung der Pole). Sie entstehen durch die Reibung zwischen der subtropischen Warmluft des Passatgürtels und den Kaltlufthauben über den Polen, hervorgerufen durch die Erddrehung. Wegen der vorherrschenden Windrichtung spricht man auch von der Westwindzone.

Diese allgemeine Zirkulation wird von der Land-Meer-Verteilung, von Meeresströmungen und von Hochgebirgen als Barrieren für Luftmassen (Luv-Lee-Effekte) beträchtlich modifiziert (Abb. 1-23). Einige Beispiele:

- So sind die Passatwinde, sofern sie vom Meer her kommend auf das Festland treffen (und dies ist vorwiegend an den Ostseiten der Kontinente beider Hemisphären der Fall), feuchtigkeitsgesättigt und regnen sich ab. Besonders ergiebig sind die Niederschläge dann, wenn küstennahe Gebirge die Luftmassen zum Aufsteigen zwingen. Viele tropische und subtropische Gebirgsregenwälder mit ihrer reichen Epiphytenflora (beispielsweise in Südostbrasilien und in Ostasien) kommen auf diese Weise zustande. Das Klima ist meist ganzjährig feucht, mit einem Niederschlagsmaximum im Sommer („immerfeuchte Subtropen"). Im Regenschatten des Küstengebirges und landeinwärts folgt in der Regel ein Trockengebiet mit kontinentalem Klimacharakter. Die Westseite der Kontinente dagegen, um den 30. Breitengrad, wird im Sommer vom Subtropenhoch geprägt, gerät aber im Winter unter den Einfluss der Westwindzone. Wir haben es also hier mit einem subtropischen Winterregengebiet zu tun („winterfeuchte Subtropen") mit Hartlaubwäldern und -gebüschen als zonaler Vegetation.
- Über Asien, der größten zusammenhängenden Landmasse der Erde, baut sich im nordhemisphärischen Sommer (Juli) ein großes Hitzetief auf, das die ITCZ nach Norden lenkt und feuchte Luftmas-

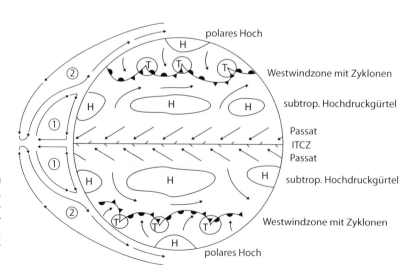

Abb. 1-22 Schema der Luftzirkulation der Atmosphäre (nach Häckel 2005, vereinfacht). ITCZ = innertropische Konvergenzzone. Auf der linken Seite der Abbildung sind die Passatzirkulation (1) und die Westwinddrift (2) unterhalb der Tropopause eingezeichnet.

Januar

Juli

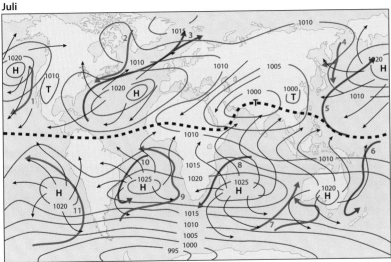

Abb. 1-23 Jahresgang der allgemeinen Zirkulation der Atmosphäre für Januar und Juli sowie einige ökologisch wichtige Meeresströmungen (nach Häckel 2005 und Diercke Weltatlas, Westermann Schulbuchverlag 2002, reproduziert mit Genehmigung von Bildungshaus Schulbuchverlage, Braunschweig). Meeresströmungen: 1 = Kalifornischer Strom (kalt), 2 = Labradorstrom (kalt), 3 = Golfstrom (warm), 4 = Oya-Schio (kalt), 5 = Kuro-Schio (pazifischer Strom, warm), 6 = Ostaustralischer Strom (warm), 7 = Westaustralischer Strom (kalt), 8 = Agulhasstrom (warm), 9 = Benguelastrom (kalt), 10 = Brasilstrom (warm), 11 = Humboldtstrom (kalt).

sen aus dem indischen Ozean nach Norden und Nordosten ansaugt. Diesem Sommermonsun, der oft heftige Regenfälle und Überflutungen verursacht und für die regengrünen Monsunwälder Nordindiens verantwortlich ist, steht der Wintermonsun gegenüber, der als trockener Nordostpassat aus dem asiatischen Hochdruckgebiet in Richtung Afrika weht. Der Name **Monsun** kommt aus der arabischen Sprache und bedeutet Jahreszeit. Die arabischen Kaufleute mussten sich nämlich bei ihren Handelsbeziehungen zwischen Ostafrika und Indien nach der vorherrschen Windrichtung orientieren; sie segelten also im Winter nach Ostafrika und im Sommer nach Indien.

- Der Zusammenhang zwischen atmosphärischer Zirkulation und Meeresströmungen lässt sich be-

sonders gut am Beispiel des **ENSO**-(**E**l **N**iño-**S**outhern **O**scillation-)Phänomens zeigen: In Normaljahren transportiert der kräftige Südostpassat, der aus dem Hochdruckgebiet im Ostpazifik (vor der Küste Südamerikas) kommt, das kalte Wasser des Humboldtstroms nach Westen, wo es sich langsam erwärmt und bei seiner Ankunft im Westpazifik (vor Neuguinea und Nordostaustralien) die äquatoriale Tiefdruckrinne verstärkt. In unregelmäßigen Abständen von wenigen Jahren kehrt sich die Zirkulation um („Southern Oscillation"): Der Südostpassat schwächt sich ab und äquatoriale Westwinde treiben warmes Wasser bis vor die Küsten Südamerikas. Die Folge sind hohe Niederschläge an der südamerikanischen Westküste und Trockenphasen im pazifisch-indonesischen Raum zur Zeit des südhemisphärischen Hochsommers (um Weihnachten; „El Niño" = Christkind).

- Überhaupt beeinflussen Meeresströmungen das Allgemeinklima sowohl regional als auch überregional und damit auch die Vegetation und ihre Abfolge. So bilden sich über dem kalten Benguela- (südliches Afrika) bzw. Humboldtstrom (Südamerika) täglich dichte Nebelbänke, die landeinwärts treiben und dort eine hoch spezialisierte Vegetationsdecke mit Wasser versorgen (s. Abschn. 4.3.4.5). Der warme Golfstrom ermöglicht in Westeuropa das Gedeihen nemoraler Laubwälder noch bei 60° N, während der kalte Oya-Schio die borealen Nadelwälder an der Ostküste Asiens weit nach Süden bis unter 50° N vordringen lässt.

- Auf der Südhalbkugel ist nicht nur der Anteil des Festlands insgesamt geringer als auf der Nordhalbkugel (mit der Konsequenz einer ausgeprägten Ozeanität), auch die Anordnung der Kontinente Südamerika, Afrika und Australien ist gleichmäßiger. Die subtropischen Hochdruckgebiete sind deshalb im Winter und im Sommer breitengradparallel angeordnet. Der steile Luftdruckgradient zwischen der Zone hohen Luftdrucks und dem permanenten Tief über der Antarktis führt ganzjährig zu heftigen Westwinden, die auf den subantarktischen Inseln und im Südwesten von Feuerland Baumwuchs verhindern (trotz eines Klimas, das thermisch und hygrisch Wälder zuließe). Dass es auf der Nordhalbkugel sommergrüne Laubwälder gibt, ist übrigens auch ein Ergebnis der großen Landmasse: Das Klima ist insgesamt kontinentaler, d. h. der Winter ist kälter und durch wochenlange Frostperioden gekennzeichnet. Der winterliche Laubabwurf der Bäume ist eine Reaktion darauf. Vergleichbares gibt es auf der Südhalbkugel nur kleinflächig an der thermischen und hygrischen Waldgrenze in Patagonien. Sonst sind die Wälder immergrün.

Wie wir gesehen haben, kann man aus der atmosphärischen Zirkulation schon einige, für die Vegetation relevante Erscheinungen ableiten. Wollte man auf dieser Basis eine Klimakarte entwerfen, so bräuchte man eine **genetische Klimaklassifikation**, bei der die Klimate nach den Merkmalen ihrer Entstehung gegliedert wären. Man würde beispielsweise ein Polar-, ein Passat- und eine Äquatorialklima unterscheiden. Für die Koinzidenz mit der Vegetation der Erde hat man aber nach einer Klimagliederung gesucht, die diejenigen Merkmale besonders berücksichtigt, die pflanzenökologisch von Bedeu-

tung sind (**effektive Klimaklassifikation**). Dies sind insbesondere Mittel- und Schwellenwerte des Niederschlags und der Temperatur (Leser et al. 2011) sowie – daraus abgeleitet – klimatische Wasserbilanz, Dauer der Vegetationszeit (Wachstumsperiode) und Kontinentalität bzw. Ozeanität. Die bekannteste und heute weltweit angewandte effektive Klimaklassifikation dieser Art stammt von Köppen (1931), erweitert und ergänzt von Trewartha & Horn (1980). Sie bildet eine Grundlage für die Modellierung der Klimaerwärmung (z. B. Castro et al. 2007, Baker et al. 2010) und wird von der Food and Agriculture Organization (FAO) der Vereinten Nationen sowie von der UNESCO verwendet. 1964 legte der deutsche Geograph Carl Troll eine Karte der Jahreszeitenklimate vor (Troll & Paffen 1964); Lauer & Rafiqpoor (2002) erarbeiteten eine sehr differenzierte Klimaklassifikation auf ökophysiologischer Grundlage. Da jeder Autor andere Merkmale für seine Klassifikation verwendet oder dieselben Merkmale anders gewichtet, sind die resultierenden Klimatypen nicht deckungsgleich. Dennoch finden sich in allen Karten die Hauptklimazonen **Tropen**, **Subtropen** (auch als warm-gemäßigte Zone bezeichnet), **Mittelbreiten** (hohe Mittelbreiten, auch als kühl-gemäßigte oder nemorale Zone bezeichnet), **boreale Zone** (niedere Mittelbreiten, kalt-gemäßigte Zone) und **polare Zone** wieder, wenn auch mit unterschiedlichen Bezeichnungen. Der Begriff „gemäßigt" stammt übrigens daher, dass sowohl das heiße Tropen- als auch das kalte Polarklima als extrem empfunden werden. Nemoral (von lat. *nemus* = Hain) bzw. boreal (von lat. *borealis* = Nordwind) werden heute in einem umfassenden Sinn für die kühl-gemäßigte (Mittelbreiten; s. Schultz 2000) bzw. die kalt-gemäßigte Zone verwendet. Da Köppen-Trewartha am weitesten verbreitet sind, geben wir ihre Gliederung in Tab. 1-8 beispielhaft wieder. Für die Abgrenzung von globalen Ökozonen mit Schwerpunkt auf der Vegetation eignen sich die Klimakarten von Troll & Paffen (1964) bzw. Lauer & Rafiqpoor (2002) besonders gut (Schultz 2000).

Im Folgenden werden einige Klimamerkmale erläutert, die häufig für die Kennzeichnung der Klimazonen und ihre weitere Untergliederung verwendet werden. Ausführliche Informationen finden sich dazu u. a. in Walter & Breckle (1999), Hupfer & Kuttler (2005), Weischet & Endlicher (2008) sowie Schönwiese (2013).

Strahlung: Dem Sonnenstand entsprechend ist die Globalstrahlung (gemessen auf Meeresniveau als Summe der direkten und der diffusen Strahlung) mit über 250 W m^{-2} am höchsten im Gebiet des subtropi-

Tab. 1-8 Hauptklimaklassen und ihre Unterteilung in Klimatypen nach Köppen-Trewartha[1].

Klimaklassen	Kurzbezeichnung	Klimatypen	Kennzeichen[2]
tropische Regenklimate	Ar	immerfeuchtes Tropenklima	K > 18 °C, h 9–12
	Aw	sommerfeuchtes Tropenklima	K > 18 °C, h 5–9
tropisch-subtropische Trockenklimate	BSh	semiaride Tropen und Subtropen	5–12 Monate ≥ 18 °C, h < 4
	BWh	aride Tropen und Subtropen	5–12 Monate ≥ 18 °C, h < 2
warm-gemäßigte Regenklimate	Cf	immerfeuchte Klimate	4–7 (12) Monate ≥ 8 °C, h 9–12
	Cs	winterfeuchte Klimate	5–7 Monate ≥ 18 °C, h 5–8
kühl-gemäßigte Regenklimate	Do	ozeanische Klimate	4–7 Monate > 10 °C, 1–3 Monate ≥ 18 °C, K > +2 °C
	Dc	kontinentale Klimate	4–7 Monate >10 °C, 1–3 Monate ≥ 18 °C, K < 0 °C, h > 6
kühl-gemäßigte Trockenklimate	BSk	semiaride Klimate	K < 0 °C, ≥ 4 Monate ≥ 18 °C, h < 6
	BWk	aride Klimate	K < 0 °C, ≥ 4 Monate ≥ 18 °C h < 2
kalt-gemäßigte Klimate	Eo	boreal-ozeanische Klimate	bis zu 3 Monate > 10 °C, K > −10 °C
	Ec	boreal-kontinentale Klimate	bis zu 3 Monate > 10 °C, K < −10 °C
polare Klimate	FT	Tundren-Klimate	alle Monate < 10 °C
	FI	Eisklimate	alle Monate < 0 °C
Gebirgsklimate	M	Untergliederung nach Meereshöhe	

[1] Nach Köppen (1931), modifiziert von Trewartha & Horn (1980); s. auch Castro et al. (2007).
[2] Ergänzt nach Troll & Paffen (1964); h = humide Monate, K = Mitteltemperatur des kältesten Monats.

schen Hochdruckgürtels mit seiner wolken- und wasserdampfarmen Atmosphäre, aber auch im Hochgebirge zwischen 20 und 35° N bzw. S. Etwas geringer ist sie im Bereich der tropischen Tiefdruckrinne (180–220 W m^{-2}). Ab etwa 35° fällt sie bis zum 70. Breitengrad auf Werte unter 100 W m^{-2} ab (Weischet & Endlicher 2008). Die Unterschiedlichkeit der Licht-, UV- und IR-(Wärme-)strahlung im Tag-Nacht- und im Jahreszeiten-Rhythmus ist pflanzenökologisch bedeutsam (Langtag- und Kurztagpflanzen; thermische Jahreszeiten). Lauer & Rafiqpoor (2002) verwenden deshalb für die Abgrenzung der Haupt-Klimazonen ein solarklimatisches Merkmal, und zwar die jährliche Tageslängenschwankung in

Stunden. Danach liegt die Grenze zwischen Tropen und Subtropen bei drei, zwischen Subtropen und Mittelbreiten bei sieben, zwischen der borealen und der polaren Zone bei 24 Stunden. Lediglich die Grenze zwischen den Mittelbreiten und der borealen Zone ist thermisch definiert (thermische Vegetationszeit unter vier Monaten). Aber auch die übrigen Grenzen zwischen den Klimazonen haben eine ausgeprägte thermische Komponente (s. unten).

Temperatur: Der thermische Äquator liegt wegen der großen Landmasse der Nordhalbkugel nicht bei 0°, sondern bei 10° N. Hier beträgt die jährliche Mitteltemperatur zwischen 25 und 30 °C. Sie nimmt

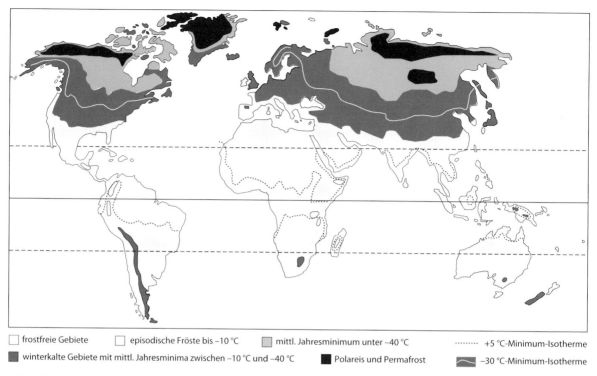

| frostfreie Gebiete | episodische Fröste bis –10 °C | mittl. Jahresminimum unter –40 °C | ·········· +5 °C-Minimum-Isotherme |

winterkalte Gebiete mit mittl. Jahresminima zwischen –10 °C und –40 °C   Polareis und Permafrost   ~~~ –30 °C-Minimum-Isotherme

Abb. 1-24 Vorkommen von Frösten auf der Erde (nach Larcher aus Sitte et al. 2002).

in Richtung der Pole um rund 0,5 °C pro Breitenkreis ab. Die 18 °C-Isotherme des kältesten Monats wird in der Klimaklassifikation von Köppen-Trewartha als Grenze der Tropen gegen die Subtropen verwendet. Der Grund ist, dass jenseits dieser Isotherme, also polwärts, erste Fröste auftreten, die viele tropische Pflanzen nicht ertragen, vor allem, wenn sie aus den tropischen Tieflandregenwäldern stammen. In den gemäßigten Klimazonen sind Dauer und Intensität von Frostperioden vegetationsökologisch bedeutsam (Abb. 1-24). So lassen sich in Eurasien z. B. die sommergrünen Nadelwälder der borealen Zone und die winterkalten Steppen und Halbwüsten (Abb. 1-30) mit dem Vorkommen von tiefen Temperaturen und Permafrost (Abb. 1-24) erklären, während auf der Südhemisphäre außerhalb der Gebirge derartige frostgeprägte Klimate vollständig fehlen. Für die Vegetationsgliederung ist auch das Auftreten thermischer Jahreszeiten (Winter und Sommer) ab etwa 20° N und S wichtig. Die Temperaturunterschiede zwischen Winter und Sommer verschärfen sich auf der Nordhalbkugel mit Annäherung an den Nordpol kontinuierlich, bis das Mittel des wärmsten Monats auch im Sommer kaum mehr Pflanzenwachstum zulässt. Auf der Südhalbkugel ist der ozeanische Einfluss so stark, dass thermische Jahreszeiten selbst an

der Spitze Südamerikas, die am weitesten von allen Südkontinenten polwärts reicht, bei vergleichbarer Breitenlage weit weniger akzentuiert sind als auf der Nordhemisphäre. Die Grenze zwischen den Subtropen und den Mittelbreiten verläuft etwa dort, wo die Temperaturen regelmäßig unter –10 °C absinken. Diejenige zwischen den Mittelbreiten und der borealen Zone wird durch die Vegetationszeit bestimmt (weniger als vier Monate mit einem Mittel von über +10 °C). Wo das Sommermittel unter 10 °C absinkt, beginnt mit der Baumgrenze die polare Zone.

Niederschlag: Die räumliche Verteilung des Niederschlags spiegelt im Wesentlichen die atmosphärische Zirkulation wider. So erreichen die Regenmengen in der Äquatorialzone mit ihrer intensiven Konvektionsströmung Jahressummen von mehr als 2.000 mm. Gegen die Pole zu verringern sich die Niederschläge (und konzentrieren sich gleichzeitig auf die wärmere Jahreszeit: sommerfeuchte Tropen) bis zu einem Minimum in der subtropischen Trockenzone. Diese umgibt die Erdkugel gürtelförmig, unterbrochen lediglich in Südostasien wegen des nach Norden vorstoßenden Sommermonsuns. Ein zweites globales Maximum erreichen die Niederschläge in der kühl-gemäßigten Zone, wo sich die vom Pazifik

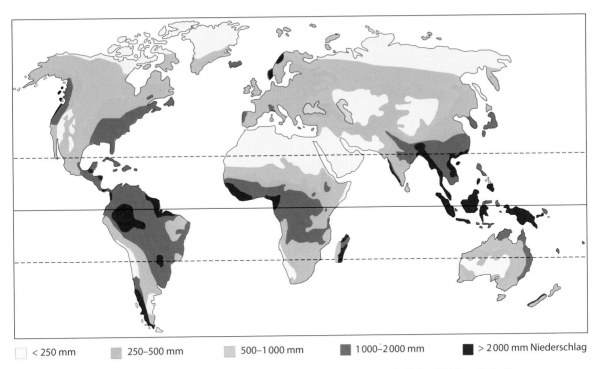

☐ < 250 mm	▨ 250–500 mm	▨ 500–1 000 mm	▨ 1 000–2 000 mm	■ > 2 000 mm Niederschlag

Abb. 1-25 Globale Verteilung der jährlichen Niederschlagssumme (nach Weischet & Endlicher 2008, verändert).

kommenden, feuchtigkeitsbeladenen Westwinde abregnen (nördliche Pazifikküste Nordamerikas, Südchile, Neuseeland). Insgesamt variieren die Niederschläge weltweit zwischen 0 (in den besonders trockenen Wüsten wie der nördlichen Atacama) und über 10.000 mm, die im pazifischen Raum, an der Westküste Kolumbiens und an der Westseite Afrikas (Guinea, Kamerun) erreicht werden (Abb. 1-25).

Klimatische Wasserbilanz: Außer in der polaren Zone tritt in allen Klimazonen ein hygrischer Gradient auf, der von ständig feucht (humid) bis ständig trocken (arid) reicht. Besonders ausgeprägt sind Trockengebiete im Einflussbereich der subtropischen Hochdruckzone, in der die größten Wüsten und Halbwüsten der Erde vorkommen. Aber auch innerhalb der nemoralen Zone gibt es im Innern der Kontinente und/oder im Regenschatten von Gebirgen niederschlagsarme Räume. Die Begriffe humid bzw. arid stehen für eine positive (Wasserüberschuss) bzw. eine negative klimatische Wasserbilanz (Wassermangel), wofür die Differenz zwischen Niederschlag und der (temperaturabhängigen) Evapotranspiration für einen bestimmten Zeitabschnitt (Monat, Jahr) berechnet wird. Messverfahren und Berechnungsweisen sind umstritten (Weischet & Endlicher 2008).

Als empirische Faustzahl gilt r = 2 T, wobei r die Evapotranspiration in cm und T = die Mitteltemperatur des Messzeitraums (in °C) ist. In den heute weltweit üblichen Klimadiagrammen nach Walter et al. (1975; s. unten) werden die Kurven des monatlichen Niederschlags und der monatlichen Mitteltemperatur so ineinander gezeichnet, dass 10 °C dieselbe Ordinatenlänge wie 20 mm Niederschlag haben. Daraus kann man ablesen, welche Monate im Jahresgang arid und welche humid sind. Die Humidität bzw. Aridität der jeweiligen meteorologischen Station ergibt sich dann aus der Zahl der humiden bzw. ariden Monate. Man unterscheidet in Anlehnung an Lauer & Rafiqpoor (2002) perhumid (zwölf humide Monate im Jahresverlauf, verbunden mit extrem hohen Niederschlägen beispielsweise als Steigungsregen in Gebirgen oder an Küsten), euhumid (zwölf humide Monate), subhumid (ein bis zwei aride Monate), semihumid (drei bis fünf aride Monate), semiarid (sechs bis sieben aride Monate), subarid (acht bis zehn aride Monate), euarid (elf bis zwölf aride Monate) und perarid (Jahresniederschläge unter 50 mm).

Vegetationszeit: Thermisch und hygrisch gute Bedingungen für den Pflanzenwuchs sind außerhalb der Feuchttropen nicht gleichmäßig über das Jahr verteilt. Deshalb gibt es thermische (Sommer, Winter) und hygrische Jahreszeiten (Regenzeit, Trockenzeit), und dementsprechend eine thermische und eine hygrische Vegetationszeit. Da höhere Pflanzen unterschiedlich empfindlich auf Trocken- oder Kältestress reagieren, fällt es schwer, eine aus pflanzenökologischer Sicht allgemeingültige Vegetationszeit zu definieren. Man behilft sich mit Faustzahlen, die einen Vergleich zwischen verschiedenen Gebieten der Erde ermöglichen. Die **hygrische Vegetationszeit** wird durch die Dauer der ariden bzw. humiden Phasen im Jahresablauf bestimmt (s. oben). Eine Faustzahl für die **thermische Vegetationszeit** ist eine Mitteltemperatur ≥ +5 °C während einer bestimmten Zeiteinheit (Tag, Woche, Monat). Unter diesem Schwellenwert wird der Massenzuwachs von Pflanzen kühler Regionen reduziert, bei 0 °C eingestellt (Körner in Bresinsky et al. 2008; s. auch Harrison et al. 2010). Für tropische und subtropische Pflanzen gelten höhere, für arktische niedrigere Schwellenwerte (Larcher 2001).

Kontinentalität: Außerhalb des Tropengürtels nimmt mit zunehmender Entfernung von der Küste der ausgleichende Effekt des Ozeans auf den jährlichen Temperaturgang ab, die thermischen Unterschiede zwischen Sommer und Winter verschärfen sich, die Niederschläge konzentrieren sich auf den Sommer, Übergangsjahreszeiten (Frühling, Herbst) werden kürzer oder verschwinden ganz. In der Pflanzendecke bestimmt das Ozeanität-Kontinentalität-Gefälle die breitengradparallele Anordnung von Laubwäldern, Waldsteppen, Steppen und Halbwüsten beispielsweise in der kühl-gemäßigten Klimazone Nordamerikas. Der Kontinentalitätsgrad K kann aus den Daten der meteorologischen Messstationen mittels einer empirischen Formel nach Gorczynski (Barry & Chorley 2003) berechnet werden, in welche die jährliche Temperaturschwankung und der Breitengrad eingehen (0 ≥ K ≤ 100). Man unterscheidet hochozeanisch (K = 0–10), subozeanisch/subkontinental (20–30), kontinental (30–60) und hochkontinental (K > 60). Hochkontinental sind z. B. Zentral- und Mittelasien mit ihrer Vegetation aus Steppen und Halbwüsten; hochozeanisch sind z. B. Westpatagonien, die Britischen Inseln, Island und die Westküste Norwegens.

Die genannten Merkmale sind besonders anschaulich in den Klimadiagrammen enthalten, die Walter & Lieth (1960–1967) entwickelt haben. Die Zahl arider und humider Monate, die Dauer der thermischen

Abb. 1-26 Klimadiagramme nach Lieth et al. (1999) für die Klimaklassen in Tab. 1-7. Abszisse: Monate von Januar bis Dezember (Nordhalbkugel) bzw. von Juli bis Juni (Südhalbkugel). Die Sommermonate befinden sich also immer in der Mitte des Diagramms. Ordinate: monatliche Mitteltemperatur (linke Seite, °C) und Monatssumme des Niederschlag (rechte Seite, mm). Ein Teilstrich = 10 °C bzw. 20 mm. Angegeben sind ferner: geographische Länge und Breite, Meereshöhe m NN, Jahresmitteltemperatur, jährliche Niederschlagssumme, Anzahl der Jahre, auf denen das Diagramm beruht [erste Zahl Temperatur, zweite Zahl Niederschlag]. Zahlen am oberen und am unteren Ende der Temperaturskala: mittleres tägliches Maximum des wärmsten Monats (oben), mittleres tägliches Minimum des kältesten Monats (unten).

1 = immerfeuchtes Tropenklima, 2 = sommerfeuchtes Tropenklima, 3 = tropisch-subtropisches semiarides Klima, 4 = tropisch-subtropisches arides Klima, 5 = warm-gemäßigtes (subtropisches) immerfeuchtes Klima, 6 = warm-gemäßigtes (subtropisches) winterfeuchtes Klima, 7 = kühl-gemäßigtes (nemorales) hochozeanisches Klima, 8 = kühl-gemäßigtes (nemorales) kontinentales Klima, 9 = kühl-gemäßigtes (nemorales) semiarides Klima, 10 = kühl-gemäßigtes (nemorales) arides Klima, 11 = kalt-gemäßigtes (boreales) ozeanisches Klima, 12 = kalt-gemäßigtes (boreales) kontinentales Klima, 13 = polares Tundren-Klima, 14 = polares Eisklima.

und hygrischen Vegetationszeit, die Kontinentalität bzw. Ozeanität lassen sich daraus bequem ablesen. Die Diagramme eignen sich deshalb gut für einen Vergleich nicht nur der Klimatypen in der Tab. 1-8, sondern auch der Öko- und Vegetationszonen (s. Abschn. 1.3.2). Ihr Nachteil besteht darin, dass sie auf verschieden langen Beobachtungsperioden (zwischen zehn und über 100 Jahren) beruhen, die sich zudem zeitlich überlappen. In Abb. 1-26 sind einige Beispiele wiedergegeben. Klimadiagramme von den meteorologischen Stationen der Erde finden sich auf der CD-ROM von Lieth et al. (1999) sowie unter www.globalbioclimatics.org.

1.3.2 Biome, Ökozonen und Klimazonen

Die Klimadiagramme nach Walter & Lieth (1960-1967) dienen zur Abgrenzung zonaler Klimaeinheiten. Diese werden als Lebensräume zonaler Vegetationstypen aufgefasst und als **Biome** bezeichnet (Walter 1976). Neben großklimatisch definierten Zono-Biomen gibt es auch (azonale) Pedobiome (z. B. Sandlebensräume: Psammobiome; Moore: Helobiome; Auen: Amphibiome) und die Orobiome der Hochgebirge. In der *Ökologie der Erde* (Walter et al. 1991, 1994, Walter & Breckle 2004) sind die

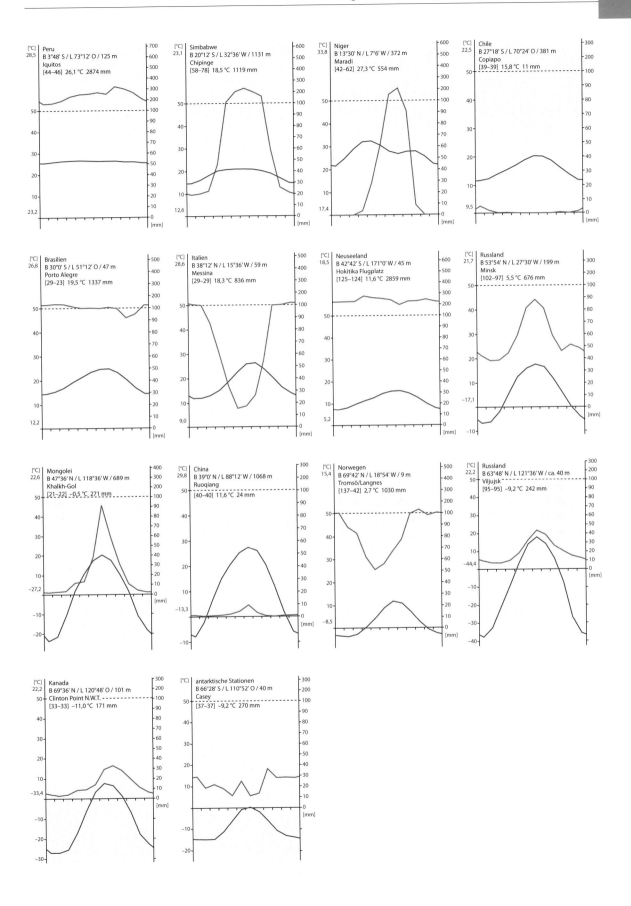

Biome die grundlegenden ökologischen Einheiten im globalen Maßstab. Die neun Zonobiome entsprechen weitgehend den Klimaklassen in Tab. 1-7, wobei die Unschärfe bei der Grenzziehung durch Übergangsgebiete (hier durch sog. Zono-Ökotone) aufgefangen wird. Darüber hinaus können große Zonobiome in Sub-Zonobiome untergliedert werden, sodass sich in

den einschlägigen Karten ein sehr differenziertes Bild ergibt (vgl. z. B. Walter & Breckle 1999). In der ursprünglichen Definition von H. Walter sind Biome keine globalen Ökosysteme mit einheitlichen strukturellen und funktionalen Merkmalen, sondern großklimatisch definierte Lebensräume. Heute wird der Begriff Biom (abgeleitet aus Bioformation;

Tab. 1-9 Vergleich von Klimatypen, Biomen und den in diesem Buch verwendeten Klimazonen.

Klimaklassen und Klimatypen (nach Köppen-Trewartha[1])		Zonobiome (ZB) (nach H. Walter[2])	Ökozonen (Bezeichnungen in Anlehnung an Schultz[3])
Klimaklassen	**Klimatypen**		
tropische Regenklimate	immerfeuchtes Tropenklima	äquatoriales ZB mit Tageszeitenklima	immerfeuchte tropische Zone
	sommerfeuchtes Tropenklima	tropisches ZB mit Sommerregen	sommerfeuchte tropische Zone
tropisch-subtropische Trockenklimate	semiaride Tropen und Subtropen	subtropisch-arides ZB (Wüstenklima)	tropisch-subtropische Trockengebiete
	aride Tropen und Subtropen		
warm-gemäßigte Regenklimate	immerfeuchte Klimate	warmtemperiertes ZB	immerfeuchte subtropische Zone
	winterfeuchte Klimate	winterfeuchtes ZB mit Sommerdürre	winterfeuchte subtropische Zone
kühl-gemäßigte Regenklimate	ozeanische Klimate	typisch gemäßigtes ZB mit kurzer Frostperiode	feuchte kühl-gemäßigte (nemorale) Zone
	kontinentale Klimate		
kühl-gemäßigte Trockenklimate	semiaride Klimate	arid-gemäßigtes ZB mit kalten Wintern	trockene kühl-gemäßigte (nemorale) Zone
	aride Klimate		
kalt-gemäßigte Klimate	boreal-ozeanische Klimate	kalt-gemäßigtes ZB mit kühlen Sommern	kalt-gemäßigte (boreale) Zone
	boreal-kontinentale Klimate		
polare Klimate	Tundren-Klimate	arktisches einschließlich antarktisches ZB	polare Zone
	Eisklimate		
Gebirgsklimate		Orobiome[4]	

[1] Aus Tab. 1-8, [2] aus Walter & Breckle 1999, [3] aus Schultz 2008, [4] unterschiedlich je nach geographischer Breite, charakterisiert durch räumlich enge Höhenabfolge der Vegetation.

Schultz 2008) in einer umfassenderen Bedeutung für globale ökosystemare Einheiten gebraucht (Bailey 2009), die nach vorherrschenden Vegetationstypen (Formationen) benannt werden (Olson et al. 2001, Körner in Bresinsky et al. 2008). Die Mehrdeutigkeit des Begriffs veranlasst deshalb, in diesem Buch auf die Bezeichnung Biom zu verzichten.

Wir verwenden stattdessen, in Anlehnung an Schultz (1988), die **Ökozone** als Basiseinheit in diesem Buch. Ökozonen sind „Großräume der Erde, die sich durch jeweils eigenständige Klimagenese, Morphodynamik, Bodenbildungsprozesse, Lebensweise von Pflanzen und Tieren sowie Ertragsleistungen in der Land- und Forstwirtschaft auszeichnen" (Schultz 2008, 20). Sie werden als die oberste Ordnungsstufe der Gliederung der Ökosphäre angesehen und basieren hinsichtlich ihrer Grenzen auf der Klimaklassifikation von Troll & Paffen (1964). Deren Einheiten werden mittels vegetationsökologischer Merkmale (z. B. der Wald- bzw. Baumgrenze zwischen borealer und polarer Zone, das Auftreten sommergrüner statt immergrüner Laubwälder zwischen der warm- und kühl-gemäßigten Zone) modifiziert und ergänzt. Damit werden die Klima- zu Ökozonen und unterscheiden sich dadurch von den Biomen nach H. Walter (1976). Die Kritik an einem solchen Verfahren entzündet sich vor allem an der inneren Heterogenität der Ökozonen in klimatischer und edaphischer Hinsicht, die eine für die jeweilige Ökozone repräsentative Stoff- und Energiebilanz eigentlich kaum zulässt, zumal auch die Datensätze nicht ausreichen, die für eine solche Bilanz benötigt würden. Schultz (2008) begegnet dieser Kritik, in dem er die mittlere Ausprägung von Merkmalen einer Ökozone (wie beispielsweise der Vegetation auf „mittleren" Standorten, d. h. weder auf nassen noch auf trockenen Böden in planarer bis kolliner Lage) stärker gewichtet als die Besonderheiten und die für eine Ökozone typischen Klima- und Bodensequenzen herausarbeitet. In seiner Karte der Ökozonen werden aus diesem Grund Grenzen als Übergangsräume definiert. Einen ähnlichen Weg beschreitet Bailey (2009), indem er die Klimaeinheiten des Systems von Köppen-Trewartha mit ökologischem Inhalt füllt und sie Ökoregionen (*ecoregions*) nennt.

1.3.3 Gestein, Relief und Boden

Das Ausgangsmaterial für die Bodenbildung und die primäre Quelle für die meisten Pflanzennährstoffe sind die **Gesteine** der Erdkruste. Die Gesteinsverwitterung wird zwar vom Klima gesteuert; Intensität und Geschwindigkeit sind aber auch eine Konsequenz der physikalischen und chemischen Eigenschaften der Gesteine. Diese hängen von der Bildungsweise und damit vom Mineralgehalt ab. Man unterscheidet Magmatite (magmatische Gesteine), Sedimentite (Sedimentgesteine) und Metamorphite (metamorphe Gesteine). **Magmatite** werden in Plutonite (unter der Erdoberfläche erstarrtes Magma, meist mit großen Kristallen) und in Vulkanite (an der Erdoberfläche erstarrtes Magma, meist mit kleinen Kristallen) unterteilt. Zu den Plutoniten gehören z. B. Granit als saures (siliziumreiches), Diorit und Gabbro als basisches (siliziumarmes und Ca-reiches) Gestein. Die Vulkanite sind z. B. Thyolit (sauer), Andesit und Basalt (basisch). **Sedimentite** werden durch Vulkanausbrüche, fließendes Wasser, in Seen und im Meer, durch Wind oder Gletschereis transportiert und zunächst als Lockergestein (vulkanische Aschen, Schutt, Kies, Sand, Schluff, Ton) abgelagert, können sich aber im Lauf der Zeit durch Verkittung oder Druck verfestigen. So entstehen Tuffgesteine (vulkanische Aschen), Breccien (Schutt), Konglomerate (Kies), Sandsteine (Sand), Schluff- und Tonsteine. Karbonatgesteine können sich aus Riffen oder aus karbonatreichem Schlamm entwickeln. Sedimentgesteine nehmen rund 75 % der Erdoberfläche ein, sind also für Bodenbildung und Vegetation besonders wichtig. Sandsteine bestehen zu > 75 % aus Quarz und zu > 50 % aus Korngrößen von 0,063–2 mm, in Tonsteinen überwiegt die Korngröße < 2 µm. Karbonatgesteine sind zu über 25 % aus Ca-(Kalzit) bzw. Ca-Mg-Karbonat (Dolomit) aufgebaut, wobei man zwischen Kalk (> 75 % Karbonat) und Mergel (25–75 % Karbonat) unterscheidet. Zu den Sedimentiten gehören auch die quartären Lockersedimente wie Löss (v. a. Schluffgröße), Flugsand, Auensedimente, Torf und Gletscherablagerungen (Moränen, Geschiebemergel) sowie Fließerden und Solifluktionsschutt, der sich unter polaren und Hochgebirgsklimaten bildet. Aus Magmatiten und Sedimentiten entstehen unter hohem Druck (200 MPa bis 1 GPa) und hoher Temperatur (200–700 °C) **Metamorphite**. Am bekanntesten und am weitesten verbreitet sind Ortho- (aus Magmatiten, v. a. Granit) und Paragneis (aus Sedimentiten, v. a. Sand- und Tonsteine). Die ältesten Gesteine sind Plutonite und Vulkanite aus dem Präkambrium (vor mehr als 600 Mio. Jahren entstanden); sie sind die Kratone (nicht mehr faltbare Festlandskerne) des präkambrischen Rodinia-Kontinents und heute noch in Süd- (Guayana-Schild, brasilianischer Schild) und Nordamerika (kanadischer Schild), Skandinavien (baltischer Schild), Zentral- und Südafrika (afrikani-

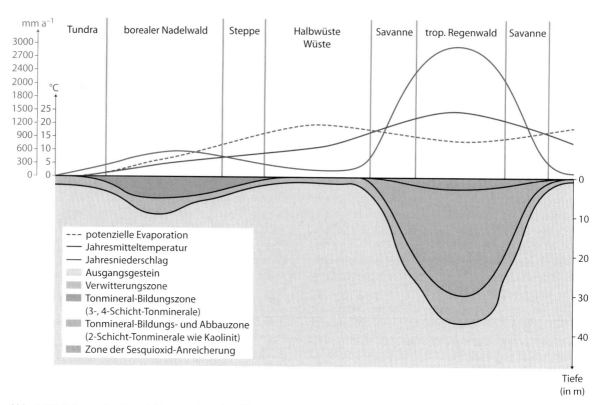

Abb. 1-27 Schema der Bodenbildung entlang des Klimagradienten von der polaren Zone der Nord- bis zur nemoralen Zone der Südhemisphäre (nach Strakhov 1967, verändert und ergänzt). Boreale Nadelwaldzone: Ton- und Sesquioxidverlagerung, Karbonat- und Nährstoffauswaschung, Bildung von sorptionsstarken Drei- und Vierschicht-Tonmineralien, saures Milieu; immerfeuchte tropische Zone: lang andauernde, intensive chemische Verwitterung, Verlagerung von Ton und Silizium ("Desilifizierung"), residuale Sesquioxidanreicherung, saures Milieu; Trockengebiete: Anreicherung von löslichen Salzen und Karbonaten, geringe Verwitterung, basisches Milieu.

scher Schild) und Australien (australischer Schild) erhalten.

Gesteinsverwitterung, Materialtransport durch Wind, Wasser oder Eis und Bodenbildung laufen, unabhängig von der Gesteinsqualität, klimagesteuert ab (Abb. 1-27). Somit ergeben sich für die einzelnen Klimazonen kennzeichnende oberflächenformende Prozesse, die das **Relief** prägen (Zepp 2003): In den immer- und sommerfeuchten Tropen herrschen flachwellige Rumpfflächen vor, in denen vor allem im Bereich der alten präkambrischen kristallinen Schilde Inselberge auftreten. Diese Rumpfflächen entstehen durch Spüldenudation immer dann, wenn die Vegetation während der Trockenphasen nicht geschlossen ist. Kerbtäler gibt es nur in Gebieten mit jung gefalteten Gebirgen wie in Mittelamerika. Hydrolytische Verwitterung, Auswaschung von Alkali- und Erdalkali-Ionen, Tonverlagerung (Lessivierung) und der Verlust von Kieselsäure (Desilifizierung), verbunden mit Anreicherung von Eisen- und Aluminiumoxiden und dem Abbau von primären Tonmine-

ralien zu sorptionsschwachem Kaolinit führen zu tiefgründigen, sauren, nährstoffarmen, intensiv rot oder gelb gefärbten Böden (Ferralsole). Die Trockengebiete mit ihrer Binnenentwässerung zeichnen sich durch Binnenseen, die häufig nur periodisch Wasser führen, und Salztonebenen aus. Charakteristische Formen sind morphodynamisch inaktive Schuttmäntel und nur episodisch wasserführende Trockentäler (Wadis). Deflation, Transport und Akkumulation von Sand sind prägende Prozesse. In der polaren Zone dominieren neben der glaziären Formung (Moränen, Geschiebelehm, Schmelzwasserschotter) Gebiete mit stark frostwechselbeeinflusster (periglazialer) Verwitterung (Frostschutt). Frostdynamische Prozesse über dem gefrorenen Untergrund (Permafrost) veranlassen Strukturböden, Eiskeilpolygone, Pingos und Bodenfließen (Gelifluktion). In den Böden sieht man die Wirkung des ständigen Auftauens und Gefrierens oft an Verwürgungserscheinungen der Horizonte (Cryosole). In der feuchten kühl-gemäßigten Zone wird das Relief vom

Tab. 1-10 Referenzbodengruppen der einzelnen Ökozonen (Zech et al. 2014). Beschreibungen und pflanzenökologische Kennzeichen (ergänzt nach Schultz 2008 und IUSS Working Group 2007). Kationenaustauschkapazität (KAK): cmol(+) kg^{-1} Ton, Basensättigung (BS): % NH$_4$OAC.

Ökozonen	Referenz-bodengruppen	Kurzbeschreibung	Bemerkungen zu ökologischen Eigenschaften und Vorkommen
immerfeuchte tropische Zone	Ferralsol	Rote bis gelbe, tiefgründige, intensiv verwitterte Böden alter Landoberflächen (Kratone) mit Anreicherung von Sesquioxiden durch Auswaschung von Verwitterungsprodukten einschließlich Kieselsäure (Ferralisation). Sorptionsschwache Tonminerale (Kaolinit) mit KAK <16	Zonal (immerfeuchte und regenreiche sommerfeuchte Tropen), unter Wald hohe mikrobielle Aktivität, geringe Nährstoffvorräte, Verlust der Bodenfruchtbarkeit nach Waldrodung
	Plinthosol	Weiterentwicklung des Ferralsols: Lokale Konzentration der Sesquioxide unter hydromorphen Bedingungen; verhärtete Formen heißen Petroplinthit (früher: Laterit)	Azonal, aber auf die Tropen beschränkt; schwer durchwurzelbar.
sommerfeuchte tropische Zone	Lixisol	Lessivierte, stark verwitterte tropische Böden mit hoher Bioturbation durch Termiten; KAK <24, Kaolinit-Dominanz: ph > 5.	Vielfach polygenetisch (Humusakkumulation, Tonverlagerung, mäßige Ferralisation, evtl. äolischer Sedimenteintrag), zonal.
	Nitisol	Tonreiche, meist dunkelrot gefärbte Böden aus silikat- und basenreichen Gesteinen. Frühstadium der Ferralisation. KAK mittel, pH 4–7.	Intensive Durchwurzelung, gute Nährstoffversorgung, Humusanreicherung, zonal.
	Vertisol	Dunkle, tiefgründige, tonreiche Böden mit Quellung- und Schrumpfung bei Feucht- und Trockenphasen (Gilgai-Mikrorelief). KAK 40–80, pH 6–8, BS > 50.	Mittlere biologische Aktivität, azonal.
	Planosol	Periodisch stauwasserbeeinflusste Böden mit deutlichem Tongehaltsunterschied zwischen tonarmem Ober- und tonreicherem Unterboden.	Azonal.
tropisch-sub-tropische Trockengebiete	Arenosol	Weit verbreitete Rohböden aus Sand, Sandstein, Granit. Schwerpunkt in Wüsten und Halbwüsten, aber auch in humiden Gebieten.	Geringe biologische Aktivität auch in humiden Landschaften. Azonal mit Schwerpunkt in den Trockengebieten (Wüsten und Halbwüsten).
	Calcisol	Anreicherung von sekundären Karbonaten; pH 7–8, BS 100, KAK (A-Horizont) 10–25.	Geringe biologische Aktivität (Trockenheit); zonal.
	Gypsisol	Gips-Anreicherungsböden.	Zonal.
	Durisol	Böden mit sekundärer Silikatanreicherung; erhöhter Salzgehalt. Schlecht durchwurzelbar.	Zonal, v. a. auf alten Landoberflächen.
	Solonchak	Halomorpher Boden, mit Salzen angereichert (Chloride, Karbonate, Sulfate); Bildung aus Lockersedimenten. pH 7–10.	Zonal mit Schwerpunkt in den Trockengebieten der Erde, Halophyten.
	Solonetz	Boden mit hoher Na-Sättigung. pH > 8,5, BS hoch, KAK 15–30.	Zonal mit Schwerpunkt in den Trockengebieten der Erde.

Tab. 1-10 (Fortsetzung)

Ökozonen	Referenz-bodengruppen	Kurzbeschreibung	Bemerkungen zu ökologischen Eigenschaften und Vorkommen
immerfeuchte subtropische Zone	Acrisol	Stark saure Böden. Entstehung unter feucht-warmem Klima. Kennzeichnende Prozesse sind Lessivierung (Tonverlagerung) und mäßige Ferralisation. KAK < 24, BS < 50, pH < 5.	Geringe Nährstoffvorräte, Verlust der Bodenfruchtbarkeit nach Waldrodung. Zonal.
	Alisol	Ähnlich Acrisol, aber KAK > 24.	Geringe Nährstoffvorräte. Azonal.
winterfeuchte subtropische Zone	Chromic Cambisol	Rote, tonreiche, aus Karbonatgestein entstandene Böden. Rotfärbung durch Hämatit.	Mittleres bis hohes Bodenleben während der feuchten Jahreszeit.
	Chromic Luvisol	Ältere, z. T. reliktische Böden in den feuchteren Gebieten der Klimazone. Rotfärbung durch Hämatit.	Mittleres bis hohes Bodenleben während der feuchten Jahreszeit.
feuchte kühl-gemäßigte Zone	Cambisol	Umfasst sowohl relativ junge, schwach verwitterte Böden („Braunerde") aus silikatischen Gesteinen als auch ältere Böden aus Karbonatlösungsrückstand („Terra fusca"). pH 4–7, KAK meist hoch. Dystric (basenarm) und Eutric (basenreich).	Schwerpunkt des Vorkommens. Mittlere bis hohe biologische Aktivität, gut durchwurzelt.
	Luvisol	Schwach saure, fruchtbare Böden („Parabraunerde") mit Tonverlagerung (Lessivierung). pH 5–6, KAK >24, BS > 50.	Aktives Bodenleben: sehr charakteristisch für die Klimazone.
	Umbrisol	Saure, stark humose Böden mit geringer biologischer Aktivität, jedoch mit geringmächtigen organischen Auflagen. pH <5,5, KAK 20–30, BS <50.	In kühl-feuchtem Klima, v. a. Gebirge: Azonal (z. B. auch in den Hochgebirgen der Tropen).
trockene kühl-gemäßigte Zone (Steppen)	Chernozem	Schwarze, humusreiche Böden, charakteristisch unter Hochgrassteppen, mit bis zu 100 cm mächtigem Ah-Horizont und sekundärem Karbonat. pH um 6,5, BS 70–100, KAK bis 30; hohe Nährstoffverfügbarkeit.	Intensive Bioturbation durch zahlreiche Bodenwühler; hohe Biomasseproduktion bei gehemmtem Abbau; zonal
	Kastanozem	Oberboden humusärmer als Chernozem, deshalb kastanienbraun charakteristisch unter Niedriggrassteppen mit hoher biologischer Aktivität; mit sekundärem Karbonat. pH 7–8,5, KAK 20–30, BS 95–100.	Aktives Bodenleben; zonal.
	Phaeozem	Dunkle, humusreiche Böden mit hoher biologischer Aktivität; kein sekundäres Karbonat: ph 5–6, KAK 20–30, BS > 50.	Aktives Bodenleben; azonal.
trockene kühl-gemäßigte Zone (Halbwüsten und Wüsten)	Böden wie in den Halbwüsten und Wüsten der tropisch-subtropischen Trockengebiete.		

Tab. 1-10 (Fortsetzung)

Ökozonen	Referenz-bodengruppen	Kurzbeschreibung	Bemerkungen zu ökologischen Eigenschaften und Vorkommen
kalt-gemäßigte Zone	Histosol	Organische Böden, v. a. Torfböden der Moore, wassergesättigt, Regenwassermoore (Ombric) mit pH 2,5–4 (Dystric), Grundwassermoore (Rheic) mit pH 4–7 (Eutric). KAK hoch bis sehr hoch.	Im nicht-entwässerten Zustand sehr geringe Nährstoffverfügbarkeit; azonal.
	Gleysol	Grundwasserbeeinflusste Mineralböden, ständig (Unterboden) oder zeitweise (Oberboden) vernässt; pH und BS unterschiedlich.	In allen Klimazonen vorkommend; azonal. Geringe biologische Aktivität, schlechte Nährstoffversorgung.
	Podzol	Stark saure Böden mit Rohhumus-Auflage, hellgrauem Eluvial-(Auswaschungs-) und dunklem Illuvial-(Anreicherungs-)Horizont, der oben schwarz (organische Substanz), unten rötlich (Eisenoxide) ist. pH 3–4,5, BS sehr niedrig.	Schwerpunkt in der borealen Ökozone (zonal), aber lokal auch bis in die Tropen.
	Albeluvisol	Lessivierte Böden kalt-kontinentaler bis gemäßigt-humider Gebiete mit fahlem Eluvialhorizont, der zungenförmig in den Tonanreicherungshorizont hineinragt, oft mit Stauwasser. KAK 10–20, BS 10–90.	N-, P-Mangel, geringe biologische Aktivität; zonal.
	Stagnosol	Periodisch stauwasserbeeinflusste Böden, ohne große Tongehaltsunterschiede zwischen Ober- und Unterboden.	Geringe biologische Aktivität; azonal.
polare Zone	Cryosol	Böden über Permafrost, meist mit Verwürgungserscheinungen durch periodisches Auftauen und Gefrieren. pH, BS sehr variabel, KAK 40–60.	Beachtliche biologische Aktivität während des kurzen Sommers, sofern kein Wasserstau. Zonal für die boreale und polare Zone.
Gebirge	Leptosol	Flachgründige oder sehr skelettreiche Böden (Ranker, Rendzina). Je nach Ausgangsgestein basenreich oder basenarm.	Vorwiegend in Gebirgsregionen, an Hängen, in Wüsten. In allen Ökozonen.
	Regosol	Schwach entwickelte Böden aus Lockersedimenten.	Gebirgsregionen (vorwiegend Akkumulationslagen), Wüsten. In allen Ökozonen.
	Andosol	Meist junge Böden aus vulkanischer Asche. Stark humoser Oberboden, locker; KAK variabel je nach pH.	Aktive Mesofauna, gut durchwurzelt. In allen Ökozonen

Abtrag der Verwitterungsprodukte durch permanente Fließgewässer bestimmt, wobei in vielen Landschaften pleistozäne Prozesse noch deutlich sichtbar sind. So sind die Böden bis auf einzelne tertiäre Relikte erst runde 10.000 Jahre alt, dementsprechend flachgründiger als in den warm-feuchten Gebieten, zeigen vielfach Tonverlagerung (Lessivierung) und sind mit sorptionsreichen Tonmineralien ausgestattet (Luvisole).

Den einzelnen Klimazonen der Tab. 1-9 können zonale Bodentypen zugewiesen werden (Zech et al. 2014). Dazu gehören beispielsweise Ferralsole (Schwerpunkt der Verbreitung in den feuchten Tropen), Luvisole und Cambisole (Schwerpunkt in der humiden kühl-gemäßigten Zone), Cryosole (Schwerpunkt in der polaren und borealen Zone). Analog zur azonalen Vegetation sind azonale Böden durch extreme Bodeneigenschaften bedingt, entwickeln sich also unter verschiedenen Klimaten; Beispiele sind Histosole. Sie kommen zwar besonders häufig (und großflächig) in der moorreichen borealen Zone vor (besonders in Skandinavien, Westsibirien und Kanada), treten aber auch in der nemoralen (hier vor allem in ozeanisch geprägten Landschaften) und sogar in der feuchttropischen Zone (wie die Dipterocarpaceae-Moore auf Borneo) auf. Ebenfalls azonal sind die Vertisole; sie fallen besonders in den sommerfeuchten Tropen auf, wo sie ein nahezu gehölzfreies tropisches Grasland tragen; man findet sie aber auch unter anderen Klimabedingungen.

In Tab. 1-10 sind die wichtigsten Bodentypen für jede der Klimazonen zusammengestellt. Wir verwenden hier die heute weltweit gültige Bodenklassifikation der World Reference Base for Soil Resources (WRB; IUSS Working Group 2007); sie enthält insgesamt 32 Referenzbodengruppen (Haupt-Bodentypen), die mithilfe bodengenetischer, d. h. aus bodenbildenden Prozessen abgeleiteter Merkmale bestimmt werden (diagnostische Horizonte und Eigenschaften, die so weit als möglich messbar und im Gelände identifizierbar sind). Hinzu kommen noch einige diagnostische (Ausgangs-)Materialien. Klimaparameter werden für die Klassifizierung ausdrücklich nicht verwendet, weil sie sich rasch ändern können und nicht als Bodeneigenschaften angesehen werden. Für die Interpretation des Standorts werden dann Boden und Klima zusammen verwendet. Die Referenzbodengruppen sind ökologisch nicht homogen; so gibt es unter den Torfböden dystrophe (saure, nährstoffarme) Histosole in Regenmooren und eutrophe (basische, nährstoffreiche) in Grundwassermooren. Dieser Unterschied in der Nährstoffausstattung wird durch die Qualifier Dystric und Eutric ausgedrückt, das Wasserregime mit den Qualifiern Ombric und Rheic.

Neben den in Tab. 1-10 aufgeführten Bodentypen gibt es noch drei weitere: Fluvisole sind von regelmäßiger Überflutung geprägte Böden der Auen und Marschen. Anthrosole entstehen durch menschliche Tätigkeit, in der Regel durch gezielte Bodenverbesserungsmaßnahmen (Gartenböden, Plaggenböden, Reisböden). Technosole bestehen aus vom Menschen hergestellten Substraten (Mülldeponien, Abraumhalden); auch versiegelte Böden gehören dazu.

1.3.4 Pflanzenformationen und ihre Herleitung

1.3.4.1 Physiognomische Pflanzenfunktionstypen (pPFT)

Den Klimazonen der Tab. 1-9 können wir nicht nur Referenzbodengruppen, sondern auch Vegetationseinheiten zuweisen, soweit sie im globalen Maßstab von Bedeutung sind. Wie unten noch zu erläutern sein wird, verwenden wir hierfür als Basis sog. physiognomischer Pflanzenfunktionstypen (pPFT). Sie gehen auf das Konzept der Wuchsformen zurück, das erstmals von A. v. Humboldt (1806) unter dem Begriff „Pflanzenform" eingeführt und später von Drude (z. B. 1913) weiter entwickelt wurde. Unter Wuchsform versteht man die äußere (vorwiegend vegetative) Gestalt von Pflanzen, die Lagebeziehung der einzelnen Organe zueinander, zur Gesamtorganisation und zur Umwelt des Organismus (Bornkamm et al. 1991). Diese Definition schließt auch die jahreszeitliche Rhythmik mit ein (z. B. Laubabwurf, Blühphase), sofern sie sich im Habitus des Organismus bemerkbar macht. Das bekannteste und heute oft verwendete System sind die **Lebensformen** des dänischen Botanikers Raunkiaer (1910), der die Gefäßpflanzen nach der Lage des Überdauerungsgewebes klassifiziert hat (s. Frey & Lösch 2010). Damit erhält man einen Hinweis auf die Strategie von Pflanzen zur Überdauerung ungünstiger Jahreszeiten (Winter, Trockenzeit). Später haben u. a. Ellenberg & Mueller-Dombois (1967a) sowie Schmithüsen (1968) eine hierarchisch gegliederte Wuchsform-Klassifikation vorgelegt, mit 30 Wuchsformenklassen, die auf die Lebensformen von Raunkiaer zugeschnitten sind und mittels weiterer physiognomischer, ökologisch relevanter Merkmale untergliedert wurden. So entstand ein äußerst differenziertes System; auf ihm beruhen die Vegetationskarten im *Atlas zur Biogeographie* (Schmithüsen et al. 1976), die auch heute noch in den einschlägigen Lehrbüchern abgedruckt werden (z. B. Bresinsky et al. 2008).

Der Idee, die Gefäßpflanzen unabhängig von ihrer taxonomischen Verwandtschaft nach der Wuchsform zu klassifizieren, liegt die Beobachtung zugrunde, dass sich unter ähnlichen Standortbedingungen ähnliche Wuchsformen entwickeln (**Konvergenz**). Konvergente Wuchsformen sind z. B. bei vielen Vertretern der Cactaceae und Euphorbiaceae zu finden (Stammsukkulente mit zu Dornen reduzierten Seitensprossen), bei Hartlaubbäumen im Mittelmeergebiet, in Kalifornien und Mittelchile sowie bei

Großrosettenpflanzen in feuchttropischen Hochgebirgen von Südamerika und Afrika (vgl. z. B. Troll 1958). Es liegt also nahe, Wuchsformen und ihre Merkmale funktional zu interpretieren, d. h. auf Eigenheiten des Kohlenstoff- und Wasserhaushalts, der Ausbreitungs- und Etablierungsstrategie, der Physiologie der Stressbewältigung u. a. m. zurückzuführen. Das geht sehr gut bei so augenfälligen Merkmalen wie der oben genannten Stammsukkulenz. Andere Wuchsformen oder Merkmale sind keineswegs so eindeutig.

- So ist die Wuchsform „Zwergstrauch" (Chamaephyt) ökologisch außerordentlich heterogen: Zwergsträucher sind sowohl für arktische Tundren als auch für Halbwüsten charakteristisch; immergrüne erikoide (d. h. mit nadel- oder schuppenförmigen Blättern ausgestattete) Chamaephyten findet man im Fynbos der südafrikanischen winterfeuchten Subtropen ebenso wie in hochozeanischen Heiden der kühl-gemäßigten Zone, ohne dass sie sich im Habitus wesentlich voneinander unterscheiden.
- Ferner kann ein Gestaltmerkmal einer prägenden Art im Lauf der Evolution in einem Klima entstanden sein, das heute nicht mehr existiert. Dann wäre ein solches Merkmal bis in die Gegenwart mitgeschleppt worden und nur deshalb noch vorhanden, weil es für die Art nicht nachteilig gewesen ist, und nicht, weil die Art es unter den heutigen Klimabedingungen benötigt. Ein Beispiel sind die Vertreter der Reliktkoniferen, vor allem der Araucariaceae. Sie sind sklerophyll (Napp-Zinn 1966), also hartlaubig, müssen also in einem zeitweilig trockenen Klima entstanden sein, in dem diese kompakte Blattstruktur mit einer (im Vergleich zu Angiospermen) geringen Anzahl von Stomata ihr Überleben sicherte. Heute kommen sie fast ausschließlich in Regionen mit immerfeuchtem Klima vor, in dem der Hartlaubcharakter kein Vorteil, aber wohl auch kein Nachteil ist.
- Drittens sind keineswegs alle ökologisch wichtigen funktionalen Merkmale an der äußeren Gestalt einer Pflanze erkennbar (Box 1996). Beispiele sind Reproduktions- (Samenbank, Keimungsverhalten), Stoffaufnahme- (C_4- und C_3-Metabolismus, Mykorrhiza, N-Fixation) und Wachstumsstrategien (relative Wachstumsrate, Photosyntheserate).
- Schließlich ist auch unser Wissen über die Zusammenhänge zwischen Wuchsform und ökologischem Verhalten immer noch recht bescheiden. So gibt es bis heute keine zusammenfassende Arbeit über die anatomisch-morphologischen

Unterschiede zwischen sklerophyllen und laurophyllen Gehölzen und ihre ökophysiologischen Ursachen (wenn solche Unterschiede überhaupt existieren; s. Kasten 1-7).

Eine Weiterentwicklung des alten Wuchs- (und Lebensformen-)Konzepts ist das System von **Pflanzenfunktionstypen** (**PFTs**; Duckworth et al. 2000). Ein PFT umfasst Taxa mit ähnlichem Reaktionsmuster auf physikalische, chemische und biotische Umweltbedingungen; er ist durch Merkmale gekennzeichnet, die bei den beteiligten Sippen in gleicher Weise ausgeprägt sind. Da Pflanzen äußerst ökonomisch mit Ressourcen umgehen, d. h. nur so viel aufnehmen und inkorporieren, wie für eine erfolgreiche Reproduktion nötig ist, reagieren PFTs sehr empfindlich auf Änderungen des Standorts und eignen sich besser als die Taxa der pflanzlichen Systematik für dynamische Vegetationsmodelle, mit deren Hilfe sich die Auswirkung globaler Veränderungen auf die Pflanzendecke und damit auch auf die menschlichen Lebensumstände abschätzen lassen (Prentice et al. 2007). Für die Erarbeitung von PFTs verwendet man Merkmale, die ohne größeren Aufwand erhoben werden können und pflanzenökologisch relevant sind (Cornelissen et al. 2003). Der ökophysiologische Hintergrund einiger dieser Merkmale ist inzwischen gut bekannt (Harrison et al. 2010). Im Übrigen werden wir uns erst bei der Besprechung der globalen Vegetation mit den dort auftretenden PFTs näher beschäftigen.

Ein allgemein akzeptiertes System von PFTs existiert bisher nicht. Insbesondere über diejenigen Merkmale, aus deren Kombination PFTs erarbeitet werden könnten, gibt es unterschiedliche Auffassungen. So werden Wuchsformen (die ja eigentlich selbst schon eine Kombination verschiedener morphologischer Merkmale sind) einzelnen funktionalen Eigenschaften wie dem der Photosynthese-Kapazität gegenübergestellt. Die Vielzahl morphologischer, funktionaler, metabolischer, keineswegs unabhängiger Eigenheiten zeigt, dass die Pflanzenökologie noch weit von einer global gültigen, allgemein akzeptierten Vorgehensweise entfernt ist (Ustin & Gamon 2010). Das mag auch damit zusammenhängen, dass bei einer detaillierten Analyse der Verhaltensmuster von Pflanzen eine solche Vielzahl von PFTs entstünde, dass das System seinen Zweck, nämlich praktikable Modelle für die Vegetation der Erde und ihre Veränderung zu erstellen, verfehlen würde. Vor diesem Hintergrund geht es uns darum, einen praktikablen Weg für die Klassifikation der globalen Vegetation zu finden. Wir beschränken uns deshalb auf diejenigen

PFTs, die entweder (im globalen Maßstab) in zonalen Vegetationstypen dominieren oder funktional besonders charakteristisch sind (wie beispielsweise Lianen und Baumfarne in tropischen Regenwäldern und subtropischen Lorbeerwäldern).

Diese **physiognomischen Pflanzenfunktionstypen** (pPFT) sind in Anlehnung an Ellenberg & Mueller-Dombois (1967a), Box (1996) und Specht & Specht (2002) in Tab. 1-11 zusammengestellt. Wir verwenden hier das Adjektiv „physiognomisch" deshalb, um deutlich zu machen, dass das im Gelände erkennbare äußere Erscheinungsbild der PFTs für die Ausweisung von Formationen (s. unten) besonders wichtig ist. Folgende Merkmale werden verwendet (z. T. nach Cornelissen et al 2003, Harrison et al. 2010):

1. Lebensformen nach Raunkiaer (Phanerophyten, Chamaephyten, Kryptophyten, Hemikryptophyten, Therophyten und Epiphyten, definiert nach der Lage des Überdauerungsmeristems relativ zur Bodenoberfläche). Phanerophyten werden in Mega- (> 30 m), Meso- (8–30 m), Mikro- (2–8 m) und Nanophanerophyten (0,5–2 m) unterteilt. Bei Gehölzen mit einer Höhe von unter 0,5 m sprechen wir von Chamaephyten. Kryptophyten haben ihre Überdauerungsorgane unter der Wasser- (Hydrophyten, Helophyten) oder der Erdoberfläche (Geophyten). Letztere können in Rhizom-, Wurzel- und Zwiebelgeophyten unterteilt werden. Hemikryptophyten haben (wie viele Gräser oder bodennahe Rosettenpflanzen) ihr Meristem unmittelbar an der Bodenoberfläche. Therophyten überdauern ungünstige Perioden in Form von Samen.

Lebensformen sind Ausdruck der Überlebensstrategien von Pflanzen während längerer, für das Pflanzenwachstum ungünstiger Perioden (Trockenzeit, Winter). Sie kennzeichnen einzeln oder in Kombination (als Lebensformenspektren) weltweit viele Vegetationstypen (Steppen: Hemikryptophyten und Geophyten; Halbwüsten: Chamaephyten und Mikrophanerophyten; Wüsten: Therophyten; Wälder: Phanerophyten; Tundren: Chamaephyten). Klimatische und edaphische Wald- und Baumgrenzen sind markante Grenzlinien in der Vegetation der Erde und durch einen scharfen Wechsel zwischen dominanten Lebensformen gekennzeichnet, der sich unter den gegenwärtigen Klimabedingungen gut erklären lässt (Temperaturgrenzen für Kohlenstoffaufnahme, Reproduktion und Pflanzenwachstum; Körner 2003a). Mikrophanerophyten und Chamaephyten brauchen weniger Kohlenstoff für den Aufbau ihrer Phytomasse als Bäume und gedeihen deshalb unter Umweltbedingungen, die für diese zu kalt oder zu trocken sind.

2. Einzelmerkmale der **Wuchsform**:
- **Stammsukkulenz:** Fähigkeit der Wasser- und Assimilatspeicherung während langer Trockenperioden, nur in tropisch-subtropischen Trockengebieten; unterschiedliche Höhe der Pflanzen (kleinwüchsige unter 0,5 m, großwüchsige bis zu 10 m).
- **Kronenform** bei Bäumen: Kronenbäume mit unterschiedlichem Lichtgenuss der Blätter (Sonnen- mit höherem, Schattenblätter mit niedrigem Lichtkompensationspunkt der Photosynthese), eher außerhalb der Tropen vorkommend mit Vorteil bei schrägem Sonnenstand; Schirmbäume mit mehr oder minder tischförmiger Krone und waagrecht angeordneten Blättern: optimale Nutzung der photosynthetisch aktiven Strahlung bei senkrechtem Sonnenstand.
- **Polsterwuchs:** bodennahe, geschlossene Sprossverbände, locker oder dicht gepackt (Weich-, Hartpolster), gewölbt oder flach, symmetrisch oder asymmetrisch, mit (Dornpolster) oder ohne Dornen. Vorteile sind a) Abschirmung gegen extreme Temperaturen und gegen Austrocknung bei permanent heftigem Wind, b) Aufbau eines Nährstoff- und Wasserspeichers im Innern des Polsters aus organischem Abfall und eingewehtem Staub.
- **Horstpflanzen:** mehr oder minder dicht gepackte Sprosse (*tussocks*; z.B. bei Gräsern in Savannen und Steppen); Vorteil: Schutz des Meristems im Horstinnern vor Störungen wie Feuer und Herbivorie.
- **Rosettenpflanzen:** Blätter zusammengedrängt, an der Sprossbasis eine der Bodenoberfläche aufliegende Rosette bildend (Schutz vor Herbivorie oder Nutzung günstiger thermischer Bedingungen an der Bodenoberfläche in alpinen und polaren Tundren).

3. Einzelmerkmale der **Assimilationsorgane** (ausführlich s. Kasten 1-7):
- **Blattform:** breitblättrig („Laub"), Nadeln, Schuppen; Laubblätter können einfach und unzerteilt (ganzrandig oder gezähnt, gekerbt; häufig bei langlebigen Blättern) oder zerteilt (gefiedert, gefingert, gelappt u. ä., vorwiegend bei weichen, kurzlebigen Blättern) oder linealisch (grasartig) sein (z. B. Poaceae, Cyperaceae); die Blattform kann Hinweise auf ökophysiologische Prozesse geben, z. B. zum Verhalten bei Trockenstress (Rollblätter von Gräsern, sukkulente Blätter bei Crassulaceae und Aizoaceae, skleromorphe Blätter bei Igelgräsern).
- **Blattanatomie und -morphologie:** malakophyll (weichblättrig, kurzlebig), lederartig, laurophyll,

Tab. 1-11 Dominante und vegetationsprägende physiognomische Pflanzenfunktionstypen (pPFT) mit strukturellen und funktionalen Merkmalen und einigen Beispielen[1].

Nr.	pPFT	Merkmale	Beispiele
Immergrüne Laubbäume und Laubsträucher			
1	tropische immergrüne Laubbäume	Hochwüchsige, geradschäftige Kronenbäume (Megaphanerophyten) mit kleinen Kronen, Blätter mesomorph, meist ungegliedert, ledrig, noto- bis makrophyll, frostintolerant (+5 bis –2 °C)[3], Blattlebensdauer 2–4 Jahre[2].	*Shorea, Swartzia, Clusia*
2	extratropische immergrüne Laubbäume (laurophyll)	Mittelhohe Kronenbäume (Meso- und Megaphanerophyten), Blätter mesomorph, meist ungegliedert, überwiegend notophyll, frosttolerant bis –10 °C[3], Blattlebensdauer 1–2 Jahre[2].	*Laurus, Camellia, Persea, Ocotea, Quercus* (laurophylle Arten wie *Q. laurifolia*), *Castanopsis*
3	sklerophylle (immergrüne) Laubbäume und Sträucher	Meist (Ausnahme einige *Eucalyptus*-Arten Australiens) niedrige bis mittelhohe Kronenbäume (Mesophanerophyten) und Sträucher (Mikro- und Nanophanerophyten), Blätter xeromorph, meist ungegliedert, mikro- bis notophyll, lichtbedürftig. Blattlebensdauer um 2 Jahre (Proteaceae bis über 3 Jahre)[2].	*Quercus* (hartlaubige Arten), *Olea europaea, Cryptocarya alba* (Lauraceae), *Corymbia calophylla* (Myrtaceae), *Banksia* (Proteaceae), *Acacia aneura* (Mimosaceae; Phyllodien)
4	nanophylle immergrüne Laubbäume (*Nothofagus*-Typ)	Niedrige bis mittelhohe Kronenbäume (Mesophanerophyten), repräsentiert durch die immergrünen *Nothofagus*-Arten, Blätter mesomorph, ungegliedert, nanophyll.	Alle immergrünen *Nothofagus*-Arten (Nothofagaceae)
Wechselgrüne Laubbäume und Laubsträucher			
5	tropische regengrüne Laubbäume und Laubsträucher	Niedere bis mittelhohe Kronenbäume (Mikro- und Mesophanerophyten); malakophyll; Blätter häufig gegliedert, Blattabwurf z. T. fakultativ; ggf. Unterscheidung von Kronen- und Schirmbäumen.	*Lonchocarpus, Colophospermum, Erythrina, Prosopis, Brachystegia* (alles Fabaceae),
6	sommergrüne Laubbäume und -sträucher	Mittelhohe Kronenbäume (Mesophanerophyten) mit Sonnen- und Schattenblättern; malakophyll; Blätter häufig gegliedert, Winterruhe, Knospen frosthart bei –20 bis –30 °C[3].	*Fagus, Acer, Quercus* (alle sommergrünen Arten), *Fraxinus*
Immergrüne Nadelbäume			
7	immergrüne Nadelbäume[2]	Mittelwüchsige Nadelbäume (Mesophanerophyten), Winterruhe, Nadeln frosthart bis zu –60 °C[3], Blattlebensdauer zwischen 8 (*Picea abies*) und >20 Jahren (*P. mariana*)[2].	*Picea, Abies, Pinus*
8	immergrüne Reliktkoniferen	Hochwüchsige Koniferen (Meso- bis Makrophanerophyten) altertümlicher Familien mit Nadeln, sklero- bis laurophyllen, nanophyllen Blättern oder Schuppenblättern, keine Winterruhe, beschränkt frosthart (bis –30 °C)[3].	*Araucaria, Fitzroya, Podocarpus, Libocedrus*

Tab. 1-11 (Fortsetzung)

Nr.	pPFT	Merkmale	Beispiele
Sommergrüne Nadelbäume			
9	sommergrüne Nadelbäume	Mittelwüchsige Nadelbäume (Mesophanero-phyten), laubabwerfend (obligat), malako-phyll, Winterruhe, Knospen frosthart bis −60 °C[3].	*Larix*, *Metasequoia*
Klein- und Zwergsträucher (Mikro- und Nanophanerophyten, Chamaephyten)			
10	sklerophylle Klein- und Zwerg-sträucher[3]	Immergrün oder halbimmergrün (Chamae-phyten und Mikrophanerophyten), xero-morph, lichtbedürftig, langsam wüchsig, lichtbedürftig, saisonal dormant, mit oder ohne Dornen bzw. Stacheln.	*Zygophyllum*, *Larrea* (Zygophyllaceae), *Caragana* (Fabaceae), *Anabasis* (Cheno-podiaceae), *Calligonum* (Polygonaceae)
11	sommer- und immergrüne Klein- und -Zwergsträucher[3]	Immergrün oder laubabwerfend (Chamaephy-ten), winterdormant, frosttolerant, langsam wüchsig, Chamaephyten und Nanophanero-phyten, Blattlebensdauer 3–4 Jahre[2].	*Dryas* (Rosaceae), *Salix* (Salicaceae), *Vaccinium*, *Empetrum*, *Gaultheria* (Ericaceae)
Gräser und Grasartige			
12	Horstgräser	Mehr oder minder geschlossene Horste (*tussocks*) bildende Gräser und Grasartige unterschiedlicher Höhe (Hemikryptophyten), malakophyll, meso- bis xeromorph, dichtes Wurzelwerk bis zu 1 m Tiefe, Spross-Wurzel-Verhältnis <1:2, feuertolerant (*resprouter*), opportunistisch, C_4- und C_3-Typ.	C_3: *Stipa*, *Festuca*, *Elymus* C_4: *Aristida*, *Andropogon*, *Cymbopogon*, *Panicum*
13	Igelgräser	Polster ("hummocks") bildende Gräser unter-schiedlicher Höhe, sklerophyll (stechend), xeromorph, weit verzweigtes Wurzelwerk, feuertolerant (*resprouter, reseeder*)	C_4: *Triodia*, *Stipagrostis* (einzelne Arten), C_3: *Festuca orthophylla*
Sukkulente			
14	Stammsukkulente	Hoch- oder niedrigwüchsige Pflanzen mit Wasserspeichergewebe im Stamm und zu Dornen reduzierten Seitensprossen, Blättern und Nebenblättern, oberflächennahes weit ausgreifendes Wurzelwerk. CAM.	Zahlreiche Vertreter der Cactaceae, der Apocynaceae und der Euphorbiaceae (*Euphorbia*)
15	Blattsukkulente	Meist niedrigwüchsige Pflanzen mit Wasser-speichergewebe im Blatt (sarkophyll), ober-flächennahes Wurzelwerk, CAM.	*Oophytum*, *Mesembryanthemum* (Aizoa-ceae), *Didelta* (Asteraceae), alle Crassu-laceae
Sonstige physiognomische Pflanzenfunktionstypen			
16	Lianen	Holzige Kletterpflanzen mit weitlumigen und langen Tracheen, Blätter oft xeromorph. Unterscheidung in windende Lianen, ran-kende Lianen, Wurzelkletterer und Spreiz-klimmer	*Calamus* div. spec. (Arecaceae), *Entada rheedii*, *Bauhinia guianensis* (beide Faba-ceae)

Tab. 1-11 (Fortsetzung)

Nr.	pPFT	Merkmale	Beispiele
17	Polsterpflanzen	Zu mehr oder minder halbkugeligen Polstern zusammentretender Sprossverbund mit eigenem Innenklima, immergrün, Chamaephyten.	*Bolax, Azorella* (Apiaceae; Kissenpolster), *Acantholimon* (Plumbaginaceae; Dornpolster), *Silene acaulis* (Caryophyllaceae; Weichpolster)
18	Großrosettenpflanzen	Rosettenbildende Mikro- und Nanophanerophyten mit tageszeitlicher Aktivität (Frostwechsel).	*Dendrosenecio, Espeletia* (Asteraceae), *Puya* (Bromeliaceae)
19	Kormo-Epiphyten	Gefäßpflanzen-Epiphyten am Stamm oder im Kronenbereich von Bäumen mit hoch spezialisierten Einrichtungen zur Wasser-, Nährstoffaufnahme und -speicherung. C_3, CAM.	Zahlreiche Vertreter der Orchidaceae und der Bromeliaceae (*Tillandsia*) sowie weiterer Familien, *Peperomia* (Piperaceae)
20	Ephemere	Krautige oder grasartige Pflanzen mit nur zeitweise oberirdisch sichtbaren Organen (Therophyten, Geophyten), kurzer Lebenszyklus (0,5–2 Monate).	*Allium*, viele therophytische Chenopodiaceae und Asteraceae

[1] Bezeichnungen zum Teil in Anlehnung an Ellenberg & Mueller-Dombois (1967a), Schmithüsen (1968), Box (1996), Specht & Specht (2002);
[2] Daten aus GLOPNET Dataset, s. Wright et al. (2004), [3] nach einer Zusammenstellung in Harrison et al. (2010).

sklerophyll (hartlaubig, mit Festigungsgewebe); für die Gliederung der Laubwälder wichtiger Unterschied, der sich im Transpirationsverhalten auswirkt (s. Kasten 1-7).

- **Blatt-Wasserhaushaltstypen:** hygromorph (weiche, oft große Blätter bei Bäumen mit hohem Wasserbedarf und ausgeprägter Transpiration), xeromorph (meist kleine Blätter mit Einrichtungen zur Einschränkung der Transpiration wie dicke Kutikula, Wachsüberzüge, hellgraue Farbe, Behaarung); mesomorph (zwischen hygro- und xeromorph stehend).
- **Blattgröße:** definiert über die Blattlänge (nanophyll < 2,5 cm, mikrophyll 2,5–7,5 cm, notophyll 7,5–12,5 cm, mesophyll 12,5–25 cm, makrophyll > 25 cm; aus Adam 1994); guter Hinweis auf die geographische Breite und die Meereshöhe: Durch Hitze-, Kälte-, Trocken- und Strahlungsstress in höheren Gebirgslagen und mit Annäherung an die Pole werden Pflanzen mit kleineren Blättern selektiert.
- **Blatt-Lebensdauer:** *leaf life-span* = LL; definiert als die Anzahl von Monaten, während derer das Blattwerk grün ist; Unterscheidung in Immergrüne mit LL > 12 Monate (bis zu 35 Jahren bei *Pinus aristata* in Kalifornien), Halbimmergrüne mit LL 10–14 Monate (wobei das alte Laub mit der Entwicklung des neuen Laubes abgeworfen wird)

und Wechselgrüne mit LL 6–10 (sommer- oder regengrün).

4. Sonstige Merkmale:
- **Wurzelsystem:** kompakt und intensiv; ausgreifend und extensiv; ausgreifend und oberflächennah; Hinweis auf Strategien zur Wasseraufnahme sowie zur Widerstandsfähigkeit gegenüber Frost und Feuer; s. auch Tab. 1-13.
- **Bedornung:** mit oder ohne Dornen/Stacheln; Bäume und Sträucher mit Dornen/Stacheln haben sich in Gebieten mit Großherbivoren entwickelt (z. B. in den afrikanischen Savannen). Wo es keine einheimischen Großherbivoren gab, fehlen auch bedornte Gehölze (Beispiel: Trockengebiete in Australien mit rund 500 einheimischen *Acacia*-Arten ohne Dornen).
- **Kohlenstofffixierung:** funktionales Merkmal, physiognomische Manifestation nur bei CAM (Sukkulenz). C_3**-Weg** (erstes CO_2-Fixierungsprodukt ist 3-Phosphoglycerat mit drei C-Atomen) am weitesten verbreitet. C_4**-Weg** (erstes CO_2-Fixierungsprodukt ist Oxalacetat mit vier C-Atomen) bei rund 10 % aller höheren Pflanzen mit Schwerpunkt bei den tropisch-subtropischen Gräsern und den Chenopodiaceae (Vorteil in strahlungsintensiven Klimaten: C_4 30–60, C_3 6–15 µmol m^{-2} s^{-1} CO_2-Aufnahme, in der Blattanatomie sichtbar

Abb. 1-28 Beispiele für physiognomische Pflanzenfunktionstypen: 1 = *Ceiba pentandra*, Malvaceae, mit Brettwurzeln (saisonaler tropischer Laubbaum), 2 = *Laurus novocanariensis*, Lauraceae (extratropischer immergrüner Laubbaum, laurophyll), 3 = *Quercus coccifera*, Fagaceae (sklerophyller Laubbaum), 4 = *Nothofagus solandri*, Nothofagaceae (nanophyller immergrüner Laubbaum), 5a = *Acacia tortilis*, Mimosaceae (tropischer regengrüner Laubbaum, Schirmbaum), 5b = *Adansonia digitata*, Malvaceae (tropischer regengrüner Laubbaum, Kronenbaum), 6 = *Fagus sylvatica*, Fagaceae (sommergrüner Laubbaum), 7 = *Abies sibirica*, Pinaceae (immergrüner Nadelbaum), 8 = *Araucaria araucana*, Araucariaceae (immergrüne Reliktkonifere), 9 = *Larix sibirica*, Pinaceae (sommergrüner Nadelbaum), 10 = *Zygophyllum tenue*, Zygophyllaceae (sklerophyller Kleinstrauch), 11 = *Dryas octopetala*, Rosaceae (immergrüner Zwergstrauch), 12 = *Festuca gracillima*, Poaceae (Horstgras), 13 = *Stipagrostis pungens*, Poaceae (Igelgras), 14 = *Echinopsis atacamensis*, Cactaceae (Stammsukkulente), 15 = *Didelta carnosa*, Asteraceae (Blattsukkulente), 16 = *Entada phaseoloides*, Fabaceae (Liane), 17 = *Bolax gummifera*, Apiaceae (Hartpolsterpflanze), 18 = *Dendrosenecio johnstonii*, Asteraceae (Großrosettenpflanze), 19 = *Brassavola tuberculata*, Orchidaceae (Kormo-Epiphyt), 20a = *Gazania krebsiana*, Asteraceae (Ephemere: Therophyt), 20b = *Rhodophiala pratensis*, Amaryllidaceae (Ephemere: Geophyt), 21 = *Lobelia rhynchopetalum*, Lobeliaceae (Wollkerzenpflanze), 22 = *Kingia australis*, Dasypogonaceae (Schopfbaum).

durch die kranzförmige Anordnung großer Chlorenchymzellen um die Leitbündel). **CAM** (= *Crassulacean Acid Metbolism*; tageszeitlicher Wechsel zwischen CO_2-Aufnahme und C-Speicherung in Form von Malat nachts bei geöffneten Stomata und CO_2-Verarbeitung am Tag über den C_3-Weg; bei Blatt- und Stammsukkulenten mit ausreichend Speicherkapazität in den Vakuolen des Mesophylls für die in der Nacht anfallenden Assimilate).

Die in Tab. 1-11 zusammengestellte Liste von pPFTs ist keineswegs vollständig. Es gibt viele weitere Gestalttypen von Pflanzen mit ökologischem Hintergrund. Nicht extra aufgeführt haben wir in der Tabelle die **ausläuferbildenden Gräser** und Grasartigen mit oberirdischen bzw. unterirdischen Ausläufern (Stolonen bzw. Rhizomen) (ein Vorteil bei der Neubesiedlung von Lebensräumen), die **Wollkerzenpflanzen**, die neben den Großrosettenpflanzen die Vegetation der tropischen alpinen Stufe kennzeichnen (z. B. *Lobelia telekii*; Rauh 1978, 1988), *die* **Flaschenbäume** wie *Ceiba* und *Cochlospermum* sowie den wegen seiner extrem dicken Stämme bekannten Affenbrotbaum *Adansonia digitata* (Kronenbäume mit Wasser- und Assimilatspeicher im Stamm) und die vielen verschiedenen Typen von Sträuchern und Bäumen wie die weit verbreiteten **Schopfbäume**, die ausschließlich in den Tropen und Subtropen vorkommen und durch die Arecaceae (Palmen) vertreten sind. Wie oben schon angemerkt, hat unsere Beschränkung auf nicht mehr als 20 pPFTs den Zweck, auf der Basis einer überschaubaren Zahl der vielleicht wichtigsten (weil am weitesten verbreiteten und/oder besonders repräsentativen) Formen die global und überregional verbreiteten Vegetationstypen oder Pflanzenformationen zu kennzeichnen. Dass dies auch gelingt, werden wir weiter unten sehen. In Abb. 1-28 sind einige der pPFTs abgebildet.

1.3.4.2 Überblick über die zonalen Pflanzenformationen der Erde

Die physiognomisch-funktional definierten zonalen Vegetationseinheiten ergeben sich aus der Kombination der pPFTs. Ein Beispiel für diese Vorgehensweise ist das auf Dansereau (1957) zurückzuführende und später von Whittaker (1970) modifizierte Schema in Abb. 1-29. In einem einfachen Diagramm aus mittlerer Jahrestemperatur und Jahresniederschlag sind die häufigsten pPFTs eingetragen, wohl wissend, dass die für eine globale Vegetationsgliederung so wichtige jahreszeitliche Periodizität des hygrischen und ther-

mischen Geschehens ebenso wenig berücksichtigt ist wie die Grenztemperaturen für Pflanzen. Die in diesem Diagramm enthaltenen Vegetationseinheiten sind bis auf wenige im warmen und trockenen Bereich des Diagramms (wo die genannte Periodizität besonders wichtig ist) gut repräsentiert. In Tab. 1-12 sind sie zusammengestellt und um einige weitere ergänzt. Bei jeder Zone wurden diejenigen pPFTs aufgeführt, die sie prägen oder besonders gut charakterisieren. Diese Vegetationseinheiten bezeichnen wir als Pflanzenformationen oder (kurz) **Formationen**.

Der Begriff Formation wurde schon 1838 von Grisebach geprägt. Unter einer Formation versteht man eine physiognomisch definierte Phytozönose, also den Gestalttypus einer Pflanzengemeinschaft (Schmithüsen 1968). Da die Formation von einer oder mehreren pPFTs geprägt ist, enthält sie auch eine deutlich erkenn- und analysierbare ökologische Komponente. Ähnlich wie bei Wuchsformen kann man auch Formationen hierarchisch klassifizieren (z. B. Ellenberg & Mueller-Dombois 1967b, s. auch Mueller-Dombois & Ellenberg 1974). Am höchsten steht die Formationsklasse (z. B. I geschlossene Wälder), gefolgt von verschiedenen Subklassen (wie A überwiegend immergrüne Wälder), Formationsgruppen (z. B. 1 tropische Regenwälder), Formationen (a tropische Tieflandregenwälder), Subformationen usw. Vielfache Überschneidungen zwischen verschiedenen Hierarchieebenen und eine große Zahl von Kategorien machen das System allerdings ziemlich unübersichtlich (Schroeder 1998).

Die Formationen der Tab. 1-12 sind zonal verbreitet; sie lassen sich auf einer kleinmaßstäblichen Vegetationskarte darstellen (s. Abb. 1-30). Es handelt sich ausschließlich um die potenzielle natürliche Vegetation auf globaler Ebene, d. h. um diejenige Vegetation, die unter den Klimabedingungen der vergangenen ein- bis zweitausend Jahre auf den Normalstandorten der jeweiligen Klimazone vorherrschen würde. Wir finden sie in dicht besiedelten Erdgegenden vor allem in Großschutzgebieten, selten außerhalb; lediglich in den für die menschliche Besiedlung weniger geeigneten Räumen gibt es sie auch großflächig (etwa im Bereich der borealen Waldländer, in den Trockengebieten, in den polaren Zonen). Wir werden auf den menschlichen Einfluss bei der Besprechung der Vegetation noch näher eingehen.

Ohne dem Inhalt der Kapitel über die einzelnen Vegetationszonen vorgreifen zu wollen, möchten wir an dieser Stelle einige von denjenigen Merkmalen zusammenstellen, die nicht ohne weiteres physiognomisch sichtbar sind (Tab. 1-13):

Tab. 1-12 Zonale Pflanzenformationen der Erde und die zugehörigen physiognomischen Pflanzenfunktionstypen.

Ökozonen der Tab. 1-9		physiognomische Pflanzenfunktionstypen	
Nr.	**zonale Pflanzenformationen**	**dominant**	**beigemischt**
Immerfeuchte tropische Zone			
1	tropische Tieflandsregenwälder (immergrün und saisonal)	tropische immergrüne Laubbäume	Lianen, Kormo-Epiphyten, regengrüne Laubbäume
Sommerfeuchte tropische Zone			
2	tropische immergrüne Hartlaubwälder	sklerophylle Laubbäume und -sträucher	Lianen, Kormo-Epiphyten
3	tropische halbimmergrüne und regengrüne Laubwälder und -gebüsche (inkl. Monsunwälder, Miombo-Wälder)	tropische regengrüne Laubbäume und -sträucher	
4	tropische Savannen	Horstgräser C_4, Cyperaceae	tropische regengrüne Laubbäume und Laubsträucher, immergrüne sklerophylle Laubbäume und Laubsträucher
Tropisch-subtropische Trockengebiete			
5	tropisch-subtropische xerophytische Trockenwälder und -gebüsche inkl. Dornsavannen	sklerophylle Laubbäume und -sträucher, z. T. dornig oder stachelig	Stammsukkulente
6	tropisch-subtropische Zwergstrauch-Halbwüsten	sklerophylle Klein- und Zwergsträucher	Ephemere
7	tropisch-subtropische Sukkulenten-Halbwüsten	Stamm- und Blattsukkulente	Ephemere
8	tropisch-subtropische Gras-Halbwüsten	Igelgräser C_4	Ephemere
9	tropisch-subtropische Wüsten	kontrahierte Vegetation	wie 7 und 8
Immerfeuchte subtropische Zone (warm-gemäßigt)			
10	immergrüne subtropische Lorbeerwälder (laurophyll)	extratropische immergrüne Laubbäume (laurophyll)	Lianen, Kormo-Epiphyten
11	subtropisches Grasland (Pampa, Campo)	Horstgräser C_3 und C_4	
Winterfeuchte subtropische Zone (warm-gemäßigt)			
12	subtropische Hartlaubwälder und -gebüsche	sklerophylle Laubbäume und -sträucher	Ephemere (Frühjahr)
Feuchte kühl-gemäßigte Zone (nemoral)			
13	sommergrüne nemorale Laubwälder und -gebüsche	sommergrüne Laubbäume und -sträucher	Ephemere (Frühlingsgeophyten)
14	immergrüne nemorale Lorbeerwälder (laurophyll), hochozeanisch	extratropische immergrüne Laubbäume (laurophyll)	Lianen, Epiphyten (vorwiegend Kryptogamen), Reliktkoniferen

Tab. 1-12 (Fortsetzung)

Ökozonen der Tab. 1-9		physiognomische Pflanzenfunktionstypen	
Nr.	**zonale Pflanzenformationen**	**dominant**	**beigemischt**
15	immergrüne nemorale Nothofagus-Wälder, hochozeanisch	nanophylle immergrüne Laubbäume (*Nothofagus*-Typ)	Epiphyten (vorwiegend Kryptogamen), Reliktkoniferen
16	immergrüne nemorale Nadelwälder, sommertrocken	immergrüne Reliktkoniferen	sommergrüne Laubbäume
Trockene kühl-gemäßigte Zone (nemoral)			
17	immer- und sommergrüne nemorale Waldsteppen	sommergrüne Laubbäume, immergrüne Nadelbäume	Horstgräser C_3
18	nemorale Trockenwälder und -gebüsche	immergrüne, trocken- und kälteresistente Nadelhölzer	immer- und sommergrün, trockenresistente Kleinsträucher
19	Steppen	Horstgräser C_3	Ephemere, sklerophylle Zwergsträucher
20	nemorale Zwergstrauch-Halbwüsten	sklerophylle Klein- und Zwergsträucher	Ephemere
21	nemorale Wüsten	kontrahierte Vegetation	
Kalt-gemäßigte Zone (boreal)			
22	sommergrüne boreale Laubwälder, hochozeanisch	sommergrüne Laubbäume und -sträucher (Pioniere)	sommer- und immergrüne Klein- und Zwergsträucher
23	immergrüne boreale Nadelwälder, ozeanisch-kontinental (dunkle Taiga)	immergrüne Nadelbäume	sommer- und immergrüne Klein- und Zwergsträucher
24	sommergrüne boreale Nadelwälder, wintertrocken (helle Taiga)	sommergrüne Nadelbäume	sommer- und immergrüne Klein- und Zwergsträucher
Polare Zone			
25	polare Gras- und Zwergstrauchtundren	sommer- und immergrüne Klein- und Zwergsträucher, Horstgräser C_3	Moose, Flechten
26	polare Halbwüsten	kleinwüchsige Kräuter und Gräser	Moose, Flechten

1. Mit zunehmendem Blattflächenindex (LAI = *leaf area index*) steht der Vegetation mehr photosynthetisch aktive Oberfläche zur Verfügung und man sollte annehmen, dass die Nettoprimärproduktion umso größer wäre, je höher der Blattflächenindex ist. Das trifft aber nur dann zu, wenn die Blätter eines Pflanzenbestands sich nicht gegenseitig überlappen. Sobald dies wie bei den Wäldern der Fall ist, können die im Schatten liegenden Blätter nicht mehr ihre potenzielle Leis-tungsfähigkeit ausschöpfen, und die Produktionsleistung sinkt. Es gibt also einen optimalen LAI, der beispielsweise bei Grasbeständen zwischen 8 und 10 liegt (Larcher 2001).

2. In der Nettoprimärproduktion (NPP) stehen zwar die tropischen Regenwälder mit einem Spitzenwert von 3,5 kg m^{-2} a^{-1} an erster Stelle; dennoch unterscheiden sie sich nicht wesentlich von den übrigen Laubwäldern, sofern sie in den Tropen liegen (wie die tropischen regengrünen Laub-

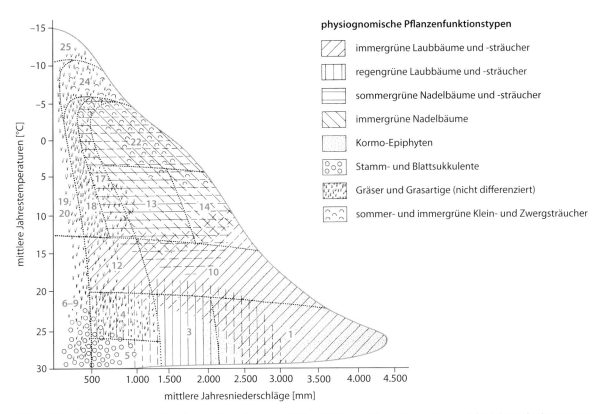

physiognomische Pflanzenfunktionstypen

- immergrüne Laubbäume und -sträucher
- regengrüne Laubbäume und -sträucher
- sommergrüne Nadelbäume und -sträucher
- immergrüne Nadelbäume
- Kormo-Epiphyten
- Stamm- und Blattsukkulente
- Gräser und Grasartige (nicht differenziert)
- sommer- und immergrüne Klein- und Zwergsträucher

Abb. 1-29 Vorkommen der zonalen Pflanzenformationen in Abhängigkeit vom Jahresniederschlag und der Jahresmitteltemperatur (nach Dansereau 1957 und Whittaker 1970 aus Bresinsky et al. 2008, stark verändert). Die folgenden Bezeichnungen und die zugehörigen Ziffern entsprechen denjenigen der Tab. 1-12. 1 = tropische Tiefland- und Gebirgsregenwälder, 3 = tropische halbimmergrüne und regengrüne Laubwälder und -gebüsche, 4 = tropische Savannen, 5 = tropisch-subtropische xerophytische Trockenwälder und -gebüsche inkl. Dornsavannen, 6–9 = tropisch-subtropische Halbwüsten und Wüsten, 10 = subtropische immergrüne Laubwälder (laurophyll), 12 = subtropische Hartlaubwälder und -gebüsche, 13 = sommergrüne nemorale Laubwälder und -gebüsche, 14 = immergrüne nemorale Lorbeerwälder, 17 = immer- und sommergrüne nemorale Waldsteppen, 18 = Steppen, 19, 20 = nemorale Halbwüsten und Wüsten, 22 = immergrüne boreale Nadelwälder, 24 = polare Gras- und Zwergstrauchtundra, 25 = polare Wüste.

wälder) oder (außerhalb der Tropen) eine ganzjährige Vegetationszeit aufweisen (wie die laurophyllen Wälder der immerfeuchten Subtropen und der nemoralen Zone). Die NPP der übrigen Wälder fällt nicht nur bezüglich der Maximal-, sondern auch der Minimalwerte deutlich niedriger aus (Hartlaubwälder, immergrüne boreale Nadelwälder); sie ist vergleichbar mit derjenigen der Savannen und Steppen mit dominierendem Graswuchs. Am niedrigsten liegt die NPP erwartungsgemäß in den polaren Tundren und den Halbwüsten.

3. Auch bei den Wurzelmassen differieren die Laubwälder mit 4–5 kg m^{-2} Trockengewicht nicht wesentlich. Mit 1,0–1,5 kg m^{-2} erreichen die Formationen des Offenlands nur ein Fünftel dieser Werte. Stattdessen kommen im Mittel als auch

absolut in den Savannen und Trockengebieten die größten Wurzeltiefen vor. Xerophytische Sträucher und Bäume bilden ein oft tiefgreifendes, extensives Wurzelwerk, um an Wasservorräte im Untergrund zu gelangen. Die größte Wurzeltiefe erreicht nach einer Literaturauswertung von Canadell et al. (1996) die Capparacee *Boscia albitrunca* (s. Abb. 4-11a) mit 68 m, ein immergrüner Kleinbaum südafrikanischer Halbwüsten (Kalahari), gefolgt von *Acacia erioloba* mit 60 m, ein in Halbwüsten und Savannen Afrikas weit verbreiteter regengrüner Schirmbaum. Auch bei sklerophyllen Bäumen der Hartlaubgebiete reichen die Wurzel viele Meter in den Untergrund (wie z. B. *Eucalyptus marginata* mit bis zu 40 m).

4. Ein Maß für die Nährstoffnachlieferung sind die Zersetzungsrate (ausgedrückt als Quotient zwi-

Kasten 1-7

Blatt-Funktionsmerkmale

Im Gegensatz zur Taxonomie, wo Bau und Funktion der Fortpflanzungsorgane eine herausragende Rolle für die Pflanzensystematik spielen, stehen für die ökologische Interpretation der pPFTs die **Assimilationsorgane** im Vordergrund. Ein für die Klassifikation der Vegetation der Erde besonders wichtiges Merkmal ist die Lebensdauer der Blätter (*leaf life span* = LL). Sie variiert von wenigen Monaten bis zu über 20 Jahren (bei einzelnen Gymnospermen). Dementsprechend unterscheiden wir wechselgrüne (untergliedert nach sommergrün in winterkalten und regengrün in sommertrockenen Klimaten) und immergrüne Bäume. Die Letzteren gliedern sich in Laubbäume mit breiten Blättern und Nadelbäume mit nadel- oder schuppenförmigen Blättern.

Das Vorkommen immergrüner und wechselgrüner Bäume in den verschiedenen Klimazonen und ihre mögliche Koexistenz ist abhängig von der Dauer der (hygrischen oder thermischen) Vegetationszeit und dem Kosten-Nutzen-Verhältnis (Harrison et al. 2010): So ist die Produktion von immergrünen Blättern zwar aufwendiger als die von wechselgrünen (s. unten und Tab. 1), dafür halten sie aber auch länger, während wechselgrüne jedes Jahr neu gebildet werden müssen. Vor dem Hintergrund des Prinzips „möglichst geringer Ressourcenverbrauch bei größtmöglichem Nutzen" lässt sich aus dem Nutzen-Kosten-Verhältnis und der Dauer der Vegetationsperiode modellhaft darstellen, unter welchen Bedingungen die beiden Funktionstypen koexistieren oder sich gegenseitig ausschließen (Abb. 1). Daraus geht hervor, dass von zunehmend langer Vegetationszeit die Immergrünen stärker profitieren als die Wechselgrünen (Abschnitt D in Abb. 1). In einem Übergangsbereich (Abschnitt C in Abb. 1) können beide Formen koexistieren, in Abhängigkeit von der Lebensdauer der Blätter; wird die Vegetationszeit zu kurz (Abschnitt A in Abb. 1), dominieren Immergrüne, weil die Zeit für die Bildung wechselgrüner Blätter nicht ausreicht (wie im Fall der kalt-gemäßigten borealen Zone oder in Trockenklimaten mit immergrünen Xerophyten). Unabhängig davon koexistieren wechselgrüne und immergrüne Bäume in semiariden Gebieten auch dann, wenn sie unterschiedliche Bodentiefen erschließen können (tief wurzelnde Immergrüne versus flach wurzelnde Regengrüne).

Unter den immergrünen Laubbäumen fallen diejenigen besonders auf, die harte, meist ungegliederte, relativ kleine (mikro- bis notophyll) und sklerenchymreiche Blätter besitzen. Man bezeichnet sie als Hartlaubbäume oder **Sklerophylle** und trennt sie ab von den weichblättrigen Bäumen (zu denen auch überwiegend die wechselgrünen Bäume gehören), deren Laub **malakophyll** ist (Turner 1994). Sklerophyllie bemisst sich nach einer Reihe von Merkmalen, die einzeln oder in Kombination auftreten. Solche Merkmale sind Sklerenchymfasern in den Leitbündelscheiden oder am Blattrand, dicke Kutikula und verdickte Epidermis-Außenwand, verholzte Zellwände (Napp-Zinn 1984). Hinzu treten oft, aber nicht immer, eingesenkte Spaltöffnungen und ein

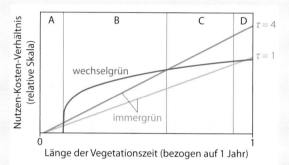

Abb. 1 Modell des Kohlenstoffgewinns in Blättern in Abhängigkeit von der Länge der Vegetationszeit (nach empirischen Gleichungen von Reich et al. 1997, aus Harrison et al. 2010). Mit steigender Vegetationszeit (Wachstumsperiode) nimmt das Nutzen-Kosten-Verhältnis zu. Wechselgrüne haben erst dann eine Chance, wenn die Vegetationszeit eine bestimmte Mindestlänge aufweist, weil sich sonst der Aufwand der jährlichen Blattbildung nicht lohnt. Dann kommen sie zur Dominanz (Bereich B), profitieren aber von einer weiter steigenden Vegetationszeit weniger als die Immergrünen. Diese haben Vorteile entweder bei sehr kurzen (Bereich A) oder bei längeren Wachstumsperioden (Bereich C und D). In einem Übergangsbereich ist eine Koexistenz von Immer- und Wechselgrünen möglich (Bereich C), und zwar abhängig davon, ob es sich um kurzlebige (τ = 1 Jahr) oder langlebige Immergrüne handelt (τ = 4 Jahre).

effizienter Schließmechanismus. Mit sklero- und malakophyll sind aber lediglich die Eckpunkte eines Gradienten beschrieben; auf dem Kontinuum dazwischen gibt es alle Übergänge zwischen den beiden Blatttypen. Am besten entsprechen die hartlaubigen Proteaceen der winterfeuchten Subtropen im Fynbos Südafrikas und im Hartlaubgebüsch von Südwest-Australien dem sklerophyllen Charakter („*Protea*"-Typ; de Lillis 1991): Bei ihnen ist die Sklerenchymbildung am stärksten ausgeprägt, und die harten und steifen Blätter brechen leicht, wenn man sie knickt (Read & Sanson 2003). Die Blätter der mediterranen Hartlaubgehölze wie z. B. von *Olea europaea*, *Nerium oleander* und *Quercus ilex* sind weniger sklerenchymatisiert („*Olea*-Typ") und bilden einen Übergang zu den sog. **laurophyllen** Blättern, die einen eher ledrigen Charakter haben. Zu ihnen gehören beispielsweise viele Bäume der immerfeuchten Subtropen. In den Regenwäldern der Feuchttropen finden wir häufig einen Blatttyp mit größeren Blättern (noto- bis makrophyll) und einer geringeren Lebensdauer (ein bis zwei Jahre), die einem malakophyllen Charakter schon recht nahe kommen und nicht selten mit einer lang ausgezogenen Spitze versehen sind. Malakophylle Blätter sind oft stark gegliedert (gefiedert wie bei *Fraxinus*, handförmig wie bei *Acer*), aber auch die Blätter vieler Kräuter und Gräser gehören dazu.

Alle diese Bezeichnungen sind hilfreich, wenn wir sie auf ökophysiologische Prozesse zurückführen können. Am einfachsten ist dies bei einem Vergleich zwischen sklerophyllen und malakophyllen Blättern anhand der beiden Funktionsmerkmale Blatt-Lebensdauer (LL = *leaf lifespan*) und der Blattmasse pro Flächeneinheit (LMA = *leaf mass per area* in g m^2). Beide zeigen im globalen Maßstab eine enge Bindung an pflanzenökologisch relevante Klimamerkmale (Wright et al. 2004): So sind Arten mit höherer Blattmasse (Sklerophylle) in trockeneren Gebieten häufiger als in feuchteren, gleichzeitig nimmt auch die Lebensdauer der Blätter zu. So können sklerophylle Blätter Wasser auch aus trockenen Böden bei niedrigem Wasserpotenzial aufnehmen; ihr im Vergleich zu kurzlebigen, malakophyllen Blättern hoher Kon-

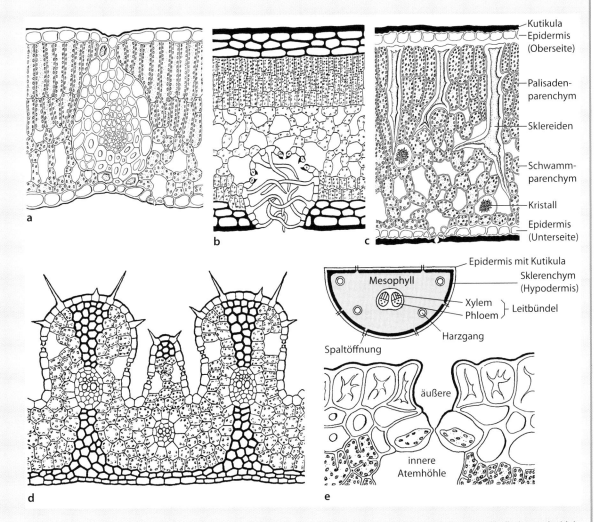

Abb. 2 Einige Beispiele für die Blattanatomie. a) *Fagus sylvatica*, Schattenblatt, malakophyll (rel. dünne Kutikula, zweischichtiges Palisadenparenchym, Spaltöffnungen auf der Blattunterseite, nicht eingesenkt); b) *Nerium oleander*, sklerophyll (dicke Kutikula, mehrschichtige Epidermis oben und unten, dreischichtiges Palisadenparenchym, Spaltöffnungen auf der Blattunterseite, tief eingesenkt, mit Haaren als zusätzlicher Schutz vor Verdunstung); c) *Camellia japonica*, hartlaubig-laurophyll (dickere Kutikula, mehrschichtiges Palisadenparenchym, Sklereiden zur Blattversteifung, Kristalleinschlüsse, Spaltöffnungen auf der Blattunterseite, nicht eingesenkt; d) *Stipa capillata*, Horstgras mit Rollblatt, dargestellt ist die Blattoberseite, die beim Einrollen zur Innenseite wird (rel. dünne Kutikula, Spaltöffnungen auf der Blattoberseite, durch Einrollen des Blatts geschützt, sklerenchymatische Versteifung der Blätter, dreischichtige Epidermis auf der Blattunterseite); e) *Pinus* sp. (kompaktes Nadelblatt mit sklerenchymatisch versteifter Epidermis und eingesenkten (beidseitigen) Spaltöffnungen). (a, c, e aus Lerch 1991; b und d aus Bresinsky et al. 2008).

Fortsetzung

Fortsetzung

Tab. 1 Blattkonstruktionsaufwand (g aufgewendete Glukose) pro Blatt-Trockengewicht (BK_{TG}) und pro Quadratmeter Blattfläche (BK_{BF}) und spezifische Blattfläche (SBF in m^2 pro kg Trockengewicht) einiger Gehölze aus verschiedenen Vegetationstypen (Daten aus Villar & Merino 2001, BK neu kalkuliert).

Vegetationszone	Art	Blatttyp[1]	BK_{TG} [g g^{-1}]	SBF [m^2 kg^{-1}]	BK_{BF} [g m^{-2}]
arktische Tundra (Devon Island, Kanada)	*Cassiope tetragona*	IG	1,600	9,05	177
	Dryas integrifolia	IG	1,837	9,52	195
sommergrüne Laubwälder, hemiboreal (Toronto, Kanada)	*Betula papyrifera*	SG	1,497	11,83	127
	Populus tremulioides	SG	1,526	12,30	124
	Quercus rubra	SG	1,519	12,10	126
sommergrüne Laubwälder, kühl- bis warm-gemäßigt (North Carolina, USA)	*Carya alba*	SG	1,349	27,89	48
	Cornus florida	SG	1,348	23,16	58
	Liriodendron tulipifera	SG	1,481	28,13	53
	Platanus occidentalis	SG	1,578	23,28	67
Hartlaubwälder und -gebüsche, sklerophyll (Andalusien, Spanien)	*Olea europaea*	IGsk	1,653	5,04	328
	Phillyrea angustifolia	IGsk	1,739	4,26	408
	Pistacia lentiscus	IGsk	1,588	4,62	344
	Quercus coccifera	IGsk	1,532	6,04	254
Hartlaubwälder und -gebüsche, malakophyll (Andalusien, Spanien)	*Cistus albidus*	IGm	1,452	5,40	269
	Cistus monspeliensis	IGm	1,548	4,18	370
laurophylle Wälder (Kanaren, Spanien)	*Laurus azorica*	IGl	1,563	7,76	201
	Ocotea foetens	IGl	1,643	9,10	181
	Persea indica	IGl	1,574	8,41	187
immer- und sommergrüne Laubwälder, kühl-gemäßigt (Feuerland, Argentinien)	*Nothofagus antarctica*	SG	1,510	10,86	139
	Nothofagus pumilio	SG	1,348	18,33	74
	Nothofagus betuloides	IG	1,531	6,65	231
regengrüne tropische Wälder (Charallave, Venezuela)	*Coursetia ferruginea*	RG	1,426	27,62	51
	Lonchocarpus dipteroneurus	RG	1,550	23,92	65
	Pithecellobium dulce	RG	1,473	16,98	87

[1] SG sommergrün, IG immergrün, RG regengrün, sk sklerophyll, m malakophyll, l laurophyll.

struktionsaufwand amortisiert sich bei einer Lebensdauer von mehreren Jahren. Allerdings „erkaufen" sie diesen Vorteil mit einer gegenüber potenziellen Konkurrenten geringeren Photosyntheseleistung, sodass sie in feuchteren Klimaten oder auf grundwasserbeeinflussten Böden dem Konkurrenzdruck der laurophyllen Bäume weichen müssen. Solche *trade-offs* sind für PFTs generell charakteristisch und eine der Ursachen für die Phytodiversität.

Der **Blattkonstruktionsaufwand** zwischen den einzelnen Blatttypen, gemessen als die für 1 g Blattmasse aufzu-

wendende Glukose in g, variiert beträchtlich (Villar & Merino 2001; Tab. 1): Mit rund 50 bis gut 80 g m^{-2} am wenigsten Glukose müssen sommergrüne und regengrüne Laubbäume aufwenden (mit Ausnahme von *Nothofagus antarctica*), am meisten mit 250–400 die sklerophyllen, aber auch die malakophyllen Gehölze der Hartlaubgebiete (Letztere wegen ihrer zweifachen Blattbildung von Winter- und Sommerblättern; s. Gratani & Bombelli 1999). Dazwischen liegen mit 180–200 g die Laurophyllen etwa gleichauf mit der mikrophyllen immergrünen *Nothofagus*-Art *N. betuloides* und den Spaliersträu-

Tab. 2 Blattfunktionstypen nach Box (1996), verändert.

Blattstruktur	1 eher lichtbedürftig, Blätter eher hellgrün	2 Übergang zwischen 1 und 3	3 eher schattentolerant, Blätter dunkelgrün
weiche und dünne Blätter	1a malakophyll	2a malakophyll	3a laurophyll-weichblättrig
ledrigblättrig, biegsam	1b ledrig	2b ledrig	3b laurophyll-ledrig
hart, leicht zu knicken	1c sklerophyll	2c sklerophyll	3c lauro-sklerophyll

chern *Dryas* und *Cassiope* der arktischen Tundren, sowie mit rund 120 g die Pioniere unter den sommergrünen Bäumen *Betula* oder *Populus*. Die **spezifische Blattfläche** ist ein weiterer empfindlicher Indikator für verschiedene ökologische Strategien, u. a. für den Stickstoffgehalt der Blätter (der linear mit abnehmendem Blattgewicht sinkt) und damit auch für die CO_2-Assimilation (Schulze et al. 2002). Sklerophylle Blätter mit geringer spezifischer Blattfläche (und hohem spezifischen Blattgewicht) sind N-ärmer; ihre CO_2-Assimilation ist niedriger als bei weicheren Blättern. Arten mit hoher metabolischer Aktivität haben eine größere spezifische Blattfläche (z. B. einjährige Kulturpflanzen mit über 25 $m^2 kg^{-1}$) als solche mit geringer metabolischer Aktivität (z. B. immergrüne Nadelhölzer mit rund 5 $m^2 kg^{-1}$). Am Beispiel der Arten in Tab. 1 zeigt sich dieser Sachverhalt in den niedrigen Werten der sklerophyllen und malakophyllen Gehölze der winterfeuchten Subtropen mit sommerlichem Trockenstress und den hohen Werten der sommer- und regengrünen Bäume. Die spezifische Blattfläche der Laurophyllen in den Lorbeerwäldern der Trocken- und Kältestressfreien, immerfeuchten Subtropen liegt deutlich über derjenigen der ebenfalls immergrünen, aber hartlaubigen Bäume.

Sklerophyllie ist also, worauf wir oben schon hingewiesen haben, kein Merkmal ausschließlich für die Hartlaubgebiete der winterfeuchten Subtropen der Erde. Sie dominiert zwar dort, aber es kommen auch andere Blatttypen vor, wie Laurophylle (z. B. *Arbutus unedo* und *Laurus nobilis* im mediterranen Raum; Lo Gullo et al. 1986) oder die bereits in Tab. 1 enthaltenen malakophyllen *Cistus*-Arten. Sklerophylle Vegetation findet sich auch in manchen Trockengebieten der Tropen und Subtropen, wie die vielen hartlaubigen *Eucalyptus*-Arten der Trockenwälder und Savannen Australiens oder die statt mit (malakophyllen) Fiederblättern mit Phyllodien (also blattförmig verbreiterten Blattstielen) ausgestatteten *Acacia*-Arten ebendort oder andernorts zeigen, die sich hinsichtlich ihres Metabolismus wie Sklerophylle verhalten (beispielsweise *Acacia koa* auf Hawaiʻi; Pasquet-Kok et al. 2010). Sklerophylle sind aber durchaus auch typisch für nährstoffarme, saure und Al-belastete Standorte (was man in der älteren Literatur als Peinomorphie bezeichnet); denn auch unter solchen Bedingungen ist eine mehr oder minder ungehemmte Transpiration von Nachteil (Vermeidung der Aufnahme toxischer Ionen; Verringerung der CO_2-Assimilation

bei Nährstoffmangel; Turner 1994). Hierzu zählen „peinomorphe" Pflanzen in Mooren wie *Andromeda polifolia* ebenso wie viele Arten der tropischen Heidewälder etwa im Orinoco-Gebiet Amazoniens. Möglicherweise ist der besonders ausgeprägte hartlaubige Charakter Australiens und des brasilianischen Cerrado eher durch die extreme Nährstoffarmut der Böden verursacht als durch ein trockenes Klima (s. ausführlich in Abschn. 3.2.1).

Im Grunde ist der Begriff „laurophyll" eine Hilfskonstruktion für Blatttypen, die zwischen den sklerophyllen und den eher weichen Blättern der tropischen Regenwaldbäume stehen. Weder physiologisch noch anatomisch-morphologisch lässt er sich eindeutig definieren (De Lillis 1991). Nach Box (1996) sind laurophylle Bäume häufig schattentolerant, ertragen kurzzeitig Temperaturen unter 0 °C (was man aus ihrem Vorkommen ableiten kann) und haben größere Kronen als die tropischen Regenwaldbäume; er stellt sie deshalb den lichtbedürftigen Hartlaubbäumen als eigene Kategorie gegenüber (Tab. 2), wobei das Spektrum der laurophyllen Blätter von eher weichem bis hartlaubigem Charakter reicht. In die Kategorie 2b gehört ein großer Teil der Bäume tropischer Tieflandsregenwälder; der Kern der Laurophyllen (Kategorie 3b) ist eher ledrig und umfasst z. B. Gattungen wie *Laurus*, *Castanopsis* und *Persea*; zu 3c zählt der Autor *Ilex aquifolium*. In der Paläobotanik wird „laurophyll" für die Benennung der spättertiären, warm-gemäßigten Wälder verwendet, die als Relikte auf den Kanaren, auf Madeira und im Valdivianischen „Lorbeerwald" heute noch existieren. Als laurophylle Wälder werden somit in erweiterter Form alle diejenigen immergrünen Laubwälder bezeichnet, die innerhalb der (Feucht)Tropen in höheren Lagen (z. B. als Wolkenwälder) und zonal außerhalb der Tropen vorkommen, wie in den immerfeuchten Subtropen und der hochozeanischen kühl-gemäßigten Klimazone der Südhemisphäre (Klötzli 1988).

Über all dem sollten wir nicht vergessen, dass Blattmerkmale sowohl innerhalb eines Pflanzenbestands zwischen den koexistierenden Arten (Poorter & Rozendaal 2008) als auch innerhalb einer Art (je nach Exposition der Blätter, Nährstoff- und Wasserversorgung; Witkowski & Lamont 1991, England & Attiwill 2006) einer erheblichen Variation unterliegen, die diejenige zwischen pPFTs bzw. zwischen Vegetationszonen sogar übertreffen kann.

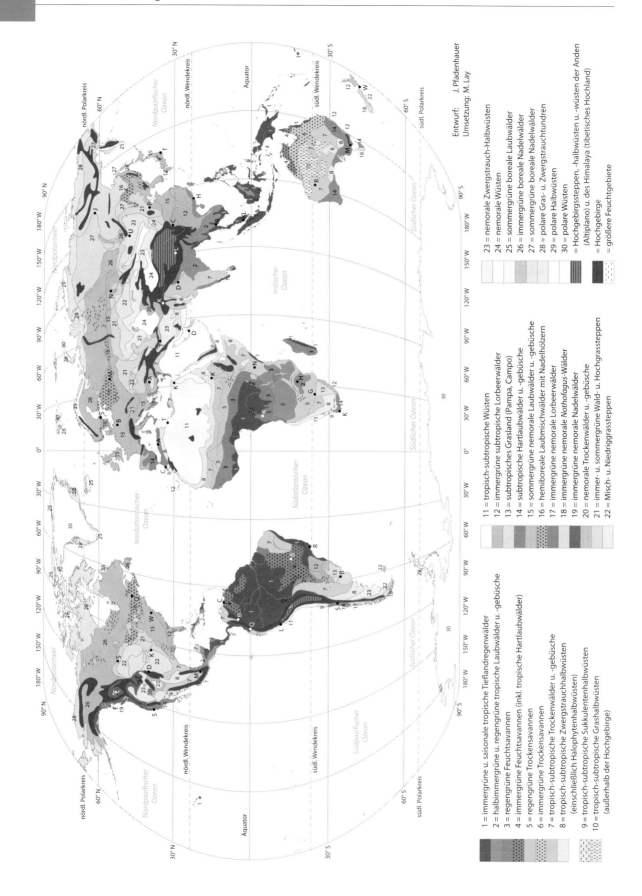

Entwurf: J. Pfadenhauer
Umsetzung: M. Lay

1 = immergrüne u. saisonale tropische Tieflandregenwälder
2 = halbimmergrüne u. regengrüne tropische Laubwälder u. -gebüsche
3 = regengrüne Feuchtsavannen
4 = immergrüne Feuchtsavannen (inkl. tropische Hartlaubwälder)
5 = regengrüne Trockensavannen
6 = immergrüne Trockensavannen
7 = tropisch-subtropische Trockenwälder u. -gebüsche
8 = tropisch-subtropische Zwergstrauchhalbwüsten
      (einschließlich Halophytenhalbwüsten)
9 = tropisch-subtropische Sukkulentenhalbwüsten
10 = tropisch-subtropische Grashalbwüsten
      (außerhalb der Hochgebirge)

11 = tropisch-subtropische Wüsten
12 = immergrüne subtropische Lorbeerwälder
13 = subtropisches Grasland (Pampa, Campo)
14 = subtropische Hartlaubwälder u. -gebüsche
15 = sommergrüne nemorale Laubwälder u. -gebüsche
16 = hemiboreale Laubmischwälder mit Nadelhölzern
17 = immergrüne nemorale Lorbeerwälder
18 = immergrüne nemorale Nothofagus-Wälder
19 = immergrüne nemorale Nadelwälder
20 = nemorale Trockenwälder u. -gebüsche
21 = immer- u. sommergrüne Wald- u. Hochgrassteppen
22 = Misch- u. Niedriggrassteppen

23 = nemorale Zwergstrauch-Halbwüsten
24 = nemorale Wüsten
25 = sommergrüne boreale Laubwälder
26 = immergrüne boreale Nadelwälder
27 = sommergrüne boreale Nadelwälder
28 = polare Gras- u. Zwergstrauchtundren
29 = polare Halbwüsten
30 = polare Wüsten
= Hochgebirgssteppen, -halbwüsten u. -wüsten der Anden
   (Altiplano) u. des Himalaya (tibetisches Hochland)
= Hochgebirge
= größere Feuchtgebiete

◄ Abb. 1-30 Vegetationskarte der Erde. Kartengrundlage (Natural Earth pseudozylindrische Projektion) aus www.shadedrelief. com/world (Kartographie Tom Patterson März 2008). Erstellt unter Verwendung von Schmithüsen et al. (1976), verändert und ergänzt nach Bohn et al. (2003; Europa; s. auch Abb. 6-12), Beadle (1981; Australien; s. auch Abb. 4-24), CAVM Team (2003; Arktis; s. Abb. 8-1), http://www.fao.org/docrep/006/ ad652e/ad652e17.htm#P3266_126700 (Abruf 2013; Nordamerika), Hueck & Seibert (1981, Südamerika), Knapp (1965; Nordamerika, s. auch Abb. 6-14, 6-18 und 6-22), Knapp (1973; Afrika), Meurk (1995; Neuseeland); Miyawaki (1979; Japan), Mucina & Rutherford (2006; Südafrika), Nakamura & Krestov (2005; Nordostasien), Ricketts et al. (1999; Nordamerika), Specht (1981; Australien), Treter (1993; boreale Waldländer; s. auch Abb. 7-6), Werger (1986; Südafrika). Sie finden die Karte im gedruckten Buch vergrößert auf der Umschlaginnenseite.

schen dem jährlichen Streuanfall und dem Streuvorrat) sowie die Zeit, die aufgewendet werden muss, um bis zu 95 % des jährlich anfallenden Bestandesabfalls biologisch abzubauen. Fällt viel organisches Material an und ist der Streuvorrat gering, ist die Streuzersetzungsrate hoch; es wird also viel in kurzer Zeit abgebaut. Da beide Größen von der Temperatur gesteuert werden, ist mit einer kontinuierlichen Abnahme der Zersetzungsrate und einer entsprechend kontinuierlichen Zunahme der Zersetzungsdauer zu rechnen. Aus diesem Grund gibt es organische Auflagen in nemoralen und borealen Nadelwäldern, nicht dagegen in den tropischen Regenwäldern.

1.3.4.3 Grundsätzliches zur Vegetationsgliederung der Hochgebirge

Die in Tab. 1-12 aufgeführten Formationen gelten, ebenso wie die Klimazonen, für die tieferen Lagen der Kontinente (in den Tropen bis etwa 1.500 m NN, in der kühl-gemäßigten Zone bis etwa 500 m NN). Hochgebirge haben dagegen einen eigenständigen Charakter, der sie von ihrer Umgebung sowohl topographisch als auch hinsichtlich ihrer Flora und Vegetation deutlich abhebt. Von einem Mittelgebirge unterscheidet sich ein Hochgebirge a) durch das Auftreten einer thermischen Baumgrenze mit einer oberhalb davon gelegenen baumfreien Vegetation, b) durch eine mindestens 1.000 m umfassende Höhendifferenz zwischen Vorland und Gipfelflur sowie c) durch formprägende, der Schwerkraft folgende Massenbewegungen wie Muren, Felsstürze und Lawinen (Burga et al. 2004). So verschieden die Hochgebirge in den einzelnen Klimazonen auch sein mögen, so

stimmen sie doch in den drei folgenden Merkmalen überein, nämlich

1. in einer Temperaturabnahme mit der Höhe im Allgemeinen um etwa 0,4–0,7 °C pro 100 Höhenmeter je nach Breitenlage des Gebirges und Jahreszeit,
2. in einer Niederschlagszunahme entweder mehr oder minder gleichmäßig, oder mit einem Maximum in der Wolkenkondensationszone wie in manchen tropischen Gebirgen,
3. in einer Luv- und Lee-bedingten Asymmetrie des Mesoklimas (mit Stau- und Föhneffekten), v. a. bei Gebirgen mit quer zur Hauptwindrichtung verlaufenden Ketten.

Darüber hinaus sind Hochgebirge durch ihre Vielzahl von Standorten (sonn- und schattseitige Hänge, tiefe und hohe Lagen, Gradienten und Mosaike aus unterschiedlichen Böden) auf kleinem Raum besonders reich an Vegetationstypen und, wie wir schon in Abschn. 1.2.3 gesehen haben, an Arten. Sie sind ebenso Ausbreitungsbarrieren (besonders die Ost-West verlaufenden Gebirgsketten) als auch Wanderkorridore für Pflanzenarten (die Nord-Süd angeordneten Gebirgezüge); für beides gibt es genügend Belege. So ermöglichten die Hochgebirge des mittelamerikanischen Rückens holarktischen Florenelementen wie der Gattung *Quercus* den Vorstoß weit nach Süden, wie wir bereits in Abschn. 1.2.2 im Fall der Gattungen *Berberis* und *Empetrum* erfahren haben. Ein klassisches Beispiel für ein Hochgebirge als Barriere sind die Alpen: Nach dem Ende der letzten Vereisung wanderten die meisten Bäume aus ihren südlich der Alpen gelegenen Refugien unter Umgehung des Gebirges entweder von Osten oder von Westen nach Mitteleuropa ein. Nur in seltenen Fällen gelang der direkte Überstieg über die Alpenpässe.

Aus Punkt 1 der obigen Aufzählung ergibt sich eine thermische Grenze des Wald- bzw. Baumvorkommens (Waldgrenze, Baumgrenze; s. unten). Aus Punkt 2 und 3 resultieren nach Schroeder (1998) die in Abb. 1-31 dargestellten vier Hochgebirgstypen, die sich wie folgt charakterisieren lassen:

Typ A: Vollhumides Gebirge mit Wald vom Gebirgsfuß bis zur Baumgrenze. Beispiele Tropen: Anden in Mittelamerika, Kolumbien und Venezuela; Beispiele kühl-gemäßigte Zone: Alpen, Appalachen, nordchinesische Gebirge (Changbai Shan).

Typ B: Teilarides Gebirge in aridem Umland; Wald bei zunehmenden Niederschlägen nur in höheren Lagen; es gibt also eine untere hygri-

Tab. 1-13 Quantitative Angaben zu einigen der in Tab. 1-12 aufgeführten Formationen.

Formation	Vegeta-tionszeit[1] (Monate)	LAI[2] ($m^2\,m^{-2}$)	NPP[2] ($kg\,m^{-1}\,a^{-1}$)	Wurzel-masse[3] ($kg\,m^2$)	maximale Wurzel-tiefe[3] (m)		Streuzersetzungs-rate und Dauer[4]	
					Mittel	absolut	Rate	Dauer (Jahre)
tropische Regenwälder	12	6–18	1–3,5	4,9	7,3	18	6,0	0,5
tropische halbimmer-grüne und regengrüne Laubwälder und -gebüsche			1,6–2,5	4,1	3,6	4,7		
Savannen	6–9	1–5	0,2–2	1,4	15	68	3,2	1
tropisch-subtropische Halbwüsten und Wüsten			0,01–0,3	0,8	9,5	53		
subtropische Lorbeer-wälder (laurophyll)	12	5–14	1–2,5	4,4	3,9	7,5		
Hartlaubwälder	6–9	4–12	0,3–1,5					
Steppe	2–4		0,2–1,5	1,4	2,6	6,3	1,5	2
sommergrüne nemorale Laubwälder	6–12	3–12	0,4–2,5	4,2	2,9	4,4	0,77	4
immergrüne boreale Nadelwälder	4–5	7–15	0,2–1,5	2,9	2,0	3,3	0,21	14
polare Tundren	1–3	0,5–2,5	0,01–0,4	1,2	0,5	0,9	0,03	100

[1] thermische oder hygrische Vegetationszeit, aus Schultz (2000), [2] LAI = *leaf area index*, NPP = Nettoprimärproduktion, aus Larcher (2001), [3] aus Canadell et al. (1996), [4] aus Swift et al. (1979); Zersetzungsrate = jährlicher Streuanfall/Streuvorrat, Zersetzungsdauer = Jahre bis zur 95%igen Zersetzung

sche und eine obere thermische Waldgrenze. Beispiele Tropen: Kilimanjaro, nördliche chilenische Anden; Beispiele kühl-gemäßigte Zone: Altai, Tian Shan, südliche Rocky Mountains, Olymp.

Typ C: Arides Gebirge ohne Wald; Waldgrenze nur dann feststellbar, wenn Gehölze oder Waldarten wenigstens linienhaft entlang von Bachläufen vorkommen. Beispiele: Teile (Westkordillere, Altiplano) der peruanischen und bolivianischen Anden, Ahaggar (Algerien), Tibesti (Tschad).

Typ D: Teilhumides Gebirge durch einen Luv-Lee-Kontrast: Im Luv ist das Gebirge humid, im Lee arid. Beispiele: Südanden zwischen Chile und Argentinien (nemorale immergrüne Laubwälder im Westen, Steppen und Halb-

wüsten im Osten), Hoher Atlas, Himalaya, Teneriffa.

Analog der horizontalen Klimagliederung nach Temperaturschwellenwerten kann man auch in den Hochgebirgen thermische Höhenstufen ausweisen. Wir unterscheiden nach Schroeder (1998, ergänzt):

Planar: Tieflagen mit zonalem Großklima.

Kollin: Wie planar, aber stärker gegliedert, deshalb reliefbedingt größere mesoklimatisch verursachte Standortunterschiede).

Submontan: Wie kollin, aber am Fuß des Gebirges gelegen und etwas kühler und niederschlagsreicher.

Montan: Deutlich niedrigere Temperaturen und höherer Niederschlag, Reliefenergie

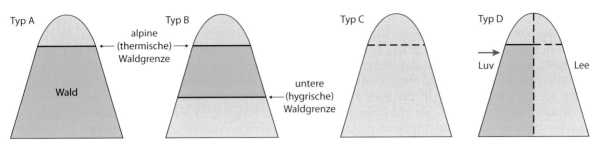

Abb. 1-31 Hygrische Grundtypen der Hochgebirge der Erde (nach Schroeder 1998).

ausgeprägter. Unterteilung in nieder-, mittel- und hochmontan möglich. Mittel- und hochmontan wird auch als oreal bezeichnet, sofern in der Wolkenkondensationszone gelegen.

Alpin: Gebiet oberhalb der thermischen Baumgrenze bis zum Beginn der permanenten Schneedecke. Ausgebildet als Gras- und/oder Zwergstrauchtundra in Hochgebirgen der borealen und nemoralen Zone, als Dornpolstervegetation in den sommertrockenen Hochgebirgen (winterfeuchte Subtropen), als Hochgebirgssteppe oder Páramo in den Tropen.

Nival: Zone der permanenten Schneedecke, wenigstens stellenweise. Die Untergrenze wird als Schneegrenze bezeichnet.

Außerhalb der Tropen ähnelt die vertikale Abfolge der Vegetation (Vegetationsstufen) in den Hochgebirgen der horizontalen, breitengradparallelen Anordnung der Vegetationszonen (Abb. 1-32). So folgen beispielsweise in den humiden subtropischen Gebirgen auf die zonalen Lorbeerwälder der Tieflagen (planar bis submontan) sommergrüne Laubwälder (montan), deren Physiognomie und Artenzusammensetzung der zonalen Vegetation der nemoralen (kühl-gemäßigten) Zone ähnelt; sie werden deshalb als „oreonemoral" bezeichnet. Mit zunehmender Meereshöhe treten in der oberen montanen Stufe „oreoboreale" immergrüne Nadelwälder („Gebirgstaiga") auf, die floristisch mit den Fichten- und Lärchenwäldern der borealen Zone verwandt sind. Oberhalb des Waldgrenzökotons (subalpin; s. unten) dominieren in der alpinen Stufe alpine („oreopolare") Gras- oder Zwergstrauchtundren, die schließlich in alpine („oreopolare") (Kälte-)Halbwüsten

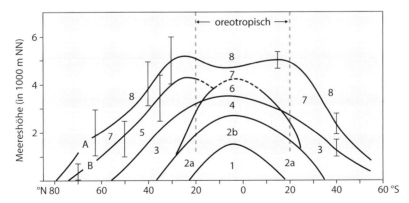

Abb. 1-32 Schematisches Vegetationsprofil der Erde von der Arktis bis zur Antarktis (nach einer Vorlage von Troll 1948, stark verändert und ergänzt nach Schroeder 1998, Wardle 1998, Miehe & Miehe 2000 sowie eigenen Beobachtungen). Bezeichnungen der Vegetationszonen wie in Tab. 1-12; Verlauf der Schnee- (a) und Waldgrenze (b) nach Hermes (1955) ergänzt aus Körner (2003), mit Angabe des Streubereichs. 1 = tropische Tieflandsregenwälder, 2a = subtropische immergrüne Lorbeerwälder, 2b = oreotropische immergrüne Lorbeerwälder, 3 = nemorale Laubwälder (sommergrün vorwiegend Nordhemisphäre, immergrün vorwiegend Südhemisphäre), 4 = oreotropischer Nebelwald, 5 = immergrüne boreale Nadelwälder, 6 = oreotropische Heidewälder mit noch unklarer oberer Grenze (teilweise Páramo), 7 = alpine Tundren (in den Tropen Páramo, auf der Nordhemisphäre polare Gras- und Zwergstrauchtundren), 8 = Kältewüste. Das Schema gilt ausschließlich für humide Gebiete. Erläuterung im Text.

übergehen, wie man sie in ähnlicher Form aus Arktis und Antarktis kennt. Die höchsten Gipfel werden von einer alpinen („oreopolaren") Eiswüste eingenommen. In den Hochgebirgen steigen also die Vegetationszonen als Vegetationsstufen von den Polen zum Äquator im Durchschnitt um etwa 80 m pro Breitengrad an; die alpinen Gras- und Zwergstrauchtundren beginnen in den subtropischen Hochgebirgen (etwa 25–30° N) bei rund 4.000–4.500 m NN.

Diese physiognomische Ähnlichkeit zwischen Vegetationszonen und -stufen darf freilich nicht darüber hinweg täuschen, dass die Unterschiede dennoch beträchtlich sind. So sind Pflanzen der alpinen Stufe der Hochgebirge physiologisch und morphologisch (Polsterwuchs) besonders effizient gegen Hitze und Kälte gewappnet, weil die täglichen Strahlungs- und Temperaturschwankungen in den Gebirgen höher sind als in der Arktis (Körner 2003b). Auch das Floreninventar ist verschieden, und zwar umso mehr, je weiter das Gebirge von der arktischen Tundra entfernt ist. Zwar gibt es gemeinsame Florenelemente wie die Gattung *Dryas* und eine Reihe von Spalierweiden (z. B. *Salix reticulata*; arktisch-alpine Florenelemente); viele Arten der eurasischen Hochgebirge sind aber eigenständige Entwicklungen, die während der Gebirgsbildung aus einer Tieflandflora entstanden sind, wie die Arten der Gattungen *Primula, Leontopodium, Artemisia* u. v. a. Abweichungen von dem Schema in Abb. 1-32 gibt es in den semiariden und ariden Gebirgen, wo anstelle von Wäldern Steppen und Halbwüsten auftreten oder ein hochmontaner Nadelwald eine untere hygrische und eine obere thermische Waldgrenze besitzt (wie im Altai, Tian Shan und Karakorum; Burga et al. 2004).

In den Tropen ist diese Parallelität zwischen horizontaler und vertikaler Vegetationszonierung nicht mehr so deutlich wie in den humiden außertropischen Gebirgen. Ein Grund hierfür ist der Übergang von einem thermischen Jahreszeitenklima ab etwa 35° N bzw. S äquatorwärts zu einem thermischen Tageszeitenklima (mit täglichem Frost oberhalb der Baumgrenze). So folgt zwar in den immerfeuchten tropischen Gebirgen auf einen tropischen Tieflandregenwald ab etwa 1.000–2.000 m NN in der unteren montanen Stufe bei mehr oder weniger regelmäßig auftretenden Frösten ein immergrüner laurophyller oreotropischer Gebirgsregenwald, der zahlreiche Vertreter der Lauraceae enthält und den laurophyllen Wäldern der immerfeuchten Subtropen floristisch und physiognomisch ähnelt; darüber folgen aber Wälder, die keine Entsprechung im Tiefland haben. So gedeiht in der mittleren montanen Stufe, der Wolkenkondensationszone, ein besonders epiphytenreicher und niedrigerer Gebirgswald, der als oreotropischer Nebelwald bezeichnet wird und in windausgesetzten Lagen niedrig und krüppelig wächst (*elfin forest*). Er hat ebenso wie der nach oben anschließende, hochmontan/subalpinen, oreotropischen Heidewald mit sklerophyllen oder erikoiden Blättern keine Ähnlichkeit mit zonalen Wäldern der gemäßigten Zonen (bis auf den Reichtum an Ericaceen, der auch boreale Nadelwälder auszeichnet). Auch die Vegetation der tropischen alpinen Stufe hat mit den polnahen Tundren der subtropischen oder nemoralen Hochgebirge nicht mehr viel gemeinsam. Es handelt sich um ein hochwüchsiges Grasland aus Horstgräsern, in das mancherorts Großrosettenpflanzen mit oder ohne Stamm eingestreut sind, eine Wuchsform, die weltweit nur hier vorkommt. Im andinen Raum wird diese Vegetation als Páramo bezeichnet.

In Abb. 1-32 sieht man, dass die Obergrenze der alpinen Tundren zweigipfelig ist; sie kulminiert bei etwa 25° N (Himalaya) bzw. 18° S (Nordanden). Der Grund ist ein als Massenerhebungseffekt bekanntes Phänomen: Im Vergleich zu windausgesetzten isolierten Gebirgsketten und einzeln stehenden Bergen mit einem eher ozeanischen Klima sind große Gebirgssysteme mit Hochtälern und Plateaus (wie das tibetischen Hochland im Himalaya und der Altiplano in den bolivianischen und peruanischen Anden) klimatisch kontinental geprägt; das ausgeprägte Strahlungsklima mit höheren Temperaturen am Tag und während der Wachstumsperiode hebt die Vegetationsstufen um einige 100 m gegenüber den wolkenreichen kleineren Hochgebirgen an. Dagegen liegen die Grenzen feuchttropischer Gebirge um den thermischen Äquator (rund 6–7° N) niedriger, weil das Klima strahlungsärmer und wolkenreicher ist. Der Massenerhebungseffekt beeinflusst auch die vertikale Ausdehnung der alpinen Stufe; diese variiert etwa von 1.500–300 Höhenmeter. Besonders ausgedehnt ist sie zwischen 10 und 30° S (Anden) und um 30° N (in den trockeneren Teilgebieten des Himalaya-Gebirgssystems), besonders schmal (unter 200 m) in der nemoralen Zone der Südhemisphäre (Patagonien, Neuseeland) mit ihrem windigen, hochozeanischen Klima. In abgeschwächter Form zeigt sich der Massenerhebungseffekt auch bei der in Abb. 1-32 dargestellten Waldgrenze und noch deutlicher bei der Baumgrenze (Miehe & Miehe 2000): Am höchsten steigen die Bäume im Himalaya (*Juniperus tibetica* bis 4.900 m NN; Miehe et al. 2007) und in den trockenen Anden (*Polylepis tomentella* bis 4.500 m NN; Kessler 1995).

Wie zwischen borealer und polarer Zone kommt es auch zwischen der hochmontanen und der alpinen Höhenstufe zu einem graduellen Übergang zwischen einem geschlossenen Wald, bei dem sich die Kronen gerade noch berühren (**Waldgrenze**, *timberline*) und der baumfreien alpinen Tundra. Der Wald löst sich zunächst in Baumgruppen auf, die oft durch Ableger entstehen, weiter oben folgen einzelne niedere Bäume. Dazwischen können Gras- und Zwergstrauchtundren oder (häufiger) ein Gebüsch mit biegsamen Ästen und Stämmen vorkommen, das gegen Schneedruck und andere Massenbewegungen resistent ist und als **Krummholz** bezeichnet wird. Krummholz-bildende Pflanzen sind z. B. die aus den Alpen bekannten Sträucher *Pinus mugo* s. str. und *Alnus alnobetula*. Verbindet man die am weitesten nach oben vordringenden Bäume mit einer Linie, erhält man die **Baumgrenze** (*treeline*). Das Ökoton zwischen Wald- und Baumgrenze wird als **subalpin** bezeichnet. In denjenigen Fällen, in denen die Waldgrenzbäume selbst Krummholz zu bilden vermögen, besteht das subalpine Waldgrenzökoton aus einem Gradienten vom hochwüchsigen geschlossenen Wald bis zur Grenze des geschlossenen Krummholzes. Das ist z. B. bei *Nothofagus pumilio* in Patagonien der Fall.

Die Wald- bzw. Baumgrenze ist zweifellos die markanteste Grenze in den Hochgebirgen der Erde (Holtmeier 2000, 2009, Körner 2012). Sie variiert je nach der Lage des Gebirges beträchtlich (Abb. 1-32), und zwar auf der Nordhemisphäre um bis zu ± 1.000 Höhenmeter. Dass es sich um eine thermische Grenze handelt, wird schon lange vermutet; Diskussionen entzündeten sich eher an der Frage, ob Mittel- oder Extremtemperaturen im Pflanzenbestand oder im Boden während des gesamten Jahres (Tropen) oder nur während der Wachstumsperiode (außerhalb der Tropen) für das Vorkommen oder Fehlen von Bäumen verantwortlich sind und welche Mechanismen davon hauptsächlich pflanzenökologisch betroffen sind (Einfluss von Stress und Störung, Behinderung der Reproduktion, Beeinträchtigung der Kohlenstoffbilanz, Verminderung des Wachstums; Körner 2003b). Nach Auswertung aller weltweit vorhandenen Daten und langfristig angelegter eigener Messungen im Kronenschatten von Bäumen und Bauminseln an der natürlichen Baumgrenze wird von Körner (2012) eine mittlere Bodentemperatur (in 10 cm Bodentiefe) von +6,4 °C (± 0,7 SD) in der Vegetationszeit als thermischen Schwellenwert für das Baumwachstum angegeben (s. auch Körner & Paulsen 2004). Offenbar sind Phanerophyten bei tieferen Temperaturen nicht mehr in der Lage, während der Vegetationszeit genügend Festigungsge-

webe (Lignin) aus den Assimilaten aufzubauen (Abb. 1-33). Es ist also weder die Länge der thermischen Vegetationszeit noch sind es die Extremtemperaturen, die das Baumwachstum ab einer bestimmten Meereshöhe verhindern (Körner 2003a). Dass die Bodentemperatur unter den Bäumen niedriger liegt als unter einer alpinen Tundra, erklärt auch die Auflösungserscheinungen des Waldes in der subalpinen Stufe, das Waldgrenzökoton: Die günstigeren Temperaturen unter alpinem Grasland ermöglichen durchaus Keimung und Jungpflanzenentwicklung einzelner Gehölze (sofern genug offener Boden für die Keimung zur Verfügung steht); mit zunehmender Größe des Baumes wächst auch der Durchmesser und die Dichte seines Schattens, sodass seine Wurzeln in den ungünstigen Temperaturbereich geraten. Der Jungbaum stirbt ab, er eliminiert sich also selbst (s. Abschn. 6.5.3). Möglicherweise werden aber auch die Aufnahme und der Transport von Wasser und Nährstoffen in der Pflanze durch niedrige Bodentemperaturen (sowie Nässe bzw. Trockenheit) limitiert (*Central-place-foraging-hypothesis*; Stevens & Fox 1991). Das würde erklären, warum die Gehölze mit zunehmender Meereshöhe immer niedriger werden.

Der o. g. thermische Schwellenwert gilt – abgesehen von einigen Ausnahmen – für alle Baumgrenzen in den Hochgebirgen der Erde. Zu diesen Ausnahmen gehören (u. a.) die *Nothofagus*-Arten der Südhemisphäre. Hier wird die Baumgrenze bereits bei einer Temperatur von 9,5 °C (Neuseeland) bzw. 8,9 °C (Chile) erreicht (Körner & Paulsen 2004), liegt also um rund 200–300 Höhenmeter tiefer als klimatisch möglich wäre. Lässt man Störungen wie Feuer oder Vulkanausbrüche sowie den Einfluss des Menschen außer Acht, müssen art- bzw. gattungsspezifische Eigenschaften des Wärmehaushalts dafür verantwortlich sein, dass die *Nothofagus*-Arten nicht höher steigen. Ganz offensichtlich fehlen auf der Südhemisphäre kälteverträgliche Nadelbäume, welche die Lücke zwischen aktueller und potenziell möglicher Baumgrenze ausfüllen könnten. Solche nicht besetzten Nischen könnten künftig mehr und mehr von invasiven (nordhemisphärischen) Bäumen besetzt werden. So etabliert sich in Neuseeland die aus Nordamerika für forstliche Zwecke eingeführte Kiefernart *Pinus contorta* oberhalb der *Nothofagus*-Waldgrenze (Wardle 1998).

Schließlich sei angemerkt, dass die Wald- bzw. Baumgrenze der Hochgebirge über die Jahrtausende hinweg durch menschliche Landnutzung Veränderungen erfahren hat, die man auf den ersten Blick u. U. gar nicht erkennt. Gerade in klimatischen

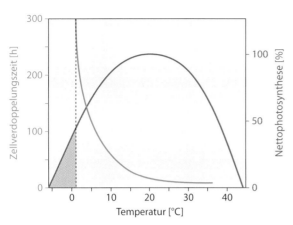

Abb. 1-33 Temperaturabhängigkeit der Nettophotosynthese und der Zeitspanne, die für die Verdoppelung einer Zelle bzw. eines Zellverbands im Pflanzengewebe benötigt wird (nach Körner 2003a aus Körner 2006, reproduziert mit Genehmigung von John Wiley & Sons, Oxford). Die gestrichelte Linie zeigt die Temperaturgrenze des Wachstums (1–2 °C). Während Photosynthese noch bei Temperaturen unter dem Gefrierpunkt möglich ist, nimmt die Zellverdoppelungszeit unter 7 °C exponentiell zu; die Pflanze ist immer weniger in der Lage, ausreichend Festigungsgewebe zu bilden. Diese physiologische Wachstumsgrenze entspricht ziemlich genau den mittleren Bodentemperaturen während der Vegetationszeit in 10 cm Tiefe an der Baumgrenze in den Hochgebirgen (s. z. B. Abschn. 6.5.3).

Grenzlagen reagieren Bäume schon auf geringe Eingriffe besonders empfindlich. Es ist davon auszugehen, dass die Baumgrenze in den meisten Hochgebirgen nicht mehr natürlich ist (Miehe & Miehe 2000). Das subalpine Waldgrenzökoton kann verschwunden sein, und die jetzt scheinbar scharfe Waldgrenze ist ein Artefakt. So gilt heute ein Teil des alpinen Graslands der semihumiden und semiariden Anden von Venezuela bis Bolivien als eine anthropogene Ersatzvegetation für die bis über 4.500 m NN reichenden niedrigen Wälder aus den Arten der Rosaceen-Gattung *Polylepis* (Kessler 2002). Durch Feuer und nachfolgende Beweidung in Verbindung mit Holzeinschlag wurden diese Wälder auf Restbestände in feuergeschütztem Gelände (Bacheinschnitte, Blockhalden mit wenig brennbarem Material) zurückgedrängt. Das natürliche alpine Grasland würde damit erst bei etwa 4.500 m NN beginnen (s. die gestrichelte Baumgrenze in Abb. 1-32). Die derzeitige (scharfe) Waldgrenze des hochmontanen Ericaceen-Gebüschs liegt bei knapp 4.000 m NN. Wir werden auf diesen Sachverhalt, der – mit anderen Arten – auch für afrikanische Hochgebirge gilt, in Kap. 2 und 3 noch näher eingehen.

1.3.4.4 Azonale Vegetation

Als azonale Vegetation bezeichnet man Formationen, die nicht vom Großklima, sondern von besonderen Bodenmerkmalen geprägt werden. Alle der in Tab. 1-14 aufgeführten Lebensräume mit ihrer Vegetation tragen jedoch einen mehr oder minder starken zonalen Charakter; denn auch ihre Vegetation ist abhängig von der Klimazone, in der sie sich befinden. So unterscheidet sich die Vegetation tropischer Standgewässer durch das Auftreten thermophiler, ganzjährig aktiver tropischer Schwimmblattpflanzen (z. B. *Eichhornia*, *Pistia*) von derjenigen der kühl- und kaltgemäßigten Breiten; in letzteren müssen Schwimmblattpflanzen wie *Hydrocharis morsus-ranae* mit Hilfe ihrer Turionen, also Winterknospen, am Grund des Sees überwintern. Tropische Regenmoore tragen im küstennahen Tiefland von Kalimantan hochwüchsige Wälder aus Vertretern der Dipterocarpaceae; diejenigen der europäischen Küstengebiete sind baumfrei, obwohl beiden ein Wasserüberschuss-Regime mit Torfbildung gemeinsam ist. Einige der azonalen Formationen gibt es nur in bestimmten Klimazonen, wie Palmsavannen auf regelmäßig überstauten (also wechselnassen und meist sehr feinkörnigen) Böden und Savannengrasländer in den sommerfeuchten Tropen sowie die Mangroven der tropischen Schlickküsten und Ästuare, deren Standort durchaus mit demjenigen des Watts der Nordseeküste vergleichbar ist. Außer den in Tab. 1-14 aufgeführten Lebensräumen gibt es zahlreiche weitere, die nur wenig Raum einnehmen, wie Schwermetallstandorte, Geysirflächen (z. B. auf Island und Neuseeland), rezente Lavastreifen und Aschendepositionen, natürliche Lägerfluren (Einstände von Wildherden), Rundhöcker (Felsstandorte) und Petroplinthit-Krusten (sommerfeuchte Tropen). Die azonale Vegetation wird bei den einzelnen Klimazonen besprochen, wobei wir den Schwerpunkt auf die weit verbreiteten Lebensräume wie Salzpfannen, Dünen- und Feuchtgebiete legen (Meeresküsten, Flussauen, Moore etc.).

1.3.4.5 Anthropogene Vegetation

Gegenstand des vorliegenden Buches ist die natürliche Vegetation der Landoberfläche der Erde. Somit liegt der Schwerpunkt auf der vom Menschen nicht oder wenig beeinflussten, überwiegend von Klima (der letzten 1.000 bis 2.000 Jahre) und Boden geprägten, „naturbetonten" Pflanzendecke. Die „kulturbetonte" (anthropogene) Vegetation, die auf Äckern,

1

Wiesen und Weiden, in Siedlungs- und Industriegebieten vorkommt, nimmt heute vor allem in den klimatisch und edaphisch begünstigten Gebieten der nemoralen Zone, der Subtropen und der tropischen Gebirgslagen den größten Teil der Landoberfläche ein und summiert sich weltweit auf rund 30–50 % der Landoberfläche (Vitousek et al. 1997). Die Pflanzenformationen der Tab. 1-12 sind hier deshalb meist nur noch in Nationalparks und anderen Reservaten zu finden. Lediglich in solchen Räumen, in denen die

Tab. 1-14 Azonale Lebensräume und Beispiele für die zugehörige Vegetation.

Nr.	Lebensräume	Vegetation (Beispiele)	Böden
Feuchtgebiete			
1	Fließ- und Standgewässer	emerse und submerse Vegetation (tropisch: *Eichhornia*, *Pistia*, *Nelumbo*, *Cyperus*; Fließgewässer: Podostemonaceae)	
2	tropische und subtropische Moore	Moorwälder mit *Shorea albida* auf Kalimantan, tropische *Sphagnum*-Moore in Gebirgen, Cyperaceen-Sümpfe (mit *Scirpus*, *Cyperus*, *Eriocaulon*)	Histosole
3	tropische und subtropische Flussauen	Galeriewälder, Überflutungs-Grasland (in Südamerika Varzea); Sumpfwälder (Igapó in Südamerika mit *Eugenia inundata*)	Fluvisole
4	tropische und subtropische Palmsavannen (wechselnass)	Palmsavannen mit *Mauritia* in Südamerika, mit *Phoenix* in Afrika	Planosole
5	tropisches Savannengrasland (wechselfeucht)	Mitchell-Grasland mit *Astrebla* in Australien	Vertisole
6	nemorale und boreale Moore	Grund- und Regenwassermoore mit Cyperaceen und *Sphagnum*-Arten	Histosole
7	nemorale und boreale Flussauen	überflutungstolerante sommergrüne Laubbäume (*Salix*, *Alnus*, *Fraxinus*)	Fluvisole
8	tropische Ästuare und Schlickküsten	Mangroven mit *Avicennia*, *Bruguiera*, *Rhizophora*; Salzgrasland	Fluvisole
9	nemorale und boreale Ästuare und Schlickküsten	Salzwiesen mit *Puccinellia*, *Salicornia*	Fluvisole
Salzgebiete			
10	tropische (und subtropische) Salzvegetation	Halophyten-Zwergstrauch-Halbwüsten mit *Atriplex*, *Salsola*, *Arthrocnemum*; großflächig: Nullarbor Plain in Südaustralien	Solonchak, Solonetz
Nährstoffarme Gebiete			
11	tropische Heidewälder der Tieflagen	sklerophylle niedrige Wälder unterschiedlicher Zusammensetzung mit Übergängen zu offenen Heiden aus Vertretern der Cyperaceae, Gleicheniaceae, Clusiaceae	Podzole
12	tropische Sandküsten	Strauch-Psammophyten wie *Goodenia*, *Scaevola*; krautige Psammophyten mit Ausläufern: *Ipomoea pes-caprae*	Arenosole
13	extratropische Sandküsten	Psammophyten wie *Ammophila arenaria*	Arenosole

Nutzungsmöglichkeiten aufgrund der natürlichen Standortvoraussetzungen eingeschränkt sind, wie in Wüsten und Halbwüsten, in der Arktis, in Teilen der borealen Zone sowie in manchen schwer zugänglichen Hochgebirgen, zeigt die Pflanzendecke noch einen naturbetonten, d. h. kaum oder wenig anthropogen veränderten, großenteils den natürlichen Umweltbedingungen entsprechenden Charakter.

Während der letzten beiden Jahrhunderte hat sich der Anteil überbauter und landwirtschaftlich intensiv genutzter Flächen auch in abgelegenen („peripheren") Räumen nahezu verdoppelt (Crutzen & Steffen 2003). Ob es deshalb gerechtfertigt ist, seit dem Beginn der Industrialisierung Mitte des 19. Jahrhunderts vom **Anthropozän** als einem selbstständigen, auf das Holozän folgenden erdgeschichtlichen Zeitraum zu sprechen (Crutzen 2002), sei dahin gestellt; für diesen Vorschlag spräche die Tatsache, dass sich sowohl die Pflanzendecke als auch die Gestalt der Landoberfläche in keiner anderen Periode der Erdgeschichte so tiefgreifend und flächenwirksam und in so kurzer Zeit gewandelt haben wie seit etwa 200 Jahren BP. Die Ursachen sind bekannt und brauchen hier nicht im Detail dargestellt zu werden (s. z. B. Beierkuhnlein 2007). Sie liegen fast ausschließlich in der kontinuierlichen Ausdehnung intensiv bewirtschafteter Nutzflächen (Siedlungen und Verkehrswege, Anbau von forstlichen und agrarischen Kulturpflanzen, unpassende Weidesysteme) und in dem bisher nie dagewesenen Ausmaß des anthropogenen Florenaustauschs zwischen früher voneinander isolierten Gebieten.

Die daraus resultierende kulturbetonte Vegetation entwickelt sich keineswegs überall aus einheimischen Arten oder Alteinwanderern (Archäophyten), wie im Fall der europäischen Zwergstrauchheiden, Magerwiesen, mediterranen Macchien, des extensiv oder intensiv genutztem Grünland, der Ackerwildpflanzengemeinschaften und Ruderalfluren in Dörfern und Städten (Klötzli et al. 2010); vielmehr besteht sie in den von Europäern kolonisierten Gebieten überwiegend aus dort nicht-heimischen Arten vorwiegend europäischer bzw. nordafrikanischer Herkunft, die zu gänzlich neuen, historisch nicht belegten Vegetationstypen zusammentreten (s. Kasten 6-8 in Abschn. 6.2.5). So ist Mittelchile, ein subtropisches Winterregengebiet, heute von einer anthropogenen savannenartigen Vegetation bedeckt, die aus dem (von tropischen Trockenwäldern Nordargentiniens stammenden) Neophyten *Acacia caven* und europäisch-nordafrikanischen Gräsern und Kräutern im Unterwuchs besteht. Die ursprünglichen Hartlaubwälder haben nur in Schutzgebieten überlebt. Auf der Nordinsel von Neuseeland sind die ausgedehnten Weidelandschaften u. a. von *Lolium perenne*, *Trifolium repens* und *Bellis perennis* geprägt; von der ursprünglichen Vegetation, nämlich immergrünen laurophyllen Wäldern, blieb lediglich *Podocarpus totara* als Schattenbaum für das Weidevieh übrig. Die Ausbreitung und Invasion nicht-heimischer Arten kann sogar die natürliche Pflanzendecke irreversibel verändern. Auf die Unterwanderung hawaiianischer Regenwälder durch *Hedychium gardnerianum* haben wir schon in Abschn. 1.2.1 hingewiesen. Die Beispiele sind zahlreich; sie werden bei der Darstellung der Vegetation der einzelnen Ökozonen mitbehandelt.

2
Die immerfeuchte tropische Zone

2.1 Zonale Vegetation: Tropische Tieflandregenwälder

2.1.1 Vorkommen

Die tropischen Tieflandregenwälder (zum Begriff Regenwald s. Kasten 2-1) bilden die zonale Vegetation der immerfeuchten tropischen Zone. Sie reichen von Meeresniveau bis maximal 1.500 m NN im Gebiet des thermischen Äquators (vgl. Abb. 1-32); oberhalb werden sie von tropischen Gebirgswäldern abgelöst (s. Abschn. 2.3). Je nach der Anzahl der Monate mit negativer klimatischer Wasserbilanz („aride" Monate nach den Klimadiagrammen von Walter & Lieth (1960–1967) sind sie immergrün (elf bis zwölf humide Monate) oder saisonal (mit bis zu drei ariden Monaten). Die Größe der Fläche, die potenziell von tropischen Tieflandregenwäldern eingenommen werden könnte (also einschließlich des Kulturlandes), wird von Lieth & Whittaker (1975) auf 17 Mio. km² und von Roy et al. (2001) auf 17,5 Mio. km² (= 11,7 % der Landoberfläche) geschätzt. Nach den im Rahmen des Projekts TREES II über Satellit erhobenen Daten (s. Achard et al. 1998) betrug die Gesamtfläche tropischer Regenwälder im Jahr 1997 allerdings nur noch 11,2 Mio. km² (= 7,5 % der Landoberfläche); davon befanden sich in Mittel- und Südamerika 6,5 Mio. km², in Afrika 1,9 Mio. km² (ohne Angola und Ostafrika) und in Südostasien (ohne die halbimmergrünen Dipterocarpaceae-Wälder) 2,7 Mio. km² (Tab. 4 in Mayaux et al. 2005). Der durchschnittliche jährliche Flächenverlust (Umwandlung in land- und forstwirtschaftlich genutztes Kulturland) betrug zwischen 1990 und 1997 in Lateinamerika 0,33 %, in Afrika 0,36 % und in Südostasien 0,71 % (ebd.). Im brasilianischen Amazonas-

gebiet wird der Verlust zwischen 2000 und 2005 auf 3,7 % (jährlicher Durchschnitt 0,7 %), in Indonesien (Anbau der Ölpalme *Elaeis guineensis*) auf 12 % geschätzt (jährlich 2,4 %; nach Daten der FAO aus Corlett & Primack 2008). Bei diesen Angaben ist zu beachten, dass der Begriff „tropischer Regenwald" in den FAO-Berichten weiter gefasst ist, als wir dies hier tun. Er umfasst immergrüne und wechselgrüne tropische Wälder, wobei als „Wald" jede Vegetation mit mehr als 10 % Deckung durch Bäume bezeichnet wird (FAO 2010).

Kein anderes Ökosystem hat in den vergangenen Jahren so viel öffentliche Aufmerksamkeit erfahren wie das der tropischen Regenwälder. Ihr außerordentlicher Struktur- und Artenreichtum unterscheidet sie von anderen Wäldern. Es gibt deshalb eine Reihe zusammenfassender Darstellungen, von denen Vareschi (1980), Lieth & Werger (1989), Richards (1996), Whitmore (1993, 1998), Morley (2000), Walter & Breckle (2004), Stork & Turton (2008), Carson & Schnitzer (2008), Ghazoul & Sheil (2010), Corlett & Primack (2011) und Kricher (2011) erwähnt werden sollen. Sie enthalten eine Fülle von Informationen, auf die wir auch in diesem Buch immer wieder zurückgreifen.

2.1.2 Klima und Boden

Nach Köppen-Trewartha (Trewartha & Horn 1980) handelt es sich hier um ein immerfeuchtes **Tropenklima** des Typs Ar, bei dem kein Monat eine niedrigere Mitteltemperatur als 18 °C aufweist, die Anzahl humider Monate über neun beträgt, keine Fröste auftreten und die monatlichen Niederschläge kaum unter 50 mm sinken. In der innertropischen Konvergenzzone liegen die Tagesmittel zwischen 24 und 30 °C. Die Lufttemperatur schwankt zwischen Tag und Nacht um 6–8 °C, im Jahresverlauf dagegen maximal um 5 °C (thermisches Tageszeitenklima;

Kasten 2-1

Zum Begriff Regenwald

Der Begriff Regenwald ist weder physiologisch noch physiognomisch eindeutig definiert. Neben den tropischen Regenwäldern gibt es in der Literatur Regenwälder an der Pazifikküste Nordamerikas, an der Westküste Chiles (wie den „Valdivianischen Regenwald") und Neuseelands sowie verschiedene Regenwälder in humiden Gebirgen (wie in Tasmanien). Außer, dass es dort viel regnet, haben diese Wälder strukturell und ökologisch wenig gemeinsam: Der Reichtum an Epiphyten variiert stark; feuchttropische Gebirgs„regen"-wälder der Neotropis sind besonders reich an Kormo-Epiphyten, tropische Tiefland„regen"wälder haben dem gegenüber einen deutlich reduzierten Epiphytenbewuchs und „Regen"wälder der nemoralen Zone zeichnen sich v. a. durch epiphytische Moose und Flechten aus. Die Abgrenzung von Regenwäldern gegenüber anderen Wäldern mithilfe von Klimamerkmalen ist zumindest fragwürdig: Erstens sollten Pflanzenformationen ausschließlich nach pflanzenökologischen und nicht nach klimatischen oder bodenkundlichen Merkmalen benannt werden; zweitens prägt nicht allein die Regenmenge die Vegetation, sondern die klimatische Wasserbilanz im Jahresverlauf. Entsprechend wird auch ein perhumides Klima definiert (s. Abschn. 1.3.1; Lauer & Rafiqpoor 2002), nämlich durch zehn bis zwölf humide Monate.

Der Name „tropischer Regenwald" geht auf Schimper (1898) zurück. Er ist inzwischen international gebräuchlich und in den allgemeinen Sprachgebrauch übergegangen. Wir verwenden deshalb den Begriff Regenwald ausschließlich für die Bezeichnung „tropischer Tieflandregenwald" und vermeiden ihn für Wälder außerhalb der immerfeuchten Tropen. Im Fall der immerfeuchten Tropen (aber nur hier) benutzen wir zur Kennzeichnung extrem regenreicher Gebiete die Bezeichnung „perhumid" für Klimate mit monatlichen Niederschlägen von mehr als 100 mm und einem Jahresniederschlag von über 2.000 mm. Wir begründen dies mit der besonderen Vegetationsstruktur von Regenwäldern in einem derartigen Klima.

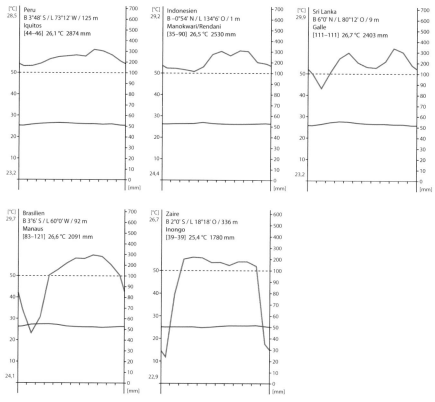

Abb. 2-1 Klimadiagramme aus dem Gebiet der tropischen Tieflandregenwälder (aus Lieth et al. 1999). Manaus und Inongo haben eine zweimonatige aride Phase im langjährigen Mittel.

Abb. 2-1). Die Niederschläge liegen in der Jahressumme zwischen 2.000 und 4.000 mm. Typischerweise fallen sie zumeist als Zenitalregen am Nachmittag, eine Folge der starken vertikalen Konvektionsströmung bei senkrechtem Sonnenstand. Da die Sonne den Äquator zweimal im Jahr passiert (März und September), sind die Niederschlagskurven nicht selten zweigipfelig (um einen Monat zeitversetzt: April und Oktober). Zwei bis drei Monate mit negativer Wasserbilanz bewirken, dass einzelne Bäume vor allem in der oberen Schicht die Blätter verlieren (saisonale tropische Tieflandregenwälder). Auch unter perhumiden Bedingungen kommen Perioden aus mehreren regenfreien oder -armen Tagen öfter vor. In solchen Zeiten sinkt die relative Luftfeuchte im oder knapp über dem Kronendach des Waldes auf unter 40 %. Bei der insgesamt hohen Evapotranspiration mit Werten zwischen 1.000 und 1.200 mm (Schultz 2008), bedingt durch die große verdunstungsaktive Oberfläche der strukturreichen Wälder, kann es dann zu einem Wasserdefizit bei manchen Arten kommen.

Das **Waldinnenklima** unterscheidet sich drastisch vom Klima des Kronendaches (Aoki et al. 1975; Abb. 2-2). Die beständig hohe Luftfeuchte von über 90 % schafft, verbunden mit geringer Windgeschwindigkeit, ein schwüles, für den Tropenreisenden schwer erträgliches Umfeld. Die Temperaturunterschiede zwischen Tag und Nacht sind mit 3–4 K ausgeglichener als im Kronenraum. Die Mitteltemperatur bewegt sich zwischen 29 und 22 °C. Die Sonneneinstrahlung schwächt sich bis zum Waldboden auf 1–3 % ab; sofern unter diesen Umständen überhaupt noch höhere Pflanzen im Unterwuchs vorkommen, besitzen sie keinen Verdunstungsschutz. Die Transpiration wird durch viele, oft über die Blattfläche emporgehobene Spaltöffnungen und durch Guttation (aktive Wasserabgabe in wassergesättigtem Zustand) am Ende der Blattnerven erleichtert. Die CO_2-Bildung aus der Streuzersetzung und der Atmung der Holzmasse von Stämmen und Wurzeln ist wegen der hohen Temperaturen besonders groß; vor allem nachts steigen deshalb die CO_2-Konzentrationen über dem Boden auf über 450 ppm an, weil das gebildete Kohlendioxid wegen der fehlenden Luftbewegung nicht abtransportiert werden kann und assimilierendes Blattgewebe weitgehend fehlt.

Die **Böden** der immerfeuchten tropischen Tieflandregenwälder sind, sofern es sich nicht um junge vulkanische oder alluviale Ablagerungen oder Depositionen aus Hangrutschungen handelt, tiefgründig verwittert, wobei das Ausgangsgestein mancherorts erst in einer Tiefe von mehr als 10 m ansteht. Die

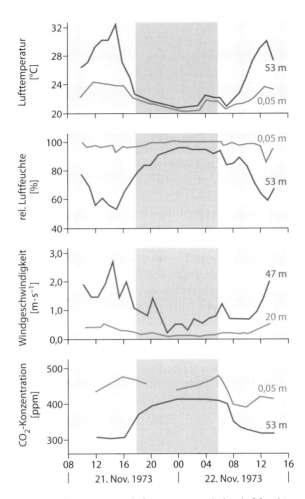

Abb. 2-2 Tagesgang von Lufttemperatur, relativer Luftfeuchte, Windgeschwindigkeit und CO_2-Konzentration der Luft über dem Kronendach (etwa 55 m) und im Innern eines Tieflandregenwaldes bei Pasoh, Westmalaysia (nach Aoki et al. 1975).

Baumwurzeln können dann nicht mehr von der Gesteinsverwitterung profitieren, wie dies in den jungen Böden der kühl-gemäßigten Breiten der Fall ist. Dort werden ständig Mineralstoffe aus dem Gestein freigesetzt, die den Pflanzen zur Verfügung stehen, sowie Dreischicht-Tonminerale neu gebildet. Auf den alten, oft bis in das späte Miozän zurückreichenden Böden der tropischen Tieflandregenwälder, wie z. B. der „Terra Firme" im Amazonasbecken, sind die primären Silikate ebenso jedoch wie die Dreischicht-Tonminerale großteils verwittert und die Nährstoffe weitgehend ausgewaschen. Die verbliebenen Nährstoffe sind in der Pflanzenmasse sowie im Humus inkorporiert; die Tonmineralfraktion der Böden, die von dem Zweischicht-Tonmineral Kaolinit dominiert wird, kann jedoch kaum Kationen sorbieren, wodurch die Böden oftmals nährstoffarm sind. Außer Kaolinit werden auch größere Mengen an Eisen- und Aluminiumoxiden gebildet, weshalb diese Verwitterungsprozesse die Bezeichnung Ferralisation erhalten haben. Die Böden sind **Ferralsole** mit einer KAK unter 16 (s. Tab. 1-10), einem pH im Oberboden um 5 und einer variablen Basensättigung, die manchmal unter 20 liegen kann (Kauffman et al. 1998). Sie sind zonal weit verbreitet (auch in Afrika), jedoch nicht die einzigen Bodentypen. So kommen auch **Acrisole** vor, die eher für die immerfeuchten Subtropen typisch sind und etwas günstigere Eigenschaften für Pflanzen aufweisen. Aus vulkanischen Aschen bzw. kolluvialen Sedimentgesteinen bilden sich **Andosole** bzw. **Luvisole**. Recht bezeichnend für Ferralsole ist, dass sich die Eisen- und Aluminiumoxide mit Kaolinit zu stabilen Mikroaggregaten verbinden („Pseudosand"), die im Innern einen beträchtlichen Anteil des Bodenwassers in nicht pflanzenverfügbarer Form binden („Totwasser"). So kommt es, dass in Trockenperioden die vorwiegend flach wurzelnden Bäume unter Trockenstress geraten können. Schließlich können aus Ferralsolen unter Grund- oder Stauwassereinfluss **Plinthosole** entstehen, bei denen Redoxprozesse in einer bestimmten Tiefe zur Konzentration großer Mengen an Eisenoxiden an den Aggregatoberflächen (bei Grundwasser) oder im Aggregatinnern (bei Stauwasser) führen. Solche Horizonte heißen Plinthit, der Prozess heißt Plinthisation. Plinthit ist in den Tropen ein traditioneller Baustoff, da er leicht ausgestochen werden kann und nach Austrocknung in den zementartig verhärteten Petroplinthit übergeht (IUSS Working Group WRB 2007).

Trotzdem kann man nicht verallgemeinernd von Nährstoffmangel-Standorten sprechen, und auch die weit verbreitete Vorstellung, das gesamte Nährstoffkapital stecke in der Biomasse, ist nur für die sauren und humusamen Varianten der Ferralsole richtig (und hier vor allem für die Terra-Firme-Böden des Amazonasbeckens). Selbst in Ferralsolen ist organisch gebundener Stickstoff in Größenordnungen von bis zu 2 % im Oberboden vorhanden (was sich auf mehrere Tonnen pro Hektar aufsummieren kann; Jordan 1985). Im Fall von Phosphor variieren die Angaben zwischen 30 und 70 kg in Ferralsolen und zwischen 100 und 300 kg ha^{-1} in Böden aus Kolluvien und Vulkangesteinen (Vitousek & Sanford 1986). Solche fruchtbaren Böden gibt es beispielsweise im pazifischen Raum (Edwards & Grubb 1982). Dennoch ist der NPK-Anteil in der oberirdischen Phytomasse beträchtlich (Abb. 2-3): für Phosphor bis zu 80 % (der Rest, nämlich rund 20 %, befindet sich im Oberboden), für K in ähnlicher Größenordnung.

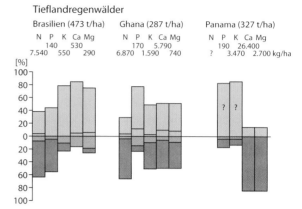

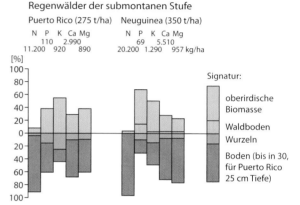

Abb. 2-3 Unterirdische und oberirdische Nährstoffmengen in verschiedenen tropischen Regenwäldern (nach Whitmore 1984, reproduziert mit Genehmigung von Oxford University Press); in Klammern: Phytomasse.

Rodung des Waldes und Anbau von Kulturpflanzen führen, vor allem wegen einer Erhöhung der Bodentemperatur unter erhöhter Sonneneinstrahlung, zu einer raschen Mineralisation großer Humusmengen und zur Auswaschung der daran gebundenen Nährstoffe, wodurch die Erträge rasch absinken. Hinzu kommen die mit tiefen pH-Werten (unter 5) verbundenen hohen Konzentrationen freier Al-Ionen und die geringe P-Mobilität (Jordan 1985).

Wie viel von diesen Nährstoffen in welchem Zeitraum in pflanzenverfügbarer Form vorliegt, ist unklar. Im Fall von Stickstoff dient der große N-Pool in der toten organischen Substanz offenbar als Puffer für die gesamte N-Bilanz des Ökosystems (Hedin et al. 2009). Da die Bilanz zwischen N-Input (Summe aus atmosphärischem Eintrag zwischen 1 und 5 kg ha^{-1}a^{-1}, N$_2$-Fixation durch freilebende autotrophe Cyanophyceen im Epiphytenraum der Baumkronen und durch heterotrophe Bakterien in der Streuauflage am Waldboden von bis zu 5 resp. 12 kg N

$ha^{-1}a^{-1}$, also insgesamt maximal $22\,kg\,ha^{-1}\,a^{-1}$) und N-Output (Verluste durch Oberflächenabfluss und Eintrag in das Grundwasser bzw. gasförmiger Austrag in die Atmosphäre durch Denitrifikation, geschätzt auf $15–18\,kg\,ha^{-1}\,a^{-1}$) einigermaßen ausgeglichen zu sein scheint (soweit die wenigen verlässlichen Daten, die es dazu gibt, generalisiert werden können), muss die symbiotische N_2-Fixation durch Leguminosen mittels ihrer Rhizobien-Symbiose (Knöllchenbildung: Nodulation) eine Schlüsselrolle im N-Haushalt eines tropischen Tieflandregenwaldes spielen. Zu einer solchen Symbiose sind nur die Vertreter der Fabaceae und der Mimosaceae fähig. Die Menge des symbiotisch erzeugten Stickstoffs scheint aber hoch variabel zu sein, und zwar aus zwei Gründen: Erstens variiert der Anteil der N_2-fixierenden Bäume zwischen nahezu 0 und 25 % (Losos & Leigh 2004); zweitens kann die N-Fixierung bei einem N_{min}-Überschuss im Wurzelraum gebremst und umgekehrt gesteigert werden. So findet man im Reifestadium tropischer Regenwälder häufig Leguminosen ohne Nodulation. Andererseits ist die Tätigkeit der Rhizobien in phosphorarmen Böden der Tropen besonders vorteilhaft, denn sie ermöglicht die Sekretion N-reicher Enzyme (aus den Wurzeln oder den an der N_2-Fixierung beteiligten Mikroorganismen), die P aus der organischen Substanz zu mobilisieren vermögen (Houlton et al. 2008).

2.1.3 Artendiversität

Von den bei Heywood et al. (2007) aufgeführten 403 Pflanzenfamilien ist knapp die Hälfte vorwiegend in den Tropen verbreitet. In den tropischen Tieflandregenwäldern stellen Annonaceae, Arecaceae, Burseraceae, Clusiaceae, Dipterocarpaceae (Schwerpunkt Südostasien), Ebenaceae, Euphorbiaceae, Fabaceae (Schwerpunkt Amerika und Afrika), Lauraceae, Lecythidaceae, Meliaceae, Moraceae, Myristicaceae, Myrsinaceae, Myrtaceae, Oleaceae, Phyllanthaceae, Rubiaceae, Rutaceae, Sapindaceae und Sapotaceae die Mehrzahl der Bäume. Hinzu kommen Familien, die viele Kormo-Epiphyten aufweisen: Es sind die Bromeliaceae, Cyclanthaceae und die Cactaceae (in Amerika), ferner die Piperaceae, die Orchidaceae, die Apocynaceae und (unter den Farnpflanzen) die Aspleniaceae. Lianen und Kletterpflanzen finden sich in mehreren der o. g. Familien; besonders häufig sind sie unter den Vitaceae und den Araceae.

Die außerordentliche Artenfülle tropischer Tieflandregenwälder ist ein einzigartiges Phänomen, dessen Erklärung eine fundamentale Aufgabe der Tropenökologie darstellt (Leigh et al. 2004). Obwohl solche Wälder lediglich 7,5 % der Landoberfläche bedecken, dürften sie weltweit rund 175.000 Gefäßpflanzen beherbergen; das sind knapp 50 % aller derzeit bekannten Tracheophyten. Mit rund 93.000 Arten sind die tropischen Regenwälder der Neotropis am artenreichsten, vermutlich verursacht durch ihre gewaltige Ausdehnung, gefolgt von denjenigen des asiatisch-pazifischen Raumes (einschließlich Australien) mit rund 61.700 und von Afrika einschließlich Madagaskar mit etwa 20.000 Arten (Whitmore 1998, Turner 2001b). Der Artenreichtum des asiatisch-pazifischen Raumes erklärt sich aus der Mischung von Pflanzen unterschiedlicher Herkunft (Morley 2000): Der indische Subkontinent brachte auf seiner Wanderung nach Norden die kreidezeitliche afrikanische Flora mit; die Kollision zwischen Australien und der Sundaplatte erlaubte das Vordringen der Gondwana-Elemente, und die Landbrücken der Inseln mit dem asiatischen Festland ermöglichten die Ausbreitung holarktischer Florenelemente weit nach Süden.

Die Zahl der Baumarten pro Hektar variiert je nach Standorteigenschaften (oligotroph, eutroph) und geographischem Raum (das westliche Amazonasbecken als besonders artenreiches Gebiet) zwischen 50 und über 300 (Tab. 2-1). Da bei der Erhebung solcher Daten üblicherweise nur Baumindividuen mit einem Brusthöhendurchmesser (BHD) von $\geq 10\,cm$ erfasst werden, dürften die Werte in Wirklichkeit noch höher sein. In den Zahlen der Tabelle spiegeln sich die Unterschiede in der Phytodiversität der drei Regenwaldgebiete wider; im Regenwald von La Selva, Costa Rica, wurden die meisten Bäume pro Flächeneinheit auf den fruchtbaren Böden gezählt (Clark et al. 1999). Zudem sieht man, dass tropische Regenwälder auf Inseln grundsätzlich artenärmer sind als diejenigen auf dem Festland, und zwar umso deutlicher, je jünger die Inseln sind und je weiter sie vom Festland entfernt liegen (Keppel et al. 2010).

Von den Dauerbeobachtungsflächen (Forest Dynamic Plots), die vom Center for Tropical Forest Science (CFTS) des Smithsonian Institute betreut (Losos & Leigh 2004) und gewöhnlich alle fünf Jahre aufgenommen werden (Zimmerman et al. 2008), liegen Baumartenzahlen mit einem BHD von $\geq 1\,cm$ vor (Tab. 2-2). Sie variieren zwischen 300 und 1.200 pro 50 ha. Die höchsten Werte werden offenbar dort erreicht, wo das Klima ganzjährig humid ist, wie im Fall von Ecuador (mit 942 Gefäßpflanzen pro ha inkl. Epiphyten; Balslev et al 1998; s. auch Wilson et al. 2012). Trockenperioden von mehr als einem Monat reduzieren sowohl die Arten- als auch die Individuenzahl tropischer Bäume (Ter Steege 2003).

Tab. 2-1 Artenzahlen von Bäumen mit einem BHD ≥ 10 cm ha^{-1} in tropischen Tieflandregenwäldern, angeordnet nach abnehmender Artenzahl pro ha. BHD = Brusthöhendurchmesser (1,3 m über der Bodenoberfläche)

Ort	Seehöhe (m NN)	Anzahl Arten	Anzahl Individuen	Anzahl Gattungen/Familien
Amazonien, Ecuador[1]	260	307	693	138/46
Zentralamazonien, Brasilien[2]	80–110	285	618	138/47
La Selva, Costa Rica[3]	300	149	551	
Wald der Österreicher, Costa Rica[4]	300	140	527	100/51
Reserva Biologica San Ramon, Costa Rica[5]	875	94		
Negros-Insel, Philippinen[6]	1.000	92	645	54/39
Little Andaman Island, Indien[7]	70	84	488	63/35
Luquillo Experimental Forest, Puerto Rico[8]	380	48	826	

[1] Valencia et al. 1994, [2] De Oliveira & Mori 1999, [3] Lieberman et al. 1996, [4] W. Huber 1996, [5] Breckle 1997, [6] Hamann et al. 1999, [7] Rasingam & Parathasarathy 2009, [8] Thompson et al. 2002

In Abschnitt 1.2.3 sind wir bereits auf die Gründe für die Zunahme der Artenzahlen von den Polen zum Äquator eingegangen. Dort haben wir auch gesehen, dass alle Hotspots der pflanzlichen Biodiversität in den feuchten Tropen liegen (Tab. 1-7; Barthlott et al. 2007). Ein über viele Millionen von Jahren unverändertes ganzjährig warmes und feuchtes Klima begünstigt offensichtlich die Artenzahl bei Phanerophyten (und damit – als indirekter Effekt – auch Lianen und Epiphyten). Die Ursachen für diese hohe Artenzahl vor allem bei den Bäumen werden auch heute noch kontrovers diskutiert (Richards 1996, Wright 2002, Carson & Schnitzer 2008):

Tab. 2-2 Lage und Baumartenzahlen von einigen der Dauerbeobachtungsflächen (Forest Dynamic Plots) des CFTS-Netzwerks in tropischen Tieflandregenwäldern vergleichbarer Flächengrößen (aus Zimmerman et al. 2008). Die Daten beziehen sich auf Bäume von mehr als 1 cm BHD[1]

Ort	Seehöhe (m NN)	Probefläche-größe (ha)	Jahresniederschlag (mm)/ Zahl der ariden Monate	Arten-zahl	Individuen-zahl
Barro Colorado Island, Panama	120–160	50	2.551/3	300	213.800
Yasuni National Park, Ecuador	215–245	50	3.081/0	1104	152.400[1]
Pasoh Forest Reserve, Malaiische Halbinsel	70–90	50	1.788/1	814	335.400
Lambir Hills National Park, Sarawak, Malaysia	104–244	52	2.664/0	1182	359.600
Ituri Forest/Okapi Wildlife Reserve, Democrat. Rep. Kongo	700–850	40	1.730/3–4	420	299.000
Korup National Park, Kamerun	150–240	50	5.272/3	494	329.000

[1] BHD = Brusthöhendurchmesser (gemessen in einer Höhe von 1,3 m über der Bodenoberfläche)

1. Eine Hypothese geht davon aus, dass tropische Regenwälder eine Entwicklungsgeschichte aufweisen, die bis in die ausgehende Kreidezeit zurückreicht, und zwar in großen, zusammenhängenden geographischen Räumen (*geographical area and age hypothesis* GAAH; Fine et al. 2008). Die hohe Zahl an Taxa (vor allem der Gattungen und Familien) wäre dann die Konsequenz einer langen, von Klimaänderungen wenig tangierten, zeitlichen und räumlichen Kontinuität, wodurch die wohl vorwiegend sympatrische Ausdifferenzierung der Pflanzen gefördert wird. Tatsächlich ist aus fossilen Funden bekannt, dass regenwaldartige Formationen stellenweise (auf Madagaskar, in Nordostaustralien, auf Inseln um die Korallensee wie Neukaledonien mit ihrem Reichtum an altertümlichen Gymnospermen und archaischen Angiospermen wie Amborellaceae, Degeneriaceae, Winteraceae u. a.) wohl schon vor 80 Mio. Jahren, in Afrika und Südamerika mindestens seit dem mittleren Eozän (etwa 40 Mio. Jahre BP) existiert haben (Morley 2000). Ein Gegenbeispiel sind boreale Nadelwälder, die heute die größten geschlossenen Waldgebiete bilden und erst 4 bis 10 Mio. Jahre alt sind (Willis & McElwain 2002; s. Kap. 7). Artenverluste durch Klimaschwankungen dürften also in den tropischen Regenwaldgebieten deutlich geringer gewesen sein als in Wäldern außerhalb der Tropen. Diese Kontinuität (die es in keiner anderen Pflanzenformation gibt) war selbst im Pleistozän noch gewährleistet; in den hochglazialen Trockenphasen konnten tropische Regenwälder im Amazonasbecken in humiden Refugialräumen überleben (Ostrand der Anden, Atlantikküste Brasiliens, beides heute noch besonders artenreiche Regenwaldgebiete; s. Abb. 1-10). In Afrika haben offenbar die begrenzte Ausweichmöglichkeit nach Osten (durch die ostafrikanischen Hochländer) und damit die räumliche Beschränkung von Refugien zu einer stärkeren Reduktion der Artenzahlen geführt. In Südostasien kamen die vormals isolierten Inselgruppen während der eiszeitlichen Meeresspiegelabsenkung von über 100 m mit dem asiatischen Festland und untereinander in Kontakt, was einen heftigen Florenaustausch mit sich brachte.

2. Warm-feuchte Umweltbedingungen sind für das Pflanzenwachstum besonders günstig. Vor allem Phanerophyten als die am höchsten organisierte und besonders komplexe Pflanzenform werden gefördert. Alle anderen Lebensformen wie Chamaephyten oder Hemikryptophyten sind eine Antwort auf Störung und/oder Mangel an Ressourcen, also auf suboptimale Lebensbedingungen. Das warm-feuchte Klima fördert aber nicht nur die Entwicklung von Bäumen, sondern auch diejenige von Schadorganismen (Herbivore, Pathogene). Diese wiederum verhindern die Überhandnahme von einzelnen Arten, indem sie dafür sorgen, dass es nicht zu dichten Populationen kommt. Konkurrenzstarke Arten werden somit daran gehindert, Dominanzbestände aufzubauen (Carson et al. 2008). Dieser, nach Janzen (1970) und Connel (1971) benannte „Janzen-Connel-Effekt" (ein Spezialfall unter den trophischen Wechselwirkungen) wird durch dichteabhängige Prozesse in tropischen Regenwäldern gestützt: So wird das Dickenwachstum in Baumgruppen derselben *Shorea*-Art auf Borneo stärker gebremst als in gleich dichten Beständen, die aus verschiedenen Arten bestehen (Stoll & Newbery 2005). Neuerdings haben Bagchi et al. (2014) den Janzen-Connel-Effekt experimentell bestätigt.

3. Unter optimalen Klimabedingungen der feuchten Tieflandtropen werden nicht nur Wechselwirkungen zwischen Bäumen und Schadorganismen, sondern auch eine Vielzahl weiterer biotischer Interaktionen gefördert. So haben die über 20 Bignoniaceae-Arten, die in einer einzigen Probefläche des amazonischen Regenwaldes vorkamen, jeweils unterschiedliche Bestäubungsmechanismen und Blühzeiten (Gentry 1992). Deshalb ist zu erwarten, dass in tropischen Regenwäldern eine Vielzahl von Nischen existiert, die es einer entsprechenden Zahl von Phanerophyten erlaubt zu koexistieren. Blüten, Früchte und junge Blätter sind als Nahrung für Tiere faktisch das ganze Jahr über verfügbar, sodass verteilt über das Jahr mehr Tierarten pro Flächeneinheit hier leben können als dort, wo das Nahrungsangebot zeitlich limitiert ist. Wie alle Organismen sind auch Baumarten von Trade-offs geprägt: Ein Nachteil im Zusammenleben mit anderen Arten wird durch einen Vorteil der Kolonisationsfähigkeit ausgeglichen (Leigh 2008). Konkurrenzstarke Baumarten sind häufig ausbreitungslimitiert, und umgekehrt haben konkurrenzschwache Arten ein hohes Ausbreitungspotenzial. Deshalb kann man sich gut vorstellen, dass der Selektionsdruck den neu entstandenen oder neu einwandernden Baumarten eine bessere Etablierungschance bietet als in jedem anderen Ökosystem (Richards 1996).

4. Da die Selektion von Regenwaldbäumen vor allem von der Dichte der Individuen gesteuert wird und nicht, wie außerhalb der Feuchttropen, von Ressourcenmangel oder -überschuss, kann jede offene Stelle im Baumbestand, wie sie beispielsweise

durch das Absterben eines alten Baumes entsteht, von einem Individuum einer neuen Art besiedelt werden. Welche das ist, hängt weitgehend vom Zufall ab, also davon, ob ein adulter reproduktionsfähiger Baum in der Nähe wächst oder nicht. Geht man davon aus, dass die Baumarten sich in einem standörtlich einheitlichen Regenwaldgebiet in ihren ökologischen Eigenschaften kaum unterscheiden (wofür einiges spricht; s. Punkt 3), so wird die Dynamik der Pflanzengemeinschaft ausschließlich durch den Zufall im Lebenszyklus der einzelnen Art bestimmt (Ausbreitung, Wachstum, Tod). Diese Vorstellung liegt dem neutralen Modell (*neutral theory*) zugrunde, das von Hubbel (2001) entwickelt wurde und die Abundanzen von tropischen Regenwaldbäumen in den Dauerbeobachtungsflächen des CFTS-Netzwerkes (s. Tab. 2-2) beschreibt (Volkov et al. 2005, Hubbel 2008).

2.1.4 Strukturelle und funktionelle Merkmale

Die vertikale **Bestandsstruktur** der tropischen Tieflandregenwälder hängt ab a) vom Entwicklungszustand im Regenerationsprozess (Aufbauphase, Reifephase, Zerfallsphase), b) von der Niederschlagsmenge, c) von der Lage (eben oder am Hang) und d) von der

Artenzusammensetzung (Regenwälder aus wenigen dominanten oder aus vielen Baumarten). Wir beziehen uns im Folgenden auf die Reifephase eines Regenwaldes unter perhumiden Klimabedingungen (Kasten 2-1) auf ebenen Flächen und ohne Dominanzstruktur. Trotz der Unterschiede in der Artenzusammensetzung zwischen den verschiedenen Gebieten der immerfeuchten Tropen ist die Bestandsstruktur erstaunlich ähnlich (Abb. 2-4, 2-5). Die Wälder sind durchschnittlich 40–50 m hoch. Einzelne Bäume können bis zu 60 m erreichen, ragen somit als Emergenten über das auch sonst schon unruhige Kronendach hinaus. Die Bestände sind drei- bis vielschichtig; nicht selten gehen die Schichten kontinuierlich ineinander über. Die Kronen der höchsten Bäume sind klein in Relation zur Stammhöhe und oft schirmförmig, ansonsten (im Unterstand) konisch oder rund, die Stämme schmal und hoch, mit dünner Rinde (deshalb häufig hell gefärbt). Da kein Schutz gegen Frost, Trocken- oder Hitzestress (Feuer) nötig ist, gibt es keine Borke. Mehr als die Hälfte der Bäume besitzt Brettwurzeln, also rund um die Stammbasis brettartig verbreiterte Vorsprünge. Sie münden unterhalb der Bodenoberfläche in eine kammartige Reihe von kurzen, senkrechten, meist rübenförmigen Hauptwurzeln, von denen ein Netz von feinen Seitenwurzeln ausgeht (Vareschi 1980).

Damit entsteht in einer Bodentiefe von 10–30 cm ein dichter Wurzelfilz, der die aus dem Bestandsab-

Höhe [m]

Abb. 2-4 Halbschematisches Profil durch einen tropischen Tieflandregenwald mit drei Kronenschichten. Die Emergenten können bis zu 60 m oder mehr erreichen. Die mittlere Kronenschicht reicht von etwa 20 bis über 40 m und geht nach unten mehr oder minder kontinuierlich in die untere Kronenschicht über (5–20 m). 1 = sklerophylle Epiphyten (z. B. Bromeliaceae), 2 = malakophylle Epiphyten (z. B. Piperaceae), 3 = epiphytische Orchideen, 4 = Palmen, 5 = Spreizklimmer, 6 = kleinkronige, gerade, schlanke Stämme mit dünner Rinde, 7 = Rankenliane, 8 = weichblättrige Kräuter (z. B. Begoniaceae), 9 = Farnpflanzen, 10 = Kauliflorie, 11 = Hochstauden (z. B. Heliconiaceae, Zingiberaceae), 12 = Würger und 13 = Brettwurzeln.

fall freigesetzten Nährstoffe (insbesondere K, Ca und Mg) rasch und weitgehend vollständig aufzunehmen vermag. Diese effiziente Nährstoffaufnahme ist bei den hohen Niederschlägen für die Nährstoffökologie der Wälder vor allem dort von Bedeutung, wo alte und tiefgründige Böden mit ferralitischen Eigenschaften verbreitet sind, wie auf der Terra Firme des amazonischen Tieflands. Hilfreich ist dabei, dass nahezu jede Baumart mit Mykorrhiza-Pilzen infiziert ist (meist endotrophe VA-Mykorrhiza, bei Diptero-

carpaceae auch ektotrophe Mykorrhiza; Whitmore 1998, Husband et al. 2002).

Nicht alle Bäume der tropischen Regenwälder haben Brettwurzeln und ein flaches, oberflächennahes Wurzelwerk. Manche besitzen Stelzwurzeln, die aus dem unteren Teil des Stammes entspringen, andere wiederum bilden Stützwurzeln, die als Luftwurzeln an den unteren Ästen der Baumkrone entstehen und sich bei gleichzeitigem Dickenwachstum im Boden verankern. In beiden Fällen geht es darum,

Abb. 2-5 Profil eines tropischen Tieflandregenwaldes (Reifephase; am rechten Rand Aufbauphase; s. Abschn. 2.1.5) auf Kalimantan mit Dipterocarpaceae (nach Ashton 1964 aus Whitmore 1984, reproduziert mit Genehmigung von Oxford University Press). Dargestellt sind alle Bäume (insgesamt 107) mit mehr als 4,5 m Höhe auf einer Fläche von $60 \times 7,5$ m². Die oberste Kronenschicht wird von Dipterocarpaceen gebildet (abgekürzt D; z. B. D.1 = *Cotylelobium melanoxylon*, D.2 = *Dipterocarpus globosus*, D.3 = *Dryobalanops sumatrensis*, D.4 bis D.8 = verschiedene *Shorea*-Arten). In der unteren Kronenschicht finden sich Vertreter der Anacardiaceae (abgekürzt A, z. B. A.4 = *Parishia insignis*), der Ebenaceae (abgekürzt Eb) und der Euphorbiaceae (abgekürzt E). Mit mehreren Individuen ist außerdem *Dacryodes expansa* (Burseraceae, abgekürzt B) vertreten.

Abb. 2-6 Beispiele für Wurzelsysteme von tropischen Regenwaldbäumen (aus Jeník 1978, reproduziert mit Genehmigung von Cambridge University Press). a = Tiefwurzler (*Milicia excelsa*), b = Flachwurzler ohne Brettwurzeln (*Cariniana pyriformis*), c = Flachwurzler mit Brettwurzeln (*Piptadeniastrum africanum*), d = Stelzwurzeln (*Uapaca guineensis*) und e = Stützwurzeln (*Ficus benjamina*).

die Versorgung der unterirdischen Organe mit Luftsauerstoff zu verbessern. Das ist auch die primäre Rolle der Brettwurzeln; sie dienen weniger der Standfestigkeit als der Belüftung des Wurzelsystems in einem bei hohen Niederschlägen rasch mit Wasser gesättigten Boden. Sie sind deshalb reichlich mit Lentizellen ausgestattet, die den Gasautausch mit der Umgebungsluft ermöglichen. Anders als auf Terra-Firme-Standorten gibt es auf Böden aus nährstoffreichem Substrat auch tiefwurzelnde Bäume mit rübenartigen Wurzeln und einige weitere Sonderformen. In der Klassifikation von Jeník (1978) werden 25 Wurzelsysteme tropischer Bäume (einschließlich der Mangroven und Sümpfe) unterschieden, von denen sechs in Abb. 2-6 dargestellt sind.

Die **Blätter** sind noto- bis mesophyll, ledrig, meso- bis hygromorph, meist ungegliedert und tragen eine auffallend vorgezogene Spitze, die erstmals von Stahl (1893) als Einrichtung zum beschleunigten Wasserablauf gedeutet wurde („**Träufelspitze**", Abb. 2-7). Die Blattspreite soll somit nach Regen rasch abtrocknen, was durchaus sinnvoll ist, wenn man die üppige Besiedlung älterer Blätter mit Epiphyllen betrachtet (s. unten). Allerdings hat sich im Experiment gezeigt, dass das Wasser von Blättern sonst gleicher Bauart, aber ohne Träufelspitze genauso schnell abläuft (Ellenberg 1985). Gegen die Hypothese eines beschleunigten Wasserablaufs spricht außerdem, dass Träufelspitzen auch in immergrünen Trockenwäldern durchaus nicht selten sind; in ostafrikanischen Waldtypen sind sie sogar recht häufig. Vermutlich handelt es sich um ein rein morphologisches Phänomen, nämlich um sog. Vorläuferspitzen, die als erster Entwicklungsschritt eines Blattes gebildet werden, und zwar in einer kontinuierlich wachsenden Knospe ohne Knospenschutz (Napp-Zinn 1974). Da sich junge Triebe mit ihren Blättern an den Zweigenden vieler tropischer Bäume (vor allem der Fabaceen) sehr rasch entwickeln, hängen sie einige wenige Tage bis zur Erstarkung des Festigungsgewebe schlaff nach unten (Vareschi 1980; „**Schüttellaub**", Abb. 2-7).

Ebenso mannigfaltig wie die Artenzusammensetzung sind auch die **Blüten** tropischer Regenwaldbäume. Sie können klein und unscheinbar (wie diejenigen der typisch tropischen Pflanzenfamilien wie Meliaceae, Burseraceae, Celastraceae u. a.) oder groß und farblich auffällig sein wie z. B. bei Vertretern der Bignoniaceae. Als Bestäuber treten neben Insekten Kolibris (neuweltlich) bzw. Nektarvögel (altweltlich), Fledermäuse und Flughunde auf. Die oft zu beobachtende **Kauliflorie** (Blütenentwicklung nicht an den Zweigenden, sondern an den Ästen oder sogar am Stamm, Abb. 2-7) kommt vor allem bei Arten der unteren Baumschicht vor und ist meist mit großen, schweren Früchten verbunden. Ob sie auf die Bestäubung durch Fledermäuse zurückgeführt werden kann (Turner 1991a), ist umstritten; möglicherweise liegt für Bäume der unteren Kronenschicht der Vorteil in der Tragfähigkeit der Äste und des Stammes für ihre Früchte (Richards 1996). Klassische Beispiele sind *Theobroma cacao* (der Kakaobaum, als Wildform Bestandteil amazonischer Regenwälder), *Couroupita guianensis* („Kanonenkugelbaum" wegen seiner runden Früchte am Stamm) und *Durio zibethinus* (der Zibetbaum aus Malaysia mit reichlich von Stacheln bedeckten, übelriechenden, aber äußerst wohlschmeckenden Früchten). Ebenso variabel wie die Blüten sind die Früchte der Bäume. Es gibt kleine, bunt gefärbte, die von Vögeln ausgebreitet werden, und große, bis zu viele Kilogramm schwere Früchte, die von Säugetieren verschleppt werden. Die Blüten- und Fruchtbildung sind unregelmäßig und bei vielen Arten über das ganze Jahr verteilt; manche Bäume blühen nur alle paar Jahre (wie Arten der Gattung *Shorea*), bei anderen wird durch eine Trockenperiode ein plötzlicher Blütenreichtum ausgelöst (wie bei Vertretern der Gattungen *Ceiba* und *Tabebuia* in saisonalen Regenwäldern der Neotropis).

Die **Feldschicht** ist im Reifestadium eines tropischen Tieflandregenwaldes artenarm; unter tropisch-perhumiden Bedingungen fehlt sie gänzlich. Hier gibt es, wenn überhaupt, nur Kryptogamen, die mit Schwachlicht auskommen, wie *Selaginella*-Arten (Abb. 2-8) und Farne (oft aus der Familie Gleicheniaceae). In den Verjüngungs- und Zerfallsstadien sind krautige Arten dagegen häufig; bezieht man die Artenzahlen auf ein größeres Regenwaldgebiet, in dem alle Entwicklungsstadien vertreten sind, dann kann ihr Anteil auf über 20 % der Gesamtartenzahl ansteigen (Tab. 2-3). Unter den Wuchsformen herrschen hochwüchsige Stauden mit Kraut- (unver-

holzte Sprosse wie Vertreter der Begoniaceae) und Scheinstämmen (aus ineinander gesteckten Blattscheiden wie bei den Gattungen *Musa* = Bananen und *Heliconia*) vor (Abb. 2-8). Bunte, hygromorphe, metallisch glänzende und samtene Blätter sind weit verbreitet; Geophyten sind selten. Im pazifischen Raum kommen heterotrophe Parasiten aus den Familien Balanophoraceae und Rafflesiaceae vor, die nur ihre fliegenbestäubten, nach Aas riechenden Blüten an die Oberfläche schicken.

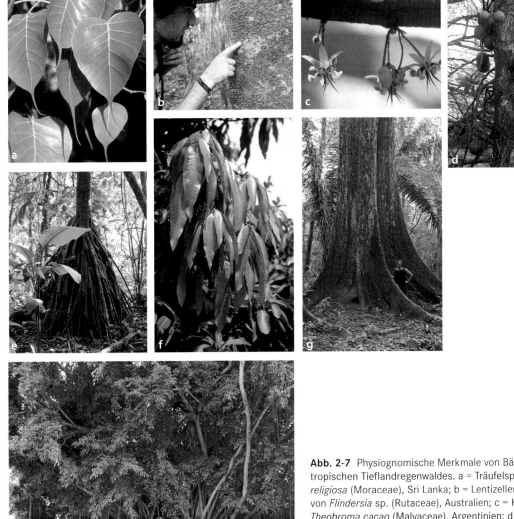

Abb. 2-7 Physiognomische Merkmale von Bäumen des tropischen Tieflandregenwaldes. a = Träufelspitzen bei *Ficus religiosa* (Moraceae), Sri Lanka; b = Lentizellen am Stamm von *Flindersia* sp. (Rutaceae), Australien; c = Kauliflorie bei *Theobroma cacao* (Malvaceae), Argentinien; d = Kaulikarpie bei *Couroupita guianensis* (Lecythidaceae), Venezuela; e = Stelzwurzeln bei *Socratea exorrhiza* (Arecaceae), Costa Rica; f = Schüttellaub bei *Mangifera indica* (Anacardiaceae), Brasilien; g = Brettwurzeln bei *Pachira quinata* (Malvaceae), Venezuela; h = Stützwurzeln bei *Ficus benjamina* (Moraceae), Cairns, Nordostaustralien.

___Kasten 2-2___

Die Arten der Gattung *Ficus* als *keystone species*

Arten, deren Bedeutung in einer Pflanzengemeinschaft überproportional hoch ist im Vergleich zu ihrer Abundanz, nennt man *keystone species* oder Schlüsselarten (Mills & al. 1993, Power & al. 1996). Der Verlust einer Schlüsselart kann zu einer Vereinfachung oder Neuorganisation eines Ökosystems führen. Schlüsselarten können Tiere sein, z. B. Sekundärkonsumenten, die die Dichte von Beutetieren kontrollieren, oder Pflanzen, die als wichtige Futterquelle für viele anderen Organismen in Perioden des Futtermangels dienen, oder Mikroorganismen wie N-fixierende Bakterien.

In saisonalen tropischen Regenwäldern stehen Tiere und Pflanzen besonders in den Trockenzeiten unter Stress, wenn Wasser und Nährstoffe nur bedingt verfügbar sind. So gibt es im peruanischen Tieflandregenwald des Amazonasbeckens für frugivore Vertebraten während der Trockenzeit Früchte von lediglich zwölf Pflanzenarten (Terborgh 1986, 1992). Das ist umso erstaunlicher, als dort über 1.000 Pflanzenarten vorkommen. Diese zwölf Arten (darunter neben Palmen und nektarproduzierenden *Combretum*- verschiedene *Ficus*-Arten) versorgen bis zu 80 % der tierischen Biomasse mit Nahrung während der Trockenzeit und bestimmen somit die ökologische Tragfähigkeit des Systems. Die ganzjährige Verfügbarkeit von Früchten führt dazu, dass die Feigen fast in allen tropischen Regenwaldgebieten Schlüsselarten für die Ernährung vieler Tiere sind. So hängt die Populationsdichte von Nashornvögeln und Affen direkt von der Abundanz der *Ficus*-Arten ab (Kinnaird & O'Brian 2007).

Auch sonst sind Feigen ein herausragendes Beispiel für Schlüsselarten, und zwar wegen ihrer Bedeutung für blütenbestäubende Wespen, ein Mutualismus, der vermutlich schon vor 70 bis 90 Mio. Jahren entstand, also noch vor dem Auseinanderbrechen von Gondwana (Herre et al. 2008): Die etwa 750 *Ficus*-Arten, die vorwiegend in den Tropen vorkommen, sind monözisch oder diözisch und leben als Bäume, Epiphyten, Lianen oder Hemi-Epiphyten (Baumwürger). Der Blütenstand der monözischen Arten ist ein krugförmig ausgehöhltes, zusammen mit den Perianthblättern bei der Fruchtreife fleischig werdendes Achsengebilde (das Syconium), in dem die Blüten mit ihren Staubgefäßen bzw. den Griffeln nach innen zeigen (Bresinsky et al. 2008). Unter den weiblichen Blüten gibt es kurzgriffelige (sterile Gallenblüten) und langgriffelige (fertile) Blüten; die kurzgriffeligen Blüten dienen als Wiege für die Larven der Feigenwespen, das sind kurzlebige, rund 2 mm große Vertreter der Agaonidae. Diese ernähren sich vom Ovarium, schlüpfen und paaren sich noch im Blütenstand. Das flügellose Männchen stirbt, das Weibchen verlässt Galle und Syconium, nimmt dabei Pollen der männlichen Blüten mit, die sich vorwiegend nahe dem Ausgang befinden, und fliegt zum nächsten Blütenstand. Dort bestäubt es die langgriffeligen weiblichen Blüten und legt ein Ei in eine kurzgriffelige Blüte. Der Zyklus beginnt von vorn (Abb. 1). Dabei können erhebliche Distanzen zwischen den *Ficus*-Individuen überbrückt werden (im Fall von *Ficus sycomorus*, einer im tropischen Afrika entlang von Flüssen weit verbreiteten *Ficus*-Art, bis zu 160 km unter Wind von der Bestäuber-Wespe *Ceratosolen arabicus*; Ahmed et al. 2009). Gewöhnlich entwickeln somit 40–50 % der (weiblichen) Blüten keimfähige Samen. Die übrigen dienen der Ernährung der Wespenlarven und sind somit eine Investition in die Bestäubung.

Bei den diözischen *Ficus*-Arten, zu denen auch *Ficus carica* gehört (unsere Essfeige), gibt es Individuen, die nur samenbildende Syconien tragen (funktional weiblich), und solche, die männliche und sterile Gallenblüten aufweisen (funktional männlich). Hier müssen die weiblichen Wespen in ein Syconium eines männlichen Feigenbaumes eindringen, um ihre Eier in die Gallenblüten legen zu können; erreichen sie ein Syconium einer weiblichen Feige, bestäuben sie zwar die Blüten, können aber keinen Nachwuchs produzieren. Um dem Interesse von Feige und Wespe in gleicher Weise gerecht zu werden, nämlich ausreichend Nachwuchs zu produzieren, ist bei den diözischen *Ficus*-Arten ein ausgeklügeltes System aus chemischen Lockstoffen einerseits und zeitlich versetzter Syconium-Entwicklung (z. B. durch asynchrone Blütenentwicklung in einer *Ficus*-Population) andererseits entstanden. Es stellt sicher, dass die Wespenweibchen zuerst die funktional weiblichen und danach die funktional männlichen Blüten anfliegen.

In Abschnitt 2.1.3 haben wir schon darauf hingewiesen, dass das Klima der immerfeuchten Tropen nicht nur für Bäume, sondern auch für Pathogene ideal ist. Grundsätzlich gilt das für fast alle biotischen Interaktionen, gleichgültig, ob es sich um Parasitismus, Herbivorie oder Symbiosen handelt (Schemske et al. 2009). Wegen ihrer raffinierten Ausformung sind die Beziehungen zwischen den Arten der Gattung *Ficus* und den Feigenwespen (Kasten 2-2), zwischen Bäumen und Epiphyten (Abschn. 2.1.5) und die Mutualismen zwischen Ameisen und Pflanzen besonders gut bekannt. So ist der Prozentsatz von Pflanzenfamilien, die extraflorale Nektarien besitzen, mit 39 % deutlich höher als in den Außertropen (mit 12 %). Die Pflanzen locken damit Ameisen an und erkaufen sich dafür den Schutz gegen Herbivore. Ameisen, die im Innern von Pflanzen ihre Nester haben (beispielsweise in hohlen Stämmen wie bei der

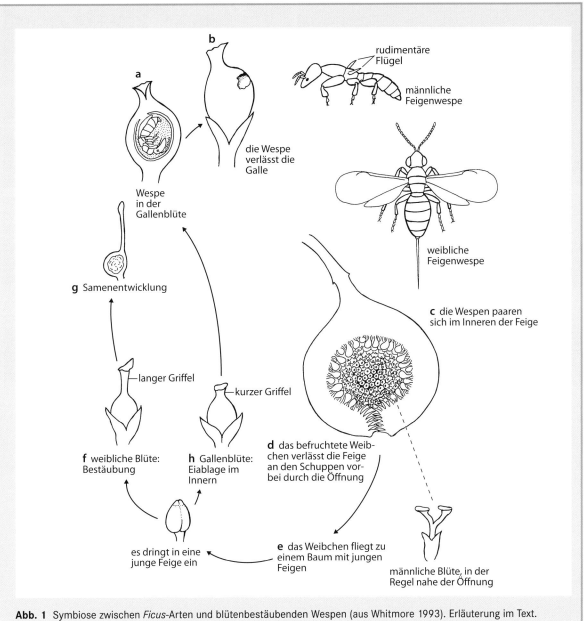

Abb. 1 Symbiose zwischen *Ficus*-Arten und blütenbestäubenden Wespen (aus Whitmore 1993). Erläuterung im Text.

Gattung *Cecropia*, s. unten, oder in den Dornen von *Acacia*-Arten), gibt es ausschließlich in den Tropen. Einige Beispiele sind in Abb. 2-9 wiedergegeben.

2.1.5 Walddynamik

Die Bestandsstruktur eines tropischen Regenwaldes hängt u. a. davon ab, in welcher **Entwicklungsphase** er sich befindet (Abb. 2-10, 2-11). Denn wie alle vom Menschen ungestörten Wälder der Erde unterliegen auch tropische Regenwälder einem beständigen, oft zyklisch aufgebauten Regenerationsprozess. Er beginnt mit einer Störung im Bestand, die beispielsweise durch den altersbedingten Fall eines Emergenten verursacht wird. Die kleine Lücke am ehemaligen Wuchsort des Baumes wird meist ziemlich rasch von Jungpflanzen in Wartestellung geschlossen; wo die

Abb. 2-8 Beispiele krautiger Pflanzen im tropischen Tieflandregenwald von Costa Rica: a = *Selaginella arthritica* (Selaginellaceae); b = *Heliconia* sp. (Heliconiaceae); c = *Carludovica* sp. (Cyclanthaceae); d = *Costus laevis* (Costaceae).

Krone auf den Boden trifft, entsteht eine Bestandslücke in der entsprechenden Größe.

Solchen endogenen (alterungsbedingten) Prozessen stehen exogene Störungen gegenüber, die von außerhalb auf den Waldbestand einwirken, wie tropi-sche Wirbelstürme (s. Kasten 5-1), Erdrutsche oder Vulkanausbrüche. Auch hier kommt es zu Bestands-lücken, die viele Hektar groß sein können. Diese wer-den in tropischen Wäldern zunächst von lichtbedürf-tigen und rasch wachsenden Pionierarten besiedelt

Tab. 2-3 Anteil der wichtigsten Wuchsformen an der Gesamtartenzahl einiger tropischer Regenwaldgebiete[1]

Gebiet	Mittl. Jahresnieder-schlag (mm)	Gesamt-artenzahl	Anteil der Wuchsformen [%]			
			Bäume	Kräuter	Lianen	Epiphyten
La Selva, Costa Rica	3.950	1.450	39	27	7	27
Rio Palenque, Ecuador	3.000	1.055	25	37	16	23
Barro Colorado Island, Panama	2.650	966	43	21	16	20
Manu Flussauen, Peru	2.050	1.217	57	13	18	12
Singapur	2.000	1.673	56	13	18	13
Jauneche, Ecuador	1.850	608	28	38	22	12

[1] Nach verschiedenen Autoren aus Turner (2001b).

Abb. 2-9 Myrmekophyten: a = *Inga punctata* (Mimosaceae), Costa Rica: extraflorale Nektarien (Pfeil); b = *Acacia collinsii* (Mimosaceae), Costa Rica: Ameisennest in den Dornen (Dornen aufgeschnitten); c = *Cecropia* sp. (Urticaceae), Venezuela: Ameisennest im Stamm (Eingang durch Pfeil markiert); d = *Myrmecodia beccarii* (Rubiaceae), Australien, Epiphyt (hier auf *Rhizophora stylosa*): Ameisennest im verdickten, mit Dornen besetzten Stamm; e = *Dischidia major* (Apocynaceae), Epiphyt (hier auf *Rhizophora stylosa*): Ameisennest in urnenförmigen Blättern, in welche die Pflanze Adventivwurzeln entsendet.

(**Pionierphase**, Abb. 2-12). Hierzu zählen beispielsweise die Gattungen *Miconia*, die zu den Melastomataceae gehört, und *Cecropia*, eine Urticacee. Beide sind mit zahlreichen Arten in der Neotropis vertreten. *Cecropia* ist vor allem deswegen interessant, weil sie in ihrem hohlen Stamm aggressive Ameisenarten (der Gattung *Azteca*) beherbergt und dadurch vor Herbivoren geschützt ist (s. Abb. 2-9). Denn die Blätter sind, wie bei vielen Pionierpflanzen, nährstoffreich und werden deshalb gern gefressen. Die Pflanze versorgt ihre Beschützer im Gegenzug mit eiweiß- und fetthaltigen Futterkörperchen, die an der Blattbasis auf der Blattunterseite gebildet werden (Berg 2004). *Cecropia* produziert endozoochor (d. h. über

den Magen-Darmtrakt von Wirbeltieren) ausgebreitete Früchte während des gesamten Jahres; die Samen sind Lichtkeimer und bleiben ohne Stimulation des Phytochrom-Systems viele Jahre dormant (Holthuijzen & Boerboom 1982). Weitere Pionierarten gehören zu den Gattungen *Ochroma* (eine Malvacee; Verwendung des extrem leichten Holzes als „Balsa" im Modellbau), *Omalanthus* (Euphorbiaceae), *Schefflera* (Araliaceae), *Phyllanthus* (Phyllanthaceae) und *Pandanus* (Pandanaceae). Diese Pionierarten erreichen Höhenzuwächse von mehreren Metern pro Jahr (Schnitzer et al. 2000). Dazu kommen die bereits erwähnten Kraut- und Scheinstammpflanzen (z. B. *Heliconia*, *Costus*, verschiedene *Musa*-Arten und

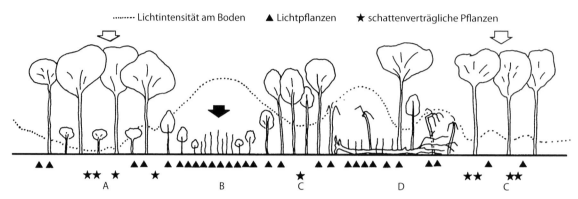

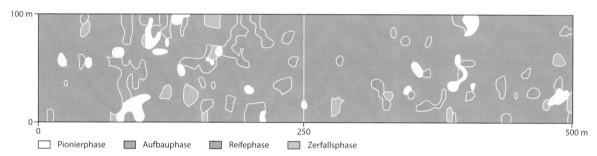

Abb. 2-10 Schematisches Transekt durch einen tropischen Tieflandregenwald mit vier verschiedenen Waldentwicklungsphasen (nach Oldeman 1989, verändert; reproduziert mit Genehmigung von Elsevier, Oxford). A = Reifephase, B = Pionierphase, C = Aufbauphase und D = Zerfallsphase mit Kronenlücken durch umgestürzte Bäume. Helle Pfeile: Lebensräume für Frugivore (Fruchtfresser), dunkle Pfeile: Lebensräume für Herbivore. Die lichtbedürftigen Arten kommen nicht nur in den Bestandslücken vor, sondern auch am Waldrand und im Bestandsinnern dort, wo fleckenweise Licht eindringt.

Abb. 2-11 Räumliche Verteilung der vier Waldentwicklungsphasen von Abb. 2-10 in einem Dipterocarpaceae-Regenwald in Indonesien (nach Torquebiau 1986, verändert). Die Reifephase nimmt den größten Flächenanteil ein.

Zingiberaceae wie *Hedychium*) sowie Lianen (insbesondere lichtbedürftige Spreizklimmer wie der Bambus *Merostachys* in der Neotropis, die Rattanpalme *Calamus* im asiatischen Raum). Lianen können ggf. die Weiterentwicklung um viele Jahre verzögern (ebd.).

In der **Reifephase** eines tropischen Regenwaldes sind nur wenige Individuen für den Großteil der Pflanzenmasse verantwortlich. In einem Hektar Regenwald in der Nähe von Manaus waren von insgesamt 93.780 Baumindividuen vom Keimling bis zum ausgewachsenen Exemplar 39 % der oberirdischen Phytomasse (von 685 t) in den 80 Bäumen enthalten, die über 30 m hoch waren (Fittkau & Klinge 1973). Bei diesen Bäumen betrug das Verhältnis zwischen Blatt- und Holzmasse 1:77 und zwischen ober- und unterirdischem Anteil 1:0,4. Das erste Zahlenverhältnis verdeutlicht, mit wie wenig Blättern ausgewachsene tropische Regenwaldbäume in einem ganzjährig warmen und feuchten Klima auskommen; es wird nur so viel Blattmasse gebildet, wie unbedingt

nötig ist. Die zweite Zahl, also das Spross-Wurzel-Verhältnis, unterstreicht den Vorteil, den Pflanzen unter stressarmen Verhältnissen haben: Der Hauptanteil der C-Sequestrierung wird für das Wachstum der oberirdischen Phytomasse verwendet und kommt der Reproduktion zugute.

Im Gegensatz zu den Pionieren sind die in der Reifephase dominierenden Baumarten vorwiegend schattentolerant. Ihre (endozoochoren) Samen sind Sofortkeimer; nach der Keimung bleiben die Jung-

Abb. 2-12 Pionierphasen im tropischen Regenwald: a = oreotropischer Laubwald (Monte Verde, Costa Rica); im Hintergrund *Cecropia* sp. (Malvaceae) und die Liane *Heliocarpus americanus* (Asteraceae), im Vordergrund *Chusquea* sp. (Poaceae) und *Heliconia* sp. (Heliconiaceae); b = Beispiel eines Pionierbaumes in tropischen Regenwäldern Südostasiens: *Aleurites moluccanus* (Euphorbiaceae, b1 Jungpflanze, b2 ausgewachsener Baum); c = Beispiel eines Pionierbaumes aus den mittel- und südamerikanischen Tropen: *Cecropia* sp. (Malvaceae). ▶

pflanzen als „Oskars" in Wartestellung, bis sich in kleinen halbschattigen Lücken die Chance zu ihrer Weiterentwicklung bietet (Whitmore 1998). Bäume der oberen Kronenschicht (Emergenten) können mehr als 500 Jahre alt werden, wobei die mittlere Lebenserwartung zwischen 200 und 300 Jahren liegt (Daten aus La Selva, Costa Rica: Fichtler et al. 2003).

Zwischen Pionier- und Reifephase sowie zwischen Reife- und Pionierphase gibt es Übergänge, die im ersten Fall als Aufbau-, im zweiten als Zerfallsphase bezeichnet werden, und in denen sich Pionier- und Klimaxbaumarten sowie zahlreiche Zwischenformen mischen. Diese Abfolge ist in der Regel zyklisch, d. h. irgendwann gelangt der Baumbestand wieder in eine Pionierphase. Einer solchen Phasendynamik entspricht räumlich ein Phasenmosaik, in dem die einzelnen Phasen mehr oder minder unregelmäßig und mit unscharfen Übergängen aneinandergrenzen (Oldeman 1989; Abb. 2-10). In einem Dipterocarpaceae-Regenwald auf Sumatra betrug der Flächenanteil der Reifephase über 50 %, der Pionierphase unter 5 % und der Aufbauphase zwischen 10 und 17 % (Torquebiau 1986; Abb. 2-11). Die jährliche Mortalitätsrate bewegt sich zwischen 1 und 2 % des Baumbestands bei insgesamt unveränderter Altersklassenverteilung (Richards 1996). Betrachtet man in einem Regenwaldgebiet eine Fläche, die groß genug ist, um alle Phasen zu enthalten, so wird deutlich, dass dieses Mosaik weitaus artenreicher ist als eine gleich große Fläche, die nur aus einer Reifephase besteht. Das Mosaik ist also mitverantwortlich für die hohen Artenzahlen (Wright et al. 2003). Am artenreichsten ist die Aufbauphase, die auf eine Störung folgt; denn sie enthält Pionier- und Klimaxbaumarten zur gleichen Zeit. Nach ihrer Rolle in den verschiedenen Entwicklungsphasen kann man vier Grundtypen von Bäumen unterscheiden, nämlich kleine Pioniere, große Pioniere, Bäume des Unterwuchses und Bäume der Kronenschicht (Turner 2001a; Tab. 2-4).

2.1.6 Phytomasse und Kohlenstoffhaushalt

Somit variiert auch die **Phytomasse** in tropischen Regenwäldern beträchtlich, nämlich (oberirdisch) zwischen 200 und 400 t Trockengewicht pro Hektar, je nachdem, in welcher Phase sich die Bestände befinden (Proctor 1983, Vitousek & Sanford 1986). Offensichtlich hängt die Höhe der Werte nicht nur von der Fruchtbarkeit der Böden ab. Lediglich die Heidewälder im Rio-Negro-Gebiet Amazoniens auf extrem nährstoffarmen Sanden bleiben unter 200 t (s.

Tab. 2-4 Klassifikation von Bäumen der immerfeuchten tropischen Regenwälder nach ihrer Rolle im Regenerationszyklus (nach Turner 2001a)

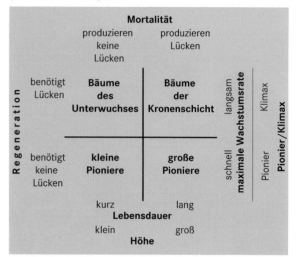

Abschn. 2.2.1). Die (meist nur annähernd bekannte) Wurzelmasse macht zwischen 10 und 40 % des oberirdischen Anteils aus. In einem Regenwald der unteren montanen Stufe wird die oberirdische Phytomasse (auf der Basis von mehreren 20 × 20 m² großen Probeflächen und nach Anwendung von Korrekturfaktoren) mit 311, die unterirdische (nur Wurzeln) mit 40, die tote organische Substanz des Bodens mit 410 und die Streu auf der Bodenoberfläche mit 6,5 t ha^{-1} angegeben (Edwards & Grubb 1982). Die Nettoprimärproduktion liegt zwischen 20 und 30 t ha^{-1}. Neuere Daten aus kombinierten Messverfahren (Geländeerhebungen in Dauerbeobachtungsflächen, Modellierungen auf der Basis vorhandener Daten und Ermittlung der Gasflüsse mittels Eddy-Kovarianz) zur Kohlenstoffbilanz immergrüner tropischer Regenwälder (und sommergrüner nemoraler Laub- und immergrüner borealer Nadelwälder zum Vergleich) sind in Tab. 2-5 wiedergegeben, und zwar als Mittelwerte aus vielen Probeflächen (Luyssaert et al. 2007) und aus einer einzelnen Untersuchung (Malhi et al. 1999). Worin sich tropische Regenwälder von anderen Ökosystemen unterscheiden, ist – im weltweiten Durchschnitt – weniger die Phytomasse. Sie kann auch im sommergrünen Laubwald der Nordhemisphäre in einer ähnlichen Größenordnung liegen (135 t C ha^{-1} ober- und unterirdisch, verglichen mit 143 t C ha^{-1} in tropischen Regenwäldern, das sind jeweils 300 bzw. 318 t Trockenmasse pro Hektar bei einem Umrechnungsfaktor von 0,45). Der Unterschied liegt vielmehr im Ausmaß der C-Flüsse, vor allem der autotrophen und der heterotrophen Respi-

Tab. 2-5 C-Bilanz für immergrüne tropische Regenwälder im Vergleich zu sommergrünen nemoralen Laubwäldern und immergrünen borealen Nadelwäldern, berechnet als Durchschnittswerte vieler Einzeluntersuchungen (jeweils die erste Zeile) und am konkreten Standort (jeweils die zweite Zeile)

	ober-irdische Phytomasse	unter-irdische Phytomasse	BPP[3]	R_{eco}[4]	NEP[5]
	t C ha^{-1}		t C ha^{-1} a^{-1}		
immergrüne tropische Regenwälder[1]	114 ± 58	29 ± 23	35,5	30,6	4,3[6]
immergrüne tropische Regenwälder[2-1]	217	64	30,4	24,5	5,9
sommergrüne nemorale Laubwälder[1]	109 ± 57	26 ± 26	13,7	10,5	3,2
sommergrüne nemorale Laubwälder[2-2]	79	19[7]	17,3	11,4	6,0
immergrüne boreale Nadelwälder[1]	48 ± 25	16 ± 9	7,7	7,3	0,4
immergrüne boreale Nadelwälder[2-3]	49	11	9,6	9,0	0,6

[1] Luyssaert et al. 2007, [2] Malhi et al. 1999 ([2-1] Regenwald bei Manaus, Brasilien, [2-2] Eichen-Hickory-Wald, Tennessee, [2-3] *Picea mariana*-Wald in Saskatchewan, Kanada), [3] BPP = Bruttoprimärproduktion, [4] R_{eco} = Respiration (Summe aus autotropher und heterotropher Respiration), [5] NEP = Netto-Ökosystemproduktion, [6] die Differenz von 0,6 t zwischen dem berechneten (4,9) und dem hier angegebenen (gemessenen) Wert beruht vermutlich auf einer zusätzlichen C-Speicherung im Kronenbereich, [7] nur Grobwurzeln.

ration, die in den Tropen zwei- bis dreimal so hoch sind wie in den sommergrünen Laubwäldern. Besonders deutlich wird dieser Sachverhalt im Vergleich mit immergrünen borealen Nadelwäldern, deren Phytomasse mit 64 t C ha^{-1} (= 142 t Trockenmasse pro ha) vergleichsweise niedrig ist.

Dass die Angaben noch viele Unsicherheiten enthalten, betonen die Autoren dieser Zusammenstellung selbst (ebd.). Die unbefriedigende Situation ist auf messtechnische Schwierigkeiten und auf fehlende Daten in vielen Regionen der Erde zurückzuführen. Untersuchungsflächen werden zwangsläufig nach ihrer Zugänglichkeit ausgewählt und nicht nach dem Zufallsprinzip; sie sind also nicht unbedingt repräsentativ für ein größeres Regenwaldgebiet. So ist die positive Netto-Ökosystemproduktion (NEP in Tab. 2-5) vermutlich ein messtechnisches Artefakt, zurückzuführen auf Probleme bei den Gasflussmessungen in Wäldern während der Nacht und auf die Probeflächenauswahl, bei der Aufbauphasen überproportional vertreten waren. Zudem sind die Beobachtungs- und Messzeiten zu kurz, um eine den gesamten Lebenszyklus umfassende Bilanz erstellen zu können. Da tropische Regenwälder je nach Entwicklungsstadium, Lage und Nährstoffversorgung außerordentlich heterogen sind, und zwar in räumlicher wie auch in zeitlicher Hinsicht (Vieira et al. 2004), ist die Frage, ob sie eher als C-Senke oder als C-Quelle im globalen Kohlenstoffhaushalt anzusehen sind oder ob sie sich klimaneutral verhalten, nur

aus der örtlichen Situation zu beantworten. So betrug der ökosystemare C-Verlust in einem amazonischen Regenwald bei Santarem (Floresta Nacional de Tapajós, 1909 mm Jahresniederschlag, fünf Monate ≤ 100 mm, schwach saisonal, großer Anteil von älteren Bäumen mit einem BHD von > 60 cm; Zerfallsphase mit hohem Totholzanteil) zwischen 1,0 und 1,9 t ha^{-1} a^{-1}, während sich in einem Bestand bei Manaus (2285 mm Jahresniederschlag, drei Monate < 100 mm, 70 % der Bäume mit einem BHD zwischen 30 und 60 cm) Verlust und Gewinn die Waage hielten (Rice et al. 2004, Hammond et al. 2008). Im ersten Fall wäre der Wald eine Kohlenstoffquelle, im letzten Fall wäre er klimaneutral. In welchem Umfang tropische Regenwälder zur globalen C-Bilanz beitragen, hängt also von den Flächenanteilen der verschiedenen Entwicklungsphasen ab. Alterungsphasen mit hohen Mengen an Totholz sind eher eine C-Quelle, in der Reifephase halten sich C-Aufnahme und C-Verlust mehr oder minder die Waage (Grant et al. 2009) und Aufbauphasen sind eine C-Senke.

2.1.7 Lianen und Epiphyten

Als besonders typisch für tropische Regenwälder gelten die **Lianen** (Paul & Yavitt 2011). Sie gehören nach Gentry (1991) mit 9.219 Arten zu 133 Familien und werden als Schlüsselinnovation bei der Evolution der Arten in tropischen Regenwäldern angesehen (Gianoli 2004). Sie kommen zwar auch in subtropischen und nemoralen immergrünen Wäldern vor, haben aber den Schwerpunkt ihres Vorkommens bezüglich Artenzahl und Häufigkeit in den äquatornahen immerfeuchten Tropen. Sie können krautig (wie die Gewürzvanille *Vanilla planifolia*, eine Orchidacee) oder verholzt sein (wie die meisten tropischen Lianen). Gewöhnlich unterscheidet man **Spreizklimmer**, die sich mit sparrigen Seitenästen (wie der Bambus *Merostachys*) oder mit Dornen (wie die Rattanpalmen der Gattung *Calamus*) in die Wirtsbäume hängen und zusammen mit ihnen hochwachsen),

Wurzelkletterer (beispielsweise viele Vertreter der Araceae wie *Philodendron, Monstera* und *Pothos* sowie der Pandanaceae wie *Freycinetia* , die mit ihren Haftwurzeln die Stämme hochklettern), **Windenpflanzen** (wie Arten der Gattung *Aristolochia*, die sich um die Stützbäume winden) und **Rankenpflanzen** mit meist aus Blättern oder Seitensprossen entstandenen Ranken (wie einige Arten der Fabaceen-Gattung *Dalbergia*; Walter & Breckle 2004). Einige Beispiele sind in Abb. 2-13 wiedergegeben. Im Reifestadium eines Regenwaldes sind vorwiegend Wurzelkletterer und Windenpflanzen vertreten; in

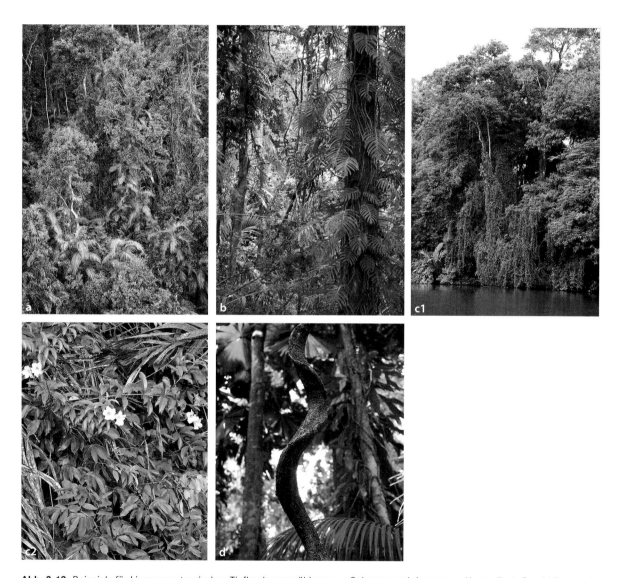

Abb. 2-13 Beispiele für Lianen aus tropischen Tieflandregenwäldern: a = *Calamus moti*, Arecaceae (Australien): Spreizklimmer, in einer durch einen Taifun gerissenen Waldlücke; b = *Epipremnum pinnatum,* Araceae (Australien): Wurzelkletterer; c = *Allamanda cathartica*, Apocynaceae (Costa Rica): Rankenpflanze (c1 am Waldrand Vorhänge bildendes Exemplar, c2 Blüte); d = *Entada phaseoloides*, Fabaceae (Australien): Windenpflanze.

Waldlücken oder an Waldrändern häufen sich Spreizklimmer, die mit ihrem oft vorhangartigen Wachstum und ihren Dornen den Wald für Mensch und Tier undurchdringlich machen. Lianen können bis zu 20 % der Flora eines tropischen Tieflandregenwaldes einnehmen (Tab. 2-3). Ihre Vorteile gegenüber den Bäumen liegen nach einer Zusammenstellung von Paul & Yavitt (2011) a) im geringen Anteil des atmenden Holzgewebes im Vergleich zur Blattmasse und damit einem besonders raschen Wachstum, b) ihrem Pioniercharakter bezüglich der Ausbreitung der Diasporen (vegetative Ausbreitung möglich, generative (Fern-)Ausbreitung oft durch den Wind (Anemochorie); persistente Samenbank), c) Störungsresistenz durch hohe Regenerationsfreudigkeit und d) hohe Wasserleitfähigkeit des weitlumigen Xylems (spezifische Leitfähigkeit nach Gartner et al. 1990: $2,7–303 \times 10^{-3}\ m^2\ MPa^{-1}\ s^{-1}$) im Vergleich zu Bäumen ($0,8–5,1 \times 10^{-3}\ m^2\ MPa^{-1}\ s^{-1}$). Das Wachstum von Lianen scheint außerdem durch den Anstieg des CO_2 in der Atmosphäre gefördert zu werden (Körner 2009), sodass zukünftig mit einer verstärkten Konkurrenz gegenüber den tropischen Regenwaldbäumen zu rechnen ist (Phillips et al. 2002).

Nicht weniger charakteristisch für tropische Regenwälder als die Lianen sind die **Epiphyten**. Darunter versteht man Pflanzen, die auf anderen Pflanzen („Trägerpflanzen" = Phorophyten) leben und dadurch innerhalb der dunklen Wälder günstigere Lichtbedingungen finden, allerdings bei angespanntem Wasserhaushalt. Die Feldschicht, wie wir sie in den sommergrünen Wäldern der nemoralen Zone finden (s. Abschn. 6.2.2), ist also in den Kronenraum der Tropenwälder gerutscht. Außer epiphytischen Flechten und Moosen, die auch außerhalb der Tropen in luftfeuchten Wäldern vorkommen, sind die feuchten Tropen durch Kormo-Epiphyten gekennzeichnet, also epiphytisch wachsende Gefäßpflanzen. Sie sind mit einer außerordentlichen Artenfülle vertreten und können bis zu 50 % der Gesamtartenzahl eines Regenwaldgebiets einnehmen (Kelly et al. 1994; Tab. 2-3). Sie gehören vielen verschiedenen Familien an, wobei die Orchidaceae mit fast 14.000 epiphytischen Arten (das sind 73 % aller Orchideenarten) an der Spitze stehen, gefolgt von den Araceae (1.349 = 54 %), Bromeliaceae (1.145 = 46 %) und Piperaceae (710 = 23 %; Kress 1989). Hinzu kommen noch die Farne, von denen rund zwei Drittel als Epiphyten auftreten, davon allein 1.029 Arten der Polypodiaceae (= 94 % dieser Familie). Insgesamt dürften rund 25.000 Gefäßpflanzen ganz oder zeitweise epiphytisch wachsen (Benzing 2004). Bei dieser Fülle von

taxonomisch verschiedenen Pflanzen ist die hohe Variabilität von Merkmalen und Strategien verständlich, welche die Epiphyten befähigen, an Standorten zu wachsen, an denen mit einem Mangel an Wasser und Nährstoffen zu rechnen ist.

Nach Johansson (1974) gliedert sich ein ausgewachsener Baum der oberen Kronenschicht in fünf verschiedene Epiphyten-Standorte, nämlich in die Stammbasis bis zu einer Höhe von etwa 3 m, den Stamm (von 3 m Höhe bis zur ersten Verzweigung) sowie den basalen (rund ein Drittel der gesamten Astlänge), den mittleren und den äußeren Teil der großen Äste (Abb. 2-14). Diese Standortsgliederung ist zwar nur ein vereinfachtes Abbild der räumlichen Zuordnung der komplexen Epiphyten-Gemeinschaften; sie gilt z. B. nicht für kleinere Bäume mit geringem Stammdurchmesser und für viele Epiphyten, die mehrere dieser Standorte besiedeln (Zotz 2007). Dennoch ermöglicht sie es, ein Muster physiognomischer und ökologischer Merkmale zu erkennen (Abb. 2-15; Gentry & Dobson 1987, Benzing 2004, Lüttge 2008a):

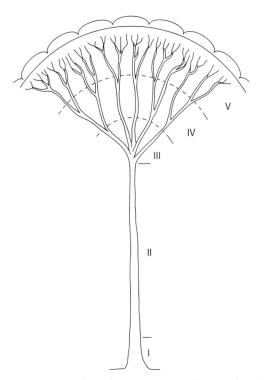

Abb. 2-14 Unterteilung eines erwachsenen Baumes der oberen Kronenschicht im tropischen Tieflandregenwald nach Epiphyten-Standorten. I = basaler Teil des Stammes (bis 3 m Höhe), II Stamm zwischen 3 m Höhe und dem Beginn der Verzweigung, III = basaler Teil der Äste, IV = mittlerer Teil der Äste, V = äußerer Teil der Äste (nach Johansson 1974, verändert).

Schatten-Epiphyten wachsen eher im unteren Kronen- oder im Stammraum und kommen mit entsprechend geringen Lichtmengen aus; **Sonnen-Epiphyten** sind dagegen im oberen Kronenraum verbreitet. **Xeromorphe Epiphyten** haben ein Wasserspeichergewebe in den Blättern und/oder den Blattstielen, wie viele Vertreter der Orchidaceae, bei denen die Blattstiele zu „Pseudobulben" werden

(Abb. 2-15a). Manche Epiphyten sind stammsukkulent wie die Arten der Gattung *Schlumbergera* (deren Hybriden als „Weihnachtskaktus" bekannt sind) aus den brasilianischen Küstenregenwäldern („Mata Atlantica") und *Rhipsalis* unter den Cactaceae (Abb. 2-15b). *Rhipsalis* ist übrigens eine der wenigen Cactaceen-Gattungen, die nicht nur in der Neotropis, sondern auch in Afrika vorkommen (Usambara-Gebirge

Abb. 2-15 Beispiele für Epiphyten in tropischen Tieflandregenwäldern: a = *Coelogyne sanderae*, eine Orchidee mit Pseudobulben (aus Warming & Graebner 1918, verändert); b = Stammsukkulenz bei *Rhipsalis baccifera*, Cactaceae (Brasilien); c = *Tillandsia usneoides*, Bromeliaceae (Venezuela); d = Haftwurzeln mit Velamen von *Epidendrum* sp., Orchidaceae (Java; Foto: W. Haber); Wurzeln mit wassergefülltem Velamen erscheinen grün, trockene Wurzeln sind weißlich; e = *Platycerium* sp., Polypodiaceae (Australien); f = *Asplenium nidus*, Aspleniaceae, als Zisternenpflanze an *Saribus rotundifolius* (Singapur, Foto: W. Haber).

in Tansania). Im Fall der Bromeliaceen-Gattung *Tillandsia* werden Wasser und Nährstoffe über die Blätter mithilfe spezieller Bildungen der Epidermis, der Saugschuppen, aufgenommen. Die Pflanzen dieser Gattung sind dicht von solchen Schuppen bedeckt; zwischen der Schuppenunterseite und der Blattoberfläche bildet sich bei treibendem Nebel ein kapillarer Wasserfilm, der über spezielle Wassereinlasszellen am Fuß der Saugschuppen in das Blattinnere übertritt (Benzig 1980). Besonders *Tillandsia usneoides*, weit verbreitet und häufig in nahezu allen Feuchtwäldern der Tropen und Subtropen Nord- und Südamerikas, hat diese Form der Wasseraufnahme perfektioniert (Abb. 2-15c). Auf den ersten Blick sieht sie wie ein Vertreter der Flechtengattung *Usnea* aus. Orchidaceen und Araceen haben ein effizientes Wasseraufnahmesystem an speziell für diesen Zweck entwickelten Wurzeln. Hier ist der lebende Teil der Wurzel von einem toten, den Hyalinzellen der Torfmoose (*Sphagnum*) ähnelnden Zellgewebe umschlossen (dem *Velamen radicum*), das sich nach Befeuchtung wie ein Schwamm mit Wasser vollsaugt und dieses dann über spezielle Wassereinlasszellen der Exodermis an das Wurzelinnere abgibt (Abb. 2-15d).

Mesomorphe Epiphyten wurzeln in Humuspaketen, die sich aus dem eigenen Bestandsabfall und dem des Phorophyten in Astgabeln oder in Baumhöhlen angehäuft haben, in vermoderndem Holz oder in einer epiphytischen Moosschicht. Manche Farnpflanzen sind in der Lage, einige ihrer Wedel zu „Blumentöpfen" zusammen zu fügen, in denen sie organische Substanz sammeln (wie bei *Platycerium*- oder manchen *Asplenium*-Arten; Abb. 2-15e). Die Pflanzen bilden spezialisierte Wurzeln mit negativ geotropem Wachstum, die in diese Blumentöpfe hineinwachsen. Die Wurzeln der Sprossbasis dienen dann ausschließlich Haftzwecken. Bei **Zisternenpflanzen** (z. B. zahlreich vertreten unter den Bromeliaceae und den Aspleniaceae; Abb. 2-15f) bilden die Grundblätter bzw. die Wedel dicht geschlossene Trichter, in denen sich Wasser und Detritus sammeln. Das Zisternenwasser wird einschließlich der darin enthaltenen Nährstoffe entweder von Saugschuppen (wie bei den Bromeliaceae) oder – ähnlich wie bei den *Platycerium*-Arten – von eigens für diesen Zweck gebildeten Wurzeln aufgenommen (Arten der Gattung *Asplenium*). Solche Zisternen sind eigene Lebensgemeinschaften mit einer spezialisierten Fauna und Flora (die in der Lage sind, den abgesammelten Detritus abzubauen; Richardson 1999); zu Letzterer gehören auch Cyanobakterien mit ihrer Fähigkeit, Luftstickstoff zu binden. Eine Sonderform des Epiphytismus sind die **Epiphylle**, die auf den

Abb. 2-16 Epiphylle Moose und Flechten auf einem Blatt von *Costus scaber*, Venezuela.

älteren Blättern von Bäumen und perennierenden Stauden leben. Es handelt sich um poikilohydre (wechselfeuchte) Organismen wie Algen, Lebermoose, Flechten und kleine Farnpflanzen (Abb. 2-16).

Viele Epiphyten (vor allem die lichtbedürftigen) sind CAM-Pflanzen, wie die Vertreter der Orchidaceae, Bromeliaceae und Cactaceae. Der Vorteil ist die Minderung der Transpiration tagsüber bei angespannter Wasserversorgung. Wahrscheinlich gehören aber nicht mehr als 30–40 % aller Kormo-Epiphyten diesem Weg der C-Sequestrierung an (Zotz 2004). Manche können zwischen CAM und C_3 hin- und herschalten, wie einige Vertreter der Gattung *Peperomia*, vor allem aber die Arten der Gattung *Clusia*, die baumartig, epiphytisch, hemi-epipytisch und als Baumwürger auftreten (bei derselben Art!) und deshalb physiologisch und phänotypisch als besonders flexibel gelten (Lüttge 2007). Ein solches Verhaltensmuster bringt offenbar Vorteile in dem zwischen trocken und feucht wechselnden Umfeld der tropischen Baumkronen.

Die Blüten der epiphytisch wachsenden Angiospermen werden ausschließlich durch Tiere bestäubt, wobei die Mechanismen wie bei den Orchideen mit ihren attraktiven Blüten hoch spezialisiert sein können, d. h. viele Arten haben ihre eigenen Bestäuber. Ansonsten treten Fledermäuse und vor allem Vögel als Bestäuber auf, wobei in der Neotropis besonders Kolibris eine Rolle spielen. Bei der Ausbreitung der Korrmo-Epiphyten ist der generative Weg wichtiger als der vegetative, weil es darauf ankommt, neue Standorte auch außerhalb des jeweiligen Phorophyten zu erobern. Unter den Ausbreitungsmedien dominieren Vögel (seltener Fledermäuse) und der Wind. Cactaceae und Araceae bilden Beeren, die endozoochor ausgebreitet werden. Die Samen der

Orchideen und die Sporen der Farnpflanzen sind dagegen staubfein und so leicht, dass sie mit dem Wind verdriftet werden können (Anemochorie); anemochor sind auch die behaarten (pogonophoren) Samen der Bromeliaceen. Hier zeigen sich im Verhalten (Erzeugung vieler Samen pro Pflanze, Samen leicht und anemochor) Parallelen zu ruderalen Arten, die wie die Epiphyten auf die Erschließung neuer Siedlungsräume ausgerichtet sind (Gentry & Dobson 1987). Die Samen der epiphytischen Orchideen keinem, wie auch diejenigen der Erdorchideen, nur mithilfe von Mykorrhiza; der Pilz dringt in den endospermfreien Samen ein und ernährt den Embryo.

Die Artenzahl der Epiphyten pro Flächeneinheit variiert beträchtlich. Tieflandregenwälder sind in der Regel deutlich artenärmer als mittlere Gebirgslagen. Das Maximum in der Neotropis wird in einer Höhe zwischen 1.000 und 1.500 m NN unter besonders feuchten, nebelreichen Klimabedingungen erreicht (Krömer et al. 2005, Cardelus et al. 2006; Tab. 2-6). Mit weiter steigender Meereshöhe sinkt der Epiphytenreichtum wieder (vermutlich temperaturbedingt). Im Tiefland sind nur dann ähnlich hohe Werte zu finden, wenn die Niederschläge aufgrund orographischer Bedingungen besonders hoch sind (beispielsweise an der Ostküste von Brasilien, wo sich feuchtigkeitsgesättigte Passatwinde am Fuß der Serra do Mar abregnen, oder in Panama; Wester et al. 2011). Wir werden auf diesen Sachverhalt in Abschnitt 2.3 nochmals zurückkommen. Beachtlich ist auch die Artenzahl pro Baum. Unter optimalen Bedingungen, also bei permanent hoher Luftfeuchte und treiben-

dem Nebel, leben über 80 Arten auf einem *Ficus*-Individuum in den bolivianischen Yungas (Krömer et al. 2005) und 74 Kormo-Epiphyten auf *Virola michelii* in Französisch-Guyana (Freiberg 1999).

Auch die Biomasse der Epiphyten folgt einem Höhengradienten. Die Werte variieren von 0,002–1,5 t ha^{-1} (Zotz 2004). Entsprechend unterschiedlich ist auch die Menge des von Epiphyten angesammelten Humus. Sie kann in optimalen Lagen mehrere Tonnen pro Hektar betragen. So fanden Nadkarni et al. (2000) im montanen Regenwald des Schutzgebiets von Monteverde in Costa Rica (bei rund 1.000 m NN) 20,7 t ha^{-1}, das waren dort 62 % der Epiphyten-Biomasse und 4 % der gesamten oberirdischen Phytomasse des Waldes. Bei pH-Werten von unter 4, einem C-Gehalt von 37,4 % des Trockengewichts und einem C/N-Verhältnis von rund 15 ähnelt das Material einem sauren Histosol, wie er in Grundwassermooren vorkommt (Nadkarni et al. 2002). Der Epiphytenhumus ist ein Filter für Staub und Nährstoffe aus der Atmosphäre und ein Lebensraum für zahlreiche Invertebraten, von denen viele gar nicht am Grund des Regenwaldes leben können, also auf die Böden im Kronenraum angewiesen sind (Longino & Nadkarni 1990). Besonders häufig sind sog. Gärtnerameisen, die mit dem Eintrag ihrer Nahrung und der Kultivierung von Pilzgärten in ihren Nestern die recht hohen N- bzw. P-Gehalte von über 3 bzw. 0,2 % Trockengewicht verursachen (Blüthgen et al. 2001). Der große Nährstoffreichtum und die ständige Durchfeuchtung des Materials erleichtern übrigens auch die Keimung der Epiphytensamen. Hochgradig spezialisiert sind solche Mutualismen, bei denen

Tab. 2-6 Anzahl von Kormo-Epiphyten entlang eines Höhengradienten bei La Selva, Costa Rica[1]. Die hohen Epiphytenzahlen zwischen 1.000 und 1.600 m sind – bei einigermaßen gleicher Niederschlagsverteilung – auf die hohe Luftfeuchte zurückzuführen

Nr. der Probeflächen	Meereshöhe (m NN)	Artenzahl	Anzahl der Gattungen	Anzahl der Familien	jährlicher Niederschlag (mm)
1	30	57	28	21	3.942
2	500	148	59	30	4.807
3	1.000	215	82	38	4.804
4	1.600	171	68	29	4.063
5	2.000	146	60	28	3.425
6	2.600	43	28	17	2.734
Gesamtzahl		555	130	53	

[1] Valencia et al. 1994, [2] De Oliveira & Mori 1999, [3] Lieberman et al. 1996, [4] W. Huber 1996, [5] Breckle 1997, [6] Hamann et al. 1999, [7] Rasingam & Parathasarathy 2009, [8] Thompson et al. 2002

die Pflanze (der Myrmekophyt) in ihrem Innern Ameisenwohnungen (Domatien) zur Verfügung stellt (was auch bei Bäumen vor allem der Pionier- und Aufbauphasen tropischer Regenwälder und von Mangroven vorkommt; s. Abschn. 2.1.4). Beispiele sind die Urnenblätter von *Dischidia major* (Apocynaceae), die Pseudobulben von Orchideen (z. B. von *Myrmecophila humboldtii*) und das zu einem Nest ausgebaute Hypokotyl von *Myrmecodia tuberosa* (Rubiaceae; s. Abb. 2-9).

Einer eigenen Lebensform, nämlich den Hemi-Epiphyten, werden die **Baumwürger** zugeordnet (Abb. 2-17). Sie beginnen ihren Lebenszyklus meist als Epiphyten. Als solche entwickeln sie Luftwurzeln, die nach unten wachsen und erstarken, sobald sie Kontakt mit der Bodenoberfläche bekommen. Im Endstadium schließen sich die ehemaligen Luftwurzeln zu einer Röhre zusammen, die den Stamm des Phorophyten umgibt und ihn am weiteren Dickenwachstum hindert. Der Wirtsbaum stirbt ab. Baumwürger gehören größtenteils zu den Gattungen *Ficus* (Moraceae, rund 750 Arten; s. Kasten 2-2) und *Clusia* (Clusiaceae), kommen aber auch in anderen Familien vor (z. B. unter den Araceae).

2.1.8 Vegetationsgliederung und Verbreitung

Die tropischen Tieflandregenwälder mit ihren strukturellen und physiognomischen Merkmalen finden als großklimatische Klimax ihre Grenzen überall dort, wo extreme Bodeneigenschaften den „Normaltyp" des Regenwaldes nicht mehr zulassen. Zu diesen extremen Bodeneigenschaften gehören a) regelmäßige Überflutungen, b) extreme Nährstoffarmut (Arenosol, Podzol), c) Trockenheit (flachgründige Böden auf Fels), d) permanente Nässe im Oberboden (Histosol) und e) Salzbelastung (salic Fluvisol). Wir werden die azonale Vegetation dieser Sonderstandorte innerhalb der Tropen im Abschnitt 2.2 besprechen. Ebenso existiert eine Höhengrenze, die äquatornah bei rund 1.500 m NN liegt; hier wird der tropische Tieflandregenwald von feuchttropischen Gebirgswäldern abgelöst (s. Abschn. 2.3).

Innerhalb des Verbreitungsgebiets der tropischen Tieflandregenwälder variieren Physiognomie und Artenzusammensetzung; je günstiger die Böden hinsichtlich der pflanzenverfügbaren Nährstoffe, desto

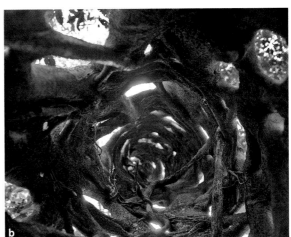

Abb. 2-17 Vertreter der Gattung *Ficus* sp. als Baumwürger der Babassu-Palme *Attalea speciosa* (Brasilien; links); rechts Blick in das Innere eines Baumwürgers (*Ficus* sp.), Australien. Der ehemalige Wirtsbaum ist abgestorben.

höher die Artenzahlen. Nimmt die Dauer der Trockenphase über die für einen immergrünen Regenwald tolerierbare Grenze von zwei Monaten zu, verstärkt sich die Saisonalität: Einzelne Bäume, vor allem der oberen Kronenschicht, verlieren ihr Laub. Diese saisonalen tropischen Tieflandregenwälder sind typisch beispielsweise für den östlichen Teil des Amazonasbeckens, wo bis zu vier niederschlagsarme Monate auftreten. Dadurch verstärkt sich die jahreszeitliche Rhythmik der Blüten- und Fruchtentwicklung; die saisonalen Bäume blühen und fruchten während der regenarmen Perioden. Wir verwenden die pflanzengeographischen Bezeichnungen der Florenreiche und -unterreiche auch für die Differenzierung der tropischen Tieflandregenwälder in den verschiedenen Gebieten der Erde (Schroeder 1998). Somit unterscheiden wir eine neotropische, eine afrikanische, eine madegassische und eine indopazifische Regenwaldregion. In Abb. 2-18 sind einige Beispiele tropischer Tieflandregenwälder wiedergegeben.

Die größte **Regenwaldregion** ist die **neotropische**; denn 59 % der tropischen Tieflandregenwälder liegen in Mittel- und Südamerika. Sie ist auch die artenreichste und unterscheidet sich floristisch von den anderen Regionen (Tab. 2-7) durch das Vorkommen von vier dikotylen tropischen Baumfamilien, die ausschließlich in der Neotropis zu finden sind oder hier ihren Schwerpunkt haben (Smith et al. 2004, Corlett & Primack 2011). Dies sind die Vochysiaceae (mit mehr als 200 Arten in der Neotropis, darunter allein 100 Baumarten der Gattung *Vochysia*, und nur

drei Arten in Westafrika), die pantropischen Bignoniaceae, Lecythidaceae (häufige Bäume der oberen und mittleren Kronenschicht im amazonischen Tiefland) und Chrysobalanaceae, die besonders viele Vertreter in den neotropischen Regenwäldern haben (ohne andernorts zu fehlen). Unter den Bignoniaceae

Abb. 2-18 Beispiele von immergrünen tropischen Tieflandregenwäldern. a = Regenwald im Nationalpark Tortuguero, Costa Rica, mit *Philodendron* sp., Araceae, als Kletterpflanze; b = saisonaler tropischer Tieflandregenwald (Costa Rica) mit *Bursera simarouba*, Burseraceae (kahl) und *Cedrela* sp., Meliaceae (mit gefiederten Blättern).

gibt es in der Neotropis besonders viele Lianen und Bäume mit attraktiven, großen, oft trompetenförmigen Blüten (daher der deutsche Name Trompetenbaumgewächse); spektakulär sind die saisonalen Arten, die während der trockenkahlen Phase überreichlich blühen. Beispiele sind *Tabebuia rosea* und

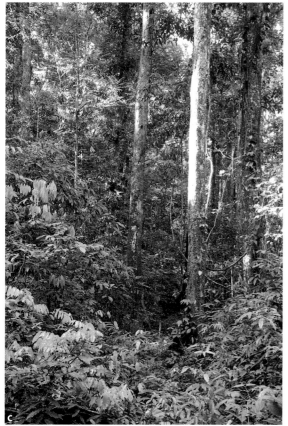

Jacaranda mimosifolia. Auch die Lecythidaceae besitzen auffallende Blüten; bei ihnen erfüllen die zahlreichen langen Stamina die Aufgabe des Schauapparats für die Bestäuber (vorwiegend Bienen). Bekannte Vertreter sind der Kanonenkugelbaum (*Couroupita guianensis*; Abb. 2-7d) und die bis zu 40 m hohe Paranuss (*Bertholletia excelsa*) mit kugelförmigen Früchten, in denen die Samen wie Orangenschnitze angeordnet sind.

Typisch für die neotropischen Regenwälder sind ferner die Familien der Cactaceae sowie die monokotylen Familien Bromeliaceae (die neben den Orchidaceae die meisten Epiphyten in tropischen Regenwäldern stellen, vertreten mit rund 480 Arten der Gattung *Tillandsia*) und Cyclanthaceae (hochwüchsige krautige Pflanzen wie *Carludovica palmata*, aus deren Blattfasern die Panamahüte geflochten werden, aber auch Lianen und Hemi-Epiphyten). Unter den Baumfamilien fehlen komplett die Ebenaceae und die Pandanaceae. Typisch für den Unterwuchs der Tieflandregenwälder Süd- und Mittelamerikas sind kleine Bäume und Sträucher, die blühen und gleichzeitig fruchten (z. B. Vertreter der Melastomataceae, die man an ihrer markanten parallelen Blattnervatur erkennen kann, sowie der Piperaceae und der Malvaceae); das unterscheidet sie beispielsweise von den Dipterocarpaceae-Wäldern in Südostasien, in deren Unterwuchs nur nicht-blühende Jungpflanzen der Bäume vorkommen.

Innerhalb der neotropischen Tieflandregenwälder lassen sich drei Unterregionen unterscheiden, nämlich die amazonische, die karibische und die ostbrasi-

Abb. 2-18 (Fortsetzung) c = Regenwald im Imataca-Gebirge, Venezuela, mit *Mora excelsa* (Caesalpiniaceae); d = Kronendach eines tropischen Regenwaldes in Nordostaustralien (Daintree National Park) mit 1 = *Ficus pleurocarpa*, Moraceae; 2 = *Dysoxylum pettigrewianum*, Meliaceae; 3 = *Castanospermum australe*, Fabaceae; 4 = *Argyrodendron peralatum*, Malvaceae; 5 = *Ficus virgata*; 6 = *Cerbera floribunda*, Apocynaceae.

lianische Unterregion. Letztere ist die kleinste; sie zieht sich von rund 10° bis knapp 30° S in einem schmalen Streifen an der brasilianischen Atlantikküste entlang. Dass sie so weit polwärts reicht, verdankt sie dem warmen Brasilstrom. Die Regenwälder besiedeln dort die Küstenebene und die Hänge des Küstengebirges. Weiter landeinwärts folgen im Norden tropische Trockenwälder, im Süden (mit regelmäßig auftretenden Frösten) subtropische immergrüne Laubwälder (s. Abschn. 5.2.2). Bemerkenswert ist der Epiphytenreichtum dieses Küstenregenwaldes, der auf die ständig feuchten Passatwinde zurückzuführen ist: Die Feuchtigkeit kondensiert beim Anstieg zum Gebirge mit der Folge häufiger Nebelbildung und verstärkten Niederschlägen. Speziell auf diese Region spezialisierte Epiphyten sind die Arten der Cactaceae-Gattung *Schlumbergera*, z. B. *S. truncata*. Zur karibischen Unterregion gehören die besonders niederschlagsreichen (bis zu 10.000 mm pro Jahr) Regenwaldgebiete an der Pazifikküste Kolumbiens (Chocó; ein Zentrum der Palmenentwicklung), die durch die Hochgebirgsketten der Nordanden vom Amazonasbecken getrennt sind; sie finden ihre Fortsetzung über den Isthmus von Panama in Mittelamerika bis in den Süden von Mexiko (bei etwa 19° S). Die Wälder dieser Unterregion sind reliefbedingt disjunkt und klimatisch vielseitig.

Die amazonische Unterregion ist trotz des beständigen Vordringens land- und forstwirtschaftlich genutzter Flächen mit über 3 Mio. km² immer noch das größte zusammenhängende Regenwaldgebiet der Erde. Es wird vom Rio Solimões, ab der Einmündung des Rio Negro bei Manaus vom Rio Amazonas und zahlreichen Nebenflüssen entwässert. Das Gebiet ist wegen seiner Größe nicht einheitlich, weder klimatisch noch bodenökologisch. So ist der westliche Teil etwa bis Manaus ganzjährig humid, während der Osten bis zu vier trockene Monate aufweist und saisonale Regenwälder trägt. Neben den Tieflandregenwäldern der Terra Firme mit ferralitischen Böden sind besonders im Einzugsgebiet des Rio Negro und des Rio Orinoco tropische Heidewälder verbreitet, die auf Podzolen aus Quarzsand stocken; wir besprechen sie ebenso wie die Vegetation der breiten Flusstäler in Abschnitt 2.2.

In **Afrika** sind die tropischen Regenwälder vor allem im Kongobecken verbreitet; dort reichen sie im Osten bis an den Fuß der Zentralafrikanischen Schwelle, im Westen, der Küstenlinie des Golfes von Guinea folgend – mit einer Unterbrechung in Nigeria (Savanne) – fast bis Guinea, allerdings beschränkt auf die meernahen Tiefländer. Außerdem gibt es einige Einzelvorkommen in Ruanda, Uganda, Kenya und

Tansania. Besonders häufig in dieser Region sind die Leguminosen mit 450 Arten in 95 Gattungen. Ansonsten ist die afrikanische Region eher negativ, also durch die relative Seltenheit von andernorts typischen und häufigen Taxa gekennzeichnet (wie den Moraceae mit der Gattung *Ficus*; Tab. 2-7). Auch die Palmen sind – verglichen mit der neotropischen (857 Arten in 64 Gattungen) und der indopazifischen Region (über 300 Arten) – recht selten (116 Arten in 16 Gattungen, davon viele außerhalb der tropischen Tieflandregenwälder). Selbst Madagaskar ist mit mehr als 170 Palmenarten artenreicher, und sogar das kleine Singapur beherbergt mit 18 Gattungen zwei mehr als Afrika (Corlett & Primack 2011). Ebenfalls seltener vertreten sind Lauraceae, Myrtaceae und Myristicaceae; auch sind die Wälder ärmer an Epiphyten und Lianen. Ein besonders drastisches Beispiel ist die Gattung *Piper* (Piperaceae), von deren rund 2000 Arten (Kräuter, Sträucher und Lianen) lediglich drei in Afrika vorkommen, während man über 1000 in der Neotropis findet (Jaramillo et al. 2008). Der Grund für diese Artenarmut liegt wohl in der Klimageschichte der vergangenen 30 Millionen Jahre (Plana 2004): Lang andauernde Trockenphasen, u. a. auch während des Pleistozäns (verbunden mit wenigen und kleinen Refugialräumen; s. Kap. 1) haben dazu geführt, dass vor allem die trockenheitsempfindlichen Formen einschließlich der Epiphyten ausgestorben sind. Schließlich darf man auch nicht vergessen, dass Afrika auf eine weitaus längere menschliche Besiedlungsgeschichte zurückblickt als Mittel- und Südamerika; dadurch dürften auch die tropischen Regenwälder dieses Kontinents stärker anthropogen beeinträchtigt sein. In diesem Zusammenhang sei darauf hingewiesen, dass sich die Artenarmut der afrikanischen Regenwälder lediglich auf die Gesamtfläche des Regenwaldvorkommens bezieht. Vergleicht man die Artenzahlen auf gleich großen Probeflächen, so stehen die afrikanischen Tieflandregenwälder denen der Neotropis kaum nach (Tab. 2-2).

Eine Besonderheit sind die von *Gilbertiodendron dewevrei* („Mbau", Caesalpiniaceae) zu 80–90 % dominierten Wälder. Sie nehmen mehrere Hundert Quadratkilometer von Nigeria bis Kamerun quer über das Kongobecken ein (Corlett & Primack 2011). Solche monodominanten Bestände gibt es zwar auch in Guyana in Südamerika, aber nicht auf derartig großen Flächen. Sie stehen im Widerspruch zur Hypothese 3 zur Erklärung der hohen Baumartendiversität in tropischen Regenwäldern (s. Abschn. 2.1.3), wonach Pathogene im feuchttropischen Klima Dominanzbestände verhindern. Offenbar handelt es

Tab. 2-7 Wichtige Pflanzenfamilien tropischer Tieflandregenwälder[1]

	überall vorkommend (pantropisch)	Schwerpunkt in bestimmten Regionen		
		Mittel- und südamerika	Afrika (inkl. Madagaskar)	asiatisch-pazifischer Raum
wichtige Baumfamilien	Fabaceae Lauraceae Annonaceae Rubiaceae Moraceae Myristicaceae Sapotaceae Meliaceae Arecaceae Euphorbiaceae	**Vochysiaceae** Bignoniaceae **Cyclanthaceae** Lecythidaceae *Ebenaceae* *Pandanaceae*	Dichapetalaceae Oleaceae *Moraceae* *Arecaceae* *Fagaceae* *Malvaceae*	**Dipterocarpaceae** Myrtaceae
wichtige krautige Familien	Pteridophyta Araceae Zingiberaceae Cyperaceae Rubiaceae Gesneriaceae Orchidaceae	Bromeliaceae Poaceae Heliconiaceae		
wichtige Lianenfamilien	Convolvulaceae Fabaceae Araceae Apocynaceae Cucurbitaceae Rubiaceae	Asteraceae Bignoniaceae Sapindaceae Malpighiaceae Passifloraceae	Annonaceae Dichapetalaceae	Annonaceae Arecaceae Asclepiadaceae[2] **Nepenthaceae**
wichtige Epiphytenfamilien	Orchidaceae Pteridophyta Araceae Piperaceae Melastomataceae Gesneriaceae	**Bromeliaceae** **Cyclanthaceae** **Cactaceae**		Rubiaceae
wichtige Gattungen mit mehr als 500 Arten	*Asplenium* *Begonia* *Bulbophyllum* *Clerodendron* *Croton* *Cyathea* *Dioscorea* *Ficus* *Habenaria* *Impatiens* *Justicia* *Phyllanthus* *Piper* *Psychotria* *Schefflera* *Selaginella* *Solanum*	*Anthurium* *Epidendrum* *Eugenia* *Lepanthes* *Maxillaria* *Miconia* *Oncidium* *Peperomia* *Pleurothallis* *Stelis*		*Dendrobium* *Erica* *Rhododendron* *Syzygium*

[1] Nach Turner (2001), verändert. Kursiv: in der jeweiligen Region eher selten; kursiv und unterstrichen: streng ausgeschlossen von der jeweiligen Region; fett: weitgehend begrenzt auf die jeweilige Region. [2] Die Familie wird heute zu den Apocynaceae gestellt (Mabberley 2008).

sich hier um ein Zusammentreffen mehrerer Eigenschaften von *Gilbertiodendron*, die den Janzen-Connel-Effekt aushebeln (Hart 1995): Die sehr dichten, lichtundurchlässigen Kronen, verbunden mit einer besonders dicken Streuschicht am Boden, erschweren die Keimung von Baumsamen mit Ausnahme derjenigen des Mbau, die groß und endospermreich sind. Sie können deshalb unter dem intakten Kronendach viele Jahre in Wartestellung verbleiben. Möglicherweise spielt auch die bei dominanten Arten in Südamerika (und vielleicht auch bei den Dipterocarpaceae) vermutete Fähigkeit der Jungpflanzen eine Rolle, sich in das bestehende Ektomykorrhiza-Netzwerk einzuklinken und damit ihre Ernährung für eine gewisse Zeit auch ohne Photosynthese sicherzustellen (McGuire 2008).

Die tropischen Regenwälder auf **Madagaskar** sind (oder besser waren) auf die humide Ostseite der Insel beschränkt; heute sind sie fast vollständig verschwunden. Hinsichtlich ihrer Struktur und Artenzusammensetzung unterscheiden sie sich drastisch von denjenigen des afrikanischen Kontinents. Sie sind niedriger und enthalten keine besonders dicken Bäume (Grubb 2003), was vermutlich mit der hohen Frequenz tropischer Wirbelstürme zusammenhängt, die Madagaskar regelmäßig heimsuchen. Darauf deutet auch das häufige Auftreten des Pioniers *Ravenala madagascariensis* hin, der zur Familie der (mit der Bananenfamilie Musaceae verwandten) Strelitziaceae gehört. Die Pflanze wird auch „Baum der Reisenden" genannt (engl. *traveller's tree*), weil ihre zweizeilig angeordneten Blätter in Nord-Süd-Richtung weisen (Heywood et al. 2007). Viele weitere Arten mit Pioniercharakter kommen vor wie zahlreiche Palmen, Bambusarten und Vertreter der Pandanaceae. Die zuletzt genannte Familie ist ein Hinweis auf die Verwandtschaft der Regenwaldflora Madagaskars mit der indopazifischen Region. Charakteristisch ist ferner ein hoher Endemitenanteil auf Artebene (s. Abschn. 1.2.2); so sind 96 % von 4.220 Baum- und Straucharten endemisch (Schatz 2001). Die größte endemische Familie, Sarcolaenaceae, mit rund 60 Arten (Bäume und Sträucher) ist verwandt mit den Dipterocarpaceae und hat wie diese eine Ektomykorrhiza (Ducousso et al. 2004). Bemerkenswert ist die Agglomeration von Arten weit verbreiteter Gattungen, wie *Diospyros* („Ebenholz"; Ebenaceae; über 100 Arten) und *Dalbergia* („Rosenholz"; rund 50 Arten, Fabaceae).

In der **indopazifischen Regenwaldregion** gibt es große und geschlossene Regenwaldvorkommen noch heute auf Kalimantan, Sumatra und der Halbinsel von Malakka sowie auf Java (indomalesische Unterregion); der tropische Regenwald erreicht hier seine größte Üppigkeit hinsichtlich Struktur und Artenzahl (Richards 1996). Besonders artenreich sind die Gattungen *Syzygium* (Myrtaceae), *Aglaia* (Meliaceae), *Diospyros* (Ebenaceae), *Ficus* (Moraceae) und *Garcinia* (Clusiaceae). Die tropischen Regenwälder im Tiefland von Neuguinea, auf den im Osten angrenzenden Inselgruppen und in Nordostaustralien (papuasisch-australische Unterregion), auf den westpazifischen Inseln (Fidschi, Neue Hebriden, Neukaledonien, Hawai'i u. a.; pazifische Unterregion) sowie im Südwesten Indiens und auf Sri Lanka (indische Unterregion) sind demgegenüber artenärmer und haben einen eigenständigen Charakter.

Kennzeichnend für die indomalesische Unterregion ist die Dominanz der Familie der Dipterocarpaceae (von griech. *dipteros* = „zweiflügelig", *karpos* = „Frucht"). Die Dipterocarpaceae, vertreten durch die Gattungen *Shorea* (196 Arten), *Hopea* (104 Arten), *Dipterocarpus* (ca. 70 Arten), *Vatica* (67 Arten) u. a. stellen sowohl bezüglich der Artenzahl als auch der Phytomasse den Hauptanteil unter den Bäumen der Region (Abb. 2-5). Besonders häufig sind sie in den regenreichen und feuchten Gebieten; ihre Artenzahl geht mit zunehmender Trockenzeit zurück. Nach Rust et al. (2010) war die Familie schon vor rund 52 Millionen Jahren in den Regenwäldern Indiens präsent; von dort aus konnte sie sich als Gondwana-Florenelement auf die südostasiatischen Gebiete ausbreiten. Der Grund für die Vorherrschaft der Dipterocarpaceae in diesem Raum ist in ihrem Lebenszyklus zu finden (Corlett & Primack 2011): Ähnlich wie die europäischen Buchen blühen und fruchten die Dipterocarpaceen-Arten nur alle zwei bis sieben Jahre (Mastjahre) über große Gebiete gleichzeitig (Sakai et al. 2006), und zwar dann, wenn ausreichend Reserven seit dem letzten Mastjahr akkumuliert sind. Die endospermreichen Nüsse sind von den flügelartig ausgezogenen Kelchblättern umgeben und trudeln nach der Reife in großer Zahl in der Umgebung des Samenbaumes zu Boden; nur durch heftige tropische Wirbelstürme werden sie über größere Distanzen verdriftet und können dabei sogar Meeresarme überwinden. Damit geht eine massive Verjüngung einher, die etwaigen Konkurrenten keine Entwicklungschance lässt. Die Jungpflanzen können, ähnlich wie *Gilbertiodendron* in Afrika, in den dunklen Wäldern vermutlich Assimilate aus dem Pilzmyzel der ektotrophen Mykorrhiza gewinnen und damit die durch Lichtmangel reduzierte Photosynthese einige Zeit ausgleichen. Sie erhalten damit einen deutlichen Vorteil gegenüber Baumkeimlingen anderer Taxa. Die Bäume sind oft über

50 m hoch, die Stämme schlank und unverzweigt, die Kronen schirmförmig und dicht. Die Rinde ist gegen Pilzinfektionen durch ein kampferähnliches Harz geschützt. Die Blätter werden wegen ihres Gehalts an Gerbstoffen von herbivoren Säugetieren (wie Affen und Riesengleiter) nicht gefressen. Deshalb können diese Bäume sehr alt werden und bleiben nach dem Tod stehen; es gibt somit nur selten Bestandslücken durch umstürzende Exemplare, in denen sich Pioniere etablieren könnten wie in andern Regenwaldgebieten.

Der indomalesischen und der papuanisch-australischen Unterregion gemeinsam ist das Vorkommen von Vertretern der sonst eher für nemorale Laubwälder bekannten Fagaceen-Gattungen *Lithocarpus*, *Quercus* und *Castanopsis* (21 Arten allein auf der tropischen Insel von Singapur) sowie von *Nothofagus*; auf Neuguinea treffen nordhemisphärische *Lithocarpus*- und *Castanopsis*-Arten auf vier südhemisphärische *Nothofagus*-Arten (s. Kasten 1-5). Die Regenwälder der papuanisch-australischen Unterregion sind reich an altertümlichen Pflanzen (Araucariaceae, Podocarpaceae) und vor allem in Nordostaustralien sowie Neukaledonien besonders endemitenreich. Demgegenüber deutlich artenärmer sind die kleinflächigen tropischen Regenwälder auf den Inseln der pazifischen Unterregion, was mit deren erdgeschichtlich jungem Alter zusammenhängt (s. Abschn. 1.2.2). So bestehen die Wälder auf der Ostseite der Inseln Hawai'i (Big Island), Kaua'i und Maui ausschließlich aus der morphologisch äußerst variablen Baumart *Metrosideros polymorpha* (Abb. 2-19) mit einer ausgeprägten Kohortenverjüngung, bei der nicht wie sonst einzelne Bäume, sondern der ganze Bestand flächenhaft abstirbt (*canopy dieback*; Mueller-Dombois & Fosberg 1998, Böhmer et al. 2013).

2.1.9 Landnutzung

Schon seit Jahrtausenden werden tropische Tieflandregenwälder genutzt, und zwar mit der ursprünglichsten Form der Nahrungsmittelerzeugung, dem Wanderfeldbau (engl. *shifting cultivation*). Bei diesem Verfahren werden immer wieder kleine Lichtungen gerodet, die wegen des hohen Arbeitsaufwands nie größer als etwa 1 ha sind (Abb. 2-20). Das geschlagene Holz bleibt auf den Rodungsflächen liegen und wird während der Trockenzeit verbrannt. Die Asche hat eine wichtige Funktion: Sie versorgt den Boden mit Kalium und hebt den pH-Wert an. Traditionelle Feldfrüchte sind Maniok (Cassava; *Manihot esculenta*, Euphorbiaceae), Yamswurzel (verschiedene *Dioscorea*-Arten, Dioscoreaceae), Taro (*Colocasia esculenta*, Araceae), Mais (*Zea mays*) und Trockenreis (*Oryza sativa*). Wegen der regelmäßig starken Regenfälle sind die Vorteile der Brandrodung aber nur von kurzer Dauer. Die Asche wird rasch fortgeschwemmt und der pH sinkt wieder. Die Erträge gehen zurück, sodass die Anbauphase oft nur ein Jahr beträgt. Dann wird das nächste Stück Regenwald gerodet.

Abb. 2-19 Monodominanter tropischer Tieflandregenwald aus *Metrosideros polymorpha,* Myrtaceae (Maui, Hawai'i). a = Bestand mit dem Farn *Nothoperanema rubiginosum*, Dryopteridaceae; b = Blüte von *Metrosideros polymorpha*.

Abb. 2-20 Rodungsinsel in einem saisonalen tropischen Tieflandregenwald bei Bochinche, Venezuela; Anbau u. a. von Maniok und Bananen.

Die Erträge, die bei diesem Anbauverfahren erzielt werden, sind im Allgemeinen sehr gering; sie liegen bei Getreide meist unter 1 t, bei Knollenfrüchten zwischen 5 und 10 t ha^{-1} und reichen für die Ernährung einer Familie gerade aus (Scholz 2003). Dagegen ist der Flächenbedarf gewaltig: Bei einer Umtriebszeit von 20 Jahren benötigt eine Familie 20 ha Land; auf den armen ferralitischen Böden Amazoniens entsprechend mehr. Die Brache dient in erster Linie dazu, eine möglichst hohe Biomasse zu erzeugen. Damit wird sichergestellt, dass bei der nächsten Rodung genug Asche vorhanden ist. Wegen der geringen Fläche, die die Rodungsinseln einnehmen, können bei der Wiederbesiedlung der Brachen nicht nur Pionierarten, sondern auch Bäume der späteren Entwicklungsstadien vom Rand her eindringen. Wird also eine Fläche über Jahrzehnte hinweg nicht mehr genutzt, so ist die Chance groß, dass sich der primäre tropische Regenwald wieder etabliert.

Seit Jahrzehnten ist der Wanderfeldbau im Rückgang begriffen. Gründe hierfür sind die wachsende Bevölkerung, die Kommerzialisierung der Agrarprodukte und die verbesserte Erschließung früher schwer zugänglicher Gebiete. Nach Scholz (2003) dürfte der Anteil der Wanderfeldbau betreibenden Bauern an der Gesamtbevölkerung in tropischen Ländern heute nur noch 5–10 % betragen. Was sich an Landnutzungsformen stattdessen etabliert hat, sind häufig großflächige und technisch moderne, aber in Teilen umweltbelastende Kulturen. Hierzu zählt u. a. der Anbau der Ölpalme (*Elaeis guineensis*), von Soja (*Glycine max*, Fabaceae) und von Zuckerrohr (*Saccharum officinarum*). Die Produkte (Öl bzw.

Biosprit sowie Tierfutter) sind auf dem Weltmarkt begehrt. Der Anbau erfolgt aus Rentabilitätsgründen großflächig und geht zu Lasten von Sekundär- und Primärregenwäldern in den tropischen Ländern. Im Fall von Soja werden bevorzugt transgene Sorten angebaut, die gegen Totalherbizide wie Glyphosat resistent sind; somit kann man vorher vorhandene oder im Lauf der Jahre einwandernde unerwünschte Wildpflanzen rasch und vollständig beseitigen, ohne die Kulturpflanzen zu schädigen. Darüber hinaus verschlechtern großflächige Brandrodung und monodominanter Anbau stark zehrender Feldfrüchte wie Maniok die Bodenstruktur: Die heftigen Zenitalregen und die senkrechte Sonneneinstrahlung verschlämmen und verbacken den Oberboden und zerstören die ohnehin geringen Mengen an organischer Substanz.

Auf solcherart degradierten Flächen nehmen ruderale Arten überhand wie *Lantana camara* (Verbenaceae, eine aus Mittelamerika stammende Pflanze; invasiv überall in den Tropen und in Europa eine beliebte Zierpflanze) oder *Pteridium aquilinum*, der kosmopolitische Adlerfarn. In Ostasien entstehen auf solchen Flächen eintönige Bestände aus dem invasiven Gras *Imperata cylindrica*. Selbst wenn in der Umgebung noch samenliefernde Bäume vorhanden sind, ist eine autogene Regeneration zu tropischen Regenwäldern mit der ursprünglichen Artenausstattung nicht mehr möglich. Insbesondere das *Imperata*-Grasland widersteht dem Vordringen selbst der Pionierbäume. Deshalb werden zum Beispiel auf Kalimantan Pionierbäume, ja sogar rasch wachsende Exoten angepflanzt, um die Grasdecke auszudünnen und die Etablierung einheimischer Baumarten zu ermöglichen (Otsamo 2000). Speziell in Südostasien wird die Renaturierung von Brachland und degradierten Wäldern diskutiert, übrigens auch vor dem Hintergrund, dass Diperocarpaceen wichtige forstliche Werthölzer sind (Kettle 2010).

Früher hat man den raschen Rückgang der Erträge landwirtschaftlicher Nutzpflanzen (v. a. auf ferralitischen Böden) auf die Verringerung von Nährstoffvorrat und -verfügbarkeit durch den Nährstoffentzug bei der Ernte zurückgeführt. Dem lag die Vorstellung zugrunde, das gesamte Nährstoffkapital eines tropischen Regenwaldes stecke in seiner Biomasse und würde, wenn dieser gerodet und verbrannt ist, binnen kurzem ausgewaschen. Wie wir aber in Abschnitt 2.2 bereits dargelegt haben, sind die N- und P-Vorräte selbst in den ferralitischen Böden Amazoniens beträchtlich; lediglich die Basenversorgung ist limitiert. Die Ertragsschrumpfung ist deshalb nicht nur auf die Erschöpfung der Mengen an pflanzenverfügbaren Nährstoffen, sondern auch auf die Zunahme freier Aluminiumionen und auf die Phosphorfixierung bei hohen Protonenkonzentrationen zurückzuführen (Jordan 1985). Um die Erträge über mehrere Jahre gleichmäßig hochzuhalten, kommt es also darauf an, den pH-Wert auf einem Niveau von etwa pH 6 zu stabilisieren und die P-Verfügbarkeit zu verbessern. Einen Hinweis, wie ggf. zu verfahren wäre, geben die Terra-Preta-Böden in Zentralamazonien (Glaser 2007). Sie sind inselförmig in der Ferralsol-Landschaft der Terra Firme verteilt und enthalten annähernd dreimal mehr organische Substanz, Stickstoff und Phosphor und 70-mal mehr Holzkohle als diese. Sie sind präkolumbischer Herkunft, beste-

hen aus Resten von unvollständig verbranntem Holz, tierischen und menschlichen Exkrementen sowie Knochen und sind heute noch fruchtbar mit Erträgen, welche diejenigen der Umgebung um das Zwei- bis Vierfache übersteigen.

Heute werden deshalb immer mehr Nutzungsformen mit bodenschonenden und humusfördernden Eigenschaften bevorzugt (Blanckenburg et al. 1986, Doppler 1991). Das sind neben Kalkung und P-Düngung die Anpflanzung von N-bindenden Feldfrüchten und Nutzgehölzen, die Abschirmung der Bodenoberfläche durch Dauerkulturen, Zwischenfrüchte und Untersaaten sowie durch Mulchen mit Ernterückständen oder Pflanzenmaterial, das von außen zugeführt wird, u. v. m. Ein geeignetes Bewirtschaftungssystem ist der organische Landbau (*eco-farming*), bei dem zum Beispiel die ungeregelte Naturbrache durch den Anbau von Leguminosen in Verbindung mit Viehhaltung ersetzt wird. Besonders günstig für die feuchten Tropen sind aber solche Methoden, die unter dem Begriff „Agroforstwirtschaft" (*agroforestry*) zusammengefasst werden (Nair 1993). Gemeint ist damit eine Kombination aus Gehölzen (Bäumen, Sträuchern) und krautigen Nutzpflanzen auf derselben Fläche in räumlicher Kombination und/oder zeitlicher Abfolge. Die unglaubliche Vielfalt feuchttropischer Kulturpflanzen lässt dabei eine ebenso große Vielfalt an Kombinationsmöglichkeiten zu. Die verbreitetsten Dauerkulturen, die sich für Agroforestry eignen, sind Kautschuk (*Hevea brasiliensis*, Euphorbiaceae), Ölpalme (*Elaeis guineensis*, Arecaceae), Kokospalme (*Cocos nucifera*, Arecaceae), Kaffee (*Coffea arabica*, Rubiaceae, s. Abschn. 2.3.4), Kakao (*Theobroma cacao*,

Abb. 2-21 Kakaoplantage im tropischen Küstenregenwald bei Itabuna, Brasilien.

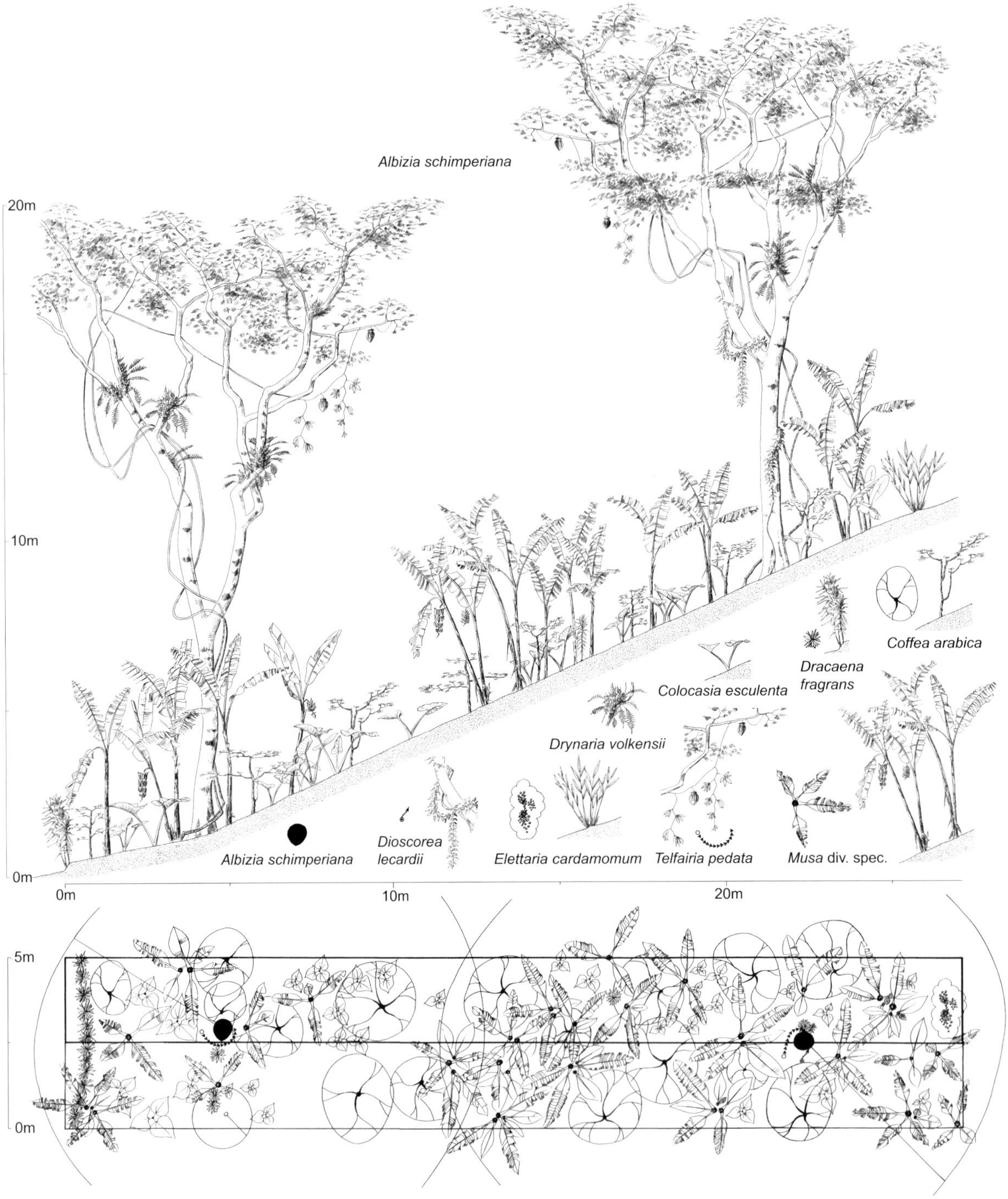

Abb. 2-22 Profil durch einen typischen Chagga-Homegarden auf 1.400 m NN am Kilimanjaro (aus Hemp 2006, reproduziert mit freundlicher Genehmigung von A. Hemp und Springer Science + Business Media). Das Profil ist 27 m lang und 2,5 breit. Der Hang ist SW-exponiert. Unter einem lichten Schirm aus *Albizia schimperiana* (Mimosaceae) mit dem epiphytischen Farn *Drynaria volkensii* (Polypodiaceae) und der Liane *Telfairia pedata* (Cucurbitaceae) gedeihen 4–6 m hohe Bananen und einige bis zu 2 m hohe Kaffeesträucher in Mischkultur mit Taro (*Colocasia esculenta*, Araceae).

Tab. 2-8 Vergleich der Artenausstattung zwischen Agroforestry-Systemen und benachbarten Waldreservaten (aus Bhagwat et al. 2008)[1]

Taxa	Anzahl der Vergleichspaare	Artendichte in % der benachbarten Waldreservate[2]	Ähnlichkeit mit den Waldreservaten (%)[2,3]
Fledermäuse	3	139 (115–186)	61 (55–70)
Insekten	19	86 (44–250)	49 (2–98)
Säugetiere (ohne Fledermäuse)	3	93 (67–121)	65 (45–91)
Niedere Pflanzen	5	112 (77–144)	42 (6–81)
krautige Gefäßpflanzen	5	64 (25–100)	25 (2–54)
Bäume	20	64 (8–213)	39 (5–100)

[1] Zusammengestellt nach mehr als 30 Literaturangaben; [2] in Klammern Variationsbreite; [3] nur grobe Schätzung, da die verwendeten Indizes differieren.

Malvaceae, Abb. 2-22), zahlreiche Obstbäume wie Mango (*Mangifera indica*, Anacardiaceae), Papaya (*Carica papaya*, Caricaceae), Gewürzbäume bzw. -sträucher wie Zimt (*Cinnamomum verum*, Lauraceae), Gewürznelken (*Syzygium aromaticum*, Myrtaceae) und Muskatnussbaum (*Myristica fragrans*, Myristicaceae). Sie können mit krautigen Nutzpflanzen kombiniert werden, z. B. mit Bananen (*Musa* sp., Musaceae) und Zuckerrohr (*Saccharum officinarum*, Poaceae) oder mit einer Untersaat aus Leguminosen z. B. als Weideland dienen (*ley-farming*).

Keine andere landwirtschaftliche Nutzungsform kommt der Struktur eines tropischen Regenwaldes so nahe wie Baum- und Strauchkulturen (Abb. 2-21). Die Böden müssen nicht großflächige bearbeitet werden. Das Blätterdach und die Blattstreu schützen die Bodenoberfläche vor dem Aufprall der Regentropfen und verhindern die Bodenerosion. Darüber hinaus haben solche Systeme auch eine Funktion für den Artenschutz außerhalb der zonalen tropischen Regenwälder. Ein Beispiel sind die Chagga-Homegardens an den Hängen des Kilimanjaro (Hemp 2006). Ähnlich wie Naturwälder bestehen sie aus mehreren Schichten unterschiedlich schattenverträglicher Arten (Abb. 2-22): Unter einer Baumschicht aus Regenwaldbäumen, die Feuerholz und Viehfutter liefert, gedeihen Bananen; in deren Schatten wiederum wachsen Kaffeesträucher. Am Boden wird Gemüse angebaut (Abb. 2-20). In den Homegardens, die eine Fläche von etwa 1.000 km² einnehmen, kommen über 400 (nicht kultivierte) Wildpflanzen vor, darunter neben Regenwaldbäumen und -sträuchern zahlreiche Epiphyten der ursprünglich vorhandenen Vegetation sowie 128 Ruderale. Unter den Letzteren gibt es eine Reihe von Apophyten wie z. B. den Farn *Christella dentata*. Er stammt aus den Auwäldern der kollinen bzw. submontanen Stufe Ostafrikas und hat heute sein Hauptvorkommen in den Strauchkulturen aus Bananen und Kaffee (Hemp 2006).

Ein Vergleich verschiedener Agroforestry-Systeme mit benachbarten Regenwaldreservaten zeigt eine erstaunliche Ähnlichkeit, was die Artenausstattung betrifft (Tab. 2-8). Somit haben derartige Baum- und Strauchkulturen in der tropischen Kulturlandschaft eine den halbnatürlichen Ökosystemen Mitteleuropas (wie Magerrasen, Zwergstrauchheiden u. ä.) vergleichbare Bedeutung im Artenschutz und sind ein unverzichtbares Regulativ für bedrohte Arten. Agroforestry-Systeme können also unter bestimmten Voraussetzungen (wie dem Verzicht auf Ertragsmaximierung ggf. gegen finanziellen Ausgleich für die Bauern) eine aus umweltpolitischer Sicht besonders erstrebenswerte Alternative zum Wanderfeldbau und zur intensiven Plantagenwirtschaft in den feuchten Tropen sein (Scholz 2003).

2.2 Azonale Vegetation

2.2.1 Tropische Heidewälder

Auf Podzolen aus silikatischen Sanden kommen immergrüne tropische Wälder vor, die sich hinsichtlich Struktur und Artenzusammensetzung von denjenigen auf Ferralsolen, Acrisolen oder Andosolen deutlich unterscheiden (Brünig 1968, Klinge & Medina 1979, s. auch Richards 1996): Sie sind niedrigwüchsiger, hartlaubig („peinomorph") und kaum geschichtet. Bäume mit Brettwurzeln fehlen ebenso wie große Lianen. Wir bezeichnen diese Vegetation als Heidewald; sie erinnert physiognomisch an Wälder in Europa auf anthropogen degradierten Böden. Tropische Heidewälder gibt es als bis zu 30 m hohe, dicht geschlossene Bestände, die umso niedriger werden, je ärmer und wasserdurchlässiger der Boden ist; unter besonders nährstoffarmen Bedingungen kommen sie nur noch als Gebüsche vor und es entsteht fleckenweise eine Offenlandvegetation mit Farnen, Grasartigen, Rosettenpflanzen, Moosen und Flechten. Solche Heidewälder treten großflächig im Quellgebiet des Rio Orinoco und des Rio Negro auf (Quarzsande des guyanischen Sandsteinplateaus), also in Amazonien, wo sie rund 6 % der Gesamtfläche aller Tieflandregenwälder einnehmen („Caatinga Amazônica"), ferner auf Kalimantan („*keranga*"), kleinflächig auf der Malaiischen Halbinsel und in den Küstensandgebieten Westafrikas (Gabun, Kamerun, Elfenbeinküste; Whitmore 1998) sowie in Ostaustralien. Die Flüsse, die in diesen Gebieten entspringen, sind wegen ihres Gehalts an löslichen, aus der organischen Auflage der Podzole stammenden Huminsäuren dunkel gefärbt und weitgehend frei von mineralischen Sedimenten (Schwarzwasserflüsse). Das am besten bekannte und ausführlich beschriebene Beispiel ist der Rio Negro, der in eindrucksvoller Weise im „Encontro das Aguas" bei Manaus in den schwebstoffreichen Rio Solimões (Weißwasserfluss) mündet und mit diesem als Rio

Amazonas dem Atlantik entgegenfließt. An seinem Oberlauf, im Süden von Venezuela, liegt die ehemalige Forschungsstation von San Carlos.

Im Kasten 1-6 haben wir bereits darauf hingewiesen, dass Sklerophyllie nicht nur in Trockengebieten, sondern auch auf nährstoffarmen Standorten von Vorteil ist. Hartlaubgehölze transpirieren weniger und nehmen weniger CO_2 auf; damit wird die Absorption toxischer Aluminium-Ionen gebremst und eine den Nährstoffmangelbedingungen adäquate C-Carboxylierung erreicht. Dieser Nährstoffmangel bezieht sich nicht auf die Gesamtgehalte (in denen sich die tropischen Heidewälder von den anderen tropischen Regenwäldern kaum unterscheiden), sondern auf die pflanzenverfügbaren Mengen, die sowohl im Fall von Mineralstickstoff als auch von Phosphat bei den hier herrschenden pH-Werten von < 4 sehr gering sind (Jordan 1985). Wegen des wasserdurchlässigen Substrats ist allerdings auch Wassermangel nicht auszuschließen: Während mehrtägiger niederschlagsarmer Perioden, wie sie auch unter perhumiden Bedingungen auftreten, sinkt kurzfristig die Wasserfügbarkeit und die Vegetation gerät unter Trockenstress.

Im amazonischen Tiefland sind die Heidewälder eng mit den tropischen Regenwäldern der Terra Firme und der Auenvegetation der Schwarzwasserflüsse (Igapó) verzahnt (Abb. 2-23, Abb. 2-24; Moyersoen 1993). Die Baumschicht ist je nach Standort zwischen 10–15 m („hohe Caatinga") und 5–10 m hoch („Bana"). Charakteristisch ist die nahezu 100%ige Infektion der Baumwurzeln mit VA-Mykorrhiza und die Dominanz der N_2-fixierenden Legu-

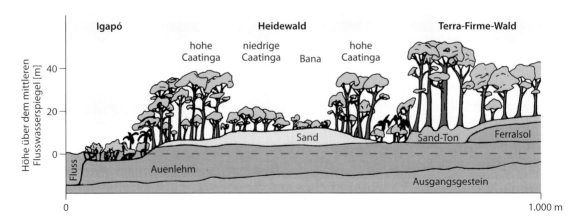

Abb. 2-23 Schema der Abfolge der Wälder im Rio-Negro-Gebiet des Amazonasbeckens (aus Jordan 1985, verändert; reproduziert mit Genehmigung von John Wiley & Sons Inc.). Im Überflutungsbereich des Flusses kommen Auwälder vor (Igapó). Auf grobem Sand mit tief liegendem Grundwasserspiegel wachsen niedrige Heidewälder („niedrige Caatinga") und -gebüsche („Bana"). Mit Grundwasseranschluss werden die Heidewälder höher („hohe Caatinga"). Auf ferralitischen Böden stehen die tropischen Tieflandregenwälder der Terra Firme.

minosen, die bis zu zwei Drittel des Baumartenbestands ausmachen können. Unter ihnen sind besonders augenfällig die Vertreter der Caesalpiniaceae mit der Gattung *Eperua* (z. B. *E. leucantha, E. rubiginosa*). Die Heidewälder der Guyanas werden nach dem regelmäßig auftretenden, mancherorts dominanten und wegen seines harten Holzes geschätzten Wallaba-Baums (*Eperua falcata*) Wallaba-Wälder genannt. Beigemischt sind immer auch einige Ericaceen wie *Gaylussacia amazonica*. In den Kerangas von Malaysia dominieren, ähnlich wie in den dortigen tropischen Tieflandregenwäldern, die Dipterocarpaceae, vor allem Vertreter der Gattung *Shorea*, und *Hopea vaccinifolia* mit heidelbeerartigen Blättern (Abb. 2-24). Auffallend wegen ihres Aussehens, das so gar nichts mit immergrünen Laubbäumen zu tun hat, ist *Gymnostoma sumatranum* (Casuarinaceae) mit schuppenförmigen Blättern. In der Gebüschvegetation kommen regelmäßig *Nepenthes*-Arten vor, die – ähnlich wie *Drosera* (Sonnentau) auf

Abb. 2-24 Heidewald aus *Eperua* sp. bei San Carlos de Rio Negro, Venezuela. Foto: F. Klötzli.

Hochmooren – ihren P-Bedarf aus dem Fang von Insekten decken.

2.2.2 Tropische Meeresküsten und Ästuare

Traditionell gliedert man die Meeresküsten nach dem vorherrschenden und damit vegetationsbestimmenden Substrat, nämlich in Sand-, Fels- und Schlickküsten. Während die Felsküsten pflanzenarm sind und räumlich eher eine untergeordnete Rolle spielen (und deshalb hier nicht behandelt werden), sind Sand- und Schlickküsten weit verbreitet und prägen das Landschaftsbild im Übergang zwischen Land und Meer. Sandküsten entstehen durch landwärts gerichteten Transport von Sand, der als Abtragungsprodukt von Flüssen ins Meer gelangt und dort von küstenparallelen Meeresströmungen im Schelf verfrachtet wird. Schlickküsten kommen überall dort vor, wo der Wellenschlag des Meeres gebrochen ist, entweder durch vorgelagerte Inseln oder Korallenriffe oder in Trichtermündungen (Ästuaren) und Deltas großer Flüsse. Sie sind durch den Gezeitenwechsel von Ebbe und Flut mit einer täglich zweimaligen Überflutung (Tide) gekennzeichnet. Beide Standorte sind in mehrfacher Hinsicht extrem: Im Fall der Sandküsten sind die Stressoren für den Pflanzenwuchs der von Wasser oder Wind bewegte Sand mit Akkumulation und Ausblasung sowie die niedrige Wasser- und Nährstoffspeicherkapazität. Im Fall der Schlickküsten sind es hohe Salzgehalte, anaerobes Milieu im Boden und Instabilität des Substrats, welche nur eine hoch spezialisierte Flora zulassen. Während solche Standorte in der nemoralen Zone mit thermisch begrenzter Vegetationszeit hauptsächlich von krautigen Arten besiedelt werden (Salzmarsch; s. Abschn. 5.4.1.3), sind sie in den Tropen waldfähig. Die Vegetation wird als Mangrove bezeichnet, ein Wort, das auf den hispanisierten Indio-Namen für die Arten der Gattung *Rhizophora* („*mangle*") und die englische Bezeichnung für Gehölz („*grove*") zurückzuführen ist (Vareschi 1980). Zusammenfassende Darstellungen zur Ökologie der Mangroven finden sich zum Beispiel in Chapman (1976), Tomlinson (1986), Lacerda (2002), Saenger (2002), Lieth et al. (2008), Alongi (2009) und Spalding et al. (2010).

2.2.2.1 Mangroven

Mangroven sind vorwiegend tropisch verbreitete Gezeitenökosysteme. Ihre Nord- bzw. Südgrenze erreichen sie dort, wo das Meerwasser des kältesten

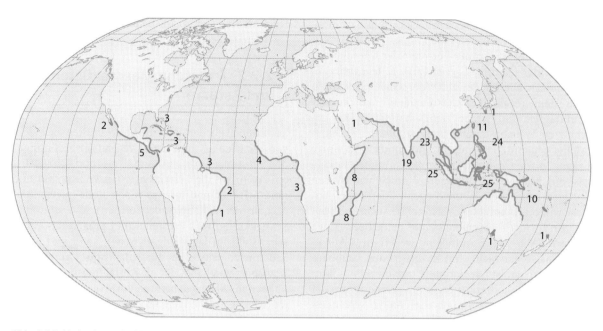

Abb. 2-25 Verbreitung der Mangrove mit Angabe der ungefähren Zahl der beteiligten Arten (Kormophyten; aus Vareschi 1980, verändert; reproduziert mit Genehmigung des Verlags E. Ulmer, Stuttgart).

Monats nicht unter 20 °C abkühlt. Somit fehlen Mangroven an Küsten mit kalten Meeresströmungen (wie in Südafrika im Bereich des Benguela- und in Südamerika im Bereich des Humboldtstroms); umgekehrt können sie unter dem Einfluss warmer Meeresströmungen (Ostküste von Südamerika, Asien und Afrika) einige Breitengrade über die Wendekreise polwärts vordringen (auf der Nordhemisphäre bis 32°, auf der Südhemisphäre bis 40°; Abb. 2-25). Ob und in welcher Weise der 20-Grad-Schwellenwert tatsächlich bestimmte Lebensfunktionen der Mangrovenbäume tangiert, ist unklar; ein Grund von mehreren für die thermisch eingeschränkte Verbreitung dürfte jedenfalls in der Frostempfindlichkeit der beteiligten Arten zu finden sein. Offensichtlich können Bäume zusätzlich zur ohnehin physiologisch aufwendigen Salz- und Hypoxie-Resistenz nicht auch noch Mechanismen zur Frostresistenz ausbilden. Frost begrenzt das Vorkommen von Bäumen im tropischen Watt polwärts sowohl durch Schädigung der Zellmembranen (Markley et al. 1982) als auch durch Embolien im Xylem, hervorgerufen durch Eisbildung (Stuart et al. 2006). Am wenigsten empfindlich sind *Avicennia marina* und *Kandelia candel*; ihre Verbreitung reicht deshalb am weitesten nach Norden bzw. nach Süden.

Zur Flora der Mangroven rechnet man alle diejenigen pflanzlichen Organismen, die im Gezeitenbereich tropischer Meere wachsen und mit Salzüber-

schuss und regelmäßiger Überflutung zurechtkommen. Nach Saenger (2002) sind das 84 Arten, die sich auf 39 Gattungen und 26 Familien verteilen. Darunter sind eine Palmenart, nämlich *Nypa fruticans* mit oberirdisch kriechenden Ausläufern, und drei Arten der Farngattung *Acrostichum*. Die übrigen 80 Arten sind Bäume und Sträucher; sie gehören Pflanzenfamilien an, die taxonomisch nicht miteinander verwandt sind. Die Fähigkeit, diesen extremen Lebensraum zu besiedeln, wurde also mehrmals in unterschiedlichen Verwandtschaftskreisen erworben. Somit haben die Mangrovearten innerhalb der jeweiligen Familie nur einen sehr geringen Anteil an der Gesamtartenzahl. Eine Ausnahme bildet die Familie der Rhizophoraceae (mit den Gattungen *Bruguiera*, *Ceriops*, *Kandelia* und *Rhizophora*), in der Mangrovebäume mit 17 von insgesamt 120 Arten vertreten sind. In Mangroven gedeihen außerdem zahlreiche Epiphyten und krautige Lianen, die auch außerhalb des Gezeitenbereichs wachsen und deshalb nicht zur Mangroveflora im engeren Sinn gezählt werden; verbreitete Arten sind in Tab. 2-9 zusammengestellt.

Von den 84 Mangrovearten kommen nur 15 in der Neotropis vor, davon sechs auch in Westafrika (wie *Laguncularia racemosa*); drei sind überall vorhanden (nämlich der Farn *Acrostichum aureum* sowie *Hibiscus tiliaceus* und *Thespesia populnea*, beides Malvaceen); die übrigen sind im indopazifischen Raum

Tab. 2-9 Einige häufigere Arten der Mangroven, ihre Verbreitung und ihr Vorkommen im Gezeitenbereich (nach Vareschi 1980, Saenger 2002 und Spalding et al. 2010, Artenzahl teilweise korrigiert nach Mabberley 2008)

Familie	Gattung (mit Artenzahl)	Art	Verbreitung[1]	Gezeitenbereich[2]
Acanthaceae	*Acanthus* (4)	*ebracteatus*	ip, au	m, o
	Avicennia (8)	*marina*	af-o, ip, au	u, m, o
		germinans	nt, af-w	m, o
		schaueriana	nt	m, o
Arecaceae	*Nypa* (1)	*fruticans*	ip, au[3]	u, m
Combretaceae	*Laguncularia* (1)	*racemosa*	nt, af-w	u, m, o
	Lumnitzera (2)	*racemosa*		
Lythraceae	*Sonneratia* (7)	*caseolaris*	ip	u, m
Malvaceae	*Hibiscus* (1)	*tiliaceus*	nt, af-w, af-o, np, au	O
	Heritiera (2)	*littoralis*	af-o, ip, au	O
Meliaceae	*Xylocarpus* (2)	*granatum*	af-o, ip, au	m, o
Myrsinaceae	*Aegiceras* (2)	*corniculatum*	ip, au	u, m
Pteridaceae	*Acrostichum* (3)	*aureum*	nt, af-w, af-o, ip, au	O
Rhizophoraceae	*Rhizophora* (6)	*mangle*	nt, af-w	u, m
		mucronata	af-o, ip, au	u, m
		racemosa	nt, af-w	u, m
	Bruguiera (6)	*gymnorhiza*	af-o, ip, au	m, o
	Ceriops (3)	*tagal*	af-o, ip, au	m, o
	Kandelia (2)	*candel*	ip	u, m
Tetrameristaceae	*Pelliciera* (1)	*rhizophorae*	nt	m, o

[1] nt = neotropisch, af-w = Westküste Afrikas, af-o = Ostküste Afrikas, ip = indopazifisch ohne Neuguinea, au = australisch einschließlich Neuguinea; [2] o = oberer, m = mittlerer, u = unterer Gezeitenbereich; [3] synanthrop auch in der Neotropis vorkommend.

und in Australien verbreitet, davon 18 auch an der Ostküste von Afrika. Die höchsten Artenzahlen werden im indopazifischen Raum erreicht (z. B. in Südostindien und auf Sri Lanka), die niedrigsten in Süd- und Mittelamerika (Abb. 2-25). Der Grund liegt vermutlich darin, dass die Mangroven im Gebiet der Tethys, also einer Art Ur-Mittelmeer zwischen Laurasia und Gondwana, entstanden sind und sich von dort nach Australien, Afrika und Amerika ausgebreitet haben (Lacerda et al. 2002). Das relativ späte Auftreten der Mangrove in Amerika, nämlich in der Zeit vom mittleren Eozän bis zum frühen Miozän, ist durch Fossilien von *Rhizophora*, *Hibiscus* und *Pelliciera* belegt (Graham 2011). Zu den ältesten Mangrovepflanzen gehört die Palmengattung *Nypa*, die heute auf Südostasien beschränkt ist, im Paläozän aber weit verbreitet war.

Die Lebensbedingungen der Mangrovenarten sind im Wesentlichen durch zwei Stressfaktoren geprägt, nämlich durch den hohen Salzgehalt und den Sauerstoffmangel im Wurzelraum. Hinzu kommen die spezifischen physikalischen Eigenschaften des wassergesättigten Substrats (Instabilität, Sedimentation und Erosion), die den Lebenszyklus der Pflanzen maßgeblich bestimmen (Ausbreitung der Propagulen = Fortpflanzungseinheiten, Samenkeimung, Etablierung der Jungpflanzen).

- **Salz:** Meerwasser enthält durchschnittlich 25 mg L^{-1} Kochsalz (483 mM Na$^+$ und 558 mM Cl$^-$) und hat ein osmotisches Potenzial von rund −2,5 MPa. In der Bodenlösung variieren die Werte entlang des Gradienten vom Meer landeinwärts; im Allgemeinen nehmen sie zu, und zwar bis zu −4 MPa. Die meisten Mangrovepflanzen sind deshalb Halophyten (Kasten 2-3). So begrenzen die Arten der Gattungen *Rhizophora*, *Ceriops*, *Sonneratia*, *Avicennia*, *Osbornia*, *Bruguiera*, *Excoecaria* und *Aegiceras* besonders effizient die Salzaufnahme durch die Wurzeln, und zwar in einer Größenordnung von 80–95 % (Saenger 2002). Der Xylemsaft ist deshalb immer um das Fünf- bis Zehnfache salzärmer als das Meerwasser (Lüttge 2008a). Im Pflanzenkörper wird überschüssiges, d. h. nicht

für die Osmoregulation benötigtes, Salz durch Entfernung aus dem Cytoplasma und Einlagerung in die Vakuole und in den Apoplasten (Gesamtheit der Zellzwischenräume) sowie in die Rinde (*Avicennia*, *Bruguiera*, *Sonneratia* u. a.) und in alte Blätter kurz vor ihrem Abwurf (*Bruguiera*, *Rhizophora*) physiologisch unschädlich gemacht oder es wird ausgeschieden (Salzdrüsen bei *Avicennia*, *Aegiceras*, *Aegialitis*, *Acanthus*, *Clerodendrum* und *Rhizophora*). Salzsukkulenz, also die Verdünnung der Salzkonzentration durch zusätzliche Wasseraufnahme, kommt bei *Avicennia*, *Laguncularia* und *Sonneratia* vor. Diese Prozesse führen dazu, dass die Salzkonzentration in der Zelle ziemlich genau derjenigen der Bodenlösung entspricht (Walter & Breckle 2004); dass dennoch das osmotische Potenzial in den Blättern stärker negativ ist als in der Bodenlösung (und zwar um 0,8–0,9 MPa), ist auf die Synthese von Osmolyten

---

Kasten 2-3

Halophyten und Glykophyten

Im Gegensatz zu tierischen Organismen gehören Na$^+$- und Cl$^-$-Ionen nicht zum mineralischen Bestandteil des pflanzlichen Gewebes. Für Pflanzen ist deshalb Salz in Form von NaCl (Kochsalz), aber auch von Na$_2$CO$_3$ (Soda) und Na$_2$SO$_4$ (Glaubersalz) in der Regel toxisch, es sei denn, die Pflanze hat im Lauf ihrer Evolution spezielle Resistenzmechanismen entwickelt (Popp 1995). Salz beeinflusst erstens das Ionengleichgewicht in der Zelle, die sog. Ionen-Homöostase, mit der Folge, dass Biomembranen zerstört werden und membrangebundene Metabolismen nicht mehr funktionieren (Ionenstress). Es verursacht zweitens Dehydratationsstress, wenn das osmotische Potenzial im Salzboden stärker negativ ist als dasjenige im Gewebe. Neben diesen direkten gibt es auch einige indirekte Effekte, wie beispielsweise die Einschränkung des Zellstreckungswachstums, das einen ausgewogenen Wasserhaushalt voraussetzt, und die Verminderung der Photosynthese bis hin zum Chlorophyllabbau (Schulze et al. 2002). In der Natur treten mit Salzen angereicherte Böden recht häufig auf: In den tropisch-subtropischen und nemoralen Trockengebieten gibt es Soda- und Kochsalzböden mit pH-Werten über 7, auf denen Salzpflanzen wachsen, ebenso an den Meeresküsten (Mangrove, Salzmarsch) und in der Umgebung von Salzquellen.

Pflanzen, die besonders effizient mit Salz im Boden umgehen können, nennt man **Halophyten**. Sie können die Salzkonzentration in ihrem Gewebe so kontrollieren, dass einerseits keine toxischen Effekte auftreten, andererseits das Gefälle des osmotischen Potenzials steil genug für die Wasser- und Nährstoffaufnahme ist. Obligate Halophyten werden durch einen geringen Salzgehalt des Bodens sogar gefördert, indem sie entweder bei gesteigerter Salzaufnahmen vitaler sind oder größere Salzmengen im Pflanzenkörper besser ertragen (Salztoleranz auf zellulärer Ebene; Larcher 2001) als Glykophyten (s. unten). Halophyten zeichnen sich dadurch aus, dass sie als *„excluders"* a) die Salzaufnahme durch die Wurzel sehr effizient minimieren können, und zwar mit einer Ausschlussrate von 80–95 % des Salzgehalts der Bodenlösung (Abschirmung); b) das für die Osmoregulation nicht benötigte (überschüssige) Salz über die Sprossoberfläche (Salzdrüsen, Blasenhaare, Entsalzung durch Blattabwurf) ausscheiden (Elimination); oder als *„includers"* c) die Salzkonzentration im Gewebe durch Einlagerung von Wasser verdünnen (Salzsukkulenz). Um zu gewährleisten, dass das osmotische Potenzial in der Zelle höher ist als das der Bodenlösung, synthetisieren Halophyten zusätzlich organische Osmolyten wie Zuckerderivate (Polyole), die gleichzeitig eine Schutzfunktion für die Integrität von Membranen gegenüber den aggressiven Na$^+$- und Cl$^-$-Ionen erfüllen (Schulze et al. 2002).

Der Übergang zwischen Halophyten und Glykophyten ist kontinuierlich. Prinzipiell können auch **Glykophyten** eine gewisse, wenn auch deutlich reduzierte, Salzverträglichkeit erreichen. Da sie weder über Abschirmungs- noch über Eliminations- und Verdünnungsmechanismen verfügen, können sie den nicht zur Osmoregulation benötigten Anteil des zwangsläufig aufgenommenen Salzes nur durch Einlagerung in die Rinde oder in Kompartimente der Zelle (Vakuole, Apoplast) physiologisch unschädlich machen.

zurückzuführen, das sind organische Syntheseprodukte des pflanzlichen Metabolismus wie Polyole (Zuckerderivate). Neben den Halophyten gibt es auch einige Glykophyten unter den Mangrovepflanzen, zu denen die Vertreter der Gattungen *Heritiera*, *Acanthus*, *Acrostichum* und *Hibiscus* zählen. Ihre Salztoleranz ist weitaus geringer; man findet sie innerhalb von Mangroven deshalb vor allem dort, wo Salz aus den Böden bei hohen Niederschlägen ausgewaschen werden kann, also auf durchlässigem Substrat und im hinteren Abschnitt der immerfeuchten Tropen.

- **Hypoxie:** Die Böden der Mangroven sind nicht nur während der Flut arm an Luftsauerstoff, wenn die Bodenporen wassergesättigt sind, sondern auch dann, wenn sich das Wasser wieder zurückgezogen hat. Die biologischen Abbauprozesse bei der Mineralisation des reichlich anfallenden organischen Bestandsabfalls sind sauerstoffzehrend, sodass auch während der Ebbe extremer Sauerstoffmangel (Hypoxie) herrscht. Die Mangrovenbäume haben deshalb ein oberflächennahes, weit

verzweigtes Wurzelwerk, von dem aus kurze Senker abzweigen, die der Nährstoff- und Wasserversorgung dienen. Die Versorgung mit Luftsauerstoff in dem überwiegend anaeroben Milieu wird durch spezielle artspezifische Einrichtungen des Wurzelsystems gewährleistet, welche dafür sorgen, dass zumindest während der Ebbe Luft in die Wurzeln transportiert werden kann (Abb. 2-26): Allen Mangrovenbäumen ist ein Luftgewebe (Aerenchym) in den Wurzeln gemeinsam, das über Lentizellen mit der Atmosphäre in Verbindung steht. Bei *Rhizophora*- und *Ceriops*-Arten übernehmen hoch am Stamm ansetzende Stelzwurzeln die Funktion der Luftversorgung; sie dienen den Bäumen vermutlich auch als Stütze auf dem instabilen Substrat und fördern die Sedimentation. *Pelliciera*, *Heritiera* und *Xylocarpus* bilden ähnlich wie viele Bäume des tropischen Tieflandregenwaldes Brettwurzeln aus. Bei den Arten der Gattung *Bruguiera* treten sog. Kniewurzeln auf, die, wie der Name ausdrücken will, knieförmig aus dem Schlamm emporragen. Sie entstehen durch

Abb. 2-26 Beispiele für Wurzelsysteme von Mangrovepflanzen. a = Stelzwurzeln von *Rhizophora mangle*; b = Kniewurzeln von *Bruguiera gymnorhiza* (beide Rhizophoraceae); c = Brettwurzeln von *Heritiera littoralis* (Malvaceae); d = Atemwurzeln von *Laguncularia racemosa* (Combretaceae).

abwechselnd negatives und positives geotropisches Wachstum. Die Atemwurzeln (Pneumatophoren) von *Avicennia* und *Sonneratia* ragen wie Röhren oft zu Tausenden über die Bodenoberfläche empor. Sie ermöglichen den Druckausgleich zwischen dem Aerenchym des unterirdischen Wurzelsystems und der Atmosphäre bei Ebbe; denn während der Flut wird durch den Sauerstoffverbrauch ein Unterdruck von rund 1,7 kP erzeugt (Allaway et al. 2001).

Ein Faktor, der vielleicht einer von mehreren Ursachen (neben Dunkelheit im Bestand und dem instabilen Substrat) für das Fehlen eines Unterwuchses in den Mangroven ist, sind phytotoxische Sulfide, die unter einem Redoxpotenzial von weniger als –50 mV (bei pH 7) aus dem mit dem Meerwasser eingetragenen Sulfat entstehen. Die Bäume, die mit ihren Kronen im vollen Licht stehen, sind in der Lage, durch Sauerstoffabgabe aus den Wurzeln Sulfide wieder zu oxidieren und damit unschädlich zu machen. Im Schatten dagegen ist dieser Prozess nicht oder nur eingeschränkt möglich.

- **Lebenszyklus:** Die meisten Mangrovearten fruchten von Juli bis Oktober (Nordhemisphäre) bzw. Januar bis April (Südhemisphäre). Viviparie ist weit verbreitet: Bei den Arten der Gattung *Rhizophora* wächst aus der befruchteten Eizelle ein rübenförmiges Hypokotyl, das nach dem Abbrechen von der Mutterpflanze nach unten fällt und im Schlick stecken bleibt (Abb. 2-27). Im Fall von *Avicennia, Laguncularia, Pelliciera* u. a. entwickelt sich der Embryo innerhalb der Frucht, wird aber

Abb. 2-27 Viviparie bei Mangrovebäumen: a = Blüten und vivipare Jungpflanzen an *Rhizophora stylosa*; b = Jungpflanzen von *Bruguiera gymnorhiza* (Daintree National Park, Australien).

nicht groß genug, um das Perikarp zu durchbrechen (Kryptovivparie). Erst wenn die Frucht abfällt, reißt das Perikarp und der Keimling wird frei. Die Sämlinge bilden nicht selten eine „Sämlingsbank": Sie können im Zwei- oder Vierblattstadium mehrere Jahre überleben, bis sie genug Licht erhalten, um sich zu adulten Pflanzen weiter zu entwickeln (Saenger 2002). Offensichtlich bietet Viviparie den Mangrovepflanzen den Vorteil, sich in einem (durch den Gezeitenwechsel) hochdynamischen System am Ort der Mutterpflanze zu etablieren (Elmqist & Cox 1996). Somit steht die Fernausbreitung zur Eroberung neuer Lebensräume wohl nicht an erster Stelle in der Hierarchie der Ausbreitungsstrategien, obwohl die Propagulen vieler Mangrovepflanzen schwimmfähig sind (Clarke et al. 2001).

Struktur und Artenzusammensetzung der Mangrovenwälder sind je nach ihrer Lage und der Oberflächengestalt des Besiedlungsraumes sehr unterschiedlich. Danach kann man Flussmündungs-, Riff- (auf toten Korallenriffen) und Küstenmangroven unterscheiden (Walter & Breckle 2004). In **Flussmündungsmangroven** wechseln Süß- und Salzwasserbedingungen zeitlich und räumlich erheblich. Dadurch ergibt sich ein kompliziertes Standortmosaik aus Lagunen, Sand- und Schlickbänken unterschiedlichen Salzgehalts und unterschiedlicher Überflutungshöhe während der Tide bzw. des Flusshochwassers. Die größten geschlossenen Flussmündungsmangroven liegen im Mündungsdelta des Amazonas und südöstlich davon zwischen der Ilha Maranhão und São Luis in Brasilien sowie im Gebiet der Gangesmündungen im Golf von Bengalen, Bang-

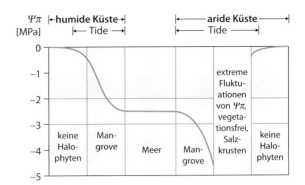

Abb. 2-28 Schema der räumlichen Variation des osmotischen Potenzials (ψ_π) der Bodenlösung (als Maß für die Salzkonzentration) in Mangroven der humiden und der ariden Tropen (nach Walter & Breckle 2004, verändert).

ladesh (Lacerda 2001). Die inselförmigen **Riffmangroven** wachsen auf toten Korallenriffen. In **Küstenmangroven** ist die Abfolge der Vegetation und ihrer Standorte von Überflutungshöhe und -frequenz und dem Gradienten des Salzgehalts im Boden geprägt: In den humiden Tropen nimmt die Salzkonzentration mit zunehmender Entfernung von der Küstenlinie und zurückgehendem Einfluss der Tide ab, weil das Salz mit dem Regen ausgewaschen wird. In den sommerfeuchten Tropen mit einer mehrmonatigen Trockenzeit und besonders unter dem semiariden Klima der tropisch-subtropischen Trockengebiete steigt dagegen die Salzkonzentration landeinwärts an. Im meerfernsten Abschnitt der Mangrove treten deshalb vegetationsfreie Salzwüsten auf (Abb. 2-28). Die Küstenmangroven lassen sich somit in mehrere Zonen gliedern, deren Artenzusammensetzung vom Ausmaß der Stresstoleranz der jeweiligen Mangroven-

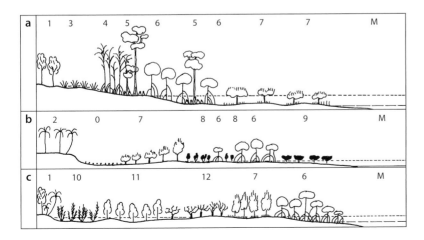

Abb. 2-29 Zonierung der Vegetation von Küstenmangroven (aus Vareschi 1980, etwas verändert). a = Kalimantan, humid; b = Ostafrika, sommerfeucht; c = Brasilien, humid; 0 = vegetationsfrei; 1 = Beginn der Inlandvegetation; 2 = Kokospalmenbestände, gepflanzt; 3 = Cyperaceen-Sumpf; 4 = *Pandanus*-Sumpf; 5 = *Bruguiera gymnorhiza*; 6 = *Rhizophora* div. sp.; 7 = *Avicennia* div. sp.; 8 = *Ceriops* div. sp. (Gebüsch); 9 = *Sonneratia* div. sp.; 10 = *Acrostichum aureum*; 11 = *Hibiscus tiliaceus*; 12 = *Laguncularia racemosa*; M = Meer. Die obere gestrichelte Linie markiert den Wasserstand bei Flut, die untere den bei Ebbe.

arten abhängt: ein meernaher Mangrovengürtel aus mehr oder minder buschförmig wachsenden Arten mit regelmäßig hoher Überflutung, zwei bis drei mittlere Mangrovengürtel aus 15–30 m hohen Wäldern und Gebüschen, die sich nach dem Ausmaß der Salzverträglichkeit unterscheiden, und ein meerferner Mangrovengürtel (Abb. 2-29). Letzterer wird meist nur mehr zweimal im Jahr, nämlich um die Tag- und Nachtgleiche, durch die sog. Äquinoktialtide überflutet.

Der meernahe Mangrovengürtel („*red mangrove*") besteht in der Neotropis und in Afrika aus *Rhizophora*-Arten, die bei jeder mittleren Tide überflutet

werden. In Südostasien wird *Rhizophora* durch *Avicennia*- und *Sonneratia*-Arten ersetzt. Diese meernahe Randzone der Mangroven ist eine effiziente Sedimentfalle. In nordostaustralischen Mangroven wurden pro Springtide durchschnittlich 64 kg Sediment ha^{-1} abgelagert (Adame et al. 2009). Denn das Stelzwurzelgeflecht von *Rhizophora* bzw. die dicht an dicht stehenden, aus dem Schlamm herausragenden Atemwurzeln (Pneumatophoren) von *Avicennia* und *Sonneratia* verlangsamen den Rückfluss des Meerwassers. So kann das bei Flut eingespülte Feinmaterial nicht mehr mitgerissen werden. Lediglich organisches Material wird aus den Mangroven in die

Abb. 2-30 Beispiele für Mangroven: a = Überblick über eine Flussmündungsmangrove bei Tanga, Tanzania (Photo F. Klötzli); b = Riffmangrove bei Tucacas, Venezuela; c = Flussmündungsmangrove mit *Rhizophora mangle* (Costa Rica); d = nördlichste Mangrove der Welt: *Kandelia candel* (Rhizophoraceae) auf der Insel Yakushima, Japan; e = *Acrostichum aureum* (Pteridaceae, Costa Rica).

küstennahen Gewässer ausgetragen: So dürfte etwa ein Viertel der Nettoprimärproduktion von rund $14\,t\,C\,ha^{-1}\,a^{-1}$ als partikelgebundener und gelöster Kohlenstoff exportiert werden und damit der Fischfauna zugutekommen (Bouillon et al. 2008). Etwa die Hälfte des Materials wird vermutlich von den in der Mangrove lebenden Invertebraten (Wirbellosen) verbraucht.

Landeinwärts, im mittleren Mangrovegürtel („*black mangrove*"), schließen sich mehr oder minder ausgedehnte, höherwüchsige Wälder an, die in stärker salzbelasteten und trockeneren Bereichen durch Gebüsche ersetzt werden. In Amerika dominieren dort oft nur einzelne Arten, während sich in der indopazifischen Region mehrere Taxa am Bestandsaufbau beteiligen. Häufig und zahlreich sind Kormo-

Epiphyten. Sie gehören denselben Gattungen an wie diejenigen in tropischen Tieflandregenwäldern. Unter den thallösen Epiphyten fallen besonders Rotalgen auf, die am Fuß der Stämme, auf den Pneumatophoren und den Brettwurzeln sitzen. Es sind Arten der Gattungen *Bostrychia*, *Caloglossa* und *Stictosiphonia*. Sie dürften zusammen mit den Mikrobenmatten zwischen 5 und 20 % zur Primärproduktion des Ökosystems beitragen (Karsten 1995). Die Fauna aus Krabben, Würmern, Schnecken und Muscheln (Makrobenthos) ist artenreich und bedeutsam für den Umsatz von organischem Material. Den Abbau des Bestandsabfalls in den Mangrovenwäldern übernehmen zuerst Quadratkrabben (Fam. Grabsidae) und Schnecken, indem sie die Laubstreu zerkleinern. Im Anschluss daran verarbeiten die

Abb. 2-30 (Fortsetzung) f = Sumpfwald aus *Pandanus conicus* (Pandanceae) am landeinwärts gelegenen Rand einer Mangrove im humiden Klima (Nordostaustralien); g = *Hibiscus tiliaceus* (Malvaceae); h = Krabbenverkäufer bei São Luis, Brasilien. Mangroven sind eine wichtiger Lebensraum für Krokodile (i).

endobenthisch, d. h. im Boden lebenden Würmer (Oligochaeten) den Rest (Lee 2008).

Im meerfernsten Mangrovengürtel („*white mangrove*") kommen im perhumiden Klima der immerfeuchten Tropen die weniger salztoleranten Glykophyten wie *Hibiscus tiliaceus* und *Acrostichum aureum* vor (wie im Fall einer Mangrovensequenz bei São Paulo, Abb. 2-29c). Stellenweise gibt es sogar Süßwassersümpfe aus *Pandanus*-Arten und Cyperaceen (Abb. 2-29a). Dagegen gedeihen in Gebieten mit einer winterlichen Trockenzeit, in denen der Salzgehalt (und damit auch das osmotische Potenzial) im Boden und in den Pflanzen landeinwärts ansteigt, Salzmarschen aus Grasartigen (ohne Bäume) oder es herrschen vegetationsfreie Salzwüsten (Abb. 2-29b). Einige Beispiele von Mangroven sind in Abb. 2-30 wiedergegeben.

Mangroven nehmen heute weltweit noch 137.760 km² ein, verteilt auf 118 Länder (Stand im Jahr 2000; Giri et al. 2010). Die größte Ausdehnung erreichen sie mit 42 % in Asien, gefolgt von Afrika (20 %), Nord- und Zentralamerika (15 %), dem indopazifischen Raum einschließlich Australien (12 %) und Südamerika (11 %). Noch 1980 dürfte die Fläche mehr als 200.000 km² betragen haben, woraus sich ein Flächenverlust von etwa 35 % zwischen 1980 und 2000 errechnet (Valiela et al. 2001). Der Grund für den Rückgang ist die land- und fischereiwirtschaftliche Nutzung: An erster Stelle stehen die Krabbenzucht und andere intensiv betriebene Fischkulturen, Reisanbau sowie Holzgewinnung für industrielle Zwecke. Andererseits liegt die Erhaltung der Mangroven im globalen Interesse: Sie dienen der Sediment- und Nährstoffretention im Übergangsbereich zwischen Land und Meer sowie dem Küstenschutz und ermöglichen eine reiche Fischfauna in küstennahen Gewässern. Dem Schutz der Restbestände kommt also große Bedeutung zu. Besondere Verantwortung haben dabei Länder mit großen Anteilen am globalen Mangrovenbestand wie Indonesien (22,6 %), gefolgt von Australien (7,1 %), Brasilien (7,0 %) und Mexiko (5,4 %).

2.2.2.2 Sandküsten

Unter den Küstenabschnitten, die oberhalb des Gezeitenwechsels liegen, sind die Sandküsten mit Strand und Dünen besonders häufig und in der Flächenausdehnung bedeutsam. Man findet sie in allen Klimazonen. Sie entstehen durch das Zusammenwirken von Wind und Meeresströmungen im Bereich von Flachmeerküsten, und zwar dort, wo keine Korallenriffe und vorgelagerte Inseln den Wellen-

schlag des Meeres brechen. Der Sand wird am Strand abgelagert, trocknet ab und wird vom Wind umso weiter verfrachtet, je größer die Windgeschwindigkeit ist. Beim Auftreffen auf ein Hindernis wird der Sand abgelagert; es entstehen am hinteren Ende des Strandes die ersten, nur wenige Dezimeter hohen Embryonal- oder Vordünen. Diese können zu Dünenwällen von mehreren Metern Höhe heranwachsen, die den Strand parallel begleiten (Primärdünen). Bei permanenter Sandnachlieferung aus dem Meer werden die Primärdünen immer höher, bis sie ihre Stabilität verlieren; Sand wird ausgeblasen und es bilden sich Sicheldünen, die landeinwärts wandern und deren konvexe Seite dem Wind zugewandt ist. So entstehen im Lauf der Zeit Dünenlandschaften mit einem Mosaik aus unterschiedlichen Standorten: Frisch abgelagerter Sand wechselt mit älteren Sandablagerungen ab, auf denen sich bereits Boden gebildet hat; dazwischen kommen Dünentälchen mit Grundwassereinfluss vor und es gibt Sand-Erosions- und -Akkumulationsflächen. Fast überall wird mit dem Wind Salz eingetragen. Sandküsten können viele Kilometer breit sein; so erstreckt sich z. B. die brasilianische „Restinga" im Gebiet des atlantischen Küstenregenwaldes bis 25 km landeinwärts (Lacerda et al. 1993).

Prinzipiell sind die Strategien der Pflanzenarten an Sandküsten weltweit ähnlich. Es geht um die Fähigkeit, das stellenweise salzige, bewegliche, nährstoffarme und (selbst in humiden Regionen) rasch austrocknende Substrat zu besiedeln. Pflanzen, die das können, nennt man **Psammophyten**. Die Grasartigen unter ihnen haben lange, kräftige Ausläufer; ihre Sprosse tragen sklerenchymreiche Blätter mit dicker Kutikula als Schutz gegen Sandschliff. Krautige und viele Kleinsträucher sind blattsukkulent (*salt includers*; s. Kasten 2-3). Einige wurzeln tief und können so das unter den Dünen liegende süße Grundwasserkissen erreichen. Alle Pflanzen im vorderen Dünenbereich sind fähig, Sandablagerungen zu durchwurzeln oder mit ihren Rhizomen zu fixieren, sodass Primärdünen oft gänzlich von den unterirdischen Pflanzenorganen durchzogen sind.

In den feuchten Tropen sind die höheren Dünenzüge von Gebüschen oder Wäldern besiedelt. In den Restingas der brasilianischen Ostküste sind Gebüsche aus Vertretern der Clusiaceae wie *Clusia hilariana*, *Calophyllum* u. a. verbreitet. Dazwischen wachsen Kakteen, Bromeliaceen (*Aechmea nudicaulis*) und Palmen (*Allagoptera arenaria*). Die *Clusia*-Arten stammen aus dem Küstenregenwald. Sie kommen dort als CAM-Epiphyten vor und sind ein Beispiel für Prä-Adaptation (Scarano 2002): Ihre Fähigkeit,

Abb. 2-31 Beispiele für Pflanzen tropischer Sandstrände:
a = *Ipomoea pes-caprae,* Convolvulaceae; b = *Casuarina
equisetifolia,* Casuarinaceae; c = *Calophyllum inophyllum*,
Clusiaceae; d = *Scaevola taccada*, Goodeniaceae;
e = *Coccoloba uvifera*, Polygonaceae, mit Kokospalmen
(*Cocos nucifera*).

Trocken- und Nährstoffmangelstress zu ertragen, ermöglicht ihnen den Standortwechsel von einer Baumkrone auf Sandstandorte der Restinga. In der Neotropis ist auch der breitkronige Baum *Coccoloba uvifera* weit verbreitet, der zur Familie Polygonaceae gehört und essbare Früchte hat (Abb. 2-31e). Strukturell ähnliche Gebüsche gibt es auch an den Sandküsten Afrikas und Ostasiens, wenngleich mit anderer Artenzusammensetzung (Richards 1996). In Westafrika gehören *Chrysobalanus icaco*, *Eugenia coronata* und die Palme *Phoenix reclinata* zu den bestandsbildenden Arten, in Ostafrika und in Südostasien ist *Barringtonia asiatica* weit verbreitet, ein immergrüner Baum oder Strauch mit schwimmfähigen Samen, vergesellschaftet mit *Calophyllum inophyllum*, *Scaevola taccada*, *Hibiscus tiliaceus* und *Thespesia populnea* (Abb. 2-31). Die beiden letztgenannten Arten kommen auch in schwach salzbelasteten Abschnitten der Mangroven vor. Im pazifischen Raum sowie in Australien tritt *Casuarina equisetifolia* dazu; die Pflanze bildet oft Dominanzbestände auf frischen Sandablagerungen und wird häufig in Dünengebieten als Sandfänger gepflanzt.

Im oberen (meerfernen) Teil tropischer Sandstrände und auf den Primärdünen wachsen Pflanzen, die lange Ausläufer bilden und den beweglichen Sand auf diese Weise festhalten. Unter ihnen ist vor allem die pantropische Convolvulacee *Ipomoea pes-caprae* mit ihren fleischigen Blättern und großen violetten Blüten häufig (Abb. 2-31a). Hinzu treten weitere blattsukkulente Kriechpflanzen wie *Alternanthera maritima*, *Canavalia* div. sp. und verschiedene C_4-Gräser (in Australien die Gattung *Spinifex*, sonst Vertreter der Gattungen *Sporobolus*, *Aristida* u. a.). Keine dieser einheimischen Pflanzen ist allerdings so gut zur Dünenbefestigung geeignet wie der europäische Strandhafer, *Ammophila arenaria*, der deshalb überall in den Tropen angepflanzt wird. Angepflanzt ist auch die Kokospalme, *Cocos nucifera*, die unser Bild von tropischen Stränden maßgeblich bestimmt. Sie stammt eigentlich aus Südostasien, kann auf salzhaltigen Böden wachsen und wird heute überall in Strandnähe kultiviert.

Unsere zusammenfassende Darstellung darf nicht darüber hinwegtäuschen, dass die Vegetation der Sandküsten in den Tropen außerordentlich vielfältig ist. Im Grunde hat fast jeder Küstenabschnitt eine eigene Vegetationsabfolge mit besonderen Artenkombinationen. Eine komplette Auflistung würde den Rahmen dieses Buches sprengen. Wir verweisen deshalb an dieser Stelle auf die drei Bände *Dry Coastal Ecosystems* aus der Reihe *Ecosystems of the World* (Van der Maarel 1993a, b. c).

2.2.3 Tropische Süßwasser-Feuchtgebiete

2.2.3.1 Einführung

Während die salzwasserbeeinflussten Feuchtgebiete – abgesehen von Salzpfannen (Salaren) in den Trockengebieten – im Einflussbereich des Meeres vorkommen, liegen die Süßwasser-Feuchtgebiete im Binnenland. Wir unterscheiden a) periodisch überflutete Auen entlang der Flüsse, b) überwiegend ganzjährig nasse Sümpfe auf mineralischen Böden, c) mehr oder minder bewaldete Moore mit Torfbildung und d) Gewässer mit ihren Verlandungszonen (Pfadenhauer 1990). Auen und Sümpfe treten bei permanenter Fremdwasserzufuhr nicht nur in den immerfeuchten, sondern auch in den sommerfeuchten Tropen auf. In Letzteren gibt es außerdem große Flächen, die nur während der Regenzeit unter Wasser stehen (Überflutungssavannen). Diese werden wir in Abschnitt 3.3 besprechen.

Die größten tropischen Süßwasserfeuchtgebiete sind nach Keddy (2000) und Fraser & Keddy (2005) in der Neotropis das Amazonasbecken (1.738.000 km², einschließlich Mangroven), das Pantanal (rund 140.000 km²) und das Orinoco-Delta (30.000 km²), in Afrika das Kongobecken (189.000 km²), die Sumpfgebiete am oberen Nil (Sudd, 92.000 km²) und das Chari-Logone-Gebiet um den Tschad-See (106.000 km²) sowie in Südostasien die Feuchtgebiete in Papua-Neuguinea (69.000 km²). Kleinere, aber besonders interessante Feuchtgebiete sind das Binnendelta am Okavango River in Botswana (28.000 km²) und die Waldmoore auf Sumatra und Kalimantan. Letztere bilden zwar kein geschlossenes Feuchtgebiet; zählt man aber alle Vorkommen zusammen, so kommt man auf eine Fläche von 234.000 km² (Indonesien und Malaysia; Page et al. 2011). Die globale Bedeutung tropischer Feuchtgebiete liegt nicht nur in ihrer spezialisierten Flora und Fauna, sondern auch in ihrer Rolle als globaler Kohlenstoffspeicher, jedenfalls dann, wenn sie Torf bilden, und in den Ressourcen, die sie dem Menschen zur Verfügung stellen (insbesondere Trinkwasser). So verschieden sie hinsichtlich ihrer Artenausstattung auch sind, so sehr ähneln sie sich in manchen ökologischen Eigenschaften.

- Alle tropischen Süßwasser-Feuchtgebiete sind durch ein Mosaik aus mehreren Lebensräumen geprägt: offene Stand- und Fließgewässer unterschiedlicher Größe und Trophie, Auwälder auf periodisch überfluteten Standorten (Fluvisole),

Sümpfe auf anorganischen Nassböden, Moore auf Torf mit permanent oberflächennah anstehendem Grundwasser. Hinzu treten verschiedene Ausbildungen von Überflutungssavannen sowie terrestrische Biotope mit Wäldern, je nachdem, ob wir uns in den immer- oder in den sommerfeuchten Tropen befinden.

- Gemeinsam sind den tropischen Süßwasser-Feuchtgebieten auch die Reaktionsmuster der beteiligten Arten bzw. der Vegetation auf Wasserüberschuss. So dominieren in den baumlosen Sümpfen weltweit Vertreter der Gattung *Cyperus*. *Cyperus papyrus* diente schon in vorchristlicher Zeit zur Papierherstellung („Papier" von griech. *papyros*) und prägt die afrikanischen Sumpfge-

biete; *Cyperus giganteus* ist in Südamerika weit verbreitet. Hinzu kommen tropische C_4-Gräser, beispielsweise die Gattungen *Leersia*, *Oryza* (mit *Oryza sativa*, dem Kulturreis) und *Panicum* sowie *Vossia cuspidata* in Afrika. Bei Bäumen zeigen sich Gemeinsamkeiten in ihrer Reaktion auf Nässe im Boden durch Bildung von Adventivwurzeln und Aerenchym, ähnlich wie wir dies bereits bei den Mangroven gesehen haben.

- Dass es trotz der räumlichen Distanz auch gemeinsame Gattungen und Arten gibt, erkennen wir beim Vergleich der Gewässer bezüglich ihrer Ausstattung mit Makrophyten (Abb. 2-32): Hier finden wir fast überall auf der Welt (und nicht nur in den Tropen) dem Europäer so vertraute Gat-

Abb. 2-32 Einige Beispiele tropisch-subtropischer Wasserpflanzen: a = *Pistia stratiotes*, Araceae; b = *Pontederia cordata*; c = *Heteranthera reniformis*, beide Pontederiaceae; d = Vertreter der Podostemaceae (in den Stromschnellen des Rio Orinoco bei Puerto Ayacucho, Venezuela; Foto F. Klötzli).

tungen bzw. Arten wie zum Beispiel *Typha*, *Phragmites australis*, *Cladium*, *Polygonum*, *Rumex* in der Helophytenzone am Gewässerrand, *Ceratophyllum demersum*, *Myriophyllum* und *Potamogeton* in der Zone der submersen (untergetaucht lebenden) Pflanzen. Typisch tropische (bis subtropische) Florenelemente sind unter den freischwimmenden Pflanzen die heute weltweit verschleppten Gattungen *Eichhornia* (*E. crassipes*, *E. azurea*; neotropisch), *Salvinia* (Farnpflanzen der Familie Salviniaceae, neotropisch) sowie *Pistia stratiotes* (eine pantropisch verbreitete Aracee). *Eichhornia crassipes* (Dickstielige Wasserhyazinthe) ist außerhalb ihres natürlichen Verbreitungsgebiets in Brasilien eine besonders aggressive invasive Art (Kasten 2-4). Weit verbreitet sind auch die Nymphaeaceae mit der Gattung *Nymphaea* (z. B. *N. azurea* in Afrika) und *Nelumbo* (Lotosblume) sowie die submersen Kosmopoliten *Utricularia* (Wasserschlauch) und die Armleuchteralgen *Chara* und *Nitella*. Eine Besonderheit sind die Vertreter der dikotylen Familie Podostemaceae (im Verwandtschaftskreis der Clusiaceae), die in rasch fließenden, sauerstoffreichen und elektrolytarmen tropischen Gewässern vorkommen und wie Moose aussehen (Abb. 2-32d). Die Pflanzen vermehren sich durch sehr kleine, stark quellende Samen, die im laminaren, nahezu strömungsfreien Grenzbereich an der Felsoberfläche festhaften.

- Schließlich sind viele tropische Feuchtgebiete (außer den Waldmooren) vom Wechsel zwischen einer aquatischen und einer terrestrischen Phase geprägt (*pulsing systems*; Junk 1997b). Die Dauer dieser Phasen, die Frequenz der Flutereignisse und die Amplitude des Wasserstands sind kennzeichnende Merkmale der jeweiligen Ökosysteme. So sind beispielsweise die Auen großer Flüsse im Amazonasbecken durch ein jährlich wiederkehrendes Hochwasserereignis mit einer Fluthöhe von bis zu 20 m charakterisiert, wobei die Überflutungsdauer mehr als ein halbes Jahr betragen kann (s. Abschn. 2.2.3.2). Manche Niederungen und die Auen kleiner Flüsse werden dagegen – in Abhängigkeit von den Niederschlägen – unregelmäßig und flach überschwemmt. Der Wechsel zwischen Überflutung und Austrocknung erfordert ein hohes Maß an Anpassung bei den betroffenen Organismen. Sie müssen in der Lage sein, beide Phasen zu überleben, z. B. dadurch, dass sie entweder während der aquatischen oder während der terrestrischen Phase in einen Ruhezustand übergehen.

2.2.3.2 Tropische Flussauen

Regelmäßig von Flusswasser überflutete Auwälder gibt es in den immerfeuchten und den sommerfeuchten Tropen weltweit. Sie treten als Galeriewälder auf, d. h. als flussbegleitende Waldstreifen unterschiedlicher Breite, und sind scharf gegen die landeinwärts gelegene baumfreie Vegetation abgegrenzt, die entweder aus Sümpfen (immerfeuchte Tropen) oder regelmäßig überfluteten Savannen besteht (sommerfeuchte Tropen). Die Artenzusammensetzung der Auwälder ist erwartungsgemäß sehr verschieden; am Beispiel der Flüsse des Amazonasbeckens werden wir diesen Sachverhalt im Folgenden näher ausführen.

Die periodisch überfluteten Waldgebiete und ausgedehnten Flussauen mit ihrer Hochwasserdynamik machen das **Amazonasbecken** neben seiner Bedeutung als größtes geschlossenes Regenwaldgebiet zu einem der wichtigen Feuchtgebiete der Erde (Junk 1997a, Junk & Piedade 2005, Junk et al. 2010). Schätzungsweise 20–25 % des Gebiets stehen regelmäßig unter Wasser. Der Rio Amazonas mit seinem Einzugsgebiet von rund 7 Mio. km^2 transportiert ein Sechstel der gesamten Süßwassermenge, die weltweit vom Festland in die Weltmeere fließt. Hydrochemisch unterscheiden sich seine Nebenflüsse beträchtlich voneinander, und zwar je nach Gestein und Boden ihres Einzugsgebiets (Furch & Junk 1997): Weißwasserflüsse, wie der Rio Solimões, kommen aus dem andinen Raum und aus Westamazonien mit jungtertiären Sedimenten, sind im Oberlauf gefällestark und bei pH-Werten um 7 mit mineralischen Schwebstoffen beladen. Schwarzwasserflüsse, wie der Rio Negro, entwässern die Sandsteingebiete des Guyana-Schildes mit tropischen Podzolen; sie sind wegen der gelösten Huminsäuren kaffeebraun gefärbt und haben pH-Werte zwischen < 4 und 5. Klarwasserflüsse, wie der Rio Tapajós (pH zwischen 5 und 7), entspringen den tropischen Tieflandregenwäldern der Terra Firme und stammen aus weitgehend ebenen Lagen mit ferralitischen Böden; sie sind so klar, dass man bis auf den Gewässergrund sehen kann.

Entsprechend unterschiedlich sind die Flussauen mit ihrer Vegetation. Diejenigen der Weißwasserflüsse (Várzea im lokalen Sprachgebrauch) können bis zu 100 km breit sein. Die Differenz zwischen Hochwasser (April bis August) und Niedrigwasser beträgt je nach Lage und Wasserführung zwischen 5 und 20 m. Die Überflutungsdauer variiert zwischen fünf und sieben Monaten. Die Várzea besteht im Querschnitt (Abb. 2-33) aus bewaldeten Sedimentationsrücken entlang des Flusslaufes und seiner Seitenarme; die dazwischen liegenden Senken sind je nach Wasserstand mit Seen, Sümpfen oder flutender Vegetation erfüllt. Am Rand der Flussauen gedeihen im Übergang zur Terra Firme Sumpfwälder, die von nährstoffarmem Wasser gespeist werden. Sie sind physiognomisch den Auwäldern der Klar- und Schwarzwasserflüsse ähnlich und werden deshalb ebenfalls wie diese als Igapó bezeichnet (s. unten).

Die offenen Wasserflächen sind von den oben bereits aufgeführten emersen Wasserpflanzen besie-

---

Kasten 2-4

Eichhornia crassipes

(Gopal 1987, Simpson & Sanderson 2002, Villamagna & Murphy 2010)

Die Gattung *Eichhornia*, 1842 von C.S. Kunth nach dem damaligen preußischen Minister für Erziehung, Kultur und Medizin, J.A.F. Eichhorn, benannt, gehört zur Monokotyledonen-Familie der Pontederiaceae mit überwiegend pantropisch-subtropischer Verbreitung (Heywood et al. 2007). Sie umfasst sieben in der Neotropis endemische Arten. Die Wasserhyazinthe *Eichhornia crassipes* (Mart.) Solms ist ein ausdauernder emerser Pleustophyt, der mithilfe seiner blasig aufgetriebenen, luftgefüllten Blattstiele auf der Wasseroberfläche tropisch-subtropischer Standgewässer schwimmt. Die zygomorphen Blüten werden von Insekten bestäubt. Nach der Blüte krümmen sich die Fruchtstände nach unten, sodass die Früchte unter der Wasseroberfläche reifen (Hydrokarpie). Die zahlreichen Samen werden von Wasservögeln ausgebreitet. Viel effizienter ist allerdings die vegetative Ausbreitung. Die Pflanze kann sich mit unglaublicher Geschwindigkeit über abgetrennte Blattrosetten vermehren. Unter günstigen Bedingungen nimmt die Ausdehnung eines *Eichhornia*-Bestands monatlich um 60 cm zu; aus einem Individuum entstehen innerhalb von wenigen Monaten viele Hundert Pflanzen.

E. crassipes ist in den Tropen und Subtropen Südamerikas zu Hause. Erstmalig wurde die Wasserhyazinthe im zweiten Viertel des 19. Jahrhunderts als attraktive Zierpflanze nach Europa gebracht, wo sie sich aber lediglich im Norden Portugals naturalisierte. Ende des 19. Jahrhunderts kam sie nach Nordamerika, Afrika, Indien und Australien. Von dort aus besiedelte (und besiedelt) sie innerhalb weniger Jahrzehnte Seen, langsam fließende Gewässer, Teiche und Kanäle in den Tropen und Subtropen aller Kontinente, und zwar besonders dort, wo der Wasserkörper durch angrenzende agrarische Nutzflächen und durch Abwasser nährstoffreich ist. Unter diesen Umständen kann sie ausgedehnte, dicht geschlossene Matten bilden. Der Erfolg als invasive Art besteht erstens in ihrer Fähigkeit, einheimische Wasserpflanzen und das Phytoplankton durch ihre rasche vegetative Vermehrung zu verdrängen, und zweitens im Fehlen von *Eichhornia*-spezifischen Herbivoren, die in den neu besiedelten Gebieten fehlen. In Massen auftretende Wasserhyazinthen reduzieren den Sauerstoffgehalt im Wasserkörper, verändern die Fischfauna, beeinträchtigen die Zugänglichkeit von Gewässerufern und verstopfen Bewässerungskanäle und Stauseen.

Es fehlte und fehlt deshalb nicht an Maßnahmen, die Wasserhyazinthe außerhalb ihres natürlichen Verbreitungsgebiets zu bekämpfen. Da eine komplette Ausrottung nicht möglich ist und chemische Verfahren (z. B. mithilfe von Glyphosat, dem Totalherbizid Roundup) aus Gründen des Umweltschutzes ausgeschlossen sein sollten, ist man entweder auf die mechanische Bekämpfung durch Abfischen des Materials (und nachfolgende Kompostierung) und auf biologische Kontrolle mithilfe verschiedener Insektenarten (wie dem in der Neotropis vorkommenden Rüsselkäfer *Neochetina eichhorniae*) oder pflanzlicher Pathogene angewiesen. Am nachhaltigsten wäre es zweifellos, wenn es gelänge, die Nährstoffeinträge in die von *Eichhornia* besiedelten Gewässer zu minimieren.

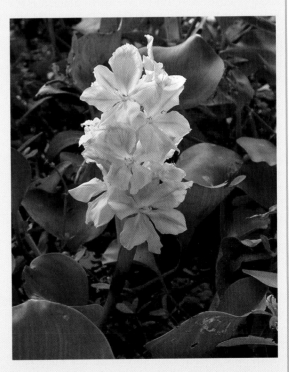

Abb. 1 *Eichhornia crassipes* (Pontederiaceae). Foto: W. Lämmler.

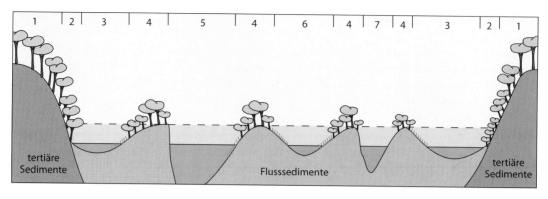

Abb. 2-33 Querschnitt durch eine Flussaue (Várzea) am unteren Amazonas (nicht maßstabgerecht). Aus Sioli (1975), verändert. 1 = Tieflandregenwald der Terra Firme, 2 = Igapó, 3 = Várzea-See mit Grasland, 4 = Galeriewald, 5 = Flusslauf (Hauptarm) mit randlich flutender Vegetation, 6 = zentrale Senke mit Grasland und Restsee, 7 = Flusslauf (Nebenarm). Durchgezogene Linie = Niedrigwasserstand, gestrichelte Linie = Hochwasserstand.

delt, darunter auch von *Victoria amazonica* mit ihren kreisrunden Blättern, die bis zu 2 m Durchmesser erreichen. Häufig sind schwimmende Wiesen aus den C_4-Gräsern *Paspalum repens*, *Echinochloa polystachya* und – bei geringer Wasserspiegelschwankung – aus *Leersia hexandra*; sie können 1 m dick werden und sogar Bäume tragen. Ihre jährliche Nettoproduktion liegt zwischen 60 und 80 t Trockenmasse pro Hektar (Piedade et al. 1991). Die Auenwälder, die den Flusslauf galerieartig begleiten („Galeriewälder"), sind zwischen 15 und 30 m hoch. Sie bestehen aus immergrünen und saisonalen Bäumen. Zu den saisonalen gehört die emergente Baumart *Ceiba pentandra*. Viele Bäume haben Brett- oder Stützwurzeln. Atemwurzeln fehlen vermutlich deshalb, weil die Überflutung zu lange dauert und das Wasser im Wald sehr hoch steht. Einige der Bäume verlieren ihr Laub für rund zwei Monate während des Hochwassers und sind in dieser Zeit dormant; sie minimieren dann alle sauerstoffverbrauchenden Metabolismen. Da während dieser Ruhezeit das Dickenwachstum der Bäume reduziert wird, haben ihre Stämme Jahresringe (De Simone et al. 2002); das ist für die gleichmäßig warmen und feuchten Tropen eine Besonderheit.

Ganz anders strukturiert sind die Auen der Schwarz- und Klarwasserflüsse (Igapó). Flutende Wiesen und andere eutraphente, d. h. in hohem Maß nährtoffbedürftige Vegetationstypen fehlen. Stattdessen dominieren Wälder und Gebüsche mit vorwiegend immergrünen, teils sklerophyllen Blättern. Die Wälder sind je nach Lage im Bereich der Auen zwischen fünf und neun Monate im Jahr bis zu einer Höhe von 10 m überflutet; da die Flüsse kaum Sediment führen, bestehen die Auenböden vorwiegend

aus umgelagertem, nährstoffarmem Sand. Verbreitete Bäume sind in der flussnahen Aue *Eugenia inundata* (Myrtaceae, oft auch strauchförmig wachsend) und der Strauch *Symmeria paniculata* (Polygonaceae). Die höhere (flussferne) Aue ist artenreicher, wenn auch, ebenso wie die Auwälder in der Várzea, viel artenärmer als die benachbarten Tieflandregenwälder der Terra Firme. Dort sind nach Keel & Prance (1979) und Worbes (1986) *Campsiandra comosa* (Caesalpiniaceae), verschiedene *Cecropia*-Arten und *Hevea brasiliensis* (Euphorbiaceae) häufig. Der Milchsaft der zuletzt genannten Pflanze wird zur Kautschukherstellung verwendet, was der Stadt Manaus am Zusammenfluss von Rio Negro und Rio Solimões bereits im 19. Jahrhundert einen großen wirtschaftlichen Aufschwung beschert hat.

Die jährliche, außerordentlich hohe und mehr als ein halbes Jahr andauernde Überflutung der Auwälder erfordert besonders bei Bäumen und ihren Jungpflanzen spezifische Strategien für die Nährstoffaufnahme, Sauerstoffversorgung und Reproduktion (Parolin et al. 2004). Bei Hochwasser stehen die Stämme der Bäume bis zu mehreren Metern unter Wasser; Sträucher und Jungpflanzen sind gänzlich untergetaucht. In der Várzea der Weißwasserflüsse reduzieren zusätzlich Sedimentation und Zersetzung organischer Substanz die Sauerstoffkonzentration im Oberboden. Die Immergrünen mit ihren meist skleromorphen Blättern reagieren auf die Sauerstoffarmut im Boden während der Hochwasserzeit mit den in saisonalen Überflutungsgebieten üblichen Mechanismen. So bilden sie beispielsweise Adventivwurzeln und lysigenes, d. h. durch Auflösung von Zellwänden entstandenes Aerenchym (bei Pioniergehölzen wie *Salix martiana*), lagern Kork in die Zellwände der Wurzelexodermis ein (als Barriere gegen Sauerstoffdiffusion aus dem Wurzelinnern in die Rhizosphäre) und schalten auf anaerobe Atmung um (Parolin et al. 2004). Die Blätter einiger Gehölze können sogar mehrere Monate unter Wasser überleben (Waldhoff & Furch 2002). Die Pflanzen fruchten während des Höchststands der Überflutung; die Samen sind schwimmfähig (nautochor), bleiben aber auch unter Wasser keimfähig und keimen sofort, nachdem das Wasser abgelaufen ist (Kubitzki & Ziburski 1994). Die Gehölze am Flussrand wie *Salix martiana* und *Eugenia inundata* sind besonders regenerationsfreudig (Worbes 1997) und verhalten sich wie die Weiden in der europäischen Weichholzaue. Wie in anderen störungsgeprägten Lebensräumen (etwa in Savannen; s. Abschn. 3.1.2) ist die Unregelmäßigkeit der Störung (hier der Überflutung) von entscheidendem Einfluss auf die Artenzusammensetzung: So kann *Eugenia inundata* nur keimen, wenn der Wasserstand ausnahmsweise so niedrig ist, dass flussnahe Sandbänke trockenfallen (Junk 1997b). Auch wenn ein solches Ereignis nur alle paar Jahrzehnte auftritt, reicht es für die Persistenz dieser Art aus.

Ökologisch ähnlich, wenn auch verschieden in der Artenzusammensetzung, sind die Auen entlang des Kongo und seiner Nebenflüsse in Afrika. Den Auwäldern der Várzea entsprechen hier Bestände aus *Oubanguia africana* (Lecythidaceae) und *Guibourtia demeusei* (Caesalpiniaceae); entlang von Schwarzwasserflüssen kommen niedrige Wälder mit *Entandrophragma palustre* (Meliaceae) vor, die zu Moorwäldern auf Histosolen in permanent nassen Senken unter nährstoffarmen Bedingungen überleiten (Evrard 1968). Unmittelbar an den Flussufern sind Gebüsche aus *Alchornea cordifolia* (Euphorbiaceae) häufig. In Neuguinea gibt es Sumpfwälder (ohne Torfbildung) im Bereich von Várzea-ähnlichen Flussauen mit der Sagopalme *Metroxylon sagu* (Paijmans 1976).

2.2.3.3 Tropische Sümpfe

Bei permanenter Wasserzufuhr gedeihen in den Tropen ausgedehnte, weitgehend baumfreie Sümpfe, die von hochwüchsigen C_4-Gräsern und Cyperaceen der Gattungen *Cyperus* und *Scirpus* gebildet werden. Es handelt sich meist um monospezifische Dominanzbestände, die floristisch artenarm sind, aber eine reiche und oft stark spezialisierte Fauna aufweisen. Die Pflanzenbestände kommen je nach Wassertiefe flutend vor oder wurzeln im Boden; im letzten Fall überwiegen mineralische Nassböden (Gleysole); His-

tosole sind selten. Die Wuchshöhe der Pflanzen kann mehrere Meter betragen; ihre C-Sequestrierung ist mit 20–40 t ha^{-1} a^{-1} hoch (s. unten), sodass die Vegetation als effiziente C-Senke gilt, solange die Standorte nicht trockengelegt werden.

Beispiele sind die flutenden Bestände aus *Echinochloa polystachya* im Amazonasgebiet (in Abschn. 2.2.3.2 bereits besprochen) und aus *Echinochloa sativa* in Neuguinea. In der Neotropis sind Röhrichte aus *Cyperus giganteus* weit verbreitet; sie entsprechen ökologisch den *Cyperus papyrus*-Beständen in Afrika (Abb. 2-34). Papyrussümpfe dürften auf diesem Kontinent rund 40.000 km^2 Fläche einnehmen (Thompson & Hamilton 1983). Sie kommen in Kenya (Jones & Humphries 2002) und im Okavango-Delta ebenso vor wie im oberen Nilgebiet (Uganda, Südsudan; Rzóska 1974) und in Westafrika. *Cyperus papyrus* ist eine ausdauernde C_4-Pflanze mit kräftigen, luftgefüllten Rhizomen. Sie wird mehrere Meter hoch und bildet ausgedehnte flutende Bestände, oft vergesellschaftet mit *Vossia cuspidata*, einem Gras, das lange, schwimmende Ausläufer bildet. Die Phytomasse der Papyrusbestände beträgt nach einer Untersuchung in Kenya über 80 t Trockengewicht pro Hektar; die jährliche Nettoprimärproduktion liegt bei 63 t ha^{-1}, wobei rund 60 % auf die Rhizome und Wurzeln entfallen (Jones & Muthuri 1997, Jones & Humphries 2002). Das entspricht einer C-Sequestrierung von 25 t ha^{-1} a^{-1}, also etwas weniger als die *Echinochloa polystachya*-Bestände im Amazonasbecken (mit 40 t C ha^{-1} a^{-1}; Piedade et al. 1991). In den Niederungen des ostafrikanischen Grabens gibt es *Miscanthus violaceus*-Grasmoore mit Farnen und *Sphagnum*-Arten auf Histosolen (Lind & Morrison 1974).

In den großen Feuchtgebieten der Erde sind diese Sümpfe häufig mosaikartig mit Lebensräumen verzahnt, die unterschiedlich oft und lang überflutet werden. Als Beispiele führen wir das Pantanal in Brasilien und das Okavango-Delta in Botswana an.

Das **Pantanal** ist ein mit pleisto- und holozänen Sedimenten gefüllter Teil der sog. Alto-Paraguay-Depression, einer tektonischen Senke zwischen den Anden im Westen und dem Zentralbrasilianischen Schild im Osten. Es bedeckt eine Fläche von 147.574 km^2, von denen etwa 80 % in Brasilien liegen (Alho 2008). Klimatisch gehört es zu den sommerfeuchten Tropen (Aw-Klima nach Köppen-Trewartha), hat also eine sommerliche Regenzeit (November bis Mai) und eine winterliche Trockenzeit. Es ist gefällearm, liegt zwischen 80 und 100 m über dem Meer, entwässert über den Rio Paraguay in den Rio Paraná und dann in den Atlantischen Ozean (Rio-de-la-Plata-Mündung) und wird regelmäßig während

Abb. 2-34 Tropische Cyperaceen-Sümpfe: a, b = *Cyperus papyrus*-Bestand im *panhandle* des Okavango-Deltas, Botswana; c = *Cyperus giganteus* auf schwimmender Insel aus *Paspalum modestum* im Mündungsgebiet des Rio Paraguay in den Rio Paraná bei Corrientes, Argentinien.

oder (im südlichen Teil) kurz nach der Regenzeit partiell überflutet. Schätzungsweise 90 % des Überflutungswassers verdunsten, sodass nur 10 % den Vorfluter Rio Paraguay erreichen (Junk & Nunes da Cunha 2005). Das Pantanal ist also ein hervorragendes Beispiel für einen überregional wirksamen Retentionsraum für Wasser. Reliefbedingt schafft diese Überflutung unterschiedlich feuchte Standorte (Zeilhofer & Schessl 1999, Pott & Pott 2004): So gibt es Flächen, die permanent nass sind und ausgedehnte *Cyperus giganteus*-Bestände tragen. Serien von pleistozänen Dünen sind von regengrünen Wäldern bedeckt. Baumfreies Savannengrasland und Palmsavannen mit *Copernicia alba* (zur Terminologie der Savannen s. Kap. 3) kommen in tonreichen Ebenen mit einem Wechsel zwischen flacher Überflutung und Austrocknung vor. Permanente Gewässer tragen tropische Wasserpflanzengemeinschaften mit Arten wie *Eichhornia azurea*, *Pistia stratiotes*, *Salvinia auriculata*, *Ludwigia sedoides*, *Hydrocleys nymphoides* (Wassermohn; Limnocharitaceae) u. v. a. Immergrüne (vorwiegend aus *Vochysia divergens*, einem Vertreter der neotropischen Vochysiaceae) und – etwas trockener – regengrüne Galeriewälder kommen entlang der Fließgewässer vor. Nach Alho (2008) gibt es 1.863 Blütenpflanzen (Phanerogamen), 263 Fisch-, 41 Am-

phibien-, 113 Reptilien-, 463 Vogel- und 132 Säugetierarten. Darunter sind hochgradig gefährdete Tiere wie *Panthera onca* (Jaguar) und *Anodorhynchus hyacinthinus* (Hyazinth-Ara).

Das Pantanal ist allein schon wegen seiner Größe eines der global bedeutsamsten Feuchtgebiete der Erde (Zedler & Kercher 2005). Seine Gefährdung besteht weniger in der extensiven Beweidung mit Rindern, wie sie derzeit von privaten Landeigentümern betrieben wird, als in einer zunehmenden Sedimentzufuhr aus der Umgebung, die durch agroindustrielle Übernutzung instabiler Sandböden hervorgerufen wird (Pott & Pott 2004). Neben den – auch in anderen Feuchtgebieten herrschenden – Trends zur Nutzung von Wasserkraft durch den Bau von Stauseen und zur Intensivierung der land- und forstwirtschaftlichen Produktion verändert dieser Prozess Relief und Wasserregime so stark, dass Galeriewälder absterben und periodisch trockene Graslander dauerhaft vernässen. Schutzgebiets- und Managementpläne müssten also nicht nur die hohe Dynamik des Gebiets berücksichtigen, sondern auch Strategien enthalten, um die von außen kommenden negativen Einflüsse zu minimieren (Lourival et al. 2011).

Das **Okavango-Delta** ist im weltweiten Vergleich zwar eher ein kleines Feuchtgebiet, hat aber anderer-

Abb. 2-35 Vegetationsmosaik aus periodisch überflutetem Grasland, Galeriewäldern, permanenten Gewässern und Wäldchen auf Termitenbauten im Okavango-Delta, Botswana.

seits einen hohen Bekanntheitsgrad im afrikanischen Tourismus und bezieht eine gewisse Alleinstellung aus seiner Lage zwischen dem sommerfeuchten Einzugsgebiet des Okavango-Flusses in Angola (mit jährlichen Niederschlägen von 1.200 mm) und den Zwergstrauch-Halbwüsten und Salzpfannen der Kalahari im Süden von Botswana (200 mm). Das Gebiet ist durch das in der Stadt Maun (Botswana) ansässige Harry Oppenheimer Okavango Research Center gut untersucht; wir richten uns im Folgenden weitgehend nach einem zusammenfassenden Übersichtsartikel von Ramberg et al. (2006).

Die Niederschläge, die in Angola zwischen November und März fallen, kommen als Flutwelle im März und April im oberen Okavango-Delta (dem *panhandle*) an; auf seinem Weg durch das untere Delta verdunstet das Wasser weitgehend, sodass im Durchschnitt der Jahre nur 1,6 % der im „Pfannenstiel" ankommenden Wassermenge ($9{,}2 \times 10^9$ m³) das Delta über den Thamalakane River bei Maun verlassen. Die Überflutungsdauer variiert, ähnlich wie im Pantanal, von Jahr zu Jahr beträchtlich; in manchen Jahren steht die Hälfte des Deltas, nämlich knapp 14.000 km², ganzjährig unter Wasser. Diese Fläche setzt sich aus 3.300 km² permanent, 3.300 km² saisonal und 7.100 km² gelegentlich (alle acht bis zehn Jahre) überfluteten Gebieten zusammen. Die andere Hälfte besteht aus Inseln oder Halbinseln.

Die Vegetation ist ähnlich wie im Pantanal ein Mosaik aus Pflanzengemeinschaften auf unterschiedlich feuchten und verschieden oft überschwemmten Standorten (Abb. 2-35). In den tiefsten Lagen (flussbegleitend, besonders großflächig im *panhandle*) kommen *Cyperus papyrus*-Sümpfe vor, vergesell-

schaftet mit dem Gras *Vossia cuspidata*. Häufig, aber nicht permanent überflutete Flächen tragen ein Grasland aus *Schoenoplectus corymbosus* und *Cyperus articulatus*. Selten überschwemmte Gebiete werden von einer Savanne mit dem C_4-Gras *Urochloa mosambicensis* eingenommen. Häufige Gehölze sind hier *Acacia erioloba* (Kameldorn) und *Colophospermum mopane*. Auf Inseln im Überflutungsgebiet kommen Palmenhaine aus *Hyphaene petersiana* vor. Soweit bisher bekannt, beträgt die Artenzahl der Blütenpflanzen 1.300, der Säugetiere 122, der Vögel 444, der Reptilien 64, der Amphibien 33, der Libellen 94 und der Fische 71. Die Vielzahl an großen Säugetieren, die lokal in hoher Individuendichte vorkommen (wie die Afrikanischen Elefanten), sind eine Attraktion für den Tourismus. Ähnlich wie im Fall des Pantanal stammen auch hier die größten potenziellen Gefahren von außerhalb (Eingriffe in den Wasserhaushalt durch Entnahme für Bewässerungsprojekte in Namibia oder der Bau von Flusskraftwerken).

2.2.3.4 Tropische Waldmoore

In der Nähe der Küsten der immerfeuchten Tropen, oft im Anschluss an Mangroven, aber auch in abflussschwachen Senken der großen Niederungsgebiete, gibt es Waldmoore, die nicht selten analog den europäischen Hochmooren aufgewölbt sind und somit einen eigenen, vom Regen gespeisten Moorwasserspiegel haben. Die Ursache für die Entstehung solcher Moore sind Nässe und Nährstoffarmut der Böden und des Bestandsabfalls. Beide Faktoren verhindern selbst unter den thermisch günstigen Bedingungen der Tropen einen raschen Abbau der organischen Substanz. Für das Amazonasbecken haben wir schon gezeigt, dass auf den armen Sanden des Guyana-Schildes Rohhumus- und damit auch Torfbildung möglich ist. In der Tat gibt es im Tiefland von Peru ausgedehnte minero- und ombrotrophe Waldmoore (zu den Begriffen s. Abschn. 6.4.2), Letztere aufgewölbt und mit pH-Werten unter 4 (Lähteenoja et al. 2009). Ihre Vegetation ist den Heidewäldern des Rio-Negro-Orinoco-Gebiets ähnlich, d. h. niedrigwüchsig, sklerophyll und vergleichsweise artenarm; typisch sind Vertreter der Melastomataceae (wie *Clidemia epibaterium*), Farnpflanzen wie *Selaginella producta* und *Trichomanes martiusii* und andere Heidewaldarten. Palmen-Moorwälder aus *Raphia taedi-*

gera, der einzigen *Raphia*-Art in der Neotropis (sonst nur in Afrika und Asien), gibt es in Mittelamerika (z. B. in Nicaragua; Urquhart 1999). *Raphia* bildet mit 25 m die längsten Blätter unter den Arecaceae (Abb. 2-36a). Eine beachtliche Fläche nehmen die *Pterocarpus officinalis*-Moorwälder in der Karibik und im Norden Südamerikas ein, wie beispielsweise im Orinoco-Delta (Abb. 2-36c) und auf Guadeloupe (Hueck 1966, Imbert et al. 2000). *Pterocarpus* (Fabaceae) ist eine pantropische Gattung; die Art *P. officinalis* („Drachenblutbaum") enthält ein adstringierend wirkendes rotes Harz (Blaschek et al. 2006). Im Süden der USA (Everglades, Mississippi-Delta; eigentlich schon subtropisch) gibt es ausgedehnte Moore, die

Abb. 2-36 a = *Raphia taetigera*-Bestand im Nationalpark Tortugero, Costa Rica; b = palmenreicher Feuchtwald auf Gleysol mit *Attalea butyracea* (Arecaceae) bei Caparo, Venezuela; c = Moorwald aus *Pterocarpus officinalis* (Fabaceae) mit Brettwurzeln; die zweite typische Art für neotropische Moorwälder ist *Pentaclethra macroloba* (Mimosaceae); d = Moorwald auf Kalimantan (Brunei) aus *Shorea albida* (Dipterocarpaceae) und *Pandanus andersonii* (Foto H. Joosten).

von Sumpfzypressen (*Taxodium*) bewachsen sind (*T. distichum* var. *imbricatum* im Okefinokee Swamp im Bundesstaat Georgia, *T. distichum* im Big Cypress Swamp westlich der Everglades in Florida mit einer Fläche von 3.120 km²; Hofstetter 1983).

Waldmoore sind auch in Zentral- und Westafrika verbreitet (Knapp 1973, Lind & Morrison 1974). So gibt es *Phoenix reclinata*-Palmwälder auf 50 cm dickem, breiartigem Torf im Kongobecken sowie Myrtaceen-Moorwälder mit *Syzygium cordatum* und *Erica rugegensis* auf stellenweise mehrere Meter mächtigen Torfschichten in Uganda und Ruanda (Kamiranzowu- und Akagera-Sümpfe). In Madaskar existieren küstennahe Moorwälder mit *Ravenala madagascariensis* (Strelitziaceae), einer bis zu 15 m hohen Staude mit (wie bereits beschrieben; s. Abschn. 2.1.8) fächerförmig angeordneten Blättern (Koechlin et al. 1974).

Die bekanntesten und am besten untersuchten Moorwälder finden wir in Indonesien (Sumatra, Kalimantan, West-Neuguinea), Malaysia (Halbinsel Malakka) und in Papua-Neuguinea (Anderson 1963, Whitmore 1975, Brünig 1990, Yule 2010). Vor der Zerstörung durch Entwässerung und landwirtschaftliche Nutzung betrug ihre Fläche etwa 270.000 km²; das sind 62 % aller tropischen Moore. Sie entstanden vor etwa 4.300 Jahren aus der Verlandung von Lagunen hinter dem Mangrovengürtel mit einem durchschnittlichen jährlichen Torfzuwachs von 2,5 mm. Die im Zentrum aufgewölbten ombrotrophen Moore können einen Durchmesser von 50 km erreichen. Der Torfkörper ist bis zu 20 m mächtig und mit pH-Werten zwischen 2,9 und 4 stark sauer. Er besteht aus Holzresten, die in eine breiartige, amorphe Matrix aus organischer Substanz eingebettet sind. Die Vegetation ist gürtelförmig angeordnet (Sarawak, Kalimantan; Anderson 1963): Sie besteht am minerotrophen Rand der Moore, im Einflussbereich der Flüsse, aus bis zu 45 m hohen Mischwäldern mit *Gonystylus bancanus* (einer Thymelaeacee; gefährdet; IUCN 2010), *Pseudosindora palustris* (Caesalpiniaceae), *Dactylocladus stenostachys* (Melastomataceae) u. v. a. Gegen das Moorzentrum zu folgt eine Zone mit *Shorea albida*-Reinbeständen, die bis zu 60 m hoch werden können (Abb. 2-36d). Die Hochmoorweite („*bog plain*") ist von niedrigen, skleromorphen Gehölzen (wie *Combretocarpus rotundatus*, Anisophyllaceae, und *Dactylocladus stenostachys*), insektivoren Pflanzen (*Nepenthes*), diversen Cyperaceen und Moosen der Gattung *Sphagnum* (in der Umgebung von Kolken) besiedelt. Die Wälder sind permanent nass, aber die Bäume besitzen ein dichtes, oberflächennahes Wurzelwerk, sodass die Gebiete des weichen Torfbodens gut begehbar sind; Atemwurzeln (Pneumatophoren) und Brettwurzeln mit Lentizellen sind weit verbreitet.

Torfbildung unter Wald trotz einer aktiven Mikrobenflora ist ungewöhnlich und entspricht gar nicht den Vorstellungen, die wir in nemoralen und borealen Mooren gewonnen haben. Tatsächlich sequestrieren die Bakterien im Torfkörper der Moorwälder den benötigten Kohlenstoff nicht durch den Abbau des Bestandsabfalls; vielmehr verwenden sie den im Moorwasser gelösten organischen Kohlenstoff (*dissolved organic carbon*, DOC), der aus den abgefallenen Blättern ausgewaschen wird (Yule 2010). Dass die Blätter der Arten der Dipterocarpaceae, also auch von *Shorea albida*, wegen ihrer Inhaltsstoffe nur langsam zersetzt werden, haben wir in Abschnitt 2.1.8 schon erwähnt. Auch dieser Sachverhalt fördert die Torfbildung im immerfeuchten Regenwaldklima.

Die Fläche aller tropischen Torflagerstätten (*peatlands*; bezogen auf die Landoberfläche zwischen den Wendekreisen; genutzt und ungenutzt) beträgt nach Page et al. (2011) 441.024 km² (= 11 % aller Torflagerstätten weltweit); davon kommen 56 % in Südostasien vor. Allein Indonesien weist eine Moorfläche von rund 207.000 km² auf, gefolgt von Malaysia mit knapp 26.000 km². Beide Länder zusammen haben viermal mehr Moore als ganz Afrika (knapp 56.000 km²) und doppelt so viele wie Südamerika (107.000 km²). Unter Berücksichtigung der Torfmächtigkeit kommen Page et al. (2011) auf ein Torfvolumen in den Tropen von 1.758 Gm³, davon in Südostasien 1.359 Gm³; das entspricht einem Kohlenstoffpool von 88,6 Gt (= 11–14 % des global im Torf gespeicherten Kohlenstoffs) bzw. 68,6 Gt (davon allein in Indonesien 57,6 Gt).

Vor allem die Fläche der Moorwälder Südostasiens ist seit den 60er-Jahren des 20. Jahrhunderts drastisch zurückgegangen. Durch Entwässerung und Umwandlung in landwirtschaftliche Kulturen (Ölpalmen, Reis), in Siedlungsgebiete und durch forstlichen Raubbau dürften inzwischen etwa 45 % der südostasiatischen Moorwälder verschwunden sein (Hooijer et al. 2010). Dramatisch ist der Einsatz von Feuer, um das neu gewonnene Land bebauen zu können, nämlich hinsichtlich der damit verbundenen CO_2-Emission und der Gefahr, dass die Torflagerstätten unterirdisch unkontrolliert weiter brennen (ebd.). Im Jahr 1997 brannten mehr als 27.000 km² in Indonesien und Malaysia. Die durch Torfbrände verursachte CO_2-Emission dürfte zwischen 1997 und 2006 etwa 1.400 Mt betragen haben; diese Menge entspricht 8 % des in derselben Zeit weltweit aus fossilen Brennstoffen emittierten Kohlendioxids (ebd.). Inzwischen werden einige Anstrengungen unternommen, degradierte Torflagerstätten durch Wiedervernässung zu Moorwäldern zu renaturieren, und zwar kombiniert mit der Aufforstung einheimischer Baumarten von kommerziellem Wert, wie verschiedene *Garcinia*-Arten (Latexproduktion für Kaugummi; Yule 2010). Ob diese Maßnahmen erfolgreich sind, wird sich erst nach einigen Jahrzehnten zeigen. Erste Erfahrungen mit Renaturierungsmaßnahmen auf ehemals intensiv genutzten, heute wegen Unrentabilität aufgegebenen Flächen zeigen positive Ergebnisse (Page et al. 2009).

2.3 Vegetation der feucht-tropischen Gebirge

2.3.1 Einführung

Zu den feuchttropischen Gebirgen rechnen wir alle diejenigen, die zumindest in der montanen und hochmontanen Stufe ein immerfeuchtes Klima aufweisen (Gebirgstypen A, B und D in Abschn. 1.3.4.3) und innerhalb des Tropengürtels gemäß Abb. 1-32 in Abschn. 1.3.4.3 liegen (also etwa zwischen 20° S bzw. N). Typisch vollhumide tropische Hochgebirge (mit einer alpinen Stufe) sind zum Beispiel das Maokegebirge mit dem Mount Trikora auf Neuguinea, der Kamerunberg (Kamerun) und der Ruwenzori in Uganda, Teile des mittelamerikanischen Rückens wie die Sierra del Talamanca in Costa Rica sowie die Andenkordilleren in Kolumbien und Ecuador. Einige der tropischen Hochgebirge zeigen einen Luv-Lee-Effekt: Sie sind auf der Luvseite feucht- und auf der Leeseite trockentropisch (wie beispielsweise die Ostkordillere in Peru und Bolivien). Schließlich gibt es Hochgebirge in den sommerfeuchten Tropen, bei denen mit zunehmender Meereshöhe die Zahl der ariden Monate abnimmt. Die (obere) montane (Wolken-) und manchmal auch noch die untere alpine Stufe sind dann feuchttropisch. Beispiele sind Kilimanjaro und Mt. Kenya in Ostafrika sowie die Sierra Nevada de Mérida in Venezuela.

Die in Abschnitt 1.3.4.3 genannten (orogaphisch definierten) Höhenstufen können wir auch auf die tropischen Gebirge anwenden. Dann ist der tropische Tieflandregenwald mit seiner Obergrenze zwischen 1.000 und 1.500 m NN planar bis submontan (warmtropisch). Die montane Stufe, die definitionsgemäß bis zur Waldgrenze reicht, nennen wir oreotropisch (Schroeder 1998). Sie umfasst je nach Lage und Größe des jeweiligen Gebirgsstockes eine Spanne von 1.000 bis 2.000 Höhenmeter. Die Wälder unterhalb der Wolkenzone bezeichnen wir als oreotropische (laurophylle) immergrüne Laubwälder, diejenigen in der Wolkenzone als oreotropische Nebelwälder. Diese treten in den feuchttropischen Gebirgen zwischen 2.000 und 3.500 m NN auf; ihre Höhenlage ist also ziemlich variabel und hängt ab vom Massenhebungseffekt (je isolierter und je kleiner das Gebirge, desto tiefer), von der Breitenlage (je weiter weg vom Äquator, desto tiefer) und von der Exposition in den äquatorfernen Gebirgen. Oberhalb der Wolkenzone sind die Niederschläge um mehr als die Hälfte niedriger als darunter; die Vegetation besteht hier in der Regel aus einem sklerophyllen bzw. erikoiden Buschwald, den wir als oreotropischen Heidewald bezeichnen (analog der Heidewälder des tropischen Tieflands). Definiert man dieses Gebüsch als eine Art Kampfzone der Wälder, könnte man die zugehörige Höhenstufe als subalpin bezeichnen. Die Waldgrenze, ebenfalls in der Höhe sehr variabel zwischen den verschiedenen tropischen Gebirgen, liegt zwischen 3.000 und 4.000 m NN. Sie ist mehr oder minder stark anthropogen verändert und deshalb nicht immer in ihrer natürlichen Ausprägung erkennbar. Darüber liegt die Vegetation der alpinen Stufe, die aus Horstgräsern und (in Amerika und Afrika) aus Großrosettenpflanzen („Schopfbäumen") besteht. Für diese Pflanzendecke hat sich – einem Vorschlag von C. Troll (1959) folgend – die Bezeichnung Páramo (span. „Ödland") eingebürgert (s. auch Vareschi 1980). Der Name stammt ursprünglich aus dem andinen Raum. Analog verwenden wir für die alpine Vegetation der trockentropischen Hochgebirge global die Bezeichnung Puna (s. Abschn. 4.5).

Wie in allen Gebirgen der Erde nimmt auch in den feuchten Tropen mit steigender Meereshöhe die Lufttemperatur im Freiland um etwa 0,6 °C pro 100 m ab. Bei gleichmäßigem, ganzjährig feuchtem Klima ist damit ein Rückgang der Artendichte (Artenzahl pro Flächeneinheit) verbunden, und zwar nicht nur als direkter Temperatureffekt, sondern auch als Ausdruck eines komplexen temperaturgesteuerten Wirkungsgefüges, wie der sinkenden Mineralisationsrate des Bestandsabfalls, der Abnahme der Nährstoffverfügbarkeit und der Nettoprimärproduktion (Kitayama 2002). Wie wir von tropischen Tieflandregenwäldern wissen, werden viele tropische Gehölze schon bei Temperaturen zwischen 0 und 10 °C geschädigt. Grund ist eine strukturelle Veränderung der Biomembranen, wodurch es zu unkontrolliertem Stoffaustausch zwischen Zellkompartimenten und zur Diffusion von Zellinhaltsstoffen nach außen kommt (Larcher 2001). Vor allem thermisch anspruchsvolle Bäume, zu denen auch die meisten Palmen und einige Epiphyten (z. B. unter den Araceen) gehören, fallen in den mittleren und oberen Lagen feuchttropischer Gebirge aus. Es dominieren stattdessen Taxa, die weniger kälteempfindlich sind. Dazu gehören viele Sippen, deren Verbreitungsschwerpunkt zonal eher in den Subtropen oder gar in den kühl-gemäßigten Breiten liegt. Als Beispiel nennen wir die Araliaceae, die mit ihren Gattungen wie *Schefflera* oder *Oreopanax* eher in der montanen bis subalpinen Stufe auftreten, die Ericaceae, die in den oreotropischen Heidewäldern knapp unterhalb der Waldgrenze bestandsbildend sind, ferner die Asteraceae und die Relikt-Gymnospermen wie die Podocarpaceae (Tab. 2-10). Hinzu kommt, dass äquatornah etwa ab einer Höhe von 4.000 m NN regelmäßig Nachtfröste auftreten. Auch die Waldstruktur verändert sich mit zunehmender Höhe. Die Wälder werden niedriger, die Blätter kleiner, typische Merkmale tropischer Tieflandregenwälder (Brettwurzeln, Träufelspitzen) verschwinden (Tab. 2-11).

Der Temperaturabnahme folgend würde man erwarten, dass auch die Phytomasse der Wälder mit zunehmender Meereshöhe abnimmt. Das ist auch tatsächlich in vielen tropischen Gebirgen der Fall, wenngleich die Unterschiede im Einzelnen beträchtlich sind (Culmsee et al. 2010; Abb. 2-37): So übertrifft die oberirdische Phytomasse der prämontanen Tieflandregenwälder am Mt. Kinabalu (Kalimantan) diejenige der Wälder in Puerto Rico und Costa Rica in vergleichbarer Lage mit rund 500 t ha^{-2} um mehr als das Doppelte, und zwar wegen der Dominanz der hochwüchsigen Dipterocarpaceae mit ihrer effizienten ektotrophen Mykorrhiza. Allerdings kann dieser Höhentrend von anderen das Wachstum beeinflussenden Faktoren wie unterschiedlich fruchtbaren Böden überlagert werden (Costa Rica, Vulkan Barva). Besonders interessant ist aber, dass die Phytomasse überall dort besonders hoch ist, wo Vertreter der Fagaceae einen beträchtlichen Anteil an der Waldzusammensetzung haben. Offensichtlich sind die niedrigen Temperaturen der höheren Lagen für Fagaceen weniger nachteilig als für tropische Taxa.

Wie schon in Abschn. 1.3.4.3 ausgeführt, entsprechen nur die oreotropischen immergrünen (lauro-

Tab. 2-10 Verteilung einiger Pflanzenfamilien (Anzahl der Stämme mit einem BHD ≥ 10 cm pro ha) entlang eines Höhengradienten (m NN) am Vulkan Barva, Costa Rica (aus Lieberman et al. 1996). LS = La Selva Biological Station, 30 m NN

| Familie | LS | unterer tropischer Tieflandregenwald | | | | | | | oreotropischer (laurophyller) Laubwald | | | |
		100	300	500	750	1.000	1.250	1.500	1.750	2.000	2.300	2.600
Arecaceae	115	106	42	11	74	56	–	–	2	3	1	–
Mimosaceae	77	67	18	41	26	35	48	39	1	–	–	–
Burseraceae	27	47	43	28	9	–	–	–	–	–	–	–
Araliaceae	6	14	13	12	1	3	16	22	7	19	64	155
Lauraceae	8	11	21	4	8	13	28	24	13	2	11	35
Myrtaceae	–	5	1	1	23	28	15	14	16	6	9	–
Cyatheaceae	–	–	–	2	2	50	191	79	64	56	100	51
Caprifoliaceae[1]	–	–	–	–	–	–	–	42	9	14	36	147
Aquifoliaceae	–	–	1	–	3	9	–	2	4	3	53	75
Cunoniaceae[2]	–	–	–	–	1	2	–	3	6	5	45	17
Podocarpaceae	–	–	–	–	–	–	–	–	–	–	20	–
Asterceae	–	–	–	–	–	–	–	–	2	–	1	19

[1] Vor allem *Viburnum mexicanum*, [2] *Weinmannia* sp.

Tab. 2-11 Vorkommen von strukturellen Merkmalen in Wäldern auf unterschiedlicher Seehöhe (nach einer Zusammenstellung von Scatena et al. 2010)

	tropischer Tieflandregenwald	oreotropischer immergrüner (laurophyller) Laubwald	oreotropischer Nebelwald	oreotropischer Heidewald (subalpin)
Höhe	25–45 m	15–33 m	1,5–18 m	1,5–9 m
emergente Bäume	bis 67 m	oft abwesend, bis 37 m	meist abwesend, bis 26 m	meist abwesend, bis 15 m
gegliederte Blätter	häufig	gelegentlich	selten	fehlend
Blattgröße	mesophyll	meso-, notophyll	mikrophyll	nanophyll
Träufelspitzen	häufig	vorhanden	selten oder fehlend	fehlend
Brettwurzeln	häufig und groß	eher selten, klein	meist fehlend	fehlend
Kauliflorie	häufig	Selten	fehlend	fehlend
holzige Lianen	häufig	meist fehlend	fehlend	fehlend
Kormo-Epiphyten	häufig	häufig	häufig	selten
epiphytische Moose	gelegentlich	gelegentlich bis häufig	sehr häufig	häufig

phyllen) Laubwälder einer zonalen Formation, nämlich den immergrünen (laurophyllen) Laubwäldern der humiden Subtropen (subtropische Lorbeerwälder; s. Abschn. 5.2.2). Für die oreotropischen Nebel- und Heidewälder gibt es keine zonale Parallele, ebenso wenig für die Vegetation der alpinen Stufe. Sie hat floristisch und physiognomisch so wenig mit einer arktisch-alpinen Tundra gemeinsam, dass es auch nicht angebracht wäre, von einer „feuchttropischen Tundra" zu sprechen.

Die folgende Darstellung der Vegetationsabfolge ist stark vereinfacht (Abb. 2-38). Bei der individuellen Vielfalt tropischer Gebirge hat dies die Konsequenz, dass wir auf viele interessante Details nicht

eingehen können. Andererseits liegt uns daran, allgemein geltende Muster und Funktionen herauszuarbeiten. Für die Vertiefung in die feuchttropische Gebirgsvegetation gibt es zusammenfassende Darstellungen sowohl als Überblick über alle Hochgebirge der Erde (Burga et al. 2004, Nagy & Grabherr

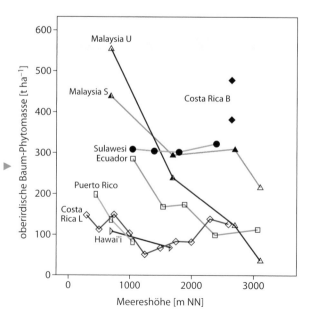

Abb. 2-37 Beziehung zwischen der oberirdischen Baum-Phytomasse (t ha⁻¹) und der Meereshöhe in oreotropischen Wäldern (Beispiele aus Südostasien und der Neotropis; zusammengestellt nach verschiedenen Autoren; aus Culmsee et al. 2010). Ausgefüllte Symbole bedeuten eine größere Beteiligung der Fagaceae (> 15 m² ha⁻¹ Grundfläche), leere Symbole sind Bestände ohne Fagaceae, halbgefüllte Symbole bedeuten einen geringen Anteil der Fagaceae an der Grundfläche (5–7 m² ha⁻¹). Malaysia U = ultrabasische Gesteine; Malaysia S = Sedimentgesteine am Mt. Kinabalu. Costa Rica L = Daten aus Lieberman et al. (1996), Costa Rica B = Daten aus Blaser (1987).

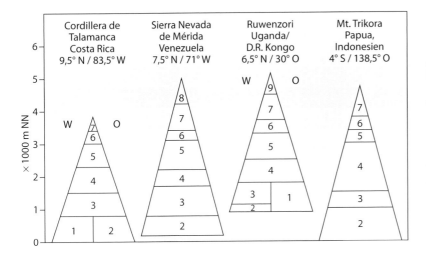

Abb. 2-38 Stark schematisierte Höhenabfolge einiger feuchttropischer Hochgebirge (in Anlehnung an Schroeder 1998, ergänzt und verändert nach Burga et al. 2004). 1 = tropischer Tieflandregenwald, teilweise saisonal; 2 = tropischer regengrüner Wald; 3 = oberer (prämontaner) tropischer Tieflandregenwald, z. T. saisonal; 4 = oreotropischer immergrüner (laurophyller) Laubwald; 5 = oreotropischer Nebelwald; 6 = oreotropischer (subalpiner) Heidewald; 7 = Páramo; 8 = Superpáramo; 9 = nivale Zone.

2009) als auch speziell für die Tropen (Vareschi 1980, Richards 1996, Walter & Breckle 2004), für tropische Nebelwälder (Bruijnzeel et al. 2010) und für einzelne tropische Gebirge (Neuguinea: Mangen 1993; Ostafrika: Hedberg 1964; Hawai'i: Mueller-Dombois & Fosberg 1998; Costa Rica: Kapelle & Horn 2005; Kolumbien: Cleef 1981). Eine Vegetationskarte von Costa Rica zeigt die Abfolge der feuchttropischen Vegetation entlang des Höhengradienten und den durch das Gebirge verursachten Lee-Effekt mit regengrünen Wäldern auf der pazifischen Seite (Abb. 2-39).

2.3.2 Oreotropische Wälder

In den vollhumiden Gebirgen liegt die Obergrenze der tropischen Tieflandregenwälder zwischen 1.000 und 1.500 m NN. Darüber folgt in der Regel ein **oreotropischer immergüner (laurophyller) Laubwald** (oreotropischer Lorbeerwald; Abb. 2-39, 2-40a). Er ist insgesamt niedriger (zwischen 20 und 40 m), meist nur zweischichtig, enthält mit 40 bis 60 weniger Baumarten pro Hektar, ist kleinblättriger (notophyll) und hat weniger Palmen als die Wälder der Tieflagen. Lianen sind sehr häufig, ebenso epiphytische Orchideen und Bromeliaceen sowie Vertreter der Lauraceae. Diagnostisch von Bedeutung sind die Baumfarne, die überwiegend zu den Familien Cyatheaceae mit etwa 650 und Dicksoniaceae mit 27 Arten gehören (Tab. 2-10). Die Jahressumme der Niederschläge ist in der Regel nicht wesentlich höher als im Tiefland. Ausnahmen sind die Luvseiten der Gebirgshänge. Hier können unter dem Einfluss des Passats

mit Steigungsregen Niederschläge von weit über 4.000 mm auftreten.

Beispiele oreotropischer Laubwälder sind die bis zu 60 m hohen *Altingia excelsa*-Wälder auf **Java** mit außerordentlich üppigem Epiphytenbewuchs und reicher Feldschicht aus Arten der Gattungen *Musa*, *Begonia*, *Cyrtandra* u. a. Als Vertreter der Ericaceae tritt *Rhododendron javanicum* als Epiphyt auf. Bei den Bäumen ist das Vorkommen der holarktischen Gattungen *Castanea* (hier *C. javanica*) und *Lithocarpus* (*L. induta*) bemerkenswert. In den oreotropischen Laubwäldern von Neuguinea dominieren Lauraceae (mit *Cryptocarya*, *Beischmidia* u. a.) und Meliaceae (mit *Aglaia*, *Dysoxylum* u. a.); beigemischt sind *Araucaria*-Arten (*A. cunninghamii*, *A. hunsteinii*; Havel 1971) und Fagaceen wie *Castanopsis* und *Quercus*. Im oberen Abschnitt dieser Wälder kommt die immergrüne *Nothofagus*-Art *N. stylosa* zur Dominanz; die Vegetation erinnert physiognomisch an die nemoralen *Nothofagus*-Wälder in Tasmanien und auf der Südinsel von Neuseeland. In **Costa Rica** bestehen die Wälder dieser Höhenstufe (zwischen 1.500 und 2.300 m NN) aus Vertretern der Familien Lauraceae (z. B. *Ocotea*), Myrtaceae, Meliaceae und Sapotaceae (Abb. 2-41a). Kennzeichnend sind auch hier die zahlreichen Baumfarne (*Cyathea fulva*), ein reicher Epiphytenbewuchs und die oft vorherrschenden immergrünen *Quercus*-Arten (z. B. *Q. lancifolia*).

Ab etwa 2.000 (bis 2.500) m NN folgt dann in der Wolkenzone mit großer Nebelhäufigkeit ein niedriger, d. h. meist 20 m Höhe nicht überschreitender, einschichtiger **oreotropischer Nebelwald** (Abb. 2-40b, d). Sein herausragendes Merkmal ist der üppige Bewuchs der Bäume mit epiphytischen Moosen, Flechten und Farnen, die girlandenartig von den

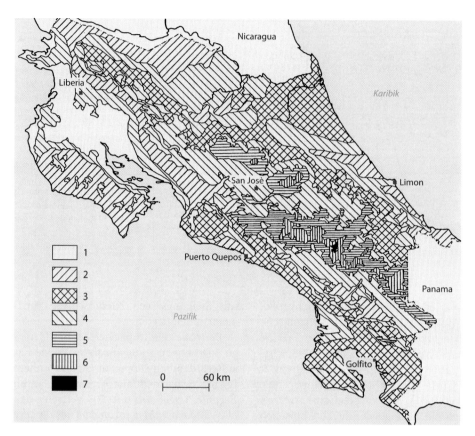

Abb. 2-39 Vegetationskarte von Costa Rica (nach Tosi 1969, reproduziert aus Bernhardt 1991, geringfügig verändert; mit freundlicher Genehmigung von Senckenberg Forschungsinstitut und Naturmuseum, Frankfurt). 1 = tropischer regengrüner Laubwald, 2 = saisonaler tropischer Tieflandregenwald, 3 = immergrüner tropischer Tieflandregenwald, 4 = prämontaner tropischer Tieflandregenwald, 5 = oreotropischer immergrüner (laurophyller) Laubwald, 6 = oreotropischer Nebelwald und oreotropischer Heidewald, 7 = Páramo.

Ästen hängen und der Vegetation einen mystischen Charakter verleihen. Die Epiphytenbiomasse kann bis zu 44 t ha^{-1} betragen (Costa Rica; Köhler et al. 2007). Unter den Farnpflanzen fallen besonders die Hautfarne (Hymenophyllaceae) auf, deren Lamina aus lediglich einer Zellschicht besteht. Die Pflanzen sind deshalb auf ständig hohe (nahe 100 %) relative Luftfeuchte angewiesen; andernfalls würden sie rasch austrocknen und absterben. Die Jahresmitteltemperatur liegt bei rund 16 °C; regelmäßig treten Fröste auf (wenn auch noch kein täglicher Frostwechsel wie oberhalb der Baumgrenze). Die Böden sind meist Podzole mit bis zu mehreren Dezimetern mächtigen Rohhumus-Auflagen. Überall dort, wo nordhemisphärische Taxa vordringen konnten (Mittelamerika, Südostasien), finden wir Vertreter der Gattungen *Prunus, Juglans, Ilex, Aesculus* und *Quercus*. Die Feldschicht wird oft von *Selaginella*-Arten beherrscht.

In Mittelamerika (**Costa Rica**) gibt es Nebelwälder aus immergrünen Eichen (z. B. mit *Quercus costaricensis, Q. copeyensis* u. a.; Abb. 2-40d) und verschiedenen laurophyllen Gehölzen, die eher für kühle Lagen typisch sind: *Ilex pallida* (Aquifoliaceae), *Drimys granadensis* (Winteraceae), *Weinmannia pinnata* (zu der südhemisphärischen Gondwana-Familie Cunoniaceae gehörend; s. Tab. 2-8) u. a. Im Unterwuchs treten bis zu 1 m hohe Bambusarten auf (*Chusquea* sp.). Die gut untersuchten Nordostanden in **Venezuela** (Sierra Nevada de Mérida; Sarmiento & Ataroff 2004) sind die Nebelwälder mit bis zu 20 Baumarten nur noch 10 m hoch. Auffallend ist die silberblättrige *Cecropia*-Art *C. telenitida*. Hinzu kommen Gattungen wie *Clusia, Weinmannia, Podocarpus, Oreopanax* und zahlreiche Kleinpalmen. Eine Besonderheit sind die von Vareschi (1980) als Wolkenwälder bezeichneten Nebelwälder der nördlichen Küstenkordillere in Venezuela. Sie kommen zwi-

Abb. 2-40 Beispiele für feuchttropische Gebirgswälder: a = oreotropischer immergrüner (laurophyller) Laubwald (Monte Verde, Costa Rica); b = Nebelwald der Küstenkordillere von Venezuela (Nationalpark Henri Pittier, Rancho Grande) mit *Gyranthera caribensis*, Malvaceae; c = oreotropischer Heidewald aus *Erica arborea*, Kilimanjaro; d = Nebelwald aus *Quercus costaricensis* (Cordillera de Talamanca, Costa Rica); e = *elfin forest* aus *Leptospermum wooroonooran* (Myrtaceae) am Mt. Bartle Frere, Queensland, Australien; f = Heidewald aus *Leptospermum* sp., 3.200 m NN, Kalimantan; g = *Polylepis reticulata* auf einer Geröllhalde oberhalb der (heutigen) Waldgrenze (Nordperu); (Fotos c, f, g: F. Klötzli).

Abb. 2-41 Beispiele für Páramos: a = Páramo mit *Chusquea subtessellata* (Poaceae; im Mittelgrund) und *Hypericum irazuense* (Hypericaceae; dunkelgrüne Büsche) am Cerro de la Muerte (3.400 m NN, Cordillera de Talamanca, Costa Rica); b = Páramo des Sumapaz, Kolumbien, mit *Espeletia* sp. (Asteraceae), Unterwuchs aus *Calamagrostis* sp., ca. 3.800 m NN; c = Superpáramo aus *Coespeletia timotensis* (Asteraceae) am Paso Pico del Aguila bei Mérida, Venezuela, ca. 4.100 m NN; d = Páramo am Kilimanjaro mit *Dendrosenecio brassiciformis* (Asteraceae, Foto: F. Klötzli); e = Páramo am Mt. Tricora, Neuguinea, mit dem Baumfarn *Cyathea tomentosissima* (etwa 3.500 m NN; Foto J. Üblagger).

schen 800 und 1.500 m NN vor, also eigentlich noch in einer Höhenlage, in der man einen tropischen Tieflandregenwald erwarten würde, und sind ähnlich baumartenreich wie dieser, aber wegen der hohen Luftfeuchte und des häufigen Nebels außerordentlich üppig mit Epiphyten ausgestattet. Das bekannteste und wohl am besten untersuchte Beispiel liegt im Nationalpark Henri Pittier und ist unter dem Namen „Rancho Grande" bekannt (Huber 1976). Hauptbaum ist die bis zu 60 m hohe Malvacee *Gyranthera caribensis* (Abb. 2-40b).

In **Afrika** (z. B. am Ruwenzori) gibt es in dieser Höhenlage etwa 20 m hohe Wälder aus den tropischen Baumgattungen *Rapanea* (*melanophloeos*) und *Myrica* sowie den Gymnospermen *Afrocarpus gracilior* (Podocarpaceae) und *Juniperus procera*; nach oben zu nimmt die Rosacee *Hagenia abessynica* zu, begleitet von *Hypericum revolutum*. Diese *Hagenia-Hypericum*-Wälder bilden die Obergrenze des oreotropischen Laubwaldes zwischen 3.000 und 3.500 m NN. Sie haben stellenweise einen dichten Unterwuchs aus Bambus (*Yushania alpina*), was möglicherweise auf anthropogene Feuer zurückzuführen ist. Die Nebelwälder in **Neuguinea** werden von den Relikt-Gymnospermen *Podocarpus brassii*, *Dacrycarpus compactus* und *Phyllocladus hypophyllus* (alle Podocarpaceae) beherrscht.

In windexponierten Lagen auf Graten oder in der Umgebung von Gipfeln werden die Bergwälder der Tropen zwergwüchsig und erreichen lediglich Höhen von 3–5 m (Abb. 2-40e). Diese „*elfin forests*" haben dieselbe Artenzusammensetzung wie die benachbarten normalwüchsigen Nebelwälder. Der anstürmende heftige Passat sorgt aber dafür, dass die Bäume windverformt sind. Zudem erschwert das kühle, ständig neblige und deshalb strahlungsarme Klima die Assimilation und begrenzt deshalb das Wachstum.

In der hochmontanen Stufe, also unterhalb der Waldgrenze und oberhalb der Wolkenzone, gibt es schließlich **oreotropische Heidewälder** (Abb. 2-40c, f). Mit nicht mehr als 10–15 m Höhe sind sie niedrigwüchsig und tragen sklerophylles Laub. Sie kommen in einem Klima vor, das deutlich trockener ist als die tiefer gelegenen Gebirgsregionen, mit fünf bis sechs ariden Monaten und einer jährlichen Niederschlagssumme, die selbst äquatornah nur 600–800 mm beträgt. Weit verbreitet sind die Ericaceen, und zwar in der Neotropis die Gattung *Gaultheria*, in Afrika die Gattungen *Erica* und *Hagenia* und in Südostasien die Gattung *Rhododendron*. Immer wieder trifft man auch auf *Hypericum*-Arten. Solche Heidewälder bestehen in **Costa Rica** (Cordillera de Talamanca, ca. 3.100–3.400 m NN) aus Ericaceen wie

Vaccinium consanguineum und *Gaultheria myrsinoides* sowie diversen anderen Sträuchern und niedrigen Bäumen, von denen wir die in neotropischen Gebirgen häufige Gattung *Escallonia* (Escalloniaceae) erwähnen wollen. Im Unterwuchs ist oft ein dichtes Gestrüpp aus Bambus der Gattung *Chusquea* (*C. talamancensis*) ausgebildet. In den **Zentralanden** (Bolivien) besteht der Heidewald (3.600–3.900 m NN) aus *Polylepis pepei* und *Escallonia* sp. (Kessler 2004). In **Afrika** gibt es Heidewälder oberhalb von 3.000–3.200 m NN, die aus baum- oder buschförmig wachsenden *Erica*-Arten zusammengesetzt sind, nämlich aus *E. arborea*, *E. mannii* (= *Philippia excelsa*) und *E. trimera* (Abb. 2-40c). Die lückigen Wälder haben eine Feldschicht aus den Kosmopoliten *Lycopodium clavatum* und *Pteridium aquilinum*. Die Heidewälder am Westhang des Ruwenzori sind reich an epiphytischen Kryptogamen (vor allem Moosen) und machen deshalb eher den Eindruck eines Nebel- als eines Heidewaldes. In **Neuguinea** schließlich bestehen die Heidewälder aus *Vaccinium*-, *Rhododendron*- und *Myrsine*-Arten. Ihre Obergrenze liegt zwischen 3.400 und 3.800 m NN (Mangen 1993).

Diese oreotropischen Heidewälder bilden die Waldgrenze in den feuchttropischen Hochgebirgen. Sofern sie nicht durch die Aktivität des Menschen aufgelichtet oder gänzlich verschwunden sind, sind sie beispielhaft für eine Situation, in der Wald- und Baumgrenze zusammenfallen: Die Ericaceen werden mit zunehmender Meereshöhe immer niedriger, bis sie als Krummholz in den Páramo übergehen. Die beteiligten Arten sind also fähig, als Baum wie auch als Strauch zu wachsen und Polykormone (vegetativ erzeugte Ablegergruppen; s. auch Abschn. 6.5.3) zu bilden. Ähnliches werden wir auf der Südhemisphäre im Fall der *Nothofagus*-Waldgrenze sehen.

2.3.3 Vegetation der feuchttropischen alpinen Stufe (Páramo)

Der Lebensraum der Páramos (Kasten 2-5) unterscheidet sich klimatisch fundamental von der alpinen Stufe der subtropischen, nemoralen und borealen Hochgebirge der Nordhemisphäre. Während dort ein thermisches Jahreszeitenklima mit einer winterlichen Vegetationsruhe herrscht, haben wir es in den feuchttropischen Gebirgen mit einer thermisch (und hygrisch) ganzjährigen Vegetationszeit zu tun. Kennzeichnend ist eine beachtliche tägliche Temperaturschwankung, die je nach Breitenlage und Meereshöhe zwischen 15 und 40 K beträgt. Nächtliche Minusgrade werden unter humiden Bedingungen erst ab ca. 4.000 m NN erreicht, in den sommerfeuchten Tropen während der wolkenarmen Trockenzeit auch in tieferen Lagen. Wir sprechen dann von einem Frostwechselklima. Die Böden der Páramos sind flachgründiger als die der oreotropischen Wälder. Die mächtigen Humusauflagen der Heidewälder fehlen. Je nach Ausgangssubstrat handelt es sich entweder um Andosole aus vulkanischen Aschendepositionen (mit dunklem humusreichem Oberboden; C-Gehalte um 8 %) oder um Leptosole (flachgründige Hochgebirgsböden mit dünnen Humuslagen und hohem Skelettanteil); die pH-Werte liegen zwischen 4 und 5. In Senken treten Gleysole und flache Histosole (unter Hartpolstermooren) auf. Nicht alle Páramos sind ganzjährig humid mit jährlichen Niederschlägen über 2.000 mm. Páramos mit einer zwei- bis dreimonatigen Trockenzeit liegen beispielsweise in Mittelamerika, am Nordrand der südamerikanischen Anden, in den Zentralanden (Bolivien und Peru), in Äthiopien (Bale Mts.), am Mt. Kenya und am Kilimanjaro.

Im Allgemeinen kann man die Vegetation der alpinen Stufe in einen unteren Sub-, mittleren Gras- und einen oberen Superpáramo untergliedern. Der Subpáramo besteht meist aus einem Gemisch aus Grasland und niedrigen Gebüschen, die aus den angrenzenden oreotropischen Heidewäldern stammen, und ist durch Beweidung und Feuer aus diesen hervorgegangen. Im dicht geschlossenen Graspáramo dominieren Horstgräser und die spektakulären Großrosettenpflanzen. Im Superpáramo löst sich die Vegetation auf und es entsteht ein Mosaik aus Zwergsträuchern, Polsterpflanzen und niedrigen Gräsern, durchbrochen von nacktem Boden aus Schutt.

Im natürlichen Zustand, also ohne anthropogene Feuer und ohne Beweidung, ist die Vegetation des **Graspáramo** von Horstgräsern bestimmt, die überwiegend dem C_3-Typ angehören, bis zu 1,5 m hoch werden und nahezu 100 % decken (Abb. 2-41). Mit ihren harten (sklerenchymreichen) und spitzen Rollblättern erinnern sie an die Igelgräser der semiariden Tropen. Sie bilden dicht gepackte Horste, in denen die toten Blätter zwischen den Halmen erhalten bleiben; dieser Filz aus abgestorbenem und lebendem Pflanzenmaterial schützt Knospen und junge Triebe vor Frost und Austrocknung. Die oberirdische Phytomasse der Horstgräser kann knapp 2 kg Trockenmasse m^{-2} betragen; davon sind aber über 90 % totes Material (Hofstede et al. 1995). Hier zeigt sich, dass der Streuabbau trotz der ganzjährigen Vegetationszeit sehr langsam vonstattengeht. Umso dramatischer wirken sich frequente Feuer und Beweidung auf die

Struktur der Páramos aus (s. Abschn. 2.3.4). Dennoch sind natürliche, durch Blitzschlag entstehende Brände nachgewiesen, wenn auch als seltenes Ereignis (League & Horn 2000). Niederfrequente Feuer vertragen die Horstgräser gut. Eine ähnlich hohe Nekromasse wie in den Graspáramos gibt es übrigens auch in alpinen Rasen aus *Carex curvula* und in *Loiseleuria procumbens*-Heiden in den Zentralalpen (Rehder 1976; s. Abschn. 6.5).

Die Grasgattungen der Páramo-Zone sind schwerpunktmäßig außerhalb der Tropen verbreitet. Es handelt sich um *Calamagrostis*, *Festuca*, *Poa* und *Stipa*. In Südamerika kommen *Cortaderia*-, in Südostasien *Deschampsia*-Arten dazu. Unter perhumiden Bedingungen dominieren Bambusarten wie *Chusquea* in Süd- und Mittelamerika (beispielsweise *Chusquea subtessellata* in Costa Rica und *Yushania alpina* am Ruwenzori in Ostafrika). Zwischen den Horstgräsern stehen sklerophylle Kleinsträucher. Die Gattungen, denen sie angehören, sind ebenso wie die Gräser hauptsächlich außerhalb der Tropen verbreitet. Wir nennen als Beispiele aus der Familie der Ericaceae die amerikanischen *Gaylussacia*- und die südhemisphärisch weit verbreiteten *Gaultheria*-Arten (Letztere häufig in Patagonien und Feuerland), in Ostafrika *Erica*, in Ostasien *Rhododendron* (Ericaceae), ferner die Gattung *Hypericum* (Hypericaceae), die in fast allen tropischen Hochgebirgen mit jeweils eigenen Arten vertreten ist. Insgesamt stammen 30 bis über 50 % der Páramo-Flora Süd- und Mittelamerikas aus temperaten Verwandtschaftskreisen; der Rest ist neo- (wie die Asteraceen-Sträucher der Gattung *Baccharis*) oder pantropisch bzw. kosmopolitisch (Kessler in Walter & Breckle 2004).

In Südamerika und Afrika prägen die Großrosetten- und Wollkerzenpflanzen das Aussehen der Páramos (Rauh 1988). Großrosettenpflanzen werden in Amerika von den Arten der Gattungen *Espeletia* und *Coespeletia* gebildet, die entweder als dem Boden anliegende Rosettenstaude oder – in den höheren Gebirgslagen – als bis zu 4 m hohe Schopfbäume auftreten. In Afrika zählt zu dieser Wuchsform die ebenfalls der Familie Asteraceae angehörige baumförmige Gattung *Dendrosenecio* mit vier bis elf Arten (je nach Auffassung), von denen einige bis zu 250 Jahre alt werden können (Mabberley 2008). Ähnliche Wuchsformen bilden auch manche Farne wie die in den Páramos von Costa Rica verbreitete Gattung *Lomaria*. In Südamerika kommt die Gattung *Puya* hinzu, eine hochwüchsige Bromeliacee mit einer Rosette aus harten sklerenchymreichen, bedornten Blättern. Manche Großrosettenpflanzen zeichnen sich durch einen wollig behaarten Blütenstand aus, der die Blattrosette kerzenförmig überragt („Wollkerzenpflanzen"). Hierzu gehört in Afrika die wegen ihrer Größe eindrucksvolle *Lobelia*-Art *L. telekii*, eine Campanulacee. Die Gattung ist ökologisch heterogen; eine der beiden europäischen Arten, *Lobelia dortmanna*, lebt submers in oligotrophen sauren Gewässern. Auch in manchen tropisch-subtropischen Hochgebirgshalbwüsten gibt es Wollkerzenpflanzen wie das „Silberschwert" *Argyroxiphium sandwicense* (Asteraceae) auf Maui im Hawai'i-Archipel (Abb. 4-32a) und die Natternkopfart *Echium wildpretii* (Boraginaceae) auf Teneriffa.

Die Beschränkung dieser konvergenten Wuchsformen auf die alpine Stufe tropischer Gebirge lässt sich aus der klimatischen Situation erklären: Grundsätzlich sind Rosettenpflanzen ebenso wie Horstgräser oberhalb der Baumgrenze in allen Hochgebirgen der Erde verbreitet. Während aber ihre Entfaltungsmöglichkeit in Klimaten mit einer mehrmonatigen Winterruhe eingeschränkt ist, können sie in den Tropen ohne diese Ruhezeit das ganze Jahr für Wachstum und Reproduktion nutzen. Die Evolution von Großrosettenpflanzen ist allerdings mit Schutzmechanismen gegen Gefrierstress verbunden. Eine dieser Mechanismen ist Frostabschirmung (Larcher 2001): Um ihr frostempfindliches apikales Meristem zu schützen, schließen sie nachts ihre Rosette, sodass eine kompakte „Nachtknospe" entsteht. Der damit erzielte Isolationseffekt der dicht gepackten Blätter wird noch durch deren dichte Behaarung verstärkt. *Lobelia* sp. umgibt zusätzlich den Vegetationspunkt im Innern der Rosette mit einer schleimigen Flüssigkeit. Zur Strategie der Frostabschirmung gehört auch, dass die Pflanzen Stämme bilden und ihre Rosette damit bis zu mehreren Metern über die Bodenoberfläche heben. Denn nahe der Bodenoberfläche sind die Frostereignisse häufiger und die Fröste heftiger als in 2 m darüber (Wesche et al. 2008). Der Stamm selbst ist meist von abgestorbenen Blättern ummantelt und so vor tiefen Temperaturen geschützt (Monasterio 1986).

Die äußeren Blätter der Nachtknospe müssen dagegen Gefrierstress überleben. Sie können nachts einige Stunden lang Temperaturen bis zu –14 °C ertragen. Bei *Coespeletia* sp. geschieht dies durch Supercooling, also Unterkühlung des Zellgewebes unter den Gefrierpunkt ohne Eisbildung in der Zelle (Rada et al. 1985, Squeo et al. 1991; Abb. 2-42). Die Blätter der afrikanischen *Dendrosenecio*- und *Lobelia*-Arten, die tieferen Temperaturen ausgesetzt sind als die südamerikanischen Espeletien, verhindern das Gefrieren des Protoplasmas durch Eisverlagerung in die Interzellularen (Beck 1994). Hinzu kom-

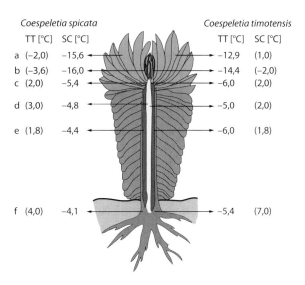

Coespeletia spicata			*Coespeletia timotensis*	
	TT [°C]	SC [°C]	TT [°C]	SC [°C]
a	(–2,0)	–15,6	–12,9	(1,0)
b	(–3,6)	–16,0	–14,4	(–2,0)
c	(2,0)	–5,4	–6,0	(2,0)
d	(3,0)	–4,8	–5,0	(2,0)
e	(1,8)	–4,4	–6,0	(1,8)
f	(4,0)	–4,1	–5,4	(7,0)

Abb. 2-42 Tiefste, während einer Messperiode von elf Tagen gemessene Temperaturen (TT) verschiedener Organe und Gewebe zweier *Coespeletia*-Arten in den Anden von Venezuela und Supercooling-Punkte (SC; verändert aus Rada et al. 1985). a = ausgewachsene Blätter, b = junge Blätter, c = apikale Knospe, d = Stamminneres, e = Phloem, f = Wurzeln. Der Supercooling-Punkt ist die tiefst-mögliche Unterkühlungstemperatur des Zellverbands. Die dem Frost am stärksten ausgesetzten Blätter sind stärker unterkühlbar als das von den abgestorbenen Blättern ummantelte Stamminnere.

men vermutlich auch Vorgänge, welche die Gefrierbeständigkeit des Protoplasmas erhöhen wie die Einlagerung von kältestabilen Phospholipiden (Larcher 2001; Körner 2003b).

2.3.4 Anthropogene Vegetation

In nahezu allen feuchttropischen Gebirgen sind die oreotropischen Wälder genutzt, sofern Zugänglichkeit und Topographie dies zulassen. Ackerbau ist bis zu einer Höhe von 3.000 m NN noch möglich, ggf. auch noch darüber, allerdings mit thermisch anspruchslosen Feldfrüchten wie Kartoffeln. Besonders bedeutsam ist aber der Anbau der Genussmittelpflanzen Kaffee und Tee. Von den insgesamt rund 60 Arten der paläotropisch-afrikanischen Gattung *Coffea* (Rubiaceae) sind nur zwei von wirtschaftlicher Bedeutung, nämlich die qualitativ hochwertigere, aus Äthiopien stammende Art *C. arabica* (rund 70 % der Weltproduktion) und *C. canephora* („Robusta-Kaffee"). *C. arabica* wird größtenteils im Gebiet der oreotropischen immergrünen (laurophyllen) Laubwälder angebaut, traditionell unter dem Schirm einzelner, nach der Rodung stehen gebliebener Bäume, weil die Kaffeepflanzen auf die austrocknende Wirkung des Windes empfindlich reagieren. Solche Halbschattenplantagen haben den Vorteil, dass Böden nicht geschädigt werden und die Biodiversität der oreotropischen Wälder teilweise erhalten bleibt (Abb. 2-43). Leider verschwindet diese umweltschonende Anbauweise, da man heute aus Rentabilitätsgründen eher zu Monokulturen neigt. Eine ähnliche Bindung an die feuchttropischen Gebirgswälder hat Tee (*Camellia sinensis*, Theaceae), der ursprünglich im Hochland von Südostasien (Nordostindien, Myanmar) heimisch war und schon vor rund 4.700 Jahren BP in China kultiviert wurde (Lieberei & Reisdorff 2007). Die besten Teeanbaugebiete finden sich im Bereich der oreotropischen Nebelwälder, weil sich

die hohe Luftfeuchte und der ständige Nieselregen positiv auf die Qualität auswirken (Scholz 2003). Erwähnen sollten wir noch, dass auch Coca, *Erythroxylon coca* (Erythroxylaceae) im Gebiet feuchttropischer Gebirgswälder angebaut wird, und zwar vorwiegend an der regenreichen Ostabdachung der Anden in Bolivien und Peru. Die kokainhaltigen Blätter werden seit Jahrhunderten von der einheimischen Bevölkerung als Anregungsmittel gekaut.

Ein beachtlicher Teil der oreotropischen Wälder wurde in Weideland umgewandelt. Die dadurch entstandene Grünlandvegetation besteht fast ausschließlich aus nordafrikanischen bzw. kanarischen und europäischen Arten, unter denen die Gräser *Dactylis glomerata*, *Festuca pratensis*, *Lolium perenne* sowie die Kräuter *Trifolium repens* und *Leucanthe-*

Kasten 2-5

Beispiele von Páramos

Gliederung und floristische Ausstattung der Páramos der Gebirge sind weltweit recht verschieden. So kommen die 69 Arten der Gattung *Espeletia* und die sechs von *Coespeletia* ausschließlich in **Südamerika** vor, wo sie vor allem die Vegetation der feuchttropischen Andenkordilleren von Venezuela und Kolumbien prägen. Sie fehlen den Páramos von Costa Rica und der Zentralanden (Peru, Bolivien). Während der Subpáramo (zwischen etwa 3.000 und 3.500 m NN) vermutlich durch Beweidung und Feuer entstanden, also anthropogen sein dürfte, ist der Graspáramo (3.500–4.100 m NN) als Vegetationstyp oberhalb der Waldgrenze natürlich. Das Vorkommen von niedrigen Wäldchen aus der Rosacee *Polylepis* an unzugänglichen und feuergeschützten Stellen (Abb. 2-40g) könnte allerdings ein Hinweis darauf sein, dass die klimatische Waldgrenze in der Vergangenheit höher lag als heute. Ob die Ursache für das Verschwinden des *Polylepis*-Gürtels in einer (postglazialen) Klimaänderung zu suchen ist oder auf menschliche Tätigkeit zurückgeführt werden muss, ist nicht klar. Wir werden auf dieses „*Polylepis*-Problem" in Kap. 4 (Kasten 4-5) noch einmal zurückkommen. Im Graspáramo Kolumbiens dominieren *Calamagrostis effusa* und *C. recta*. Im Superpáramo schließlich löst sich die geschlossene Vegetationsdecke auf und es entsteht ein Mosaik aus Gräsern, Kräutern und Zwergsträuchern, das bis knapp 5.000 m NN reicht. In Costa Rica bestehen die Páramos aus dem bis zu 3 m hohen Bambus *Chusquea subtessellata*, verschiedenen Kleinsträuchern und Gräsern (wie *Cortaderia nitida* und *Calamagrostis intermedia*; Weber 1958).

Innerhalb des Graspáramo liegen Hartpolstermoore in der Umgebung von Quellaustritten und in Senken. Sie sind den Mooren in Südpatagonien und Feuerland physiognomisch ähnlich, wenngleich die Arten andere sind: Die Polster mit ihren dicht gepackten Sprossen werden entweder von

der Cyperacee *Oreobolus cleefii*, der Juncacee *Distichia muscoides* oder dem Wegerich *Plantago rigida* gebildet (Bosman et al. 1993). *Distichia*-Hartpolstermoore gibt es auch in den ariden Anden Venezuelas; die Art ist salzverträglich.

Ob die Vegetation der südbrasilianischen „Campos de Altitude" (Höhengrasland; Safford 1999) und der Tafelberge (Tepuís) des Guyana-Schildes in Venezuela zur Formation der Páramos gehört, ist fraglich. Sie liegt nämlich deutlich unterhalb der jeweiligen klimatischen Waldgrenze. Im Fall des Höhengraslandes mit der Dominanz von *Cortaderia modesta* dürfte es sich um das Relikt einer spätpleistozänen bis holozänen Trockenperiode handeln, welches im heute herrschenden humiden Waldklima durch Feuer stabilisiert ist (vgl. Behling 1997; s. ausführlich in Abschn. 5.2.3). Die Vegetation der landschaftlich spektakulären **Tepuís** mit ihren ebenen Sandsteinplateaus in Höhenlagen zwischen 2.000 und 3.000 m NN ist wohl eher azonal (Klötzli 2004a, Huber 2006; s. Kasten 3-5).

Die **afrikanischen Páramos** sind artenärmer als die südamerikanischen, wegen ihrer isolierten Lage aber reicher an Endemiten (Hedberg 1986). Diese afro-alpine Vegetation ist außer durch die Großrosettenpflanzen der *Dendrosenecio*- und *Lobelia*-Arten durch Horstgräser (z. B. *Festuca pilgeri*, *Koeleria capensis*) oder – im perhumiden Ruwenzori-Gebiet – durch Horst-Cyperaceen (*Carex monostachya*) geprägt. Dazwischen wachsen strauchförmige *Alchemilla*- und *Helichrysum*-Arten. Auf **Neuguinea** gibt es oberhalb der Waldgrenze zwischen 3.500 und 4.400 m NN ein Grasland aus *Deschampsia klossii* mit einem Horstdurchmesser von bis zu 1 m sowie eine Vielzahl weiterer Vegetationstypen, die durch unterschiedliche Bodenfeuchte und Sukzessionsstadien bedingt sind (Klötzli 2004b).

Abb. 2-43 Landnutzung in der oreotropischen Waldstufe feuchttropischer Gebirge: a = Weidelandschaft in der Sierra la Culata bei Mérida, Venezuela (ca. 2.000 m NN); b = Ackerbau (u. a. Kartoffeln: dunkelgrüne Flächen) und Weide im Subpáramo zwischen 2.800 und 3.400 m NN, Sierra de Mérida, Venezuela.

mum vulgare auffallen. Ähnliche Wiesen werden wir auch auf der Südhemisphäre anstelle immergrüner nemoraler Wälder in Patagonien und Neuseeland kennenlernen (s. Abschn. 6.2.5). Hinzu kommen einige wenige tropisch-subtropische Taxa, die regenerationsfreudig sein müssen, um Beweidung zu ertragen. Hierunter fallen insbesondere Arten der Gattungen *Paspalum* und *Axonopus. Paspalum* ist mit etwa 330 Arten hauptsächlich im tropisch-subtropischen Mittel- und Südamerika verbreitet und invasiv in Afrika, Australien und Hawai'i. *Axonopus* (etwa 110 Arten) ist ebenfalls vorwiegend neotropisch. Einige Arten wie *A. compressus* und *A. affinis* bilden Ausläufer und eignen sich wegen ihrer harten und breiten Blätter auch für das Anlegen von Rasen in tropischen Hausgärten.

Artenzusammensetzung und Struktur der oreotropischen Waldgrenzen und der Páramos sind in den meisten feuchttropischen Gebirgen durch einen Jahrtausende während menschlichen Einfluss geprägt. In ähnlicher Weise wie in den außertropischen Hochgebirgen war die Nutzung der oberhalb der Waldgrenze gelegenen Offenlandvegetation stets leichter als die in den dichten oreotropischen Wäldern. Vermutlich schon seit Beginn der menschlichen Besiedlung in Amerika, also seit 12.000 bis 14.000 Jahren, wurde Feuer zur Jagd und zur Weideverbesserung eingesetzt. Das geschieht auch heute noch. Die Konsequenzen sind a) die Auflösung des hochmontanen Heidewaldes in ein Wald-Grasland-Mosaik (in Südamerika als Subpáramo bezeichnet) und schließlich die Tieferlegung der gesamten Waldgrenze, b) eine strukturelle und floristische Veränderung der Pflanzendecke der Páramos und c) Erosion in Gebieten mit einer Trockenzeit. So wird die mosaikartige Struktur des Ericaceen-Waldes in Afrika (Wesche et al. 2000) ebenso wie die Auflösung des *Polylepis*-Gürtels in den Zentralanden (Hensen 1995, Kessler 1995) mit dem Einsatz von Feuer durch die indigene Bevölkerung begründet. Häufiges Abbrennen schädigt, verbunden mit Beweidung, auf Dauer die hochwüchsigen Horstgräser und lässt regenerationsfreudige ausläufertreibende, niedrigwüchsige Gräser wie *Agrostis, Paspalum* u. a. dominant werden (Kessler in Walter & Breckle 2004). Schließlich führt die Beweidung mit Schafen in Páramos auf Andosol nicht nur zum Verschwinden trittempfindlicher Arten, sondern reduziert den Gehalt an organischer Substanz, verschlechtert die Bodenstruktur und fördert damit den Bodenabtrag durch Wind und Wasser (Podwojewski et al. 2002).

3
Die sommerfeuchte tropische Zone

3.1 Überblick

3.1.1 Klima, Oberflächengestalt und Boden

Die sommerfeuchte tropische Ökozone (sommerfeuchtes Tropenklima Aw nach Köppen-Trewartha; s. Tab. 1-8) gehört mit jährlichen Niederschlägen zwischen 1.000 und 2.500 mm zu den tropischen Regenklimaten. Sie zeichnet sich durch einen – im Vergleich zu den immerfeuchten Tropen – deutlichen Unterschied zwischen einer kühleren („Winter") und einer wärmeren Jahreszeit („Sommer") aus. Diese saisonale Temperaturdifferenz ist umso ausgeprägter, je mehr wir uns den Wendekreisen nähern, bis im Bereich zwischen 20 und 23° südlicher bzw. nördlicher Breite schließlich das tropische Tageszeiten- in ein gemäßigtes (thermisches) Jahreszeitenklima übergeht. Am polwärtigen Rand der sommerfeuchten tropischen Zone können bereits erste Fröste vorkommen. Ansonsten ist das thermische Klima aber tropisch; die monatlichen Mitteltemperaturen unterschreiten (abgesehen von den Gebirgen) nirgends den Schwellenwert von 18 °C.

Pflanzenökologisch von besonderer Bedeutung ist eine ausgeprägte hygrische Saisonalität. Die zwischen drei und sieben Monate dauernde niederschlagsarme (wenn auch nicht niederschlagsfreie) Trockenzeit fällt in den Winter, die Regenzeit in den Sommer. Die Monatssummen der Sommerregen erreichen ähnliche Werte wie diejenigen der immerfeuchten Tropen (Abb. 3-1). Die Wachstumszeit ist also warm und feucht, die Ruhezeit kühl und trocken (mit Ausnahme der ostafrikanischen äquatornahen Trockentropen; s. Abschn. 3.3.3.1). Ein solches Klima bringt andere Überlebensstrategien in der Pflanzenwelt hervor als die Winterregenklimate der Subtropen, wo die ther-

misch günstige Jahreszeit arid und die thermisch ungünstige humid ist (s. Abschn. 5.3).

Die hygrische Saisonalität der sommerfeuchten Tropen variiert in dreierlei Hinsicht, nämlich erstens in der Dauer der Regen- bzw. der Trockenzeit, zweitens in der jährlichen Niederschlagsmenge und drittens in der Stärke des Kontrasts zwischen Regen- und Trockenzeit (Schroeder 1998). Wir unterscheiden deshalb Klimate mit drei bis fünf Monaten Trockenzeit (semihumid) von solchen mit sechs bis sieben Monaten Trockenzeit (semiarid) und sehen auch einen Unterschied darin, ob es während der Trockenzeit regnet oder nicht und – falls es regnet – ob die Regenmonate alljährlich oder unregelmäßig auftreten (was in den Klimadiagrammen nicht zum Ausdruck kommt). Besonders hoch sind die Niederschlagsmengen unter dem Einfluss des Südwestmonsuns im Staubereich des Himalayas (Indien, Bangladesh), wenn das über dem asiatischen Festland ausgebildete sommerliche Tiefdruckgebiet feuchte Luftmassen aus der Südhemisphäre ansaugt. Dort können die monatlichen Niederschläge über 400 mm, die Jahresmengen über 2.000 mm erreichen. Hier kommen manchmal Regenmonate auch in der Trockenzeit vor. Die Vegetation besteht aus regengrünen Monsunwäldern, die im belaubten Zustand den feuchttropischen Wäldern physiognomisch ähnlich sehen.

Der Wechsel zwischen Regen- und Trockenzeit, verbunden mit dem warmen tropischen Klima, beeinflusst die Ausformung der Oberflächengestalt und die Bodenbildung. Da die Niederschläge meist als Starkregen fallen, die Pflanzendecke weniger dicht geschlossen ist als in den immerfeuchten Tropen und die Infiltrationsrate der ausgetrockneten, verhärteten Böden gering ist, kommt es durch Schichtfluten schon bei weniger als 5° Hangneigung zu linien- und flächenhafter Spüldenudation. Heute finden wir häufig eine Landschaft vor, die durch Inselberge und ausgedehnte Rumpfflächen („Pene-

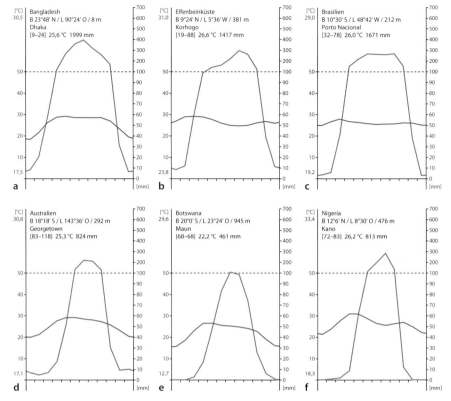

Abb. 3.1 Klimadiagramme aus dem Gebiet der sommerfeuchten Tropen (aus Lieth et al. 1999). Die Diagramme a bis c stammen aus regengrünen Wäldern (a = Monsunwald) und Feuchtsavannen (b = Sudanzone, c = Cerrado), die Diagramme d bis f repräsentieren Trockensavannen (d = *Eucalyptus*-Savanne, e = nördliche Kalahari, f = Südrand der Sahelzone).

plains") als vorläufiges Endstadium des Bodenabtrags gekennzeichnet ist. Diese Rumpfflächen sind von einem mehrere Meter mächtigen, losen Verwitterungsmaterial (Regolith) bedeckt, dem Ausgangsmaterial für die Bodenbildung. Die Böden sind, wie schon in Abschn. 1.3.3 (Tab. 1-10) erwähnt, außerhalb der Überflutungsgebiete ähnlich wie in den immerfeuchten Tropen durch Tonverlagerung und Ferralisation gekennzeichnet, Letztere allerdings in geringerem Ausmaß als bei Ferralsolen. Zonal sind Lixisol und Nitisol weit verbreitet (Zech et al. 2014). **Nitisole** entwickeln sich aus silikatreichen, neutralen

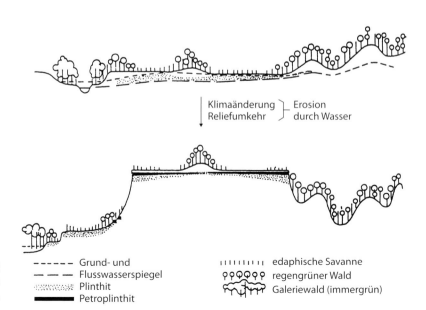

Abb. 3-2 Entstehung von Petroplinthit durch Reliefumkehr (verändert nach Spaargaren & Deckers 1998).

- - - - - Grund- und
- - - Flusswasserspiegel
Plinthit
Petroplinthit

ııııııı edaphische Savanne
ҁ ҁ ҁ ҁ ҁ ҁ regengrüner Wald
Galeriewald (immergrün)

bis basischen Gesteinen wie Basalt, Diorit, Gabbro und Ultrabasit. Sie sind relativ fruchtbar und enthalten oft reichlich organische Substanz im Oberboden. **Lixisole** entstehen vorwiegend auf alten Landoberflächen und sind basenreich. Beide Bodentypen zeichnen sich durch eine geringfügig höhere Kationenaustauschkapazität aus als die Ferralsole vieler tropischen Tieflandregenwälder und häufig durch eine ausgesprochen hohe Bioturbation, für die vor allem Termiten verantwortlich sind. **Vertisole** entwickeln sich aus tonreichen Sedimenten oder Verwitterungsprodukten in ebenen Lagen und sind im Rhythmus von Regen- und Trockenzeit durch Quellung (verbunden mit Sauerstoffmangel) und Schrumpfung (Bildung von Trockenrissen) gekennzeichnet. Die Menge an pflanzenverfügbarem Wasser ist gering. Mancherorts entsteht dadurch ein Mikrorelief aus Kuppen („Gilgai") und Dellen, ähnlich den Frostmusterböden in der arktischen Tundra (s. Abschn. 8.1.3). In den sommerfeuchten Tropen sind ferner **Plinthosole** mit Petroplinthit-Krusten weit verbreitet. Petroplinthit (in der älteren Literatur als Laterit bezeichnet) ist eine zementartig verhärtete, schwer durchwurzelbare Kruste aus Kaolinit, Eisenoxiden und Quarz; er entsteht durch Aushärtung aus Plinthit, einem Anreicherungshorizont aus Sesquioxiden

in stau- oder grundwasserbeeinflussten Böden der immerfeuchten Tropen (Plinthisation). Der Übergang von einem feuchteren zu einem trockeneren Klima fördert diese Aushärtung. Gelangen solche Krusten durch Erosion an die Oberfläche (wie beispielsweise im Fall der *hardpans* oder der Bowal-Savannen in Westafrika), entwickelt sich ein weitgehend gehölzfreies Grasland. Petroplinthit ist sehr stabil, und durch Erosion der Umgebung können Tafelberge entstehen (Reliefumkehr; Abb. 3-2).

3.1.2 Vegetation

3.1.2.1 Wald oder Savanne?

In einem 1973 in Montpellier gehaltenen Vortrag hat Heinz Ellenberg die Abfolge der zonalen Vegetation im Tiefland zwischen dem perhumiden Nordwesten Ecuadors (mit über 5.000 mm Niederschlag) und dem perariden Nordwesten Chiles (mit nur 10 mm Niederschlag) als ein Kontinuum vom tropischen immergrünen bzw. saisonalen Tieflandregenwald bis zur Halbwüste und Wüste beschrieben (Abb. 3-3; Ellenberg 1975). Im mittleren Abschnitt dieses Gradienten, nämlich dort, wo die Trockenzeit zwischen

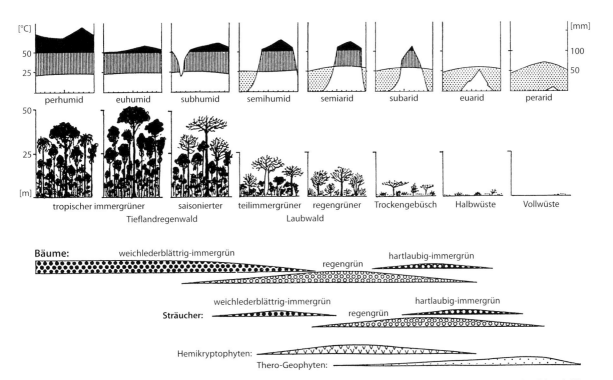

Abb. 3-3 Vegetation entlang eines tropischen Klimagradienten von perhumid bis perarid im pazifischen Andenvorland (nach Ellenberg 1975, verändert; reproduziert mit Genehmigung der E. Schweizerbart'schen Verlagsbuchhandlung OHG, Stuttgart).

drei und sieben Monate dauert (semihumid, semi-arid), gibt es halbimmergrüne und regengrüne Wälder, die sich wegen ihres lichten Kronendaches durch einen reichen Unterwuchs aus Sträuchern und krautigen Hemikryptophyten auszeichnen. Wird das Klima noch trockener (acht bis zehn aride Monate; subarid), gedeiht ein xeromorpher Trockenwald mit hartlaubigen, immergrünen Kleinsträuchern, der schließlich mit weiter zunehmender Aridität in eine Zwergstrauch-Halbwüste übergeht (euarid). Wir haben es hier also mit einer Abfolge von mehr oder minder geschlossenen Gehölzformationen (Wälder und Gebüsche) zu tun. Eine recht ähnliche Sequenz aus Indien wird in einem nicht publizierten Artikel

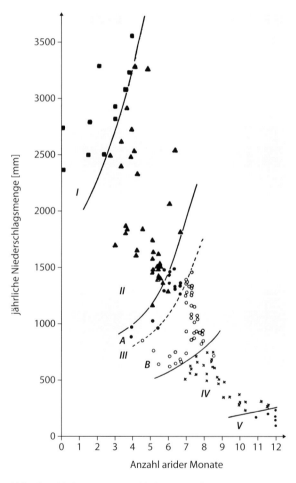

Abb. 3-4 Vorkommen verschiedener tropischer Wälder und Gebüsche in Abhängigkeit von der Zahl der ariden Monate (Abszisse) und der jährlichen Niederschlagsmenge (Ordinate) in Indien. Die Klimadaten sind aus Klimadiagrammen nach Lieth et al. (1999) abgeleitet. Aus Walter (1973) nach Walter (1962). I = Immergrüner, II = saisonaler tropischer Tieflandregenwald, IIIA = feuchter, IIIB = trockener Monsunwald, IV = Trockenwälder und -gebüsche, V = Halbwüste und Wüste.

beschrieben, den H. Walter im Auftrag der UNESCO vorgelegt hat und der im Internet zugänglich ist (Abb. 3-4; Walter 1962, 1973). Auch hier kommen entlang eines Trockengradienten verschiedene Wald- und Gebüsch-Formationen vor. Offensichtlich wird die zonale Vegetation der sommerfeuchten Tropen von halbimmergrünen und regengrünen Wäldern und Gebüschen gebildet. Das ist auch nicht verwunderlich; denn unter den thermisch besonders günstigen Bedingungen für den Pflanzenwuchs sind Gehölze die dominante Wuchsform der Tropen, gleichgültig, wie humid oder arid das Klima ist. Denn sie sind auch in einem trockenen Klima in der Lage, mit ihrem weit ausgreifenden und tiefen Wurzelsystem sowohl Regen- als auch Grundwasser zu nutzen. Beispiele sind die regengrünen Miombo-Wälder in Afrika (südlich an die tropischen Tieflandregenwälder angrenzend), die regengrünen Monsunwälder in Südostasien an den Ausläufern des Himalayas und die immergrünen Trockenwälder des Cerradão in Südamerika am Südrand des Amazonasbeckens. Reine, klimatisch bedingte (zonale) Grasländer gibt es nur unter kühlen semiariden Bedingungen mit strenger thermischer Saisonalität, also in winterkalten Gebieten der nemoralen (Steppen) und arktisch-alpinen Zone (Grastundren).

Weltweit prägt aber eine andere Pflanzenformation unsere Vorstellung von der Klimazone der sommerfeuchten Tropen, nämlich die **Savanne**. Unter diesem Begriff verstehen wir ein tropisches, feuergeprägtes Grasland aus C_4-Gräsern mit einem variablen Anteil von Gehölzen in Form einzelner Individuen oder Gehölzgruppen. Savannen bestimmen unser Bild von Afrika, etwa in Kenya und Tansania, mit Herden aus großen Pflanzenfressern wie Elefanten, Giraffen, Zebras und Antilopen, mit regelmäßig auftretenden Bränden und einer weiten Landschaft. Savannen, allerdings fast ohne indigene Großherbivoren, kommen aber auch in Südamerika (als Llanos Orientales in Venezuela und als Cerrado in Brasilien), in Südostasien und in Australien vor, und zwar offensichtlich anstelle der halbimmergrünen und regengrünen Wälder (zum Unterschied zwischen Cerrado und Cerradão s. Abschn. 3.2.3.4). Denn das Allgemeinklima beispielsweise einer Trockensavanne unterscheidet sich nicht grundsätzlich von dem eines regengrünen Waldes.

Strukturell gehen Wald und Savanne kontinuierlich ineinander über. Wie in Abschn. 3.3 noch näher erläutert wird, zeigt sich dies zum Beispiel im Fall der zentralbrasilianischen Savannen, die vom geschlossenen Wald, in dem sich die Baumkronen überschneiden (Cerradão), bis zum weitgehend gehölzfreien offenen Grasland (Campo limpo) reicht. Ähnliche Gradienten sehen wir aber auch in Afrika und Südostasien. Entlang dieser Gradienten verändern sich die funktionalen Eigenschaften der Bäume: Wir finden in den Savannen oft Gehölze mit dicker, feuerge-schützter Borke und der Fähigkeit, in der Jugend nach Feuer von unten (aus dem Hypokotyl oder einer im Wesentlichen aus Adventivknospen bestehenden Knolle, dem *Lignotuber*) wieder auszutreiben (*resprouter*; s. Kasten 3-4). Die Bäume in den regengrü-

---

Kasten 3-1

Koexistenzmechanismen 1: Nischendifferenzierung

Das Zusammenleben von Pflanzen, ihre Koexistenz, wird von Prozessen geregelt, die der Konkurrenz, also dem Wettbewerb um Ressourcen wie Licht, Wasser und Nährstoffe, entgegenwirken. Dies geschieht entweder dadurch, dass sich benachbarte Pflanzen in räumlicher oder zeitlicher Hinsicht aus dem Weg gehen (räumliche oder zeitliche Nischendifferenzierung), oder dadurch, dass Pflanzen funktional aufeinander angewiesen sind oder zumindest voneinander profitieren (Mutualismen). Da Pflanzengemeinschaften von wenigen Ausnahmen abgesehen immer aus mehreren Arten bestehen, haben solche Koexistenzmechanismen eine eminente Bedeutung für die Erklärung, warum wir trotz Konkurrenz oft eine Vielzahl von Pflanzen an einer Stelle im Gelände vorfinden und nicht nur eine dominante Art. Im Fall der Savannen ist diese Koexistenz besonders augenfällig, weil sie sich zwischen zwei Gruppen von Pflanzen abspielt, die sich ökologisch gänzlich verschieden verhalten, nämlich zwischen Gräsern und Bäumen (s. Kasten 3-2). Wir gehen an dieser Stelle nur auf die Nischendifferenzierung ein; die Mutualismen besprechen wir in Kasten 4-3 in Abschn. 4.3.4.1.

Koexistenz durch **zeitliche Nischendifferenzierung** kommt in nahezu allen Formationen der Erde vor. Sie kann durch endogene Prozesse ausgelöst werden oder exogen sein. **Endogene Prozesse** sind beispielsweise die Alterung und der Tod von einzelnen Individuen und Gruppen. Hierdurch entstehen Lücken, die von derselben Art oder von anderen Arten besetzt werden können, je nachdem, ob diese physiologisch für die Wiederbesiedlung der Lücke geeignet sind oder nicht. Sind mehrere Arten geeignet, entscheidet das Lotterieprinzip; es kommt diejenige Art zum Zug, die in der Nähe der Lücke durch ein reproduzierendes Individuum vertreten ist. Das Lotterieprinzip ist besonders ausgeprägt in tropischen Regenwäldern, wo es zu der bekannt hohen Artendichte beiträgt, vor allem, wenn man annimmt, dass sich die meisten Baumarten in ihren ökologischen Ansprüchen nicht allzu sehr voneinander unterscheiden (*neutral theory* nach Hubbell 2001). Diesen Sachverhalt haben wir bereits in Abschn. 2.1.3 besprochen.

Mit der zeitlichen Nischendifferenzierung sind Verhaltensmuster verbunden, die es manchen Arten erlauben, nur dann präsent zu sein und sich u. U. fortzupflanzen, wenn die Bedingungen günstig sind. Um für ein solches Vorgehen gerüstet zu sein, bedarf es einer gewissen Vorratshaltung von Ressourcen (Nährstoffe, Wasser). Man spricht deshalb vom **storage effect** (Warner & Chesson 1985). Hierzu gehö-

ren beispielsweise Arten mit einer langlebigen Diasporenbank, deren Samen keimen, sobald sie ans Licht gelangen. In Wäldern entwickeln sich aus den reservestoffreichen Samen der Klimaxbaumarten meist sofort Jungpflanzen; diese verharren im Waldschatten u. U. jahrzehntelang als „Sämlingsbank" im Jugendstadium, bis einer der adulten Bäume stirbt und sie dadurch die Chance erhalten, seinen Platz einzunehmen. Ein solcher Effekt ist auch von den Savannenbäumen bekannt (s. Abschn. 3.1.2.3).

Die zeitliche Nischendifferenzierung durch **exogene Prozesse** ist mindestens genauso häufig. Sie wird durch **Störungen** ausgelöst. Im pflanzenökologischen Kontext versteht man unter einer Störung die Beschädigung einer Pflanze bis zu ihrer teilweisen oder gänzlichen Vernichtung (mit der Folge der Neuetablierung aus der Samenbank oder durch Zuwanderung). Die weltweit flächenhaft bedeutendsten Störungen sind Feuer und Herbivorie. Im Fall der Savannen ist das wiederholte, aber unregelmäßige (klimagesteuerte) Auftreten von natürlich entstehenden Feuern (Wildfeuern) die wichtigste Ursache für die Koexistenz von Gräsern und Bäumen. In der borealen Klimazone erzwingt Feuer die zyklische Erneuerung der Wälder (s. Abschn. 7.3.2). In humiden Graslländern verhindert die Beweidung durch Säugetiere, dass einzelne Arten dominant werden. Pionier- und Folgearten können somit ebenso miteinander leben wie r- und K-Strategen, also gänzlich verschiedene Strategietypen, die sich ohne Störung ausschließen würden (Huston 1979).

Endogene und exogene Prozesse steuern aber nicht nur die zeitliche, sondern auch die **räumliche Nischendifferenzierung**. Meist lassen sich beide Formen der Koexistenz gar nicht voneinander trennen. So ermöglicht das Mosaik aus verschieden alten Feuerflächen nicht nur ein zeitliches Hintereinander, sondern auch ein räumliches Nebeneinander derselben Arten. Beweidete Grasländer bestehen, bedingt durch Tritt und Fressverhalten der Weidetiere, aus einem kleinräumigen Fleckenteppich mit verschiedenen Artengarnituren. Ein auch für aride Savannen diskutiertes Koexistenzkonzept räumlicher und zeitlicher Nischendifferenzierung beruht auf dem **patch-dynamics model** (Picket & Thompson 1978). Es beschreibt offene Nicht-Gleichgewichtssysteme, die räumlich und zeitlich durch ein Mosaik von *patches* mit verschiedenem Bewuchs gekennzeichnet sind. Diese *patches* wechseln sich ab, ändern damit ihre Lage und können sogar aussterben.

Kasten 3-2

Koexistenzmechanismen 2: Der Gras-Baum-Antagonismus

Nicht nur in der Savanne, sondern an vielen Grenzen zwischen Wald und Offenland kommen die beiden Pflanzenfunktionstypen „Baum" und „Gras" in Kontakt. Das ist beispielsweise der Fall entlang des Ökotons zwischen Wald und Steppe in der nemoralen Zone der Nordhemisphäre (mit dem wir uns noch ausführlich in Abschn. 6.3 beschäftigen werden) und zwischen Wald und Grastundra einiger nordhemisphärischer Hochgebirge (wobei „Gras" hier nicht ganz korrekt ist, handelt es sich doch meist um Vertreter der Cyperaceae). Hier schließen sich beide Wuchsformen also mehr oder weniger aus. Im Fall der Savanne hingegen koexistieren sie und die Grenze zwischen regengrünen Wäldern und Savannen ist in der Regel ein Kontinuum. Um solche Phänomene zu klären, bedarf es eines Blickes auf die grundsätzlichen Unterschiede zwischen Gras und Baum, vor allem bezüglich der unterirdischen Organe (Schenk & Jackson 2002). Vorweg sei gesagt, dass wir uns auf diejenigen Gräser und Bäume konzentrieren, die gemeinsam bzw. in direkter Nachbarschaft vorkommen. Denn weder der Begriff „Baum" noch der Begriff „Gras" umfasst ökologisch und physiologisch einheitliche Gilden. Bei den Gräsern beschränken wir uns auf Horstgräser des C_4-Typs (Savannen). Sklerophylle Igelgräser und ausläuferbildende Gräser bleiben außer Betracht. Unter den Bäumen gilt unser Augenmerk den Savannenbäumen und den Bäumen der regengrünen Wälder innerhalb der sommerfeuchten Tropen (Walter 1960, Bond 2008). Analogieschlüsse auf den Gras-Baum-Antagonismus in anderen Klimaräumen (insbesondere in der trockenen nemoralen Zone) sind möglich und werden in Abschn. 6.3 behandelt.

Gräser besitzen ein dichtes, oberflächennahes Feinwurzelsystem, das ihnen erlaubt, den oberen Teil des Bodens bis in rund 100 cm Tiefe intensiv zu durchwurzeln. Sie können deshalb diesen Bodenabschnitt effizient erschließen, d. h. in kürzerer Zeit und in größerer Menge die benötigten Ressourcen (Wasser und Nährstoffe) aufnehmen als Bäume. Diese bilden in der Regel ein viel weiter ausgreifendes Wurzelsystem, das lateral über den Kronenbereich hinausgehen und vertikal viele Metern tief reichen kann (s. Tab. 1-13). Der Feinwurzelgehalt pro Bodenvolumen ist gering; man spricht deshalb von einem extensiven Wurzelsystem. Bäume sind somit weniger effizient in der Wasser- und Nährstoffaufnahme; stattdessen können sie weitaus größere Bodenräume erschließen und Wasser aus Tiefen aufnehmen, welche die Gräser nicht erreichen können. Zudem sind Savannenbäume aus den Familien Fabaceae und Mimosaceae in der Lage, über ihre _Rhizobium_-Symbiose Luftstickstoff in das System zu bringen; beim Erneuerungsprozess der Baumwurzeln wird Mineralstickstoff frei, der auch den Gräsern zugutekommt. Bäume und Gebüsche können in

Gebieten mit einer mehrmonatigen Trockenzeit schwere, feinerdereiche und tonige Böden mit ihrem hohen Totwasseranteil von über 50 % kaum durchwurzeln. Ihren Wurzeln schadet der Wechsel zwischen Quellung und Schrumpfung sowie zwischen Überflutung und Austrocknung (Hypoxie, mechanische Belastung). Sie sind deshalb auf Böden mit leichter verfügbaren Wasservorräten und geringem Feinerdeanteil beschränkt. Gräser kommen mit geringerer Wasserzufuhr aus, können auf feinerdereichen Böden selbst bei zeitweiliger Überflutung wachsen, sind aber auf Sommerniederschläge angewiesen (was besonders für die Steppen mit ihren beträchtlichen Temperaturunterschieden im Jahresgang wichtig ist). Sie fehlen deshalb weitgehend in den Winterregengebieten (s. Abschn. 5.3). Laterale und vertikale Wurzelmassen sind nach einer Literaturauswertung über Wurzeltiefen verschiedener Wuchsformen in Trockengebieten (Schenk & Jackson 2002) in Abb. 1 dargestellt.

Der überwiegende Teil der lebenden Gras-Phytomasse wird von den Wurzeln eingenommen; auf Sprosse und Blätter entfallen lediglich zwischen 10 und 30 %. Das Spross-Wurzel-Verhältnis von Savannengräsern variiert deshalb zwischen 1:9 und 1:3. Bei Bäumen ist dagegen meist die oberirdische Phytomasse größer als die unterirdische. Hier rechnet man mit einem Spross-Wurzel-Verhältnis von etwa 2:1. Gräser sind deshalb besser gegen Feuer und Austrocknung geschützt als Bäume. Außerdem können sie sich schneller regenerieren, und der Verlust der oberirdischen Phytomasse ist weniger einschneidend für das Individuum. Die Sprosse sind zudem in den Grashorsten eng gepackt und schützen so das Meristem der Hemikryptophyten vor hohen Temperaturen. Die oberirdische Gras-Biomasse trocknet während der regenfreien Zeit rasch ab; wegen ihres weiten C/N-Verhältnisses wird sie schlechter zersetzt als die toten Blätter der Bäume (die dem C_3-Typ angehören), sodass die Grasstreu über mehrere Jahre hinweg zu einer dicken, leicht entflammbaren Decke anwächst; ihre Menge liegt häufig weit über den als Minimum für Grasfeuer angesehenen 1–2 t pro ha (Govender et al. 2006). Da die C_4-Gräser vor allem aus dem Tribus Andropogoneae eine besonders hohe Stickstoff-Nutzungseffizienz haben (Ehleringer & Monson 1993), können sie selbst unter nährstoffarmen Bedingungen große Mengen an Biomasse erzeugen (Gignoux et al. 2005). Es ist deshalb kein Wunder, dass Savannen die höchste Feuerfrequenz aller Vegetationszonen aufweisen: 86 % der Ende des 20. Jahrhunderts jährlich abgebrannten Flächen liegen in Savannen (Mouillot & Field 2005).

Gräser müssen nicht wie Bäume große Mengen an Stämmen und Ästen aufbauen und unterhalten; sie reagieren deshalb rascher und flexibler auf kurzfristig auftretende Störungen. Dadurch sind sie auch in der Lage, die Ansiedlung von

Savannenbäumen zu beeinflussen, d. h. sie zu eliminieren (durch Konkurrenz oder Feuer) oder zu tolerieren (bei geringer Streudecke und in feuerarmen Perioden). C_4-Gräser bieten leicht verfügbare Nahrung für Säugetier-Herbivoren (Grasfresser; *grazers*), wenn auch oft in schlechter Qualität (kieselsäurereich, stickstoffarm). Die Blätter von Bäumen haben dagegen einen höheren Futterwert, sind aber weniger leicht zugänglich und nicht immer verfügbar. Tiere, die auch oder ausschließlich von Baumblättern leben (Blattfresser; *browsers*), können bei höherem Beweidungsdruck die Jungpflanzen von Bäumen schädigen; umgekehrt unterdrücken *grazers* den Graswuchs und fördern dadurch feuerempfindliche Gehölze.

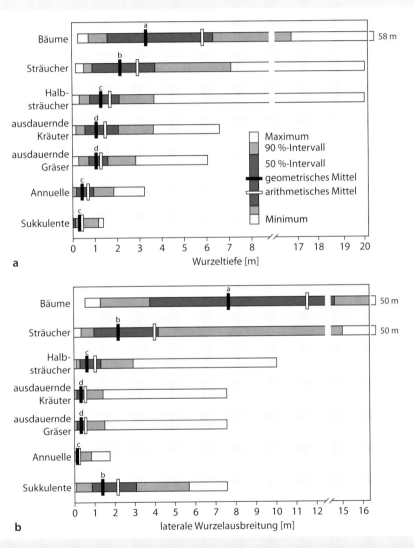

Abb. 1 Wurzeltiefe (a) und laterale Wurzelausbreitung (b) verschiedener Wuchsformen nach einer Literaturauswertung (aus Schenk & Jackson 2002). Die Buchstaben geben signifikante Unterschiede an; sie beziehen sich auf die geometrischen Mittelwerte. Die Wurzeln der Bäume erreichen vertikal und lateral die größte Ausdehnung, gefolgt von den Sträuchern. Gräser konzentrieren ihre Wurzelmasse auf einen Bodenraum von etwa 1 m Durchmesser und 1–2 m Tiefe. Sukkulente haben ein extrem flaches, aber weit ausgreifendes Wurzelwerk. Bei Annuellen sind die Wurzeln besonders kurz und oberflächennah. Das Verhältnis zwischen lateraler Ausdehnung und Wurzeltiefe ist deshalb bei Sukkulenten am größten (ca. 4,5), bei Gräsern und Kräutern am kleinsten (ca. 0,3). Es beträgt bei Bäumen etwa 3, bei Sträuchern 1, bei Halbsträuchern 0,5.

nen Wäldern haben diese Eigenschaften nicht. Daraus lässt sich schließen, dass die Wälder der sommerfeuchten Tropen, im Gegensatz zu den Savannen, nicht feuergeprägt sind.

Die Suche nach der Ursache für das Vorkommen der Savannen mit ihrer merkwürdigen Koexistenz zweier ökologisch völlig konträrer Pflanzenfunktionstypen (Kasten 3-1, 3-2) durchzieht die pflanzenökologische Literatur der Tropen seit Jahrzehnten (z. B. Klötzli 1980, Scholes & Archer 1997, Sankaran et al. 2004, Bond 2008, Lehmann et al. 2011). Eine solche Koexistenz ist nur unter folgenden Bedingungen möglich:

1. Die Flächen, auf denen eine Savanne vorkommt, sind standörtlich heterogen, sodass Gehölzgruppen und Grasland einen Mosaikkomplex bilden. Beispielsweise besiedeln Bäume sandige und kiesige Sedimente, Gräser lehmig-tonige Flächen dazwischen. Ein solches Mosaik haben wir schon bei der Besprechung der großen tropischen Feuchtgebiete erwähnt (Abschn. 2.2.3.3).

2. Auf standörtlich homogenen Flächen, die den überwiegenden Teil der Savannen ausmachen, gibt es Koexistenzmechanismen, die auf einer Nischenseparation beruhen (*competition-based models*). Zwei Modelle sind besonders bekannt geworden (Sankaran et al. 2004): Das *rooting-niche model* geht davon aus, dass Bäume mit ihrem tiefgreifenden und Gräser mit ihrem oberflächennahen Wurzelwerk unterschiedliche Wasserressourcen nutzen, sich also unterirdisch aus dem Weg gehen (Walter 1973). Das *phenological-niche model* postuliert eine Koexistenz durch zeitlich differierende Entwicklungsphasen bei Bäumen und Gräsern im Jahresablauf (Laubentfaltung und Ressorcenverbrauch; Scholes & Archer 1997).

3. Auf standörtlich einheitlichen Flächen können unter klimatisch variablen Bedingungen Störungen wie Feuer und Beweidung dafür sorgen, dass sich kein geschlossener Wald bildet. In der demographischen Entwicklung der Savannenbäume sind Keimlinge und Jungpflanzen besonders gefährdet, abgefressen zu werden oder zu verbrennen. Diese Stadien bilden deshalb einen demographischen Flaschenhals. Das Savannensystem steht im Ungleichgewicht mit seinen Umweltbedingungen (*demographic-bottleneck models*)

4. Wenn Hypothese 3 stimmt, dann kann eine Savanne auch durch die Tätigkeit des Menschen entstehen, der Feuer für die Jagd und die Weideverbesserung legt und Herbivore als Haustiere hält. Anthropogene Savannen sind nachweislich (s. unten) vor allem in Afrika entstanden.

3.1.2.2 Bodeneigenschaften und der Gras-Baum-Antagonismus

Unter den Bedingungen eines wechselfeuchten Klimas sind Bäume auf denjenigen Böden ausgeschlossen, in denen ihr ausgreifendes, extensives Wurzelsystem und ihre Organisationshöhe gegenüber Gräsern keine Vorteile bieten (s. Kasten 3-2). Das ist der Fall auf den physiologisch flachgründigen Vertisolen aus feinporigem, tonigem Substrat mit hohem Totwasseranteil und auf Böden mit oberflächennahen Petroplinthit-Krusten. Die weiten Peneplains mit ihren feinkörnigen Sedimenten sind in der Regenzeit oft monatelang überflutet (*hyperseasonal savannas*; Sarmiento 1984), während des restlichen Jahres jedoch gänzlich ausgetrocknet. Anoxie und physikalische Belastung der Wurzeln während des Quellungs- und Schrumpfungsprozesses sind vermutlich die Hauptursachen dafür, dass solche Flächen weitgehend gehölzfrei sind. Ähnlich schwer von Bäumen zu besiedeln sind Plinthosole. Hier hat der in einer Tiefe zwischen 50 und 100 cm unter der Bodenoberfläche anstehende, dicht gelagerte Plinthit wasserstauende Eigenschaften. In beiden Fällen setzen sich also Gräser als diejenige Wuchsform durch, die flexibler als Bäume auf den Wechsel zwischen Austrocknung und Vernässung reagieren kann.

Innerhalb dieser Grasländer kommen Gehölze nur auf Böden mit einem höheren Anteil an Grobporen vor. Das sind z. B. verlassene Termitenbauten, sandige Auensedimente entlang von Gewässern und fossile Dünen. So entstehen Parklandschaften aus edaphisch bedingtem Grasland in Kombination mit Gehölzinseln. Ein solches Mosaik bezeichnen wir als **Parksavanne.** Tritt das Grasland großflächig auf, wie beispielsweise in Form des Mitchell-Graslandes in Australien (s. Abschn. 3.3.3.3), so sprechen wir von **Savannengrasland.** Lang überflutete Grasländer im Übergang zu tropischen Cyperaceen-Sümpfen und mit einer Dominanz von Gräsern der Unterfamilie Oryzoideae heißen **Sumpfsavannen,** im weniger nassen Milieu, oft mit der Beteiligung von Palmen (z. B. der Gattungen *Borassus* in Afrika und *Mauritia* in Südamerika), auch **Nass-** oder **Palmsavannen.** Alle zusammen bezeichnen wir als edaphische oder azonale Savannen. Einige Beispiele sind in Abb. 3-5 schematisch wiedergegeben.

3.1.2.3 Koexistenz durch räumliche und zeitliche Nischendifferenzierung?

Dieses *rooting-niche model* (Walter 1973, Walker & Noy-Meir 1982), das jahrzehntelang die Diskussion

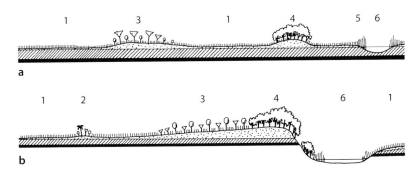

Abb. 3-5 Beispiele aus Moçambique für das Zustandekommen von Parksavannen durch oberflächennahen Plinthit bzw. Petroplinthit (nach Tinley 1982, verändert, reproduziert mit Genehmigung von Springer Science & Business Media B. V.). Savannengrasland (1) mit Gehölzinseln auf Termitenbauten (2); Savannen (3) und Waldinseln bzw. Waldstreifen (4) auf fossilen Dünen und sandigen Flussablagerungen (Galeriewälder); 5 = Cyperaceen-Sümpfe; 6 = offene Gewässer. Die Wälder können je nach der Wasserversorgung während der Trockenzeit regengrün oder immergrün sein; im letzten Fall handelt es sich um extrazonale tropische Regenwälder. Bodenschichten: schwarz: Plinthit bzw. Petroplinthit; schraffiert: während der Regenzeit wassergesättigte Zone; punktiert: Sand.

über die Gras-Baum-Koexistenz in den Savannen beherrschte und noch heute in manchen Lehrbüchern vertreten wird, beschreibt die Savanne als einen Gleichgewichtszustand zwischen den flachwurzelnden Gräsern und den tiefwurzelnden Bäumen. Niederschläge werden demnach zuerst von den Gräsern verbraucht, während die Bäume ihren Wasserbedarf aus tieferen Bodenschichten decken. Je humider das Klima ist, desto mehr Regenwasser lassen die oberflächennah wurzelnden Gräser übrig und desto eher haben Bäume eine Chance, sich neben den Gräsern zu halten.

Das Modell ist heute weitgehend widerlegt. Denn erstens bilden auch die Bäume den größten Teil ihrer Wurzelmasse in einer Bodentiefe zwischen 0 und 40 cm. Zwar reichen ihre Wurzeln auch tiefer, was ihnen die Aufnahme von Wasser während der Trockenzeit aus Feuchtigkeit im Untergrund erlaubt; im Wesentlichen konkurrieren sie aber mit den Gräsern oberflächennah um Wasser und Nährstoffe, wie zahlreiche Untersuchungen aus verschiedenen Savannen zeigen (z. B. Mordelet et al. 1997, February & Higgins 2010). Zweitens lässt das Walter'sche Modell die Baumverjüngung außer Acht. Im Keimlings- und Jungpflanzenstadium konkurrieren die Wurzeln der Bäume nämlich durchaus mit denjenigen der Gräser. Sie müssen sich in dieser Phase gegen diese durchsetzen und bilden erst als ausgewachsene, reproduzierende Individuen tiefer reichende Pfahlwurzeln aus. Deshalb verjüngen sich Gehölze in den semihumiden Hochgrassavannen – im Vergleich zu den semiariden Niedriggrassavannen – besonders schlecht, weil der Wurzelfilz der Gräser dort sehr dicht ist. In einem deterministischen Modell lässt sich zeigen, dass eine Baum-Gras-Koexistenz in Savannen auch ohne un-

terirdische Nischenseparierung möglich ist (Scheiter & Higgins 2007).

Ähnlich kritisch steht es mit der zeitlichen Nischendifferenzierung im Jahresverlauf als Modell für die Erklärung der Gras-Baum-Koexistenz. Es ist seit langem bekannt, dass sich Savannenbäume oft schon einige Wochen vor dem Beginn der Regenzeit belauben, weil sie in der Lage sind, Wasser und Nährstoffe zu speichern. Die volle Blattmasse der Gräser wird dagegen erst viel später erreicht. Ferner tendieren regengrüne Savannenbäume dazu, ihr Laub noch einige Zeit zu behalten, während die Gräser bereits abgetrocknet sind. Deshalb haben die Bäume zeitweise alleinigen Zugang zu Ressourcen, und zwar zu Beginn und am Ende der Regenzeit. Gräser konkurrieren mit Bäumen also nur dann, wenn sich ihre Wachstumsphasen überlappen. Obwohl das Phänomen eine wichtige Rolle im Stoffumsatz eines Savannenökosystems spielt, erklärt es nicht das gemeinsame Vorkommen von Gräsern und Bäumen entlang des gesamten tropischen Trockengradienten (Scholes & Archer 1997); denn die Dauer der konkurrenzfreien Zeit für die Bäume hängt nicht nur von der Höhe des Niederschlags, sondern auch von der Länge der Vegetationszeit ab und ist mit der Dichte des Baumbestands nicht korreliert.

3.1.2.4 Demographische Modelle: Feuer und Herbivorie

Auf dem tropischen Feuchtegradienten zwischen den immerfeuchten Tieflandregenwäldern und der Wüste sind die halbimmergrünen und regengrünen Wälder die einzigen Formationen, in denen Horstgräser vorkommen können. Sie benötigen einerseits ausreichend Licht und während der Wachstumsperiode genügend Regen, sind aber andererseits einigermaßen austrocknungsresistent, weil der überwiegende Teil ihrer Phytomasse unter der Bodenoberfläche lebt. Zudem verhindert die dichte Packung der Halme, dass das Meristem austrocknet oder bei einem Feuer verbrennt. Der Schritt vom Wald zum Grasland, also zur Dominanz der Gräser, ist demnach nicht groß: Wird der Baumwuchs eingeschränkt, z. B. durch regelmäßig auftretende Brände oder durch Beweidung, so entwickelt sich trotz eines Waldklimas ein Grasland mit mehr oder minder hohem Gehölzanteil. Von diesen Gehölzen sind aber nur einige wenige Arten auch Bestandteile der Wälder; die meisten sind Produkte einer über mehrere Jahrmillionen andauernden Savannenentwicklung unter dem Einfluss von Feuer.

Umgekehrt nehmen die Anzahl der Gehölze und deren Deckung in einer Savanne zu, wenn **Feuer** (und Beweidung) experimentell ausgeschlossen werden (Bond et al. 2005), sofern nicht gehölzfeindliche Bodeneigenschaften das Vorkommen von Bäumen und Sträuchern verhindern (wie im Savannengrasland auf Vertisolen; s. Abschn. 3.1.2.2). Dabei müssen wir allerdings zwischen Savannenbäumen einerseits und Waldbäumen andererseits unterscheiden. Savannenbäume haben erstens ein niedrigeres Spross-Wurzel-Verhältnis als Waldbäume, sie ertragen zweitens Trockenperioden besser als diese, sind drittens eher dazu in der Lage, Nährstoffe und Wasser in ihren unterirdischen Organen zu speichern, und können viertens nach Schädigung durch Feuer wieder austreiben (Hoffmann et al. 2004, Fensham et al. 2003). Ihre Stämme sind durch eine dicke Borke gegen Feuer geschützt, während viele Waldbäume mit ihrer dünnen Rinde empfindlich auf Feuer reagieren (Cochrane & Laurance 2002). So entwickelt sich eine Waldvegetation auf den feuerfreien Flächen nur dann, wenn Wälder in der Nähe sind und den Sameneintrag generieren. Ist das nicht der Fall, so können – jedenfalls innerhalb der üblichen Zeiträume von Dauerbeobachtung (50 bis 60 Jahre) – auch keine Waldbäume einwandern. Auch die Savannengehölze nehmen unter Feuerausschluss zu, und zwar sowohl bezogen auf die Baumdichte als auch auf den Zuwachs an oberirdischer Phytomasse pro Individuum (Higgins et al. 2007). So ziemlich alle Feuerausschlussexperimente zeigen diesen Trend der Entwicklung einer Savanne zu einem mehr oder minder geschlossenen Wald (z. B. Trapnell 1959, Louppe et al. 1995, Moreira 2000, Woinarski et al. 2004). Die Geschwindigkeit dieses Bewaldungsprozesses hängt dabei von Klima- und Bodeneigenschaften ab: Sie ist umso höher, je feuchter das Klima und je nährstoffreicher der Boden ist. So stieg die Gehölzdichte nach 50-jährigem Feuerausschluss im Krüger-Nationalpark, Südafrika, nur in Gebieten mit Niederschlägen über 700 mm an (Higgins et al. 2007). Feuer muss demnach als regelmäßige Störung einen stabilisierenden Einfluss auf die Savannenstruktur haben. Anders formuliert, eine Savanne steht offenbar nicht im Gleichgewicht mit Klima- und Bodeneigenschaften; sie befindet sich vielmehr in einem labilen Ungleichgewicht, das durch Savannenbrände aufrechterhalten wird (Jeltsch et al. 2000). Nach Beendigung der Störung kehrt das System in den klimatisch möglichen Endzustand seiner Entwicklung zurück, nämlich in einen (je nach Dauer der Trockenzeit) teilimmergrünen oder regengrünen Wald.

Was im Einzelnen dafür verantwortlich ist, dass sich in einer Matrix aus mehr oder minder dicht stehenden, hochwüchsigen Gräsern immer wieder Bäume und Sträucher etablieren können, ohne dass es zu einem Waldbestand kommt, lässt sich aus der Demographie der beteiligten Wuchsformen einerseits (Keimung, Jungpflanzenentwicklung und Mortalität der erwachsenen Gehölze) und aus der witterungsgesteuerten Feuerfrequenz und -intensität andererseits ableiten (s. auch Kasten 3-4). In dem wechselfeuchten Tropenklima, in dem wir uns hier befinden, treten Savannenbrände in der Regel am Ende der Trocken- oder zu Beginn der Regenzeit auf. In welcher Frequenz sie vorkommen, hängt von der verfügbaren brennbaren Phytomasse und von den jeweiligen, von Jahr zu Jahr schwankenden Witterungsbedingungen ab (und natürlich auch vom Zufallsereignis eines Blitzschlags). So kann der zeitliche Abstand der Brände in einem weiten Bereich, sagen wir, zwischen einem und fünf Jahren, variieren. Je kürzer die Abstände sind, desto weniger brennbare Phytomasse ist vorhanden und desto kühler ist das Feuer. Umgekehrt steigt nach einem längeren Feuerintervall der Anteil von Totholz an der Bodenoberfläche; das Feuer wird heißer und wirkt intensiver auf die Stämme der ausgewachsenen Savannenbäume, die im Extremfall ernstlich geschädigt werden (*topkill*).

Angenommen, der Samen eines Savannenbaumes kann zu einem besonders günstigen Zeitpunkt (niedrige Grasdecke, frisch abgebrannte Fläche, Regenzeit) keimen, dann haben die Jungpflanzen zwei Strategien zu überleben und zu sich reproduzierenden Bäumen heranzuwachsen:

- Entweder sie schaffen es, in der feuerfreien Zeit über die Grasdecke hinauszuwachsen, also eine Mindesthöhe von 2–3 m zu erreichen. Dann ist ihr Kambium bereits besser durch eine (luftgefüllte)

Borke geschützt, und ein Savannenbrand kann ihnen nichts mehr anhaben, sofern die Feuertemperatur nicht allzu hoch ist.

- Oder sie sind als *resprouter* in der Lage, nach Verlust ihrer oberirdischen Organe aus Adventivknospen an verdickten, der Nährstoffspeicherung dienenden Wurzeln oder am Xylopodium (d. h. dem Übergangsbereich zwischen Spross und Wurzel) neue Sprosse zu bilden.

Häufig sind beide Strategien miteinander kombiniert, sodass eine Jungpflanze jahrzehntelang in einer Art Wartestellung verbleiben kann, bis sie es in einer feuerarmen und humiden Periode schafft, endgültig dem Einfluss der Gräser zu entkommen, ein schönes Beispiel für den von Warner & Chesson (1985) beschriebenen *storage effect* (Kasten 3-1). Nach der Figur des Oskar Matzerath in Günther Grass' Roman *Die Blechtrommel* werden solche Jungpflanzen in Wartestellung „Oskars" genannt. Wir werden diesem Phänomen in der Vegetation der Erde noch öfter begegnen. In den Savannen kontrollieren also die

Gräser als die „Liliputaner" unter den Savannenpflanzen die Verjüngung der Bäume (als die „Gullivers"; Bond & van Wilgren 1996).

Mithilfe dynamischer Modelle kann man darstellen, dass es über Jahrhunderte hinweg immer wieder Zeitfenster gibt, in denen sich die Bäume verjüngen können, und zwar je nach Niederschlagsregime in kürzeren oder längeren Abständen bzw. in höherer oder geringerer Dichte (Sankaran et al. 2004). Am Beispiel von südafrikanischen Savannen zeigt sich in der Simulation, dass die Baumdichte in den eher ariden Gebieten von der Zahl etablierter Keimlinge und damit der Frequenz seltener Regenereignisse abhängt, während sie in humiden Savannen eher mit der Fähigkeit der Jungpflanzen korreliert, die heftigeren Feuer zu überleben (Higgins et al. 2000). Der Verlauf der Baumdichte über die Jahrtausende hinweg ist überall durch lange Perioden eines langsamen Rückgangs gekennzeichnet, der immer wieder durch Reproduktionsereignisse unterbrochen wird (Abb. 3-6). Die Frequenz dieser Reproduktionsereignisse und das Verhältnis zwischen der Dichte von Jung-

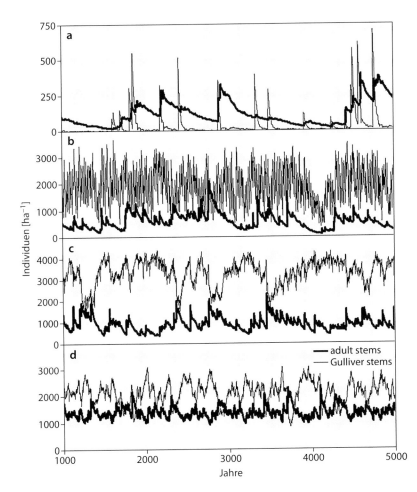

Abb. 3-6 Simulation der Entwicklung der Dichte (Anzahl Individuen pro Hektar) von adulten (reproduzierenden) Bäumen (dicke Linie; *adult stems*) und von nicht-reproduzierenden Jungpflanzen der Bäume (dünne Linie; *Gulliver stems*) über 4.000 Jahre für vier hypothetische entlang eines Feuchtegradienten (aus Higgins et al. 2000, reproduziert mit freundlicher Genehmigung von S. Higgins). Die Bäume erreichen nirgends und zu keiner Zeit 100 % Deckung. Die Savannentypen sind (BS = Beweidungsintensität in kg ha^{-1} Tag^{-1}, W = Wachstumsrate der Bäume in cm a^{-1}):
a = *arid*: 300 mm (BS 12, W 35);
b = *semi-arid*: 600 mm (BS 10, W 45);
c = *semi-mesic*: 1.000 mm (BS 7, W 60);
d = *mesic*: 1.400 mm Jahresniederschlag (BS 2, W 80). Die angenommene Wachstumsrate dürfte etwas zu hoch sein. Erläuterung im Text.

pflanzen und derjenigen erwachsener Bäume ändern sich entlang des Feuchtegradienten von der ariden zur humiden Savanne. Im mittleren Abschnitt sind die Etablierungsraten der Jungpflanzen am höchsten, weil extreme Trockenperioden weniger ausgeprägt sind als am ariden Ende des Gradienten und der Graswuchs niedriger und lückiger ist als an seinem humiden Ende. Zudem lässt sich zeigen, dass die Koexistenz im Wurzelraum auch ohne Separierung der Wurzelsysteme beider Partner möglich ist (Scheiter & Higgins 2007). Die abrupte Reduktion der oberirdischen Phytomasse sowohl von Gräsern als auch von Bäumen durch Feuer verhindert, dass sich die Wurzeln beider Wuchsformen ungehemmt ausbreiten können und somit um Wasser und Nährstoffe streng konkurrieren müssen. Das stabilisierende Element in dieser Simulation ist die relativ ausgeglichene Konstanz der Dichte der ausgewachsenen Savannenbäume mit ihrer niedrigen Mortalitätsrate, während die Zahl der Jungpflanzen in Abhängigkeit von Regenfrequenz und Feuerintensität heftig schwankt. Die Koexistenz von Bäumen und Gräsern erklärt sich aus der Varianz der Umweltbedingungen mit ihrer differenzierenden Wirkung auf die verschiedenen Stadien im Lebenszyklus der Savannenbäume.

Wie wir in Abschn. 3.3.2.3 sehen werden, wirkt sich die **Beweidung** von Gehölzen durch *browsers* auf die Savannenstruktur ähnlich aus wie Feuer: Wegen der leichten Erreichbarkeit werden die Gehölzjungpflanzen bevorzugt abgeweidet, jedenfalls solange sie nicht wesentlich über die Grasdecke hinausgewachsen sind. Dichte *browser*-Populationen können also die Verjüngung von Savannenbäumen erschweren (Augustine & McNaughton 2004). Umgekehrt unterdrücken *grazers* den Graswuchs und fördern indirekt die Gehölze, und zwar vor allem in den semiariden Trockensavannen, in denen die Gräser niedrigwüchsig sind („Niedriggrassavannen"). Überbeweidung führt deshalb hier zu einer Zunahme von Gehölzen und im Extremfall – bei den subariden Trockengebüschen – zum Verschwinden der Gräser. Diese und andere räumlich differenzierenden Umwelteinflüsse wie beispielsweise die ungleichmäßige, „fleckenhafte" Verteilung des Niederschlags und der Feuerereignisse bilden die Basis für Modelle, die weniger die zeitliche als die räumliche Heterogenität im Fokus haben. Räumliche Regenerationsnischen für Bäume entstehen auch dort, wo entweder die brennbare Gras-Phytomasse durch intensive Beweidung so weit reduziert ist, dass keine Feuer mehr vorkommen (Jeltsch et al. 2000), oder wo der Abstand zwischen den Grashorsten so groß ist, dass sich Baumjung-

pflanzen etablieren können (wie in Niedriggrassavannen). Ein spezieller baumfreundlicher Standort sind Termitenhügel (s. ausführlich in Abschn. 3.3.2.3). Somit kann man die Savanne auch als ein dynamisches System begreifen, in dem sich dichte und lockere (savannenartige) Gehölzbestände abwechseln (*patch-dynamic approach*; Wiegand et al. 2006).

Savannen auf waldfähigen Standorten sind also eine Feuerklimax. Wir bezeichnen sie als **Feuersavannen**. Sie sind von C_4-Gräsern bewachsen und deshalb definitionsgemäß auf die sommerfeuchten Tropen beschränkt. Strukturell ähnliche Formationen aus anderen Klimazonen (wie beispielsweise die Waldsteppen der nemoralen Zone, die anthropogenen *Acacia caven*-Bestände der mittelchilenischen Winterregengebiete, die Streuobstwiesen und die Hudelandschaften Mitteleuropas) sind demnach keine Savannen, auch wenn für ihre Entstehung Feuer und Beweidung verantwortlich sein können. Die genannten Beispiele zeigen jedoch, dass anthropogene Feuer (zur Jagd oder zur Gewinnung von Weideland, ggf. verbunden mit Beweidung durch Haustiere) eine ähnliche Wirkung auf Wälder haben wie Wildfeuer und indigene Herbivoren: Ein Teil der heute existierenden Savannen dürfte deshalb anthropogen sein. Einen Hinweis auf diesen Sachverhalt liefert die Vegetation der südostasiatischen Tropen. Dort sind im Vergleich zu Afrika und Südamerika weit mehr regengrüne Wälder als Savannen vorhanden. Der Grund hierfür liegt möglicherweise darin, dass dort seit jeher ein stationärer Ackerbau mit relativ geringem Flächenbedarf betrieben worden ist, im Gegensatz zur stärker nomadisierenden Bevölkerung in den beiden anderen Kontinenten mit ihrer flächenintensiveren Lebensweise (Schultz 2000).

3.2 Wälder

3.2.1 Immergrün und laubabwerfend?

Im Übergangsbereich zwischen den saisonalen tropischen Tieflandregenwäldern der immerfeuchten Tropenzone und den xerophytischen Trockenwäldern, die wir den tropisch-subtropischen Trockengebieten zuordnen und auch dort besprechen wollen (Kap. 4), konkurrieren in Wäldern (und Savannen) physiognomisch und funktional unterschiedliche Baumtypen, nämlich erstens lederblättrige, immergrüne Bäume, die wir schon aus den tropischen Regenwäldern kennen, zweitens malakophylle, regengrüne Bäume und drittens sklerophylle immergrüne Bäume (s. Kasten 1-7). Unter den Wäldern der sommerfeuchten Tropen gibt es deshalb solche, die ihr Blattwerk während der Trockenzeit komplett (**tropische regengrüne Laubwälder**) oder teilweise (meist nur in der oberen Baumschicht) verlieren (**tropische halbimmergrüne Laubwälder**). Sie kommen unter verschiedenen Bezeichnungen auf allen Kontinenten vor, und zwar dort, wo ihre Standorte aus unterschiedlichen Ursachen nicht von Savannen eingenommen werden: Es sind zum Beispiel die Quebracho-Wälder im östlichen Teil des Gran Chaco in Argentinien und Paraguay, die Miombo- und Mopane-Wälder in Afrika und die Monsunwälder in Südostasien. Daneben finden wir aber auch **tropische immergrüne Hartlaubwälder** (und -gebüsche), wie beispielsweise in Nordaustralien (aus immergrünen *Eucalyptus*- und *Acacia*-Arten), in Brasilien (in Form des krüppelwüchsigen, niedrigen, mehr oder minder geschlossenen Cerradão) oder in Venezuela im Regenschatten der Anden.

Diese unterschiedliche Physiognomie der Wälder wird von der Höhe des jährlichen Niederschlags, der Dauer der Regen- bzw. Trockenzeit, der Stärke des hygrischen Kontrasts zwischen den beiden Jahreszeiten und der Nährstoffversorgung bestimmt.

- **Dauer der Trockenzeit:** Im Allgemeinen steigt der Anteil laubabwerfender Bäume mit zunehmender Aridität, ausgedrückt in der Anzahl arider Monate in den Klimadiagrammen nach Walter-Lieth (Abb. 3-3, Abb. 3-7). Auf den immergrünen Tieflandregenwald folgt also ein saisonaler Regenwald mit einzelnen kahlen Bäumen während der kurzen (ein- bis zweimonatigen) Trockenzeit; dauert diese länger (drei bis vier Monate), gedeiht ein halbimmergrüner Laubwald, in welchem die regengrünen Bäume das Aussehen der Pflanzendecke prägen. Die wenigen Immergrünen im Unterwuchs stammen aus den tropischen Regenwäldern: Sie haben also eher ledrige Blätter ohne skleromorphe Eigenschaften. Bei einer fünf- bis sechsmonatigen Trockenzeit erhalten wir schließlich einen komplett regengrünen Wald aus überwiegend laubabwerfenden Arten. Wird das Klima noch trockener, treten Trockenwälder auf, in denen immergrüne hartlaubige Gehölze einen höheren Anteil haben, ja sogar zur Dominanz gelangen können (tropisch-subtropische xerophytische Trockenwälder und -gebüsche; s. Tab. 1-12).
- **Niederschlagshöhe:** Die Länge der Trockenzeit ist aber nur einer von mehreren Faktoren, welche die

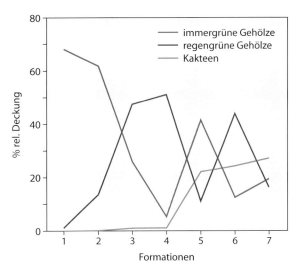

Abb. 3-7 Relative Deckung von immergrünen und regengrünen Gehölzen sowie von Säulenkakteen in verschiedenen Formationen entlang eines Feuchtegradienten in Venezuela (nach Matteucci 1987 aus Medina 1995, verändert). 1 = Nebelwald, 2 = saisonaler Regenwald, 3 = halbimmergrüner Wald, 4 = regengrüner Wald, 5 = tropischer Hartlaubwald, 6 = regengrüner xerophytischer Wald, 7 = Halbwüste aus Kakteen. Die immergrünen Gehölze sind in 1 bis 4 lederblättrig, in 5 bis 7 hartlaubig.

Vegetation bestimmen. Der zweite Faktor ist die Niederschlagshöhe während der Regenzeit. Hier gibt es beträchtliche Unterschiede in den sommerfeuchten Tropen. So fallen innerhalb der Regenzeit von sieben bis acht Monaten im östlichen (regengrünen) Gran Chaco (Argentinien) knapp 1.100 mm, in Nordaustralien mit immergrünen *Eucalyptus*-Wäldern und -savannen über 1.500 mm Niederschlag (Darwin). Da immergrüne Bäume (und darunter besonders die Sklerophyllen) tiefer wurzeln (bis zu 30 m) und ein weiter ausgreifendes Wurzelsystem haben als die regengrünen mit einem eher oberflächennahen Wurzelwerk (Jackson et al. 1995), profitieren sie – in ähnlicher Weise wie in der Klimazone der winterfeuchten Subtropen – mehr als diese von einem dauerhaft gefüllten Bodenwasservorrat.

- **Hygrischer Kontrast:** Hinzu kommt als dritter vegetationsbestimmender Faktor der hygrische Kontrast zwischen den Jahreszeiten. Er bemisst sich danach, ob die Trockenzeit weitgehend niederschlagsfrei ist oder ob es während der ariden Monate hin und wieder regnet (Schroeder 1998). Ist Letzteres der Fall, können sich immergrüne, sklerophylle Gehölze wenigstens im Unterstand der Wälder bzw. der Gebüsche behaupten.

Die hohe Variabilität des Niederschlagsgeschehens, sowohl den Beginn als auch das Ende der Regenzeit und die jährliche Regenmenge betreffend, wird als ein Grund für den immergrünen Charakter der nordaustralischen Wälder und Savannen angesehen (Bowman & Prior 2005).

- **Nährstoffe:** Schließlich bestimmt – als vierter Faktor – die Menge der pflanzenverfügbaren Nährstoffe die Physiognomie und Artenzusammensetzung der Wälder der sommerfeuchten Tropen. Wie wir am Beispiel der tropischen Heidewälder schon ausgeführt haben (s. Abschn. 2.2.1), kann der sklerophylle Charakter von Phanerophyten auch auf Nährstoffmangel zurückzuführen sein. Wie alle wechselgrünen Wälder sind auch die regengrünen Wälder der Tropen auf eine gute Nährstoffversorgung angewiesen; denn innerhalb der kurzen Zeit der Laubentfaltung ist der Nährstoffbedarf für den Aufbau der Blätter besonders groß. Sieht man von den Flaschenbäumen (z. B. *Adansonia digitata*; Abb. 1-28, 5b) ab, die große Mengen an Assimilaten (Kohlenhydrate und Aminosäuren; Schulze et al. 2002) speichern können, muss der Bedarf der Bäume über das Jahr hinweg überwiegend aus dem Substrat gedeckt werden, in dem sie wurzeln. Es ist deshalb zu erwarten, dass unter sehr nährstoffarmen (dystrophen) Bedingungen, wie sie beispielsweise in dystrophen Böden aus alten (häufig präkambrischen), P-armen Gesteinen in Teilen von Australien und Südamerika auftreten, regengrüne Bäume zugunsten der Immergrünen zurücktreten; wir finden hier immergrüne, skleromorphe, häufig krüppelwüchsigen Baumbestände (tropische immergrüne Hartlaubwälder, s. Abschn. 3.2.3.4). Im Gebiet des Cerrado, der riesigen, zentralbrasilianischen Savanne, zeigt sich die Auswirkung der Nährstoffversorgung sehr deutlich: Während auf den dystrophen Böden immergrüne Formationen vorkommen, ist die Gehölzvegetation auf den basenreichen Böden aus Basalt, Karbonatgesteinen oder alluvialen Sedimenten regengrün (Oliveira-Filho & Ratter 2002).

Für die regengrünen Laubbäume tut sich dort eine Nische auf, wo die Immergrünen der Feuchtwälder die Trockenzeit nicht durchhalten und die Sklerophyllen der Trockenwälder (im Vergleich zu den Regengrünen) nicht wüchsig genug sind. In dieser Nische erlaubt nur die periodisch vorhandene Blattmasse der laubabwerfenden Arten (bei relativ geringem Stoffverbrauch) eine Stoffproduktion, die diejenige der beiden Konkurrenten übertrifft, vor-

ausgesetzt die Nährstoffverfügbarkeit ist hoch genug. Der Laubabwurf kann also in bestimmten Klimagebieten einen Wettbewerbsvorteil gegenüber dem immergrünen Charakter bedeuten.

3.2.2 Merkmale

Trotz der beträchtlichen Unterschiede haben die Wälder der sommerfeuchten Tropen gemeinsame floristische und physiognomische Merkmale. So rekrutiert sich ihre **Artenzusammensetzung** aus den uns schon von den tropischen Tieflandregenwäldern bekannten Familien, die auch zahlreiche regengrüne Arten enthalten (Caesalpiniaceae, Dipterocarpaceae, Fabaceae, Meliaceae, Mimosaceae). Zu den Fabaceae zählt u. a. die Gattung *Erythrina* (Korallenbaum) mit ihren intensiv rot oder orange gefärbten, von Vögeln bestäubten Schmetterlingsblüten. Die Anacardiaceae sind z. B. mit der Gattung *Schinopsis* vertreten (z. B. *S. balansae*, eine charakteristische Art des Gran Chaco, die auch wirtschaftlich von Bedeutung ist). Die dominierende Baumgattung in den Miombo-Wäldern (*Brachystegia* div. spec.) gehört zur Familie der Caesalpiniaceae. Vertreter tropischer Pflanzenfamilien, bei denen der Anteil an laubabwerfenden Arten besonders hoch ist, sind häufig. Hierzu gehören die Bignoniaceae mit den großblütigen Gattungen *Handroanthus* und *Jacaranda*, die Burseraceae und die Simaroubaceae. Ebenso sind die Flaschenbäume der Gattungen *Adansonia*, *Brachychiton* und *Ceiba* (Malvaceae, früher Bombacaceae) weit verbreitet.

Rhythmik: Die regengrünen Bäume (im Wald und in der Savanne) treiben in der Regel schon einige Wochen vor Beginn der Regenzeit aus. Der Austrieb wird also nicht durch die erhöhte Feuchtigkeit im Boden bei einsetzenden Niederschlägen ausgelöst; er ist vermutlich temperaturgesteuert: Offenbar mobilisieren die hohen Temperaturen gegen Ende der niederschlagsarmen Periode die im Meristem gespeicherten Assimilate, die für die Blattentwicklung benötigt werden (Lüttge 2008a). Der Laubabwurf beginnt mit der einsetzenden Trockenzeit, kann sich aber über mehrere Wochen oder gar Monate hinziehen, mit erheblichen, artabhängigen, individuellen Abweichungen (Holbrook et al. 1995). Er wird trotz der – im Vergleich zu sommergrünen Laubwäldern der nemoralen Zone – geringen saisonalen Zeitunterschiede zwischen Tag und Nacht wahrscheinlich photoperiodisch gesteuert (Lüttge 2008a): Die Pflanzen reagieren also nicht auf das Ausbleiben der Niederschläge, sondern auf die Tageslänge, die sich schon wenige Breitengarde nördlich und südlich des Äquators bemerkbar macht. Dennoch behalten manche Bäume ihr Blattwerk, wenn die vorausgegangene Regenzeit überdurchschnittlich lang und regenreich war. Sie können also je nach Witterungsverlauf zwischen regen- und immergrünem Charakter wechseln (fakultativ regengrüne Bäume). Ähnlich wie bei den sommergrünen Laubwäldern der nemoralen Zone wird der Laubabwurf durch ein Trennungsgewebe an der Basis des Blattstieles ermöglicht. Die Blüten vieler regengrüner Bäume (aber nicht aller) entwickeln sich – vermutlich hydroperiodisch gesteuert – nach dem Laubabwurf zu Beginn oder am Ende der Trockenzeit an den kahlen Zweigen wie bei *Erythrina*, *Jacaranda*, *Handroanthus* (Abb. 3-8a) und *Tabebuia*. Da sie nicht von Blattwerk verdeckt werden, sondern im ansonsten kahlen Wald wie ein Signal für potenzielle Bestäuber wirken, ist der Blühzeitpunkt als

Abb. 3-8 Beispiele für Bäume tropischer regengrüner Laubwälder. a = *Handroanthus guayacan*, Bignoniaceae (Venezuela); b = *Bursera simaruba*, Burseraceae (Costa Rica); c = Stamm von *Bursera simaruba* mit abblätternder, an Sonnenbrand erinnernder Rinde („*tourist tree*"); d = *Philenoptera violacea*, Fabaceae (Botswana); e = *Tectona grandis*, Lamiaceae (Pflanzung in Argentinien); f = *Cochlospermum vitifolium*, Bixaceae (Costa Rica).

Wettbewerbsvorteil im Reproduktionsgeschehen zu werten. Die Früchte reifen meist noch während der Trockenzeit.

Feuer: Die meisten Bäume der halbimmergrünen und regengrünen Wälder besitzen im Gegensatz zu den Savannenbäumen keine dicke Borke, die sie gegen Feuer schützen würde. Besonders im Jugendstadium sind sie sehr feuerempfindlich. Trotz eines stellenweise beträchtlichen Grasunterwuchses und einer nach dem Laubfall dicken Streuschicht handelt es sich also nicht um feuergeprägte Ökosysteme. Wildfeuer können zwar nicht ausgeschlossen werden, kommen aber offenbar nur in Zeitabständen von mehr als zehn Jahren vor und beeinflussen die Waldstruktur kaum. Anders sieht es mit anthropogenen Feuern aus. Wenn regengrüne Wälder in einer besonders dicht besiedelten Zone liegen (wie in Afrika beidseitig des Äquators), werden sie regelmäßig, größtenteils jährlich abgebrannt, um die Situation für weidende Haustiere zu verbessern. An die Stelle der Wälder sind lockere Baumbestände mit savannenartiger Struktur oder gänzlich baumfreies Grasland getreten (anthropogene Savannen; s. Abschn. 3.4). Aus diesem Grund gehören die halbimmergrünen und regengrünen Wälder der sommerfeuchten Tropen zu den stark gefährdeten Ökosystemen und bedürfen eines umfassenden Schutzes. Potenziell würden sie rund 42 % aller Tropenwälder einnehmen, das sind etwa 7 Millionen km²; ihre heutige Flächenausdehnung beträgt noch etwas mehr als 1 Million km² (Miles et al. 2006).

3.2.3 Vorkommen und Verbreitung

Nach dem in Abschn. 3.2.1 Gesagten können wir neben den tropischen halbimmergrünen Wäldern (aus lederblättrigen immergrünen und weichblättrigen regengrünen Bäumen) einen feuchten (feuchter Monsunwald) und einen trockenen regengrünen Wald (trockener Monsunwald, regengrüner Trockenwald) aus laubabwerfenden, weichblättrigen Bäumen unterscheiden (Abb. 3-9). Der letztgenannte Waldtyp kann im Unterwuchs immergrüne hartlaubige Holzpflanzen enthalten. Diese dominieren in den tropischen immergrünen Hartlaubwäldern (Abb. 3-10).

3.2.3.1 Die tropischen halbimmergrünen Laubwälder

Die **tropischen halbimmergrünen Laubwälder** treten bei Niederschlägen über 1.200 mm und einer Trockenzeit von drei bis vier Monaten auf. Sie werden 25–40 m hoch und lassen sich in der Belaubungszeit von einem tropischen Tieflandregenwald kaum unterscheiden. Die Bestände sind mehrschichtig, epiphyten- und lianenreich. Die Anzahl der Baumarten liegt um 30 bis 50 pro Hektar. Der höhere Lichteinfall während der Trockenzeit ermöglicht das gelegentliche Vorkommen von Gräsern und Farnen in der Feldschicht. Bis zu 30 % der Bäume der oberen Baumschicht verlieren ihr Laub in der Trockenzeit und sind dann zwei bis vier Monate kahl. Die immergrünen Bäume sind lederblättrig und nicht skleromorph. Tropische halbimmergrüne Laubwälder sind vor allem in den Monsungebieten Asiens verbreitet (Vorderindien, Burma, Thailand). Sie kommen in Afrika beidseitig des Äquators vor, wo sie durch den Menschen erheblich zurückgedrängt wurden und nur noch in einigen Resten vorhanden sind, ferner in Südamerika am Ostrand der Anden sowie im Übergang zwischen Amazonien und den Llanos von Venezuela.

Ein Beispiel ist der **Alisio-Wald** im Westen von Venezuela (Seibert 1996). In seiner feuchten Ausbildung (Jahresniederschläge zwischen 1.200 und 2.000 mm) besteht er aus 40 bis 60 verschiedenen Baumarten und wird etwa 30 m hoch. Wichtige Gattungen sind u. a. *Spondias* (Anacardiaceae), *Pterocarpus* (immergrün, Fabaceae), *Sapium* (immergrün) und *Hura* (regengrün; beide Euphorbiaceae), *Astronium* (Anacardiaceae), *Tabebuia* (Bignoniaceae), *Cochlospermum* (Bixaceae) und *Terminalia* (Combretaceae). Im Unterwuchs gedeihen Palmen. Im Gegensatz zu den tropischen Regenwäldern gibt es eine Feldschicht aus Gräsern und Kräutern.

3.2.3.2 Die tropischen feuchten regengrünen Laubwälder

Bei Niederschlägen zwischen 800 und 1.200 mm und einer Trockenzeit von fünf bis sechs Monaten verschwinden die lederblättrigen Immergrünen, und die regengrünen Bäume dominieren (**tropische feuchte regengrüne Laubwälder**). Die Baumschicht erreicht nur noch 15–20 m Höhe. Lianen und Epiphyten sind selten oder fehlen ganz. Die Feldschicht aus Gräsern (auf feinerdereichen Böden) ist kräftig ausgebildet. Ein Beispiel für diesen Waldtyp sind die bis zu 40 m hohen feuchten **Teakwälder**, in denen *Tectona grandis* (Teak; Lamiaceae; Abb. 3-8e) dominiert (Rundel & Boonpragop 1995). Sie kommen bei Niederschlägen zwischen 1.000 und 1.500 mm und einer Trockenzeit zwischen fünf und sechs Monaten vor und sind von Indien über Thailand, Myanmar bis nach Laos verbreitet. Kodominante Arten stammen aus den Gattungen *Terminalia* (Combretaceae), *Lagerstroemia* (Lythraceae), *Dalbergia* und *Pterocarpus* (beide Fabaceae). Unter geringfügig trockeneren Bedingungen entwickeln sich laubabwerfende Dipterocarpaceen-Wälder, in denen *Shorea*- (z. B. *Shorea robusta*) und *Dipterocarpus*-Arten dominieren. In beiden Waldtypen treten Feuer auf, die heute überwiegend anthropogen sind. Die dicke Borke der Dipterocarpaceen lässt allerdings darauf schließen, dass es in diesen Wäldern schon immer Wildfeuer gegeben haben muss (Baker & Bunyavejchewin 2009). Die brennbare Phytomasse besteht aus der Blattstreu und dem abgetrockneten Grasunterwuchs aus *Imperata cylindrica*, einem in Südostasien und Ostafrika weit verbreiteten, feuerresistenten Gras, sowie dem Zwergbambus *Vietnamosasa pusilla*.

Das Gebiet des **Gran Chaco** (Quechua: *chaku* = Jagdgebiet) in Südamerika erstreckt sich über 1.500 km von Bolivien bis etwa Santa Fé in Argentinien und rund 700 km vom Rio Paraná bis an den Fuß der Anden. Die Vegetation umfasst das gesamte Spektrum zwischen feuchten regengrünen Wäldern im Osten und Halbwüsten im Westen. Die feuchten, 20–25 m hohen regengrünen Wälder, wie sie beispielsweise westlich von Corrientes auftreten, werden von *Schinopsis balansae* (Anacardiaceae; Abb. 3-9d, e) und einigen Leguminosen dominiert (z. B. *Caesalpinia paraguaiensis, Gleditsia amorphoides*). Epiphyten sind durch die Gattungen *Tillandsia* und *Rhipsalis* vertreten.

Die größten Vorkommen von tropischen feuchten regengrünen Laubwäldern liegen aber in Afrika, und zwar südlich des Äquators zwischen rund 5 und 18° S (etwa auf der Breitenlage des Sambesi-Flusses). Es sind die **Miombo-Wälder**, deren Name aus den Bantu-Sprachen für eine der dominierenden Baumarten stammt: Vertreter der Gattung *Brachystegia* werden *Muombo* (plural *Miombo*) genannt (Smith & Allen 2004). Die bis zu 20 m hohen Miombo-Wälder werden von den Caesalpiniaceae-Gattungen *Brachystegia*, *Isoberlinia* und *Julbernardia* bestimmt (Abb. 3-9f, g). Sie würden ohne den Einfluss des Menschen eine Fläche von rund 2,7 Millionen km² einnehmen (Campbell 1996), sind jedoch durch häufige Feuer in Verbindung mit Beweidung, Ackerbau und Holzkohlegewinnung überwiegend in eine mehr oder weniger offene, savannenartige Vegetation umgewandelt (*Miombo-Woodland*). Die charakteristischen Baumarten der Miombo-Wälder wie *Brachystegia boehmii*, *B. spiciformis* und *Julbernardia globiflora* (und eine Reihe anderer; s. Cauldwell & Zieger 2000) sind im ausgewachsenen Zustand – im Gegensatz zu den Savannenbäumen – empfindlich gegen Feuer, weil die Dicke ihrer Borke nicht ausreichend Hitzeschutz bietet. Bei den häufig zu beobachtenden (anthropogenen) jährlichen Bränden entwickelt sich deshalb ein sekundäres Savannengrasland (Furley et al. 2008). Für die Erhaltung der charakteristischen Artenzusammensetzung wird aus diesem Grund eine höchstens dreijährige Feuerfrequenz mit niedriger Feuerintensität empfohlen (Ryan & Williams 2011). Nördlich des Miombo-Waldes treten in Küstennähe die hochdiversifizierten, endemitenreichen halbimmergrünen Küstenwälder des *eastern arc* auf. Diese sind auf der Höhe von Tanga (östliches Usambara-Gebirge) und im Gebiet der Uluguru-Berge inselförmig von immergrünen Tieflandregenwäldern durchsetzt. Nach Nordwesten (Kilimanjaro) werden sie von regengrünen Trockenwäldern, Trockensavannen und Trockenwäldern abgelöst.

3.2.3.3 Die tropischen trockenen regengrünen Laubwälder

Sinkt die Jahressumme des Niederschlags auf unter 1.000 mm und erreicht die Trockenzeit sieben bis acht Monate, so treten niedrige, maximal 15 m hohe Wälder auf, die nur noch aus wenigen regengrünen Baumarten bestehen und oft nur eine einzige Baumschicht aufweisen (**tropische trockene regengrüne Laubwälder**; Abb. 3-9). Häufig sind stark bedornte Bäume aus der Familie Mimosaceae, Stammsukkulente (Euphorbiaceae, Cactaceae), trockenresistente Schopfbäume (Arecaceae, Cycadaceae) und Flaschenbäume (vorwiegend aus der Familie Malvaceae). Lianen und Epiphyten sind selten und, wenn vorhanden, stark spezialisiert. In der Feldschicht finden sich oft sukkulente Rosettenpflanzen der Gattungen *Agave*, *Aloe* und *Sansevieria*. Immergrüne Bäume und Sträucher sind beigemischt; sie haben hartes, sklerophylles, kleinblättriges Laub. Die Wälder gehen kontinuierlich in tropisch-subtropische xerophytische Trockenwälder über, die wir in Kap. 4 (tropisch-subtropische Trockengebiete) besprechen werden. In **Costa Rica** kommen solche Wälder entlang der Pazifikküste vor. Sie bestehen aus einer 20–30 m hohen Baumschicht mit einem beträchtlichen Anteil an Leguminosen (z. B. *Enterolobium cyclocarpum*, Fabaceae, mit großen, fein gefiederten Blättern). Häufig sind *Cochlospermum vitifolium* (Bixaceae) mit auffallenden gelben Blüten und dicht gepackten, mit Flughaaren versehenen Samen in den Früchten (Abb. 3-8f), *Bursera simaruba* (Burseraceae) – am roten Stamm mit abblätternder Rinde leicht zu erkennen (*„tourist tree"*: Tourist mit Sonnenbrand; Abb. 3-8b,

Abb. 3-9 Beispiele für tropische regengrüne Laubwälder: a = *Colophospermum mopane*-Wald, Botswana; b = regengrüner Wald im Nationalpark Guanacaste, Costa Rica, mit *Quercus oleoides* im Vordergrund; c = derselbe Wald im Innern mit *Bursera simaruba* und *Bromelia pinguin* im Unterwuchs; d = *Schinopsis balansae*-Wald bei Saenz Peña, Gran Chaco, Argentinien.

c), sowie der sklerophylle, immergrüne Baum *Quercus oleoides* (Abb. 3-9b, c). Im Unterwuchs finden wir zahlreiche dornige Gehölzpflanzen (wie *Acacia collinsii*) und Sukkulenten (*Opuntia*- und *Bromelia*-Arten).

Ein flächenmäßig bedeutendes Vorkommen der trockenen regengrünen Wälder liegt im **Gran Chaco** westlich der *Schinopsis*-Wälder in Argentinien und Paraguay. Hier entwickelt sich bei Niederschlägen zwischen 800 und 1.000 mm und einer Trockenzeit von sechs bis sieben Monaten ein 15–20 m hoher Wald aus *Aspidosperma quebracho-blanco* (Apocynaceae) und *Schinopsis lorentzii* (*quebracho colorado*

santiagueño). Dazu kommen Dornsträucher im Unterwuchs wie *Prosopis alba* und *P. nigra* (Mimosaceae). Die spanische Bezeichnung *quebracho* (spanisch für „Axtbrecher") bezieht sich auf das außerordentlich harte Holz, das traditionell zu Holzkohle und Eisenbahnschwellen verarbeitet wird und der Tanningewinnung dient (s. Abb. 3-9e).

Im Anschluss an die Miombo-Wälder nach Süden treten mit zunehmender Aridität niedrige, nur noch 10–12 m hohe, lockere Waldbestände auf, die lediglich aus einer Baumart bestehen, nämlich **Mopane** (*Colophospermum mopane*, Caesalpiniaceae; Abb.3-9a). Die Niederschläge variieren zwischen

Abb. 3-9 (Fortsetzung) e = alte Zuckerrohrpresse (am Herrenhaus einer Zuckerrohrplantage bei Calilegua, Argentinien): Walzen und Gestell sind aus Holz von *Schinopsis quebracho-colorado*, die Zähne wurden aus *Schinopsis balansae* gefertigt. Beide Baumarten haben extrem hartes und wegen des hohen Tanningehalts sehr widerstandsfähiges Holz; f = Blick auf einen Miombo-Wald (Niassa Wildlife Corridor, Tansania) aus *Brachystegia boehmii* und *Julbernardia globiflora*; g = Inneres eines Miombo-Waldes (Kitulanghalo, Tansania) aus *Julbernardia globiflora* und *Panicum maximum* im Unterwuchs (Fotos f, g: U. Bloesch).

600 und 800 mm, die Trockenzeit dauert sieben bis acht Monate. *Colophospermum mopane* bildet ein oberflächennahes Wurzelwerk, wobei 66 % der Feinwurzeln in den obersten 40 cm konzentriert sind (Smit & Rethman 1998). Die Wurzeln der Bäume konkurrieren also besonders stark um Ressourcen, woraus sich der lichte Stand der Wälder erklärt. Offensichtlich sind sie dadurch in der Lage, sich sogar gegenüber Gräsern durchzusetzen (Smit & Rethman 2000). Ein auffallender Baum ist die Caesalpiniacee *Philenoptera violacea* mit ihrer fliederfarbigen Blütenpracht im Oktober und November (Abb. 3-8d). Weitere weit verbreitete regengrüne Wälder sind die artenreichen **Baobab-Wälder** mit *Adansonia digitata* auf frischen, nährstoffreichen Standorten, die anspruchslosen ***Combretum*-Gehölze**, die durch häufige Feuer gefördert werden, und

die niedrigen **Akaziengehölze**, die besonders nach Degradation durch Überbeweidung zur Vorherrschaft gelangen, z. B. mit *Acacia sieberiana*, *A. nilotica*, *A. nigrescens* u. v. a. (Knapp 1973).

3.2.3.4 Die tropischen immergrünen Hartlaubwälder

Die **tropischen immergrünen Hartlaubwälder** entwickeln sich innerhalb der sommerfeuchten Tropen anstelle regengrüner Wälder auf besonders nährstoffarmen Böden (Abb. 3-10). Damit entsprechen sie nährstoffökologisch den Heidewäldern der feuchttropischen Tieflagen. Die mehrmonatige Trockenzeit mit Wasserreserven in tieferen Bodenschichten fördert zusätzlich immergrüne hartlaubige Bäume. Die

Abb. 3-10 Beispiele für tropische immergrüne Hartlaubwälder: a = lockerer Wald aus verschiedenen *Eucalyptus*-Arten, Queensland, Australien; b = Cerradão (Jardim Botânico, Brasilia; Foto: G. Gottsberger).

zwei größten Vorkommen liegen in Südamerika und Australien. In Südamerika handelt es sich um den Lebensraum des **Cerrado** *sensu lato*, dessen Vegetation ein Kontinuum zwischen offenem Grasland (*campo limpo*) und Waldbeständen ist (*cerradão*) ist (Oliveira & Marquis 2002, Gottsberger & Silberbauer-Gottsberger 2006; Abb. 3-10b). Wir beschränken uns hier auf die Cerradão genannte Vegetation; alle anderen Cerrado-Formationen besprechen wir in Abschn. 3.3. Der Cerradão ist ein im Durchschnitt 8–15 m hoher, mehr oder minder geschlossener Wald mit einer Kronendeckung von 50–90 %. Er kommt sowohl auf dystrophen als auch – im Übergang zu regengrünen Wäldern – auf mesotrophen (basenreicheren) Böden vor. Charakteristische Baumarten sind u. a. *Emmotum nitens* (Icacinaceae), *Protium heptaphyllum* (Burseraceae) und *Virola sebifera* (Myristicaceae), die weniger feuerresistent sind als die Gehölze der offenen Savanne. Ohne Feuer wäre vermutlich der Cerradão die flächenmäßig bedeutendste Vegetation des Cerrado-Gebiets, wie experimenteller Feuerausschluss gezeigt hat (z. B. Ratter 1992).

Auf ähnlich armen Böden des Sandsteinplateaus in **Nordaustralien** (Northern Territory) finden sich Wälder aus *Eucalyptus*-Arten (vor allem *E. tetradonta* und *E. miniata*; Abb. 3-10a). Weil wegen der senkrechten Blattstellung der *Eucalyptus*-Blätter viel Licht auf die Bodenoberfläche gelangt, besteht der Unterwuchs aus einer üppigen, bis zu 2 m hohen Grasdecke aus *Heteropogon triticeus*, *Sorghum plumosum* und *Themeda triandra*; die Wälder werden deshalb nahezu jährlich von Feuerereignissen heimgesucht (Gillison 1994), wozu auch die leicht verdampfenden ätherischen Öle der Blätter beitragen. Beide Eukalypten sind effiziente *resprouter* über unterirdische Ausläu-

fer. Allgemein typisch für Australien ist das Auftreten von hartlaubigen *Acacia*-Arten, deren Sklerophyllie auf die Umwandlung der Blattstiele zu blattähnlichen Organen (Phyllodien) zurückzuführen ist. In den Trockengebieten des Kontinents bestimmen sie die Physiognomie der Vegetation über Tausende von Quadratkilometern (s. Kap. 4). Außerhalb von Australien findet man *Acacia*-Arten mit Phyllodien z. B. auf den Inseln des **Hawai'i**-**Archipels**, wo *Acacia koa* als wirtschaftlich bedeutsame Art unter den einheimischen Bäumen in den unteren und mittleren Hanglagen ausgedehnte Bestände bildet (Mueller-Dombois & Fosberg 1998).

3.3 Savannen

3.3.1 Übersicht und Gliederung

Savannen nehmen weltweit rund 16 Millionen km^2 ein; das entspricht etwa einem Achtel der Landoberfläche der Erde (Scholes & Archer 1997). Es hat nicht an Versuchen gefehlt, die Vielfalt dieser tropischen Grasländer in ein einfaches Schema zu bringen. Die meisten Klassifikationsvorschläge verwenden physiognomische Merkmale, nämlich die Deckung des Gehölzbestands und die Höhe der Bäume und Sträucher. Ein Beispiel ist die auf Sarmiento (1984) zurückgehende Gliederung für neotropische Savannen (Tab. 3-1), die sich in vielen Lehrbüchern wiederfindet (Walter & Breckle 2004). In ähnlicher Weise wird auch die Vegetation von Australien klassifiziert (Tab. 3-2). Solche physiognomischen Einheiten spiegeln

Tab. 3-1 Gliederung der Savannen nach physiognomischen Merkmalen[1]

1		Savannen ohne Gehölze oder Gehölze niedriger als die Grasdecke	*grass savanna, grasslands*
2		Savannen mit niedrigen Gehölzen (< 8 m), die eine mehr oder minder offene Schicht bilden	
	2a	Sträucher und Bäume isoliert in Gruppen; Gehölzdeckung < 2 %	*tree savanna, shrub savanna*
	2b	Gehölzdeckung 2–15 %	*savanna woodland*
	2c	Gehölzdeckung > 15 %	*woodland*
3		Savannen mit Bäumen > 8 m	
	3a	Bäume vereinzelt, Deckung < 2 %	*tall tree savanna*
	3b	Deckung der Bäume 2–15 %	*tall savanna woodland*
	3c	Deckung der Bäume 15–30 %	*tall wooded grassland*
	3d	Deckung der Bäume > 30 %	*tall woodland*
4		Savannen mit großen Bäumen in kleinen Gruppen	*park savanna*
5		Mosaik aus Savannen und Wäldern	*park*

[1] Nach Sarmiento (1984).

allerdings nicht ausschließlich Standortunterschiede wider, sondern werden auch von der räumlichen und zeitlichen Varianz der Feuerfrequenz und -intensität, von Diskontinuitäten der Beweidung durch Wild- bzw. Haustiere und/oder von menschlichen Eingriffen bestimmt. Sie sind deshalb nur eingeschränkt für eine ökologische Interpretation geeignet.

Ein nach Belsky (1990) weltweit anwendbares Modell stammt von Johnson & Tothill (1985; Abb. 3-11). In ihrem Ökogramm grenzen die Autoren die Savannen im eigentlichen Sinn (*core savannas*) mittels der jährlichen Niederschlagssumme gegen

tropische Tieflandregenwälder (Grenze bei rund 2.000 mm) und tropisch-subtropische Trockengebüsche ab (Grenze bei 500–700 mm, je nach Bodentextur). Im Zentrum stehen die feuerbedingten Hoch- (= Feucht-) und Niedriggras- (= Trocken-)savannen (anstelle der zonalen halbimmergrünen und regengrünen tropischen Laubwälder), die sich durch das Vorherrschen von Gräsern aus der Tribus Andropogoneae (Unterfamilie Panicoideae) mit den C_4-Gattungen *Andropogon, Cymbopogon, Hyparrhenia, Imperata, Schizachyrium, Sorghastrum, Themeda* u. a. auszeichnen. Werden die Böden mit zunehmendem

Tab. 3-2 Physiognomische Gliederung der Trockenvegetation Australiens einschließlich der Savannen (fett gedruckt)[1]

Wuchsform und Höhe	Deckung der Baum- bzw. Strauchschicht			
	70–100 %	30–70 %	10–30 %	< 10 %
Bäume > 30 m	tall closed-forest	tall open-forest	tall woodland	tall open-woodland
Bäume 10–30 m	closed-forest	open-forest	**woodland**	**open-woodland**
Bäume 5–10 m	low closed-forest	low open-forest	**low woodland**	**low open-woodland**
Sträucher 2–8 m	closed-shrub	open-shrub	**tall shrubland**	**tall open-shrubland**
Sträucher 0–2 m	closed-heath	open-heath	**low shrubland**	**low open-shrubland**

[1] aus Walker & Gillison (1982).

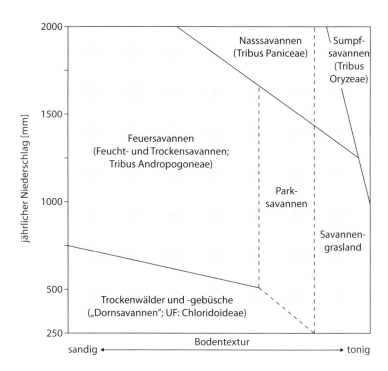

Abb. 3-11 Klassifikation der Savannen der Erde nach Niederschlagshöhe und Bodentextur (nach Johnson & Tothill 1985, verändert).

Ton- und Schluffanteil feinkörniger und weniger wasserdurchlässig, geht der Gehölzanteil zurück. Es entsteht eine Parksavanne mit Gehölzinseln auf den besser drainierten Geländeerhebungen und schließlich ein Savannengrasland (edaphische Savannen). Bei höheren Niederschlägen und damit regelmäßiger Überflutung während der Regenzeit stellt sich eine Nasssavanne ein, in der neben den oben bereits erwähnten Vertretern der Andropogoneae Grasgattungen wie *Echinochloa*, *Hygrochloa*, *Hymenachne*, *Panicum* und *Paspalum* vorkommen (Tribus Paniceae, Unterfamilie Panicoideae). Nasssavannen zeichnen sich oft durch eine lockere Baumschicht aus Fächerpalmen der Gattungen *Mauritia* (Südamerika) und

Hyphaene (Afrika) aus („Palmsavannen"). Bei länger anhaltenden Überflutungen entsteht eine Sumpfsavanne, in der neben Gräsern der Tribus Oryzeae (*Oryza*, *Leersia*) Vertreter der Cyperaceae dominieren. Sie leiten zu den tropischen Cyperaceen-Sümpfen über (s. Abschn. 2.2.2.3).

Feuchtsavannen (Hochgrassavannen) sind periodisch grüne, tropische Hochgrasbestände mit einzeln oder gruppenweise eingestreuten Bäumen und Sträuchern. Die Grasdecke ist zweischichtig; die obere Schicht wird von 1,5–3 m hohen Grashorsten gebildet (Horst-Hemikryptophyten), die während der Regenzeit nahezu 100 % des Bodens decken und die Hauptmasse des Pflanzenbestands ausmachen

Tab. 3-3 Lebensformenspektren (%) einzelner Savannen aus Sarmiento & Monasterio (1983) (1) sowie Gottsberger & Silberbauer-Gottsberger (2006) (2). Lebensformen nach Raunkiaer (1910).

	Phanerophyten	Chamaephyten	Hemikryptophyten	Geophyten	Therophyten
Cerrado, Brasilien[1]	34,9	5,0	46,5	0,3	12,6
Llanos, Venezuela[2]	28	7	31	5	29
Lake Edwards Plain, Kongo[3]	5	38	22	5	29
Olokemeji-Savanne, Nigeria[4]	30	0	23	21	25
Lamto-Savanne, Elfenbeinküste[5]	9	1	62	9	19

[1] Versuchsflächen bei Botucatu (2), [2] nach Aristeguieta (1), [3] nach Lebrun aus (1), [4] nach Hopkins (1), [5] nach César (1).

(Schmithüsen 1968). Die untere Schicht erreicht eine Höhe von 0,5–1 m und besteht vor allem aus Chamaephyten und Geophyten (Tab. 3-3). Sie entwickelt sich häufig schon vor Beginn der Regenzeit unmittelbar nach Feuer und hat ihr Entwicklungsoptimum vor dem Zusammenschluss der Gräser. Die Bäume bzw. Sträucher sind in der Regel 6–12 m hoch und haben dickborkige Stämme, wodurch ihr Kambium gegen Feuer geschützt ist. Die flussbegleitenden Galeriewälder, welche die Feuchtsavannen bandartig durchziehen, sind immergrüne, floristisch verarmte, azonale tropische Tieflandregenwälder.

Trockensavannen (Niedriggrassavannen) kommen in Gebieten mit jährlichen Niederschlägen zwischen 500 und 1.100 mm vor. Ihre Grasdecke ist nur noch weniger als 1–1,5 m hoch. Hinzu treten regengrüne und xeromorphe sowie sukkulente Stauden. Die Bäume werden 5–10 m hoch. Sie haben breite, krummästige, manchmal schirmförmige Kronen. Therophyten sind häufiger als in den Feuchtsavannen. Die Galeriewälder sind lediglich unmittelbar am Flussufer immergrün; sonst bestehen sie aus laubabwerfenden Bäumen der tropischen regengrünen Laubwälder.

Ähnlich wie bei den Wäldern der sommerfeuchten Tropen und aus denselben Gründen (s. Abschn. 3.2.1) können die Gehölze der Feucht- und Trockensavannen regen- oder immergrün sein; im ersten Fall sind ihre Blätter malakophyll, im zweiten sklerophyll, also hartlaubig. Feucht- und Trockensavannen grenzen wir als **Feuersavannen** von den azonalen **edaphischen Savannen** ab.

Natürliche Feuersavannen, die bereits vor dem Auftreten des Menschen vorhanden waren, zeichnen sich durch eine eigene, oft endemische Flora aus und sind durch prähistorische Wildfeuer belegt, die sich paläoökologisch nachweisen lassen. So ist im ausgehenden Miozän nach der Entstehung und raschen Ausbreitung der C_4-Gräser mehr oder minder zeitgleich auf allen Kontinenten (s. Kasten 1-2; Jacobs et al. 1999), ein exponentieller Anstieg von Holzkohle in marinen Sedimenten nachweisbar (Keeley & Rundel 2005, Beerling & Osborne 2006). Vermutlich hat damals die niedrige CO_2-Konzentration in der Atmosphäre (unter 200 ppm) die Evolution von C_4-Gräsern ausgelöst; das Einsetzen eines monsunalen Klimas hat in der Folge die Ausbreitung von feuergeprägten Savannen ermöglicht. Wir können also mit einiger Sicherheit davon ausgehen, dass diese Savannen natürlich sind und sich sogar während der Trockenphasen im Pleistozän erheblich ausbreiten konnten (Dupont et al. 2000, Mayle et al. 2004).

3.3.2 Merkmale

3.3.2.1 Baum- und Strauchschicht

Die Bäume und manche Sträucher sind in der Regel durch eine dicke, lufthaltige Borke gut vor Feuer geschützt. Da bei Savannenbränden die höchsten Temperaturen in 2–3 m über der Bodenoberfläche erreicht werden (s. unten), wird auf diese Weise eine Beschädigung des Kambiums vermieden (*resister*; s. Kasten 3-3). Viele Bäume und Sträucher sind außerdem in der Lage, aus Wurzeln oder Xylopodien wieder auszutreiben, wenn die oberirdischen Organe durch Beweidung oder Feuer geschädigt wurden (*resprouter*; s. Kasten 3-3). Die Bäume werden selten höher als 12 m; meist erreichen sie nur 2–6 m und sind stark verzweigt. Die Kronen können rundlich oder schirmförmig sein; Letzteres ist recht typisch für einige *Acacia*-Arten Afrikas (Abb. 3-12b) und wird als Reaktion auf senkrechte Sonneneinstrahlung und Trockenheit gedeutet: Die Pflanzen optimieren durch ein tischartig angeordnetes Blattwerk die Photosyntheseleistung, kommen so mit weniger Blättern aus, als sie bei einer runden Krone benötigen würden, und minimieren dadurch den Wasserverlust; sie lavieren also erfolgreich zwischen Verhungern und Verdursten. Die Savannenbäume Südamerikas sind krummästig, haben einen gedrungenen Stamm und erinnern an regelmäßig beschnittene Obstbäume („Obstgartensavanne").

Savannenbäume haben ein lateral und vertikal ausgedehntes, umfangreiches Wurzelsystem, das ihnen den Zugang sowohl zu oberflächennahem, regengespeistem Bodenwasser als auch zu tiefer gelegenen Wasservorräten ermöglicht (Abb. 3-13). Im Vergleich zu Bäumen tropischer Regenwälder investieren sie mehr Energie in die Ausbildung des Grobwurzelsystems als in die oberirdische Phytomasse; sie haben um ein Drittel weniger Blattfläche als Regenwaldbäume, und ihr Spross-Wurzel-Verhältnis liegt bei 1:2 (Hoffmann & Franco 2003). In den südamerikanischen Savannen mit ihren extrem nährstoffarmen, Al-reichen Böden sind die meisten Bäume immergrün; ihr Laub ist sklerophyll. Voraussetzung für den immergrünen Charakter ist allerdings das Vorhandensein von ausreichend Feuchtigkeit in tieferen Bodenschichten während der Trockenzeit. Auf reicheren Böden dominieren dagegen regengrüne, malakophylle Bäume, deren Blattwerk vor allem in den Trockensavannen fein zerteilt ist (wie bei den Arten der afrikanischen Mimosaceen-Gattung *Acacia*). Ihr Laub ist deutlich N- und P-reicher als dasje-

Abb. 3-12 Kronenformen von Savannenbäumen: a = *Kigelia africana*, Bignoniaceae (Rundkrone); b = *Acacia tortilis*, Mimosaceae (Schirmkrone); c = *Acacia erioloba* (Schirmkrone); d = Borke von *Acacia erioloba*; e = *Curatella americana*, Dilleniaceae (Obstbaumform).

nige der Immergrünen und deshalb als Nahrung für die *browsers* unter den großen Herbivoren von erheblicher Bedeutung (s. Abschn. 3.3.2.4).

Die jahreszeitliche Periodizität der Bäume ist im Prinzip ähnlich wie in den Wäldern der sommerfeuchten Tropen (s. Abschn. 3.2.2). Bei den immergrünen Bäumen der südamerikanischen und australischen Savannen entfalten sich die Blätter und Blüten meist in der zweiten Hälfte der Trockenzeit; Blattfall und -neubildung erfolgen also mehr oder weniger synchron (Abb. 3-14).

Verbreitete Baumfamilien sind in **Amerika** Apocynaceae (mit *Aspidosperma*), Bignoniaceae (mit *Jacaranda, Tabebuia, Tecoma*), Mimosaceae (*Piptadenia*) und Arecaceae, in **Afrika** Anacardiaceae (mit *Sclerocarya birrea*), Malvaceae (*Adansonia*), Combretaceae (mit *Terminalia* und *Combretum*), Euphorbiaceae (z. B. *Uapaca*) sowie Mimosaceae (häufig vertreten durch die Gattung *Acacia* wie z. B. *A. erioloba, A. nilotica*), in **Australien** neben Combretaceae (*Terminalia*) ebenfalls Mimosaceae (mit den unbedornten Vertretern der Gattung *Acacia*) und Myrtaceae (insbesondere die Gattungen *Eucalyptus* und *Melaleuca*).

Die Artenzahl der Gehölze in den Savannen ist deutlich geringer als die der tropischen Tieflandregenwälder. Zweifellos am artenreichsten unter den Savannen ist der zentralbrasilianische Cerrado. Soweit bisher bekannt (s. Gottsberger & Silberbauer-Gottsberger 2006) liegt dort die Artenzahl pro Hektar zwischen 300 und 400; davon sind rund ein Drittel Gehölze. Insgesamt dürfte das Gebiet, in dem der Cerrado dominiert, also inklusive des Cerradão und diverser Galeriewälder, nach Castro et al. (1999) zwischen 3.000 und 7.000 Gefäßpflanzen beherbergen (Tab. 3-4).

3.3.2.2 Grasschicht

Allen Savannen der Erde ist die Dominanz einer geschlossenen (80–100 % deckenden) Vegetation aus horstförmig wachsenden, perennierenden C_4-**Gräsern** (Büschel- oder Horstgräser; *tussocks*) gemeinsam. Die Wuchshöhe der Gräser variiert artspezifisch sowie je nach Nährstoff- und Wasserverfügbarkeit zwischen 1 m und über 3 m (Niedriggras- bzw. Hoch-

Abb. 3-13 Wurzelsystem von *Byrsonima crassifolia*, Malpighiaceae (Llanos Orientales, Venezuela). Der Baum besitzt ein ausgedehntes laterales Wurzelsystem, aber auch eine Pfahlwurzel, die hier allerdings oberhalb der schwer durchlässigen Petroplinthit-Kruste waagrecht abknickt.

grassavanne). Die im Jahr (während der Regenzeit) gebildete oberirdische Phytomasse liegt im Mittel bei 2–8 t ha^{-1}, schwankt aber zwischen den Jahren je nach Witterungsablauf beträchtlich (1–15 t ha^{-1}). Die

Durchwurzelung des Bodens ist gleichmäßig intensiv und geht bis in eine Tiefe von 1 m. Das Spross-Wurzel-Verhältnis beträgt im Schnitt 1:2 bis 1:3, ist also nicht wesentlich kleiner als das der Bäume. Die Grä-

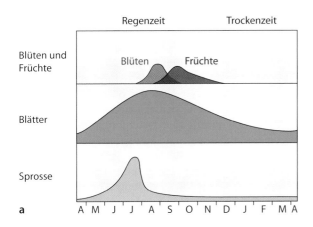

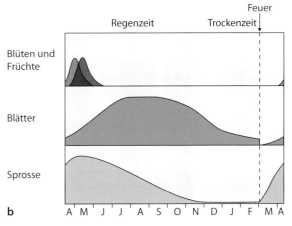

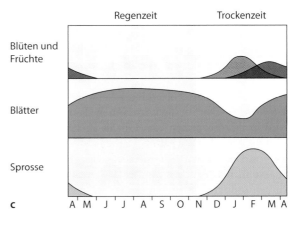

Abb. 3-14 Schematisierte phänologische Diagramme (Phytomasse) zweier Savannengräser (a = *Trachypogon spicatus*, b = *Leptocoryphium lanatum*) und eines immergrünen Baumes (c = *Curatella americana*, Dilleniaceae) aus den Llanos in Venezuela (aus Sarmiento 1984). Die beiden Poaceen blühen und fruchten zu Beginn bzw. in der zweiten Hälfte der Regenzeit, während der immergrüne Baum in der Trockenzeit Blüten und Früchte entwickelt.

Tab. 3-4 Zahl der Gefäßpflanzenarten tropischer Savannen nach verschiedenen Autoren. Die unterschiedlichen Werte für das Gesamtgebiet des Cerrado sind auf den wachsenden Kenntnisstand der Flora zurückzuführen. Vergleichsweise hoch sind die Artenzahlen im Krüger-Nationalpark. Er gehört zu den am besten untersuchten Savannenschutzgebieten der Erde, sodass seine Flora gut bekannt ist. Leider gibt es kaum Angaben zur Artendichte, die sich auf eine einheitliche Fläche beziehen (wie im Fall der Station Botocatu im Cerrado mit 1 ha großen Versuchsflächen)

Gebiet	Größe (km²)	Artenzahl Bäume und Sträucher	Artenzahl Gräser	Artenzahl sonstige	Gesamt-artenzahl
Cerrado, gesamt[1]	ca. 2 Mio.	429	108	181	718
Cerrado, gesamt[2]					3.100
Cerrado, gesamt[3]		1.000–2.000			3.000–7.000
Cerrado, Botocatu[4]	0,01	105	40	156	301
Llanos, Venezuela[5]	250.000	43	200	312	555
Llanos, Kolumbien[6]	150.000	44	88	174	306
Krüger-Nationalpark, Südafrika[7]	19.500	457	235	1.276	1.968
Mkomazi Game Reserve, Tansania[8]	3.400				1.148

[1] Heringer et al. 1977, [2] Mendonça et al. 1998 aus Gottsberger & Silberbauer-Gottsberger 2006, [3] Castro et al. 1999, [4] Gottsberger & Silberbauer-Gottsberger 2006; Artenzahlen pro Hektar variieren zwischen 300 und 400 je nach Gebiet, [5] Ramia 1974, [6] Sarmiento 1996, [7] Venter & Gertenbach 1986, [8] Homewood & Brockington 1999.

ser sind fast ausschließlich Hemikryptophyten. Sie transpirieren uneingeschränkt und vertrocknen deshalb bald nach Einsetzen der Trockenzeit. Lediglich ihre Überdauerungsknospen knapp ober- oder unterhalb der Bodenoberfläche überleben (Abb. 3-14); gegen Austrocknung sind sie durch die abgestorbenen, schwer zersetzbaren, dicht gepackten basalen Sprossteile der Horste geschützt. Dieser Schutz funktioniert auch gegenüber Hitze bei den häufigen Bränden. Die Gräser blühen und fruchten in der Regel zu Beginn oder zum Höchststand der Blattentwicklung (Abb. 3-14).

Pflanzenökologisch von Bedeutung sind einige weitere Eigenschaften der C_4-Gräser. So kommen diejenigen Gramineen, die NADP-Malatenzym verwenden (Malatbildner) und die höchsten Raten der Photosynthese erreichen, eher in den feuchten, diejenigen, die NAD-Carboxykinase verwenden (Aspartatbildner), eher in den trockenen Feuersavannen und in Dornsavannen vor (Ellis et al. 1980). Malatbildner sind also wachstumsstärker als Aspartatbildner und verantwortlich für die große Gras-Phytomasse in den Feuchtsavannen. Hinzu kommt, dass diese Produktivität auch unter vergleichsweise nährstoffarmen Bedingungen aufrechterhalten wird,

denn C_4-Gräser zeichnen sich durch eine hohe Stickstoff-Nutzungseffizienz (*nitrogen use efficiency*, NUE) aus: Bei gleichem N-Gehalt der Blätter ist die Nettophotosynthese von C_4-Gäsern rund doppelt so hoch wie von C_3-Gräsern und fast zehnmal so hoch wie von Hartlaubbäumen und Koniferen (Larcher 2001). Der N-Bedarf der C_4-Gräser ist deshalb geringer als derjenige der meisten C_3-Gräser. Bei gleicher N-Versorgung ist die Stickstoffkonzentration in der Blattmasse der Savannengräser um rund die Hälfte niedriger (um 1 % der Trockenmasse im Vergleich zu 2–3 % bei C_3 und zu 2 % bei Savannenbäumen; Codron et al. 2007), das C/N-Verhältnis weiter als bei mitteleuropäischen Grünlandarten. Die Streu wird deshalb sehr langsam zersetzt; sie kann sich ggf. sogar über mehrere Wachstumsperioden hinweg anreichern und erhöht dadurch die Intensität der Brände. Schließlich verbessern Savannengräser ihre Nährstoff- und Wasseraufnahme (Aufnahme-Effizienz) durch Symbiose mit Mykorrhiza-Pilzen (vesikulärarbuskuläre Mykorrhiza), wobei der Mykorrhizierungsgrad in Gebieten mit weniger frequenten Bränden besonders hoch ist (Hartnett et al. 2005).

Häufige Grasgattungen sind in Amerika *Andropogon*, *Aristida*, *Axonopus*, *Elyonurus*, *Panicum*, *Pas-*

Abb. 3-15 Beispiele für Überlebensstrategien von Savannenpflanzen: a = Wiederaustrieb mit Blühphase unmittelbar nach Feuer (*Gnidia capitata*, Thymelaeaceae, Itala Game Reserve, Südafrika); b = bei manchen Savannengräsern wie bei *Trachypogon spicatus* (Llanos Orientales, Venezuela) liegt die Sprossbasis mit dem Meristem unter der Bodenoberfläche (angezeigt durch die weiße Linie); c = sukkulente Rosettenpflanzen: *Sansevieria* sp. unter *Terminalia prunioides* (Maun, Botswana).

palum und *Trachypogon*; in Afrika *Brachiaria*, *Cymbopogon*, *Chloris*, *Cynodon* (*C. dactylon* als weit verbreitete invasive Art außerhalb Afrikas), *Eragrostis*, *Hyparrhenia*, *Loudetia*, *Panicum*, *Pennisetum*, *Sporobolus*, *Stipagrostis* und *Themeda*; und in Australien *Aristida*, *Astrebla*, *Chrysopogon*, *Eriachne*, *Heteropogon* und *Themeda* (Solbrig 1996).

Neben den Horstgräsern (Hemikryptophyten) sind meist auch **Therophyten** reichlich vertreten (Tab. 3-3). Deren Anteil steigt mit zunehmender Aridität an. Deshalb findet man sie vor allem in den Trockensavannen (und besonders ausgeprägt in den Trockengebüschen und Dornsavannen während der Regenzeit). Hier gibt es auch hemikryptophytische sukkulente **Rosettenpflanzen** wie *Sansevieria-* und

Aloe-Arten in Afrika und verschiedene Bromeliaceae in Südamerika (Abb. 3-15). In den weniger trockenen Savannen können die **Geophyten** bis zu 30 % ausmachen. Sie benötigen nicht nur ausreichend Feuchtigkeit, sondern auch Nährstoffe, um ihre unterirdischen Reserven wieder zu füllen. Besonders augenfällig ist der von ihnen verursachte Blühaspekt nach Feuer, wobei der Austrieb offensichtlich durch die Beseitigung der verdämmenden trockenen Grasstreu stimuliert wird (Abb. 3-15). Chamaephyten sind selten oder fehlen ganz.

Eine für aride Gebiete typische Erscheinung ist das Auftreten von Pflanzen mit verholzten, unterirdischen Organen (**Xylopodien**, *lignotubers*). Sie können aus Wurzeln oder Sprossen entstehen und tragen

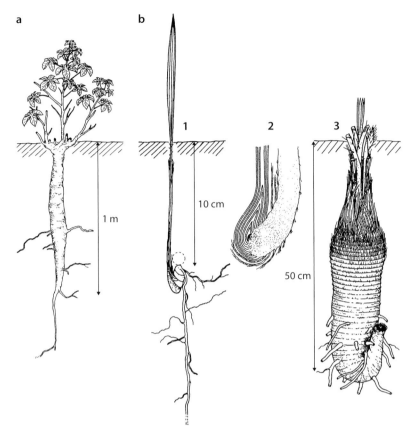

Abb. 3-16 Pflanzen mit Xylopodien: a = *Cochlospermum regium* (Bixaceae); b = *Acrocomia hassleri* (Arecaceae): 1 = Keimling (der gestrichelte Kreis markiert die Position des Samens); 2 = unterirdischer Teil einer Jungpflanze; die Sprossspitze beginnt sich nach oben zu krümmen; 3 = unterirdischer Stamm der Palme. Nach Rachid bzw. Rawitscher & Rachid (1946) aus Rawitscher (1948).

Adventivknospen, aus denen sie jährlich ihre blätter- und blütentragenden Sprosse erneuern. Je nachdem, ob die Xylopodien völlig unterirdisch leben oder bis knapp über die Bodenoberfläche reichen, kann man sie entweder Geophyten oder Hemikryptophyten zuordnen (Abb. 3-16a). Unterirdische Stämme sind von einigen Zwergpalmen bekannt (z. B. von *Acrocomia hassleri*). Der Palmenstamm wächst nach der Keimung des Samens zunächst nach unten; hat er eine Bodentiefe von etwa 60 cm erreicht, biegt er nach oben um und entwickelt den Blattschopf über der Bodenoberfläche (Abb. 3-16b).

3.3.2.3 Horizontale Vegetationsstruktur

Keine andere Pflanzenformation der Erde ist so ausgeprägt mosaikartig gegliedert wie die Savannen, und zwar sowohl großräumig (d. h. auf Landschaftsebene) als auch kleinräumig durch die Wechselbeziehungen zwischen Gehölzen und Gräsern. Auf **Landschaftsebene** besteht das Mosaik in dem breiten Übergangsstreifen zwischen Regenwald und Savanne

aus einem Komplex aus Savanneninseln in Regenwäldern und Regenwaldinseln in Savannen. Dieser Komplex ist entweder das Ergebnis einer standörtlichen Differenzierung oder einer klimagesteuerten Dynamik der Wald-Grasland-Grenze. Im ersten Fall kommen beispielsweise immergrüne Regenwälder (allerdings gegenüber ihren zonalen Vorkommen floristisch verarmt) inselförmig in feuchten Senken und entlang von Fließgewässern (als Galeriewälder) in der Savanne vor, wo die immergrünen Bäume gerade noch ihnen zusagende Lebensbedingungen finden und vor Feuer geschützt sind („Dominanzkomplex"). Im zweiten Fall sprechen wir von einem „Durchdringungskomplex": Verlängert sich die Trockenzeit und wird Feuer eingesetzt, können sich Savanneninseln in den Regenwäldern ausbreiten. Wird das Klima dagegen feuchter oder vermindert sich die Feuerfrequenz, dringt der Wald in die Savanne vor, wobei zunächst feuchte Geländedepressionen besiedelt werden. So entstanden beispielsweise in den nordostaustralischen *Eucalyptus*-Savannen innerhalb von 50 Jahren nach Beendigung eines anthropogenen Feuerregimes Regenwaldinseln als Ableger tropi-

Abb. 3-17 Termitarien und Termiten: a = Termitarien in einer Savanne mit *Cochlospermum gillivraei* bei Cloncury, Australien; b = vom Feuer verschonter Termitenbau mit dichtem Gehölzbewuchs (Krüger-Nationalpark, Südafrika); c = Pilzkultur aus *Termitomyces* sp. (Benin; Foto: P. Karasch).

scher Tieflandregenwälder (Russel-Smith et al. 2004a, b). Die Grenzen zwischen Wald und Grasland sind dabei ziemlich scharf. Das ist darauf zurückzuführen, dass Wälder weniger Feuerereignissen ausgesetzt sind als die Savanne mit ihrer größeren, leicht brennbaren Phytomasse aus Gräsern. Vor allem Feuchtwälder bilden deshalb eine natürliche Barriere gegenüber Savannenbränden.

Die Interaktion von Gräsern und Bäumen kann zu einem **kleinräumigen Mosaik** führen, weil im Kronenbereich Mikroklima und Wurzelkonkurrenz anders sind als außerhalb davon (Otieno et al. 2011). So konkurrieren die Bäume in Feuchtsavannen mit ihrem Unterwuchs, weil ihre Wurzeln auf den Kronenbereich beschränkt sind (Belsky 1994). Die Konsequenzen sind eine reduzierte Nettoprimärproduktion der Gräser und Kräuter im Baumschatten und eine geringere Artenzahl unter den Kronen im Vergleich zum offenen Grasland. In Trockensavannen ist dagegen der Baumschatten eher positiv für Gräser: Die verminderte Einstrahlung reduziert die Transpiration der Savannengräser und verlängert die Lebensdauer ihrer Sprosse und Blätter. Somit profitieren die Gräser von der besseren Basenversorgung aus

der Mineralisation der Blattstreu, da Bäume Kationen aus tieferen Bodenschichten in ihre Blätter inkorporieren. Nicht nur die Nettoprimärproduktion der Graminoiden liegt dadurch im Baumschatten um bis zu 50 % höher als in reinem Grasland, sondern auch ihr NPK-Gehalt und damit ihr Futterwert für Herbivore (Ludwig et al. 2001, Treydte et al. 2008). Nährstoffökologisch bedeutsam ist darüber hinaus, dass sich pflanzenfressende Großsäuger gern im Schatten von Bäumen aufhalten und über ihre Ausscheidungen einen Dünge-Effekt bewirken.

Ein kleinräumiges Mosaik entsteht auch durch **Termiten** (Moe et al. 2009, Sileshi et al. 2010, Van der Plas et al. 2013). Besonders augenfällig wird dies in regelmäßig überfluteten Savannen mit Tonböden, wo die Termitenhügel die einzigen von Gehölzen bewachsenen Standorte sind („Termitensavannen" nach Troll 1936; zur Gruppe der Nasssavannen gehörend). Aber auch in einer nicht von Überflutung geprägten Savanne können Termitenbauten (Termitarien) bis zu 9 % der Fläche einnehmen (Abb. 3-17). Unter den Termiten sind vor allem die nestbauenden Höheren Termiten (Fam. Termitidae) bedeutsam; sie erreichen mit 70–110 kg ha^{-1} Trockengewicht eine ähnlich hohe Biomasse wie die herbivoren Großsäuger in Afrika (bis $110 \, kg \, ha^{-1}$; s. Abschn. 3.3.2.4) und haben in vielen tropischen Ökosystemen einen Anteil von 40–60 % an der gesamten Boden-Makrofauna (Wood & Sands 1978). Einige Vertreter dieser Familie wie die Gattung *Macrotermes*, zu der die größten Termiten der Welt gehören, kultivieren in ihren Nestern auf vorverdautem Pflanzenmaterial und Kot Pilze der Zellulose abbauenden Basidiomyceten-Gattung *Termitomyces* (Abb. 3-17c), von deren Mycel sie sich ernähren. Die Fruchtkörper des Pilzes stehen auf den Termitenhügeln und gelten bei der einheimischen Bevölkerung als Delikatesse (Darlington 1994). Termitarien sind Hotspots der Nährstoffakkumulation. Im Vergleich zum Grasland in der Umgebung enthalten sie ein Vielfaches an Kohlenstoff, Phosphat, Mineralstickstoff, Kalium und Calcium; sie sind deshalb dichter von Gehölzen besiedelt (*thicket clumps*) und werden häufig zu bevorzugten Weideplätzen für pflanzenfressende Säugetiere. Auch die Artenzusammensetzung unterscheidet sich von der Umgebung; so findet man auf den Termitarien nährstoffökologisch anspruchsvollere Bäume und Sträucher aus Galeriewäldern (Joseph et al. 2013), die weniger gut an Feuer angepasst sind als die typischen Savannengehölze. Da Termiten große Mengen an Pflanzenstreu verzehren ($1,5–4 \, t \, ha^{-1}$; Pomeroy et al. 1991) und der Gehölzwuchs Gräser unterdrückt, ist in der Umgebung der Termitenbauten kaum mehr brennbares Material vorhanden. Daher sind Termitarien weniger von Savannenbränden betroffen als das Grasland und fungieren als sog. *safe sites* für die Etablierung von Gehölzen (Bloesch 2008).

3.3.2.4 Tierwelt

Wie alle Grasländer der Erde werden Struktur und Artenzusammensetzung der Savannen von pflanzenfressenden Tieren beeinflusst. Außer den Termiten, die wir oben schon erwähnt haben, sind vor allem herbivore Großsäuger produktionsbiologisch bedeutsam. Zu ihnen zählen Unpaarhufer (Perissodactyla) wie Zebras, Tapire und Nashörner, Paarhufer (Artiodactyla), zu denen z. B. Giraffen, Kamele und alle Hornträger (Büffel, Antilopen, Gazellen) gehören, und Rüsseltiere (Proboscidea; Elefanten). Tierarten, die im ausgewachsenen Zustand mehr als 1.000 kg Lebendgewicht erreichen, werden zur Gruppe der Megaherbivoren zusammengefasst (Elefant, Giraffe, Nashorn, Flusspferd; Owen-Smith 1992).

Besonders reich an pflanzenfressenden Großsäugern ist Afrika und hier vor allem Ostafrika. In Südamerika kommen lediglich einige wenige Hirscharten sowie Tapire (mehrere Arten der Gattung *Tapirus*) und das Wasserschwein oder Capybara vor (*Hydrochoerus hydrochaeris*, das größte lebende Nagetier der Erde). In Australien werden die plazentalen Säuger von Beuteltieren (Marsupialia) ersetzt, von denen aber nur die großen Kängurus der Gattung *Macropus* als Herbivore in den Savannen eine gewisse Rolle spielen.

Herbivore Großsäuger verhalten sich hinsichtlich ihrer Beweidungsstrategie unterschiedlich (Tab. 3-5): Grasfresser (*grazers*, z. B. Zebras) fressen vornehmlich die Grasdecke ab, Laubfresser (*browsers*), wie die Giraffen, ernähren sich von den Blättern der Bäume und Sträucher. Daneben gibt es Tiere, denen sowohl Gräser als auch Blätter als Nahrung dienen (*mixed feeders*), wie die in Afrika große Herden bildenden Impala-Antilopen (*Aepyceros melampus*). Dementsprechend ist die Wirkung der Herbivoren auf die Vegetation der Savannen unterschiedlich. Treten *grazers* in großen Herden auf, können sie die Grasdecke so stark unterdrücken, dass die Feuerfrequenz abnimmt und die Regeneration der Gehölze erleichtert wird – die Savanne verbuscht. Wenn starker Beweidungsdruck sowohl die Grasdecke als auch die Gehölze betrifft, entwickelt sich ein beweidungsbedingtes Savannengrasland aus niedrigwüchsigen Gräsern und vereinzelten Sträuchern. Sind hingegen *browsers* stark vertreten, so leidet die Gehölzverjüngung, weil bevorzugt die noch niedrigen, leicht erreichbaren Jungpflanzen mit ihren eiweißreichen Blättern abgefressen werden (Kasten 3-3).

In den afrikanischen Savannen, in denen *browsers* vermutlich schon seit Beginn der Savannenentwicklung leben, haben Gehölze verschiedene Abwehrmechanismen gegen die vollständige Entblätterung entwickelt (Scholes & Walker 1993, Bond 2008). Solche Mechanismen sind:

- Mechanische Verteidigung: Umwandlung von Sprossen und Nebenblättern zu Dornen; verbreitet vor allem in den Trockensavannen bei Arten mit kleinen, zerteilten Blättern auf den eher nährstoffreichen Böden (nahezu alle *Acacia*-Arten in Afrika, *Acacia*- und *Prosopis*-Arten in Amerika).
- Chemische Verteidigung: Synthese und Einlagerung von Abwehrstoffen in den Blättern wie Saponine oder Polyphenole und Tannine, welche die Eiweißverwertung durch den Konsumenten unrentabel machen; verbreitet eher in den feuchten Savannen (Rooke et al. 2004).

Tab. 3-5 Vergleich der geographischen und saisonalen Variation der Futterzusammensetzung aus Laub (C_3) und Gras (C_4) von Laub- und Grasfressern mit der von sog. *mixed feeders* wie Impala-Antilopen und Elefanten im Krüger-Nationalpark (KNP), Südafrika (aus Codron et al. 2006). Bestimmung nach der δ^{13}-Signatur des Kohlenstoffs im Kot der Tiere. Angegeben ist auch der Stickstoffgehalt des Kotes, der bei *grazers* im Mittel um 1 % niedriger liegt als bei *browsers*.

	Region (KNP)	Jahreszeit	$\delta^{13}C$ (‰)	Anteil (%) C_4-Pflanzen im Futter	% N
Laubfresser[1]	Nordteil	Trockenzeit	−26,5 ± 0,6	10	2,5 ± 0,4
		Regenzeit	−26,4 ± 0,8	10	2,3 ± 0.4
	Südteil	Trockenzeit	−26,6 ± 1,0	5	2,7 ± 0,8
		Regenzeit	−27,1 ± 0,8	5	2,5 ± 0,6
Grasfresser[2]	Nordteil	Trockenzeit	−13,6 ± 1,2	95	1,2 ± 0.3
		Regenzeit	−13,7 ± 0,9	95	1,3 ± 0,3
	Südteil	Trockenzeit	−13,8 ± 1,3	90	1,2 ± 0,3
		Regenzeit	−15,2 ± 1,1	90	1,8 ± 0,8
Aepyceros melampus	Nordteil	Trockenzeit	−22,5 ± 2,3	35	2,2 ± 0.6
		Regenzeit	−18,4 ± 3,6	65	1,7 ± 0,5
	Südteil	Trockenzeit	−20,1 ± 2,6	50	1,8 ± 0,4
		Regenzeit	−18,9 ± 2,8	60	2,2 ± 0,5
Loxodonta africana	Nordteil	Trockenzeit	−22,2 ± 1,9	40	1,2 ± 0,4
		Regenzeit	−20,5 ± 3,1	50	1.4 ± 0,5
	Südteil	Trockenzeit	−25,9 ± 1,3	10	1,2 ± 0,3
		Regenzeit	−20,7 ± 1,8	50	2,0 ± 0,6

[1] Mittelwert aus Giraffe (*Giraffa camelopardalis*) und Großem Kudu (*Tragelaphus strepsiceros*); [2] Mittelwert aus Afrikanischem Büffel (*Syncerus caffer*), Gnu (*Connochaetes taurinus*) und Zebra (*Equus quagga* ssp. *burchellii*).

Die Rolle der Megaherbivoren für die Savannenbildung beruht auf ihrer baumverwüstenden Aktivität beim Nahrungserwerb. Der Afrikanische Elefant (*Loxodonta africana*) ernährt sich als *mixed feeder* von Gräsern und Kräutern, während der Trockenzeit von der (noch) grünen Blattmasse, der Rinde und den Wurzeln von Bäumen, die er für diesen Zweck knickt und umwirft (Codron et al. 2006; Tab. 3-5; Abb. 3-18). Wenn die Elefantenpopulation zunimmt, wie infolge des Jagdverbots in vielen Regionen des südlichen Afrika, entstehen aus den mehr oder minder geschlossenen Mopane- und Miombo-Wäldern beweidungsbedingte Savannen. In kleineren Schutzgebieten Ostafrikas sind inzwischen sogar einige Baumarten der Gattung *Commiphora* (Burseraceae) und der Baobab, *Adansonia digitata* durch den Beweidungsdruck, den die Elefanten ausüben, lokal vom Aussterben bedroht (O'Connor et al. 2007). Man kann sich gut vorstellen, dass vorpleistozäne Megaherbivoren die offenen Graslandschaften der Tropen und der gemäßigten Zonen in vielen Gebieten der Erde erst ermöglicht haben (Owen-Smith 1987).

3.3.2.5 Feuer

Natürliche Feuer (Wildfeuer) durch Blitzschlag gibt es in den sommerfeuchten Tropen (und andernorts; s. Kasten 3-4) seit Jahrmillionen. Sie treten meist am Ende der Trockenzeit oder zu Beginn der Regenzeit auf, wenn genügend brennbare (mindestens 1–2 t ha^{-1}), leicht entzündliche (trockene) Phytomasse vor-

Kasten 3-3

Vegetation und Beweidung

Große pflanzenfressende Säugetiere haben einen erheblichen Einfluss auf die Physiognomie und die Artenzusammensetzung der Grasländer der Erde (s. auch Kasten 6-11). Als Grasfresser (*grazers*) leben sie von Gräsern, Grasartigen und Kräutern der Feldschicht, als Laubfresser (*browsers*) von Blättern, Knospen und Rinden der Bäume und Sträucher. Das Fressverhalten, d. h. die Art und Weise, wie die pflanzliche Nahrung abgeweidet wird, und die Populationsdichte der Tiere steuern die Vegetation, weil aus dem verfügbaren Artenpool diejenigen Arten selektiert werden, die an die entsprechende Beweidungssituation angepasst sind. Besonders deutlich ist diese Selektion in anthropogenen Grasländern, wo der Mensch die Tierart (Rinder, Schafe, Ziegen, Schweine) und die Anzahl der Tiere selbst festlegt. Hier kommt es zu beweidungsbedingten Pflanzengemeinschaften mit jeweils eigener Artenzusammensetzung, wie uns aus der Grünlandvegetation Europas bestens bekannt ist (z. B. Klötzli et al. 2010).

Natürliche Grasländer, wie die feuergeprägten Savannen der Tropen oder die klimatisch bestimmten Steppen der nemoralen Zone, haben, sofern sie von indigenen Wildtieren beweidet werden, seit ihrer Entstehung eine Vielzahl von Resistenzmechanismen entwickelt (Abb. 1). Nach Skarpe & Hester (2008) unterscheiden wir **Vermeidung** (*avoidance*) und **Toleranz** (*tolerance*). Pflanzen können die Beweidung vermeiden, indem sie beispielsweise innerhalb einer Weidelandschaft auf Flächen ausweichen, die vom Weidevieh nicht aufgesucht oder nicht erreicht werden (unzugängliche felsige Plätze, Schluchten usw., aber auch der Schutz durch dornige Ammenpflanzen). Diese Strategien nennt man externe Ausweichmechanismen. Von einem internen Ausweichmechanismus spricht man dagegen, wenn die Beweidung vor allem der empfindlichen, für Wachstum und Reproduktion benötigten Organe wie des Meristems durch Eigenschaften der Sprossarchitektur der entsprechenden Pflanze selbst reduziert oder vermieden wird. Das ist zum

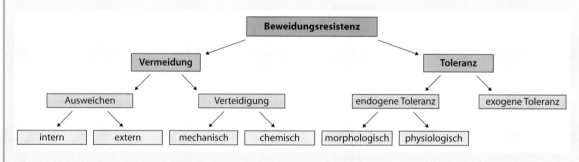

Abb. 1 Beweidungsresistenz bei Pflanzen (nach Skarpe & Hester 2008, verändert).

Abb. 3-18 Savannifikation eines Waldes aus *Colophospermum mopane* (Caesalpiniaceae) durch Elefanten (Moremi-Reservat, Botswana). a = an einem *Colophospermum*-Busch fressender Elefant; b = beweidungsbedingte *Colophospermum*-Savanne.

Beispiel der Fall bei allen Horstgräsern in Savannen und Steppen, deren Knospen an oder knapp unter der Bodenoberfläche sitzen, wo Herbivore sie mit ihrem Maul nicht erreichten. Zudem ist der größere Teil der pflanzlichen Biomasse unterirdisch, sodass selbst bei einer kompletten Schädigung des Meristems das Überleben gesichert ist.

Krautige Pflanzen sind dagegen der Herbivorie stärker ausgesetzt, sodass ihre Resistenzstrategien eher auf chemischer Verteidigung beruhen. Hierfür kommen sekundäre Pflanzenstoffe zum Einsatz, welche die Pflanzen giftig oder wenigstens ungenießbar für die Pflanzenfresser machen. Giftpflanzen mit N-haltigen, schon in geringen Konzentrationen wirksamen Alkaloiden gibt es eher unter nährstoffreichen Bedingungen. Phenolische Verbindungen wie Gerbstoffe (Tannine), die in hoher Konzentration in den Blättern bzw. Knospen von Bäumen vorkommen, sind in nährstoffarmen Lebensräumen verbreitet, wo der Ressourcenmangel eine rasche Regeneration von abgefressenen Pflanzenteilen erschwert. Wir finden solche Substanzen z. B. häufig bei immergrünen, sklerophyllen Gehölzen. Schließlich unterscheidet man zwischen konstitutiver und induzierter chemischer Verteidigung: Erstere ist als eine evolutionäre Antwort auf intensive Herbivorie zu verstehen und reduziert durch ihre abschreckende Wirkung die Wahrscheinlichkeit eines Herbivorenangriffs. Letztere setzt erst nach Beginn der Beweidung einer Pflanze ein, ist also eine adaptive, phänotypisch plastische Reaktion auf eher unregelmäßige oder periodische Herbivorie und damit für die Pflanze kostengünstiger als die konstitutive Verteidigung. Manche der großen Herbivoren haben allerdings Abwehrstrategien gegen phenolische Verbindungen im Futter entwickelt, wie der Elch (*Alces alces*) durch Tannin bindende Proteine im Speichel (Juntheikki 1996) und der Koala (*Phascolarctos cinereus*)

durch bestimmte Leberenzyme, die ihn gegen toxische Terpene in *Eucalyptus*-Blättern schützen (Pass et al. 2002).

Ebenso wie die konstitutive chemische ist auch die mechanische Verteidigung das Ergebnis eines evolutionären Prozesses bei permanent hohem Herbivorendruck. Stacheln (als Bildung der Epidermis z. B. bei der Gattung *Rosa*) oder Dornen (als umgestaltete Pflanzenorgane wie Kurzsprosse, Blätter oder Nebenblätter) treten in vielen Pflanzenfamilien auf und sind besonders in semiariden und ariden Lebensräumen häufig. Sie reduzieren die Beweidung der Pflanzen durch Laubfresser, verhindern sie aber nicht völlig, sodass die Pflanzen ihre Blätter rasch wieder regenerieren können. Mechanische Verteidigung ist also häufig mit Toleranzstrategien verknüpft (s. unten).

Beweidungstolerante Pflanzen sind in der Lage, die durch Herbivorie reduzierte Fitness rasch wieder auszugleichen (Kotanen & Rosenthal 2000), was mit einem nicht unerheblichen Nährstoffbedarf verbunden ist. Deshalb ist **Toleranz** gegenüber Herbivorie eher in nährstoffreichen Lebensräumen verbreitet. Die Pflanzen ersetzen die verlorengegangenen Organe über Adventivknospen (morphologische Toleranz), gestützt durch effiziente Nährstoffaufnahme und Photosynthese (physiologische Toleranz); sie kompensieren also den Verlust. Einige können Ressourcen im Stamm bzw. im Wurzelraum speichern und mobilisieren, wenn Bedarf gegeben ist. Weit verbreitet bei Gräsern und Kräutern, aber auch bei Gehölzen ist die Fähigkeit, nach Verlust von ganzen Sprossen aus den basalen Meristemen wieder auszutreiben (*resprouting*). Bei Bäumen führt dies zu strauchartigen Wuchsformen bei reduzierter Höhe der Stämme, bei Gräsern zu einer vermehrten Sprossbildung durch Seitentriebe und zu rasenförmigem Wuchs. Dieses kompensatorische Wachstum geht häufig zu Lasten der sexuellen Reproduktion.

handen ist. In Savannen handelt es sich um Oberflächenfeuer, die von der dürren Gras-Phytomasse genährt werden und – im Vergleich zu Kronenfeuern – nicht so heiß sind. Dennoch können auch Jungpflanzen von Gehölzen Schaden nehmen, ja sogar erwachsene Bäume, sofern viel brennbare Streu auf dem Boden liegt. Wie wir in Abschn. 3.1.2.3 schon gesehen haben, ist die Baum-Gras-Struktur der Hoch- und Niedriggrassavannen ein Ergebnis wiederkehrender, klimagesteuerter Brandereignisse.

Savannenbrände breiten sich entlang von Feuerlinien mit einer Geschwindigkeit von mehreren Metern pro Minute (bei Rückenwind auch mit mehreren Metern pro Sekunde) aus und hinterlassen mit schwarzer Asche bedeckte Flächen (Schultz 2000; Abb. 3-19). Sie enden an Gewässern, an Straßen oder

an Feuerschneisen, oder weil der Wind sich dreht oder Regen fällt. Die abgebrannten Flächen sind deshalb unterschiedlich groß; sie können mehrere Quadratkilometer, aber auch nur wenige Hektar betragen und haben eine unregelmäßige Form. Wie oft eine Savanne abbrennt, hängt von der Menge der jährlich gebildeten Gras-Phytomasse, vom Witterungsverlauf und von der Beweidungsintensität ab. Die Feuerfrequenz variiert somit zwischen einmal jährlich und dreimal in zehn Jahren. Damit sind Savannen die am häufigsten von Feuerereignissen heimgesuchten Ökosysteme der Erde (Chuvieko et al. 2008).

Die Intensität der Grasfeuer ist im Vergleich zu Bränden in reinen Gehölzbeständen wie in borealen Nadelwäldern oder in mediterranen Hartlaubgebüschen nicht sehr hoch: Die Verweildauer an einer

Kasten 3-4

Vegetation und Feuer

Häufig wird angenommen, dass die globalen Vegetationszonen mit ihrer Physiognomie, Artenzusammensetzung und Struktur von Klima- und Bodeneigenschaften bestimmt werden. Dieser Vorstellung liegt auch das Konzept der zonalen Vegetation zugrunde. Tatsächlich sind aber, wie wir am Beispiel der Savannen gesehen haben, Feuer und Beweidung prägend für diese Vegetation. Feuersavannen würden ohne Feuer nicht existieren; ihre Gebiete wären von Wäldern und Gebüschen eingenommen. Grasländer wie die Campos in Südbrasilien und Uruguay (Abschn. 5.2.3) oder die Hochgrasprärien Nordamerikas (Abschn. 6.3.2) gibt es nur, weil Feuer und Beweidung Wälder nicht eindringen lassen, obwohl das Klima waldfreundlich ist. Artenreiche Hartlaubgebüsche der winterfeuchten Subtropen wie der südafrikanische Fynbos und der westaustralische Kwongan sind Feuerökosysteme (Abschn. 5.3.2). Viele Nadelwälder der Gebirge und der borealen Zone brennen regelmäßig und regenerieren sich immer wieder (Abschn. 6.2.3 und 7.2). Regelmäßige Brände sind also für die Erhaltung vieler Vegetationstypen notwendig. Natürliche Feuer, die wir in Anlehnung an den englischen Sprachgebrauch als Wildfeuer (*wildfire*) bezeichnen, entstehen durch Blitzschlag, Vulkanismus, Steinschlag oder Selbstentzündung. Da die zur Auslösung eines Brandes notwendige minimale O_2-Konzentration in der Atmosphäre bei 13 % liegt, dürfte Feuer schon seit dem Devon zum Erscheinungsbild der Vegetation gehört haben (Lüttge 2008a). Dementsprechend haben sich in Abhängigkeit vom jeweiligen Feuerregime feueradaptierte Pflanzen entwickelt, die in der Lage sind, Brände lebend zu überstehen oder gar einige Stadien ihres Lebenszyklus nur durch Hitze erfolgreich abzuschließen („Pyrophyten").

Die Literatur, die sich mit Feuer, seiner Auswirkung auf die Pflanzen- und Tierwelt und seiner Anwendung im Management von Schutzgebieten befasst, ist inzwischen immens angewachsen und erreicht fast den Umfang dessen, was es zum Thema Herbivorie gibt. Ohne Anspruch auf Vollständigkeit nennen wir an Büchern z. B. Wein & MacLean (1983), Goldammer (1993), Bond & van Wilgren (1996), Bradstock et al. (2002), Anderson et al. (2003) und Cochrane (2009). Im Folgenden möchten wir in knapper Form Feuerregime und Feuerresistenz von Pflanzen erläutern.

Feuerregime (Bond & Keeley 2005, Cochrane & Ryan 2009)
- Prinzipiell unterscheidet man Grundfeuer, Oberflächenfeuer und Kronenfeuer. **Grundfeuer** treten dort auf, wo mächtige Decken aus organischem Material vorkommen, wie in borealen Nadelwäldern (Rohhumus-Auflagen) und in (trockengelegten) Mooren. Sie bleiben unter der Bodenoberfläche, durchglühen das Material ohne Flammenbildung und zerstören quantitativ die Wurzelmasse der Pflanzen. In Mooren können sie viele Jahre lang unterirdisch persistieren, bis der Brennstoff aufgebraucht ist. Ihre Ausbreitungsgeschwindigkeit ist gering (weniger als

2 cm pro Minute). **Oberflächenfeuer** werden von der abgetrockneten Pflanzenmasse (einschließlich der Humusdecke) genährt. Sie sind typisch für Grasländer, kommen aber auch in Wäldern vor, wenn genügend Brennstoff vorhanden ist. Sie sind vergleichsweise kühl und schädigen Vegetation und Fauna weniger als die beiden anderen Feuertypen. Ihre Ausbreitungsgeschwindigkeit liegt zwischen 0,3 und 10 m (bis zu 50 m) pro Minute. **Kronenfeuer** mit Ausbreitungsgeschwindigkeiten von 15–100 m pro Minute sind die heftigsten und heißesten Feuer. Sie treten in Wäldern und Gebüschen auf, in denen harzreiche Koniferen (wie die Gattung *Pinus*) oder Gehölze mit ätherischen Ölen in den Blättern (wie *Eucalyptus*) dominieren, und verwüsten die Vegetation komplett. Sie sind typisch für Nadelwälder und Hartlaubgebüsche der winterfeuchten Subtropen; in den borealen Nadelwäldern treten Oberflächen- und Kronenfeuer häufig kombiniert auf.
- Die **Feuerintensität** ist die frei werdende und auf die Vegetation einwirkende Energie pro Meter Feuerlinie, bezogen auf einen bestimmten Bereich innerhalb des Feuers (am Boden, in der Mitte oder am oberen Ende der Flammenzungen). Sie wird in °C oder $kW\,m^{-1}$ angegeben. Während Oberflächenfeuer kaum mehr als $2.800\ kW\,m^{-1}$ erreichen, werden bei Kronenfeuern zwischen 10.000 und 100.000 $kW\,m^{-1}$ Feuerlinie gemessen. Die **Schwere der Feuerwirkung** auf die Vegetation hängt von der Feuerintensität ab und kann über die Mortalitätsrate von Pflanzen nach einem Feuerdurchgang gemessen werden. **Feuerfrequenz** und **Feuersaisonalität** sind zwei weitere Merkmale eines Feuerregimes; beide sind spezifisch für die jeweiligen Pflanzenformationen, in denen Feuer auftritt, und variieren deshalb in einem breiten Rahmen (Feuerfrequenz zwischen einmal jährlich, wie in manchen Grasländern, bis zu einem Abstand von 100 Jahren in Wäldern).

Feuerresistenz
Ähnlich wie im Fall der Herbivorie gibt es auch gegenüber Feuer eine Vielzahl von Strategien, mit deren Hilfe Pflanzen Feuer zu tolerieren vermögen. Nach Rowe (1983) können folgende Verhaltensweisen unterschieden werden (Abb. 1):
- *Endurers* (*resprouters*): Die Pflanzen sind in der Lage, nach Schädigung oder Verlust ihrer oberirdischen Organe wieder auszutreiben. Gehölze haben dafür Adventivknospen am Stamm, an Xylopodien oder an den Wurzeln. Krautige Pflanzen bilden neue Sprosse aus Knollen, Zwiebeln oder Rhizomen (Geophyten) oder aus Überdauerungsknospen an der Bodenoberfläche (Horst-Hemikryptophyten).
- *Resisters:* Die Pflanzen überstehen die Brände dadurch, dass ihre oberirdischen Sprosse gegenüber hohen Temperaturen geschützt sind, z. B. durch einen Mantel aus

dicht gepackten Sprossen wie bei Horstgräsern in Savannen und Steppen oder durch eine luftgefüllte Borke wie bei Savannenbäumen und *Pinus*-Arten.

- *Avoiders:* Pflanzen vermeiden die Auswirkung des Feuers, in dem sie an feuergeschützten Stellen (z. B. auf Felskuppen und Termitenbauten, auf denen Feuer keine Nahrung findet, oder in feuchten Bacheinschnitten) überleben und sich von dort aus wieder auf die abgebrannten Flächen ausbreiten.
- *Evaders:* Die Pflanzen bilden eine persistente Samenbank im Boden; die Samen sind dort vor den Auswirkungen der Brände geschützt und können unmittelbar nach dem Brand, ggf. sogar nach Stimulierung der Keimung durch Hitze (Pyrophyten) keimen.
- *Invaders:* Hierbei handelt es sich um Pioniere mit leichten, anemochoren (mit dem Wind ausgebreitete) Samen, die überall präsent sind, auf die abgebrannten Flächen einfliegen und dort rasch keimen. Ein Beispiel ist *Epilobium angustifolium* in borealen Nadelwäldern. *Evaders* und *invaders* nutzen die konkurrenzfreie Pioniersituation auf den aschegedüngten Flächen besonders effizient.

Nicht alle dieser Verhaltensweisen sind ausschließlich eine evolutive Antwort auf Feuer. So entwickeln sich *resprouter*-Eigenschaften auch bei anderen Störungen wie Beweidung durch Laubfresser oder Massenbewegungen in Gebirgen; die Störung muss nur in einer so hohen Frequenz auftreten, dass es sich für die Pflanze lohnt, in die Stärkung der unterirdischen Organe und die ständige Erneuerung des Sprosssystems bei gleichzeitiger Reduktion der generativen Vermehrung zu investieren (Bond & Midgley 2003). So gibt es in den mittelchilenischen Hartlaubwäldern viele *resprouters* unter den Gehölzen, ohne dass dort jemals Feuer eine bedeutende Rolle gespielt hat (s. Abschn. 5.3.2.4). Ähnlich feuerunspezifisch sind *invaders*, die Pioniereigenschaften haben (leichte, anemochore Samen, Lichtbedürftigkeit bei der Keimung) und sich überall dort ansiedeln können, wo offene, vegetationsfreie Flächen entstehen. Selbst dicke Borken bei Gehölzen müssen nicht immer auf Feuer zurückzuführen sein; sie gibt es auch als Frostschutz beispielsweise bei *Larix gmelinii* in Ostsibirien (s. Abschn. 7.2.4).

Pflanzen, die Feuer nicht nur ertragen, sondern für die Komplettierung ihres Lebenszyklus sogar Feuer benötigen, nennt man **Pyrophyten**. Folgende Strategien sind bekannt:

- **Stimulation der Samenkeimung**, und zwar entweder **direkt**, indem der Keimungsprozess durch Hitze oder Rauch ausgelöst wird wie bei *Eucalyptus*-Arten, oder **indirekt**, indem die Samen nur im konkurrenzfreien Milieu der abgebrannten Fläche keimen können (wie bei *Pinus*).
- **Stimulation der Blütenbildung** durch Aktivierung der Blütenknospen zu einem Zeitpunkt, der für die folgende Reife- und Keimungsphase der Samen besonders günstig ist. Ein Beispiel sind die Grasbäume der Gattung *Xanthorrhoea* in Westaustralien, die besonders reichlich nach Bränden im trockenen Sommer blühen, sodass die Samen zu Beginn der winterlichen Regenzeit keimen können (Whelan et al. 2002).

Abb. 1 Beispiele für Strategien von Pflanzen gegenüber Feuer. a = Xylopodium (*lignotuber*) von *Eucalyptus latens* (*mallee*) in Südwestaustralien; b = Borke von *Acacia nilotica* (*resister*), Südafrika; c = *Banksia grandis*, Südwestaustralien (Fruchtstände nach Feuer geöffnet), d = Austrieb aus dem Stamm nach Feuer bei *Allocasuarina decussata*, Südwestaustralien; e = Blüte nach Feuer bei *Kingia australis* (Dasypogonaceae), Südwestaustralien.

Fortsetzung

Fortsetzung

- **Stimulation der Zapfenöffnung** durch Feuer wie z. B. bei *Pinus*-Arten in Nordamerika und bei *Banksia* (Proteaceae) in Australien: Erst nach Feuer geben die Zapfen die Samen frei (Keimung und Etablierung auf den abgebrannten Flächen, wie oben). Im angelsächsischen Sprachraum wird dieses Verhalten als *serotiny* (von lat. *serotinus* = spät kommend) bezeichnet.

Seitdem der Mensch Feuer als Mittel zur Verbesserung der Nutzungsbedingungen von Landflächen entdeckt hat, ist die Vegetation allerdings nicht mehr nur durch Wildfeuer, sondern auch durch anthropogene Feuer geprägt. So stammen die ersten fossilen Nachweise menschlich verursachter Brände aus Afrika und sind 1,5 Millionen Jahre alt. In Südamerika ist mit der Einwanderung der Indianer die Feuerfrequenz deutlich angestiegen, was man in vielen Torfprofilen gut nachweisen konnte (z. B. Behling 2002). In Australien gibt es anthropogene Feuer, seitdem die Ureinwohner im Land sind, also seit etwa 50.000 Jahren. Anthropogene Feuer dürften die Feuerfrequenz gegenüber Wildfeuern drastisch erhöht haben, und zwar besonders in den Tropen und Subtropen, wo die Bevölkerungsdichte höher ist als in den ebenfalls feuergeprägten borealen Nadelwäldern.

Stelle beträgt in der Regel nur wenige Sekunden, sodass in der Feldschicht Temperaturen von etwa 300 °C auftreten. Nur dann, wenn Totholz von Feuer erfasst wird, ist die Verweildauer länger und die Temperaturen steigen auf bis zu 800 °C. Bei Grasfeuern wird die größte Hitze mit über 600 °C in den Flammenzungen 1–2 m über dem Boden erreicht. In einer Bodentiefe von mehr als 5 cm ist ein Temperaturanstieg nicht mehr messbar. Deshalb werden die unterirdischen Organe der Savannenpflanzen von Bränden kaum in Mitleidenschaft gezogen. Die Feuerintensität hängt von der Menge der brennbaren Phytomasse, ihrer Feuchte, der Windgeschwindigkeit, dem Relief und den Witterungsbedingungen ab. Sie variiert in einem weiten Rahmen zwischen 200 und 18.000 kW m^{-1} (Govender et al. 2006). Ab etwa 3.000 kW m^{-1} werden Jungbäume bis 1 m Höhe letal geschädigt. Solche Feuer treten eher in der zweiten Hälfte der Trockenzeit und zu Beginn der Regenzeit auf, wenn die Grasstreu besonders gut durchgetrocknet ist.

Im Durchschnitt verbrennen bei einem Feuerdurchgang etwa 70–90 % der Grasschicht und der Grasstreu, 20–50 % der Blattstreu von Gehölzen, 12–

Abb. 3-19 Feuerlinien in Trockensavannen des südlichen Afrika. a = brennende Savanne bei Nelspruit, Südafrika; b = Feuer im Okovango-Delta, Botswana.

58 % der Zweige, Rinde und Holzteile und bis zu 20 % des stehenden Totholzes der Bäume (Frost & Robertson 1987). Der Austrag von Stickstoff und Kohlenstoff beim Verbrennungsprozess in Form von NO_x und CO_2 in die Atmosphäre reduziert langfristig die Vorräte beider Elemente im Boden kaum. Der N-Austrag liegt bei 6 % bis höchstens 10 % der Menge, die jährlich dem Boden aus der ober- und unterirdisch anfallenden Streu zugeführt wird (Coetsee et al. 2010). Dieser Betrag wird durch N-Einträge mit dem Niederschlag und symbiontische N-Fixierung schnell kompensiert. Deshalb dürfte für den Austrieb der Gräser nach Feuer in erster Linie die Nährstoffnachlieferung aus der Mineralisation der organischen Substanz im Boden und aus dem unterirdischen Nährstoffspeicher der Gräser verantwortlich sein und nicht, wie früher oft vermutet, die Aschedüngung (Van de Vijver et al. 1999).

Die Pflanzen reagieren auf Feuer mit einer Vielzahl von Resistenzmechanismen (s. Kasten 3-4). Ausgewachsene Savannengehölze haben häufig eine dicke, luftgefüllte Borke, um das Kambium vor Hitze zu schützen (*resisters*). Im Jungpflanzenstadium, in dem die Rinde noch dünn ist, sind sie in der Lage, nach Schädigung des Stammes aus dem Wurzelbereich wieder auszutreiben (*resprouters*). Wiederholtes Austreiben nach Feuer führt zu einer charakteristischen vogelnestartigen Wuchsform. Zu den *resprouters* gehören auch die in Abschn. 3.3.2.2 erwähnten Geophyten und Hemikryptophyten mit Xylopodien. Gräser regenerieren ihre oberirdische Phytomasse ebenfalls rasch und effizient. Der Wiederaustrieb aus den im Innern ihrer Horste vor Hitzeschäden geschützten Knospen wird durch die Beseitigung der abschattenden Grasstreu stimuliert.

3.3.3 Vorkommen und Verbreitung

3.3.3.1 Savannen in Afrika

Die Savannen Afrikas repräsentieren die klassische Feuersavanne, wie wir sie in den vorhergehenden Abschnitten beschrieben haben (Abb. 3-20a, c; Abb. 3-21). Sie bestehen aus einer mehr oder minder hochwüchsigen Grasdecke, die von einer lockeren, regengrünen Baum- und Strauchschicht aus unregelmäßig verteilten Einzelbäumen und Gehölzinseln überschirmt wird. Ausführlich beschrieben sind sie bei Knapp (1973); dort finden sich auch Artenlisten. Die nördlichen **Feuchtsavannen** bilden in Westafrika einen breiten Gürtel, der sich nördlich der Regenwaldgebiete von Senegal und Guinea über

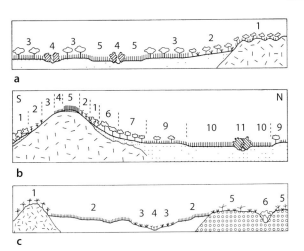

Abb. 3-20 Schematische Vegetationsprofile aus verschiedenen Savannenlandschaften Afrikas (aus Knapp 1973, etwas verändert). a = Feuchtsavannengebiet südlich des unteren Benue, Nigeria. 1 = Savanne auf steinigen Böden, 2 = Savanne mit *Lophira lanceolata*, 3 = Savanne mit *Daniellia oliveri*, 4 = immergrüner Galeriewald, 5 = Grasland ohne Gehölze im Überflutungsbereich. b = Vegetationsprofil im Bereich der westafrikanischen Trockensavannen im schwach besiedelten Gebiet von Toro, Nigeria. 1 = regengrüne Wälder auf steinigen Böden, 2 = sukkulentenreiche Felsvegetation, 3 = kaum bewachsene Felsflächen, 4 = Rasen aus therophytischen Gräsern, 5 = Rasen aus mehrjährigen Gräsern, 6, 7 = immergrüne Gehölze aus *Ficus*-Arten, 9 = offene Buschbestände und Savannen aus *Combretum*-Arten, 10 = Savannengrasland im Überflutungsbereich, 11 = immergrüner Galeriewald. c = Vegetationsprofil im Bereich der Miombo-Wälder bei Masvingo, Simbabwe. 1 = Miombo-Wald mit *Brachystegia* und *Julbernardia*, 2 = Savannengrasland mit *Hyparrhenia* sp., 3 = Savannengrasland mit *Sporobolus* sp., 4 = Cyperaceen-Sumpf, 5 = mittelhohes Grasland auf Kiesböden mit *Combretum*-Arten, 6 = Galeriewald.

Nigeria bis in den südlichen Sudan und das Gebiet um den Viktoriasee in Ostafrika erstreckt. Südlich des Kongobeckens nehmen Feuchtsavannen große Gebiete im nördlichen Angola sowie im Kasai- und nördlichen Kartanga-Becken ein (Südteil der Demokratischen Republik Kongo, ehemals Zaire). Die beiden Feuchtsavannengebiete unterscheiden sich floristisch; so kommen einige der für den Norden kennzeichnenden Baumarten, wie die weit verbreitete Caesalpiniacee *Daniellia oliveri*, im Süden nicht vor. Andere Arten sind durch Vikarianten ersetzt (wie das Araliengewächs *Cussonia arborea* durch *C. angolensis*). Die Vegetation der Feuchtsavannen ist räumlich eng mit derjenigen der angrenzenden Regenwälder verbunden, z. B. dadurch, dass Regenwaldinseln in der Savanne vorkommen (Waldsavannenzone nach Knapp 1973; s. hierzu auch die Situation in Nordaustralien in Abschn. 3.3.3.3). Die Taxa der Gehölzflora entstammen zudem denselben Verwandtschaftskreisen. Ein Beispiel ist die gut untersuchte Lamto-Savanne (Elfenbeinküste) mit ihrem Mosaik aus immergrünen bzw. saisonalen Wäldern, Palmsavannen (mit *Borassus aethiopum*) und Grasland (Abbadie et al. 2006; s. auch Walter & Breckle 2004).

Die Feuchtsavannen mit Jahresniederschlägen zwischen 1.000 und 1.700 mm zeichnen sich durch regengrüne Bäume der Caesalpiniaceae wie *Daniellia* (v. a. *D. oliveri*) und *Piliostigma*, Bignoniaceae wie *Stereospermum*, Anacardiaceae wie *Lannea*, Ochnaceae wie *Lophira* und Euphorbiaceae wie *Nauclea* aus. Viele haben große, unzerteilte Blätter, einige auch Fiederblätter. Sie bilden ohne Feuer 10–20 m hohe Wälder. In der Grasdecke herrschen *Hyparrhenia*-Arten vor, die bis zu 3 m hoch werden können und das Aussehen der Vegetation bestimmen. *Hyparrhenia* ist eine nahezu auf Afrika beschränkte Grasgattung (Tribus Andropogoneae), die rund 50 überwiegend ausdauernde Arten umfasst und weit verbreitet ist. Außerdem kommen *Heteropogon*- (v. a. *H. contortus*) und *Andropogon*-Arten vor. Zu den Feuchtsavannen kann man auch die durch häufigere Brände und Beweidung mit Rindern aufgelichteten Miom-

bo-Wälder rechnen, in denen die ursprünglich dominanten Caesalpiniaceae zugunsten von Gehölzen zurücktreten, welche über eine ausgeprägtere Feuertoleranz verfügen (wie *Pterocarpus angolensis*).

Die **Trockensavannen** Afrikas schließen bei abnehmendem Niederschlag und Verkürzung der Regenzeit nach Norden und Süden an die Feuchtsavannenzonen an (Niederschläge zwischen 400 und 1.200 mm, Trockenzeit zwischen sieben und neun Monaten; Abb. 3-20b; Abb. 3-21). Im Norden bilden sie einen vom Senegal bis zum Sudan verlaufenden Gürtel, der klimatisch der Sudanzone zugerechnet wird und zwischen der Feuchtsavannen-(Guineazone) und der trockenen Sahelzone südlich der Sahara liegt (Le Houerou 1989). In Ostafrika sind die Trockensavannen durch das gebirgige Relief stark zerstückelt. Im Süden kommen sie großflächig in Simbabwe, im nördlichen Südafrika (Transvaal mit dem Krüger-Nationalpark) und in Moçambique vor und erstrecken sich – nach Westen zunehmend schmaler werdend – bis in den Süden von Angola und den Norden von Namibia. Der physiognomische Unterschied zwischen den nördlichen und den südlichen Trockensavannen ist hier sehr groß. Der Süden ist meist dünn besiedelt und 3–10 m hohe Trockengehölze dominieren. In großen Schutzgebieten

Abb. 3-21 Beispiele für Savannen in Afrika: a = Feuchtsavanne aus *Hyperthelia dissoluta* und *Andropogon gayanus* (Murchison Falls, Uganda, Foto: F. Klötzli); b = Trockensavanne (Itala Game Reserve, Südafrika); c = Trockensavanne mit *Sclerocarya birrea* (belaubt) am Ende der Trockenzeit (Krüger-Nationalpark, Südafrika).

(wie Krüger-Nationalpark, Etosha-Nationalpark u. a.) sind Vegetation und Fauna im ursprünglichen Zustand erhalten. Im Gegensatz dazu ist der Norden stark anthropogen überformt; in ähnlicher Weise wie die Trockengebiete des Sahel am Südrand der Sahara handelt es sich um eine alte Kulturlandschaft mit – für afrikanische Verhältnisse – hoher Bevölkerungsdichte. Dadurch ist die natürliche Vegetation weitgehend durch Sekundärgebüsche, Annuellenfluren und Brachestadien verschiedenen Alters ersetzt (s. Abschn. 3.4).

Die Grasdecke afrikanischer Trockensavannen besteht aus Vertretern von Gattungen wie *Aristida*, *Themeda* (*T. triandra*), *Loudetia*, *Andropogon* u. a., die nur mehr wenig mehr als 1 m hoch werden. Die Gehölze sind entweder breitblättrige (mesophylle) regengrüne Laubbäume auf basenarmen, feuchteren Standorten oder Akazien mit kleinen, gefiederten Blättern auf basenreichen Böden unter subariden Bedingungen. Im südlichen Afrika wird, in Anlehnung an die grundlegende Vegetationsbeschreibung von Acocks (1988), eine Vielzahl von Savannen- und Gebüschtypen (*bushveld*) unterschieden, die nach physiognomischen, floristischen, klimatischen und edaphischen Merkmalen und nach ihrer Nutzbarkeit (*sweet* bzw. *sour*, bezieht sich auf den Nährstoff- und Fasergehalt der Savannengräser während der Trockenzeit) charakterisiert sind (Cowling et al. 1997). Weit verbreitet ist z. B. das Arid Sweet Bushveld mit *Terminalia sericea* (an ihren silbrig behaarten Blättern leicht erkennbar) sowie *Combretum*-Arten (v. a. *C. apiculatum*), beides Taxa der Combretaceae mit anemochoren geflügelten Samen, ferner *Sclerocarya birrea* (aus der Familie der Anacardiaceae mit apfelförmigen Früchten, die gern von Elefanten gefressen werden) sowie verschiedene Akazien (v. a. *Acacia nigrescens*). Hierher gehört auch die Mopane-Savanne, die aus Mopane-Wäldern hervorgegangen ist (*Colophospermum mopane*). Reine Akazien-Savannen gibt es z. B. als Kalahari Thornveld mit *Acacia erioloba*, dem Kameldorn, einer in Afrika weit verbreiteten Art, die bis in die Sahelzone vorkommt, sowie die niedrigwüchsigen Acacia-Arten *A. tortilis* und *A. mellifera*. Die Gräser stammen aus den Gattungen *Panicum*, *Eragrostis*, *Aristida*, *Heteropogon* u. a. Der stark bedornte, kleinblättrige Strauch *Commiphora pyracanthoides* leitet zu den Trockengebüschen und Zwergstrauch-Halbwüsten der Kalahari über. Die Galeriewälder in den Trockensavannen sind teilimmergrün (*Kigelia-Acacia*-Auen nach Knapp 1973); sie enthalten u. a. immergrüne *Ficus*-Arten (z. B. *Ficus sycomorus*, der „Maulbeerbaum" des Alten Testaments; Kawollek & Falk 2005) und *Kigelia*-Arten

(wie *Kigelia africana*, Bignoniaceae, nach der Form der Früchte im Deutschen als „Leberwurstbaum" bezeichnet).

Die afrikanischen Nasssavannen auf regelmäßig überfluteten Böden (vornehmlich Vertisolen) sind in den Niederungen weit verbreitet. Wir finden hier Rasen aus *Sporobolus*-, *Urochloa*- und *Eragrostis*-Arten, die bis zu 1 m hoch werden können. In besonders lang überfluteten Senken, in denen nährstoffreiche Sedimente abgelagert sind, kommen hochwüchsige (3–4 m) „Riesengräser" wie *Hyparrhenia diplandra*, *Miscanthus violaceus* oder *Echinochloa pyramidalis* vor. Auf wechselfeuchten Standorten mit scharfer Austrocknung des Oberbodens, aber reichlich Wasser in den tieferen Bodenschichten gibt es Palmsavannen mit *Hyphaene*-Arten (z. B. *H. thebaica* = Doumpalme; häufig vor allem am Südrand der Sahara im Gebiet der Trockengebüsche und Dornsavannen; Knapp 1973).

3.3.3.2 Savannen in Südamerika

Abgesehen von kleineren (inselförmigen) Vorkommen im Amazonas-Regenwald (wie die Savannen von Humaitá nordwestlich des Rio Madeira; Janssen 1986) bestehen die südamerikanischen Feuersavannen aus dem Cerrado in Zentralbrasilien (mit einem kleineren Teil in Bolivien) und den Llanos westlich des Orinoco in Venezuela und Kolumbien (Abb. 3-22). Ihre Physiognomie unterscheidet sich deutlich von derjenigen der Savannen in Afrika und Australien: Die nur 6–8 m hohen Bäume haben stark gedrehte Stämme und obstbaumartige Kronen mit großen, meist immergrünen, sklerophyllen Blättern und einer dicken, rissigen Borke („Obstgartensavanne"); Xylopodien sind häufig. Trotz der im Vergleich mit Afrika niedrigeren Grasschicht (1–1,5 m) handelt es sich ausnahmslos um Feuchtsavannen; die Jahresniederschläge reichen von 1.000 bis knapp 2.000 mm und die Trockenzeit dauert lediglich vier bis fünf Monate. Darunter (Niederschläge unter 800 mm, Trockenzeit über sechs Monate) kommen keine Trockensavannen wie in Afrika vor, sondern regengrüne Laubwälder oder Trockengebüsche, nämlich die Caatinga an der Nordostgrenze des Cerrado und der Gran Chaco an seiner Südwestgrenze. Deren Böden sind basenreicher als diejenigen der Savannen. Den Gegensatz zwischen basenarmen Böden in den subhumiden und basenreichen Böden in den subariden Gebieten gibt es also auch hier. Die Gran Sabana im Süden Venezuelas mit einem Mosaik aus Grasland und immergrünem Wald sowie den

Tafelbergen (Tepuí) mit ihrer eigenständigen Flora stellt einen Sonderfall dar, den wir in Kasten 3-5 behandeln.

Es wird heute allgemein akzeptiert, dass der immergrüne und sklerophylle Charakter der südamerikanischen Savannen auf extremen Nährstoffmangel und hohe Mengen an freiem Aluminium zurückzuführen ist (Medina & Silva 1990). In Abschn. 3.3.2.1 haben wir schon darauf hingewiesen, dass kontinuierliche Lauberneuerung (bei den immergrünen Sklerophyllen) unter extrem nährstoffarmen Bedingungen von Vorteil ist, weil sich die für die Blattneubildung benötigte Nährstoffaufnahme über mehrere Monate verteilt und nicht, wie bei den regengrünen Malakophyllen, auf einmal getätigt werden muss. Andererseits müssen Immergrüne ganzjährig ausreichend Wasser zur Verfügung haben, was sie nur schaffen, wenn sie entweder ein tiefgreifendes Wurzelsystem haben, um an Wasserreserven zu gelangen, oder aber eine ausgeprägte stomatäre Transpirationsregelung oder wenigstens einen Teil ihrer Blätter abwerfen. Alle drei Mechanismen sind bei Cerrado-Bäumen in unterschiedlichem Maß und in wechselnder Kombination verwirklicht (Goldstein et al. 2008). Es gibt unter den Immergrünen solche, die

ihre Transpiration nicht einschränken, worauf schon Ferri (1944) hingewiesen hat. Andere schließen ihre Spaltöffnungen über Mittag oder am Nachmittag, wie man es auch von Hartlaubbäumen der winterfeuchten Subtropen kennt; wieder andere reduzieren ihre Transpiration vorwiegend in der Trockenzeit durch Schließen der Spaltöffnungen, jedenfalls tagsüber. Einige immergrüne Cerrado-Bäume können offensichtlich ihre Nährstoffaufnahme aus den extrem armen Böden erhöhen, indem sie nachts ihre Stomata öffnen und einen (allerdings reduzierten) Transpirationsstrom aufrechthalten (Bucci et al. 2004).

Neben den immergrünen Bäumen mit einer Blattlebensdauer von 24 Monaten oder mehr gibt es aber auch solche, die ihr Laub komplett oder teilweise verlieren. Manche beginnen mit dem Laubabwurf schon im März, manche erst im August. Sie gehören nach Morais et al. (1995; Cerrado bei Brasilia) zu zwei Gruppen: Die erste Gruppe (etwa ein Drittel) verliert ihr Laub während der Trockenzeit oder während des Übergangs von der Trocken- zur Regenzeit, ist rund einen Monat kahl und bildet unmittelbar im Anschluss daran die neuen Blätter („laubabwerfend"). Die Blattlebensdauer beträgt elf

Abb. 3-22 Beispiele für Savannen in Südamerika: a = Obstgartensavanne der Llanos Orientales, Venezuela, mit *Curatella americana* und *Bowdichia virgilioides*; b = Campo Cerrado in der Nähe von Brasilia; c = Borke von *Enterolobium ellipticum*, Mimosaceae; Fotos b, c: G. Gottsberger.

bis zwölf Monate. Zur zweiten Gruppe („halbimmergrün") gehören einige wenige, die nur einen Teil ihres Laubes während der Trockenzeit abwerfen, bevor die neuen Blätter erscheinen. Der Rest des alten Blattwerks fällt erst ab, wenn die neuen Blätter entwickelt sind. Die Blattlebensdauer liegt bei zwölf und mehr Monaten.

Laubabwurf ist hier aber keine Reaktion auf Trockenheit; das sieht man schon daran, dass die Bäume nach Durchgang eines Feuers mitten in der regenarmen Saison wieder austreiben und die neuen Blätter unvermindert transpirieren. Für den Verlust der Blätter muss es also andere Gründe geben, wie z. B. die Beseitigung giftiger Substanzen, etwa bei den Arten der Gattung *Qualea*, die in ihren Blättern Aluminium akkumulieren (Gottsberger & Silberbauer-Gottsberger 2006). Auch bilden keineswegs alle immergrünen Gehölze ein tief reichendes und alle laubabwerfenden Gehölze ein flaches Wurzelwerk; Pfahlwurzeln mit Zugang zu unterirdischen Wasserreserven gibt es auch bei Gehölzen, die ihr Blattwerk während der Trockenzeit verlieren (Goldstein et al. 2008). Vielmehr besitzen viele Cerrado-Bäume ein sog. dimorphes Wurzelsystem, d. h. flach (oberflächennah) streichende Wurzeln (die mit den Wurzeln der Grasdecke in Kontakt kommen) und tiefe Pfahlwurzeln mit Verzweigungen am unteren Ende. Sie sind dadurch in der Lage, bei der Wasseraufnahme zwischen Trocken- und Regenzeit entsprechend umzuschalten, also Grund- oder Oberflächenwasser oder beides gleichzeitig zu nutzen.

Hinzu kommt ein Phänomen, das man als *hydraulic lift* bezeichnet (Richards & Caldwell 1987). Es ist auch bei Cerrado-Gehölzen festgestellt worden (Moreira et al. 2003). Dem Wasserpotenzialgefälle zwischen der Wurzel und ihrer Umgebung folgend nehmen nämlich Wurzeln im Bereich der Wurzelspitze und der Achsenmeristeme in den Seitenwurzeln nicht nur Wasser auf, sondern geben auch Wasser ab, wenn der Boden austrocknet. Somit ermöglicht der Wurzeldimorphismus den Bäumen und Sträuchern in Trockengebieten die Umverteilung des Wassers, insbesondere von unten nach oben (aber auch von oben nach unten, wie wir bei Wüstengehölzen noch sehen werden; s. Abschn. 4.2). Das bedeutet, dass flachwurzelnde Pflanzen während der Trockenzeit vom *hydraulic lift* der Tiefwurzler während der Trockenzeit profitieren, und zwar in einem Ausmaß, das zumindest die Austrocknung ihrer Wurzelspitzen verzögert (Domec et al. 2006).

Der **Cerrado** ist mit rund 1,53 Millionen km² das größte zusammenhängende Savannengebiet der Erde, wobei hierin alle Formationen vom immergrünen Laubwald (Cerradão) bis zum gehölzfreien Savannengrasland enthalten sind (Cerrado *sensu lato*; Gottsberger & Silberbauer-Gottsberger 2006). Die eigentliche Savanne umfasst nach der Klassifikation von Eiten (1972) lediglich den Cerrado (*sensu stricto*; 15–40 % Baumdeckung), den Campo Cerrado (2–15 % Gehölzdeckung mit einer Baumhöhe von in der Regel weniger als 7 m), den Campo Sujo (vorwiegend Gebüsche mit einer Deckung bis zu 10 %) und den Campo Limpo (Savannengrasland). Letzterer ist entweder das Ergebnis regelmäßiger Überflutung (*hyperseasonal savannas*), wie in anderen Kontinenten auch, oder extremer Flachgründigkeit der Böden durch oberflächennahe Plinthitschichten. Baumhöhe und -dichte werden ansonsten von der Wasserverfügbarkeit in tieferen Bodenschichten und der Mächtigkeit der Bodendecke bestimmt (je trockener und je flachgründiger, desto niedriger und offener die Baumschicht; Assis et al. 2011). Die Böden des Cerrado bestehen zu mehr als 50 % aus Ferralsols, Arenosols und Acri- bzw. Luvisols.

Mit mehr als 300 Arten pro Hektar ist der Cerrado die artenreichste Savanne der Erde. Nach Castro et al. (1999) dürfte es hier zwischen 1.000 und 2.000 Baum- und Straucharten geben (davon rund 40 % endemisch im Cerrado *s. l.*), die sich auf etwa 370 Gattungen und 90 Familien aufteilen. Die Zahl der krautigen Pflanzenarten wird auf etwa 4.700 geschätzt. Diese hohe Phytodiversität könnte damit zusammenhängen, dass sich die Cerrado-Flora seit der Entstehung der Savanne (zwischen zehn und vier Mio. Jahren BP) aus den Taxa der feuerempfindlichen Ökosysteme in der Umgebung (tropischer Regenwald, regengrüne Wälder und Gebüsche) entwickelt hat, also aus ganz unterschiedlichen Vegetationstypen (Simon et al. 2009), und zwar nur auf den extrem nährstoffarmen Böden des Zentralbrasilianischen Schildes. Weder auf die trockeneren noch auf die feuchteren nährstoffreicheren Standorte konnte sich die Savanne ausbreiten.

Weit verbreitet sind unter den Gehölzen Fabaceae (z. B. *Acosmium*), Mimosaceae (z. B. *Enterolobium*) und Caesalpiniaceae (z. B. *Bauhinia*), ferner Malpighiaceae (z. B. *Byrsonima* mit 22 Arten), Myrtaceae (z. B. *Myrcia* mit 18 Arten), Melastomataceae (z. B. *Miconia* mit 15 Arten) und Rubiaceae, ferner die Gattung *Qualea* (mit *Q. grandiflora*, Vochysiaceae), *Caryocar* (Caryocaraceae), *Curatella* (Dilleniaceae) und *Kielmeyera* (Clusiaceae; Oliveira-Filho & Ratter 2002). Unter den rund 500 Grasarten sind die Gattungen *Andropogon*, *Axonopus*, *Paspalum*, *Panicum* und *Trachypogon* besonders häufig. Hinzu kommt eine große Zahl weiterer krautiger Pflanzen, die über-

Kasten 3-5

Die Gran Sabana

Im Südosten Venezuelas, an der Grenze zu Guayana und Brasilien, erstreckt sich zwischen der Sierra de Lema im Norden und der Sierra Pakaraima im Süden eine flachwellige Hochfläche in 750–1.450 m Meereshöhe. Ihren Namen Gran Sabana erhielt sie wegen der landschaftsprägenden Dominanz einer tropischen, gehölzfreien Savanne, in die Waldinseln, Gebüsche und kleinere Palmbestände aus *Mauritia flexuosa* eingestreut sind (Abb. 1). Das Gebiet ist Teil des Guayana-Schildes, einer präkambrischen Gesteinsmasse vorwiegend aus Sandstein der Roraima-Gruppe, der zu fast reinen Quarzsanden verwittert und entsprechend arme Böden trägt (Huber 1995). Dazwischen liegen langgezogene Geländerücken aus basenreichem, mesozoischem Diabas. Die Hochfläche wird von Tafelbergen überragt, die zwischen 1.600 und 3.000 m hoch sind, als Reste der ehemaligen Landoberfläche gedeutet werden und aus dem gleichen Sandstein bestehen. Diese Tafelberge werden nach einem Wort aus der Sprache der dort ansässigen indigenen Bevölkerung (der Pemon-Indianer) Tepuis (Sing. Tepui) genannt. Sie prägen die majestätische Schönheit dieser Landschaft und machen sie zu einem attraktiven Reiseziel. Ihre Flora enthält zahlreiche endemische Taxa, zu denen die Gattung *Stegolepis* aus der neotropischen Monokotylen-Familie der Rapateaceae und viele Sträucher der Gattung *Bonnetia* (Bonnetiaceae) gehören. Das Vegetationsmosaik auf den Plateaus der Tepuis erinnert strukturell an die feuchttropischen Páramos, wenngleich Großrosettenpflanzen fehlen; es besteht aus einem Mosaik aus flachgründigen Mooren mit Rosettenpflanzen der Familien Xyridaceae und Paepalanthaceae, Zwergstrauchheiden und Bromeliaceen-Fluren, unter denen besonders die karnivore Art *Brocchinia reducta* mit ihren röhrenförmigen Blattrosetten auffällt. Das Gebiet gehört zur Guayana-Florenregion der Neotropis, die sich durch einen besonders hohen Endemitenreichtum auszeichnet und deshalb den Hotspots der pflanzlichen Biodiversität zuzurechnen ist (s. Abschn. 1.2.1); es ist Teil des Nationalparks Canaima.

Das Klima der Gran Sabana ist durch ganzjährige Niederschläge mit ein bis zwei Monate dauernden, regenarmen (aber nicht regenfreien) Perioden geprägt. Die Niederschlagshöhe variiert zwischen 1.600 und 2.500 mm, die mittlere Jahrestemperatur zwischen 9 und 12 °C. Es handelt sich also, im Gegensatz zu den Llanos mit ihren Obstgartensavannen, um ein humides Klima, in dem ein prämontaner, immergrüner tropischer Regenwald dominieren müsste (Huber 1995). Tatsächlich finden wir solche Wälder sowohl flussbegleitend (als Galeriewälder) als auch in Form kleinerer und größerer Waldinseln auf Diabas und Sandstein. Ihre Grenze zum Grasland ist meist scharf ausgebildet. Dieses besteht aus niedrigen bis mittelhohen C_4-Horstgräsern, unter denen besonders häufig *Trachypogon spicatus* und *Axonopus anceps* auftreten. Hinzu kommen einige Cyperaccen wie Arten der Gattungen *Rhynchospora* und *Bulbostylis*. Während die Wälder von den Pemon-Indianern im *slash-and-burn*-Verfahren zum Anbau von Maniok, Mais und anderen tropischen Feldfrüchten genutzt werden, wird das Grasland

wiegend den Leguminosen (ca. 780 Arten), Asteraceen (ca. 560 Arten) und Orchideen angehören (ca. 495 Arten; Mendonça et al. 1998). Auf die für den Cerrado typischen Xylo-Hemikryptophyten (Gottsberger & Silberbauer-Gottsberger 2006) mit einem hinfälligen krautigen oberirdischen Spross und einem verholzten unterirdischen Stamm (Xylopodium) haben wir in Abschn. 3.3.2.2 schon hingewiesen.

Eine ähnliche Struktur wie der Cerrado weisen auch die Savannen der **Orinoco Llanos** in Venezuela und Kolumbien auf (Sarmiento 1984, Medina & Silva 1990, Baruch 2005). Ihre Gehölzflora ist allerdings deutlich artenärmer. Zwei der drei dominanten Baumarten sind immergrün und sklerophyll, nämlich *Curatella americana* (Dilleniaceae) und *Byrsonima crassifolia* (Malpighiaceae), eine, nämlich *Bowdichia virgilioides* (Fabaceae), ist teilweise laubabwerfend; Huber 1987, 1995). Die Blätter und Blüten werden in der zweiten Hälfte der Trockenzeit gebildet, die von Mai bis November dauert; die Grasdecke besteht größtenteils aus *Trachypogon-* (v. a. *T. spicatus*), *Axonopus-* und *Andropogon*-Arten sowie der Cyperacee *Bulbostylis* und wird 1–1,5 m hoch. Die physiognomische Spannweite reicht von reinen Grasländern auf den weit verbreiteten Petroplinthit-Krusten (Kellman & Tackaberry 1997) bis zu lockeren Baumbeständen mit Grasunterwuchs (Chaparral), und zwar in Abhängigkeit von der Wasserverfügbarkeit für tiefwurzelnde Bäume während der Trockenzeit (innerhalb eines Niederschlagsgradienten von etwa 800–2.000 mm). Die Böden sind – ähnlich wie im Fall des Cerrado – dystroph.

Ausgedehnte edaphische Savannen kommen in den großen Feuchtgebieten Südamerikas vor (Abb. 3-23a, b). Dazu zählen das Orinoco-Delta in Venezuela, das Pantanal im Einflussgebiet des Rio Paraguay (Mato Grosso, Brasilien), die Rio Beni/Madeira-Senke an der Nordgrenze von Bolivien sowie die bereits zu den Subtropen gehörende argentinische Provinz Entre Rios westlich von Corrientes. Edaphi-

Abb. 1 Landschaft der Gran Sabana, Venezuela, mit Waldinseln, baumfreiem Savannengrasland und Palmsavannen aus *Mauritia flexuosa* in den Niederungen (a). Charakteristische Arten des Graslandes sind *Axonopus anceps* und (an quelligen Stellen, *herbazales*) die Bromeliacee *Brocchinia reducta* mit ihren röhrenförmigen Blatttrichtern (b).

wegen des extrem geringen Futterwertes der Gräser nicht einmal beweidet.

In ähnlicher Weise wie die Campos in Südbrasilien und Uruguay (s. Abschn. 5.2.3) dürfte auch das tropische Grasland der Gran Sabana ein durch Feuer stabilisiertes Relikt pleisto- und holozäner Trockenphasen sein. Dafür sprechen die bisher vorliegenden palynologischen Daten, die eine Ausbreitung des Graslandes auf Kosten der Wälder seit Beginn des Holozäns belegen, und zwar mit dem Einsetzen eines trockeneren Klimas (Rull 2007, 2009). Offensichtlich war dieser Prozess mit einer Degradierung der ehemaligen Waldböden verbunden; durch den Übergang von Wald zu Grasland ver-

schwand die bis zu 30 cm mächtige, intensiv durchwurzelte organische Auflage (mit bis zu 140 t ha^{-1} C, rund 8 t ha^{-1} N, 55 kg ha^{-1} P), was sich aus dem Vergleich zwischen Wald- und Graslandböden belegen lässt (Fölster et al. 2001, Dezzeo et al. 2004). Übrig geblieben ist der mineralische, extrem flachgründige (40–50 cm über dem C-Horizont), vorwiegend aus Quarzsand bestehende Unterboden. Natürliche und (seit der Einwanderung der Pemon) anthropogene Feuer dürften im Verbund mit der Bodendegradation ein Vordringen des Waldes auch unter den heute herrschenden humiden Klimabedingungen zumindest auf Sandstein (möglicherweise nicht auf den basenreichen Böden aus Diabas) verhindern.

sche Savannen treten aber auch weniger großflächig in vielen anderen Gebieten auf (wie auf der Ilha de Bananal im Rio Araguaia, Brasilien, und in den westlichen Orinoco Llanos), in denen das extrem geringe Gefälle regelmäßige Überflutungen (mit Fremdwasser) oder Überstauungen (durch hochdrückendes Grundwasser) zulässt. Häufig handelt es sich um ein Mosaik („Parklandschaft") aus tropischen Cyperaceen-Sümpfen auf ständig nassen Böden, immer- oder regengrünen Wäldern bzw. „Obstgartensavannen" auf trockenen Rücken, reinem Savannengrasland und Termitensavannen auf periodisch überfluteten Vertisolen, sowie Palmsavannen auf periodisch überstauten Böden, in denen das Grundwasser auch während der Trockenzeit nicht unter 1 m Tiefe fällt (s. Abb. 2-35 in Abschn. 2.2.3.3). Beispiele für Palmsavannen sind die *Copernicia alba*-Savannen in Entre Rios und im östlichen Chaco, die stellenweise dicht stehenden Palmenhaine aus *Attalea speciosa* („Babaçú") mit einigen Hundert bis über 3.000 Indivi-

duen pro Hektar (Seibert 1996) zwischen der Caatinga Nordostbrasiliens und dem amazonischen Regenwald, die *Mauritia flexuosa*-Savannen in den Llanos, im Orinoco-Delta und in der Gran Sabana (Kasten 3-5) sowie die Wachspalmenbestände aus *Copernicia prunifera* in Ostbrasilien. Das auf den Blättern zum Zweck des Transpirationsschutzes gebildete Wachs der Wachspalme wird u. a. als Beimischung zu Polierwachs für die Autolackpflege verwendet (Lieberei & Reisdorff 2007).

3.3.3.3 Savannen in Südostasien und Australien

Die großflächig vorherrschende Vegetation in Indien, Thailand und Kambodscha wäre ohne den Einfluss des Menschen der tropische regengrüne Laubwald, wie wir ihn in Abschn. 3.2.3 schon besprochen haben. Die ausgedehnten Grasländer, die heute das Erscheinungsbild der Vegetation zum Beispiel auf dem dicht besiedelten indischen Subkontinent prägen, sind das Ergebnis anthropogener Waldverwüstung (s. Abschn. 3.4). Natürliches Savannengrasland gibt es nur kleinflächig auf flachgründigen Kuppen und Hängen (wie Teile des Patana-Graslandes auf Sri Lanka; Pemadasa 1990) und alluvialen Tonböden (Schmid 1974).

Die meisten der **australischen Savannen** sind immergrün und sklerophyll (Abb. 3-24). Nur auf nährstoffreicheren und öfter überschwemmten Böden der Niederungen kommen regengrüne Bäume vor, unter denen *Lysiphyllum cunninghamii* (Caesalpiniaceae), *Terminalia-* und einige wenige halbimmergrüne *Eucalyptus*-Arten (wie *E. alba*) auftreten (s. Abb. 3-17a). Ansonsten dominieren Gehölze, die ihr Laub während der Trockenzeit nicht abwerfen. Die Ursachen für den immergrünen Charakter werden a) in der Nährstoffarmut der Böden (wie im Fall des Cerrado), b) in der Variabilität der Dauer von Regen- und Trockenzeit zwischen den Jahren (mit scharfem Kontrast zwischen Regen- und Trockenzeit) und c) im Vorhandensein unterirdischer Wasservorräte gesehen, die für die Baumwurzeln in der Trockenzeit erreichbar sind (Bowman & Prior 2005). Da die Bäume überwiegend den immergrünen, meist hochgradig feuertoleranten und gleichzeitig feuerför-

dernden Myrtaceae-Gattungen *Eucalyptus* und *Melaleuca* (Teebaum) angehören, treten Savannen im Norden Australiens auch dann noch auf, wenn das Klima eigentlich schon tropische Regenwälder zuließe (Beckage et al. 2009, Lehmann et al. 2011). So kommt es, dass bei Feuerausschluss Regenwälder in heute von (*Eucalyptus*-)Savannen eingenommene Gebiete vordringen (Russel-Smith et al. 2004a, b). Die Eukalypten sind also die „Ökosystem-Ingenieure" der australischen Savannen.

Von den rund 680 *Eucalyptus*-Arten gibt es etwa 90 im tropischen Nordaustralien, das als megatherme Region bis etwa zum 20. Grad südlicher Breite reicht. Im dortigen monsunalen Klima sind zwischen rund 2.000 mm Niederschlag im Norden (Darwin) und 600 mm im Süden bzw. Südwesten, also bis zum Beginn der inneraustralischen Trockengebiete, verschieden hohe, lockere bis weitständige Wälder und Gebüsche aus *Eucalyptus*-Arten mit einem Unterwuchs aus Gräsern und/oder Sträuchern (häufig Vertreter der Proteaceae) verbreitet (Beadle 1981, Gillison 1983, 1994), die in der lokalen Nomenklatur als *woodlands* bezeichnet werden. Die Waldbestände im äußersten Norden Australiens mit Niederschlägen von mehr als 1.000 mm (*dense woodlands*) aus *Eucalyptus miniata* und *E. tetrodonta* haben wir schon in

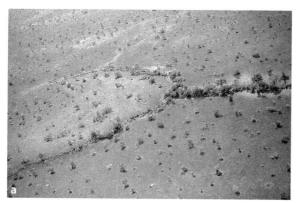

Abb. 3-23 Beispiele für edaphische Savannen. a = Termitensavanne mit Galeriewäldchen entlang eines Baches und Gehölzinseln auf Termitenbauten (Ilha de Bananal, Rio Araguaya, Brasilien), b = Palmsavanne mit *Mauritia flexuosa* (Gran Sabana, Venezuela), c = Savannengrasland (Mitchell Grass Downs) mit *Astrebla* sp. auf Vertisol (Plenty Highway, Australien).

Abb. 3-24 Beispiele von Savannen in Australien: a = *Eucalyptus* cf. *crebra*-Savanne bei Georgetown, Queensland; b = Überflutungssavanne mit *Melaleuca viridiflora* (südlich von Normanton, Queensland); c = Trockensavanne mit *Eucalyptus pruinosa*, auf der rechten Bildhälfte abgebrannt (bei Cloncury, Queensland).

Abschn. 3.2.3.4 besprochen. Da sie eine geschlossene Grasdecke aufweisen, könnte man sie auch den Feuchtsavannen zuordnen.

Nach Süden folgen *open woodlands* sehr unterschiedlicher Struktur und Artenzusammensetzung, in Abhängigkeit von der geographischen Lage und dem Ausgangsgestein. Hierzu gehören beispielsweise *Eucalyptus tectifica*-Savannen auf tiefgründigeren Böden sowie in den feuchteren Gebieten und einer Grasdecke, die oft von *Chrysopogon*-Arten beherrscht wird. In nährstoffarmen, häufig überschwemmten, salzbeeinflussten Niederungen, besonders großflächig in den Überflutungsflächen südlich des Golfes von Carpentaria, wachsen Bestände aus *Melaleuca viridiflora* und *M. nervosa*. Die Gattung *Melaleuca* erhielt ihren englischen Namen *paperbark* nach dem Aufbau ihrer Borke, die aus unzähligen papierdünnen Schichten besteht und als Feuerschutz zu interpretieren ist. Die Blätter gleichen den Phyllodien der *Acacia*-Arten. An flachgründigen, trockenen Standorten und besonders an der Grenze zu den Trockengebieten wachsen *low open woodlands*, die niedrigwüchsig (2–4 m) und buschförmig sind. Die Grasdecke erreicht hier lediglich eine Höhe von 1 m und besteht aus Arten der Gattungen *Aristida*, *Cymbopogon* und *Chrysopogon* (Trockensavanne). Häufig sind *Eucalyptus brevifolia* und *E. pruinosa*. Diesen Trockensavannen ist gelegentlich die altertümliche Gymnosperme *Callitris columelaris* (Cupressaceae) beigemischt.

Unter den Savannen Australiens sind die Mitchell Grass Downs als Savannengrasland wegen ihrer gewaltigen Ausdehnung von mehr als 300.000 km^2 und ihrer Gleichförmigkeit besonders bemerkens-

wert (Beadle 1981; Abb. 3-23c). Sie reichen vom südöstlichen Queensland bis in das mittlere Northern Territory und sind völlig gehölzfrei. In dem extrem saisonalen Klima mit 300–600 mm Niederschlag unterliegen die Tonböden (Vertisole aus kreidezeitlichem Tonschiefer oder alluvialen Einschwemmungen) einem ständigen Quellungs- und Schrumpfungsprozess mit über 1 m tiefen Schwundrissen während der Trockenzeit. Die Vegetation besteht aus vier Arten der in Australien endemischen Horstgras-Gattung *Astrebla* (*Mitchell grass*) mit *A. squarrosa*, *A. pectinata*, *A. lappacea* als die häufigste Art und *A. elymoides*.

3.4 Landnutzung und anthropogene Vegetation

In Kasten 3-4 haben wir schon darauf hingewiesen, dass die afrikanischen Savannen seit der Entstehung des *Homo sapiens* nicht nur von natürlichen, sondern auch von anthropogenen Feuern geprägt sind. Die offene, übersichtliche und trotzdem durch Gehölzgruppen Schutz bietende Landschaft war zur Beschaffung von Nahrung durch Jäger-und-Sammler-Kulturen besser geeignet als die dichten und hochwüchsigen tropischen Tieflandregenwälder. Vom Menschen gelegte Brände sind deshalb in vielen Savannen der Erde keine Erscheinung der jüngsten Zeit, auch wenn die Feuerfrequenz in den vergangenen 100 Jahren mit wachsender Bevölkerung und steigender Bedeutung der Beweidung mit Haustieren

(v. a. Rindern) zugenommen haben dürfte. So geht die Dichte der Gehölze in afrikanischen Savannen umso mehr zurück, je öfter der Mensch seine Weideflächen abbrennt. Im Extremfall, nämlich bei jährlichen Bränden, kann es zu einem (anthropogenen) Savannengrasland kommen, in dem weder Bäume noch Sträucher wachsen. Solche Erscheinungen kennt man vor allem aus Gebieten mit Feuchtsavannen wie im Fall des Miombo-Woodlands, wo die große Gras-Phytomasse am ehesten jährliche Brände zulässt (Ryan & Williams 2011). In Trockensavannen reicht die Stoffproduktion der Grasdecke in der Regel nicht aus, um jedes Jahr zu brennen.

Der Mensch erhöht aber nicht nur die Frequenz, er verändert auch den Zeitpunkt der Feuer. Denn um den Neuaustrieb der Gräser zu fördern und damit die Weideperiode zu verlängern, wird die Savanne schon in der ersten Hälfte der Trockenzeit abgebrannt. Im Gegensatz dazu treten natürliche, durch Blitzschlag verursachte Feuerereignisse meist erst gegen Ende der Trocken- bzw. zu Beginn der Regenzeit auf, nämlich dann, wenn die ersten Gewitter die nahende Niederschlagsperiode ankündigen. Aus jahrzehntelangen Experimenten mit unterschiedlichem Feuerregime in afrikanischen Trockensavannen ist bekannt, dass Gehölze dichter stehen, niedriger sind und zur Bildung von Ablegergruppen (Polykormonen) neigen, wenn sie regelmäßig mitten in der Tro-

ckenzeit abgebrannt werden (Kennedy & Potgieter 2003). Umgekehrt schädigen Brände die Bäume zu Beginn der Regenzeit, also dann, wenn sie bereits ausgetrieben haben und physiologisch aktiv sind, stärker als während der Trockenzeit. Solche Savannen sind dann durch wenige, aber höhere Gehölze geprägt.

Diese strukturellen Unterschiede werden durch das jeweilige Beweidungsregime überprägt. Seit langem ist bekannt, dass Überweidung durch Rinder die Grasdecke schwächt und die Gehölze fördert (Walter 1973). Während dieses Phänomen bei Wildtierherden mit ihrer geringen Verweildauer (hohes Wanderpotenzial) nur lokal eine Rolle spielt, kann es auf den eingezäunten Flächen der Viehfarmen zu einer beträchtlichen Zunahme von Dornsträuchern kommen. Dieses sog. *bush encroachment* ist nicht durch Abbrennen der Gehölze, sondern nur durch ein Beweidungsmanagement mit regelmäßiger Rotation und Einsatz von gehölzschädigenden Weidetieren (Ziegen) zu verhindern (Klötzli 1980).

Während die Verbuschung von Savannen vor allem in den schwach besiedelten Gebieten Afrikas mit ausgedehntem Farmland zum Problem werden kann, unterliegen die dicht bevölkerten Gebiete Westafrikas und der Sahelzone der Gefahr der Degradation. Darunter versteht man den Verlust des Oberbodens durch Wind- oder Wassererosion, her-

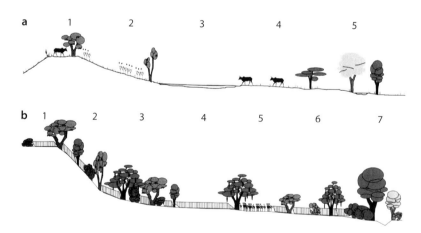

Abb. 3-25 Vergleich der Vegetations- und Nutzungsabfolge im Norden (a: Sahelzone) und im Süden von Burkina Faso (b: Sudanzone). Aus Wittig et al. (2000, 2007; reproduziert mit freundlicher Genehmigung von R. Wittig). Die zunehmende Intensität der Landnutzung hat eine „Sahelisierung" der Sudanzone zur Folge, also eine Entwicklung von b zu a. a1 = Beweidung und Feldbau auf Düne (mit *Grewia damine*, Malvaceae), a2 = Beweidung, Feldbau, Gärten am Dünenfuß (u. a. mit dem Baum wie *Balanites aegyptiaca*, Zygophyllaceae), a3 = Beweidung im Savannengrasland auf Vertisol (mit dem Gras *Echinochloa stagnina*), a4 = Rumpffläche (Peneplain) mit Beweidung und Holznutzung (*Acacia tortilis* ssp. *raddiana*-Savanne auf Cambisol), a5 = Beweidung, Holznutzung in der Aue. b1 = Petroplinthit-Fläche (Leptosol) mit Savannengrasland (*Loudetia togoensis*, Poaceae), b2 = dichte Savanne mit *Burkea africana* (Caesalpiniaceae), b3 = alte Brache mit nahezu geschlossenem Wald, u. a. aus *Combretum nigricans* (Combretaceae) auf Acrisol (Rumpffläche), b4 = Petroplinthit-Fläche (Leptosol) mit Savannengrasland, b5 = Hirsefeld und b6 junge Brache mit Sträuchern, u. a. mit *Bauhinia thonningii* (Fabaceae) auf Acrisol (Rumpffläche), b7 = Auwald (Gleysol).

vorgerufen durch ökologisch unangepasste Nutzungsweisen des Menschen, verbunden mit der Zerstörung der schützenden Pflanzendecke („Desertifikation"; Müller-Hohenstein 1993). Degradation ist besonders in Ländern der Sudanzone wie der Elfenbeinküste, Nigeria, Burkina Faso und dem Südsudan zum Problem geworden, und zwar aus den folgenden Gründen:

Seit jeher wird hier eine traditionelle, kleinbäuerliche, auf Subsistenz (d. h. Selbstversorgung) ausgerichtete Form der Wald-Feld-Wechselwirtschaft betrieben. Dabei werden die Ackerflächen nach mehrjähriger Nutzung mit den üblichen tropischen Feldfrüchten (Mais, Maniok, verschiedene Hirsearten, Bohnen, Süßkartoffeln) für einen bestimmten, von der Bodenfruchtbarkeit abhängigen Zeitraum aufgelassen. Die Brachen werden beweidet. Die Dauer der Anbau- und der Brachephase bestimmt den Flächenbedarf, den eine Familie zum Überleben braucht. Beträgt sie jeweils fünf Jahre, dann benötigt der landwirtschaftliche Betrieb eine doppelt so große Fläche wie ein Betrieb im permanenten Feldbau. Da in den Feuchtsavannen die Anbauphasen oft kürzer (zwei bis drei Jahre) und die Brachephasen länger sind (bis über zehn Jahre), ist der Flächenbedarf erheblich. Die ökologische Tragfähigkeit der nordafrikanischen Savannen für Ackerbau und Viehhaltung ist also begrenzt. Außerdem ist in den vergangenen 50 Jahren das Klima trockener geworden, die klimatischen Unregelmäßigkeiten (Menge und Dauer der Niederschläge, Temperaturextreme) haben zugenommen und die Bevölkerungszahl ist gestiegen. Deshalb mussten Anbauflächen vergrößert, Brachephasen verkürzt und die Beweidung intensiviert werden. Beispielsweise stieg im Norden von Burkina Faso die ackerbaulich genutzte Fläche innerhalb von 30 Jahren (1972–2001) von 580 auf 2.870 km², mit erheblichen Folgen für Vegetation und Landschaft (Wittig et al. 2007): Trockenheitsadaptierte Gehölze der Sahelzone wie *Acacia ehrenbergiana* und *A. laeta* drangen in die Sudanzone vor; ephemere Gräser nahmen zuungunsten von perennierenden zu; die ursprünglich gehölzreiche Savanne degradierte zu einer offenen, halbwüstenartigen Landschaft („Sahelisierung" der Sudanzone nach Wittig et al. 2007; Abb. 3-25).

Im Gegensatz zu den sommerfeuchten Tropen Afrikas wurden die Savannen Südamerikas (Cerrado, Orinoco Llanos, Gran Sabana) wegen der extremen Armut der Böden kaum ackerbaulich genutzt oder beweidet. Vor der Ankunft der Europäer im 16. Jahrhundert gab es lediglich Jäger-und-Sammler-Kulturen der einheimischen indianischen Bevölkerung (Klink & Moreira 2002). Erst in der zweiten Hälfte

des 20. Jahrhunderts begann man im Zusammenhang mit der Gründung von Brasilia (1960) den Cerrado zu erschließen. Flächenintensive Viehzuchtbetriebe entwickelten sich erst mit dem Anbau afrikanischer Savannengräser wie *Andropogon gayanus*, *Hyparrhenia rufa*, *Melinis minutiflora*, *Panicum maximum* und verschiedenen *Brachiaria*-Arten als Futterpflanzen, in Kombination mit einheimischen Leguminosen (wie Arten der Gattungen *Desmodium* und *Stylosanthes*) als N_2-Fixierer. Seit rund 20 Jahren nimmt die Produktion von Soja (*Glycine max*) und Mais (*Zea mays*) stark zu, wobei die für Marktfrüchte ungünstigen Bodeneigenschaften durch Kalkung und P-Düngung beseitigt werden müssen. Insgesamt dürften rund zwei Drittel des Cerrado inzwischen landwirtschaftlich genutzt sein; davon entfallen etwa 7 % auf den Anbau von Soja (mit steigender Tendenz; IBGE 2006). In den Llanos Orientales von Venezuela werden große Flächen mit karibischen und nordamerikanischen Kiefernarten (wie *Pinus caribaea*, heimisch in Mittelamerika und auf Cuba) für die Produktion von Zellulose aufgeforstet.

Aber nicht nur Ackerbau und Aufforstungen in großem Stil, sondern auch invasive Arten verändern die natürliche Pflanzendecke. Ein Beispiel ist die ungesteuerte Ausbreitung ehemals zur Weideverbesserung eingeführter afrikanischer C_4-Gräser in der Neotropis und der Australis. So invadiert *Hyparrhenia rufa* in die regengrünen Wälder des Nationalparks Guanacaste, Costa Rica, und verursacht vermehrt Brände in dem ehemals feuerarmen Ökosystem. Dadurch werden die weniger feuerverträglichen Gehölze eliminiert und es entsteht eine anthropogene Savanne. Die Etablierung von *Melinis minutiflora* im Ökoton des Cerrado verringert die Artenzahlen im Offenland und drängt die geschlossenen Galeriewälder zurück, weil abgetrocknete *Melinis*-Streu heftiger brennt als die Streu der einheimischen Gräser (Hoffmann et al. 2004). In den nordaustralischen Savannen erhöhte die rasche Ausbreitung des ursprünglich in den 30er Jahren des 19. Jahrhunderts eingeführten afrikanischen Grases *Andropogon gayanus* die Feuerintensität um das Achtfache (größere Stoffproduktion und längere Wachstumsphase als einheimische Gräser) und verringerte den N-Pool im Boden (Rossiter-Rachor et al. 2009).

Landschaftsverändernd machen sich die invasiven afrikanischen Gräser in Südamerika vor allem dort bemerkbar, wo regengrüne Wälder und -gebüsche im *slash-and-burn*-Verfahren genutzt werden. Infolge eines zunehmenden Bevölkerungsdruckes und der in tropischen Ländern anzutreffenden Neigung, Feuer auch ohne Notwendigkeit zu legen, führt

Abb. 3-26 Feuerstabilisiertes *Panicum maximum*-Grasland in der Küstenkordillere bei Carúpano, Venezuela (anthropogene Savanne).

unkontrolliertes Abbrennen dieser Wälder über verschiedene Degradationsstufen zu einem anthropogenen Savannengrasland, in dem die produktiven, hochwüchsigen und feuerresistenten Gräser wie *Panicum maximum* oder *Melinis minutiflora* zur Dominanz gelangen können (D'Antonio & Vitousek 1992; Abb. 3-26). Solche Grasländer sind selbsterhaltend; der mit der Zerstörung der Wälder einhergehende Oberbodenverlust, die dichte Grasdecke und regelmäßig auftretende Brände verhindern die Etablierung von Gehölzen und damit die Rückentwicklung zu Wäldern, auch wenn die Flächen nicht mehr genutzt werden (Brooks et al. 2004). Das gilt auch für die über 22.000 km² großen, aus tropischen Regenwäldern Ostboliviens entstandenen anthropogenen Grasländer (Veldman & Putz 2011) und viele Flächen des sog. Patana-Graslandes in Südostasien (wie auf Sri Lanka; Pemadasa 1990).

Ähnliche Grasländer gibt es auch in Südostasien: In Indien entstanden aus regengrünen Laubwäldern anthropogene Savannen, die überwiegend von den C$_4$-Gräsern *Sehima nervosum* und *Dichanthium annullatum* sowie von Dornsträuchern (*Acacia catechu*, *Mimosa rubicaulis*) geprägt werden (*Sehima-Dichantium*-Graslandtyp; Misra 1983). Auch in Thailand, Laos, Kambodscha und Vietnam sind Savannen fast ausschließlich auf menschliche Tätigkeit zurückzuführen. Sie haben sich durch Beweidung aus halbimmergrünen und regengrünen Dipterocarpaceae-Wäldern entwickelt, die bei lichterem Kronendach Gräser wie *Heteropogon triticeus*, *Imperata cylindrica* und *Arundinella setosa* enthalten können (Blasco 1983, Goldammer 1993). Diese Wälder werden nach selektiver Holzentnahme und spürbarem Beginn des

Feuereinflusses, verbunden mit hohem Beweidungsdruck, zu offenen laubabwerfenden Wäldern mit einer Grasdecke aus *Themeda triandra* und *Eulalia* sp. Das Endstadium ist im kontinentalen Südostasien eine anthropogene Gras- und Buschsavanne aus *Imperata cylindrica*. Die Ausbreitung dieses *Imperata*-Graslandes auf Borneo, auf den Philippinen, in Thailand, Malaysia und Indonesien ist wohl auf die Aufgabe von übernutzten und zu häufig gebrannten Waldflächen zurückzuführen. Die Gesamtfläche wird auf mehr als 35 Mio. ha geschätzt (Garrity et al. 1997). Das feuerresistente Gras mit seinen unterirdischen Ausläufern bildet eine dicht schließende, verjüngungshemmende Vegetationsdecke (MacDonald 2004). Heute werden die Flächen durch Anpflanzung von schnellwüchsigen exotischen N$_2$-Fixierern wie *Acacia mangium* (heimisch von Nordaustralien bis Papua-Neuguinea) und/oder die Fabacee *Mucuna pruriens*, eine therophytische Kletterpflanze, und anderen Leguminosen in Agroforestry-Systeme überführt.

Erstaunlicherweise unterliegen afrikanische Savannen und Wälder der sommerfeuchten Tropen weit weniger Veränderungen durch invasive Arten als die entsprechende Vegetation in Südamerika und Australien (Foxcroft et al. 2010). Bis heute werden dorthin keine Gräser aus anderen Kontinenten importiert, wohl deshalb, weil die einheimischen Arten bezüglich Produktivität und Stresstoleranz an die örtlichen Umwelt- und Nutzungsbedingungen optimal angepasst sind. Lediglich einige neotropische Gehölze (wie *Lantana camara*) und Kakteen (wie *Opuntia ficus-indica*) können stellenweise invasiv werden.

4

Die Zone der tropisch-sub-tropischen Trockengebiete

4.1 Einführung

4.1.1 Vorkommen und Untergliederung

Bei Jahresniederschlägen unter 500–600 mm (je nach Bodentextur) und einer Trockenzeit von mehr als acht Monaten können keine geschlossenen Wälder gedeihen. Die Vegetation wird niedrig, offen und xeromorph. Permanentes oder zeitweiliges Wasserdefizit im Oberboden bestimmen die pflanzlichen Verhaltensmuster. Entlang des Klimagradienten finden wir im Wesentlichen drei Pflanzenformationen (allerdings mit zahlreichen Abwandlungen), nämlich Trockenwälder und -gebüsche, Halbwüsten und Wüsten. Der physiognomische Unterschied zwischen diesen Formationen besteht in der Dichte und Höhe der Vegetation: Trockenwälder und -gebüsche decken weniger als 80 %, aber mehr als 50 %, und sind meist nicht höher als 4–5 m. Die Pflanzendecke der Halbwüsten bleibt unter 1 m, erreicht sogar meist nur 40–50 cm Höhe, bei einem Deckungsgrad von 10–50 % und besteht aus xerophytischen Zwergsträuchern (Zwergstrauch-Halbwüste) und/oder Sukkulenten (Sukkulenten-Halbwüste), seltener aus xeromorphen Igelgräsern (Gras-Halbwüsten). Auf Salzböden kommen Halophyten vor (azonale Halophyten-Zwergstrauch-Halbwüste). In Wüsten beschränkt sich der Pflanzenwuchs auf Trockentäler mit besserer Wasserversorgung; die Vegetation ist also linear oder geklumpt („kontrahiert") und nicht flächig („diffus") wie im Fall der beiden anderen Formationen (s. Abschn. 4.3.2).

Die tropisch-subtropischen Trockengebiete nehmen mit knapp 21 % über ein Fünftel der Landoberfläche der Erde ein (etwa 31 Mio. km²) und übertreffen damit alle anderen Ökozonen (Schultz 2000). Sie kommen in allen Kontinenten vor, und zwar zwischen rund 15° und 35° südlicher bzw. nördlicher Breite, also im Bereich des randtropisch-subtropischen Hochdruckgürtels (s. Abb. 1-30). Rund die Hälfte liegt in Nordafrika und auf der Arabischen Halbinsel (mit der Sahara, dem Sinai, der Negev und der Großen Arabischen Wüste sowie der Rub al-Chali auf der Arabischen Halbinsel), mit einigen höheren Gebirgen wie dem Ahaggar-Gebirge in Algerien mit 3.000 m NN, dem Tibesti-Gebirge (3.415 m NN) im Tschad und den bis über 3.700 m NN reichenden Gebirgszügen im südwestlichen Jemen. Entlang des Roten Meeres reicht das Trockengebiet nach Süden über Somalia bis fast zum Äquator und umfasst dort auch Teile des Äthiopischen Hochlandes mit dem Simen-Gebirge. Jenseits des Persischen Golfes folgen nach Osten ausgedehnte Trockengebüsche, Halbwüsten und Wüsten im Südiran, in Afghanistan und Pakistan, die im Westen von Indien mit den Wüsten Sind und Tharr ihre Ostgrenze erreichen. Noch weiter östlich, in Südostasien, verhindert das Monsunklima mit dem Südwestmonsun das Entstehen eines ariden Klimas. Jenseits des Atlantiks kommen tropisch-subtropische Trockengebiete in Mittel- und Nordamerika vor, wie die Chihuahua-Wüste in Mexiko sowie die Sonora- und Mojave-Wüste im Südwesten der USA.

Auf der Südhemisphäre sind die tropisch-subtropischen Trockengebiete wegen der geringeren Landmasse wesentlich kleiner als auf der Nordhemisphäre. In Südamerika gehören hierzu der westliche Gran Chaco (der sich im Süden in das Trockengebüsch des Monte fortsetzt) in Paraguay und Argentinien, die Caatinga in Nordostbrasilien und die Atacama-Wüste am Pazifik. Letztere ist wie die Namib-Wüste an der afrikanischen Westküste das Ergebnis der niederschlagsreduzierenden Wirkung einer kalten Meeresströmung, verbunden mit den ablandigen Passatwinden (s. Abschn. 4.1.2). Die Anden stehen hier im Einflussbereich des Südostpassats, sodass ihre gegen das Amazonasbecken abfallenden

Osthänge noch humid sind, während im Lee (West-seite) und auf dem Hochland („Altiplano") aride Bedingungen vorherrschen. Wie im Fall des Simen-Gebirges haben wir es also auch hier mit einem trocken-tropischen Hochgebirge zu tun. Im südlichen Afrika zählen außer der Namib-Wüste das gesamte Gebiet der Kalahari und der Karoo in Südafrika zu den heißen Trockengebieten. Schließlich gehört auch Zentral- und Nordwestaustralien mit seinen Trockengebüschen und Halbwüsten dazu.

4.1.2 Klima

Klimatisch werden die tropisch-subtropischen Trockengebiete von den nemoralen durch thermische Merkmale abgegrenzt (s. Tab. 1-8 in Abschn. 1.3.1). In der Klimaklassifikation nach Köppen-Trewartha unterscheiden sich beide Zonen durch die Tiefe und Dauer der Frostperiode und durch die Zahl der

Monate mit einer Mitteltemperatur von $\geq 18\,°C$; so sind die nemoralen („kalten") Trockengebiete im Jahresgang durch mindestens einen Monat mit einer Mitteltemperatur unter $0\,°C$ gekennzeichnet, während die Mitteltemperaturen der tropisch-subtropischen („heißen") Trockengebiete immer oberhalb dieses Schwellenwertes liegen und während mehr als fünf Monaten über $18\,°C$ erreichen. Die Grenzen zwischen beiden Klimazonen sind allerdings nicht scharf; an der Nahtstelle (in Nordamerika um den 40., in Asien um den 35. Breitengrad) gehen sie kontinuierlich ineinander über.

In Abb. 4-1 sind einige Klimadiagramme nach Walter & Lieth (1960–1967) für die tropisch-subtropischen Trockengebiete wiedergegeben. Ergänzend sind in Tab. 4-1 einige Daten zur Periodizität des Niederschlagsgeschehens zusammengestellt. Die Tabelle enthält auch den von der UNESCO zur Abgrenzung der Trockengebiete verwendeten Ariditätsindex A_i, der den Quotient aus jährlichem Niederschlag

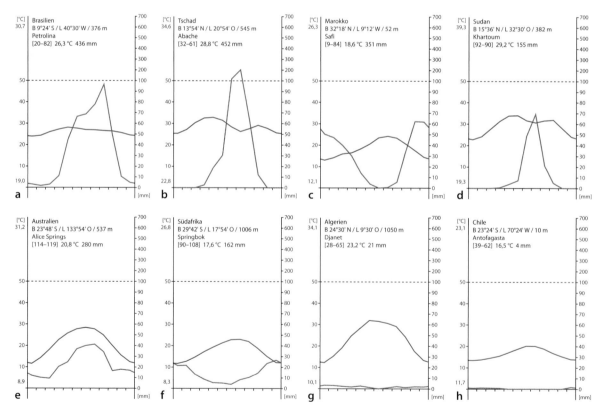

Abb. 4-1 Klimadiagramme aus dem Gebiet der tropisch-subtropischen Trockengebiete (aus Lieth et al. 1999). Die Diagramme a (Caatinga, Nordostbrasilien), b (Sahelzone im südlichen Tschad) und c (Sukkulentengebüsch an der Atlantikküste, Marokko) zeigen ein subarides Klima, typisch für Trockenwälder und -gebüsche; d (südliche Sahara im Nordsudan), e (Spinifex-Halbwüsten in Zentralaustralien) und f (Sukkulenten-Halbwüste in Südafrika) sind Beispiele für ein euarides Klima; g und h zeigen das Klima von Vollwüsten (perarid).

und jährlicher potenzieller Evapotranspiration wiedergibt (UNEP 1992). Bei einem $A_i < 0{,}03$ spricht man von hyperarid (= perarid). Liegt der Ariditätsindex bei 0,03–0,20, wird die entsprechende Region als arid bezeichnet, bei 0,20–0,50 als semiarid und bei 0,50–0,75 als subhumid.

Wie in Abb. 4-1 und Tab. 4-1 deutlich wird, ist das Klima der tropisch-subtropischen Trockengebiete keineswegs einheitlich, sondern weist eine Vielzahl von regionalen Besonderheiten auf, die pflanzenökologisch von Bedeutung sind:

- Das Ausmaß des Trockenstresses für die Pflanzen bemisst sich nach der Anzahl der humiden Monate im Jahr und der absoluten Höhe des Jahresniederschlags. Danach unterscheidet man drei Klimatypen, nämlich subarid (Jahresniederschlag bei 200–500 mm, acht bis zehn aride Monate; Abb. 4-1a, b, c), euarid (Jahresniederschlag bei 100–

Tab. 4-1 Daten zur Saisonalität des Niederschlags einiger tropisch-subtropischer Trockengebiete der Erde und ihr Ariditätsindex A_i[1]

Ort	Regenmonate (RM)			P_a[2] (mm)	PET_{RM}[3] (mm)	PET_a[4] (mm)	$A_i = P_a / PET_a$[5]
	Zeitraum	Anzahl	% von P_a				
Sahara							
Südalgerien	Okt–Nov	2	100	8	410	3.000	0,00
Südsudan	Jun–Sept	4	94	236	221	3.570	0,07
Sahel							
Niger	Mai–Sept	5	95	529	930	2.890	0,18
Karoo							
Sutherland	Mar–Aug	6	64	145	440	1.100	0,13
Kalahari							
Botswana	Nov–Apr	6	84	293	1.160	1.970	0,15
Arabische Wüste							
Bagdad	Nov–Apr	6	95	145	640	2.690	0,05
Australien							
Alice Springs	Nov–Mar	5	70	251	1.120	2.000	0,13
Tharr							
Jodphur	Jun–Sept	4	89	320	780	2.490	0,13
Sonora							
Yuma	Dez–Feb Aug–Sept	5	63	93	870	2.410	0,04
Monte							
Mendoza	Okt–Mar	6	72	197	880	1.320	0,15
Atacama							
Antofagasta	Jun–Aug	3	92	10	130	660	0,02

[1] Nach Whitford 2002, gekürzt und ergänzt; [2] Jahresniederschlag; [3] potenzielle Evapotranspiration während der Regenmonate; [4] jährliche potenzielle Evapotranspiration; [5] Ariditätsindex A_i nach UNEP 1992 (P_a = mittlerer jährlicher Niederschlag in mm, PET_a = potenzielle jährliche Evapotranspiration in mm).

200 mm, elf bis zwölf aride Monate; Abb. 4-1d, f) und perarid (kein humider Monat und extrem geringe Niederschläge, meist unter 100 mm; Abb. 4-1g, h). Zu den trockensten (perariden) Wüsten gehören große Teile der chilenisch-peruanischen Küstenwüste (Atacama) und die Zentralsahara. Hier fallen nur hin und wieder kleinere Regenmengen, die in der Regel lediglich einigen ephemeren Pflanzen eine vorübergehende Entwicklung ermöglichen. Die Jahresniederschläge übersteigen kaum einmal die 20-mm-Marke. Der Ariditätsindex liegt unter 0,03 (Tab. 4-1).

- Eine Ausnahme bilden Klimate, bei denen kein Monat humid ist, aber dennoch genügend Regen im Jahresverlauf fällt, um eine Halbwüste (mit Jahresniederschlägen bis zu 200 mm) oder gar ein Trockengebüsch (mit Jahresniederschlägen bei 200–300 mm) zu ermöglichen (Abb. 4-1e). Nach der Anzahl humider Monate allein kann man also das Klima der tropisch-subtropischen Trockengebiete nicht immer umfassend beschreiben. Zudem ist in solchen Trockengebieten die zeitliche Variabilität der Niederschläge sehr groß. So kann es z. B. im Inneren von Australien in jedem Monat regnen, und zwar in unterschiedlichen Mengen; die Niederschläge konzentrieren sich also nicht auf eine bestimmte Jahreszeit (Alice Springs in Tab. 4-1). Ähnliche Klimate findet man in der Sonora-Wüste (hier sogar mit zwei Regenzeiten), in Teilen der Karoo in Südafrika und in der Monte-Halbwüste von Argentinien (Mendoza in Tab. 4-1). Auch die Variabilität zwischen den Jahren kann groß sein; trockenere Jahre wechseln sich mit feuchten ab. Heftige Regenfälle können sogar zeitenweise zu Überflutungen führen, wie im Sommer 2010, als große Teile der Halbwüsten und Trockengebüsche im Uluru-Kata-Tjuta-Nationalpark südwestlich von Alice Springs überflutet waren. Klimadiagramme, deren Daten ja naturgemäß über viele Jahre hinweg gemittelt sind, bilden solche Ereignisse nicht ab; sie täuschen damit eine Regelmäßigkeit im Niederschlagsgeschehen vor, die es real nicht gibt.
- In Abhängigkeit von den benachbarten Klimazonen fällt Regen in den tropisch-subtropischen Trockengebieten entweder in der kühlen oder in der warmen Jahreszeit. So ist der Nordrand der Sahara gegen die winterfeuchten Subtropen des Mittelmeergebiets von Winterregen geprägt (Abb. 4-1c), während der Südrand mit der Sahelzone Sommerregen erhält (Abb. 4-1d). Eine ähnliche Differenzierung gibt es auch im Südwesten Afrikas: Winterregen in den küstennahen Gebieten im

Süden von Namibia und im Südwesten Südafrikas (Abb. 4-1f), Sommerregen in der Kalahari und der Karoo. Im Übergang zwischen beiden Klimatypen kann es zu zwei Regenzeiten kommen (wie in der Sonora-Wüste und in der westlichen Karoo).

- In den fast regenlosen, perariden Wüsten an der Westküste von Südamerika (Atacama) und Afrika (Namib) erlaubt Nebelniederschlag eine spärliche Vegetation (Nebelwüsten). Verursacht wird dieser durch das am Rand der Antarktis aufsteigende Tiefenwasser, das als Humboldtstrom (Südamerika) bzw. Benguelastrom (Afrika) nach Norden strömt und am Äquator nach Westen abbiegt (s. Abb. 1-23 in Abschn. 1.3.1). Nahezu täglich kondensiert am späten Vormittag die Feuchtigkeit der warmen tropischen Luftmassen über dem kalten Meer zu einem dichten Nebel, der mit dem Wind landeinwärts treibt und an Geländerippen und Berghängen ausfällt. Die Pflanzendecke, die sich an diesen Stellen bildet, enthält einige hochspezialisierte Arten, die ihren Wasserbedarf unmittelbar aus dem Kondenswasser der oberirdischen Organe decken können (s. Abschn. 4.2.7). Da der Nebelniederschlag in meteorologischen Messstationen üblicherweise nicht erfasst wird, kommt diese zusätzliche Wasserversorgung in den Klimadiagrammen ebenfalls nicht zum Ausdruck.
- Schließlich sind Ein- und Ausstrahlung in allen tropisch-subtropischen Trockengebieten besonders hoch, vor allem natürlich in den Halbwüsten und Wüsten (außerhalb der Nebelwüsten) mit ihrer wasserdampfarmen Atmosphäre. Die Folge ist ein erheblicher Temperaturunterschied zwischen Tag und Nacht, der mehr als 40 K erreichen kann. Solche Differenzen begünstigen thermische Verwitterungsprozesse und bedeuten Hitze- und Kältestress für die Pflanzenwelt. Fröste kommen vor allem in den randtropischen Trockengebieten vor; hier treten tropische Sippen zugunsten subtropischer zurück.

4.1.3 Gestein, Relief und Boden

In den Trockengebieten der Erde sind Umlagerungsprozesse von Gesteins- und Bodenmaterial durch Wind und Wasser besonders ausgeprägt, weil die in der Regel lückige oder gänzlich fehlende Pflanzendecke den Abtragungskräften freies Spiel lässt. Im Vordergrund der Gesteinsverwitterungsprozesse steht die physikalische Verwitterung. Sie hängt mit den Temperaturunterschieden zwischen Tag und Nacht und der damit verbundenen Adsorption und Desorption von Wasser zusammen (Zepp 2003). Die während des nächtlichen Abkühlungsprozesses einsetzende Adsorption von Wassermolekülen an den Grenzflächen von Silikaten wird bis in die feinsten, mit bloßem Auge nicht mehr sichtbaren Haarrisse des Gesteins wirksam. Tagsüber verschwindet das Adsorptionswasser wieder („Desorption"). Die sprengende Wirkung beruht darauf, dass der nur wenige Hundert Pikometer (1 pm = 10^{-12} m) dicke Wasserfilm auf der Gesteinsoberfläche einen Spreitungsdruck von mehreren $1000 \, \text{kg} \, \text{cm}^{-2}$ entwickelt. Der stete Wechsel zwischen Adsorption und Desorption dürfte die hauptsächliche Ursache für den Gesteinszerfall in ariden Gebieten sein. Ein weiterer, wenn auch weniger häufiger Prozess ist die Hydratisierung wasserfreier Salze wie NaCl (Kochsalz), $CaSO_4$ (Gips) und Na_2CO_3 (Soda) im Gestein (Salzverwitterung); dabei wird ebenfalls hoher Druck wirksam.

Die durch Verwitterung entstandenen Substrate reichen von reinen Felsstandorten in den Gebirgen bis zu Feinsand, Schluff und Ton. Für die Bergländer sind **Felswüsten** charakteristisch, die durch fließendes Wasser und Wind geformt werden. Jedem Wüstenreisenden sind die bizarr geformten Felsnadeln und -kuppen bekannt, die durch Sandgebläse entstehen. Weit verbreitet sind die **Steinwüsten**, die aus der physikalischen Verwitterung meist flachliegender Gesteinsschichten entstehen. Da das Feinmaterial ausgeblasen wird, bleibt grober Gesteinsschutt übrig. Die ausgewehten Feinsande werden stellenweise zu Dünen akkumuliert (Kasten 4-1). Es entstehen **Sandwüsten** (Ergs), die beispielsweise in der Sahara über 1.000 km² zusammenhängende Fläche einnehmen können (z. B. der Westliche Große Erg in Algerien). **Kieswüsten** bestehen an der Oberfläche aus gerundeten Kieseln verschiedener Größe. Die Rundung der Steine verweist auf ihren wiederholten Transport durch Wasser zu einer Zeit, in der das Klima feuchter

war als heute (Hornetz & Jätzold 2003). Sofern die Gesteinsbrocken nicht mehr bewegt werden, bildet sich im Lauf der Jahrhunderte ein blauschwarzer Überzug aus Eisen- und Manganoxiden (**Wüstenlack**). Er kommt durch Diffusion aus dem Gesteinsinnern im Zuge der oben bereits beschriebenen Adsorption und Desorption von Wasser zustande, möglicherweise unter Beteiligung von Mikroorganismen (Cyanobakterien und Pilzen) sowie der Deposition von Aerosolen (Dorn & Krinsley 2011).

Der meist scharfkantige Schutt wird wegen der seltenen Abflussereignisse nur langsam abtransportiert, sodass die häufig aus kristallinen Gesteinen oder als Schichtstufenrelief ausgebildeten Gebirge von Schuttmänteln umgeben sind, ja geradezu in ihnen „ertrinken" (Walter & Breckle 2004). Diese Schuttmäntel sind häufig von steilen Erosionsrinnen (Gullys) durchzogen. Im Vorland der Gebirge bildet das kolluviale Material sanft geneigte Ebenen (die sog. **Pedimente**) mit Neigungen zwischen 3° und 8°, die als ein für Halbwüsten und Wüsten charakteristisches Landschaftselement angesehen werden (Schultz 2000). Am unteren Rand der Pedimente entsteht eine als Glacis bezeichnete Steinwüste. Im Idealfall folgen auf das Glacis eine fluviale Akkumulationszone, die häufig als Kieswüste ausgebildet ist, dann eine Sandschwemmebene und ein Dünengebiet. In Senken aus akkumuliertem Feinmaterial (Schluff und Ton) bilden sich Salzkrusten, nach Niederschlägen oft sogar temporäre Salzseen. Solche **Salzpfannen** sind in den Trockengebieten weit verbreitet; man findet sie großflächig in der Kalahari (z. B. Makgadikgadi-Salzpfanne), in Australien (z. B. die Nullarbor-Ebene mit ausgedehnten Halophyten-Halbwüsten) und in Nordafrika (z. B. Schotts der nördlichen Sahara). Sie dienen stellenweise der Salzgewinnung wie einige Salare (Sing. Salar) in Bolivien und Nordargentinien. In Abb. 4-2 ist eine idealisierte Abfolge von Landschaftseinheiten schematisch dargestellt. Abb. 4-3 zeigt

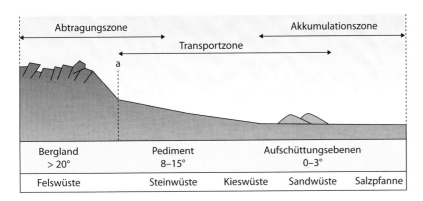

Abb. 4-2 Idealisierte Abfolge von Landschaftseinheiten in Trockengebieten. Einige der Bezeichnungen stammen aus der arabischen Sprache (nach Schultz 2000 und Zepp 2003, verändert).

Abb. 4-3 Beispiele für Landschaftseinheiten in Trockengebieten. a = Sandwüste, b = Felswüste, c = Steinwüste (alle Umgebung von Djanet, Algerien), d = Salzwüste: Salar de Atacama, Chile.

einige der genannten Landschaftseinheiten von Trockengebieten in Wüsten (ohne Vegetation).

Ein für die Vegetation wichtiges Landschaftselement der Trockengebiete sind die Trockentäler (Wadis) autochthoner Fließgewässer. Sie füllen sich nur während und kurz nach den heftigen Regenfällen mit Wasser, das allerdings sturzbachartigen Charakter annehmen kann und eine entsprechend große Erosionskraft entwickelt. Da die Wadis etwas feuchter sind als die Umgebung und auch das Grundwasser näher an der Oberfläche steht, sind sie selbst in perariden Gebieten mit Vegetation bedeckt. Demgegenüber können allochthone Flüsse ganzjährig Wasser führen, sofern ihr Einzugsgebiet niederschlagsreich ist, und damit die Grundlage für Flussoasen liefern (wie der Nil in der Libyschen Wüste). Weniger wasserreiche allochthone Fließgewässer verdunsten allerdings vollständig bei ihrer Durchquerung der Wüsten.

Die Bodenbildung in den tropisch-subtropischen Trockengebieten wird maßgeblich von Wassermangel, Trockenheit, Verfrachtung von Gesteins- und Bodenmaterial durch Wind und Recycling löslicher Salze wie NaCl und Na_2CO_3 bestimmt (Zech et al. 2014; s. auch Tab. 1-10 in Abschn. 1.3.3). Die Böden sind in der Regel äußerst humusarm, weil die ohnehin nur in geringer Menge anfallende tote organische Substanz unter dem thermisch günstigen Klima bei Vorliegen von etwas Wasser rasch abgebaut wird. In den Ausblasungsgebieten (Deflationswannen) entstehen skelettierte Rohböden (Leptosole), in den Sandwüsten dominieren Arenosole. Böden mit Anreicherungshorizonten aus Kalk, Gips, Kochsalz und Soda sind in ariden Räumen häufig. So gibt es in den subariden winterfeuchten Gebieten, insbesondere aus Karbonatgesteinen, häufig Calcisole, die durch eine Anreicherung von sekundärem $CaCO_3$ innerhalb einer Bodentiefe von 100 cm gekennzeichnet sind, und etwas seltener Gypsisole. Auch Cambisole und Luvisole können im Untergrund Kalkkonkretionen enthalten. Der pH-Wert liegt bei 7–8. Die N- bzw. P-Gehalte sind mit weniger als 0,1 % bzw. 0,5 ‰ sehr gering. In den subariden sommerfeuchten Trockengebüschen findet man bereits Lixisole und Nitisole wie in den Trockensavannen der sommerfeuchten Tropen. Weit verbreitet sind Solonchake (Böden

Kasten 4-1

Dünen

Sandakkumulation mit Dünenbildung ist eine weit verbreitete Erscheinung in allen Trockengebieten der Erde (und an Sandküsten). Sie kommt dann zustande, wenn die Transportkraft des Windes nicht mehr ausreicht, um die Sandkörner voranzutreiben (Besler 1992, Zepp 2003). Aber auch Hindernisse wie Pflanzen können die Windgeschwindigkeit verringern, sodass Sand abgelagert wird. Auf diese Weise bilden sich sog. gebundene Dünen, während solche, die ohne Hindernisse entstehen, als freie Dünen bezeichnet werden. Allen Dünen gemeinsam ist eine steile Leeseite (rund 30°) und eine flache Luvseite. Da der Sand über den Dünenkamm hinweg getrieben wird, wandern die Dünen vor dem Wind. Man unterscheidet folgende Dünenformen (Zepp 2003):

Freie Dünen:
- **Windrippel** sind die kleinste Akkumulationsform und überziehen alle Sandoberflächen. Sie entstehen durch winzige Unregelmäßigkeiten der vom Wind überströmten Oberfläche.
- **Barchane** haben eine gebogene Form, wobei die konvexe Seite dem Wind zugekehrt ist. Die „Hörner" der Düne wandern schneller als ihr Zentrum. Sie kommen bei glattem Untergrund und starkem Wind mit einer vorherrschenden Windrichtung vor.

- **Lineardünen** sind oft viele Kilometer lange Sandwälle mit Kammlinien in Nordost–Südwest-Richtung, die unter Passateinfluss entstehen. Schwache alternierende Winde fegen den Sand von beiden Seiten zusammen. Eindrucksvolle Beispiele finden sich in Australien (z. B. Simpson-Desert) und Afrika (Kalahari).
- **Sterndünen** ragen bis 100 m über ihre Umgebung hinaus, wobei die Dünenrücken vom höchsten Punkt aus sternförmig auseinander laufen; sie entstehen bei großen Sandmengen und wechselnden Windrichtungen.

Gebundene Dünen:
- **Parabeldünen** haben wie die Barchane eine gebogene Form, nur ist die konkave Seite dem Wind zugewandt. Die „Hörner" wandern wegen der Untergrundrauigkeiten (z. B. Pflanzen) langsamer als die Dünenmitte.
- **Transversaldünen** entstehen parallel zu Sandküsten bei gleichmäßiger Windrichtung und großem Sandangebot. Meist sind bestimmte Dünenpflanzen wie *Ammophila arenaria* mitverantwortlich für ihre Bildung.
- **Kupstendünen** entwickeln sich um Pflanzen herum oder im Lee von Pflanzen, die als Sandfänger wirken, und werden von diesen durchwachsen. Sie treten häufig in Halbwüsten auf.

---

mit vielen leicht löslichen Salzen) und Solonetze (Böden mit hoher Na-Sättigung, Tonverlagerung und häufig einem Säulengefüge im ton- und Na-reichen Unterboden). Vor allem in Australien und Südafrika treten Böden mit einer Anreicherung von sekundärem SiO_2 auf (Durisole; Zech et al. 2014).

Mehr als in anderen Klimazonen ist in den tropisch-subtropischen Trockengebieten die Bodenart von Bedeutung für die Vegetation (Walter 1960; Abb. 4-4). Während der seltenen, aber meist heftigen Regenfälle kann das Wasser nur in grobporige Böden eindringen, wo Sande, Kiese oder klüftiges Gestein anstehen; die Durchfluss- (Perkolations-)Geschwindigkeit ist hoch Das Bodenwasser ist hier für die Pflanzen leicht verfügbar und hält länger vor, weil der kapillare Aufstieg gering ist und die Verdunstung durch den Steinbelag oder (bei Sandböden) durch die Bildung eines ausgetrockneten Sandhorizonts an der Bodenoberfläche vermindert wird. In feinerdereichen Böden (Lehm, Ton) kommt die Perkolationsfront dagegen nur wenige Zentimeter unter der

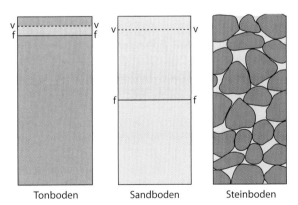

Tonboden   Sandboden   Steinboden

Abb. 4-4 Schematische Darstellung der Wasserspeicherung von Böden unterschiedlicher Textur in Trockengebieten (nach Walter 1960). Bei der gleichen Menge an Regen speichert der lehmig-tonige Boden nur rund die Hälfte, der sandige Boden neun Zehntel und der steinige Boden nahezu das gesamte in den Boden eindringende Wasser. v–v = untere Grenze, bis zu der der Boden infolge von Verdunstung wieder austrocknet; f–f = untere Grenze der nach einem Regen durchfeuchteten Bodenschicht.

Bodenoberfläche zum Stehen; ein großer Teil des Niederschlagswassers fließt oberflächlich ab. Dabei können sich Schichtfluten bilden, die schon bei geringer Neigung stark erodierend wirken. Die geringe Menge des verbleibenden Bodenwassers ist mit so hohen Kräften (weniger als -2 MPa) gebunden, dass die meisten Pflanzen es nicht aufnehmen können. Zudem ist der Evaporationsverlust wegen des kapillaren Aufstiegs hoch. Bezüglich des Wasserhaushalts sind also steinige, kiesige oder sandige Böden für die Pflanzendecke der Trockengebiete günstiger als lehmige oder tonige.

4.2 Strategien von Pflanzen in Trockengebieten

4.2.1 Übersicht

Die Pflanzen in den tropisch-subtropischen Trockengebieten haben eine Reihe von Möglichkeiten entwickelt, in einem Klima mit negativer Wasserbilanz während der größten Zeit des Jahres und mit hohen Temperaturen tagsüber zurechtzukommen. Entweder decken sie ihren Wasserbedarf, indem sie Feuchtigkeit aus tieferen Bodenschichten aufnehmen (**Phreatophyten**), oder sie schränken als **Xerophyten** ihren Wasserverbrauch ein, beispielsweise durch aktive (Schließen der Stomata) oder passive Verringerung der Transpiration, und/oder bevorraten Wasser in allen möglichen Organen (Wurzeln, Blätter, Spross; **Sukkulente**). **Ephemere** beschränken ihre Wachstums- und Reproduktionsphase auf Niederschlagsperioden, **Nebelpflanzen** können ihren Wasserbedarf aus dem in Küstenwüsten häufigen Nebel decken. Viele Pflanzen sind außerdem bis zu einem gewissen Grad salztolerant. **Salzpflanzen** (Halophyten) kommen auf den in Trockengebieten häufigen Salzböden vor. Eine unglaubliche Vielfalt von Mechanismen erlaubt es auch in diesem lebensfeindlichen Milieu einer beträchtlichen Zahl von Pflanzen zu wachsen und sich zu reproduzieren. Strategien, mit Trockenheit umzugehen, werden gemeinhin folgendermaßen klassifiziert (Evenari 1985, Gibson 1996, Rundel & Gibson 1996, Smith et al. 1997, Thomas 1997, Larcher 2001, Ward 2009):

1. **Trockenheitsvermeidung** (*drought avoidance*; arido-passive Pflanzen): Hierunter versteht man die Fähigkeit (obligatorisch oder fakultativ), Wachstum und Reproduktion vor Beginn der Tro-

ckenperiode abzuschließen und die Trockenperiode selbst in Form von Samen (Pluviotherophyten) oder unterirdischen Überdauerungsorganen (Pluviogeophyten) zu überstehen (Ephemere; s. Abschn. 4.2.5). Auch Phreatophyten und Nebelpflanzen sind trockenheitsvermeidende Organismen, weil sie ihren Wasserbedarf ganzjährig oder zeitweise aus externen Quellen decken (Grundwasser, Nebel). Im Gegensatz zu den meisten trockenheitsresistenten Pflanzen zeichnen sie sich durch ein höheres (= weniger negatives) osmotisches Potenzial aus; es liegt im Fall des immergrünen Phreatophyten *Baccharis sarothroides* um 1 MPa höher als dasjenige des immergrünen Xerophyten *Larrea tridentata* (Monson & Smith 1982; Abb. 4-5).

2. **Trockenheitsresistenz** (*drought resistance*): Trockenheitsresistente Pflanzen können (wenn auch in eingeschränktem Umfang) während der Trockenperiode wachsen und sich reproduzieren. Zu unterscheiden sind:

   a. Pflanzen, die mittels spezieller Einrichtungen eine Dehydrierung vermeiden oder hinauszögern, wobei die Stoffwechselaktivität mehr oder minder uneingeschränkt weitergeht (arido-aktive Pflanzen; *Xerophyten* s. str.). Hierzu zählen ein für die Wasseraufnahme optimiertes Wurzelsystem (z. B. ein besonders hoher Anteil an Feinwurzeln), ein effizienter Spaltöffnungsapparat (rasches Schließen der Stomata bei Wasseranspannung im Gewebe) sowie ein allgemein hoher Transpirationswiderstand der oberirdischen Organe (verringerte Zahl von Stomata, dicke Kutikula, mehrschichtige Epidermis, Behaarung, Strahlungsreflexion von der Blattoberfläche durch hellgraue Blattfarbe). Pflanzen der Trockengebiete kombinieren häufig die einzelnen Vermeidungsstrategien in unterschiedlicher Weise; daraus lassen sich zahlreiche Pflanzenfunktionstypen wie Rutensträucher, regengrüne Laubbäume und -sträucher, sklerophylle oder laubabwerfende Klein- und Zwergsträucher, Igelgräser u. a. ableiten (s. Abschn. 4.2.3).

   b. Pflanzen, die mittels eines Speichergewebes im Stamm und/oder in den Blättern einen Wasservorrat anlegen, um davon während der Trockenphasen zu zehren (Stamm- und Blattsukkulente).

   c. Pflanzen, die in der Lage sind, auszutrocknen und sich wieder zu erholen, wenn die Bedingungen günstig sind (Austrocknungstoleranz; aridotolerante Pflanzen; s. Abschn. 4.2.4). Hierzu gehören alle poikilohydren Moose und Flechten, die sich wie ein Quellkörper verhalten, also bei Trockenheit in eine metabolisch inaktive Trocken-

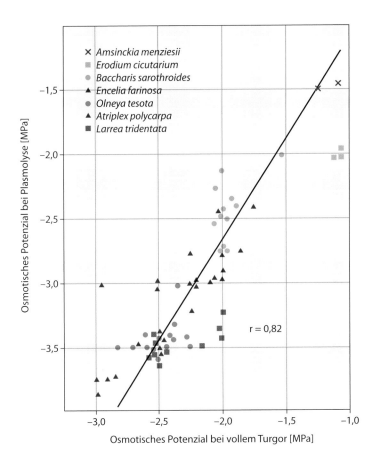

Abb. 4-5 Zusammenhang zwischen dem osmotischen Potenzial bei Plasmolyse und demjenigen bei voll ausgebildetem Turgor für einige Arten der nordamerikanischen Sonora-Wüste (*Amsinckia menziesii* und *Erodium cicutarium*: Pluviotherophyten; *Baccharis sarothroides*: immergrüner Baum und Strauch, Phreatophyt; *Encelia farinosa*: malakophyller Strauch; *Olneya tesota*: immergrüner, sklerophytischer Baum; *Atriplex polycarpa*: immergrüner halophytischer Strauch; *Larrea tridentata*: immergrüner xerophytischer Kleinstrauch (aus Monson & Smith 1982). Xero- und Halophyten haben stärker negative osmotische Potenziale als trockenheitsvermeidende Pflanzen.

starre fallen. Auch einige wenige Gefäßpflanzen sind mittels spezieller anatomischer und physiologischer Eigenschaften dazu in der Lage.

Allen Pflanzen der Trockengebiete ist gemeinsam, dass ihr Wachstum auf die wenigen, hygrisch günstigen Zeitabschnitte beschränkt ist. Die Pflanzen pendeln also zwischen einer kurzen und zeitlich variablen metabolisch aktiven Phase und einer langen, inaktiven Ruhephase. Während der aktiven Phase werden Assimilate nicht nur für den Aufbau von Gewebe und für die Reproduktion verwendet; ein Teil davon wird in Speicherorgane verlagert. Die gespeicherten Assimilate (Stärke, Aminosäuren) werden aktiviert, wenn es regnet, und ermöglichen den Pflanzen die Bildung neuer Wurzeln und neuer Blätter, bevor sie zur Nährstoffaufnahme über die Wurzeln bzw. zur Photosynthese fähig sind. Als Speicher dienen Stamm- und Wurzelgewebe, unterirdische Knollen, Zwiebeln und Samen (Letztere vor allem bei Pluviotherophyten). Die Wachstums- und Reproduktionsphase wird durch Niederschlagsereignisse ausgelöst, die hinsichtlich Dauer und Intensität ökologisch so wirksam sein müssen, dass sie als Impuls-

geber den Speicher aktivieren können (*pulse-reserve model* nach Noy-Meir 1973; Abb. 4-6).

Die meisten Pflanzen zeigen eine Kombination aus verschiedenen Mechanismen. Folgende Pflanzenfunktionstypen (PFT) der Wüsten und Halbwüs-

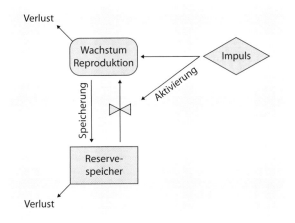

Abb. 4-6 Das *pulse-reserve model* nach Noy-Meir (1973) beschreibt den Wechsel zwischen metabolisch aktiver und passiver Phase bei Wüstenpflanzen. Erläuterung im Text.

ten lassen sich unterscheiden (Gibson 1996, Smith & al. 1997, Whitford 2002), wobei sich die Pflanzen oft nicht eindeutig einer der unten aufgeführten Kategorien zuordnen lassen; sie haben Eigenschaften von mehreren PFTs kombiniert.

4.2.2 Phreatophyten

Phreatophyten sind Gehölze (Bäume, Sträucher), seltener perennierende Krautige, die ständig oder periodisch Grund-, Hang- oder Haftwasser nutzen und auf diese Weise Trockenstress vermeiden (Abb. 4-7). Sie können immergrün sein oder ihr Laub in trockenen Perioden ganz oder teilweise abwerfen. Haftwasser in erreichbarer Tiefe kann mehrere Jahre erhalten bleiben, wenn der kapillare Aufstieg fehlt (Sandböden) und/oder die Bodenoberfläche durch ein Stein-

pflaster abgedeckt ist. Pflanzen mit ausgedehntem und tiefgreifendem Wurzelsystem sind in jedem Fall die Voraussetzung für eine Besiedlung solcher Flächen. Sie kommen an zwei unterschiedlichen Stellen vor, nämlich in Wüsten entlang von Trockentälern, aber auch in Felsspalten der Gebirge, wo sie in der Lage sind, das in den Spalten angesammelte Wasser zu nutzen. Zu den am tiefsten wurzelnden Phreatophyten gehören *Boscia albitrunca* (68 m; Abb. 4-11a), *Acacia erioloba* (60 m; Abb. 3-12c), *Prosopis juliflora* (53 m), *Eucalyptus marginata* (40 m), *Retama raetam* (20 m) und *Tamarix aphylla* (20 m; Abb. 4-29a; Ward 2009).

Die Hauptprobleme dieser Arten sind die Keimung der Samen und die Etablierung der Jungpflanzen. Während die Keimung nur in besonders feuchten Jahren (außergewöhnlich hohe Niederschläge mit wochenlanger Durchfeuchtung des Bodens oder –

Abb. 4-7 Beispiele für Phreatophyten (s. auch Abb. 4-29a, b): a = *Acacia tortilis* ssp. *raddiana* (Mimosaceae; mesophytischer Phreatophyt), Djanet, Algerien; b = *Allocasuarina decaisneana* (Casuarinaceae; xerophytischer Phreatophyt), Alice Springs, Australien; c = *Ceiba insignis* (Malvaceae; Flaschenbaum), Gran Chaco bei Nueva Pompeya, Argentinien; d = *Aloe dichotoma* (Asphodelaceae), Keetmanshoop, Namibia.

vermutlich häufiger – Überflutungen in den Trockentälern) erfolgt, also in der Regel ein seltenes Ereignis ist, kommt es für eine erfolgreiche Etablierung besonders darauf an, dass die Pflanze in der Lage ist, möglichst rasch (d. h. bis zur nächsten Trockenperiode) ein raumgreifendes Wurzelsystem zu entwickeln. Dabei wird die oberirdische Phytomasse nur so weit entwickelt, dass die Assimilate für das Wachstum der unterirdischen Organe ausreichen. Auch auf jede Form der Reproduktion wird zunächst verzichtet, solange die Wurzeln nicht die wasserführende Schicht erreicht haben. Da solche günstigen Zeitfenster recht selten auftreten, sind Gehölzbestände aus Phreatophyten oft gleich alt. Ein Beispiel ist *Allocasuarina decaisneana* in den australischen Halbwüsten (*desert oak*; Boland & al. 2006; Abb. 4-7b).

Phreatophyten können mesophytisch oder xerophytisch gebaut sein. Im ersten Fall besitzen sie weiches, transpirationsaktives Laub, wie beispielsweise *Acacia*- und *Prosopis*-Arten (Abb. 4-7a). Zu den mesophytischen Phreatophyten gehören alle Oasenbäume, u. a. auch die Dattelpalme (*Phoenix dactylifera*), die nach der Erfahrung der nordafrikanischen Wüstenbewohner „mit dem Kopf in der Sonne und mit dem Fuß im Wasser stehen soll". Im zweiten Fall ist die Belaubung oft schuppen- oder nadelförmig wie bei den *Tamarix*-Arten und der oben erwähnten *Allocasuarina*-Art. Solche Pflanzen sind dadurch in der Lage, die Transpiration mehr oder minder effizient einzuschränken, was von Vorteil ist, wenn der Wasservorrat vorübergehend nicht erreichbar ist. Manche mesophytische Phreatophyten speichern Wasser im Markgewebe des Stammes wie die Arten der Gattung *Ceiba* und andere aus der Unterfamilie Bombacoideae der Malvaceen (Flaschenbäume) sowie der Köcherbaum *Aloe dichotoma* (Abb. 4-7c, d).

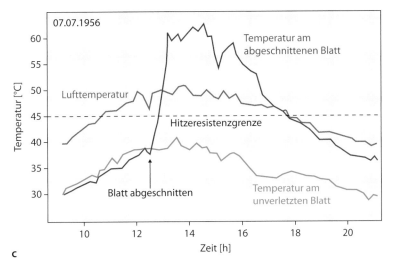

Abb. 4-8 *Citrullus colocynthis* (Südalgerien) mit Blättern und Früchten (a, Foto W. Zielonkowski) sowie der rübenartigen Wurzel (b). c = Temperaturverlauf eines *Citrullus*-Blattes mit und ohne Transpiration (abgeschnitten). Gestrichelte Linie = Grenztemperatur der vitalen Hitzeresistenz (aus Lange 1959).

Im Gegensatz zu den CAM-Stammsukkulenten (s. unten) handelt es sich hierbei ausnahmslos um C_3-Pflanzen (Lüttge 2008b).

Zu den Phreatophyten gehören aber auch krautige Pflanzen. Das wohl bekannteste Beispiel ist die in Trockentälern der saharo-arabischen Wüste nicht seltene Cucurbitacee *Citrullus colocynthis* (Abb. 4-8). Die Pflanze bildet eine rübenartige Pfahlwurzel, die bis in das Grundwasser hinabreicht. Auf der Bodenoberfläche entwickelt sie ein ausgedehntes, verzweigtes Sprosssystem mit großen, gelappten Blättern und produziert wasserhaltige, für den Menschen ungenießbare Früchte. Der erhebliche Wasserbedarf wird für die Kühlung der Blätter eingesetzt (Transpirationskühlung); die Blatttemperatur bleibt deshalb im Mittel um 10 °C unter der Lufttemperatur (Lange 1959).

4.2.3 Stamm- und Blattsukkulente

Sukkulente sind Pflanzen mit wenigstens einem lebenden Wasserspeichergewebe in unter- (Wurzel, Zwiebel, Rhizom u. a.) und/oder oberirdischen Organen (Stamm, Blatt; von Willert et al. 1992). Bezogen auf Letztere unterscheidet man Stamm- und Blattsukkulente, bei denen entweder der Stamm oder die Blätter die vorrangigen Wasserspeicher darstellen (Abb. 4-9).

Stammsukkulente speichern Wasser (und ggf. Assimilate) im Spross bei gleichzeitiger Reduktion von Blättern und Seitensprossen. Herausragende Vertreter dieser Wuchsform stammen aus den Familien Cactaceae, Euphorbiaceae, Didiereaceae (Letztere endemisch in Madagaskar) und Fouquieriaceae (nordamerikanisch). Auch einige Taxa der Apocynaceae (*Pachypodium*, *Hoodia*) gehören dazu.

Stammsukkulente sind sehr formenreich (Säulen-, Kandelaber-, Kugel-, Polster-, Zylinderopuntien- und Flachopuntienform). Sie zeichnen sich durch eine Reihe von anatomisch-morphologischen und physiologischen Besonderheiten aus, die ihnen das Überleben sichern. Blätter und Seitensprosse sind zu Dornen reduziert; dies verringert im Vergleich zu belaubten Bäumen drastisch die Transpiration, verkleinert aber auch die assimilatorisch wirksame Oberfläche. Deshalb ist die (für eine möglichst weitgehende Transpirationseinschränkung optimale) Kugel- (z. B. bei Kugelkakteen; Abb. 4-9a) bzw. Zylinderform (z. B. bei Kandelaber- und Säulenkakteen) durch Längsrippen verändert; diese Rippen lassen die Pflanzen im Querschnitt sternförmig aussehen und ermöglichen ihnen, sich je nach der Menge des verfügbaren Wassers auszudehnen oder zu schrumpfen (Blasebalgmechanismus nach Walter & Breckle 2004). Bei dem Kugelkaktus *Ferocactus cylindraceus* ist die Oberfläche beispielsweise durch 23 Rippen um 54 % gegenüber einer ungegliederten Kugel vergrößert (Nobel 1977a). Sukkulente Schopfbäume wie *Yucca brevifolia* (*Joshua tree*; Abb. 4-9b) in Nordamerika stehen zwischen Stamm- und Blattsukkulenten. Bei ihnen enthalten sowohl Stämme als auch Blätter ein Wasserspeichergewebe.

Blattsukkulente speichern Wasser in den Blättern, und zwar entweder im Mesophyll (zentraler Speicher) oder in der Epidermis als peripherer Speicher, z. T. in speziell ausgebildeten Blasenzellen (Idioblasten; Abb. 4-9c). Die Wasserspeicherfähigkeit des Blattes, also seine hydraulische Kapazität, hängt von der Elastizität der Zellwände ab, d. h. der Fähigkeit, sich mehr oder minder ziehharmonikaartig zusammenzufalten (Schulze et al. 2002); bei sukkulenten Pflanzen der heißen Wüsten ist diese Fähigkeit besonders stark ausgeprägt. Die Blätter können also viel Wasser aufnehmen und auch wieder abgeben und vergrößern bzw. verkleinern damit ihren Querschnitt. Blattsukkulenz findet man besonders häufig bei den Familien Aizoaceae (Unterfamilie Mesembryanthemoideae = früher Mesembryanthemaceae) und Crassulaceae; aber auch Apocynaceae, Asteraceae, Portulacaceae (mit der Gattung *Portulaca*) und Zygophyllaceae (Abb. 4-9d) enthalten blattsukkulente Arten. Perennierende Blattsukkulente mit zentralem Wasserspeicher und xeromorpher Charakteristik (z. B. mit einer dicken Kutikula) sind wohl die erfolgreichste Pflanzengruppe des ariden Winterregengebiets (Jürgens 1986).

Eine Sonderstellung in mehrfacher Hinsicht nehmen die beiden Familien **Asphodelaceae** (mit der vorwiegend afrikanischen Gattung *Aloe*; Abb. 4-9e) und **Asparagaceae** (mit den neotropischen Gattungen *Agave* und *Yucca* und der vorwiegend altweltlichen Gattung *Dracaena*) ein: Erstens unterscheiden sie sich von den übrigen Blattsukkulenten durch die rosettenförmige Anordnung ihrer Blätter. Die Rosetten können unmittelbar auf der Bodenoberfläche aufsitzen oder von einem (ebenfalls häufig sukkulenten) Stamm mit sekundärem Dickenwachstum (nach Art der Monokotylen mittels eines extrafaszikulären Kambiums; Bresinsky et al. 2008) getragen werden, wie im Fall von *Yucca brevifolia*, *Aloe dichotoma* und der *Dracaena*-Arten. Sie gelten zweitens als ein eindrucksvolles Beispiel konvergenter Entwicklung entfernt verwandter Taxa unter gleichen hygrischen Bedingungen auf zwei Kontinenten (Silvertown 2005). Die Konvergenz erstreckt sich allerdings nicht auf alle Eigenschaften der Pflanzen. So sind nur Agaven monokarp; ihre Rosetten benötigen viele Jahre, bis sie ihren oft meterlangen Blütenstand (weitgehend aus den in den Blättern gespeicherten Nährstoff- und Wasserreserven) entwickeln, und sterben nach der Blüte ab. *Aloe*-Arten sind dagegen polykarp. Ferner ist das Vorhandensein kontraktiler Wurzeln unter den sukkulenten Rosettenpflanzen auf Agaven beschränkt (North et al. 2008). Die Kontraktion der Wurzeln ermöglicht vielen Pflanzen extremer Standorte, nach der Keimung der Samen ihre unterirdischen Organe weiter in den Boden hineinzuziehen, um sie so besser gegen Trockenheit oder Kälte zu schützen (Pütz 2002).

Zu den Blattsukkulenten zählen auch die sog. **Fensterpflanzen** aus den Halbwüsten des südlichen Afrika, die alle zu den Aizoaceae gehören. Die bekannteste „Fensterpflanze" ist *Fenestraria rhopalophylla*, aber auch viele Arten der Gattung *Lithops* („lebende Steine"; Kasten 4-2) zeigen diese Wuchsform: Sie besitzen zwei kolbenförmige Blätter, deren Oberseite fensterartig durchsichtig ist und mit der Bodenoberfläche abschließt. Die Spaltöffnungen liegen überwiegend auf den im Boden vergrabenen Seitenwänden. Somit kommt Licht ins Blattinnere, ohne dass die Pflanze übermäßig Wasser verliert. Zwar fehlt den „lebenden Steinen" damit die Transpirationskühlung; sie ist aber auch nicht nötig. Denn die Blatttem-

Abb. 4-9 Beispiele für Stamm- und Blattsukkulente (s. auch Abb. 4-21a, b sowie Abb. 1 in Kasten 4-2). a = *Euphorbia cooperi*, Euphorbiaceae (Südafrika); b = *Yucca brevifolia*, Asparagaceae (*Joshua tree*, Nordamerika; Foto A. Albrecht); c = Blätter von *Mesembryanthemum guerichianum*, Aizoaceae, mit Blasenzellen (Südafrika); d = *Zygophyllum clavatum*, Zygophyllaceae (Namibia); e = *Aloe ferox*, Asparagaceae (Südafrika); f = *Hoodia gordonii*, Apocynaceae (Namibia; Foto W. Zielonkowski).

peratur hängt von der Bodentemperatur ab und bleibt wegen der hellen, quarzreichen Oberfläche weit unterhalb der Letalgrenze (Turner & Picker 1993).

Die sukkulenten Pflanzen der tropisch-subtropischen Trockengebiete zeigen eine Reihe von physiologischen und ökologischen Eigenschaften, die es ihnen erlauben, unter heißen und ariden Klimaten zu überleben:

1. Wie bei den Phreatophyten sind auch bei den perennierenden Sukkulenten Keimung und Keimlingsentwicklung der Flaschenhals in der Lebensgeschichte, der darüber entscheidet, ob sich eine adulte Pflanze etabliert oder nicht. In der Regel bilden diese Pflanzen zwar eine große Zahl von Diasporen; eine erfolgreiche Ansiedlung ist allerdings ein seltenes Ereignis (von Willert et al. 1990). Denn Keimlinge und Jungpflanzen sind besonders austrocknungsempfindlich. Zudem stellen sie ein begehrtes Futter für Herbivoren dar. Deshalb liegt die Mortalität der Keimlinge in Normaljahren nahe 100 %, und die Etablierung von Jungpflanzen gelingt nur, wenn mehrere feuchte Jahre aufeinander folgen und dornige, schattenspendende Klein- oder Zwergsträucher als Ammenpflanzen (*nurse plants*) fungieren (Nobel 1980 für *Carnegiea*). Dann ist die Gefahr der Austrocknung verringert und die saftigen Sprosse sind vor Fressfeinden besser geschützt. Die niedrigen Etablierungsraten vieler perennierender Sukkulenten sind aber auch durch die Seltenheit des Reproduktionsgeschehens bedingt: So dauert es bei *Agave deserti* zehn bis 25 Jahre, bis die Rosetten den Blütenstand entwickeln und Samen erzeugen (Nobel 1977b); der riesige Kandelaberkaktus *Carnegiea gigantea*, der „Saguaro" der Sonora-Wüste (Abb. 4-21a), braucht 50 bis 100 Jahre, bis er erstmals zur Blüte kommt (Drezner 2008).

2. Die meisten Sukkulenten der tropisch-subtropischen Trockengebiete bilden ein oberflächennahes, weit ausgreifendes Wurzelsystem (Abb. 4-10). Es ermöglicht ihnen, ihren Wasservorrat auch nach weniger ergiebigen Niederschlägen aufzufüllen, wenn das Regenwasser nur einige Zentimeter in den Boden eindringt. Um Wasserexudation in den Boden zu vermeiden, sterben die Feinwurzeln während der Trockenperioden ab; nach Regen werden sie innerhalb weniger Tage neu gebildet. Da die Pflanzen mit ihren Wurzeln unterirdisch miteinander in Kontakt kommen, wird die Populationsdichte über die Wurzelkonkurrenz geregelt. Dies führt zu einem lockeren Stand der Individuen mit nahezu gleichem (artspezifischem) Abstand

(z. B. Carrick 2003 für die sukkulenten Chamaephyten *Ruschia robusta* und *Leipoldtia schultzei* in der Karoo). Im Gegensatz zu Phreatophyten und Xerophyten ist die oberirdische Trocken-Phytomasse um ein Vielfaches schwerer als die unterirdische; das Spross-Wurzel-Verhältnis beträgt bei *Agave deserti* und *Ferocactus acanthodes* 9:1 (Nobel 1988).

3. Die Menge des im Pflanzenkörper inkorporierten, nutzbaren Wassers variiert innerhalb weiter Grenzen. Ausgewachsene *Carnegiea gigantea*-Pflanzen vermögen rund 2.000–4.000 Liter Wasser zu speichern. Manche Wüstensukkulente verlieren – reversibel – bis zu 50 % ihres Wasservorrats während einer langen Trockenperiode, obwohl die Zahl der Spaltöffnungen – im Vergleich mit den übrigen physiognomischen Pflanzenfunktionstypen (pPFTs; s. Abschn. 1.3.4.1) der tropisch-subtropischen Trockengebiete – recht gering ist. Ihre Anzahl liegt nach einer Auswertung von 134 Arten verschiedener Wuchsformen bei 29 bis 35 pro mm^2, während bei immer- und regengrünen Gehölzen 158 bis 198 pro mm^2 gezählt wurden (Sundberg 1986). Ökologisch eher relevant als der Wassergehalt des Pflanzenkörpers ist der Sukkulenzgrad; er gibt die Menge Wasser an, die pro dm^2 gespeichert werden kann (von Willert et al. 1990; Tab. 4-2), und ist damit ein Maß für den Energieaufwand einer Pflanze für die Wasserspeicherung. So investieren Blattsukkulente mit ihren dünnen Zellwänden viel weniger in den Aufbau der organischen Substanz als teil- oder nichtsukkulente Pflanzen. Umgekehrt kann – bei gleichem Energieaufwand – die hochsukkulente Aizoacee *Opophytum aquosum* zehnmal mehr Wasser in ihren stielrunden Blättern speichern als *Conophytum australe* und siebzigmal mehr als der immergrüne sklerophylle, nicht sukkulente Baum *Euclea pseudebenus* (Sukkulenzquotient in Tab. 4.2).

4. Stamm- und Blattsukkulente folgen dem CAM-Weg der Photosynthese (s. Kasten 1-1 und Abschn. 1.3.4.1; Lüttge 2008b). Sie schließen ihre Spaltöffnungen tagsüber und öffnen sie nachts. Bei längeren (mehrmonatigen) Trockenperioden ohne Regen werden die Stomata auch nachts geschlossen, wenn das Wasserpotenzial einen kritischen Wert unterschreitet. Dieser liegt im Fall von *Ferocactus acanthodes* bei –0,5 MPa (Nobel 1977a). Die Pflanzen können dann zwar kein CO_2 mehr aufnehmen, sie sind aber in der Lage, die Atmungskohlensäure zu reassimilieren und auf diese Weise ihre Lebensfunktionen aufrechtzuerhalten, allerdings ohne Zuwachs (*CAM-idling*; Schulze et al.

Tab. 4-2 Blattmerkmale von Blattsukkulenten und nicht-sukkulenten Pflanzen einer Sukkulenten-Halbwüste (Richtersveld, Südafrika), nach von Willert et al (1990), gekürzt.

Typ[1]	Art	% Wasser[2]	Sukkulenz-grad[3]	org. Substanz[4]	Sukkulenz-quotient[5]	Energie-aufwand[6]	Asche-gehalt[7]
as	*Opophytum aquosum*	96,6	13,2	0,46	69,0	0,12	59
as	*Mesembryanthemum pellitum*	94,9	19,3	1,03	43,5	0,24	54
ts	*Aloe pearsonii*	90,2	16,9	1,85	10,0	1,82	8
ts	*Conophytum bilobum*	85,6	15,6	2,63	6,9	1,91	14
ns	*Nicotiana glauca*	85,0	3,3	0,58	6,6	2,38	14
ns	*Codon royenii*	77,2	6,6	1,95	4,3	3,01	21
ns	*Euclea pseudebenus*	51,0	1,2	1,17	1,0	20,11	4

[1] as = alle Zellen eines Blattes sind sukkulent (vollsukkulente Pflanzen), ts = teilweise sukkulente Blätter, ns = nicht-sukkulente Blätter; [2] Wassergehalt voll turgeszenter Blätter in % des Frischgewichts; [3] g Wasser dm^{-2} Blattfläche; [4] organische Substanz in g Trockengewicht dm^{-2} (Sklerophylliegrad); [5] g Wasser g^{-1} Trockengewicht, korrigiert um den Aschegehalt; [6] Energieaufwand, der zur Speicherung von 1 ml Wasser nötig ist, in kJ ml^{-1}; [7] Aschegehalt in % des Trockengewichts.

2002). Fällt erneut Regen, so aktivieren sie ihren CAM-Stoffwechsel wieder. Außerdem steigt der Anteil der CO_2-Dunkelfixierung (also der Anteil des CAM-Stoffwechsels an der C-Akquisition) mit zunehmendem Sukkulenzgrad (Lösch 2003); es gibt demnach einen graduellen Übergang von C_3-Pflanzen über C_3/CAM-Zwischenstufen zu voll CAM-abhängigen Typen (Larcher 2001). Wird eine sukkulente Pflanze ausreichend mit Wasser versorgt, schaltet sie von CAM auf C_3 um.

5. Voraussetzung für das Gedeihen von Stamm- und Blattsukkulenten ist eine einigermaßen regelmäßig auftretende Niederschlagsperiode, in der die Pflanzen ihren Wasserspeicher ergänzen können, vorzugsweise im Sommer (Ellenberg 1981). Offensichtlich ist ihr Transpirationsverlust trotz aller Schutzmechanismen so bedeutend, dass sie in Halbwüsten und Trockengebüschen mit unregelmäßigen Regenereignissen sowie mit längeren und heißen Trockenphasen (wie beispielsweise in Australien, in Teilen der südafrikanischen Karoo, in der Kalahari und in der zentralen Sahara) nicht überleben können. Hier dominieren sklerophylle oder trockenkahle Zwerg- und Dornsträucher, die mit ihrem größeren (und tiefer reichenden) Wurzelsystem selbst ein komplett regenfreies Jahr überstehen können. Blatt- oder Stammsukkulente findet man also

a. in ozeanisch geprägten Trockengebieten mit abgeschwächten Sommertemperaturen und höherer Luftfeuchte im Übergang zwischen Nacht und

Tag (ggf. kombiniert mit Nebel am Vormittag), wie in der Atacama-Wüste, im südwestlichen Afrika („Sukkulenten-Karoo") mit Winterregen, in Mau-

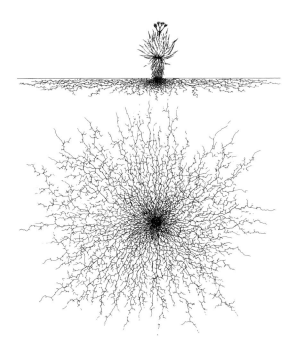

Abb. 4-10 Oberflächennahes Wurzelwerk der blattsukkulenten *Aloe littoralis* (Namib, Nähe Windhoek; aus Kutschera et al. 1997; reproduziert mit freundlicher Genehmigung des Pflanzensoziologischen Instituts Klagenfurt). Die maximale Wurzeltiefe beträgt 30 cm, der Durchmesser knapp 140 cm.

```
```

Kasten 4-2

Die Mittagsblumengewächse (Aizoaceae, UF Mesembryanthemoideae und Ruschioideae)

Die früher eigenständige Familie Mesembryanthemaceae wird heute mit ihren 1.750 Arten, verteilt auf 127 Gattungen (Ihlenfeldt 1994), zu den Aizoaceae gestellt. Es handelt sich um blattsukkulente annuelle oder perennierende Kräuter und Halbsträucher, die ihren Verbreitungsschwerpunkt im südlichen Afrika haben. Hier, in den von Küstennebeln beeinflussten Halbwüsten und Wüsten der Sukkulenten-Karoo mit Winterregenklima, kommen rund 90 % aller Arten vor; sie sind endemisch in einem lediglich 200.000 km² großen Gebiet. Einige wenige Vertreter gibt es auch in Australien (wie die Gattung *Disphyma* und Arten von *Carpobrotus* und *Sarcozona*) sowie im mediterranen Raum und an der Pazifikküste Südamerikas (Heywood et al. 2007). Die meist schön gefärbten, auffallenden Blüten (Abb. 2) werden vornehmlich von Insekten bestäubt. Ihre Früchte sind überwiegend Kapseln, die sich bei Feuchtigkeit öffnen; die Samen werden durch auftreffende Regentropfen bis zu 65 cm weit herausgeschleudert (Parolin 2001) und dann durch oberflächlich abfließendes Regenwasser ausgebreitet.

Ob die Mittagsblumengewächse ihren Namen davon haben, dass sich ihre Blüten erst am späten Vormittag öffnen, ist umstritten. Nach Genaust (1996) wollte Linné mit der Benennung dieser Pflanzen ihre Ähnlichkeit mit den Blüten von *Chrysanthemum* und ihr Vorkommen auf der Südhemisphäre ausdrücken (gr. *mesembría* = Mittag im Sinn von Süden, gr. *ánthemon* = Blume). Sie zeichnen sich durch eine bemerkenswerte und – verglichen mit anderen Sukkulentenfamilien (Crassulaceae, Cactaceae) – einzigartige Vielfalt an physiognomischen Pflanzenfunktionstypen (pPFT) aus (Ihlenfeldt 1994). Es gibt unter ihnen Annuelle (*Dorothean-*

thus), Perenne (*Mesembryanthemum*), kriechende Holzpflanzen (*Cephalophyllum*), aufrechte Halbsträucher, Sträucher und kleine Bäume bis zu 3 m Höhe (*Ruschia*), hochsukkulente kompakte Formen (*Lithops*), permanente (*Fenestraria*) und periodische Fensterpflanzen (*Conophytum*), extrem kleine Sukkulente mit nahezu kugelförmigen Blättern (*Oophytum*), Stammsukkulente mit laubabwerfenden sukkulenten Blättern (*Psilocaulon*) und sogar Geophyten mit einer unterirdischen Knolle (*Phyllobolus*). Alle pPFTs sind kurzlebig (Jürgens et al. 1999); selbst die Holzpflanzen erreichen eine maximale Lebensdauer von lediglich fünf bis höchstens 15 Jahren, weil die regelmäßigen Winterregen die jährliche Rekrutierung der Populationen aus Samen ermöglichen. Es besteht somit keine Notwendigkeit für eine langfristige Persistenz wie bei Zwergsträuchern und Kakteen in anderen Halbwüsten.

Mit 1.563 Arten und 101 Gattungen ist die Tribus Ruschieae der Unterfamilie Ruschioideae besonders divers (Klak et al. 2004). Viele Vertreter dieser Gruppe sind für ihre Fähigkeit bekannt, sich der örtlichen Umgebung in Form und Farbe anzupassen, um nicht gefressen zu werden. Das ist ziemlich einmalig im Pflanzenreich. So sind die Arten der Gattung *Lithops* jeweils mit einem eigenen Gesteinstyp assoziiert (Cole 1979); selbst innerhalb einer Art sind Ökotypen in Farbe und Struktur der Umgebung perfekt angeglichen. So gibt es bei *Lithops karasmontana* eine nahezu weißblättrige Unterart auf hellem Quarzit und Karbonatkrusten (Calcret) und rot gefärbte auf rötlichem Sandstein (Kellner et al. 2011; Abb. 1); die Autoren vermuten, dass die außerordentlich große Heterogenität der Standorte im Ver-

---

retanien und Marokko am Westrand der Sahara sowie auf den Kanaren und den Galapagos-Inseln);

b. in Trockengebieten mit Sommerregen, in denen die aride Phase in die kühle Jahreszeit fällt und die Sukkulenten deshalb weniger Wasser verlieren (wie im westlichen Gran Chaco, im innerandinen Raum von Argentinien und Bolivien, in der Caatinga Nordostbrasiliens);

c. in Trockengebieten mit zwei (kurzen) Regenzeiten wie in Teilen der Sonora-Wüste Nordamerikas.

4.2.4 Xerophyten

Manche xerophytische Merkmale wie Blattabwurf während der Trockenzeit haben wir schon bei den Savannen kennengelernt. Besonders in den Trockensavannen finden sich vermehrt Pflanzen, deren Wuchsform auf Vermeidung oder Verzögerung der Austrocknung ausgerichtet ist. Dazu gehören neben sukkulenten Rosettenpflanzen (wie die *Sansevieria*- und *Bromelia*-Arten) auch einige sklerophylle Gehölze. In den tropisch-subtropischen Trockengebieten werden die morphologisch-anatomischen Merkmale und physiologischen Mechanismen arido-aktiver Pflanzen zur Perfektion weiterentwickelt. Die Vielfalt

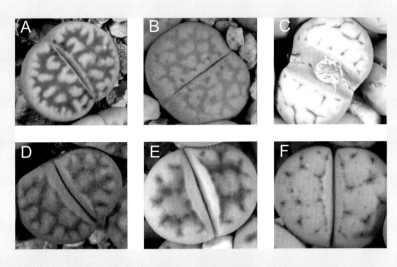

Abb. 1 Variation der Blattfarbe bei *Lithops karasmontana*. A = ssp. *bella*; B, C = ssp. *eberlanzii*; D, E und F = ssp. *karasmontana*. Fotos: A. Kellner, P. Schlittenhardt.

breitungsgebiet der Gattung *Lithops* mit ihren unterschiedlichen Gesteinsfarben die Radiation der Gattung in viele lokale, edaphisch angepasste Arten und Unterarten gefördert hat. Die Evolution der Ruschieae ist im Pliozän zwischen 8,4 und 3,8 Mio. Jahren BP erfolgt, und zwar mit einer Radiationsgeschwindigkeit von 0,58 bis 1,32 Arten pro Million Jahre (unter Berücksichtigung der Extinktionsrate), also ziemlich schnell, verglichen mit der Radiation anderer Angiospermenfamilien (Mittel zwischen 0,12 und 0,39 Arten pro Mio. Jahre; Klak et al. 2004).

Abb. 2 Eine prächtig blühende Aizoacee ist *Lampranthus godmaniae* var. *grandiflorus*.

an Merkmalskombinationen und damit an Wuchsformen ist ziemlich groß; einige Beispiele seien im Folgenden aufgeführt:

- Immergrüne, sklerophylle und xerophytische Bäume und Sträucher finden sich nur dort, wo die Wasserversorgung noch verhältnismäßig gut ist, und zwar entweder durch einigermaßen regelmäßig auftretende Niederschläge oder durch Anschluss an das Grundwasser (Phreatophyten). Ihre Blätter sind klein, bei einigen Vertretern dieser Wuchsform sogar schuppenförmig. Bekannte Beispiele sind die *Tamarix*-Arten der nordafrikanischen und arabischen Wüsten (s. Abb. 4-29a) und der südafrikanische Hirtenbaum *Boscia albitrunca* (*shepherd's tree*; Abb. 4-11a).

- Laubabwerfende, xerophytische Bäume und Sträucher reduzieren ihr Laub bei mangelnder Wasserversorgung oder werfen es ab. Die Blätter sind ebenfalls klein, häufig gefiedert und malakophyll. Die Bäume erreichen selten mehr als 5–10 m Höhe und sind von gedrungenem Wuchs. Ihre Kronen sind oft halbkugelförmig, wodurch ein optimales Oberflächen-Volumen-Verhältnis erzielt wird (Lösch 2003). Sie bestimmen neben den Sukkulenten und malakophyllen Phreatophyten die Physiognomie der xerophytischen Trockenwälder und Trockengebüsche. Bäume und Sträucher weisen meist Dornen auf (außer in Australien) und sind kleinblättrig (mikrophyll) oder blattlos. Ein Beispiel ist die in den nordafrikanisch-arabischen

Halbwüsten weit verbreitete Brassicacee *Zilla spinosa* (Abb. 4-11b). Einige Arten der Caesalpiniaceen-Gattungen *Cercidium* und *Parkinsonia*, wie der als Palo Verde bekannte Dornstrauch *Cercidium microphyllum* in den nordamerikanischen und mexikanischen Halbwüsten (Abb. 4-11c), bilden lediglich nach Regenfällen wenige Blätter. Diese fallen bereits nach sechs bis zehn Wochen wieder ab; anschließend übernehmen die grün gefärbten Zweige und Äste die Photosynthese. Deren Stomatadichte ist mit rund 170 pro mm² übrigens nicht geringer als diejenige der Blätter.

- Blattreduktion und Übernahme der Assimilationsfunktion durch blattähnliche, aus Sprossen (Phyllokladien) oder Blattstielen (Phyllodien) hervorgegangene Organe sind eine häufige Erscheinung bei Gehölzen in den tropisch-subtropischen Trockengebieten. So besitzen alle australischen *Acacia*-Arten Phyllodien; gefiederte Blätter werden nur von den Jungpflanzen gebildet. Ein wegen seiner weiten Verbreitung und vegetationsprägenden Dominanz wichtiger Strauch in Australien ist *Acacia aneura* (*mulga*; Abb. 4-11d).

- Gänzlich blattlos sind Rutensträucher; die Assimilationsfunktion wird hier von den Sprossen übernommen. Der besenförmige Wuchs mit schräg nach oben gerichteten Zweigen vermindert die Strahlungsaufnahme bei hohem Sonnenstand und

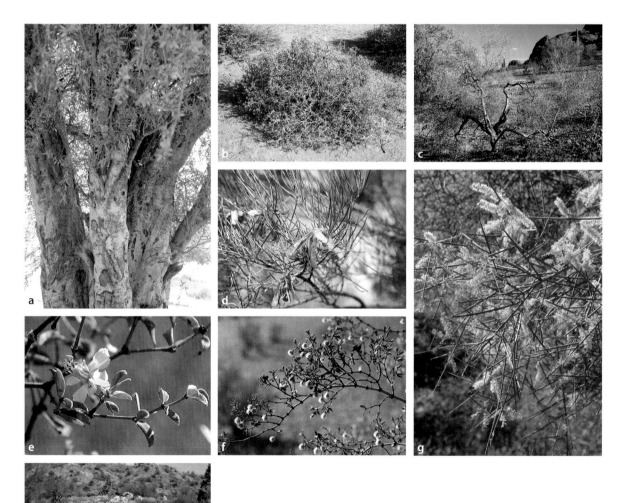

Abb. 4-11 Beispiele für xerophytische Bäume und Sträucher: a = *Boscia albitrunca*, Capparaceae (Namibia); b = *Zilla spinosa*, Brassicaceae, mit Früchten (Algerien); c = *Cercidium microphyllum*, Fabaceae, mit grünem Stamm (USA); d = *Acacia aneura*, Mimosaceae (Australien); e, f = *Larrea tridentata*, Zygophyllaceae, e mit Blüten, f mit Früchten (USA); g = *Prosopis kuntzei*, Mimosaceae (Argentinien); h = *Encelia farinosa*, Asteraceae (USA). Fotos a: W. Zielonkowski; c, e, f, h: H. Albrecht.

damit die Überhitzung der Pflanzen. Beispiele sind der nordafrikanische Weiße Ginster *Retama raetam* (Fabaceae) sowie *Retanilla ephedra* (Rhamnaceae), *Prosopis kuntzii* (Mimosaceae; Gran Chaco; Abb. 4-11g) und *Zygophyllum dumosum* (Zygophyllaceae). Bei der zuletzt genannten Art wird das sukkulente Fiederblatt bei länger andauernder Trockenheit abgeworfen, aber bei guter Wasserversorgung erneut gebildet.

- Immergrüne sklerophylle Klein- und Zwergsträucher sind typisch für die Zwergstrauch-Halbwüsten. Sie bilden meist nur eine kurze Pfahlwurzel, aber ein weit ausstreichendes horizontales Wurzelsystem. Aus der Vielzahl von Arten sei der Kreosotbusch *Larrea tridentata* aufgeführt, der von der Sonora-Wüste in Nordamerika bis in die Halbwüsten des Monte in Argentinien vorkommt (Abb. 4-11e, f). Er gehört zur Familie Zygophyllaceae, einer in allen Trockengebieten der Erde (auch der nemoralen Zone) weit verbreiteten Familie (s. Abschn. 4.3.1). Benannt wurde er nach Kreosot, einem intensiv riechenden Harz, mit dem die Blätter überzogen sind. *Larrea* ist eine besonders trockenheitsresistente Pflanze, die während des ganzen Jahres metabolisch aktiv ist (Oechel et al. 1972). In den Wüsten Arizonas wurden Ablegergruppen festgestellt, die mehr als 10.000 Jahre alt sind (nacheiszeitliche Bestände).

- Immergrüne malakophylle Kleinsträucher wie die nordamerikanische Asteracee *Encelia farinosa* tragen weich behaarte Blätter, deren Größe, Behaarung und Skleromorphie von der Wasserversorgung abhängt (Smith et al. 1997): In der Regenzeit sind die Blätter groß und wenig behaart. Mit fortschreitender Trockenheit werden diese hygromorphen Blätter abgeworfen und neue Blätter gebildet, die immer kleiner und xeromorpher werden, bis die Pflanze gänzlich blattlos ist (Abb. 4-11h).

- Wüstengräser wie die Arten der Gattungen *Triodia* der australischen Halbwüsten sowie manche *Stipagrostis*-Arten in Afrika (z. B. *Stipagrostis pungens*; s. Abb. 1-28, Nr. 13) besitzen sklerophylle, engvolumig eingerollte Blätter und Sprosse mit einer scharfen Spitze („Igelgräser"; Abb. 4-12). Sie bilden Polster (*hummocks*) und haben – im Gegensatz zu den Horstgräsern der Savannen – ein mehr oder minder oberflächennahes, extensives Wurzelsystem.

4.2.5 Ephemere Pflanzen

Pluviotherophyten (arido-passive Annuelle) überdauern die Trockenperioden in Form von Samen. Nach Regenfällen keimen sie rasch und blühen und fruchten innerhalb weniger Tage. Ihre spärlichen Wurzeln reichen nur ein paar Zentimeter tief in den Boden. Ihr Spross-Wurzel-Verhältnis liegt bei 10:1 (Smith et al. 1997). Die Pflanzen zeigen keine xeromorphen Merkmale; sie sind mesophytisch gebaut und vertrocknen rasch, wenn der geringe Wasservorrat im Oberboden aufgebraucht ist. Das Erscheinungsbild der Pluviotherophyten ist oft spektakulär: Da sie erhebliche Mengen an Samen erzeugen und häufig große, kräftig gefärbte Blüten haben, bilden sie auffallende blühende Teppiche. Beispiele sind die südafrikanischen *Gazania*- und *Ursinia*-Arten aus der Familie der Asteraceae (Abb. 4-13a; s. auch Abb. 1-28 Nr. 20a) sowie die Arten der Gattung *Nolana* in Südamerika (Abb. 4-13b). In der Regel können sie ihre Wachstums- und Reproduktionsphase innerhalb weniger Wochen abschließen. Die Leistungsfähigkeit der Nettophotosynthese während der aktiven Phase ist daher bei diesen Pflanzen am höchsten, gefolgt von kurzlebigen Perennen und langlebigen xerophytischen Holzpflanzen (Ehleringer 1985; Abb. 4-14). Ein Pluviotherophyt ist auch die in den nordafrikanischen und arabischen Wüsten vorkommende „Rose von Jericho" (*Anastatica hierochuntica*; Abb. 4-13c, d). Sie wird häufig als Auferstehungspflanze bezeichnet, ist aber (im Gegensatz zu den arido-toleranten

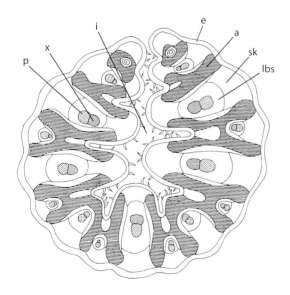

Abb. 4-12 Blattquerschnitt von *Stipagrostis pungens* (s. Abb. 1-28, Nr. 13), aus Stocker (1972), reproduziert mit Genehmigung von Elsevier, Global Rights Department. a = Assimilationsgewebe, e = Epidermis, i = Blattinnenraum, lbs = teilweise sklerenchymatische Leitbündelscheide, p = Phloem, sk = Sklerenchymstrang, x = Xylem.

Abb. 4-13 Beispiele für Pluviotherophyten und -geophyten: a = Massenblüte von *Ursinia cakilefolia*, Asteraceae, nach Regen in der Sukkulenten-Karoo, Südafrika; b = *Nolana elegans*, Nolanaceae, Kraut-Loma bei Taltal, Chile; c, d = *Anastatica hierochuntia*, Brassicaceae, „Rose von Jericho", c in Blüte nach Regen, d fruchtend und trocken; e = der Pluviogeophyt *Androcymbium gramineum*, Colchicaceae (Algerien).

Tracheophyten; s. unten) ein Therophyt: Denn die Pflanze stirbt nach der Blüte ab, wenn sie austrocknet; die trockenen Sprosse umschließen die Samen wie eine Kugel, sodass der gesamte Fruchtverband von Wind oder Wasser transportiert werden kann.

Die Reproduktion der Pluviotherophyten ist perfekt an das Leben in Trockengebieten angepasst (Van Rheede van Oudtshoorn & Van Rooyen 1999, Gutterman 2002). Entweder erzeugen sie viele kleine Samen (z. B. bei *Schismus arabicus* 10.000 Samen pro m² mit einem 1.000-Korn-Gewicht von 7 mg) oder sie bilden wenige, größere, endospermreichere Samen, die an der (abgestorbenen) Mutterpflanze verbleiben (Bradysporie; nachgewiesen bei vielen Pflanzen in der Namib und den nordafrikanisch-arabischen Wüsten). Fernausbreitung mit dem Wind ist selten; eher werden die Samen während der kurzen Starkregen in den Wadis mit fließendem Wasser verdriftet. Oft verbleiben sie aber in der Umgebung der Mutterpflanze, wo die Chance auf günstige Keimungs- und Reproduktionsbedingungen besonders hoch ist (Zohary 1937). Die oben erwähnte Bradysporie ist ein Mechanismus zur Verhinderung der Fernausbreitung (Antitelechorie).

Die Samen sind austrocknungsresistent und überleben mehrere Jahre in dormantem Zustand. Vermutlich wird die Dormanz im Gegensatz zu den Therophyten der nemoralen Zone nicht durch Licht, sondern durch eine Kombination aus optimaler Keimungstemperatur und Durchfeuchtung des Bodens aufgehoben. In den nordamerikanischen Wüsten liegen die Keimungsoptima für Wintertherophyten bei 15–18 °C, für Sommertherophyten bei 27–32 °C (Went 1948, 1949). Zusammenfassend können wir feststellen, dass die arido-passiven Annuellen ein besonders eindrucksvolles Beispiel für die räumliche und zeitliche Plastizität von Pflanzen der Trockengebiete darstellen (Shmida et al. 1986): Neben der Fähigkeit, Zeitpunkt und Dauer ihrer Entwicklungsphasen (Keimung, Bildung von Sprossen und Blättern, Reproduktion) an die Frequenz und Intensität der Niederschläge anzupassen, können viele von ihnen auch ihre Lebensform (einjährig, mehrjährig) wechseln. Beispiele sind Vertreter der Gattungen *Diplotaxis* (Brassicaceae), *Schismus* und *Stipagrostis* (beide Poaceae).

Ähnlich flexibel sind auch die arido-passiven **Pluviogeophyten** der tropisch-subtropischen Trockengebiete. Sie überdauern die jährliche Trockenzeit in Form von Knollen, Rhizomen oder Zwiebeln. In niederschlagsarmen Jahren beschränken sie ihr Wachstum auf die vegetative Phase und gelangen nicht zur Reproduktion. Nach ausreichenden Regenfällen entwickeln sie innerhalb weniger Tage Wurzeln und Sprosse. Ihre Überdauerungsorgane bleiben unter Umständen mehrere Jahre dormant, wenn

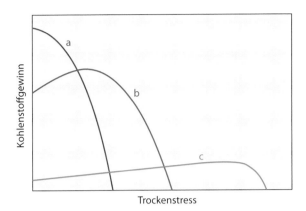

Abb. 4-14 Modell des Kohlenstoffgewinns dreier Pflanzen-funktionstypen in Trockengebieten bei zunehmendem Trockenstress (verändert nach Ehleringer 1985 aus Rundel & Gibson 1996): Die arido-passiven (trockenheitsvermeidenden), kurzlebigen (annuellen) Therophyten (a) inkorporieren am meisten Kohlenstoff, und zwar nur während der kurzen Feuchteperiode nach einem Regenereignis. Trockenheitsresistente, langlebige (perennierende) Pflanzen (c) müssen dagegen mit Trockenstress zurechtkommen; ihre C-Akquisition ist deshalb geringer. Kurzlebige, perennierende Pflanzen (b) stehen zwischen diesen beiden Extremen.

Regenmenge und -frequenz zu gering sind. Beispiele aus den heißen Trockengebieten stammen aus den Pflanzenfamilien Alstroemeriaceae (mit *Alstroemeria*), Liliaceae (z. B. Arten der Gattungen *Tulipa*), den Amaryllidaceae (z. B. *Brunsvigia*, *Rhodophiala*; Abb. 1-28, Nr. 20b), Colchicaceae (wie *Androcymbium gramineum*; Abb. 4-13e) sowie den Iridaceae. Die in den nemoralen Trockengebieten häufigen *Allium*-Arten (Alliaceae) sind in den Halbwüsten und Wüsten der Tropen und Subtropen selten.

4.2.6 Arido-tolerante Pflanzen

Zu den arido-toleranten Organismen gehören **poiki-lohydre Flechten** und **Moose**. Beide unterscheiden sich in der Dauer, die sie im ausgetrockneten Zustand ertragen können, ohne abzusterben, und in der Lage des Photosynthese-Schwellenwertes beim Wassergehalt des Gewebes (Proctor & Tuba 2002, Green et al. 2011). So liegt der Kompensationspunkt für die Nettophotosynthese im Fall der Grünalgen-Flechten (zu denen etwa 90 % aller Flechten gehören) bei rund 20 % des optimalen Wassergehalts (bei dem sie ihre volle Turgeszenz erreichen; das sind etwa 60 g Wasser pro 100 g Trockengewicht). Sie sind deshalb besser an trockene, besonnte Standorte angepasst als Moose. Diese erreichen erst bei Wassersättigung ihres Gewe-

bes die volle Leistungsfähigkeit bei der C-Assimilation; zusammen mit dem maximalen Wassergehalt, der bis zu 2.000 % des Trockengewichts betragen kann (Flechten im Schnitt etwa 150 %), können sie besonders gut an feuchten, schattigen Standorten gedeihen. Auf den außerordentlichen Moosreichtum der oreotropischen Nebelwälder haben wir bereits in Abschn. 2.3.2 hingewiesen.

In den tropisch-subtropischen Trockengebieten kommen Strauch- und Krustenflechten besonders dort vor, wo ihnen regelmäßig Feuchtigkeit zur Verfügung steht; im Gegensatz zur landläufigen Meinung vertragen sie keine Trockenphasen, die viele Monate oder gar Jahre dauern. Außerdem erholen sich ausgetrocknete Flechten innerhalb von wenigen Stunden nach einem Anstieg der relativen Luftfeuchte, besonders nach Taufall und bei Nebel, und gelangen rasch in einen Quellungszustand, der ihnen selbst bei suboptimalem Wassergehalt eine bescheidene Nettophotosynthese ermöglicht (Green et al. 2008). Am bekanntesten sind die Flechtenfelder in der Namib südlich von Swakopmund (s. Abschn. 4.3.4.5).

Auch unter den Gefäßpflanzen gibt es solche, die in der Lage sind, ihren Metabolismus bei längeren Trockenzeiten ruhen zu lassen, also in einen anabiotischen Zustand überzugehen (**arido-tolerante Tracheophyten**; Auferstehungspflanzen; *resurrection plants*). Unter den Kryptogamen gehören dazu einige Farnpflanzen (z. B. aus der Familie Pteridaceae der Krause Rollfarn *Cryptogramma crispa*). Allgemein bekannt sind auch Vertreter der Selaginellaceae, wie *Selaginella lepidophylla* (in Trockengebieten von Mexiko vorkommend und oft fälschlicherweise mit der Rose von Jericho gleichgesetzt; Smith et al. 1997). Die rund 350 bisher bekannten arido-toleranten Phanerogamen finden sich z. B. in den monokotylen Familien Poaceae (wie *Sporobolus stapfianus*) und v. a. unter den Velloziaceae (*Xerophyta* sp.). Unter den Dikotylen sind die Familien Linderniaceae (mit den Gattungen *Lindernia* und *Craterostigma*) und Myrothamnaceae (mit dem Kleinstrauch *Myrothamnus flabellifolius*, der bis 1,5 m hoch werden kann und damit die größte Auferstehungspflanze ist) zu nennen (Gaff 1997; Abb. 4-15b). Die meisten Auferstehungspflanzen leben auf der Südhemisphäre, vor allem im südlichen Afrika. Sie erreichen im ausgetrockneten Zustand Wasserpotenziale von weniger als –200 MPa, haben kleine Blätter und wachsen sehr langsam. Voraussetzungen, die Austrocknung während mehrerer Monate (bei einem Restwassergehalt von 2 % im Gewebe) lebend zu überstehen, sind neben morphologischen Eigenschaften (wie die Elas-

Abb. 4-15 Beispiele für arido-tolerante Gewächse: a = die poikilohydre Flechte *Teloschistes capensis* in der Namib-Nebelwüste; b = die Auferstehungspflanze *Myrothamnus flabellifolia*, Myrothamnaceae, in Trockenstarre nach über einem Jahr Trockenzeit (1) und drei Tage nach Befeuchtung (2). Fotos b1, 2: F. Klötzli.

tizität der Zellwände) die Synthese dürrestabiler Stressproteine, die Akkumulation von Polyphenolen und Antioxidantien zur Stabilisierung der Membranen sowie die Substitution von Wasser durch Zucker (vor allem Saccharose und Trehalose), um die Denaturierung von Proteinen zu verhindern (Bartels & Hussain 2011). Die für den Aufbau dieser Schutzmechanismen nötige Genexpression wird durch den Austrocknungsprozesses in Gang gesetzt. Die verantwortlichen Gensequenzen entstanden bei Landpflanzen zuerst in austrocknungsresistenten Diasporen und wurden bei verschiedenen Pflanzenfamilien auf vegetatives Gewebe übertragen, vermutlich während der Austrocknung der Erdoberfläche im Tertiär. Für die Züchtung von Getreidesorten mit großer Widerstandsfähigkeit gegen Dürre bei gleichzeitig ausreichendem Ertrag sind Kenntnisse über die Genexpression unter Trockenstress vor allem bei Gräsern (wie *Sporobolus stapfianus*) von Bedeutung (Toldi et al. 2009, Blomstedt et al. 2010).

4.2.7 Nebelpflanzen

Hierzu zählen Pflanzen, die durch ihre Oberflächenstruktur in der Lage sind, Tau zu akkumulieren oder Wasser aus treibendem Nebel auszukämmen und entlang ihrer Sprosse den Aufnahmeorganen zuzuleiten (Abb. 4-16). Meist durchfeuchtet das abtropfende

Wasser die oberen Bodenschichten, in denen sich die Hauptwurzelmasse befindet; manche Arten sind aber auch in der Lage, das Wasser (zusätzlich) über ihre Spaltöffnungen oder (eigentlich der Wasserausscheidung dienenden) Drüsen (Hydathoden) aufzunehmen.

a. **Nebelfänger ohne spezielle Aufnahmevorrichtungen:**
Hierzu gehören Pflanzen mit dichter Beblätterung oder dicht gestellten, nebelauskämmenden Sprossen in Nebelwüsten (manche Gräser und Kleinsträucher), die das mit ihren oberirdischen Organen aufgefangene Wasser den Spross entlang zum Boden leiten, wo es von einem oberflächennahen Wurzelwerk rasch aufgenommen werden kann (Abb. 4-16a, b). Beispiele sind *Stipagrostis*-Arten wie *S. sabulicula* und die Amaranthacee *Arthraerua leubnitziae*, beides weit verbreitete Pflanzen der Namib, sowie *Oxalis gigantea* in der Atacama und viele weitere, mehr oder minder xerophytische Gehölze der sog. Loma-Vegetation Südamerikas (s. Abschn. 4.3).

b. Manche **Nebelfänger** können die kondensierte Feuchtigkeit mit Sprossen oder Blättern direkt aufnehmen. Hierzu gehören alle Arten der Gattung *Tillandsia* (Bromeliaceae), von denen die meisten epiphytisch in tropischen und subtropischen Regenwäldern zu finden sind. Einige jedoch kommen auch in der chilenisch-peruanischen

Abb. 4-16 Beispiele für Nebelpflanzen: a = *Oxalis gigantea*, Oxalidaceae (Taltal, Chile); b = *Arthraerua leubnitziae*, Amaranthaceae (Namibia); c = *Tillandsia* sp., Bromeliaceae, auf Dünen in der peruanischen Küstenwüste (nördlich von Lima).

Küstenwüste vor, wo sie wurzellos auf Flugsanddünen wachsen (z. B. *Tillandsia latifolia*, *T. purpurea*; Abb. 4-16c). Dass Tracheophyten in der Lage sind, Wasser über Spaltöffnungen aufzunehmen – allerdings nur dann, wenn das Wasserpotenzial im Innern der Pflanze stärker negativ ist als in der umgebenden Atmosphäre –, ist eine weit verbreitete Erscheinung, auch wenn sie quantitativ keine große Rolle spielt (Lösch 2003). In Wüsten ist das offensichtlich anders: In der Namib absorbieren viele *Crassula*-Arten und auch manche Vertreter der Aizoaceae wie *Psilocaulon subnodosum* Wasser aus dem nächtlichen Taufall über Hydathoden (Martin & von Willert 2000).

4.2.8 Salzpflanzen

Da die Böden der tropisch-subtropischen Trockengebiete mehr oder minder mit Salz angereichert sind (zwischen 0,2 und 2,0 % in der Bodenlösung), zeigen die meisten Pflanzen, auch wenn sie als Glykophyten einzustufen sind (s. Kasten 2-3), eine gewisse Salz-

verträglichkeit. In Salzpfannen oder deren Umgebung kommen Halophyten allerdings zur Dominanz. Die meisten von ihnen gehören zur Familie der Chenopodiaceae; ihre Gattungen wie *Arthrocnemum*, *Atriplex*, *Salsola* und *Suaeda* sind weltweit verbreitet. Halophyten gibt es aber auch in anderen Pflanzenfamilien wie den Tamaricaceae, Mimosaceae, Asclepiadaceae u. v. a.

Ähnlich wie bei der Trockenheitsresistenz (s. Abschn. 4.2.1) unterscheidet man auch bei der Salzresistenz eine Vermeidungs- (*avoidance*; Salzregulation) von einer Toleranzstrategie (*tolerance*; Frey & Lösch 2010). Durch die Salzregulation wird die Stresswirkung vermieden, entweder, indem sich die Pflanze gegenüber dem Salz in der Bodenlösung abschirmt (durch Barrieren in der Wurzel oder zwischen Spross und Blatt), oder, indem sie das aufgenommene Salz durch Deposition in den Vakuolen und in Mesophyllzellen physiologisch unschädlich macht (salzakkumulierende Pflanzen, *includers*), oder, indem sie es über Salzdrüsen oder Blasenhaare ausscheidet (salzausscheidende Pflanzen, *excluders*). Zu den *includers* gehören salzsukkulente Pflanzen wie

Arthrocnemum, zu den *excluders* beispielsweise einige Vertreter der Tamaricaceae (*Tamarix, Reaumuria*). Die Salztoleranz bezieht sich auf die Fähigkeit mancher Halophyten, trotz Salzaufnahme in das Gewebe durch die Synthese von Osmolyten, also osmotisch wirksamen organischen Molekülen, die Ionenhomöostase zwischen den Zellkompartimenten aufrechtzuerhalten (s. Kasten 2-3).

4.3 Vegetation

4.3.1 Flora

Die Flora der tropisch-subtropischen Trockengebiete mit ihrer Spezialisierung auf Trockenheitsvermeidung oder -resistenz ist taxonomisch heterogen. Viele, wenn auch nicht alle derzeit anerkannten Pflanzenfamilien umfassen Gattungen oder Arten, die in ariden Gebieten vorkommen. So findet man nahezu überall Vertreter derjenigen Familien, die auch weltweit die größten Artenzahlen aufweisen (Tab. 4-3). Das sind (außer den Orchidaceen, die in Trockengebieten fehlen) die Asteraceen, Fabaceen (*s. l.*) und Poaceen (Shmida 1985). Eine physiognomisch wichtige Rolle spielt unter den Leguminosen, Familie Mimosaceae, die Gattung *Acacia*; sie ist mit knapp 1.500 Arten in vielen Trockenwäldern und -gebüschen weltweit verbreitet; in Australien dominiert *A. aneura* (*mulga*) die Trockengebüsche über Hunderttausende von Quadratkilometern. In den afrikanischen Wüsten sind beispielsweise die Phreatophyten *Acacia tortilis* ssp. *raddiana* (Nordafrika) und *A. erioloba* (Südafrika) in den Trockentälern der Wüsten und Halbwüsten dominante Erscheinungen.

Von denjenigen Pflanzenfamilien, deren Arten zu mehr als 50 % in Wüsten, Halbwüsten und Trockengebüschen wachsen, sind die drei bedeutendsten die neotropischen Cactaceae, die überwiegend im südlichen Afrika und, mit weniger Arten, in Australien vorkommenden Aizoaceae (s. Kasten 4-2) und die kosmopolitischen Crassulaceae. Die zuletzt genannte Familie enthält neben den Gattungen *Crassula* (mit rund 100 Arten), *Kalanchoe* (138 Arten in Ost- und Südafrika sowie auf Madagaskar), *Cotyledon* (sukkulente Sträucher in Süd- und Ostafrika) und *Aeonium* (blattsukkulente, vorwiegend in Makaronesien verbreitete Rosettenpflanzen) auch die außertropischen Gattungen *Sedum* und *Sempervivum* (Mabberley 2008, Heywood et al. 2007). Die stammsukkulenten Arten der Euphorbiaceae kommen von Südafrika bis

in die trockenen Gebirgswälder Nordäthiopiens sowie in die Trockengebieten von Indien und Pakistan vor.

Weit verbreitet, nicht nur in den tropisch-subtropischen, sondern auch in den nemoralen Trockengebieten (s. Kap. 8) sind die Zygophyllaceae und die Chenopodiaceae. Erstere enthalten annuelle und perenne Kräuter ebenso wie Halbsträucher und Sträucher und begegnen uns in nahezu allen ariden Zonen der Erde. Hierzu gehören so bekannte Halbwüstengattungen wie *Larrea* in Nord- und Südamerika und *Zygophyllum* (vorwiegend in Zentralasien). Das Bildungszentrum der Chenopodiaceae (die zu knapp 40 % aus C_4-Arten bestehen; Sage 2001) ist vermutlich Zentralasien (Zohary 1973), wo die meisten und ursprünglichsten Gattungen und Arten vorkommen. Die Familie dient als Beleg für die Hypothese, dass sich salztolerante Taxa von einem innerkontinentalen Entstehungsgebiet über alle Kontinente ausbreiten konnten, weil sie im Küstenbereich zu wachsen vermögen und ihre Diasporen deshalb von Meeresströmungen verfrachtet werden können (Shmida 1985). Beispiele sind die Gattungen *Salsola*, *Salicornia*, *Suaeda*, *Atriplex* und viele andere. Dieser Ausbreitungsweg gilt vermutlich auch für die Zygophyllaceae und andere halophytische Taxa wie die Tamaricaceae (mit der Gattung *Tamarix* in Asien und Afrika) und die Frankeniaceae (mit *Frankenia* in Eurasien, Australien und Amerika). Auch einzelne Vertreter anderer Familien sind auf diese Weise kosmopolitisch geworden, obwohl das Hauptareal der Familie räumlich beschränkt ist. Im Fall der Brassicaceae gilt das z. B. für *Cakile maritima*.

In Tab. 4-3 nicht enthalten sind Pflanzenfamilien der Trockengebiete, die entweder ein eng begrenztes Areal haben oder nur aus wenigen Arten bestehen. Zu nennen sind hier die altertümlichen Gymnospermen-Familien der Welwitschiaceae und Ephedraceae (Gnetales). Erstere besteht nur aus einer Art (*Welwitschia mirabilis*), die zu den herausragenden Besonderheiten der Namib-Flora gehört und heute sogar von touristischem Interesse ist (s. Kasten 4-4). Die 40 *Ephedra*-Arten (Ephedraceae) sind xeromorph gebaut und haben – wie *Welwitschia* – als Fraßschutz winzige Calciumoxalat-Kristalle in den Interzellularräumen ihres Holzes. *Ephedra* ist in Trockengebieten weltweit verbreitet und gehört mit ihrem stimulierend wirkenden Alkaloid Ephedrin zu den pharmazeutisch wichtigen Pflanzen. Schließlich möchten wir noch die Apocynaceae erwähnen, deren Unterfamilie Asclepiadoideae so prominente Gattungen wie *Hoodia* (eine auffallende, streng geschützte Stammsukkulente der Namib und Kalahari; Abb. 4-9f) und

Tab. 4-3 Einige besonders häufige und typische Pflanzenfamilien der tropisch-subtropischen Trockengebiete (in % der Artenzahlen)[1]

Familie	Sahara	Südafrika	Tharr, Indien	Australien	Nordamerika
Asteraceae	11,0	20,2	6,4	23,2	19,3
Fabaceae *s. l.*[2]	10,7	4,0	14,0	9,2	6,1
Poaceae	11,1	6,4	15,0	11,4	7,0
Chenopodiaceae	3,4	2,7	1,0	11,6	2,4
Zygophyllaceae	2,8	2,3	2,3	1,6	
Aizoaceae	2,1	15,0		1,4	
Brassicaceae	3,2			3,2	
Euphorbiaceae		2,3	3,4		
Crassulaceae		5,6			
Myrtaceae				5,0	
Goodeniaceae				3,2	
Cactaceae					2,8
Agavaceae[3]					1,0

[1] Aus Shmida (1985), gekürzt; fett gedruckt = für tropisch-subtropische Trockengebiete typische Familien; [2] einschließlich Mimosaceae und Caesalpiniaceae [3] heute zu Asparagaceae.

Adenium (mit *A. obesum*, als üppig blühende „Wüstenrose" bekannt) sowie den aus der saharo-arabischen Florenregion stammenden, aber weltweit invasiven Busch *Calotropis procera* (Oscherbaum; Abb. 4-29d, e) enthält.

Das Ausmaß der floristischen Verwandtschaft zwischen den tropisch-subtropischen Trockengebieten der Erde, also ihre Ähnlichkeit auf Gattungs- und Artniveau, ist von Grad und Dauer der Isolation sowie von Alter und Flächengröße abhängig (Shmida 1985). So haben die nordafrikanischen Trockengebüsche und Halbwüsten der Sahelregion viele Gattungen und Arten (wie z. B. *Acacia*, *Capparis* und *Salvadora persica*) mit der Tharr-Region in Indien und Pakistan gemeinsam, weil die Trockengebiete der Arabischen Halbinsel und des Iran den Florenaustausch zwischen beiden Regionen ermöglichen. Erwartungsgemäß ist dagegen die Ähnlichkeit zwischen den neotropischen, australischen und afrikanischen Trockengebieten weniger hoch. Bemerkenswert ist der floristische Unterschied zwischen der Sahara und den südafrikanischen Halbwüsten und Wüsten. Trotz ihrer gewaltigen Ausdehnung von knapp 9 Mio. km² enthält die Sahara kaum mehr als 1200 bis 1400 Gefäßpflanzenarten (Ozenda 2004),

von denen etwa 25 % endemisch sind. Zahlreiche Gattungen, beispielsweise aus den Familien Chenopodiaceae (wie *Anabasis*), Tamaricaceae (*Tamarix*, *Reaumuria*), Polygonaceae (*Calligonum*) und Brassicaceae (*Anastatica*), fehlen im südlichen Afrika. Umgekehrt sind die südafrikanischen Trockengebiete besonders artenreich, und nur wenige der für dort so typischen Vertreter der Aizoaceae kommen auch in Nordafrika vor. Der Grund für diesen bemerkenswerten Unterschied wird im abweichenden Alter der beiden Trockengebiete gesehen: Während die Namib vermutlich schon seit 55 bis 85 Mio. Jahren existiert (Ward et al. 1983), ist die Sahara das Ergebnis des jungtertiären Austrocknungsprozesses (ca. sieben bis acht Mio. Jahre BP), der sich im Pleistozän und vor allem im frühen Holozän nochmals verstärkt hat (Schuster et al. 2006).

4.3.2 Vegetationsgliederung

Trotz des extremen Lebensraums ist die Vegetation vor allem der Trockenwälder und -gebüsche, aber auch der Halbwüsten, unglaublich vielfältig. Entsprechend groß ist die Anzahl von Namen, die sich für die verschiedenen Pflanzengemeinschaften der tropisch-subtropischen Trockengebiete eingebürgert haben. Häufig sind sie aus regionalen Bezeichnungen abgeleitet und werden nicht immer korrekt für denjenigen Vegetationstyp verwendet, für den sie ursprünglich gedacht waren. Wir verfahren deshalb im Folgenden so, dass wir die Namen der in Tab. 1-12 aufgeführten zonalen Pflanzenformationen als übergeordnete Einheiten verwenden und ihnen alle übrigen, auch die regionalen Vegetationstypen, unterordnen. Somit ergibt sich die folgende Gliederung:

1. **Tropisch-subtropische xerophytische Trockenwälder und -gebüsche:**

   Hierzu gehören mehr oder weniger offene Gehölzformationen aus Bäumen und/oder Sträuchern, die z. T. laubabwerfend, z. T. immergrün und sklerophyll sind. Die Gehölze besitzen Dornen („Dornwald", „Dornbusch"). Je nach Region ist die Vegetation reich an Stammsukkulenten („Sukkulentenbusch"). Offene, savannenartige Trockenwälder und Trockengebüsche werden als „Dornsavanne" bezeichnet; im Unterschied zu den Savannen der sommerfeuchten Tropen sind sie niedrigwüchsig und ihre Grasdecke ist nicht geschlossen. Beispiele: Trockengebüsche in Mexiko und in Nordostbrasilien (Caatinga), westlicher Gran Chaco in Argentinien und Paraguay, große Teile der Kalahari im südlichen Afrika, Trockengebüsche in Ostafrika und im Südwesten von Madagaskar sowie im Sahel, komplett dornenlose Trockengebüsche aus *Eucalyptus*- und *Acacia*-Arten (besonders *A. aneura*) in Australien.

2. **Tropisch-subtropische Zwergstrauch-Halbwüsten:**

   Im Gegensatz zu den Trockenwäldern und -gebüschen deckt die Vegetation der Zwergstrauch-Halbwüsten weniger als 50 % der Bodenoberfläche ab, ist aber – bis auf den Baumwuchs – gleichmäßig im Gelände verteilt („diffuse Vegetation"; Abb. 4-17, Tab. 4-4). Auch der Pflanzenwuchs ist in der Regel niedriger, selbst wenn keineswegs in jedem Fall Zwergsträucher unter 50 cm Höhe dominieren. So sprechen wir auch dann von Zwergstrauch-Halbwüsten, wenn Kleinsträucher bis zu 1 m vorhanden sind. Bäume können vereinzelt vorkommen, gedeihen aber vorzugsweise in den Trockentälern der autochthonen Gewässer oder an felsigen Hängen, wo sie in Gesteinsspalten genügend Feuchtigkeit vorfinden. Beispiele: *Larrea tridentata*-Halbwüsten in Nordamerika und Mexiko, Teile der Loma-Vegetation in Peru und Chile, die als „Monte" bezeichnete Vegetation in

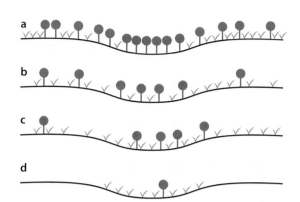

Abb. 4-17 Schema der Vegetationsstruktur entlang eines Feuchtegradienten von der Savanne (a) über eine Dornsavanne (b) und eine Halbwüste (c) bis zur Vollwüste (d). Die Symbole repräsentieren Bäume bzw. Gräser/Kräuter oder Zwergsträucher. a = Grasvegetation geschlossen, Galeriewäldchen in den Tälern; b = Grasvegetation offen, Konzentration von Bäumen in Tälchen; c = Zwergstrauchvegetation offen („diffus"), Bäume als Phreatophyten in Tälchen („kontrahiert"); d = Vegetation nur in Tälchen („kontrahiert"; in Anlehnung an Walter 1973), verändert und ergänzt).

Argentinien, trockene Teile der Kalahari sowie die Zwergstrauch-Karoo in Südafrika. Ausgedehnte und vielgestaltige Gebirgshalbwüsten aus Zwergsträuchern findet man auch in den trockenen Anden (s. Abschn. 4.5).

3. **Tropisch-subtropische Sukkulenten-Halbwüsten:**

   Die Struktur ist prinzipiell den Zwergstrauch-Halbwüsten ähnlich; physiognomisch prägen aber Stamm- und Blattsukkulente die Vegetation. Während in den neotropischen Halbwüsten Säulen-, Kandelaber- und Kugelkakteen vorkommen, sind es in Nordafrika (sowie auf Madagaskar und den Kanarischen Inseln) stammsukkulente Euphorbien, in Südafrika (Nama-Karoo) blattsukkulente Aizoaceae.

4. **Tropisch-subtropische Halophyten-Halbwüsten:**
   Tropisch-subtropische Halophyten-Halbwüsten sind, obwohl sie auf die ariden Tropen und Subtropen beschränkt sind, streng genommen azonal. Der den Pflanzenbewuchs bestimmende Faktor ist ein hoher Salzgehalt im Boden, der die Entwicklung einer zonalen Zwergstrauch- oder Sukkulentenhalbwüste nicht zulässt. Das Erscheinungsbild der Halophyten-Halbwüsten ist, unabhängig davon, auf welchem Kontinent sie vorkommen, wegen der Dominanz niedriger, häufig sukkulenter Salzpflanzen (größtenteils Vertreter der Chenopodiaceae) sehr einheitlich. Da die

Tab. 4-4 Einige Merkmale der Vegetation der tropisch-subtropischen Trockengebiete[1]

Merkmale	Trockenwälder und -gebüsche	Halbwüste	Wüste
Deckungsgrad der Vegetation	> 50 %, aber lückig	10–50 %, in Trocken-tälern dichter	30–60 % in Trockentälern, außerhalb nahezu 0 %
Verteilung der Baumvegetation	soweit vorhanden, diffus	kontrahiert	soweit vorhanden, kontrahiert
Verteilung der Zwergstrauch- und Krautvegetation	diffus	diffus	kontrahiert
Wuchshöhe der Baumschicht	5–10 m	5–10 m	meist < 5 m
Wuchshöhe der Zwergsträucher und Kräuter	< 1 m	< 0,5 m, in Trocken-tälern höher	in Trockentälern < 1 m
Anteil perenner Gräser	gering (unter 20 %), mesomorphe Horst-, xerophytische Igelgräser	gering (vorwiegend Ephemere), seltener	gering, in Trockentälern auch Igelgräser Igelgräser (Australien)
Anteil der Ephemeren (Gräser und Kräuter)	gering	hoch	in Trockentälern hoch
jährliche Nettoprimärproduktion (t ha^{-1} a^{-1})	> 3	0,5–3	0–0,2

[1] In Anlehnung an Schultz (2000), verändert und ergänzt.

meisten Halophyten zur Lebensform der Chamaephyten gehören, könnte man diese Ökosysteme auch zu den Zwergstrauch-Halbwüsten stellen.

5. **Tropisch-subtropische Gras-Halbwüsten:**
Im Gegensatz zu den Graslländern der sommerfeuchten Tropen auf Vertisolen handelt es sich hierbei um eine lockere Grasdecke, deren Deckung wie bei den anderen Halbwüsten ebenfalls unter 50 % liegt. Die Gräser sind sklerophylle Igelgräser des C$_4$-Aspartat-Typs, seltener C$_3$, und nicht, wie in den Savannen und Steppen, malakophylle Horstgräser. Gras-Halbwüsten sind also weder Savannen noch Steppen; die Bezeichnung Steppe verwenden wir ausschließlich für natürliche Grasländer der nemoralen Zone (s. Abschn. 6.3.2). Gras-Halbwüsten sind großflächig unter dem Namen „Spinifex-Grasland" in Zentral- und Westaustralien verbreitet (mit verschiedenen *Triodia*-Arten); sie kommen aber auch im andinen Raum (mit *Festuca orthophylla*) und im westlichen Nordafrika vor (hier mit dem C$_3$-Gras *Stipa tenacissima*, dem Halfagras).

6. **Tropisch-subtropische Wüsten:**
Im Gegensatz zu den Halbwüsten ist die Vegetation der (Voll)Wüsten weitgehend auf Trockentäler beschränkt („kontrahierte Vegetation"; Tab. 4-3, Abb. 4-17). In diesen gedeihen baum- und

strauchförmige Phreatophyten ebenso wie krautige Perenne und Ephemere.

In allen Trockengebieten der Erde werden die offenen Bodenflächen zwischen den höheren Pflanzen häufig von Lebensgemeinschaften aus hochspezialisierten Cyanobakterien, Algen, Pilzen, Flechten und Moosen besiedelt. Sie sind mit den obersten Millimetern des Mineralbodens zu sog. biologischen Krusten verwoben (Belnap & Lange 2001). Diese Krusten verringern die Erosion, binden Feuchtigkeit bei Taufall bzw. Nebel (Veste & Littmann 2006), verbessern über die N$_2$-Fixation der Mikroorganismen (z. B. mit 13 kg ha^{-1} a^{-1} in den Nizzana-Dünen der Negev-Wüste; Russow et al. 2008) die Stickstoffversorgung der Vegetation und erhöhen die Kohlenstoffbindung (Lange 2001).

4.3.3 Trockenwälder und -gebüsche

4.3.3.1 Amerika

Die Vorkommen der neotropischen Trockenwälder und -gebüsche konzentrieren sich auf zwei große Gebiete in Südamerika, nämlich den Gran Chaco

(Paraguay, Argentinien) und die Caatinga (Brasilien) sowie in Nordamerika auf die Sonora- und die Chihuahua-Wüste (Nordmexiko, Südwest-USA). Kleinere Flächen finden sich um den Maracaibo-See in Kolumbien und Venezuela (hier mit *Prosopis, Caesalpinia, Bursera, Cereus* u. a.) sowie auf den Karibischen Inseln. Gemeinsam ist allen neotropischen Trockenwäldern:

1. die physiognomisch auffallende Beteiligung von Säulen- und Kandelaberkakteen sowie von Opuntien an der Baum- und Strauchschicht,
2. das häufige Auftreten von stacheligen Erd-Bromelien in der Feldschicht,
3. eine hoher Anteil von *Prosopis*-Arten, als bedornte Kronenbäume mit oft schirmförmigem Charakter und als Rutensträucher bzw. -bäume,
4. das regelmäßige Vorkommen der Gattung *Cercidium* (Caesalpiniaceae) mit grünen, zur Photosynthese fähigen Ästen und Zweigen sowie
5. das Auftreten von Flaschenbäumen verschiedener Gattungen und Familien wie *Ceiba* und *Cavanillesia* (Malvaceae) sowie *Nolina* (mit knollig verdickter Stammbasis; als „Elefantenfuß" eine beliebte Zimmerpflanze; Asparagaceae).

Die Vegetationsstruktur reicht in Abhängigkeit von der Wasserversorgung von offenen, niedrigen (5–10 m hohen) Wäldern mit sparrigen, gedrungenen, überwiegend laubabwerfenden Bäumen über strauchige Formationen bis zu fast reinen Kakteengebüschen. Die Böden sind mit pH-Werten um 7 recht nährstoffreich, aber salzhaltig.

Der **Gran Chaco** erstreckt sich über nahezu 1.500 km von Bolivien bis Cordoba in Argentinien und von den Anden bis zu den Flüssen Paraguay und Paraná (Hueck1966, Seibert 1996). Trockenwälder und -gebüsche nehmen nur den westlichen Teil mit Niederschlägen unter 500 mm ein. Im Osten dominieren regengrüne Wälder (s. Abschn. 3.2.3.3). Häufige Bäume sind *Parkinsonia praecox*, der Flaschenbaum *Ceiba insignis*, der Rutenbaum *Prosopis kuntzei* sowie die hochwüchsigen Stammsukkulenten *Opuntia quimilo*, *Cereus hildmannianus* und *Stetsonia coryne* (Abb. 4-18a). In Senken im Übergang zu den Salzpfannen dominieren die salzverträglichen Phreatophyten *Prosopis alba* und *P. nigra* („Algarrobo"), deren Früchte ein wichtiges Viehfutter sind. Bemerkenswert ist das Vorkommen des Epiphyten *Tillandsia duratii*, der sich mit seinen hakenförmigen Blättern an den Zweigen festhält.

Ganz ähnlich sind die Trockenwälder der **Caatinga** (= offener, lichter Wald) in Nordostbrasilien (Hueck 1966, Andrade Lima 1981, Sampaio 1995).

Ihre Ausdehnung entspricht mit rund 845.000 km² derjenigen des Chaco. Regengrüne Wälder („Agreste-Wald") im Osten kennzeichnen den Übergang zu den immergrünen Küstenregenwäldern. Charakteristische Baumarten sind die immergrüne Rhamnacee *Ziziphus joazeiro*, der bis zu 30 m hohe Flaschenbaum *Cavanillesia arborea* (Malvaceae), einige *Mimosa*- und *Caesalpinia*-Arten (wie z. B. der 10–15 m hohe Baum *C. echinata*, dessen Holz zur Herstellung von Bögen für Streichinstrumente verwendet wird und als *pau brasil* dem Land Brasilien seinen Namen gegeben hat) sowie eine Reihe von Kandelaberkakteen der Gattungen *Micranthocereus* und *Cephalocereus* (Abb. 4-18b). Die Caatinga gehört zu den landwirtschaftlichen Problemgebieten Brasiliens, weil die Niederschlagsvariabilität außerordentlich groß ist: Mehrjährige Dürreperioden mit katastrophalen Auswirkungen auf die landwirtschaftliche Nutzung wechseln mit ausgesprochen niederschlagsreichen Jahren, in denen die Flüsse über die Ufer treten und großflächige Überschwemmungen verursachen.

Ein nach Chaco und Caatinga drittes großes Trockenwaldgebiet der Neotropis liegt im Südwesten der USA und in Mexiko, und zwar entlang des Golfes von Kalifornien und im mexikanischen Hochland (Sonora- und Chihuahua-Wüste; Shreve & Wiggins 1964, Knapp 1965, MacMahon 2000). Im nordöstlichen Mexiko, Texas und New Mexico sowie in der südlichen Sonora sind Dorngehölze aus verschiedenen *Acacia*-Arten (u. a. *A. tortuosa*, *A. amentacea*) weit verbreitet; ihr Sukkulentenanteil ist niedrig. In der Umgebung des Golfes von Kalifornien gibt es Trockenwälder aus *Bursera microphylla* und *B. hindsiana* sowie zwei Vertretern der Euphorbiaceae-Gattung *Jatropha* („Bursera-Jatropha-Region") nämlich *J. cuneata* (ein bis zu 2 m hoher Strauch) und *J. cinerea* (ein bis zu 10 m hoher Baum). Hinzu treten stammsukkulente Pflanzen wie *Cylindropuntia cholla*, *Fouquieria columnaris* und der von Fledermäusen bestäube Kandelaberkaktus *Pachycereus pringlei*. Ähnlich wie im Chaco treten auch hier *Prosopis*-Arten als Phreatophyten entlang von Trockentälern auf (Mesquite: *Prosopis glandulosa*, *P. pubescens*). Besonders im mexikanischen Hochland sind fast reine Sukkulentengebüsche aus *Fouquieria splendens*, *Agave lechuguilla* und *Opuntia*-Arten verbreitet.

4.3.3.2 Afrika

Die Physiognomie und Zusammensetzung der afrikanischen Vegetation in Gebieten mit drei bis vier humiden Monaten unterscheidet sich trotz vergleichbarer Standortbedingungen von derjenigen der neotropischen Formationen beträchtlich. Statt Trockenwäldern und -gebüschen kommen in Afrika Dornsavannen vor, in denen stark bedornte Arten der Gattung *Acacia*, häufig mit schirmförmigen Kronen, dominieren (Abb. 4-18c). Die Gräser gehören vorwiegend der Unterfamilie Chloridoideae (*Era-*grostis, *Sporobolus*, *Chloris* u. a.) an; sie erreichen nicht die Dichte und Höhe wie in den Savannen der sommerfeuchten Tropen. Feuer ist ein eher seltenes Ereignis, denn die Grasdecke unter dem lockeren Schirm der Gehölze liefert viel weniger brennbare Phytomasse als in den Trockensavannen. Dennoch ist die Ursache für den savannenartigen Charakter

Abb. 4-18 Beispiele für Trockenwälder und -gebüsche. a = Trockengebüsch im Gran Chaco bei Nueva Pompeya, Argentinien, mit *Stetsonia coryne* (Cactaceae); b = Trockengebüsch der Caatinga mit dem Säulenkaktus *Cereus jamacaru* bei Alto Alegre mit beginnendem Laubaustrieb am Ende der Trockenzeit, c = Dornsavanne mit *Acacia erubescens*, bei Windhoek, Namibia; d = Trockengebüsch aus *Commiphora glaucescens*, Namibia; e = Mallee aus *Eucalyptus gamophylla*, Uluru-Kata-Tjuta-Nationalpark, Australien (mit *Triodia* sp. im Unterwuchs); f = Mulga (aus *Acacia aneura*) mit *Sclerolaena cornishiana* (Chenopodiaceae) im Unterwuchs (Plenty Highway, Australien).

Feuer, verbunden mit Beweidung durch indigene Herbivoren. Die Vegetation wird deshalb als Dornsavanne bezeichnet (Knapp 1973) und in der Literatur mit den Trockensavannen zur sog. *fine-leaved savanna* zusammengefasst (Scholes 1997). Daneben gibt es aber auch dichtere Gebüsche, die der neotropischen Caatinga ähneln und in denen Stammsukkulente, hier aus Vertretern der Gattung *Euphorbia*, zur Dominanz gelangen können. Neben den Akazien sind die Vertreter der Familien Burseraceae (vorwiegend mit der Gattung *Commiphora*, meist Bäume mit papierartig abblätternder Rinde) und Capparaceae (mit den Gattungen *Boscia*, *Capparis* und *Maerua*) weit verbreitet und häufig.

Dornsavannen bilden einen breiten Gürtel in Nordafrika, der vom Atlantik in Mauretanien und dem Senegal bis zum Roten Meer im Sudan reicht und gemeinhin als Sahel bezeichnet wird. Er umfasst auch die trockenen Tieflagen von Äthiopien, Somalia und des Südsudan. Die Jahressumme des Niederschlags liegt bei 250–500 mm, die Zahl der Trockenmonate mit Niederschlägen < 10 mm beträgt neun bis zehn. Die Vegetation wurde durch die Jahrtausende lange Nutzung in Form von Ackerbau und Weidewirtschaft stark verändert: Ohne menschlichen Einfluss würde wahrscheinlich ein mehr oder minder lichtes, dorniges Trockengebüsch aus *Acacia seyal*, *A. tortilis* ssp. *raddiana*, *A. nilotica* und *A. senegal* vorherrschen, das heute zum großen Teil durch anthropogene Rasen und Brachevegetation ersetzt ist (Knapp 1973).

Weniger anthropogen beeinflusst sind die äquatornahen und besonders artenreichen Dornsavannen im vorwiegend von Nomadenstämmen besiedelten Ostafrika (Kenya und Tansania). Hier wie in der östlichen Sahelzone (Äthiopien, Somalia) wird die natürliche Vegetation weniger von *Acacia* spp., als vielmehr von den trockenkahlen Arten der überwiegend afrikanisch verbreiteten Gattung *Commiphora* (Myrrhe) bestimmt (s. Abb. 4-18d). Solche Myrrhen-Trockengehölze sind 1,5–4 m hoch und können ziemlich dicht sein; sie verlieren bei einsetzender Trockenzeit rasch ihr Laub und bleiben während der überwiegenden Zeit des Jahres kahl (Knapp 1973). Durch Beweidung mit Haustieren und anthropogene Brände werden sie rasch in *Acacia*-Dornsavannen umgewandelt; diese beherrschen heute das Landschaftsbild. *Commiphora*-Arten (z. B. *C. habessinica*, *C. myrrha*) sind seit biblischer Zeit als Lieferanten von Myrrhe bekannt: Sie geben bei Verletzung des Kambiums ein Harz ab, das beim Erhitzen einen wohlriechenden Rauch entwickelt. Das Harz wurde in Ägypten zum Einbalsamieren der Mumien ver-

wendet (Lieberei & Reisdorff 2007). Die Weihrauch-liefernden Arten der Gattung *Boswellia* (wie *B. sacra*, ebenfalls zu den Burseraceae gehörend) bilden Trockengehölze auf Felsstandorten an der somalischen Küste und auf der Insel Socotra östlich des arabischen Hornes (Knapp 1973). *Acacia-Commiphora*-Trockengehölze findet man auch auf der Arabischen Halbinsel (u. a. mit *A. mellifera*, *A. ehrenbergiana*, *A. tortilis* u. v. a.; Kürschner 1998).

Dornsavannen gibt es großflächig auch in der Kalahari und in Südwestafrika, wo sie nordöstlich an die Zwergstrauch- und Sukkulenten-Halbwüsten der Namib und der Karoo-Region angrenzen („Eastern Kalahari Bushveld" nach Rutherford et al. 2006; s. Abb. 4-22). Der Übergang zwischen Trockensavannen und Dornsavannen ist fließend. Unter den zahlreichen Arten der Gattung *Acacia*, die hier vorkommen, sind *A. erioloba*, *A. caffra*, *A. hereroensis*, *A. karroo*, *A. mellifera* und *A. seyal* besonders häufig (Scholes 1997).

Vorwiegend aus hochwüchsigen Sukkulenten aufgebaute Gebüsche gibt es auf trockenen Standorten in Südostafrika (Natal). Sie bestehen aus bis zu 10 m hohen stammsukkulenten *Euphorbia*-Arten (z. B. *E. cooperi*, *E. ingens*) oder aus dem blattsukkulenten, immergrünen Strauch *Portulacaria afra* (*spekboom*; Didiereaceae). Wegen ihrer bizarren Form besonders auffällige Sukkulenten-Gehölze gedeihen im Süden und Südwesten von Madagaskar (Rauh 1986, Grubb 2003). Dort mildert ein ozeanisches Klima die Temperaturextreme, was den Sukkulenten zugutekommt (s. Abschn. 4.2.3). Sie sind zweischichtig: Die obere, bis zu 10 m hohe Baumschicht wird von locker stehenden, oft stammsukkulenten Vertretern der Didiereaceae (z. B. *Alluaudia dumosa*) gebildet und von Flaschenbäumen (z. B. *Adansonia madagascariensis*, *Moringa drouhardii*) überragt. Darunter wächst ein 2–4 m hohes, dichtes und undurchdringliches, aus sparrigen und teilweise dornigen, häufig ebenfalls sukkulenten Sträuchern und kleinen Bäumen bestehendes Gebüsch, das sich aus Arten der Didiereaceae, Apocynaceae (*Stapelianthus*) sowie zahlreichen blattsukkulenten *Euphorbia*-, *Aloe*- und *Kalanchoe*-Arten zusammensetzt. Möglicherweise hat sich diese Gehölzstruktur zur Abwehr der im Pleistozän ausgestorbenen flugunfähigen Laufvögel (Elefantenvögel; Fam. Aepyornithidae) entwickelt (Grubb 2003).

4.3.3.3 Australien

Nicht nur die Flora (s. Abschn. 1.2.2), sondern auch die Vegetation Australiens hat einen eigenständigen

Charakter. Er beruht im Wesentlichen a) auf einer extrem hohen zeitlichen Variabilität des Niederschlags, mit unvorhersehbaren langen Trockenzeiten und Überflutungen nach heftigem Regen, und b) auf einem ausgeprägten Nährstoffmangel der Böden, besonders in Bezug auf Phosphat (Morton et al. 2011). Die Dominanz der beiden immergrünen Gattungen *Eucalyptus* und *Acacia* prägt das Erscheinungsbild in allen Gebieten, die durch eine jährliche Trockenzeit ausgezeichnet sind. Das trifft für die sommerfeuchten Tropen ebenso zu wie für die winterfeuchten Subtropen und genauso für die tropisch-subtropischen Trockengebiete dieses Kontinents. Die Artenfülle der beiden Gattungen ist beträchtlich. Im Fall von *Eucalyptus* dürfte die Artenzahl nach den Angaben in Mabberley (2008) um 680 liegen, zuzüglich der ehemals zu *Eucalyptus* gehörenden Gattungen *Corymbia* (115) und *Angophora* (15). Die Zahl der *Acacia*-Arten beträgt rund 1.000, wobei es sich ausschließlich um solche mit Phyllodien handelt. Die Vegetation der tropisch-subtropischen Trockenwälder und -gebüsche ist deshalb im Unterschied zu den entsprechenden Formationen in den anderen Kontinenten von immergrünen, sklerophyllen Gehölzen geprägt. Sie umgeben die zentralaustralischen Halbwüsten der Gibson- und Simpson-Desert nahezu ringförmig; ihre Nordgrenze gegen die Trockensavannen liegt bei 350–400 mm jährlichem Niederschlag, ihre Südgrenze gegen die winterfeuchten Hartlaubgehölze bei 250 mm.

Die Unterschiede der australischen Trockenwälder und -gebüsche zu denjenigen der Neo- und Paläotropis lassen sich folgendermaßen zusammenfassen:

1. Nahezu alle einheimischen Gehölze sind immergrün. Nur wenige werfen ihr Laub während der Trockenzeit ab wie die Flaschenbäume der Gattung *Brachychiton* und *Adansonia gregorii* (UF Bombacoideae der Malvaceae) sowie die *Cochlospermum*-Arten (Bixaceae). Ähnlich den Savannen Südamerikas ist der immergrüne, sklerophylle Charakter wohl auf die extreme Nährstoffarmut der Böden im Innern des australischen Kontinents zurückzuführen.

2. Sukkulente Pflanzen fehlen fast vollständig, sieht man von salzsukkulenten Chenopodiaceen und von einigen wenigen Vertretern der Aizoaceae und Crassulaceae ab, die am Rand von Salzpfannen und auf Inselbergen Südwestaustraliens vorkommen (Porembski 2007). Wahrscheinlich werden Sukkulente durch die extremen Eigenschaften des australischem Klimas, also die Unregelmäßigkeit des Niederschlags mit unvorhersehbar langen und sehr extremen Trockenzeiten bei niedriger relativer Luftfeuchte, und durch die hohe Feuerfrequenz in den Trockengebüschen und Halbwüsten ausgeschlossen. Die negative Wirkung des Feuers sieht man auch am Verhalten der ursprünglich als Zier- und Futterpflanzen eingeführten *Opuntia*-Arten (wie *O. robusta* aus Mexiko). Diese invadieren die semiariden Gebiete Südaustraliens nur an denjenigen Stellen, die beweidet werden, weil hier Feuerereignisse selten sind (Parsons & Cuthbertson 2001).

3. Kaum eine der beteiligten Pflanzen bildet Dornen oder Stacheln. Eine Bezeichnung wie Dornsavanne oder Dornbusch ist deshalb völlig abwegig. Offensichtlich bestand während der Entwicklung der Trockenvegetation für die Pflanzen keine Notwendigkeit, sich mechanisch gegen große Herbivoren zu verteidigen. So lebten die 32 Arten der im Pleistozän ausgestorbenen Riesenbeuteltiere (z. B. der Gattung *Diprotodon* mit einem Maximalgewicht von bis zu 2.000 kg) offenbar vor allem im Süden und Osten des Kontinents, während das aride Zentrum wegen des extrem niedrigen Nährwerts der vorherrschenden *Triodia*-Arten und der sklerophyllen Akazien weitgehend unbesiedelt war (Webb 2008). Damit ist das Aussterben der australischen Megafauna im Pleistozän vor rund 40.000 Jahren auf die zunehmende Aridität und das synchrone Auftreten des Menschen zurückzuführen: Die Tiere wichen in die feuchteren küstennahen Gebiete aus, wo die Futterqualität besser war, und wurden dort von der indigenen Bevölkerung gejagt (Webb 2008).

4. Während beispielsweise die Dornsavannen in Afrika kaum von Feuer heimgesucht werden, brennen die Trockenwälder und -gebüsche Australiens regelmäßig. Das gilt für die *Eucalyptus*-Bestände („Mallees") ebenso wie für das *Acacia*-Buschland. In beiden Vegetationstypen entsteht Wildfeuer dann, wenn sich in einem regenreichen Jahr eine dichte Decke von Ephemeren entwickelt hat, die in einer nachfolgenden Trockenzeit ausreichend brennbares Material bildet. Da solche Klimaanomalien unregelmäßig auftreten, variiert der zeitliche Abstand der Brände zwischen zehn und 50 Jahren. Besteht die Bodenvegetation aber aus *Triodia*-Arten, wie im Übergang zu den zentralaustralischen Gras-Halbwüsten (s. Abschn. 4.3.4), liefern die harzreichen Blätter des Igelgrases ausreichend Brennstoff für regelmäßige Feuer alle zehn bis 20 Jahre (Bradstock & Cohn 2002, Hodgkinson 2002). Somit haben wir es hier mit feuerresistenten Pflanzen zu tun, die überwiegend dem Typ des *re-*

sprouters angehören. Die Fläche eines Feuerereignisses kann bis zu 100.000 ha betragen.

Die **Mallees** kommen im Winterregengebiet des Südens und Südwestens Australiens vor (Beadle 1981, Parsons 1994; Abb. 4-18e). Die Niederschläge liegen im langjährigen Durchschnitt bei 200–500 mm. Die Vegetation setzt sich aus rund 130 verschiedenen *Eucalyptus*-Arten zusammen, die 5–15 m hoch werden und deren Wurzeln eine Tiefe von über 20 m erreichen (Phreatophyten). Der Übergang zwischen Stamm und Wurzel ist knollig verdickt, zum großen Teil unterirdisch (feuergeschützt) und mit Adventivknospen besetzt (*lignotuber*); die nach einem Feuer abgestorbenen Stämme werden durch den Neuaustrieb aus dem *lignotuber* ersetzt (s. Abb. 1a in Kasten 3-4). Die Arten sind deshalb mehrstämmig. Je nach Humidität und Bodenbedingungen lassen sich nach Beadle (1981) mehrere Vegetationstypen unterschieden. So zeichnen sich die besonders trockenen und nährstoffarmen Mallees durch die Dominanz von *Triodia scariosa* aus, während im Übergang zu den winterfeuchten Subtropen bei Niederschlägen um 400 mm C_3-Gräser der Gattungen *Stipa* und *Danthonia* vorkommen. Auf Sandböden ist die Cupressacee *Callitris preissii* den Eukalypten beigemischt.

Unter den für Mallee zu trockenen Standorten kommen verschiedene *Acacia*-Arten zur Dominanz (Beadle 1981). Das sind beispielsweise östlich der zentralen Halbwüsten *Acacia harpophylla* („Brigalow"; auf Tonböden mit Gilgai-Relief), im Westen auf Karbonatböden *Acacia grasbyi*. Am weitesten verbreitet ist allerdings *Acacia aneura* („Mulga"), eine ausgesprochen polymorphe Art (Wuchsform ein- oder mehrstämmig, Phyllodien nadelförmig oder blattartig; ausgeprägte Polyploidie; Apomixis; Miller et al. 2002; Abb. 4-18f). Die Akaziengebüsche, nach der dominanten Art **Mulga** genannt (Johnson & Burrows 1994, Hodgkinson 2002), werden 2–8 m hoch und erreichen einen Deckungsgrad von 10–30 %. *Acacia aneura* hat sowohl weit ausgebreitete, oberflächennahe als auch (als xerophytischer Phreatophyt) tiefe Wurzeln, sodass sie Grund- und Niederschlagswasser gleichermaßen nutzen kann. Schon Jungpflanzen von wenigen Zentimetern Größe haben eine Pfahlwurzel von 2–3 m. Ihre Phyllodien sind meist senkrecht gestellt, um Hitzestress zu vermeiden; außerdem wird dadurch das Regenwasser zum Stamm hin abgeleitet. Sie sind mit Harz als Transpirationsschutz überzogen und können während der Trockenzeit wie die ganze Pflanze in eine Art Dormanz fallen, indem sie die Spaltöffnungen komplett geschlossen halten. Schon vier Tage nach Regen ist *Acacia aneura* in der Lage, diesen Ruhezustand wieder zu beenden und zu blühen (Slatyer 1965). Die Samen sind hartschalig und dormant; ihre Keimung wird aber durch Hitze und erhöhten CO_2-Gehalt in der Umgebung stimuliert, ein Hinweis auf die Rolle des Feuers für die Regeneration. Gegenüber Feuer nimmt *A. aneura* deshalb eine Mittelstellung zwischen *resprouter* und *reseeder* ein; der Strauch regeneriert sich durch Wiederaustrieb aus den unterirdischen Organen und durch Samen.

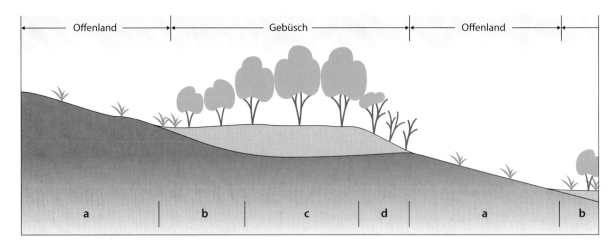

Abb. 4-19 Zustandekommen der gebänderten Vegetation in Trockengebüschen (nach d'Herbès et al. 2001, nicht maßstabgerecht). Innerhalb des Gebüschstreifens unterscheidet man eine Pionier- (b), Optimal- (c) und Abbauphase (d). Das Offenland ist die Abtragungszone mit niedriger Infiltration, der Gebüschstreifen ist die Sedimentationszone mit hoher Infiltration und günstigerer Nährstoffversorgung. Hellbraun = Sediment.

Mulga bedeckt rund 1,5 Mio. km², das sind etwa 20 % der Fläche Australiens (Johnson & Burrows 1994). Außer *A. aneura* kommen noch einige weitere *Acacia*-Arten wie *A. kempeana* vor. Die Gebüsche sind im Übergang zu Zentralaustralien mosaikartig mit Gras-Halbwüsten aus *Triodia*-Arten verzahnt (s. Abschn. 4.3.4.4). Das Mosaik ist meist feuerbedingt (selten durch Standortunterschiede erklärbar), weil *Triodia*-Flächen häufiger brennen als *Acacia*-Gebüsche und somit eine generative Reproduktion der Sträucher verhindert wird (Nano & Clark 2008). Außerhalb dieses Mosaiks ist das Akaziengebüsch häufig bandartig angeordnet; zwischen den Gebüschstreifen ist der Boden nur während der Regenzeit mit Ephemeren bedeckt (*banded landscape*; Tongway et al. 2001; Abb. 4-19). Der Grund hierfür ist die Fähigkeit von Pflanzen in ariden Landschaften, bei leicht hängigem Gelände als Sedimentfalle zu wirken, wenn unter den heftigen Niederschlägen Bodenmaterial und organischer Detritus mit dem Oberflächenabfluss ausgeschwemmt werden und im Gesträuch hängen bleiben. Damit erhöht sich die Infiltrationsrate für Regenwasser und die Menge pflanzenverfügbarer Nährstoffe unter den Gebüschen steigt (Ludwig et al. 1997). Solche autogenen Streifenmosaike gibt es nicht nur in der Mulga Australiens, sondern auch in anderen Trockengebieten der Erde; bekannt ist beispielsweise die als *tiger bush* bekannt gewordene Landschaft mit Gehölzstreifen aus *Combretum*- und *Acacia*-Arten im Niger (Sahelzone; Thiéry et al. 1995).

Zwei ökologische Sonderfälle innerhalb des australischen Trockengebiets (einschließlich der *Triodia*-Halbwüsten) möchten wir zum Abschluss dieses Kapitel erwähnen: Das sind einmal die etwas näher am Grundwasser liegenden und bei Starkregen durchströmten Trockentäler, die das gesamte Gebiet netzartig durchziehen und durchgängig von dem Phreatophyten *Eucalyptus camaldulensis* gesäumt werden (Abb. 4-20a). Zweitens gibt es im Zentrum Australiens Reliktpflanzen aus einer Zeit, in der der Kontinent feuchter war als heute. Ein Beispiel ist die Palme *Livistona mariae*, die das in den porösen Sandsteinformationen der MacDonnell Ranges gespeicherte Wasser nutzt und so die Austrocknungsphase überlebt hat (Abb. 4-20b).

4.3.4 Halbwüsten und Wüsten

4.3.4.1 Sukkulenten-Halbwüsten

Wie bereits in Abschn. 4.2.3 ausgeführt, treten Sukkulente bevorzugt dort auf, wo die Niederschläge regelmäßig fallen, die Trockenzeit ggf. durch eine zweite Regenzeit unterbrochen ist (zweigipfeliger Niederschlagsverlauf) und/oder die Hitze im Sommer durch die Nähe des Meeres bzw. durch Nebel gemindert wird. Unter diesen Bedingungen entwickeln sich Sukkulenten-Halbwüsten, deren Erscheinungsbild durch Stammsukkulente (vorwiegend in der Neotropis und am Westrand der Sahara sowie auf den Kanaren) oder Blattsukkulente (vorwiegend im südlichen Afrika) geprägt ist. Außer den Sukkulenten kommt aber auch eine Reihe weiterer Pflanzenfunktionstypen vor, besonders Ephemere und xerophytische Klein- und Zwergsträucher.

So sind die im Südwesten von **Nordamerika** gelegenen, von *Carnegiea gigantea* („Saguaro") und anderen Kandelaber- und Säulenkakteen (wie der Gattung

Abb. 4-20 Zwei feuchtigkeitsbedürftige Arten in den australischen Trockengebieten: a = *Eucalyptus camaldulensis*-Bestand entlang eines periodisch wasserführenden Baches (Mueller Creek, Plenty Highway); b = *Livistona mariae* im Palm Valley (MacDonnell Ranges).

Pachycereus) geprägten Halbwüsten der Sonora sehr vielseitig hinsichtlich der Wuchs- und Lebensformen (Knapp 1965; Abb. 4-21a). Zwischen den bis zu 10 m hohen *Carnegiea*- und *Cercidium microphyllum*-Individuen gibt es niedrige, meist trockenkahle Sträucher, *Opuntia*-Arten und Blattsukkulente (*Agave*). *Carnegiea* erzeugt erhebliche Samenmengen (rund 200.000 im Jahr; Shreve 1951); jedoch ist die Keimung nur unter besonders günstigen hygrischen Bedingungen möglich und die Entwicklung der Keimlinge verläuft so langsam (in zehn Jahren erreichen sie lediglich eine Höhe von 2 cm; Shreve 1951), dass nur wenige Individuen überleben. Die besten Chancen haben Jungpflanzen im Schatten von dornigen Gehölzen (wie *Cercidium* oder ausgewachsenen Individuen derselben Art). Diese Förderung (*faciliation*) der Jugendentwicklung des Kaktus kann sich später in einen Verdrängungswettbewerb umkehren (*competition*), wenn die Saguaro-Individuen ausgewachsen sind und ihre Ammenpflanzen zum Absterben bringen (Kasten 4-3). Der Kaktus ändert also sein Verhalten im Lauf seiner Entwicklung (*ontogenetic*

shift). Solche Interaktionen zwischen Halbwüstenpflanzen sind häufig und beeinflussen auch die räumliche Struktur der Pflanzendecke (Miriti 2006): Denn der optimale und damit meist auch realisierte Abstand zwischen den Pflanzen ist derjenige, bei dem der Vorteil für die Jungpflanze im Lauf der Lebensgeschichte nicht zum Nachteil für die ausgewachsene Pflanze wird.

Eine Reihe weiterer Vegetationstypen nord- (und mittel-)amerikanischer sowie karibischer Sukkulenten-Halbwüsten findet man in z. B. im Süden von Mexiko, wo die Kakteenvegetation mit *Ferocactus*-, *Pachycereus*-, *Cephalocereus*-, *Mammilaria*- und *Opuntia*-Arten besonders artenreich ist und zahlreiche Blattsukkulente (wie *Agave*, *Yucca*, *Nolina*) vorkommen. Generell gilt Mexiko als Zentrum der Kakteenentwicklung; von den insgesamt rund 118 Gattungen bzw. 1.210 Arten kommen 46 bzw. 660 in Mexiko vor, gefolgt von Brasilien (35 bzw. 237), Peru (33 bzw. 223), Bolivien (30 bzw. 240), Argentinien (26 bzw. 258) und den USA (26 bzw. 202; Ortega-Baes & Godínes-Alvarez 2006).

Abb. 4-21 Beispiele für Sukkulenten-Halbwüsten: a = Übergang zwischen Sukkulentenbusch und -Halbwüste mit dem Kandelaberkaktus *Carnegiea gigantea* (mit Spechthöhlen), *Larrea tridentata* (grauer Busch im Vordergrund) und *Cercidium floridum* (hoher Strauch), Sonora-Wüste bei Prescot (Foto F. Klötzli); b = Kakteen-Halbwüste mit *Copiapoa cinerea* (bei Paposo, Chile); c = Sukkulenten-Karoo mit *Didelta carnosa* (Asteraceae, gelb blühend) bei Bitterfontein, Südafrika.

In **Südamerika** sind Sukkulenten-Halbwüsten (außerhalb der ariden Hochgebirge; s. Abschn. 4.5) auf die Nebelzone der Atacama-Wüste beschränkt. Das sind die Westhänge der Andenkordillere bis in eine Höhe von rund 800 m NN und die schmale Küstenebene zwischen Antofagasta und Chañaral. Besonders artenreich und ein Zentrum des Endemismus ist das Gebiet um Taltal und Paposo (Rundel et al. 1996), wo die Kugelkakteen der Gattung *Copiapoa* (benannt nach der Stadt Copiapó) und *Eriosyce* die Physiognomie der Vegetation in der Küstenebene prägen (Abb. 4-21b). In dem nebelreichen, kühlen Klima optimieren sie die Temperatur des Meristems an der Sprossspitze, indem sie sich nach Norden neigen (Ehleringer et al. 1980). Die Loma-Vegetation der Küstenkordillere in Peru und Chile ist eher ein sukkulentenreiches Trockengebüsch, das wir schon in Abschn. 4.3.3.1 besprochen haben (s. auch Abschn. 4.3.4.5).

Unter den **afrikanischen** Sukkulenten-Halbwüsten sind die Formationen am Westrand der Sahara (Südmarokko) und auf den Kanarischen Inseln durch die Dominanz von niedrigen, säulenförmigen und stammsukkulenten *Euphorbia*-Arten geprägt (Pott et al. 2003). Beispiele sind *E. balsamifera* in Afrika und *E. canariensis* auf Teneriffa und Gran Canaria. Hinzu tritt eine recht große Zahl von Klein-

sträuchern, zu der die Vertreter der Gattung *Kleinia* gehören, das sind laubabwerfende sukkulente Asteraceen (z. B. *Kleinia neriifolia* auf den Kanaren).

Flächenmäßig weitaus bedeutender ist jedoch die vorwiegend aus Blattsukkulenten der Aizoaceae und Crassulaceae bestehende Sukkulenten-Halbwüste der Sukkulenten-Karoo im südwestlichen Afrika (Werger 1985, Jürgens 1986, Acocks 1988, Milton et al. 1997). Sie erstreckt sich vom Kapland bis in die südliche Namib (etwa bis Lüderitz in Namibia) und erhält niedrige (20–290 mm) winterliche Niederschläge. Der südafrikanische Teil wird als Namaqualand bezeichnet (Cowling et al. 1999) und ist Lebensraum des Volksstammes der Nama. Die Sukkulenten-Karoo grenzt im Osten an die Sommerregengebiete der Nama-Karoo mit Zwergstrauch-Halbwüsten an und geht im Norden sukzessive in die Namib-Wüste über (Abb. 4-22). Die Vegetation ist von niedrigen, sukkulenten Sträuchern geprägt und erhält während der Regenzeit durch die in Massen blühenden Pluviotherophyten (vor allem der Asteraceae) ein farbenprächtiges Aussehen (Abb. 4-21c). Das Gebiet ist artenreich; auf gut 100.000 km² kommen etwa 5.000 Spezies höherer Pflanzen vor. Davon ist rund die Hälfte endemisch. Nach einer Zusammenstellung in Milton et al. (1997) sind im Schnitt 7 % Nanophanerophyten, 43 % Chamaephyten (da-

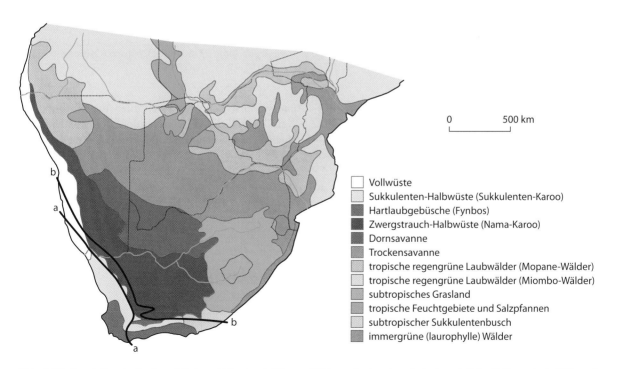

□ Vollwüste
▨ Sukkulenten-Halbwüste (Sukkulenten-Karoo)
▨ Hartlaubgebüsche (Fynbos)
▨ Zwergstrauch-Halbwüste (Nama-Karoo)
▨ Dornsavanne
▨ Trockensavanne
▨ tropische regengrüne Laubwälder (Mopane-Wälder)
□ tropische regengrüne Laubwälder (Miombo-Wälder)
▨ subtropisches Grasland
▨ tropische Feuchtgebiete und Salzpfannen
□ subtropischer Sukkulentenbusch
▨ immergrüne (laurophylle) Wälder

Abb. 4-22 Vegetationskarte des südlichen Afrika (nach Werger 1986, ergänzt und verändert nach Schmithüsen et al. 1976 und Mucina & Rutherford 2006). Gebiete mit Winterregen liegen südwestlich der Linie a, solche mit Sommerregen nordöstlich von b.

Tab. 4-5 Physiognomische Pflanzenfunktionstypen (pPFT) der Sukkulenten-Karoo (Artenzahlen in Klammern) mit Angabe einiger wichtiger Gattungen und Familien (nach Milton et al. 1997, gekürzt).

pPFT	wichtige Gattungen und Familien (Beispiele)
Blattsukkulente (mind. 850)	
einjährig	*Tetragonia*, *Mesembryanthemum* (Aizoaceae)
mehrjährig	*Brownanthus* (Aizoaceae)
perennierend, krautig	*Drosanthemum* (Aizoaceae)
perennierend, krautig, unterirdisch	*Lithops*, *Fenestraria* (Aizoaceae)
perennierend, Blätter an der Bodenoberfläche	*Aloe* (Asphodelaceae)
Klein- und Zwergsträucher	*Ruschia* (Aizoaceae), *Cotyledon* (Crassulaceae)
Stammsukkulente	*Euphorbia* (Euphorbiaceae), *Hoodia* und *Pachypodium* (Apocynaceae)
sukkulente Bäume und Sträucher	
kleinwüchsig	*Sarcostemma* (Apocynaceae), *Sarcocaulon* (Geraniaceae), *Kleinia* (Asteraceae), *Tylecodon* (Crassulaceae)
großwüchsig	*Portulacaria* (Didiereaceae), *Aloe dichotoma* (Asphodelaceae)
Geophyten (630)	*Brunsvigia* (Amaryllidaceae)
Therophyten) (390)	*Ursinia* (Asteraceae), *Wahlenbergia* (Campanulaceae)
perenne Grasartige (90)	*Aristida* (Poaceae), *Scirpus* (Cyperaceae)
Chamaephyten (560)	*Pelargonium* (Geraniaceae), *Gnidia* (Thymelaeaceae), *Pteronia* (Asteraceae)
Kleinsträucher (190)	*Rhus* (Anacardiaceae), *Rhigozium* (Anacardiaceae), *Grewia* (Malvaceae)
Bäume (30)	*Euclea* (Ebenaceae), *Acacia karoo* (Mimosaceae), *Maytenus* (Celastraceae)

von über die Hälfte sukkulent), 9 % Hemikryptophyten, 17 % Geophyten und 24 % Therophyten (Tab. 4-5). Die Zusammensetzung der Vegetation hinsichtlich Arten und Wuchs- bzw. Lebensformen ist also sehr divers.

Struktur und Artenzusammensetzung variieren je nach Niederschlagshöhe und Bodeneigenschaften. So unterscheidet sich die Vegetation der Küstenebene („Strandveld") auf äolischen Sandböden durch ihre größere Wuchshöhe und den besonders hohen Anteil an sukkulenten Zwergsträuchern von der eher in höheren Lagen (oberhalb etwa 500 m NN) vorkommenden Gebirgs-Karoo mit ihrer Dominanz von nichtsukkulenten Asteraceen. Auf Felsstandorten kommt vereinzelt, selten in größeren Beständen, der auffällige Köcherbaum (*Aloe dichotoma*) vor (s. Abb. 4-7d). Ein Zentrum des Endemismus ist das um die Ortschaft Goegap und nördlich davon liegende Richtersveld im Nordwesten des südafrikanischen Namaqualands; floristisch zeigt sich hier der Einfluss der Namib und der Dornsavannen der Kalahari. Im eigentlichen Kerngebiet, der Sukkulenten-Karoo *s. str.* (Milton et al. 1997) liegt das Endemitenzentrum der kleinwüchsigen Aizoaceen einschließlich der Fensterpflanzen (s. Kasten 4-2; „Quarzflächen-Flora"; Schmiedel & Jürgens 1999).

4.3.4.2 Zwergstrauch-Halbwüsten

Zwergstrauch-Halbwüsten sind typisch für Sommerregengebiete. Sie bestehen aus xerophytischen, laubabwerfenden (malakophyllen) oder immergrünen (sklerophyllen) Chamaephyten und Kleinsträuchern bis zu etwa 1 m Höhe. Diese besitzen in der Regel eine Pfahlwurzel, die einschließlich ihrer Verzweigungen bis zu mehreren Metern in die Tiefe reicht, aber (manchmal) auch zusätzlich ein oberflächennahes,

Kasten 4-3

Konkurrenz und Kooperation zwischen Pflanzen in Halbwüsten

In der Regel geht man davon aus, dass mit zunehmendem biotischen und abiotischen Stress die Bedeutung der Konkurrenz zugunsten positiver Interaktionen zwischen Pflanzen abnimmt (Brooker & Callaghan 1998). Am Beispiel des Saguaro *Carnegiea* in der Sonora-Wüste haben wir aber schon gesehen, dass ein solcher Mechanismus zwar für die Keimlinge und Jungpflanzen des Kaktus existiert, sich die Situation jedoch umkehrt, sobald die Sukkulenten ausgewachsen sind. Dann nämlich verdrängt der Kaktus seine Ammenpflanzen. Für einen solchen zeitlichen Wechsel zwischen *facilitation* und *competition* im Lebenszyklus einer Art gibt es auch ein Beispiel aus der Sukkulenten-Karoo. Dort wechseln sich blattsukkulente Aizoaceae als Pioniere (mit kleinen überwiegend nautochoren (wasserausgebreiteten) Samen) mit den nicht-sukkulenten Zwergsträuchern (mit großen anemochoren Samen) als Folgepflanzen in einem zyklischen Erneuerungsprozess ab (Milton et al. 1997): Die winzigen Samen der Blattsukkulenten keimen auf offenem Boden in den Lücken der Pflanzendecke. In ausgewachsenem Zustand fangen sie die großen, geflügelten, anemochoren Samen der Zwergsträucher auf. Diese keimen bevorzugt im Schatten der Blattsukkulenten und etablieren sich dort. Schließlich überwachsen die Zwergsträucher ihre sukkulenten Ammenpflanzen und bringen sie zum Absterben. Dann beginnt der Zyklus von neuem. Auf diese Weise entsteht eine geklumpte Vegetationsstruktur (Eccles et al. 1999): Die Pflanzen sind nicht gleichmäßig über die Fläche verteilt, wie es der Fall wäre, wenn die Vegetation ausschließlich von Konkurrenz zwischen den Arten und Individuen bestimmt würde. Allerdings gibt es intra- und interspezifischen Wettbewerb um Wasser und Nährstoffe in den Sukkulenten-Halbwüsten unter den oberflächennah wurzelnden Aizoaceae (Carrick 2003). Beide Interaktionen wechseln sich zeitlich und räumlich ab.

Ein weiteres Beispiel ist das Zusammenleben von Ephemeren und Perennen. In diesem Zusammenhang kann man die Frage stellen, ob in einer Halbwüste zwischen den nicht ortsfesten Pluviotherophyten und den ortsfesten Sträuchern eine positive Beziehung besteht, d. h. ob die Bedingungen für Keimung, Entwicklung und Reproduktion der Ephemeren im Schatten perennierender Pflanzen besser sind als außerhalb von deren Einflussbereich. Denn unter dem Kronendach eines Baumes oder Strauches müsste im Vergleich zur nicht beschatteten Umgebung die Verdunstung reduziert und die Menge pflanzenverfügbarer Nährstoffe erhöht sein. Tatsächlich aber hängt der Reproduktionserfolg der Therophyten in erster Linie nicht davon ab, ob ihr Wuchsort beschattet ist

oder nicht, sondern von der Niederschlagsmenge, die den Boden mehr oder minder tief durchfeuchtet (Tielbörger & Kadmon 2000, 2008; Abb. 1). Je höher die Niederschläge sind, desto eher fördert die Beschattung den Reproduktionserfolg, wobei jede Art ihren eigenen Reaktionsbereich hat. Denn dann ist nicht Wasser die wachstumsbegrenzende Ressource; vielmehr ist die Menge an pflanzenverfügbaren Nährstoffen, die unter Sträuchern höher ist als im Offenland, entscheidend für den Reproduktionserfolg. Bei geringen jährlichen Regenmengen sind die Bedingungen für Ephemere dagegen außerhalb des Kronenbereichs günstiger (Konkurrenz zwischen Sträuchern und Ephemeren).

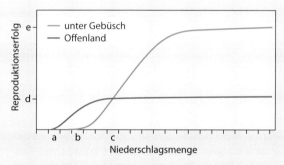

Abb. 1 Modell der Beziehung zwischen dem jährlichen Niederschlag und dem Reproduktionserfolg von Therophyten mit und ohne Überschirmung durch Gehölze (aus Tielbörger & Kadmon 2000). In niederschlagsarmen Jahren ist der Reproduktionserfolg unter den Kronen von Gehölzen geringer (Niederschlag < c), in feuchten Jahren (Niederschlag > c) dagegen höher als im Offenland. a = Schwellenwert des Niederschlags, ab welchem Therophyten im Offenland reproduzieren; b = Schwellenwert mit Reproduktionserfolg unter Überschirmung; c = kritischer Wert des Niederschlags, bei dem die positive Wirkung der Überschirmung (verbesserte Nährstoffversorgung) die negativen Effekte (schnelle Austrocknung) des Offenlands kompensiert. Bei Niederschlägen unter c begrenzt Wasser die Reproduktion unter Gehölzen, bei solchen über c limitiert die Nährstoffversorgung die Reproduktion im Offenland. d = Reproduktionserfolg von Therophyten im Offenland bei ausreichender Wasserversorgung; e = Reproduktionserfolg von Therophyten unter Gehölzen bei ausreichender Wasserversorgung und höherer Nährstoffverfügbarkeit.

weit ausgreifendes Wurzelwerk. Die Sommerniederschläge begünstigen das Auftreten von C$_4$-Gräsern, sodass in ungestörten Halbwüsten Gehölze und Gräser gemeinsam dominieren. Nach trockenen Sommern und/oder bei Beweidung geht der Anteil der Gräser zurück und die Gehölze, vor allem die gegen Fraß besser geschützten dornigen Arten, nehmen zu. Dieses als *bush encroaching* bezeichnete Phänomen ist in Zwergstrauch-Halbwüsten weit verbreitet, weil fast alle beweidet werden (s. Abschn. 4.4). Wie im Fall der Sukkulenten-Halbwüsten kommen auch hier viele Ephemere vor, die in der Zeit der sommerlichen Niederschläge keimen, blühen und fruchten.

Zwergstrauch-Halbwüsten nehmen vor allem in Nord- und Südamerika sowie im südlichen Afrika erhebliche Flächen ein. In **Nordamerika** sind es vor allem die *Larrea tridentata*-Halbwüsten der Mojave- und der (höher und weiter südlich gelegenen) Chihuahua-Wüste. *Larrea* dominiert die Vegetation, wobei die Pflanzen mit gleichem Abstand regelmäßig im Gelände verteilt sind (Abb. 4-23a). Dazwischen gibt es *Ambrosia dumosa*, *Encelia farinosa*, vereinzelt *Yucca*-Arten und einige Cactaceae; Letztere spielen allerdings für die Physiognomie der Vegetation nur eine untergeordnete Rolle. In **Südamerika** besteht die Monte-Vegetation überwiegend aus Zwergstrauch-Halbwüsten, in denen ebenfalls *Larrea*-Arten dominieren (Morello 1958, Mares et al. 1985). Als „Monte" wird eine Region in Argentinien bezeichnet, die sich entlang des Ostrandes der Anden von Santiago del Estero über die Sierra del Córdoba nach Südosten bis zum Atlantischen Ozean am Santa-Matias-Golf erstreckt und damit über den 40. Grad südlicher Breite hinausgeht (Cabrera 1971). Dort geht der Monte in die nemoralen Halbwüsten Patagoniens über. Die Höhenlage reicht demgemäß von Meeresniveau bis ca. 1.500 m NN. Oberhalb kommen Gebirgshalbwüsten vor (s. Abschn. 4.5.4). Während der Norden des Gebiets Sommerregen erhält, sind der äußerste Süden und Westen von Winterregen beeinflusst. Das macht sich in der Vegetation bemerkbar: Der Norden ist artenreicher, stärker physiognomisch-floristisch gegliedert und enthält mehr tropische Florenelemente aus der Nachbarschaft zu den Trockenwäldern des Gran Chaco, während der Süden durch die Dominanz der beiden *Larrea*-Arten (*L. cuneifolia*, *L. divaricata*) oft recht einförmig erscheint. In steileren Hanglagen kommen noch größere Kakteen der Gattungen *Trichocereus* und *Opuntia* vor. In Tallagen und bachbegleitend gedeihen Phreatophyten (*Acacia*, *Prosopis*).

Das größte Vorkommen von Zwergstrauch-Halbwüsten in **Afrika** liegt zwischen der Sukkulenten-Karoo im Südwesten, der Namib-Wüste im Westen, dem Fynbos der winterfeuchten Subtropen im Süden und den Dornsavannen der Kalahari im Nordosten (Knapp 1973, Werger 1986, Palmer & Hoffman 1997, Mucina & al. 2006; Abb. 4-22). Nördlich von Windhoek wird der Halbwüstenstreifen schmaler und hört im Grenzgebiet zwischen Namibia und Angola ganz auf. Zwergstrauch-Halbwüsten bedecken also den Südwesten des Kalahari-Beckens, eine durch Sommerregen gekennzeichnete, kontinental geprägte Landschaft mit Höhenlagen zwischen 500 und 1.500 m NN. Sie trägt die Bezeichnung Nama-Karoo. Ihr Anteil an der Landesfläche der Republik Südafrika beträgt knapp 23 %. Die dort vorkommenden Zwergstrauch-Halbwüsten bestehen aus sklero- und malakophyllen Zwerg- und Kleinsträuchern, deren Blätter oft behaart oder mit Harz überzogen sind (Abb. 4-23b). Dominierende Familien sind Asteraceae (z. B. *Pteronia*, *Pentzia*), Poaceae, Aizoaceae und Scrophulariaceae. Weit verbreitet sind außerdem Arten der Gattungen *Rhigozum*, eine bedornte Bignoniaceae, Zygophyllum (Zygophyllaceae), *Boscia* (Capparaceae; z. B. *B. foetida*) und *Lycium* (Solanaceae). Der Anteil von Ephemeren (Pluviotherophyten und -geophyten) liegt bei 20–40 % der Gesamtartenzahl, derjenige von Gräsern bei 3–11 %. Manche Zwergsträucher wie *Plinthus karooicus* (Aizoaceae) sind in der Lage, sich durch die Bildung eines sekundären Periderms im Stamm in mehrere Individuen aufzuteilen (Achsenspaltung; Theron et al. 1968). Diese Selbstklonierung erhöht die Überlebenschancen bei extremen Witterungsperioden. Sofern Gräser vorkommen, handelt es sich um Igelgräser des C$_3$- (wie *Stipa frigida*) oder C$_4$-Typs (*Cladoraphis spinosa*). Entlang von Trockentälern sind *Acacia karoo* mit langen weißen Dornen und die sklerophyll-immergrüne Ebenacee *Euclea undulata* verbreitet. Nicht selten sind die südafrikanischen Zwergstrauch-Halbwüsten von kreisrunden Flächen mit einem Durchmesser von 10–20 m durchsetzt. Sie heben sich durch eigene Artenkombinationen von ihrer Umgebung ab (Abb. 4-23c) oder sind, wie im Fall des Ostrandes der Namib, Kahlstellen, die von einem Ring aus höherwüchsigen Gräsern umgeben sind (Feenkreise; *fairy circles*). Vermutlich entstehen sie dadurch, dass Pflanzen- und Bodenmaterial von unterirdisch lebenden Ameisen oder Termiten umgelagert wird und auf diese Weise die Wasser- und Nährstoffverfügbarkeit im Umfeld der Nester verändert werden (Jürgens 2013).

Unter den nordafrikanischen Zwergstrauch-Halbwüsten nimmt die aus *Artemisia herba-alba* bestehende Formation nicht unerhebliche Flächen ein (nach Le Houérou 1986 zwischen 300.000 und 400.000 km² in ganz Nordafrika; Abb. 4-23d). Sie reicht über die Wüsten des Vorderen Orients bis nach Afghanistan. Südlich davon, bei Niederschlägen von 100–200 mm, kommen Zwergstrauch-Halbwüsten aus *Anabasis aphylla* und *A. articulata* vor, die in Gebieten unter 100 mm Niederschlag als kontrahierte Vegetation in den Trockentälern auftreten (Negev, Sinai). Weiter östlich bilden *Haloxylon salicornicum* und *Rhanterium epapposum* (Asteraceae) ausgedehnte Zwergstrauch-Halbwüsten auf der Arabischen Halbinsel (Kürschner 1998); *Haloxylon* ist auch in der Tharr-Wüste weit verbreitet (Gupta 1986).

4.3.4.3 Halophyten-Halbwüsten

Für die Kennzeichnung der Salinität eines Bodens wird die elektrische Leitfähigkeit EC_e des Bodenextrakts bei Wassersättigung herangezogen (Larcher 2001), gemessen in Siemens (S) pro Meter (m). Salzempfindliche Pflanzen erleiden Wachstumseinbußen bei einer EC_e von über 0,4 S m^{-1}; das entspricht einem Salzgehalt von etwa 0,3 %. Zum Vergleich: Meerwasser hat mit einer Salzkonzentration von 3 % eine EC_e von 4,4 S m^{-1}. Die meisten Pflanzen der Halbwüsten wie die Aizoaceae kommen mit bis zu 0,8 S m^{-1} (Salzgehalt etwa 0,5 %) gut zurecht. Liegen die Salzgehalte

Abb. 4-23 Beispiele für Zwergstrauch- und Halophyten-Halbwüsten: a = Zwergstrauch-Halbwüste aus *Larrea tridentata* (Sonora-Wüste, USA), dahinter ein *Krascheninnikovia ceratoides* ssp. *lanata*-Bestand (grau) auf Salzböden und ein *Prosopis juliflora*-Galeriewald (Foto F. Klötzli); b = Zwergstrauch-Halbwüste westlich von Keetmanshoop, Namibia, mit *Boscia foetida*; c = Zwergstrauch-Karoo (Tierberg Nature Reserve, Südafrika) mit „Feenkreisen" (auf unterirdische Ameisennester zurückgehend, bewachsen von *Salsola* sp.) und dem immergrünen Phreatophyten *Euclea undulata* entlang der Trockentäler; d = *Artemisia herba-alba*-Halbwüste, Marokko (Foto W. Zielonkowski); e = Halophyten-Halbwüste mit *Halosarcia* sp. (Chenopodiaceae), Darwin Reserve, Australien.

höher, siedeln sich Halophyten an (s. Kasten 2-3). Dazu gehören die überall verbreiteten Chenopodiaceae-Gattungen *Arthrocnemum*, *Atriplex*, *Bassia*, *Halosarcia*, *Kochia*, *Maireana*, *Salicornia* und *Salsola* (Abb. 4-23e). Die Böden sind reich an alkalisch wirkenden Sulfaten und Karbonaten (Chlorid-Sulfat-Verbrackung), gehören also überwiegend zum Bodentyp Solonchak mit pH-Werten von > 8 und einer EC_e von > 0,8 an. Bei einem Salzgehalt von über 0,65 % sind die Flächen vegetationsfrei („Salzwüsten").

Halophyten-Halbwüsten kommen in allen tropisch-subtropischen Trockengebieten vor. Besonders häufig sind sie dort, wo entweder Salz vom Meer her eingeweht wird (wie im Fall der Salzpfannen im nördlichen Libyen) oder aus Salzlagerstätten nach oben diffundiert. In den nordafrikanisch-arabischen Trockengebieten konzentrieren sie sich auf die Nord- und Westsahara in der Umgebung der Salzpfannen; sie bestehen dort aus *Halocnemum strobilaceum*, *Arthrocnemum macrostachyum*, verschiedenen *Salsola*-Arten (alle Chenopodiaceae), *Frankenia* und *Zygophyllum* (Quézel 1965). Ähnliche Formationen findet man auch auf der Arabischen Halbinsel (Kürschner 1998). Es sind allesamt dieselben Gattungen, die man auch in der Salzvegetation der Meeresküsten findet. Die größten Halophyten-Halbwüsten liegen mit etwa 5 Mio. km² in Australien (= annähernd 7 % der Landesfläche). Sie häufen sich überwiegend südlich des Wendekreises des Steinbocks in Geländedepressionen bei jährlichen Niederschlägen zwischen 120 und 260 mm, wovon 30–50 % in der kühlen Jahreszeit fallen (Leigh 1994). Die Vegetation wird von Klein- und Zwergsträuchern der Chenopodiaceae gebildet (*chenopod-shrubland*). Von den knapp 300 Arten dieser Familie sind fast alle in Australien endemisch; die Gattungen sind dagegen überwiegend weltweit verbreitet. Häufig monodominante Bestände bilden *Atriplex vesicaria* (mit leicht sukkulenten Blättern und Blasenhaaren zur Salzausscheidung sowie einem flachen, ausgedehnten Wurzelwerk), *Maireana aphylla* und *M. sedifolia*. Letztere nimmt vor allem in der Nullarbor-Ebene auf Karbonatböden große Flächen ein und ist ein Tiefwurzler. Weitere Arten stellt die endemische Gattung *Sclerolaena* (s. Abb. 4-18f).

4.3.4.4 Gras-Halbwüsten

Sofern Gräser in tropisch-subtropischen Trockengebieten überhaupt auftreten, handelt es sich meist um die in Abschn. 4.2.4 bereits beschriebenen Igelgräser.

Horstgräser des C_4-Typs kommen vor allem im Übergang zu den Savannen oder (in Südafrika) zum subtropischen Grasland Ostafrikas vor. Da sie bevorzugt gefressen werden, hat sich ihr Anteil an der Pflanzendecke zugunsten der Zwergsträucher erheblich vermindert (s. Abschn. 4.4). Die Igelgräser, die sowohl vom C_4- als auch vom C_3-Typ sein können, haben dagegen einen sehr geringen Futterwert, der auf den hohen Sklerenchym-Anteil und die niedrigen N-Gehalte zurückzuführen ist (*Triodia pungens*: 3–4 % Rohprotein, 28–36 % Rohfasern in der Trockensubstanz; Siebert et al. 1968). Gras-Halbwüsten taugen deshalb im Allgemeinen nicht für eine Beweidung, wenn nicht zusätzlich noch andere Arten mit besserem Futterwert vorhanden sind. Eine Ausnahme bilden die *Panicum turgidum*-Gras-Halbwüsten der Arabischen Halbinsel (Kürschner 1998). C_4-Igelgräser sind die australischen *Triodia*- und einige afrikanische *Stipagrostis*-Arten, zu den C_3-Igelgräsern gehören Vertreter der Gattungen *Stipa* (z. B. *Stipa tenacissima* in Nordafrika), *Festuca* und *Calamagrostis* (in den trockentropischen Anden; s. Abschn. 4.5.4). Das Vorkommen dieser Formation ist auf flachgründige, nährstoffarme Böden mit oberflächennahen Krusten bei jährlichen Niederschlägen von weniger als 200 mm beschränkt. Die Gräser bilden ein ausgedehntes, bis über 2 m Tiefe reichendes Wurzelwerk und sind mit ihren eingesenkten, auf der Innenseite der eingerollten Blätter liegenden Spaltöffnungen in der Lage, einige Monate Trockenheit zu ertragen, ohne abzusterben. Sie vermehren sich außer über Samen vegetativ über unterirdische Stolonen. Im Gegensatz zu den Horstgräsern der Savannen mit ihrer hohen Transpirationsrate und ihrem intensiven Wurzelwerk verhalten sich die Igelgräser also eher wie Zwergsträucher.

Großflächig und landschaftsprägend findet man Gras-Halbwüsten im trockenen Zentrum von **Australien** bei jährlichen Niederschlägen von < 200 mm (Mott & Groves 1994; Abb. 4-24, 4-25a, b). Ihre Fläche beträgt rund 2,1 Mio. km² (= 27,4 % der Landesfläche; Allan & Southgate 2002). Von den 65 in Australien endemischen *Triodia*-Arten (inkl. der früher eigenständigen Gattung *Plectrachne*) sind *T. basedowii*, *T. pungens*, *T. intermedia* und *T. schinzii* am weitesten verbreitet; die beiden zuerst genannten Arten wachsen auf Sandböden, wobei *T. basedowii* die Lineardünen der Simpson-Desert bedeckt und große Flächen südwestlich von Alice Springs und in der Great-Victoria-Wüste einnimmt (Allan & Southgate 2002). *T. pungens* kommt schwerpunktmäßig im Nordwesten des australischen Trockengebiets vor. *T. intermedia* ist eine Pflanze der Kimberley-Region.

Wegen ihrer stacheligen Polster (*hummocks*) wird *Triodia* im lokalen Sprachgebrauch „*spinifex*" (lat. Dornenbildner) genannt (nicht identisch mit der Grasgattung *Spinifex* in australischen Küstendünen). Diese Polster zeichnen sich durch ein zentrifugales, vor allem nach Norden (gegen die Sonne) gerichtetes Wachstum aus. Da die Polster dabei im Innern abster-

ben, entwickeln sich nach einigen Jahrzehnten *Triodia*-Ringe mit mehreren Metern Durchmesser (Abb. 4-25b). Diese zerfallen in einzelne Horste, und der Prozess beginnt von neuem, sofern er nicht von einem Feuer unterbrochen wird. Solche Spinifex-Feuer sind recht häufig; in Abhängigkeit von der Niederschlagshöhe und -frequenz (mit der für Aus-

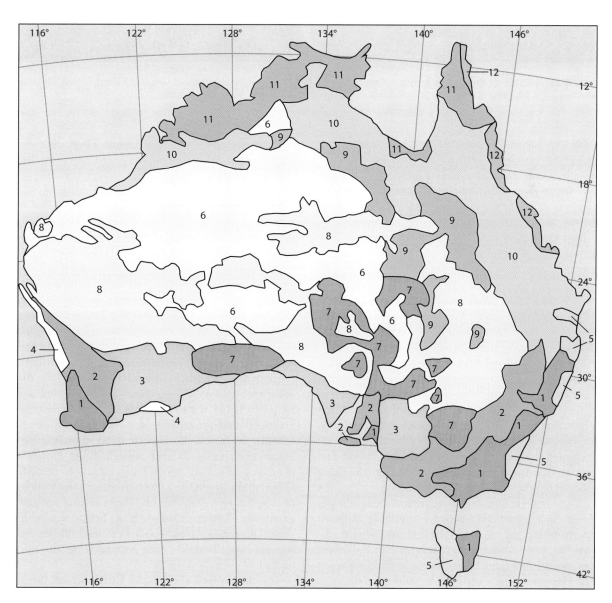

Abb. 4-24 Vegetationskarte von Australien (zusammengestellt nach Angaben in Moore & Perry 1971, Beadle 1981, Specht 1981). 1 = subtropische Hartlaubwälder (geschlossen, hochwüchsig), 2 = subtropische Hartlaubwälder (offen, niedrig), 3 = tropisch-subtropisches Trockengebüsch aus *Eucalyptus*-Arten (Mallee), 4 = sklerophylle Küstenheiden, 5 = subtropische immergrüne (laurophylle) Laubwälder, 6 = tropisch-subtropische Gras-Halbwüsten (mit *Triodia* spp.), 7 = Halophyten-Halbwüsten, 8 = tropisch-subtropisches Trockengebüsch (überwiegend aus *Acacia aneura*; Mulga), 9 = tropisches Savannen-Grasland auf Vertisol (überwiegend aus *Astrebla* spp.; Mitchell Grass Downs), 10 = tropische Trockensavannen, 11 = tropische Feuchtsavannen und teilimmergrüne Wälder, 12 = immergrüne und saisonale tropische Tieflandregenwälder.

Abb. 4-25 Beispiele für Gras-Halbwüsten: a = Gras-Halbwüste aus *Triodia* sp. (MacDonnell Ranges, Australien); b = ca. 50 Jahre alte Ringe aus *Triodia* sp. (Uluru-Kata-Tjuta-Nationalpark, Australien).

tralien typischen Unregelmäßigkeit) brennt eine *Triodia*-Halbwüste alle fünf bis 80 Jahre, wobei Tausende Quadratkilometer von einem Feuerereignis erfasst werden können (Allan & Southgate 2002). Die leichte Entflammbarkeit ist eine Folge des Harzüberzugs der Blätter, verbunden mit ihrem hohen Sklerenchym-Anteil. Die Pflanzen regenerieren sich – abhängig von den jeweiligen Arten und der Intensität des Feuers – entweder aus den Rhizomen (*resprouter*) oder (häufiger) aus den Samen (*reseeder*), wobei *Triodia* ähnlich wie Gehölze keine persistierende Samenbank aufbaut (Rice & Westoby 1999, Wright & Clarke 2009). In den ersten Jahren nach Feuer ist die Artenzahl hoch, weil viele Ephemere die Chance günstiger Licht- und Nährstoffbedingungen zu nutzen wissen. Danach nimmt die Phytomasse von *Triodia* zu und die Artenzahl ab. Bei sehr langen Feuerintervallen dringen feuersensitive Gehölze wie *Acacia aneura* ein. Dadurch ergibt sich ein feuerbedingtes Mosaik aus Gras-Halbwüsten und Mulga, das die Standortunterschiede zwischen den beiden Formationen (*Triodia* auf den nährstoffärmsten, sandigsten oder flachgründigsten Böden) überlagert (Nano & Clarke 2008).

Die Gras-Halbwüsten **Nordafrikas** bestehen aus *Stipa tenacissima* (Halfa-Gras) und/oder *Lygeum spartum* und gedeihen gewöhnlich auf flachgründigen Böden mit dicken, oberflächennahen Kalkkrusten von Marokko bis Libyen sowie in Südostspanien (Le Houérou 1986, Cortina et al. 2009). Sie sind wenigstens teilweise anthropogen (Waldrodung, Feuer), nämlich aus lichten *Tetraclinis articulata*- und *Juniperus phoenicea*-Trockenwäldern (beides Cupressaceae) hervorgegangen. Sie nehmen heute noch eine Fläche von rund 32.000 km² ein. Bei Überweidung degenerieren sie zu Zwergstrauch-Halbwüsten aus *Artemisia herba-alba*. Aus den Blättern von *Stipa*

tenacissima fertigt man traditionell Flechtwerk für Matten und Körbe.

4.3.4.5 Vollwüsten

Weltweit beschränkt sich die Vegetation der Vollwüsten auf Trockentäler und felsige Hänge, wo Grund- oder Hangwasser vor allem den Phreatophyten die Existenz ermöglichen. Das sind niedrige Bäume und Sträucher, zu denen sich Elemente der Halbwüsten wie Zwergsträucher, Sukkulente und/oder Igelgräser gesellen. Hinzu kommen zahlreiche Ephemere, die das Erscheinungsbild der Pflanzendecke nach Niederschlägen maßgeblich bestimmen. Zu den Vollwüsten gehören die peruanisch-chilenische Küstenwüste, die Sahara einschließlich der Sinai-Halbinsel und die Negev in Israel, die Kerngebiete auf der Arabischen Halbinsel und große Teile der Namib. Man unterscheidet zwischen Randwüste (mit mosaikartiger Dauervegetation auch noch außerhalb der Trockentäler, vor allem in deren Umgebung), Kernwüste (Vegetation inselhaft in voneinander nicht mehr überblickbarem Abstand) und Extremwüste mit ausdauernder Vegetation lediglich bei Fremdwassereinfluss (Hornetz & Jätzold 2003). Wir beschränken uns hier auf einige Beispiele ohne Anspruch auf Vollständigkeit.

Die **peruanisch-chilenische Küstenwüste**, deren chilenischer Anteil als Atacama bezeichnet wird, erstreckt sich zwischen 5° S und fast 30° S vom Norden Perus bis zur Grenze des mittelchilenischen Winterregengebiets (Rundel & al. 2007). Sie bildet einen schmalen Streifen, der die Küstenebene und die angrenzenden Küstenkordillere bis etwa 2.000 m NN umfasst, und hat unmittelbar Anschluss an die

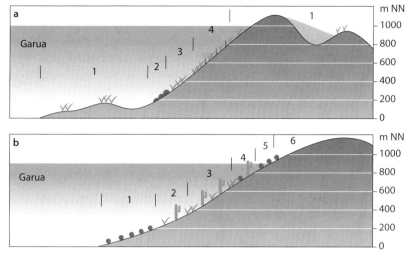

Abb. 4-26 Loma-Vegetation in der Atacama: Schematische Abfolge in Peru (a; nach Ellenberg 1959, verändert) und bei Paposo in Chile (b; nach Rundel et al. 2007, verändert und ergänzt). In a bedeuten 1 = vereinzelte Vorkommen von *Tillandsia* spp. in einer vegetationsfreien Vollwüste; 2 = Kryptogamenvegetation (vor allem *Cladonia*-Arten); 3 = lockere Nebelkräuterflur aus Therophyten (z. B. *Nolana* sp.), Hemikryptophyten (wie *Nicotiana paniculata*) und Geophyten (wie die Amaryllidacee *Ismene amancaes*); 4 = dichte Nebelkräuterflur bei anhaltendem Küstennebel (auch über Mittag) mit Gehölzen (z. B. *Acacia macracantha*). In b bedeuten 1 = Sukkulenten-Halbwüste mit Kugelkakteen (z. B. mit *Copiapoa cinerea*), 2 = Sukkulenten-Halbwüste mit Säulenkakteen (*Eulychnia breviflora*), 3 = Trockengebüsch aus *Eulychnia breviflora* und *Euphorbia lactiflua*, 4 = Sukkulenten-Halbwüste aus *Copiapoa* sp. und *Eulychnia*, 5 = Sukkulenten-Halbwüste aus *Copiapoa* sp., 6 = vegetationsfreie Vollwüste; c = Strauch-Loma mit *Eulychnia breviflora* und *Euphorbia lactiflua* (Paposo, Chile)

Hochgebirgssteppen (Puna), -halbwüsten und -wüsten der Anden in Peru, Bolivien und Argentinien (s. Abschn. 4.5). Ihre Breite variiert zwischen 20 und 100 km. Ihr Alter ist umstritten; wahrscheinlich datiert ihre Entstehung in das mittlere Miozän (13 bis 15 Mio. Jahre BP), als der Humboldtstrom bereits vorhanden war und die Anden etwa die Hälfte ihrer gegenwärtigen Höhe erreicht hatten (Alpers & Brimhall 1988). Für das peraride Klima sind jedenfalls beide Faktoren verantwortlich: Die Wüste liegt im Regenschatten der Anden (bei dem vorherrschenden Nordostpassat) und die niedrige Wassertemperatur verhindert die Entstehung feuchter regenbringender Luftmassen. Stattdessen bildet sich vor allem während der kühleren Jahreszeit in den Vormittagsstunden Nebel, der als „Garua" landeinwärts treibt. Er hat seine Untergrenze bei 200 m NN, seine Obergrenze bei rund 1.000 m NN. Die Vegetation dazwischen heißt Loma (span. Hügel) und verdankt ihre Existenz ausschließlich der an den Pflanzen oder der Gesteinsoberfläche kondensierenden Feuchtigkeit (Abb. 4-26). Denn die peraride Wüste in Peru und Nordchile (Antofagasta) erhält keinen nennenswerten Niederschlag (unter 10 mm). Lediglich in El-Niño-Jahren (s. Abschn. 1.3.1) kommt es zu heftigen Regenfällen.

Die Loma-Vegetation besteht – je nach der Ergiebigkeit des Nebels für die Wasserversorgung der Pflanzen – aus einem niedrigen Wald aus *Acacia*- und *Caesalpinia*-Arten (z. B. *A. macracantha*- und *C. spinosa*-Bestände bei Arequipa, Peru; Wald-Loma), einem Gebüsch aus Säulenkakteen, Euphorbien und Dornsträuchern (z. B. mit dem Kaktus *Eulychnia breviflora*, dem Dornstrauch *Euphorbia lactiflua* und dem Nebelfänger *Oxalis gigantea* bei Taltal in Chile; Busch-Loma; Abb. 4-26b), aus krautigen Pflanzen (mit Pluviotherophyten, wie Arten der Gattung *Nolana* aus der neotropischen Familie Nolanaceae mit zart gefärbten, windenartigen Blütentrichtern, und Geophyten wie der Amaryllidacee *Alstroemeria*; Kraut-Loma), aus Kryptogamen (besonders Flechten; Flechten-Loma) und Tillandsien (Ellenberg 1959, Rauh 1985, Rundel et al. 1991). Außer der Loma gibt es kontrahierte Vegetation entlang von allochthonen Flüssen, die ihr Einzugsgebiet in den vergletscherten Hochanden haben. Sie setzt sich aus verschiedenen *Acacia*- und *Prosopis*-Arten zusammen und ist heute weitgehend in landwirtschaftliche Kulturflächen umgewandelt (Flussoasen).

Die **Namib-Wüste** an der Südwestküste Afrikas erstreckt sich über eine Länge von rund 1.500 km von Angola (15° S) bis zum Oranje-Fluss (etwa 28° S), der die Grenze zwischen Namibia und der Republik Südafrika bildet. Ihre Breite liegt bei 100–140 km (Loris et al. 2004). Die Namib dürfte zu den ältesten Trockengebieten der Erde gehören; paläoklimatisch belegt ist ein Alter von mindestens 60 Mio. Jahren (Ward & Corbett 1990). Ähnlich wie in Südamerika sorgt auch hier ein kalter Meeresstrom (Benguelastrom) für täglichen Nebel. Da aber im Gegensatz zur Atacama kein Hochgebirge die feuchte Luft zum Aufsteigen zwingt, wandert der Nebel über die sanft ansteigende Ebene landeinwärts. Noch vor Erreichen der Randstufe, welche die Namib von den Zwergstrauch-Halbwüsten der Nama-Karoo und den Dornsavannen der Kalahari im Landesinnern trennt, hat er sich aufgelöst. Eine Loma-Vegetation gibt es deshalb hier nicht. Stattdessen kommt auf Kieswüsten in Küstennähe eine offene Vegetation aus Strauch- und Krustenflechten vor (Flechtenfelder), und zwar überall dort, wo die Bodenoberfläche nicht durch Wind- oder Wassererosion ständig erneuert wird. Die dominante Strauchflechte ist *Telo*

schistes capensis; beigemischt sind verschiedene *Ramalina*-Arten (Abb. 4-27a). Die dichtesten Bestände erreichen 70 % Deckung bei einer Phytomasse von 0,4 g m^{-2} (Schieferstein & Loris 1992) und einer Nettophotosyntheserate von 15–34 mg m^{-2} a^{-1} (Lange et al. 2006). Die Flechten zeigen eine perfekte Anpassung an den Standort mit seinem Tag-Nacht-Rhythmus der Luftfeuchte, Taufall am Morgen und Nebelnässe: Nach der Austrocknung der Thalli am Tag beginnt nachts die Reaktivierung der Respiration durch Aufnahme von Wasserdampf bei einer Luftfeuchte ab 82 % (d. h. bei einem Wasserpotenzial von –26,3 MPa). Nach Sonnenaufgang beginnt eine kurze Photosynthesephase (Optimum bei 100 % Wassergehalt), bis der Austrocknungsprozess am Vormittag die C-Aufnahme beendet (Kompensationspunkt bei 13 % Wassergehalt; Lange et al. 2006).

Wie die peruanisch-chilenische Wüste unterliegt auch die Namib hin und wieder in El-Niño-Jahren stärkeren Regenfällen. Diese Niederschläge sind vor allem für die Phreatophyten in den Trockentälern

Abb. 4-27 Vegetation der Namib-Wüste: a = Flechtenfeld aus *Teloschistes capensis* bei Swakopmund, b = Dünenfeld mit *Arthraerua leubnitziae* bei Henties Bay; der Himmel ist von einem dichten Nebel bedeckt; c = *Stipagrostis ciliata* (ephemer) mit dem Phreatophyten *Acacia erioloba* im Hintergrund bei Sesriem; d = kontrahierte Vegetation mit *Tetraena stapfii* (dunkelgrüner Busch) und *Monechma* sp. (Acanthaceae) bei Henties Bay.

von Bedeutung. Zu diesen auf Grundwasser angewiesenen Pflanzen gehört die Gymnosperme *Welwitschia mirabilis*, die für die Keimung ihrer Samen und die Etablierung der Jungpflanzen auf derartige intensive Regenereignisse angewiesen ist (Kasten 4-4). Das Vorkommen dieses phylogenetisch alten Taxons unterstützt das paläoklimatisch vermutete hohe Alter der Namib (s. Abschn. 4.3.1). Andere Phreatophyten mit weiter Verbreitung sind *Acacia erioloba* als laubabwerfender Baum sowie die Sträucher *Tetraena stapfii* mit großen, fleischigen Blättern („Talerbusch"; Abb. 4-27d), *Tetragonia reduplicata* als ein Vertreter der Aizoaceae und der blattlose „Bleistiftstrauch" *Arthraerua leubnitziae*, ein Vertreter der Amaranthaceae (Abb. 4-16b). Er hat seinen deutschen Namen von den gerieften Sprossen, in deren Vertiefungen die Spaltöffnungen sitzen; ob er in der Lage ist, Nebel aufzunehmen, oder lediglich auskämmt, ist unklar (Loris et al. 2004). Er bevorzugt jedenfalls die besonders nebelreichen küstennahen Sandfelder als Wuchsort (Abb. 4-27b, 4-28).

Die Durchfeuchtung des Bodens im Osten der Namib durch hin und wieder auftretende Sommerregen macht sich im selben und im darauf folgenden Jahr durch eine üppige Entwicklung von Ephemeren

auch außerhalb der Trockentäler bemerkbar. Unter ihnen fallen vor allem annuelle und perennierende Arten der Gattung *Stipagrostis* auf, wie z. B. *S. obtusa* und *S. hirtiglumis* (Abb. 4-27c). Entlang der allochthonen Flüsse, die ihr Einzugsgebiet im Hochland mit Sommerregen haben, kommt u. a. der bis zu 20 m hohe Baum *Faidherbia albida* (Mimosaceae) vor (Loris et al. 2004). Die Anordnung der Vegetation landeinwärts entlang des Gradienten aus abnehmender Nebelhäufigkeit und zunehmendem Niederschlag ist in Abb. 4-28 dargestellt (Hachfeld & Jürgens 2000).

Abgesehen von Halbwüsten und Trockensavannen ist die Vegetation der **Sahara** und der Arabischen Halbinsel als die größte Vollwüste der Erde auf Trockentäler und die geringfügig regenreicheren Gebirge beschränkt (Ayyad & Ghabbour 1986, Ghazanfar & Fisher 1998, Ozenda 2004, Zahran & Willis 2009). Die gewaltige Ausdehnung führt allerdings zu erheblichen floristischen Unterschieden. Während in der Nordhälfte noch mediterrane Florenelemente der Holarktis vorkommen, findet man im Süden vorwiegend paläotropisch-afrikanische Pflanzen. Die pflanzengeographische Grenze verläuft etwa entlang des 20. Breitengrads (Frankenberg 1978). So kommen die

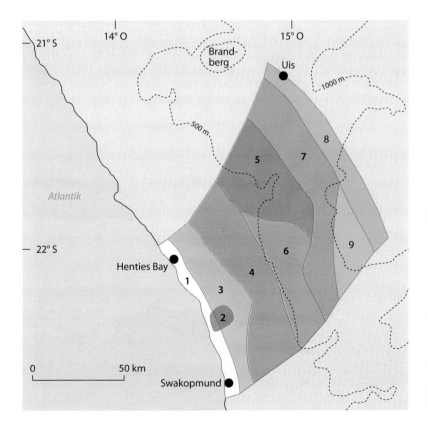

Abb. 4-28 Zonierung der Vegetation in der Namib-Wüste zwischen Henties Bay und Swakopmund (aus Hachfeld & Jürgens 2000, verändert).
1 = *Telochistes capensis*-Flechtenfeld,
2 = *Arthraerua leubnitziae* mit *Salsola nollothensis* auf Küstendünen,
3 = Flechtenzone, 4 = *Arthraerua leubnitziae*-Zone, 5 = *Tetraena stapfii*-Zone,
6 = Zone ephemerer Gräser,
7 = *Euphorbia damarana*-Zone,
8 = *Calicorema capitata*-Zone,
9 = Zwergstrauch- (*Boscia foetida*-) Halbwüste. Die Zonen 4 und 5 sind äußerst spärlich besiedelt (Deckung der Vegetation < 1 %).

xerophytischen Kleinsträucher *Nitraria retusa* (Zygophyllaceae) und *Gymnocarpos decandrus* (Caryophyllaceae) in der Nordsahara (z. B. Ägypten) vor, fehlen dagegen im Süden. Dort sind z. B. die tropische

Apocynacee *Calotropis procera* (Oscherbaum, Abb. 4-29c, d) und die tropischen *Acacia*-Arten verbreitet.

Als Phreatophyten treten in den Trockentälern der Sahara *Acacia*-Arten wie *A. tortilis* ssp. *raddiana*

Kasten 4-4

Welwitschia mirabilis

Zu den besonders bemerkenswerten Pflanzen der Welt gehört zweifelsohne die altertümliche Gymnosperme *Welwitschia mirabilis*, benannt nach dem Kärntner Naturforscher und Arzt Friedrich Welwitsch, der im Auftrag der portugiesischen Regierung von 1853 bis 1860 in der damaligen Kolonie Angola tätig war und die Pflanze entdeckte (Kutschera et al. 1997). Die Gattung mit nur einer Art gehört zur monogenerischen Familie Welwitschiaceae. *Welwitschia* besitzt wie die anderen Vertreter der Gnetales (Ephedraceae, Gnetaceae) im Gegensatz zu den übrigen Gymnospermen Tracheen, die aber zu denjenigen der Angiospermen nicht homolog sind (Bresinsky et al. 2008). Die Pflanze ist ein Endemit der Namib-Wüste; sie kommt über eine Distanz von 400 km vom Kuiseb- (Namibia) bis zum Nicolau-River (Angola) in Trockentälern und an Hängen in Form von isolierten Populationen vor, deren Größe zwischen zwei und über 1.000 Individuen variiert (Henschel & Seely 2000).

Welwitschia besitzt einen kurzen, kegelförmigen Stamm, aus dessen ovaler, bis zu 1 m Durchmesser erreichender Oberseite zwei bandartige, parallelnervige, graugrüne, amphistomatische Blätter entspringen (Abb. 1). Diese Blätter erreichen eine Länge von maximal 2,5 m, wobei sie am Ende absterben, an der Basis aber kontinuierlich nachwachsen. Das Blattwachstum beträgt je nach Standort und Witterungsverlauf 7–30 cm pro Jahr (Henschel & Seely 2000). Das Wurzelsystem besteht aus einer Pfahlwurzel, die vermutlich

viele Meter lang werden kann, und zahlreichen, bis zu 15 m weit streichenden oberflächennahen Seitenwurzeln (Kutschera et al. 1997). Die Pflanze nutzt insbesondere Hangzug- und Grundwasser und transpiriert deshalb als Phreatophyt auch tagsüber. Dadurch verliert sie im Schnitt etwa 1 Liter Wasser m^{-2} d^{-1}. Allerdings kann sie unter besonders heißen Witterungsbedingungen ihre Spaltöffnungen vorübergehend schließen (Herppich et al. 1996). Vor allem während der Reproduktionsphase (Dezember, Januar) ist *Welwitschia* in der Lage, auch nachts CO_2 aufzunehmen (von Willert et al. 2005); der Anteil des mittels CAM aufgenommenen Kohlenstoffs beträgt allerdings maximal 4 % der täglich absorbierten C-Menge.

Die Blüten der diözischen Art entstehen in den Blattachseln und sind zapfenförmig. Eine weibliche Pflanze erzeugt 10.000 bis 20.000 geflügelte, anemochore Samen, von denen über 90 % von einem Schimmelpilz (*Aspergillus niger*) befallen werden und deshalb steril sind (Whittaker et al. 2008). Da die überlebenden Samen nur dann keimen, wenn besonders ausgiebige Regenfälle den Wüstenboden über mehrere Wochen durchfeuchtet haben, findet man Jungpflanzen nur sehr selten. Innerhalb von acht Monaten bilden die Keimlinge eine über 1 m tiefe Pfahlwurzel (von Willert 1994). Die Pflanzen sind äußerst langlebig; Angaben reichen von etwa 500 Jahre (Jürgens et al. 1997) bis über 2.000 Jahre (von Willert 1994).

Abb. 1 *Welwitschia mirabilis* (Welwitschia Drive, Namibia), Die Pflanzen stehen in einem Trockentälchen.

(Abb. 4-29a), *A. seyal* (im Süden) und *A. ehrenbergiana* (in Marokko) auf, ferner die zwei immergrünen Bäume *Balanites aegyptiaca* (Zygophyllaceae) und *Maerua crassifolia* (Capparidaceae). Alle Arten sind wichtige Futterpflanzen für Kamele. Auf salzbeeinflussten Böden sind Tamarisken verbreitet, die wie *Tamarix aphylla* und *T. gallica* Salz ausscheiden können. Wie auch andere Gehölze wirken sie als Sandfänger, sodass sich um die Pflanzen ein bis zu mehrere Meter hoher Sandhügel aufhäuft („Nebhka"; Abb. 4-29a). Typische xerophytische Klein- und Zwergsträucher sind die Arten der Gattung *Zilla*

(z. B. *Z. spinosa*, s. Abb. 4-11b), zur Familie der Brassicaceae gehörend und dicht mit Dornen besetzt, *Nitraria retusa* (ostsaharisch verbreitet; Nitrariaceae), *Anabasis articulata* und *Haloxylon salicornicum* (Nordsahara), beide schwach sukkulente Chenopodiaceen, *Ziziphus lotus* (Rhamnaceae), ein stark bedornter Strauch, der mit dem mediterranen Christusdorn *Z. spina-christi* verwandt ist, *Retama raetam* (Fabaceae), der „Ginster" der Bibel, und schließlich die Rutensträucher *Calligonum comosum* (Polygonaceae) und *Deverra scoparia* (Apiaceae, ein besenförmiger Halbstrauch). Hinzu treten die skle-

Abb. 4-29 Vegetation der algerischen Wüste: a = *Tamarix aphylla* als Sandfänger; b = kontrahierte Vegetation in einem Trockental (Tardrat-Gebiet) nach Regen mit *Schouwia purpurea* (breitblättrige Pflanze im Vordergrund) und *Zilla spinosa* (sparrige Kleinsträucher); c = *Calotropis-procera*-Bestand in einem Wadi bei Djanet; d = Blütenstand von *Calotropis procera*; e = der Paläoendemit *Cupressus dupreziana* im Tassili d'Adjer.

rophyllen Gräser *Panicum turgidum* und *Stipagrostis pungens* (Igelgräser; Abb. 1-28). Von den zahlreichen Ephemeren seien außer *Anastatica hierochuntia* (Rose von Jericho; s. Abschn. 4.2.5; Abb. 4-13) die Leguminosen *Senna italica* und *Tephrosia purpurea* erwähnt. In den Gebirgen der Zentralsahara (Ahaggar und Tassili d'Adjer in Algerien, Tibesti im Tschad) kommen Relikte aus einer Klimaperiode vor, die deutlich feuchter war als heute. Zu diesen Relikten gehören der Endemit *Cupressus dupreziana* mit einem Reliktbestand von wenigen 100 Bäumen, von denen einige mehr als 1.000 Jahre alt sein sollen (Abb. 4-29e), sowie die mediterranen Sträucher *Nerium oleander* und *Olea europaea* ssp. *laperrinei*. Fossile Tier- und Pflanzenreste sowie die Felsmalereien der Zentralsahara zeigen, dass noch vor 4.000 Jahren in weiten Teilen ein eher sommerfeuchtes Klima geherrscht haben muss. Vermutlich existieren die nordafrikanischen Trockengebiete erst seit dem Pliozän, sind also im Vergleich zur Namib sehr jung (Le Houérou 1997).

4.4 Landnutzung

In den tropisch-subtropischen Trockengebieten der Erde waren ursprünglich Jäger-und-Sammler-Kulturen weit verbreitet (Hornetz & Jätzold 2003). Sie nutzten die einheimischen Pflanzen und Tiere auf der Basis eines umfangreichen Erfahrungswissens. Ihre Bevölkerungsdichte war gering, sodass die begrenzt vorhandenen Nahrungspflanzen ausreichten. Heute existieren noch die Topnaar-Namas, die im Einzugsgebiet des Kuiseb Rivers in Namibia leben. Ihre Hauptnahrung besteht aus den melonenartigen Früchten des Strauches *Acanthosicyos horridus* (Cucurbitaceae), eines bis zu 30 m tief wurzelnden Phreatophyten, der an der Leeseite von Dünen wächst (Hornetz & Jätzold 2003). Für die Buschleute (San) der Kalahari stellen die Wurzelknollen der Maramabohne *Tylosema esculentum* (Caesalpiniaceae) eine wichtige Nahrungsquelle dar (Hornetz & Jätzold 2003). Gut untersucht sind die Nahrungsgewohnheiten der Ureinwohner Australiens (Aborigines, von lat. *ab origene* = von Anfang an). Neben tierischer Nahrung (u. a. auch Ameisen und Termiten) verzehren sie auch die Früchte und Wurzeln verschiedener Pflanzen der Halbwüsten und Trockengebüsche. Hierzu gehört die als Buschbanane bekannte Apocynacee *Marsdenia australis* mit eiförmigen Früchten und weißlichen, stärkehaltigen Wurzeln

und die Vitamin-C-haltige Buschpflaume *Terminalia edulis* (Latz 1995). Jäger-und-Sammler-Kulturen existieren in Amerika seit der Einwanderung der indianischen Volksstämme vor 10.000 bis 12.000 Jahren, in Australien seit 40.000 bis 50.000 Jahren (Beginn der Einwanderung der Aborigines) und in Afrika vermutlich kontinuierlich seit der Entstehung des *Homo sapiens* vor rund 300.000 Jahren.

Ausschließlich in den tropisch-subtropischen Trockengebieten Ost- und Nordafrikas bis in die Wüste Thar im pakistanisch-indischen Grenzgebiet gab es daneben auch eine traditionelle Viehwirtschaft mit Ziegen, Rindern und Schafen ab etwa 6.000 Jahren BP. Bis in die Kolonialzeit hinein wurden Dornsavannen, Trockengebüsche und Halbwüsten von subsistenzorientierten nomadischen Ethnien genutzt (Hornetz & Jätzold 2003). Da das Angebot an pflanzlicher Tiernahrung je nach Lage und Dauer der Niederschlagsperioden räumlich und zeitlich variiert, mussten die Bevölkerungsgruppen Herden und Siedlungen ständig verlegen. Dabei unterscheidet man zwischen Regenzeitweiden (überwiegend aus Ephemeren bestehende nährstoffreiche Vegetation), Trockenzeitweiden (Gräser und Blätter von Trockengebüschen und Halbwüsten) und Reserveweiden (oft weit entfernte Vegetation wie Galeriewälder und niederschlagsreiche Gebirgsregionen).

Da die tropisch-subtropischen Trockengebiete mit Niederschlägen unter 500 mm überwiegend jenseits der agronomischen Trockengrenze liegen, ist Regenfeldbau, also der Anbau von landwirtschaftlichen Kulturen in einer für die Reifung der Feldfrüchte ausreichend langen Regenzeit, hier nicht mehr möglich. Als Ersatz bietet sich der Bewässerungslandbau an, der in den Oasen der Halbwüsten und Wüsten betrieben wird. Je nach der Art der Gewinnung des Bewässerungswassers unterscheidet man Flussoasen (an allochthonen Flüssen) und Grundwasseroasen (Nutzung des Grundwassers durch Brunnen oder artesisch gespanntes Wasser). In Nordafrika wird außer der Dattelpalme *Phoenix dactylifera* auch die Doumpalme *Hyphaene thebaica* angebaut; unter dem offenen Kronendach gedeihen Fruchtbäume, Getreide und Gemüse (Abb. 4-30). Die Vegetation der Oasen außerhalb des kultivierten Bereichs besteht aus Süßwassersümpfen mit *Phragmites australis* und *Typha domingensis*, Salzpflanzen am Oasenrand und zahlreichen, weit verbreiteten ruderalen Arten. Zu Letzteren gehören das ursprünglich paläotropische, heute weltweit invasive Hundszahngras *Cynodon dactylon*, ferner *Chenopodium murale*, *Convolvulus arvensis*, *Sorghum virgatum* und *Sonchus oleraceus* (Zahran & Willis 2009).

Abb. 4-30 Oase Djanet in Südalgerien mit der Dattelpalme *Phoenix
dactylifera* und Gemüsefeldern.

Die Jäger-und-Sammler-Kulturen sowie der vieh-
haltende Nomadismus wurden durch die Kolonisation der Europäer erheblich zurückgedrängt (Afrika,
Australien) oder verschwanden ganz (Südamerika).
Nomadismus gibt es in Afrika heute noch vereinzelt
in der Südsahara sowie in Ost- und Südwestafrika.
Ansonsten haben sich in den Halbwüsten von Australien und Afrika großflächige, extensive Beweidungssysteme mit genügsamen Schaf- und Rinderrassen entwickelt („Großranching"). In Australien
gibt es eine von Kapitalgesellschaften betriebene Rin-
derhaltung auf bis zu 500.000 ha großen, nicht eingezäunten Flächen, die nicht arrondiert, sondern räumlich voneinander getrennt in verschiedenen Gebieten
der australischen Trockengebiete liegen. Beweidet
wird nach einem Rotationssystem, bei dem die Herden je nach Witterung und Aufwuchs mit großen
Viehtransportern zu jeweils frischen Weidegebieten
transportiert werden. So ist Großranching mit Beweidung auf immer wieder neuen Flächen als eine
Art von moderner Nomadenwirtschaft anzusehen.
Im südlichen Afrika ist vor allem die Haltung der
genügsamen, aus Usbekistan stammenden Karakul-
Schafe verbreitet. In Namibia werden für einen renta-
blen Familienbetrieb Betriebsgrößen von 40.000 ha
mit 5.000 Schafen als Minimum angegeben (Hornetz
& Jätzold 2003). Als Sonderform der extensiven Weidewirtschaft hat sich hier die Haltung von ursprünglich wildlebenden Ungulaten (Antilopen) auf eingezäunten Naturweiden zur Erzeugung von Wildbret
eingebürgert (Trollope 1990).

Es ist ein weit verbreiteter Mythos, Trockengebiete
seien besonders empfindlich gegenüber (anthropogenen) Störungen. In Wirklichkeit gibt es Halbwüsten, deren Physiognomie auf beträchtliche, lang
andauernde Eingriffe kaum reagiert (Ward 2009).
Die Ursache liegt darin, dass die stressresistenten
Organismen an eine besonders hohe Variabilität der
Ressourcenverfügbarkeit angepasst sind; die daraus
resultierende Resilienz des Ökosystems kann also
offensichtlich einiges an Störungen abfangen. So
können geschädigte Flächen häufig rasch wieder
besiedelt werden, wenn sie vor Tierfraß geschützt
werden oder eine regenreichere Periode die Ansiedlung von Pflanzen begünstigt (Ward et al. 1998). Der
oft verwendete Begriff Desertifikation im Sinn der
Neubildung einer vegetationsfreien Wüste ist deshalb
im Allgemeinen nicht zutreffend (Schultz 2000);
stattdessen sollte man besser von Degradation sprechen (Müller-Hohenstein 1993).

Unter Degradation verstehen wir sowohl den
Rückgang der für die jeweiligen Formationen charakteristischen Arten als auch die Minderung der
Nutzbarkeit für Weidetiere durch Verschlechterung
der Futterqualität (z. B. durch Überhandnahme
nicht-schmackhafter oder giftiger Arten), Verminderung der Futtermenge (durch Abnahme des De-
ckungsrades oder der Wachstumsgeschwindigkeit
der Futterpflanzen) und Rückgang der Bodenfruchtbarkeit (z. B. durch Erosion oder Versalzung). Degradation kann durch eine Reihe von Faktoren ausgelöst
werden, die mit einer dem Ökosystem nicht adäqua-
ten Übernutzung zusammenhängen. Dazu gehören
a) ungeregelte Brennholznutzung, indem mehr Holz
entnommen wird, als nachwächst, b) Bodenversal-
zung, entweder durch schlechtes Wassermanagement

in Bewässerungsgebieten (ungeeignete Bewässerungsmethoden, ungenügende Durchspülung der Dränsysteme) oder durch die Beseitigung der natürlichen Vegetation (Veränderung der örtlichen Wasserbilanz; Amezketa 2006), c) verschiedene Formen der Überweidung und d) Invasion gebietsfremder Arten (wie die Invasion von *Acacia nilotica* in das australische Savannengrasland aus *Astrebla*-Arten oder die Überhandnahme des nordafrikanischen Grases *Cenchrus ciliaris* in den inneraustralischen Trockengebieten; Grice 2004).

Überweidung stellt die Hauptursache für Degradation in den tropisch-subtropischen Trockengebieten dar. In der Sahelzone löst der Übergang vom Nomadismus zu einer halbstationären Viehhaltung mit Tendenz zur Überweidung eine Reaktionskette aus, die die Vegetationsdecke auf ganzer Fläche reduziert (Sinclair & Fryxell 1985). Außerdem erhöht dieser Prozess die räumliche Heterogenität der Standorte und verringert damit die Nutzbarkeit des Gesamtgebiets (Mosaik aus nährstoffverarmten Standorten, versalzten Flächen und Dünen; Schlesinger et al. 1996). Die bedeutendste Veränderung in der Vegetation ist die Zunahme von weniger schmackhaften Gehölzen zulasten der schmackhaften Gräser (*bush encroachment*), ein in Halbwüsten weit verbreiteter Prozess, möglicherweise zukünftig noch verstärkt durch den CO_2-Anstieg in der Atmosphäre (Förderung der C_3-Gehölze zuungunsten der C_4-Gräser). Dass nicht nur tropische Tieflandregenwälder, sondern auch Trockengebüsche und Trockenwälder durch industrielle Landwirtschaft bedroht sind, zeigt sich am Beispiel des Gran Chaco in Argentinien (Gasparri & Grau 2009). Zwischen 2001 und 2007 verschwanden jährlich rund 100.000 ha Trockenwald durch den Anbau von transgenem Soja (*Glycine max*). Die Folgen sind Fragmentation der Wälder, Artenverlust und Erosion des A_h-Horizonts der ehemaligen Waldböden.

4.5 Die Vegetation der trockentropischen Gebirge

4.5.1 Einführung

Zu den trockentropischen Gebirgen rechnen wir diejenigen, die in der montanen und subalpinen Stufe überhaupt keine Wälder aufweisen (arides Gebirge vom Typ C in Abschn. 1.3.4.3) oder wenigstens im Lee waldfrei, aber im Luv bewaldet sind (teilarides Gebirge vom Typ D in Abschn. 1.3.4.3) und innerhalb des Tropengürtels gemäß der Abb. 1-32 in Abschn. 1.3.4.3 liegen (also etwa zwischen 20° S bzw. N). Solche Hochgebirge sind z. B. die Anden in Peru, Bolivien und Nordargentinien mit Erhebungen über 6.000 m NN (Illimani bei La Paz 6.439 m NN), die Sierra Madre Occidental und Oriental mit dem Vulkan Popocatépetl (5.452 m NN) und das Äthiopische Hochland mit dem Simen-Gebirge im Norden, das den höchsten Berg Nordostafrikas umfasst (Ras Dedjen 4.620 m NN). Trockentropische Gebirge ohne alpine Stufe sind z. B. das Djebel-Marra-Gebirge im Sudan (Sahelzone, 3024 m NN) und das Ahaggar-Gebirge in Algerien, das eigentlich schon außerhalb der Tropen liegt (3.003 m NN). Zu den trockentropischen Hochgebirgen gehören auch solche, die bis in die Wolkenkondensationszone des Passats humid sind, darüber aber ein semihumides, semiarides oder arides Klima aufweisen. Das trifft für die höheren Gebirge des Hawai'i-Archipels zu (Mauna Kea mit 4.205 m NN und Mauna Loa auf der Hauptinsel Big Island sowie auf den Vulkan Haleakala auf Maui) und – mit Einschränkung – auf den Kilimanjaro und die Sierra Madre in Mexiko.

Im Gegensatz zu den feuchttropischen Hochgebirgen ist die Höhenabfolge der Vegetation je nach der örtlichen Situation sehr unterschiedlich (Abb. 4-31). In Gebirgen des Typs C und D (hier nur Leeseite) findet man in der montanen Stufe sowohl oreotropische Trockengehölze als auch Zwergstrauch-Halbwüsten, in der Neotropis stellenweise mit hohem Anteil an Kugel- und Säulenkakteen. Darüber kann – in der subalpinen Stufe – ein oreotropischer sklerophyller Heidewald vorkommen, der aus *Polylepis*-Arten besteht (im Fall der peruanischen und bolivianischen Anden), als Gebüsch aus *Erica*- und *Hagenia*-Arten ausgebildet ist (Simen-Gebirge, Kilimanjaro) oder sich aus *Coprosma ernodeoides* (Rubiaceae) und *Sophora chrysophylla* (Fabaceae) zusammensetzt (Hawai'i). In Mexiko reicht stattdessen die trockenheitsresistente Kiefernart *Pinus hartwegii* bis zur Baumgrenze.

In der alpinen Stufe ist die Vegetation entweder eine trockentropische alpine Hochgebirgssteppe unter subhumiden bis subariden Bedingungen („Graspuna"), eine trockentropische alpine Zwergstrauch-Halbwüste unter euariden („Dorn- und Sukkulentenpuna") oder eine trockentropische alpine Hochgebirgswüste unter perariden Bedingungen („Wüstenpuna"). Der Begriff Steppe für die Graspuna ist angebracht, weil die Vegetation den nemoralen Steppen physiognomisch und funktional ähnlich ist:

Wie hier dominieren C_3-Gräser der Gattungen *Stipa*, *Festuca*, *Bromus* und *Calamagrostis* mit horstförmigem Wuchs. Einem Vorschlag von Troll (1959) und Vareschi (1980) folgend hat sich für die alpine Vegetation der trockentropischen Hochgebirge die Bezeichnung „Puna" (aus der Quechua-Sprache: hohes Land) durchgesetzt. Die Graspuna wird in eine feuchte (mit geschlossener, aber jahreszeitlich abtrocknender und dann brennbarer Grasdecke) und eine trockene Ausbildung (mit halbjähriger Trockenzeit und eher lockerer Grasdecke) unterteilt. Die Dorn- und Sukkulentenpuna besteht aus dornigen Kleinsträuchern und kleinblättrigen, harzigen Chamaephyten (in der Neotropis mit Kakteen).

Die Waldgrenze ist nur dann eindeutig zu bestimmen, wenn in der subalpinen Stufe Wälder oder Gebüsche vorkommen. Andernfalls ist der Übergang zwischen oreotropischer und alpiner Stufe fließend. Die alpine Stufe beginnt in den trockentropischen Gebirgen bei 3.500–4.500 m NN, je nach Lage des Gebirges, und liegt damit etwas höher als in den wolkenreichen feuchttropischen Gebirgen, weil die thermischen Bedingungen tagsüber günstiger sind. Die Obergrenze der geschlossenen Vegetationsdecke der Graspuna findet sich bei 5.000 m NN; darüber gibt es eine Zone spärlicher Vegetation aus vereinzelten Polster- und Rosettenpflanzen sowie Grashorsten unterhalb der nivalen Stufe (Polsterpflanzen-Vegetation). In den Gipfellagen folgt eine weitgehend vegetationsfreie Kältewüste, in der Gletscher vorkommen können.

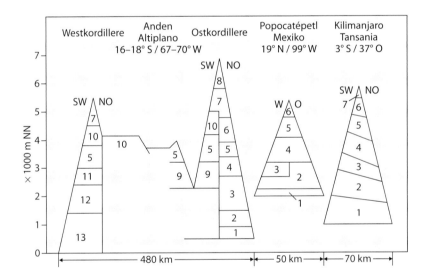

Abb. 4-31 Stark schematisierte Höhenabfolge der Vegetation in verschiedenen trockentropischen Gebirgen. Anden-Querschnitt etwa auf der Höhe von La Paz, Bolivien (nach Troll 1959, Kessler 2004 und einer Vorlage aus Schroeder 1998): 1 = tropischer Tieflandregenwald des Amazonasbeckens, 2 = prämontaner tropischer Tieflandregenwald, 3 = oreotropischer (laurophyller) Laubwald, 4 = oreotropischer Nebelwald, 5 = oreotropischer Heidewald mit *Polylepis* spp., 6 = Páramo (ohne Großrosettenpflanzen), 7 = Polsterpflanzen-Vegetation, 8 = Kältewüste mit Gletscher, 9 = Sukkulenten- und Dornstrauch-reiches Trockengebüsch, 10 = Hochgebirgssteppe (Graspuna), 11 = Trockengebüsch mit Dornsträuchern und Säulenkakteen, 12 = Sukkulenten-Zwergstrauch-Halbwüste, 13 = Vollwüste mit Loma-Vegetation. Die feuchten Unterhänge am Anden-Osthang mit immergrünen und teilimmergrünen Wäldern (2, 3 und 4) werden Yungas genannt.
Popocatépetl, Mexiko (Lauer 1973, Klink et al. 1973, Almeida et al. 1994): 1 = oreotropischer (laurophyller) Laubwald, teilweise laubabwerfend, mit *Quercus*-Arten, 2 = Mischwald aus *Pinus*- und *Quercus*-Arten, 3 = *Pinus pseudostrobus / Abies religiosa*-Wald, 4 = xerophytischer Nadelwald aus *Pinus hartwegii*, 5 = Hochgebirgssteppe (Graspuna), 6 = Kältewüste. Das jährliche Niederschlagsmaximum liegt mit rund 1.200 mm bei 3.000 m NN (in der Wolkenkondensationszone). Darüber sinken die Niederschläge auf unter 700 mm. Die Vegetationszonen 2, 3 und 4 zeigen Verwandtschaft mit der Vegetation der nemoralen und borealen Zone der Nordhemisphäre.
Kilimanjaro, Tansania (nach Klötzli 1958, 2004d): 1 = Dornstrauch-Savanne, 2 = oreotropischer (laurophyller) Laubwald, 3 = oreotropischer Heidewald aus *Erica*-Arten, 4 = Páramo, 5 = Hochgebirgssteppe (Graspuna), 6 = Polsterpflanzen-Vegetation, 7 = Kältewüste mit Gletscher. Das Niederschlagsmaximum liegt mit 1.000 bis 2.000 mm jährlich im Bereich des oreotropischen Heidewaldes. Darüber nehmen die Niederschläge ab, bis sie im Gebiet der Polsterpflanzen-Vegetation nur noch 200 mm betragen.

4.5.2 Oreotropische Trockenwälder und -gebüsche

In der oreotropischen Stufe der trockentropischen Hochgebirge des Typs C und D sind Trockengebüsche und Zwergstrauchhalbwüsten weit verbreitet. Physiognomisch entsprechen sie weitgehend den Formationen des Tieflands; floristisch unterscheiden sie sich von diesen durch einen höheren Anteil an frostunempfindlichen Arten. Großflächig verbreitet sind sie im zentralandinen Raum, und zwar in den innerandinen Trockentälern von Peru und Bolivien. Nach Süden hin ersetzen sie mit zunehmender Aridität die immergrünen und teilimmergrünen Wälder der Yungas an den Anden-Osthängen und werden in Argentinien zur dominanten Vegetation in einer Höhenlage bis zu 3.500 m NN. Hier herrschen Arten der Gattungen *Acacia* und *Prosopis* sowie Säulenkakteen vor (Kessler 2004; Abb. 1-28, Nr. 14).

Zu den Trockenwäldern, allerdings mit immergrünem Charakter, gehören auch die *Pinus hartwegii*-Wälder in Mexiko (Klink 1973, Lauer 1973). Sie folgen z. B. am **Popocatépetl** ab etwa 3.200 m NN einem semihumiden Kiefern-Eichen-Bergwald aus *Quercus laurina* und verschiedenen *Pinus*-Arten wie *Pinus patula* u. a. und reichen bis in eine Höhe von rund 4.000 m NN. Dort gehen sie in Form eines Mosaiks (Baumbestände nur noch auf Hangrippen) in eine Graspuna über (Klötzli 2004a). Hier, auf knapp 20° N, greifen bereits Nadelbäume borealen Charakters auf die hochmontane Stufe der Sierra Madre über (s. Abb. 1-32). Im **Simen-Gebirge** sind auf dem stark landwirtschaftlich genutzten Hochplateau noch Reste von montanen Trockenwäldern zu finden, die aus *Juniperus procera* und *Acacia abyssinica* bestehen (Klötzli 2004b). Ab etwa 3.000–3.600 m NN (je nach Exposition) kommen massivstämmige *Erica*-Wälder mit Grasunterwuchs vor, die oberhalb von 3.400 m von feuchtem und ab 3.600 von trockenem Grasland abgelöst werden (s. Abschn. 4.5.3). Im **Djebel Marra** (Südsudan) wäre die oreotropische Stufe oberhalb 2.400 m NN von einem Hartlaubgehölz aus dem Sahara-Endemiten *Olea europaea* ssp. *laperrinei* besiedelt, anstelle des heute vorherrschenden feuer- und beweidungsbedingten Graslands aus *Festuca*- und *Hyparrhenia*-Arten (Miehe 1988). Auf **Hawai'i** schließlich gibt es zwischen ca. 2.600 und 3.000 m NN sklerophylle Trockengebüsche, die von *Styphelia tameiameiae* (Ericaceae) dominiert werden (Mueller-Dombois & Fosberg 1998). Das Gebüsch enthält zahlreiche weitere Gehölze (u. a. viele Arten der Asteraceae-Gattung *Dubautia*) und ist deshalb interessant, weil hier eine der schönsten Großrosettenpflanzen der Welt vorkommt, nämlich das Silberschwert *Argyroxiphium sandwicense* (Asteraceae; Abb. 4-32a).

Zu den Trockenwäldern kann man auch die **Polylepis-Wäldchen** der trockenen Anden stellen. Dabei handelt es sich vorwiegend um *P. tomentella*. Die Art steigt in der Westkordillere am Vulkan Sajama (Bolivien) bis 5.200 m NN (Hensen 2002) und gehört damit zu den am höchsten vorkommenden Baumarten der Welt. Sie bildet im Gelände unregelmäßig verteilte Bestände, hauptsächlich in einer Höhenlage von 3.500–4.200 m NN (oreotropisch-hochmontane Stufe). Diese Bestände werden als Reste eines ehemals größeren Vorkommens gedeutet, das durch Feuer, Holznutzung und Beweidung schon in präkolumbianischer Zeit größtenteils vernichtet wurde (Ellenberg 1958, Kessler 1995, Hensen 1995; s. Kasten 4-5).

Polylepis tomentella ist ein Beispiel für die perfekte Anpassung von Bäumen an klimatisch extreme Hochgebirgsstandorte (Abb. 4-32b). Nach Hoch & Körner (2005) erreichen die Individuen an ihrer Höhengrenze nur noch um die 3 m und einen Durchmesser von nicht mehr als 34 cm; im Lauf einer Wachstumsperiode fanden die Autoren eine Mitteltemperatur von 5,4 °C in 10 cm Bodentiefe (vergleichbar mit anderen Waldgrenz-Standorten in Hochgebirgen). Im Fall der auf die feuchtere Ostkordillere Boliviens beschränkten *Polylepis*-Arten *P. lanata* und *P. pepei* erhöht sich die Biomasse der Feinwurzeln von 3.650–4.050 m NN um mehr als das Sechsfache; die Pflanzen investieren also mehr C in die unterirdischen Organe und weniger in die oberirdischen (Hertel & Wesche 2008). Das zeigt sich auch in der Reproduktion: In den Hochlagen überwiegt die Polykormonbildung durch Wurzelausläufer, während in den tieferen Lagen die generative Vermehrung vorherrscht (ebd.). Im Fall von *P. tomentella* ist die Nettophotosyntheserate mit 2,5–2,8 μmol m^{-2} sec^{-1} sehr gering und vergleichbar mit derjenigen der Großrosettenpflanze *Coespeletia timotensis* in den Páramos von Venezuela; sie variiert zwischen dem trockenen, kalten Winter und dem warmen, feuchten Sommer nur unwesentlich, weil die C-Akquisition entweder durch Trockenheit (im Winter) oder durch die reduzierte Beleuchtungsstärke (im Sommer mit bewölktem Himmel) limitiert wird (García-Núñez et al. 2004). Verbunden mit dem niedrigen Temperaturkompensationspunkt der Nettophotosynthese von −2,8 °C und der Fähigkeit zur raschen Aktivierung der C-Aufnahme frühmorgens nach dem nächtlichen Einfrieren der Interzellularräume (Rada et al.

Kasten 4-5

Das *Polylepis*-Problem

Die neotropische Gattung *Polylepis* (Rosaceae) besteht aus 20 Arten (Kessler 2002) und kommt von Venezuela bis Argentinien in den Hochlagen der Anden vor. Die Arten besiedeln unterschiedliche Standorte. So bilden einige in den feuchttropischen Anden oberhalb der Nebelwälder (also in der subalpinen Stufe) zusammen mit Ericaceen und Asteraceen 10–15 m hohe „Heidewälder", die nach oben die Waldgrenze zu den baumfreien Páramos darstellen (s. Abschn. 2.3.4). Hierzu gehören die eher thermophile und wenig frostresistente Sippe *P. sericea* in Venezuela und Kolumbien sowie *P. racemosa*, *P. besseri* und *P. pepei* in den Yungas von Peru und Bolivien. Oberhalb der Heidewälder gibt es noch vereinzelt *Polylepis*-Bestände vorwiegend auf Blockschutt und in Bachtälern (s. Abb. 2-40g). In den trocken-tropischen Anden von Peru, Bolivien und Nordargentinien ist die Situation anders. Dort bildet *Polylepis* keinen geschlossenen Waldgürtel. Die hochgradig frostresistente Art *P. tomentella* kommt stattdessen in Form kleiner, voneinander isolierter Bestände und als Einzelbäume in einer Höhenlage von 3.500–4.200 m NN vor; sie grenzen allseitig an die Graspuna oder an Zwergstrauch-Halbwüsten.

Dieses zersplitterte Vorkommen der *Polylepis*-Wäldchen im andinen Raum hat eine umfangreiche Debatte unter Pflanzenökologen ausgelöst, die als „*Polylepis*-Problem" in die Literatur eingegangen ist (Miehe & Miehe 1994, Körner 2003b, Walter & Breckle 2004). So haben C. Troll und H. Walter vermutet, dass die isolierten *Polylepis*-Bestände in den Graspáramos der feuchttropischen Anden auf die kleinklimatische Gunstsituation von Blockhalden oberhalb der großklimatischen Baumgrenze zurückzuführen seien (Troll 1959, Walter & Medina 1969). Stattdessen hat Ellenberg (1958) das zersplitterte Vorkommen der *Polylepis*-Wäldchen auf die Tätigkeit des Menschen (Feuer, Brennholzgewinnung, Beweidung) zurückgeführt. Inzwischen sind einige Arbeiten publiziert worden, mit denen man der Klärung des „*Polylepis*-Problems" einen Schritt näher gekommen ist (Hensen 1995, Kessler 1995, 2002):

Die Existenz der *Polylepis*-„Outposts" oberhalb der aktuellen Baumgrenze in den feuchttropischen Anden und das zersplitterte Vorkommen der *Polylepis*-Bestände in den trockentropischen Anden haben vermutlich unterschiedliche Ursachen. Im ersten Fall könnten die isolierten *Polylepis*-Wäldchen oberhalb der aktuellen Waldgrenze Reste eines mehr oder minder geschlossenen Waldgürtels sein, der sich während einer wärmeren Klimaphase (vielleicht in den pleistozänen Interglazialen) gebildet hat und möglicherweise noch vor wenigen 1.000 Jahren während einer holozänen Wärmezeit existiert hat. Tatsächlich weisen Pollenfunde in Mooren der Graspáramos darauf hin, dass die Waldgrenze in den feuchttropischen Gebirgen im Atlantikum um einige 100 m höher lag als heute (Lauer 1988). Auch derzeit findet man noch isolierte *Polylepis sericea*-Bestände in Venezuela

bis 4.200 m NN (Goldstein et al. 1994). Damit wäre der Graspáramo eine Art „Kampfzone" oreotropisch-subalpiner Wälder (vergleichbar mit der Zwergstrauchtundra an der borealen Waldgrenze) und gar keine „echte" alpine Stufe (Körner 2003b), und lediglich der Superpáramo oberhalb von 4.000 m NN wäre natürlicherweise baumfrei. Dass sich *Polylepis* vorwiegend in Bacheinschnitten, auf Blockhalden und in Tälchen gehalten hat, könnte man aus der geschützten Lage erklären, die in einem kühler werdenden Klima für die Samenkeimung und die Jungpflanzenentwicklung vorteilhaft ist; wahrscheinlich ist aber, dass solche Standorte vor Feuer geschützt sind, weil Gräser als Brennstoff fehlen (Goldstein et al. 1994).

Im zweiten Fall handelt es sich wohl um Reste eines ehemals weiter verbreiteten Waldgürtels auf waldfähigen Standorten, die sich im ariden Klima in feuchteren und windgeschützten Bacheinschnitten, auf schattseitigen Südhängen in tieferen und auf sonnseitigen Nordhängen in höheren Lagen finden (Kessler 1995). Hygrisch wird *Polylepis* durch jährliche Niederschlagsmengen < 100 mm (in höheren Lagen) bzw. < 200 mm (in tieferen Lagen) begrenzt (ebd.). *Polylepis* meidet außerdem flachgründige Leptosole, Salz- und Stauwasserböden. Dieser *Polylepis*-Gürtel war also nicht geschlossen, sondern – vegetationsgeschichtlich nachweisbar – schon vor der Ankunft des Menschen in einzelne Vorkommen auf hygrisch, thermisch und chemisch günstige Habitate beschränkt (Gosling et al. 2009). Standorte, die potenziell solche Wälder tragen können, werden in Bolivien auf lediglich 20 % der Fläche oberhalb 3.500 m NN geschätzt; das sind rund 51.000 km^2 (Kessler 1995). Nur 10 % dieser potenziellen *Polylepis*- Fläche werden heute von *Polylepis*-Beständen eingenommen. Die Gründe für den Rückgang werden (in Übereinstimmung mit Ellenberg 1958) erstens in häufigen anthropogenen Bränden, zweitens in der Verwendung des *Polylepis*-Holzes als Brennmaterial und drittens in der Beweidung der Hochlagen gesehen. So dürfte der Bedarf an Brennholz schon seit der Etablierung der präkolumbianischen Hochkulturen um etwa 2.000 Jahren BP sehr hoch gewesen sein, denn außer dem Dung der domestizierten Cameliden stand der Bevölkerung außerhalb der Yungas kaum Holz zur Verfügung. Immerhin lebten während der Inka-Zeit auf dem Altiplano etwa genauso viele Menschen wie heute (Ruthsatz 1983). Darüber hinaus wurden die Restbestände während der Kolonialzeit durch den Bedarf an Grubenholz im Bergbau weiter dezimiert. Ferner hat die Verwendung von Feuer schon seit Beginn der menschlichen Besiedlung im ausgehenden Pleistozän zum Rückgang von Wäldern vor allem dort beigetragen, wo die Baumbestände an der Trockengrenze stehen. Zumindest wurde dadurch verhindert, dass sich *Polylepis* im Lauf der holozänen Erwärmung auf potenziell waldfähige Standorte ausbreiten konnte.

Abb. 4-32 Beispiele für die Vegetation trockentropischer Gebirge: a = *Argyroxiphium sandwicense* (Asteraceae), Vulkan Haleakala, Maui, Hawai'i; b = *Polylepis tomentella*-Bestand in *Festuca* cf. *orthophylla*-Halbwüste, Südwestbolivien (ca. 100 mm Jahresniederschlag, 4.800 m NN; Foto M. Kessler); c = Vikunja (*Vicugna vicugna*) in einer *Festuca dolichophylla*-Graspuna (Abra Pampa, Argentinien); d = alpine Zwergstrauch-Halbwüste mit *Fabiana densa* (bei Susques, Argentinien, ca. 3.800 m NN); e = alpine trockentropische Gras-Halbwüste mit *Festuca orthophylla* (östlich Paso de Jama, Chile, ca. 4.100 m NN); f = stark beweidete Hochgebirgssteppe (*Pycnophyllum*-Steppe) zwischen Cusco und Puno (ca. 4.370 m NN); g = *Distichia muscoides*-(Hartpolster-)Moor (westlich Paso del Jama, Argentinien, ca. 4.000 m NN); h = subalpine (hochandine) Gras-Zwergstrauch-Halbwüste aus *Festuca* sp. und der Hartpolsterpflanze *Azorella compacta* (Paso de Lipan, ca. 4.100 m NN); i = *Festuca tolucensis*-Puna mit letzten Vorposten von *Pinus hartwegii* (Popocatépetl, Mexiko, 3.900 m NN; Foto F. Klötzli).

2001) kann die *Polylepis*-Art mit dem extremen Frostwechsel vor allem im Winter gut umgehen. Die Ergebnisse gelten als Beleg für die Hypothese, dass die Baumgrenze nicht durch mangelnde Photosyntheseleistung, sondern durch den abrupten Einbruch des Baumwachstums bei niedrigen Temperaturen bedingt ist (Hoch & Körner 2005).

4.5.3 Trockentropische alpine Hochgebirgssteppen

In allen trockentropischen Hochgebirgen dominiert oberhalb der Baumgrenze, ggf. mosaikartig mit den darunterliegenden Wäldern verzahnt, eine Hochgebirgssteppe, sofern die jährliche Niederschlagssumme 200 mm nicht unterschreitet. Liegt sie darunter, findet man Zwergstrauch-Halbwüsten (s. Abschn. 4.5.4). Die Hochgebirgssteppen (Graspuna) bestehen aus C_3-Horstgräsern der Gattungen *Agrostis*, *Calamagostis*, *Danthonia*, *Festuca*, *Pentaschistis*, *Poa* und *Stipa* (Letztere nicht in Afrika); C_4-Gräser sind selten. Die Vegetation ist recht eintönig und im Vergleich zu den Steppen der nemoralen Zone relativ artenarm. Die Grasdecke ist in den feuchteren Gebieten geschlossen und mit etwa 1 m Höhe hochwüchsiger als dort, wo die Niederschläge lediglich 300 mm betragen.

Besonders ausgedehnt ist die Graspuna im andinen Hochland (Gutte 1985 und 1988, Seibert & Menhofer 1991 und 1992, Seibert 1996). Sie reicht von Mittelperu bis zum Titicaca-See im bolivianisch-peruanischen Hochland (17° S) und überzieht in einer Höhe von 3.800–4.800 m NN die gesamte Landschaft bis zu den Moränen der Gletscher (Abb. 4-32c, f). Südlich davon kommt sie nur azonal in versalzten Depressionen vor. Verbreitet sind die Gräser *Festuca dolichophylla* (Abb. 4-32c), *Festuca rigescens* und *Aciachne* spp., Letztere verwandt mit der Gattung *Stipa*. Dazwischen wachsen die Hartpolster von *Azorella diapensioides* (Apiaceae), die Polsterpflanze *Pycnophyllum molle* (Caryophyllaceae), verschiedene *Plantago*-, *Gentiana*- und *Senecio*-Arten sowie die Kakteenpolster aus *Austrocylindropuntia floccosa*. Da die Vegetation traditionell beweidet wird, und zwar in präkolumbianischer Zeit mit Lamas und Alpakas, heute auch mit Schafen, gibt es ein Mosaik aus Flächen unterschiedlicher Beweidungsintensität, die sich in der Artenzusammensetzung unterscheiden. So gewinnen bei starker Beweidung *Pycnophyllum molle* und *Festuca rigescens* die Oberhand. Auf erodierten Flächen wachsen *Aciachne acicularis* und *Stipa pungens*.

Die Vegetation ist in Peru (Gutte 1985) und Bolivien (Hochland von Ulla-Ulla östlich des Titicaca-Sees; Seibert & Menhofer 1992) pflanzensoziologisch bearbeitet. Danach gehört die Graspuna zur Klasse Luzulo-Calamagrostietea vicunarum Gutte 1988. Am weitesten verbreitet ist die *Pycnophyllum*-Steppe, die bis in eine Höhe von 4.500 m NN vorkommt und die beweidungsbedingte Ersatzgesellschaft der zonalen und hochwüchsigen *Festuca dolichophylla*-Steppe darstellt (Abb. 4-32f). Oberhalb 4.500 m NN herrscht zonal die *Calamagrostis curvula*-Steppe vor (mit *C. minima* bei Beweidung, ein niedrigwüchsiges, zur Girlandenbildung neigendes Gras). Bei 5.000 m NN geht die Steppe in eine Frostschutt-Vegetation über, in der die hochandinen polsterförmigen Asteraceen *Xenophyllum ciliolatum* und *Senecio algens* dominieren. In Verlandungsbereichen von Gewässern und um Quellaustritte mit Sickerwasser kommen Hartpolstermoore vor, die von der Juncacee *Distichia muscoides* besiedelt werden (Abb. 4-32g). Diese Pflanze bildet harte und leicht begehbare Polster. Solche Moore sind im andinen Hochland von Peru bis Argentinien und Chile weit verbreitet (Ruthsatz 1995, 2012).

Ähnliche Hochgebirgssteppen wie die beschriebenen gedeihen oberhalb 4.000 m NN in der Sierra Madre Oriental von Mexiko. Sie bestehen ebenfalls aus Hostgräsern der Gattung *Festuca* (*F. tolucensis*, *F. livida*) und *Calamagrostis* (*C. tolucensis*); beigemischt sind *Lupinus*-, *Carex*-, *Luzula*- und *Oxylobus*-Arten (*zacatonal*; Almeida et al. 1994; Abb. 4-32i). Der Anteil der holarktischen Florenelemente ist bedeutend höher als in der Puna von Peru und Bolivien, was durch die Nähe zu Nordamerika zu erklären ist (Troll 1968).

Im Simen-Gebirge schließlich wächst oberhalb des *Erica*-Gürtels ein Grasland aus Horstgräsern, das je nach Feuchte entweder aus *Festuca macrophylla* (60–80 cm hoch) oder aus einer Kombination von *Festuca abyssinica*, *Tenaxia subulata* und *Poa simensis* besteht und höchstens 40 cm hoch wird (Klötzli 2004b). Beigemischt sind zahlreiche Vertreter holarktischer Sippen (u. a. *Helichrysum*, *Thymus*, *Satureja*, *Alchemilla*) sowie die hochwüchsige, physiognomisch an Páramos erinnernde Großrosettenpflanze *Lobelia rhynchopetalum*, die bis zu 8 m hoch werden kann (Abb. 1-28, Nr. 21). Da das gesamte Gebiet eine alte Kulturlandschaft ist, dürfte der größte Teil der Puna (sofern eben und ± ackerfähig) anthropogen sein. Vermutlich wäre die Naturlandschaft Hochsimens von 3.400–4.000 m NN von einem Waldökoton eingenommen, wobei sich der Wald – in Abhängigkeit von der Gründigkeit des

Bodens – mit zunehmender Meereshöhe sukzessive auflöst (Klötzli 1975b).

4.5.4 Hochgebirgshalbwüsten

Vor allem in den trockentropischen Anden Südamerikas sind Halbwüsten von etwa 17 bis 30° S verbreitet. Sie kommen in Fortsetzung der peruanisch-chilenischen Küstenwüste an den westseitigen Hängen der Küsten- und Westkordillere vor und steigen bis auf über 5.000 m NN. Im andinen Hochland Nordwestargentiniens beschreibt Ruthsatz (1977, 1983) von unten nach oben folgende Formationen:

a. Präpuna-Stufe (oreotropisch; 1.500–3.350 m NN): Sukkulenten-Strauch-Baum-Halbwüste aus trockenkahlen Zwerg- und Kleinsträuchern wie der Caesalpiniacee *Cercidium andicola*, der Verbenacee *Acantholippia deserticola*, dem polsterfömig wachsenden Kaktus *Maihueniopsis glomerata* und dem Kandelaberkaktus *Echinopsis atacamensis*. Hier kommen unter etwas feuchteren Bedingungen auch Trockengebüsche mit Säulenkakteen vor.
b. Puna-Stufe (oreotropisch; bis etwa 4.000 m NN): Zwergstrauch-Halbwüsten aus den erikoiden Gehölzen *Fabiana densa* (Solanaceae) und *Baccharis boliviensis* (Asteraceae); an Hängen häufig mit *Junellia asparagoides* (Verbenaceae). Vor allem auf den Verebnungen des Altiplano weit verbreitet (Abb. 4-32d).
c. Untere hochandine Stufe (subalpin; bis 4.500 m NN): Igelgras-Zwergstrauch-Halbwüste (Übergang zwischen b und d); charakteristisch sind der Zwergstrauch *Parastrephia lucida* (und andere Arten dieser Gattung gelb blühender Asteraceen), das Igelgras *Festuca orthophylla* und die Hartpolsterpflanze *Azorella compacta* (Apiaceae) mit großen, verholzenden, im Innern harzreichen Polstern, ein wichtiges Brennmaterial für die einheimische Bevölkerung (Abb. 4-32h). Die *Parastrephia*-Arten werden lokal als Tola bezeichnet, woraus sich die Bezeichnung Tola-Heide für diese Vegetation ableitet (Seibert 1996). In dieser Höhenstufe gibt es Reste von *Polylepis tomentella*-Wäldchen, deren Auftreten auf die waldfördernde Niederschlagssituation hinweist: So empfängt das Untersuchungsgebiet an der Grenze zu Bolivien und in Richtung des Anden-Ostabfalls Sommerregen zwischen 200 und 400 mm (Ruthsatz 1977). Lediglich im Süden und Südwesten des argentinisch-chilenischen Andenhochlands und in den tief eingeschnittenen, von Nord nach Süd verlaufenden Tälern sinken die jährlichen Niederschläge

auf unter 200 mm. Bei günstigen Bodenbedingungen und fehlendem menschlichem Einfluss könnte man sich also eine größere Verbreitung der *Polylepis*-Wäldchen vorstellen als sie derzeit gegeben ist (Kasten 4-5).
d. Obere hochandine Stufe (alpin; bis 4.900 m NN): Gras-Halbwüsten aus *Festuca orthophylla*, einem der wenigen C_3-Igelgräser. Die Vegetationsbedeckung liegt hier unter 20 % (Abb. 4-32e).
e. Subnivale Stufe (hochalpin; über 4.900 m NN): Kältewüsten und -halbwüsten mit vereinzeltem Vorkommen von *Xenophyllum pseudodigitatum* und anderen kleinwüchsigen Polsterpflanzen.

Die Polster von *Azorella compacta* gehören sicherlich zu den besonders auffallenden Wuchsformen in den Hochgebirgshalbwüsten (und auch der Páramos) der trockentropischen Anden (Abb. 4-32h). Sie können mehrere Meter Durchmesser und bis 1 m Höhe erreichen; berücksichtigt man das langsame radiale Wachstum dieser Polster von knapp 2 mm im Jahr, dürften sie mehrere Tausend Jahre alt sein (Ralph 1978). Hartpolster findet man nicht nur bei *Azorella*, sondern auch bei anderen Pflanzen wie bei der oben erwähnten Juncacee *Distichia*; außerhalb der tropischen Hochgebirge gibt es sie (bei einer Reihe von weiteren Gattungen) in den Steppen und Windheiden der südhemisphärischen nemoralen Zone unter extrem ozeanischen Bedingungen (s. Abschn. 6.4.2), nicht dagegen in den Tundren der Nordhemisphäre mit ihren ausgeprägten thermischen Jahreszeiten. Möglicherweise sind die kompakten Polster mit ihren dicht gepackten kleinblättrigen Sprossen und ihrer langsamen Wachstumsgeschwindigkeit auf eine ganzjährige Vegetationszeit angewiesen und würden mehrmonatige Winter mit Temperaturen unter dem Gefrierpunkt nicht überleben (Troll 1968).

4.5.5 Landnutzung

Die meisten frühen Hochkulturen der Menschheit entstanden in einem warmen und trockenen Klima. Tropisch-subtropische Trockengebiete scheinen also bevorzugte Siedlungsplätze gewesen zu sein, sofern lokal ausreichend Wasser zur Verfügung stand und das natürliche Inventar an Pflanzen und Tieren genutzt werden konnte. Offensichtlich überwogen die Vorteile eines relativ geringen Energieaufwands bei der Befriedigung der täglichen Bedürfnisse die Nachteile des eigentlich lebensfeindlichen Milieus. Zudem erforderte die Niederschlagsarmut die Entwicklung von Verfahren zur Bewässerung agrarischer Kulturen und wurde damit ein Motor für den technischen Fortschritt. Auch die trockentropischen Hochgebirge sind Träger von Hochkulturen. So begann die indianische Urbevölkerung im Hochland von Südperu, Bolivien, Nordargentinien und Nordchile vor etwa 5.000 Jahren BP, Ackerbau mit einheimischen Knollenpflanzen zu betreiben (Ruthsatz 1983). Um 2.000 BP entstanden die indianischen Hochkulturen, deren früheste nach den Überresten im bolivianischen Planalto als Tiahuanaco-Kultur bezeichnet wird (200–800 n. Chr.). Ab 1.200 bis 1.533 n. Chr. (das Jahr der Eroberung durch die Spanier) herrschten die Inkas über ein Gebiet, das von Mittelchile bis nach Ecuador reichte. In ihrem Reich, dessen Kerngebiet das peruanische und bolivianische Hochland zwischen Cusco und dem Titicaca-See umfasste (Höhenlage zwischen 3.500 und 4.200 m NN), kamen die indianischen Hochkulturen Südamerikas trotz der klimatischen Ungunst der trockenen Hochgebirge zu ihrer höchsten Vollendung. Die Ursache liegt in einer Reihe von günstigen Lebensbedingungen, unter denen vor allem die einheimischen Nahrungspflanzen und die leicht verfüg- und domestizierbaren Cameliden herausragen (Tab. 4-6).

1. Eine Reihe von einheimischen, stärkeliefernden Pflanzen wurde (und wird heute noch) im Hochland angebaut (allerdings im Lauf der Jahrtausende züchterisch verändert). Es handelt sich u. a. um die Knollenpflanzen *Solanum tuberosum* (Kartoffel), *Oxalis tuberosa* („Oka") und *Ullucus tuberosus* („Ulluco", Basellaceae) sowie die Getreidepflanze *Chenopodium quinoa* („Quinoa"; Lieberei & Reisdorff 2007). *Oxalis tuberosa* bildet unterirdische Sprossknollen, die sich am Ende kurzer Rhizome entwickeln. Auch die Knollen von *Ullucus tuberosus* bilden sich unterirdisch am Ende von Sprossen, die den Blattachseln entspringen und in den Boden eindringen. Beide Knollen enthalten etwa 13 % Stärke. *Chenopodium quinoa* und die verwandte Art *C. pallidicaule* sind Therophyten und können bis nahe 4.500 m NN angebaut werden, also oberhalb der Getreidegrenze (Grenze des Maisanbaus bei 3.500 m NN). Die Embryonen sind reich an Eiweiß und Stärke. Die Pflanzen wurden auf sorgfältig angelegten, höhenlinienparallelen Terrassen kultiviert und über ein mit Gletscherwasser gespeistes System aus offenen Kanälen bewässert. Gedüngt wurde mit Lamamist.

Die Knollen eignen sich ausgezeichnet zur Vorratshaltung, indem sie zu „Chuño", einer Art von Dauerkonserve, verarbeitet wurden. Für diesen Zweck setzte man sie während der Trockenzeit dem täglichen Frostwechsel in Höhenlagen oberhalb 4.000 m NN aus. Das aus den geplatzten Zellen ausgetretene Wasser verdunstet und die Knollen werden dadurch trocken und sehr leicht; sie sind in diesem Zustand nicht nur lange haltbar, sondern können mithilfe ausdauernder Lasttiere (Lamas) auch über große Entfernungen transportiert werden – ein Vorteil, der dem Inkareich auch ohne Radfahrzeuge seine Ausdehnung über große Distanzen ermöglichte.

2. Die einheimischen, wildlebenden Cameliden *Vicugna vicugna* (Vikunja; Abb. 4-32c) und *Lama guanacoe* (Guanako) sind die Ausgangsrassen für die domestizierten Formen *Lama glama* (Lama) und *Lama pacos* (Alpaka), deren Zucht bis in das

Tab. 4-6 Günstige und ungünstige Lebensbedingungen für den präkolumbianischen Menschen im Andenhochland (aus Ruthsatz 1983), ergänzt.

günstig	ungünstig
1. Nahrungsgrundlage	
• Vielfalt an heimischen Pflanzen mit unterirdischen Speicherorganen • Vorkommen von herdenbildenden Pflanzenfressern und anderem jagdbaren Wild[1] • Fischreichtum der Gewässer • Wasser für die Bewässerung von Ackerflächen aus den vergletscherten Hochlagen verfügbar	• gehemmtes Pflanzenwachstum • dürre- und kältebedingte Wachstumsruhe • Gefahr von Früh- und Spätfrösten, Hagel • meist geringe Wilddichte • Wasserversorgung während der Trockenzeit gehemmt
2. Energieversorgung	
• ganzjährige Tagesmaxima der Lufttemperatur von über 10–15 °C zwischen 3.500 und 4.000 m NN	• ganzjährig kalte Nächte • Mangel an brennbaren Holzpflanzen (ggf. sekundär)

[1] Besonders günstig im Gegensatz zu den feuchttropischen Tieflagen.

Abb. 4-33 Kulturlandschaft des peruanischen Altiplano bei Puno, Peru.

3. Jahrtausend v. Chr. zurückreicht (Whitfield 1992). Lamas und Alpakas liefern Dung für die landwirtschaftlichen Kulturen und als Brennmaterial, Wolle für die wärmende Kleidung (vor allem Alpakas) sowie Fleisch; Lamas dienten außerdem als ausdauernde Lasttiere für den Transport von Gütern über weite Entfernungen.

Auch heute weist die Landnutzung im andinen Raum noch stark traditionelle Züge auf (Abb. 4-33). Im Hochland wird Regenfeldbau betrieben, in den Tälern Bewässerungslandbau. Neben den einheimischen Getreide- und Knollenfrüchten wird inzwischen auch Gerste angebaut. Üblich ist eine mehrjährige Brache nach einer vier- bis fünfjährigen Anbauzeit. Die einheimischen Cameliden beweiden eher die Hochlagen oberhalb etwa 4.000 m NN, während Schafe und Ziegen darunter gehalten werden. Schon während der präkolumbianischen Hochkulturen, aber auch in neuerer Zeit werden *Polylepis*-Bestände, *Parastrephia*-Gebüsch und die Hartpolster von *Azorella compacta* als Brennstoff genutzt.

Alle Trockengebiete unterliegen der Gefahr der Erosion, wenn Vegetation und Bodenstruktur durch Übernutzung gestört werden. Vermutlich gab es Erosion durch Überweidung bereits im Inkareich, wenn man bedenkt, dass auf dem Altiplano rund 190.000 Menschen gelebt haben sollen (Smith 1970). Bereits Ellenberg (1979) hat darauf hingewiesen, dass beson-

ders Schafe mit ihren Hufen (im Gegensatz zu den weichen Füßen der Cameliden) erhebliche Vegetationsschäden an den steilen Andenhängen anrichten. Solche Phänomene haben auch die Vegetation dieses alten Kulturraumes nicht unerheblich verändert. Auf die anthropogene, heute großflächig verbreitete *Pycnophyllum*-Steppe in der Graspuna und das Verschwinden der *Polylepis*-Wäldchen haben wir bereits in Abschn. 4.5.3 bzw. in Kasten 4-5 hingewiesen.

Derartig alte Kulturlandschaften in tropischen Hochgebirgen gibt es natürlich nicht nur im andinen Raum. So wird auch das Äthiopische Hochland („Abessinien" als Kernland des ehemaligen Kaiserreiches; 4 bis 17° N) seit rund 2.000 Jahren bis in Höhen von 3.500 m NN landwirtschaftlich genutzt. Neben Gerste und Hafer werden traditionell zahlreiche Sorten der in Abessinien heimischen Hirse Tef (*Eragrostis tef*) angebaut; daraus wird das dünne und elastische Fladenbrot Injera hergestellt. Von den zahlreichen Sorten der aus dem vorderasiatischen Raum stammenden Gerste (*Hordeum vulgare*) werden heute noch etwa zwölf angebaut. Die höchstgelegenen Gerstenfelder befinden sich in fast 4.000 m Meereshöhe. Daneben hat auch die Beweidung mit heimischen Rinderrassen und Ziegen bis zur Nutzungsgrenze die Landschaft und Pflanzendecke verändert: Erodierte Böden und ein Rückgang der Wälder auf etwa 2 % der ursprünglichen Fläche sind das Ergebnis.

5
Die warm-gemäßigte (subtropische) Zone

5.1 Einführung

Die warm-gemäßigte Klimazone liegt ungefähr zwischen den Wendekreisen (23°30') und dem 35. Breitengrad am Rande der Tropen ("Subtropen"). Sie ist eine Übergangszone zwischen den durch Strahlungsüberschuss charakterisierten Tropen und der durch markante solarklimatische und thermische Jahreszeiten gekennzeichneten kühl-gemäßigten (nemoralen) Zone (Lauer & Rafiqpoor 2002). Das Klima der Subtropen zeichnet sich also (auf Meeresniveau) durch warme bis heiße Sommer aus, wobei mindestens sechs Monate Mitteltemperaturen von über 18 °C erreichen. Im Winter können Fröste bis zu –10 °C auftreten (s. Abschn. 1.3.1, Tab. 1-8). Die Grenze zwischen Tropen und Subtropen ziehen Köppen-Trewartha bei einer Jahresisotherme von +18 °C. Die zonale Vegetation besteht überwiegend aus immergrünen Laubwäldern, die sich von den tropischen Wäldern durch geringere Wuchshöhe, weniger Arten und kompaktere, kleinere Blätter unterscheiden. Frostempfindliche Baumarten fehlen. Charakteristisch für die Subtropen ist das verstärkte Auftreten von Nadelhölzern, die in den Tropen nur in Gebirgen eine gewisse Rolle spielen.

In die warm-gemäßigte Zone fallen auch zahlreiche markante Hochgebirge (Burga et al. 2004). Neben einem relativ kleinen Anteil der Anden zwischen etwa 25 und 35° S gehören in Mittel- und Nordamerika die westliche Kette der Sierra Madre und der Südteil der Sierra Nevada in Kalifornien dazu. Das größte subtropische Hochgebirge ist aber zweifelsohne der Himalaya mit dem Hochland von Tibet sowie Karakorum und Hindukusch. In Afrika werden der Atlas (Marokko) und die Drakensberge (Südafrika), in Europa die Sierra Nevada (Spanien), der Apennin mit den Abruzzen (Italien), der Taurus (Türkei) und das Dinarische Gebirge (Dinariden) auf dem Balkan sowie einige kleinere, isolierte Berge wie

der Olymp zu den Subtropen gestellt. Den meisten dieser Gebirge ist ein höherer Anteil an Nadelhölzern gemeinsam, der besonders auf der Nordhemisphäre ausgeprägt ist und dort in den hochmontanen Nadelwäldern borealen Charakters ("Taiga") zum Ausdruck kommt; die Vegetation der alpinen Stufe trägt mit ihren Gras- und Zwergstrauchtundren häufig schon polare Züge. Großrosettenpflanzen fehlen. In den trockensten, oft wüstenartigen Gebirgen (vor allem Zentralasiens) können auch Dornpolster auftreten. Hartpolster sind vor allem in den Anden häufig.

Die Klimazone zerfällt in drei ökologisch unterschiedliche Gebiete, nämlich die winterfeuchten Subtropen an der Westseite der Kontinente (Cs-Klima nach Köppen-Trewartha; Leitvegetation Hartlaubwälder), die immerfeuchten Subtropen an deren Ostseite (Cf-Klima; Leitvegetation Lorbeerwälder) und die subtropischen Trockengebiete dazwischen (s. Kap. 4). Die Westseiten stehen im Sommer unter dem Einfluss des Subtropenhochs, während im Winter die Westwindtrift mit ihren Regenfällen das Wetter bestimmt. Das Klima der Ostseiten ist monsunal geprägt: Im Sommer fließen aus Südosten (Nordhemisphäre) bzw. Nordosten (Südhemisphäre) feuchtwarme Luftmassen landeinwärts, die Niederschläge bringen; im Winter weht ein trockener und kalter Nordwest- bzw. Südwestwind. Damit sind die Gebiete im Landesinnern im Winter vergleichsweise niederschlagsarm, sodass man hier von einem sommerfeuchten Klima sprechen kann; nur die Küstenregionen sind ganzjährig humid. Aber auch hier fällt der meiste Regen im Sommer (s. Abb. 1-23). Dementsprechend unterscheidet sich auch die Vegetation: Für die Teilzone der winterfeuchten Subtropen mit einem sommertrockenen Klima sind xerophytische Hartlaubwälder und -gebüsche charakteristisch, während in den immerfeuchten Subtropen immergrüne Laubwälder dominieren. Die physiognomischen, ökophysiologischen und floristischen Unterschiede zwischen beiden rechtfertigen, dass wir sie getrennt behandeln.

5.2 Die immerfeuchte warm-gemäßigte Teilzone (immerfeuchte Subtropen)

5.2.1 Grundlagen

Wie oben bereits angesprochen, liegen die Gebiete mit einem subtropisch-warmen und humiden Klima zwischen dem 30. und 40. Breitengrad auf der Ostseite der Kontinente (s. Abb. 1-30). Dort gehen sie äquatorwärts kontinuierlich in die immerfeuchten Tropen über (Brasilien, Ostasien, Südafrika), während sie polwärts an die feuchte nemorale Zone (Nordamerika, Japan, Korea, Neuseeland) oder an die Hartlaubvegetation der winterfeuchten Subtropen (Afrika, Australien) angrenzen. Im Westen stoßen sie mehr oder minder abrupt an die tropisch-subtropischen Trockengebiete im Innern der Kontinente.

Die immerfeuchten Subtropen nehmen rund 6 Mio. km² ein (= 4 % der Festlandsfläche; Schultz 2000). Sie umfassen nach Schultz (2000)

- in Nordamerika den Südosten der USA mit den Bundesstaaten South Carolina, Georgia, Alabama, Mississippi, Louisiana und Florida (etwa bis 35° N und bis 95° W),
- in Südamerika die südlichen Bundesstaaten Brasiliens (Paraná, Santa Catarina und Rio Grande do Sul), ganz Uruguay und den Nordosten von Argentinien einschließlich des größten Teiles der Pampa,
- in Ostasien einen großen Teil von China (etwa zwischen 24 und 32° N, westlich bis zu den nach Süden streichenden Ausläufern des Himalaya in Yunnan und Sichuan, z. B. das Hengduan-Gebirge) sowie Südjapan (bis etwa 37° N) und die Südspitze von Südkorea,
- in Ostaustralien die Küstenregion und ihre Randstufe (Great Dividing Range) zwischen 23 und 37° S,
- im pazifischen Raum Neukaledonien und die Nordinsel von Neuseeland,
- in Afrika den Südosten von Südafrika (östliches Kapland, Teile von KwaZulu-Natal) und
- in Europa kleine, im Vergleich zu den übrigen Vorkommen floristisch verarmte Gebiete der Flo-

renregion Makaronesien (Teneriffa, La Gomera und Gran Canaria, Madeira und die Azoren).

Das **Klima** ist im Allgemeinen ganzjährig humid, mit einem Sommermaximum und Jahresniederschlägen zwischen 800 mm (Abb. 5-1a) und mehr als 1.500 mm (Abb. 5-1b, c, d). Im Übergang zu den innerkontinentalen Trockengebieten werden die Winter niederschlagsärmer (Abb. 5-1e). Polwärts, gegen die nemoralen Laubwälder zu, verschärfen sich die thermischen Jahreszeiten (Abb. 5-1f). Der Jahresgang der Temperatur (auf Meeresniveau) übertrifft mit Unterschieden von mindestens 12–15 °C zwischen Sommer und Winter den Tagesgang der immerfeuchten Tropen um rund das Doppelte. Fröste sind auf Meeresniveau in Küstennähe selten, kommen aber in höheren Berglagen oberhalb 700–800 m NN und im Landesinnern bei Kaltlufteinbrüchen aus den polaren Gebieten regelmäßig vor. Zwar bleibt die Mitteltemperatur des kältesten Monats immer über 5 °C; dennoch gibt es für die Vegetation eine Winterruhe, die Teil des jahreszeitlichen Aspektwechsels der Vegetation ist.

Die **Böden** nehmen eine Mittelstellung zwischen den tropischen Ferralsolen und den nemoralen Cambisolen ein. Es handelt sich um basenarme, vielfach Al-reiche Acrisole (mit geringer Kationenaustauschkapazität, KAK) und Alisole (mit hoher KAK; Zech et al. 2014). Sie zeigen eine ausgeprägte Tonverlagerung (Lessivierung). Der Ah-Horizont ist humus- und tonarm. Der B_t-Horizont ist oft intensiv gelbbraun oder rot gefärbt. Azonal treten auch Vertisole auf. Im Übergang zu den Trockengebieten gibt es auch Solonetze.

Die zonale **Vegetation** der immerfeuchten Subtropen ist ein immergrüner Laubwald, der wegen des Charakters seiner Blätter (s. Abschn. 1.3.4.1) und einer gewissen Häufung von Vertretern der Lauraceae in der deutschsprachigen Literatur als **subtropischer Lorbeerwald** bezeichnet wird (Klötzli 1988). Der Begriff stammt in seiner latinisierten Form *Laurisilva* von den Schweizer Botanikern Brockmann-Jerosch & Rübel (1912); als laurophyll werden Bäume bezeichnet, deren Blätter zwischen dem eher weichen (ledrigen) und dem eher harten (sklerophyllen) Typ stehen (s. ausführlich in Kasten 1-7). Auch wir verwenden für die zonalen Wälder der immerfeuchten Subtropen den Begriff Lorbeerwald und grenzen ihn begrifflich als „subtropischen Lorbeerwald" vom „nemoralen Lorbeerwald" der feuchten kühl-gemäßigten Zone (s. Abschn. 6.2.4.2), dem oreotropischen Lorbeerwald der Feuchttropen (s. Abschn. 2.3.2) sowie vom „Hartlaubwald" der winterfeuchten Subtro-

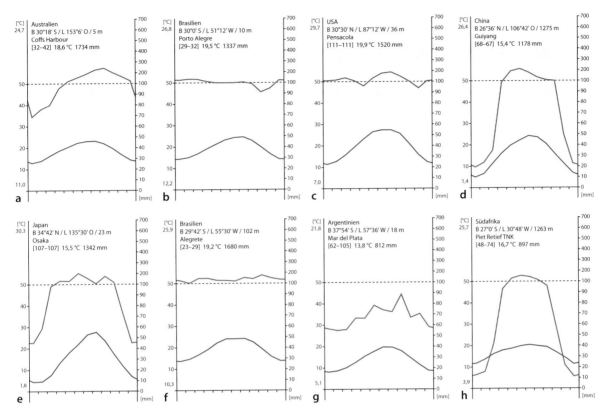

Abb. 5-1 Klimadiagramme aus dem Gebiet der immerfeuchten warm-gemäßigten Zone (aus Lieth et al. 1999). Die Diagramme a (Coffs Harbour an der Ostküste von Australien), b (Porto Alegre im brasilianischen Bundesstaat Rio Grande do Sul) und c (Pensacola an der Südküste der USA) liegen in der Vegetationszone der subtropischer Lorbeerwälder. Das Diagramm d liegt im Innern Chinas mit schon deutlich trockeneren Wintermonaten, während e (Osaka, Japan) den polwärtigen Rand der Lorbeerwälder widerspiegelt. Das Diagramm f repräsentiert das sommerwarme, humide Klima der Campos im brasilianischen Bundesstaat Rio Grande do Sul, während g (Mar del Plata, Argentinien) für den feuchten Osten der weiter südlich gelegenen argentinischen Pampa charakteristisch ist. Diagramm g mit einer winterlichen Trockenzeit stammt aus dem südafrikanischen Grasland-Biom (Mesic Highveld Grassland).

pen (s. Abschn. 5.3.2) ab. Im internationalen Sprachgebrauch heißen diese Wälder *temperate broad-leaved evergreen forests* (Ellenberg & Mueller-Dombois 1967b, Ovington 1983, Song 1995). Allerdings ist Laurophyllie nur eines von mehreren Charakteristika, die diese Wälder von tropischen Tieflandregenwäldern einerseits und von nemoralen immergrünen Laubwäldern andererseits unterscheiden (vgl. Klötzli 1988; Tab. 5-1).

Auf der Südhemisphäre kommt neben den Wäldern, mit diesen oft mosaikartig verzahnt, ein **subtropisches Grasland** aus C_4- und C_3-Gräsern vor. Es nimmt in Südafrika ziemlich große Flächen ein und wird dort als eigenes Biom klassifiziert (Rutherford et al. 2006). In Südamerika reicht das Grasland von Südbrasilien („Campo") und Uruguay über den Rio de la Plata hinaus bis nach Bahia Blanca („Pampa"). Da es sich floristisch, physiognomisch und entwick-

lungsgeschichtlich weder den Savannen noch den Steppen zuordnen lässt, behandeln wir es als eigenständige Formation.

5.2.2 Immergrüne und saisonale subtropische Lorbeerwälder

5.2.2.1 Übersicht

Physiognomisch steht der subtropische Lorbeerwald zwischen dem Hartlaubwald der winterfeuchten Subtropen und dem immergrünen tropischen Tieflandregenwald (Tab. 5-1). Die Bäume werden im Durchschnitt 20–30 m hoch, die Kronen sind breit, die Stämme gerade und nicht so krummschäftig und knorrig wie die der Hartlaubwälder. Die Rinde ist hell gefärbt und dünn. Die Blätter sind mittelgroß („lor-

Tab. 5-1 Unterschiede zwischen den immergrünen (laurophyllen) subtropischen Laubwäldern und den tropischen Tieflandregenwäldern sowie den subtropischen Hartlaubwäldern.

Merkmale	immergrüne tropische Tieflandregenwälder	immergrüne subtropische Lorbeerwälder[1]	immergrüne subtropische Hartlaubwälder
Wuchshöhe der Bäume	30–50 m (Emergenten bis 60 m)	20–30 m (selten bis 40 m)	10–20 m [2]
Kronenform der Bäume	häufig schirmförmig	rundkronig	ausladend-breitkronig
Stamm	schlank, hochwüchsig, Brettwurzeln häufig	schlank, eher gedrungen, Brettwurzeln selten	gedrungen, oft krummschäftig, Borke, Brettwurzeln fehlen
Blätter	mittel bis groß (noto- bis makrophyll, überwiegend ledrig, Träufelspitzen häufig	mittel (bis klein) (überwiegend notophyll), glänzend, Träufelspitzen meist fehlen	mittel bis klein (mikro- bis notophyll), häufig hart und leicht brechend, keine Träufelspitzen
Baumartenzahl (ha^{-1})	100–300	10–60	5–10
Gefäß-Epiphyten	mittel bis häufig (in Nebellagen)	gering bis mittel häufig in Nebellagen)	sehr gering bis fehlend
Reliktkoniferen	fehlend	vorhanden bis häufig	fehlend
Vegetationszeit (Monate)[3], Phänologie	12, keine jahreszeitliche Rhythmik	12, jahreszeitliche Rhythmik winterbedingt	6–9, jahreszeitliche Rhythmik kälte- und trockenheitsbedingt

[1] Ohne die **nemoralen** Lorbeerwälder; [2] außer Australien (bis über 60 m); [3] Optimalausbildung ohne trockene Monate.

beerartig"), mehr oder minder eiförmig, ganzrandig oder schwach gezähnt und haben häufig eine glänzende Oberseite (Abb. 5-2). Die Strauchschicht ist in der Regel gut entwickelt und ebenfalls meist immergrün. Wie bei den tropischen Tieflandregenwäldern fehlt auch hier eine Feldschicht weitgehend, sofern es sich um ein Reifestadium handelt. Denn die Baumkronen lassen kaum Licht auf den Boden. Lediglich Farne sind gut vertreten. Artenzahl und Abundanz epiphytischer Kryptogamen (Moose, Flechten) sind größer als in tropischen Wäldern. Bäume mit Brettwurzeln sind seltener; auch Palmen treten deutlich zurück. Baumwürger der Gattung *Ficus* kommen dagegen noch recht häufig vor. In besonders regen- oder nebelreichen Lagen wie auf der Nordinsel von Neuseeland, in Südostaustralien und an den Hängen der Serra Geral in Südbrasilien treten Baumfarne auf. Dort ist auch der Bewuchs mit Kormo-Epiphyten besonders reichlich.

Der Anteil laubabwerfender Bäume steigt im Übergang zu den sommergrünen nemoralen Laubwäldern (Nordamerika, China, Japan) und zu den innerkontinentalen Trockengebieten (Brasilien). Die Wälder erhalten damit einen saisonalen Charakter.

Besonders in den höheren Lagen (untere und mittlere montane Stufe der Gebirge) treten vermehrt altertümliche Koniferen der Familien Podocarpaceae, Cupressaceae, Araucariaceae und Taxaceae auf. Sie bilden als Emergenten gelegentlich Dominanzbestände („**subtropische Reliktkoniferenwälder**", s. Kasten 5-2 zu den nemoralen Reliktkoniferenwäldern s. Abschn. 6.2.3); die Laurophyllen sind aber immer in der zweiten Baumschicht reichlich vertreten. Ihre Assimilationsorgane erinnern in einigen Fällen eher an Laubblätter als an die Nadeln der Pinaceae. Neben *Ginkgo biloba* gehören hierzu einige Vertreter der Podocarpaceae mit blattartigen Phyllokladien, die aus Kurztrieben hervorgegangen sind (wie die Gattung *Phyllocladus*) und die Araucariaceen-Gattung *Agathis* (Abb. 5-2, 5-8).

Die Artenzahl der Bäume und Sträucher der subtropischen Lorbeerwälder ist geringer (Einwirkung von Frost) als in den tropischen Tieflandregenwäldern, aber deutlich höher als in den Hartlaubwäldern (Einwirkung von Frost und Trockenheit). Sie liegt je nach Region zwischen zehn und über 60 Arten pro Hektar. Am artenreichsten sind die Wälder der immerfeuchten Subtropen in China (Wang 1961).

Abb. 5-2 Assimilationsorgane von Bäumen der subtropischen Lorbeerwälder. a = *Laurus novocanariensis*, Lauraceae (Teneriffa); b = *Cunonia capensis*, Cunoniaceae (Südafrika); c = *Castanopsis cuspidata*, Fagaceae (Japan); d = *Pittosporum undulatum*, Pittosporaceae (Brasilien); e = Phyllokladien von *Phyllocladus trichomanoides* (links) und *P. glauca* (rechts), Podocarpaceae (Neuseeland); f = *Afrocarpus falcatus*, Podocarpaceae (Südafrika).

Die charakteristischen Pflanzenfamilien der subtropischen Lorbeerwälder sind neben den pantropischen Lauraceae (*Beilschmidia, Cinnamomum, Cryptocarya, Laurus, Lindera, Litsea, Ocotea, Persea*) auf der **Nordhemisphäre** die Fagaceae mit den Gattungen *Castanopsis, Lithocarpus* und *Quercus*, die Theaceae mit *Camellia* und *Schima*, die Magnoliaceae (*Magnolia, Michelia*) sowie die Hamamelidaceae (*Distylium*), auf der **Südhemisphäre** die Cunoniaceae mit den Gattungen *Caldcluvia, Cunonia, Eucryphia* und *Weinmannia*, die Monimiaceae (*Laurelia, Laureliopsis*) und die Proteaceae (*Faurea, Knightia*; Tab. 5-2). Aus vorwiegend tropisch verbreiteten Familien stammen Vertreter der Moraceae (mit der Gattung *Ficus*), der Myrsinaceae (*Myrsine*), der Myrtaceae (in den Lorbeerwäldern vor allem auf der Südhemisphäre, z. B. *Eucalyptus* in Australien) und der Symplocaceae. Die einzige Gattung der Aquifoliaceae, *Ilex*, ist mit etwa 400 Arten zwar weltweit verbreitet (Heywood et al. 2007), hat aber einen merklichen Schwerpunkt in den Lorbeerwäldern von Südamerika und Südostasien.

Lorbeerwälder gelten als Relikte der spättertiären immergrünen Laubwälder, die in Räumen mit einem kontinuierlich gemäßigt warmen und feuchten Klima die pleistozänen Kaltzeiten überdauern konnten. Diese über Millionen von Jahren andauernde Kontinuität macht sich in den vielen altertümlichen Taxa bemerkbar, die in diesen Wäldern leben. So sind zahlreiche ursprüngliche Blütenpflanzen (wie die Chloranthaceae, Lauraceae und Magnoliaceae) Bestandteile des Lorbeerwaldes, ebenso wie die vermutliche Ausgangssippe der Angiospermen, *Amborella trichopoda*, die in den laurophyllen Bergwäldern Neukaledoniens vorkommt (s. Abschn. 1.2.1). Der große Anteil altertümlicher Gymnospermen (s. oben) ist ebenfalls ein Hinweis auf das Alter dieser Wälder. Offensichtlich waren die Bedingungen für ihr Überleben hier besonders günstig: Das kühlere, subtropische Klima begrenzte einerseits die Konkurrenz der aggressiven jüngeren Angiospermensippen der feuchten Tropen und war andererseits frei vom Kältestress der nemoralen Zone (Schroeder 1998).

Im Folgenden werden wir die zonalen subtropischen Lorbeerwälder in den einzelnen Kontinenten separat beschreiben, weil sie sich floristisch und strukturell so deutlich voneinander unterscheiden, dass sie einen eigenständigen Charakter haben. Wir beginnen mit den südostasiatischen Lorbeerwäldern Chinas und Japans, die von allen am artenreichsten sind und den Typus des subtropischen Lorbeerwaldes am besten repräsentieren, gefolgt von Makaronesien, Nordamerika, Südamerika, Afrika, Australien und Neuseeland. Immergrüne laurophylle Wälder gibt es aber auch außerhalb ihres zonalen Vorkommens in den immerfeuchten Subtropen, nämlich extrazonal in feuchten Tälern der sonst von Hartlaubwäldern eingenommenen winterfeuchten Subtropen und als oreotropische immergrüne Laubwälder in der montanen Stufe feuchttropischer Gebirge (Klötzli 1988). Die zuletzt genannten Wälder haben wir schon in Abschn. 2.3.2 besprochen. Schließlich kommen Lorbeerwälder auch in der feuchten nemoralen Zone vor, allerdings nur unter hochozeanischen Bedingungen wie in Südchile (nordpatagonischer und valdivianischer Lorbeerwald). Diese Wälder werden in Abschn. 6.2.4 behandelt.

5.2.2.2 Südostasien

Weltweit die größte Fläche, die potenziell von subtropischen Lorbeerwäldern eingenommen wird, liegt zwischen 24 und 32° N sowie 99 und 123° O in **China**

Tab. 5-2 Charakteristische Baumfamilien der Lorbeerwaldgebiete (nach Schroeder 1998, modifiziert). Angegeben ist die Zahl der Gattungen mit immergrünen Gehölzen. Im gleichen Gebiet vorkommende Sommergrüne sind nicht berücksichtigt. Nord- und südhemisphärische Lorbeerwälder unterscheiden sich deutlich; lediglich Mexiko nimmt eine Zwischenstellung ein.

Familie	China, Japan	Nord-amerika	Makaro-nesien	Mexiko	Austra-lien	Neu-seeland	Süd brasilien	Süd-afrika
nord- und südhemispärisch								
Lauraceae	9*	1*	4*	6*	6*	2*	4*	2*
Oleaceae	1	1	2*	1	1	1	1	3*
Cupressaceae	4	1	1	2	2	1		1
Myrsinaceae	4		3	3	2	1	1	2*
Aquifoliaceae	1	1	1*	1			1*	1*
Celastraceae	2		1	3			1	4*
Araliaceae	4		1	2	3	2	2	2
Arecaceae	2	2		1	3	1	2	
vorwiegend nordhemisphärisch								
Fagaceae	3*	1*		1*				
Theaceae	9*	1*	1	2			1	
Pinaceae	2	1*	1	2*				
Magnoliaceae	4*	1*		1*				
Taxaceae	3	2	1	1				
vorwiegend südhemisphärisch								
Cunoniaceae				1	10*	2*	2*	2*
Proteaceae	1			1	8*	1*	2	2
Araucariaceae					2	1*	1*	
Myrtaceae	2		1	2	9*	3*	8*	2
Monimiaceae				2	5*	2	1	1
Podocarpaceae	2			1	5	3	1*	1
Winteraceae				1	1	2	1	

* Maßgeblich an der oberen Baumschicht beteiligt, zumindest in bestimmten Ausbildungen.

(Wang 1961, Song 1988). Rund ein Viertel der Fläche des Landes, nämlich etwa 2 Mio. km², wäre von diesem Waldtyp bedeckt. Heute sind nur noch wenige Reste vorwiegend auf heiligen Bergen und in Schutzgebieten erhalten geblieben. Die Wälder sind floristisch sehr reichhaltig; sie enthalten rund zwei Drittel der 4.000 in China vorkommenden Gattungen und die Hälfte (15.000) aller chinesischen Gefäßpflanzenarten.

Diese Zahlen dürfen nicht darüber hinwegtäuschen, dass die dominanten Baumarten nur einigen wenigen Gattungen angehören, nämlich *Beilschmiedia* (39 Arten), *Camellia* (97 Arten, davon 76 endemisch), *Castanopsis* (58 Arten), *Lithocarpus* (123 Arten in China, davon 69 endemisch), *Michelia* (37 Arten) und *Quercus* (35 Arten in China; Artenzahlen nach eFloras 2008). Die großen Artenzahlen dieser Gattungen sind auf eine beachtliche allopatrische Differenzierung in dem durch Gebirge stark gegliederten Gebiet zurückzuführen; auf Teilflächen, wie sie für Vegetationsaufnahmen verwendet werden, kommen aber oft nur wenige Arten vor. So liegt die Baumartenzahl in Plots von 20 × 20 m Seitenlänge zwischen 15 und 25; die Gesamtzahl der Gefäßpflanzenarten variiert zwischen 45 (im Norden) und 100 pro 400 m² (im Süden).

Die Wälder werden in eine große Zahl physiognomisch und floristisch verschiedener Vegetationstypen gegliedert (Wang 1961). Vereinfacht kann man die eher im Westen verbreiteten *Castanopsis delavayi-* und *Quercus delavayi-*Wälder von den weiter im Osten vorkommenden Waldtypen unterschieden, in denen verschiedene *Castanopsis-* und *Quercus-*Arten zur Dominanz gelangen (wie z. B. *C. eyrei, Q. glauca, Machilus* (*Persea*) *thunbergii*). Die Lorbeerwälder setzten sich über Südwestchina bis nach Nepal in einer Höhenlage zwischen 1.000 und 2.000 m NN bandartig als oreotropischer (laurophyller) Laubwald fort; im Bereich Nordindien-Assam ist dieser Waldtyp die Heimat der Teepflanze (*Camellia sinensis*).

Im Reifestadium sind die Wälder überwiegend immergrün (Abb. 5-3a). Sommergrüne Bäume wie verschiedene *Quercus-* (und *Fagus-*)Arten treten in den höheren Gebirgslagen mit nemoralem Klima oder im Übergang zu den sommergrünen Laubwäldern auf (wie in dem ca. 81 km² umfassenden Schutzgebiet Gutianshan National Nature Reserve zwischen Gangzhou und Nanchang). Sommergrüne (wie die *Alnus-*Arten) und immergrüne Pioniere (hier vor allem *Pinus* spp. wie *P. yunnanensis* im Südwesten Chinas und *P. massoniana* im Südosten) stellen sich nach Aufgabe landwirtschaftlicher Nutzflächen rasch ein und kommen dann vorübergehend zur Domi-

nanz. Im Lauf der Sukzession werden sie von Lauro-phyllen abgelöst. Viele dieser Lauro-phylle wie die *Castanopsis-*Arten sind *resprouter*; ihr Stockausschlagsvermögen ist beachtlich und beschleunigt die Regeneration der Wälder nach intensiver Holznutzung (Wang et al. 2007). Vermutlich ist diese Fähigkeit ein Vorteil in Gebieten, die regelmäßig von tropischen Wirbelstürmen heimgesucht werden (wie besonders in Japan; Fuiji et al. 2009; Kasten 5-1). Der Wald regeneriert sich schneller durch Stockausschlag als durch Wiederbesiedlung einer freigeräumten Fläche mittels Samen. Die heute vielerorts dominierenden Lorbeerwälder zeigen deshalb einen niederwaldartigen Charakter.

Die Phytomasse ist bemerkenswert hoch (Tab. 5-3). Sie erreicht in 60 Jahre alten Waldbeständen bei einer Baumhöhe von 13 m immerhin 420 t ha^{-1} (ober- und unterirdisch), von denen nur etwa 2 % auf die Strauch- und Feldschicht entfallen (Zhang et al. 2010). Damit unterscheiden sich diese Wälder nicht wesentlich von tropischen Tieflandregenwäldern (s. Abschn. 2.1.6). Der C- bzw. N-Gehalt im Boden beträgt 14 bzw. 77 % des gesamten Pools, sodass bezüglich des Stickstoffs eher der Boden, bezüglich des Kohlenstoffs eher die (lebende) Phytomasse als Speichermedium dient. Während der Entwicklung vom Jung- zum Altbestand akkumulieren subtropische Lorbeerwälder in China in relativ kurzer Zeit beträchtliche Mengen an C und N (Tab. 5-3); so hat sich der Phytomassespeicher innerhalb der kurzen Zeitspanne von 42 Jahren verdreifacht (im Fall von C) bzw. mehr als verdoppelt (im Fall von N).

Nicht ganz so artenreich wie die chinesischen sind die subtropischen Lorbeerwälder in **Japan**. So stehen den 159 Gattungen in der Provinz Yunnan (Südwestchina) 79 Gattungen in Südwestjapan gegenüber; 44 Gattungen wie *Castanopsis, Camellia, Quercus* (Untergattung *Cyclobalanopsis*) kommen in beiden Regionen vor (Tang & Ohsawa 2009). Ähnlich wie in China sind die Wälder auch hier weitgehend verschwunden und nur um Tempelanlagen, in schwer zugänglichen Gebirgsregionen oder in für Ackerbau zu steilem Gelände erhalten geblieben. Die Artenzahl der Bäume (> 4,5 cm Brusthöhendurchmesser, BHD) variiert nach einer Zusammenstellung von Itô (1997) zwischen durchschnittlich 13 (Wälder auf Kyushu und den Ryukyu-Inseln) und 24 (Okinawa) auf jeweils 400 m² großen Probeflächen. Die japanischen Lorbeerwälder, deren Hauptverbreitung auf Süd-Honshu, Shikoku und Kyushu liegt (s. Abb. 5-7), sind pflanzensoziologisch detailliert erfasst und klassifiziert (Miyawaki 1979): Sie werden in der Klasse Camellietea japonicae zusammengefasst, deren Kennarten in der oberen Baumschicht meerseitig *Castanopsis sieboldii* und *Machilus thunbergii* sind, während landeinwärts die immergrünen Eichen (z. B. *Quercus myrsinifolia, Q. salicina, Q. glauca*) dominieren. Die zweite Baumschicht prägen u. a. *Camellia japonica, Eurya japonica* (Pentaphyllaceae), *Ilex integra* u. v. a. Unter den Nadelbäumen, deren Anteil mit steigender Meereshöhe zunimmt, ist vor allem die Cupressacee *Cryptomeria japonica* erwähnenswert (Abb. 5-3d). Der in den Lorbeerwäldern regenreicher Berglagen zwischen 800 und 2.000 m NN in Japan vorkommende Baum kann bis zu 60 m hoch und 3.000 Jahre alt werden und erreicht einen Stammdurchmesser von über 5 m (Farjon 1999). Besonders alte Exemplare gibt es auf der Insel Yakushima (Miyawaki 1980). *Cryptomeria* gehört zu den wichtigsten Forstbäumen in Japan und China.

5.2.2.3 Makaronesien

Der spättertiäre Reliktcharakter der makaronesischen Lorbeerwälder ist besonders augenfällig. Es handelt sich dabei um die Reste des im Pliozän weit verbreiteten immergrünen Laubwaldes, der im kühl-gemäßigten Europa den nemoralen sommergrünen Wäldern oder im mediterranen Raum den Hartlaubwäldern weichen musste. Sie kommen überall dort vor, wo der Nordostpassat an den ihm zugewandten Gebirgshängen aufsteigt und im ansonsten niederschlagsarmen Sommer Kondensationsregen verursacht. Im Vergleich zu den ostasiatischen (und südhemisphärischen) Lorbeerwäldern sind die makaronesischen Lorbeerwälder extrem artenarm (Hübl 1988, Pott et al. 2003; Abb. 5-3e). Im Zentrum stehen die Lauraceen mit *Apollonias barbujana, Laurus novocanariensis* und *L. azorica* (die zuletzt genannte Art nur auf den Azoren), *Ocotea foetens* sowie *Persea indica*. Weitere laurophylle Bäume sind *Clethra arborea* (Maiglöckchenbaum wegen seiner an Maiglöckchen erinnernden Blütenstände; Clethraceae), *Heberdenia*

Abb. 5-3 Beispiele für subtropische Lorbeer- und Reliktkoniferenwälder: a = Ostasien (Gutianshan Nature Reserve, China; der dicke Stamm links ist *Schima superba*, Theaceae; die dünneren Stämme in der Mitte gehören zu *Castanopsis eyrei*, Fagaceae; Foto H. Bruelheide); b = *Pinus taeda*-Wald im Südosten Nordamerikas (Foto P. Steiger); c = Südamerika (Parque Estadual Turfo am Rio Uruguay, Rio Grande do Sul, Brasilien; die kahlen Bäume sind *Cordia americana*, Boraginaceae); d = *Cryptomeria japonica*-Bestand um einen Shinto-Schrein, Japan; e = Teneriffa (Wald aus *Laurus novocanariensis*); f = Südamerika (*Araucaria angustifolia* mit laurophyllem Unterwuchs bei Taquara, Rio Grande do Sul, Brasilien; s. auch Abb. 5-5); g = afromontaner Lorbeerwald, u. a. mit der Loganiacee *Nuxia floribunda* (Ysternek Nature Reserve); h = Neuseeland (Waipoa Forest Park, mit dem Epiphyten *Freycinetia banksii* (Pandanaceae); i = Stamm von *Dacrydium cupressinum*, Podocarpaceae (Nordinsel von Neuseeland). ▶

Tab. 5-3 Phytomasse, C- und N-Gehalte zweier unterschiedlich alter Sekundärbestände (jung: 18 Jahre, alt: 60 Jahre) eines subtropischen Lorbeerwaldes (Laoshan, Ostchina; aus Zhang et al. 2010). Dominante Bäume sind *Castanopsis eyrei, C. sclerophylla* und *Quercus glauca*.

	junger Bestand			alter Bestand		
	Phytomasse t ha^{-1}	C-Gehalt t ha^{-1}	N-Gehalt kg ha^{-1}	Phytomasse t ha^{-1}	C-Gehalt t ha^{-1}	N-Gehalt kg ha^{-1}
Baumschicht	131,1	65,6	573,5	413,8	212,6	1.326,9
Strauchschicht	10,7	5,21	52,1	6,5	3,22	33,8
Feldschicht	1,1	0,5	14,7	1,7	0,8	23,4
Gesamt	**142,9**	**71,3**	**640,3**	**421,9**	**215,6**	**1.384,0**
Totholz und Streu	**8,8**	**4,2**	**72,9**	**15,4**	**7,3**	**138,3**
Boden 0–10 cm		12,7	1.933,8		15,9	2.208,1
Boden 10–30 cm		9,5	1219,5		14,5	1.893,0
Boden 30–50 cm		3,7	717,4		5,9	976,3
Boden gesamt		**25,9**	**3.870,7**		**36,3**	**5.077,5**

bahamensis (Primulaceae), *Picconia excelsa* (Oleaceae) und *Visnea mocanera* (Theaceae). Die Aquifoliaceae sind mit den *Ilex*-Arten *I. canariensis* und *I. perado*, die vorwiegend subtropisch verbreiteten Myricaceen mit *Myrica faya* vertreten; *Myrica* bildet zusammen mit *Erica arborea* und *E. scoparia* ein Gebüsch oder einen niedrigen Wald als Ersatzvegetation der Lorbeerwälder nach deren Beseitigung oder in windausgesetzten Berglagen (wie auf der Hochfläche im Westen von Madeira).

Kasten 5-1

Taifun und Walddynamik

Bestandsdynamik und Nährstoffumsatz werden in den Lorbeerwäldern des ostasiatischen Raumes, vor allem in den küstennahen Gebieten Chinas, Japans und auf Taiwan, von tropischen Wirbelstürmen (Zyklonen) geprägt, die im Nordwestpazifik als Taifun bezeichnet werden. Im Nordatlantik heißen sie *hurricane* bzw. *huracán* (span.), ein Wort, von dem sich die deutsche Bezeichnung Orkan ableitet (Häckel 2005). Sie treten mit hoher Frequenz auf (zwischen 0,5- und 1,1-mal pro Jahr), und zwar meist in den Monaten Juli, August und September. In der Saffir-Simpson-Skala (NWS 2011) werden nach der Windgeschwindigkeit fünf Stufen unterschieden (Stufe 1: 118–154 km h^{-1}, Stufe 5: > 249 km h^{-1}). Von den in Nordosttaiwan zwischen 1951 und 2005 aufgetretenen 41 Taifunen gehörten 19 zu den Stufen 4 und 5, 22 zu 1 bis 3 (Lin et al. 2012).

Die starken Taifune (Stufe 4 und 5) sind zwar seltener als diejenigen der Stufe 1 bis 3, können aber eine verheerende Wirkung entfalten. So verwüstete der Taifun Larry die Regenwälder in Nordostaustralien in einem Umkreis von 30 km um das „Auge" des Wirbelsturmes und knickte bzw. entwurzelte über 90 % aller Bäume (Turton 2008). Wirbelstürme haben dort, wo sie regelmäßig auftreten, einen erheblichen Einfluss auf die Baumartenzusammensetzung: Sie verändern den für Organismen verfügbaren Raum, sie erhöhen die landschaftliche Heterogenität und die Variabilität von Stoffkreisläufen, sie setzen Sukzessionsprozesse in Gang und sie formen die Struktur der Wälder; sie bringen Organismen in Bewegung und sie initiieren evolutionäre Veränderungen durch natürliche Selektion (Lugo 2008). Dieser Einfluss ist nicht nur der kinetischen Energie der Windbewegung geschuldet, die in tropischen Wirbelstürmen 3.500- bis 15.000-mal höher ist als im globalen Mittel (ebd.), sondern auch den außerordentlich hohen Niederschlägen. Sie führen in der Folge eines Wirbelsturmes zu Erosion von Bodenmaterial in den durch Windwurf geöffneten Wäldern und zum Austrag von Nährstoffen. Solche Nährstoffverluste können in den feuchten Tropen und Subtropen für N und P das 1.300- bis 2.900-Fache des Austrags aus einem ungestörten, bewaldeten Einzugsgebiet betragen (Lugo 2008).

Die Wirkung von Wirbelstürmen auf tropische und subtropische Wälder hängt nicht nur von der Stärke der Windbewegung und Art der Windbewegung ab, sondern auch von der Resistenz der Bäume gegenüber Druck und Zug (s. Hubrig 2004). Durchwurzelungstiefe, Holzeigenschaften, Baumhöhe, Kronendichte und viele weitere Eigenschaften entscheiden darüber, ob ein Baum geknickt oder entwurzelt wird oder lediglich Druckschäden erleidet (permanent schief stehende oder umgebogene Bäume). In der Realität eines tropischen Wirbelsturmes zeigt sich jedoch, dass einzelne Bäume und einzelne Baumarten abhängig vom jeweiligen Ereignis in unterschiedlichem Ausmaß betroffen sind, sodass sich eine Vorhersage der zu erwartenden Schäden kaum treffen lässt (Duryea et al. 2007). In Gebieten mit hochfrequenten Taifunen wie im westpazifischen Raum sind die Wälder niedriger, die Kronen ihrer Bäume kleiner und der Anteil an Pionierbäumen und lichtbedürftigen Lianen ist größer als dort, wo Wirbelstürme selten sind oder fehlen (Webb 1958). In solchen Wäldern ist zudem der Anteil von Bäumen mit Stockausschlag (wie bei den *Castanopsis*-Arten; s. Abschn. 5.2.2.2) und weiteren stressbedingten Merkmalen (vorgezogene Blühperiode, kurze Lebensspanne) größer (Lugo & Zimmermann 2002).

Bezogen auf diese Kennzeichen ist die Vegetation des ostasiatischen Raumes offensichtlich besser an hochfrequente Taifune angepasst als die Pflanzendecke in Gebieten, in denen tropische Wirbelstürme eher selten auftreten. Selbst heftige Ereignisse der Stufen 3 und 4 schaffen in den an Wirbelstürme „gewöhnten" subtropischen Lorbeerwäldern von Nordosttaiwan nur Lücken mit einem Durchmesser von weniger als 100 m (Lin et al. 2011). Stattdessen reißen sie oft nur die Blätter von den Bäumen, sodass eine große Menge an grüner Streu auf die Bodenoberfläche gelangt. Da die frischen Blätter höhere Nährstoffkonzentrationen aufweisen als die im normalen Alterungsprozess des Laubes entstehende Blattstreu, wirken sich entblätternde Taifune beschleunigend auf den Nährstoffumsatz aus. Denn im feuchtwarmen Klima tropisch-subtropischer Wälder wird die proteinreiche Streu rasch abgebaut; die frei werdenden Nährstoffe stehen den Bäumen also innerhalb von wenigen Monaten nach dem Taifun zur Erneuerung ihrer Blattmasse zur Verfügung (Xu et al. 2004, Ostertag et al. 2005). Gleichzeitig ist die Entblätterung der Bäume auch ein Schutz gegen Windwurf, weil die kahlen Kronen dem Sturm weniger Widerstand entgegensetzen. Die Nettoprimärproduktion solcher häufig gestörter Waldbestände wird dagegen eher gebremst, weil ein Teil des Nährstoffkapitals für die ständige Erneuerung der Blattmasse verbraucht wird.

5.2.2.4 Nord- und Mittelamerika

Im Südosten von Nordamerika sind die sonst so charakteristischen immergrünen laurophyllen Laubwälder nur kleinflächig ausgebildet (Knapp 1965, Fujiwara & Box 1994, Christensen 2000). Es handelt sich entweder um lichte, immergrüne Bestände von *Quercus virginiana* und *Q. hemispherica* mit einigen weiteren laurophyllen Arten (wie *Morella cerifera*, *Persea borbonia*) und der Palme *Sabal palmetto* auf Sandböden (mit Schwerpunkt in Florida; Greller 2004) oder um Mischwälder aus immergrünen (wie *Magnolia grandiflora*) und sommergrünen Bäumen (wie *Fagus grandifolia*) auf frischen, basenreichen Standorten, die zu den nemoralen Wäldern überleiten (s. Abschn. 6.2.2.6.4). Beigemischt ist *Sabal palmetto*. Die Zahl laurophyller Gehölze ist gegenüber den südostasiatischen Lorbeerwäldern erheblich eingeschränkt: Die Lauraceen sind lediglich durch zwei *Persea*-Arten vertreten; von den Fagaceen kommen nur acht *Quercus*-, aber weder *Castanopsis*- noch *Lithocarpus*-Arten vor; die für Ostasien so typischen Gattungen *Schima* und *Camellia* (Theaceae) fehlen. Lediglich die Gattung *Ilex* bildet mit sechs Arten ein wichtiges Element der südostamerikanischen Lorbeerwälder.

Meist dominieren auf den großflächig verbreiteten Sandböden dieser erdgeschichtlich jungen Küstenebene jedoch feuerstabilisierte Kiefernwälder aus *Pinus palustris*, *P. taeda* (Abb. 5-3b), *P. elliottii* oder *P. caribaea* mit sommer- und immergrünem Unterwuchs (verschiedene *Quercus*-Arten), denen erhebliche wirtschaftliche Bedeutung für die Papierindustrie zukommt (s. Abschn. 5.2.4). Nach Fujiwara & Box (1994) dürfte es sich bei den meisten dieser Nadelwälder um eine anthropogene Ersatzvegetation der potenziell natürlichen laurophyllen Laubwälder mit ihrer Dominanz aus immergrünen Eichen (mit Brettwurzeln) handeln. Die dazwischen liegenden grundwasserbeeinflussten Gebiete werden von sommergrünen Sumpfzypressenwäldern oder immergrünen Moorwäldern eingenommen (Pocosins; s. Abschn. 5.4.1). Auf der Halbinsel von Florida beschränkt sich das potenzielle Lorbeerwaldgebiet auf die karibische Küstenebene; ansonsten kommt ein sklerophyller Buschwald vor, dessen Hartlaubigkeit auf die nährstoffarmen Sandböden zurückzuführen sein dürfte (Haeupler 1994).

In **Mexiko** gedeiht der Lorbeerwald in der Sierra Madre Oriental in 800–2.000 m NN unter der Bezeichnung „Bosque mesóphilo de montaña" (Rzedowski 2006) und ist auf Standorte mit hoher Luftfeuchte (Nebellagen, Schluchten) beschränkt. Er erreicht 15–25 m Höhe und besteht aus immergrü-

nen Vertretern der Fagaceae, Clethraceae, Fabaceae *s.l.*, Lauraceae, Melastomataceae und Rubiaceae. Regelmäßig kommen der sommergrüne Baum *Liquidambar styraciflua* (Hamamelidaceae) und verschiedene immergrüne *Quercus*-Arten vor (v. a. *Q. xalapensis*). Hinzu treten *Podocarpus*-Arten wie *P. matudae*. Die Wälder sind reich an Farnarten und Moosen sowie an Epiphyten, unter denen vor allem die Orchidaceae in der Artenzahl dominieren.

5.2.2.5 Südamerika

Hueck (1966) und Hueck & Seibert (1981) beschreiben „wechselgrüne, mesophytische, subtropische Wälder Ost- und Südbrasiliens, z. T. mit starkem Anteil immergrüner Arten", die sich ab etwa 15° S vom Rio Doce aus nach Süden bzw. Südwesten entlang des Rio Paraná erstrecken, am Wendekreis bis zum Rio Paraguay bei Asunción und im Süden bis zum Rio Jacuí bei Porto Alegre reichen (Abb. 5-4). Nach der Klimaklassifikation von Troll & Paffen (1964) bzw. Köppen (1931) ist allerdings nur der Süden (etwa südlich einer Linie vom Wendekreis an der Atlantikküste bei São Paulo über die Iguaçu-Wasserfälle bis etwa zur Einmündung des Rio Paraguay in den Rio Paraná bei Corrientes) subtropisch (subtropisches sommerfeuchtes bzw. Cfa-Klima). Die Wälder nördlich dieser Linie sind tropisch, wobei wir es mit einem Ökoton zu tun haben, das die Festlegung einer Grenze zwischen tropischen und subtropischen Wäldern erschwert.

So nehmen von Norden nach Süden die für **Lorbeerwälder** charakteristischen Taxa *Nectandra* und *Ocotea* (Lauraceae), *Myrsine* (Myrsinaceae) und *Ilex* (Aquifoliaceae) zu (Oliveira-Filho & Fontes 2000); die meisten Bäume kommen jedoch aus eher tropischen Familien wie Annonaceae, Melastomataceae, Moraceae, Myrtaceae (z. B. mit der Gattung *Eugenia*) u. a. In den Wäldern südlich der o. g. Linie (in den brasilianischen Bundesstaaten Paraná, Santa Catarina und Rio Grande do Sul sowie in der Provinz Missiones in Argentinien) sind Lauraceen mit *Nectandra megapotamica*, *Ocotea* und *Persea* sowie Fabaceae (wie *Dalbergia*) und Caesalpiniaceen (*Apuleia*) besonders häufig (wie im Waldreservat Turvo am Rio Uruguay; Ruschel et al. 2005; Abb. 5-3c). *Dalbergia*- und *Apuleia*-Arten treten als Emergenten auf, die bis zu 30 m hoch werden können und etwa die Hälfte der Baumarten stellen; sie sind laubabwerfend, obwohl in dieser Höhenlage (200–300 m NN) weder Fröste noch Trockenzeiten vorkommen. Möglicherweise ist dieser saisonale Charakter auf

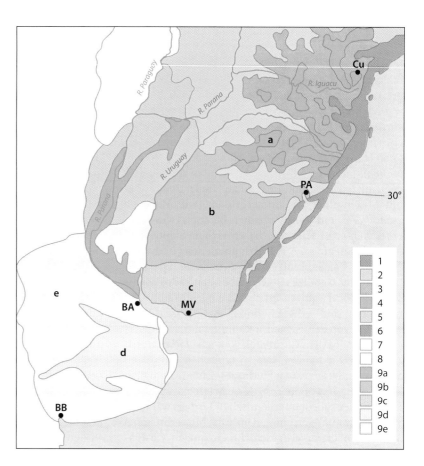

Abb. 5-4 Vegetationskarte von Südostbrasilien (auf der Grundlage von Hueck & Seibert 1981, verändert und ergänzt nach Soriano et al. 1992 und Leite 2002). 1 = immergrüner tropischer Tieflandregenwald (Küstenregenwald), 2 = immergrüner und saisonaler subtropischer Lorbeerwald, 3 = immergrüner subtropischer Lorbeerwald mit *Araucaria angustifolia*, 4 = Auwälder und andere Feuchtgebiete, 5 = Mosaik aus Wäldern und Feuchtgebieten (Parklandschaft von Entre Rios), 6 = Sandküsten-Vegetation ("Restinga"), 7 = tropische regengrüne Laubwälder (feuchter Chaco), 8 = Trockenwälder und -gebüsche verschiedener Ausbildung (im Norden trockener Chaco), 9 = subtropisches Grasland (a = nördlicher Campo, b = mittlerer Campo, c = südlicher Campo, d = Überflutungs-Pampa, e = Pampa). Orte: Cu Curitiba, PA Porto Alegre, MV Montevideo, BA Buenos Aires, BB Bahia Blanca.

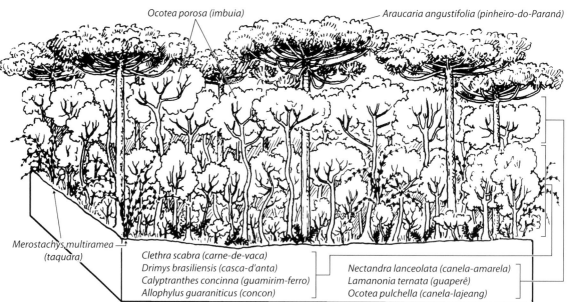

Ocotea porosa (imbuia) — Araucaria angustifolia (pinheiro-do-Paraná)

Merostachys multiramea (taquara)

Clethra scabra (carne-de-vaca)
Drimys brasiliensis (casca-d'anta)
Calyptranthes concinna (guamirim-ferro)
Allophylus guaraniticus (concon)

Nectandra lanceolata (canela-amarela)
Lamanonia ternata (guaperê)
Ocotea pulchella (canela-lajeang)

Abb. 5-5 Schema eines Araukarienwaldes auf dem Planalto von Südbrasilien (aus Klein 1984, reproduziert mit freundlicher Genehmigung von Prof. Ademir Reis, Herbário Barbosa Rodrigues, Itajaí, Brasilien). Unter dem Schirm aus *Araucaria angustifolia* gedeiht ein laurophyller Wald aus Lauraceae (*Ocotea, Nectandra*), Cunoniaceae (*Lamanonia*), Sapindaceae (*Allophylus*), Myrtaceae (*Calyptranthes*) und Winteraceae (*Drimys*). An aufgelichteten Stellen bildet der Bambus *Merostachys* undurchdringliche Dickichte. Die Höhe der Araukarien beträgt etwa 30 m, die Laurophyllen sind rund 20 m hoch.

Abb. 5-6 Mate (*Ilex paraguayensis*, Aquifoliaceae): a = weiblicher Baum, b = Mate-trinkender Gaucho (Rio Grande do Sul, Brasilien).

trockenere Klimaphasen im Pleistozän zurückzuführen und hat nichts mit den gegenwärtigen Klimabedingungen zu tun (Behling et al. 2004). Einige der Emergenten haben deshalb keine längere kahle Phase; sie treiben innerhalb weniger Tage nach dem Laubabwurf wieder aus (wie *Cordia americana*, Boraginaceae), ein Rhythmus, den man auch bei den saisonalen Bäumen der Araukarienwälder beobachtet (Laubfall in der regenärmsten Periode von April bis Juni; Marques et al. 2004). In den regenreichen Gipfellagen der Serra do Mar, mit Niederschlägen über 2000 mm, sind die Wälder besonders reich an Epiphyten und Baumfarnen (*Dicksonia sellowiana*). Hier, wie auch in den tieferen Lagen, ist *Ilex paraguayensis* beheimatet; aus seinen fermentierten und gerösteten Blättern wird Mate-Tee zubereitet (Abb. 5-6).

Auf dem nach Westen abfallenden Hochplateau des Planalto gedeiht der südbrasilianische **Araukarienwald** mit *Araucaria angustifolia*. Er ist mosaikartig von subtropischem Grasland durchsetzt, das als Relikt einer trockenen Klimaperiode gedeutet wird (s. Abschn. 5.2.3). Das Gebiet mit einer Höhenlage zwischen 600 und 1.600 m NN wird regelmäßig von Frösten heimgesucht; selbst Schneefall ist durchaus häufig, wenngleich die Schneedecke kaum einmal mehrere Zentimeter überschreitet und auch nur wenige Tage Bestand hat. Unter dem Schirm aus Araukarien findet sich eine zweite Baumschicht aus Lauraceen (*Ocotea*, *Nectandra*), den südhemisphärischen Cunoniaceen (*Lamanonia*, *Weinmannia*), den

Winteraceen (*Drimys*), den Myrtaceen (*Calyptranthes*) und den Aquifoliaceen (*Ilex*; Klein 1984; Abb. 5-3f, 5-5). Hinzu tritt als weitere altertümliche Gymnosperme *Podocarpus lambertii*.

Die südbrasilianischen Lorbeerwälder einschließlich ihrer von Araukarien dominierten Ausbildung auf dem Planalto haben zusammen mit den tropischen Tieflandregenwäldern der Küstenebene (Oliveira-Filho & Fontes 2000) als „Mata Atlantica" wegen ihrer hohen Artenzahlen unter Wissenschaftlern und in der (nicht nur brasilianischen) Öffentlichkeit große Aufmerksamkeit gefunden (Galindo-Leal & Camara 2003). Sie bilden ein Beispiel für den erschreckenden Rückgang tropischer und subtropischer Vegetation innerhalb weniger Jahrzehnte (s. Abschn. 5.2.4).

5.2.2.6 Südafrika

Unter den südhemisphärischen subtropischen Lorbeerwäldern ist der südafrikanische Anteil der kleinste; er nimmt lediglich 0,25 % der Fläche der Republik Südafrika ein (Eeley et al. 2001). Die Wälder sind auf Western Cape, Eastern Cape und KwaZulu-Natal beschränkt, wo sie zwischen 25 und 35° S in der Küstenebene und dem westlich anschließenden Bergland des „Great Escarpment" (Drakensberge) in Form stark fragmentierter, von subtropischem Grasland umgebener Flecken vorkommen (Mucina & Geldenhuys 2006). Das größte und unter Schutz gestellte

Waldgebiet, das den Charakter der südafrikanischen Lorbeerwälder wohl am besten zeigt, ist der Knysna Forest in der Umgebung der gleichnamigen Stadt (Abb. 5-3g). Er gehört zu einem Waldtyp, der in Südafrika als „**Afromontane Forest**" bezeichnet wird und außer Lauraceae (wie *Ocotea bullata*), Aquifoliaceae (*Ilex mitis*) und Oleaceae (*Olea capensis*) eine Reihe alter Gondwana-Elemente temperierter Herkunft aufweist (Midgley et al. 1997). Hierzu gehören u. a. die beiden Podocarpaceen *Podocarpus latifolius* und *Afrocarpus falcatus*, ferner *Faurea macnaughtonii* (Proteaceae) sowie *Cunonia capensis*. In der Provinz Western Cape finden sich diese Wälder auf Meeresniveau; nach Norden steigen sie weiter nach oben und gedeihen in KwaZulu-Natal in Höhenlagen zwischen 800 und 1.500 m NN. Hier, im Tiefland der Küstenebene des Indischen Ozeans, ist der zweite Waldtyp vertreten, der als „**Coastal Forest**" bezeichnet wird und in dem die oben genannten temperierten Taxa weitgehend fehlen. Seine Artenzusammensetzung hat somit eher tropischen Charakter. Der dritte Waldtyp nimmt floristisch eine Zwischenstellung zwischen beiden ein; er gedeiht im Hügelland der Küstenebene („**Scarp Forest**").

Während die Wälder der Tieflagen wohl erst vor rund 8.000 Jahren von Norden her in das Gebiet eingewandert sind, dürften die afromontanen Wälder schon vor dem Pleistozän existiert haben, und zwar schon immer in einer stark zersplitterten Form mit zahlreichen kleineren und größeren Waldinseln in einer Matrix aus Grasland (Eeley & al. 1999; s. Abschn. 5.2.3). Deshalb findet man – im Gegensatz zu den erst in jüngster Zeit anthropogen fragmentierten Wäldern aller Klimazonen – keine Hinweise auf einen Randeffekt (wie verringerte Artenzahlen mit abnehmender Inselgröße und zunehmender Distanz zwischen den Inseln; Kotze & Lawes 2007).

5.2.2.7 Australien

Entlang der Ostküste von Australien verläuft ein nach Osten abfallender Gebirgszug geringer Höhe (Great Dividing Range), der die humide Küstenebene von dem trockeneren Hinterland trennt. Hier wie an den Gebirgshängen kommen immergrüne Laubwälder von der Cape-York-Halbinsel bis an die Südspitze vor (Beadle 1981, Webb & Tracy 1994, Busby & Brown 1994). Wie sonst nur in Südostasien gehen die tropischen Tieflandregenwälder (s. Abschn. 2.1.8) im Norden, die subtropischen Lorbeerwälder in der Mitte und die nemoralen Lorbeer- und *Nothofagus*-Wälder im Süden kontinuierlich ineinander über.

Entlang dieses Gradienten nehmen die Artenzahl, der Reichtum an Kormo-Epiphyten und die Regenwaldmerkmale (Brettwurzeln, Träufelspitzen, Kauliflorie) von Nord nach Süd ab. Auf der Südspitze Australiens südlich der Australischen Alpen und auf Tasmanien bestehen die Wälder nur mehr aus wenigen immergrünen Baumarten mit *Eucalyptus*-Dominanz; das Vorkommen der Gattungen *Nothofagus* und *Eucryphia* verweist auf die Verwandtschaft mit den südchilenischen immergrünen Laubwäldern (nemorale Lorbeerwälder, immergrüne nemorale *Nothofagus*-Wälder; s. Abschn. 6.2.4).

Im Vergleich zu Südamerika und Ostasien sind die bis zu 40 m hohen subtropischen Lorbeerwälder Australiens artenarm. Sie werden von zwei Arten der südhemisphärischen Gondwana-Familie Cunoniceae dominiert, nämlich *Ceratopetalum apetalum* und *Schizomeria ovata*, denen sich einige weitere Arten dieser Familie sowie einige Lauraceae beimischen (wie verschiedene *Cryptocarya*- und *Endiandra*-Arten). Hinzu kommen Vertreter der Monimiaceae (*Doryphora*), der Myrtaceae (wie *Syzygium*) und der Araucariaceae (*Araucaria cunninghamii*). Die zuletzt genannte Baumart bildet, ähnlich wie *A. angustifolia* in Südbrasilien, Dominanzbestände mit einer lautophyllen zweiten Baum- und Strauchschicht. Fabaceen sowie typisch tropische Baumfamilien (Meliaceae) treten zurück. Der krautige Unterwuchs besteht hauptsächlich aus Farnen (*Adiantum*-Arten sowie Baumfarne der Gattungen *Dicksonia* und *Cyathea*). Landeinwärts folgen mit zunehmender Trockenheit offene sklerophylle *Eucalyptus*-Wälder (z. B. mit *E. albens* und *E. melliodora*).

Die subtropischen Lorbeerwälder beginnen in der Höhe des Wendekreises (bei Rockhampton) und enden ungefähr bei 37° S. Sie bilden kein zusammenhängendes Band, sondern sind in Teilgebiete fragmentiert, wenn auch nicht in so extremer Weise wie in Südostafrika. Diese Fragmentation hängt damit zusammen, dass die Unregelmäßigkeit des Niederschlagsgeschehens (wie überall in Australien) und die stellenweise extrem nährstoffarmen oder nassen Böden nicht überall das Gedeihen eines Lorbeerwaldes zulassen. Solche extremen Standorte werden von *Eucalyptus*-Wäldern eingenommen, da es unter den über 600 Arten praktisch immer eine oder mehrere gibt, die mit den jeweiligen Stressfaktoren gut zurechtkommen (Beadle 1981). *Eucalyptus*-Arten treten außerdem als Pioniere auf, wenn Lorbeerwälder durch Rodung oder Windwurf zerstört wurden. Die stresstoleranten Eukalypten übernehmen also in Australien die Rolle der Föhren auf der Nordhemisphäre.

So gibt es im Gebiet der australischen Lorbeerwälder besonders viele *Eucalyptus*-Arten; nach Beadle (1981) kamen von den damals bekannten 450 Arten allein 155 im Südosten vor (etwa zwischen 30 und 37° S, landeinwärts einschließlich der Great Dividing Range). Dementsprechend zahlreich sind die Waldtypen. Beispiele sind *E. pilularis*-Wälder auf nährstoffarmen Böden; sie können bis zu 40 m hoch werden und enthalten im Unterwuchs immergrüne Gehölze aus den Lorbeerwäldern. Auf nassen Böden der Küstenebene kommen *E. tereticornis* und *E. robusta* vor. Auf den extrem nährstoffarmen Sandböden gedeihen offene niedrige Wälder, z. B. aus *Corymbia gummifera* und *E. racemosa*. Sie werden nicht höher als 20 m und zeichnen sich durch eine reiche, vorwiegend xerophytische Flora aus (Beadle 1981). Hierzu zählen die altertümlichen *Macrozamia*-Arten (Zamiaceae) sowie *Podocarpus* und *Callitris* (Cupressaceae).Vor allem Fabaceen, Myrtaceen, Orchidaceen und Proteaceen sind mit Artenzahlen zwischen 75 und 143 reichlich vertreten. Die regelmäßigen Brände fördern Pflanzen mit hartschaligen Samen wie Arten der Gattungen *Casuarina* (Casuarinaceae) und *Acacia*.

5.2.2.8 Neuseeland

Während die Südinsel von Neuseeland zur nemoralen Zone gehört, wird die Nordinsel den immerfeuchten Subtropen zugeschlagen (Abb. 5-7). Ihr Klima ist ganzjährig humid; Fröste sind selten, die Sommer warm mit einer Mitteltemperatur des wärmsten Monats von über 22 °C. Unter diesen Bedingungen gedeiht in planarer und kolliner Lage ein immergrüner Wald mit einer oberen Baumschicht aus Koniferen und einer unteren aus immergrünen (laurophyllen) Laubbäumen (Wardle 1991, Ogden & Stewart 1995). Die Koniferen gehören zu den drei Familien Araucariaceae (eine Art: *Agathis australis*, Kauri; Abb. 5-9), Cupressaceae (zwei Arten der Gattung *Libocedrus*) und Podocarpaceae (17 Arten der Gattungen *Podocarpus, Prumnopitys, Dacrydium, Halocarpus, Lepidothamnus* und *Phyllocladus*); alle 20 Arten sind ausnahmslos in Neuseeland endemisch. Die Laubbäume stammen aus denselben Familien, die auch in den Lorbeerwäldern von Australien vorkommen: Lauraceae (*Beilschmiedia, Litsea*), Cunoniaceae (*Weinmannia*), Myrtaceae (*Metrosideros*), Monimiaceae (*Laurelia*). Darunter mischen

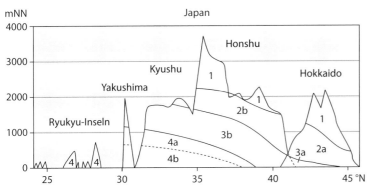

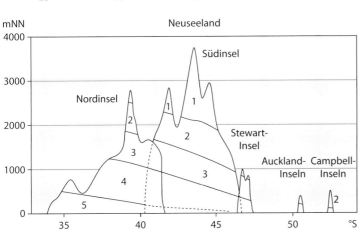

Abb. 5-7 Vegetationsabfolge in Japan (nach Miyawaki 1979) und Neuseeland (nach Meurk 1995, Wardle 1991, verändert). Legende Japan: 1 = Vegetation der subalpinen und alpinen Stufe einschließlich *Pinus pumila*-Krummholz; 2 = immergrüne (boreale) Nadelwälder (Vaccinio-Piceetea; a = *Picea jezoensis*-Wälder, b = Wälder aus *Abies*-Arten, z. B. *A. mariesii, A. veitchii*); 3 = sommergrüne (nemorale) Laubwälder (Fagetea crenatae; a = *Quercus mongolica*-, b = *Fagus crenata*-Wälder (einschließlich *Tsuga sieboldii*-Bestände auf steilen trockenen Hängen), 4 = subtropische Lorbeerwälder (Camellietea japonicae; a = *Quercus*-Wälder, b = *Castanopsis*-Wälder). Legende Neuseeland: 1 = nivale Stufe; 2 = Vegetation der alpinen Stufe (mit dem Horstgras *Chionochloa* und Zwergsträuchern); 3 = immergrüne *Nothofagus*-Wälder (Südinsel *N. menziesii*, Nordinsel: *N. solandri*); 4 = immergrüne Lorbeerwälder der Berglagen mit Podocarpaceae; 5 = immergrüne Lorbeerwälder der Tieflagen (reich an Lianen und Epiphyten).

sich regelmäßig Vertreter der Proteaceae (z. B. *Knightia excelsa*) und der Elaeocarpaceae. Der Unterwuchs besteht aus Farnen (z. B. *Blechnum*) und Baumfarnen (*Cyathea*, *Dicksonia*). Die für Australien prägende Gattung *Eucalyptus* fehlt vollständig. Die hohe Luftfeuchte in dem hochozeanischen Klima fördert die Entwicklung austrocknungsempfindlicher Kryptogamen, darunter viele Vertreter der Hymenophyllaceae (Hautfarne), die Stämme und Äste der Bäume dicht überziehen. Ihre Blätter bestehen aus einer einschichtigen Lamina ohne Spaltöffnungen mit großen, manchmal mit dem bloßen Auge erkennbaren Zellen. Die Familie enthält mehrere Gattungen mit insgesamt über 600 Arten, von denen 25 auf Neuseeland vorkommen.

Diese Koniferen-Laubbaum-Mischwälder stellen die natürliche Vegetation auf der Nordinsel sowie im Norden und in der Mitte der Südinsel dar (Abb. 5-3h, i). Ihre Artenzusammensetzung variiert je nach Standort und Breiten- bzw. Höhenlage, wird aber auch von Störungen durch Vulkanausbrüche beeinflusst. So kann man mehrere Entwicklungsstadien der Sukzession auf Lava oder vulkanischer Asche in räumlicher Nachbarschaft studieren. Sie unterscheiden sich u. a. durch ihren Anteil an Koniferen, die in der Jugend lichtbedürftig sind, eher Pioniercharakter haben und daher die ersten Sukzessionsstadien aufbauen. Da einige, wie *Podocarpus totara*, langlebig (bis zu 1000 Jahre) sind, findet man sie auch noch im Endstadium der Vegetationsentwicklung, bei dem das vulkanische Ereignis schon Jahrhunderte zurückliegt. Welche Baumarten am Waldaufbau beteiligt sind, hängt aber auch von der jeweiligen Phase im Regenerationszyklus ab. Nach einem altersbedingten (kleinflächigen) Bestandszusammenbruch sind Laubbäume (wie die Cunoniacee *Weinmannia* und die Myrtacee *Leptospermum*) die Pioniere, in deren Schatten die Koniferen keimen und als „Oskars"

Abb. 5-8 *Agathis australis*, Waipoa Forest Park, Nordinsel Neuseeland: a = Alter Baum mit geradem Stamm und hoch angesetzter Krone; b = Jungbäume; c = männliche Zapfen; d = weiblicher Zapfen.

(zum Begriff s. Abschn. 3.1.2.4) auf günstige Lichtbedingungen für ihre weitere Entwicklung zu adulten Individuen warten. In der Regel zeichnet sich die Reifephase deshalb durch eine physiognomische Dominanz verschiedener Podocarpaceen wie des häufigen, bis zu 50 m hohen Emergenten *Dacrydium cupressinum* aus (Abb. 5-3i).

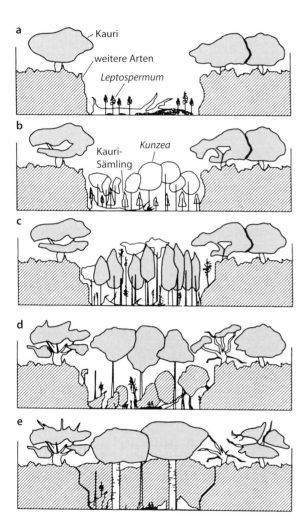

Abb. 5-9 Waldentwicklungszyklus von *Agathis australis*-(Kauri-)Wäldern auf der Nordinsel von Neuseeland (aus Ogden & Stewart 1995, geringfügig verändert). a = Bestandslücke durch Störung (in der Realität meist größer als hier dargestellt), b (nach 50 Jahren) = *Leptospermum scoparium* (Myrtaceae) und *Kunzea ericoides* (Proteaceae) siedeln sich als Pioniere an, dazwischen keimen Kauri-Samen; c (nach 150 Jahren) = *Kunzea* stirbt altersbedingt ab, die *Agathis*-Sämlinge sind zu Jungbäumen mit schmaler Krone herangewachsen; d (nach 250 Jahren) = Bildung der für alte Bäume typischen *Agathis*-Krone; e (nach 350 Jahren) = Reifephase des Waldbestands mit ausgewachsenen *Agathis*-Emergenten und einer zweiten Baumschicht aus laurophyllen Laubbäumen.

Einen derartigen Waldentwicklungszyklus zeigen z. B. die **Kauri**-**Wälder** auf dem „Northland" der Nordinsel. Die von den Ureinwohnern Neuseelands, den Maori, *Kauri* genannte Araucariacee *Agathis australis* beeindruckt als bis zu 60 m hoher Emergent unter ungestörten Bedingungen mit ihrem zylinderförmigen, unverzweigten Stamm (Durchmesser 3–4 m) und ihrer mächtigen, ausladenden Krone (Abb. 5-8a). Der Waldentwicklungszyklus (Abb. 5-9) beginnt mit der Erstbesiedlung einer Bestandslücke durch die Pioniersträucher *Leptospermum scoparium* und *Kunzea ericoides* (Proteaceae). Unter deren Schirm entwickeln sich reich beastete Jungbäume von *Agathis* mit langgestreckter Kronenform (Abb. 5-8b). Nach dem Absterben der Pioniere wächst *Agathis* hoch und bildet den für erwachsene Individuen charakteristischen astlosen Stamm mit breiter Krone. Unter diesem Schirm kommt dann im nächsten Schritt die zweite Baumschicht aus immergrünen Laubbäumen hoch. Die Reifephase ist erreicht. Sie ist reich an Lianen, Baumfarnen und Epiphyten und erinnert strukturell an oreotropische Nebelwälder. Unter den Lianen fällt die zu den indo-pazifischen Pandanaceae gehörende Gattung *Freycinetia* mit ihren langen, schmalen Blättern auf.

Kauri wurde von den europäischen Einwanderern wegen des widerstandsfähigen (harzreichen) Holzes für den Bau von Schiffen und die Produktion von Möbeln intensiv ausgebeutet. Das bernsteinartige Harz fand (und findet) Verwendung bei der Herstellung von Schmuck. Mehr als 94 % des ursprünglichen Bestands (13.000 km²) der Wälder sind auf diese Weise innerhalb der letzten 150 Jahre verschwunden. Deshalb steht Kauri heute unter strengem Schutz.

5.2.3 Subtropisches Grasland

5.2.3.1 Merkmale

Nach Walter & Breckle (1999) wird die zonale Vegetation außerhalb der Gebirge in ebener Lage und auf „mittleren" Böden, die weder zu nass noch zu trocken sind, vom Allgemeinklima bestimmt. In den immerfeuchten Subtropen besteht die zonale Vegetation aus immergrünen bzw. saisonalen Laubwäldern, deren Physiognomie und Artenzusammensetzung mit den in den Klimadiagrammen zum Ausdruck kommenden thermischen und hygrischen Merkmalen gut übereinstimmen. Umso mehr verwundert es, dass es in Südamerika und in Südafrika neben diesen Wäldern ein baumfreies Grasland gibt, dessen Matrix

Kasten 5-2

Die altertümlichen Koniferen

Die Ausbreitung der Angiospermen und der Rückgang der Gymnospermen sind zwei der wichtigsten phytogeographischen Prozesse in der Erdgeschichte (Enright et al. 1995). Die Gymnospermen, deren Entstehungszeit in das mittlere Devon datiert (etwa 365 Mio. Jahre BP), dürften aber selbst zur Zeit ihrer größten Vielfalt nicht mehr als einige Tausend Arten erreicht haben. Heute sind noch rund 900 Arten übrig. Sie gehören zu den Ordnungen Cycadales, Ginkgoales, Gnetales (mit Gnetaceae, Ephedraceae und Welwitschiaceae) und Pinales (= Coniferales; Koniferen). Deren Name („Zapfenträger") ist nicht ganz korrekt, weil bei vielen Taxa die weiblichen Zapfen auf eine Blüte reduziert sind und die Samenschuppe den Samen als fleischiges Organ (Epimatium) umhüllt (Bresinsky et al. 2008), sodass die Früchte wie eine Beere aussehen (z. B. bei _Taxus_). Die rezenten Pinales bestehen aus sieben Familien (mit 615 Arten; Farjon 2010a), von denen einige Vertreter der ausschließlich auf der Nordhalbkugel vorkommenden Pinaceae (zwölf Gattungen, 232 Arten) Reinbestände vorzugsweise in den kalten Klimaten aufbauen. Die übrigen Familien und ein großer Teil der Pinaceae haben ihren Schwerpunkt in der nemoralen und subtropischen Zone; nordhemisphärisch sind die Taxaceae (fünf Gattungen, ca. 25 Arten), die Cephalotaxaceae (eine Gattung, ca. sechs Arten, Ostasien) sowie die monotypische Familie Sciadopityaceae, die mit nur einer Art in Japan vorkommt (_Sciadopitys verticillata_). Auf der Nord- und auf der Südhemisphäre gleichermaßen gedeihen als einzige kosmopolitische Familie der Koniferen die Cupressaceae, die (neuerdings einschließlich der Taxodiaceae) 29 Gattungen mit 135 Arten umfassen, während Araucariaceae (drei Gattungen, ca. 23 Arten) und Podocarpaceae (18 Gattungen, 174 Arten) fast ausnahmslos südlich des Äquators vorkommen (Farjon 2010a, Turner & Cernusak 2011).

Von den sieben Familien der Pinales sind Araucariaceen und Podocarpaceen mit ersten fossilen Nachweisen in der älteren Trias die ältesten Koniferen (Hill 1995). Auslöser für ihre Entwicklung dürfte die zunehmende Austrocknung am Ende des Paläozoikums gewesen sein. Die rezente Gattung _Araucaria_ gibt es seit der frühen Kreidezeit, während Fossilien von _Agathis_ in Ostaustralien aus dem Jura stammen. Die Araucariaceen erreichten ihre maximale Diversität in Jura und Kreide (Kershaw & Wagstaff 2001); sie waren in dieser Zeit nahezu auf allen Kontinenten, auch in Europa, verbreitet (Kunzmann 2007). Der letzte Nachweis in Europa stammt aus der oberen Kreidezeit (Maastricht); die dort gefundenen Zapfenschuppen entsprechen ziemlich genau der heute noch existierenden _Araucaria heterophylla_ (Van der Ham et al. 2010), heute endemisch auf den zwischen Neukaledonien und Neuseeland liegenden Norfolkinseln. Im Tertiär unterlagen sie der Konkurrenz der Angiospermen und überlebten in den wenigen Refugien auf der Südhemisphäre. Ihre heutigen Vorkommen sind also reliktisch. Auch die Pinaceen entwickelten sich bereits während der frühen Jurazeit, und zwar auf Laurasia; _Pinus_ entstand vermutlich vor rund 135 Mio. Jahren (Unterkreide), _Abies_ vor 110 und _Larix_ vor 115 Mio. Jahren (Lin et al. 2010). Die südhemisphärischen Gattungen der Cupressaceae wie _Libocedrus_, _Callitris_ und _Austrocedrus_ sind fossil erst aus dem frühen Tertiär nachgewiesen.

Koniferen sind, bezogen auf das einzelne Individuum, im Vergleich zu vielen Angiospermen-Bäumen meist ziemlich langlebig. Bei einem Vergleich von 44 Koniferen und 76 Angiospermen in Nordamerika erreichten Erstere ein durchschnittliches maximales Lebensalter von 400 Jahren, während Letztere nur 250 Jahre alt wurden (Loehle 1988). Auf der Südhemisphäre werden _Fitzroya cupressoides_ (3.600 Jahre), gefolgt von _Lagarostrobos franklinii_ (2.260), _Agathis australis_ (1.680) und _Araucaria araucana_ am ältesten (1.300;

überwiegend aus C_4-Gräsern gebildet wird (Abb. 5-10a, b, c). Der Anteil der C_3-Gräser nimmt mit steigender Meereshöhe und geographischer Breite zu. Das Klima unterscheidet sich nicht wesentlich von demjenigen der Waldgebiete: Die Jahresniederschläge liegen zwischen 600 (an der Grenze zu den westlich anschließenden Trockengebieten) und 2.000 mm in den Gebirgen; im kühlen Winter mit gelegentlichem Frost kann eine kurze (maximal dreimonatige) Trockenzeit auftreten (Juni bis August; s. Abb. 5-1f, g, h). Das Klima ist subtropisch-sommerfeucht nach Troll & Paffen (1964) und dem Klimatyp Cfa (warm-feuchtgemäßigt) bzw. Cfb (kühl-feuchtgemäßigt; in Gebirgslagen) nach Köppen-Trewartha zuzuordnen (Trewartha & Horn 1980).

Die Vegetation wird überwiegend von C_4-Horstgräsern der Poaceen-Unterfamilien Chloridoideae und Panicoideae geprägt. In Südamerika sind die C_3-Arten der Pooideae regelmäßig beigemischt; sie werden nach Süden immer häufiger, bis sie südlich des Rio de la Plata die Vorherrschaft übernehmen. In Afrika dominieren die C_3-Gräser in Lagen oberhalb 2.000 m NN. Die Pflanzendecke wird unter günstigen Bedingungen (tiefgründige Böden, warmes Klima) bis über 1 m hoch. Die jährlich erzeugte oberirdische Phytomasse beträgt 5 t ha^{-1} oder mehr. Die C_4-Gräser vertrocknen in der kühlen Jahreszeit, sodass es zu Engpässen bei der Futterversorgung der Weidetiere kommen kann. Verbunden mit dem langsamen Abbau der nährstoffarmen Streu gehören Grasfeuer

Enright & Ogden 1995). Auf der Nordhemisphäre können die Cupressaceen *Sequoiadendron giganteum* (Kalifornien), *Cupressus nootkatensis* (Nordwestküste Nordamerika), *Chamaecyparis obtusa* (Japan) und *Cryptomeria japonica* (der Nationalbaum von Japan) sowie *Pinus longaeva* (White Mountains, Kalifornien; über 4.000 Jahre) ein Alter von 3.000 Jahren erreichen; zwischen 1.000 und 2.000 Jahren liegen u. a. *Pseudotsuga menziesii* (1.200), *Sequoia sempervirens* (2.200), *Taxodium distichum* und *Thuja plicata* (beide 1.200 Jahre; Suzuki & Tsukahara 1986, Loehle 1988, Schütt et al. 2004, Eckenwalder 2009). Der älteste Baum der Erde ist ein Exemplar von *Pinus longaeva* mit 4.806 Jahren (Lanner 2007). Diese Langlebigkeit ist das Ergebnis von langsamem Wachstum und chemischer Verteidigung gegenüber Schadorganismen durch Baumharz. Die Mehrzahl der Koniferen ist in der Jugend lichtbedürftig und zeigt somit Pioniercharakter; die Samen sind häufig leicht und anemochor. Zoochorie (durch Vögel) tritt vor allem bei Podocarpaceen und manchen *Araucaria*-Arten auf. Die Blätter sind nadel- oder schuppenförmig mit nur einer zentralen Blattader ohne Verzweigung.

Vermutlich als Reaktion auf die Entstehung des Laubblattes haben manche Koniferen ihre Sprosse zu blattartigen Organen umgebildet. So zeigen einige der südhemisphärischen Taxa mehr oder minder ganzrandige, aus Kurzsprossen entstandene Phyllokladien (wie die Gattung *Phyllocladus*) oder sie haben die ursprünglich radial angeordneten Nadeln in eine Ebene gedreht, sodass der Eindruck eines gefiederten Blattes entsteht (*Dacrycarpus*; Hill 1995). Eine ähnliche, wenn auch nicht so perfekte Annäherung an ein Angiospermenblatt zeigt sich auch bei den Taxaceen und der europäischen Weißtanne (*Abies alba*). Solche komplexen Assimilationsorgane sind in den lichtintensiven Tropen und Subtropen photosynthetisch effizienter als die skleromorphen, äquifazialen Nadeln. Taxa mit dieser Ausstattung konnten deshalb mit der Angiospermenentwicklung im Alttertiär besser mithalten (Coomes & Bellingham 2011; vgl.

hierzu auch das „buchenähnliche" Verhalten von *Abies alba* und *Taxus baccata* in montanen mitteleuropäischen Wäldern; Ellenberg & Leuschner 2010; s. Abschn. 6.2.2.6.2). Hier zeigt sich, dass laubbaumähnliche Entwicklungen bei den Koniferen Koexistenz zwischen beiden Wuchsformen ermöglichen, wie im Fall der Mischwälder in Neuseeland, Tasmanien und Südchile zu sehen ist (s. auch Kap. 6).

Koniferen mit Nadeln oder Schuppen sind den Blütenpflanzen dagegen nur unter extremeren Umweltbedingungen überlegen. Sofern sie nicht im Lauf des Neogen frosthart wurden, überlebten sie die Angiospermenausbreitung unter subtropischen oder nemoralen Klimabedingungen vor allem als Pioniere (z. B. nach massiven Störungen wie Erdrutsch, Vulkanausbruch oder Feuer wie im Fall der nemoralen Nadelwälder des nordöstlichen Nordamerika mit *Pseudotsuga menziesii*), aber auch auf trockenen oder feuchten bis nassen Standorten (wie *Austrocedrus chilensis* und *Fitzroya cupressoides* in Chile) und in Gebirgslagen (wie *Araucaria angustifolia* in Südbrasilien und *Araucaria araucana* in Chile). Ihre Langlebigkeit erlaubt ihnen eine jahrhundertelange Präsenz in ansonsten von Laubbäumen dominierten Wäldern (Enright et al. 1999). Tiefe Temperaturen ertragen sie nur begrenzt (Bannister 2007). Ganz anders ist die Situation im Fall der frostharten Pinaceen auf der Nordhemisphäre. Die Entwicklung dieser „modernen" Bäume geht auf den Abkühlungsprozess am Ende des Tertiärs zurück. Viele Arten der Gattungen *Pinus*, *Picea*, *Abies* und *Larix* können somit in der borealen Zone zur Dominanz gelangen, auch wenn immer sommergrüne Laubbäume (wie *Populus* und *Betula*) beigemischt sind. Die Nadelbäume wachsen im kaltgemäßigten Klima zwar schneller als Laubbäume, weil sie früher im Jahr mit der Assimilation beginnen und später damit aufhören, verlieren diesen Vorteil aber durch die höhere Assimilationsleistung der Laubbäume, die dafür ihre Blattmasse jährlich erneuern müssen (Schulze et al. 2002).

vor allem am Ende des eher trockenen Winters zum Erscheinungsbild der Vegetation. Der größte Teil der Brände ist anthropogen; das Grasland der großen Viehfarmen wird abgebrannt, um den Weiderest zu beseitigen und den Wiederaustrieb im Frühjahr zu beschleunigen (Abb. 5-10e). Dass Feuer aber schon vor der Einwanderung der Europäer aufgetreten sind und wohl ein intrinsisches Merkmal jeder hochwüchsigen Graslandvegetation darstellen, zeigt sich an den Merkmalen der beteiligten Arten (Overbeck & Pfadenhauer 2007, Fidelis et al. 2010a, b): Die Horstgräser schützen ihr Meristem vor Hitze durch dicht gepackte Sprosse (wie im Fall von *Andropogon lateralis*; Abb. 5-10f); die Zwergsträucher besitzen Hypokotylknollen (Lignotuber), aus denen sie wie-

der austreiben, wenn die oberirdischen Organe verbrannt sind; der Austrieb der zahlreichen monokotylen Geophyten des südafrikanischen Graslandes wird durch die Beseitigung der Grasstreu stimuliert (Abb. 5-10g).

In Abschn. 5.2.2.1 haben wir darauf hingewiesen, dass die subtropischen Wälder mosaikartig mit dem Grasland verzahnt sind. In Südamerika findet man ein derartiges Mosaik in den sog. nördlichen Campos (s. unten) als ein Ökoton zwischen Araukarienwald und Grasland in Südbrasilien; in Südafrika sind die Lorbeerwälder inselförmig im Grasland verteilt. Sie gedeihen entweder als Galeriewälder entlang von Fließgewässern, in Tälern, auf den feuchteren und kühleren Nordhängen oder auf felsigen Kuppen. Da

Abb. 5-10 Beispiele für subtropische Grasländer. a = nördlicher Campo mit Galeriewald aus *Araucaria angustifolia* bei São Francisco de Paula, Rio Grande do Sul, Brasilien; b = mittlerer Campo bei Dom Pedrito, Rio Grande do Sul, Brasilien, c = Pampa aus *Nasella neesiana*, *Bromus catharticus* und *Paspalum dilatatum*, im Hintergrund *Celtis iguanaea*, Cannabaceae, auf einem Dünenrücken (Foto F. Klötzli); d = Grasland im Golden Gate National Park, Südafrika, mit *Themeda triandra* als dominanter Art.

die beteiligten Baumarten nicht feuerresistent sind, liegt der Schluss nahe, dass dieses Mosaik das Ergebnis regelmäßiger Brände ist (Pillar & Quadros 1997), stellenweise kombiniert mit dem Verbiss durch Weidetiere. Denn alle derzeit waldbestandenen Flächen werden weniger leicht von Feuer erfasst als die freien Hänge und Plateaus, sei es wegen der höheren Boden- und Luftfeuchte, sei es wegen des Mangels an brennbarem Material (Felskuppen).

Im Gegensatz zu den Savannen ist das subtropische Grasland völlig baumfrei. Zwar gibt es am Rand manchmal savannenartige Strukturen (wie die „Espinales" aus *Acacia-* und *Prosopis*-Arten am Westrand des Graslandes in Südamerika); innerhalb des Graslandes treten Bäume aber nur auf Standorten auf, die vor Feuer geschützt sind, oder es handelt sich um Sukzessionsflächen, die von Pioniergehölzen besiedelt werden. Auch gibt es keine feuerresistenten Bäume oder Sträucher mit dicker Borke und *resprouter*-Eigenschaften. Von dort sind in der Vergangenheit auch keine Holzpflanzen eingewandert, auch

wenn Savannen an das Grasland angrenzen wie in Südafrika. Die Ursache liegt vermutlich darin, dass die Savannenbäume tropischen Ursprungs mit den kühlen Temperaturen im Winter nicht zurechtkommen (Bredenkamp et al. 2002).

In der Literatur wird das subtropische Grasland unter verschiedenen Bezeichnungen geführt. Verbreitet ist die Bezeichnung Steppe, wegen der physiognomischen und floristischen Ähnlichkeit (Vorkommen von C_3-Gräsern) mit der baumfreien Vegetation der trockenen nemoralen Zone Nordamerikas und Asiens (IBGE 2004). Ökologisch unterscheidet sich das subtropische Grasland aber fundamental von den nemoralen Steppen, worauf wir unten zu sprechen kommen (s. Henning 1988). Hueck (1966) wendet den regional auf das Grasland südlich des Rio de la Plata beschränkten Begriff Pampa auch für (auf den ersten Blick) ähnliche Vegetationstypen in Uruguay und Südbrasilien an, obwohl das eine mit dem andern kaum Gemeinsamkeiten aufweist (s. Abschn. 5.2.3.3). Auch die Bezeichnung „Grassavanne" ist

Abb. 5-10 (Fortsetzung) e = anthropogen abgebranntes Grasland bei Badplaas, Südafrika; f = Wiederaustrieb eines Horstes von *Andropogon lateralis* nach Feuer; g = *Hypoxis* sp. (Hypoxidaceae) als Beispiel eines nach Feuer rasch austreibenden Geophyten in einem südafrikanischen Grasland.

nicht angebracht; denn die Savannen sind in den sommerfeuchten Tropen nur auf Vertisolen und sehr flachgründigen Standorten baumfrei (s. das „Savannengrasland" in Abschn. 3.3.3). Solche Standortbedingungen treffen aber für das subtropische Grasland nicht zu. Wir bleiben deshalb bei der Bezeichnung „subtropisches Grasland" und verwenden zusätzlich die regionalen Begriffe Campo (Pl. Campos) für Südbrasilien und Uruguay, Pampa für Argentinien und Grassland für Südafrika (s. unten).

5.2.3.2 Vorkommen und Verbreitung

5.2.3.2.1 Südamerika

Das subtropische Grasland reicht in **Südamerika** von etwa 25 (etwa auf der Höhe von Curitiba) bis 38° S

(Bahia Blanca in Argentinien; Soriano et al. 1992, Leite 2002, Royo Pallarés et al. 2005; Abb. 5-4). Es besteht aus zwei Teilen, nämlich einem nördlich des Rio de la Plata gelegenen Gebiet (die „Campos" von Südbrasilien und Uruguay) und der südlich davon gelegenen Pampa Argentiniens. „Pampa" bedeutet in der Sprache der einheimischen Indianerstämme (Quechua) „baumlose Ebene" und entspricht damit dem spanisch-portugiesischen Wort *campo*. Die Campos werden in einen nördlichen, mittleren und südlichen Abschnitt unterteilt, die sich floristisch und strukturell voneinander unterscheiden:

- Der **nördliche Campo** liegt nördlich des 30. Breitengrads auf einem Hochland („Planalto"), das von 1.500 m der Küstenrandstufe („Serra Geral") im Osten nach Westen bis zum Rio Paraná auf unter 600 m NN abfällt (Abb. 5-10a). Er bildet ein

Mosaik mit Araukarien- und subtropischen Lorbeerwäldern. Biogeographisch gehört er zusammen mit diesen zur Region Mata Atlântica und ist
floristisch mit den zentralbrasilianischen Savannen verwandt. Die jährlichen Niederschläge betragen zwischen 1.500 und 2.000 mm; die Jahresmitteltemperatur variiert je nach Höhenlage
zwischen 16 und 22 °C. Die sauren, basenarmen
Böden sind überwiegend Alisole mit einem zu
Staunässe neigenden B_t-Horizont; in höheren
Lagen fallen Böden mit bis zu 40 cm mächtigem
A-Horizont auf, die zu den Umbrisolen gestellt
werden (Dümig et al. 2008a). Die Vegetation wird
von hochwüchsigen C_4-Gräsern dominiert (wie
Andropogon lateralis, *Schizachyrium tenerum*, *S.
spicatum*); darunter kommen in einer zweiten
Grasschicht verschiedene *Axonopus*- und *Paspalum*-Arten vor. Asteraceen stellen mit 24 % die
meisten Arten; dazu gehören einige Zwergsträucher aus der Gattung *Baccharis* (wie *B. trimera* mit
geflügelten Ästen). Physiognomisch fallen die
roten Blüten von *Petunia*-Arten (Solanaceae) und
die hochwüchsigen Rosettenpflanzen von *Eryngium horridum* (Apiaceae) mit scharfen Stacheln
an den Blatträndern auf. Das Grasland bedeckt die
Hänge und Kuppen des Planalto überall dort, wo
tiefgründige Böden vorherrschen. Die Wälder
wachsen auf felsigen Kuppen oder galerieartig entlang von Fließgewässern, können aber auch große
zusammenhängende Flächen einnehmen. Die
Wald-Grasland-Grenze ist scharf.

- Nach Süden, jenseits des 30. Breitengrads, folgt
der mittlere, ebenfalls von Feuer geprägte Abschnitt der Campos im Zentrum und im Süden
von Rio Grande do Sul und in Uruguay (**mittlerer
Campo**; Abb. 5-10b). Hier treten zu den dominanten C_4-Gräsern wie *Andropogon lateralis* und
mehreren *Aristida*-Arten (wie *Aristida jubata*) C_3-
Gräser der mit *Stipa* verwandten Gattung *Nasella*
(z. B. *N. neesiana*), *Melica* und *Briza* hinzu. Sie bilden die bis zu 1 m hohe obere Grasschicht. Die
untere Grasschicht besteht aus *Paspalum*- und
Axonopus-Arten. Neben den zahlreich vertretenen Asteraceen sind Leguminosen häufig, die vor
allem durch die Gattung *Adesmia* repräsentiert
werden. Klassische Nutzungsweise ist auch hier
die Rinderbeweidung. Florengeographisch gehört
das Gebiet zur Pampa-Provinz (Cabrera & Willink
1980); die jährlichen Niederschläge sind mit
1.200–1.600 mm geringer und die Jahresmittel-
temperaturen mit 20–16 °C etwas niedriger als im
Norden. Die Zahl der Gefäßpflanzenarten wird
für den Teil der nördlichen und mittleren Cam-

pos, die zu Brasilien gehören („Campos Sulinos"),
mit mehr als 3.000 angegeben, wovon die Gräser
rund 25 % ausmachen, gefolgt von den Asteraceen
mit 20 % und den Fabaceen mit 7 % (Boldrini
2009). Auf skelettreichen Böden kommen Gebüsche vor, die vorwiegend aus Asteraceen der Gattungen *Baccharis*, *Eupatorium* und *Heterothala-
mus* sowie der weltweit verbreiteten Sapindacee
Dodonaea viscosa bestehen.

- Der **südliche Campo** am Rio de la Plata ist floristisch und physiognomisch der Hügelpampa (s.
unten) sehr ähnlich; hier wie dort dominieren
Nasella-Arten (wie *N. charruana*), und die Pflanzendecke ist nur einschichtig. Er erstreckt sich von
der Atlantikküste bis zum Rio Uruguay und umfasst westlich dieses Flusses auch das Grasland im
südlichen Entre Rios.

- Die **Pampa** südlich des Rio de la Plata grenzt im
Süden und Westen an die Trockenwälder und
-gebüsche des Monte und des Chaco (Abb. 5-10c).
Diese Trockenwälder tragen wegen ihres dornigen
Charakters die Bezeichnung „Espiñal"; sie bestehen aus regengrünen Mimosaceen wie *Acacia
caven* und verschiedenen *Prosopis*-Arten (*P. calde-
nia*, *P. nigra*) sowie der Fabacee *Geoffroea decorti-
cans*. Abgesehen von der flachwelligen Landschaft
im Nordwesten („Hügelpampa" bei Buenos Aires)
ist das Gebiet der Pampa eine Ebene in einer
Höhenlage zwischen 0 und 200 m NN, unterbrochen von zwei niedrigen Bergländern im Zentrum
und im Süden (Abb. 5-4). Die jährliche Mitteltemperatur liegt zwischen 16 °C im Norden und 13 °C
im Süden. Die Niederschläge nehmen von Norden
nach Süden und von Osten nach Westen ab; sie liegen im Nordosten noch bei 1.000 mm, erreichen
im Südwesten aber lediglich rund 400 mm. Abgesehen von den Bergländern ist das Gebiet von Löss
bedeckt. Die Böden werden teilweise den Phaeo-
zemen zugeordnet, ein Bodentyp, der besonders
großflächig in den Waldsteppen und Steppen der
nemoralen Zone der Nordhemisphäre auftritt
(Zech et al. 2014): Er ist basenreich und zeichnet
sich durch einen humusreichen, mächtigen Oberboden aus. Im Süden können auch Kastanozeme
und Chernozeme auftreten. Sonst gibt es großflächig Vertisole. In der Pflanzendecke dominieren
mit den Gattungen *Nasella* (23 Arten), *Poa*,
Melica, *Piptochaetium* und *Bothriochloa* die C_3-
Gräser, wenn auch C_4-Gräser nicht fehlen (*Aristida*, *Panicum*, *Paspalum* u. a.). Etwa ein Drittel
des Gebiets wird regelmäßig überflutet („Überflutungs-Pampa"). Hier sind die Böden stellenweise
salzbeeinflusst (Solonetz) und in dem niedrigen

Grasland ist das halophytis che Gras *Distichlis scoparia* häufig. Abgesehen von solchen Standorten ist die Pampa heute intensiv agrarisch genutzt; naturnahes Grasland ist auf wenige kleine Restbestände beschränkt.

5.2.3.2.2 Südafrika

In **Südafrika** gehört das subtropische Grasland zum „Grassland Biome" (Mucina et al. 2006), das mit knapp 355.000 km² nach dem „Savanna Biome" (413.000 km²) das zweitgrößte Biom der Republik Südafrika ist und 28 % der Landesfläche einnimmt (Rutherford et al. 2006). Das Biom reicht von 25 bis 33° S und besteht aus vier ökologisch und biogeographisch verschiedenen Graslandregionen:

- „Drakensberg Grassland" (im Süden des Hochlandes mit den höchsten Erhebungen; ganzjährig humid mit Jahresniederschlägen zwischen 700 und 1.200 mm mit kaltem Winter; in höheren Lagen Vorkommen von C₃-Gräsern),
- „Dry Highveld Grassland" (im Landesinnern im Übergang zu den zentralen Trockengebieten und bis zu viermonatiger Trockenzeit im Winter und Jahresniederschlägen zwischen 400 und 600 mm),
- „Mesic Highveld Grassland" (im Osten des Hochlandes mit maximal dreimonatiger Trockenzeit und Jahresniederschlägen zwischen 600 und 1.400 mm; Abb. 5-10d) und
- „Sub-Escarpment Grassland" (am Fuß der Drakensberge und des Escarpments mit Niederschlägen zwischen 500 und 1.000 mm und einer bis zu zwei Monate dauernden Trockenzeit).

Das südafrikanische Grasland grenzt im Norden und Osten an die Savannen der sommerfeuchten Tropen und im Süden und Südwesten an die Zwergstrauchhalbwüsten der Karoo. Die Böden sind in den höheren Gebirgslagen saure, basenarme, intensive gefärbte Cambi- und Luvisole oder Leptosole. Die Vegetation besteht aus C₄-Gräsern. Überall verbreitet und häufig ist *Themeda triandra*, ein bis zu 150 cm hoch werdendes Horstgras, das meist in Savannen und somit auch in Südostasien und Australien vorkommt; hinzu treten verschiedene *Eragrostis*-, *Cymbopogon*-, *Setaria*-, *Aristida*-Arten und Vertreter zahlreicher weiterer Gattungen (O'Connor & Bredenkamp 1997). In der Vegetationskarte von Südafrika werden zahlreiche lokale Ausbildungen beschrieben, die sich floristisch, geographisch und standörtlich voneinander unterscheiden. So nehmen innerhalb des „Mesic Highveld Grassland" (mit insgesamt rund 4.000 Kormophyten; Cowling et al. 1989) zwischen etwa 28 und 29° S das „Eastern Free State Clay Grassland" (Gm 3 in Mucina et al. 2006) und das „Eastern Free State Sandy Grassland" (Gm 4) die größten Flächen ein. Beide Graslandtypen befinden sich auf einer Höhe zwischen 1.400 und 1.800 m NN und liegen in einer hügeligen Landschaft mit mittleren Jahresniederschlägen um 700 mm. Beweidung mit Rindern ist weit verbreitet. In Gm 4 liegt der Golden Gate National Park, einer der bekanntesten Nationalparks von Südafrika, mit einer beeindruckenden Gebirgslandschaft und einer reichen Fauna.

Erwähnenswert sind einige der unter dem Überbegriff „Drakensberg Grasslands" zusammengefassten Graslandtypen oberhalb 1.900 m NN, weil sie, wie das „Lesotho Highland Basalt Grassland", besonders reich an Endemiten sind. C₃-Gräser wie *Festuca*- und *Koeleria*-Arten sind regelmäßig vorhanden. Dazwischen mischen sich Hemikryptophyten und Chamaephyten, darunter viele Asteraceae (z. B. zahlreiche Arten von *Helichrysum*). Auffallende Blütenteppiche bildet *Kniphofia caulescens*, die zu den Xanthorrhoeaceae gehört, einer auch in Australien verbreiteten, südhemisphärischen Familie (Grasbaumgewächse). Einige Flächen dieser Formation liegen ebenfalls im Golden Gate National Park.

Allerdings sind keineswegs alle Gebiete reine Grasländer, wie der Name „Grassland Biome" suggerieren mag (Mucina et al. 2006). So gibt es außer den verstreuten Inseln afromontaner Wälder, die wir bereits in Abschn. 5.2.2.6 behandelt haben, flächenhaft ausgedehnte Gebüsche auf steinigen, flachgründigen Böden, an felsigen Hängen oder lokalklimatisch trockenen Leegebieten mit je nach Lage unterschiedlicher Artenzusammensetzung. Ein Beispiel ist das „Basotho Montane Shrubland" mit *Buddleja salviifolia*, *Euclea crispa* und einer afrikanischen Unterart von *Olea europaea* (Free State Province, Lesotho). Auch savannenartige Strukturen kommen vor, z. B. mit *Protea rubripilosa* auf Quarzit im nördlichen Abschnitt des Drakensberg-Hochlandes.

5.2.3.3 Grasland gegen Wald und Wald gegen Grasland?

5.2.3.3.1 Grasland gegen Wald – der Vergleich mit Savannen und Steppen

Die Gründe für das Vorkommen von Grasländern in den immerfeuchten Subtropen der Südhemisphäre waren lange Zeit ein Gegenstand kontroverser Diskussionen. Unter deutschen Ökologen und Pflanzengeographen hat man sich vor allem mit der Pampa Argentiniens und ihrer Natürlichkeit beschäftigt (das

„Pampa-Problem"; s. Ellenberg 1962, Walter 1967, Troll 1968, Henning 1988). Die nördlich anschließenden Campos blieben dagegen weitgehend außer Acht, obwohl schon der deutschstämmige Jesuitenpater B. Rambo in seiner *Fisionimia do Rio Grande do Sul* (1956) vermutet hat, dass sie ein Relikt einer früheren Trockenperiode sein müssten (vgl. Overbeck et al. 2007). Eine ähnliche Diskussion wie über die Pampa gab es auch im Fall des südafrikanischen Graslandes (Bredenkamp 2002).

Immer dann, wenn in einem Gebiet Pflanzengemeinschaften vorkommen, die nicht mit der aus dem Allgemeinklima zu erwartenden zonalen Vegetation übereinstimmen, ist die Ursache für diese Abweichung entweder auf die Tätigkeit des Menschen (anthropogene Vegetation) zurückzuführen oder bestimmte Bodeneigenschaften verhindern die Ausbildung der zonalen Vegetation (azonale Vegetation). Dass die Ursachen in den verwendeten Klimadaten selbst liegen können, wird oft zu wenig bedacht. So geben die Daten, wie sie in den Klimadiagrammen nach Walter und Lieth zum Ausdruck kommen, nur das Allgemeinklima eines beschränkten Zeitraumes wieder (zwischen zehn und 60 Jahre, selten mehr; s. Abschn. 1.3.1); sie müssen also nicht repräsentativ für eine zonale Vegetation sein, die sich vor mehreren Jahrhunderten oder gar Jahrtausenden entwickelt hat. Außerdem spiegeln die Diagramme kurzfristige Unregelmäßigkeiten im Niederschlagsgeschehen nicht wider, obwohl diese für die Vegetation von Bedeutung sein können.

Um die Frage nach der Natürlichkeit der subtropischen Grasländer Südamerikas und Afrikas zu klären, sind ein Rückblick auf die Savannen der sommerfeuchten Tropen (s. Abschn. 3.1.2.2) und eine Vorschau auf die Steppen der nemoralen Zone hilfreich (s. Abschn. 6.3). Das baumfreie Savannengrasland ist azonal; es gedeiht auf Sonderstandorten, nämlich auf Böden, deren Eigenschaften das Vorkommen von Bäumen verhindern (extreme Flachgründigkeit durch oberflächennahe Petroplinthit- oder andere Krusten, Vertisole). Auf den normal drainierten Nitisolen bzw. Lixisolen erschwert die regelmäßige Störung durch Feuer die Ausbildung eines dichten Waldes; die Gehölze, die dennoch unter diesen Bedingungen wachsen, sind einigermaßen feuerresistent. Trotz eines Klimas, das mit bis zu sieben ariden Monaten trockener ist als das Klima der immerfeuchten Subtropen, wären die sommerfeuchten Tropen ein Waldland.

Das wirklich einzige und eindeutig zonale Grasland (außerhalb der alpinen Stufe der Hochgebirge und der polaren Tundra) sind die nemoralen Steppen der Nordhemisphäre. Sie sind völlig baum-, wenn auch nicht völlig gehölzfrei. Der Grund hierfür liegt nicht primär in einer negativen klimatischen Wasserbilanz; denn das Klima ist selbst im kontinentalen Zentralasien noch humid, wenngleich sich im Frühjahr und Herbst aride Phasen andeuten (s. ausführlich in Abschn. 6.3.1). Den Baumwuchs verhindert vielmehr die lange thermische Winterruhe mit den kaum von Schnee geschützten, tief gefrorenen Böden; im zwar heißen, aber kurzen Sommer reichen dann die Niederschläge nicht für den erfolgreichen Abschluss eines Vegetationszyklus aus.

Dagegen gibt es im subtropischen Grasland (außerhalb der Pampa) weder Baumwuchs verhindernde Krusten und Tonböden wie im Savannengrasland noch kalte Winter mit kurzer Vegetationsperiode wie in den nemoralen Steppen. Klima- und Bodeneigenschaften sprechen also für Wald, jedenfalls unter den gegenwärtigen Klimabedingungen.

5.2.3.3.2 Menschlicher Einfluss

Bliebe also noch die Frage, ob das Grasland anthropogen ist. Diese Frage ist naheliegend, denn auch vermeintlich (d. h. nach unserer heutigen Vorstellung einer technisierten Landnutzung) „extensiv" wirtschaftende indigene Kulturen können die Vegetation einer Landschaft im Lauf der Jahrtausende nachhaltig und tiefgreifend verändern. Jede Bevölkerungsgruppe strebt danach, im Rahmen ihrer technischen Möglichkeiten so viel Ertrag wie möglich zu erzielen. Zu den besonders auffälligen Erscheinungen gehört die anthropogene Veränderung der Lage der Wald- und Baumgrenzen, selbst bei einer geringen Bevölkerungsdichte, wie sich am Beispiel der tropischen Hochgebirge eindrucksvoll zeigt (s. Kasten 4-5 in Abschn. 4.5.2). Deshalb liegt die Vorstellung nahe, im Fall der subtropischen Grasländer handele es sich ebenfalls um das Ergebnis einer ausgedehnten Waldzerstörung, vorbereitet von der indigenen Bevölkerung durch die Anwendung von Feuer für die Jagd, und zu Ende gebracht von den europäischen Einwanderern, die mit ihren Rindern, Schafen und Ziegen großflächige Weidesysteme aufbauten. Unterstützt wird diese Ansicht durch den Erfolg, den Landeigner mit Aufforstungen aus nicht-heimischen Baumarten haben, vor allem mit *Pinus*-Arten nordamerikanischer Provenienz und verschiedenen Eukalypten (s. Abschn. 5.2.4). Auch ist die anthropogene Beseitigung von Wäldern in manchen Gebieten, in denen heute Grasland dominiert, nachweisbar, wie beispielsweise in den Küstenregionen von KwaZulu-Natal und Eastern Cape in Südafrika (Mucina & Geldenhuys 2006).

Gegen diese Hypothese sprechen allerdings sowohl die Aufzeichnungen früher Forschungsreisender (wie des französischen Botanikers Auguste de Saint-Hilaire aus den Jahren 1820 und 1821; s. Gautreau 2010), die übereinstimmend von ausgedehnten Grasländern in Uruguay berichteten, als auch die Ergebnisse pollenanalytischer (palynologischer) Untersuchungen (Meadows & Linder 1993 für Südafrika, Prieto 1996 für die Pampa und Behling 2002 für die nördlichen Campos in Brasilien). Nach den Pollenfunden in Sedimenten, die mehr als 10.000 Jahre alt sind, hat das subtropische Grasland in beiden Kontinenten schon im Spätpleistozän existiert, zu einer Zeit also, in der das Klima trockener und kühler war als heute. Nimmt man an, dass die ersten Indios um diese Zeit in den Südosten von Südamerika eingewandert sind (z.B. Flegenheimer & Zárate 1993), muss das Grasland also schon vor der menschlichen Besiedlung bestanden haben. Auch die erfolgreichen Aufforstungen mit exotischen Baumarten sprechen nicht für den anthropogenen Charakter der Campos. Sie belegen lediglich deren potenzielle Baumfähigkeit unter den heutigen Klimabedingungen.

5.2.3.3.3 Wald gegen Grasland – die historische Perspektive

Seit dem Beginn der Besiedlung des südamerikanischen Raumes durch die Indios um 10.000 Jahre BP sind hochfrequente Feuer (im Schnitt alle ein bis fünf Jahre) durch den deutlichen Anstieg von Kohlenstoffpartikeln in den Pollendiagrammen nachgewiesen (Behling et al. 2004). Die Grasländer müssen also schon von jeher feuergeprägt gewesen sein. Anhand der Pollendiagramme der nördlichen Campos von Südbrasilien lässt sich zeigen, dass vor etwa 4.000 Jahren die bis heute andauernde feuchte Phase auf dem Planalto begann (Abb. 5-11); ab diesem Zeitpunkt konnten sich die Araukarienwälder von ihren trockenzeitlichen Refugien an der Atlantikküste vorwiegend entlang von Flusstälern auf das südbrasilianische Hochland hinauf ausbreiten und eroberten schließlich ab etwa 1.300 Jahre BP größere Gebiete am Ostrand des Plateaus (Behling et al. 2004). Anhand der ^{13}C-Signatur in der organischen Substanz des Bodens (δ^{13}C von –18,7 bis –14,3 ‰ bei C_4-Pflanzen) konnten Dümig et al. (2008b) nachweisen, dass sich die Araukarienwälder auf dem Planalto von Rio Grande do Sul ab etwa 1.300 Jahre BP auf ehemaligem Graslandboden entwickelt haben. Damit hat sich die schon von Rambo (1956) ausgesprochene Hypothese von der Ursprünglichkeit der Campos bestätigt. Im 17. Jahrhundert kamen mit den jesuitischen Missionen Pferde und Rinder in das Gebiet;

die Inbesitznahme des Graslandes durch Viehfarmen („Façendas") drängte die Wälder wieder zurück und schärfte die Wald-Grasland-Grenze (Pillar & Quadros 1997). Offensichtlich haben sich Wald-Grasland-Grenzen aber seit dem Beginn des 19. Jahrhunderts nicht mehr verändert, wie Gautreau (2010) durch Auswertung alter Karten und Aufzeichnungen für Uruguay nachweisen konnte.

Auch das Grasland-Biom von Südafrika dürfte auf ein trockenes Klima während der Glazialzeiten zurückzuführen sein (Mucina & Geldenhuys 2006). Wie in Südbrasilien ist die Ausbreitung von Bäumen (wenigstens in tieferen Lagen) während einer humiden Phase zwischen 4.000 und 2.500 Jahren BP pollenanalytisch nachweisbar. In den höheren Lagen (oberhalb 1.500 m NN) könnte das Fehlen von Lorbeerwäldern nach Bredenkamp et al. (2002) daran liegen, dass sich im Baumartenpool des gesamten südafrikanischen Raumes keine kältetoleranten Baumarten finden, die potenziell in der Lage wären, das Grasland zu besiedeln. Die feuerresistenten Holzgewächse der Savannen sind thermisch zu anspruchsvoll, um in das kühle subtropische Grasland vorzudringen. Wie in den Campos Südamerikas ist aber auch im Grasland-Biom Südafrikas Feuer der entscheidende Faktor für die Persistenz des Graslandes.

5.2.3.3.4 Das Pampa-Problem: immer noch ein Problem?

Eine Ausnahme bilden die Pampa und Teile des südlichen Campo: Das Klima ist ganzjährig durch unregelmäßig auftretende Trockenzeiten von mehreren Wochen Dauer geprägt (Soriano et al. 1992). Sie kommen im Klimadiagramm nicht zum Ausdruck, weil sie im langjährigen Mittel von den reichlich fallenden Niederschlägen der übrigen Jahre überdeckt werden. Ohne diese Trockenzeiten wäre die Salzanreicherung um die zahlreichen abflusslosen Senken nicht zu erklären. Auf die Diskrepanz zwischen Klimadiagramm und tatsächlichem Klimageschehen hat übrigens schon Walter (1967) bei der Diskussion um das „Pampa-Problem" hingewiesen.

Hinzu kommen für Bäume ungünstige Bodeneigenschaften. Da die grobporenarmen, tonreichen Lössböden in ebener Lage auch noch regelmäßig überflutet werden, wirken sich periodische Wasserbilanzdefizite ähnlich auf die Vegetation aus wie im Savannengrasland (Troll 1968). In der Tat gibt es Wälder in Gebieten ohne Lössdecke auf grobkörnigem Substrat, wie beispielsweise die „Espiñales" westlich der Pampa (sogar bei geringeren Niederschlägen), sowie die *Celtis spinosa*-Bestände (Cannabaceae) auf fossilen Sanddünen und Strandwällen

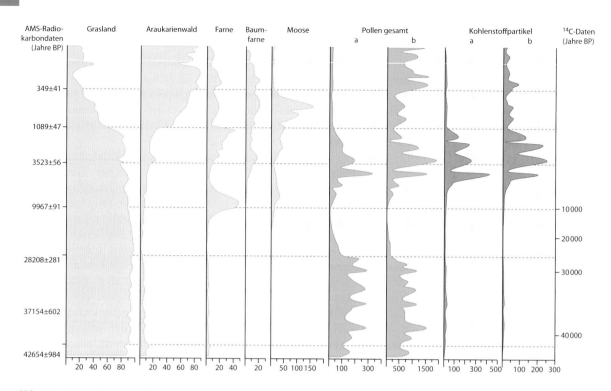

Abb. 5-11 Vegetationsentwicklung der letzten 45.000 Jahre am Ostrand des südbrasilianischen Hochlandes (Planalto). Synthetisches Pollendiagramm aus einer Torflagerstätte bei Cambará do Sul, Rio Grande do Sul (29°03'09'' S, 50°06'04'' W; 1.040 m NN) nach Behling et al. (2002), verändert. Graslandarten und Arten der Araukarienwälder sind zusammengefasst. Die Zahl (N) der Gesamtpollen und Kohlenstoffpartikel ist jeweils als Konzentration (a; N cm^{-3} × 1.000) Körner bzw. Partikel/cm^3 × 1.000) und als Akkumulationsrate (b: N cm^{-2} a × 10) angegeben. Die Vegetation bestand bis zum Beginn des Holozäns aus Grasland, in das vereinzelt Araukarienwälder eingestreut waren. Seit dem Beginn des Holozäns (etwa 10.000 BP) ist eine Zunahme der Waldpollen zu erkennen. Zwischen 3.500 und 1.000 BP stabilisierte sich ein Mosaik aus Wald und Grasland. Danach breiteten sich die Wälder erneut massiv zuungunsten des Graslandes aus. Etwa um 300 BP ist wieder eine leichte Zunahme des Graslandes, verbunden mit einem Rückgang des Waldes, zu erkennen, verursacht durch die Einführung der Weidesysteme durch die Europäer. Baumfarne und Moose sind in den Pollenspektren besonders reichlich zwischen 1.000 und 400 BP vertreten. Feuer gab es offensichtlich bereits im Pleistozän. Besonders häufig sind Kohlenstoffpartikel ab etwa 8.000 Jahren zu finden, also seit dem Beginn der menschlichen Besiedlung des Planalto.

entlang der Atlantikküste. Spontane Verjüngung von Gehölzen (experimentell getestet z. B. für die zentralasiatische Ulme *Ulmus pumila*; Facelli & León 1986) ist nur nach Entfernung der Grasdecke möglich. Somit kann man im Fall der Pampa von einem überwiegend edaphisch bedingten subtropischen (azonalen) Grasland sprechen (Henning 1988). Nur im Hügelland und auf grobkörnigen Böden könnte Feuer für das Fehlen von Bäumen verantwortlich sein. Der potenzielle Wald auf solchen Standorten ist aber kein subtropischer Lorbeerwald; er besteht vielmehr aus breitkronigen, teils immergrünen, teils laubabwerfenden Bäumen wie *Celtis iguanaea*, *Phytolacca dioica*, *Zanthoxylum fagara* (Rutaceae) und *Prosopis nigra* (Ellenberg 1962).

5.2.4 Landnutzung

Die von **Lorbeerwäldern** eingenommenen immerfeuchten Subtropen gehören zu den am dichtesten besiedelten Räumen der Erde, weil die tropisch warmen und niederschlagsreichen Sommer und die milden, kaum von längeren Frostperioden betroffenen Wintermonate den Anbau nahezu aller perennierenden wärmebedürftigen Nahrungspflanzen zulassen (Schultz 2000; Tab. 1 in Kasten 5-3). Hierzu zählen aus tropischer Herkunft Maniok, Süßkartoffel und Banane (s. Abschn. 2.1.9) ebenso wie die aus den Subtropen des ostasiatischen Raumes stammenden Zitrusfrüchte (*Citrus* div. spec. und Hybriden, Rutaceae) und die eher nemoralen Fruchtbäume Pfirsich, Pflaume, Kirsche, Apfel und Birne. Die kurzlebigen (therophytischen), stärkeliefernden Getreidepflanzen Mais, Reis und Weizen können in günstigen Jahren sogar mehrmals im Jahr angebaut werden. Das trifft auch für die unzähligen Bohnensorten der Gattungen *Vigna* (altweltlich) und *Phaseolus* (neuweltlich) sowie für die Sojabohne (*Glycine max*) zu, die von der Wildform *Glycine max* ssp. *soja* aus dem subtropischen Ostasien abstammt und erstmals um das Jahr 1.000 v. Chr. aus China beschrieben wurde (Lieberei & Reisdorff 2007). Die Sojabohne ist die weltweit bedeutendste unter den Bohnen und ein wichtiges Exportgut vieler (vor allem südamerikanischer) Länder. Charakteristisch sind auch Tee und Kaffee, deren Kultivierung wir schon in der Lorbeerwaldstufe der feuchttropischen Gebirge in Abschn. 2.1.9 beschrieben haben.

Die Anbauweisen in den Lorbeerwaldgebieten sind unterschiedlich. Neben der in bereits Abschn. 2.1.9 beschriebenen Wald-Feld-Wechselwirtschaft mit jahrzehntelangen Brachestadien (Entwicklung von Sekundärwäldern unterschiedlichen Alters, Abb. 5-12a) ist eine kleinbäuerliche Subsistenzwirtschaft auf wenigen Hektaren weit verbreitet, vor allem in Brasilien und China (hier besonders Nassreisanbau). Es gibt aber auch eine spezialisierte Ackerbauwirtschaft auf größeren Betriebsflächen (Farmen), die Marktfrüchte erzeugen (Weizen und Reis; Abb. 5-12b).

Außer Ackerbau wird Weidewirtschaft nur kleinflächig für den Eigenbedarf betrieben; lediglich in hochozeanischen Gebieten wie auf der Nordinsel von Neuseeland haben sich ausgedehnte Weidesysteme mit Rindern und/oder Schafen etabliert (Abb. 5-12c). Die Vegetation besteht z. T. aus einheimischen, regenerationsfreudigen C_4-Gräsern, wenn das Artenpotenzial im natürlichem Grasland desselben Naturraumes zur Verfügung steht (wie *Paspalum notatum* in den Campos von Südbrasilien und *Zoysia japonica* in den Weidegebieten Japans), z. T. aus Ansaaten tropischer Futtergräser wie *Axonopus fissifolius* (Herkunft Mittel- und Südamerika) und *Cynodon dactylon* (Herkunft Afrika). In den Lorbeerwaldgebieten Japans dient das bis zu 2,5 m hohe Gras *Miscanthus sinensis* (Panicoideae) zur Gewinnung von Winterfutter (Ito 1990). In Regionen ohne natürliches Grasland rekrutiert sich die Pflanzendecke überwiegend aus europäischen Grünlandpflanzen, die eingeschleppt oder angesät wurden. Hier findet man z. B. *Lolium perenne*, *Festuca arundinacea*, *Cynosurus cristatus* und *Trifolium repens*. Einige der eingeführten Pflanzen haben sich zwischenzeitlich als aggressive Invasoren entpuppt. So bilden die beiden aus dem hochozeanischen Westeuropa stammenden Leguminosen Stechginster (*Ulex europaeus*) und Besenginster (*Cytisus scoparius*) in allen Gebieten der immerfeuchten Subtropen Zwergstrauchheiden auf regelmäßig gestörten Flächen (Straßenränder, Brachen und andere ruderale Standorte). Beispielsweise bedeckt *Ulex* in Neuseeland inzwischen 3,5 % der Landesfläche (Rees & Hill 2001, McQueen et al. 2006). Der Stechginster wurde im 19. Jahrhundert von den ersten europäischen Einwanderern für das Anlegen von Schutzpflanzungen eingeführt.

Die forstwirtschaftliche Nutzung der subtropischen Lorbeerwälder beschränkte sich bis in die 60er Jahre des 20. Jahrhunderts auf die selektive Herausnahme von älteren Individuen sogenannter Werthölzer. Das waren besonders die altertümlichen Koniferen wie z. B. *Araucaria angustifolia* in Südbrasilien und *Agathis australis* sowie *Dacrydium cupressinum* in Neuseeland, deren Holz wegen ihrer Resistenz und der geraden Stämme für Schiff- und Möbelbau besonders geschätzt war. Zwischen 1915 und 1960 exportierte Brasilien mehr als 18 Mio. m³ Holz, überwiegend aus dem Gebiet des „Mata Atlântica" (Koch & Corrêa 2002). Heute werden aufgegebene landwirtschaftliche Nutzflächen teils mit einheimischen Gehölzen wie im Fall von *Araucaria* in Südbrasilien, überwiegend aber mit exotischen Baumarten, vor allem mit nordamerikanischen *Pinus*-Arten aufgeforstet. Auf der Nordinsel von Neuseeland sind die *Pinus radiata*-Plantagen (Umtriebszeit 28 Jahre) mittlerweile auf rund 1,2 Mio. ha angewachsen (Reif 1997; Abb. 5-12d). In China verwendet man als schnellwachsende Bäume die einheimischen Pionier-Kiefern wie *Pinus yunnanensis* und *P. massoniana* sowie *Cryptomeria japonica*; die letztgenannte Art ist der bedeutendste Forstbaum in den feuchten Subtropen von Japan und China (5-12e).

Als Konsequenz dieser agrarischen und forstlichen Nutzung sind subtropische Lorbeerwälder auf wenige Restbestände zusammengeschrumpft. Das gilt für ostasiatische Länder mit ihren jahrtausendealten Kulturen ebenso wie für solche, in denen der intensive Ackerbau erst mit der Kolonisierung durch die Europäer begann. Bei vielen dieser Restbestände handelt es sich – im Vergleich zu den primären Vorkommen – um artenärmere Sekundärwälder. Die Primärwaldreste sind vielerorts ihrer älteren Bäume beraubt. Wie rasch der Rückgang der Wälder vorangeschritten ist, zeigt sich u. a. in Neuseeland: Dort schrumpften die ursprünglich über 1 Mio. ha umfassenden Kauri-Wälder nach der Einwanderung europäischer Siedler Mitte des 19. Jahrhunderts auf 7.500 ha (Steward & Beveridge 2010). Von den zu „Mata Atlântica" zusammengefassten subtropischen

Kasten 5-3

Tropisch-subtropische Kulturpflanzen

Von den rund 352.000 bisher beschriebenen Gefäßpflanzenarten (Paton et al. 2008) werden etwa 20.000 (5,6 %) vom Menschen genutzt (WBGU 2000). Sie liefern Stärke, Fett und/oder Eiweiß in Samen, Wurzeln oder Knollen sowie Ost und Gemüse (**Nahrungspflanzen**). Pflanzen mit sekundären Pflanzenstoffen (Sekundärmetaboliten) dienen als stimulierende Drogen (**Genussmittel**- und **Drogenpflanzen**) oder werden für die Herstellung von Arzneimitteln verendet (**Arzneipflanzen**). Samen, Blätter und weitere Organe mit ätherischen Ölen werden zu Gewürzen verarbeitet (**Gewürzpflanzen**). **Futterpflanzen** sichern die Ernährung der Haustiere. **Technische Nutzpflanzen** stellen Grundstoffe für die Produktion von Kosmetika, Schmiermittel im Maschinenbau (*Rhizinus*) und Gebrauchsgegenstände zur Verfügung (z. B. Faserpflanzen wie Baumwolle und Sisalagave, Holz oder kautschukliefernde Pflanzen). Die Produkte mancher, früher ausschließlich der menschlichen Ernährung dienenden Futterpflanzen werden heute als **Energiepflanzen** angebaut. In den Tropen und Subtropen gehören dazu in erster Linie Zuckerrohr (für Bioäthanol) und Ölpalmen (für Biodiesel).

Die Anzahl der für einen oder mehrere dieser Zwecke landwirtschaftlich oder gärtnerisch angebauten Nutzpflanzen dürfte (einschließlich der niederen Pflanzen) knapp 5.000 betragen. Rund 660 davon werden angebaut („kultiviert"), davon 160 in großem Maßstab. Etwa 90 % der weltweiten Ernährung des Menschen werden von nicht mehr als 20 Pflanzen sichergestellt. Sechs davon decken über 60 % der globalen Kalorienversorgung ab, nämlich Weizen, Reis, Mais, Kartoffeln, Süßkartoffeln und Maniok (WBGU 2000). Bezogen auf die Anbaufläche stehen Weizen, Mais und Reis an erster Stelle, gefolgt von Sojabohnen, Kartoffeln und

Maniok (FAO 2012; Tab. 1). Die auf das Frischgewicht bezogenen Hektarerträge sind mit über 20 t im Jahr besonders hoch bei Bananen, Papayas, Wassermelonen und Zuckerrohr. Als in zweifacher Hinsicht problematisch erweist sich der großflächige Anbau von Energie- und Futterpflanzen wie z. B. Soja für die Tiermast in entwickelten Ländern. Denn erstens werden hierdurch tropisch-subtropische Primär- und (artenreiche) Sekundärwälder in großem Maßstab irreversibel zerstört und zweitens gehen die Anbaugebiete für die menschliche Ernährung verloren.

Die meisten der Kulturpflanzen stammen aus den gebirgigen Tropen und Subtropen. Ihre wild wachsenden Ursprungssippen kamen, soweit sie überhaupt bekannt sind, bis auf wenige Ausnahmen (wie die Kakao-Pflanze *Theobroma cacao* und die kautschukliefernde Euphorbiacee *Hevea brasiliensis*) außerhalb der geschlossenen tropischen Tiefland- und Gebirgsregenwälder vor; sie waren Besiedler von Sukzessionsflächen (nach Störung) und Bestandteile offener regengrüner Wälder, Trockengebüsche oder Halbwüsten. Ihre Herkunftsgebiete werden nach ihrer Entdeckung durch den russischen Pflanzengenetiker Nikolai Vavilov (1887–1943) als **Vavilov-Zentren** bezeichnet. Sie stimmen teilweise mit den Entstehungszentren des Ackerbaus überein, der auf allen Kontinenten (außer Nordamerika) fast simultan vor etwa 10.000 bis 11.000 Jahren begann (Martin & Sauerborn 2006) und in einigen Fällen mit der Entwicklung früher Hochkulturen zusammenfällt (Tab. 2). Vermutlich haben sich Hochkulturen dort gebildet, wo neben anderen günstigen Umweltbedingungen auch Wildpflanzen vorhanden waren, die sich als Nahrungsquelle eigneten und züchterisch bearbeitet werden konnten.

Tab. 1 Botanische Zuordnung, Herkunft, Produktion, Ertrag und Anbaufläche einiger in den Tropen und Subtropen angebauter Nahrungspflanzen (zusammengestellt nach Lieberei & Reisdorff 2007 sowie FAO 2010). Bezogen auf die Anbaufläche und die weltweite Produktion stehen Weizen, Mais und Reis an der Spitze, gefolgt von Sojabohnen, Kartoffeln und Maniok.

	botanischer Name	Familie und Unterfamilie	Herkunft	Produktion weltweit (Mio t)[1]	Ertrag (t ha^{-1})[1]	Fläche (× 1.000 km^2)
Ananas	*Ananas comosus*	Bromeliaceae	tropisches Südamerika	19	21,4	91
Äpfel	*Malus domestica*	Rosaceae	Gebirge Mittelasiens[2]	70	14,7	47,3
Bananen	*Musa × paradisiaca*	Musaceae	Südostasien	102	21,4	47,7
Bohnen (trocken)	*Phaseolus*	Fabaceae	Mittel- und Südamerika	23	0,8	63,1
	Vigna	Fabaceae	Südasien			
Dattelpalme	*Phoenix dactylifera*	Arecaceae	Persischer Golf	8	7,2	10,9
Erdnüsse	*Arachis hypogaea*	Fabaceae	Anden	38[3]	1,6[3]	240,7

Tab. 1 (Fortsetzung)

	botanischer Name	Familie und Unterfamilie	Herkunft	Produktion weltweit (Mio t)[1]	Ertrag (t ha^{-1})[1]	Fläche (× 1.000 km^2)
Kartoffeln	*Solanum tuberosum*	Solanaceae	Anden	324	17,4	186
Kichererbsen	*Cicer arietinum*	Fabaceae	vermutl. Indien	11	0,9	119,8
Kleinhirsen	*Eragrostis tef*, *Panicum miliaceum* u. v. a.	Poaceae, Chloridoideae, Paniocoideae	Afrika, Indien usw.	29	0,8	351,3
Kokosnuss	*Cocos nucifera*	Arecaceae	Südamerika oder indo-malayischer Raum	63	5,3	117,2
Mais	*Zea mays*	Poaceae, Panicoideae	vermutlich Mexiko	844	5,2	1.619,1
Maniok	*Manihot esculenta*	Euphorbiaceae	Brasilien	230	12,4	184,6
Nassreis	*Oryza sativa*	Poaceae, Bambusoideae	vermutlich Indien	672	4,4	1.536,5
Ölbäume	*Olea europaea*	Oleaceae	Mittelmeer-gebiet	21	2,2	94
Ölpalmen (Früchte)	*Elaeis guineensis*	Arecaceae	Tropen Südamerika, Afrika	211	14,1	150
Orangen (Apfelsinen)	*Citrus sinensis*	Rutaceae	Ostasien	69	17,1	40,6
Papaya	*Carica papaya*	Caricaceae	Zentral- und Südamerika	11	25,6	4,4
Sojabohnen	*Glycine max*	Fabaceae	Ostasien	262	2,6	1.023,9
Sorghum	*Sorghum bicolor*	Poaceae, Panicoideae	Äquatorial-afrika	56	1,4	405,1
Süßkartoffeln	*Ipomoea batatas*	Convolvulaceae	Südamerika	107	13,1	81,1
Taro	*Colocasia esculenta*	Araceae	Sundaarchipel	9	7,2	12,6
Wassermelonen	*Citrullus lanatus*	Cucurbitaceae	Südafrika	89	28,2	31,6
Weintrauben	*Vitis vinifera*	Vitaceae	Südeuropa, Westasien	68	9,5	72
Weizen	*Triticum aestivum*	Poaceae, Pooideae	vermutlich Vorderasien	651	3,0	2.169,8
Yams	*Dioscorea* div. spec.	Dioscoreaceae	Süd- und Ostasien	49	10,2	47,8
Zitronen	*Citrus limon*	Rutaceae	vermutlich Mittelmeer-gebiet	14	13,7	10,4
Zuckerrohr	*Saccharum officinarum*	Poaceae	Neuguinea	1.685	70,8	238,2

[1] Die Zahlen stammen aus dem Jahr 2010 und beziehen sich, wenn nicht anders angegeben, auf das Frischgewicht. [2] s. Abschn. 6.2.2.6.1; [3] mit Schale.

Fortsetzung

Fortsetzung

Tab. 2 Entstehungszentren des Ackerbaus, Herkunft einiger wichtiger Kulturpflanzen und frühe Hochkulturen.

Gebiet[1]		Beginn des Ackerbaus[2] (Jahre BP)	Herkunft von Kultur- pflanzen[3]	frühe Hochkulturen[4]
Nord- und Mittelamerika	östliches Nordamerika	4.000	Sonnenblume	
	nördliches Mittelamerika (Mexiko, Guatemala, Honduras)	10.000 (Gartenkürbis)	Mais, Papaya, Süßkartoffel, Sisal	Olmeken (ab 3.500)
Südamerika	**Nordanden** (Peru, Ecuador, Bolivien)	8-10.000	Kartoffel, Erdnuss, Bohnen (*Phaseolus*), Tabak	Caral in Peru (ca. 4.600)
	Brasilien (Zentralbrasilien, Paraguay		Maniok, Baumwolle	
	Südamerikanisches Tiefland (Venezuela, Kolumbien, nördliches Amazonien)	10.000	Kürbis, Ananas, Kakao, Süßkartoffel	
Europa/Afrika	**Mittelmeerraum**	6.000	Oliven, Weizen, Hafer	minoische Kultur (ab 4.000), Mykene (ab ca. 3.700)
Afrika	Trockensavannen in Nordafrika		Sorghum, Perlhirse	
	Feuchtsavannen in Westafrika		Ölpalme, Bohnen (*Vigna*), Yam	
	Hochland von Äthiopien (Abessinien)	6.000 (Teff u. a. Hirsen)	Kaffee	
Asien	fruchtbarer Halbmond (Ägypten, Israel, Jordanien, Libanon, Syrien, Irak mit Mesopotamien)	11.000 (Emmer, Einkorn, Linsen, Kichererbsen u. a.)	Weizen, Roggen, Hafer	Ägypter (ab 5.100), Sumerer (ab ca. 6.000) in Mesopotamien
	Westasien (Nord- und Osttürkei, Kaukasus-Vorland, Iran)		Weizen, Roggen, Hafer, Äpfel, Birnen, Weintrauben	Elam-Kultur (ab ca. 5.500)
	südliches Mittelasien (Pakistan, Afghanistan)		Äpfel, Birnen, Weintrauben, Walnüsse	Oxus-Kultur (ab ca. 4.400)
	Indien		Reis, Mango, Yam, Baumwolle	Harappa-Kultur) ab ca. 4.800)
	malaiischer Raum (inkl. Sumatra, Malaysia, Thailand, Vietnam, Kambodscha usw.)		Bananen, Kokosnuss (?)	
	Südostasien (malaiischer Raum, Indonesien, Neuguinea)	10.000 (Neuguinea)		
	nördliches und südliches China	10.000 (Reis)	Reis, Soja	China (ab. 4.400)
	Ostchina inkl. Korea		Zitrusfrüchte, Soja, Zuckerrohr	

[1] Fett: Vavilov-Zentren nach Beierkuhnlein 2007; übrige Gebiete nach Martin & Sauerborn 2006; [2] nach Martin & Sauerborn 2006, Groves et al. 1983; [3] nach Lieberei & Reisdorff 2007; [4] nach Beierkuhnlein 2007.

Abb. 5-12 Beispiele für Kulturlandschaften aus dem Gebiet der subtropischen Lorbeerwälder. a = Wald-Feld-Wechselwirtschaft in der Serra do Mar (Santa Catarina, Brasilien) mit verschieden alten Brachstadien und Sekundärwäldern; b = Weizenanbau anstelle von Lorbeerwäldern mit *Araucaria angustifolia* (Rio Grande do Sul, Brasilien); c = Weidelandschaft auf der Nordinsel von Neuseeland mit *Podocarpus totara* als Schattenbaum; d = Aufforstungen mit *Pinus radiata* auf der Nordinsel von Neuseeland; e = *Cryptomeria japonica*-Forst, Honshu, Japan, mit *Hydrangea* sp. als Kletterpflanze an den Stämmen.

und tropischen, immergrünen oder saisonalen Laubwäldern Ost- und Südbrasiliens mit einer ursprünglichen Ausdehnung von etwa 1,4 Mio. km² sind nur noch rund 157.000 km² in erheblich fragmentierter Form übrig geblieben (einschließlich der Sekundärwälder), das sind 11,2 % (Ribeiro et al. 2009; Abb. 5-13). Abgesehen von drei zusammenhängenden Waldflächen im Gebiet des niederschlagsreichen Küstengebirges der Serra Geral (davon die größte im Bundesstaat São Paulo mit einer Fläche von 11.100 km²) sind rund 80 % der Waldreste kleiner als 50 ha (mit einer mittleren Distanz voneinander von 1,44 km), eine für die dauerhafte Erhaltung so arten- und strukturreicher Waldtypen viel zu geringe Flächengröße. Die erforderlichen Konsequenzen wären die Unterschutzstellung der noch vorhandenen größeren Primärwaldgebiete und die Minimierung des Randeffekts durch Flächenmanagement der Räume

zwischen den Primärwaldresten (Extensivierung, Renaturierung; Ribeiro et al. 2009).

Das subtropische **Grasland** dient größtenteils der Haltung von Weiderindern. Lediglich die Pampa außerhalb des Überflutungsgebiets wurde nach der europäischen Einwanderung sehr rasch und großflächig in Weizen- und Maisfelder umgewandelt, anfänglich (vor der Entwicklung einer umweltschonenderen Technologie) verbunden mit erheblichen Erosionsproblemen in dem häufig von Frühjahrsstürmen heimgesuchten Gebiet (Soriano et al. 1992). Heute sind kaum noch Reste des ehemaligen Graslandes erhalten geblieben. In der Überflutungspampa sowie in den Campos von Uruguay (75 % der landwirtschaftlichen Nutzfläche) und Brasilien dominieren dagegen immer noch rindfleischproduzierende Betriebe, jeweils mit einer Flächengröße von mehr als 500 ha, einer Viehdichte von 0,5 bis 0,8 Großvieheinheiten pro ha und einem Ertrag zwischen 80 und 100 kg Fleisch-Trockenmasse a^{-1} ha^{-1} (Beretta 2003). Um die Produktion zu erhöhen, werden europäische Gräser und Leguminosen wie *Lolium*-Arten, *Lotus corniculatus* und *Trifolium repens* eingesät, verbunden mit Düngung und Kalkung (Royo Pallarés et al. 2005). Ihr Vorteil ist, dass sie im Gegensatz zu den C_4-Gräsern auch im Winter grün sind und deshalb beweidet werden können.

Die weitaus größere Gefahr für das Grasland besteht jedoch in seiner Umwandlung in Ackerflächen und Forstplantagen. Unter den Marktfrüchten sind bei den Farmern zurzeit vor allem transgene Sojabohnen beliebt; sie sind gegen das Totalherbizid Glyphosat resistent, sodass man kein Durchwachsen der ehemaligen Graslandvegetation in den Feldern befürchten muss. Aber auch Weizen und Kartoffeln werden in den Campos von Südbrasilien nach Kalkung und Düngung angebaut. In allen subtropischen Grasländern hat sich außerdem seit den 60er Jahren des 20. Jahrhunderts die Anlage von Plantagen aus schnellwüchsigen *Eucalyptus*- und nordamerikanischen *Pinus*-Arten (wie *P. elliottii*, *P. patula*, *P. radiata* und *P. taeda*) für die Zellstoff- und Papierindustrie etabliert. Solche Kunstforste gehören heute zum Landschaftsbild nicht nur in Südbrasilien, sondern auch im Grasland Südafrikas.

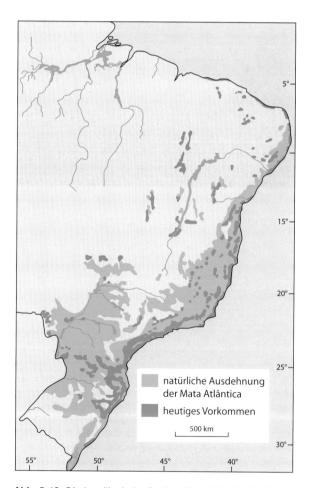

Abb. 5-13 Die brasilianische Region „Mata Atlântica" mit der ursprünglichen Waldfläche und den heute noch vorhandenen Waldresten (nach Bohrer 1998 aus Furley 2007).

5.3 Die winterfeuchte warm-gemäßigte Teilzone (winterfeuchte Subtropen)

5.3.1 Grundlagen

5.3.1.1 Vorkommen und Verbreitung

Mit rund 3,16 Mio. km² (= 2,1 % der Landoberfläche der Erde) nehmen die winterfeuchten Subtropen (subtropische Winterregengebiete) die kleinste Fläche von allen Klimazonen ein. Sie kommen ausschließlich an der Südwest- und Westseite der Kontinente zwischen 30 und 40° südlicher bzw. nördlicher Breite vor und grenzen äquatorwärts an die tropisch-subtropischen Trockengebiete, polwärts an die nemorale Zone (s. Abb. 1-30). Von den insgesamt fünf Teilgebieten sind zwei auf der Nordhemisphäre (mediterranes und kalifornisches Winterregengebiet) und drei auf der Südhemisphäre vertreten (chilenisches, südafrikanisches und australisches Winterregengebiet; Tab. 5-4):

1. Das **mediterrane Winterregengebiet** ist mit etwa 1,8 Mio. km² das größte der fünf Teilgebiete. Seine West-Ost-Ausdehnung reicht von Portugal über den Irak bis an den Fuß des Hindukusch über eine Distanz von rund 4.000 km; entlang dieses Gradienten kommt es zu einem ausgeprägten Ozeanitäts-Kontinentalitäts-Gefälle, das den übrigen Teilgebieten dieser Klimazone fehlt. In der Vegetation kann man deshalb zwischen einem eher ozeanisch geprägten westmediterranen und einem eher kontinental geprägten ostmediterranen Raum unterscheiden. Die maximale Nord-Süd-Ausdehnung zwischen dem nördlichsten Vorkommen am Golf von Genua bei etwa 44° N und dem südlichsten in Südwestmarokko bei etwa 29° N beträgt etwa 1.700 km. Mit Ausnahme von Slowenien und Kroatien, die zur nemoralen Zone gehören, und Ägypten, das gänzlich von tropisch-subtropischen Trockengebieten eingenommen wird, haben alle Anrainerstaaten des Mittelmeers einen mehr oder minder großen Anteil an dieser Ökozone.

2. Das **kalifornische Winterregengebiet** besteht aus einem bis zu 200 km breiten und rund 1.800 km langen Streifen entlang der Pazifikküste, unterbrochen vom Kalifornischen Längstal (Sacramento und San Joaquin Valley) mit seiner Halbwüstenvegetation. Es reicht vom südlichen Oregon bei

42° N bis nach Mexiko (Baja California), wo es rund 250 km südlich der Grenze zu den USA mit zunehmenden Sommer- und abnehmenden Winterregen in tropische Trockenwälder übergeht. Seine Ausdehnung nach Osten wird durch die Klimascheide der Hochgebirge der Sierra Nevada und ihrer südlichen Ausläufer verhindert, in deren Regenschatten die Wüstengebiete von Nevada und Kalifornien (Mojave, Sonora) vorkommen.

3. Das **chilenische Winterregengebiet** liegt in Mittelchile und reicht von 31° bis 38° S. Es geht im Norden in die Atacama-Wüste über. Im Süden schließen sich mit abnehmender sommerlicher Trockenzeit überwiegend immergrüne nemorale Wälder an. Im Osten bilden die Anden die Grenze.

4. Das kleinste der subtropischen Winterregengebiete ist mit knapp 90.000 km² das **südafrikanische Winterregengebiet** (Kapregion). Es umfasst den äußersten Süden und Südwesten Afrikas südlich der Trockengebiete von Karoo und Namib, liegt innerhalb der kapensischen Florenregion (s. Abschn. 1.2.2) und ist nahezu identisch mit dem Fynbos-Biom.

5. Das **australische Winterregengebiet** besteht aus zwei Teilgebieten, die durch die Halophyten-Halbwüste der Nullarbor-Plains voneinander getrennt sind (s. Abb. 4-23), nämlich ein stark durch Gebirgszüge gegliedertes Teilgebiet im Süden um Adelaide, das nach Osten in die immerfeuchten Subtropen übergeht, und ein zweites, weitgehend ebenes Teilgebiet im Südwesten des Kontinents (um Perth). Beide grenzen gegen das Landesinnere an Trockengebüsche und Halbwüsten.

5.3.1.2 Klima und Boden

Das subtropische **Winterregenklima** ist eine erdgeschichtlich junge Erscheinung. Die Klimaänderung zu einem trockenen Sommer und einem feuchten, thermisch milden Winter vollzog sich synchron in allen fünf Teilgebieten erst am Ende des Pliozän vor rund vier Mio. Jahren und stabilisierte sich endgültig vor ca. 2,5 Mio. Jahren, also kurz vor dem Beginn des Pleistozäns. Das Klima ist also durch ein Wasserdefizit während der für den Pflanzenwuchs thermisch günstigen Jahreszeit gekennzeichnet. Im Winter fällt der überwiegende Teil des Niederschlags, wobei regelmäßig Winterstürme auftreten und auch Schnee bis auf Meeresniveau fallen kann. In allen fünf Gebieten nimmt die Dauer der sommerlichen Trockenzeit äquatorwärts zu, bis bei etwa 300 mm Jahresniederschlag und mehr als sieben Monaten Trockenzeit die

Grenze des Vorkommens von Hartlaubgehölzen erreicht ist (Abb. 5-14a, b; Schultz 2000). Dahinter folgen Zwergstrauch- oder Gras-Halbwüsten, wie wir sie schon in Kap. 4 beschrieben haben. Polwärts steigt dagegen der Jahresniederschlag bis etwa 900 mm an und die aride Phase verkürzt sich auf zwei bis drei Monate (Abb. 5-14i). Die Grenze zu den sommer-

bzw. immergrünen Wäldern der nemoralen Zone wird dort erreicht, wo die sommerliche Trockenperiode nur unregelmäßig auftritt und/oder auf einige wenige Wochen zusammenschrumpft. Im Kernbereich der subtropischen Winterregengebiete ist mit vier bis sechs ariden Monaten zu rechnen (Abb. 5-14c, d).

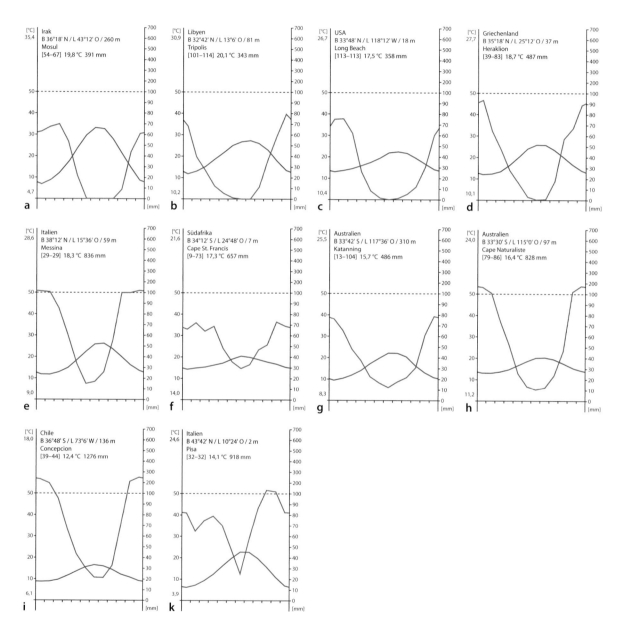

Abb. 5-14 Klimadiagramme aus dem Gebiet der winterfeuchten Subtropen (aus Lieth et al. 1999). Die Diagramme a (Mosul im Osten des Irak), b (Tripolis, Libyen), c (Long Beach, Kalifornien) und d (Heraklion, Kreta) repräsentieren die heißen und trockenen Klimate mit geringen Sommerniederschlägen. Die Diagramme i (Concepción, Chile) und k (Pisa, Italien) zeigen den Übergang zur feuchten nemoralen Zone. Hingegen stellen die Diagramme e (Messina, Sizilien), f (Cape St. Frances, Südafrika), g (Katanning im Binnenland von Südwestaustralien) und h (Cape Naturaliste an der Küste von Südwestaustralien) Beispiele für ozeanische Winterregengebiete mit Niederschlägen auch in der sommerlichen Trockenzeit dar.

Tab. 5-4 Vergleich der fünf Winterregengebiete der Erde.

Nr.	Merkmale	mediterraner Raum	Kalifornien	Chile	Südafrika	Südwest-australien
allgemeine Merkmale						
a	Größe (× 1.000 km²)[1]	2.300	320	140	90	310
b	Breitenlage	29–44° N	28–44° N	29–40° S	32–35° S	28–37° S
c	topographische Heterogenität[2]	hoch	hoch	sehr hoch	mäßig	niedrig
d	klimatische Heterogenität[2]	sehr hoch	sehr hoch	sehr hoch	mäßig	mäßig
e	Bodenfruchtbarkeit[3]	mäßig bis hoch	mäßig	hoch	sehr niedrig bis mäßig	sehr niedrig bis niedrig
f	durchschnittliche Wildfeuer-frequenz (Jahre)[3]	25–50	40–60	keine Feuer	10–20	10–15
Phytodiversitätsmerkmale						
g	Gesamtzahl der Gefäßpflanzenarten[3]	25.000	4.300	2.400	8.550	8.000
h	davon endemisch (% von g)[3]	50	35	27	68	75
i	Artenzahl-Flächen-Index (g/a)	11	13	17	95	26
k	Anzahl der Gefäßpflanzenarten pro 10.000 km² Rasterfläche[4]	2.000–3.500	2.000–3.000	1.500–2.000	4.000–5.000	3.000–3.500
l	Anzahl Gefäßpflanzenarten pro 1.000 m² (±S) (Wald/Gebüsch)[3]	64 ± 50 70 ± 54	56 ± 9 31 ± 10	25 100 ± 15	56 ± 21 70 ± 21	33 ± 13 68 ± 20
m	Wuchsform-Diversität	mittel	mittel	hoch	niedrig	niedrig
n	Anteil Therophyten (%)[5]	51[6]	30,2	15,8	6,4	7
Vegetationsmerkmale						
o	wichtige Laubbaumgattungen der Wälder	*Quercus*, *Olea*, *Ceratonia*, *Phillyrea*, *Arbutus*	*Quercus*, *Castanopsis*, *Lithocarpus*, *Rhus*, *Umbellularia*	*Peumus*, *Cryptocarya*, *Citronella*	keine	*Eucalyptus*, *Corymbia*
p	wichtige Nadelbaumgattungen der Wälder	*Pinus*, *Cupressus*	*Pinus*, *Cupressus*	*Austrocedrus*	*Widdringtonia*	keine
q	lokale Bezeichnungen der Hartlaubgebüsche	Macchia, Garrigue, Phrygana	Chaparral	Matorral	Fynbos, Renosterveld	Kwongan, Mallee
	wichtige Strauchgattungen der Hartlaubgebüsche	*Arbutus*, *Lavandula*, *Cistus*, *Phillyrea*, *Pistacia*, *Rhamnus*, *Rosmarinus*	*Adenostoma*, *Arctostaphylos*, *Ceanothus*, *Cercocarpus*, *Heteromeles*, *Quercus*, *Rhamnus*, *Salvia*	*Baccharis*, *Colliguaja*, *Echinopsis*, *Kageneckia*, *Lithrea*, *Puya*, *Retanilla*	*Agathosma*, *Aspalathus*, *Cliffortia*, *Dicerothamnus*, *Erica*, *Leucadendron*, *Pelargonium*, *Protea*	*Banksia*, *Petrophile*, *Hakea*
	endemische Palmen	*Chamaerops humilis*, *Phoenix theophrasti*	*Washingtonia filifera*	*Jubaea chilensis*	keine	keine

Tab. 5-4 (Fortsetzung)

Nr.	Merkmale	mediterraner Raum	Kalifornien	Chile	Südafrika	Südwest-australien
	Landnutzung					
r	Besiedlung durch Europäer (Jahre BP)[2]	>10.000	200	450	350	120
s	Beginn des Getreideanbaus und der Viehhaltung[2]	ca. 8.000	140	450	250	100

[1] Wegen der unterschiedlich vorgenommenen Abgrenzung der Winterregengebiete variieren die Flächenangaben in der Literatur beträchtlich. Schlägt man beispielsweise dem mediterranen Raum auch die Übergänge zur nemoralen Zone („submediterran" bzw. „supramediterran" in den Gebirgen) und zu den tropisch-subtropischen Trockengebieten (Gras-Halbwüsten = „mediterrane Steppen") zu, dann erhöht sich dessen Flächengröße auf etwa 3,5 Mio. km[2] und entspricht damit der Größe der mediterranen Florenregion. Wir beschränken uns hier auf die thermo- und mesomediterrane Zone (s. Abschn. 5.3.2.2), das sind dann etwa 2,3 Mio. km[2]. Daten nach Rebelo et al. 2006 (Südafrika), übrige Gebiete nach Cowling et al. (1996). [2] nach Grove & Rackham (2001) sowie Fox & Fox (1986), [3] nach Cowling et al. (1996), Hopper (1992) sowie Keeley & Swift (1995); [4] nach Barthlott et al. (2007), [5] nach Arroyo et al. (1995), [6] Daten aus Israel; bezogen auf den ganzen mediterranen Raum dürfte der Anteil bei etwa 30 % liegen; [7] nach Fox & Fox (1986).

Abgesehen von der ostmediterranen Teilzone, dem nordafrikanischen Raum und Kalifornien, wo die Sommer sehr heiß werden und kaum Regen fällt (Abb. 5-14a–d), zeigt der Temperatur- und Niederschlagsverlauf eher ozeanische Merkmale: Die Mitteltemperatur des wärmsten Monats übersteigt selten 20–25 °C, diejenige des kältesten Monats liegt bei 7–13 °C. Längere (mehrwöchige) Frostperioden fehlen. Auch sind die Sommermonate nicht gänzlich niederschlagsfrei; im Übergang zur feuchten nemoralen Zone (Concepción an der Südgrenze des chilenischen Winterregengebiets; Abb. 5-14i), vor allem aber in der Kapregion Südafrikas (Abb. 5-14f) und in Südwestaustralien (Abb. 5-14g, h) regnet es auch im Sommer regelmäßig. Nach einer Analyse von Cowling et al. (2005) sind hier die Regenereignisse gleichmäßiger über das Jahr verteilt und die Variabilität zwischen den einzelnen Jahren ist geringer als in den anderen Winterregengebieten. Im mediterranen Raum und in Kalifornien regnet es dagegen seltener, dafür aber heftiger, und die Unterschiede zwischen den Jahren sind größer. Wir werden später sehen, dass ein **verlässliches Niederschlagsregime** (*rainfall reliability*) eine (von mehreren) Ursachen für die hohe Phytodiversität der australischen und südafrikanischen Winterregengebiete ist.

Nach Zech et al. (2014) sind die maßgeblichen Prozesse der **Bodengenese** in den winterfeuchten Subtropen vom Wechsel zwischen winterlicher Regen- und sommerlicher Trockenzeit bestimmt. Entkalkung und Anreicherung von Residualton in den feuchten Wintermonaten sind in Landschaften mit vorherrschenden Karbonatgesteinen wie im mediterranen Raum weit verbreitet. Hinzu kommt, dass im Winter entlang von Grobporen (z. B. sommerlichen Trockenrissen) Ton mechanisch nach unten verlagert wird, sodass Tonanreicherungs- (B_t-) Horizonte entstehen. Während der trocken-heißen Witterungsbedingungen im Sommer entwickelt sich aus den durch Verwitterung des Gesteins gebildeten hydratisierten Eisenoxiden der rot gefärbte Hämatit („Rubefizierung"). Ältere Landoberflächen, deren Bodenbildung ins Spättertiär zurückreicht, zeigen hohe Anteile von Kaolinit, die sonst eher für die Böden der immerfeuchten Tropen und Subtropen charakteristisch sind.

Als Ergebnis von Tonbildung, Tonverlagerung und Rubefizierung dominieren deshalb intensiv rot gefärbte, mehr oder minder tiefgründige, gut durchwurzelbare Böden mit reichem Bodenleben während des Winters und pH-Werten von 5–7. Sie werden im Mittelmeergebiet traditionell als Terra rossa bzw. Terra fusca bezeichnet und sind heute als Chromic Cambisol (ohne B_t-Horizont) und Chromic Luvisol (mit B_t-Horizont) klassifiziert. Beide Böden sind in allen fünf Winterregengebieten zonal verbreitet und (bei guter Nährstoffversorgung) ackerbaulich nutzbar; in Südafrika und Australien, wo die Böden aus präkambrischen und früh-paläozoischen P-armen Gesteinen alter Landoberflächen entstanden, sind sie allerdings sehr nährstoffarm und sauer. Daneben gibt es eine Vielzahl azonaler Böden, unter denen beispielsweise Arenosole aus küstennahen Sandablagerungen sowie Salzböden (wie in Süd- und Südwestaustralien) zu nennen sind. Vor allem im Mittelmeergebiet sind außerdem Leptosole in Hang- und Kuppenlagen weit verbreitet; sie sind vielfach das Ergebnis menschlicher Übernutzung, die schon in der Antike zu großräumiger Bodenerosion geführt hat.

5.3.1.3 Flora und Phytodiversität

Die Anzahl der Gefäßpflanzenarten ist trotz der geringen Flächengröße der winterfeuchten Subtropen beachtlich hoch (Zeilen g–l in Tab. 5-4). Die fünf Winterregengebiete beherbergen auf nur 2 % der Landoberfläche rund 20 % aller bisher bekannten Tracheophyten (Cowling et al. 1996). Aufgrund seiner Größe von 2,3 Mio. km^2 (= 73 % der gesamten Klimazone) und des von Hochgebirgen bestimmten Reliefs enthält der mediterrane Raum mit rund 25.000 Gefäßpflanzenarten die meisten Spezies, gefolgt von der Kapregion (mit lediglich 0,09 Mio. km^2 das kleinste Gebiet) und Südwestaustralien mit jeweils 8.000 und mehr (davon über 60 % endemisch). Bezogen auf die gleiche Flächeneinheit (100 × 100 km^2 Rasterfläche, Barthlott et al. 2007) liegen die Artenzahlen allerdings mindestens um die Hälfte unter denjenigen der feuchttropischen Hotspots der Phytodiversität (s. Tab. 1-7), nämlich zwischen 2.000 (Chile) und 5.000 (Kapland) pro Rasterfläche. Immerhin übersteigen sie diejenigen der benachbarten Formationen in der nemoralen Zone und den tropisch-subtropischen Trockengebieten um mehr als die Hälfte, sodass man entlang des Phytodiversitätsgradienten vom Äquator zu den Polen neben den feuchten Tropen von einem zweiten Maximum des Artenreichtums sprechen kann. Auch makroskalig variiert die Phytodiversität beträchtlich, wie sich bei einem Vergleich der Artenzahlen auf 1.000 m^2 zeigt (Tab. 5-4). Am artenreichsten sind die offenen, regelmäßig von Feuer heimgesuchten Gebüsche in Australien und Südafrika sowie die beweideten Gehölzformationen des ostmediterranen Raumes, am artenärmsten der dichte Chaparral Kaliforniens und die Wälder (z. B. die *Eucalyptus*-Wälder Südwestaustraliens).

Diese vergleichsweise hohen Artenzahlen in den winterfeuchten Subtropen sind darauf zurückzuführen, dass mehrwöchige Frostperioden wie in der nemoralen Zone und lange Trockenzeiten wie in den tropisch-subtropischen Trockengebieten fehlen. Thermischer und hygrischer Stress sind also gegenüber den benachbarten Klimazonen reduziert. Darüber hinaus beeinflussen aber auch Geodiversität, Feuer, Klimageschichte und Isolation die Phytodiversität der fünf Winterregengebiete auf unterschiedliche, noch immer nicht gänzlich geklärte Weise (Cowling et al. 1996, Rundel 1998, Médail 2009; Tab. 5-4):

1. Das mediterrane, das kalifornische und das chilenische Winterregengebiet sind von jungen Faltengebirgen und Vulkanismus geprägt. Dadurch erhöhen sich die räumliche (topographische) und

klimatische Vielfalt (**Geodiversität**). In allen drei Regionen folgt die Vegetation einem Höhengradienten; extrazonal findet man sommergrüne Wälder in den Hochlagen und laurophylle Wälder in feuchten Taleinschnitten. Es wäre also zu erwarten, dass auf mittlerer Maßstabsebene (mesoskalig) besonders viele Arten vorkommen (Zeilen k und l in Tab. 5-4). Dies ist der Fall im Mittelmeergebiet und in Kalifornien, nicht aber in Chile (mit lediglich 2.500 Gefäßpflanzenarten pro Rasterfläche). Stattdessen sind die Kapregion und Südwestaustralien am artenreichsten. Dort konzentrieren sich die winterfeuchten Subtropen auf mäßig reliefierte Landschaften ohne ausgeprägte Höhengradienten; Hochgebirge fehlen. Die hohe Phytodiversität mit dem größten Endemitenanteil muss also in diesen beiden Gebieten andere Ursachen haben.

2. Beide Gebiete zeichnen sich durch alte Landoberflächen mit extrem **nährstoffarmen Böden** aus. Nährstoffmangel kann vor allem in Offenlandschaften, also außerhalb von Wäldern, Koexistenz von Pflanzen fördern, sodass unter solchen Bedingungen mehr Arten pro Flächeneinheit gedeihen können als unter günstigeren Nährstoffbedingungen (Huston 1994). Das gilt besonders dort, wo ein einigermaßen kontinuierliches Klimaregime über Jahrmillionen hinweg die Bildung spezieller Pflanzenfunktionstypen ermöglichte. Auf der Südhalbkugel und in Kalifornien haben sich die pleistozänen Klimaschwankungen weniger bemerkbar gemacht als im mediterranen Raum, der während der Kaltzeiten kühler und trockener war als die übrigen Winterregengebiete. In Südafrika und in Australien ist ein solches **verlässliches Niederschlagsregime** (*rainfall reliability*) in gleicher Weise wie in den tropischen Tieflandregenwäldern vermutlich mitverantwortlich für die Bildung zahlreicher Sippen ähnlicher ökologischer Ansprüche (Cowling et al. 2005). Es beschleunigt die Entwicklung neuer Arten und senkt die Aussterberaten. Außerdem erleichtern schwache, aber regelmäßig auftretende Regen vor allem im Spätsommer und Herbst, der Zeit der meisten Brände, die Keimung der Samen und Etablierung der Jungpflanzen auf den frisch abgebrannten Flächen.

3. Hier zeigt sich, dass auch **Feuer** eine treibende Kraft hoher Artendiversität in den winterfeuchten Subtropen sein kann. Sowohl Kalifornien als auch das südafrikanische und australische Winterregengebiet werden regelmäßig von Bränden heimgesucht, deren Abstand in den artenreichen

Hartlaubgebüschen Afrikas (Fynbos und Renosterveld) und Australiens (Kwongan) mit zehn bis 20 Jahren geringer ist als in Kalifornien und im Mittelmeergebiet (40 bis 50 Jahre; s. Tab. 5-4), aber größer als z. B. in den meisten Savannen. Bei einer solchen „mittleren" Brandfrequenz in Fynbos und Kwongan können mehr Pflanzen mit unterschiedlichen Regenerations- und Etablierungsmechanismen gedeihen als dort, wo die Feuerereignisse häufiger oder seltener sind. Außerdem verhindern die nährstoffarmen Böden ein schnelles Zuwachsen der feuerbedingten Lücken und ermöglichen die Koexistenz einer Fülle von Pflanzenarten mit ähnlichen Wuchsformen, wie man beispielsweise im Fynbos Südafrikas gut beobachten kann (Cowling et al. 1997a): Solche Lücken werden von Ephemeren und kurzlebigen Gehölzen genutzt, die sich nach Feuer aus unterirdischen Organen oder Samen vorübergehend etablieren. In der Kapregion hat die überproportionale Radiation verschiedener Gehölzgattungen zu einer enormen Artenfülle geführt, wie im Fall der Gattung *Erica* mit 657 Arten, von denen 97 % endemisch sind (Goldblatt & Manning 2002).

4. Die Unterschiede in der Artenausstattung der fünf Winterregengebiete sind ein Ergebnis der **Floren- und Vegetationsgeschichte** (Axelrod 1973, 1975). Paläoökologisch lässt sich nachweisen, dass die heute dominierenden sklerophyllen Gehölze größtenteils mitteltertiären Ursprungs sind, also keine rezente phylogenetische Antwort auf die zunehmende Sommertrockenheit am Ende des Tertiärs und im Pleistozän darstellen. Sie waren Bestandteil der überwiegend immergrünen (größtenteils laurophyllen) Wälder im Miozän, die physiognomisch den heutigen Lorbeerwäldern der immerfeuchten Subtropen ähnelten. Der Heterogenität der Standorte entsprechend enthielten diese Wälder bereits immergrüne hartlaubige und sommergrüne (weichlaubige) Bäume und Sträucher, von denen sich Erstere mit zunehmender Sommertrockenheit im ausgehenden Pliozän und im Pleistozän zuungunsten der laurophyllen Taxa durchsetzten. Die Laurophyllen überlebten in feuchten Bachschluchten und stellenweise (wie in Chile) im Übergang zur hochozeanischen nemoralen Zone, die Sommergrünen in den höheren Gebirgslagen. Zu dieser „vor-pliozänen" Artengruppe gehören Gehölze, denen außer der Sklerophyllie eine Reihe weiterer Eigenschaften (phylogenetisch „alte" Merkmale) gemeinsam ist (Herrera 1992, Verdú et al. 2003; „Konvergenz"; s. Abschn. 5.3.1.4): Sie sind in der Lage, nach Beschädigung durch Tier-

fraß, Windwurf oder Feuer rasch aus dem Stock auszuschlagen (*resprouter*), tragen fleischige, großsamige und zoochore Früchte und verhalten sich wie Klimaxbaumarten. Beispiele aus dem Mittelmeergebiet sind die Gattungen *Quercus*, *Arbutus* und *Olea*. Daneben gibt es eine physiognomisch weniger einheitliche „nach-pliozäne Artengruppe", die sich während und nach der Etablierung des Winterregenklimas entwickelt hat. Ihre Vertreter sind entweder aus benachbarten Vegetationszonen eingewandert (wie *Heteromeles* in Kalifornien aus der kühl-gemäßigten Zone) oder hatten genetisch flexible Vorfahren in den spättertiären Wäldern (Ackerly 2009). Es handelt sich um niedrigwüchsige, malakophylle Sträucher, die mit ihren kleinen, anemochoren Samen in der Lage sind, offene Flächen nach Feuer oder anderen Störungen rasch zu besiedeln (*reseeder*). Beispiele sind die Gattungen *Calicotome* (Fabaceae), *Cistus* und *Lavandula* im Mittelmeergebiet (Blondel & Aronson 1995).

5. Bei einem Vergleich der Flora der fünf Winterregengebiete fällt auf, dass die **floristische Ähnlichkeit** untereinander begrenzt ist. Denn ihre Florenausstattung ist vom jeweiligen regionalen Artenpool geprägt, aus dem sich die heutige Vegetation zusammensetzt (Raven 1973). Dieser Artenpool ist im mediterranen Raum überwiegend holarktisch mit einigen wenigen tropischen Elementen (wie *Ceratonia*, *Chamaerops*, *Laurus*, *Myrtus* und *Olea*), ebenso in Kalifornien (mit alttertiären Pflanzen semiarider Gebiete wie *Arctostaphylos* und *Ceanothus*). Holarktische Florenelemente wie *Quercus* und *Pinus* verbinden die beiden nordhemisphärischen Winterregengebiete; diese Übereinstimmung ist der kreidezeitlichen und tertiären Nähe der beiden Kontinente Nordamerika und Eurasien geschuldet. Die Flora von Mittelchile ist dagegen fast ausschließlich neotropisch. In Afrika und Australien prägen Vertreter der alten Gondwana-Flora (vor allem Proteaceae und Restionaceae) das Bild der Vegetation, die sich unter den Bedingungen eines kontinuierlichen Klimas und nährstoffarmer Böden besonders reich entfalten konnte. Floristische Ähnlichkeiten mit Chile oder der mediterranen Flora sind nicht zu erkennen.

5.3.1.4 Sklerophyllie und Konvergenz

Ein allen Winterregengebieten gemeinsames Merkmal ist die Sklerophyllie (Hartlaubigkeit) vieler Gehölze. Allerdings ist das Spektrum morphologischer, anatomischer und funktionaler Blatteigenschaften sehr groß. Die Assimilationsorgane können klein und schmal (wie bei *Olea europaea*) oder breit und lorbeerartig sein (wie bei *Arbutus unedo*). Es gibt Sträucher und Bäume mit nadel- (erikoiden) und schuppenförmigen (cupressoiden) Blättern. Erstere kommen nicht nur bei der Gattung *Erica*, sondern auch unter Proteaceae, Asteraceae und Thymelaea-

ceae vor, Letztere trägt z. B. der Renosterbos *Dicerothamnus rhinocerotis* (Asteraceae) in der Kapregion. Darüber hinaus gibt es immergrüne malakophylle Gehölze wie die *Cistus*-Arten, die Winter- und Sommerblätter erzeugen und diese abwerfen können, wenn die Wasserversorgung nicht mehr ausreicht (Abb. 5-15).

In Abschn. 5.3.1.3 wurde darauf hingewiesen, dass sklerophylle Gehölze bereits im Mitteltertiär als

Abb. 5-15 Beispiele für Wuchsformen der Winterregengebiete. a = *Quercus ilex*, Fagaceae (sklerophyll; Mallorca, Spanien); b = *Arbutus unedo*, Ericaceae (sklerophyll-großblättrig; Mallorca, Spanien); c = *Banksia coccinea*, Proteaceae (proteoider Typ des sklerophyllen Blattes mit Spaltöffnungen auf beiden Blattseiten; Stirling Range, Australien); d = *Andersonia echinocephala*, Ericaceae (sklerophyll-kleinblättrig; Stirling Range, Australien); e = *Erica* sp., Ericaceae (sklerophyll-erikoid; Kapregion, Südafrika); f = *Cistus albidus*, Cistaceae (malakophyll; Mallorca, Spanien); g = *Retanilla ephedra*, Rhamnaceae (Rutenstrauch; La Campana, Chile); h = *Asphodelus ramosus*, Asphodelaceae (Geophyt; Kreta); i = *Lagurus ovatus*, Poaceae (Therophyt; Italien).

Reaktion auf Nährstoffarmut unter einem sommerfeuchten (und wintertrockenen) Klima entstanden sein dürften. Während der Entwicklung des Winterregenklimas blieben vom örtlichen Artenpool diejenigen Bäume und Sträucher übrig, die am besten mit der neuen Situation eines mehr oder weniger trockenen Sommers und eines kühlen und feuchten Winters zurechtkamen. Auch in der rezenten Vegetation ist Sklerophyllie keineswegs auf die winterfeuchten Subtropen beschränkt, sondern ein weit verbreitetes Phänomen in den tropisch-subtropischen Trockengebieten und in den sommerfeuchten Tropen auf nährstoffarmen Böden (s. Abschn. 3.2.1). In Australien treten Hartlaubwälder (vornehmlich aus *Eucalyptus-*, *Corymbia-* und *Melaleuca-*Arten) in den Savannen und im Osten unter humiden Bedingungen auf. Die Phylogenie von Hartlaubbäumen und -sträuchern der winterfeuchten Subtropen ist also keine Konsequenz eines „mediterranen" Klimas und deshalb auch keine konvergente Erscheinung (Verdú et al. 2003).

Sklerophyllie wird als phylogenetische Reaktion auf Wasser- und Nährstoffdefizite gedeutet und ist mit funktionalen Merkmalen des pflanzlichen Wasser- und Nährstoffhaushalts gekoppelt (s. Kasten 1-7). Die Blätter sind mit zwei bis vier Jahren langlebig, besitzen eine dicke Kutikula, haben ein mehrschichtiges Palisadenparenchym und Sklereiden im Blattinnern. Die Stomata befinden sich bei breitblättrigen Vertretern der Proteaceae auf der Blattober- und -unterseite (äquifaziales Blatt), sonst meist nur unterseits (De Lillis 1991). Ihre Zahl pro cm² und das Porenareal (in % der Blattfläche) unterscheiden sich nicht wesentlich von anderen Laubbäumen (Larcher 2001). Die Blätter sind reich an Tanninen und pro-

teinarm; deshalb werden sie von Herbivoren nicht gerne gefressen. Dies erhöht die Überlebenswahrscheinlichkeit der Hartlaubgehölze vor allem in nährstoffarmen Gebieten bei starkem Herbivorendruck.

Hartlaubgehölze erreichen einen höheren Grad an stomatärer Regelung als malakophylle immergrüne und sommergrüne Arten (Duhme & Hinckley 1992). Allerdings gibt es auch Unterschiede zwischen den sklerophyllen Gehölzen (Larcher 2001). So sind die immergrünen hydrostabilen *Quercus*-Arten des mediterranen Gebiets ebenso wie *Laurus nobilis* und *Arbutus unedo* mit ihren breiten Blättern in der Lage, ihre Spaltöffnungen rasch und effizient zu schließen, während die schmalblättrigen Gehölze *Olea*, *Phillyrea* und *Myrtus* sowie *Ceratonia* ihren Wasserverbrauch verzögert einschränken, also ein eher hydrolabiles Verhalten zeigen (Abb. 5-16). Ihr Blattwasserpotenzial wird dadurch mit Maximalwerten bis zu –5 MPa unter Wasseranspannung stärker negativ als bei den erstgenannten Arten. Bei extremen Saugspannungen kann es zu Luftembolien im Xylem kommen; allerdings entgehen die meisten sklerophyllen Gehölze dieser Gefahr, indem sie als Tiefwurzler das im Winter aufgefüllte Grundwasser erreichen, sodass sie selbst in extrem trockenen Sommern selten in den kritischen Potenzialbereich (Turgornullpunkt bei Grenzplasmolyse) kommen. Außerdem besitzen sie ein zerstreutporiges Holz mit sehr engen Gefäßen, wodurch die Cavitationsgefahr (Abreißen des Wasserfadens in den Gefäßen) niedrig gehalten wird (Larcher 2001). Breite sklerophylle Blätter scheinen ihren Wasserverlust also in der Regel stomatär besser zu kontrollieren als schmale und kleine Blätter. Jedenfalls zeigt sich im Vergleich zwi-

Tab. 5-5 Anatomisch-morphologische und physiologische Merkmale einiger Gehölze des mediterranen Raumes (aus Gratani & Bombelli 2001). BTG = Blatttrockengewicht, BO = Blattoberfläche, SBG = spezifisches Blattgewicht, MLD = maximale Lebensdauer, PN = Nettophotosyntheserate ($_f$ = feuchte, günstige Bedingungen, $_t$ = trockene Bedingungen). *Quercus*, *Phillyrea* und *Pistacia* sind sklerophyll, *Cistus* ist malakophyll; *Arbutus* nimmt eine Zwischenstellung ein. Mittelwerte mit demselben hochgestellten Buchstaben unterscheiden sich nicht signifikant (ANOVA, p > 0,05). Die Unterschiede zwischen PN_f und PN_t sind signifikant.

Arten	BTG mg	BO cm²	SBG mg cm⁻²	MLD Monate	PN_f µmol m⁻² sec⁻¹	PN_t µmol m⁻² sec⁻¹
Quercus ilex	181±34[ac]	8,7±2,1[a]	20,7±1,7[a]	36	12,8±2,1[a]	7,3±1,2[a]
Phillyrea latifolia	76±19[b]	3,6±0,6[b]	20,9±2,0[a]	48	11,5±1,5[a]	5,9±1,1[ab]
Pistacia lentiscus	206±53[a]	11,0±2,7[a]	18,7±1,3[a]	30	12,5±1,8[a]	7,5±1,5[a]
Arbutus unedo	172±28[c]	10,8±2,3[a]	16,0±1,1[b]	11	13,9±1,8[a]	5,2±1,2[b]
Cistus × incanus	59±16[b]	4,1±0,5[b]	14,3±1,5[b]	7[1]	22,2±2,3[b]	9,6±1,3[c]

[1] Sommerblätter.

schen Proteaceen in der Kapregion ein Vorteil für transpirationsaktive kleinblättrige Pflanzen auf den nährstoffarmen Böden, da sie durch den beschleunigten Transpirationsstrom im humiden Winter auch ihre Nährstoffaufnahme erhöhen können (Cramer et al. 2009, Yates et al. 2010).

Deutlich sind die Unterschiede in der Blattanatomie bzw. -morphologie zwischen den sklerophyllen und den hydrolabilen malakophyllen Gehölzen (Gratani & Bombelli 2001; Tab. 5-5). *Cistus incanus* zeigt als malakophylle Pflanze mit ihren Sommerblättern ein gegenüber den anderen Arten geringeres spezifi-

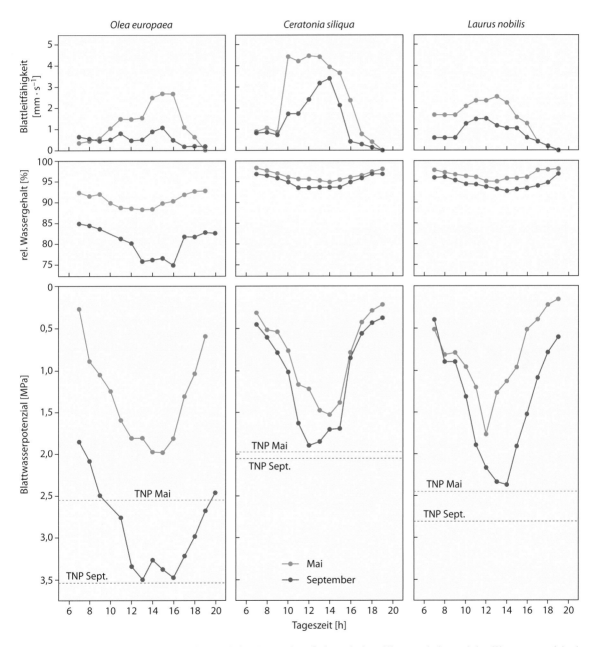

Abb. 5-16 Tagesgänge der Diffusionsleitfähigkeit für Wasserdampf, des relativen Wassergehalts und des Wasserpotenzials der Blätter von *Olea europaea* ssp. *europaea*, *Ceratonia siliqua* und *Laurus nobilis*. Während der feuchten Jahreszeit (Mai; grün) und am Ende der sommerlichen Trockenzeit (September; blau) in Sizilien (nach LoGullo & Sallea 1988). TNP = Turgornullpunkt im Mai und im September.

sches Blattgewicht, übertrifft in der Photosyntheseleistung bei günstigen Feuchtebedingungen die Sklerophyllen um fast das Doppelte und ist selbst am
Ende des trockenen Sommers noch leistungsfähiger
als diese. Denn wegen des teilweisen oder gänzlichen
Spaltenschlusses verringert sich die C-Akquisition
der Hartlaubgehölze ausgerechnet im Sommer, also
in der thermisch eigentlich günstigen Jahreszeit. Ihre
Wachstumsraten sind deshalb niedrig, außer während der kurzen Perioden im Frühling und im
Herbst. *Arbutus* nimmt eine Zwischenstellung ein.
Im Vergleich zu den laurophyllen Bäumen (wie im
Fall von *Persea indica* auf Teneriffa; Gonzáles-Rodríguez et al. 2002) tendieren die Sklerophyllen des
mediterranen Raumes zu einer eher konservativen
Strategie; sie transpirieren deutlich weniger, haben
mit 200–400 mmol m^{-2} s^{-1} eine niedrigere stomatäre
Leitfähigkeit (*P. indica*: 800 mmol m^{-2} s^{-1}) und mit
3–5 µmol CO$_2$ mmol^{-1} H$_2$O einen weitaus höheren
Wassernutzungskoeffizienten der Photosynthese als
die hydrolabileren laurophyllen Gehölze (*P. indica*:
mittleres Maximum 1,5 µmol mmol^{-1}; alle Daten
unter feuchten Bedingungen erhoben).

5.3.2 Vegetation

5.3.2.1 Übersicht

Trotz der geringen Flächengröße gehören die winterfeuchten Subtropen, was Vegetation und Fauna betrifft, zu den am besten untersuchten Zonen der
Erde. Außer in den Vegetationsmonographien einzelner Kontinente und Länder (z. B. Klötzli et al. 2010
für Europa; Hueck 1966 und Veblen et al. 2007 für
Südamerika; Knapp 1965 und Barbour & Billings
2000 für Nordamerika; Knapp 1973, Cowling et al.
1997b und Mucina et al. 2006 für Südafrika; Beadle
1981und Groves 1994 für Australien) und Lehrbüchern (z. B. Walter & Breckle 1991, Archibold 1995,
Schroeder 1998, Schultz 2000, Pugnaire & Valladares
2007, Jørgensen 2009) wird die Ökologie der fünf
Winterregengebiete in umfangreichen Sammelbän-
den und Monographien dargestellt (Di Castri &
Mooney 1973, Di Castri et al. 1981, Kruger et al.
1983, Cowling 1992, Arianoutsou & Groves 1994,
Arroyo et al. 1995, Davis & Richardson 1995, Moreno
& Oechel 1995, Dallman 1998, Rundel et al. 1998,
Barbour et al. 2007). Speziell für den mediterranen
Raum sei auf Blondel & Aronson (1999), Rodá et al.
(1999), Grove & Rackham (2001), Quézel & Médail
(2003), Mazzoleni et al. (2004) sowie Thompson
(2005) verwiesen.

Die zonale Vegetation der fünf Winterregengebiete besteht aus **Hartlaubwäldern** und -gebüschen,
in denen sklerophylle Gehölze dominieren. Die
Unterschiede bezüglich Artenzusammensetzung und
Struktur sind allerdings so groß, dass Zweifel an der
Einheitlichkeit und Eigenständigkeit der Formation
angebracht sind (Walter & Breckle 1991). Ein unbe-
fangener Betrachter dürfte kaum eine physiognomische Ähnlichkeit zwischen den Steineichenwäldern
und Macchien des mediterranen Raumes, dem südafrikanischen Fynbos und den hochwüchsigen Karri-
(*Eucalyptus diversicolor*-)Wäldern Australiens erkennen können. Letztere gleichen den Eukalyptusbe-
ständen der immerfeuchten Subtropen Südostaus-
traliens mehr als den unter demselben Klima
vorkommenden *Cryptocarya alba*-Wäldern in Mittelchile.

Außerhalb von Südwestaustralien erreichen die
Wälder im mediterranen Raum, in Kalifornien und
in Chile im Optimalzustand lediglich 10–20 m Höhe.
Wegen ihres immergrünen Charakters haben sie ein
dichtes Kronendach, das nur wenig Licht in den
Bestand eindringen lässt. Der Unterwuchs ist deshalb
meist spärlich ausgebildet und besteht aus immergrünen Kleinsträuchern und Chamaephyten. Nur die
Eukalyptuswälder sind wegen der senkrechten Stellung der Blätter hell genug für eine höhere und üppi-
gere Strauchschicht. Das Wurzelsystem der Bäume ist
dimorph: Es setzt sich aus einer (10 bis über 20 m)
tief reichenden Pfahlwurzel und einem oberflächennahen, ausgreifenden lateralen Wurzelgeflecht zusammen, sodass die Pflanzen sowohl Grund- als
auch Oberflächenwasser aus spärlichen Niederschlägen und abtropfendem Küstennebel aufnehmen können (Kummerow 1981). Die Pfahlwurzel entsteht
sofort nach der Keimung der Samen und wird, wie
bei dem chilenischen Hartlaubbaum *Quillaja saponaria*, schon im ersten Jahr der Jungpflanzenentwicklung 1 m lang (Canadell & Zedler 1995); hat die
Pflanze den trockenen Sommer überlebt, entstehen
die Seitenwurzeln.

Unter hygrisch suboptimalen Bedingungen werden die Wälder niedriger und lichter. Dann bildet
sich eine bis zu 6 m hohe Strauchschicht, bevor die
Bäume schließlich ganz verschwinden und ein **Hartlaubgebüsch** entsteht (Tab. 5-4). An flachgründigen,
sonnseitigen Hängen oder (anthropogen) nach de-
gradierender Bodennutzung werden diese Gebüsche
zu lockeren, rund 1 m hohen heideartigen Beständen, in denen malakophylle Kleinsträucher und solche mit erikoiden oder cupressoiden Blättern zur
Dominanz gelangen können. Dann kommen, wie im
chilenischen Matorral, sogar Wuchsformen vor, die

sonst eher für tropisch-subtropische Trockengebiete charakteristisch sind, nämlich Sukkulente (wie *Echinopsis chiloensis*), Rutensträucher (wie die Rhamnacee *Retanilla ephedra*) mit reduzierten Blättern und grünen Sprossen sowie Pflanzen mit Dornen bzw. Stacheln. Solche Organe zur mechanischen Verteidigung gegen Herbivore sind ansonsten in den Hartlaubgebüschen weniger häufig; in Südafrika und Australien fehlen sie gänzlich. Stattdessen spielt die chemische Verteidigung mittels Tanninen und ätherischen Ölen in den Blättern eine größere Rolle (Blondel & Aronson 1995). Vor allem bei den Sklerophyllen verlängert sich dadurch die Blattlebensdauer.

Das **Wurzelsystem** der Hartlaubgebüsche ist im Gegensatz zu dem der Wälder eher flach und weit ausstreichend (Canadell & Zedler 1995). In den nährstoffarmen Böden der Kapregion und Südwestaustraliens haben die Proteaceae eine besondere Strategie der Nährstoff-Akquisition entwickelt: Nach dem ersten Regen bilden sich unter der Streuauflage unzählige Feinwurzeln, welche die Hauptwurzeln wie ein Kokon umgeben und sehr effizient die im Oberboden freigesetzten Nährstoffe aufnehmen (Lambers et al. 2006; Kasten 5-4).

In diesen Hartlaubgebüschen sind **ephemere Pflanzen**, vor allem Zwiebel- und Knollengeophyten verschiedener monokotyler Familien (wie Iridaceae, Amaryllidaceae) häufig. Viele von ihnen blühen im Herbst und entwickeln anschließend die Blätter im Winter; den Sommer überdauern sie unterirdisch. Therophyten, deren Anteil an der Flora in der Mediterraneis besonders hoch ist (Zeile n in Tab. 5-4), keimen überwiegend im Herbst und blühen im Spätwinter oder Frühjahr. Vor allem das Frühjahr stellt pflanzenökologisch eine besonders günstige Periode dar: Die winterliche Feuchtigkeit und die rasch ansteigenden Temperaturen ermöglichen einen Höhepunkt der Blütenbildung in dieser Jahreszeit nicht nur bei den Ephemeren, sondern auch bei Sträuchern und Bäumen. Eine zweite, wenn auch weniger ausge-

Abb. 5-17 Beispiele für Anpassungen von Pflanzen südhemisphärischer Hartlaubwälder und -gebüsche an regelmäßig wiederkehrende Brände (s. auch Abb. 1 in Kasten 3-4). a = *resprouter*: *Berzelia intermedia*, Bruniaceae (Fynbos, Südafrika); b = Keimlinge (spatelförmige Blätter) des *reseeders Leucadendron eucalyptifolium*, Proteaceae (montaner Fynbos, Südafrika); c = nach Feuer geöffnete Kapseln von *Corymbia calophylla*, Myrtaceae, Südwestaustralien (viele Eukalypten und Proteaceen bilden eine Kronensamenbank); d = büschelförmiger Laubaustrieb der Kronen von *Eucalyptus diversicolor* ca. 50 Jahre nach Feuer (Südwestaustralien).

Kasten 5-4

Phosphoraufnahme von Pflanzen auf armen Standorten

In den Winterregengebieten Südafrikas und Australiens sind der gesteinsgebundene Vorrat und die pflanzenverfügbare Menge von Phosphor so gering, dass die Pflanzen spezielle Mechanismen entwickelt haben, um ihre P-Versorgung sicherzustellen (Lambers et al. 2006). Abgesehen von den recht häufigen karnivoren *Drosera*-Arten tun sie dies auf zwei verschiedenen Wegen, indem sie erstens die geringe Menge an P im Boden durch Wurzelexsudate in eine für Pflanzen leicht verfügbare Form überführen, und zweitens die Wurzeloberfläche durch Mykorrhizierung und/oder verstärkte Bildung von Feinwurzeln vergrößern. Beides verbessert die Aufnahmeeffizienz der Pflanzen und erlaubt Wachstum und Reproduktion derart spezialisierter Arten auf P-limitierten Böden.

Wurzelexsudate sind organische Säuren wie Citrat und Malat sowie das Enzym Phosphatase, welche schwer verfügbaren (in der organischen Substanz oder in Schwermetallkomplexen gebundenen) Phosphor in eine lösliche Form überführen, sodass die Pflanzen ihn über die Wurzeln aufnehmen können. Diese Wurzelexsudate sind nur dann wirksam, wenn genug Feuchtigkeit im Boden vorhanden ist. In Trockengebieten geben deshalb die oberflächennahen Wur-

Abb. 1 Beispiele für Feinwurzelbüschel (*root clusters*) bei Proteaceae und Restionaceae (Fotos Michael Shane und Hans Lambers). Die Pflanzen wurden im Gewächshaus in einer Nährlösung unter Phosphormangelbedingungen (P-Gehalten ≤ 1 µg) kultiviert (Lambers et al. 2006). a = *Banksia prionites* (Skalenstrich 13 mm, *proteoid roots*); b = *Hakea prostrata* (Skalenstrich 4 mm, *proteoid roots*).

prägte Blütezeit ist der Herbst, wenn die ersten Regen nach dem trockenen Sommer gefallen sind.

Die Hartlaubgebüsche haben in den Winterregengebieten verschiedene Bezeichnungen (Tab. 5-4). Im mediterranen Raum sind Macchie (für hohe Gebüsche) und Garrigue (für niedrige Gebüsche) gebräuchlich; Letztere heißen im ostmediterranen Raum Phrygana. In Kalifornien spricht man von Chaparral und in küstennahen Gebieten von Coastal Scrub. Die Hartlaubgebüsche in Chile werden Matorral genannt. In der Kapregion unterscheidet man zwischen Fynbos (auf nährstoffarmen, sandigen oder kiesigen Böden) und Renosterveld (auf lehmigen Böden), in Australien zwischen Kwongan (einer von Proteaceen

dominierten Gebüschvegetation) und Mallee (einem *Eucalyptus*-Trockengebüsch, bereits in Abschn. 4.3.3.3 besprochen). Außer in Chile, wo natürliche Feuer nicht vorkommen (s. Abschn. 5.3.2.3), handelt es sich bei den Gebüschen häufig um eine Feuerklimax. Das gilt besonders für Südafrika und Australien, größtenteils auch für Kalifornien. Im mediterranen Raum ist die heutige Verbreitung hingegen überwiegend auf die jahrtausendelange Tätigkeit des Menschen zurückzuführen (s. aber Abschn. 5.3.2.2). Seit dem Altertum haben Waldrodung, Brände und landwirtschaftliche Nutzung in erheblichem Maß zur Ausbreitung von Macchie und Garrigue beigetragen. Wir haben es also hier entweder mit Degradations-

zeln von Bäumen mit Grundwasseranschluss Wasser in den Oberboden ab, in dem sich am meisten P aus dem Bestandsabfall anreichert. Diese Umverteilung von Wasser von unten nach oben (*hydraulic lift*) haben wir schon bei Bäumen südamerikanischer Savannen kennengelernt (s. Abschn. 3.3.3.2).

Der zweite Weg, die Vergrößerung der Wurzelmasse, ist ein im Pflanzenreich weit verbreitetes Phänomen. Rund 82 % aller höheren Pflanzen können eine Symbiose mit Mykorrhiza-Pilzen eingehen (Brundrett 2002). Zu den übrigen 18 % gehören z. B. Proteaceae, Restionaceae und manche Fabaceae sowie Taxa auf nährstoff- bzw. salzreichen (Amaranthaceae inkl. Chenopodiaceae, Brassicaceae, Caryophyllaceae, Polygonaceae u. a.) und nassen Böden (Cyperaceae, Juncaceae). Diese 18 % haben die Fähigkeit entwickelt, die Infek-

tion mit Mykorrhiza-Pilzen zu unterbinden (was sie gleichzeitig weniger anfällig gegen Pathogene macht; s. aber Kasten 5-6) und stattdessen ein spezialisiertes Feinwurzelsystem aufzubauen. Es besteht aus mehr oder minder dicht gepackten Büscheln (*root clusters*), die die Hauptwurzeln umgeben und je nach Taxon verschiedene Formen annehmen (Abb. 1): Sie können z. B. kompakte Cluster sein (*proteoid*) wie bei Proteaceae oder wie Flaschenbürsten aussehen (*dauciform*) wie bei Cyperaceen. Die Büschel sind nur wenige Millimeter groß und bilden sich immer wieder neu; ihre Lebensdauer beträgt nur einige Wochen. Ihre Funktion besteht nicht nur in der stoßweisen Abgabe von Exsudaten zur P-Mobilisierung, sondern auch von phenolischen Verbindungen, die den bakteriellen Abbau der Exsudate verhindern (Neumann & Römheld 2007).

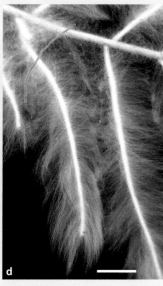

Abb. 1 (Fortsetzung) c = *Lepidosperma squamatum*, Cyperaceae (Skalenstrich 2 mm, *dauciform roots*); d = *Elegia tectorum*, Restionaceae (Skalenstrich 5 mm; *capillarioid roots*).

stadien der Wälder oder mit Sukzessionsstadien vom Brachland zum Wald zu tun. Auch der Matorral in Chile ist zum Teil nicht natürlich, sondern die Konsequenz von Bodenabtrag durch Überweidung.

Initialstellen für **Brände** sind natürliche Lichtungen in den Wäldern, in denen sich im Sommer genügend trockene Phytomasse ansammelt, sodass es ähnlich wie in den Savannen zur Entzündung durch Blitzschlag bei „trockenen" Gewittern kommen kann. Die Entzündlichkeit wird dadurch begünstigt, dass viele Arten ätherische Öle enthalten. Ähnlich wie in anderen feuergeprägten Formationen ist der Lebenszyklus der Hartlaubgebüsche an regelmäßig wiederkehrende Brände angepasst (s. Kasten 3-4; Abb.

5-17). Sie sind entweder *resprouters* oder *reseeders* oder beides. Zu den *resprouters* gehören Gehölze, die nach Verlust der oberirdischen Organe aus der Stammbasis oder aus dem Stamm austreiben, sofern dieser überlebt. Beispiele sind *Adenostoma fasciculatum* (Rosaceae) und *Baccharis pilularis* im Chaparral Kaliforniens, *Allocasuarina-* und *Eucalyptus-*Arten in Australien (Abb. 5-17) sowie *Phillyrea angustifolia* und *Calicotome spinosa* im Mittelmeergebiet. *Reseeders* bilden eine persistente Samenbank in der Streuauflage und den oberen Zentimetern des Bodens (*evaders*) oder in der Gehölzkrone. Im ersten Fall wird ihre Dormanz durch Hitze und/oder Rauch gebrochen. Im zweiten Fall öffnen sich die verholzten

Kapseln des Fruchtstandes erst während des nächst-
folgenden Feuers, um die Samen freizusetzen (*serotiny*). Gehölze mit einer Samenbank in der Krone
sind besonders häufig in den südafrikanischen und
australischen Hartlaubgebüschen (wie beispielsweise
die Vertreter der Gattungen *Leucadendron* und *Banksia*). Das weitgehende Fehlen vieler Merkmale der
reseeder-Strategie im mediterranen Raum, vor allem
bei den Therophyten, ist ein Hinweis auf die – im
Vergleich zu Kalifornien – geringere Bedeutung von
Wildfeuern in der Vergangenheit (Pausas et al. 2006).

Hartlaubwälder und -gebüsche sind nicht die einzigen Formationen der winterfeuchten Subtropen.
Auf der Nordhemisphäre sind **Nadelwälder** aus
Pinus-, *Cupressus*- und *Juniperus*-Arten (außerhalb
der Gebirge) auf trockenen und flachgründigen
Standorten und als Pioniervegetation regional verbreitet. Sie werden zusammen mit den Hartlaubwäldern in den Abschn. 5.3.2.2 und 5.3.2.3 behandelt. In
der montanen Stufe der Gebirge kommen extrazonal
sommergrüne (nemorale) **Laubwälder** (*Quercus* in
Kalifornien und im Mittelmeergebiet, *Nothofagus* in
Chile) und nemorale Gebirgsnadelwälder vor (z. B.
aus *Cedrus atlantica* im Atlas-Gebirge, aus verschieden *Pinus*-, *Abies*- und *Tsuga*-Arten sowie dem Mammutbaum *Sequoiadendron giganteum* in der Sierra
Nevada von Kalifornien), die zusammen mit der
Vegetation oberhalb der Baumgrenze in Abschn. 5.5
besprochen werden. Ein integraler Bestandteil der
Vegetation der winterfeuchten Subtropen sind ferner
die **Flussauen** und **Sümpfe** sowie die **Küstenvegetation** der Marschen und Dünen (s. Abschn. 5.4).

Die winterfeuchten Subtropen sind wegen der langen Sonnenscheindauer, der Lage am Meer (Fischerei, heute Tourismus) und der klimatischen Eignung
für den Anbau tropischer und temperater Nutzpflanzen ein bevorzugter Siedlungsraum des Menschen
(Schultz 2000). Dies gilt besonders für den mediterranen Raum mit seiner Jahrtausende zurückreichenden Kulturgeschichte. Aber auch in den übrigen
Winterregengebieten bestimmen heute Weide- und
Ackerflächen sowie Aufforstungen weiträumig den
Landschaftscharakter. Die **anthropogene Vegetation**
prägt deshalb mehr als in den bisher behandelten
Ökozonen den Landschaftscharakter. Ihre Physiognomie und Struktur differiert zwischen den fünf
Winterregengebieten erheblich; Gemeinsamkeiten
sind kaum erkennbar, sieht man vom Auftreten europäischer Gräser in Amerika und Australien ab. Deshalb besprechen wir diese synanthropen Formationen nicht wie sonst in einem separaten Abschnitt,
sondern zusammen mit den Hartlaubwäldern und -
gebüschen der jeweiligen Regionen.

5.3.2.2 Das mediterrane Winterregengebiet

5.3.2.2.1 Vegetations- und Landschafts- geschichte

Vegetation und Landschaft des mediterranen Raumes sind so, wie sie sich heute darstellen, das Ergebnis prähistorischer und historischer Prozesse, deren
Rolle nicht immer leicht einzuschätzen ist (Grove &
Rackham 2001). Palynologisch lässt sich belegen,
dass das Klima während des letzten Hochglazials
kühler, aber auch trockener war als heute. Während
der Glazialzeiten dominierte weiträumig eine step-
penartige Offenlandvegetation, die sich in den einschlägigen Pollendiagrammen niederschlägt: Der
Anteil windbestäubter *Artemisia*-Pollen in den Pro-
ben aus dieser Zeit beträgt bis zu einem Drittel
des gesamten Pollenspektrums. In den etwas feuchteren Interglazialen und im frühen Holozän breiteten
sich Bäume aus. Ob dabei Wälder mit einem geschlossenen Kronendach entstanden oder nur eine
Art offener Waldbestand (*woodland*), ist umstritten.
Jedenfalls hat dieses Hin und Her zwischen Gehölzbeständen und Steppe zum Aussterben vieler Elemente der alten pliozänen Baumflora geführt; die
periodische pleistozäne Trockenheit des mediterranen Raumes, der ja auch die glazialen Refugien für
die Waldarten der nemoralen Zone stellte, ist wohl
die Hauptursache für die Artenarmut der europäischen Wälder, verglichen mit Nordamerika und Ostasien (Lang 1994). Dennoch konnten zahlreiche
Pflanzen aus dem Pliozän in Nischen überleben, wie
sich u. a. auf der Iberischen Halbinsel belegen lässt
(Gonzáles-Samperiz et al. 2010). Beispiele sind die
frostempfindliche Palme *Phoenix theophrasti*, die
man heute an wenigen küstennahen Stellen in Kreta
und in der Ägäis als Tertiärrelikt findet, und *Rhododendron ponticum*, ein immergrüner Strauch, der in
feuchten Tälern im Südwesten der Iberischen Halbinsel überlebte. Sein Hauptvorkommen liegt allerdings in den nemoralen Wäldern des südöstlichen
Schwarzmeergebiets.

Ab etwa 12.000 Jahren BP konnten sich immergrüne und sommergrüne Bäume erneut ausbreiten;
nach 7.000 BP sind alle heute bekannten Arten der
Hartlaubwälder und -gebüsche, aber auch die thermophilen sommergrünen Eichenarten wie *Quercus
pubescens*, *Q. faginea*, *Q. cerris* u. a. sowie die sommergrünen, rezent vorwiegend nördlich der Alpen
verbreiteten Gattungen *Acer*, *Alnus*, *Betula*, *Carpinus*,
Fagus und *Populus* pollenanalytisch nachweisbar.
Zwischen 7.000 und 5.000 BP verschwanden die
sommergrünen zugunsten der immergrünen Gehölze (*Quercus ilex* im Fall von Marokko und Korsika;

Reille 1992, Reille et al. 1996). Die Ursachen sind umstritten und werden entweder einer Klimaänderung hin zu längeren, trockeneren Sommern (Le Houérou 1981) oder dem Menschen zugeschrieben (Rodung der sommergrünen Wälder auf den besseren, tiefgründigen Standorten für den Anbau von Feldfrüchten; Lang 1994). Für die anthropogene Ursache spricht die neuerdings beobachtete Zunahme von *Quercus pubescens* etwa im Süden Frankreichs oder auf der Iberischen Halbinsel (Neff & Frankenberg 1995, Quézel 2004); selbst im kalifornischen Winterregengebiet mit seinen besonders trockenen und heißen Sommermonaten sind sommergrüne Eichen weit verbreitet (s. Abschn. 5.3.2.4). Somit scheint der immergrüne Charakter der Gehölze nur dann von Vorteil zu sein, wenn die Böden gleichzeitig nährstoffarm sind wie in der Kapregion Südafrikas und in Südwestaustralien, wo sommergrüne Bäume und Sträucher komplett fehlen.

Vermutlich war die Pflanzendecke schon um 5.000 BP (Beginn der Bronzezeit und Entwicklung der ersten Hochkulturen wie der Minoer in Kreta) ein Mosaik aus parkartigem Offenland, Gebüsch und Wäldern, das durch die vorhellenistischen Kulturen auf Kreta, in Sardinien, auf dem Peloponnes, in Südfrankreich und in Süditalien geprägt war. Denn nach Grove & Rackham (2001) lassen sich pollenanalytisch weder geschlossene Wälder in dieser Zeit nachweisen noch Belege für eine Degradation von Wäldern während der folgenden hellenistischen und römischen Periode finden. Deshalb bleiben Zweifel an der großflächigen Existenz prähistorischer Hartlaubwälder. Auch spricht der hohe Anteil von Neoendemiten, die keine Waldarten sind, für die pleisto- und holozäne Kontinuität des Offenlandes (Thompson 2005).

5.3.2.2.2 Hartlaubwälder
Trotzdem werden Hartlaubwälder und -gebüsche in der Karte der natürlichen Vegetation Europas (Bohn et al. 2003) als zonale Formation für den mediterranen Raum angesehen; danach würden sie heute beträchtliche Flächen in der Südhälfte der Iberischen Halbinsel, in Marokko und auf den Inseln (Kreta, Zypern, Mallorca, Korsika, Sardinien) sowie auf einem bis zu 70 km breiten Küstenstreifen von Italien, der Balkanhalbinsel und von Kleinasien einnehmen, während das Binnenland größtenteils bereits nemoral (sub- bzw. supramediterran; s. unten) ist (Abb. 5-18). Die Vegetation ist von immergrünen sklerophyllen Bäumen und Sträuchern besonders der Gattungen *Quercus, Pinus, Juniperus, Olea* und *Pistacia* geprägt (Raus & Bergmeier 2003). Pflanzensoziologisch werden alle Hartlaubwälder einschließlich der thermo- und mesomediterranen Nadelwälder in der Klasse Quercetea ilicis zusammengefasst (z. B. Rivas-Martínez et al. 2001 für die Iberische Halbinsel; Mucina 1997; Tab. 5-6). Die Hartlaubgebüsche auf Karbonatgestein unterscheiden sich dagegen floristisch so deutlich von denjenigen auf silikatischen Böden, dass sie in zwei verschiedene Klassen gestellt werden (Cisto-Lavenduletea auf Silikat- bzw. Cisto-Micromerietea auf Karbonatgestein). Natürliche, von perennen Gräsern dominierte Pflanzengemeinschaften fehlen außerhalb der Hochgebirge; es gibt sie nur anthropogen bei permanenter Beweidung und/oder nach Feuer (Lygea sparti-Stipetea tenacissimae).

Den mediterranen Raum kann man von unten nach oben (Höhengradient) bzw. von Süden nach Norden (Breitengrad-Gradient) in acht thermische Klimazonen einteilen, denen jeweils eigene Vegetationskomplexe zugewiesen sind (Tab. 5-7; Abb. 5-19; s. auch Tab. 5-11). Die Hartlaubwälder und -gebüsche konzentrieren sich auf die thermo- und mesomediterrane Zone. Die supra- bzw. submediterane und die montan-mediterrane Stufe sind überall dort von extrazonalen sommergrünen Laubwäldern geprägt, wo die Sommertrockenheit die Dauer von einem Monat nicht überschreitet oder ganz fehlt. Wo

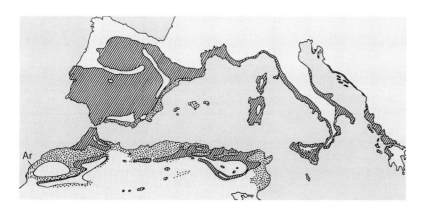

Abb. 5-18 Potenzielles Verbreitungsgebiet der mesomediterranen Steineichen- (*Quercus ilex-*)Wälder (schräg schraffiert), der thermomediterranen Ölbaum- (*Olea europaea-Pistacia lentiscus-*)Wälder (punktiert) und der inframediterranen *Argania*-Gehölze in Westmarokko (Ar; nach Braun-Blanquet 1964 aus Walter 1968).

Tab. 5-6 Übersicht über die thermo- und mesomediterranen Syntaxa des Mittelmeergebiets (nach Mucina 1997). Die thermomediterranen Nadelwälder aus *Pinus halepensis*, *P. brutia* und *Cupressus sempervirens* werden wegen ihres sklerophyllen Unterwuchses in die Ordnung Pistacio-Rhamnetalia gestellt (s. auch Bergmeier 2003).

Klasse	Erläuterung
Wälder und Gebüsche	
Quercetea ilicis Br.-Bl. et O. de Bolós 1958	mediterrane, immergrüne Eichenwälder und Macchien: Quercetalia ilicis (mesomediterrane Steineichenwälder) Pistacio lentisci-Rhamnetalia alaterni (thermomediterrane Ölbaum- und Nadelwälder)
Cisto-Lavenduleta Br.-Bl. In Br.-Bl. et al. 1940	niedrigwüchsiges mediterranes Hartlaubgebüsch (Garrigue, Phrygana) auf Silikat (eher westmediterran)
Cisto-Micromerietea julianae Oberd. 1954	niedrigwüchsiges mediterranes Hartlaubgebüsch (Garrigue, Phrygana) auf Karbonat (eher ostmediterran)
Nero-Tamaricetea Br.-Bl. et O. de Bolós 1958	mediterrane Galeriewälder und ähnliche Gebüsche
Grasland	
Daphno-Festucetea Quézel 1964	griechisches und ägäisches, oromediterranes Grasland und Phrygana auf Karbonatgestein
Lygea sparti-Stipetea tenacissimae Rivas-Martínez 1978	halbnatürliches mediterranes Grasland
Annuellenfluren	
Thero-Brachypodietea Br.-Bl. ex A. de Bolós y Vayreda 1950	mediterrane terrestrische niedrige Annuellenfluren aus Gräsern und Kräutern

dies nicht der Fall ist, wie im Süden und Osten (z. B. Kreta, Südtürkei), gibt es endemische trockenheitsresistente Nadelwälder aus *Pinus-*, *Cedrus-* und *Juniperus*-Arten.

Die **inframediterrane** Zone nimmt die wärmsten, absolut frostfreien Gebiete im äußersten Südwesten des mediterranen Raumes ein (Mauretanien, Marokko). In Südwestmarokko sind die beiden charak-

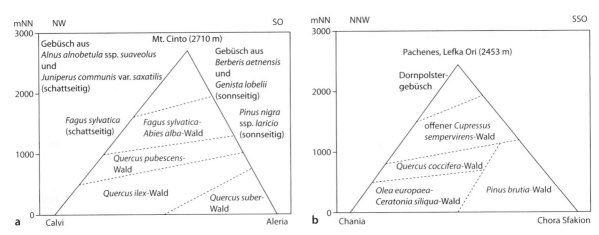

Abb. 5-19 Schema der Vegetationsabfolgen in Korsika (a, westmediterran) und Kreta (b, ostmediterran), nach Vorlagen von H. Albrecht. *Quercus suber-* (Korkeichen-), *Olea europaea-Ceratonia siliqua-* (Ölbaum-Johannisbrotbaum-) und *Pinus brutia*-Wälder sind thermomediterran, *Quercus ilex-* (Steineichen-) und *Q. coccifera-* (Kermeseichen-)Wälder sind mesomediterran, *Quercus pubescens-* (Flaumeichen-)Wälder sind supramediterran, *Fagus sylvatica-* (Rotbuchen-), *Pinus nigra* ssp. *larico-* und *Cupressus sempervirens* var. *horizontalis*-Wälder sind montan-mediterran.

Tab. 5-7 Thermische Klimazonen im mediterranen Raum und die zugehörige Vegetation[1]. M = mittlere Minimumtemperatur des kältesten Monats, T = Jahresmitteltemperatur. Die Ortsbezeichnungen „Norden" bzw. „Süden" beziehen sich auf etwa 45° N bzw. 30° N. Höhenangaben s. Abb. 5-19.

Zone	M (°C)	T (°C)	bestandsbildende Arten
inframediterran	> +7		teilimmergrüne Wälder aus *Argania spinosa* und *Acacia gummifera*; nur in Westmarokko. Meeresniveau.
thermomediterran	> +5	> +17	immergrüne Wälder aus *Olea europaea*, *Ceratonia siliqua*, *Pistacia lentiscus* (Oleo-Ceratonion). Nadelwälder aus *Pinus halepensis* und *P. brutia*. 0–400 (Nordafrika –600) m NN.
mesomediterran	+1 bis +3	+13 bis +17	immergrüne Wälder aus *Quercus ilex* und *Q. coccifera*. *Pinus*-Wälder wie oben. Norden 0–1.000 m NN, Süden 1.000–1.500 m NN
supra-(sub-)mediterran	–2 bis +1	+8 bis +13	sommergrüne Laubwälder aus *Quercus pubescens* und *Ostrya carpinifolia*. Norden: 1.000–1.500 m NN, Süden 1.500–2.000 m NN.
montan-mediterran	–5 bis –2	+4 bis +8	sommergrüne Laubwälder aus *Fagus sylvatica* (Mitte und Westen, nordseitig), sonst Nadelwälder (*Pinus*, *Cedrus*, *Cupressus*). Norden: 2.000–2.500 m NN, Süden: 1.400–2.000 m NN.
oreomediterran	–9 bis –5	< +4	Nadelwälder (*Pinus*, *Picea*, *Abies*), Dornpolster im Osten. Norden: oberhalb 2.500, Süden oberhalb 2.000 m NN
altimediterran (alpin)	< –9		Alpine Rasen, Zwergsträucher, Dornpolster, Igelgräser. Oberhalb von 2.000 (Norden) bzw. 3.000 m NN (Süden).
kryomediterran (nival)			Schuttvegetation; oberhalb 3.000–3.500 m NN.

[1] Nach Ozenda (1975), Quézel (1985), Quézel & Médail 2003, ergänzt.

teristischen Baumarten *Argania spinosa* (Sapotaceae) und *Acacia gummifera* verbreitet, Erstere ein sklerophylles Tertiärrelikt, Letztere (wie alle afrikanischen Mimosaceen) regengrün und ein Hinweis auf den Übergang zu den Trockengebüschen und Halbwüsten der Sahara (Abb. 5-20a, b). Beide Bäume bilden lockere Bestände, die durch Beweidung und Holzentnahme in den letzten 200 Jahren stark zurückgegangen sind. *Argania* ist wegen des Ölgehalts seiner Samen ein wichtiger Baum für die örtliche Bevölkerung und deshalb in einem Biosphärenreservat geschützt (Charrouf & Guillaume 2009).

Die **thermomediterrane** Zone der küstennahen Gebiete ist das potenzielle Wuchsgebiet eines nur wenige Meter hohen, oftmals strauchförmigen Hartlaubwaldes aus *Pistacia lentiscus*. Beigemischt sind *Olea europaea* ssp. *europaea* var. *sylvestris* (also die dornige Wildform des Olivenbaumes; Kasten 5-5) und *Ceratonia siliqua* (Johannisbrotbaum; Caesalpiniaceae, Abb. 5-20c), ferner *Myrtus communis* (als einziger Vertreter der tropischen Myrtaceae), *Phillyrea latifolia* (Oleaceae), *Laurus nobilis* und die Cupressacee *Tetraclinis articulata* (Sandarakbaum), der Nationalbaum von Malta, der an trockenen, felsigen Hängen gedeiht (heute nur noch an einer

Stelle auf der Hauptinsel vorhanden). Im westlichen Mittelmeergebiet tritt in dieser Zone die Zwergpalme *Chamaerops humilis* auf. Im Südwesten und Westen der Iberischen Halbinsel sind außerdem Korkeichenbestände aus *Quercus suber* (vorwiegend auf Silikatböden) verbreitet. Ebenfalls in der thermomediterranen Zone gedeihen auf flachgründigen Pionierstandorten aus Karbonatgestein xerophytische Kiefernwälder aus *P. brutia* (ostmediterran; Abb. 5-21b) und *Pinus halepensis* (im gesamten Gebiet; Abb. 5-21c). Beide Kiefernarten sind wegen ihrer dicken Borke gegenüber Oberflächenfeuern ziemlich resistent; weil die harzreichen Nadeln im trockenen Sommer aber rasch Feuer fangen, entwickeln sich daraus allerdings nicht selten heftige, bestandsvernichtende Kronenfeuer (s. Kasten 3-4 sowie Abschn. 6.2.3). Entlang der Meeresküsten bilden Wacholderarten (*Juniperus phoenicea* als Busch, *J. oxycedrus* als kleiner Baum) Pionierbestände auf nährstoffarmen Sandböden.

Mit zunehmender Höhe und geographischer Breite folgt die **mesomediterrane** Zone, in der im Wesentlichen zwei immergrüne Eichenarten dominieren, nämlich *Quercus ilex* ssp. *rotundifolia* (heute als eigene Art *Q. rotundifolia* aufgefasst) auf der Iberischen Halbinsel (Abb. 5-20d) und in Südfrankreich, ansonsten *Q. ilex* ssp. *ilex* (*Q. ilex*), und *Q. coccifera* (Kermeseiche) im Osten (Abb. 5-19, Abb. 5-20e). Im Unterwuchs dieser Wälder kommen eine Reihe von Geophyten vor wie verschiedene Arten der Gattung *Cyclamen*, und, falls der Bestand nicht zu dicht ist, hartlaubige Sträucher, die zu den Gattungen *Phillyrea*, *Arbutus*, *Rhamnus* und *Viburnum* gehören. Als holzige Liane wächst *Smilax aspera*. Anstelle der Wälder sind heute Hartlaubgebüsche (Macchie, Garrigue bzw. Phrygana, s. unten) häufig anzutreffen. Auch hier kommen auf flachgründigen Böden die oben genannten *Pinus*-Wälder vor. Sowohl die thermo- als auch die mesomediterrane Zone sind überwiegend in landwirtschaftliche Nutzflächen überführt.

Der **supramediterranen** Höhenstufe in den mediterranen Gebirgen entspricht der submediterrane südliche Rand der nemoralen Zone in Oberitalien, auf der Balkanhalbinsel, in Südfrankreich (soweit nicht thermo- bzw. mesomediterran) und im Norden der Iberischen Halbinsel (s. Abschn. 6.2.2.6.2). In beiden Fällen besteht die Baumschicht aus sommergrünen Bäumen, zu denen vor allem die Flaumeiche *Quercus pubescens* (mit regionalen Kleinarten) und die Hopfenbuche *Ostrya carpinifolia* gehören, auf der Iberischen Halbinsel und im Atlas-Gebirge auch *Q. faginea*. Nur in der Strauchschicht macht sich noch der sklerophylle Charakter bemerkbar, z.B. durch das Vorkommen von *Ruscus aculeatus*, dem Mäusedorn. Ansonsten fehlen die sklerophyllen Arten der thermo- und mesomediterranen Zone. Stattdessen gedeihen hier zahlreiche nemoral verbreitete, (aus mitteleuropäischer Sicht) thermophile, laubabwerfende Sträucher (wie der Perückenstrauch *Cotinus coggygria*) und Kräuter. Im Westen treten kleinblättrige Ahornarten wie *Acer monspessulanum* und *A. opalus* auf, im Osten *Q. cerris* und eine Reihe weiterer sommergrüner Eichen. Eine Besonderheit sind die beiden weltweit einzigen immergrünen *Acer*-Arten (von über 100), nämlich *A. sempervirens* in Kreta und *A. obtusifolium* im Taurus-Gebirge (Türkei), im Libanon und in Israel (s. Abb. 5-23c).

⌐Kasten 5-5⌐

Herkunft, Bedeutung und Kultivierung des Olivenbaumes

Eine der ältesten Kulturpflanzen und ein Symbol des Mittelmeerraumes ist der Olivenbaum (*Olea europaea* ssp. *europaea*; Abb. 1). Sein Areal umfasst das gesamte mediterrane Gebiet mit Schwerpunkt in der thermomediterranen Zone (Abb. 2). Exklaven gibt es in der Umgebung der oberitalienischen Seen, entlang der Südküste des Schwarzen Meeres und auf der nördlichen Iberischen Halbinsel mit frostarmem Klima.

Die paläotropische Gattung *Olea* umfasst 33 Arten, die von Afrika bis nach Südchina verbreitet sind. Der europäische Olivenbaum *Olea europaea* spaltet sich in sechs Unterarten mit disjunktem Vorkommen auf: ssp. *europaea* im mediterranen Raum, ssp. *cuspidata* von Südafrika über Südägypten und die Arabische Halbinsel bis Südindien, ssp. *laperrinei* in den zentralsaharischen Gebirgen, ssp. *maroccana* in Südwestmarokko, ssp. *cerasiformis* (Madeira) und ssp. *guanchica* auf den Kanarischen Inseln (Green 2002, Mabberley 2008). Die heute überall angebauten Kulturformen (var. *europaea*) sind das Ergebnis einer jahrtausendelangen Selektion großfrüchtiger Sorten aus verschiedenen Wildarten (zu denen wohl auch ssp. *cuspidata* gehört) mit kleineren Früchten, deren Ölgehalt geringer ist als derjenige der Kultursorten. Deren große genetische und morphologische Vielfalt ist das Ergebnis von häufiger Hybridisierung zwischen kultivierten und wilden Populationen (Thompson 2005). Die Wildform (var. *sylvestris*), die man überall im Umfeld von Olivenkulturen finden kann, ist genetisch uneinheitlich; sie besteht aus ursprünglichen Populationen und verwilderten Kultursorten (Zohary & Spiegel-Roy 1975).

Die Kultivierung des Olivenbaumes begann vermutlich im 6. Jahrtausend BP im Nahen Osten nördlich des Toten Meeres und breitete sich von dort über den gesamten Mittelmeerraum aus. Dabei entstanden Kultursorten auch aus lokalen Populationen der Wildart, wie beispielsweise in Spanien schon zu Beginn der Bronzezeit, also vor der Einführung kultivierter Pflanzen aus dem Nahen Osten (Terral 2004). Olivenbaumkultivare werden durch Propfen von Edelreisern

Abb. 1 Olivenbaumkultur (Mallorca, Spanien).

Im Apennin und auf Korsika kommen oberhalb von etwa 2.000 m NN Wälder aus *Fagus sylvatica* vor. Sie gehören zur **montan-mediterranen Stufe**, die in diesem Teil des mediterranen Raumes der Zone der mitteleuropäischen Buchenwälder entspricht (s. Abschn. 6.2.2.6.2). Die Wälder sind also extrazonal. Nemoral-kühle, aber sommertrockene Gebirgslagen werden dagegen von Nadelhölzern eingenommen, im Westen und Norden südseitig (wie *Pinus nigra* ssp. *laricio* auf Korsika), im kontinentalen Osten unabhängig von der Exposition. So dominiert auf Kreta oberhalb von 1.000– 1.500 m NN ein lichter Wald aus der breitkronigen (indigenen) Varietät *Cupressus sempervirens* var. *horizontalis* (Schütt et al. 2004; Abb. 5-21a). Die schmalkronige Zierform (var. *stricta*) wurde bereits von den Römern gepflanzt und prägt heute die „klassische" mediterrane Kulturlandschaft (s. Abb. 5-23a).

Auf die nach oben anschließenden Zonen (oreomediterran, altimediterran, kryomediterran) werden wir in Abschn. 5.5 eingehen. Neben der Gebirgstaiga, die mit *Pinus-*, *Picea-* und *Abies*-Arten bereits an boreale Nadelwälder erinnert (oreomediterran), gibt es in der altimediterranen Stufe (anthropogen auch in tieferen Lagen) eine für sommertrockene Gebirgslagen charakteristische **Dornpolstervegetation,** in den humiden nord- und westmediterranen Gebirgen Zwergstrauchheiden und alpine Rasen, wie man sie in ähnlicher Form auch in den nemoralen Hochgebirgen findet.

5.3.2.2.3 Hartlaubgebüsche

Hartlaubgebüsche aus sklerophyllen und malakophyllen Sträuchern und einer großen Anzahl an Ephemeren waren wahrscheinlich schon in prähistorischer Zeit vorhanden. Vermutlich bildeten sie ein Mosaik mit Hartlaubwäldern und waren mit diesen durch Sukzessionsprozesse verbunden (z. B. in Form von Regenerationszyklen nach Feuer; Abb. 5-22). Heute ist ihre landschaftsbestimmende Dominanz eine Folge der anthropogenen Degradation von Wäldern (Braun-Blanquet 1964). So entsteht aus einem

Abb. 2 Verbreitung der Kultursorte (var. *europaea*, rot schraffiert) und der Wildform (var. *sylvestris*, grün) von *Olea europaea* ssp. *europaea* im mediterranen Raum (nach Walter & Straka 1970, Zohary & Spiegel-Roy 1975, verändert).

auf Wildlinge vermehrt, um genetisch einheitliche Klone zu erhalten. Die Vermehrung über Samen geschieht lediglich zum Zweck der Züchtung neuer Sorten. Für den Anbau eignen sich nur Gebiete ohne längere Frostperioden; allerdings benötigen die Bäume eine winterliche Kältezeit zwischen 0 und 10 °C, um zum Blühen zu gelangen (Lieberei & Reisdorff 2007). Die Kultivare werden bis zu 20 m hoch (im Gegensatz zur Wildform mit kaum mehr als 10 m) und erreichen ein Alter von nahezu 2.000 Jahren (Zohary & Spiegel-Roy 1975). Die oft bizarren Stammformen alter Olivenbäume gehen auf die Infektion durch den holzbewohnenden Basidiomyceten *Formitiporia punctata* (Stammfäule) zurück. Die befallenen Stellen werden zwar immer wieder ausgeschnitten, infizieren

sich aber jedesmal von neuem, sodass schließlich durchbrochene und zerteilte Stämme entstehen. Die Vitalität der Bäume und ihre Reproduktion werden dadurch aber nicht beeinträchtigt.

Die Früchte werden kurz vor der Vollreife im Dezember und Januar geerntet, wenn der Ölgehalt im Mesokarp bei etwa 50 % liegt. Das wertvollste Öl gewinnt man aus den mit Hand gepflückten Oliven, weil die Früchte dabei nicht beschädigt werden. Druckschäden, wie sie auftreten können, wenn die Früchte mit einem Rechen abgestreift oder abgeschüttelt werden, mindern die Qualität, weil durch die Verletzung freie Fettsäuren entstehen (Lieberei & Reisdorff 2007).

Abb. 5-20 Beispiele für Hartlaubwälder und Hartlaubgebüsche im Mittelmeergebiet. a = *Argania spinosa* (im Vordergrund) und *Acacia gummifera* (dahinter, links), Marokko; b = Früchte von *Argania*, Marokko (Fotos a, b W. Zielonkowski); c = *Ceratonia siliqua*-Bestand, Kreta; d = *Quercus ilex*-Wald, Mallorca.

Abb. 5-21 Beispiele für Nadelwälder im Mittelmeergebiet. a = Reste von *Cupressus sempervirens*-Wäldern; b = offener *Pinus brutia*-Wald. Beide Aufnahmen stammen aus Kreta.

Abb. 5-20 (Fortsetzung) e = *Quercus coccifera*-Bestand, Kreta; f = Garrigue aus *Cistus salviifolius* und *Euphorbia dendroides*, Mallorca; g = Macchie aus *Myrtus communis* und *Arbutus unedo*, Mallorca; h = Phrygana mit *Sarcopoterium spinosum* (Rosaceae) und *Phlomis lanata* (Lamiaceae), Kreta.

Abb. 5-21 (Fortsetzung) c = *Pinus halepensis*-Wald auf Mallorca.

Quercus ilex-Wald durch Niederwaldbetrieb zunächst ein bis zu 6 m hohes Gebüsch, in dem der Waldunterwuchs z. B. aus *Phillyrea latifolia, Arbutus unedo, Rhamnus alaternus, Pistacia lentiscus, Erica arborea* und anderen Hartlaubsträuchern zur Dominanz gelangt. Dieses Gebüsch ist eine **Macchie** (Abb. 5-20g). Bei fortschreitender Nutzung, insbesondere Beweidung verbunden mit Feuer, entsteht daraus eine Vegetation aus Klein- und Zwergsträuchern wie *Rosmarinus officinalis, Lavandula latifolia, Thymus vulgaris* u. v. a. (**Garrigue**), die wohl die aromatischste aller Pflanzengemeinschaften der Erde ist (Klötzli et al. 2010; Abb. 5-20f). Der hohe Gehalt an verschiedenen Terpenen bedeutet aber auch eine erhöhte Brandgefahr. So ist die Garrigue also eine Vegetation, die, einmal etabliert, durch regelmäßige Feuer stabilisiert werden kann. Auf diese Weise wird die Rückentwicklung zum Wald verzögert oder gar verhindert. Zwar sind die meisten Brände im mediterranen Raum anthropogen; es ist aber zu vermuten, dass auch Wildfeuer vorkommen und eine Garrigue selbst ohne Eingreifen des Menschen überdauern kann. Macchie und Garrigue sind also Stadien progressiver und regressiver Sukzessionen im Gebiet der thermo- und mesomediterranen Hartlaubwälder.

Bei der **Garrigue** handelt es sich um eine außerordentlich vielseitige, häufig sehr artenreiche Vegetation, deren Pflanzengemeinschaften sich zwischen dem feuchteren west- und dem trocken-heißen ostmediterranen Raum deutlich unterscheiden (s. Klötzli et al. 2010). So sind Gebüsche auf den Balearen und in Katalonien bis zu 2 m hoch und bestehen u. a. aus *Cistus salvifolius*, *Euphorbia dendroides* (Abb.

5-20f) und dem gelb blühenden Ginster *Calicotome spinosa*; die auf Kreta (und in der Ägäis) weit verbreitete, niedrige, durch Beweidung stabilisierte Phrygana setzt sich dagegen aus überwiegend dornigen, kleinblättrigen Zwergsträuchern wie dem duftenden Thymian *Thymbra capitata*, der Rosacee *Sarcopoterium spinosum*, *Euphorbia acanthothamnos* u. v. a. Pflanzen ähnlicher Wuchsform zusammen (Abb. 5-20h, i), so auch eine Dornpolsterform von *Calicotome spinosa* (Bergmeier 2004). Unterschiede in der Artenzusammensetzung sind häufig substratbedingt: Auf basenarmen Silikatböden gedeihen z. B. *Erica arborea*, *E. scoparia*, *Cistus salviifolius*, *Lavandula stoechas* und *Arbutus unedo*, auf Karbonatböden *Erica multiflora*, *Cistus albidus*, *Lavandula latifolia*, *Rosmarinus officinalis* und *Thymus vulgaris*. Neben den von Kleinsträuchern geprägten Formationen kommen beweidungsbedingte Grasfluren vor, bei-

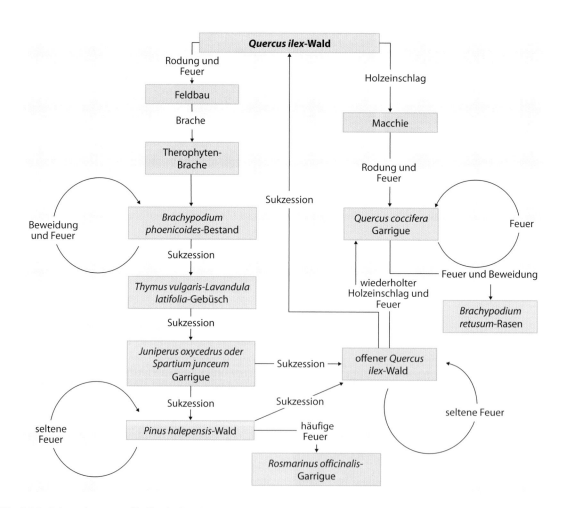

Abb. 5-22 Sukzessionsnetze für Hartlaubwälder und -gebüsche unter dem Einfluss von Nutzung und Feuer (am Beispiel des Languedoc in Südfrankreich und von Korsika). Nach Trabaud (1981), ergänzt durch Angaben in Le Houérou (1981), verändert.

spielsweise aus dem Tiefwurzler *Brachypodium retusum* und dem bis zu 3 m hohen Horstgras *Ampelodesmos mauritanicus*. Geophyten wie *Asphodelus*- und *Narcissus*-Arten sind weit verbreitet.

5.3.2.2.4 Anthropogener Einfluss

Die mediterrane Kulturlandschaft ist vielerorts noch außerordentlich divers (Abb. 5-23). Diese Vielfalt beruht erstens auf den unterschiedlichen landwirtschaftlichen Betriebsgrößen, die von großen marktorientierten Latifundien bis zu kleinen, stellenweise subsistenzorientierten (d. h. für den Eigenbedarf produzierenden) Gartenbaubetrieben reichen, zweitens auf den verschiedenen Nutzungssystemen wie Regenfeldbau im Winter, Bewässerungslandbau im Sommer sowie Dauerkulturen aus Fruchtbäumen und drittens auf der großen Zahl von Nutzpflanzen, die aus unterschiedlichen Klimazonen stammen und im mediterranen Raum kultiviert werden können (Schultz 2000). So erlauben die kühlen Temperaturen im Winter den Anbau von Feldgemüse (Tomaten, Kartoffeln, Salat) und Getreide (Weizen, Gerste) aus der kühl-gemäßigten (bzw. oreotropischen) Zone in Form des Regenfeldbaus. Viele Gemüsepflanzen wie Porree, Gemüsefenchel, Knollensellerie, Rote Bete (nach der Wildform *Beta vulgaris*), Artischocke sowie alle Kopf- und Blattkohlsorten (*Brassica oleracea*) sind mediterranen Ursprungs. Im Sommer ist die Kultivierung von Reis möglich, sofern genug Wasser wie in Küstennähe und in Flusstälern zur Verfügung steht. Während die einheimischen Fruchtbäume Ölbaum, Feige und Mandel sowie die Weinrebe die sommerliche Trockenphase ohne Probleme vertragen, müssen Obstbäume wie Zitrusfrüchte, deren Heimat die immerfeuchten Subtropen Ostasiens sind, gelegentlich bewässert werden.

Abgesehen von den besten (tiefgründigen) Böden, die ackerbaulich genutzt werden oder mit Dauerkulturen bestanden sind, wird nahezu der gesamte mediterrane Raum mit Schafen und Ziegen beweidet (Le Houérou 1990). Beweidung gehört zur Kulturgeschichte des Mittelmeergebiets und prägt vor allem die Gebirge. In Kombination mit Feuer stabilisiert sie die Garrigue und schafft vielerorts eine savannenartige Landschaft aus einzeln stehenden Bäumen und Gehölzgruppen (Abb. 5-23). Abgekoppelt von der rauen Wirklichkeit des Hirtenlebens und schon in hellenischer Zeit mythisch verklärt, wurde sie im 18. und 19. Jahrhundert als „Arkadien" (eigentlich eine Weidelandschaft auf dem Peloponnes und heute ein Verwaltungsbezirk) zum Sehnsuchtsort der nach Süden reisenden Bildungsbürger und damit zum Idealbild einer ländlichen Idylle, in der Mensch und Tier

glücklich miteinander leben (Frizell 2009). Ein Beispiel für eine derartige Landschaft ist die spanische Dehesa, eine Parklandschaft aus *Quercus rotundifolia* und *Q. suber* im Südwesten von Spanien (Extremadura, Andalusien) und Portugal, die heute überwiegend in Privatbesitz ist (Joffre et al. 1999). Ihre Fläche beträgt rund 50.000 km^2 und wird hauptsächlich von Schafen, Ziegen und Schweinen verschiedener lokaler Rassen beweidet. Die Dehesa besteht aus einem

Abb. 5-23 Beispiele für mediterrane Kulturlandschaften. a = traditionelle mediterrane Kulturlandschaft mit *Cupressus sempervirens* var. *stricta*, Mallorca; b = Äcker und Olivenhaine in der fruchtbaren Ebene bei Festos, Kreta; c = arkadische Weidelandschaft mit *Acer sempervirens*, Kreta.

Mosaik aus Weideflächen, Brachland (Garrigue) und Ackerflächen und ist ein Brut- und Nahrungsgebiet für europa- und weltweit gefährdete Tierarten wie den Mönchsgeier.

Aufforstungen der Garrigue wurden bis vor 30 Jahren vielerorts mit *Pinus*-Arten (besonders *P. halepensis* und *P. pinea*) durchgeführt. Diese unterschieden sich kaum von den natürlichen Beständen mit sklerophyllem Unterwuchs. Wegen der harzreichen Streu sind sie stark feuergefährdet. Die großen verheerenden Waldbrände der letzten Jahrzehnte im mediterranen Raum gehen auf (anthropogene) Feuer in den

Pinus-Forsten zurück, z. T. mit verheerenden Folgen in Bezug auf Bodenabtrag und Hochwasser (Pausas et al. 2008). Heute werden immer mehr Exoten angepflanzt, insbesondere *Eucalyptus*-Arten wie *E. globulus*.

5.3.2.3 Das kalifornische Winterregengebiet

5.3.2.3.1 Hartlaubgebüsche (Chaparral und Coastal Scrub)

Die Vegetation des kalifornischen Winterregengebiets wird (außerhalb des zentralen Längstales mit

Abb. 5-24 Beispiele für Wälder und Gebüsche des kalifornischen Winterregengebiets. a = montaner Chaparral östlich von Los Angeles; b = „Chamissal" aus *Adenostoma fasciculatum*; c = Arizona-Chaparral mit *Quercus emoryi* (im Mittelgrund) und *Cercocarpus montanus* im Vordergrund; d = *Quercus agrifolia*-Hartlaubwald, Monterey; e = *Cupressus macrocarpa*-Bestand, Monterey-Halbinsel; f = *Pinus radiata*-Bestand mit *Equisetum telmateia* ssp. *braunii* im Vordergrund. Fotos: d H. Albrecht, die übrigen F. Klötzli.

Gras- und Zwergstrauchhalbwüsten) großräumig von einem niedrigen (1,5–4 m hohen) Hartlaubgebüsch (Chaparral) bestimmt (Knapp 1965, Keeley 2000, Keeley & Davis 2007; Abb. 5-24a, c). Physiognomisch entspricht der **Chaparral** der Macchie im mediterranen Raum, ist aber im Gegensatz zu dieser meist kein vorübergehendes Degradationsstadium der Hartlaubwälder, sondern entweder eine azonale Vegetation auf extrem flachgründigen Steilhängen oder, häufiger, eine Feuerklimax, stabilisiert durch wiederholte natürliche Feuerereignisse. Er kommt in Höhenlagen zwischen 0 und 1.500 m NN bei mittleren Jahresniederschlägen zwischen 300 und 650 mm vor und überzieht im südlichen Kalifornien die Landschaft wie eine Decke von der Küste bis zum Fuß der Sierra Nevada. Die heutige Verbreitung des Chaparral ist auf eine frühholozäne Klimaänderung hin zu trockeneren und längeren Sommern zurückzuführen; dadurch konnte sich das Hartlaubgebüsch um ca. 500 km nach Norden ausbreiten.

Die Flora des Chaparral enthält 1.177 Tracheophytenarten (davon 42 % endemisch), die sich u. a. aus über 219 Straucharten, 409 Therophyten und 389 mehrjährigen Gräsern und Kräutern zusammensetzen (Keeley & Davis 2007). In ungestörtem Zustand (d. h. mehr als 20 Jahre nach dem letzten Feuerereignis) dominieren sklerophylle Sträucher und Halbsträucher; sie bestehen u. a. aus den Gattungen *Adenostoma* (Rosaceae), *Arctostaphylos* (Ericaceae, über 80 auf das kalifornische Winterregengebiet beschränkte Arten), *Ceanothus* (Rhamnaceae, über 50 Arten), *Cercocarpus* und *Heteromeles* (beide Rosaceae) sowie *Quercus* mit fünf strauchförmig wachsenden Arten, von denen *Quercus berberidifolia* am häufigsten ist . Die wenigen malakophyllen Sträucher stammen aus den Gattungen *Artemisia* und *Salvia* und sind besonders im küstennahen Sage Brush (s. unten) verbreitet. Wegen des ausgeprägten Reliefs gibt es eine Vielzahl von Pflanzengemeinschaften. So werden die Südhänge bevorzugt von *Adenostoma fasciculatum* (Chamissal) besiedelt, einem bis zu 3 m hohen erikoiden Kleinstrauch mit nadelförmigen Blättern (Abb. 5-24b). Auch kleinblättrige *Ceanothus*- und *Arctostaphylos*-Arten kommen hier vor. Dagegen wachsen auf den kühleren und feuchteren Nordhängen breitblättrige Sträucher (wie *Quercus berberidifolia*, *Frangula californica*, *Prunus ilicifolia* u. a.). Einige Arten sind in Abb. 5-25 zeichnerisch dargestellt (aus Walter 1968).

Wildfeuer prägen Artenzusammensetzung und Struktur des Chaparral entscheidend. Sie entwickeln sich als Kronenfeuer im Mittel alle 40 bis 60 Jahre am Ende des langen trockenen Sommers, wenn sich eine

große Menge an brennbarem Material aus abgestorbenen Ästen und Blättern in der Strauchschicht angehäuft hat. Wegen des Holzanteils sind die Brände mit durchschnittlich 500 °C heißer als die Grasfeuer der Savannen und Prärien, sodass die oberirdische Phytomasse komplett verbrennt. Bei starkem Wind (wie die Santa-Ana-Stürme im Spätherbst und Winter) können mehrere Tausend Hektar betroffen sein. Die vegetationsfreien Brandflächen werden fast ausschließlich von Pflanzen besiedelt, die sich entweder aus den überlebenden unterirdischen Organen bzw. einem Lignotuber (*resprouter*) oder aus der Samenbank im Boden (*reseeder*) zu regenerieren vermögen. Zuwanderung über Fernausbreitung ist selten. Man unterscheidet a) obligate *reseeders* ohne *resprouter*-Eigenschaften, b) fakultative *reseeders* mit *resprouter*-

Abb. 5-25 Einige Arten aus dem kalifornischen Chaparral. 1 = *Arctostaphylos tomentosa*, Ericaceae; 2 = *Adenostoma fasciculatum*, Rosaceae; 3 = *Ceanothus cuneatus*, Rhamnaceae; 4 = *C. papillosus*; 5 = *Pickeringia montana*, Fabaceae; 6 = *Quercus* cf. *berberidifolia*, Fagaceae. Zeichnungen von R. Anheisser, aus Walter (1968).

Eigenschaften und c) obligate *resprouters*. Zum Typ a gehören neben den zahlreichen annuellen Kräutern auch viele Sträucher aus den Gattungen *Ceanothus* und *Arctostaphylos*. Ihre Samen keimen bei ausreichender Bodenfeuchte und günstigen Temperaturen unmittelbar nach dem Feuer. So entsteht schon im ersten Jahr eine geschlossene, blütenreiche Pflanzendecke. Die *Quercus*-, *Prunus*- und *Rhamnus*-Arten sind obligate *resprouters*, die sich ausschließlich vegetativ regenerieren und dafür mehrere Jahre brauchen. Sie bilden keine persistente Samenbank, da ihre Samen kurzlebig sind und meist unmittelbar nach der Reife keimen. Die übrigen Gehölze wie *Adenostoma fasciculatum* sowie die Mehrzahl der *Ceanothus*- und *Arctostaphylos*-Arten sind fakultative *reseeders*, die sich sowohl aus Samen als auch aus Stockausschlägen regenerieren.

Die obligaten wie auch die fakultativen *reseeders* bilden eine persistente (1–5 Jahre) oder gar eine permanente Samenbank (> 5 Jahre) im Boden. Die Samen bleiben bis zum nächsten Feuerereignis dormant. Dann wird die Keimruhe entweder durch Hitze oder durch die chemische Wirkung des Rauches gebrochen. So keimen die *Ceanothus*-Arten erst nach einem Hitzeschock. Die Samen der meisten Sippen werden aber durch organische Verbindungen im Rauch zur Keimung angeregt (chemische Stratifikation). Hierzu gehören die zahlreichen annuellen und perennen Gräser und Kräuter, die zusammen über 60 % der Chaparral-Flora stellen. Die meisten von ihnen blühen und fruchten in den ersten Jahren nach Feuer und überdauern den Rest des Feuerintervalls in der Samenbank. Einige persistieren aber auch in den gut entwickelten älteren Gebüschen überall dort, wo Lücken entstehen. Die am häufigsten vertretenen Familien sind Asteraceae (*Gnaphalium*), Boraginaceae (wie einige der in Mitteleuropa als Bienenweide und zur Bodenverbesserung angepflanzten *Phacelia*-Arten), Fabaceae (*Lupinus*), Portulaccaceae und Scrophulariaceae.

Da die Samen der meisten Reseeders unter günstigen Umständen mehrere 100 Jahre keimfähig bleiben, verändert sich die Artenzusammensetzung des Chaparral nicht wesentlich, auch wenn die Feuerintervalle über 100 Jahre dauern. Umgekehrt benötigen vor allem die Gehölze nach einem Feuerereignis ausreichend Zeit (zehn bis 20 Jahre), um den Samenvorrat im Boden wieder aufzufüllen. Da heute die meisten Feuer anthropogen entstehen und deshalb die Feuerintervalle kürzer sind als bei Wildfeuern, ist eine erfolgreiche Reproduktion der Gehölze nicht mehr möglich. So entsteht aus einem Chaparral allmählich ein Grasland, und zwar vorwiegend aus

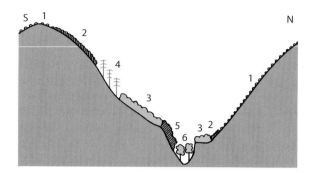

Abb. 5-26 Vegetationsprofil aus den tieferen Lagen der San Gabriel Mountains nördlich von Los Angeles, 550 m NN (aus Knapp 1965). 1 = Sage Brush mit *Artemisia californica*, 2 = Chaparral, 3 = *Quercus chrysolepis*-Wald, 4 = *Pseudotsuga macrocarpa*-Bestand, 5 = laurophyller *Umbellularia californica*-Bestand, 6 = sommergrüner Laubwald aus *Acer macrophyllum*. Wie in den anderen Winterregengebieten gedeihen in kühlen, feuchten Tälern extrazonal Lorbeer- oder sogar sommergrüne Wälder (s. auch Abb. 5-27b).

europäischen C$_3$-Gräsern (*Bromus*, *Lolium*, *Vulpia*) und Kräutern (*Centaurea*, *Lactuca*). Vor allem die aus dem Mittelmeergebiet bzw. aus den mittelasiatischen Trockengebieten stammenden Therophyten *Bromus madritensis* und *B. tectorum* bilden überall dichte Bestände.

Unter extrem trockenen Bedingungen, wozu nicht nur südexponierte Steilhänge aus Karbonatgestein, sondern auch die niederschlagsarmen südkalifornischen Küstengebiete mit Jahresniederschlägen unter 250 mm gehören, gedeiht eine Vegetation aus malakophyllen Halbsträuchern wie *Artemisia californica* (*sage brush*), *Eriogonum fasciculatum* (*buck wheat*, Polgonaceae) und *Salvia mellifera* (*black sage*), denen zahlreiche weitere trockenresistente Zwergsträucher der Halbwüsten (wie *Encelia farinosa*) und Sukkulente (*Opuntia*) beigemischt sind. Dieser **Coastal Scrub** kennzeichnet den Übergang zu den Zwergstrauch- und Sukkulenten-Halbwüsten der Sonora- und Mojave-Wüste, findet sich aber auch extra- bzw. azonal inmitten des kalifornischen Winterregengebiets in einem Vegetationsmosaik aus Chaparral und Eichenwäldern (Abb. 5-26).

Ein dem kalifornischen Chaparral strukturell und floristisch vergleichbares Hartlaubgebüsch gibt es östlich der Rocky Mountains in Arizona (**Arizona-Chaparral**; Abb. 5-24c). Es ist von teils subtropischen, im Norden schon nemoralen Halbwüsten und Wüsten umgeben und enthält Sommerniederschläge, ist also eientlich kein Winterregengebiet mehr. Häufige Arten sind *Quercus turbinella*, *Juniperus deppiana*, *Cercocarpus montanus* und *Rhus ovatus*.

5.3.2.3.2 Hartlaubwälder

Außerhalb des von Chaparral eingenommen Gebiets kommen Hartlaubwälder aus *Quercus*- und Nadelwälder aus *Pinus*-, *Cupressus*- und *Juniperus*-Arten vor (Knapp 1965, Barbour & Minnich 2000, Allen-Diaz et al. 2007, Barbour 2007, Minnich 2007; Abb. 5-24). Die Baumschicht der Hartlaubwälder des kalifornischen Winterregengebiets wird einzeln oder in Kombination aus acht Eichenarten gebildet, von denen drei immergrün (*Quercus agrifolia*, *Q. wislizenii*, *Q. chrysolepis*) und fünf sommergrün sind (*Q. douglasii*, *Q. lobata*, *Q. engelmannii*, *Q. kelloggii*, *Q. garryana*). Die Wälder werden in der Regel nur 10–15 m hoch, unter besonders günstigen Bedingungen auch über 20 m (Abb. 5-24d). Das Kronendach ist nicht immer geschlossen; vielmehr bilden die Eichen auch lockere, offene (savannenartige) Bestände (Woodlands), die schon vor der europäischen Einwanderung existierten und deren Unterwuchs vermutlich aus Hemikryptophyten und Geophyten sowie vereinzelten Hartlaubsträuchern bestand. Die Vegetation wurde wohl schon in voreuropäischer Zeit von den Haustieren der indigenen Bevölkerung beweidet. In den dichteren Waldbeständen gedeihen auch einige hartlaubige Sträucher aus dem Chaparral wie *Arctostaphylos*- und *Ceanothus*-Arten, decken aber nur wenige Prozent. Vielleicht handelt es sich bei den Woodlands also um vom Menschen durch Feuer und Beweidung stabilisierte Relikte von Waldentwicklungsstadien aus dem Mittelholozän. Jedenfalls sind wie andernorts geschlossene Wälder auf waldfähigen Standorten wahrscheinlich. Heute dominieren im Unterwuchs eingeschleppte annuelle Gräser und Kräuter.

Die Eichenwälder gedeihen bevorzugt auf edaphisch oder klimatisch feuchteren Standorten, also entweder an Unterhängen, in Tälern und auf tiefgründigen Böden oder in schattseitigen Lagen bzw. im Einflussbereich des Küstennebels. Allen-Diaz et al. (2007) unterscheiden „Valley Oak Woodland" aus *Quercus lobata* (*valley oak*) auf tiefgründigen Böden in Tallagen, „Blue Oak Woodland" aus *Q. douglasii* (*blue oak*) auf flachgründigen Böden, z. T. bereits mit *Pinus sabiniana*, am Fuß der Sierra Nevada und „Coastal Oak Woodlands" aus *Q. agrifolia* (*coast live oak*) in Küstennähe. Dieser überwiegend immergrüne Wald ist am ehesten mit den *Q. ilex*-Wäldern des mediterranen Raumes vergleichbar; er enthält auf feuchteren Böden einige weitere immergrüne Bäume und Sträucher wie *Q. chrysolepis*, *Arbutus menziesii* und *Umbellularia californica* (Lauraceae).

In Küstennähe schließlich gedeihen vereinzelt artenarme Nadelwälder auf sehr nährstoffarmen, durchlässigen Böden aus Sand, Kies oder Serpentin (Abb. 5-24e, f). Die Wälder sind häufig von Chaparral umgeben und unterliegen wie dieser regelmäßigen Feuern im Abstand von etwa 50 Jahren. Bei allen Nadelbäumen bleiben die Zapfen auch nach der Samenreife geschlossen (*serotiny*); erst bei Feuer öffnen sie sich, sodass die Samen auf die abgebrannten Flächen fallen und dort ein ideales Keimbett vorfinden. Von den zahlreichen *Cupressus*- und *Pinus*-Arten sind *C. macrocarpa* und *P. radiata* deshalb besonders erwähnenswert, weil sie als Exoten in vielen Gebieten der Subtropen für Aufforstungen oder als ornamentale Bäume verwendet werden (*C. macrocarpa* in Südamerika, *P. radiata* in Südafrika und Neuseeland).

5.3.2.4 Das chilenische Winterregengebiet

Die Hartlaubwälder und -gebüsche des chilenischen Winterregengebiets werden pflanzensoziologisch seit Oberdorfer (1960) durch die Klasse Lithraeo-Cryptocaryetea und ihre einzige Ordnung Cryptocaryetalia repräsentiert. Sie reichen im Norden an der Küste wegen der noch ausreichenden Wasserversorgung durch den Küstennebel etwa bis 31° S, im Landesinneren dagegen nur etwa bis 33° S. Dort gehen sie in eine sukkulente Dornstrauchvegetation über, die bereits zu den tropisch-subtropischen Trockengebieten gezählt wird (Schmithüsen 1956; Abb. 5-27). Anders im Süden: Dort kommen sie gerade noch bis zu einer Linie zwischen Concepción und Temuco bei etwa 38° S vor, während am Westhang der feuchteren Küstenkordillere und in den Anden bereits laurophyll geprägte Wälder dominieren (Abb. 5-27).

Die Bäume der **Hartlaubwälder** sind gedrungen und sklerophyll und zählen zu den Tiefwurzlern (Abb. 5-28a). Charakteristisch ist eine reiche Entwicklung von Geophyten wie *Solenomelus pedunculatus* (Iridaceae) im Frühling, wenn genügend Feuchtigkeit vorhanden ist. Charakteristische Bäume sind *Cryptocarya alba* (Lauraceae), *Quillaja saponaria* (eine Rosacee, aus deren Rinde früher Saponin für die Seifenherstellung gewonnen wurde), *Peumus boldus* (Monimiaceae), *Myrceugenia obtusa* (Myrtaceae) und *Maytenus boaria* (Celastraceae). Lianen sind durch *Proustia pyrifolia* ssp. *pyrifolia* (Asteraceae) und *Cissus striata* (Ampelidaceae) vertreten. Bemerkenswert sind die wenigen noch vorhandenen Bestände von *Jubaea chilensis*, der einzigen einheimischen Palme Chiles, die ein Bestandteil der Hartlaubwälder war und heute nur noch auf wenigen, streng geschützten Flächen vorkommt (Abb. 5-28c). Innerhalb der Hartlaubvegetation gibt es in feuchten Bach-tälern einen extrazonalen Lorbeerwald mit *Persea lingue*, *Drimys winteri* und *Dasyphyllum excelsum*. Hier kommt eine der (als „Monumento Natural") besonders streng geschützten Baumarten Chiles vor, nämlich *Beilschmiedia miersii*, eine bis 20 m hoch werdende Lauracee.

Charakteristische **Matorral**-Bildner sind die Euphorbiacee *Colliguaja odorifera*, die Asteracee *Baccharis linearis* sowie *Kageneckia oblonga* (Rosaceae) und *Lithrea caustica* (Anacardiaceae). Die letztgenannte Art kann nach Blattkontakt bei disponierten Personen eine schwere Allergie auslösen; das Allergen ist Katechol (Kalergis & al. 1997). An besonders flachgründigen nordexponierten Hängen kommen Säulenkakteen (*Echinopsis chiloensis*), die *Puya*-Arten *P. chilensis*, *P. berteroana* und *P. coerulea* sowie Dornsträucher wie *Retanilla trinervia*, ein malakophyller Xerophyt mit Blattabwurf in der sommer-

lichen Trockenzeit, und Rutensträucher wie *Retanilla ephedra* (Rhamnaceae) und *Ephedra chilensis* vor (Abb. 5-28b).

Mittelchile ist das einzige der fünf Winterregengebiete, aus dem keine **Wildfeuer** bekannt sind. Denn in der gefährdeten Jahreszeit, also im trockenen Sommer, können sich im Gegensatz zu den anderen mediterran geprägten Räumen kaum Gewitter bilden, weil die Anden das Eindringen feuchter Luftmassen von Osten her verhindern (Armesto et al. 2007). Deshalb fehlt in den chilenischen Hartlaubgebieten die für winterfeuchte Subtropen sonst so typische und häufige Erscheinung, nämlich eine durch Hitze oder Rauch aktivierbare Kronen- bzw. Bodensamenbank (Montenegro & al. 2004). Während sich also in Kalifornien die Mehrzahl der Chaparral-Sträucher nach dem Brand aus der Samenbank regeneriert, sind viele Matorral-Sträucher *resprouters*. Da sich die Fähigkeit, nach Störung aus Wurzelsystem,

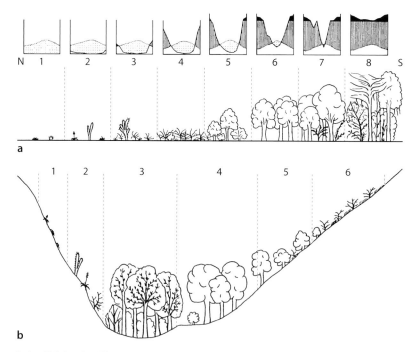

Abb. 5-27 a: Schematische Abfolge der Klima- und Vegetationszonen in Mittelchile vom Nordrand der Atacama (ca. 27° S; arid; 1) bis zum Valdivianischen Lorbeerwald (ca. 39° S; perhumid; 8; aus Di Castri 1973, verändert; reproduziert mit Genehmigung von Springer Science + Business Media). 2 = Sukkulenten-Halbwüste, 3 = Trockengebüsch mit Sukkulenten, 4 = niedriges Hartlaubgebüsch (Matorral), 5 = hohes Hartlaubgebüsch (Matorral), 6 = Hartlaubwald, 7 = Sommer-Lorbeerwald. 1–3 gehören zu den tropisch-subtropischen Trockengebieten mit Winterregen, bei 7 und 8 handelt es sich um saisonale und immergrüne Lorbeerwälder der nemoralen Zone.

b: Vegetationsprofil durch ein Tal in Mittelchile (aus Di Castri 1973, verändert; reproduziert mit Genehmigung von Springer Science + Business Media). Links Nord-, rechts Südhang. 1 = erodierter Oberhang mit Halbwüsten-Vegetation, 2 = Trockengebüsch mit *Echinopsis chiloensis* und *Puya*-Arten, 3 = extrazonaler Lorbeerwald mit *Beilschmiedia* miersii und *Persea lingue*, 4 = Hartlaubwald mit *Cryptocarya alba* u. a., 5 = hohes Hartlaubgebüsch (Matorral), 6 = niedriges Hartlaubgebüsch (Matorral) mit dem regengrünen Dornstrauch *Retanilla trinervia* (Rhamnaceae).

Stammbasis oder Stamm wieder auszutreiben, durch Beweidung oder Massenbewegung (etwa im Zusammenhang mit Vulkanausbrüchen) entwickelt haben kann, ist die große Zahl von *resprouters* im chileni-

Abb. 5-28 Beispiele für Hartlaubwälder und -gebüsche aus Mittelchile. a = Die namengebende Baumart der Klasse Lithraeo-Cryptocaryetea, *Cryptocarya alba* (Lauraceae); b = Matorral aus *Retanilla trinervia*, Rhamnaceae, mit dem Säulenkaktus *Echinopsis chiloensis* und verschiedenen *Puya*-Arten (Bromeliaceae); c = Palmenhain aus *Jubaea chilensis*, im Vordergrund *Retanilla trinervia*. Alle Aufnahmen stammen aus dem Nationalpark La Campana.

schen Matorral kein Beleg für Wildfeuer. Deren Fehlen drückt sich auch dadurch aus, dass vorwiegend nicht-heimische Arten der Feldschicht von den anthropogenen Bränden profitieren, nicht dagegen die einheimischen Kräuter und Gräser (Sax 2002).

Die Wälder sind zum größten Teil durch land- und forstwirtschaftliche **Nutzung** seit der Kolonisation des Landes durch die Europäer verschwunden. Das Klima und die (verglichen mit dem trockenen Norden) günstigeren Böden ließen im Winterregengebiet von Chile eine intensive Bodennutzung zu, während der Süden (südlich des Rio Biobio) kaum zugänglich und von Indianerstämmen besiedelt war. Somit konzentrierten sich Besiedlung und Nutzung auf Mittelchile. Während auf den tiefgründigen alluvialen Böden permanenter Ackerbau betrieben wird, entwickelte sich sonst anstelle der Hartlaubwälder und des Matorral durch Beweidung eine savannenartige Vegetation, die von *Acacia caven* und einer vorwiegend aus Europa stammenden Feldschicht gebildet wird (Abb. 5-29). Hier dominieren einjährige Gräser und Kräuter wie *Bromus mollis*, *Avena barbata*, *Lolium multiflorum*, *Carduus pycnocephalus* u. v. a. (Ovalle & al. 1996), alle aus der mediterranen Florenregion. Diese als Espinales bezeichneten anthropogenen „Savannen" (die mit einer echten Savanne der sommerfeuchten Tropen nichts zu tun haben) nehmen in Mittelchile rund 2 Mio. ha ein. *Acacia caven* ist eine regengrüne Art, die in Chile unter dem Einfluss des Winterregenklimas in der kühleren Jahreszeit Blätter trägt und im trockenen Sommer je nach Dauer der Trockenzeit das Laub behält oder abwirft (fakultativer Laubabwurf). Sie stammt vermutlich aus dem Chaco östlich der Anden, also aus einem tropisch-subtropischen Trockengebiet mit Sommerregen, und gilt in Chile als

Abb. 5-29 Weidelandschaft mit *Acacia caven* in Mittelchile (Foto F. Klötzli).

nicht-heimisch (Aronson 1992). Die N_2-fixierende Mimosacee erlaubt je nach Standort ein recht nachhaltiges Landnutzungssystem, nämlich permanente Beweidung mit Rindern und Schafen in ebener Lage oder ein Rotationssystem aus Ackerbau (Weizen) und Beweidung in besser drainiertem hügeligem Gelände (Ovalle & al. 2006). *Acacia caven* wird traditionell für die Gewinnung von Feuerholz und zur Herstellung von Holzkohle regelmäßig abgeschlagen, treibt aber rasch wieder aus.

5.3.2.5 Das südafrikanische Winterregengebiet

Das kleinste der fünf Winterregengebiete liegt an der Südspitze Afrikas; es umfasst rund 90.000 km² und gehört zur kapensischen Florenregion (s. Abschn. 1.2.2; Abb. 5-30). Seine natürliche Vegetation ist ein immergrünes Hartlaubgebüsch mit hohem Anteil an erikoiden Sträuchern und Kleinsträuchern (Cowling 1992, Cowling et al. 1997a, Rebelo et al. 2006), bestehend zu zwei Dritteln aus Fynbos auf den im Gebiet vorherrschenden nährstoffarmen Sandböden und zu knapp einem Drittel aus Renosterveld auf tonreichen Böden; dazu kommen rund 3.000 km² Buschland auf karbonatreichen Sandböden in der Küstenebene entlang des Indischen Ozeans (Western Strandveld). Wälder fehlen fast völlig, sieht man von flächenhaft unbedeutenden Vorkommen einzelner, bis zu 10 m hoher Bestände aus der Proteacee *Leucadendron argenteum* (*silvertree*) ab. Nordöstlich von Kapstadt wächst vereinzelt die Reliktkonifere *Widdringtonia wallichii* (Cupressaceae). Das gesamte Gebiet ist von bis zu 2.000 m hohen Gebirgen durchzogen und deshalb klimatisch ziemlich heterogen. So kommt es zu extrazonalen Vorkommen von Zwergstrauch-Halbwüsten (wie im Fall der Little Karoo) und von laurophyllen afromontanen Wäldern um Knysna und Port

Elizabeth (im Einflussbereich der Steigungsregen; s. Abschn. 5.2.2.6) sowie am Grund tief eingeschnittener Täler (Abb. 5-30).

Der **Fynbos** hat seinen Namen von den zahlreichen erikoiden (feinblättrigen) Gehölzen, die neben den breitblättrigen Sträuchern der Proteaceae, vor allem aus den Gattungen *Leucadendron* und *Protea*, die Physiognomie dieses immergrünen, feuergeprägten Hartlaubgebüschs bestimmen. Erikoide Blätter besitzen nicht nur die Vertreter der Ericaceen, sondern auch zahlreicher anderer Familien wie Asteraceae, Rhamnaceae, Thymelaeaceae und Rutaceae sowie die endemischen und subendemischen Bruniaceae, Pennaeaceae und Grubbiaceae (Abb. 5-31). Bedornte Kleinsträucher aus den Gattungen *Cliffortia* (Rosaceae) und *Aspalathus* (Fabaceae) sowie halbsukkulente Halbsträucher wie *Pelargonium* (Geraniaceae) sind häufig. In diese Matrix aus 1–4 m hohen Gebüschen, gelegentlich überragt von *Protea nitida*, einem bis zu 5 m hohen Kleinbaum, mischen sich die an *Juncus*-Arten erinnernden Horste der Gondwana-Familie Restionaceae sowie Gräser und Cyperaceen. Im Frühjahr und nach Feuer entwickeln sich zahlreiche Geophyten aus den Familien Iridaceae (wie z. B. *Freesia*, *Gladiolus*, *Ixia*), Amaryllidaceae, Asphodelaceae, Orchidaceae und Asparagaceae (*Ornithogalum*). Artenzusammensetzung und Struktur des Fynbos unterscheiden sich nach Standort und geographischer Lage (Campbell & Werger 1988); so wächst z. B. die von Poaceen („Grassy fynbos") oder Asteraceen dominierte Ausbildung („Asteraceous fynbos") auf flachgründigen Böden in eher trockenen Gebieten, während man den von Proteaceen beherrschten Typus („Proteoid fynbos") auf Kolluvien am Hangfuß der Gebirgszüge findet (5-32a, b).

Das **Renosterveld** ist nach der dominierenden Asteracee *Dicerothamnus rhinocerotis* benannt, dem Renosterbos, einem 1–2 m hohen, graugrünen Strauch

Abb. 5-30 Vegetationsgliederung innerhalb der kapensischen Florenregion (aus Richardson et al. 1995; reproduziert mit Genehmigung von Springer Science + Business Media). Außer Fynbos, Renosterveld und Western Strandveld (= „Fynbos/thicket"-Mosaik in der Karte) kommen Zwergstrauch- und Sukkulenten-Halbwüsten (= Karroid shrubland) in intramontanen Beckenlagen („Little Karoo") sowie im Norden und Nordwesten des Gebiets vor; die bereits immerfeuchten Küstengebiete um Knysna werden von afromontanen (laurophyllen) Wäldern eingenommen.

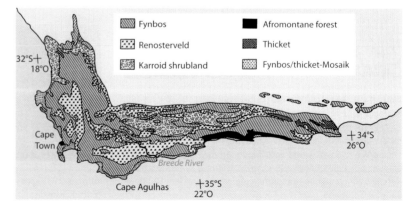

mit cupressoiden (schuppenförmigen) Blättern (Abb. 5-32c). Die Vegetation ist immergrün und von frequenten Feuerereignissen geprägt (im Durchschnitt alle drei bis fünf Jahre). Proteaceen und Restionaceen treten zurück. Wegen der vergleichsweise fruchtbaren Böden in der ansonsten nährstoffarmen Kapregion wurde das Renosterveld in den vergangenen 100 Jahren vor allem in den Küstenebenen nahezu vollständig in Ackerflächen umgewandelt. Kaum von Feuer geprägt ist die als **Western Strandveld** bezeichnete Vegetation aus niedrigen hartlaubigen Gehölzen. Sukkulente wie *Aloe*, *Ruschia*, *Mesembryanthemum* sind häufig, Proteaceen fehlen.

In Abschn. 5.3.1.3 haben wir schon auf die hohen Artenzahlen und den außerordentlichen Endemitenreichtum vieler Familien und Gattungen hingewiesen (Goldblatt & Manning 2002). Die in Tab. 5-8 aufge-

führten 15 Familien decken rund 70 % der Kapflora ab. Die artenreichsten Gattungen sind neben *Erica* (657 Arten) *Aspalathus* (Fabaceae; 272 Arten; unter ihnen der als Tee verwendete Rooibos *A. linearis*), *Pelargonium* (Geraniaceae; 148 Arten) und *Agathosma* (Rutaceae; 143 Arten). Insgesamt umfassen 13 Gattungen mehr als 100 Arten. Die meisten dieser artenreichen Gattungen einschließlich *Protea* und *Leucadendron* (außer *Pelargonium*) haben den Schwerpunkt ihrer Verbreitung auf Sandböden und im Bergland. Obwohl der Beginn der Radiation bei vielen Abstammungslinien in das mittlere Tertiär zurückreicht, ist die Mehrzahl der Arten, wie im Fall der Restionaceae, erst im Pliozän und im Pleistozän entstanden, möglicherweise als Reaktion auf das

Tab. 5-8 Artenzahl und Endemitenanteil der 15 größten Familien in der kapensischen Florenregion (überwiegend, aber nicht ausschließlich Fynbos, Renosterveld und Coastal Strandveld), aus Goldblatt & Manning (2002).

Familie	Artenzahl (Anzahl endemisch)	Zahl der Gattungen (Anzahl endemisch)
Asteraceae	1.036 (655)	121 (33)
Fabaceae[1]	761 (629)	37 (6)
Iridaceae	677 (540)	28 (6)
Aizoaceae	659 (524)	76 (18)
Ericaceae	657 (637)	1 (0)
Scrophulariaceae	414 (297)	33 (7)
Proteaceae	329 (319)	14 (9)
Restionaceae	318 (294)	19 (10)
Rutaceae	273 (257)	15 (6)
Orchidaceae	227 (138)	25 (2)
Poaceae	207 (80)	61 (3)
Cyperaceae	206 (101)	29 (4)
Hyacinthaceae[2]	191 (83)	14 (0)
Campanulaceae	183 (140)	13 (6)
Asphodelaceae	157 (81)	8 (0)

[1] Einschließlich Caesalpiniaceae und Mimosaceae; [2] heute zu Asparagaceae.[1] Nach Ozenda (1975), Quézel (1985), Quézel & Médail 2003, ergänzt.

Abb. 5-31 Einige Arten mit schmalen oder erikoiden Blättern aus dem südafrikanischen Fynbos. 1 = *Gnidia pinifolia*, Thymelaeaceae; 2 = *Leucadendron levisanus*, Proteaceae; 3 = *Berzelia abrotanoides*, Bruniaceae; 4 = *Diosma oppositifolia*, Rutaceae; 5 = *Phylica* sp. (Rhamnaceae); 6 = *Coleonema album*, Rutaceae; 7 = *Agathosma capitata*, Rutaceae. Zeichnungen von R. Anheisser, aus Walter (1968).

Winterregenklima in einer isolationsfördernden gebirgigen Umwelt (Linder & Hardy 2004, Linder 2005).

Die Diversität physiognomischer Pflanzenfunktionstypen (Anzahl und Anteil am Gesamtspektrum) ist im Vergleich mit den übrigen Winterregengebie-

Abb. 5-32 Beispiele für Hartlaubgebüsche der Kapregion in Südafrika. a = montaner Fynbos mit *Leucadendron eucalyptifolium*, Proteaceae, mit Resten afromontaner (laurophyller) Wälder im feuchten, feuerfreien Talgrund; b = *Leucadendron eucalyptifolium* mit gelben Hochblättern; c = Renosterveld mit *Dicerothamnus rhinocerotis*, Asteraceae (dominant) und beginnender Einwanderung von *Pinus radiata*. Alle Bilder aus dem Outeniqua-Gebirge.

ten gering. Klein- und Zwergsträucher dominieren mit 53,3 % (Chile: 17,8 %, Kalifornien: 11,0 %; Arroyo et al. 1995, Goldblatt & Manning 2002). Von diesen regenerieren sich fast alle nach Feuer aus Samen (*reseeders*). Nur wenige sind *resprouters*, wie der Kleinbaum *Protea nitida*, der nach Feuer am Stamm wieder austreibt. Viele Vertreter der Proteaceae öffnen ihre Fruchtstände (Zapfen) erst bei Feuer (*serotiny*) und entlassen endospermreiche Samen, deren Proteinvorräte die Keimung auf den nährstoffarmen Böden erleichtert. Die Samen der erikoiden Sträucher, aber auch einiger Proteaceen sind häufig myrmekochor; sie tragen ein zucker- und ölhaltiges Anhängsel, also ein Elaiosom, und werden deshalb von Ameisen in ihre Nester verschleppt. Dort bilden sie eine persistente Samenbank, die durch Rauch aktiviert wird. Möglicherweise ist Myrmekochorie ein Selektionsvorteil für Pflanzen armer Standorte (Cowling et al. 1994): Da viele Arten der Proteaceen nur wenige potenziell keimfähige Samen erzeugen, müssen diese vor Fressfeinden geschützt werden. Das gelingt am besten, indem sie rasch von Ameisen fortgeschafft und vergraben werden.

Alle Fynbos-Gehölze sind immergrün; Malakophylle fehlen vollständig. Lediglich auf den besseren Böden (Renosterveld, Strandveld) gibt es vereinzelt regengrüne Arten. Wie in anderen saisonal trockenen Gebieten mit nährstoffarmen Böden (Savannen und Wälder der sommerfeuchten Tropen) sind somit auch in der Kapregion (und in Australien) laubabwerfende Gehölze nährstoffökologisch benachteiligt. Beide Winterregengebiete stellen deshalb gute Beispiele für die in Kasten 1-7 diskutierte Hypothese dar, dass Sklerophyllie eher auf Nährstoffarmut als auf Aridität zurückzuführen ist.

Der Anteil der Therophyten an der Flora der Kapregion ist mit 6,7 % (= 609 Arten) sehr gering, im Gegensatz zu Chile (16 %) und Kalifornien (30 %), wo Annuelle im ersten Jahr nach einem Feuerereignis reichlich blühen und fruchten. Im Fynbos wird diese Rolle von den Geophyten (den „fire lilies", wie z. B. der Amaryllidacee *Cyrtanthus*, der Iridaceae *Watsonia* und der Asphodelacee *Kniphofia*) übernommen. Diese sind mit über 1.300 Arten in der Flora der Kapregion vertreten (= mehr als 17 %); davon entfällt die Hälfte (662 Arten) auf die Iridaceae.

Landnutzung: Die südafrikanischen Hartlaubgebüsche wurden in der Vergangenheit ähnlich wie in anderen Winterregengebieten durch Umwandlung in Ackerflächen (vorwiegend Renosterveld, aber auch Fynbos in tieferen Lagen auf besseren Böden), durch Aufforstung mit nicht-heimischen Sippen (*Pinus* radiata, diverse *Eucalyptus*-Arten) sowie durch spontane Invasion und Ausbreitung einst als Forst- oder Zierpflanzen eingeführter oder eingeschleppter Taxa (wie verschiedene *Hakea*- und *Acacia*-Arten aus Australien) dezimiert (Rebelo et al. 2006). So durchdringen und überwachsen *Pinus radiata* und *Hakea sericea* (Proteaceae) den Fynbos auf Sandböden innerhalb von zwei oder drei Feuerzyklen (< 50 Jahre), weil die Invasoren als hochwüchsige *reseeders* mit ihrem kurzen Jugendstadium und den endospermreichen, anemochoren Samen einen Konkurrenzvorteil gegenüber den einheimischen Proteaceen haben (Richardson et al. 1997). Schließlich bilden beide Bäume ein hohes, undurchdringliches Gestrüpp, das sich durch die heißen Kronenfeuer selbst stabilisiert und das Aufkommen von Fynbos-Arten verhindert. Der Aufwand, den man betreiben muss, um diesen Prozess rückgängig zu machen, ist groß: Die *Pinus-Hakea*-Bestände werden gefällt; Stämme und Zweige bleiben zwölf bis 18 Monate liegen, bis die Samen ausgefallen sind und gekeimt haben. Dann wird das gesamte organische Material abgebrannt, um alle Sämlinge zu vernichten (Richardson et al. 1997).

5.3.2.6 Die australischen Winterregengebiete

Trotz mancher Ähnlichkeit mit dem Winterregengebiet Südafrikas (arme Böden, hohe Feuerfrequenz, großer Endemitenanteil, Dominanz der Proteaceae in der Strauchschicht u. a.; s. Tab. 5-4) unterscheiden sich beide Gebiete klimatisch und pflanzengeographisch beträchtlich (Beard 1990, Hobbs et al. 1995): So hebt sich das CSb-Klima nach Köppen-Trewartha in Süd- und Südwestaustralien durch Jahresniederschläge bis über 1.200 mm von den übrigen winterfeuchten Subtropen deutlich ab, zumal auch die Sommer nicht niederschlagsfrei sind (Abb. 5-33). Da das Winterregenklima in Australien erst seit rund 2,5 Mio. Jahren existiert und zwischenzeitlich immer wieder feucht-warme Perioden aufgetreten sind (Lamont et al. 1984), ist von den pliozänen, *Eucalyptus*-dominerten Wäldern (die wegen der Nährstoffarmut der Böden ohnehin schon hartlaubig waren) mehr übrig geblieben als andernorts. Das gilt auch für alle skleromorphen Arten und Gattungen (Tab. 5-9).

In Südwestaustralien kann man nach der Höhe des Jahresniederschlags und in Abhängigkeit von den Bodenbedingungen (flachgründig oder tiefgründig, nur mäßig oder extrem nährstoffarm) folgende Formationen unterscheiden (Beadle 1981; Abb. 5-33):

1. Bei Jahresniederschlägen von mehr als 1.000 mm wachsen auf tiefgründigen Sand- und jungen Ver-

witterungsböden Wälder aus *Eucalyptus diversicolor*, einem bis zu 80 m hoch werdenden Baum, den die Aborigines „**Karri**" nennen (Abb. 5-34a). Im „Valley of the Giants" bei Pemberton wurde das Kronendach mittels Fußgängerbrücken für Touristen zugänglich gemacht, sodass man bequem den von Kronenfeuern verursachten büschelförmigen Wiederaustrieb sehen kann (Abb. 5-17d). Die Feuerereignisse treten im Abstand von 50 bis 100 Jahren selbst in den niederschlagsreichsten Gebieten Südwestaustraliens auf. *E. diversicolor* ist ein Beispiel für Eukalypten mit dicker, einigermaßen brandgeschützter Borke; er regeneriert sich aus Adventivknospen im Stamm- und Kronenbereich, ist also ein *resprouter*. Karri-Wälder gehören neben den nemoralen *Eucalyptus regnans*- (Tasmanien) und *Sequoiadendron giganteum*-Beständen (Sierra Nevada, Kalifornien) zu den höchstwüchsigen Wäldern der Erde (s. Kasten 6-4). Der reichliche Unterwuchs besteht aus Grasbäumen wie *Xanthorrhoea preissii* (Xanthorrhoeaceae) und einer Reihe von endemischen immergrünen Sträuchern, unter ihnen *Acacia pulchella*, eine der wenigen australischen *Acacia*-Arten, die keine Phyllodien, sondern gefiederte Blätter aufweist, *Spyridium globulosum* (Rhamnaceae) und die intensiv blau blühende Fabacee *Hovea elliptica* (Abb. 5-34b).

2. Innerhalb dieser regenreichen Zone Südwestaustraliens mit mehr als 800 mm Jahresniederschlag folgen landeinwärts sowie auf trockenen nährstoffarmen Böden mehr oder weniger offene, mit bis zu 40 m deutlich niedrigere Wälder, in denen besonders häufig *Eucalyptus marginata* („**Jarrah**") auftritt (Abb. 5-34c; Dell et al. 1989). Ihr Unterwuchs besteht aus Proteaceen mit harten, dornigen Blättern wie z. B. den Gattungen *Petrophile* und *Dryandra*. Hier kommt auch der immergrüne, kleinblättrige Strauch *Gastrolobium parvifolium* (Fabaceae: Abb. 5-34g) vor, dessen Blätter Natrium-Monofluorazetat enthalten. Die Substanz ist giftig für nicht-heimische Säugetiere einschließlich des Menschen (3 mg genügen als letale Dosis) und verursachte während der Kolonisationszeit im 19. Jahrhundert erhebliche Ausfälle unter den eingeführten Haustierherden (Chandler et al. 2002). Heute wird das Mittel unter dem Namen „Teneighty" („1080") synthetisch hergestellt und zur Bekämpfung von invasiven Säugern wie Wildschweinen eingesetzt.

3. Zwischen 300 und 800 mm Niederschlag folgen offene Wälder aus zahlreichen *Eucalyptus*-Arten, unter anderem aus *E. wandoo*, sowie ein Mosaik

aus Hartlaubgebüsch („**Kwongan**") und **Mallee**, ein niedriger *Eucalyptus*-Trockenwald, den wir bereits in Abschn. 4.3.3.3 besprochen haben. Die Hartlaubgebüsche, weit verbreitet auf den ärmsten Standorten (z. B. im Gebirgszug Stirling Range), erinnern physiognomisch an den Fynbos in Südafrika, soweit sie nicht von schütterem Baumwuchs vorwiegend aus *Eucalyptus*- und *Corymbia*-Arten bedeckt sind (Abb. 5-34d). Wie dieser sind sie 1–4 m hoch, bestehen aus sklerophyllen, breitblättrigen, aber auch erikoiden

Kleinsträuchern verschiedener Familien und brennen etwa im selben Turnus ab wie der Fynbos. Proteaceen sind dominant vertreten, allerdings handelt es sich durchweg um andere Gattungen als in der Kapregion, wie z. B. *Banksia*, *Conospermum*, *Dryandra*, *Grevillea*, *Hakea* und *Isopogon* (Abb. 5-34e, f). Hinzu kommen u. a. Ericaceen (Unterfamilie Styphelioideae = früher Epacridaceae), Fabaceen, Myrtaceen wie *Eremaea*, *Calothamnus* und *Corymbia* (als *C. calophylla* mit Lignotuber), Restionaceen sowie Casuarinaceen

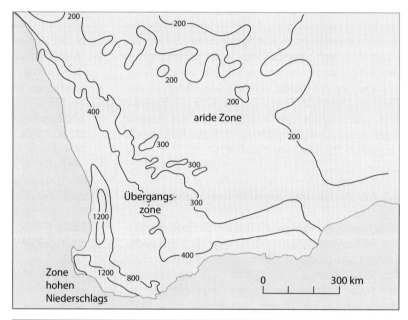

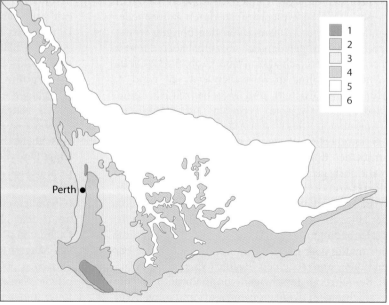

Abb. 5-33 Jährlicher Niederschlag (mm, oben) und Vegetationszonen in Südwestaustralien (nach Hopper 1979, verändert). 1 = hochwüchsiger Hartlaubwald, vorwiegend aus *Eucalyptus diversicolor* (Karri), 2 = Hartlaubwald vorwiegend aus *E. marginata* (Jarrah) und *Corymbia calophylla* (Marri), 3 = offene *Eucalyptus*-Wälder (zahlreiche Arten, u. a. *E. wandoo*), 4 = Mosaik aus Proteaceen-Hartlaubgebüsch (Kwongan) und Mallee, 5 = Mallee, 6 = Gras-Halbwüsten und Trockengebüsche. Die Niederschlagszone zwischen 300 und 800 mm ist heute nahezu komplett landwirtschaftlich genutzt.

(vorwiegend *Casuarina*-Arten) und Cupressaceen, die in Australien durch die Gattung *Callitris* vertreten sind. Auch Grasbäume der Gattungen *Xanthorrhoea* (Xanthorrhoeaceae) und *Kingia* (Dasypogonaceae) gehören dazu. Monokotyle Geophyten (Liliaceae, Orchidaceae) sind häufig.

Feuer: Alle Formationen des australischen Südwestens sind feuergeprägt. Im Kwongan und im Mallee treten Wildfeuer in Abständen von fünf bis 20 Jahren auf, in den Wäldern von 50 Jahren und mehr. Unter den *Eucalyptus*-Arten gibt es drei Strategien, um mit Feuer zurechtzukommen (Nicolle 2006): Erstens *resisters* mit durch eine dicke Borke geschütztem Kambium, die sich aus Adventivknospen an Stamm und Ästen regenerieren, wenn ihre Krone abgebrannt ist (z. B. *E. diversicolor, E. marginata, Allocasuarina decussata*; s. Abb. 1d in Kasten 3-4; s. Abb. 5-17d), zweitens kurzlebige obligate *avoiders* mit dünner Rinde, die durch Feuer abgetötet werden und auch nicht in der Lage sind, wieder auszutreiben, sondern von außen wieder zuwandern (*reseeders*; z. B. *E. adstringens*), drittens strauchförmige *endurers* mit eher dünner Rinde, die nach dem Verlust der oberirdischen Phytomasse aus Xylopodien wieder austreiben (*Eucalyptus*- und *Corymbia*-Arten der Mallees).

Obligate *resprouters* mit einer vorübergehenden Diasporenbank sind vorwiegend unter den Geophyten, aber nicht bei Sträuchern verbreitet. Fast zwei Drittel der Kormophyten der südwestaustralischen Hartlaubgebüsche (Kwongan und Mallee) und -wälder sind fakultative *resprouters* oder *evaders*; sie regenerieren sich nach Feuer durch Wiederaustrieb aus Spross oder Wurzeln oder aus den Samen (Bell et al. 1993, Keeley 1995). Obligate *evaders* stellen etwa ein Drittel der Arten; hierzu gehören Fabaceen und manche Myrtaceen (z. B. einige *Leptospermum*- und *Eucalyptus*-Arten, s. oben) mit harten Samenschalen sowie die (wenigen) Therophyten. Sie bilden eine persistente Samenbank im Boden, die durch Hitze und Rauch aktiviert wird. Der größte Teil der Proteaceen wie *Hakea*- und *Banksia*-Arten und nahezu alle Myrtaceen (*Eucalyptus, Leptospermum*) des australischen Südwestens haben eine Kronen-Samenbank (*serotiny*); die Fruchtstände öffnen sich erst bei Temperaturen > 150 °C und entlassen die Samen (Abb. 1c in Kasten 3-4). Ihre maximale Keimfähigkeit erreichen sie nach einem bis drei Jahren, aber selbst nach neun Jahren in den Zapfen sind einige Samen noch keimfähig (Cowling & Lamont 1985). Die Samen finden auf den abgebrannten Flächen besonders günstige Keimungsbedingungen. Schließlich gibt es einige Arten, deren Blütenbildung erst durch Feuer angeregt wird; ein Beispiel sind Grasbäume wie *Kingia australis* (s. Abb. 1e in Kasten 3-4).

Landnutzung: Wie die anderen Winterregengebiete hat auch Südwestaustralien in den zwei Jahrhunder-

Tab. 5-9 Anzahl von Arten und Gattungen (in Klammern) skleromorpher Taxa in vier Teilgebieten Australiens (aus Beard 1981)[1]. Der Vergleich zeigt, dass die skleromorphen Taxa, ursprünglich entstanden als Reaktion auf die extreme Nährstoffarmut des Bodens, während der Austrocknung des australischen Kontinents im Pleistozän aus den ariden Gebieten weitgehend verschwanden, während sie in den semiariden und subhumiden Winterregengebieten überleben konnten.

Taxa	Südwestaustralien (semiarid bis subhumid)	Westaustralien (arid)	Südaustralien (arid)	Zentralaustralien (arid)
Ericaceae, UF Styphelioideae	161 (14)	19 (5)	1 (1)	1 (1)
Mimosaceae: *Acacia*	159 (1)	118 (1)	51 (1)	56 (1)
Myrtaceae: *Eucalyptus* (inkl. *Corymbia*)	73 (1)	57 (1)	29 (1)	23 (1)
Myrtaceae: sonstige Gattungen	337 (28)	165 (20)	17 (6)	13 (6)
Fabaceae	297 (25)	84 (20)	6 (5)	10 (8)
Proteaceae	412 (15)	61 (6)	17 (2)	17 (2)
Rutaceae	74 (12)	22 (7)	2 (1)	1 (1)
Summen	**1.513 (96)**	**506 (60)**	**123 (17)**	**121 (20)**

[1] Die Artenzahlen sind nicht mehr auf dem neuesten Stand; sie dürften heute insgesamt höher liegen. Hier kommt es aber auf den relativen Unterschied zwischen den einzelnen Gebieten an.

ten seit Einwanderung der Europäer einen tiefgreifenden Landschaftswandel erlebt (Abb. 5-35). Ein Teil des Gebiets, das zwischen der Mallee-Region im Osten und der Southern-Forest-Region im Westen liegt und jährliche Niederschläge zwischen 300 und 800 mm erhält, wurde als „Wheatbelt" zur Kornkammer Australiens (Beard 1990). Die Erschließung dieser rund 155.000 km² umfassenden Region begann in der ersten Hälfte des 19. Jahrhunderts und beschleunigte sich zu Beginn des 20. Jahrhunderts und noch-

Abb. 5-34 Beispiele für Hartlaubwälder und -gebüsche in Südwestaustralien und einige typische Sippen. a = Karri-Wald aus *Eucalyptus diversicolor* (Karri), Valley of the Giants bei Walpole; b = Unterwuchs in einem Karri-Wald mit *Xanthorrhoea preissii*, Xanthorrhoeaceae und *Hovea elliptica* (blau blühend, Fabaceae, bei Walpole); c = Jarrah-Wald aus *Eucalyptus marginata* mit dem bizarren Strauch *Dryandra nobilis*, Proteaceae, und den weißen Stämmen von *E. wandoo* im Hintergrund (Reservat Dryandra Woodland); d = Kwongan aus verschiedenen Proteaceen (u. a. *Hakea conchifolia*, rechts) und lockerem Überstand aus *Corymbia calophylla*, Myrtaceae (Nationalpark Stirling Range). Besonders auffallende Blüten haben u. a. die Proteaceen *Isopogon cuneatus* (e) und *Grevillea armigera* (f); in Jarrah-Wäldern wächst die Fabacee *Gastrolobium parvifolium* (g), deren Blätter das für Säugetiere giftige Natrium-Monofluorazetat („Teneighty") enthalten.

Abb. 5-35 Im „Wheatbelt" von Südwestaustralien bei Katanning (Rapsfelder).

mals nach dem 2. Weltkrieg (Hobbs 1998). Heute wird die Region zu 93 % landwirtschaftlich genutzt, wobei auf etwa vier Fünftel der Nutzfläche Weizen, Gerste und Raps angebaut werden; ein Fünftel dient der Produktion von Lammfleisch und Schafwolle (Wheatbelt Development Commission 2011). Lediglich auf 7 % sind Reste der ursprünglichen Vegetation aus Jarrah, Mallee und Kwongan erhalten, von denen einige in kleineren Schutzgebieten einem Veränderungsverbot unterliegen.

Mit der Besiedlung durch europäische Einwanderer und der nahezu vollständigen Umwandlung der

Region in landwirtschaftliche Nutzflächen im Verlauf der vergangenen 80 Jahre hat sich eine Reihe von Umweltproblemen eingestellt. Dazu gehört z. B. das Auftreten des in Südostasien heimischen Oomyceten *Phytophthora cinnamomi*, der die einheimische Gehölzvegetation schädigt (Kasten 5-6). Neben der Boden- und Winderosion auf den großen Ackerschlägen schränkt vor allem die zunehmende Versalzung der Böden die Nutzbarkeit der Äcker ein und bedroht inzwischen auch die Vegetation der Schutzgebiete (*dry salinity*; Clarke et al. 2002): Während unter transpirationsaktiven Wäldern ein großer Teil des Niederschlagswassers von der Vegetation verbraucht wird, kommt es unter Ackernutzung zu einer Zunahme der Grundwasserneubildung. In Gebieten mit Salzeinwehung aus benachbarten Ozeanen oder mit salzhaltigen marinen Sedimenten im Untergrund werden mit dem verstärkten Grundwasserstrom Salze gelöst und reichern sich in Geländemulden an. Während trockenerer Perioden gelangen sie mit dem aufsteigenden Wasser an die Bodenoberfläche. Mittlerweile dürften rund 10 % der Region von Versalzung bedroht sein, mit weiter zunehmender Tendenz (Bari & Smettem 2006). Eine Maßnahme, den Anstieg des Grundwassers aufzuhalten, besteht in der Kombination von streifen- oder blockförmigen Aufforstungen tiefwurzelnder, transpirationsintensiver *Eucalyptus*-Arten (Farrington & Salama 1996). Außerdem versucht man, die isolierten Reste der

---

Kasten 5-6

Phytophthora cinnamomi

Der Oomycet *Phytophthora cinnamomi* gehört taxonomisch in die Ordnung Peronosporales, die als „Falscher Mehltau" vorwiegend höhere Landpflanzen befallen (Bresinsky et al. 2008). Der vermutlich aus Papua-Neuguinea stammende pathogene Pilz kann jahrelang saprophytisch im Boden leben und bildet unter günstigen Bedingungen (nach Niederschlägen, wenn die Bodenporen wassergefüllt sind) mit zwei Geißeln versehene bewegliche Zoosporen, die in der Bodenlösung an die Wurzeln eines potenziellen Wirtes gelangen. Dort bilden sie Cysten, die in die Interzellularen keimen und zu einem Mycel im Pflanzenkörper heranwachsen.

In den 20er Jahren des 20. Jahrhunderts wurde *Phytophthora cinnamomi* unabsichtlich mit infizierter Baumschulware nach Perth eingeschleppt (Hardham 2005). Von dort breitete sich der Pilz zunächst in die *Eucalyptus marginata*-Wälder aus und verursachte dort ein als „Jarrah dieback" bekannt gewordenes Waldsterben. Inzwischen ist *Phytophthora* in den Wäldern und Gebüschen Südwestaustraliens

ebenso angekommen wie im Süden (Victoria) und auf Tasmanien. Er befällt bevorzugt immergrüne Gehölze und richtet nicht nur in Forstplantagen (z. B. *Pinus*-Aufforstungen), sondern auch in natürlichen Ökosystemen beträchtliche Schäden an. So sind 85 % aller in Australien vorkommenden Proteaceen anfällig für die Pilzinfektion, ebenso wie viele *Eucalyptus*-Arten. Im Stirling-Range-Nationalpark, einem der großen Kwongan- und Mallee-Schutzgebiete Südwestaustraliens, dürften nach vorsichtiger Schätzung etwa 2.000 Arten infektionsgefährdet sein. Der Pilz lässt sich zwar durch spezielle Fungizide bekämpfen; da deren Anwendung in Schutzgebieten allerdings wegen der unkontrollierbaren Auswirkungen auf andere Mikroorganismen problematisch ist, bleiben nur die Isolation der befallenen Flächen (Betretungsverbot) sowie die Desinfektion von Fahrzeugen und Wanderstiefeln vor und nach dem Besuch gefährdeter Gebiete als vorbeugende Maßnahmen übrig (Hardham 2005).

ursprünglichen Vegetation mittels eines Korridors aus renaturierten Wäldern und Heiden zu verknüpfen (Projekt Gondwana Link; Fischer et al. 2008).

5.4 Azonale Vegetation

5.4.1 Feuchtgebiete

5.4.1.1 Begriffe

Feuchtgebiete sind Ökosysteme, die regelmäßig entweder von Fremdwasser überflutet oder von Grundwasser überstaut werden, und zwar mit einer Frequenz und Dauer, die zur Dominanz einer an wassergesättigte Bodenbedingungen angepassten Pflanzendecke führt (vgl. Joosten & Clarke 2002; s. Kasten 6-12 in Abschn. 6.4.2). Die Untergliederung der Feuchtgebiete und die Terminologie der Subtypen sind international uneinheitlich und umstritten (dto.). Der Einfachheit halber unterscheiden wir Süß- und Salzwasser-Feuchtgebiete; zu den Süßwasser-Feuchtgebieten gehören Moore (engl. *mires*) mit biogener Sedimentation (Torf, Kalk), Sümpfe (engl. *swamps*; ohne biogene Sedimentation) und Flussauen (engl. *floodplains*; mit Sedimentation von Fremdmaterial); die Vegetation kann aus Wäldern (Auwälder bei Überflutung, Moor- bzw. Sumpfwälder bei Überstau) oder aus Cyperaceen- bzw. Poaceen-Beständen mit je nach Trophie (verfügbare Nährstoffmenge) unterschiedlicher Bestandshöhe bestehen. Salzwasser-Feuchtgebiete (Sedimentation von Fremdmaterial unter Salzeinfluss) erreichen ihre größte Flächenausdehnung an Flachküsten, in Ästuaren und Mündungsdeltas; sie sind in den Tropen häufig bewaldet (Mangroven), in den übrigen Klimazonen baumfrei (Salzmarschen).

Flussauen sind in den Subtropen nicht nur ein schmales Band periodisch überfluteter Wälder und Sümpfe; vor ihrer Kultivierung begleiteten sie die großen Ströme (wie den Mississippi und den Paraná) beidseitig entlang des gefällearmen Unterlaufs und im Mündungsgebiet mit einem bis zu 100 km breiten Streifen. Nordhemisphärisch dominieren sommergrüne Gattungen wie *Salix*, *Populus*, *Platanus* und *Quercus*, aber auch hoch spezialisierte Nadelbäume wie *Taxodium* und *Chamaecyparis*; südhemisphärisch sind vorwiegend immergrüne Gehölze aus dem tropisch-subtropischen Verwandtschaftskreis charakteristisch.

Verlandungs- und Versumpfungsniedermoore sind vor allem in den Küstenebenen und küstennahen gefällearmen Niederungen, aber auch in niederschlags- und nebelreichen Gebirgslagen weit verbreitet. So liegen die größten Moore in den immerfeuchten Subtropen von Nord- und Südamerika, wie die Everglades in Florida und die Esteros del Iberá in Nordargentinien. Sie nahmen vor ihrer Kultivierung im 20. Jahrhundert Tausende von Quadratkilometern ein und waren weitgehend unzugänglich. Die im natürlichen Zustand verbliebenen Reste, dominiert von Röhrichten aus hochwüchsigen Gräsern und Cyperaceen wie den Gattungen *Cyperus*, *Scirpus*, *Cladium*, *Panicum* und *Phragmites* sowie Sumpfwäldern aus Hypoxie-toleranten Bäumen, unterliegen meist strengen Schutzauflagen und sind heute beliebte und bekannte Ziele für an Naturbeobachtung interessierte Touristen. In Gebirgslagen und bei extremer Nährstoffarmut kommen Moore mit ombrotrophem (vom Regenwasser gespeisten) Charakter mit einer Moosdecke aus Vertretern der Gattung *Sphagnum* als Torfbildner vor (s. auch Kasten 6-12 in Abschn. 6.4.2).

In den winterfeuchten Subtropen treten dagegen Süßwasser- gegenüber Salzwasser-Feuchtgebieten zurück. Salzverbrackung ist wegen des trockenen Sommers vor allem in Flussdeltas und entlang der Küsten eine häufige Erscheinung. So findet man **Salzmarschen** mit dominanten Chenopodiaceen wie den Gattungen *Salicornia*, *Arthrocnemum* und salzverträglichen Gräsern wie *Spartina* in den Mündungsgebieten der Flüsse (wie z. B. in der „Camargue" genannten Landschaft im Rhone-Delta).

5.4.1.2 Süßwasser-Feuchtgebiete

5.4.1.2.1 Flussauen

Zu den größten Feuchtgebieten der Erde gehört das **Mississippi-Becken**, das südlich von St. Louis (Missouri) beginnt und bis zum Mündungsdelta im Golf von Mexiko reicht (Fraser & Keddy 2005, Mitsch & Gosselink 2007). Es umfasst eine Fläche von rund 108.000 km² und besteht aus gefällearmen Überflutungsebenen, die von den Mäandern des Mississippi und seiner Nebenflüsse geprägt sind und zahlreiche Altwasserarme und Umlaufseen enthalten. Das Gebiet war vor Beginn der europäischen Besiedlung fast gänzlich von Auen- und Moorwäldern bedeckt (*bottomland hardwood forests*). Diese wurden beschleunigt zwischen 1900 und 1970 n. Chr. abgeholzt und in landwirtschaftliche Nutzflächen überführt. Die verbliebenen Waldreste, etwa 20 % ihres ursprünglichen

Tab. 5-10 Schema der Zonierung einer Flussaue im nordamerikanischen Südosten (nach Richardson 2000, Mitsch & Gosselink 2007, verändert). Alle aufgeführten Baumarten sind sommergrün.

Merkmale	Flussbett	natürlicher Uferdamm	erste Fluss- terrasse	Altwasser- arme, Niederungen	zweite Flussterrasse	Übergang zu Gebieten außer- halb der Aue
				Zonen		
Ausmaß der Überflutung	beständig überflutet	fast ständig überflutet, außer in extremen Trockenzeiten	periodisch überflutet	häufig und lange überflutet	bis zu 1 Monat in der Vegetations- zeit	nur bei Spitzenhoch- wasser überflutet
Wahrscheinlichkeit der jährlichen Überflutung (%)	100	11–50	51–100	100	10–50	1–20
Dauer der Über- flutung (% der Vegetationszeit)	100	2–25	> 25	100	2–12,5	< 2
Sauerstoffgehalt im Wasser	aerob	meist aerob	überwiegend anaerob	Wechsel zwischen aerob und anaerob	meist aerob	aerob
Vegetation (dominante Baumarten)	keine (sub- merse Makro- phyten, offenes Wasser)	*Platanus occidentalis, Liquidambar styraciflua, Ulmus americana*	*Quercus lyrata, Carya aquatica, Fraxinus pennsylvanica, Celtis laevigata, Ulmus americana*	*Taxodium distichum* var. *distichum, Nyssa aquatica*	*Quercus phellos, Q. nigra, Q. falcata, Liquidambar styraciflua*	nicht überflutungs- tolerante Baumarten -

Vorkommens von rund 97.000 km², sind stark frag- mentiert. Größere zusammenhängende Flächen gibt es noch im Tensas River Basin im Nordosten von Louisiana sowie in den Niederungen des Yazoo (Mis- sissippi) und des White River (Arkansas).

Die Auwälder des Mississippi-Beckens und des gesamten Südostens der USA folgen dem auch andernorts üblichen Schema, das von der Gelände- morphologie, der Frequenz und Dauer der Überflu- tungen, der Qualität der Sedimente (Textur, Anteil organischer Substanz) sowie der Reaktion der Baum- arten insbesondere hinsichtlich ihrer physiologi- schen Überflutungstoleranz abhängt (Tab. 5-10; Brinson 1990, Christensen 2000, Shaffer et al. 2005):

Der regelmäßig für längere Zeit überflutete Ufer- damm wird von *Platanus occidentalis, Liquidambar styraciflua* und *Ulmus americana* besiedelt. Mit ab- nehmender Überflutungsdauer und -frequenz kom- men Laubbäume wie *Quercus lyrata* und *Carya aqua- tica* (Juglandaceae) zur Dominanz. Die Böden sind regelmäßig für mehrere Monate wassergesättigt und

trocknen erst im Spätsommer aus. Den höchsten Flä- chenanteil in den südostamerikanischen Flussauen weisen Standorte auf, die nur im Winter und im Frühjahr überschwemmt werden, während der Vege- tationszeit aber meist trockenfallen. Hier dominieren eine Reihe von *Quercus*-Arten – *Q. laurifolia, Q. phel- los, Q. nigra* und *Q. falcata* – zusammen mit Sträu- chern der Gattungen *Ilex, Crataegus* und *Viburnum*. Die Vegetation erinnert strukturell an die Hartholz- auen der nemoralen Zone in Europa.

Die am tiefsten gelegenen Gebiete werden von sommergrünen **Sumpfzypressenwäldern** aus *Taxo- dium distichum* var. *distichum* (Cupressaceae) und dem Laubbaum *Nyssa aquatica* (Cornaceae) einge- nommen (Abb. 5-36a, b). Beide Arten sind in der Lage, Hypoxie im Wurzelraum über mehrere Monate hinweg zu umgehen (durch Ausbildung eines Äthy- len-induzierten lysigenen Aerenchyms und thermisch ausgelöster Konvektionsströme: Thermo-Osmose; Grosse et al. 1998) bzw. zu tolerieren (Energiegewinn durch anaerobe Gärung über Glykolyse; Li et al.

2010). Ob die meist etwa 1 m hohen Kniewurzeln von *Taxodium* zum Gasaustausch beitragen, also ähnlich wie im Fall der Mangroveart *Bruguiera gymnorhiza* (s. Abb. 2-26) Pneumatophoren sind, ist umstritten (Mitsch & Gosselink 2007, Mitsch et al. 2009); sie erhöhen jedenfalls die Standfestigkeit der Bäume, indem sie das lateral ausgedehnte Wurzelwerk verstärken. Sumpfzypressenwälder sind deshalb ziemlich unempfindlich gegenüber den tropischen Wirbelstürmen der Karibik, wie sich im Fall des Hurrikans Katrina im Jahr 2005 erneut gezeigt hat (Middleton 2009). *Taxodium* wird bis zu 40 m hoch und kann ein Alter von mehr als 2000 Jahren erreichen. Die Keimung der nautochoren Samen und die Entwicklung der Jungpflanzen sind auf die kurzen Zeitfenster beschränkt, in denen die Wälder nicht überflutet sind. Das Holz ist weich, aber resistent gegen Termiten und Pilzbefall und war deshalb in der Ver-

Abb. 5-36 Beispiele für subtropische Süßwasser-Feuchtgebiete: a, b = *Taxodium distichum*-Sumpf im Winter (Mississippi-Delta, USA; Foto A. Fidelis) und im Sommer (Everglades; Foto ©Rudy Umans, www.123RF.com); die Kniewurzeln sind in a deutlich zu sehen; c = Auwald aus *Platanus orientalis* (Kreta); d = *Cladium mariscus* ssp. *jamaicense*-Grundwassermoor, Everglades, Florida (Foto F. Klötzli); e = *Sphagnum*-Moor auf dem „Planalto" in Südbrasilien (Rio Grande do Sul) mit *Araucaria angustifolia* im Hintergrund.

gangenheit als Bauholz für den Außenbereich, für die Herstellung von Holzschindeln sowie für die Innenausstattung sehr begehrt (Schütt et al. 2004).

Es fällt auf, dass die Bäume der südostamerikanischen Auwälder im Herbst ihr Laub verlieren, während die Wälder außerhalb der Feuchtgebiete überwiegend immergrün sind (s. Abschn. 5.2.2.4). Im Gegensatz zu den tropischen Varzea-Wäldern des Amazonasbeckens, in denen ebenfalls laubabwerfende Bäume häufig auftreten (s. Abschn. 2.2.3.2), sind sie aber nicht zum Höchststand der Überflutung kahl (was unter Hypoxie-Stress sinnvoll wäre), sondern unabhängig vom Überflutungszeitraum in der kühlen Jahreszeit. In anderen Gebieten der immerfeuchten Subtropen enthalten die Auwälder neben laubabwerfenden auch immergrüne laurophylle Arten, z. B. in Südbrasilien (Budke et al. 2008).

Dieser vor allem nordhemisphärisch verbreitete saisonale Charakter der Auwälder wird besonders deutlich in den subtropischen Winterregengebieten: So kommen in Kalifornien verbreitet *Salix*-, *Populus*- und *Platanus*-Arten vor (wie *Populus fremontii* und *Platanus racemosa*), vergesellschaftet mit weiteren Laubbäumen (z. B. *Acer negundo*). *Populus* und vor allem die thermophile Gattung *Platanus* gelten als Relikte der pliozänen Tertiärflora (Holstein 1984). Wegen ihrer Pioniereigenschaften (wie Anemochorie, vegetative Ausbreitung über Wurzelausläufer, Schnellwüchsigkeit) konnten sie die von Sedimenttransport und Überflutung geprägten Flussauen bevorzugt besiedeln. Ganz ähnlich ist die Situation im mediterranen Raum, dessen Auwälder auf der Iberischen Halbinsel und im Süden Frankreichs aus *Salix*-Arten, *Populus alba*, *P. nigra* und *Fraxinus angustifolia*, im Osten (Griechenland, Türkei) aus *Platanus orientalis*, oft vergesellschaftet mit dem immergrünen Oleander (*Nerium oleander*) und der laubabwerfenden Mönchspfeffer *Vitex agnus-castus*, einer Lamiacee, bestehen (Abb. 5-36c).

5.4.1.2.2 Sümpfe und Moore

Im Südosten von Nordamerika sind Feuchtgebiete mit Torfbildung in den Küstenebenen der Bundesstaaten North und South Carolina, Georgia und Florida erhalten geblieben. Unter ihnen sind die **Everglades** mit heute noch 3.500 km² Fläche (im südlichen Florida) und die **Okefenokee Swamps** mit 1.770 km² (an der Grenze zwischen Georgia und Florida) am bekanntesten (Richardson 2000, 2008; Abb. 5-36d). In beiden Fällen handelt es sich überwiegend um Versumpfungsniedermoore (zur Terminologie s. Succow & Joosten 2001; Kasten 6-12), die vor etwa 5.000 bis 6.000 Jahren entstanden, als der ansteigende

Meeresspiegel das Grundwasser in den tief gelegenen flachen Becken anhob. Die Vegetation der Everglades bestand ursprünglich zu 60 % aus einem *Cladium mariscus* ssp. *jamaicense*-(Schneidried-)Röhricht, das den europäischen Einwanderern als unendliche Weite erschien („*never glades*") und von den einheimischen Indianerstämmen Gras-See („Pa-hay-okee") genannt wurde (Richardson & Huvane 2008). *Cladium* ist eine torfbildende Cyperacee karbonatreicher Nassböden, die Dominanzbestände bildet und dem eklatanten P-Mangel (P-Festlegung als Calcium-Phosphat = Apatit) durch eine höchst effiziente P-Nutzungseffizienz begegnet. Diese Röhrichte, stabilisiert durch regelmäßige leichte Wildfeuer, unterbrochen von Bauminseln und zahlreichen Schlenken, Stand- und Fließgewässern (mit einer reichen Fauna), wurden seit den 30er Jahren des 20. Jahrhunderts sukzessive entwässert und kultiviert. Mit steigendem P-Eintrag wurden Schneidried- durch Rohrkolben-Röhrichte aus *Typha latifolia* und *T. domingensis* ersetzt. Heute steht der Südteil als Everglades-Nationalpark unter strengem Schutz; der Mittelteil ist als Wasserschutzgebiet ausgewiesen und der Norden ist überwiegend landwirtschaftlich genutzt.

Außer diesen von Grasartigen dominierten Mooren kommen in den Okefenokee Swamps, den Everglades und in weiteren kleineren Feuchtgebieten des nordamerikanischen Südostens gehölzbestandene Moore vor, die teilweise sogar ombrotrophen Charakter annehmen können (Hofstetter 1983, Christensen 2000). So entstanden aus Verlandungsniedermooren in abgeschnittenen Flussarmen ab etwa 6.000 Jahren BP schwach aufgewölbte, vorwiegend von Regenwasser gespeiste Moore, die an Hochmoore erinnern und wegen dieser Wölbung von den Indianern „Pocosin" (= „Moor auf einem Hügel") genannt wurden. Die Pocosins sind von einem undurchdringlichen Gestrüpp aus überwiegend immergrünen, mykorrhizierten Sträuchern bewachsen, zu denen *Ilex glabra*, *Cyrilla racemiflora* (Cyrillaceae, mit den Ericaceae verwandt), *Lyonia lucida* (Ericaceae) und der auch in borealen Mooren Nordamerikas und Eurasiens verbreitete Kleinstrauch *Chamaedaphne calyculata* (Ericaceae) gehören. Im Zentrum dieser Moore leben torfbildende *Sphagnum*-Arten (wie *S. magellanicum* und *S. cuspidatum*). Das Gebüsch wird von einzeln stehenden *Pinus serotina*-Bäumen überragt.

Zwei weitere bewaldete Moortypen möchten wir noch erwähnen, nämlich erstens die „White Cedar Swamp Forests" aus *Chamaecyparis thyoides* (*white cedar*) in feuchten Senken der Küstenebene auf sauren Histosolen, und zweitens die „Cypress Domes" genannten Kleinmoore, die regelmäßig in den Cyperaceen-Mooren auf lokalen Torfakkumulationen sowie in der Küstenebene in isolierten Senken mit stagnierendem Wasser vorkommen. Sie sind von *Taxodium distichum* var. *imbricatum* (früher *T. ascendens*) bewachsen. Die Bezeichnung „Dome" geht auf die kuppelförmige Gestalt der Wäldchen zurück, die dadurch zustande kommt, dass die Bäume im Innern größer werden als am Rand.

In den immerfeuchten Subtropen von Südamerika, Afrika und Ostasien sind Moore flächenhaft von geringerer Bedeutung als in Nordamerika, weil große, gefällearme Ebenen fehlen oder, wie in China, nahezu alle Feuchtgebiete kultiviert wurden. In der Küstenebene von Südbrasilien gibt es Moorwälder auf mehrere Meter mächtigen Histosolen, deren Baumschicht, verglichen mit den oben beschriebenen nordamerikanischen Beständen, überraschend artenreich ist. In St. Catarina und im Norden von Rio Grande do Sul enthalten sie noch bis zu 50 Baumarten pro ha, unter denen Palmen (wie *Syagrus romanzoffiana*), Myrtaceen (wie *Myrcia multiflora*) und andere tropische Familien dominieren und die Verwandtschaft zu den tropisch-subtropischen Wäldern des „Mata Atlântica" (s. Abschn. 5.2.2.5) erkennen lassen (Dorneles & Waechter 2004). Diese Moorwälder mussten häufig Zuckerrohrplantagen zur Produktion von Bioethanol weichen und sind bis auf wenige Restbestände verschwunden. Nach Süden zu werden sie artenärmer, bilden eher Dominanzbestände aus (mit *Erythrina crista-galli* und *Ficus cestrifolia*) und machen schließlich Beständen aus graminoiden Helophyten (= Pflanzen, die im Wurzelraum an Wasserüberschuss adaptiert sind) Platz, unter denen *Scirpus giganteus* und *Cyperus giganteus* (ökologisch vergleichbar mit *Cyperus papyrus* in Afrika) besonders weit verbreitet sind. Solche Cyperaceen-Sümpfe bestimmen, zusammen mit Palmenhainen (in denen neben der o. g. *Syagrus*-Art auch *Butia yatay* große Flächen einnimmt), schwimmenden Wiesen aus *Rhynchospora asperula* (Cyperaceae) und Gehölzinseln das Bild der Esteros del Iberá im nördlichen Entre Rios (Zweistromland) zwischen den Flüssen Paraná und Uruguay (Neiff 2001). Im Araukariengebiet Südbrasiliens gibt es schließlich kleine Moorgebiete in den Senken des Basaltplateaus mit 2–3 m mächtigen Torfschichten und einer Vegetation aus *Sphagnum*-Arten sowie verschiedenen tropischen und andinen Florenelementen (wie der Ericacee *Gaylussacia*; Pfadenhauer & Castro Boechat 1981; Abb. 5-36e); als vegetationsgeschichtliches Archiv lieferten sie den pollenanalytischer Beweis für den Reliktcharakter des südbrasilianischen Graslandes (Behling et al. 2004; s. Abschn. 5.2.3.3.3).

5.4.1.3 Subtropische und nemorale Salzwasser-Feuchtgebiete

Außerhalb der Tropen wird der Übergang zwischen Land und Meer an Sand- und Schlickküsten in der Regel nicht mehr von Mangroven, sondern von Salzmarschen eingenommen. Unter einer Salzmarsch versteht man eine natürliche oder halbnatürliche (d. h. partiell durch Landgewinnungsmaßnahmen entstandene) Vegetation, die aus niedrigen halophytischen (d. h. salzverträglichen) Gefäßpflanzen (Grasland, Annuellenfluren, Klein- und Zwergstrauch-Vegetation) besteht und auf regelmäßig von Salzwasser überfluteten alluvialen Fluss-, See- und Meeressedimenten am Rand von salzhaltigen Gewässern wächst (Beeftink 1977, ergänzt; s. auch Adam 1990). Marschen sind von den Subtropen bis zur borealen Klimazone weit verbreitet. Wir finden sie im Binnenland in der Umgebung von Salzquellen sowie in Trockengebieten am Rande von Salzseen. Flächenhaft von Bedeutung sind sie aber an Meeresküsten, die vor Wellenschlag durch vorgelagerte Inseln geschützt sind (ähnlich den Mangroven im Schutz von Korallenriffen), an Flussmündungen (Ästurare und Deltas) und entlang von flachen Küstengewässern (Lagunen). An den Meeresküsten mit Tidehub, also einem Wechsel zwischen Flut (submerse Phase) und Ebbe (emerse Phase) in sechsstündigem Rhythmus, unterscheidet man die niedrige (zwischen mittlerem Niedrig- und mittlerem Hochwasser; Eulitoral) von der hohen Marsch (zwischen mittlerem Hochwasser und Springtide; Supralitoral). Die niedrige Marsch ist wegen der extremen Lebensbedingungen jedenfalls im meernahen Bereich vegetationsfrei.

Die regelmäßige, durch den Tidehub hervorgerufene Überflutung, verbunden mit reduzierenden Bedingungen im Substrat, und der hohe Salzgehalt bedingen die Artenarmut der Vegetation. Weit verbreitet sind die beiden C_4-Gras-Gattungen *Spartina* (Amerika, Europa, Nordafrika; heute auch in Ostasien) und *Distichlis* (Amerika, Australien) sowie als nur mäßig salztolerante (salzindifferente) Sippen *Phragmites australis* und *Typha* (Kosmopoliten), unter den Juncaceen die Gattung *Juncus* (Kosmopolit), unter den Chenopodiaceen *Arthrocnemum* (vorwiegend mediterran), *Atriplex* (weltweit außerhalb der borealen und polaren Zone), *Salicornia*, *Sarcocornia* und *Suaeda* (kosmopolitisch; Verbreitungsangaben aus Mabberley 2008). Hinzu treten lokal eine Reihe weiterer Sippen aus verschiedenen Familien, u. a. der Plumbaginaceae (mit der kosmopolitischen Gattung *Limonium*; Abb. 5-37e).

Die Vegetation folgt einem Gradienten aus Salinität und Bodentextur. Der Salzgehalt im Boden kann im Überflutungsbereich landeinwärts zunehmen, wenn die Niederschläge nicht ausreichen, das Salz im Boden auszuspülen, und die Böden tonreich sind. Er nimmt ab, wenn die Böden im nieder-schlagsreichen Sommer regelmäßig durchspült werden, vorausgesetzt, das Substrat ist ausreichend porös. Daraus leiten sich die wesentlichen Unterschiede zwischen den Salzmarschen der immerfeuchten warm- und kühlgemäßigte Zone einerseits (eher Grasartige und annuelle Chenopodiaceen) und der winterfeuchten Subtropen andererseits ab (eher perennierende, häufig sukkulente Chenopodiaceen-Kleinsträucher). So werden z. B. im **mediterranen**

Abb. 5-37 Beispiele für die Vegetation von subtropischen Salzwasser-Feuchtgebieten. a = *Arthrocnemum macrostachyum*, Chenopodiaceae, im Rhone-Delta; b = *Salicornia dolichostachya-* (Vordergrund) und *Spartina anglica*-Bestände (Mittelgrund rechts) in der niederen Marsch der Nordseeküste (bei Spiekeroog); c = Meerbälle aus *Posidonia oceanica* bei Choggia, Italien; d = Strandnelkenrasen auf Norderney mit blühendem *Limonium vulgare* (Foto K. Kiehl); e = *Limonium vulgare*, ein typischer Bestandteil von Salzwiesen an der Nordseeküste.

Raum regelmäßig überflutete, im Sommer aber trockenfallende Bereiche innerhalb der Salzmarschen von sukkulenten *Arthrocnemum*- und *Sarcocornia*-Arten besiedelt (wie *A. macrostachyum* und *S. fruticosa* auf Tonböden im Rhone-Delta; Britton & Podlejski 1981, Klötzli et al. 2010; Abb. 5-37a), die als Holzpflanzen ähnlich wie *Sarcocaulon* und *Anabasis* in Halophyten-Halbwüsten der tropisch-subtropischen Trockengebiete (s. Abschn. 4.2.8 bzw. 4.3.4.3) mit Salzgehalten bis zu 0,6 % gut zurechtkommen. Hierbei handelt es sich um Xerohalophyten, deren relative Wachstumsrate durch eine erhöhte Salzkonzentration im Substrat gefördert wird (wie im Fall von *A. macrostachyum* mit optimalem Wachstum zwischen 200 und 500 mmol = 0,6–1,4 % NaCl; Redondo-Gómez et al. 2010).

In den Marschen der immerfeuchten Subtropen und der kühl-gemäßigten (nemoralen) Zone dominieren dagegen die weniger salztoleranten Gräser, Grasartigen und Binsen. An der Atlantikküste **Nordamerikas** gedeiht *Spartina alterniflora* von der borealen Zone bis in die Subtropen am meerwärtigen Rand der niedrigen Marsch; dahinter, in der hohen Marsch, folgen Wiesen aus *S. patens* und *Distichlis spicata*. Am landeinwärtigen Rand der Salzwiesen bilden *Juncus gerardii* (New England), weiter südlich *J. roemerianus* ausgedehnte eintönige Bestände (Mendelssohn & McKee 2000, Mitsch et al. 2009). Chenopodiaceen wie *Salicornia* spp. findet man kleinflächig an Stellen mit lokaler Salzanreicherung (Montague & Wiegert 1990).

In der niederen Marsch **Europas**, vor allem im **Watt** der **Nordseeküste**, gehört der Queller (*Salicornia*) zum charakteristischen Erscheinungsbild (Abb. 5-37b). Von den zwölf Arten in West-, Mittel- und Nordeuropa dringen die tetraploiden Spezies (wie *S. dolichostachya*) am weitesten meerwärts vor, während die diploiden Sippen (wie *S. europaea*) eher meerfern oder entlang der Ostseeküste vorkommen (Kadereit et al. 2007). Sonst wird die niedere Marsch von *Spartina*-Arten besiedelt, in Europa von *S. anglica* (Schlickgras). Das Schlickgras entwickelte sich aus der Hybridisierung der ursprünglich auf den Britischen Inseln heimischen Sippe *S. maritima* mit dem im frühen 19. Jahrhundert nach England eingeschleppten C$_4$-Gras *S. alterniflora* (Thompson 1991). Durch Verdoppelung des Chromosomensatzes entstand aus der diploiden, sterilen Hybridform (= *S.* × *townsendii*) das tetraploide, kräftige, hochwüchsige (50–150 cm), phänotypisch plastische C$_4$-Rhizomgras *S. anglica*, das konkurrenzstärker ist als die Ausgangssippen und diese heute weitgehend verdrängt hat. Die Pflanze wurde in der ersten Hälfte des 19. Jahrhunderts an der deutschen und niederländischen Küste zur Neulandgewinnung angepflanzt und breitet sich zulasten von *Salicornia* in der unteren Marsch weiter aus, in den letzten Jahrzehnten beschleunigt durch die Klimaerwärmung (Nehring & Hesse 2008).

Auch in **Kalifornien** treten auf Böden mit den höchsten Salzkonzentrationen *Arthrocnemum*-Arten auf, nämlich *A. subterminale* und *A. macrostachyum* (Knapp 1965). Im **australischen Südwesten** zeigt sich die sommerliche Salzanreicherung am Vorkommen von Gebüschen aus *Halosarcia*- und *Sclerostegia*-Arten (subendemisch bzw. endemisch), während an der humiden Ostküste *Sarcocornia quinqueflora* in der niedrigen Marsch und Grasartige in der oberen Marsch mit geringeren Salzgehalten vorkommen (Adam 1994).

Eine Besonderheit sind die **Seegraswiesen** im mediterranen Raum und an der Süd- und Südwestküste von Australien (Larkum et al. 2006). Als Seegras bezeichnet man die Vertreter vor allem zweier Familien der Monokotylen, nämlich der Zosteraceae (mit drei Gattungen, darunter *Zostera*) und der Posidoniaceae (eine Gattung, *Posidonia*, mit neun Arten). Während die Gattung *Zostera* auch einige Vertreter in den Meeren der kühl-gemäßigten Zone stellt (z. B. an der europäischen Nord- und Ostseeküste mit *Zostera marina* und *Z. noltii*), ist *Posidonia* eine Pflanze der Subtropen (*P. oceanica* im Mittelmeer und weitere acht Arten an der Südküste von Australien). Die Pflanzen bilden ausgedehnte Bestände im Sublitoral der Küstengewässer bis etwa 40 m Tiefe. Am Boden verankern sie sich mithilfe ihres kriechenden Rhizoms. Ihre Blätter sind linear oder fadenförmig, die Blüten reduziert (keine Blütenblätter), die Bestäubung erfolgt unter Wasser. Seegraswiesen sind bedeutende Nahrungsquellen für Wasservögel und Fische. An der Mittelmeerküste findet man manchmal runde Gebilde („Meerbälle"), die aus abgerissenen Rhizomen und Blättern von *Posidonia oceanica* bestehen und durch die Wellenbewegung bei Frühjahrs- und Herbststürmen entstehen (Abb. 5-37c).

In der feuchten nemoralen Zone entwickeln sich oberhalb des mittleren Tidehochwassers **Salzwiesen** (Abb. 5-37d). Besonders großflächig sind sie entlang der Nordseeküste von Belgien bis Dänemark ausgebildet, kommen aber auch an der Ostsee vor (Ellenberg & Leuschner 2010, Klötzli et al. 2010). Sie bestehen (u. a.) aus salztoleranten Gräsern wie *Puccinellia maritima* (Andel) und *Festuca rubra* ssp. *litoralis*, Binsen (z. B. *Triglochin maritima*, Juncaginaceae) sowie fakultativen Halophyten aus den Familien

Chenopodiaceae (*Atriplex portulacoides, Suaeda maritima*), Plumbaginaceae (*Armeria maritima*, der Strandnelke, und *Limonium vulgare*), Primulaceae (*Lysimachia maritima,* früher *Glaux maritima*) und Asteraceae (*Tripolium pannonicum* ssp. *tripolium,* früher *Aster tripolium;* zu den physiologischen Mechanismen der Salzverträglichkeit s. Kasten 2-3 in Abschn. 2.2.2.1). Die meist unter 50 cm hohen Rasen, die größtenteils durch Landgewinnungsmaßnahmen im Deichvorland entstanden sind, werden seit jeher mit Rindern und Schafen beweidet (Ellenberg & Leuschner 2010); die Beweidung fördert die Wurzeldichte der Vegetation und verhindert dadurch die Erosion von Bodenmaterial. Die golfrasenartigen Bestände eignen sich allerdings kaum als Schlickfänger (Dierßen et al. 1991). Wird die Beweidung aufgegeben, wie heute im Rahmen des Managements der Wattenmeer-Nationalparks, entstehen Röhrichte (z. B. aus *Phragmites australis*), Staudenfluren (aus *Halimione*) und hochwüchsiges Grasland aus *Elymus pycnanthus* (Strandquecke); diese Vegetation ist wahrscheinlich eher in der Lage, als Sedimentfalle zu wirken (Ellenberg & Leuschner 2010). Den Übergang zur Salzvegetation der nemoralen Trockengebiete bilden Salzwiesen im pannonischen (wie im Gebiet des Neusiedler Sees) und pontischen Raum; sie bestehen aus mehreren *Puccinellia-,* *Suaeda-* und *Festuca-*Arten und enthalten salztolerante Steppenpflanzen wie *Artemisia santonicum.*

5.4.2 Subtropische und nemorale Küstendünen

In Abschn. 2.2.2.2 sind wir bereits auf die Entstehung von Dünengebieten an den Meeresküsten eingegan-

gen. Auch in den Subtropen und in der nemoralen Zone sind Dünengebiete an Sandküsten weit verbreitet. Ihre Vegetation unterscheidet sich aber in einem wesentlichen Punkt von derjenigen der Tropen: Es fehlen die tropischen Sträucher und Bäume wie *Clusia, Coccoloba, Barringtonia* u. a. auf den Sekundärdünen. Sie werden von ausläuferbildenden Gräsern und Kleinsträuchern ersetzt, die mit Sandakkumulation gut zurechtkommen, indem sie bei Überschüttung rasch Adventivwurzeln bilden. Physiognomisch ist deshalb die Vegetation der subtropischen Küstendünen derjenigen der nemoralen Klimazone sehr ähnlich, sodass wir sie hier gemeinsam besprechen. Wie im Fall der amphibischen Lebensräume (Mangroven in den Tropen, Salzmarschen außerhalb davon) verhindert auch an den Sandküsten das thermisch weniger günstige Klima der temperaten Breiten den Baumwuchs.

Im Prinzip folgt die Zonierung der Dünen und ihrer Vegetation immer demselben Muster (Abb. 5-38): Auf einen Spülsaum aus organischem Material und anderem Treibgut, der nur bei nicht zu intensivem Wellengang vorhanden ist, folgt im hinteren Strandabschnitt eine von einzelnen Pflanzen aufgebaute **Primärdünen**-Zone. Diese Dünen entstehen durch fahnenartige Akkumulation von Sand im Windschatten der Pflanzen. Die Pflanzen vermögen den Sand in der Regel nicht dauerhaft zu fixieren, sodass die nur wenige Dezimeter hohen Vordünen bei Sturmfluten immer wieder zerstört werden. Die folgende **Sekundärdüne** (Weißdüne) bildet den ersten großen, meist strandparallelen Dünenwall, der von Pflanzen aufgebaut wird. Diese wirken nicht nur als Sandfänger, sondern sind auch in der Lage, Sandakkumulationen zu durchwachsen und so zu fixieren. Der Sand ist wegen seines Gehalts aus zerriebe-

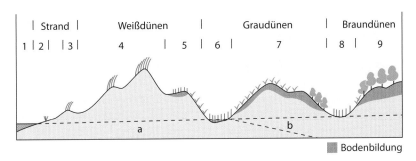

Abb. 5-38 Schematische Abfolge subtropischer (*Ammophila*-Typ) und nemoraler Küstendünen (nach Walter 1968 und Ellenberg 1963, verändert). 1 = Meer; 2 = Spülsaum; 3 = Vordünen (Primärdünen) aus sandfangenden Pionieren; 4 = Weißdünen (Sekundärdünen), Akkumulationszone; 5 = Weißdünen, Stabilisationszone; 6 = Brackwasserröhrichte; 7 = Graudünen mit initialer Bodenbildung; 8 = Süßwasser-Röhrichte und Seggenriede; 9 = Braundünen (häufig mit Cambisolen, waldfähig). Hinter der Weißdüne wird das brackige Grundwasser (a) von einem süßen, aus dem Niederschlag gespeistem Grundwasserkissen (b) überlagert.

nen marinen Muschel- und Schneckenschalen karbonatreich. Er wird so lange akkumuliert, bis die Düne instabil wird; bei Stürmen entstehen dann Windanrisse, aus denen der Sand in Form von Parabeldünen landeinwärts verfrachtet wird. Im Anschluss daran baut sich die Sekundärdüne erneut auf. Das auf die Sekundärdünen folgende **ältere Dünengebiet** (in Europa **Grau-** und **Braundünen** genannt) ist in humiden Klimaten durch mehr oder weniger fixierten Sand (abgesehen von den wandernden Parabeldünen) gekennzeichnet. Die Karbonate sind ausgewaschen, die Böden sind umso tiefgründiger entwickelt, je weiter man sich von der Küste entfernt.

Im Folgenden geben wir einen vergleichenden Überblick über die Vegetationsabfolge der subtropischen und nemoralen Küstendünen (Abb. 5-39) und beziehen uns weitgehend auf die zahlreichen Beiträge zu einzelnen Dünengebieten in Van der Maarel (1993a, b, 1997a) und Martínez & Psuty (2004) sowie auf Kohler (1970, Chile), Eskuche (1973, Uruguay und Argentinien), Pfadenhauer (1979, Südbrasilien), Lubke et al. (1997, Südafrika), Clarke (1994, Australien) und Haacks (2003, Neuseeland).

Spülsaum: Auf dem vom Meer angespülten und im vorderen Drittel des Sandstrandes linienförmig angehäuften Treibgut aus organischem Material (Pflanzen- und Tierkadavern) und zerriebenen Schnecken- und Muschelschalen siedelt eine Vegetation, die aus nitrophytischen, salztoleranten (sukkulenten), ephemeren Pflanzen besteht. Kennzeichnend sind auf der Nordhemisphäre die überwiegend annuellen Arten der Gattung *Cakile* (z. B. *C. maritima* in Europa, *C. edentula* in Nordamerika; Abb. 5-39a) sowie *Salsola kali* agg. (C_4-Chenopodiacee), in Japan und Neuseeland auch *Calystegia soldanella* (Convolvulaceae), die Meerwinde, ein ursprünglich altweltliches, heute weltweit verbreitetes Taxon, das sonst (z. B. im mediterranen Raum) eher in den Dünen vorkommt und lange, kriechende Ausläufer bildet (Abb. 5-39b). Beide *Cakile*-Arten sind weltweit verschleppt.

Primärdünen (Vordünen; hinterer Strandabschnitt): Die Vegetation besteht entweder aus perennierenden salztoleranten Gräsern oder aus niedrigen, häufig blattsukkulenten Geophyten mit Ausläufern (oder aus beidem). Die Pflanzen sind Sandfänger, besitzen aber nicht die Fähigkeit, Sandakkumulationen dauerhaft zu durchwachsen und auf diese Weise hohe Dünen aufzubauen. Im Mittelmeerraum ist hier *Elymus farctus* (Poaceae) weit verbreitet, ebenso an der Nordsee in den Dünengebieten der West-, Ost- und Nordfriesischen Inseln (hier vergesellschaftet

mit der Salzmiere *Honckenya peploides*, Caryophyllaceae, mit dichten Wurzelwerk), in Kalifornien *Leymus mollis* sowie der aus Europa eingeführte Strandhafer *Ammophila arenaria*. Die Primärdünen im Winterregengebiet von Chile werden von *Nolana paradoxa* besiedelt, einer Solanacee, deren große, trichterförmige Blüten an diejenigen von *Calystegia soldanella* erinnern (*Nolana* vielleicht von lat. *nola* = „kleine Glocke"; Genaust 1996). In Südbrasilien und Uruguay kommen *Spartina ciliata*, *Blutaparon portulacoides* (eine blattsukkulente, kriechende Amaranthacee) und *Paspalum vaginatum* vor. *Paspalum* wird auf Golfplätzen in den Tropen und Subtropen als Ersatz für das Bermudagras *Cynodon dactylon* verwendet, weil es im Gegensatz zu diesem mit Meerwasser gegossen werden kann (Duncan & Carrow 1999). In Südafrika ist die Asteracee *Arctotheca populifolia* heimisch (in Australien eingebürgert; Abb. 5-39c). Im australischen Südwesten (winterfeuchte Subtropen) schließlich wächst *Spinifex hirsutus* auf den Primärdünen, im Südosten (immerfeuchte Subtropen) *S. sericeus*. Die *Spinifex*-Arten (nicht zu verwechseln mit den umgangssprachlich Spinifex genannten Igelgräsern der Gattung *Triodia* der inneraustralischen Trockengebiete; s. Abschn. 4.3.4.4) sind sandfixierende, diözische Gräser mit bis zu 5 m langen Ausläufern und stachelspitzigen Blättern.

Sekundärdünen (erster Dünenwall): Sekundärdünen sind das Ergebnis kräftig wachsender, nährstoffbedürftiger Pflanzen, die nicht nur in der Lage sind, Sand vorübergehend zu akkumulieren, sondern ihn auch dauerhaft zu fixieren. Dies erreichen sie dadurch, dass sie den angewehten Sand mit Rhizomen, Sprossen und Wurzeln oder einer kräftigen Verzweigung mittels aktivierbarer Adventivknospen durchwachsen. Im Wesentlichen kann man zwei physiognomische Pflanzenfunktionstypen unterscheiden, nämlich (a) steife, hochwüchsige C_3-Gräser oder Cyperaceen ähnlicher Physiognomie mit weit verzweigten Rhizomen („*Ammophila*-Typ") oder (b) Sträucher mit Wurzelausläufern bzw. Sprossbewurzelung („*Ambrosia*-Typ"; Abb. 5-40):

a. *Ammophila*-Typ: *Ammophila arenaria* (Strandhafer) und der Bastard mit *Calamagostis epigejos*, *Ammocalamagrostis baltica*, sind in den Weißdünen Europas heimisch (Abb. 5-39d) und wurden von dort aus wegen ihrer hervorragenden Eigenschaften für die Fixierung von Küstendünen in viele Gebiete der Welt eingeführt und erfolgreich angepflanzt. So findet man *Ammophila*-bewachsene Sekundärdünen heute von Australien über Kalifornien bis nach China (z. B. in Abb. 5-39f).

Dieser Export ist dort sinnvoll, wo es in Küstendünen keine einheimischen Gräser ähnlichen Verhaltens gibt und durch Beweidung oder Tourismus Vegetationsschäden entstehen. Diese lassen sich mit dem wachstumsstarken Strandhafer rasch heilen. An der warm-gemäßigten Atlantikküste Südamerikas gibt es allerdings mit dem C$_4$-Gras *Panicum racemosum* einen Dünenfixierer, der sich wie *Ammophila* verhält (Abb. 5-39e,

5-40b), ebenso im Südosten von Nordamerika mit *Uniola paniculata* und *Panicum amarum* sowie in Japan mit *Carex kobomugi*. Alle genannten Arten zeichnen sich durch rasigen Wuchs aus und bilden ein dichtes Rhizomgeflecht, das die Sekundärdünen bis zum süßen Grundwasserspiegel durchzieht (Abb. 5-40b). Die mehr oder minder dicht gepackten Sprosse sind skleromorph und tragen eine dicke Kutikula (Schutz gegen Sandschliff und

Abb. 5-39 Beispiele für die Vegetation subtropischer und nemoraler Küstendünen: a = *Cakile maritima* im Spülsaum (Nordsee, Spiekeroog); b = *Calystegia soldanella* bei Chioggia, Italien; c = Primärdünen mit *Arctotheca populifolia* (Asteraceae) bei Walpole, Australien; d = Sekundärdünen mit *Ammophila arenaria* (Nordsee, Amrum); e = Sekundärdünen an der Atlantikküste südlich von Porto Alegre mit *Panicum racemosum* mit (links) und ohne ständige Sandzufuhr als Kümmerform (rechts); f = Sekundärdünen bei Walpole, Südwestaustralien mit *Scaevola crassifolia*, im Hintergrund *Ammophila arenaria*, eingebürgert; g = *Scaevola crassifolia*; h = Dünenwäldchen aus *Juniperus phoenicea* bei Chioggia, Italien.

Salzspray; Malloch 1997). In Australien übernimmt neben den blattsukkulenten Sträuchern der Gattung *Scaevola* (s. unten) auch *Spinifex* wie in den Primärdünen die Rolle des Sandfixierers. Alle Arten wachsen am besten bei ständiger Sandakkumulation, weil nur dann die Nährstoffversorgung gesichert ist; hört die Sandnachlieferung auf, beginnen die Pflanzen zu kümmern.

b. *Ambrosia*-Typ: In Kalifornien und Mittelchile ist *Ambrosia chamissonis* (Asteraceae) der Hauptdünenbildner: Der Kleinstrauch durchwächst den akkumulierten Sand und bildet an den verschütteten Sprossen Adventivwurzeln (Abb. 5-40a). *Ambrosia* ist in Nordamerika heimisch, wurde nach Chile eingeschleppt und ist heute dort naturalisiert. In Südafrika dominieren im Bereich der Primär- und Sekundärdünen blattsukkulente Sträucher der tropischen Gattung *Scaevola* (z. B. *S. plumieri*; Goodeniaceae; 5-39f, g) und *Tetragonia decumbens* (Aizoaceae). Beide bilden ausgedehnte Klone über Wurzelausläufer. Wie *Arctotheca*

stammt *Tetragonia* aus Südafrika und ist in Australien naturalisiert. Auch in Australien sind *Scaevola*-Arten für die Winterregengebiete (*S. crassifolia*) und die immerfeuchten Subtropen (*S. calendulacea*) charakteristisch. Nach Genaust (1996) wurde der lateinische Name *Scaevola* von Linné unter Anlehnung an den Beinamen des römischen Patriziers C. Mucius Scaevola gewählt, der sich als Zeichen seiner Furchtlosigkeit die rechte Hand abbrannte (lat. *scaevus* = links, schief), und zwar in Anspielung auf die zygomorphe Blütenkrone, die aussieht, als fehle eine Hälfte (Abb. 5-39g).

In den **älteren Dünengebieten mit festgelegtem Sand, aber ohne Bodenentwicklung (Graudünen)** gedeihen niedrige Gebüsche oder Zwergstrauchheiden; die beteiligten Arten sind nur mäßig tolerant gegenüber Sandakkumulation. Viele Arten sind immergrün und besitzen erikoide oder schmale sklerophylle Blätter, vermutlich als Reaktion auf die

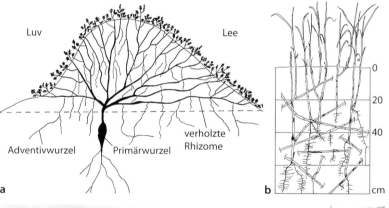

Abb. 5-40 Sandakkumulierende und -fixierende Pflanzen: a = *Ambrosia chamissonis*, chilenische Küstendünen (aus Kohler 1970); b = *Panicum racemosum*, südbrasilianische Küstendünen (aus Pfadenhauer 1979); c = Sekundärdüne bei Maulin, Chile, mit *Ambrosia* und *Ammophila arenaria*. Reproduziert mit Genehmigung von www.schweizerbart.de.

Nährstoffarmut in dieser Zone. Salze und Karbonate sind in den humiden Subtropen ausgewaschen. Die Artenzusammensetzung ist je nach Floreninventar sehr unterschiedlich: Die Gehölzbestände werden im mediterranen Raum von *Crucianella maritima* (Rubiaceae), im Südosten von Nordamerika von *Ilex vomitoria* und *Morella cerifera* (Myricaceae), in Kalifornien von *Ericameria ericoides* (Asteraceae) und *Lupinus arboreus*, in Mittelchile von *Margyricarpus pinnatus* und *Baccharis concava*, in Südbrasilien und Uruguay von *Baccharis leucopappa* und *B. gnaphaloides*, in Südafrika von *Passerina rigida* (Thymelaeaceae), in Australien von Proteaceen-Gebüschen (im Südwesten) und *Eucalyptus*-Beständen (im Südosten) und in Japan von *Vitex trifolia* ssp. *litoralis* (Verbenaceae; kriechende Liane) bestimmt. In kühleren Gebieten wie im Nord- und Ostseeraum dominieren Grasartige wie *Carex arenaria* mi langen Ausläufern und der Therophyt *Corynephorus canescens* (Silbergras).

Die **älteren Dünengebiete mit ausgeprägter Bodenentwicklung (Braundünen)** sind von niedrigen Wäldern entweder als vorübergehendes Waldentwicklungsstadium oder bereits als Endstadium der Vegetationsentwicklung bewachsen. Beispiele sind die 2–3 m hohen Gebüsche aus *Juniperus*-Arten (*J. oxycedrus*, *J. phoenicea*; Abb. 5-39h) im mediterranen Raum, die mit Hartlaubgehölzen wie *Phillyrea angustifolia* vergesellschaftet sind. Im Südosten Nordamerikas gibt es *Quercus virginiana*-Gebüsche und eine Reihe eher azonaler Kiefernwälder. In Kalifornien ist das Endstadium der Vegetationsentwicklung entweder ein *Artemisia*-reicher Küsten-Chaparral (Coastal Scrub) oder ein Wald aus *Pinus radiata* und anderen Kiefernarten. In Chile wächst auf den alten Dünen ein Hartlaubwald aus windverformten Bäumen der Flacourtiacee *Azara celastrina*. Aus Südbrasilien werden epiphytenreiche Dünenwälder laurophyllen Charakters aus *Myrsine*- (Myrsinaceae), *Cupania*- (Sapindaceae), *Nectandra*-Arten (Lauraceae) beschrieben. In den Winterregengebieten Südafrikas dominiert der Küsten-Fynbos. In Japan kommen im Bereich der subtropischen Lorbeerwälder Gebüsche aus *Quercus phillyraeoides* vor. In der nemoralen Zone Europas sind in eher ozeanischen Lagen (Niederlande) *Quercus robur* und *Q. petraea* als Endstadium der Vegetationsentwicklung zu erwarten (wenn die hohe Dynamik aus Sandumlagerung eine ungestörte Sukzession überhaupt zulässt), während unter kontinentalen Bedingungen (Polen, Baltikum) *Pinus sylvestris* zur Dominanz gelangt, in beiden Fällen mit *Empetrum nigrum* als arktisch-borealem Zwergstrauch im Unterwuchs.

5.5 Subtropische Hochgebirge

Wie wir in Abschn. 1.3.4.3 erläutert haben, ähnelt die vertikale Abfolge von Klima und Vegetation der außertropischen Hochgebirge der horizontalen, breitengradparallelen Zonierung (s. Abb. 1-32). Die Ursache hierfür liegt im Wechsel vom tropischen Tages- zum außertropischen Jahreszeitenklima jenseits des 20. Breitengrads. Dieser Wechsel vollzieht sich graduell und nicht abrupt; er macht sich zu allererst in den oberen Lagen der Gebirge bemerkbar. Während nämlich die Wintermonate in der planaren, kollinen und submontanen Stufe der Subtropen mild sind und vielen frostempfindlichen Arten einschließlich einer Reihe tropischer Kulturpflanzen das Gedeihen ermöglichen, können wegen der kalten Winter in der montanen und subalpinen Stufe subtropischer Gebirge (montan bis alpin) nur noch solche Bäumen wachsen, die mit einer dormanten Phase längere Frostperioden zu überstehen vermögen. Dabei handelt es sich um Laub- und Nadelbäume, die den Schwerpunkt ihrer Verbreitung in der kühl- (nemoralen) bzw. kalt-gemäßigten (borealen) Klimazone haben. Nemoral-nordhemisphärisch sind die sommergrünen Arten u. a. der Gattungen *Quercus*, *Fagus* und *Acer*, nemoral-südhemisphärisch die immer- und sommergrünen Vertreter der Gattung *Nothofagus*. Nemorale Nadelbäume gehören u. a. zu den phylogenetisch alten (artenarmen) Gattungen *Cedrus* (vier Arten), *Chamaecyparis* (fünf), *Pseudotsuga* (vier), *Sequoia* (eine), *Sequoiadendron* (eine), *Tsuga* (neun) und *Taxus* (neun; Mabberley 2008); einige von ihnen bilden die Nadelwälder des kühl-gemäßigten pazifischen Nordwestens der USA (Nordkalifornien, Oregon, Washington; s. Abschn. 6.2.3). Überwiegend borealen Charakter tragen *Abies*, *Larix*, *Picea* und *Pinus*. Die Arten dieser Gattungen dominieren in den borealen Nadelwäldern (s. Kap. 7), kommen aber auch häufig in den außertropischen Hochgebirgen der Nordhalbkugel vor. Eher boreal verbreitet sind einige sommergrüne Laubbäume mit Pioniercharakter wie die Vertreter der Gattungen *Alnus*, *Betula*, *Populus* und *Sorbus* (in Europa z. B. *S. aucuparia*, die Vogelbeere). In Eurasien kommen außerdem breitblättrige immergrüne Kleinbäume und Sträucher der Ericaceen-Gattung *Rhododendron* (montan bis subalpin) vor.

Wir sehen also in den subtropischen Hochgebirgen (Auflistung in Kasten 5-7) eine zonale Parallele (Tab. 5-11): Die oreonemorale (Gebirgs-)Stufe entspricht der nemoralen (kühl-gemäßigten) Zone, die oreoboreale (Gebirgs-)Stufe der borealen (kalt-gemäßigten) Zone. „Subalpin" als Ökoton zwischen Wald- und Baumgrenze ist mit „subpolar" vergleichbar. Die Vegetation der alpinen Stufe weist physiognomisch und teilweise auch floristisch eine gewisse Ähnlichkeit mit derjenigen der polaren Tundren auf („oreopolar"), jedenfalls in den nicht von sommer-

licher Trockenheit betroffenen Hochlagen der nordhemisphärischen Gebirge. Eine idealisierte Höhenstufung in den Hochgebirgen der Subtropen würde demnach folgendermaßen aussehen (Abb. 5-41):

a. Planar bis submontan: **subtropische Stufe** mit immergrünen laurophyllen oder sklerophyllen Wäldern;

b. tief- und mittelmontan: **oreonemorale Stufe** mit sommer- (nordhemisphärisch) bzw. sommer- und immergrünen (südhemisphärisch) Laubbäumen und/oder nemoralen Nadelbäumen;

c. hochmontan und subalpin: **oreoboreale Stufe** mit borealen immergrünen Nadelbäumen („Gebirgstaiga") und/oder borealen Pionierbäumen (sommergrün), subalpin häufig Krummholz aus niederliegenden, Polykormone bildenden Bäumen (wie *Nothofagus*-Arten) und Sträuchern (wie z. B. *Alnus alnobetula*, *Rhododendron*-Arten und *Pinus mugo* bzw. *P. pumila*; zum Begriff Krummholz s. Abschn. 6.5.3);

d. alpine Stufe: Gras- oder Zwergstrauchtundren mit Arten, von denen manche auch in den polaren Tundren gedeihen.

Hochgebirge, die dieser Zonierung weitgehend folgen, sind u. a. die Pyrenäen (mit *Pinus uncinata* in der borealen Stufe), die östlichen Ausläufer des Hi-

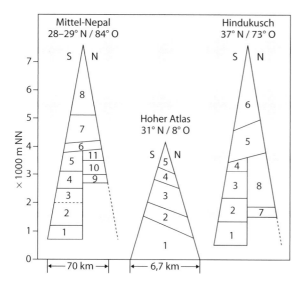

Abb. 5-41 Höhenstufen einiger subtropischer Gebirge (s. auch Abb. 5-7, 5-19). Mittlerer Himalaya, Nepal (randtropisch, nach einer Vorlage aus Schroeder 1998, verändert und ergänzt nach Miehe 2004a): 1 = saisonierter Regenwald (warm-tropische Stufe), 2 = oreotropischer Lorbeerwald (subtropische Stufe), 3 = oreotropischer Nebelwald (unterer Nebelwald; subtropische Stufe), 4 = *Tsuga dumosa-Quercus semecarpifolia*-Wald (mittlerer Nebelwald; nemorale Stufe), 5 = *Abies spectabilis-Abies densa*-Wald (oberer Nebelwald; boreale Stufe), 6 = Krummholz aus *Rhododendron*-Arten, 7 = Vegetation der alpinen Stufe aus *Rhododendron*-Zwergstrauchheiden bzw. *Kobresia nepalensis*-Hochgebirgssteppen; leeseitig: 9 = Trockengebüsche, 10 = Nadelwald aus *Pinus wallichiana* und *Cupressus torulosa*, 11 = *Pinus wallichiana*-Wald.
Hoher Atlas, Marokko (südmediterran, nach Walter 1968 und Klötzli & Burga 2004): 1 = potenziell *Stipa tenacissima*-Gras-Halbwüsten und hartlaubige Trockengebüsche aus *Argania spinosa* (inframediterran), 2 = *Tetraclinis articulata*-Bestände mit *Juniperus phoenicea* (thermomediterran); 3 = *Quercus ilex*-Wald, im Osten des Gebirges mit *Cedrus atlantica* (mesomediterran); 4 = *Juniperus thurifera*-Gebüsch; 5 = Dornpolster-Vegetation.
Hindukusch, Afghanistan (nach Breckle & Frey 1974). 1 = subtropisches Trockengebüsch; 2 = Hartlaubwälder aus *Quercus baloot*, in den obersten Lagen *Q. semecarpifolia*; 3 = Nadelwälder aus *Pinus gerardiana*, in oberen Lagen *Cedrus deodara*; 4 = Krummholz aus *Juniperus*- und *Betula*-Arten; 5 = alpine Stufe, 6 = nivale Stufe; 7 = sommergrüne Offenwälder (*Pistacia vera* und *Amygdalus bucharica*); 8 = *Juniperus*-Offenwälder mit sommergrünen Gehölzen.

Tab. 5-11 Vergleich der gebräuchlichen Höhenstufen-Modelle in subtropischen Hochgebirgen

allgemeine klimatisch-geomorphologische Höhenstufen[1]	thermische Höhenstufen im mediterranen Raum[2]	Höhenstufen in subtropischen Hochgebirgen als zonale Parallele[3]
planar	thermomediterran	subtropisch
kollin	mesomediterran	
submontan		
tiefmontan	supramediterran	oreonemoral
mittelmontan	montan-mediterran	
hochmontan	oreomediterran	oreoboreal
subalpin		
alpin	altimediterran	alpin
nival	kryomediterran	nival

[1] Aus Abschn. 1.3.4.3; [2] aus Tab. 5-7; [3] in Anlehnung an Schroeder (1998), verändert.

malaya-Systems in Westchina (Wang 1961), die japanischen Hochgebirge (Yoshino 1978; s. Abb. 5-7), soweit sie in den Subtropen liegen, einschließlich des Fuji-san (Miyawaki et al. 1994), und die Westseite der Sierra Nevada in Kalifornien (Barbour & Minnich 2000, Billings 2000, Fites-Kaufman et al. 2007). In den japanischen Alpen (Hida-Gebirge) besteht die Vegetationsabfolge aus Lorbeerwald bis etwa 600 m NN, gefolgt von einem sommergrünen Wald aus *Fagus crenata* (bis 1.600 m NN) und einer Gebirgstaiga aus *Abies mariesii* und *A. veitchii* (boreale Stufe). Subalpin herrscht ein Krummholz aus *Pinus pumila* vor. Ganz ähnlich ist die Abfolge am Fuji-san; nur sind dort in der subalpinen Stufe auf nährstoffreichen und feuchten Böden *Betula ermanii* und auf trockenen Böden die niederliegende *Larix*-Art *L. kaempferi* verbreitet; Letztere ist zudem ein Pionier auf vulkanischer Asche.

In der dem Pazifik zugeneigten Seite der **Sierra Nevada** wächst (über einer planar-submontanen subtropischen Zone mit *Quercus chrysolepis*) ab etwa 800 m NN ein vierschichtiger nemoraler Nadelwald aus *Pseudotsuga menziesii* (Douglasie), *Abies concolor* und *Pinus ponderosa*. Diese Bäume bilden eine obere, 30–60 m hohe Baumschicht; nur vereinzelte Gruppen aus *Sequoiadendron giganteum*, dem Mammutbaum, können bis zu 90 m hoch werden (Kasten 5-8). Darunter, in einer zweiten Baumschicht (8–15 m), wachsen sommergrüne *Acer-*, *Cornus-*, *Corylus-* und *Quercus*-Arten (wie *Q. kelloggii*). Die dritte Schicht besteht aus einem niedrigen Gebüsch, u. a. aus *Arctostaphylos*, *Ceanothus*, *Cercocarpus*, und die vierte Schicht aus nemoralen Hemikryptophyten und Geophyten (wie *Adenocaulon*, *Galium*, *Iris*, *Viola* u. a.). Diesen „Midmontane Forest" werden wir in ähnlicher Artenzusammensetzung weiter nördlich als

---

Kasten 5-8

Subtropische Hochgebirge

Zu den subtropischen Hochgebirgen gehört das hinsichtlich Meereshöhe und Fläche bedeutendste Hochgebirge der Erde, das zentralasiatische Himalaya-Gebirgssystem. Es erstreckt sich von etwa 40 bis 25° S sowie von 75 bis 105° O und umfasst den Himalaya (im eigentlichen Sinn) zwischen der Indus-Schlucht im Westen, der Brahmaputra-Schlucht im Osten, dem nordindischen Vorgebirge im Süden und dem Tsangpo-Tal im Norden mit dem Mt. Everest (8.846 m NN), den Transhimalaya und das nördlich anschließende Hochland von Tibet sowie dessen Randketten zum Tarimbecken (Kunlun Shan, Altun Shan, Nan Shan, 6.346 m NN, bereits nemoral), ferner das Karakorum-Gebirge in Nordwestindien (Kashmir) und Nordpakistan mit dem Chogori (= K2; 8.611 m NN) und die östlich des Hochlands von Tibet liegenden Gebirgsketten im Quellgebiet des Mekong und des Chang Jiang (Jangtsekiang) in Westchina (Heng Duan Shan, Bayan Har Shan, Gongga Shan 7.590 m NN u. a.). Während der Himalaya ein randtropisches Gebirge ist, das zwischen den Tropen und den Subtropen vermittelt, sind die westchinesischen Gebirge in der Provinz Yunnan und Sichuan rein subtropisch (z. B. Emei Shan; Tang & Ohsawa 1997).

Außerhalb des Himalaya-Systems gehören in Ostasien der T'ai-wan Shan in Taiwan (Yü Shan 3.997 m NN; randtropisch), in Japan das Hida-Gebirge (Hotaka-dake 3.190 m NN) und der Fuji-san (3.776 m NN), im südpazifischen Raum die Australischen Alpen mit dem Mt. Kosciusko (2.230 m NN, im Südosten des Kontinents) und die Gebirge auf der Nordinsel von Neuseeland (Tongariro National Park mit dem Mt. Ruapehu, 2.797 m NN und dem Mt. Taranaki = Mt. Egmont 2.518 m NN) zu den immerfeuchten Subtropen.

Den winterfeuchten Subtropen sind im Mittelmeergebiet die Abruzzen (Gran Sasso 2.914 m NN) und der Ätna (3.340 m NN) in Italien, die korsischen Gebirge (Monte Cinto 2.710) in Frankreich, die Sierra Nevada (Mulhacén, 3.478 m NN) und die Pyrenäen (Pico de Aneto, 3404 m NN) in Spanien, der Olymp (Mitikos, 2918 m NN) in Griechenland, das Taurus-Gebirge (Akdag, 3.086 m NN) in der Türkei und der Hohe Atlas (Jabal Tubgāl, 4.165 m NN) in Marokko zuzurechnen. Östlich an die Mediterraneis schließen sich die Hochgebirge im Iran mit dem Zagros im Südwesten des Landes (Oshtorān Küh, 4.331 m NN) und dem Alborz (Takt-e Soleymān, 4.820 m NN) an. Von Winterregen ist auch die Vegetation von Afghanistan geprägt, wenngleich es sich überwiegend um Wüsten, Halbwüsten und Trockengebüsche handelt; dennoch treten oberhalb des Trockengürtels im Hindukusch (Tirich Mīr 7.699 m NN in Pakistan) Hartlaubwälder mit mediterranen Florenelementen auf. Die amerikanischen Winterregengebiete sind durch die Sierra Nevada in Kalifornien (Mt. Whitney 4.418 m NN) und die Anden in Chile (mittlere Anden; Aconcagua 6.959 m NN) vertreten. Die Drakensberge in Südafrika (Thabana Ntlenyana am Ostrand von Lesotho, 3.482 m NN) nehmen eine Sonderstellung ein; sie sind, soweit sie zu den immerfeuchten Subtropen gehören, in den höheren Lagen, vermutlich bis zur potenziellen Waldgrenze, von einem ausgedehnten *Themeda*-Grasland geprägt. In der winterfeuchten Kapregion fehlen Hochgebirge, ebenso in Südwestaustralien.

zonale Vegetation des amerikanischen Nordwestens (s. Abschn. 6.2.3) wieder antreffen. In der borealen Stufe (oberhalb von etwa 2.300 m NN) dominieren *Pinus contorta*, *Abies magnifica* und *Populus tremuloides*, gefolgt von einem subalpinen Offenwald aus *Pinus albicaulis*, *P. longaeva*, *P. flexilis* und *Tsuga mertensiana* (*mountain hemlock*). *P. albicaulis* (Abb. 5-42a) ist in schneegeschützten Lagen ein mehrstämmiger 10–12 m hoher Baum, der in der subalpinen Stufe auch als Krummholz vorkommt. Er erinnert physiognomisch an *Pinus sibirica* und die nah verwandte Zirbelkiefer *P. cembra*. Wie diese erzeugt er große essbare Samen, die vom Kiefernhäher *Nucifraga columbiana* (dem amerikanischen Verwandten des Tannenhähers) ausgebreitet werden. Der Vogel versteckt mehr Samen im Boden, als er als Wintervorrat benötigt; die nicht verbrauchten oder vergessenen Nüsse wachsen zu Baumgruppen heran (Hut-

---

Kasten 5-9

Sequoiadendron giganteum (Riesenmammutbaum)

Mit bis zu 90 m Höhe, einem Stammdurchmesser oberhalb der Stammbasis von bis zu 11 m und einer Borke, die eine Dicke von 60 cm erreichen kann, ist *Sequoiadendron giganteum* neben *Sequoia sempervirens*, dem Küstenmammutbaum, der 120 m Höhe erreichen kann, eine der eindrucksvollsten Baumgestalten der Erde (Watson & Eckenwalder 1993, Farjon 2010b). Sein natürliches Vorkommen ist auf etwa 67 Einzelbestände („Groves") zwischen 1 und 1.600 ha Größe am Westabfall der Sierra Nevada beschränkt, die zusammen rund 146 km^2 bedecken und zwischen 1.400 und 2.400 m NN liegen (Fites-Kaufman et al. 2007). Bevorzugter Standort sind tief eingeschnittene Täler und nordseitige Hänge mit ausreichend Bodenfeuchte auch während der trockenen Sommermonate. Die „Groves" sind keine Reinbestände von *Sequoiadendron*; die Art ist vielmehr den nemoralen Nadelwäldern aus *Abies concolor* und *Abies magnifica* (in höheren Lagen) beigemischt. Das derzeit mächtigste Riesenmammutbaum-Individuum mit einem Holzvolumen von 1.486 m^3 („General Sherman Tree" im Sequoia & Kings Canyon National Park) hat ein Alter von etwa 1.650 Jahren (Stephenson 2000); vermutlich kann die Art aber mehr als 2.000 Jahre alt werden (Farjon 2010b). Das rotbraune Kernholz, von dessen Farbe der amerikanische Name *redwood* kommt, ist termitenresistent, zäh und leicht zu bearbeiten. Es diente früher als Bau- und Möbelholz. Heute sind die Restbestände des Riesenmammutbaumes (66 % des ursprünglichen Vorkommens) streng geschützt.

Sequoiadendron produziert pro Zapfen rund 200 kleine, geflügelte, anemochore Samen, die am besten auf Mineralboden in Bestandslücken keimen, vorzugsweise nachdem die Streu- und Humusauflage durch Feuer zerstört wurde. Die Jungpflanzen sind schnellwüchsig; unter günstigen Umständen (ausreichend Licht und Bodenfeuchte) kann das Höhenwachstum bis zu 0,7 m pro Jahr betragen (Schütt et al. 2004). *Sequoiadendron* ist also ähnlich wie *Fitzroya cupressoides* in den chilenischen Anden (s. Abschn. 6.2.4.3) eine langlebige Pionierart (York et al. 2011), deren Regeneration von feuerbedingten Bestandslücken mit allerdings großem zeitlichen Abstand (viele 100 Jahre) abhängt. Mit häufigem, leichtem Oberflächenfeuer kommt sie gut zurecht.

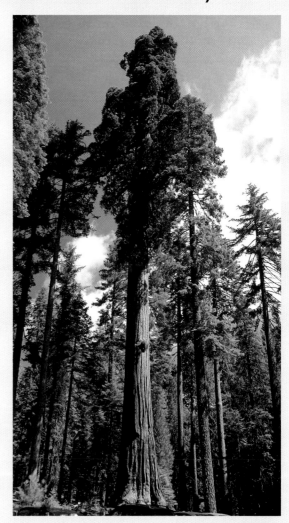

Abb. 1 Mariposa Grove mit *Sequoiadendron giganteum*, Sierra Nevada, Kalifornien (Foto H. Albrecht).

chins & Lanner 1982). *Pinus longaeva* (Abb. 5-42b) gehört weltweit zu jenen Baumarten, die das höchste Alter erreichen; einzelne Individuen können mehrere Tausend Jahre alt werden. Die Baumgrenze liegt bei etwa 3.500 m NN. Darüber gedeiht ein außerordentlich artenreicher alpiner Rasen, dessen Matrix aus Grasartigen (besonders *Carex* mit 29 Arten und verschiedenen Gräsern der Gattungen *Agrostis*, *Bromus* und *Poa*) gebildet wird (Rundel 2011).

Einige der subtropischen Hochgebirge weichen von diesem allgemeinen Schema ab. Hierzu gehören die randtropischen Hochgebirge mit ihrer intermediären Stellung zwischen Tropen und Subtropen, die nordmediterranen und südhemisphärischen Hochgebirge, denen die boreale Stufe fehlt, die süd- und ostmediterranen Hochgebirge, bei denen die sommerliche Trockenzeit bis in die alpine Stufe reicht, und schließlich die iranisch-afghanischen Hochgebirge, die aufgrund ihrer Lage einen eigenständigen Charakter haben.

1. **Randtropische Hochgebirge** sind in den unteren Lagen durch eine warmtropische (mit tropischen Tieflandregenwäldern) und eine oreotropische Stufe (mit laurophyllen Wäldern) gekennzeichnet, tragen anstelle der oreotropischen Heidewälder aber bereits Nadelwälder mit borealem Charakter. Ein Beispiel ist der **T'ai-wan Shan** auf Taiwan: Hier kommen ab etwa 2.900 m NN Nadelwälder aus *Abies kawanakii* vor, denen bis zur Baumgrenze ein Gebüsch aus *Rhododendron*-Arten und *Juniperus squamata* folgt (boreale Stufe; Schroeder 1998). Randtropisch ist auch der **Himalaya** (Schweinfurth 1957, Miehe in Walter et al. 1991, Miehe 2004a); sein vom Monsun geprägter Südostteil (Mittelnepal; 83°30' O; Abb. 5-40) ist auf der Südseite bis in eine Höhe von 900–1.200 m NN von einem tropischen, saisonalen Tieflandregenwald aus Dipterocarpaceen (vor allem aus *Shorea robusta*) bedeckt (s. Abschn. 2.1.8). Darüber folgt als westliche Fortsetzung der südostasiatischen Lorbeerwald-Region ein oreotropischer Lorbeerwald, in dem immergrüne *Quercus*-Arten und zahlreiche weitere Laurophylle (wie *Schima*, *Castanopsis*, *Beilschmiedia*) dominieren und der ab 2.000 m NN nebelwaldartigen Charakter mit reichem Epiphytenbewuchs vorwiegend aus Moosen und Flechten annimmt. Die unteren Lagen des Lorbeerwaldes sind häufig anthropogen oder in konvexen Hanglagen durch eine feuerstabilisierte Klimax aus *Pinus roxburghii* ersetzt. In der mittleren Nebelwaldstufe (nemorale Stufe) wachsen mit *Tsuga dumosa* und *Quercus semecarpifolia* die größten Waldbäume des Himalaya (Abb. 5-42c);

beide Arten werden bis zu 40 m hoch. Zahlreiche großblättrige *Rhododendron*-Arten, mannshohe Farne und einige sommergrüne Gehölze (wie die Gattung *Schefflera*, Araliaceae) sind charakteristisch. Ab etwa 3.000 m NN dominieren Koniferen, insbesondere *Abies spectabilis* und *A. densa*, vermischt mit *Betula utilis* (boreale Stufe, bis 3.800 m NN; Abb. 5-42e). Subalpin folgen dann ein *Rhododendron*-Krummholz (Abb. 5-42f) und, schattseitig, oberhalb von etwa 4.500 m NN eine *Rhododendron*-Zwergstrauchheide (vorwiegend *R. anthopogon*), südseitig ein (teilweise anthropogener) von *Kobresia*-, *Carex*- und *Festuca*-Arten dominierter Rasen (Abb. 5-43a).

2. In den **Gebirgen des nördlichen mediterranen Raumes** (kontinuierliche Zunahme der Humidität mit steigender Meereshöhe und entsprechende Abnahme der Dauer der sommerlichen Trockenperiode) fehlt die boreale Stufe (s. auch unter Punkt 3) und die derzeitige Waldgrenze (s. Abb. 5-19, Korsika-Nordseite) befindet sich viel niedriger, als sie eigentlich sein müsste, verglichen mit anderen nordhemisphärischen Gebirgen gleicher Breitenlage und ähnlicher klimatischer Bedingungen (Sierra Nevada in Kalifornien; Körner 2012). So liegen die Bodentemperaturen im Waldgrenzbereich beispielsweise des Apennin (1.820 m NN, *Fagus sylvatica*), des Olymp (2.320 m NN, *Pinus heldreichii*) oder südgriechischer Gebirge (Peloponnes, 2.100 m NN, *Abies cephalonica*) bei 10,5 bzw. 8,0 bzw. 11,1 °C und damit deutlich höher als der von Körner (2012) angenommene thermische Grenzwert des Baumwachstums von +6,7 °C in 10 cm Bodentiefe (gemessen in Hochgebirgen ebenso wie an der boreal-polaren Waldgrenze während der Vegetationszeit; Körner & Paulsen 2004; s. Abschn. 1.3.4.3).

Die heutige Waldgrenze dürfte somit anthropogen sein; ohne menschlichen Einfluss läge sie wohl um einiges höher. Belege dafür liefern palynologische Daten, beispielsweise aus dem Apennin: Dort ging *Abies alba* seit Beginn der Bronzezeit (vor etwa 5.000 Jahren BP) kontinuierlich zurück, während *Fagus* zunahm und die Feuerfrequenz anstieg (Vescovi et al. 2010). Anstelle einer vermutlich von *Abies*- und *Picea*-Arten gebildeten Gebirgstaiga haben sich heute Gebüsche aus *Juniperus communis*, Zwergstrauchheiden aus *Vaccinium*-Arten und Weiderasen aus *Festuca*-Arten und *Kobresia myosuroides* angesiedelt.

3. Auch in den **südhemisphärisch-subtropischen Hochgebirgen** fehlt die boreale Stufe. Die nemoralen Wälder aus *Nothofagus*-Arten in Chile

(Oberdorfer 1960) und in Neuseeland (Wardle 1991) bzw. aus *Eucalyptus pauciflora* ssp. *niphophila* in den Australischen Alpen (Williams & Costin 1994) reichen deshalb bis zur Waldgrenze (s. Abb. 5-7), wo sie alle eine niedrige, krüppelige Form annehmen und ein (subalpines) Krummholz bilden, das gegen die alpine Stufe scharf abgegrenzt ist. Ähnlich wie im Fall der nordmediterranen Gebirge stimmt auch hier der thermische Grenzwert mit den vor Ort gemessenen Temperaturen nicht überein (Termas de Chillán, Chile, *Nothofagus pumilio*, 8,7 °C; Körner 2012). Die Ursache für die zu tief liegende Waldgrenze haben wir schon in Abschn. 1.3.4.3 angesprochen: Auf der Südhemisphäre fehlen die an boreale Hochlagenklimate adaptierten Baumarten. Es handelt sich hier also im Sinn von Körner & Paulsen (2004) um eine Baumartengrenze (*tree species line*) und nicht um eine Baumgrenze (*tree line*).

Im Einzelnen sieht die Höhenstufung wie folgt aus: Im chilenischen Winterregengebiet folgt auf den Hartlaubwald ab etwa 1.200 m NN eine nemorale Stufe mit *Nothofagus macrocarpa* und einem *N. antarctica*- (beide Arten sommergrün) bzw. *Kageneckia angustifolia*-Krummholz bis zur Waldgrenze bei etwa 2.000 m NN. Darüber wächst ein Gebüsch aus *Chuquiraga oppositifolia* (Asteraceae) und *Berberis empetrifolia*, das oberhalb von 2.600 m NN von einer Vegetation aus Polsterpflanzen abgelöst wird (Cavieres et al. 2000). Auf der Nordinsel von Neuseeland wiederum werden die Wälder aus *N. fusca* (Untergrenze bei etwa 600 m NN) ab etwa 1.000 m NN von *N. solandri* ssp. *cliffortioides* (immergrünes Krummholz) abgelöst; die Waldgrenze liegt tiefer als hinsichtlich der geographischen Breite zu erwarten wäre, nämlich nur bei etwa 1.300 m NN. Darüber sind Zwergstrauchheiden aus Ericaceae, stellenweise mit mehr oder minder dominanten, hochwüchsigen Horstgräsern der Gattungen *Chionophila* (Neuseeland und Australien) bzw. *Festuca* (Chile; überwiegend *F. thermarum*) ausgebildet.

4. Hochgebirge der winterfeuchten Subtropen, in denen auch in höheren Lagen noch eine ausgeprägte sommerliche Trockenzeit auftritt oder gar die Niederschläge oberhalb der Wolkenkondensationszone wieder abnehmen, zeichnen sich dadurch aus, dass ihnen eine nemorale Stufe fehlt und die boreale Stufe, wenn vorhanden, durch xerophytische Gehölze (auf der Nordhalbkugel v. a. mit der Gattung *Juniperus*) geprägt ist. Das ist der Fall im Norden des chilenischen Winterregengebiets, wo über dem Hartlaubgürtel ein sukkulen-

tenreicher Trockenbusch mit vielen Säulenkakteen wächst. Vor allem aber gehören viele **süd- und ostmediterrane Hochgebirge** zu diesem Typus. Beispiele sind die Sierra Nevada in Südspanien (Pauli & Gottfried 2004), das Atlas-Gebirge (Walter 1968; Abb. 5-40), das Taurus-Gebirge und Kreta (s. Abb. 5-19) sowie der Olymp, wo in schattigen Nordlagen auch *Fagus* mit relativ vereinzelten *Pinus halepensis* erscheint. In all diesen Gebirgen gibt es in mittleren Höhenlagen (über thermomediterranen Wäldern, s. Abschn. 5.3.2.2.2) Hartlaubwälder aus *Quercus ilex* (westmediterran) bzw. *Q. coccifera* (ostmediterran), an Südhängen auch *Pinus*-Arten (meist *P. halepensis*, im Osten *P. brutia*; Abb. 5-21b), im Atlas bzw. im Taurus angereichert mit *Cedrus atlantica* bzw. *C. libani* (Abb. 5-42g). Dieses Waldgebiet reicht im Atlas fast bis 3.000 m NN (*Quercus ilex* sogar darüber), sonst aber kaum über 2.000 m NN. Darüber folgen Offenwälder bzw. -gebüsche aus *Cupressus*- oder *Juniperus*-Arten (z. B. *Genista versicolor-Juniperus communis*-Zwergstrauchheiden in der Sierra Nevada, *Juniperus thurifera*-Offenwald im Atlas, *Cupressus sempervirens*-Offenwald im ostmediterranen Raum wie auf Kreta, Abb. 5-21a, aber nicht auf Zypern) und schließlich die alpinen **Dornpolsterfluren** (Abb. 5-43b). Sie bestehen aus halbkugelförmigen, stark bedornten Sträuchern mit kaum mehr als 50 cm Höhe und unterschiedlicher taxonomischer Zugehörigkeit, die in der Literatur als Beispiel einer morphologischen Konvergenz angesehen werden (Walter et al.1991; Kasten 5-9).

5. Eine Sonderstellung nehmen die **iranisch-afghanisch-himalayischen Hochgebirge** am kontinentalen Ostrand der eurasiatischen winterfeuchten Subtropen ein (iranische und afghanische Gebirge, Hindukusch, westlicher Karakorum). Erstens liegen sie größtenteils in tropisch-subtropischen Trockengebieten, sodass die untere (subtropische) Stufe überwiegend aus Trockengebüschen besteht (für Afghanistan s. Breckle 2007). Zweitens sind ihre floristischen Beziehungen größer zur iranoturanischen als zur mediterranen Florenregion (s. Abschn. 1.2.1; Meusel & Schubert 1971). Drittens macht sich im Osten, vor allem in den oberen Gebirgslagen, bereits der Einfluss des Sommermonsuns bemerkbar, sodass die Niederschlagskurve zweigipfelig wird. Die Vegetationsabfolge weicht deshalb von derjenigen der bisher besprochenen subtropischen Hochgebirge ab.

Im **Hindukusch** findet sich folgende Zonierung (Breckle & Frey 1974; Abb. 5-41): Auf der **Südostabdachung** dieses Gebirges reicht ein Trockengebüsch aus *Acacia modesta*, *Calotropis procera* und *Ziziphus nummularia* (s. Abschn. 4.3.3.2) bis etwa 1.300 m NN. Darüber gedeiht ein Hartlaubwald, dessen Artenzusammensetzung mediterrane Verwandtschaft erkennen lässt. Denn er besteht aus

der mit *Quercus ilex* nahe verwandten Eichenart *Q. baloot* und anderen Vikarianten mediterraner Sippen (wie *Olea ferruginea*, *Pistacia khinjuk*; Freitag 1982). Er ist in den vom Monsun geschützten Tälern bis nach Nordpakistan verbreitet (Schick-

Abb. 5-42 Beispiele für oreonemorale und -boreale Wälder subtropischer Gebirge. a = *Pinus albicaulis* (weiße Stämme) mit *P. contorta* (oreonemoral; Yosemite National Park, USA, Foto H. Albrecht); b = *Pinus longaeva* (oreonemoral, Arizona; Foto F. Klötzli); c = oreonemoraler *Tsuga dumosa*-Wald (Himalaya; Foto G. Miehe); d = *Abies densa*-Wald (oreoboreal; Nordbhutan; Foto G. Miehe); e = subalpines *Betula utilis*-Gebüsch (oreoboreal, Kashmir, 3.650 m NN; Foto F. Klötzli); f = subalpines *Rhododendron*-Gebüsch (oreoboreal, Nordbhutan; Foto G. Miehe); g = oreonemoraler *Cedrus atlantica*-Bestand (1.500–2.000 m NN, Hoher Atlas, Marokko; Foto W. Zielonkowski).

Kasten 5-10

Dornpolster-Vegetation

Dornpolster sind dem Europäer vor allem aus den trockeneren mediterranen Gebirgen bekannt, so z. B. aus dem Atlas, der Sierra Nevada, dem Ätna und dem südlichen Apennin, dem Olymp, dem Taurus und anderen griechischen und türkischen Hochgebirgen; ihre Hauptverbreitung haben sie jedoch in den mittelasiatischen Hochgebirgen Karakorum, Hindukusch und Pamir mit sommerlicher Trockenheit (Kürschner 1986); von dort reichen sie bis in das Altai-Gebirge (s. Abb. 6-52i). Ihre natürlichen Vorkommen sind auf die obere montane und untere alpine Stufe beschränkt. Ihre benachbarten Formationen sind in der Regel mehr oder minder lockere Wälder bzw. Gebüsche aus *Pinus*- und *Juniperus*-Arten. Das Klima zeichnet sich durch eine geringe, aber zuverlässige winterliche Schneedecke, relativ hohe Sommertemperaturen mit Maxima noch auf 3.000 m NN nahe 30 °C und starker Sonneneinstrahlung aus, gemildert durch gelegentliche Sommergewitter. In extremeren Lagen kommen Dornpolster vorzugsweise nordexponiert vor und sind meist stark windausgesetzt. Sie gedeihen eher auf oberflächlich etwas bewegtem Schutt als auf Gesteinsrohböden, meist im Beweidungsbereich von Wiederkäuern wie Wildziegen, Wildschafen und Yaks.

Die Dornpolster stammen aus den Familien Apiaceae (*Bupleurum*, *Mulinum*, *Platytaenia*), Asteraceae (*Centaurea*), Caryophyllaceae (*Acanthophyllum*, *Arenaria*), Brassicaceae (*Alyssum*, *Ptilotrichum*, *Vella*), Euphorbiaceae (*Euphorbia*), Fabaceae (*Anthyllis*, *Astragalus*, *Caragana*, *Cytisus*, *Genista*, *Onobrychis*, *Oxytropis*), Lamiaceae (*Stachys*, *Thymbra*), Plumbaginaceae (*Acantholimon*) und Rosaceae (*Sarcopoterium*). Sie besitzen eine ausgeprägte Pfahlwurzel mit extensiver Verzweigung und sind meist immergrün. In der spanischen Sierra Nevada findet man z. B. *Vella spinosa* (Brassicaceae) und *Astragalus sempervirens* (Fabaceae), im Atlas *Ptilotrichum spinosum* (Brassicaceae) und *Cytisus balansae* (Fabaceae), auf Kreta *Euphorbia acanthothamnos*, *Thymbra capitata* (Lamiaceae) und *Sarcopoterium spinosum* (Rosaceae). Die ausgedehnte Verbreitung der Dornpolster-Vegetation aus *Astragalus*-, *Acantholimon*- und *Oxytropis*-Arten in den iranischen und mittelasiatischen Gebirgen (wie im Alburz und Hindukusch; Breckle & Frey 1974, Noroozi et al. 2007) sowie ihre Ähnlichkeit mit den *Mulinum spinosum*-Halbwüsten Patagoniens (s. Abschn. 6.3.4.3; Abb. 6-36d) und den nemoralen *Caragana gerardiana*-Beständen im tibetischen Himalaya (Miehe et al. 2002) lassen vermuten, dass es sich hier um beweidungsresistente Wuchsformen in sommertrockenen, winterkalten Gebieten handelt (Klötzli 2004e). Dass solche Polsterfluren durch Waldvernichtung und anschließende Beweidung mit Haustieren (vornehmlich Ziegen) heute auch anstelle von Wäldern stehen (wie auf Korsika an Südhängen bis Meeresniveau), zeigt wieder einmal, dass der menschliche Einfluss auch in vermeintlich extremen Lebensräumen nicht zu unterschätzen ist.

hoff 1994). An der Obergrenze dieses Waldes kommt mit *Q. semecarpifolia* eine Baumart hinzu, deren Hauptvorkommen in der mittleren Nebelwaldstufe der Himalaya-Südabdachung liegt (Shrestha 2003). Oberhalb von etwa 2.300 m NN treten Nadelwälder auf, die in ihren tieferen Lagen sowie im trockeneren Westen und in den innermontanen Tälern aus der mit *Pinus nigra* eng verwandten Kiefer *Pinus gerardiana* bestehen. In den oberen Lagen dieser Nadelwälder tritt bis zur Waldgrenze *Cedrus deodara* auf. Gegen Osten kommen mit zunehmendem Monsuneinfluss *Abies spectabilis*, *Pinus wallichiana* und *Picea smithiana* hinzu. Die Krummholzstufe zwischen Wald- und Baumgrenze (3.100–3.400 m NN) wird von *Juniperus*-Arten (z. B. *J. indica*) und von *Betula utilis* gebildet.

Die **Nordwestabdachung** des Hindukusch steht unter dem Einfluss eines winterfeuchten kontinentalen Trockenklimas. Unterhalb von 1.800 m NN dominieren sommergrüne, offene Gehölzfluren, in denen u. a. *Pistacia vera* wächst, die Ausgangssippe der essbaren Pistazien. Darüber wächst ein Wacholder-Offenwald u. a. aus *Juniperus macrocarpa* bis zur Baumgrenze bei 3.800 m NN; er ist heute durch Beweidung und Holznutzung weitgehend zerstört und hat ausgedehnten Dornpolsterfluren aus *Astragalus*-, *Acantholimon*- (Plumbaginaceae) und *Acanthophyllum*-Arten (Caryophyllaceae) Platz gemacht (Abb. 5-43c, d).

Abb. 5-43 Beispiele für die alpine Vegetation subtropischer Gebirge. a = Mosaik aus *Rhododendron setosum*-Zwergstrauchheide und *Kobresia nepalensis*-Gebirgssteppe im Zentralhimalaya (Nordbhutan; Foto G. Miehe); b = Dornpolsterflur (Kreta) mit *Astragalus angustifolius* (im Vordergrund) und *Euphorbia acanthothamnos* (gelbgrün); c, d = Hochgebirgshalbwüste aus *Acantholimon lycopodioides* (Karakorum, Hunzatal,, Pakistan; Fotos F. Klötzli).

6
Die kühl-gemäßigte (nemorale) Zone

6.1 Einführung

Etwa ein Fünftel der Landoberfläche der Erde gehört zur kühl-gemäßigten (nemoralen) Zone mit einer mittleren Breitenlage zwischen 35 und 60° Nord bzw. Süd („Mittelbreiten"). Wegen ihrer Lage in der außertropischen Westwindzone (zyklonale Westwinddrift) wird das Wettergeschehen ganzjährig von Zyklonen bestimmt, die von West nach Ost ziehen (s. Abb. 1-23 in Abschn. 1.3.1). Sie sorgen in meernahen Lagen der Westseiten der Kontinente für ein ganzjährig humides, wolkenreiches Klima mit jahreszeitlich gedämpftem Temperaturgang und einem Niederschlagsmaximum im Winter. An den Ostseiten sind die Wintermonate wegen des trockenen, aus dem kontinentalen Hoch wehenden Wintermonsuns niederschlagsarm, die Sommer dagegen dank des hohen Luftdrucks über dem Meer regenreich; Wirbelstürme sind nicht selten. Der Wechsel zwischen polaren Kaltlufteinbrüchen in Richtung Äquator und Vorstößen subtropischer, warmer Luftmassen polwärts bedingt insgesamt einen instabilen Witterungsverlauf. Gegen das Innere der Kontinente zu nimmt die regenbringende Funktion der Zyklone kontinuierlich ab und die Niederschlagsmaxima verschieben sich auf die Sommermonate; im Winter, wenn sich über den großen Landmassen der Nordhemisphäre eine stabile Zone hohen Luftdrucks aufbaut, sinkt die Niederschlagsmenge auf ein Minimum.

Wir können demnach eine feuchte von einer trockenen nemoralen Teilzone unterscheiden. Erstere (kühl-gemäßigte Regenklimate nach Köppen-Trewartha, untergliedert in einen ozeanischen Klimatyp Do und einen kontinentalen Dc; s. Tab. 1-8), ist waldfähig; Letztere (kühl-gemäßigte Trockenklimate nach Köppen-Trewartha, untergliedert in semiaride Klimate BSk und aride Klimate BWk) umfasst einige aride Monate und ist nicht waldfähig; hier dominieren Steppen, Halbwüsten und Wüsten. Zwei pflan-

zenökologisch relevante thermische Merkmale sind beiden Teilzonen gemeinsam, nämlich erstens längere Frostperioden mit einer Dauer von drei bis zwölf Wochen und zweitens fünf bis sieben Sommermonate mit einer Mitteltemperatur von ≥ 10 °C (Tab. 6-1). Fröste fehlen nur in einigen hochozeanischen Küstengebieten im Westen der Kontinente, vor allem auf der Südhemisphäre; mit zunehmender Annäherung an die borealen Nadelwälder und besonders im Innern der Kontinente kann die Frostperiode auch bis zu sechs Monate dauern und monatliche Mitteltemperaturen unter –10 °C sind die Regel. Damit unterscheidet sich die nemorale Zone deutlich von den frostarmen Subtropen (acht bis zwölf Sommermonate) und der polwärtigen borealen Zone (sechs und mehr Frostmonate, zwei bis drei Sommermonate). Alle anderen hygrothermischen Wachstumsbedingungen sind von der Lage innerhalb der Kontinente sowie dem Unterschied zwischen Nord- und Südhalbkugel abhängig und damit hoch variabel. Wir werden darauf bei der Besprechung der beiden Teilzonen in den Abschn. 6.2 und 6.3 näher eingehen.

Ähnlich wie in den Subtropen sind auch in der nemoralen Zone Hochgebirge weit verbreitet (Burga et al. 2004). Hierzu gehören in Asien die nördlichen Ketten des Himalaya-Gebirgssystems, der Tian Shan und das Altai-Gebirge sowie die Japanischen Alpen, in Europa der südliche Ural, Elburz, Kaukasus, Karpaten, Alpen und Pyrenäen, in Amerika die Gebirgsketten der Rocky Mountains einschließlich des Kaskadengebirges und seiner intramontanen Becken sowie die Anden südlich von etwa 35° S, die Neuseeländischen Alpen auf der Südinsel und die tasmanischen Gebirge. Die Höhenzonierung ist auf der Nordhalbkugel einheitlicher als in den Subtropen mit einer nemoralen, borealen und alpinen Stufe. Die alpine Vegetation oberhalb der Baumgrenze zeigt floristisch und physiognomisch die räumliche Nähe zur polaren Zone, zumal der größte Teil dieser Hochge-

Tab. 6-1 Klimamerkmale der feuchten und trockenen kühl-gemäßigten (nemoralen) sowie der borealen Zone (aus Schultz 2000, verändert).

Merkmale	feuchte nemorale Zone	trockene nemorale Zone	boreale Zone
Vegetationszeit (Anzahl Monate)[1]	6–12	0–5	4–5
Jahresniederschläge (mm)	500–1.000	< 500	250–500
Anzahl Monate mit Temperaturmittel ≥ 10 °C	5–7	5–7	2–3
Anzahl Monate mit Temperaturmittel ≥ 18 °C	1–3	≥ 4	0
Mitteltemperatur des kältesten Monats (°C)	> 0	< 0	< 0
Anzahl humider Monate	8–12	0–8	10–12

[1] Monate mit einer Mitteltemperatur (t_{mon}) ≥ +5 °C und einer Niederschlagssumme von $p > 2\,t_{mon}$.

birge während der Kaltzeiten im Pleistozän vergletschert war; man spricht deshalb auch, analog zur polaren Tundra, von einer alpinen Gras- und Zwergstrauchtundra.

Grundsätzlich sind die Gebiete der nemoralen Zone, auch auf der Südhemisphäre, vom Geschehen während des Pleisto- und Holozäns geprägt. Während die Böden in den Tropen und Subtropen, abgesehen von rezenten Abtragungs- und Akkumulationsprozessen (Erosion, Vulkanismus, Sedimentation im Einflussbereich von Gewässern) in das Tertiär zurückreichen, bedeutete das Ende des Pleistozäns für die Landoberflächen der nemoralen Zone einen kompletten Neubeginn der Boden- und Vegetationsentwicklung. Die Böden sind also überwiegend jung (kaum älter als rund 10.000 Jahre); die Vegetation ist zumeist das Ergebnis erfolgreicher (oder erfolgloser) Einwanderung von Arten aus pleistozänen Refugien, die sich auf den jungen Böden bis heute etablieren konnten. Diese Einwanderungs- und Etablierungsprozesse wurden von menschlicher Siedlungs- und Kultivierungstätigkeit überlagert. Deshalb ist die heutige Pflanzendecke, jedenfalls in den Gebieten mit weit zurückreichenden Ackerbau-Kulturen (wie in Ostasien und Europa), weitgehend anthropogen überprägt und ihre Rekonstruktion bereitet, wie wir schon im Fall der Mediterraneis diskutiert haben, erhebliche Probleme.

6.2 Die feuchte kühl-gemäßigte (nemorale) Teilzone

6.2.1 Grundlagen

6.2.1.1 Vorkommen

Die feuchte nemorale Teilzone umfasst vier nordhemisphärische (Europa, Ostasien, östliches und westliches Nordamerika) und drei kleinere Gebiete auf der Südhemisphäre (Westpatagonien, Tasmanien, Südinsel von Neuseeland; s. Abb. 1-30):

- Die feuchte nemorale Zone **Europas und angrenzender Gebiete** mit ihren sommergrünen Laubwäldern aus Buche, Eiche, Hainbuche, Linde, Ahorn und Esche reicht von Nordspanien bis Schottland, von der Poebene bis Südschweden und nimmt große Gebiete in Osteuropa zwischen rund 58 und 42° N ein (Bohn et al. 2003). Ausgehend von der Balkanhalbinsel erstreckt sich ein nemoraler Ausläufer nach Südosten über die südliche und östliche Küste des Schwarzen Meeres (der Kolchis), den Südrand des Kaukasus bis zum Elburz-Gebirge im Nordiran und sein Umland am Kaspischen Meer (dem antiken Hyrkanien). Der von West nach Ost abnehmenden Ozeanität des Allgemeinklimas entsprechend werden die europäischen „feuchten Mittelbreiten" gegen den Ural von Norden durch die borealen Nadelwälder und von Süden durch die Steppen Osteuropas zunehmend eingeengt. Während sie an der Ostgrenze Mitteleuropas noch ganz Weißrussland und die nördliche Ukraine einnehmen, sind sie im europäischen Russland nur noch als schmales, 200–400 km breites Band ausgebildet, das südlich von Moskau bis zum Ural zieht. Dieses Band setzt sich östlich des Urals als subborealer Birken-Pappel-Wald am Südrand der westsibirischen Taiga über Omsk und Novosibirsk fort und endet an den Ausläufern des Sayan- und Altai-Gebirges.

- In **Ostasien** nimmt die feuchte nemorale Zone mit (potenziellen) sommergrünen Laubwäldern vornehmlich aus *Quercus*-Arten das Zentrum Chinas zwischen den Steppengebieten im Nordwesten (Innere Mongolei) bzw. den Ausläufern des Himalaya-Gebirgssystems im Westen und dem Chinesischen Meer ein (Wang 1961). Nach Süden geht sie ab 37° N in Form eines rund 500 km breiten Übergangsgebiets mit Mischbeständen aus sommergrünen und laurophyllen Bäumen in die immergrünen Lorbeerwälder der Subtropen über. Zum Gebiet des ostasiatischen sommergrünen Laubwaldes gehört auch der Nordosten Chinas mit der Mandschurei (Provinz Heilongjiang) sowie das östlich anschließende russische Gebiet (östlich des Ussuri und des Amur-Unterlaufs; Region um Vladivostok). Sommergrüne Laubwälder als zonale Vegetation gibt es außerdem in Nord- und Südkorea (bis auf einen Streifen laurophyller Wälder ganz im Süden) sowie in Japan (in der Mitte und im Norden von Honshu mit *Fagus*-, auf Hokkaido mit *Quercus*-Arten). Von diesen Wäldern sind allerdings nur noch wenige Reste in schwer zugänglichen und kaum nutzbaren Gebirgslagen erhalten.

- Ähnlich wie in Eurasien wird auch die feuchte nemorale Zone im **östlichen Nordamerika** von sommergrünen Laubwäldern beherrscht. Sie reichen vom Atlantik über die Appalachen bis etwa 90° W und grenzen dort in der Gestalt von Eichen-Hickory-Wäldern an die Steppengebiete des Mittleren Westens. Im Norden liegt der Übergang zu den borealen Nadelwäldern um den 48. Breitengrad, sodass auch die kanadischen Provinzen New Brunswick und Nova Scotia (Neuschottland), aber nicht Neufundland (das komplett boreal ist), vorzugsweise auf basenreichen Böden von Laubbäumen bestanden sind. Ein schmaler Streifen dieses Ökotons reicht noch bis in die kanadische Provinz Alberta (zwischen Edmonton und Calgary) und endet am Fuß der Rocky Mountains. Im Süden, um den 35. Breitengrad, kommen, wie in China, Mischbestände aus immergrünen (laurophyllen) und sommergrünen Bäumen vor und bilden dort den Übergang zu den immerfeuchten Subtropen.

- Ganz anders stellt sich die Situation im **nordwestlichen Nordamerika** an der pazifischen Seite des Kontinents dar. Dort dominieren unter einem regenreichen Klima mit kurzer Trockenphase im Sommer vorwiegend nemoral verbreitete Nadelhölzer, von denen einige schon als Waldbildner in der nemoralen Stufe in der Sierra Nevada von Kalifornien genannt wurden (wie *Sequoia sempervirens* und *Pseudotsuga menziesii*, die Douglasie). Die Wälder reichen von etwa 40° N (planar bis submontan) bis in die kanadische Provinz British Columbia hinein (dort aber nur noch küstennah) und nehmen große Gebiete in Oregon, Idaho, Utah (Wasatch Range östlich des Great Basin), Montana (Nordwesten) und Washington ein (Powers et al. 2005).

- In **Südamerika** ist die feuchte nemorale Zone auf Südchile (mit kleineren Gebieten in Argentinien) südlich von etwa 38° S beschränkt, und zwar auf den Westabfall der Anden und deren westliches Vorland (Westpatagonien) sowie auf Feuerland. Außerdem werden **Tasmanien** und der Westen der Südinsel von **Neuseeland** dazugezählt (Schultz 2000). Die Vegetation besteht nahezu ausschließlich aus immergrünen Laubbäumen, unter denen die Gattung *Nothofagus* eine führende Rolle einnimmt, hat aber auch partiell laurophyllen Charakter wie im Fall der Valdivianischen Lorbeerwälder. In Südamerika markieren einige sommergrüne *Nothofagus*-Arten den Übergang zu den Steppen Ostpatagoniens oder bilden die Baumgrenze in den Gebirgen.

6.2.1.2 Klima und Boden

Im Gegensatz zur innerkontinentalen trockenen ist die feuchte, randkontinentale nemorale Zone durch ganzjährige Niederschläge gekennzeichnet (mehr als zehn Monate humid, entsprechend den Klimadiagrammen in Lieth et al. 1999; Abb. 6-1). Die Jahressumme liegt im Allgemeinen zwischen 500 und 1.000 mm; örtlich kann sie beträchtlich darüber liegen. So erhalten die Westseite der Neuseeländischen Alpen und das Fjordland von Patagonien in Südchile bis zu 10.000 mm. Ein geringer Teil der Niederschläge fällt als Schnee, wobei die Anzahl der Tage mit geschlossener Schneedecke in den hochozeanischen Gebieten der Westseiten der Kontinente gegen Null geht. Hinsichtlich des Temperaturverlaufs ergeben sich beträchtliche Nord-Süd-Unterschiede innerhalb der o. g. Teilgebiete. So variieren die absoluten Minima zwischen –10 und –50 °C und das Monatsmittel des jeweils wärmsten Monats umfasst eine Spanne zwischen 12 und 30 °C. Die Dauer der Vegetationszeit (bezogen auf Monate mit einer Mitteltemperatur ≥ 5 °C) liegt zwischen sechs und zwölf Monaten. Besonders ausgeprägt ist das Ozeanitäts-Kontinentalitäts-Gefälle: Gegen das Landesinnere zu verkürzt sich die Dauer der Übergangsjahreszeiten Frühling und Herbst, nehmen Dauer und Intensität der winterlichen Frostperioden zu, steigen die Sommermaxima der Lufttemperatur und verschiebt sich das Niederschlagsmaximum auf die Sommermonate. Außerdem unterscheiden sich die Teilgebiete klimatisch darin, ob sie an der West- oder an der Ostseite der Kontinente liegen. Erstere erhält im Luv der Westwindzone höhere und häufigere Niederschläge als Letztere. Ein hochozeanisches Klima findet sich deshalb nur an den Westseiten. Dagegen sind die nemoralen Teilgebiete der Ostseiten kontinentaler und im Sommer deutlich wärmer als die der Westseiten.

Somit lassen sich folgende Klimatypen in der feuchten kühl-gemäßigten Zone unterscheiden:

1. Der ozeanische „Normaltyp" des kühl-gemäßigten Klimas (mäßig kalter Winter und mäßig warmer Sommer) mit einer sommerkühlen (Abb. 6-1a) und einer sommerwarmen Variante (Abb. 6-1b),
2. der hochozeanische Klimatyp mit winterlichen Mitteltemperaturen ≥ 0 °C, einem kühlen Sommer und einer gleichmäßigen Verteilung der Niederschläge über das Jahr hinweg (nur an den Westseiten der Kontinente; Abb. 6-1c, d),
3. der hochozeanische Klimatyp wie oben, aber mit einer kurzen, bis zu zwei Monate dauernden sommerlichen Trockenzeit (Abb. 6-1e) in der Fortsetzung des kalifornischen Winterregengebiets nach Norden,
4. das nemoral-boreale Übergangsklima mit Mitteltemperaturen im Winter unter 0 °C und einer kürzeren Vegetationszeit von fünf bis sieben Monaten in einer ozeanischen (Abb. 6-1f, g) und einer kontinentalen Variante (Abb. 6-1h),
5. das nemoral-subtropische Übergangsklima mit warmen Wintermonaten und einer monatlichen Mitteltemperatur von über 20 °C im Sommer (Abb. 6-1i, k) sowie
6. der kontinentale Klimatyp mit winterlichen Monatsmitteln der Temperatur ≤ 0 °C und som-

merlichen Mittelwerten von über 20 bis nahe 30 °C mit einer kalten (Abb. 6-1l) und einer warmen Variante (Abb. 6-1m).

Ein Merkmal, das die immerfeuchte nemorale Zone von allen anderen Klimazonen unterscheidet, ist der temperaturgesteuerte **Jahreszeitenwechsel** mit den Jahreszeiten Frühjahr, Sommer, Herbst und Winter. Keine andere Klimazone zeigt diese ausschließlich thermisch bestimmte Periodizität: In den feuchten Subtropen ist der Unterschied zwischen Sommer und Winter weitaus geringer; in den Winterregengebieten wird der thermisch günstige Sommer von einer mehr oder minder langen Trockenzeit überlagert, und in der borealen Zone sind die Winter zu lang und zu kalt, um eine so differenzierte und vielfältige Rhythmik in der Vegetation hervorzurufen, wie wir sie in den sommergrünen Laubwäldern vorfinden. Diese Rhythmik äußert sich sowohl in der frühsommerlichen Laubentfaltung und im herbstlichen Laubfall der Bäume als auch in der Entwicklung der Bodenvegetation („Feldschicht") im Jahresverlauf. Die Abfolge von Blatt-, Blüten- und Fruchtbildung ist zwar grundsätzlich artspezifisch, aber in einem weiten Rahmen abhängig von Höhenlage und Witterungsverlauf der vorausgegangenen Monate, sodass man diese Variation (besonders der Blührhythmik) für die Ausweisung sog. phänologischer Jahreszeiten verwendet (Kasten 6-1; s. auch Abschn. 6.2.1.4).

Wie eingangs schon erwähnt, sind die meisten **Böden** der feuchten nemoralen Zone nacheiszeitlich entstanden. Selbst auf der Südhemisphäre mit weitaus geringerer Auswirkung des pleistozänen Geschehens auf die Landschaft sind junge Böden auf Kolluvien und vulkanischen Ablagerungen weit verbreitet. Das geringe Alter und die kühl-feuchten Klimabedingungen ohne andauernde Frost-, Nässe- und Trockenperiode haben, verglichen mit den angrenzenden Zonen, zu pflanzenökologisch günstigeren Eigenschaften geführt (s. Tab. 1-10): So herrschen **erstens** statt der sorptionsschwachen Zweischicht-Tonminerale (Kaolinite) der Tropen und Subtropen die sorptionsstärkeren Dreischicht-Tonminerale (Illite, aber auch Vermiculite und Smektite) vor; sie wirken einer raschen Verarmung der Pedosphäre an basischen Kationen entgegen, trotz der von oben nach unten gerichteten (deszendierenden) Wasserbewegung im Boden (Zech et al. 2014). Dementsprechend sind basenreiche Böden in der feuchten nemoralen Zone häufiger als basenarme und weiter verbreitet als in den wärmeren Klimazonen. **Zweitens** verbessert die im Vergleich zu den borealen Nadelwäldern rasche Umsetzung der toten organischen Substanz die Humusqualität: Rohhumusdecken fehlen weitgehend (außer unter hochozeanischen Bedingungen auf basenarmen Böden sowie in Gebirgslagen) und die Humusformen Mull bzw. Moder (C/N-Verhältnis zwischen 10 und 20 im A_h)

mit reichem Bodenleben und hoher Bioturbation überwiegen.

Die zonalen Böden sind Cambisole (Braunerden) und Luvisole (Parabraunerden). Cambisole entwickelten sich vorwiegend aus karbonatarmen bis -freien periglazialen Decklagen der Mittelgebirge; sie

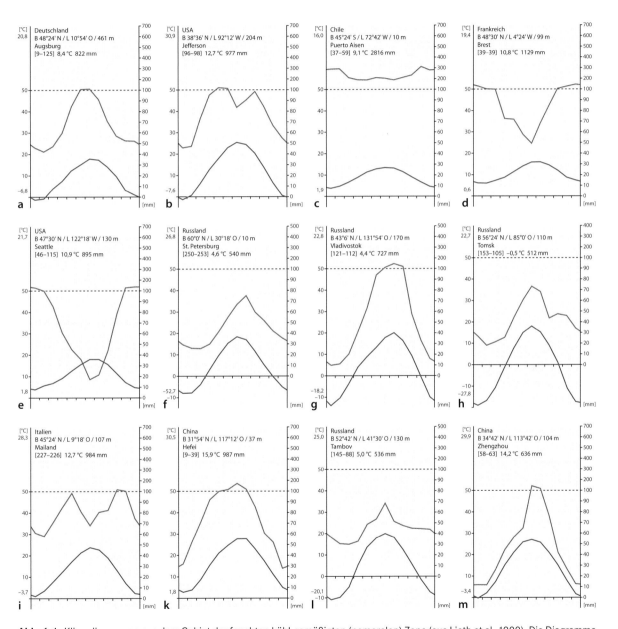

Abb. 6-1 Klimadiagramme aus dem Gebiet der feuchten kühl-gemäßigten (nemoralen) Zone (aus Lieth et al. 1999). Die Diagramme a (Augsburg)und b (Jefferson im US-Bundesstaat Oklahoma) zeigen den sommerkühlen bzw.-warmen Normaltyp, c (Puerto Aisen in Chile) und d (Brest, Bretagne, Frankreich) den hochozeanischen Klimatyp, e (Seattle im US-Bundesstaat Washington) dito mit kurzer sommerlicher Trockenphase, f (St. Petersburg, Russland) und g (Vladivostok, Russland) den nemoral-borealen Übergang und seine kontinentale Variante (h), i (Mailand, Italien), k (Hefei, Provinz Anhui, China) den nemoral-subtropischen Übergang und l (Tambov, Russland, etwa 500 km südöstlich von Moskau) bzw. m (Zhengzhou, Provinz Henan, China) die kalte bzw. warme Variante des kontinentalen Klimatyps.

Kasten 6-1

Phänologie

Die Phänologie ist die Wissenschaft von den im Jahresablauf periodisch wiederkehrenden Lebensäußerungen der Organismen und ihren Ursachen. Diese auf den Meteorologen Schnelle (1955) zurückgehende Definition stellt die Phänologie zwischen Biologie und Klimatologie. Denn die Entwicklungsphasen von Pflanzen wie Laubentfaltung, Blüten-, Fruchtbildung und Laubfall sind integrierende Indikatoren für klimatische Bedingungen und werden zur Definition phänologischer Jahreszeiten („phänologischer Kalender" mit Vorfrühling, Erstfrühling, Vollfrühling, Frühsommer, Hochsommer, Spätsommer, Frühherbst, Herbst und Winter) benutzt (Dierschke 2000).

Dieser phänologische Kalender hat für die Praxis von Land- und Forstwirtschaft (Anbauplanung, Auswahl für den jeweiligen Standort geeigneter Sorten, Zeitpunkt der Anwendung von Pflanzenschutzmitteln und Dünger) erhebliche Bedeutung. So verwendet der Deutsche Wetterdienst für seine Beratungsaufgaben die Eintrittstermine der phänologischen Phasen verschiedener weit verbreiteter Wild-, Zier- und Kulturpflanzen, da sich hierdurch die pflanzenökologisch relevante Umgebung eines Standortes genauer einschätzen lässt als anhand physikalisch gemessener Einzelgrößen wie Temperatur oder Niederschlag.

Diese Eintrittstermine sind vom Breiten- und Längengrad sowie von der Meereshöhe abhängig; im Durchschnitt ver-

zögern sich frühe Phasen (wie der Beginn der Haselblüte) um drei bis vier Tage pro 100 km zunehmender geographischer Breite und um ca. vier Tage pro 100 m zunehmender Meereshöhe. Mithilfe dieser Phasen lassen sich phänologische Karten erstellen, wie z. B.

- der Beginn des Vorfrühlings in Europa (ermittelt aus den langjährigen Daten der Blüte von Flieder und Apfelbäumen; Rosenkranz 1951),
- die phänologischen Wärmestufen (Ableitung der pflanzenwirksamen Wärmemenge aus dem phänologischen Entwicklungszustand weit verbreiteter Wild-, Zier- und Nutzpflanzen im Frühjahr; z. B. Schreiber 1977) und
- die phänologische Vegetationszeit (Zeitspanne vom Blühbeginn des Huflattichs bis zum Beginn der Laubverfärbung der Rotbuche; Rötzer et al. 1997).

Zusätzliche Bedeutung gewinnt die Phänologie in jüngerer Zeit bei der Dokumentation und Analyse des Klimawandels (Menzel 2003); denn der Eintritt bestimmter Phänophasen wie die Blattentfaltung und die Samenreife ist mit dem Temperaturverlauf der vorausgehenden Monate so eng korreliert, sodass man Anomalien in der phänologischen Entwicklung einzelner Pflanzenarten auf Veränderungen der nordatlantischen Oszillation zurückführen kann.

---

sind basenreich (Eutric Cambisol) oder basenarm und sauer (Dystric Cambisol). Aus karbonathaltigen Lockergesteinen wie Moränen, Geschiebemergel und Löss bildeten sich basenreiche Luvisole. Im Übergang zu den Steppengebieten kommen humusreiche Phaeozeme vor, in sehr niederschlagsreichen Gebirgslagen sind Umbrisole verbreitet. Aus den verwitterungsresistenten karbonathaltigen Hartgesteinen konnten sich seit dem Ende des letzten Hochglazials nur flachgründige Leptosole (wie Rendzic Leptosol = Rendzina) entwickeln. In flachen Mittelgebirgslagen finden sich auf Kalkstein hingegen ältere, stark tonige Böden aus Karbonatlösungsrückstand, die Terrae fuscae genannt werden und ebenfalls zu den Eutric Cambisolen gehören. Weit verbreitet sind azonale Böden wie Fluvisole (Auenböden), Histosole (Moorböden), Gleysole (Grundwasserböden) und in den Vulkangebieten von Patagonien Andosole.

6.2.1.3 Flora

Auf der Nordhalbkugel besteht die Vegetation der immerfeuchten nemoralen Zone fast ausschließlich aus holarktisch verbreiteten Gehölzgattungen (Meusel et al. 1965–1992). Hierzu gehören *Fagus, Lithocarpus* und *Quercus* (Fagaceae) mit *Acer, Castanea* und *Aesculus* (Sapindaceae), *Carya, Juglans* und *Pterocarya* (Juglandaceae), *Alnus, Betula, Carpinus, Corylus* und *Ostrya* (Betulaceae), *Fraxinus, Ligustrum* und *Syringa* (Oleaceae), *Tilia* (Tiliaceae), *Platanus* (Platanaceae), *Ulmus* und *Zelkova* (Ulmaceae) sowie *Prunus, Rubus* und *Sorbus* (Rosaceae) einzeln oder in Mischbeständen (Abb. 6-2). Während auf der Nordhemisphäre die immergrünen Eichen in der warm-gemäßigten (subtropischen) Zone zu Hause sind, bestimmen ihre sommergrünen Verwandten Physiognomie und Artenzusammensetzung in den meisten nemoralen Wäldern (Tab. 6-2). Unter den hier vorkommenden Familien hat die Mehrzahl ihren Schwerpunkt ebenfalls außerhalb der Tropen (wie z. B. Fagaceae, Juglandaceae und

Abb. 6-2 Beispiele für sommergrüne Bäume und Sträucher der nemoralen Zone der Nordhalbkugel. a = *Acer palmatum*, Sapinda-ceae (Japan); b = *Fagus crenata*, Fagaceae (Japan); c = *Liriodendron tulipifera*, Magnoliaceae (Nordamerika); d = *Phellodendron amu-rense*, Rutaceae (Nordostchina); e = *Quercus robur*, Fagaceae (Mitteleuropa); f = *Ostrya carpinifolia*, Betulaceae (Mitteleuropa). Die Blätter sind meist groß, dünn, oft gelappt, gefingert oder gefiedert.

Ulmaceae). Allerdings gibt es auch einige tropisch-subtropische Familien, die mit laubabwerfenden, frostresistenten oder immergrünen, frostempfindlichen Arten in den nemoralen Wäldern vertreten sind. Hierzu gehören die Lauraceae mit den in Nordamerika, China und Japan vorkommenden Gattungen *Sassafras* (sommergrün) und *Lindera* (immergrün), die Aquifoliaceae mit *Ilex*, die Magnoliaceae (*Magnolia*, *Liriodendron*), die Caesalpiniaceae mit *Gleditsia*, die Sapindaceae mit den weit verbreiteten und häufigen *Acer*-Arten und der Rosskastanie *Aesculus hippocastanum*, deren natürliches (holozänes) Vorkommen auf der Balkanhalbinsel liegt, ferner die Bignoniaceae, sonst eher in den sommerfeuchten Tropen verbreitet, mit dem nordamerikanischen Trompetenbaum (*Catalpa*) und der Liane *Campsis* (Trompetenblume), beide häufig auch in den Gärten und Parks Mitteleuropas angepflanzt, und schließlich die oben bereits erwähnten Oleaceae. Dazu kommen einige immergrüne Koniferen mit nemoralem Verbreitungsschwerpunkt, zu denen die Arten der Gattungen *Sequoia*, *Metasequoia*, *Pseudotsuga*, *Thuja*, *Chamaecyparis* u. a. gehören (Abb. 6-3).

In diesem Zusammenhang sei betont, dass viele Bäume und Sträucher, die in der nemoralen Zone außerhalb Europas wachsen, beliebte (und inzwischen züchterisch veränderte) Garten- und Parkgehölze geworden sind (Ziergehölze). Hierzu gehört die Gattung *Ailanthus*, deren fünf Arten in Ostasien und Australien beheimatet sind und zur pantropischen Familie Simaroubaceae gehören. *A. altissima* (Götterbaum) stammt aus China, ist dort als schnellwüchsiger Pionier weit verbreitet und in Europa invasiv (Kowarik 2010). Ferner seien erwähnt (alle sommergrün; Warda 1998): *Chaenomeles* (Zierquitte; Rosaceae; Ostasien), *Deutzia* (Deutzie; Hydrangeaceae; Ostasien und Himalaya), *Forsythia* (Forsythie; Oleaceae; vorwiegend Südosteuropa), *Hamamelis* (Zaubernuss; Hamamelidaceae; Ostasien und Nordamerika), *Hydrangea* (Hortensie; Hydrangeaceae; vorwiegend Himalaya und Ostasien), *Philadelphus* (Pfeifenstrauch; Hydrangeaceae; Nordamerika), *Rhus* (Essigbaum; Anacardiaceae; Pioniergehölz auf Brachen und an Flussufern), *Robinia pseudacacia* (Robinie; Fabaceae; Pionierbaum aus Nordamerika), *Symphoricarpus* (Schneebeere; Caprifoliaceae; Nordamerika), *Syringa* (Flieder; Oleaceae; zwei Ar-

Abb. 6-3 Beispiele für immergrüne Koniferen mit nemoralem Verbreitungsschwerpunkt (a Neuseeland, b–d Nordamerika): a = *Libocedrus bidwillii*, Cupressaceae; b = *Thuja plicata*, Cupressaceae; c = *Tsuga heterophylla*, Pinaceae; d = *Pseudotsuga menziesii*, Pinaceae. Fotos b, c, d: H. Albrecht.

ten in Südosteuropa, ca. zehn Arten in China), *Weigela* (Weigelie; Caprifoliaceae; Ostasien).

Trotz annähernd gleicher floristischer Ausgangssituation im Pliozän sind die Artenzahlen zwischen Nordamerika, Europa und Ostasien sehr verschieden. Die meisten sommergrünen Laubbaumarten weist die nemorale Zone in China, Japan und Korea auf. *Acer*, *Betula*, *Carpinus*, *Lithocarpus*, *Magnolia*, *Prunus* und *Ulmus* sind hier jeweils mit mehr als 20 Arten vertreten (Tab. 6-2). Deutlich artenärmer ist die nemorale Zone im Osten der USA sowie das Gebiet der nemoralen Nadelwälder im Nordwesten von Nordamerika. Artenarm ist auch das nemorale Europa mit Ausnahme des südöstlichen Teilgebiets (Balkan – Kolchis – Kaukasus – Hyrkanien), wo offensichtlich mehr jungtertiäre Taxa wie *Gleditsia*, *Juglans* und *Morus* überleben konnten (s. unten). Die unterschiedliche Ausstattung mit Baumarten ist auf mehrere Ursachen zurückzuführen:

1. **Verluste während des Pleistozäns:**

   Das mehrmalige Hin und Her von kaltzeitlichem Rückzug in südliche Refugien und warmzeitlicher Wiedereinwanderung hat zu Verlusten von solchen Taxa geführt, die sich entweder wegen großer und schwerer Früchte nicht schnell genug wieder ausbreiten konnten (wie im Fall von *Aesculus hippocastanum*) und/oder in ihren potenziellen Rückzugsgebieten keine ihnen zusagenden Lebensbedingungen vorfanden. Hier waren sowohl das westliche Nordamerika, abgeschottet vom Rest des Kontinents durch die vergletscherten Gebirgsketten der Cascades und Rocky Mountains, als auch Europa mit seiner Alpen-Barriere und dem als Refugialraum für nemorale Arten wenig geeigneten, da zu trockenen, Mittelmeerraum besonders benachteiligt.

2. **Verluste wegen ungeeigneter Lebensbedingungen in den Warmzeiten:**

   Die nemoralen Gebiete im Nordwesten von Nordamerika und in Europa grenzen an subtropische Winterregenklimate. Ein nemoral-subtropisches Übergangsklima (Klimatyp 5 in Abschn. 6.2.1.2) existiert hier also nicht. Wärme- und feuchtebedürftige, sommer- und immergrüne (laurophylle) Gehölzarten finden also kaum geeignete Lebensbedingungen. Eine (mögliche) Ausnahme bildet das insubrische Gebiet am Südrand der Alpen, dessen Klima (Lugano, Tessin: Jahresniederschlag 1.687 mm, Jahresmitteltemperatur 11,9 °C, mittlere Julitemperatur 21,5 °C; Lieth et al. 1999) noch am ehesten dem Klimatyp 5 entspricht. Hier könnte man sich Taxa wie z. B. *Carya*, *Catalpa* und *Magnolia*, deren ehemalige präpleistozäne Präsenz in Europa fossil belegt ist, in den sommergrünen

Laubwäldern des Tessins vorstellen, wären sie nicht aus den unter Punkt 1 genannten Gründen ausgestorben. Immerhin etablieren sich hier seit einigen Jahrzehnten manche der aus den ostasiatischen immerfeuchten Subtropen in den Gärten gepflanzten Taxa (Walther 2002).

3. **Artenneubildungen im Pleistozän:**

   Andererseits ist es im Pleistozän nicht nur zu Aussterbeprozessen, sondern auch zu Artenneubildungen gekommen, hervorgerufen durch periodische Isolation von Sippen in geographisch stark gegliederten Räumen. Beispiele sind zahlreiche Neoendemismen bei *Abies*, *Pinus* (*P. nigra*-Unterarten) und *Quercus* in den europäischen Gebirgen, vor allem aber in China, u. a. bei *Acer* und *Lithocarpus*. Somit ist die Anzahl der Arten mancher Gattungen nicht nur in Ostasien, sondern auch in Europa (im Fall von *Abies* und *Sorbus*) höher als im weniger gebirgigen Osten von Nordamerika.

Trotz aller Unterschiede ist die floristische Ähnlichkeit der drei Teilgebiete beachtlich, verglichen mit der Situation auf der Südhemisphäre oder in den Winterregengebieten. Das zeigt sich nicht nur bei den Laub- und Nadelbäumen, sondern auch bei den Sträuchern und krautigen Pflanzen. So findet man viele gemeinsame Gattungen in den nemoralen Wäldern Nordamerikas, Europas und Ostasiens. Beispiele sind *Actaea*, *Anemone*, *Asarum*, *Hepatica*, *Polygonatum* und *Sanicula*. Auf Nordamerika sind z. B. die Frühlingsgeophyten *Claytonia* (Portulacaceae) und *Trillium* (eine Monokotyle, die wie die eurasiatische Gattung *Veratrum*, der Germer, zu den Melanthiaceae gehört) beschränkt. Die niedrigwüchsigen Bambusarten der Gattung *Sasa* bilden nur in ostasiatischen Wäldern den Unterwuchs in der Feldschicht, während die Gattung *Dicentra* (Papaveraceae) sowohl in Nordamerika als auch in Ostasien vorkommt, in Europa jedoch fehlt. *Dicentra* (heute *Lamprocapnos*) *spectabilis* ist unter dem Namen „Tränendes Herz" eine beliebte Zierpflanze in unseren Bauerngärten (Abb. 6-4).

Werfen wir noch einen Blick auf die Florenausstattung der nemoralen Wälder der Südhemisphäre. Sie ist, was die Baumarten, -gattungen und (größtenteils) auch -familien betrifft, komplett anders als diejenige der Nordhemisphäre. Neben den Florenelementen des holantarktischen Florenreiches, zu denen außer *Nothofagus* (s. Kasten 1-5) auch diverse Podocarpaceae wie *Saxegothaea*, *Pilgerodendron* und Cupressaceae (wie *Fitzroya cupressoides*) zählen (s. Abschn. 1.2.2), kommen in den nemoralen Lorbeerwäldern einige tropisch-subtropische Taxa aus den

Tab. 6-2 Häufige Gattungen nemoral verbreiteter, indigener, sommergrüner Laub- und immergrüner Nadelbäume im Nordosten und Osten von Nordamerika, in Europa und Ostasien (in Anlehnung an Röhrig & Ulrich 1991 sowie Schroeder 1998, größtenteils neu berechnet nach Angaben in Bohn et al. 2003, Delcourt & Delcourt 2000, Franklin & Halpern 2000, Satake et al. 1989, Wang 1961 und www.eFloras.org, Aufruf 2012). † = im Pleistozän ausgestorben (Europa, nach Mai 1995).

Gattung	Familie	Artenzahlen			
		Nordwest-Nordamerika	Ost-Nordamerika	Europa	Ostasien
Laubbäume					
Acer (Ahorn)	Sapindaceae	5	10	9	66
Aesculus (Rosskastanie)	Sapindaceae	1	3	1	4
Alnus (Erle)	Betulaceae	1	5	4	14
Betula (Birke)	Betulaceae	1	6	4	36
Carpinus (Hainbuche)	Betulaceae		2	2	25
Carya (Hickory)	Juglandaceae		9	†	4
Castanea (Kastanie)	Sapindaceae		4	1	7
Catalpa (Trompetenbaum)	Bignoniaceae		2	†	4
Celtis (Zürgelbaum)	Ulmaceae		2	1	14
Fagus (Buche)	Fagaceae		1	2	8
Fraxinus (Esche)	Oleaceae	2	6	3	20
Gleditsia (Gleditschie)	Caesalpiniaceae		2	1*	7
Juglans (Walnuss)	Juglandaceae		5	1*	4
Liquidambar (Amberbaum)	Altingiaceae		1	1	2
Liriodendron (Tulpenbaum)	Magnoliaceae		1	†	1
Lithocarpus (Südeiche)	Fagaceae	1			47
Magnolia (Magnolie)	Magnoliaceae		8	†	ca. 50[6]
Malus (Apfel)	Rosaceae	1	1	1	8
Morus (Maulbeerbaum)	Moraceae		1	1*	6
Nyssa (Tupelo)	Nyssaceae		5	†	3
Ostrya (Hopfenbuche)	Betulaceae	1		1	3
Paulownia (Paulownie)	Paulowniaceae				7
Platanus (Platane)	Platanaceae		1	2	
Populus (Pappel)	Salicaceae	6	5	4	33
Prunus (Pflaume, Kirsche etc.)	Rosaceae	1	3	4	23
Quercus (Eiche)[1]	Fagaceae	2	12	5	12
Sassafras (Nelkenzimtbaum)	Lauraceae		1		1
Sorbus (Eberesche etc.)	Rosaceae	?	3	5	18
Tilia (Linde)	Malvaceae		3	3	20
Ulmus (Ulme)	Ulmaceae		6	3	23

Tab. 6-2 (Fortsetzung)

Gattung	Familie	Artenzahlen			
		Nordwest-Nordamerika	Ost-Nordamerika	Europa	Ostasien
Nadelbäume					
Abies (Tanne)	Pinaceae	5	1	9[3]	> 30[3]
Chamaecyparis (Scheinzypresse)	Cupressaceae	2	1	†	2
Juniperus (Wacholder)	Cupressaceae	1	1	1	> 5
Pinus (Kiefer)	Pinaceae	8[4]	7[5]	6[6]	10[4]
Pseudotsuga (Douglasie)	Pinaceae	1		†	2
Sequoia (Küstenmammutbaum)	Cupressaceae	1			
Sequoiadendron (Riesenmammutbaum)	Cupressaceae	1			
Taxus (Eibe)	Taxaceae	1	2	1	2
Thuja (Lebensbaum)	Cupressaceae	1	1	†	2
Tsuga (Hemlocktanne)	Pinaceae	2	2	†	4

* Nur im Südosten der nemoralen Zone (Balkan, Südostküste des Schwarzen Meeres, Kaukasus, bis zum Elburz-Gebirge am Rand des Kaspischen Meeres); [1] nach Schroeder 1998; [2] einschließlich der immergrünen Eichen, nach Röhrig & Ulrich (1991); [3] nur in Gebirgslagen; [4] vorwiegend azonal, einige hochmontan bis subalpin; [5] einige auch subboreal (wie *P. strobus*); [6] *Magnolia s. l.* (Mabberley 2008).

Familien Myrtaceae (z. B. *Myrceugenia*), Lauraceae (z. B. *Beilschmiedia*) und der südhemisphärischen Cunoniaceae (*Caldcluvia|*, *Eucryphia*, *Weinmannia*) vor (Abb. 6-5). Die nemorale Waldbodenflora enthält manche auch aus Europa und Nordamerika bekannte Gattungen wie *Anemone*, *Blechnum*, *Geum*, *Senecio*, *Viola* und *Valeriana*; sonst aber dominieren tropisch-südhemisphärische Gattungen wie *Gunnera* (neu-

Abb. 6-4 Beispiele für Pflanzen der Feldschicht sommergrüner Laubwälder der Nordhalbkugel (a, f Nordamerika, e Japan, sonst Europa): a = *Dicentra formosa*, Papaveraceae; b = *Hepatica nobilis*, Ranunculaceae; c = *Leucojum vernum*, Amaryllidaceae (Frühlingsgeophyt); d = *Viola reichenbachiana*, Violaceae; e = *Paris japonica*, Melanthiaceae; f = *Trillium ovatum*, Melanthiaceae (Frühlingsgeophyt); Fotos a, f H. Albrecht.

Abb. 6-5 Beispiele für immer- und sommergrüne Laubbäume der Südhalbkugel. a = *Amomyrtus meli*, Myrtaceae; b = *Drimys winteri*, Winteraceae; c = *Eucryphia cordifolia*, Cunoniaceae; d = *Nothofagus menziesii*, Nothofagaceae.

weltlich), *Calceolaria* (neuweltlich; „Pantoffelblume" wegen ihrer Blütenform), *Osmorhiza* (neuweltlich; auch in nordamerikanischen nemoralen Wäldern; Abb. 6-6). Die Gattung *Gunnera* ist wegen ihrer Symbiose mit N_2-fixierenden Cyanophyceen bekannt; dadurch ist die Pflanze in der Lage, nährstoffarme Rohböden zu besiedeln. Wie in den Wäldern Japans können den Unterwuchs niedrige Bambusarten beherrschen; in Südamerika gehören sie zur Gattung *Chusquea*. Auf basenarmen, sauren Böden dominieren Ericaceen wie *Gaultheria* und *Epacris*.

6.2.1.4 Vegetation: Überblick

Die Pflanzendecke der feuchten nemoralen Zone fand schon früh das Interesse der vegetationskundlichen Forschung (Brockmann-Jerosch & Rübel 1912). Sie bildete das nächstgelegene Studienobjekt für Pflanzenökologen und -soziologen der europäischen und nordamerikanischen, später auch der japanischen Forschungseinrichtungen. Deshalb sind Artenzusammensetzung, Physiognomie, Struktur, jahreszeitliche Periodizität und zeitliche Entwicklung der zonalen Wälder sowie das Mosaik ihrer

bodenökologisch und klimatischen Abwandlungen und anthropogenen Ersatzgesellschaften bestens bekannt (Schroeder 1998). Von der großen, heute fast nicht mehr überschaubaren Anzahl von Publikationen, die sich mit der Vegetation der feuchten Mittelbreiten auseinandersetzen, möchten wir außer den einschlägigen Übersichten in Walter et al. (1991, 1994), Archibold (1995), Schroeder (1998), Schultz (2000) und Richter (2001) auf Sammelbände in der Reihe *Ecosystems of the World* hinweisen, nämlich auf Röhrig & Ulrich (1991) für die nemoralen sommergrünen Laubwälder und auf Anderson (2005) für boreale und nicht-boreale Nadelwälder. In den Beschreibungen der Vegetation einzelner Kontinente oder größerer Regionen sind zu nennen: Nordamerika: Braun (1950), Knapp (1965), Delcourt & Delcourt (2000), Franklin & Halpern (2000), Powers et al. (2005); Europa: Horvat et al. (1974), Mayer (1984), Rodwell (1991a), Bohn et al. (2003), Ellenberg & Leuschner (2010); Ostasien: Wang (1961), Wu (1980; umfangreiche Übersicht über die Vegetation Chinas in chinesischer Sprache), Numata (1974), Miyawaki (1980–1989), Kolbek et al. (2003); Südhemisphäre: Veblen et al. (1996) für *Nothofagus*-

Abb. 6-6 Beispiele für Pflanzen der Feldschicht sommer- und immergrüner nemoraler Laubwälder der Südhalbkugel. a = *Calceolaria biflora*, Calceolariaceae; b = *Gaultheria poeppigii*, Ericaceae; c, d = die beiden unterschiedlich großen *Gunnera*-Arten (Gunneraceae) *G. magellanica* (c, Blattdurchmesser 2–3 cm) und *G. tinctoria* (d), Letztere ein Pionier auf Schutt; e = *Osmorhiza chilensis*, Apiaceae.

Wälder, Veblen (2007) für Patagonien und Wardle (1991) für die Südinsel von Neuseeland.

Rund 95 % der feuchten nemoralen Zone aller Teilgebiete wären ohne menschlichen Einfluss von Wald bedeckt. Die restlichen 5 % würden von baumfreien Feuchtgebieten (Gewässer, Moore, Salzmarschen), alpinen Rasen und Zwergstrauchheiden in den nemoralen Hochgebirgen und Pionierstadien auf vulkanischen Aschen und Bergstürzen eingenommen. Unter den Wäldern unterscheiden wir die folgenden vier Formationen:

1. **Nemorale sommergrüne Laubwälder:**
   Dominanz sommergrüner Bäume, in wintermilden Klimaten mit immergrünem (laurophyllem) Unterwuchs. Nemorale Waldbodenflora vorwiegend aus Hemikryptophyten und Geophyten mit ausgeprägter Saisonalität. Zwergsträucher aus Vertretern der Ericaceae auf basenarmen, sauren Böden. Weit verbreitet auf der Nordhemisphäre („Normaltyp" nemoraler Wälder), selten auf der Südhemisphäre (Patagonien; Kälte- und Trockengrenze); klare Untergliederung nach Klimatyp und Basenversorgung der Böden.

2. **Nemorale immergrüne Nadelwälder:**
   Dominanz immergrüner, phylogenetisch überwiegend alter Koniferen in der oberen, bis über 60 m hohen Baumschicht mit sommergrünen Bäumen im Unterstand; nemorale Waldbodenflora wie oben.

3. **Nemorale immergrüne (laurophylle) Laubwälder:**
   Baumartenreiche, 15–40 m hohe Wälder aus immergrünen, laurophyllen Bäumen überwiegend tropisch-subtropischer Herkunft, reich an Farnen und laurophyllem Strauchunterwuchs; krautige nemorale Waldbodenflora weniger stark ausgeprägt als in 1 und 2.
4. **Nemorale immergrüne *Nothofagus*-Wälder:**
   Artenarme, 10–20 (30) m hohe Wälder aus immergrünen *Nothofagus*-Arten und laurophyllem Unterwuchs. Krautige Waldbodenvegetation auf basenreichen Böden, Zwergstrauch-Vegetation auf basenarmen Böden.

Der größte Teil der Wälder hat nach einer über Jahrtausende währenden Kulturgeschichte der anthropogenen Vegetation Platz gemacht, die heute mit über 70 % Flächenanteil die Pflanzendecke beherrscht. Zu dieser Vegetation gehören intensiv genutzte Acker- und Weideflächen, in welchen einheimische gegenüber den nicht-heimischen Pflanzenarten zurücktreten, aber auch die von indigenen Sippen dominierten Magerwiesen und -weiden Europas.

6.2.2 Nemorale sommergrüne Laubwälder

6.2.2.1 Physiognomie und Struktur

Die Bestandshöhe der nemoralen Laubwälder ist außerordentlich verschieden. Sie reicht von einem wenige Meter hohen Krummholz aus *Nothofagus pumilio* und *N. antarctica* in Patagonien über 10–20 m hohe Bestände aus den Pionierbäumen der Gattungen *Betula* und *Populus* in der hemiborealen Zone zwischen Steppe und borealem Nadelwald bis zu den über 40 m hohen Waldbeständen in warmen, wintermilden Klimaten Nordamerikas. Die Wälder sind in der Regel mehrschichtig (Abb. 6-7); sie bestehen aus zwei oder mehr Baumschichten, ein bis zwei Strauchschichten und einer Feldschicht aus krautigen Hemikryptophyten und Geophyten und/oder Chamaephyten. Die Bäume besitzen mesomorphe, malakophylle, einfache (ganzrandige wie *Fagus*, gelappte wie *Acer*) oder zusammengesetzte Blätter (wie *Fraxinus*); sie sind mittelgroß (noto- bis mesophyll) und kurzlebig (sechs bis zehn Monate). Die Kronen sind im Bestand kegelförmig mit dickeren, photosynthetisch leistungsfähigeren Sonnenblättern oben und an der sonnenzugewandten Seite sowie dünnen

Schattenblättern darunter bzw. dahinter, die auch im Schwachlicht noch eine positive Stoffbilanz zeigen.

Lianen und Epiphyten sind selten; vermehrt findet man sie nur im Übergang zu den subtropischen Lorbeerwäldern Ostasiens und Nordamerikas sowie in ozeanisch geprägten Gebieten. Typische Lianen sind in den west- und mitteleuropäischen Wäldern der immergrüne Wurzelkletterer *Hedera helix*, der wie viele tropische Lianen zu den Araliaceae gehört, und der sommergrüne Spreizklimmer *Clematis vitalba* (Ranunculaceae). Sowohl in Nordamerika als auch in China sind die als Zierpflanzen beliebten *Parthenocissus*-Arten (Wilder Wein, Vitaceae) und die Trompetenblume *Campsis radicans* (Bignoniaceae) verbreitet. Aus China stammt der Mauerkletterer *Parthenocissus tricuspidata* mit Haftscheiben an den Ranken und auffallender Rotfärbung der Blätter im Herbst; er ist dort ein Bestandteil sommergrüner Auwälder. Der mit fünffingrigen Blättern ausgestattete Wilde Wein *P. quinquefolia* ist in Nordamerika zu Hause.

Die Winterknospen sind durch häutige, sklerenchymatisierte, oft mit Harz verklebte Schuppen vor Dehydration (Vermeidung von Austrocknung bei gefrorenem Boden) und Frost geschützt. Die Durchwurzelungstiefe der Bäume liegt im Durchschnitt bei 3 m, wobei die Eichen mit mehr als 4 m am tiefsten wurzeln (*Quercus macrocarpa*; Canadell et al. 1996). Mit zunehmender Kontinentalität (d. h. steigendem Anteil von Zeiten mit Wasserdefizit im Oberboden, besonders im Frühjahr und Herbst) steigt deshalb der Anteil von Eichen an der Baumartenzusammensetzung. Das Spross-Wurzel-Verhältnis variiert zwischen 2:1 und 6:1 (DeAngelis et al. 1981, Luo et al. 2012).

Zweifellos am strukturreichsten sind diejenigen Wälder, in denen viele Baumarten vorkommen. Sie formen ungleichaltrige Bestände mit unruhigem Kronendach als Ergebnis der natürlichen Walddynamik (s. Abschn. 6.2.2.2). Ein Beispiel hierfür bildet der „Mixed Mesophytic Forest" im Osten Nordamerikas, der von *Acer saccharum* (dominant), *Aesculus flava*, *Castanea dentata*, *Fagus grandifolia*, *Liriodendron tulipifera*, *Quercus rubra* (alle kodominant) und zahlreichen weiteren Baumarten geringer Frequenz gebildet wird (Braun 1950). Diesen artenreichen Mischbeständen stehen die für West- und Mitteleuropa oft als repräsentativ angesehenen hallenartigen Buchenwälder aus *Fagus sylvatica* mit schlanken geraden Stämmen gegenüber. Aus den wenigen Urwaldreservaten, die es in den Buchenwaldgebieten Europas gibt, weiß man aber, dass dieser „Hallencharakter" das Ergebnis forstlicher Eingriffe ist, also

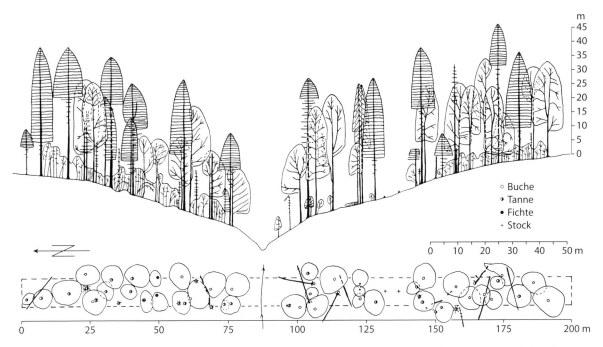

Abb. 6-7 Bestandsaufriss eines Bergmischwaldes aus Tanne und Buche (Urwaldgebiet Salajka im Südosten von Tschechien, Westkarpaten, 715–820 m NN, 1.144 mm Jahresniederschlag; aus Průša 1985). Der dreischichtige Baumbestand, der von einem Bach durchflossen wird, besteht aus *Abies alba* (bis über 40 m hoch), *Fagus sylvatica* (bis 30 m hoch) und einzelnen Exemplaren von *Picea abies*.

auf eine zeitgleiche Waldbegründung durch Aufforstung nach Kahlschlag oder Windwurf zurückzuführen ist (Ellenberg & Leuschner 2010). Im Naturzustand hätten auch die mitteleuropäischen Buchenwälder eine gestufte Struktur (z. B. Průša 1985, Korpel 1995 für Urwälder in Tschechien und der Slowakei). Dasselbe gilt für Reinbestände auch außerhalb Europas, nämlich in Japan (aus *Fagus crenata*), in Nordamerika (aus *Acer saccharum* in den „Maple Basswood Forests" im Nordwesten des nemoralen Laubwaldgebiets Nordamerikas) und in Patagonien (aus *Nothofagus pumilio*). Ihnen ist gemeinsam, dass es sich bei den dominanten Bäumen um schattenverträgliche und konkurrenzstarke Klimaxarten handelt. Nur an der Nordgrenze der nemoralen Laubwälder in kontinentalem Klima, nämlich zwischen Steppe und borealem Nadelwald, kommen gleichaltrige Reinbestände aus lichtbedürftigen, kurzlebigen Pionieren der Gattungen *Betula* und *Populus* vor (z. B. die hemiborealen Birkenwälder Sibiriens).

Die Strauchschicht besteht aus sommergrünen und immergrünen Arten. Der immergrüne Anteil ist in wintermilden, ozeanischen Gebieten der feuchten nemoralen Zone besonders hoch. In den schneereichen *Fagus crenata*-Wäldern an der Westseite der japanischen Hauptinsel Honshu finden sich lauro-

phylle Klein- und Zwergsträucher der Gattungen *Lindera* und *Ilex*. In den westeuropäischen sommergrünen Eichenwäldern bildet *Ilex aquifolium* oft einen dichten immergrünen Unterwuchs, gelegentlich vergesellschaftet mit *Buxus sempervirens* (Buxaceae) und – auf den Britischen Inseln – dem eingeschleppten, verwildernden *Rhododendron ponticum* (Ericaceae).

Das auffallendste Strukturmerkmal nemoraler Wälder ist aber das Vorhandensein einer im Mittel 20–40 cm hohen Pflanzendecke aus Kräutern, Gräsern und/oder Zwergsträuchern, welche die Bodenoberfläche – in Abhängigkeit von der Lichtdurchlässigkeit der Kronenschicht – bis zu 100 % bedeckt (Feldschicht). Diese Vegetation, gekennzeichnet durch eine ausgeprägte jahreszeitliche Rhythmik (s. u.), gibt es sonst nur noch in den borealen Wäldern, allerdings in einer an Arten verarmten Form; sie fehlt in den Tropen und Subtropen außerhalb der Gebirge weitgehend oder wird, soweit vorhanden, vorwiegend aus Kryptogamen gebildet, die auch im tiefsten Schatten leben können. Zwar kommen Farne, Bärlappe, Schachtelhalme und Moose (Letztere als eigene „Moosschicht") auch in den nemoralen Wäldern vor (vor allem in feuchten Gebirgs- und Schattenlagen und in hochozeanischen Gebieten), aber die

Blütenpflanzen prägen das Erscheinungsbild der Feldschicht. Die krautigen Vertreter unter ihnen zählen entweder zu den Hemikryptophyten oder den Geophyten. Sie sind überwiegend breitblättrig und malakophyll, meso- bis hygrophytisch und schattentolerant mit einem Lichtkompensationspunkt der Nettophotosynthese von 5–10 und einer Lichtsättigung von 100–200 µmol Photonen m^{-2} s^{-1} (Larcher 2001). Die Samen der meisten Arten werden durch Tiere verschleppt. Solche mit einem eiweiß- und zuckerhaltigen Anhängsel, dem Elaiosom (z. B. bei den *Viola*-Arten), werden von Waldameisen gesammelt und auf diese Weise ausgebreitet (Myrmekochorie).

Die Anzahl der (einheimischen) Gefäßpflanzenarten in der Feldschicht variiert zwischen zehn und 40 pro 100 m^2. In den thermisch begünstigten nordamerikanischen nemoralen Wäldern steigt sie bis auf 100 pro 100 m^2 (Palmer et al. 2003). Auf basen- bzw. kalkreichen Böden ist sie höher als auf basenarmen, ebenso in Beständen aus Bäumen mit nährstoffreicher, leicht mineralisierbarer Laubstreu (wie im Fall von *Tilia*, *Fraxinus* und *Acer*; Schmidt et al. 2009) als in solchen, in denen die abgefallenen Blätter N-arm sind und sich nur langsam zersetzen (Härdtle et al. 2003). Die Artenzahlen werden aber auch durch die forstliche Bewirtschaftung beeinflusst. So findet man mehr Arten in Beständen, in denen das Kronendach durch die Entnahme von Baumgruppen aufgelichtet wurde, als in unbewirtschafteten Naturwäldern; die höheren Artenzahlen sind allerding auch auf die Zunahme von Nicht-Waldarten (Störungszeiger) zurückzuführen (von Oheimb & Härdtle 2009).

Zumeist übertrifft die Artenzahl der Feldschicht diejenige der Baumschicht beträchtlich. Selbst in den baumartenreichen Wäldern Nordamerikas gibt es im Mittel 5,7-mal mehr Hemikryptophyten, Geophyten und Chamaephyten als Sträucher und Bäume (Gilliam 2007). Erstaunlich artenreich sind die hemiborealen Birken-Kiefern-Wälder im Sayan- und Altai-Gebirge (Chytrý et al. 2007, 2012); der artenreichste Bestand umfasst 45 Gefäßpflanzenspezies pro 1 m^2, 82 pro 10 m^2, 114 pro 100 m^2 und 149 pro 1.000 m^2 (Chytrý et al. 2012). Die Ursachen für derart hohe Artenzahlen liegen in der offenen Struktur dieser Wälder (Förderung von lichtbedürftigen Pflanzen) sowie in ihrer Grenzlage zwischen Wald und Steppe (Koexistenz von Grasland- und Waldbodenpflanzen).

Die Feldschicht ist für die Klassifikation und ökologische Interpretation der nemoralen Wälder ein wichtiges Merkmal. Vor allem in den europäischen Wäldern mit ihrer geringen Baumartenzahl und dementsprechend breiten ökologischen Valenz sowie der starken anthropogenen Veränderung der Baum-

schicht dient die Artenzusammensetzung der Feldschicht zur Diagnose der verschiedenen Waldgesellschaften, weil sie artenreicher und weniger vom Menschen gestört ist als die Baumschicht. So findet man hochwüchsige krautige Pflanzen auf ausreichend wasserversorgten, tiefgründigen und basenreichen Waldböden, während langsam wachsende, niedrige „azidophytische" Zwergsträucher aus der Familie Ericaceae mit einer besonderen Form der endotrophen Mykorrhiza (s. Abschn. 7.3.1) auf basenarmen, sauren Böden vorkommen (s. Abschn. 6.2.2.5; Kasten 6-3). Dieses Muster durchzieht nahezu alle nemoralen Wälder der Erde. Dass es überhaupt eine Bodenvegetation gibt, ist dem kahlen Zustand der Bäume vorwiegend im Frühling und Frühsommer zu verdanken. Nur dann dringt genügend Licht bis an die Bodenoberfläche vor.

6.2.2.2 Reproduktion und Dynamik

Die Blüten der Fagaceen, Betulaceen, Salicaceen und anderer häufiger Familien der nemoralen Zone werden durch den Wind bestäubt. Ausnahmen sind die Vertreter der Rosaceae (wie *Prunus*, *Sorbus* und Malus), Sapindaceae (*Aesculus*, viele *Acer*-Arten), Magnoliaceae, Eucryphiaceae u. a. Die Samen (bzw. Früchte) sind bei vielen Klimaxbaumarten (z. B. *Quercus*, *Fagus*) schwer, endospermreich und dysochor, bei Pionierbaumarten (*Betula*, *Alnus*, *Salix*) leicht und anemochor (Tab. 6-2). Eine Zwischenstellung nehmen die *Nothofagus*-Arten ein, die auf der Südhemisphäre geschlossene Klimaxwälder bilden: Mit ihren kleinen, vom Wind ausgebreiteten Samen und ihrem raschen Jugendwachstum sind sie überall präsent und in der Lage, auch offene Flächen wie beispielsweise vulkanisches Material rasch zu besiedeln.

Die meisten Baumarten der nemoralen Zone fruchten nicht jährlich, sondern im Abstand von mehreren Jahren. Vor allem die Klimaxbaumarten der Gattungen *Fagus* und *Quercus* (Tab. 6-3) können nur alle fünf bis acht Jahre (in sog. Mastjahren) so viele ihrer schweren, endospermreichen Samen erzeugen, dass nach dem Verlust durch Tierfraß genug für die Erhaltung des Waldbestands übrig bleibt (Kelly & Sork 2002). Zur Keimung gelangen also nur die von den Tieren „vergessenen" Samen, und auch diese nur, wenn die Keimungsbedingungen günstig sind. Dazu gehört selbst bei Schattenbäumen wie *Fagus* ein erhöhter Lichteinfall im aufgelockerten Bestand; viele Samen sind mehr oder minder ausgeprägte Lichtkeimer. Das gilt insbesondere für Pionier-(Weichholz-)arten wie *Betula* und *Populus*,

Tab. 6-3 Eigenschaften einiger Bäume der nemoralen Zone Europas.[1]

	Alter (Jahre)	max. Höhe (m)	Verträglichkeit von			Samen-gewicht (mg)	Aus-breitung
			Schatten (Jugend)	Spätfrost	Sommer-dürre (Alter)		
Abies alba	300–450	70	hoch	gering	gering	50,5	Wind
Acer pseudoplatanus	500	30	hoch	mittel	mittel	100	Wind[2]
Alnus glutinosa	120	30	mittel	mittel	gering	1,4	Wind
Betula pendula	100–150	30	gering	hoch	hoch	0,2	Wind
Carpinus betulus	250	30	hoch	mittel	mittel	45	Wind[2]
Fagus sylvatica	350–500	50	hoch	gering	gering	225	Tiere
Fraxinus excelsior	200	40	hoch	gering	hoch	69	Wind[2]
Pinus sylvestris	140–450	45	gering	hoch	hoch	6	Wind[2]
Quercus petraea	300–600	50	gering	mittel	hoch	2.800	Tiere
Quercus robur	300–900	50	gering	mittel	hoch	3.800	Tiere
Tilia cordata	400	45	mittel	mittel	hoch	?	Wind
Ulmus minor	400	30	mittel	mittel	mittel	?	Wind[2]

[1] Nach Bonnemann & Röhrig (1972), Oberdorfer (2001), Cornelissen et al. (1996), Ellenberg & Leuschner (2010); [2] Abfallen der Samen in den Wintermonaten (Winter- und Frühjahrsstürme sowie kahle Kronen begünstigen effektive Ausbreitung.

deren Samen ähnlich wie diejenigen der *Pinus*-Arten klein und leicht sind, vom Wind ausgebreitet werden, deshalb auch überall präsent sind und bei voller Besonnung am reichlichsten keimen. Die Hartholzarten wie *Acer*, *Carpinus*, *Fraxinus* oder *Liriodendron* nehmen eine Zwischenstellung ein; ihre Samen sind geflügelt und anemochor, der Reproduktionsabstand beträgt meist nur zwei bis drei Jahre und der Lichtbedarf für die Keimung ist geringer.

Dieses Keimverhalten ist eng mit der Dynamik nemoraler Laubwälder verknüpft. Ähnlich wie tropische und subtropische immergrüne Wälder verjüngen sie sich in Lücken, die entweder durch das Absterben einzelner alter Bäume (endogen) oder durch Windwurf (exogen) zustande kommen (von Oheimb et al. 2005). Dadurch entsteht ein sog. Phasenmosaik aus räumlich benachbarten, unterschiedlich alten Phasen des Walderneuerungszyklus. Sie werden als Verjüngungs- (Initial-), Optimal- (Übergangs-), Alters- und Zerfallsphase (Terminalphase) bezeichnet und unterscheiden sich in der Artenzusammensetzung: So kann es in der Verjüngungsphase je nach Größe und Bodenbeschaffenheit der Lücke zur vorübergehenden Dominanz von Ahorn-, Eschen-, Birken- oder Kiefernarten kommen, die beim Übergang in die Optimalphase von den Klimaxbäumen abgelöst

werden. In der Zerfallsphase werden lichtbedürftige „Lückenfüller" (wie die *Rubus*-Arten) aus der Samenbank durch den Lichteinfall und den Nährstoffschub aktiviert, der bei der plötzlichen Erwärmung der Bodenoberfläche aus der Mineralisation von Waldstreu und Humusauflage entsteht. Im Allgemeinen rechnet man in nemoralen Urwäldern mit einer endo- und exogenen Lückenbildungsrate von 0,1–2,5 % Flächenanteil pro Jahr (Runkle 1982, Ellenberg & Leuschner 2010). Für die Ausbildung eines kompletten Phasenmosaiks dürfte eine Mindestzeitspanne von 1.000 Jahren vonnöten sein (Nilsson & Baranowski 1997), ein Zeitraum ungestörter Waldentwicklung, der außer in schwer zugänglichen Gebieten (Südchile, Ostmandschurei, südliches Neuseeland) kaum mehr irgendwo realisiert sein dürfte.

6.2.2.3 Jahreszeitliche Rhythmik

Das auffallendste physiognomische Merkmal sommergrüner Laubwälder ist der Wechsel zwischen belaubtem und kahlem Zustand der bestandsbildenden Bäume. Die neuen Blätter entwickeln sich im Frühjahr, gefolgt von einer Phase des Höhen- und Dickenwachstums der Bäume, die im Sommer abgeschlossen ist. Im Herbst, auf der Nordhalbkugel im Oktober, beginnen der Abbau des Chlorophylls und der Abtransport wertvoller Inhaltsstoffe in die Speichergewebe von Stamm und Wurzeln; die residuale Anreicherung von roten und gelben Farbstoffen führt zu der bekannten Herbstfärbung, die in Nordamerika als „Indian Summer" bezeichnet wird. Die Blätter werden durch die Ausbildung eines Trenngewebes zwischen Blattstiel und Holz abgeworfen. Im Winter sind die Bäume kahl und die metabolischen Aktivitäten stark reduziert (dormante Phase; Kasten 6-2). Manche Gehölze tropischer Verwandtschaft (z. B. *Ligustrum vulgare*, Oleaceae) behalten ihr Laub im grünen Zustand in sehr milden Wintern; sie sind fakultativ laubabwerfend.

Diese äußerlich sichtbare Rhythmik ist mit einer Reihe physiologischer Prozesse verknüpft (Larcher 2001, Welling & Palva 2006). So werden gegen Ende des Sommers Winterknospen an der Triebspitze und in den Blattachseln angelegt und durch aktivitätshemmende Phytohormone stillgelegt (Endodormanz). Die Knospenruhe kann deshalb auch nicht durch eine vorübergehende wärmere Phase aufgehoben werden; andernfalls würden die Pflanzen beginnen auszutreiben und liefen bei einer folgenden Frostperiode Gefahr zu erfrieren. Die Endodormanz wird erst beendet, wenn ein physiologisches Kältebedürfnis von mehreren Wochen bei Temperaturen um den Gefrierpunkt erfüllt ist. Damit gelangen die Knospen in ein ecodormantes (d. h. von außen verursachtes dormantes) Stadium, in dem sie für Temperaturreize empfänglich sind. Steigt die Umgebungstemperatur, nimmt die Konzentration aktivitätssteigernder Phytohormone zu und der Betriebsstoffwechsel wird in Gang gesetzt. Ab diesem Zeitpunkt kann die Laubentwicklung durch ungünstige Witterungsbedingun-

gen lediglich verzögert, aber nicht mehr verhindert werden. Der Zeitpunkt der Aufblühens (wie auch derjenige der Blattentfaltung) wird vermutlich von der Überschreitung bestimmter Temperaturschwellenwerte im Boden (bei Bäumen über 7 °C, Körner 2010) und im Kronen- bzw. Stammbereich der Wälder gesteuert (bei Laubbäumen etwa 10–15 °C; Larcher 2001).

Die Blütezeit der sommergrünen Bäume erstreckt sich über das gesamte Frühjahr von Februar/März bis Juni. Der Blühzeitpunkt in dieser Zeitspanne ist (innerhalb eines witterungsabhängigen Schwankungsbereichs von zwei bis drei Wochen) artspezifisch gestaffelt (Abb. 6-8). In Europa beginnen einige Bäume schon Wochen vor der Laubentwicklung zu blühen (wie *Corylus avellana*, *Cornus mas*), andere kurz vorher (wie *Acer* und *Fraxinus*), wieder andere zu Beginn der Belaubungsphase (*Quercus*) oder erst dann, wenn die Blätter bereits voll entwickelt sind (*Fagus*). Unter anderem daraus erklären sich die Verbreitungsmuster der nemoralen Laubbäume (und ihrer Ökotypen) und der zugehörigen Waldgesellschaften; denn früh blühende Bäume werden, sofern ihre Blüten frostempfindlich sind, im kontinentalen Klima mit kurzem, frostreichem Frühling eher geschädigt und damit zugunsten spät blühender Gehölze verdrängt.

Auch die Assimilatverteilung bei Bäumen unterliegt einer jahreszeitlichen Rhythmik (Larcher 2001; Abb. 6-9). Bei den sommergrünen Laubbäumen werden zu Beginn des Blattaustriebs die Kohlenhydratspeicher im Stamm und in den Wurzeln entleert und die Assimilate den Knospen und Blättern zugeführt. Rund 30 % des Speichers dienen dem Aufbau der Blätter. Später werden vorrangig Blüten und heranwachsende Früchte versorgt. Mit fortschreitender

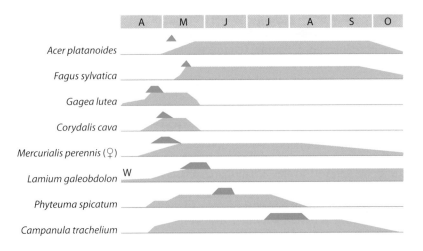

Abb. 6-8 Phänologisches Diagramm eines mitteleuropäischen Buchenwaldes (Auszug; nach Dierschke 1994, verändert). Im unteren Teil des Diagramms jeder Art ist die vegetative, im oberen Teil die generative Entwicklung eingetragen. W = überwinternde oberirdische Pflanzenteile. Frühlingsgeophyten sind *Gagea* und *Corydalis*, Frühjahrsblüher (außer den Bäumen) *Mercurialis*, *Lamium* und *Phyteuma*. *Campanula trachelium* ist ein Sommerblüher.

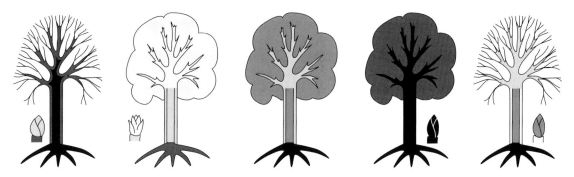

Abb. 6-9 Jahreszeitliche Stärkespeicherung und -mobilisierung in *Fagus sylvatica* (nach Gäumann 1935 aus Larcher 2001, verändert). Maximale Speicherung ist schwarz, reichliche Speicherung dunkelgrau und spärliche Speicherung mittelgrau eingetragen. Hellgrau: Stärke nicht oder nur in Spuren nachweisbar. Von links nach rechts: Frühjahr unmittelbar vor dem Laubaustrieb, während des Laubaustriebs, im Hochsommer, im Herbst unmittelbar vor dem Laubabwurf, im Winter bei kältebedingter reversibler Umwandlung von Stärke in lösliche Kohlenhydrate.

Jahreszeit wird der Überschuss der von den Blättern erzeugten Assimilate in den Holzkörper und die Rinde von Ästen, Stamm und Wurzeln verlagert, dort gespeichert und steht dann im Frühjahr für den erneuten Austrieb zur Verfügung.

Physiognomisch auffallend ist auch die jahreszeitliche Rhythmik der Feldschicht (Dierschke 1994; Abb. 6-8). Blatt-, Blütenentwicklung, Samenreife und Vergilbung der Blätter sind genetisch determiniert und beruhen auf einem ausgeklügelten System licht- und temperaturgesteuerter Mechanismen. Die Waldbodenpflanzen nemoraler Laubwälder nutzen auf diese Weise zeitliche Nischen im Jahresablauf und koexistieren in einem konkurrenzärmeren Umfeld. Nach dem Zeitpunkt der Blüten- (regenerative Phase) und der Blattentwicklung (vegetative Phase) lassen sich drei phänologisch unterschiedliche Gruppen unterscheiden (Abb. 6-8):

1. **Frühlingsgeophyten** entwickeln ihre Blüten und Blätter vor der Belaubung der Bäume, wenn der Waldboden sich in vollem Sonnenlicht erwärmt hat. Sie benötigen dafür die in unterirdischen Organen gespeicherten Ressourcen, da um diese Zeit noch kaum Nährstoffe aus Mineralisationsvorgängen im Boden zur Verfügung stehen. Bevor die Blätter zu Sommerbeginn welken und die Pflanzen den Rest der Vegetationszeit unterirdisch verbringen, werden die Vorräte in neu angelegten Speicherorganen für ihre Verwendung im folgenden Jahr wieder aufgefüllt.
2. **Frühjahrsblüher** (zu denen auch die meisten Bäume gehören) bilden ihre Blüten zu Beginn der vegetativen Phase. Auch sie betreiben eine ausgeprägte Nährstoffvorratshaltung aus den o. g. Gründen. Die Blätter mancher dieser Taxa bleiben im Winter unter der Schneedecke grün, etwa bei *Asa-*

rum europaeum, *Hepatica nobilis* und *Lamium galeobdolon*.
3. **Sommerblüher** entwickeln ihre Blüten erst nach einer längeren vegetativen Vorlaufphase in einer Zeit, in der die Bäume bereits voll belaubt sind. Es handelt sich um schattenverträgliche Hemikryptophyten ohne ausgeprägte Nährstoffspeicher. Beispiele sind *Circaea lutetiana*, *Galeopsis tetrahit* und *Stachys sylvatica*.

6.2.2.4 Phytomasse und Kohlenstoffhaushalt

Die oberirdische Phytomasse der Bäume in naturnahen nemoralen sommergrünen Laubwäldern, d. h. mit 20–30 % alter Individuen (BHD > 70 cm), beträgt in Nordamerika (Oak-Hickory und Maple-Beech Forests) 250–350 t ha^{-1} (Brown et al. 1997), in Europa (Buchen- und Eichenmischwälder) 200–400 t ha^{-1} und in Japan (*Fagus crenata*-Wälder) 200–300 t ha^{-1} (Röhrig 1991). Hinzu kommen die Grob- und Feinwurzeln, deren Anteil mit 20–40 % der oberirdischen Baumphytomasse anzusetzen ist (Röhrig 1991). Der Blattanteil liegt lediglich bei 1–2 %; allerdings müssen die Bäume etwa 30 % ihres jährlichen C-Gewinns in den Aufbau der Blätter stecken. Damit ist der Assimilatbedarf während der Laubentfaltung im Frühjahr besonders hoch und muss vorrangig aus den über den Winter gespeicherten Vorräten gedeckt werden.

Zur Phytomasse des Waldes tragen auch Strauch- und Feldschicht bei, wenn auch nur mit weniger als 10 %. Ihre Phytomasse variiert beträchtlich (nach Röhrig 1991 100–3.000 kg ha^{-1}), weil sie von der Bestandsstruktur (Lichteinfall) sowie der Nährstoff- und Wasserversorgung abhängt und somit recht

Kasten 6-2

Frostresistenz bei nemoralen Pflanzen

Wie bei anderen Stressfaktoren unterscheidet man auch bei der Frostresistenz Vermeidung (Abschirmung) von Toleranz (Überleben von Gefrierstress; Larcher 2001; Abb. 1). **Frostvermeidung** beruht auf der Isolation der lebenswichtigen Organe gegenüber tiefen Temperaturen und Wärmeverlust. Waldbodenpflanzen der nemoralen Zone schützen ihre Überwinterungsknospen entweder durch Knospenschuppen (Phanerophyten, Chamaephyten), durch eine Laubstreudecke auf dem Waldboden (Hemikryptophyten) oder durch die Position unter der Bodenoberfläche (Geophyten). Auch die Verlagerung der aktiven Phase in die (weitgehend) frostfreie Jahreszeit gehört zu den Vermeidungsstrategien.

Dringt der Frost dennoch bis in das Gewebe vor, überleben Pflanzen den Gefrierstress, indem sie entweder das Ausfrieren des Wassers durch Gefrierpunktserniedrigung bzw. durch Unterkühlung des Zellsaftes verhindern (Gefrierverhinderung) oder die mit dem Ausfrieren verbundene Zellkontraktion und Dehydratation (Entwässerung) tolerieren (Gefrierbeständigkeit). Die **Gefrierpunktserniedrigung** im Zellsaft wird durch Konzentrierung wasserlöslicher Stoffe wie Zucker erreicht und bietet Schutz bis ca. –5 °C. Persistente **Unterkühlung** (*supercooling*) ist im Gegensatz zur kurzfristigen Unterkühlung (wie bei Pflanzen tropischer Hochgebirge mit täglichem Frostwechsel; s. Abschn. 2.3.3) nur in Geweben mit Nukleationsbarrieren möglich wie im Holz von Bäumen und Sträuchern, bei denen die Zellwände dick und starr sind und die Eisausbreitung verzögern; dabei können bis zu –40 °C ausgehalten werden. **Gefrierbeständigkeit** tritt bei Pflanzen auf, die längere Zeit strengem Frost widerstehen müssen, wie den immergrünen Nadelbäumen der nemoralen und borealen Zone. Sie überstehen Temperaturen von bis zu –40 °C, wobei das Gewebewasser in den Interzellularen komplett gefriert. Um die Dehydratationsbelastung zu reduzieren und die Strukturproteine des Protoplasmas zu stabilisieren, werden kältestabile Phospholipide in die Biomembranen eingebaut und Schutzproteine erzeugt (Larcher 2001).

Die Gefrierbeständigkeit wird nicht das ganze Jahr über aufrechterhalten, sondern photoperiodisch (Verkürzung der Tageslänge) und thermisch (Absinken der Temperatur) im Spätsommer/Herbst erzeugt (Li et al. 2004). Dieser Abhärtungsvorgang ist bei Holzpflanzen zweigeteilt. Einer Vorabhärtungsphase (Anreicherung von Zucker und anderen Schutzstoffen, Zerteilung der Vakuole, Entwässerung des Protoplasmas) folgt die Hauptabhärtungsphase bei Temperaturen unter 0 °C mit Vorgängen, die die Gefrierbeständigkeit erhöhen. Eine entscheidende Rolle spielt dabei das Pflanzenhormon Abscisinsäure (ABA), dessen Konzentration während der Abhärtungsphase ansteigt und die Genexpression für die Synthese von Schutzproteinen aktiviert (Bertrand et al. 1997). Während des Enthärtungsvorgangs sinkt die ABA-Konzentration wieder ab.

unterschiedlich ausfallen kann. So haben die mitteleuropäischen bodensauren Hainsimsen-Buchenwälder (Luzulo-Fagion) nur eine spärliche und artenarme Feldschicht, während die Waldgräser und -kräuter in den Waldmeister-Buchenwäldern (Galio-Fagion) auf basenreichen Böden üppig entwickelt sind und eine Trockenmasse von über 2 t ha^{-1} aufbauen (Tab. 6-4). Das Spross-Wurzel-Verhältnis der Feldschicht ist, im Gegensatz zu demjenigen der Bäume, zugunsten der unterirdischen Phytomasse verschoben (0,3–0,5), wozu ganz wesentlich die Geophyten mit ihren Speicherorganen beitragen.

Die oberirdische Nettoprimärproduktion (NPP) von mitteleuropäischen Buchenwäldern variiert nach Ellenberg & Leuschner (2010) zwischen 7,7 und 12,5 t Trockenmasse ha^{-1} a^{-1}, entsprechend einer jährlichen Kohlenstoffspeicherung von rund 3,5–5,6 t C ha^{-1} a^{-1}. Berücksichtigt man auch die unterirdische NPP (etwa 20 % der oberirdischen; Scarascia-Mugnozza et al. 2000), so kommt man auf eine Gesamt-NPP von 4,2–6,7 t C ha^{-1} a^{-1}. Diese Werte liegen im Rahmen des für nemorale sommergrüne Laubwälder angegebenen Mittels von 6,0 t ha^{-1} a^{-1} (Luyssaert et al. 2007; s. Tab. 2-5 in Abschn. 2.1.6) und deutlich höher als in immergrünen borealen Nadelwäldern (0,6 t ha^{-1} a^{-1}) mit ihrer kurzen Vegetationszeit. Sie übertreffen aber auch die tropischen Tieflandregenwälder (4,3–5,9 t ha^{-1} a^{-1}; ebd.), weil dort bei den ganzjährig hohen Temperaturen ein beträchtlicher Teil des C-Gewinns wieder veratmet wird. Die Spanne zwischen dem jeweils niedrigsten und höchsten Wert erklärt sich nicht nur aus der standörtlichen Heterogenität der Probeflächen, in denen die Daten erhoben wurden; denn die Produktionsleistungen beispielsweise von Eichen-Hickory-Wäldern im östlichen Nordamerika variieren zwischen 4,5 t ha^{-1} a^{-1} auf den ärmsten und 21 t ha^{-1} a^{-1} auf den fruchtbarsten Böden (Peet 1981). Sie resultiert auch daraus, dass häufig unterschiedlich alte Bestände untersucht wurden. Da der Zuwachs eines Waldes mit zunehmendem Baumalter nicht linear ansteigt, sondern im Alter von 40 bis 60 Jahren kulminiert (Whittaker 1970; Abb. 6-10), sind Jungbestände produktiver als alte, reife Entwicklungsphasen.

Tab. 6-4 Phytomasse und Nettoprimärproduktion (NPP) von drei Buchenwaldtypen zwischen Göttingen, Kassel und Höxter (Solling: Luzulo-Fagetum typicum auf sauren, basenarmen Böden; Zierenberg: Hordelymo-Fagetum circaeetosum mit *Urtica dioica*; Göttinger Wald: Hordelymo-Fagetum lathyretosum auf basenreichen Böden. Ergebnisse einer über 30-jährigen interdisziplinären Kooperation unter Federführung des Waldforschungszentrums der Universität Göttingen (Brumme & Khanna 2009a); n.v. = nicht vorhanden, k.I. = keine Information.

	Vegetationstyp					
	Luzulo-Fagetum typicum		Hordelymo-Fagetum circaeetosum		Hordelymo-Fagetum lathyretosum	
allgemeine Informationen[1]						
Deckung Baumschicht (%)	89,0 ± 8,3		64,4 ± 22,5		82,8 ± 14,5	
Deckung Strauchschicht (%)	n.v.		2,9 ± 3,7		12,4 ± 21,6	
Deckung Feldschicht (%)	29,8 ± 26,9		69,1 ± 23,4		85,6 ± 18,6	
Artenzahl (Kormophyten)	7,9 ± 2,4		15,7 ± 4,9		21,5 ± 4,2	
pH (0–5 cm, KCl, CaCl$_2$)	2,9–3,4		5,4 ± 0,5		6,2 ± 0,7	
Baumalter (2003, Jahre)	165		160		120–130	
Baum-Phytomasse (a) und -produktivität (b)[2] in t Trockenmasse ha^{-1} (a) bzw. ha^{-1} a^{-1} (b)						
	a	b	k.I.	k.I.	a	b
Blätter	3,5	3,5	k.I.	k.I.	3,7	3,7
Holz inkl. Rinde	355,4	2,2	k.I.	k.I.	427,0	5,7
Fein- und Grobwurzeln	34,8	3,5	k.I.	k.I.	77,2	2,0
Summe	493,7	9,2	k.I.	k.I.	507,9	11,4
Phytomasse (a) und Produktivität der Feldschicht (b)[3] in kg Trockenmasse ha^{-1} (a) bzw. ha^{-1} a^{-1} (b)						
	a	b	a	b	a	b
oberirdisch	13–22	k.I.	560 ± n.v.	k.I.	795 ± n.v.	k.I.
unterirdisch	18–34	k.I.	1.589 ± n.v.	k.I.	1.548 ± n.v.	k.I.
gesamt*	27–56	14–30	1.865 ± n.v.	1.069	2.098 ± 500	1.305
Gesamtbestand[4] (t Kohlenstoff ha^{-1} a^{-1})						
NPP der Bäume	5,1		5,0		6,5	
NPP Gesamtvegetation	5,1		5,4		6,7	

[1] Aus Schmidt 2009; [2] aus Rademacher et al. 2009; [3] aus Schulze et al. 2009; [4] aus Brumme & Khanna 2009b. * Wegen unterschiedlicher Erhebungsmethoden sind die Werte kleiner als die Summe von ober- und unterirdischer Phytomasse.

Ob die Produktivität von nemoralen Wäldern mit zunehmender Baumartenzahl ansteigt (Diversity-Productivity Relationship Hypothesis: DPR), wird kontrovers diskutiert (Adler et al. 2011, Morin et al. 2011, Zhang et al. 2012). Ein höherer Zuwachs von Misch- im Vergleich zu Reinbeständen ist nur dann möglich, wenn die beteiligten Bäume die verfügbaren Ressourcen in Raum und Zeit komplementär nutzen und, umgekehrt, manche potenziell verfügbaren Ressourcen in Monokulturen brachliegen. Damit ist das Ergebnis vom Standort sowie der Art und Anzahl der beteiligten Bäume abhängig. Ist diese Konstellation im Sinne der DPR nicht erfüllt, unterscheiden sich Rein- und Mischbestände nicht oder Reinbestände sind produktiver (Jacob et al. 2010). Kombiniert man in Forstkulturen zwei Baumarten mit unterschiedlichen Ansprüchen an die Nährstoff-, Wasser- und Lichtversorgung (Tiefwurzler, Flachwurzler; Nadelbaum, Laubbaum; schattentolerant, lichtbedürftig) oder mit unterschiedlicher Entwicklungsdauer (Pioniere, Klimaxbäume; Bäume mit früher und später Kulmination des Zuwachses), kann die Produktivität

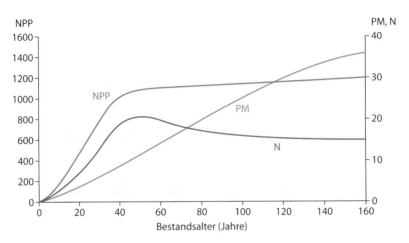

Abb. 6-10 Entwicklung der jährlichen oberirdischen Nettoprimärproduktion (NPP in g Trockengewicht m^{-2} a^{-1}), Phytomasse (PM in kg Trockengewicht m^{-2}) und Artendichte (N in Anzahl 0,1 ha^{-1}) eines Kiefern-Eichen-Waldes auf Long Island, New York, nach Feuer (nach Whittaker & Woodwell 1968 aus Whittaker 1970). Die NPP steigt in den ersten Jahren nach der Vernichtung der oberirdischen Phytomasse duch Feuer rasch an, wozu der Stockausschlag der Eichen wesentlich beiträgt, und stabilisiert sich bei etwa 1.050 g m^{-2} a^{-1}. Die Biomasse nimmt langsam, aber stetig zu. Ab einem Bestandsalter von rund 150 Jahren verlangsamt sich der Anstieg. Die Artenzahlen kulminieren nach 50 Jahren und sinken dann mit zunehmendem Kronenschluss wieder ab, weil lichtbedürftige Pioniere verschwinden. Das Modell wird heute noch als gültig für nemorale und boreale Wälder angesehen.

in den Mischbeständen allerdings um bis zu 30 % größer sein als in Reinbeständen (Pretzsch 2005). Umgekehrt sinkt sie um denselben Prozentsatz im Vergleich zu Monokulturen, wenn sich funktionale Merkmale und ökologische Nischen der beteiligten Baumarten nicht unterscheiden, diese also um dieselben Ressourcen konkurrieren. Produktionssteigernd ist zum Beispiel die Kombination aus *Picea abies* und *Larix decidua* (Klimaxart und Pionier).

6.2.2.5 Azidophytische und basiphytische Waldbodenpflanzen

Wie wir in Abschn. 6.2.2.1 erwähnt haben, wird für die pflanzensoziologische Klassifikation der nemoralen sommergrünen Laubwälder West- und Mitteleuropas die Artenzusammensetzung der Feldschicht herangezogen (Pott 1995). Waldbodenpflanzen zeigen nämlich eine fein abgestufte Reaktion auf Bodenfeuchte, Menge und Qualität pflanzenverfügbarer Nährstoffe sowie auf anthropogene Eingriffe (Holzentnahme, Beweidung, Stickstoffeintrag aus der Luft) und dienen deshalb als Indikatoren für Umweltzustände und -veränderungen (wie beispielsweise die ökologischen Gruppen von Waldbodenpflanzen in der forstlichen Standortserkundung; Ellenberg 1963).

Am auffallendsten ist der Unterschied zwischen basiphytischen („Basenzeiger") und azidophytischen Pflanzen („Säurezeiger") in den mitteleuropäischen

Wäldern. Während Erstere ausschließlich auf Böden mit hoher Basensättigung vorkommen, dominieren Letztere wie die in Abschn. 6.2.2.1 genannten Zwergsträucher auf basenarmen sauren Braunerden. Da Basiphyten mit rund 64 % in der Waldbodenflora der mitteleuropäischen sommergrünen Laubwälder der Klasse Querco-Fagetea überwiegen (Ewald 2003; s. Kasten. 6-3), sind die Wälder auf Karbonat- und K-, Ca- und Mg-haltigen Silikatgesteinen artenreicher (s. Tab. 6-4), sofern die Artenzahl nicht durch andere Stressfaktoren erniedrigt ist.

Die Ursachen für diesen Unterschied sind im Chemismus der Rhizosphäre und der physiologischen Konstitution der Arten einerseits und in ihrem Konkurrenzverhalten andererseits begründet (Graves et al. 2006, Ellenberg & Leuschner 2010). So sind viele Azidophyten nicht in der Lage, die in Karbonatböden schwer verfügbaren Eisenverbindungen und Phosphate aufzunehmen, sie sind also physiologisch kalkfliehend („calcifug"). Dagegen können die „Calcicolen" unter den Basiphyten diese beiden Ionen durch Wurzelexsudation organischer Säuren mobilisieren (Tyler & Ström 1995). Hinzu kommen toxische Effekte freier Al^{3+}-Ionen und Protonen in sauren Böden, die Calcicole, aber nicht Calcifuge schädigen (Runge & Rode 1991, Falkengren-Grerup & Tyler 1993). Umgekehrt stören hohe Ca^{2+}-Mengen in der Bodenlösung von Karbonatböden das für die Permeabilität der Zellmembranen verantwortliche Ionengleichgewicht im Gewebe (Ca/K-Antagonismus; Kinzel 1982), wenn die Pflanzen nicht wie die Calcicolen den Zustrom von Ca-Ionen in das Wurzelinnere effizient zu bremsen in der Lage wären. Manche Azidophyten (wie die Ericaceen-Zwergsträucher der Gattung *Vaccinium*) können außerdem bei niedriger Nitrifikation in sauren Böden auf Ammonium-Ionen oder sogar auf freie Aminosäuren als Stickstoffquelle ausweichen (Bogner 1968, Schulze et al. 2002). Schließlich ist im Waldschatten, also unter eingeschränkter Kohlenstoffaufnahme bei Lichtmangel, das Wachstum basiphytischer Kräuter eher Stickstoff-, Phosphor- bzw. Kalium-, dasjenige azidophytischer Zwergsträucher mit ihrem größeren Holzanteil eher Kohlenstoff-limitiert; in reichlich mit Nährstoffen versorgten Wäldern sind NPP und Phytomasse deshalb in der Regel höher als in solchen auf armen Standorten (Graves et al. 2006).

Warum manche Waldbodenpflanzen nur (oder vorwiegend) auf sauren, andere auf basenreichen Böden vorkommen, ist aber auch das Ergebnis eines Wettbewerbs um Ressourcen. Physiologisch bodenvage Pflanzen, die weder calcicol noch calcifug sind, weil sie auf basenarmen und -reichen Waldböden gleich gut wachsen können (wie zahlreiche Kultivierungsversuche gezeigt haben; z. B. Sebald 1956), weichen konkurrenzbedingt in die eine oder die andere Richtung aus. Ein Beispiel ist der Azidophyt *Luzula luzuloides*, nach dem die europäischen bodensauren Buchenwälder ihre Bezeichnung Luzulo-Fagenion erhielten.

6.2.2.6 Klassifikation und Verbreitung

6.2.2.6.1 Übersicht
Gliederung und Verbreitung der zonalen nemoralen Laubwälder stimmen in den drei Regionen der nemoralen Zone der Nordhemisphäre in groben Zügen überein. Die im Folgenden beschriebenen Waldtypen sind deshalb in Tab. 6-5 einander gegen-

Tab. 6-5 Übersicht über die nemoralen Laubwälder der Nordhalbkugel.

Klimatyp	Europa und Westasien	Ostasien	Ost-Nordamerika
1a ozeanisch, sommerkühl	west-, mittel- und südosteuropäische Rotbuchen- und Rotbuchen-Tannenwälder, euxinische Orientbuchenwälder	nördliche ozeanische Laubmischwälder einschließlich *Fagus crenata*- und *F. japonica*-Wälder	Buchen-Zuckerahorn-Wälder (Beech-Maple Forests)
1b ozeanisch, sommerwarm	fehlt	fehlt	Eichen-Tulpenbaum-Wälder (Mixed Mesophytic Forests *s. l.*)
2 hochozeanisch	west- und nordwesteuropäische Eichenmischwälder	fehlt	fehlt
3 hochozeanisch mit Sommertrockenheit	fehlt	fehlt	fehlt (nur im Westen)
4 nemoral-boreal	hemiboreale Laubholz-Fichten-Kiefern-Mischwälder[1]	hemiboreale Kiefern-Laubholz-Mischwälder mit *Pinus koraiensis*[1]	hemiboreale Hemlock-Laubmischwälder (Hemlock-White Pine-Northern Hardwood Forests)[1]
5 nemoral-subtropisch	kolchisch-hyrkanische Eichenmischwälder submediterrane Eichenmischwälder	subtropisch-nemorale Mischwälder	Southeastern evergreen region (einschließlich Fragmente subtropischer Lorbeerwälder)
6 kontinental	mittel- und osteuropäische Eichenmischwälder	kontinentale Eichenwälder	Eichen-Hickory-Wälder (Oak-Hickory Forests)
7 hochkontinental	südsibirische hemiboreale Birkenwälder[1]	Waldsteppenzone mit *Quercus mongolica* und *Ulmus pumila*	kanadische hemiboreale Pappel-Birkenwälder[1]

[1] Zum Begriff „hemiboreal" für die Übergangszone zwischen borealen Nadelwäldern und nemoralen sommergrünen Laubwäldern s. Ahti et al. (1968).

_Kasten 6-3 _____

Warum gibt es auf der Nordhemisphäre mehr basiphytische als azidophytische Arten?

In der Vegetation Mitteleuropas fällt auf, dass Pflanzengemeinschaften auf basenreichen, v. a. karbonathaltigen Böden artenreicher sind als solche auf basenarmen Silikatböden gleicher Floren- und Vegetationsgeschichte (Ellenberg & Leuschner 2010). Diesen Unterschied findet man nicht nur in Wäldern, wie oben schon dargelegt, sondern auch in anthropogenen Magerwiesen und arktisch-alpinen Gras- und Zwergstrauchtundren (s. Abschn. 6.5.4). Die Ursache liegt, wie Ewald (2003) anhand der R-Zeigerwerte (R = Reaktionszahl) der mitteleuropäischen Flora nachweist (Ellenberg et al. 2001), in einem Florenungleichgewicht im mitteleuropäischen Artenpool: Danach gibt es signifikant weniger Azidophyten (Säurezeiger; R-Zahl 1–6) als Basiphyten (Basenzeiger; R-Zahl 7–9).

Weltweit betrachtet ist dieses Phänomen auf die vom eiszeitlichen Geschehen betroffenen Gebiete in Europa, Nordamerika und Asien beschränkt (Pärtel 2002); in den Tropen und Subtropen sowie auf der gesamten Südhemisphäre ist die Artenzahl entweder von der Basenversorgung der Böden unabhängig oder sie ist sogar auf sauren, P-armen Böden besonders hoch (wie im Fall der Hartlaubgebüsche in Australien und Südafrika; s. Abschn. 5.3.1.3). In diesem Fall ist der azidophytische Artenpool größer als der basiphytische (Pärtel 2002).

Es liegt deshalb nahe, die Ursache für die größere Artendichte von Pflanzengemeinschaften auf basenreichen Böden der Nordhalbkugel mit dem Pleistozän in Verbindung zu bringen. Ewald (2003) hat hierzu folgende Hypothese aufgestellt (Abb. 1): Am Ende des Tertiärs waren die zonalen Böden humider Klimate weitgehend ausgewaschen und basenarm. Demnach muss der Artenpool reicher an Azidophyten als an Basiphyten gewesen sein; Letztere waren auf die flächenmäßig wenig bedeutsamen Pionierstandorte der Meeresküsten, Flussauen oder des Umfelds von Vulkanen (Asche- und Lavadepositionen) beschränkt. Während des Pleistozäns wurden durch Wasser, Wind und Eis frische, basenreichere Sedimente wie Löss, Moränenmaterial und Schotter transportiert und großflächig abgelagert sowie Muttergestein durch Erosion freigelegt. Die alten vorpleistozänen, sauren Böden wurden abgetragen oder überschüttet. Dadurch dürften mit hoher Wahrscheinlichkeit viele der spättertiären Azidophyten ausgestorben sein, ohne dass dieser Rückgang durch die Entwicklung neuer basiphytischer Taxa in der (unter Evolutionsgesichtspunkten) recht kurzen Zeit des Pleisto- und Holozäns kompensiert werden konnte. Das Verschwinden der Säurezeiger dürfte außerdem noch dadurch verstärkt worden sein, dass die meisten hochglazialen Rückzugsgebiete der mittel- und westeuropäischen Flora semiarid (Frenzel et al. 1992) und ihre Böden schon deshalb eher basenreich als sauer waren. Die Arten, die im Holozän aus den pleistozänen Refugien wieder eingewandert sind, müssten demnach vorwiegend basiphytische Pflanzen gewesen sein. Das Pleistozän wirkt deshalb wie ein Flaschenhals (*bottleneck*), der Azidophyten ausfiltert und Basiphyten durchlässt.

Dieses paläoökologische Modell, das auf einem *species pool effect* beruht (Zobel et al. 1998), ist allerdings nicht die einzige Ursache für die hohen Artenzahlen der Vegetation auf basenreichen Böden. Zahlreiche Interaktionen, die direkt oder indirekt mit dem pH und der Basensättigung verknüpft sind, wie die Menge des Niederschlags in kontinentalen Wald-Steppen-Übergangsklimaten (Palmer et al. 2003, Chytrý et al. 2007), können die Artdichte ebenso beeinflussen wie Konkurrenz-Koexistenzphänomene. Ein Beispiel für Letzteres ist die Artendichte (Artenzahl pro Flächeneinheit) in anthropozoogenen Magerrasen Mitteleuropas (Dengler 2005). Sie kann in Kalkmagerrasen mehr als doppelt so hoch sein wie in bodensauren Borstgrasrasen mit dem dominanten, calcifugen Borstgras (*Nardus stricta*). Die Ursache für diesen Unterschied wird in der Heterogenität des skelettreichen Leptosols aus Kalk und Dolomit mit einer Vielzahl an Mikrostandorten im Vergleich zu den homogenen skelettarmen Silikatböden gesehen (Gigon & Leutert 1996): Viele Taxa könnten auch auf saurem Substrat wachsen, werden aber von dem dichten Wurzelfilz von *Nardus stricta* verdrängt und finden ihre Nische als konkurrenzschwache „Lückenbüßer" (*stopgaps*) eher in dem heterogenen Milieu des Kalkmagerrasens. Diese Arten sind also nicht calcifug im physiologischen Sinn; ihr azidophytisches Verhalten ist konkurrenzbedingt.

So nachvollziehbar die Hypothese von Ewald (2003) vor dem Hintergrund der pleistozänen und holozänen Boden- und Vegetationsentwicklung erscheint, so wenig ist sie bisher belegt. Der ordinalskalierte R-Zeigerwert allein, empirisch im Gelände erhoben, Ergebnis einer Kombination aus physiologischem und konkurrenzbedingtem Verhalten, ist als Beweis für einen pleistozänen Flaschenhals zu wenig aussagekräftig, weil sich dahinter auch Taxa mit einem gegenüber der Bodenreaktion indifferenten Verhalten verbergen können, die nur konkurrenzbedingt auf basenreiche oder basenarme Standorte ausweichen. Neben fossilen Nachweisen eines azidophytischen Artenpools im Pliozän müsste deshalb die Zahl derjenigen Taxa bekannt sein, die ausschließlich aufgrund ihrer physiologischen Konstitution entweder (als Calcifuge) nur auf sauren, basenarmen Böden mit hoher H^+ und Al^{3+}-

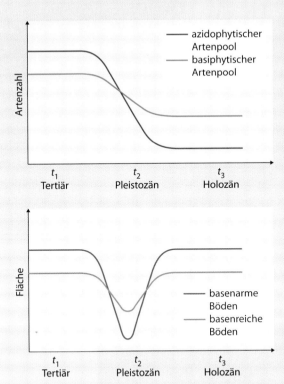

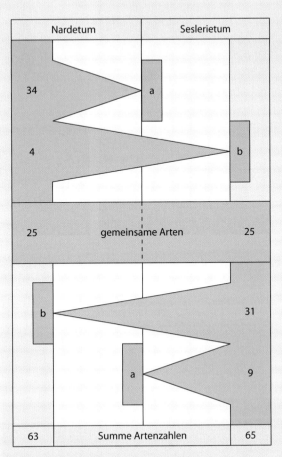

Abb. 1 Paläoökologisches Modell der Entwicklung von Standortqualität (basenarme, saure Böden, basenreiche Böden) und Artenreichtum (Azidophyten, Basiphyten) vom ausgehenden Tertiär (t_1) über das Pleistozän als „Flaschenhals" für den Artenpool (t_2) bis heute (Holozän; t_3). Nach Ewald (2003), verändert.

Abb. 2 Schema der Artenzusammensetzung zweier subalpiner Rasen (Borstgrasrasen = Nardetum, Rostseggenrasen = Seslerietum) im Gebiet von Davos, Schweiz (nach Gigon 1987, verändert). a = abiotischer (physiologischer) Filter, b = biotischer (konkurrenzbedingter) Filter. 34 Arten im Nardetum sind calcifug, neun Arten im Seslerieteum calcicol. Vorwiegend durch Wurzelkonkurrenz werden vier Arten aus dem Seslerietum, 31 Arten aus dem Nardetum verdrängt („Wettbewerbs-Azido- bzw. Basiphyten"). Die Gesamtzahl der Azidophyten beträgt 38, die der Basiphyten 40.

Toxizität oder (als Calcicole) nur auf basen-, v. a. karbonatreichen Böden mit schwer verfügbarem Fe und P sowie Ca^{2+}-Überschuss wachsen können. Gäbe es beispielsweise in Mitteleuropa nicht nur mehr Basi- als Azidophyten, sondern auch mehr calcicole als calcifuge Taxa, wäre die Vorstellung von einem pleistozänen Flaschenhals plausibel.

Aufschlussreich ist in diesem Zusammenhang der von Gigon (1987) vorgenommene Vergleich zwischen einem Borstgrasrasen („Nardetum") und einem Rostseggenrasen („Seslerietum") in den Schweizer Zentralalpen, also einem Gebiet mit einem hohen Anteil an basenarmen, sauren Standorten (Abb. 2). Beide Pflanzengemeinschaften weisen nahezu die gleichen Artenzahlen auf, nämlich 63 (Nardetum) bzw. 65 (Seslerietum). 25 Arten wachsen unabhängig vom Milieu sowohl im Nardetum als auch im Seslerietum. 38 Arten kommen nur im Nardetum vor („Azidophyten"), davon 34 aus physiologischen Gründen (Calcifuge), vier konkur-

renzbedingt. Auf das Seslerietum sind 40 Arten beschränkt („Basiphyten"), davon sind neun Arten echte Calcicole, die im Nardetum nicht wachsen können, und 31 Arten Wettbewerbs-Azidophyten. In diesem Beispiel, und dies scheint für die gesamten, überwiegend silikatischen Zentralalpen zu gelten (Schwabe & Kratochwil 2004), gibt es also mehr calcifuge als calcicole Arten und mehr basiphytische als azidophytische Arten.

Abb. 6-11 Beispiele für sommergrüne nemorale Laubwälder. a = mitteleuropäischer Buchenwald aus *Fagus sylvatica* (Slowakei); b = sommergrüner Laubwald aus *Quercus robur* mit immergrünem Unterwuchs aus *Ilex aquifolium* (Hohes Venn, Belgien); c = hemiborealer Birkenwald aus *Betula pendula* bei Chebula, Westsibirien (Waldsteppenzone); d = Pappel-Tannen-Mischwald (Finstere Taiga) aus *Populus tremula* und *Abies sibirica* im Salair-Gebirge, Südsibirien; e = Walnuss-Wildobst-Wald aus *Juglans regia* mit *Malus sieversii* im Unterwuchs; die Grasdecke besteht aus *Brachypodium sylvaticum* (Foto G. Carraro und E. Grisa).

übergestellt. In Abb. 6-11 sind einige dieser Formationen abgebildet.

6.2.2.6.2 Europa und angrenzende Gebiete

Die nemoralen sommergrünen Laubwälder Europas gehören sicherlich zu den am besten untersuchten Wäldern der Erde. Sie sind pflanzensoziologisch klassifiziert und detailliert beschrieben wie beispielsweise in Mitteleuropa von Ellenberg & Leuschner (2010). Wir verweisen daher auf die einschlägige Literatur und für eine europäische Übersicht auf das Kartenwerk von Bohn et al. (2003) mit Erläuterungen. Tab. 6-6 gibt einen Überblick über die wichtigs-

ten zonalen Syntaxa, Abb. 6-12 vermittelt deren räumliche Anordnung.

Je nach Lage auf dem Kontinent und dem entsprechenden Klima (Klimatypen 1–6 in Abschn. 6.2.1.2) unterscheidet man die folgenden Waldtypen:

1. **West-, mittel- und südosteuropäische Rotbuchen- und Rotbuchen-Tannenwälder** (Ziffer 34 in Abb. 6-12, sommerkühle Variante des Klimatyps 1, Abb. 6-1a) aus dominanter *Fagus sylvatica* bilden die sommerkühle Variante der zonalen Vegetation (Abb. 6-11a). Sie kommen auf tiefgründigen, frischen Böden (Cambisole) in den Tieflagen Mittel- und Westeuropas sowie (häufig

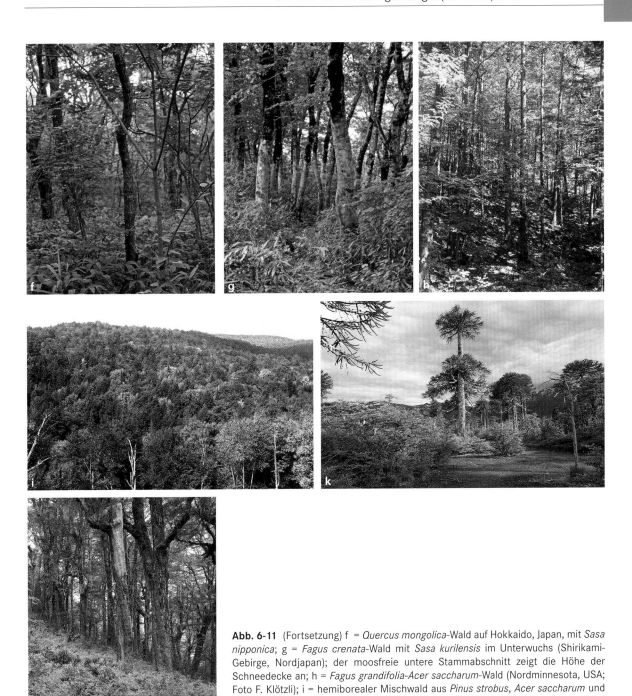

Abb. 6-11 (Fortsetzung) f = *Quercus mongolica*-Wald auf Hokkaido, Japan, mit *Sasa nipponica*; g = *Fagus crenata*-Wald mit *Sasa kurilensis* im Unterwuchs (Shirikami-Gebirge, Nordjapan); der moosfreie untere Stammabschnitt zeigt die Höhe der Schneedecke an; h = *Fagus grandifolia-Acer saccharum*-Wald (Nordminnesota, USA; Foto F. Klötzli); i = hemiborealer Mischwald aus *Pinus strobus*, *Acer saccharum* und *Ulmus americana* bei Mattawa, Kanada (Foto U. Treter); k = *Araucaria araucana* über azonalem *Nothofagus antarctica*-Gebüsch auf vulkanischer Asche (Vulkan Llaima, Chile); l = *Nothofagus pumilio*-Wald (Vulkan Llaima, Chile) mit *Drimys andina* (weiß blühender Strauch im Mittelgrund) und *Alstroemeria aurea* (gelb, im Vordergrund).

zusammen mit *Abies alba*) in humiden Gebirgs-lagen im südlichen Mittel- und Südeuropa vor. Der Anteil dieses Waldtyps an der waldfähigen Fläche der nemoralen Zone Europas dürfte mehr als die Hälfte betragen. Diese Wälder gehören pflanzensoziologisch zur Ordnung Fagetalia (s. Tab. 6-6) und werden in mehrere, standörtlich (Buchenwälder auf basenreichen oder -armen Böden) und arealgeographisch unterschiedliche Waldtypen („geographische Rassen") gegliedert,

Tab. 6-6 Übersicht über die zonalen sommergrünen Laubwälder Europas (nach Ermakov et al. 2000, Willner 2002, Bohn et al. 2003, Dierschke 2004). Alle westasiatischen nemoralen Wälder, nämlich die kolchisch-hyrkanischen Eichenmischwälder (3), die Walnuss-Wildobst-Wälder der zentralasiatischen Gebirge (10) und die Pappel-Tannen-Mischwälder im Sajan- und Altai-Gebirge (9) sind in dieser Klassifikation nicht enthalten. Die Ziffern (oben und in Spalte 4) beziehen sich auf die Auflistung der Formationen im Text.

Klasse	Ordnung	Beschreibung	Formationen
Querco-Fagetea Br.-Bl. et Vlieger in Vlieger 1937 (nemorale sommergrüne Laubwälder Europas)	Fagetalia sylvaticae Pawl. in Pawl. et al. 1928	artenreiche, sommergrüne Buchenwälder aus *Fagus sylvatica* oder *F. orientalis*, in Gebirgslagen mit *Abies alba* (Tannen-Buchen-Wälder), auf Böden mit guter Nährstoff- und Wasserversorgung	west-, mittel- und südost-europäische Rotbuchen- und Rotbuchen-Tannen-Wälder (1) euxinische Orientbuchen-wälder (2)
	Querco-Carpinetalia Moor 1977	Eichenmischwälder auf Böden mit guter Nährstoff- und Wasserversorgung, häufig mit *Carpinus betulus* (Eichen-Hainbuchen-Wälder; Carpinion), im Osten mit *Tilia cordata* (Linden-Eichen-Mischwälder; Querco-Tilion cordatae)	subkontinentale bis kontinentale, mittel- und osteuropäische Eichen-mischwälder (5)
	Quercetalia roboris Tx. 1931[1]	artenarme sommergrüne Laubwälder auf basenarmen Böden, Schwerpunkt im ozeanischen Klima	west- und nordwest-europäische Eichen-mischwälder (4)
	Quercetalia pubescentis Klika 1933	thermophile, artenreiche, sommergrüne Laubwälder auf basenreichen, eher trockenen Böden	submediterrane Eichen-mischwälder (6)
Vaccinio-Piceetea Br.-Bl. in Br.-Bl. et al. 1939 (nemorale und boreale Nadelwälder Eurasiens)	Athyrio-Piceetalia Hadaã 1962[2]	Wälder aus immergrünen Nadelbäumen und sommergrünen Laubbäumen im Übergang zwischen borealer und nemoraler Zone in Europa	hemiboreale Laubholz-Fichten-Kiefern-Mischwälder (7)
Brachypodio pinnati-Betuletea pendulae Ermakov, Korolyuk et Lashchinsky 1991	Calamagrostio-Betuletalia Korolyuk in Ermakov et al. 2000	sommergrüne Wälder aus Pionierbäumen zwischen Waldsteppe und Taiga in Westsibirien	hemiboreale Birken-wälder (8)

[1] Zuordnung umstritten; wird oft auch als eigene Klasse geführt; [2] Syntaxonomie noch nicht geklärt; hier Zuordnung nach Mucina et al. (1993).

die sich gegenseitig überlagern (Willner 2002, Bohn et al. 2003). Beispiele für Buchenwälder auf basenreichen Böden (Eutric Cambisols) sind die Verbände Galio odorati-Fagion (Mitteleuropa), Endymio-Fagion (Nordwestfrankreich und Südengland mit ozeanisch verbreiteten Florenelementen wie *Hyacinthoides non-scripta*), Scillo-Fagion (Pyrenäen), Lonicero alpigenae-Fagion (struktur- und artenreiche Bergmischwälder der montanen Stufe der Gebirge mit *Abies alba* und *Acer pseudoplatanus*; Abb. 6-4), Symphyto cordatae-Fagion (Buchenwälder der herzynischen Mittelgebirge und der Karpaten), Fagion moesiacum (Buchenwälder des Balkans mit *Fagus × taurica*, einem Hybriden aus *F. sylvatica* und *F. orientalis*) u. a. Die Buchenwälder auf basenar-

men Böden (Dystric Cambisols) sind geographisch viel einheitlicher, weil die differenzierende Feldschicht nur aus wenigen, überwiegend azidophytischen und weit verbreiteten Arten besteht (Ilici-Fagion in hochozeanischem Klima Westeuropas mit *Ilex aquifolium* im Unterwuchs, Luzulo-Fagion in Mittel- und Südosteuropa).

2. Die **euxinischen Orientbuchenwälder** (Ziffer 35 in Abb. 6-12; Klimatyp 1) sind die Fortsetzung der Buchenwälder des Verbands Fagion moesiacum und reichen von der bulgarischen Schwarzmeerküste über Nordanatolien und den Kaukasus bis zum Elburz-Gebirge, wo sie in tiefen Lagen von den artenreichen kolchischen und hyrkanischen Laubwäldern abgelöst werden

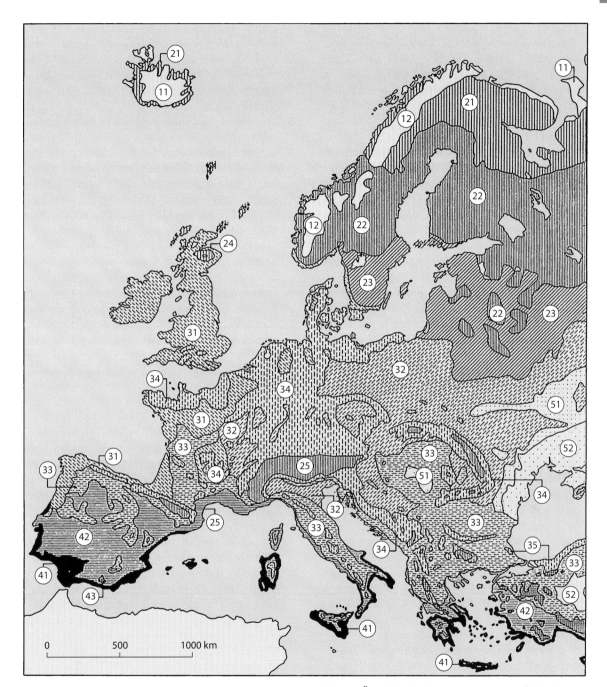

Abb. 6-12 Heutige natürliche Vegetation von Europa in einer vereinfachten Übersicht (aus Lang 1994, etwas verändert).
1 Polare und subpolare Zone (11 = arktische Tundra; 12 = alpine Tundra).
2 Kaltgemäßigte (boreale) Zone (21 = sommergrüne boreale Laubwälder aus *Betula pubescens* var. *pumila*; 22 = immergrüne boreale Nadelwälder; 23 = hemiboreale Laubholz-Fichten-Kiefern-Mischwälder; 24 = boreoatlantische Zwergstrauchheiden; 25 = montane und subalpine Gebirgsnadelwälder und -gebüsche).
3 Feuchte kühl-gemäßigte (nemorale) Zone (31 = west- und nordwesteuropäische ozeanische Eichenmischwälder; 32 = mittel- und osteuropäische, subkontinentale Eichenmischwälder; 33 = submediterrane Eichenmischwälder; 34 = west-, mittel- und süd-osteuropäische Rotbuchen- und Rotbuchen-Tannenwälder; 35 = euxinische Orientbuchenwälder).
4 Winterfeuchte, warm-gemäßigte (subtropische) Zone (41 = thermomediterrane Hartlaubwälder und -gebüsche; 42 = mesomediterrane Stein- und Kermeseichenwälder).
5 Trockene kühl-gemäßigte (nemorale) Zone (51 = osteuropäische Wald- und Wiesensteppen; 52 = osteuropäische Hoch- und Niedriggrassteppen).

(Horvat et al. 1974, Mayer & Aksoy 1986). Die dominierende Baumart ist *Fagus orientalis*; dazu kommen *Carpinus betulus*, *Acer*- und *Tilia*-Arten (z. B. *Tilia tomentosa* auf dem Balkan). In besonders niederschlagsreichen Lagen können die immergrünen laurophyllen Gehölze *Rhododendron ponticum* und *Prunus laurocerasus* (Kirschlorbeer) vorkommen.

3. Die **kolchisch-hyrkanischen Eichenmischwälder** (Klimatyp 5) im Südosten der nemoralen Zone Europas und Westasiens sind mit etwa 50 Baumarten für europäische Verhältnisse ungewöhnlich divers (Walter 1974, Doluchanov & Nakhucrišvili 2003, Shakeri et al. 2012). Sie erstrecken sich von der Südküste des Schwarzen Meeres bei Trabzon (Pontisches Gebirge) über den Kleinen Kaukasus (Georgien, Aserbaidschan) bis zum Südrand des Kaspischen Meeres (Elburz) im Iran. Geschützt vor kalten Nordwinden durch den Kaukasus, gedeihen sie in einem warmen und feuchten Klima (Jahresmitteltemperatur 13–15 °C, Jahresniederschläge 1.000–3.000 mm) mit mildem Winter (Mitteltemperatur des kältesten Monats 5–6 °C) zwischen 0 und 600 m NN. Sie werden bis zu 35 m hoch, sind vielschichtig, reich an Epiphyten und Lianen. Die oberste Baumschicht besteht aus *Quercus*-, *Ulmus*- und *Tilia*-Arten, von denen einige endemisch sind (wie *Q. imeretina*); auch *Castanea sativa*, *Fagus orientalis* sowie die Tertiärrelikte *Pterocarya pterocarpa* (Gattung sonst nur in der nemoralen Zone Chinas) und *Gleditsia caspia* kommen vor. In der zweiten Baumschicht findet man auch aus Mitteleuropa bekannte Bäume wie *Carpinus betulus*, einige endemische *Acer*-Arten und *Zelkova carpinifolia* (während des Pleistozäns in Mittel- und Westeuropa ausgestorben). Wie in den Orientbuchenwäldern sind auch hier die immergrünen Sträucher *Rhododendron ponticum* und *Prunus laurocerasus* häufig.

4. Die **west- und nordwesteuropäischen Eichenmischwälder** (Ziffer 31 in Abb. 6-12; Klimatyp 2) bilden auf den ärmeren, ausgewaschenen Silikatböden im ozeanischen Klima Westfrankreichs, der nördlichen Iberischen Halbinsel und der Britischen Inseln die zonale Vegetation. Sie bestehen aus *Quercus robur* und *Q. petraea*, im Süden auch aus *Q. pyrenaica* und sind besonders in Verjüngungsstadien mit *Betula*-Arten und *Pinus sylvestris* angereichert. In der Strauchschicht kommt als immergrünes ozeanisches Florenelement *Ilex aquifolium* vor (Abb. 6-11b). In der Feldschicht dominieren, ähnlich wie im Luzulo-Fagion, azidophytische Grasartige und Zwergsträucher wie *Vaccinium vitis-idaea* und *Calluna vulgaris*. Das Klima ist wintermild und wolkenreich (Klimatyp 2). Die Wälder werden in eine Vielzahl von geographischen Rassen unterteilt (Bohn et al. 2003).

5. Die **mittel- und osteuropäischen Eichenmischwälder** (Ziffer 32 in Abb. 6-12; Klimatyp 6) sind in ihrer extrazonalen Form als Eichen-Hainbuchen-Wald der Niederungen (Verband Carpinion) dem mitteleuropäischen Vegetationsökologen wohl vertraut (Ellenberg & Leuschner 2010). Ihr kontinentaler Charakter zeigt sich im Fehlen der Rotbuche und im Rückgang weiterer subozeanischer Sippen (wie *Carpinus betulus*, *Quercus petraea*), je weiter man nach Osten kommt. Östlich der Wolga fehlen schließlich viele mitteleuropäische Taxa wie *Acer campestre*, *Cornus sanguinea* und *Lamium galeobdolon*; stattdessen kommen südsibirische Florenelemente hinzu (z. B. *Cimicifuga europaea*). Hier bestehen die Wälder nur noch aus *Quercus robur* und *Tilia cordata*; pflanzensoziologisch werden sie im Verband Querco-Tilion cordatae zusammengefasst (Ogureeva et al. 2003).

6. Neben den kolchisch-hyrkanischen Wäldern sind auch die **submediterranen Eichenmischwälder** (Ziffer 33 in Abb. 6-12; Klimatyp 5 mit unregelmäßigen, kurzen Trockenzeiten im Sommer) artenreich. Sie stehen zwischen den mesophytischen Buchen- und Eichenmischwäldern im Norden und den Hartlaubwäldern der Mediterraneis und sind zonal im submediterranen Raum, extrazonal nördlich davon (z. B. in der Oberrheinebene) verbreitet. Die Baumschicht besteht aus thermophilen sommergrünen Eichen, unter denen *Q. pubescens* die weiteste Verbreitung erreicht und gemeinsam mit *Q. robur* und *Q. petraea* (beide mit lokalen Unterarten) die Hauptbaumart ist. Im Osten ist *Q. cerris*, im Westen (Iberische Halbinsel) *Q. faginea* bestandsbildend. Hinzu kommen *Fraxinus ornus*, oft als Stadtbaum nördlich der Alpen angepflanzt (Manna- oder Blumenesche), *Ostrya carpinifolia*, viele *Sorbus*- und *Acer*-Arten sowie *Laburnum anagyroides* (Goldregen; Fabaceae). Unter den Sträuchern sind die submediterranen Florenelemente *Cotinus coggygria* (Anacardiaceae) und *Hippocrepis emerus* (Fabaceae) erwähnenswert. Die reichhaltige Feldschicht enthält neben weit verbreiteten mitteleuropäischen viele submediterrane Taxa wie *Tamus*, *Melittis*, *Dictamnus* u. a.

7. **Hemiboreale Laubholz-Fichten-Kiefern-Misch-wälder** (Ziffer 23 in Abb. 6-12; ozeanische Variante des Klimatyps 4) bilden den Übergang zu den borealen Wäldern Nordeuropas. Definitionsgemäß gehören sie noch zur nemoralen Zone, obwohl sie pflanzensoziologisch in die Klasse Vaccinio-Piceetea gestellt werden (Bohn et al. 2003; s. auch Ahti et al. 1968). Die Vegetation besteht entweder aus einem Mosaik aus Nadelwald (*Picea abies, Pinus sylvestris*) auf basenarmen und Laubwald (aus *Quercus robur, Tilia cordata, Fraxinus excelsior, Ulmus glabra*) auf basenreichen Böden (Skandinavien, Baltikum; Klötzli 1975) oder aus Mischbeständen von Fichte in der oberen und den o. g. Laubgehölzen in der unteren Baumschicht (europäisches Russland; Diekmann 2004). Die nördlichsten basenreichen Strandorte erreicht *Ulmus glabra* fast an der polaren Waldgrenze, vergleichbar mit dem Vorkommen dieser Baumart in der oreoborealen Stufe der nördlichen Randalpen. *Corylus avellana* ist häufiger Bestandteil der Strauchschicht. Die Feldschicht besteht aus einer Kombination von borealen (*Vaccinium, Trientalis*) und nemoralen Florenelementen (*Paris, Milium, Asarum* etc.).

8. **Hemiboreale Birkenwälder** (Klimatyp 4, kontinentale Variante) formen einen schmalen Streifen aus *Betula pendula* und *Populus tremula* zwischen Steppe und Taiga in Westsibirien östlich des Ural und enthalten nur wenige der aus der nemoralen Zone bekannten Waldbodenpflanzen (Ermakov et al. 2000). In den offenen Beständen (Kronendeckung 50–70 %) dominieren stattdessen lichtbedürftige Stauden (wie *Filipendula vulgaris, Artemisia macrantha, Serratula coronata, Pulmonaria mollis*) und Gräser (*Calamagrostis epigejos, Brachypodium pinnatum*; Abb. 6-11c).

9. Am äußersten Rand der europäisch-westasiatischen nemoralen Zone kommen auf niederschlagsreichen (900–1.300 mm) und schneereichen westexponierten Hängen des Altai- und Sayan-Gebirges zwischen 200 und 600 m NN **Pappel-Tannen-Mischwälder** mit nemoralem Charakter vor, in denen *Populus tremula* und *Abies sibirica* koexistieren („Finstere Taiga"; Ermakov et al. 2000, Ismailova & Nazimova 2010; Abb. 6-11d). Sie sind klimatisch wegen ihrer Nähe zur borealen Zone als hemiboreal einzustufen und haben nichts mit den nemoralen Nadelwäldern zu tun, die wir in Abschn. 6.2.3 besprechen. Die Wälder zeichnen sich durch ein offenes Kronendach (Deckung 40–60 %), eine hohe (*Prunus padus, Sorbus aucuparia* ssp. *sibi-*

rica) und eine niedrige Strauchschicht aus (z. B. mit *Ribes petraeum, Caragana arborescens*). Ihre Feldschicht ist außerordentlich üppig; sie enthält neben nemoralen Waldbodenpflanzen wie *Asarum europaeum, Galium odoratum* und *Carex sylvatica* viele bis über 2 m hohe Stauden (wie *Aconitum septentrionale, Parasenecio hastatus, Crepis sibirica, Heracleum sphondylium* ssp. *montanum* u. a.). Selbst *Thalictrum minus*, in Mitteleuropa ein Bestandteil magerer, feuchter Wiesen, wird hier bis zu 2 m hoch. An einigen wenigen Stellen kommt *Tilia cordata* vor, ein Hinweis auf den reliktischen Charakter dieser Wälder (s. Punkt 10).

10. In den von nemoralen Wüsten und Halbwüsten umgebenen zentralasiatischen Hochgebirgen gibt es in Höhenlagen zwischen 1.000 und 2.000 m in westorientierten, niederschlagsreichen Lagen Reste sommergrüner Laubwälder (Walter 1974). Sie sind vermutlich Relikte eines spättertiären, von Ostasien bis Europa reichenden Laubwaldgürtels, der während der plio- und pleistozänen Austrocknungsphase fragmentiert wurde. Neuere palynologische Untersuchungen zeigen aber, dass zumindest *Juglans* in den letzten 2.000 Jahren anthropogen gefördert wurde (Beer et al. 2008). Größere Bestände sind im westlichen Tian Shan erhalten geblieben, wo sie, wie beispielsweise in Kirgistan, wegen ihrer mit über 180 Gehölzarten außerordentlichen Phytodiversität unter Schutz gestellt wurden (Blaser et al. 1998). Sie sind als genetisches Reservoir vieler in der nemoralen Zone angebauter Fruchtbäume von hoher Bedeutung („**Walnuss-Wildobst-Wälder**"; Gottschling et al. 2005; Abb. 6-11e). So kommt hier neben den bestandsbildenden Bäumen *Juglans regia* und verschiedenen *Acer*-Arten die Wildart des als *Malus × domestica* bekannten Kultur-Apfelbaumes, *Malus sieversii*, vor (Juniper & Mabberley 2006), ferner *Prunus dulcis* (Mandelbaum), zahlreiche weitere Rosaceen der Gattungen *Crataegus, Prunus, Pyrus* und *Sorbus* sowie *Pistacia vera* (Echte Pistazie), deren Früchte in den Handel kommen.

6.2.2.6.3 Ostasien

Von den zonalen sommergrünen Laubwäldern Ostasiens sind lediglich einzelne Restbestände in der Umgebung von buddhistischen und schintoistischen Tempeln und in schwer zugänglichen Gebirgslagen übrig geblieben. Bei der in Abb. 6-13 wiedergegebenen Vegetationskarte handelt es sich deshalb um eine Rekonstruktion auf der Basis von Klima- und Bodendaten durch Wang (1961). Danach unterscheidet man (nach Wang 1961, Ching 1991, Dai et al. 2011) subtropisch-nemorale Mischwälder („Mixed Mesophytic Forest") im Süden der nemoralen Zone Chinas (in der Niederung des Chang Jiang), kontinentale Eichenwälder („Temperate Deciduous Broad-leaved Forest") nördlich davon und in Korea, ozeanische Laubmischwälder in der Mandschurei, in Nordkorea und Japan sowie hemiboreale Laubholz-Kiefern-Mischwälder („Mixed Northern Hardwood Forest") im Übergang zur borealen Zone. Letztere erstrecken sich bis in das Gebiet von Vladivostok und nach Hokkaido. Ein Buchenwaldgebiet in eher ozeanischer Lage wie in Europa gibt es nur in Japan auf der Insel Honshu (aus *Fagus crenata* und *F. japonica*), wo der aus dem kontinentalen Hochdruckgebiet Zentralasiens einströmende kalte Wintermonsun durch die ausgleichende Wirkung des Japanischen Meeres abgemildert wird. Ähnlich wie in Europas und Nordamerika kommen sommergrüne Laubwälder extrazonal auch außerhalb der nemoralen Zone vor, nämlich in den Gebirgen Südwestchinas (Yunnan) und weiter westlich (Myanmar) zwischen Lorbeer- und Nadelwaldstufe.

1. Das Gebiet der **subtropisch-nemoralen Misch-wälder** (Mixed Mesophytic Forest) reicht vom Gebirgszug Qin Ling, der östlichen Fortsetzung des Kunlun Shan, im Norden bis an das Ostchinesische Meer und südlich bis zum 29. Breitengrad; es umfasst das Tiefland des Chang Jiang sowie die nördlich und südlich angrenzenden Mittelgebirgszüge, kommt aber auch als schmales Band in Korea und im südlichen Japan vor. Das Klima ist im Sommer sehr warm und wegen des Sommermonsuns niederschlagsreich; die Wintermonate sind mild (s. Abb. 6-1i; Klimatyp 5). Die wenigen, nach jahrtausendelanger Kulturgeschichte noch übrigen Waldreste zeigen mit über 50 Gattungen und mehr als 200 Arten eine außerordentliche Baumartenfülle, die nicht nur auf die holozäne Klimagunst mit ihrem Übergangscharakter zu den subtropischen Lorbeerwäldern zurückzuführen ist, sondern auch mit der pleistozänen Klimakontinuität im ostasiatischen Raum zu tun hat: Im Gegensatz zum stark vergletscherten Europa und Nordamerika konnten hier weitaus mehr tertiäre Taxa überleben. So findet man in der nemoralen Zone von China, Korea und Japan eine Reihe von

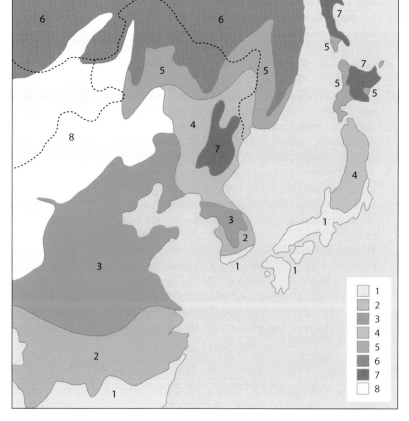

Abb. 6-13 Natürliche Vegetationsgebiete des ostasiatischen Raumes (nach Angaben in Wang 1961, Song 1983, Ching 1991, Nakamura & Krestov 2005; zur Orientierung sind die Grenzen zwischen China, Russland und der Mongolei eingezeichnet). 1 = immergrüne subtropische Lorbeerwälder; 2 = subtropisch-nemorale Mischwälder; 3 = kontinentale Eichenwälder; 4 = nördliche ozeanische Laubmischwälder; 5 = hemiboreale Kiefern-Laubholz-Mischwälder; 6 = sommergrüne boreale Nadelwälder; 7 = immergrüne boreale Nadelwälder; 8 = nemorale Steppen und Halbwüsten, nicht differenziert.

endemischen Gymnospermen, unter denen neben immergrünen Cupressaceae (*Cunninghamia*, *Fokienia*, *Cryptomeria*) und Taxaceae (*Cephalotaxus*, *Pseudotaxus*) auch einige sommergrüne Taxa wie *Metasequoia* (Cupressaceae), *Pseudolarix* (Pinaceae) und der „Laubbaum" *Ginkgo biloba* erwähnenswert sind. *Ginkgo*, der am Ende des Tertiärs ausgedehnte Wälder bildete, kommt heute wild nur noch an wenigen „heiligen Stätten" vor, u. a. in dem als „Reich der großen Bäume" bekannten Tianmu Shan Nature Reserve in der Provinz Zhejiang (López-Pujol et al. 2006).

Die mehrschichtigen, strukturreichen Bestände dieses subtropisch-nemoralen Mischwaldes werden von thermophilen, eher südlich verbreiteten Bäumen gebildet (z. B. *Alniphyllum*, Styracaceae; *Carya*, *Platycarya*, Juglandaceae; *Liquidambar*, Hamamelidaceae; *Liriodendon*, Magnoliaceae; *Sassafras*, Lauraceae). Darunter mischen sich sowohl Vertreter von Gattungen der unter Punkt 3 besprochenen nördlichen ozeanischen Laubmischwälder als auch immergrüne laurophylle Arten aus den südlich angrenzenden subtropischen Lorbeerwäldern (wie *Castanopsis*, *Machilus*, *Quercus* u. a.). Zusammen mit den o. g. Gymnospermen kommt so ein vielschichtiger Waldbestand zustande, in dem – ähnlich wie im tropischen Tieflandregenwald und in manchen subtropischen Lorbeerwäldern – keine Art zur Dominanz gelangen kann. In der Feldschicht dieser Wälder sind unter anderem verschiedene Arten der Gattungen *Astilbe* (Rosaceae), *Corydalis* (Papaveraceae), *Paris* (Melanthiaceae) und die als Zierpflanze beliebte Gattung *Hosta* (Asparagaceae) verbreitet.

2. Die **kontinentalen Eichenwälder** (Temperate Deciduous Broad-leaved Forest) sind die zonale Vegetation unter einem subhumiden, kontinental geprägten Klima (Klimatyp 6) mit heißen, feuchten Sommer- und milden, sehr trockenen Wintermonaten (Abb. 6-1m). Sie reichen von etwa 33° N bis in die Mandschurei; ihre Nordwestgrenze bilden die Gebirgszüge der Provinzen Shaanxi und Shanxi und der nach Nordosten ziehende Große Hinggan, wo die Wälder in die zentralasiatischen Steppen übergehen. Die Baumschicht wird von verschiedenen, standörtlich und geographisch unterschiedlich verbreiteten Eichenarten gebildet, die dazu neigen, Dominanzbestände aufzubauen. So kommen im Übergang zu den Steppen im Nordwesten offene Wälder aus *Quercus mongolica* vor (Abb. 6-11f); in den tieferen Lagen dominieren *Quercus aliena*, *Q. acutissima* und *Q. serrata*, während in höheren Gebirgslagen *Q. wutaishanica*

vorherrscht. Beigemischt sind *Carpinus*, *Celtis*, *Fraxinus*, *Juglans* u. a. nemorale Gattungen. *Q. mongolica*-Wälder mit Zwergbambus (wie *Sasa borealis*) im Unterwuchs bilden die zonale Vegetation in den südlichen Tieflagen der japanischen Nordinsel Hokkaido.

3. Die **nördlichen ozeanischen Laubmischwälder** (Mixed Northern Hardwood Forest) kommen in China in den ozeanischen Gebieten der Mandschurei sowie in Nordkorea und im nördlichen Südkorea vor (Klimatyp 1). Die 20–30 m hohe obere Baumschicht besteht aus Vertretern von *Acer*, *Castanea*, *Diospyros*, *Fraxinus*, *Juglans*, *Malus*, *Ostrya*, *Quercus*, *Sorbus*, *Tilia*, *Ulmus* u. a. sowie zwei in Nordostchina, Korea und Südostsibirien endemischen Gattungen, nämlich *Maackia* (Fabaceae) und *Phellodendron* (Rutaceae). Beide gehören zur ostasiatischen Florenregion (s. Abschn. 1.2.2). Unter einer zweiten Baumschicht aus *Carpinus*, *Sorbus* und *Acer* wächst eine artenreiche Strauchschicht, die bis auf *Rhododendron* aus laubabwerfenden Arten besteht (*Berberis*, *Cornus*, *Corylus*, *Crataegus*, *Euonymus*, *Sambucus*, *Syringa* u. v. a.). Zu diesem Waldtyp rechnet man auch die Buchenwälder Japans aus *Fagus japonica* (auf der Pazifikseite) und *Fagus crenata* auf der dem Japanischen Meer zugewandten Hälfte des nördlichen Honshu (Okitsu 2003; s. Abb. 5-7 in Abschn. 5.2.2.8) mit ihrem dichten Unterwuchs aus dem Zwergbambus *Sasa kurilensis* (Abb. 6-11g). Ähnlich wie die *Chusquea*-Arten in den patagonischen Wäldern (Abschn. 6.2.4) steuert auch *Sasa* die Verjüngung der Bäume: Keimung und Jungpflanzenentwicklung sind nur möglich, wenn der Bambus nach der Blüte großflächig abgestorben ist (Abe et al. 2005).

4. Im Übergang zu den borealen Nadelwäldern folgen auf dem Festland nach Norden **hemiboreale Kiefern-Laubholz-Mischwälder** mit *Pinus koraiensis* (Chian et al. 2003, Krestov 2003; Klimatyp 4; Abb. 6-1g). Sie kommen im äußersten Nordosten von China und im angrenzenden Südostsibirien in der Umgebung des Amur (= Heilong Jiang in China) und am Fuß des Sikhote-Alin-Gebirges vor. Sie sind 20–30 m hoch und bestehen aus mehreren sommergrünen Laubbäumen der Gattungen *Acer*, *Betula*, *Fraxinus*, *Phellodendron*, *Quercus* und *Tilia* (z. B. *T. amurensis*), gemischt mit *Abies nephrolepis* und (in der Reifephase des Waldbestands) überragt von *Pinus koraiensis*, einer ausschließlich in dieser nemoral-borealen Übergangszone vorkommenden Kiefernart. Wie bei der nahe verwandten Zirbelkiefer (*Pinus cem-*

bra, *P. sibirica*) werden ihre Samen vom Tannen-häher (*Nucifraga caryocatactes*) ausgebreitet. Die Kiefern durchlaufen mehrere Stadien der Entwicklung: Die Jungpflanzen können in den schattigen Wäldern bis zu 80 Jahre als „Oskars" ausharren, bis ihnen natürliche Lücken im Bestand das Weiterwachsen ermöglichen. In dieser zweiten Phase (80 bis 120 Jahre) erreichen sie rascher als ihre breitblättrigen Konkurrenten das Kronendach. In der dritten Phase, die im Alter von etwa 200 Jahren abgeschlossen ist, schließt sich ihr Kronendach und unterdrückt die Laubbäume im Unterstand. Mit etwa 240 Jahren beginnt die Zerfallsphase. Unter den nemoralen Waldbodenpflanzen findet sich auch die Araliacee *Panax ginseng*, deren Wurzel als Stärkungsmittel in der Naturheilkunde verwendet wird (Knöss et al. 2011).

6.2.2.6.4 Nordamerika

Die sommergrünen Laubwälder der nemoralen Zone Nordamerikas besiedeln ein zusammenhängendes Gebiet zwischen etwa 48° (Südgrenze der borealen Nadelwälder) und 32° N (Übergang zu den immerfeuchten Subtropen) und reichen von der Atlantikküste landeinwärts bis zum 95. Längengrad, wo sie sich im semiariden Steppenklima galerieartig in die bodenfeuchten Flusstäler zurückziehen (Abb. 6-14). Ihre regionale Gliederung weist einige Ähnlichkeiten mit der von Europa und Ostasien auf. Hier wie dort gibt es hemiboreale, kontinentale und ozeanische Varianten. Es fehlt aber (wie auch in Ostasien) der Typus der hochozeanischen Wälder, da die Ostseite des Kontinents bei den vorherrschenden Westwinden keine Stauregen erhält. Das sommerwarme Klima ermöglicht andererseits einen artenreichen sommergrünen Laubwald, der in dieser Ausbildung weder in Europa noch in Ostasien vorkommt („Mixed Mesophytic Forest"). Der in Ostasien so artenreiche Mischwald aus sommer- und immergrünen Bäumen existiert aus verschiedenen Gründen in Nordamerika nur ansatzweise (s. unten). Die folgende Gliederung und Beschreibung der Vegetation richtet sich nach Braun (1950) sowie nach den darauf aufbauenden Arbeiten von Knapp (1965), Barnes (1991) und Delcourt & Delcourt (2000). Außerdem verweisen wir auf die Gliederung Nordamerikas in Ökoregionen (Ricketts et al. 1999). Wir verwenden die in der nordamerikanischen Literatur üblichen Bezeichnungen.

1. Die im Zentrum der Region gelegenen **mesophytischen Laubmischwälder** („Eichen-Tulpenbaum-Wälder" nach Knapp 1965; Mixed Mesophytic Forest *s. l.*) bilden mit rund 35 Baumarten

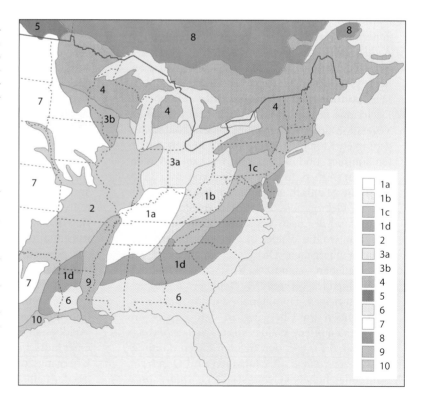

Abb. 6-14 Natürliche Vegetationsgebiete des östlichen Nordamerika (nach Braun 1950, verändert nach Knapp 1965 und Ricketts et al. 1999, vereinfacht). 1 = mesophytische Laubmischwälder (Eichen-Tulpenbaum-Wälder, 1a = westliche verarmte Variante, 1b = zentrale typische Variante, 1c = Eichen-Kastanien-Wälder. 1d = Eichen-Hickory-Kiefern-Wald); 2 = Eichen-Hickory-Wälder (zum Teil bereits Waldsteppenzone; s. Abb. 6-22); 3 = Buchen-Zuckerahorn-Wälder (3a = östliche typische Variante, 3b = westliche Variante mit *Tilia americana*, z. T. Waldsteppe); 4 = hemiboreale Laubmischwälder; 5 = hemiboreale Pappel-Birken-Wälder; 6 = südöstliche Waldregion (zu den immerfeuchten Subtropen gehörend); 7 = nemorale Steppen (Prärien), nicht differenziert; 8 = boreale Nadelwälder; 9 = Auen- und Sumpfvegetation des Mississippi-Beckens, nicht differenziert (s. Abschn. 5.4.1.2); 10 = Küstenvegetation, nicht differenziert.

die reichste Form der nordamerikanischen Wälder. Das Klima ist humid (Jahresniederschlag durchgehend > 900 mm) und warm (Mitteltemperatur meist über 10 °C; Abb. 6-1b; Klimatyp 1, sommerwarme Variante). Die dominierenden Arten sind *Fagus grandifolia, Liriodendron tulipifera* (Tulpenbaum), *Tilia americana, Acer saccharum, Aesculus flava, Quercus rubra* und *Q. alba*. Beigemischt sind zahlreiche weitere Gehölze, wie *Nyssa sylvatica, Fraxinus americana, Prunus serotina* u. v. a. Die Bäume werden im Durchschnitt 35–40 m hoch (*Liriodendron* bis zu 60 m) und erreichen einen Stammdurchmesser von 1–2 m. In der zweiten, lediglich 10–15 m hohen Baumschicht kommen u. a. laubabwerfende *Magnolia*-Arten, *Carpinus, Sassafras* und der dekorative weiß blühende Blumen-Hartriegel *Cornus florida* vor. Die artenreiche Feldschicht enthält die üblichen weltweit verbreiteten nemoralen Gattungen wie *Actaea, Anemone, Asarum, Cardamine, Delphinium, Sanicula, Stellaria* und *Viola*. Beschränkt auf Nordamerika sind u. a. die Boraginaceen *Hydrophyllum* und *Phacelia* sowie *Claytonia* (Portulacaceae); zirkumboreal, aber in Europa fehlend, sind die Frühlingsgeophyten *Trillium, Dicentra* (Papaveraceae) und *Erythronium* (Liliaceae). Die Eichen-Tulpenbaum-Wälder werden in vier Varianten untergliedert, die entweder klimatisch oder edaphisch bedingt sind (Abb. 6-14): An die zentrale, besonders artenreiche und typische Variante („Mixed Mesophytic Forest" *s. str.*) mit Schwerpunkt in den Cumberland- und Alleghany-Plateaus schließt im Westen (Kentucky, Ohio und Tennessee) eine an Baumarten verarmte Variante an („Western Mixed Mesophytic Forest"). Nach Osten zu folgen als dritte Variante die Eichen-Kastanien-Wälder („Oak-Chestnut Forest") der Appalachen. Sie gedeihen auf den dort weit verbreiteten basenarmen Böden aus paläozoischen und präkambrischen Gneisen und Sandsteinen und enthalten zahlreiche Azidophyten, zu denen außer *Castanea dentata* viele Sträucher im Unterwuchs wie *Kalmia, Rhododendron, Leucothoe* und *Vaccinium* gehören. An der Baumschicht beteiligen sich außerdem eine Reihe von *Quercus*-Arten sowie *Liquidambar styraciflua*. Adulte Bäume von *Castanea* wurden durch den 1904 aus China eingeschleppten pathogenen Pilz *Cryphonectria parasitica* (Kastanienkrebs) bis 1950 nahezu ausgerottet (Anagnostakis 1987). Auf dem südöstlich der Appalachen gelegenen, dicht besiedelten Hügelland, das gegen den Atlantik an die Küstenebene grenzt und als Piedmont bezeichnet wird, kommt

schließlich die vierte Variante des Mixed Mesophytic Forest vor, nämlich ein aus zahlreichen Eichen- und sämtlichen nordamerikanischen Hickory-Arten bestehendes Waldgebiet, das als „Oak-Hickory-Pine Forest" bezeichnet wird. Dieser Name bezieht sich auf *Pinus*-Arten (wie *P. taeda, P. echinata, P. virginiana*), die seit der Besiedlung durch die Europäer beträchtlich zugenommen haben und heute weit verbreitete, feuerstabilisierte Sekundärwälder auf den alten, tiefgründig verwitterten, basenarmen und sauren Acrisolen bilden.

2. Gegen die trockene nemorale Zone im Innern des nordamerikanischen Kontinents kommen, wie auch in Europa und Asien, die Eichen zur Dominanz (Klimatyp 6). Diese **Eichen-Hickory-Wälder** („Oak-Hickory Forests") bestehen aus zahlreichen Eichenarten, unter denen *Quercus alba, Q. macrocarpa* (im Norden), *Q. rubra* und *Q. velutina* am häufigsten sind. Hinzu kommen die beiden Hickory-Arten *Carya cordiformis* und *C. ovata*. Die Wälder sind niedrig und offen, was eine reichliche Feldschicht aus Gräsern und Leguminosen ermöglicht (z. B. *Desmodium*, Fabaceae). Im Übergang zu den nordamerikanischen Prärien (Steppen) bilden sich savannenartige Formationen (Waldsteppen), deren Entstehung auf Feuer zurückgeht (s. Abschn. 6.3.2).

3. Die mesophytischen Laubmischwälder werden nach Nordwesten ärmer an Baumarten; wärmebedürftige, südliche Taxa wie *Liquidambar* und *Nyssa* fallen aus, *Liriodendron* kommt nur noch an wärmebegünstigten Südhängen vor. Stattdessen sind *Acer saccharum* (Zuckerahorn) und die Amerikanische Buche *Fagus grandifolia* in der Baumschicht stark vertreten, sodass man von **Buchen-Zuckerahorn-Wäldern** spricht („Beech-Maple Forests"; Abb. 6-11h). Sie besiedeln das Gebiet südlich der Großen Seen (Ohio, Illinois) und reichen zwischen Lake Erie und Lake Huron bis in das südliche Kanada hinein, kommen aber auch weiter südlich in den höheren Lagen der Appalachen vor. Weiter im Nordwesten tritt *Tilia americana* (basswood) hinzu und ersetzt die Buche („Maple-Basswood Forest"). Das Klima entspricht ungefähr demjenigen Mitteleuropas (Klimatyp 1, sommerkühle Variante). *Acer saccharum* hat zwar seinen Schwerpunkt in diesem Waldtyp, kommt aber zerstreut im gesamten Gebiet der nordamerikanischen sommergrünen Laubwälder vor (Abb. 6-15a).

4. Wie in Europa und Asien gibt es auch in Nordamerika hemiboreale Wälder (Klimatyp 4, ozeani-

sche Variante). Sie bestehen vorwiegend aus *Acer saccharum* und *Tilia americana*; als Nebenbaumart erscheint *Ulmus americana; Fagus grandifolia* tritt zurück. Die Hemlocktanne *Tsuga canadensis* ist regelmäßig vertreten, während *Quercus*-Arten, *Juglans, Castanea* und weitere, südlich bzw. westlich verbreitete Baumarten fehlen. Auf nährstoffarmen Sand- und Kiesalluvionen dominieren Nadelbäume wie die Weymouth-Kiefer *Pinus strobus* (white pine). Dieser **hemiboreale Laubmischwald** wird als „Hemlock-White Pine-Northern Hardwood Forest" bezeichnet (Abb. 6-11i). Er bildet ein breites Band vom nördlichen Minnesota über die Großen Seen und den Süden von Kanada bis nach Nova Scotia und reicht bis in den Norden von Pennsylvania. Das gesamte Gebiet war (wie in Europa) während des letzten Hochglazials (Wisconsin bzw. Würm-Eiszeit) von Eis bedeckt; die Böden sind deshalb jung. Der boreale Charakter der Wälder zeigt sich im Aufwuchs von *Populus tremuloides* und *Betula papyrifera* nach Störung durch Windwurf und an der Präsenz borealer Nadelbäume auf den ungünstigen Standorten. *Tsuga canadensis* ist dagegen kein boreales Florenelement, sondern (ähnlich wie *Pinus koraiensis* in Nordostasien) der hemiborealen Zone zuzuordnen (Abb. 6-15b).

5. Zwischen den Steppen und den borealen Nadelwäldern kommt ein schmaler Streifen laubabwerfender Wälder vor, der von den Pionieren *Populus tremuloides* und verschiedenen *Betula*-Arten gebildet wird (**hemiborealer Pappel-Birken-Wald**). Er beginnt südlich des Lake Winnipeg, verläuft in nordwestlicher Richtung bis zum Fuß der Rocky Mountains bei Edmonton und entspricht den hemiborealen Birkenwäldern in Westsibirien (Klimatyp 4, kontinentale Variante).

6. Die Küstenebene im Südosten mit ihrem schon nahezu subtropischen Klima (Klimatyp 5) trägt nur auf den wenigen, für anspruchsvolle Laubbäume geeigneten Standorten die Reste eines Mischwaldes aus sommergrünen (*Quercus*-Arten sowie *Fagus grandifolia*) und immergrünen Bäumen (*Magnolia grandiflora, Quercus laurifolia, Ilex opaca*). Viel weiter verbreitet sind allerdings Kiefernwälder aus *Pinus palustris*, sowohl auf den dominierenden Sandböden als auch in den zahlreichen Feuchtgebieten. Wegen des hohen *Pinus*-Anteils an der Waldvegetation spricht man von der „**Southeastern Evergreen Forest Region**". Sie

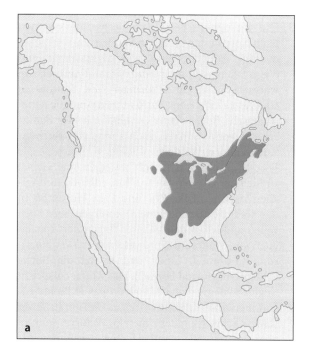

Abb. 6-15 Areal von *Acer saccharum* (a) und *Tsuga canadensis* (b) in Nordamerika (aus Knapp 1965). Während das Verbreitungsgebiet des Zuckerahorns zum weitaus größten Teil mit dem der sommergrünen Laubwälder des östlichen Nordamerika übereinstimmt, ist die Kanadische Hemlocktanne hauptsächlich in den kälteren, nördlichen und hoch gelegenen Gebieten sowie in den semiborealen Mischwäldern anzutreffen.

umfasst nach Braun (1950) auch die in Abschn. 5.2.2.4 behandelten südostamerikanischen Lorbeerwälder sowie Sümpfe und Auen im Mississippi-Becken. Ohne den ausgeprägten menschlichen Einfluss wäre wenigstens auf den besseren Böden ein *Magnolia grandiflora-Fagus grandifolia*-Wald die Klimaxvegetation (Barnes 1991).

6.2.2.6.5 Südamerika

Von den sieben in Chile und Argentinien vorkommenden sommergrünen *Nothofagus*-Arten (s. Kasten 1-5 in Abschn. 1.2.2) sind nur zwei, nämlich *N. pumilio* und *N. antarctica*, weit verbreitete und die Vegetationsabfolge prägende Klimaxbaumarten (Donoso 1996, Hildebrand-Vogel 2002, Veblen 2007; Abb. 6-16). Die übrigen haben entweder nur eine sehr eingeschränkte Verbreitung (wie *N. macrocarpa*, welche die nemorale Stufe im Hartlaubgebiet nördlich von Santiago besiedelt, ebenso wie *N. alessandrii* und *N. glauca*), oder sie kennzeichnen Übergangsstadien in einer Sukzession (wie *N. obliqua* und *N. alpina*). *N. pumilio* und *N. antarctica* unterscheiden sich in ihrer Fähigkeit, Kälte-, Nässe- und Trockenstress zu tolerieren.

1. *Nothofagus antarctica* ist eine Baumart, die sich auf kalten wie auf nassen oder trockenen Standorten gegenüber anderen Baumarten in der Region behaupten kann (Romero 1986). Sie hat also eine breite physiologische Valenz auf dem Feuchtegradienten, besitzt Pioniercharakter, neigt zur Ausbildung unterschiedlicher Ökotypen (Ramirez et al. 1985) und zeichnet sich im Vergleich zu anderen *Nothofagus*-Arten Südamerikas durch eine hohe genetische Diversität aus (Steinke et al. 2008). Somit ähnelt die Art ein wenig den europäischen *Betula*-Arten und *Pinus sylvestris*. Sie bildet an Grenzstandorten Krüppelformen, neigt zu Polykormonen und gilt als *resprouter*, kann also nach Störungen, wie sie in vulkanisch aktiven Gebieten häufig auftreten, aus schlafenden Knospen der Stammbasis wieder austreiben. Sie kommt gut mit langen, kalten Wintern zurecht (höchste Frostresistenz bei den Knospen aller von Sakai et al. 1981 getesteten südhemisphärischen Baumarten: –20 °C), sodass sie hin und wieder gemeinsam mit *N. pumilio* die thermische Waldgrenze im Hochgebirge bildet. Palynologisch lässt sich nachweisen, dass sie wohl auch die erste Baumart bei der Waldentwicklung in Patagonien nach dem Ende der letzten Vereisung war.
Entsprechend vielfältig sind die **Nothofagus antarctica-Wälder**. So gibt es niedrige Pionierwälder auf Ascheböden und Lavastreifen, wo die

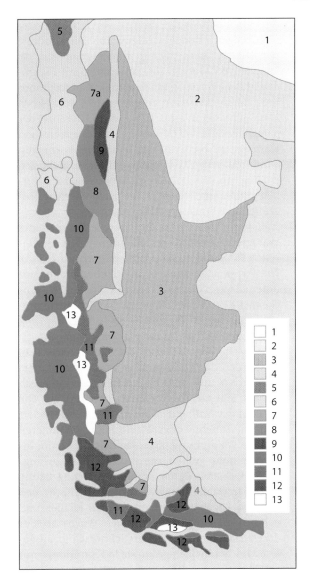

Abb. 6-16 Vegetationskarte von Patagonien (nach einer Karte in Seibert 1996, ergänzt und verändert nach Cabrera 1971 und Hildebrand-Vogel & Vogel 1995). 1 = Pampa-Region, nicht differenziert; 2 = Monte-Vegetation, nicht differenziert (tropisch-subtropische Zwergstrauch-Halbwüsten); 3 = (nemorale) patagonische Zwergstrauch-Halbwüste; 4 = patagonische Niedriggrassteppe; 5 = mittelchilenische Hartlaubwälder und -gebüsche; 6 = nemoraler immergrüner (valdivianischer) Lorbeerwald; 7 = nemoraler sommergrüner Wald aus *Nothofagus pumilio* und *N. antarctica* (7a mit *Araucaria araucana*); 8 = nemoraler immergrüner (nordpatagonischer) Lorbeerwald; 9 = nemoraler Trockenwald aus *Austrocedrus chilensis*; 10 = immergrüner *Nothofagus*-Wald; 11 = Vegetation der alpinen Stufe der nemoralen Südanden; 12 = magellanische Windheiden und Hartpolstermoore; 13 = Eisfelder.

Art als Erstbesiedler auftritt und wegen der ungünstigen Bodenbedingungen Jahrhunderte persistieren kann. Dann findet man sie im Umgriff von Mooren (oft zusammen mit *Pilgerodendron uviflorum*, Cupressaceae), auf Quellmooren und trockenen Auensedimenten. Schließlich ist *N. antarctica* typisch für die Ostgrenze der patagonischen Wälder gegen die Steppen und Halbwüsten; hier tritt sie häufig in Form von windverblasenen Gebüschen auf und schiebt sich entlang von Wasserläufen als Galeriewald z. B. östlich von Bariloche weit in die patagonischen Trockengebiete hinaus (s. Abb. 6-25d).

2. *Nothofagus pumilio* ist die typische Baumart des Waldgrenzökotons im südandinen Raum zwischen 35° S und der Südspitze Feuerlands (55° S). Die Art wächst zumeist in Reinbeständen; nur unter edaphisch ungünstigen Bedingungen (Trockenheit) kann *Nothofagus antarctica* hinzukommen; zwischen 37°30' und 39°30' tritt in ihrem eng begrenzten Areal *Araucaria auracana* auf (s. unten). Die obere (thermische) Waldgrenze liegt im Norden des Vorkommens von *N. pumilio* bei 2.000 m NN und sinkt nach Süden kontinuierlich bis auf 500–600 m NN (Punta Arenas) ab. Die Struktur der **Nothofagus pumilio-Bestände** ändert sich mit zunehmender Meereshöhe. Im unteren Teil des Waldgrenzökotons handelt es sich um bis zu 20 m hohe Wälder, die in den leichter zugänglichen Gebieten durch Brennholznutzung häufig in Niederwälder umgewandelt wurden. In den höheren Lagen werden die Bäume kleiner und nehmen oft einen säbelförmigen Wuchs an, der durch Hangbewegung oder Schneeschub ausgelöst wird. Schließlich gehen sie in Krummholz mit am Boden liegenden Stämmen über, das immer niedriger wird und mehr oder minder unvermittelt den alpinen Zwergstrauchtundren Platz macht. Die in anderen Hochgebirgen der Erde übliche Auflösung des geschlossenen Waldes in einzelne Bäume oder Baumgruppen fehlt also; Wald- und Baumgrenze fallen zusammen (s. Abschn. 6.5.3).

Typisch ist eine gering ausgebildete Strauchschicht überwiegend aus Immergrünen (z. B. *Maytenus disticha*, *Berberis montana*) und das stete Auftreten von *Gaultheria pumila* aus den südandin-alpinen Tundren. Gelegentlich kommt der Strauch *Drimys andina* (aus der altertümlichen Familie Winteraceae) zur Dominanz. An feuchten, oft südseitigen Hängen und in Bachtälern entwickelt sich eine schattenverträgliche Krautvegetation aus Vertretern der auch von Buchenwäldern der Nordhemisphäre bekannten Gattungen *Viola*, *Senecio*, *Ranunculus* und *Valeriana* (Abb. 6-11l). Auf trockeneren Standorten dominieren Zwergsträucher wie *Gaultheria mucronata*, *G. poeppigii* und vor allem im Süden *Empetrum rubrum* (alle Ericaceae). Nördlich etwa 47° S kommt häufig die Bambusgattung *Chusquea* zur Dominanz, die wegen ihrer tiefliegenden Rhizome Feuer gut übersteht und deshalb auf Brandflächen dichte Bestände bildet. Hier regeneriert sich *Nothofagus* aus Samen vorwiegend auf Totholz oder dann, wenn *Chusquea* nach der Blüte großflächig abstirbt und genug Licht für die Keimung zur Verfügung steht (Veblen & al. 1979), ähnlich wie im Fall von *Sasa* in den *Fagus crenata*-Wäldern Japans. Auf exponierten Hängen und Graten wird die thermische Waldgrenze nach unten gedrückt; Fahnenformen sind häufig.

3. Einen Sonderfall bilden die *Nothofagus pumilio*- und *N. antarctica*-Wälder mit **Araucaria auraucana** (Abb. 6-11k). Sie kommen zwischen 38 und 40° S vor und erstrecken sich auf beiden Seiten der Andenkordillere auf chilenischem und argentinischem Gebiet. Ihre Obergrenze liegt am Westabfall der Anden zwischen 1.600 und 1.800 m NN, die Untergrenze bei etwa 700 m NN. Am Ostrand des Gebietes entspricht das Klima etwa demjenigen der nemoralen Nadelwälder an der Pazifikseite Nordamerikas mit regelmäßiger sommerlicher Trockenheit. Ausgeprägt sind tiefe Wintertemperaturen (in Chile –5 bis –10 °C, in Argentinien bis zu –20 °C) mit einer länger anhaltenden Schneedecke. Für chilenische Verhältnisse ist deshalb die Araukarie frosthart (im Vergleich zu dem wintermilden ozeanischen Klima, das sonst überall vorherrscht). Hueck (1966) behandelt das Araukariengebiet als eigene Waldregion. Diese Sonderbehandlung ist gerechtfertigt, sofern man die forstwirtschaftlichen Interessen in den Vordergrund rückt. Aus ökologischer Sicht sind Standorte, an denen die bis zu 1.000 Jahre alt werdende Araukarie mit ihren bis zu 60 m hohen Stämmen eine zweite, lockere Baumschicht über dem *Nothofagus pumilio*-Wald (und anderen *Nothofagus*-Arten wie *N. dombeyi* und *N. antarctica*) bildet, eher trocken (Finck & Paulsch 1995), und zwar sowohl klimatisch als auch edaphisch bedingt (also flachgründige, nordexponierte, steile Hänge); als Relikt aus einer erdgeschichtlich trockenen Klimaperiode im Tertiär hat sie offensichtlich Merkmale der Feuerresistenz (wie die dicke, luftgefüllte Borke) in unsere Zeit herübergerettet. In der Tat sind in der *Araucaria*-Region von Chile und

Argentinien Wildfeuer (sowohl durch Blitzschlag als auch durch Vulkanausbrüche) schon Jahrhunderte vor der Einwanderung der Europäer nachweisbar, hervorgerufen durch das Zusammentreffen trockener Sommer (z. B. in El-Niño-Jahren) mit ausreichend großer, brennbarer Phytomasse nach synchronem Absterben von *Chusquea culeou* (Gonzales & al. 2005). Außerdem scheint die Araukarie auch eine bis zu 1 m mächtige Ascheüberdeckung auszuhalten (Veblen & al. 2005); damit könnten z. B. die *N. antarctica*-Buschwälder unter alten Araukarien im Nationalpark Conguillo östlich von Temuco erklärt werden (Burns 1993). Das gemeinsame Vorkommen von zwei bezüglich Herkunft (altertümlich – modern) und ökologischem Verhalten (schattenverträglich – lichtbedürftig bei der Jungpflanzenentwicklung), unterschiedlichen Baumarten legt den Schluss nahe, dass die scheinbare Koexistenz von *Araucaria araucana* und den beiden sommergrünen *Nothofagus*-Arten nur ein Stadium in einer Jahrhunderte dauernden Sukzession darstellt, die von vegetationsfreier Asche (nach Vulkanausbruch) bis zum Klimaxwald zu reinen Araukarien-Beständen führt. Belege hierfür sind die räumliche Altersklassenstruktur der Mischbestände und die unterschiedliche Regenerationsstrategie (Fajardo & Gonzales 2009): Während sich die *Araucaria* als Halbschattenpflanze kontinuierlich in Raum und Zeit verjüngt, bildet *Nothofagus* eher räumlich-zeitliche Muster, was mit ihrer Lichtbedürftigkeit in der Jugend zusammenhängt.

6.2.3 Nemorale immergrüne Nadelwälder

6.2.3.1 Übersicht

Von den heute noch lebenden, 615 Koniferenarten (Pinales) haben nur rund 20 ihren Schwerpunkt in der borealen Nadelwaldzone (s. Abschn. 7.1.3); die übrigen sind vorzugsweise im kühl- und warmgemäßigten Klima der nemoralen und subtropischen Zone sowie der tropischen Gebirge verbreitet. Einige wachsen dort als Bestandteil von immer- und sommergrünen Wäldern, denen sie im Unterstand, manchmal auch als Emergenten, beigemischt sind, ohne das Waldbild so zu dominieren, dass man von einem Nadelwald sprechen kann. Wir haben solche Formationen unter den subtropischen Lorbeerwäldern (z. B. im Fall der Kauri-Wälder mit *Agathis* auf der Nordinsel Neuseelands; s. Abschn. 5.2.2.8) und

den hemiborealen (z. B. *Pinus koraiensis*-Mischwälder in Nordostasien) bzw. montanen sommergrünen Laubwäldern mit Nadelhölzern kennen gelernt (z. B. die Tannen-Buchen-Wälder der mittel- und südeuropäischen Gebirge mit der präalpiden Weißtanne *Abies alba*).

Die Mehrzahl der Gattungen und Arten der Pinales bildet aber physiognomisch, strukturell und floristisch eigenständige Waldbestände, in denen Laubbäume zurücktreten oder ganz fehlen. Diejenigen mit subtropischem Charakter kommen (azonal) meist an Trocken- (wie viele *Juniperus*- und *Pinus*-Arten) oder an Nassstandorten vor (wie die *Taxodium distichum*-Bestände im Mississippi-Gebiet); lediglich im Fall von *Araucaria angustifolia* kann man von einem zonalen Araukarienwald sprechen (einer Höhenvariante der südbrasilianischen Lorbeerwälder). Viele Pinales-Vertreter sind dagegen auf die kühl-gemäßigte Zone des Tieflandes und der Gebirge beschränkt; sofern sie auch in der borealen Zone vorkommen, wachsen sie in klimatisch günstigen Lagen. Diese **nemoralen Nadelwälder** haben nach den sommergrünen Laubwäldern den zweitgrößten Flächenanteil der waldbedeckten feuchten kühl-gemäßigten Zone, wenngleich sie außer im Nordwesten von Nordamerika kein weiteres geschlossenes Gebiet besiedeln, sondern in viele Einzelvorkommen zersplittert sind. Einige Beispiele sind in Abb. 6-17 zusammengestellt.

Nemorale Nadelwälder findet man überall dort, wo die dominanten Koniferen dem Konkurrenzdruck der Angiospermen entgehen konnten. Sie besetzen häufig Feucht- und Trockenstandorte, die für anspruchsvolle Laubbäume weniger gut geeignet sind, und haben dann azonalen Charakter. Hierzu gehören die *Araucaria araucana*- und *Fitzroya cupressoides*-Wälder Patagoniens, Erstere mit sommergrünen, Letztere mit immergrünen *Nothofagus*-Arten in der zweiten Baumschicht (s. Abschn. 6.2.2.6.5 und 6.2.4). Solche **azonalen, nicht-borealen Nadelwälder** sind in der nemoralen Zone überaus häufig; als ein Beispiel aus Europa nennen wir die Schneeheide-Kiefernwälder der Klasse Erico-Pinetea mit *Pinus sylvestris* und *P. nigra* im alpinen und mediterranen Raum und einer Flora, die hinsichtlich ihres Reichtums an Offenland- und Pionierarten an die hemiborealen Wälder Südsibiriens erinnert. Ihnen wird gelegentlich Reliktcharakter zugewiesen, weil sie als Rest früh- bis mittelholozän weit verbreiteter Pionier-Kiefernwälder gedeutet werden. Um Tertiärrelikte handelt es sich dagegen bei den *Picea omorica*-Beständen im serbisch-bosnischen Grenzgebiet (Horvat et al. 1974).

Im Gegensatz zu den azonalen kommen die **zonalen nemoralen Nadelwälder** in einem kühl-gemäßigten Klima mit sommerlicher Trockenzeit von einem bis drei (vier) Monaten Dauer vor. Unter solchen Bedingungen sind Koniferen den Laubbäumen vermutlich deshalb überlegen, weil sie das sommerliche Wasserdefizit leichter ertragen als die meist transpirationsaktiveren Laubbäume. Beispiele sind die *Abies*- und *Pinus*-Nadelwälder der nemoralen Stufe winterfeuchter Hochgebirge (Sierra Nevada in Kalifornien, manche mediterranen Gebirge), die *Pinus*

canariensis-Wälder auf den Kanaren sowie die *Cedrus*-Wälder im Atlas, Taurus, in Westzypern und im Libanon. Hierzu rechnet man auch die *Cedrus deodara*-Bestände in der nemoralen Stufe des westlichen Himalaya-Systems (Kashmir). In Europa und Asien sind zonale nemorale Nadelwälder also auf die höheren Berglagen mit einem sommertrockenen, kühlgemäßigten Klima beschränkt.

Dagegen ist dieser Waldtyp großflächig im Westen von Nordamerika verbreitet (Abb. 6-18). Dem Klimagefälle von der hochozeanischen Küstenregion bis

Abb. 6-17 Beispiele für nemorale Nadelwälder Nordamerikas. a = Douglasien-Hemlock-Wald aus *Pseudotsuga menziesii* (McKenzie River, West-Oregon; Foto H. Albrecht); b = Küstenmammutbaumwald aus *Sequoia sempervirens* (Jedediah Smith Redwood State Park, Kalifornien, Foto H. Albrecht); c = *Pinus ponderosa*-Wald, abgebrannt mit Naturverjüngung (Yellowstone-Nationalpark, Kalifornien, Foto U. Treter); d = *Pinus contorta*-Wald (Yosemite National Park, Kalifornien, Foto H. Albrecht).

zum kontinentalen Innern des Kontinents entsprechend unterscheidet man die nordwestpazifischen Feucht-Koniferenwälder und die westamerikanischen Trocken-Kiefernwälder. Erstere bilden ein immer wieder von Gebirgen und trockenen intramontanen Becken (mit nemoraler Steppen- und Halbwüsten-Vegetation) unterbrochenes Waldgebiet, das sich von Kalifornien bis nach Alaska erstreckt und von der Westküste bis in die Rocky Mountains

reicht. Es besteht in wechselnder Zusammensetzung aus *Sequoia sempervirens* (Küstenmammutbaum), *Pseudotsuga menziesii* (Douglasie), *Tsuga heterophylla* (Westliche Hemlocktanne), *Thuja plicata* (Riesenlebensbaum) und *Picea sitchensis* (Sitkafichte) sowie einer Reihe weiterer Taxa aus den Gattungen *Abies*, *Pinus* und *Tsuga*. Noch stärker zersplittert als die Feucht-Koniferenwälder sind die Trocken-Kiefernwälder, und zwar wegen des gebirgigen Charakters des westlichen Nordamerika; die am weitesten verbreiteten waldbildenden Baumarten sind *Pinus ponderosa* (Gelbkiefer) und *P. contorta* (Drehkiefer).

6.2.3.2 Nordwestpazifische Feucht-Koniferenwälder

Im Westen der Küstenketten und des Kaskadengebirges liegt in den ozeannahen Gebieten der US-Bundesstaaten Kalifornien (Nordteil), Oregon, Washington und Alaska (Südosten) sowie der kanadischen Provinz British Columbia eines der wohl interessantesten Waldgebiete der Erde (Knapp 1965, Franklin & Dyrness 1973, Powers et al. 2005). Das Klima ist vom Typ 3 (s. Abb. 6-1e), also niederschlagsreich (bis über 2.000 mm Jahresniederschlag im Küstenbereich) mit einem Maximum im Winter und einer ein- bis zweimonatigen Trockenzeit im Sommer. Die Wintermonate sind auf Meeresniveau mild und schneearm; nur in den Gebirgslagen oberhalb 1.000 m NN fällt Schnee, dann aber in großen Mengen. Die Wälder bestehen aus hochwüchsigen Koniferen, die zu den Familien Cupressaceae (*Sequoia*, *Sequoiadendron*, *Thuja*) und Pinaceae (*Abies*, *Picea*, *Pseudotsuga*) gehören. Nirgendwo sonst werden solche enormen Wuchsleistungen und Baumhöhen erreicht wie hier (Waring & Franklin 1979; Kasten 6-4). Alte *Sequoia*-Wälder erreichen mit 8.072 m^3 ha^{-1} Stammholz-Volumen (= 2.583 t ha^{-1}; Van Pelt & Franklin 2000) die größte oberirdische Phytomasse, die jemals in nemoralen Wäldern gemessen wurde (tropische Regenwälder des Amazonasbeckens: um 1.000 t ha^{-1}; Fittkau & Klinge 1973). Aber auch andere Baumarten dieser Koniferenwälder kommen solchen Dimensionen nahe (Tab. 6-7). Wälder aus *Pseudotsuga menziesii* und *Tsuga heterophylla* werden über 70 m hoch, erreichen einen Stammdurchmesser in Brusthöhe von mehr als 2 m und ein Stammholzgewicht von über 3.000 t ha^{-1} (Van Pelt & Franklin 2000). Die Nettoprimärproduktion 30 bis 50 Jahre alter Jungbestände nordwestamerikanischer Feuchtkoniferenwälder liegt zwischen 10 und 35 t Trockengewicht ha^{-1} (Fujimori 1971, Waring & Franklin 1979) und damit

■	1
■	2
■	3
■	4
▨	5
□	6
■	7
■	8

0   300   600 km

Abb. 6-18 Verbreitung der nordwestpazifischen Feucht- und der westnordamerikanischen Trocken-Kiefernwälder, nach Vorlagen von Knapp (1965) zusammengefasst. 1 = Vegetation der alpinen Stufe, 2 = Vegetation der oreoborealen Stufe, 3 = Küstenmammutbaumwälder, 4 = Sitkafichtenwälder, 5 = Douglasien-Hemlock-Wälder, 6 = Gelbkiefernwälder, 7 = Drehkiefernwälder, 8 = nemorale Trockenwälder und Gebüsche aus *Pinus*- und *Juniperus*-Arten.

Kasten 6-4

Baumgiganten

Baumarten, die über 80 m Höhe erreichen können, wachsen bevorzugt in Wäldern feuchter und kühler Klimate. Hierzu gehören die hochozeanischen Westseiten der Kontinente, Südostaustralien einschließlich Tasmanien sowie manche tropischen Gebirgslagen im indo-malaiischen Raum. Sie fehlen in den tropischen Regenwäldern ebenso wie in Gebieten mit langen Frost- oder Trockenperioden. Neben einigen Eukalypten wie _Eucalyptus regnans_ und _E. globulus_ in Tasmanien und _E. diversicolor_ in Südwestaustralien, _Araucaria hunsteinii_ in Papua-Neuguinea sowie einer Reihe von _Shorea_-Arten auf Borneo und den Philippinen (Tng et al. 2012) gehören zu dieser Gruppe der Baumgiganten besonders die Nadelhölzer der nordwestpazifischen Feucht-Koniferenwälder Nordamerikas mit den Gattungen _Abies_, _Picea_, _Pinus_, _Pseudotsuga_, _Sequoia_ und _Sequoiadendron_ (Tab. 1). Sie alle können Baumhöhen von über 90 m erreichen. Der mit 115,6 m höchste derzeit lebende Baum der Erde ist ein Exemplar von _Sequoia sempervirens_ und steht im Redwood National Park in Kalifornien. Der höchste Nadelbaum der Südhemisphäre ist _Fitzroya cupressoides_ mit über 70 m.

Alle großen Bäume benötigen eine exzellente Wasserversorgung während des ganzen Jahres. Sommerliche Trockenzeiten wie im amerikanischen Nordwesten werden durch Nebelniederschlag ausgeglichen; _Sequoia sempervirens_ ist sogar in der Lage, Interzeptionswasser mit ihren Nadeln aufzunehmen (Simonin et al. 2009). In der nemoralen Stufe der Sierra Nevada Kaliforniens wächst _Sequoiadendron giganteum_ nur auf ständig feuchten Böden mit Hang- bzw. Stauwasser in Tälern und auf Nordhängen (s. Kasten 5-1). In einem weltweiten Screening zeigte unter den 22 Klimaeigenschaften einzig die Niederschlagshöhe des feuchtesten Monats eine signifikante positive Beziehung zur Wuchshöhe von Bäumen (Moles et al. 2009). Diese Geländebefunde stehen im Einklang mit der von Ryan et al. (2006) aufgestellten Hypothese, dass das Baumwachstum in erster Linie durch hydraulische Vorgänge begrenzt wird:

Mit zunehmender Baumhöhe sinkt der Xylemsaftdruck im Mittel um 0,01 MPa m^{-1}; bei einer Baumhöhe von 100 m beträgt die gegen die Gravitation erzeugte hydraulische Spannung also –1,0 MPa. Dazu addiert sich der von den transpirierenden Blättern erzeugte Unterdruck, sodass selbst in der feuchten Morgendämmerung mit weitgehend ausgeglichenem Wasserhaushalt < –1,2 MPa erreicht werden; mittags sinken die Werte auf –1,8 MPa ab (Koch et al. 2004). Bei einer derartig extremen Tension ist die Cavitationsgefahr durch Eindringen von Luft in die Xylemgefäße sehr groß. Im Fall von _Sequoia_ werden ab etwa –2,0 MPa (entspricht einer hypothetischen Baumhöhe von rund 125–135 m) die Stomata geschlossen und eine CO_2-Aufnahme ist nicht mehr möglich (Koch et al. 2004). Damit ist die hydraulisch maximale Baumhöhe erreicht.

Zwei weiterere Faktoren dürften zusätzlich dafür sorgen, dass Bäume nicht unbegrenzt nach oben wachsen: Erstens sinkt bei Koniferen die Wasserleitfähigkeit der Tracheiden mit zunehmender Baumhöhe, weil der Durchmesser der Tüpfel zwischen den Gefäßen nach oben zu immer kleiner wird; zwischen 109 und 134 m dürfte der Wassertransport deshalb zum Erliegen kommen (Domec et al. 2008). Zweitens erlauben mechanische Eigenschaften des Stammes, besonders seine Elastizität bei Stürmen, nur eine artspezifische maximale Höhe; denn um ihre Bruchfestigkeit zu verbessern, investieren Bäume im oberen Drittel mehr in das Dickenwachstum (wie im Fall von _Pinus contorta_ var. _latifolia_; Meng et al. 2006), sodass bei der aus hydraulischen Gründen ohnehin schon reduzierten C-Allokation nicht mehr genug Kohlenstoff für das Höhenwachstum übrig bleibt.

Tab. 1 Liste von Baumarten, die über 80 m Höhe erreichen können. Die Höhenangaben beziehen sich auf die derzeit lebenden höchsten Individuen (z. T. mit lokalen Namen; „rezent") bzw. auf glaubwürdige historische Angaben („historisch"). Die Bäume sind nach abnehmender Baumhöhe angeordnet.

Art	Familie	lokaler Name des Baumes	Vorkommen	maximale Baumhöhe (m)		BHD[8] (cm)
				rezent	historisch	
Sequoia sempervirens[1]	Cupressaceae	Hyperion	NW-Kalifornien	115,6		484
Pseudotsuga menziesii[1,2]	Pinaceae	Doerner Fir	Oregon	100,3	126,5	
Eucalyptus regnans[3]	Myrtaceae	Centurion	Tasmanien	99,6	114,3	405
Petersianthus quadrialatus[4]	Lecythidaceae	Barangay Alegria Toog	Phillippinen	96,9		
Picea sitchensis[1]	Pinaceae	Raven's Tower	NW-Kalifornien	96,7		
Sequoiadendron giganteum[1,5]	Cupressaceae	Tallest Giant Sequoia	Kalifornien	94,9	100,9	487
Eucalyptus globulus[3]	Myrtaceae	Neeminah Loggorale Meena	Tasmanien	90,7		388
Abies procera[6]	Pinaceae	Noble Fir in Goat Marsh	Washington	89,9		192
Araucaria hunsteinii[4]	Araucariaceae		Papua-Neuguinea	89		
Eucalyptus viminalis[3,6]	Myrtaceae	White Knight	Tasmanien	89		330
Shorea faguetiana[7]	Dipterocarpaceae		Borneo	88		
Eucalyptus delegatensis[1,3]	Myrtaceae		Tasmanien	87,9	89	
Eucalyptus obliqua[3]	Myrtaceae	King Stringy	Tasmanien	86	98,8	
Abies procera[5]	Pinaceae	Yellowjacket Creek Champion	Oregon	84,7		290
Eucalyptus nitens[1]	Myrtaceae		SO-Australien	84,1		
Tsuga heterophylla[1]	Cupressaceae		NW-Kalifornien	82,9		
Pinus ponderosa[1]	Pinaceae		SW-Oregon	81,8		
Pinus lambertiana[5]	Pinaceae	Yosemite Giant	Kalifornien	81,7		281
Abies grandis[5]	Pinaceae	Bald Hills Champion	Kalifornien	81,4		198
Chamaecyparis lawsoniana[5]	Cupressaceae		SW-Oregon	81,1		260
Eucalyptus diversicolor[7]	Myrtaceae		SW-Australien	80,5	100,6	

[1] Landmark Trees Archive (www.landmarktrees.net); [2] Carder (1995); [3] Giant Trees (http://gianttrees.com.au); [4] Alcantara (2010) in www.wondermondo.com; [5] Van Pelt 2001; [6] Wondermondo (www.wondermondo.com); [7] Tng et al. (2012); [8] BHD = Brusthöhendurchmesser (1,3 m über dem Boden).

Tab. 6-7 Merkmale einiger bestandsbildender Bäume der nordwestpazifischen Feucht-Koniferen- und der westamerikanischen Trocken-Kiefernwälder (aus Franklin & Halpern 2000).

Art	Alter (Jahre)	Durchmesser (cm)	Höhe (cm)	Schatten-toleranz	Feuerempfind-lichkeit
Abies grandis	300+	75–125	40–60	tolerant	mittel
Picea sitchensis	500+	180–230	70–75	tolerant	hoch
Pinus contorta	250+	50	25–35	intolerant	mittel
Pinus ponderosa	600+	75–125	30–60	intolerant	gering
Pseudotsuga menziesii	750+	150–220	70–80	intolerant	gering
Sequoia sempervirens	1.250+	150–380	75–100	tolerant	gering
Sequoiadendron giganteum	3.000	400–600	70–80	intolerant	
Thuja plicata	1.000+	150–300	60+	tolerant	mittel
Tsuga heterophylla	400+	90–120	50–65	sehr tolerant	hoch

um einiges höher als in anderen nemoralen Wäldern (Satoo 1970; s. auch Tab. 6-4). In älteren Waldbeständen sinkt sie auf das „Normalmaß" von 6–12 t ha^{-1} (= rund 3–4 t Kohlenstoff ha^{-1}). Die folgenden Waldtypen werden unterschieden:

1. Den größten Raum nehmen die **Douglasien-Hemlock-Wälder** (Douglas-Fir Forests) ein, die zwischen 0 und 1.000 m NN vorkommen. Sie reichen von 37° N in Kalifornien (Santa Cruz Mountains) bis 55° N in British Columbia und kommen in einer an Baumarten verarmten Ausbildung auch in den südlichen Rocky Mountains vor (Nordwestmontana). Die Wälder bestehen aus *Pseudotsuga menziesii*, der Douglasie, die in der Regel eine obere, in alten Beständen über 70 m hohe Baumschicht bildet (Abb. 6-17a), sowie *Thuja plicata* (Riesenlebensbaum), *Tsuga heterophylla* (Westliche Hemlocktanne) und *Abies grandis* (Küstentanne) in der unteren Baumschicht. Laubbäume sind selten und treten entweder vorübergehend als Pioniere (wie *Acer macrophyllum* und *Alnus rubra*) oder azonal an warmen, trockenen Hängen auf (wie *Arbutus menziesii*). In der Strauchschicht sind sommergrüne (wie *Rubus vitifolius*, *Corylus cornuta*) und immergrüne Gehölze (wie *Hymenanthes macrophylla*), in der Feldschicht nemorale Gattungen (wie *Achlys*, *Hieracium*, *Oxalis*, *Trillium*, *Viola*), auffallend viele Ericaceen der Gattungen *Chimaphila*, *Gaultheria*, *Pyrola*, *Vaccinium* und viele Farne (wie *Polystichum munitum*) ver-

breitet. Im Naturzustand bilden diese Wälder ein Beispiel für eine kontinuierlich hohe strukturelle Vielfalt (s. Kasten 7-3), bewirkt durch einen Baumartenwechsel zwischen der langlebigen, in der Jugend lichtbedürftigen Douglasie und der schattenverträglichen Hemlocktanne (Kuiper 1994, Franklin et al. 2002; Abb. 6-19): In der Pionierphase (null bis 50 Jahre) nach den seltenen, aber offensichtlich regelmäßigen bestandsvernichtenden Kalamitäten (Windwurf und Feuer) entwickelt sich zunächst *Pseudotsuga*, in deren Schatten in den folgenden 100 bis 200 Jahren *Tsuga* und die übrigen Baumarten aufwachsen. In der Reifephase des Bestands (ca. 300 bis 500 Jahre) entsteht auf diese Weise ein vertikal strukturreicher Mischbestand aus mehreren Baumschichten. In der Altersphase (über 500 Jahre) beginnen die Douglasien der Pionierphase abzusterben; alterungsbedingte Lücken werden vorwiegend von schattenverträglichen Bäumen (wie *Tsuga heterophylla*) besetzt, sodass ein artenreicher, jetzt auch horizontal strukturreicher Mischbestand entsteht.

2. Der zweite Typ der nordwestamerikanischen Feucht-Koniferenwälder ist der wegen seiner Baumhöhen berühmte **Küstenmammutbaumwald**, in dem *Sequoia sempervirens* zur Dominanz gelangt (Redwood Forest; Noss 2000; Abb. 6-17b). Im Reife- und Altersstadium der Waldentwicklung sind *Lithocarpus densiflorus* (Fagaceae) und *Tsuga heterophylla* beigemischt. Die Wälder kommen in

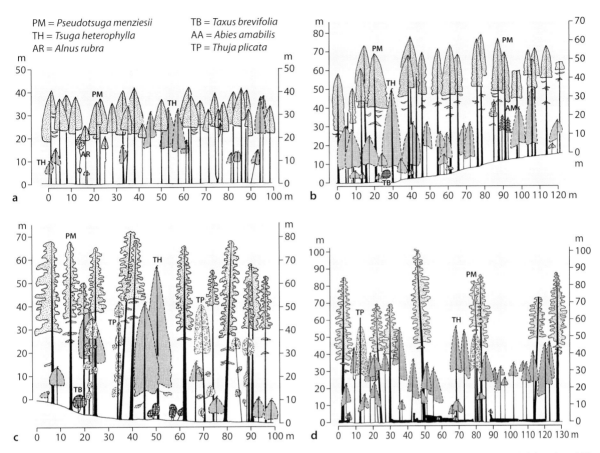

Abb. 6-19 Bestandsstruktur verschieden alter Douglasien-Hemlock-Wälder (aus Kuiper 1994 verändert). a = 50 Jahre, b = 250 Jahre, c = 400 Jahre, d = ca. 1.000 Jahre alt. Die hier dargestellte räumliche Abfolge dürfte einer zeitlichen Bestandsentwicklung nach Feuer entsprechen (Franklin et al. 2002). Danach wären a die Pionier-, b die Aufbau-, c die Reife- und d die Zerfallsphase. Die langlebige Pionierbaumart *Pseudotsuga* persistiert bis in die Zerfallsphase.

einem maximal 16 km breiten Streifen von Nordkalifornien bis in den Süden von Oregon in einer Höhe von 30–760 m NN vor und sind dort vom sommerlichen Küstennebel betroffen, der das Wasserdefizit in der sommerlichen Trockenzeit ausgleicht (Powers et al. 2005). *Sequoia* bildet, wie nahezu alle bestandsbildenden Koniferen in dieser Zone, kleine, leichte, anemochore Samen, ist aber auch in der Lage, nach Störung (Feuer) aus Adventivknospen am Stammfuß wieder auszutreiben. Vor allem diese, noch von den Wurzeln des alten Baumes versorgten Jungpflanzen wachsen mit bis zu 1 m a^{-1} sehr schnell. Alte Bestände beeindrucken durch ihre dicht stehenden Bäume mit einem Alter zwischen 400 und 1.000 Jahren. Sie finden ihre Fortsetzung nach Süden in der nemoralen Stufe der Sierra Nevada mit einer allerdings veränderten Artenzusammensetzung (*Abies concolor*, *Sequoiadendron giganteum*; s. Abschn. 5.5).

3. Nördlich der *Sequoia*-Wälder erstreckt sich von etwa 44° N im südlichen Oregon über 3.200 km Küstenlänge bis fast 61° N im südlichen Alaska der von *Picea sitchensis* (Sitkafichte) unter Beteiligung von *Tsuga heterophylla* und *Thuja plicata* gebildete **Sitkafichtenwald** (Powers et al. 2005). Er wächst ebenfalls meernah (0–450 m NN) und bedeckt auch alle der Festlandsküste vorgelagerten Inseln und Inselgruppen (wie Vancouver Island, Queen Charlotte Islands und Alexander-Archipel). Das Klima, das unter dem Einfluss des warmen Japanstroms steht, ist wintermild im Süden und in der Mitte des Verbreitungsgebiets der Wälder, wird dagegen im Norden boreal (294 frostfreie Tage im Süden, 111 im Norden). Die Niederschläge sind hoch (1.500–4.000 mm, örtlich bis über 7.000 mm); die Trockenzeit im Sommer ist umso weniger ausgeprägt, je weiter man nach Norden kommt. Dieser Regenwaldcharakter ist besonders an meer-

wärtigen Hängen des Nationalparks der Olympic Mountains westlich von Seattle ausgebildet, wo die Bäume überreichlich mit Moosen und Flechten bewachsen sind. Der Riesenlebensbaum (*red cedar*; *Thuja plicata*) war und ist eine Schlüsselart für die Indianerstämme (Gitga'at, Haida) des amerikanischen Nordwestens (Garibaldi & Turner 2004): Das weiche Holz lässt sich gut bearbeiten und dient der Herstellung von Gebrauchsgegenständen und Totempfählen.

6.2.3.3 Westnordamerikanische Trocken-Kiefernwälder

Zwischen den Rocky Mountains im Osten und den pazifischen Ketten der Cascades und der Sierra Nevada im Westen erstreckt sich ein von Gebirgen, Hochplateaus und intramontanen Becken stark gegliedertes Gebiet, das einen großen Teil der Bundesstaaten Washington, Montana, Oregon, Wyoming, Colorado, Utah, Nevada, Arizona und New Mexico einnimmt (Knapp 1965). Es ist im Westen und Norden sommertrocken; die jährlichen Niederschläge liegen in den tieferen Lagen unter 300 mm. Hier kommen (überwiegend nemorale) Wüsten, Halbwüsten und niedrige *Juniperus*-Trockengehölze („Pinyon-Juniper Forests"; s. Abschn. 6.3.3), in Arizona auch Hartlaubgebüsche und im Osten, mit eher sommerlichen Niederschlägen, Steppen (Prärien) vor (s. Abschn. 6.3.2). Mit steigender Meereshöhe nehmen die Niederschläge auf über 700 mm zu, die Wintermonate werden kälter und eine länger anhaltende Schneedecke ist keine Seltenheit. Diese Berglagen werden von lockeren, offenen Wäldern aus *Pinus*-Arten eingenommen, die wegen des gebirgigen Charakters keine zusammenhängende Fläche bilden, sondern in einzelne, meist höhenzonale Streifen aufgelöst sind (Knapp 1965; Abb. 6-18).

Die zwei wichtigsten Bäume sind *Pinus ponderosa* (*yellow pine*, Gelbkiefer) und *P. contorta* (*lodge pole pine*; Drehkiefer). Beide gehören zu den am weitesten verbreiteten Kiefernarten Nordamerikas. Die von Natur aus offenen, lichten **Gelbkiefernwälder** kommen vorwiegend im Osten von Washington, Oregon, im Nordosten von Kalifornien, in Idaho, Wyoming, Westmontana und im südwestlichen Kanada in einer Höhe zwischen 600 und 1.400 m NN sowie in den südlichen Rocky Mountains und ihren Nachbargebieten von Utah und Nordarizona vor (Knapp 1965). Sie werden rund 30 m hoch und bestehen aus Einzelbäumen und gleichaltrigen Baumgruppen (Peet 2000). Die Bodenvegetation setzt sich aus Gräsern

(*Festuca*-Arten, z. B. *F. viridula*) und Kräutern zusammen, die regelmäßige jährliche, leichte Bodenfeuer begünstigen. Werden diese Feuer unterdrückt und wird die Grasdecke durch Beweidung mit Haustieren reduziert (wie nach der Einwanderung der europäischen Siedler geschehen), kann sich über mehrere Jahre hinweg eine dicke Schicht aus Bestandsabfall ansammeln. Die Feuerereignisse sind dann zwar seltener, aber umso heftiger, sodass der gesamte Waldbestand abbrennt. Da sich *P. ponderosa* auf solchen Brandflächen besonders rasch verjüngt, entstehen als Folge großflächig dichte Kiefernwälder, die mit der natürlichen savannenartigen Struktur nichts mehr gemein haben (Abb. 6-17c).

Die dichten, 20–30 m hohen **Drehkiefernwälder** (Abb. 6-17d) sind zwischen dem südlichen Yukon Territory und Colorado vor allem in den Rocky Mountains in einer Höhenlage von 1.500–2.700 m NN im Norden (Montana) und von 2.100–3.150 m NN im Süden (Colorado) weit verbreitet (Knapp 1965). Die bestandsbildende Baumart *Pinus contorta* var. *latifolia* erträgt Temperaturen bis –46 °C und gedeiht auch auf extrem nährstoffarmen Kies- und Sandböden (Powers et al. 2005). Sie ist nicht feuerresistent, bildet aber eine langlebige Kronensamenbank (*serotiny*): Die in den Zapfen eingeschlossenen Samen können jahrzehntelang keimfähig bleiben. Erst bei Temperaturen von mehr als 45 °C schmilzt das die Zapfenschuppen verklebende Harz, die Samen werden freigesetzt und können auf den frischen Brandflächen sofort keimen (Lotan & Critchfield 1990). Die Wälder werden deshalb als Feuerklimax angesehen; sie regenerieren sich nach den bestandsvernichtenden Kronenfeuern aus der Kronensamenbank.

6.2.4 Nemorale immergrüne Laubwälder

6.2.4.1 Übersicht

Die feuchte nemorale Zone der Südhemisphäre nimmt im Vergleich zur Nordhemisphäre klimatisch und phytogeographisch eine Sonderstellung ein (Weischet 1978): **Erstens** wirkt die Nähe der Antarktis mit ihren bis zu 4.000 m mächtigen Eismassen als Kältesenke und verstärkt das Wärmegefälle zwischen den subtropisch warmen Luftmassen und der polaren Kaltluftkalotte. Die Folgen sind eine Verstärkung der Westwinde (mit höherer mittlerer Windgeschwindigkeit, höherer Frequenz der Zyklone), das Fehlen längerer sommerlicher Wärmeperioden verbunden mit einem allgemein kühleren Sommer und ein steilerer vertikaler Temperaturgradient, als wir ihn von derselben Breitenlage auf der Nordhalbkugel gewohnt sind.

Zweitens verringert der intensive ozeanische Effekt, der mit der Verstärkung der Westwinde und der geringen Landmasse einhergeht, die Dauer und Intensität von Frostperioden, v. a. im Luv der Hochgebirge Neuseelands und Südamerikas, verursacht eine flache Jahresamplitude der Temperatur (9,2 °C) und ein sommerliches Windmaximum. **Drittens** zeigen sich Parallelen zum Klima der immerfeuchten tropischen Hochgebirge, nämlich eine (nach Tagen messende) rasch wechselnde Lufttemperatur über das Jahr hinweg, und zwar wenige Grad oberhalb des thermischen Schwellenwertes für die Photosynthese, sowie deren Benachteiligung auch bei günstigen Temperaturbedingungen durch erhöhte Ventilation bei hohen Windgeschwindigkeiten.

Für die zonale Vegetation hat dies folgende Konsequenzen:

1. Vor allem im Luv der Gebirge (Neuseeländische Alpen, Südanden) herrschen bei jährlichen Niederschlägen bis zu 10.000 mm immergrüne Laubwälder vor. Sie sind im nördlichen (wärmeren) Abschnitt noch laurophyll (nemoraler Lorbeerwald-Ausläufer auf Meeresniveau der Südinseln Neuseelands, Valdivianischer und nordpatagonischer Lorbeerwald in Chile); im Süden bestehen sie aus immergrünen *Nothofagus*-Arten (*N. menziesii* und *N. solandri* ssp. *cliffortioides* in Neuseeland, *N. betuloides*, *N. nitida* und *N. dombeyi* in Südamerika), denen im Unterwuchs Laurophylle wie *Drimys winteri* (Winteraceae) beigemischt sind. Sommergrüne Laubwälder, wie sie die nemorale Zone auf der Nordhalbkugel prägen, gibt es nur an der klimatischen (thermischen und hygrischen) Waldgrenze Patagoniens (s. Abschn. 6.2.2.6.5).
2. Oberhalb der Waldgrenze, in Mooren und Steppen Ostpatagoniens, kommen ähnlich wie in den Páramos der Feuchttropen immer wieder Hartpolster vor, z. B. aus den Gattungen *Bolax* (Apiaceae, Südamerika) und *Raoulia* (Asteraceae, Neuseeland).

Kasten 6-5

Die pflanzensoziologische Gliederung der Vegetation von Südchile

Seit den 50er Jahren des 20. Jahrhunderts wurden Mittel- und Südchile pflanzensoziologisch bearbeitet (Schmithüsen 1956, Oberdorfer 1960, Eskuche 1973, 1999, Hildebrand-Vogel et al. 1990, Roig & al. 1985, Pollmann 2001). Auf diese Autoren geht die syntaxonomische Gliederung der chilenischen Vegetation zurück, ergänzt und erweitert von Freiberg (1985: südchilenische Vulkane), Villagran (1980, Nationalpark Vicente Perez Rosales) und Finckh (1996; Wälder im Nationalpark Villarica). Danach ergeben sich folgende Syntaxa:

Kl. Wintero-Nothofagetea Oberd.1960 (südchilenische Lorbeerwälder und immergrüne *Nothofagus*-Wälder)
  O. Laurietalia phillipianae Oberd. 1960
    V. Nothofago-Eucryphion Oberd. 60 (Valdivianischer Lorbeerwald und Sommer-Lorbeerwald)
  O. Berberido trigonae-Nothofagetalia dombeyi Pollmann 2001 (nordpatagonische Lorbeerwälder und immergrüne *N. dombeyi*-Wälder)
    V. Myrceugenio-Nothofagion dombeyi (Esk. 1999) Pollmann 2001
    V. Austrocedro-Nothofagion dombeyi Esk. 1968
  O. Wintero-Nothofagetalia betuloidis Roig, Dollenz & Méndez in Pollmann 2001 (südpatagonische, magellanische immergrüne *Nothofagus*-Wälder)

    V. Nothofago-Winterion Oberd. 60
    V. Nothofagion betuloidis (Oberd. 1960) Roig, Dollenz & Méndez in Pollmann 2001
  O. Myrceugenietalia exsuccae Oberd. 1969 (Auen- und Sumpfwälder)
    V. Myrceugenion exsuccae Oberd. 69

Kl. Nothofagetea pumilionis Oberd. 60 em. Freib.85 (andin-patagonische sommergrüne Laubwälder aus *Nothofagus pumilio*)
  O. Nothofagetalia pumilionis Oberd. 60 em. Esk.69
    V. Nothofagion pumilionis Oberd. 60 em. Freib.85
  O. Violo magellanicae-Nothofagetalia pumilionis Roig et al. 85

Kl. Nothofagetea antarcticae Esk.68 (andin-patagonische sommergrüne Laubwälder aus *Nothofagus antarctica*)
  O. Berberi buxifoliae-Nothofagetalia antarcticae Esk. 69
    V. Nothofago antarcticae-Berberidion buxifoliae Esk. 69

Kasten 6-6

Floren- und Vegetationsgeschichte Patagoniens

Ein beträchtlicher Teil der Flora der südhemisphärischen nemoralen Zone geht auf eine Zeit zurück, als Südamerika über die Antarktis mit Australien und Neuseeland verbunden war. Ein großes zusammenhängendes Waldgebiet aus überwiegend laurophyllen Baumarten prägte bis zu ihrem Auseinanderdriften die einzelnen Teile des Gondwana-Kontinents (Axelrod et al. 1991). So gibt es mit Australien, Neuseeland, Neuguinea und Neukaledonien 18 gemeinsame Baumgattungen, darunter so typische und verbreitete wie *Araucaria, Aristotelia, Caldcluvia, Eucryphia, Gevuina, Laurelia, Lomatia, Nothofagus, Podocarpus, Prumnopitys, Raukaua* inkl. *Pseudopanax* und *Weinmannia* (Arroyo & al. 1996). Rechnet man die endemischen (außertropischen) Gymnospermen- und Angiospermen-Gattungen Südamerikas hinzu (wie *Aextoxicon, Fitzroya, Lepidothamnus, Pilgerodendron, Saxegothaea*), so haben rund 30 % aller patagonischen Baumgattungen Gondwana-Ursprung. Die übrigen sind neotropisch wie *Drimys, Dasyphyllum* und *Crinodendron*, aber physiognomisch weniger dominant als die Gondwana-Elemente (Veblen 2007). Diese waren Bestandteil einer neotropischen Waldflora, die noch bis zum Ende des Paläozäns bis 45° S verbreitet war und erst im Eozän von einer temperaten Waldvegetation (mit 25 % *Nothofagus*-Anteil) ersetzt wurde (Romero 1986). Nach der Trennung Südamerikas von der Antarktis im späten Oligozän (Entstehen der Drake-Passage) begann sich östlich der Anden eine trockenheitsadaptierte Vegetation zu bilden, der Vorläufer der heutigen ostpatago-

nischen Steppen und Halbwüsten (Barreda & Palazzesi 2007). Im Miozän kamen schließlich xerophytische Taxa zur Dominanz (Chenopodiaceae, Asteraceae). Auch die Entwicklung der Sommergrünen fällt wohl in diese Zeit und wird als Reaktion auf das kühler werdende Klima nach Beginn der antarktischen Vereisung gedeutet.

Erheblichen Einfluss auf die Flora und Vegetation Patagoniens hatten die Eiszeiten in den letzten zwei Millionen Jahren. Südlich des 42. Breitengrads dürfte das Land oberhalb von rund 120 m NN eisbedeckt gewesen sein. Trotzdem hat selbst der thermophile, artenreiche Valdivianische Lorbeerwald die Vereisungsperioden in kleineren Refugien an der pazifischen Küste überlebt, so z. B. auf der Insel Chiloé; denn die Kaltzeiten haben in den feuchten Westwindräumen der Südhemisphäre nie so niedrige Temperaturen verursacht wie auf der Nordhalbkugel. Ansonsten dürften die eisfreien Flächen während des Hochstandes der Vereisung eher eine Art von Steppe getragen haben, wie man das auch von der Nordhalbkugel kennt, während sich die Wälder in den Warmzeiten dazwischen ausbreiten konnten (Markgraf et al. 1996). Im frühen Holozän (zwischen 12.000 und 8.000 Jahren BP), mit offenen *Nothofagus*-Wäldern im Süden Patagoniens, traten verstärkt Brände auf, wohl ausgelöst durch das Eindringen der indianischen Urbevölkerung (Heusser 1994, Huber & Markgraf 2003). Nach 1600 n. Chr. erhöhte sich die (anthropogene) Feuerfrequenz deutlich und es begann die Einwanderung europäischer Grasland- und Ruderalarten.

3. Der steile Humiditätsgradient von West nach Ost (Luv-Lee-Situation der von Nord nach Süd verlaufenden Gebirgsketten mit Steigungsregen im Westen und trockenen Fallwinden im Osten) bewirkt, dass die Vegetationszonen (immergrüne, sommergrüne Wälder, Steppen, Halbwüsten) rasch aufeinander folgen. Im Gegensatz zum Waldgrenzökoton in Mittelasien sind die Grenzen in Patagonien einigermaßen scharf und der Übergang vollzieht sich in der Regel auf einer Distanz von 20 km.

4. Obwohl Nadelbäume (wenigstens die altertümlichen Formen aus den Familien der Araucariaceen, Pococarpaceen und Cupressaceen) nicht fehlen, bilden sie doch keine (zonale) Nadelwaldstufe wie in den vergleichbaren nordhemisphärischen Gebirgen; sie sind den Laubwäldern der höheren Lagen beigemischt und kommen nur auf Sonderstandorten (azonal) zur Dominanz (wie *Fitzroya cupressoides* in Chile und *Dacrycarpus dacrydioides* in Neuseeland).

6.2.4.2 Nemorale Lorbeerwälder

Sowohl in Neuseeland als auch in Südamerika bilden Lorbeerwälder die zonale Vegetation in den tieferen, westorientierten Lagen. Für die nemoralen Zonen der Erde ungewöhnlich ist der **Valdivianische Lorbeerwald** in Chile, der von 37°45' bis 43°20' S vorkommt und auf die regenreiche Westseite der Anden beschränkt ist (Kasten 6-5; Abb. 6-16, 6-20a). Er besteht überwiegend aus immergrünen Bäumen mit breiten Blättern (laurophyll). Der Lorbeerwald kommt von Meereshöhe bis etwa 500 m NN vor, zieht sich aber an den Andenhängen weiter nach Norden als im chilenischen Längstal. Er erreicht Höhen von 40–50 m und weist von allen chilenischen Wäldern die meisten Baumarten auf. Seine Struktur zeigt manche Ähnlichkeit mit den subtropischen laurophyllen Wäldern Südostbrasiliens; so kommen holzige Lianen, die in die Baumkronen hinaufreichen (wie *Hydrangea serratifolia, Cissus striata*) und Gefäßepiphyten (wie die Bromeliacee *Fascicularia bicolor* und

Abb. 6-20 Beispiele für nemorale immergrüne Laubwälder der Südhalbkugel. a = Valdivianischer Lorbeerwald mit *Chusquea valdiviensis* im Unterwuchs und *Fascicularia bicolor* (Bromeliaceae) als Epiphyt; b = immergrüner *Nothofagus*-Wald aus *N. dombeyi* mit *Chusquea culeou* im Unterwuchs (Parque Nacional Conguillo, Chile); c = immergrüner *Nothofagus*-Wald aus *N. betuloides* mit *Drimys winteri* im Unterwuchs (Isla Navarino, Feuerland); d = *Fitzroya cupressoides*-Wald mit *Nothofagus nitida* im Unterwuchs (Parque Nacional Hornopiren, Chile); e = *Nothofagus menziesii*-Wald, Neuseeland-Südinsel (Foto S.-W. Breckle).

die Araliacee *Raukaua laetevirens*) sowie ein üppiger Bewuchs aus epiphytischen Moosen und Kleinfarnen (Hymenophyllaceen) vor (Abb. 6-20a). Es fehlen aber im Vergleich zu den Subtropen und Tropen Bäume mit Brettwurzeln, ferner die für Amerika sonst so typischen Orchidaceae und Piperaceae unter den Epiphyten, sämtliche Baumwürger, Baumfarne und Palmen. Verbreitete Baumarten sind *Aextoxicon punctatum* (Aextoxicaceae, vor allem in den küstennahen Gebieten), *Eucryphia cordifolia* (Cunoniaceae), *Laurelia sempervirens* und *Laureliopsis philippiana* (beide Atherospermataceae), *Drimys winteri* (Winteraceae), *Persea lingue* (Lauraceae) sowie die

Myrtaceen *Luma apiculata* (vor allem entlang von Gewässern häufig und dort oft mehrstämmig), *Amomyrtus meli* und *A. luma*. Südhemisphärisch (wie die ganze Familie der Cunoniaceae) ist die Gattung *Weinmannia*, hier vertreten durch die Art *W. trichosperma*, die ein von der Möbelindustrie begehrtes Wertholz liefert. In den höheren Lagen des Valdivianischen Lorbeerwaldes kommen die Podocarpaceen *Podocarpus nubigenus* und *Saxegothaea conspicua* vor. Recht häufig sind die Proteaceen *Embothrium coccineum*, *Lomatia ferruginea* sowie die „chilenische Haselnuss" *Gevuina avellana*, deren Früchte an die von *Corylus* erinnern und auch genauso gegessen werden. Im Unterwuchs leben verschiedene Arten von *Chusquea* wie *C. valdiviensis* und *C. quila*, ferner Farne, unter denen vor allem *Lophosoria quadripinnata* mit seinen bis zu 2 m langen Wedeln auffällt, und schließlich zahlreiche rot blühende Kleinlianen an den Baumstämmen, deren Blüten von Kolibris bestäubt werden (z. B. *Mitraria coccinea*, eine Gesneriacee).

In der Fortsetzung des Valdivianischen Lorbeerwaldes nach Süden verarmen die Wälder zunehmend an Arten. Thermophile Elemente wie *Aextoxicon* (Südgrenze bei 41° S), *Persea*, *Eucryphia* (Südgrenze bei 42° S) und *Raukaua* fallen aus; an ihre Stelle treten die immergrünen *Nothofagus*-Arten *N. dombeyi* und *N. nitida* (Abb. 6-20b). Dieser nordpatagonische Lorbeerwald reicht von etwa 44 bis 47°30' S (und findet sich dort in den unteren Lagen, also von Meeresniveau bis etwa 600 m NN), bildet aber nördlich davon eine Gebirgswaldstufe, die etwa auf der Breitenlage von Osorno zwischen rund 600 und 1.100 m NN (Nationalpark Puyehue) liegt. Die Wälder bestehen in den unteren und mittleren Höhenlagen aus *Nothofagus dombeyi*, im Süden auch aus *N. nitida*, mit einer regelmäßigen Beimischung von *N. betuloides*. Hinzu treten *Laureliopsis philippiana*, *Caldcluvia paniculata*, *Luma apiculata* sowie vereinzelt *Podocarpus nubigenus* und *Saxegothaea conspicua*. Die Bäume sind bis zu 40 m hoch. Die Wälder sind reich an Epiphyten, v. a. an Moosen und Hautfarnen. Ein dichter Unterwuchs aus dem Zwergbambus *Chusquea culeou* ist häufig. Die Flora sowohl der patagonischen Lorbeer- als auch der *Nothofagus*-Wälder ist überwiegend gondwanischer Herkunft (Kasten 6-6).

Die nemoralen, über 30 m hohen Lorbeerwälder auf der Südinsel von **Neuseeland** unterscheiden sich von ihrem patagonischen und valdivianischen Gegenstück durch eine stärkere Beteiligung von Nadelhölzern aus der Familie Podocarpaceae („Mixed Podocarp Forest"; Wardle 2002). *Leiospermum (Weinmannia) racemosum* und *Metrosideros umbellata* (Myrtaceae) bilden den laurophyllen Grundstock, dem in mehr oder minder großen Mengen *Hedycarya arborea* (Monimiaceae), *Rapanea australis* (Myrsinaceae) und *Raukaua simplex* (Araliaceae) beigemischt sind. Durch das Vorkommen von Lianen wie z. B. *Freycinetia* (Pandanaceae) und Baumfarnen der Gattungen *Cyathea* und *Dicksonia* erinnern die Bestände an die subtropischen Lorbeerwälder der Nordinsel, obwohl sie viel ärmer an Baumarten sind als jene. Je nach Standort wird die Physiognomie mehr oder weniger stark von *Dacrycarpus dacrydioides* (auf grundwasserbeeinflussten Böden), *Dacrydium cupressinum* und *Prumnopitys ferruginea* (auf

Flussterrassen) und anderen Vertretern der Podocarpaceae bestimmt. Der Wald reicht auf der Westabdachung der Neuseeländischen Alpen bis zur Waldgrenze bei 1.200 m NN.

6.2.4.3 Nemorale immergrüne *Nothofagus*-Wälder

Diese, von kleinblättrigen *Nothofagus*-Arten dominierten Wälder finden sich in **Südamerika** von etwa 43° bis 55° S (also bis zur Südspitze Feuerlands) als zonale Vegetation in Meereshöhe überwiegend auf der Westseite der Andenkette (Hueck 1966, Hildebrand-Vogel et al. 1990, Hildebrand-Vogel 2002). Sie werden dort von *Nothofagus betuloides* gebildet (Abb. 6-20c). Das Klima ist von jährlichen Niederschlägen zwischen 1.000 bis zu mehr als 5.000 mm, ausgeglichenen Temperaturen im Jahresablauf und heftigen und beständigen Winden, vor allem an der Küste, geprägt. Es handelt sich um das regenreichste Gebiet Südamerikas. Die mittlere Jahrestemperatur sinkt von 8,2 °C (San Pedro) auf 6,6 °C (Punta Arenas) bzw. 5,4 °C (Ushuaia). Während die Bäume weiter nördlich durchaus 18–20 m hoch werden können, nehmen sie in den windausgesetzten Lagen im westlichen Südpatagonien und in Feuerland Fahnenform an und erreichen lediglich 6–8 m Höhe. Schließlich bildet sich ein Mosaik aus *N. betuloides*-Gebüschen in windgeschützter Lage, aus magellanischen Zwergstrauchtundren mit *Empetrum rubrum* auf windausgesetzten Geländerücken und aus Hartpolstermooren (s. Abschn. 6.4.2). Dieses Mosaik wird in Vegetationskarten „magellanisches Moorland" genannt und als eigene Vegetationszone ausgewiesen (Schmithüsen et al. 1976). Die Stämme sind meist gekrümmt, die Krone ist kurz und trichterförmig. Die Strauchschicht besteht aus *Berberis ilicifolia*, *Escallonia serrata* und *Gaultheria mucronata*. Von den wenigen Laurophyllen, die hier noch vorkommen, ist *Drimys winteri* zu nennen. Die Wald-Obergrenze liegt in Feuerland nur bei 400 m NN.

Bezüglich der Artenkombination (wenn auch nicht physiognomisch) gehören auch die **Fitzroya cupressoides-Bestände** der Anden (Abb. 6-20d) zu den immergrünen *Nothofagus*-Wäldern und werden mit diesen in die Ordnung Berberido-Nothofagetalia dombeyi gestellt (Kasten 6-5). *Fitzroya* wächst küstennah in Mooren oder in höheren Gebirgslagen auf nährstoffarmen, tiefhumosen Böden, also an extremen Standorten, auf denen die anspruchsvolleren laurophyllen Arten nicht gedeihen können. Die Bäume können bis 60 m hoch und über 3.000 Jahre alt werden; sie erreichen dann einen Stammdurch-messer von mehr als 5 m. *Fitzroya* ist also die am längsten lebende Konifere in Südamerika (Donoso & al. 1993, Veblen & al. 1995). In der Jugend ist sie licht-bedürftig, verjüngt sich also nicht unter ihrem eige-nen Kronenschirm, sondern benötigt offene Flächen, wie sie durch Vulkanausbrüche, Erdrutsche oder Feuer entstehen (Battles & al. 2002). Ihr Areal reicht von 39°50' bis 42°30' S und greift auch auf die argen-tinische Seite über. Die Art ist langsamwüchsig und besitzt ein zähes, gegen Pilzbefall resistentes Holz. Sie diente deshalb vor ihrer Unterschutzstellung in den wenigen Gebieten, in denen es noch größere Be-stände gibt, als Bauholz und zur Herstellung von Dachschindeln.

Auf der Südinsel von **Neuseeland** sind immer-grüne *Nothofagus*-Wälder vor allem auf der Ostabda-chung der Neuseeländischen Alpen bis zur Wald-grenze verbreitet. Sie werden von *N. solandri* ssp. *cliffortioides* und *N. menziesii* gebildet (Abb. 6-20e). Der Unterwuchs der 10–15 m hohen Wälder besteht aus immergrünen Kleinsträuchern der Gattung *Coprosma* (Rubiaceae), die mit 45 Arten in Neusee-land vertreten ist. Moose und Farne (vor allem der Gattung *Blechnum*) sind häufig. Die Bäume formen in ähnlicher Weise wie *N. pumilio* in Patagonien an der Waldgrenze bei rund 1.350 m NN ein Krumm-holz. Im Norden der Südinsel bildet die frostemp-findliche *Nothofagus truncata* oberhalb der nemora-len Lorbeerwälder eine eigene Waldstufe.

Schließlich seien noch die nemoralen Wälder auf der regenreichen Westseite **Tasmaniens** erwähnt. Reid et al. (2005) unterscheiden zwischen „Rain-forests", „Mixed Sclerophyll Forests" und „Wet Scle-rophyll Forests". „Rainforests" bestehen aus *Nothofa-gus cunninghamii* (dominierend), *Atherosperma moschatum* (Atherospermataceae), verschiedenen *Eucryphia*-Arten, Koniferen wie *Phyllocladus* (Podo-carpaceae) und *Athrotaxis* (Cupressaceae), *Nothofa-gus gunnii* (sommergrün, selten) sowie einer Reihe von Proteaceen und Ericaceen (UF Styphelioideae, früher Epacridaceae). Sie sind 20–30 m hoch, reich mit Moosen und Flechten ausgestattet und kommen von 0–1.000 m NN nur dort vor, wo mindestens 350 bis 400 Jahre keine Feuer aufgetreten sind. Bei regel-mäßigen Bränden können sich Eukalypten ansiedeln, die sich auf Brandflächen gut verjüngen können, nicht aber im Schatten der *Nothofagus*-Kronen. So entstehen anstelle der *Nothofagus*- über 50 m hohe *Eucalyptus*-Wälder (unter ihnen *E. obliqua* und *E. regnans*, Letztere mit bis zu 100 m zu den höchsten Bäumen der Erde zählend; Kasten 6-4). Sofern noch eine unterständige Baumschicht aus „Rainforest"-

Arten wie *Nothofagus cunninghamii* u. a. existiert, werden diese Wälder als „Mixed Sclerophyll Forests" bezeichnet. Andernfalls handelt es sich um „Wet Sclerophyll Forests", bei denen die höhere Feuerfre-quenz das Aufkommen von *Nothofagus* und ihrer Begleiter verhindert.

6.2.5 Landnutzung und anthropogene Vegetation

6.2.5.1 Kulturpflanzenbestände und ihre Begleitvegetation

Neben den subtropischen Winterregengebieten ist keine andere Festlandsfläche einer Klimazone so gründlich durch den Menschen umgestaltet worden wie die der feuchten Mittelbreiten. Über Jahrtau-sende Ackerbau betreibende Kulturen in Europa (Beginn 7.000 bis 4.500 Jahre BP) und Ostasien (Beginn in China etwa 8.000 BP für Reis, 4.000 BP für die frühen Kultivare von Weizen und Gerste; Hancock 2004) haben lediglich Reste der ursprüng-lichen Waldvegetation übrig gelassen und auch diese so verändert, dass man sich heute oft schwertut, den Naturzustand der Wälder mit ihren Regenerations-zyklen zu rekonstruieren. In der nemoralen Zone Europas gibt es nur wenige Urwaldgebiete, und auch die sind größtenteils erst Mitte des 19. Jahrhunderts aus der Nutzung entlassen worden. Ausgedehnte Wälder mit naturnahem Charakter existieren noch in schwer zugänglichen Gebirgsregionen und im Über-gang zur borealen Nadelwaldzone mit einem für die landwirtschaftliche Bodennutzung weniger günsti-gen Klima. Beachtliche, auch heute noch in Teilen unberührte Waldgebiete gibt es in Nordamerika und auf der Südhemisphäre. Dort hatte die indigene, überwiegend nomadisch lebende Bevölkerung auf-grund geringerer technischer Möglichkeiten weniger stark in das Vegetationsgefüge eingegriffen. Erst nach der europäischen Einwanderung kam es auch hier zu einer großflächigen Ausbreitung land- und forstwirt-schaftlicher Nutzflächen.

Die **agrarische Nutzung** der nemoralen Zone, begünstigt durch eine lange thermische Vegetations-periode, eine hohe Regenverlässlichkeit und frucht-bare Böden (Schultz 2000), besteht in den hoch-ozeanischen Klimaten vorzugweise aus intensiver Grünlandwirtschaft (wie in Westeuropa und im nördlichen Alpenvorland sowie in Chile und Neusee-land), sonst aus Getreide- (Weizen, Gerste, Mais, sel-tener Roggen), Hackfrucht- (Kartoffeln, Futter- und Zuckerrüben, Feldgemüse) und Futterbau (Klee, Lu-

Kasten 6-7

Nemorale Obstgehölze

Zu den Kulturpflanzen der nemoralen Zone gehören neben den kohlenhydrat- und eiweißliefernden Getreide-, Hülsen- und Knollenfrüchten auch die obstliefernden Bäume und Sträucher, deren Früchte im Allgemeinen roh verzehrt werden können und reich an Vitaminen sind. Botanisch kann man Fruchtobst und Samenobst unterscheiden (Lieberei & Reisdorff 2007): Beim Fruchtobst werden die fleischigen, saftigen Teile der Schließfrüchte (Beeren, Steinfrüchte, Sammelfrüchte, Fruchtverbände, Hülsen) gegessen, bei Samenobst entweder die fleischige äußere Samenschale (Sarkotesta), der Samenmantel (Arillus) oder das Samen-Speichergewebe (Nüsse, Kerne). Die Vielfalt an Obstarten ist außerordentlich groß. Man schätzt ihre Anzahl weltweit auf etwa 5.000; davon werden ca. 1.000 kommerziell angebaut (Lieberei & Reisdorff 2007). Hinsichtlich der weltweiten Produktion stehen Zitrusfrüchte an der Spitze, gefolgt von Wassermelonen, Bananen, Weintrauben und Äpfeln.

In der nemoralen Zone werden rund 50 Obstgehölze angebaut, unter denen die bekanntesten und am weitesten verbreiteten diejenigen sind, die aus den thermophilen sommergrünen Laubwäldern Europas und Asiens stammen (submediterrane Eichenmischwälder, euxinische Orientbu-

chenwälder, kolchisch-hyrkanische Eichenmischwälder, Walnuss-Wildobst-Wälder der mittelasiatischen Gebirge; Tab. 1). Sie sind alle sommergrün und benötigen für die Blütenentwicklung eine mehrwöchige Kälteperiode, um die Endodormanz der Knospen zu beenden. Die heutigen Kultursorten stammen von Wildformen ab, die z. T. noch heute in ihrem Ursprungsgebiet vorkommen, wie im Fall von *Malus sieversii* aus dem Tian Shan (Kirgistan, China), der Ausgangssippe des kultivierten Apfelbaumes *Malus domestica* mit seinen rund 30.000 Sorten (Juniper & Mabberley 2006). Die Entstehung der Kultivare geht mit der Fähigkeit des Menschen einher, ertragreiche und wohlschmeckende Sorten durch Propfen von Edelreisern auf wilde Unterlagen zu klonieren. Man war damit nicht mehr auf die Vermehrung durch Samen angewiesen, die bei fremdbefruchtenden Obstgehölzen (Apfel, Birne, diploide Formen der Pflaume, Süßkirsche, Mandel) zu einer heterogenen Nachkommenschaft führt. Das Propfen wurde vermutlich vor etwa 3.800 Jahren zur Zeit der Babylonier in Mesopotamien entwickelt und kam von dort nach Griechenland, wo um 400 v. Chr. die ersten Apfelplantagen nachgewiesen sind (Juniper & Mabberley 2006).

Tab. 1 Wildform, Herkunft und Kultivierung einiger nemoraler Obstgehölze (nach Zohary & Hopf 2000, ergänzt nach Angaben in Hancock 2004 sowie Lieberei & Reisdorff 2007).

Name	wissenschaftlicher Name	Familie	Wildform	Herkunft der Wildform (nemorale Zone)	in Kultur seit …
Apfel	*Malus domestica*	Rosaceae	*Malus sieversii*	Tian Shan (Kirgistan, China)	unklar; vermutlich ab 1.000 Jahre v. Chr.
Aprikose	*Prunus armeniaca*	Rosaceae	*Prunus armeniaca*	Tian Shan (Kirgistan, China), Osttibet, Nordchina	China?, Naher Osten, ca. 100 v. Chr.
Birne	*Pyrus communis*	Rosaceae	*Pyrus pyraster; Pyrus caucasica*	Europa, Kleinasien	ca. 300 v. Chr.
Esskastanie	*Castanea sativa*	Fagaceae	*Castanea sativa*	nördliches Mediterrangebiet, Nordtürkei, Kaukasus	1.500-1.000 v. Chr.
Haselnuss	*Corylus avellana*	Betulaceae	*Corylus avellana*	Europa, Westasien	Römerzeit?
Haselnuss	*Corylus maxima*	Betulaceae	*Corylus maxima*	Balkan, Nordtürkei, Kaukasus	?
Mandel	*Prunus dulcis*	Rosaceae	*Prunus dulcis*	Vorderasien (Levante: Libanon, Syrien)	ca. 3.000 v. Chr.
Pfirsich	*Prunus persica*	Rosaceae	*Prunus persica* und andere (wie *P. davidiana, P. mira*)	Tian Shan, nord-tibetische Gebirge	China, 2.000 v. Chr., Griechenland ab 500 v. Chr.

Fortsetzung

Fortsetzung

Tab. 1 (Fortsetzung)

Name	wissen schaftlicher Name	Familie	Wildform	Herkunft der Wildform (nemorale Zone)	in Kultur seit ...
Pistazie	*Pistacia vera*	Anacardiaceae	*Pistacia vera*	Nordiran, Zentralasien	ca. 200–300 v. Chr.
Quitte	*Cydonia oblonga*	Rosaceae	*Cydonia oblonga*	Kaukasus, Elburz, Kopet-Dag (Iran, Afghanistan)	ca. 400–500 v. Chr., Griechenland
Sauerkirsche	*Prunus cerasus*	Rosaceae	*Prunus fruticosa*	Osteuropa (Kaukasus), Elburz	ca. 100 v. Chr.
Süßkirsche	*Prunus avium*	Rosacae	*Prunus avium*	Europa	ca. 100 v. Chr.
Walnuss	*Juglans regia*	Juglandaceae	*Juglans regia*	Balkan, Kaukasus, Elburz, Tian Shan	ca. 100 v. Chr.?

zerne, Futtergräser) mit Tendenz zur Spezialisierung, sowie aus dem Anbau nachwachsender Rohstoffe wie Raps und Mais. In den sommerwarmen Gebieten Ostasiens kann auch Reis kultiviert werden (Abb. 6-21a). Hinzu kommen stellenweise ausgedehnte Sonderkulturen wie Wein und Hopfen sowie Obstgehölze wie Äpfel, Birnen, Zwetschgen, Kirschen, Hasel- und Walnüsse, deren Wildformen fast ausschließlich aus den kolchisch-hyrkanischen Eichenmischwäldern und den mittelasiatischen Walnuss-Wildobst-Wäldern stammen (Kasten 6-7).

Die **forstliche Nutzung** umfasst neben der (heute unter dem Gesichtspunkt der Nachhaltigkeit betriebenen) Bewirtschaftung der nemoralen Wälder auch die Anlage und den Betrieb forstlicher Kulturen. Diese bestehen in Kontinental-Europa vorwiegend aus einheimischen Rassen von *Picea abies* und *Pinus sylvestris* (seltener aus nordamerikanischen Bäumen wie *Quercus rubra*, *Pseudotsuga menziesii* und *Pinus strobus*); auf den Britischen Inseln werden vorwiegend verschiedene Arten aus den nordwestpazifischen Feucht-Koniferenwäldern aufgeforstet. In China werden einige der weit verbreiteten einheimischen Kiefernarten (wie *Pinus massoniana*) sowie die aus Japan stammende Cupressacee *Cryptomeria japonica* für Forstkulturen verwendet; Letztere ist in Japan der wichtigste Forstbaum. In Chile und Neuseeland greift man aus Mangel an raschwüchsigen einheimischen Nadelbäumen auf nordamerikanische Arten zurück; dort gibt es, ähnlich wie in den immerfeuchten Subtropen, ausgedehnte Plantagen aus *Pinus radiata*, *P. ponderosa*, *P. contorta*, *Pseudotsuga menziesii* und *Cupressus macrocarpa*. In dem immerfeuchten Klima wachsen diese Bäume sogar besser

als in ihrem Herkunftsgebiet mit den wachstumsmindernden sommerlichen Trockenperioden (Waring et al. 2008).

Somit besteht die heutige (reale) Vegetation der feuchten nemoralen Zone überwiegend aus anthropogenen Formationen, die man nach der Intensität und Frequenz des menschlichen Einflusses sowie ihrem Anteil an nicht-heimischen Arten (s. u.) verschiedenen Natürlichkeitsgraden (Hemerobiegraden) zuweisen kann. Nach dem in Europa üblichen Hemerobiesystem unterscheidet man ahemerob = natürlich, mesohemerob = halbnatürlich, euhemerob = naturfern und polyhemerob = künstlich (Kowarik 2010); die meisten **Kulturpflanzenbestände** der nemoralen Zone wie Getreide- und Hackfruchtäcker sowie Nadelholzforste sind danach als eu- und polyhemerob einzustufen.

Solche intensiv bewirtschafteten Formationen sind erwartungsgemäß arm an Wildpflanzen, da diese als Konkurrenten der Kulturpflanzen angesehen und deshalb mechanisch und chemisch bekämpft werden. Die Vegetation der Kulturpflanzenbestände Europas (Ruderalfluren in Siedlungsgebieten, Ackerwildkrautfluren), ausführlich behandelt von Klötzli et al. (2010) sowie Ellenberg & Leuschner (2010), besteht deshalb aus Arten, die mit regelmäßigen Störungen gut zurechtkommen. Sie entstammen gestörten Lebensräumen, die es auch schon vor dem Auftauchen des Menschen in der ursprünglichen Vegetation gab, nämlich den Flussauen, dem Hochgebirge unterhalb der Waldgrenze (Lawinenbahnen, Muren und Bergstürze), natürlichen Wildtierlagerplätzen und der Meeresküste. Ihre Eigenschaften lassen sich unter dem Begriff Störungsresistenz zusam-

Kasten 6-8

Invasive Pflanzenarten

Wie wir im Fall des neuweltlichen Grünlandes gesehen haben, wurden und werden viele Pflanzensippen weltweit in Gebiete außerhalb ihres natürlichen Areals verschleppt. Während man in Europa zwischen Alt- (Archäophyten, vor 1.500 n. Chr. eingeschleppt) und Neueinwanderern (Neophyten, nach 1.500 n. Chr. eingeschleppt) unterscheidet, wird andernorts lediglich zwischen heimisch (*native*) und nicht-heimisch (*non-native* oder *alien*) differenziert (Rejmánek et al. 2005a, b). Da viele Archäophyten heute als naturalisiert (also einheimisch) gelten und Bestandteil der Flora z. B. von Mitteleuropa sind (aber durchaus abhängig von bestimmten Nutzungsformen wie im Fall der Ackerbegleitflora), konzentriert sich die Aufmerksamkeit auf Neophyten und deren Fähigkeit zu invasivem Verhalten. Sie werden dann als invasiv bezeichnet, wenn sie sich ohne weiteres Zutun des Menschen auch in meso- und ahemeroben Formationen ausbreiten und dort dauerhaft etablieren (Agriophyten; Kowarik 2010).

In der nemoralen Zone **Europas** stammen invasive Neophyten häufig aus mediterranen, osteuropäischen und ostasiatischen Strauch- und Grasformationen. Erst in jüngster Zeit (ab etwa 1800 n. Chr.) kamen vermehrt Sippen auch aus den kühl-gemäßigten Gebieten Nordamerikas und Ostasiens nach Europa (Jäger 1988). Dazu gehören nicht nur ausbreitungsstarke Taxa wie *Solidago*- und *Impatiens*-Arten, sondern auch zahlreiche Gehölze, die in Gärten, Parks und Forstkulturen angepflanzt wurden und in die Umgebung abwandern konnten (z. B. *Prunus serotina* und *Robinia pseudacacia* aus Nordamerika sowie *Ailanthus altissima*, *Rosa rugosa* und *Paulownia tomentosa* aus Ostasien). Ihre Merk-

male decken sich teilweise mit den oben genannten Eigenschaften ruderaler Taxa; dazu kommen eine geringe Genomgröße (wie bei invasiven *Pinus*-Arten), ein flexibles Reproduktionssystem (z. B. Selbstbestäubung) und die Fähigkeit zur vegetativen Vermehrung (Rejmanek et al. 2005a).

Der Erfolg vieler Invasiver beruht aber nicht nur auf ihrem eigenen biologischen Potenzial, sondern auch auf den Eigenschaften der invadierten Lebensräume (Hierro et al. 2005). So sind einige Neophyten nicht mehr den auf sie spezialisierten Herbivoren und Pathogenen ihres ursprünglichen Vorkommens ausgesetzt und können sich deshalb rasch ausbreiten. Andere bilden in kurzer Zeit neue Sippen, beispielsweise durch Autopolyploidisierung, wie im Fall der aus Nordamerika stammenden Gattung *Oenothera* in Mitteleuropa (Kowarik 2010). Die Ansiedlung von Neophyten kann auch dadurch erleichtert werden, dass Nischen zur Verfügung stehen, die von einheimischen Taxa nicht besetzt sind, wie im Fall der invasiven *Pinus contorta* an der *Nothofagus*-Waldgrenze in Neuseeland (Wardle 1998; s. Abschn. 1.3.4.3). Ferner könnten auch Exsudate aus Wurzeln oder Blattstreu der nicht-heimischen Pflanzen deren Ansiedlung erleichtern; solche Stoffe sind für die Begleitpflanzen am Ursprungsort nicht toxisch, wohl aber für diejenigen in der neuen Umgebung (Allelopathie-Effekt). Ein Beispiel ist die europäische ruderale Brassicacee *Alliaria petiolata*: Wie viele Brassicaceen produziert sie allelopathische, anti-pathogene und anti-herbivore Senfölglykoside, die sich nicht nur negativ auf die Begleitflora des Waldunterwuchses (Prati & Bossdorf 2004) auswirken, sondern auch auf die Mykorrhizierung von Jungpflanzen der dominanten Baumarten auswirken (Stinson et al. 2006).

menfassen (*ruderals* im Sinn von Grime 1986); hierzu gehören eine rasche Regenerationsfähigkeit nach Verlust von Pflanzenorganen, hohe phänotypische (Reproduktionsfähigkeit auch unter ungünstigen Bedingungen) und genotypische Plastizität (Flexibilität des Genoms nach Änderung der Landnutzung, z. B. Bildung herbizidresistenter Ökotypen), Tendenz zur Anlage einer langlebigen Samenbank, effiziente Ausbreitung durch Tier und Mensch (Zoo-, Anthropochorie) und ggf. auch Toleranz von hohen Nährstoffgehalten im Boden, besonders Nitrat (Salzverträglichkeit).

Es ist auffallend, dass die Begleitvegetation der Kulturpflanzenbestände der nemoralen Zone in der Neuen Welt und in Neuseeland größtenteils aus europäischen und nordafrikanischen Taxa besteht und der Anteil der dort einheimischen „Störungszei-

ger" gering ist. Das gilt auch für die Vegetation in den Städten (Kasten 6-9). Offenbar hat die natürliche Vegetation dieser Räume nicht genug geeignete Sippen hervorgebracht oder sie sind den altweltlichen Taxa konkurrenzbedingt unterlegen, vor allem, was ihre Resistenz gegen Beweidung mit altweltlichen Weidetieren (Schafe, Ziegen, Rinder) betrifft. So besteht das Grünland in Chile, Neuseeland und im Osten Nordamerikas aus den auch in Mitteleuropa weit verbreiteten Futtergräsern und -kräutern wie *Dactylis glomerata*, *Festuca pratensis*, *Lolium perenne*, *L. multiflorum*, *Poa pratensis*, *P. trivialis*, *Trifolium repens* u. a. Deshalb hat beispielsweise Oberdorfer (1960) die mittel- und südchilenischen Grünlandgesellschaften zur europäischen Klasse Molino-Arrhenatheretea gestellt. Einige dieser Arten haben erhebliches invasives Potenzial (s. u.; Kasten 6-8) und

Rund 10 % der invasiven Arten gelten als sog. *transformer species* (Richardson et al. 2000); sie können in den von ihnen invadierten Ökosystemen Artenbestand, Vegetationsstruktur und Stoffflüsse nachhaltig verändern. Folgende Kategorien kann man unterscheiden (u. a. in Anlehnung an Richardson et al. 2000, Rejmanek et al. 2005b, Kowarik 2010, ergänzt und verändert):

1. Invasoren mit symbiontischer N_2-Fixation erhöhen die pflanzenverfügbaren Nährstoffe in nährstofflimitierten Ökosystemen und tragen damit zur Veränderung der Vegetation bei. Ein Beispiel ist die nordamerikanische Fabacee *Robinia pseudacacia*. Ihr Eindringen in mitteleuropäische Magerrasen kann zur Zunahme N-bedürftiger Gräser und Stauden auf Kosten der konkurrenzschwachen Arten führen (Kowarik 2010). Außerhalb der nemoralen Zone bilden einige invasive *Acacia*-Arten (vornehmlich aus Australien) eine Gefahr für den Artenbestand des Fynbos in Südafrika (Cronk & Fuller 1995). Ein weiteres Beispiel ist der aus der makaronesischen Florenregion stammenden Gagelstrauch *Myrica faya*; er düngt über seine Symbiose die Vulkanböden Hawai'is und beschleunigt damit die Waldentwicklung (Woodward et al. 1990).

2. Hochwüchsige und stark schattende Invasoren können den heimischen Pflanzenbestand verdrängen, wenn sie Dominanzbestände aufbauen. Beispiele sind invasive nordamerikanische Kiefernarten wie *Pinus radiata* in Südafrika (hier besonders im Fynbos) und in Neuseeland. In nordwestdeutschen Wäldern kommt ggf. auch der nordamerikanischen Rosacee *Prunus serotina* diese Rolle zu, während die Verdrängungsgefahr des auffällig blühenden, aus dem Westhimalaya stammenden Therophyten *Impatiens glandulifera* und anderer starkwüchsiger Pflan-

zen wohl stark überschätzt wird (Kowarik 2010). Möglicherweise gilt das auch für den Blutweiderich *Lythrum salicaria*, der zu Beginn des 19. Jahrhunderts nach Nordamerika eingeführt wurde und sich seitdem in Feuchtgebieten monodominant ausbreitet (Blossey et al. 2001). Stauden wie *Solidago* spp. in Mitteleuropa können die Artenzusammensetzung von Magerrasen allerdings komplett verändern.

3. Zu Invasoren, die Bodenabtrag verhindern oder sogar die Sedimentation begünstigen, zählen das europäische Dünengras *Ammophila arenaria*, das in nemoralen und subtropischen Küstendünen aller Kontinente angepflanzt wurde und sich dort von selbst ausbreitete, sowie das Englische Schlickgras *Spartina anglica*, eine Hybride aus einer nordamerikanischen (*S. alterniflora*) und einer westafrikanischen Art (*S. maritima*), das zur Landgewinnung im Watt der Nordseeküste eingesetzt wird (Thompson 1991; s. Abschn. 5.4.1.3).

4. Invasoren, welche die Frequenz und/oder die Intensität von Feuerereignissen erhöhen, gehören zu den besonders problematischen Neophyten. Die bekanntesten Beispiele sind *Bromus tectorum*, invasiv in Halbwüsten des westlichen Nordamerika, sowie *B. rubens* in der Mojave-Wüste (Keeley 2006). Beide Gräser stammen ursprünglich aus den Trockengebieten des mediterranen Raumes und Westasiens.

5. Als Invasoren mit negativen Auswirkungen auf den Gesundheitszustand des Menschen (z. B. Allergien) sind die kaukasische Hochstaude *Heracleum mantegazzianum* (Riesenbärenklau) und verschiedene Arten der aus Nordamerika eingeschleppten Asteraceen-Gattung *Ambrosia* (Kowarik 2010) zu nennen.

breiten sich auch in benachbarte naturnahe Formationen aus. So bilden manche der o. g. Gräser in den südpatagonischen *Nothofagus*-Wäldern einen gänzlich eigenständigen Unterwuchs (Abb. 6-21b).

Auch im westlichen Nordamerika sind die Weideflächen zu über 50 % von invasiven europäischen und westasiatischen Arten besetzt (DiTomaso 2000); sie haben die meisten der weniger beweidungsresistenten einheimischen Gräser und Kräuter inzwischen verdrängt. Von den über 300 Weideunkräutern sind mehr als 70 % Neophyten, von denen einige, wie *Bromus tectorum* und *Euphorbia esula* sowie die zahlreichen *Centaurea*-Arten (heimisch in Osteuropa), als feuerfördernde, nicht schmackhafte oder gar giftige „Problemunkräuter" bekämpft werden. Auch auf den Ackerflächen Nordamerikas dominieren ruderale Pflanzen europäisch-nordafrikanisch-westasia-

tischer Herkunft wie verschiedene Hirsearten der Gattungen *Pennisetum*, *Setaria*, *Echinochloa* sowie Vertreter der Chenopodiaceae (*Chenopodium album*, *Atriplex patula*), Poaceae (*Elymus repens*, *Avena fatua*) und Asteraceae (*Cirsium arvense*; Clements et al. 2004).

Einige ruderale, nicht-heimische Taxa können entlang von Forstwegen auch in naturnahe nemorale Wälder eindringen. So besiedeln *Impatiens parviflora* und neuerdings auch *I. glandulifera* Straßenböschungen und andere Störstellen, etablieren sich aber bisher noch selten in der Feldschicht unter dem geschlossenen Kronendach. Ähnlich verhalten sich auch einige der nach Nordamerika eingeschleppten Arten. So findet man in den Sitkafichtenwäldern des Olympic National Forest im Bundesstaat Washington entlang der Straßen u. a. Arten wie *Capsella bursa-*

Kasten 6-9

Stadtvegetation

Die Vegetation in Städten und Siedlungsgebieten des Menschen ist am weitesten von den natürlichen zonalen Formationen entfernt. Sie ist meist als meso- bis polyhemerob einzustufen und besteht aus einem Konglomerat von einheimischen Pionier-, Ruderal- und Offenlandarten trockener und feuchter Lebensräume, gemischt mit Einwanderern aus anderen Regionen und Anökophyten, also solchen, die erst im Zuge des menschlichen Einflusses entstanden, demnach neogen sind und darum auch nicht in der natürlichen Vegetation vorkommen. Zu Letzteren gehören z. B. *Poa annua*, ein im Sportrasen und in Hausgärten Mittel- und Westeuropas häufig anzutreffendes Gras, das weltweit verbreitete C_4-Gras *Cynodon dactylon* und viele häufige, aus Ruderalfluren und Äckern bekannte Pflanzen wie *Urtica dioica*, *Chenopodium album*, *Capsella bursa-pastoris* und *Stellaria media* (Kowarik 2010). Da die potenziell mit Vegetation besiedelbaren Lebensräume in Städten sehr vielfältig sind, also trockene und nasse, nährstoffarme und -reiche Standorte in verschieden weit fortgeschrittenen Sukzessionsstadien umfassen, ist die Artendichte von Städten in Regionen mit intensiver Land- und Forstwirtschaft oft höher als in der Umgebung.

Bei einem Vergleich der Vegetation verschiedener Großstädte der Nordhemisphäre der warm- und kühl-gemäßigten Klimazone (Müller 2005) zeigte sich, dass es erhebliche Unterschiede zwischen Nordamerika, Europa und Ostasien gibt (Tab. 1). Unter den 50 häufigsten Stadtpflanzen in Berlin und Rom überwiegen mit 70 % deutlich die einheimischen Arten, während gebietsfremde Taxa zwischen 10 und 15 % ausmachen. Der Anteil von Anökophyten beträgt 15–20 %. In Nordamerika sind dagegen einheimische Sippen mit nur 20 % deutlich weniger in der Stadtflora vertreten; hier dominieren nicht-heimische mit 80 %. Die meisten davon kommen aus Europa. Die japanische Stadt Yokohama nimmt eine Mittelstellung ein, weil sich unter den 50 häufigsten Arten einheimische und gebietsfremde die Waage halten.

Unter den weltweit häufigsten in Städten vorkommenden Gräsern und Kräutern sind die europäischen Taxa am erfolgreichsten. *Plantago lanceolata*, *Trifolium repens*, *Chenopodium album* und *Poa annua* treten in fast allen Städten auf. Ihr weltweiter Erfolg kommt vermutlich dadurch zustande, dass sie aufgrund ihrer jahrtausendelangen Koevolution mit dem Menschen besser an urban-industrielle Lebensräume angepasst sind als Wildarten von anderen Kontinenten. Unter den Bäumen sind allerdings weltweit die nordamerikanische Robinie (*Robinia pseudacacia*) und der aus China stammende Götterbaum (*Ailanthus altissima*) am häufigsten.

Tab. 1 Herkunft der jeweils 50 häufigsten Stadtpflanzen in nordhemisphärischen Großstädten (%; nach Müller 2005).

	Berlin	Rom	Yokohama	New York	San Francisco	Los Angeles
neogen[1]	16	20	18	18	23	20
Nord- und Mittelamerika	8	2	13	–	–	–
Südamerika	0	6	5	7	5	5
Afrika	0	0	0	0	5	4
Australien	0	0	0	2	2	3
Europa[2]	–	–	14	28	40	33
Eurasien	2	0	5	13	11	8
Ostasien	0	2	–	15	0	1
Kosmopoliten[3]	0	2	2	2	2	3
einheimisch	74	68	43	15	12	9

[1] Hier werden alle Anökophyten aufgeführt, auch wenn sie in der jeweiligen Region nicht heimisch sind; [2] vorwiegend Südeuropa; [3] hierzu stetig *Cynodon dactylon*.

Abb. 6-21 Kulturlandschaften der feuchten nemoralen Zone: ▶
a = Kulturlandschaft in Nordjapan (Honshu): im Vordergrund
Reisfelder, dahinter Obstbaumkulturen vor *Cryptomeria japonica*-Aufforstungen; b = *Nothofagus pumilio*-Wald mit einem
Unterwuchs aus dem europäischen Wiesengras *Dactylis glomerata* (Parque Nacional Torres del Paine, Chile); c = relativ
extensiv genutzte Voralpenlandschaft im Chiemgau mit anthropogenen, halbnatürlichen (mesohemeroben) artenreichen
Feuchtwiesen.

*pastoris, Bellis perennis, Lythrum salicaria, Melilotus
officinalis* (alle Europa), *Reynoutria japonica* (Japan)
u. v. a. (Heckman 1999), auf Waldschlägen wächst
der in West- und Mitteleuropa heimische Rote Fingerhut *Digitalis purpurea*. Eine der wenigen nichtheimischen Pflanzen, die es schafft, in die nemoralen
sommergrünen Wälder im Osten Nordamerikas einzudringen und dort die heimische Vegetation einschließlich des Baumjungwuchses zu verdrängen, ist
die ruderale Brassicacee *Alliaria petiolata* (Nuzzo
1999; Kasten 6-8). Schließlich sind auch gestörte
Lebensräume mit regelmäßig offener Bodenfläche
attraktiv für viele invasive Arten mit ruderalem
Charakter.

6.2.5.2 Kulturgrasland

Neben den eu- und polyhemeroben Nutzpflanzenbeständen gibt es in den alten Kulturlandschaften
Europas und Ostasiens auch mesohemerobe Offenland-Formationen aus überwiegend einheimischen
Gräsern, Kräutern und Zwergsträuchern (**halbnatürliche Gras- und Zwergstrauchheiden** sowie manche
Ausbildungen des **Kulturgraslandes**), die durch eine
(unter heutigen Gesichtspunkten) extensive Landbewirtschaftung (niedrige Frequenz der Eingriffe, kein
oder nur wirtschaftseigener Dünger, keine Pflanzenschutzmittel, geringe Bestockung in Beweidungssystemen) entstanden und gegen den Trend einer zunehmenden Intensivierung der Landbewirtschaftung
stellenweise erhalten geblieben sind (für Europa s.
Klötzli et al. 2010, Ellenberg & Leuschner 2010, für
Japan s. Numata 1974, für Korea s. Blažková 1993;
Abb. 6-21c). Ihre Arten stammen aus Feuchtwäldern,
aus Mooren, von windausgesetzten Fels- und Sandküsten, nicht von Bäumen bewachsenen Felskuppen
und aus der subalpinen Stufe der Gebirge; bei manchen handelt es sich wahrscheinlich um Relikte der
pleistozänen Kältesteppen, die während des Hochglazials im Gebiet der heutigen nemoralen Zone verbreitet waren. Einige der Sippen haben sich unter

dem Einfluss der Bewirtschaftung durch Hybridisierung zwischen nahe verwandten Taxa und Polyploidisierung genetisch verändert und sind dadurch besser an die störungsintensive Situation angepasst als ihre ursprünglichen Ausgangsformen. Beispiele hierfür sind *Lotus corniculatus* (*L. alpinus* × *L. tenuis*) und *Trifolium pratense* (*T. polymorphum* × *T. diffusum*; Dierschke & Briemle 2002). Die Vegetation dieser mesohemeroben Grasländer ist artenreich (s. Abschn. 1.2.3) und trägt erheblich zum naturschutzfachlichen Wert der nemoralen Zone bei.

Die Ursachen für diesen Artenreichtum liegen erstens in der Flachgründigkeit und Nährstoffarmut der Standorte, ein Ergebnis jahrhundertelanger düngerloser (aushagernder und erosionsfördernder) Bewirtschaftung (Beweidung, Streunutzung) von Wäldern. Deshalb kommen dicht- und hochwüchsige, nährstoffbedürftige Gräser und Stauden nicht zur Dominanz, sodass viele konkurrenzschwache Arten auf engem Raum koexistieren können. Zweitens sind Pflanzengemeinschaften auf basen- bzw. karbonatreichen Böden in pleistozän geprägten Gebieten der Nordhalbkugel artenreicher als solche auf basenarmen Böden, wie für die nemoralen sommergrünen Wälder bereits erläutert (s. Kasten 6-3). Drittens schaffen regelmäßige Bodenverletzungen durch Tritt (bei Beweidung) vorübergehende Etablierungsnischen, in denen die Samen lichtbedürftiger „Lückenbüßer" keimen können. Alle diese seit langem bekannten und in allen einschlägigen Lehrbüchern behandelten Fakten treffen auch auf natürliche nemorale Grasländer, die Steppen, zu; wir werden darauf in Abschn. 6.3.1 zurückkommen.

Nicht ganz so artenreich wie die europäischen sind die halbnatürlichen Magerwiesen Japans (Numata 1974, Ito 1990, Stewart et al. 2009). Sie bestehen aus den Gräsern *Miscanthus sinensis* (Chinaschilf), *Zoysia japonica* oder verschiedenen *Sasa*-Arten. Während *Miscanthus* durch Mahd gefördert wird (und traditionell zum Decken der japanischen Hausdächer verwendet wurde), dominiert das regenerationsfreudige Gras *Zoysia* bei Beweidung. Die *Miscanthus*-Wiesen sind mehrschichtig und enthalten Arten der Gattungen *Artemisia* (Asteraceae), *Astilbe* (Rosaceae), *Lespedeza* (Fabaceae), *Lysimachia* (Primulaceae), *Potentilla* (Rosaceae), *Sanguisorba* (z. B. *S. officinalis*) u. v. a. Das bis zu 2 m hohe Chinaschilf ist ein C_4-Gras, das unter günstigen Bedingungen eine Nettopromärproduktion (ober- und unterirdisch) von bis zu 27 t Trockenmasse ha^{-1} erreicht; sein Spross-Wurzel-Verhältnis liegt bei 0,3. Die unterirdische Phytomasse kann über 20 t ha^{-1} erreichen (Yazaki et al. 2004). Die Hybride mit *M. sacchariflo-*

rus (*Miscanthus* × *giganteus*) eignet sich als Energiepflanze in der gesamten feuchten nemoralen Zone (Stewart et al. 2009). Da der Futterwert von *Miscanthus* wie bei vielen C_4-Gräsern gering ist, werden heute allerdings vermehrt europäische Grünlandarten in Japan angebaut.

6.3 Die trockene kühl-gemäßigte (nemorale) Teilzone

6.3.1 Grundlagen

6.3.1.1 Vorkommen und Verbreitung

In der kühl-gemäßigten Zone wird die Trockengrenze der nemoralen Wälder, in Abhängigkeit vom Substrat, der Meereshöhe und der geographischen Breite, bei Jahresniederschlägen zwischen 400 und 600 mm erreicht. Darunter stellen natürliche Grasländer (Steppen), Trockengehölze aus immergrünen Nadelbäumen und sommergrünen Laubsträuchern, Halbwüsten aus immer- und sommergrünen Zwergsträuchern und Vollwüsten mit kontrahierter Vegetation in Trockentälern und Oasen die zonale Vegetation. Bei Niederschlägen unter 300 mm kommen in abflusslosen Senken Salzpfannen und periodische Salzseen mit weltweit physiognomisch ähnlichen Halophytenformationen hinzu, die sich vorwiegend aus Vertretern der Chenopodiaceae rekrutieren.

Nach Schultz (2000) wird die Grenze zur nemoralen Laub- und borealen Nadelwaldzone dort erreicht, wo in der für das Pflanzenwachstum ausreichend warmen Jahreszeit (mit monatlichen Mitteltemperaturen ≥ 5 °C) über 200–250 mm Niederschlag fallen (bei gebietsweise deutlich höheren Jahresniederschlägen) und mehr als vier bis fünf Monate humid sind. Die Grenze zu den tropisch-subtropischen Trockengebieten (wie in der Turan-Senke östlich des Kaspischen Meeres, zwischen dem Mittleren Westen der USA und Mexiko sowie in Argentinien zwischen Ostpatagonien und den Monte-Halbwüsten bzw. der Pampa) wird durch thermische Kriterien bestimmt: Die nemoralen Trockengebiete beginnen dort, wo die Mitteltemperatur wenigstens eines Monats unter 5 °C absinkt (also regelmäßig Fröste auftreten) und die sommerliche Erwärmung an noch mindestens fünf Monaten +18 °C überschreitet (Schultz 2000).

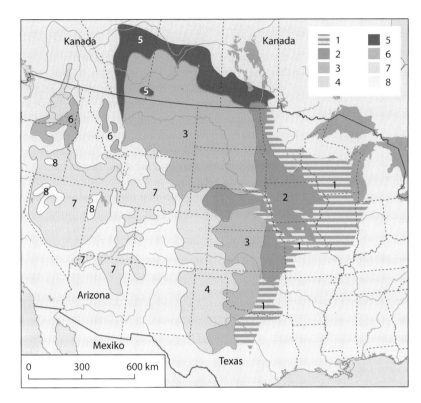

Abb. 6-22 Verbreitung der nemoralen Trockengebiete in Nordamerika (auf der Grundlage einer Vorlage von Knapp 1965, verändert und ergänzt nach Ricketts et al. 1999). 1 = Waldsteppenzone (Parklandschaft aus Eichen-Hickory-Wäldern und Tallgrass Prairie); 2 = Tallgrass Prairie; 3 = Mixedgrass Prairie; 4 = Shortgrass Steppe; 5 = Waldsteppenzone (Parklandschaft aus *Populus tremuloides*-Wäldern und Fescue Prairie); 6 = Palouse Prairie; 7 = Zwergstrauch-Halbwüsten (vorwiegend aus *Artemisia tridentata*); 8 = Halophyten-Halbwüsten.

Im Innern lassen sich die nemoralen Trockengebiete nach Klima, Boden und Vegetation in physiognomisch und ökologisch sehr unterschiedliche Teilräume gliedern. Im Grenzraum zwischen Wald und Steppe liegt die Waldsteppenzone, die aus einem Mosaik aus Wald und Grasland besteht, wobei vor allem im Übergang zu den sommergrünen Laubwäldern die hochwüchsigen und krautreichen Hochgrassteppen (Wiesensteppen) dominieren. Darauf folgen mit abnehmender Humidität Niedriggrassteppen, Wüstensteppen, Halbwüsten und Vollwüsten. In Nordamerika kommt außerdem großflächig eine Mischung aus Hoch- und Niedriggrassteppen („Mixed Grass Prairie") vor. Hochgrassteppen gedeihen dort, wo während der thermischen Vegetationszeit mindestens 100 mm Niederschlag bei zwei bis vier humiden Monaten fallen; bei weniger als 100 mm gibt es nur noch Niedriggrassteppen, Wüstensteppen und Halbwüsten, unter 50 mm Wüsten.

Die trockene nemorale Zone nimmt weltweit eine Fläche von etwa 16,5 Mio. km^2 ein (= 11,1 % des Festlandes der Erde; Schultz 2000). Sie bildet im Innern **Eurasiens**, abgesehen von einem extrazonalen Vorkommen in der Pannonischen Tiefebene, ein zusammenhängendes Band von der Mündung der Donau über die Ukraine bis nach Ostchina, wo sie in die sommergrünen Eichenmischwälder der Mandschurei übergeht (s. Abb. 1-30). In Europa grenzt sie im Norden an die mittel- und osteuropäischen Eichenmischwälder und erstreckt sich im Süden über den Kaukasus hinaus bis in das Anatolische Hochland. In Westsibirien stößt sie an die hemiborealen Birkenwälder, jenseits des Yenisei an die boreale helle Taiga aus *Larix sibirica* und *L. gmelinii*. Im Süden Zentralasiens reicht sie fast bis etwa 35° S (im Himalaya-System noch bis 30°) und umfasst in Form von Halbwüsten und Vollwüsten Teile der mittel- (Kasachstan, Usbekistan) und zentralasiatischen Länder (Mongolei, Nordchina) sowie die Hochgebirgssteppen Tibets.

In **Nordamerika** werden der gesamte Mittlere Westen der USA und des südlichen Kanada von Sakatschewan und Alberta über die Great Plains bis nach Arizona und Texas sowie die großen intramontanen Becken (Columbia-Becken, Großes Becken usw.) von nemoralen Trockengebieten eingenommen (Abb. 6-22). Sie grenzen im Osten an die Eichen-Hickory-Wälder, im Norden an die nemoralen Pappelwälder, im Süden an die tropisch-subtropischen Trockengebiete und im Westen an nemorale Trockengehölze und Nadelwälder der Rocky Mountains. Auf der **Südhemisphäre** bedecken Steppen und Halbwüsten die gesamte Fläche Ostpatagoniens (s.

Abb. 6-16); sie reichen vom Fuß der Anden bis zum Atlantik und von den subtropischen Zwergstrauch-(*Larrea*-)Halbwüsten des Monte im Norden bis nach Feuerland. Einen schmalen Streifen eines nemoralen Trockengebiets gibt es außerdem im Lee der Neuseeländischen Alpen auf der Südinsel.

6.3.1.2 Klima

Im Gegensatz zur feuchten nemoralen Teilzone sind die nemoralen Trockengebiete durch ihre Lage entweder im Lee von Hochgebirgen (Patagonien, Neuseeland, Nordamerika) oder im Zentrum der Kontinente (Nordamerika, Osteuropa, Asien) vor den regenbringenden Westwinden abgeschirmt. Die Jahresniederschläge nehmen deshalb kontinuierlich gegen das Landesinnere ab und sinken in den trockenen Wüsten Zentralasiens wie im Tarim-Becken (Takla Makan) und in der westlichen Gobi auf unter 50 mm (Abb. 6-23i, k, l). Parallel dazu steigt die Kontinentalität, die sich in einer steten Verschärfung der winterlichen Frostperioden bemerkbar macht. So sind die hochkontinentalen Räume Innerasiens und Nordamerikas klimatisch dadurch gekennzeichnet, dass die Mitteltemperatur des kältesten Monats immer $\leq 0\,°C$ liegt und wochenlange Fröste mit unter $-20\,°C$ keine Seltenheit sind. Umgekehrt erreichen die sommerlichen Maximalwerte, vor allem in den strahlungsreichen Wüstenregionen, durchaus Temperaturen von über $40\,°C$; die durchschnittliche Mitteltemperatur des wärmsten Monats liegt immer über $18\,°C$. Die winterliche Kälte sinkt allerdings mit abnehmender geographischer Breite; so bleiben die winterlichen Mitteltemperaturen der Prärien in den südlichen Great Plains zwar stets unter $5\,°C$, unterschreiten aber selten oder nie den $0\,°C$-Schwellenwert (Abb. 6-23a). Man kann also zwischen **wintermilden** und **winterkalten** **nemoralen Trockenklimaten** unterscheiden.

Der Jahresgang des Niederschlags hängt in den nemoralen Trockengebieten von der Distanz zum Meer, der Position gegenüber den großen Gebirgsketten und der Entfernung zu benachbarten Klimazonen wie den Winter- und Sommerregengebieten der Subtropen ab. In den Steppen Osteuropas, Westsibiriens und Nordkasachstans liegen die Regenmaxima im Juni und Juli, weil die feuchten Luftmassen zu dieser Zeit noch bis zum Altai-Sayan-Gebirge vordringen können (Abb. 6-23c). Im Landesinnern von Nordamerika regnet es im Mai, Juni und Juli am meisten (Abb. 6-23b, d); niederschlagsarme Monate sind auf den Herbst beschränkt. Einem gemäßigt-monsunalen Klimageschehen unterliegen die nemo-

ralen Trockengebiete Chinas und der Mongolei; das Niederschlagsmaximum liegt im Juli und August, während April und Mai sowie September und Oktober eher niederschlagsarm sind (Abb. 6-23e).

In allen Gebieten der Erde mit saisonalem Klimacharakter (Winter-Sommer, Regenzeit-Trockenzeit) fördern Sommerregen perennierende, malakophylle Horstgräser; sie können mit ihrem intensiven Wurzelwerk und ihrer raschen Blatt- und Blütenentwicklung Feuchtigkeit während ihrer Wachstumsperiode effizient ausnützen und puffern Perioden mit Wasserdefizit mittels ihrer großen unterirdischen Phytomasse ab. In der trockenen nemoralen Zone sind deshalb sommerfeuchte Gebiete (**sommerfeuchtes nemorales Trockenklima**) für Steppen prädestiniert. Trockenphasen kommen im Frühjahr und/oder im Herbst vor, nicht dagegen im Hochsommer (Abb. 6-23d, e). In den extrem kontinentalen Lagen Zentralasiens ist die Schneedecke wegen des winterlichen Niederschlagsdefizits oft nur wenige Zentimeter hoch, sodass der Oberboden bis in größere Tiefen komplett durchfrieren kann. Umso wichtiger ist es für Pflanzen, ihr Meristem gegen Kälte und Austrocknung zu schützen. Horstgräser tun dies durch Ummantelung ihrer Knospen mit einem dicht gepackten Sprossverbund und abgestorbenen Blättern. Für Zwiebelgeophyten sind solche Umweltbedingungen eher ungünstig, weil ihre Speicherorgane durch lang anhaltende tiefe Temperaturen geschädigt werden. Sie sind deshalb in den wintermilden mittelasiatischen und nordamerikanischen Steppen und Halbwüsten häufiger.

Diejenigen nemoralen Trockengebiete, die an die winterfeuchten Subtropen angrenzen und von Gebirgsketten vor dem Einfluss des Sommermonsuns geschützt sind, sind durch ein Winterregenklima (**winterfeuchte nemorale Trockenklimate**) gekennzeichnet. Sie sind dadurch schneereicher sowie im Frühjahr zu Beginn der Wachstumsperiode humid, im Sommer dagegen trocken (Abb. 6-23f, h). Thermisch unterscheiden sie sich nicht wesentlich von den sommerfeuchten nemoralen Trockenklimaten, sind aber eher wintermild, da die Temperaturen wegen der stärkeren Bewölkung im Winter weniger tief fallen. Dennoch gibt es lange Frostperioden und die Mitteltemperatur des kältesten Monats liegt bei $5\,°C$ oder darunter, sodass man solche Klimate nicht der warm-, sondern der kühl-gemäßigten Zone zurechnet. Eine von Gräsern dominierte Vegetation ist auf diejenigen Räume beschränkt, deren humide Zeit bis in den Frühsommer hineinreicht; sind auch diese (thermisch günstigen) Monate arid, kommen keine Niedriggras- oder Wüstensteppen mehr vor, sondern nemorale Trockengehölze sowie mit zunehmender Aridität Halbwüsten und Wüsten. Nemorale Winterregengebiete mit sommerlicher Trockenzeit gibt es in den innermontanen Becken Nordamerikas, als schmalen Streifen am Ostrand der Anden sowie im Turan-Becken zwischen Kaspischem Meer und Tian Shan, wo sich die Halbwüsten der Kyzylkum und Karakum durch eine reiche Geophytenflora mit vielen endemischen Arten auszeichnen (s. Abschn. 6.3.1.4).

Wie in den tropisch-subtropischen Trockengebieten ist das Klima auch in den trockenen Mittelbreiten **hoch variabel**. Unregelmäßig auftretende, mehrmonatige oder -jährige Trockenperioden, die in den Kli-

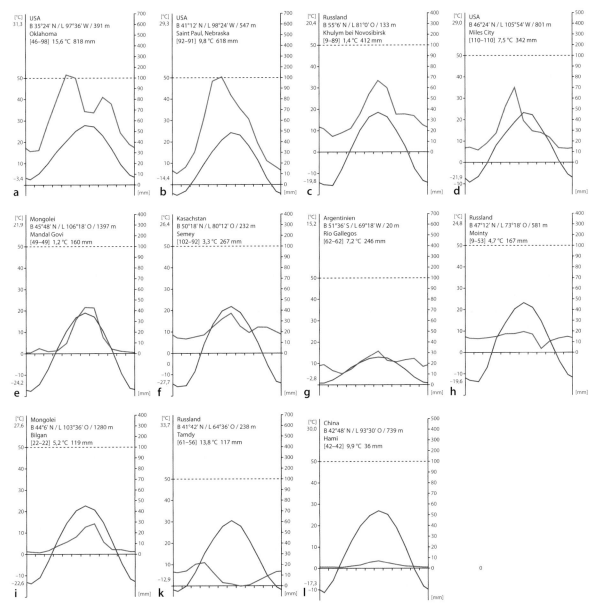

Abb. 6-23 Klimadiagramme von Steppen- und Wüstengebieten der trockenen nemoralen Zone. Diagramme a (Oklahoma), b (Saint Paul, Nebraska) und c (Khulym westlich von Novosibirsk, Westsibirien) stammen aus Hochgrassteppen (Waldsteppenzone), d (Miles City, Montana, USA), e (Mandal Govi, Südmongolei), f (Semey, früher Semipalatinsk, Kasachstan) und g (Rio Gallegos, Argentinien) aus Misch- bzw. Niedriggrassteppen, h (Mointy, Kasachstan) aus einer Wüstensteppe, i (Bilgan, Südmongolei) und k (Tamdi, Kasachstan) aus Halbwüsten mit Winter- bzw. Sommerregen; l (Hami, China, Prov. Xinjiang) ist ein nemorales Vollwüstenklima.

madiagrammen der Abb. 6-23 nicht zum Ausdruck kommen, sowie ein stochastischer Wechsel zwischen trockenen und feuchten Jahren bzw. mehrjährigen Perioden zählen zu den Ursachen für das räumlich und zeitlich variable Waldsteppen-Ökoton. Abweichungen von 50 % und mehr vom langjährigen Mittel der Jahresniederschläge sind keine Seltenheit. Die Konsequenz ist, dass das Ökoton zwischen Wald und Hochgrassteppen ebenso wie zwischen diesen und den Niedriggrassteppen nicht stabil ist. So wanderten die Grenzen der nordamerikanischen Prärien im 19. und 20. Jahrhundert mehrmals um einige 100 km längengradparallel hin und her, wobei sich nach feuchten Jahren eine Hochgras-, nach trockenen Jahren eine Niedriggrassteppe entwickelte (Küchler 1972). Die Variabilität des Niederschlagsgeschehens hat erwartungsgemäß auch Auswirkungen auf die Phytomasseproduktion; sie ist nach feuchten Jahren höher als nach trockenen.

Eine Sonderstellung nehmen Neuseeland und Ostpatagonien ein (Abb. 6-23g); die Steppenklimate am Ostrand der Hochgebirge sind semiarid mit einer sommerlichen Trockenzeit von fünf bis sechs Monaten; das Klima der patagonischen Halbwüsten ist mit sieben bis neun ariden Monaten subarid. Die Jahresniederschläge liegen zwischen 200 und 250 mm; mehr als drei Viertel davon fallen im weitgehend frostfreien Winter. Zudem dürfte der ständige Wind die negative Wasserbilanz verstärken und auch im eher humiden Winter das Austrocknen der Böden fördern. Somit bleibt der Boden unterhalb des Wurzelraumes oft ganzjährig trocken (Sala et al. 1992).

6.3.1.3 Boden

Gesteinsverwitterung und Bodenbildung der nemoralen **Halbwüsten** und Wüsten unterscheiden sich nicht wesentlich von den entsprechenden Vorgängen in den tropisch-subtropischen Trockengebieten (s. Abschn. 4.1.3). Hier wie dort gibt es Fels-, Stein-, Kies- und Sandwüsten mit Dünenbildung. Krustenbildung (Wüstenlack, Salz- und Karbonatkrusten) ist weit verbreitet. Das Relief wird von Trockentälern, Schuttmänteln um die Gebirge, Pedimenten und Salzpfannen bestimmt. Deflationserscheinungen (Ausblasungswannen mit Steinpflasterböden) sind häufig. Rohböden (Arenosole, Leptosole) oder Anreicherungsböden (Calcisole, Gypsisole, Solonchake, Solonetze) herrschen vor.

Im Gegensatz dazu sind die Böden in den **Steppenlandschaften** humusreich, tiefgründig und frucht-

bar. Sie haben sich vor allem aus dem in Nordamerika und Eurasien weit verbreiteten Löss entwickelt, einem meist karbonathaltigen spätpleistozänen äolischen Sediment von bis zu mehreren Metern Mächtigkeit. Das feinkörnige, vorwiegend aus Schluff und Feinsand bestehende Material ist basenreich und zeichnet sich durch eine hohe Wasserspeicherleistung aus. Die ober- und unterirdische Phytomasseproduktion der Grasdecke und ihres intensiven Feinwurzelsystems ist deshalb mit über $10\,t\,ha^{-1}\,a^{-1}$ während des warm-feuchten Sommers hoch, ihr mikrobieller Abbau in den trockenen und kalten Herbst- und Wintermonaten allerdings gehemmt. Deshalb arbeiten Regenwürmer sowie die zahlreichen Bodenwühler unter den Nagetieren wie die *Spermophilus*- (Ziesel, Erdhörnchen) und *Ochotona*-Arten (Pfeifhasen) sowie die Hamster (UF Cricetinae) die Streu tief in den Mineralboden ein. Die mit Bodenmaterial verfüllten Tiergänge (Krotowinen) sind an der Wand eines Bodenprofils im hellen C-Horizont als dunkle, im dunklen A-Horizont als helle Flecken erkennbar. Aus der eingearbeiteten organischen Substanz entstehen während des Humifizierungsprozesses stabile Ca-Humate und organomineralische Verbindungen, die den Boden dunkel färben (Zech et al. 2014). Mit zunehmender Trockenheit nehmen die nach oben gerichteten Verlagerungsprozesse (Aszendenz) zu: Bei Grundwasseranschluss, sinkenden Niederschlägen und höherer Evapotranspiration können leicht lösliche Salze aus dem Grundwasser kapillar nach oben steigen und im Unterboden ausfallen.

Vereinfacht unterscheidet man drei Bodentypen, nämlich die Phaeozeme der Waldsteppen im Übergangsbereich zwischen sommergrünen Laubwäldern und den Steppen Europas, Westsibiriens, Nordostchinas und der östlichen Great Plains in Nordamerika, die Chernozeme der Hochgrassteppen und die Kastanozeme der Niedrigggrassteppen (Zech et al. 2014; Abb. 6-24). **Phaeozeme** sind dunkel-graubraune Böden mit rund mächtigem A_h-Horizont aus Löss oder Geschiebemergel und pH-Werten im Oberboden um 6. **Chernozeme** (Schwarzerden) haben einen bis zu 1 m mächtigen, humusreichen A_h-Horizont mit pH-Werten > 6. Verlagerung von Calcium aus dem Oberboden nach unten führt angesichts der relativ geringen Niederschläge zu Ausscheidungen von sekundärem Kalk im Unterboden. Man unterscheidet Bjeloglaska (Weißaugen, kirschgroße Karbonatkonkretionen), Lösskindl (bis 20 cm groß) und Pseudomyzel (faserige Karbonatausscheidungen; Blume et al. 2010). Die **Kastanozeme** der Niedriggrassteppe weisen einen kastanienbraun ge-

Klima	P [mm]	650–500		600–300	400–300	350–250	250	300–100
	t_a [°C]	4–5	5–7	6–10	9–10	5–9	10–14	13–17

Vegetation: Wald — Waldsteppe — Hochgrassteppe — Niedriggrassteppe — Wüstensteppe

A_h-Horizont	% C	1–2	3–5	1–2	4–6	2–3	1–2	1	0,5
	pH	4,5–5,5	5,5–6,5	5–6	6–7,5	7–7,5	>7	>7	>7

Phaeozem	Luvisol	Chernozem	Kastanozem	Calcisol Solonetz

a

Abb. 6-24 Schematische Abfolge von Vegetation und Böden entlang eines Niederschlagsgradienten in Russland (Westsibirien bis Südkasachstan, aus Blume et al. 2010, vereinfacht und ergänzt nach Zech et al. 2014). Die für die südliche Taiga und die hemiborealen Birkenwälder typische Tonverlagerung mit Ausbildung eines B_t-Horizonts (Lessivierung) nimmt ab, die Mächtigkeit des dunkel gefärbten A_h-Horizonts und seines C-Gehalts zu. Unter Waldinseln in Senken sind Luvisole oder luvic Phaeozeme verbreitet. Die Karbonat-, Gips- und Salzgehalte steigen mit zunehmender Aridität und erreichen ihre höchsten Werte oberflächennah in der Wüstensteppe. Dort treten Calcisole oder Solonetze auf. A_h = humoser Oberboden, E = tonarmer Eluvialhorizont, B_t = tonreicher Illuvialhorizont, C = Ausgangsgestein (Löss), C_g = vergleyt, C_z = Anreicherung löslicher Salze. Das Foto zeigt einen typischen Chernozem bei Barnaul, Russland.

färbten Oberboden (pH 7,0–8,5) auf, der weniger humusreich ist als bei den Chernozemen. Die Karbonatanreicherung (Kalk und Gips) beginnt wegen der geringen Niederschläge weiter oben. Phaeozeme und Chernozeme sind fruchtbare Ackerböden, was dazu geführt hat, dass die meisten Wiesen- und Hochgrassteppen heute in Ackerland umgewandelt sind (s. Abschn. 1.3.8). Kastanozeme werden wegen der geringen Niederschläge eher als Weideland genutzt.

6.3.1.4 Flora

Die Florenausstattung der **Halbwüsten** und **Wüsten** wird mehrheitlich von Asteraceen und Chenopodiaceen bestimmt. Erstere sind vor allem durch die rund 400 Arten der Gattung *Artemisia* vertreten. Einige, wie *Artemisia tridentata* in den Halbwüsten Nordamerikas, können beträchtliche Flächen einnehmen. Viele zumeist kleinwüchsige *Artemisia*-Arten sind aber auch in den Steppen zu Hause, und dort vor allem in den Niedriggras- und Wüstensteppen, wo sie in den Lücken zwischen den Horstgräsern ausreichend Etablierungsnischen finden. Ihre ätherischen Öle verleihen dem Grasland seinen aromatischen Duft. Weit verbreitet ist z. B. *Artemisia frigida*, ein kleinwüchsiger Halbstrauch, der in asiatischen und nordamerikanischen Niedriggrassteppen wächst und durch Überbeweidung indirekt (also durch Schwächung hochwüchsiger Pflanzen) gefördert wird (Abb. 6-30b).

Auch die Chenopodiaceae sind ein charakteristischer Bestandteil der nemoralen Trockengebiete. Die Familie, die heute zu den Amaranthaceae gestellt wird (Mabberley 2008), enthält 110 Gattungen und ungefähr 1.700 Arten; davon folgen etwa 450 dem C_4-Weg der Photosynthese (Bresinski et al. 2008; Kasten 6-10). In allen nemoralen Halbwüsten findet man die Vertreter der artenreichen kosmopolitischen Gattungen *Atriplex* (ca. 300 Arten), *Chenopodium* (ca. 100), *Krascheninnikovia* (fünf Arten), *Salicornia* (inkl. *Sarcocornia* ca. 25), *Salsola* (130) und *Suaeda* (110). Auf Nordamerika sind z. B. *Allenrolfea* (drei), *Grayia* (eine) sowie *Sarcobatus* (zwei; heute Sarcobataceae), auf Europa und Ostasien beispielsweise *Anabasis* (auch Nordafrika; 42), *Bassia* (inkl. *Kochia*; ca. 20), *Camphorosma* (elf), *Haloxylon* (25), *Kalidium* (fünf) und *Nanophyton* (drei) beschränkt (Heywood et al. 2007, Mabberley 2008). Die meisten Arten sind mehr oder weniger gut salzverträglich; zu ihnen gehören neben krautigen Therophyten und Hemikryptophyten (oft mit ruderalem Charakter) einige Sträucher und kleine Bäume wie *Allenrolfea* in Nordamerika und *Haloxylon* in Asien. Wegen ihrer Fähigkeit, Sand zu fixieren, ist die Gattung *Calligonum* erwähnenswert, eine Polygonacee, die auch in den tropisch-subtropischen Wüsten der Nordhemisphäre vorkommt.

In den **Steppen** werden Physiognomie und Struktur naturgemäß von Gräsern und Grasartigen bestimmt, obwohl diese nur mit weniger als 15 % an der Artengarnitur beteiligt sind. Jedoch beträgt ihr Anteil an der ober- und unterirdischen Phytomasse in der Regel weit mehr als 50 % (s. Abschn. 6.3.2.3), sodass alle ökosystemaren Prozesse wie Nährstoff-

und Wasserversorgung ebenso wie die Wirkung von Feuer und Tierfraß auf die Vegetation von den Lebensstrategien der Graminoiden abhängen. Vor allem die Poaceen sind deshalb aus ökologischer Sicht die wichtigste Steppen-Familie. Darunter fallen die C_3-Taxa *Agropyron*, *Agrostis*, *Bromus*, *Calamagrostis*, *Elymus*, *Festuca*, *Helictotrichon*, *Koeleria*, *Phleum*, *Poa* und *Stipa*, die ebenso wie die Cyperaceen-Gattung *Carex* weltweit in allen nemoralen Grasländern vertreten sind. Innerhalb der nemoralen Zone sind *Bothriochloa* (C_4), *Cleistogenes* (C_4) und *Leymus* (C_3) auf die eurasischen Steppengebiete beschränkt, die C_4-Gräser *Andropogon*, *Aristida*, *Buchloe*, *Bouteloua*, *Hordeum*, *Panicum*, *Schizachyrium*, *Sorghastrum*, *Sporobolus* u. a. sowie das mit *Stipa* verwandte C_3-Gras *Nassella* auf die nordamerikanischen Prärien. In Südamerika und Neuseeland bestehen die Steppen hauptsächlich aus *Festuca*-, *Poa*- und *Stipa*-Arten; in Patagonien kommt die südhemisphärische C_3-Gattung *Rytidosperma* dazu.

Es fällt auf, dass nur in Nordamerika C_4-Gräser eine bedeutende Rolle spielen. Im Süden der USA und in Mexiko dominieren sie die Grasdecke, während sie nördlich von Nebraska bis nach Kanada zugunsten der C_3-Gräser zurücktreten. Sieht man von *Bothriochloa* (Europa, Asien und Nordamerika) und den *Cleistogenes*-Arten ab, die von Kasachstan bis nach China verbreitet sind, kommen C_4-Gräser in den asiatischen nemoralen Trockengebieten nur in den Hochgrassteppen des Lössplateaus der chinesischen Provinzen Shanxi und Shaanxi vor (wie z. B. *Themeda triandra*). Aber auch hier dominieren wie überall in den eurasiatischen Steppen die C_3-Gräser. Die Ursache für diesen Unterschied zwischen Eurasien und Nordamerika ist in der Florengeschichte zu suchen: Während in Europa, Mittel- und dem westlichen Zentralasien von Ost nach West verlaufende Gebirgsketten von den Alpen über den Kaukasus bis in das östliche Himalaya-System den tropischen Süden vom nemoralen Norden abschirmen und ein Vordringen der C_4-Gräser aus Südasien nicht zuließen, konnten sich in Nordamerika tropisch-subtropische Florenelemente nordwärts ausbreiten, sofern das Klima solche Wanderbewegungen zuließ.

In die Matrix aus Gräsern und Grasartigen mischen sich zahlreiche krautige Dikotyle und einige Zwergsträucher. Den nordhemisphärischen Steppen gemeinsame Gattungen sind unter den Asteraceen *Aster*, unter den Ranunculaceen *Anemone* (z. B. *Anemone patens*), *Delphinium* und *Thalictrum*, unter den Rosaceen *Potentilla* und *Sanguisorba*, unter den Rubiaceen *Galium* (mit *Galium boreale* und *G. verum*, zwei zirkumpolar verbreitete Arten), unter den Fabaceen der Kleinstrauch *Glycyrrhiza* (wegen der süß schmeckenden Glycyrrhizinsäure als „Süßholz" bezeichnet und zur Herstellung von Lakritze verwendet) und unter den Plantaginaceen *Veronica*.

Die Mehrzahl der Dikotylen-Gattungen ist aber auf einen der beiden Kontinente beschränkt. So sind beispielsweise die Wildformen von vielen in mitteleuropäischen Gärten angepflanzten Stauden wie die Asteraceen *Echinacea* (Sonnenhut), *Coriopsis* (Mädchenauge), *Helianthus* (Sonnenblume), *Liatris* (Prachtscharte) und *Rudbeckia* (Sonnenhut) sowie die Lamiacee *Monarda* (Indianernessel) in den Prärien Nordamerikas zu Hause. Eurasiatisch sind z. B. *Galatella, Leontopodium, Ligularia, Rheum* und *Saussurea* (Schwerpunkt Zentralasien und Himalaya, Asteraceae), *Dracocephalum, Phlomoides* und der

---

Kasten 6-10

Die Familie Chenopodiaceae

Außer den Ericaceen mit ihrer Präferenz für nährstoffarme, nasse oder trockene, meist basenarme Standorte sind unter den größeren Pflanzenfamilien nur die Chenopodiaceae ökologisch derartig homogen: Die meisten Vetreter leben entweder in Trockengebieten, wobei der Schwerpunkt mit der Mehrzahl der Arten in den nemoralen Wüsten und Halbwüsten der Nordhalbkugel liegt, oder auf salzbelasteten, trockenen (Salzpfannen im Binnenland) und nassen Böden (Salzmarschen im Küstengebiet). Ihre Fähigkeit, mit hohen Kationengehalten in der Bodenlösung zurechtzukommen, ist eine bei fast allen Arten dieser Familie anzutreffende Eigenschaft. Sie bezieht sich nicht nur auf NaCl und NaCO$_3$, sondern auch auf lösliche Nitrat- und Sulfatsalze; u. a. deshalb können viele Taxa in reichlich gedüngten Lebensräumen gedeihen, wozu die Ruderalfluren im dörflichen Siedlungsbereich und die Blattfruchtäcker der feuchten nemoralen Zone gehören. So sind hier *Chenopodium*-Arten häufig anzutreffen, wie z. B. *Chenopodium ficifolium* in Maissäckern und *C. album* an Wegrändern und auf nährstoff-(nitrat-)reichen Brachen. Beim „Guten Heinrich" *Chenopodium bonus-henricus*, dessen deutscher Name auf seine Verwendung als geschätzte Gemüsepflanze in vorindustrieller Zeit hinweist, handelt es sich um einen Kulturfolger, der von seinem ursprünglichen Vorkommen in subalpinen Hochstauden- und Lägerfluren süd- und mitteleuropäischer Hochgebirge in die Dörfer des Tieflandes vorgedrungen ist. Ähnlich wie der Echte Spinat (als *Spinacia oleracea* aus verschiedenen, in Mittelasien heimischen Wildpflanzen, u. a. *S. turkestanica*, schon in der Antike gezüchtet; Lieberei & Reisdorff 2007) wächst er auf gut gedüngten Böden am besten. Dies trifft auch auf die übrigen Kulturpflanzen der Familie zu wie Mangold, Futter-, Zucker- und Rote Rübe (alle verschiedene Varietäten von *Beta vulgaris*, hervorgegangen aus einer mediterranen Strandpflanze), Gartenmelde *Atriplex hortensis* ssp. *hortensis*, Reismelde *Chenopodium quinoa*, über deren Bedeutung für die Ernährung der Bevölkerung im andinen Hochland von Peru und Bolivien wir an anderer Stelle bereits berichtet haben (s. Abschn. 4.5.5).

Bei allen o. g. Kulturpflanzen handelt es sich um Therophyten; die ein- bis zweijährige Lebensform ist unter den Chenopodiaceen weit verbreitet und bestimmt den ruderalen Charakter zahlreicher Taxa. Wie viele Wüstenpflanzen sind sie in der Lage, lange Trockenperioden in Form einer persistenten Samenbank zu überdauern. Gleichzeitig befähigt sie diese Eigenschaft, an häufig gestörten Plätzen zu wachsen, wozu nicht nur die o. g. anthropogenen Biotope, sondern auch natürlicherweise gestörte (azonale) Lebensräume wie Flussauen und Meeresküsten gehören. Neben den krautigen Pflanzen gibt es aber auch zahlreiche Halbsträucher, Sträucher und kleine Bäume, die vor allem in Halbwüsten häufig sind, wie *Anabasis, Haloxylon, Sarcocornia* und eine Reihe von Vertretern der Gattungen *Atriplex*, *Salsola* und *Suaeda*. Salzsukkulenz ist sowohl bei den Kraut- als auch bei den Gehölzpflanzen häufig; unter den Therophyten ist die Gattung *Salicornia* als Salzsukkulente besonders bekannt, unter den Strauchförmigen *Haloxylon*.

Von den rund 1.700 Arten der Chenopodiaceae sind ca. 450 in 45 Gattungen C$_4$-Pflanzen; das entspricht ungefähr einem Drittel aller C$_4$-Eudikotyledonen (Bresinski et al. 2008). Nach Kadereit et al. (2003) hat sich die C$_4$-Photosynthese in dieser Familie als Reaktion auf die zunehmende Aridität zwischen etwa zehn und vier Mio. Jahren BP (Miozän/Pliozän) mindestens zehnmal unabhängig aus C$_3$-Vorgängern entwickelt. In den strahlungsreichen sommerwarmen Klimaten der nemoralen Trockengebiete haben C$_4$-Chenopodiaceen im Vergleich zu ihren C$_3$-Verwandten den Vorteil einer höheren Wassernutzungseffizienz, die ihnen auch in versalzten Lebensräumen zugutekommt; denn Aridität und Salinität reduzieren gleichermaßen die stomatäre Leitfähigkeit und ermöglichen den C$_4$-Taxa, weiter in aride Lebensräume vorzudringen als C$_3$-Sippen (Sage 2004). Im Gegensatz zu den Poaceen, bei denen das C$_4$-/C$_3$-Verhältnis von der Temperatur abhängt (s. Abb. 6-28), wird der Anteil der C$_4$-Pflanzen an der Gesamtartenzahl der Chenopodiaceen offensichtlich vom Wasserhaushalt und Versalzungsgrad gesteuert (Pyankov et al. 2000): In Zentralasien steigt er von 10 % im Norden der Mongolei (Region Khubsugul) bis 50 % in der dsungarischen Gobi (südlich des Altai-Gebirges) mit zunehmender Aridität. Prominente Vertreter sind hier z. B. alle *Anabasis-, Haloxylon-, Nanophyton-* sowie die meisten *Bassia-* und *Salsola*-Arten (überwiegend Halbsträucher oder Sträucher), während die krautige Gattung *Chenopodium* nur aus C$_3$-Arten besteht.

Zwergstrauch *Caragana* (alle Lamiaceae). Unter den Monokotylen kommen beispielsweise die Gattungen *Camassia* (Amaryllidaceae) und *Triteleia* (Asparagaceae) in Nordamerika, *Tulipa* und *Gagea* (Liliaceae) in Eurasien, *Allium*- und *Iris*-Arten (Alliaceae bzw. Iridaceae) auf beiden Kontinenten vor (s. Beispiele in Abb. 6-30).

In Eurasien etablierten sich die Steppen während der kühl-trockenen Klimaphasen der Hochglaziale in Form eines von Nordfrankreich bis in die Mandschurei reichenden Bandes (Frenzel 1968). Dieses riesige Gebiet ist erwartungsgemäß floristisch nicht einheitlich (Cowan 2007); es zerfällt in drei Teilgebiete, nämlich erstens in die pontisch-südsibirische Florenprovinz (Teil der südeurosibirischen Florenregion), zweitens in die orientalisch-kasachische Unterregion westlich einer Linie zwischen Altai und Tian Shan und drittens in die tibetisch-mongolische (chinesische) Unterregion östlich davon (beide nach Takhtajan 1986 zur irano-turanischen Florenregion; s. Abschn. 1.2.2). Die Flora der osteuropäischen und südsibirischen Steppen (bis zum Sajan- und Altai-Gebirge) gehört in die **pontisch-südsibirische Florenprovinz** und enthält zahlreiche mesophytische Taxa wie *Adonis vernalis*, *Anemone sylvestris* und *Stipa pennata*, deren Areal, wenn auch in stark zersplitterter Form, bis nach Mittel- und Westeuropa ausstrahlt. Die irano-turanische Florenregion ist das Gebiet der Wüstensteppen sowie der Wüsten und Halbwüsten Mittel- und Zentralasiens. Mindestens ein Viertel Ihrer Flora ist endemisch, darunter viele Arten der Gattungen *Allium*, *Astragalus*, *Delphinium*, *Eremurus*, *Euphorbia*, *Onobrychis*, *Phlomis* bzw. *Phlomoides* und *Tulipa*. Endemisch sind auch einige Taxa der sonst kosmopolitisch verbreiteten Chenopodiaceae, nämlich *Haloxylon*, *Kalidium*, *Kochia* und *Nanophyton*. Die Flora des Westteiles (**orientalisch-kasachische Unterregion**) ist durch Sippen gekennzeichnet, die wie die Dornpolster-Gattung *Acantholimon* (Plumbaginaceae) und die salztolerante Chenopodiacee *Anabasis* in den mediterranen Raum übergreifen. Wie in allen Winterregengebieten kommen auch hier zahlreiche Geophyten wie *Crocus*, *Bellevalia* (Asparagaceae), *Eremurus*, *Gagea*, *Hyacinthella*, *Ornithogalum*, *Tulipa* u. a. sowie Therophyten (z. B. *Holosteum*, *Arenaria*, *Erophila*, *Valerianella* u. v. a.) vor (Walter 1974). Der Ostteil, die **tibetisch-mongolische (zentralasiatische) Unterregion**, ist deutlich artenärmer und floristisch einheitlicher; endemische Arten im Teilgebiet der mongolischen Provinz sind z. B. *Stipa tianschanica*, *S. krylovii*, *S. baicalensis*, *S. grandis*, *Allium mongolicum* und *A. polyrhizum*.

Die nordamerikanischen Prärien sind nach Axelrod (1985) offensichtlich zu jung für einen ausgeprägten Endemismus bei Pflanzen und Tieren; sie entstanden in ihrer heutigen Ausprägung erst im Holozän, und zwar nach dem Rückzug der borealen Nadelwälder nord- und der Eichen-Hickory-Wälder ostwärts während der warmen Klimaphase zwischen etwa 8.000 und 5.000 Jahren BP. Nach Takhtajan (1986) dürften in der nordamerikanischen Prärie-Provinz kaum mehr als 50 endemische Arten vorkommen, darunter einige der Brassicaceen-Gattung *Physaria* sowie der Fabaceen-Gattungen *Astragalus* (mit den meisten Arten in der irano-turanischen Florenregion Asiens) und *Psoralea*.

Die mittlere Gefäßpflanzenzahl ist in der Ökoregion „Temperate Grasslands, Savannas and Shrublands" mit 1.372 Arten höher als in den angrenzenden borealen Wäldern („Boreal Forests/Taigas": 822), jedoch niedriger als in den sommergrünen Laubwäldern („Temperate Broadleaf and Mixed Forests": 1570) und in den subtropischen Hartlaubgebieten („Mediterranean Forests, Woodlands and Shrubs": 2.294; Kier et al. 2005; Bezeichnungen der Ökoregionen nach Olson et al. 2001). Nach Barthlott et al. (2007) liegt die Gefäßpflanzendichte in den Steppen zwischen 500 und 1.500 pro 10.000 km². Unabhängig vom Maßstab nehmen die Artenzahlen mit steigender Aridität (in Osteuropa und Asien von Nord nach Süd, in Nordamerika von Ost nach West; s. Tab. 6-8) und Dauer der Frostperiode ab (in Nordamerika von Süd nach Nord, in Patagonien von Nord nach Süd). Sie liegen bei 50 bis 100 pro 100 m² in Wiesensteppen Europas und Westsibiriens (Korotchenko & Peregrym 2012) und unter 30 in Niedriggrassteppen der Mongolei (Bazha et al. 2012).

6.3.1.5 Vegetation: Übersicht

Die zonale Vegetation der trockenen nemoralen Zone wird, wie in den sommerfeuchten Tropen und den tropisch-subtropischen Trockengebieten, vom Niederschlagsgeschehen und der Bodentextur bestimmt (Tab. 6-8). Hier wie dort ist die Abfolge Wald – Grasland – Halbwüste – Wüste auf die zunehmende Aridität des Klimas zurückzuführen, wobei Gräser auf feinerdereichen, lehmig-tonigen Böden gegenüber Gehölzen im Vorteil sind (s. ausführlich in Abschn. 3.1.2.2). In gleicher Weise, wie das nahezu gehölzfreie Savannengrasland der Tropen weitgehend auf Vertisole beschränkt ist (sieht man von ihrem Vorkommen auf oberflächennahem Petroplinthit ab), sind auch die Grasländer der trockenen

Tab. 6-8 Einige ökologische Kenndaten für die Vegetation entlang eines Transekts (150 km, 45° S, 1 = 69° 49' W, 5 = 71° 43' W, Argentinien). Nach Schulze & al. (1996) und Austin & Sala (2002). 1 = *Nassauvia glomerulosa*-Zwergstrauch-Halbwüste, 2 = *Mulinum spinosum-Stipa speciosa*-Wüstensteppe, 3 = *Festuca pallescens*-Niedriggrassteppe, 4 = *Nothofagus antarctica*-Wald, 5 = *Nothofagus pumilio*-Wald. NPP = Nettoprimärproduktion.

	1	2	3	4	5
Meereshöhe (m NN)	349	474	998	872	875
Distanz (km)	0	37,5	119	139	150
Niederschlag (mm a^{-1})	125	170	290	520	770
Ammonium-N im Boden (µg g^{-1} Trockengewicht), Oktober 1998[1]	1,1	1,9	7,1	61,8	129,8
Nitrat-N im Boden (µg g^{-1} Trockengewicht), Oktober 1998[1]	0,1	0,2	2,2	0,4	0,1
oberirdische Phytomasse (t ha^{-1})	1,5	7,1	5,2	108,2	340,8
unterirdische Phytomasse (t ha^{-1})	3,3	7,7	21,4	136,4	148,4
Spross-Wurzel-Verhältnis	0,55	0,92	0,24	0,79	3,0
oberidische NPP (t ha^{-1} a^{-1})	0,16	0,64	0,79	3,38	3,15

[1] Die Werte beziehen sich auf die oberen 5 cm des Bodens.

kühl-gemäßigten Zone (**Steppen**) besonders typisch auf Lössdecken mit ihren porenarmen Böden ausgebildet. Auf kiesigem und steinigem Substrat werden die Grasartigen dagegen zugunsten von Gehölzen zurückgedrängt (**nemorale Trockengehölze**). Mit weiter zunehmender Trockenheit, also in den sub- und euariden Gebieten, treten auch in der nemoralen Zone wie in den Tropen und Subtropen **Zwergstrauch-Halbwüsten** auf. Unter perariden Bedingungen kommen **Vollwüsten** vor, in denen sich die Vegetation nur in Grundwasser- und Flussoasen behaupten kann.

Wir unterscheiden zonal folgende Formationen:

1. Steppen

   Unter einer Steppe (russ. Степь) verstehen wir ausschließlich das natürliche Grasland der trockenen nemoralen Zone, in dem ausdauernde, winterharte und mehr oder minder trockenheitsresistente Gräser zur Vorherrschaft gelangen (Walter 1968). Der Begriff wird in der Literatur nicht immer einheitlich verwendet; man findet ihn öfter auch für zwergstrauchdominierte Formationen warm- und kühl-gemäßigter Klimate (z. B. „Strauchsteppe"), die aber den Halbwüsten zuzuordnen sind (s. unten). Auffallendes Merkmal ist das gänzliche Fehlen von Bäumen (sieht man von dem Mosaik der Waldsteppen ab). Lediglich Klein- und Zwergsträucher kommen vor, beispielsweise in der Umgebung von Tierbauen oder auf steinigen Stellen. Potenziell würden die Step-

pen mit über 70 % die größten Flächen in der trockenen nemoralen Zone einnehmen, wären sie nicht größtenteils in Ackerland umgewandelt worden (s. Abschn. 6.3.5); neben den osteuropäischen Steppen der Ukraine (Doniţă et al. 2003, Karamysheva 2003) und den mittel- und zentralasiatischen Steppengebieten Südsibiriens, Kasachstans, der Mongolei und Chinas (Walter 1974, Lavrenko et al. 1993, T.-C. Zhu 1993, Gunin et al. 1999, Werger & van Staalduinen 2012) ist als zweites großes Steppengebiet die nordamerikanische Prärie des Mittleren Westens („Great Plains") zu nennen, die vom Süden Kanadas bis nach Texas reicht (Knapp 1965, Sims & Risser 2000, Anderson 2006). Auf der Südhemisphäre beschränkt sich die Steppe auf einen schmalen Streifen am Ostfuß der Anden, etwa zwischen Neuquen und Feuerland (Paruelo et al. 2007), und ein kleines Gebiet im Ostteil der Südinsel Neuseelands (Mark 1993).

2. Nemorale Trockengehölze

   In denjenigen nemoralen Gebieten, die an die subtropischen Winterregengebiete angrenzen und deshalb ebenfalls den meisten Niederschlag im Winter erhalten, sowie (in Sommerregenklimaten) auf steinigen und felsigen Böden treten Gräser zurück und machen Sträuchern und niedrigen Bäumen Platz (Schroeder 1998). Diese nemoralen Trockengehölze sind vor allem in Nordamerika (von Oregon bis New Mexico) am Übergang zwischen nemoralen Nadelwäldern einerseits und nemoralen Zwergstrauch-Halbwüsten bzw. Niedriggrassteppen andererseits weit verbreitet (Knapp 1965, West & Young 2000). Sie bestehen vorwiegend aus *Juniperus*- und *Pinus*-Arten („Juniper-Pinyon-Woodland"). Ähnliche Formationen gibt es auch in Westasien, nur kommen dort mehr sommergrüne Laubsträucher vor wie Vertreter der Gattungen *Amygdalus* und *Prunus* (Rosaceae) sowie *Sophora* und *Caragana* (Fabaceae) u. a. Man findet sie im Anatolischen Hochland, im Iran, in Afghanistan und nördlich davon sowie in Pakistan, wo sie die nemorale Stufe im Nordkarakorum einnehmen (z. B. im Hunzatal). Sie besiedeln kein zusammenhängendes Gebiet wie die Steppen, sondern treten verinselt oder in Form schmaler Streifen entlang von Gebirgszügen auf, wo sie die Lücke zwischen Wäldern und Halbwüsten füllen.

3. Nemorale Zwergstrauch-Halbwüsten und Wüsten
Wie in den tropisch-subtropischen Trockengebieten wird auch die Vegetation der nemoralen Halbwüsten und Wüsten in erster Linie durch Wassermangel geprägt. Strukturell und physiognomisch ähneln die nemoralen den tropischen Formationen. Der Unterschied liegt im Fehlen von frostempfindlichen Taxa, zu denen die für die heißen Wüsten so typischen Stamm- und Blattsukkulenten gehören. Nemorale Halbwüsten und Wüsten erreichen ihre größte Ausdehnung und ihre höchste floristische Vielfalt in Asien (Walter 1968, Walter & Box 1983a, b, c, Walter et al. 1983, Walter & Breckle 1986). Sie umfassen das Trockengebiet östlich des Kaspischen Meeres mit den Wüstengebieten Kyzylkum und Karakum, das Tarim-Becken mit der Takla Makan in der chinesischen Provinz Xinjiang sowie die Wüste Gobi (China, Mongolei) und sind floristisch sehr unterschiedlich. In Nordamerika liegen die nemoralen Wüsten und Halbwüsten mit *Artemisia*- (*sage brush*-)Arten in den zahlreichen kleinen und großen innermontanen Becken und Plateaus des westamerikanischen Gebirgssystems, unter denen die größten das Columbia-Snake River-Plateau mit dem Harney-Becken (Washington, Oregon), das Colorado-Plateau (Utah, Arizona) und das Große Becken (Nevada, Utah) sind, das im Süden (Kalifornien) in die Mojave-Wüste übergeht und damit an die tropisch-subtropischen Trockengebiete grenzt (Knapp 1965, West 1983b, West & Young 2000). In Südamerika nehmen nemorale Zwergstrauch-Halbwüsten mit der Asteraceen-Gattung *Nassauvia* den größten Teil Ostpatagoniens ein (Soriano et al. 1983).

6.3.2 Steppen

6.3.2.1 Steppentypen und ihre Verbreitung

Entlang des Niederschlagsgradienten vom Wald zur Halbwüste haben sich verschiedene Steppentypen herausgebildet, die sich physiognomisch und strukturell unterscheiden. Die Grenzen zwischen ihnen sind fließend und nicht immer gut zu erkennen, zumal die großklimatisch bedingte Zonierung durch Unterschiede zwischen feuchten Nord- und trockenen Südhängen (auf der Nordhalbkugel) sowie zwischen nicht, gering und stark beweideten Gebieten mosaikartig durchbrochen wird. Je nach Region differieren die Zahl der Formationen und deren Terminologie. Vereinfacht unterscheiden wir die folgenden Steppentypen (in Klammern synonym gebrauchte Begriffe).

6.3.2.1.1 Hochgrassteppen
Hochgrassteppen (Wiesensteppe, „Tallgrass Prairie", Hochgrasprärie) erreichen eine Wuchshöhe von 1–1,5 m und sind mehrschichtig. Sie sind Bestandteil des Waldsteppen-Mosaiks im Verbreitungsgebiet der sommergrünen Laubwälder in Osteuropa, Westsibirien, China und Nordamerika (Ostgrenze), wo sie entweder sonnseitige Hänge besiedeln, während der Wald auf Schatthänge beschränkt ist („Expositionswaldsteppe"; Abb. 6-25a, b) oder auf Lössplateaus die weniger gut dräinierten ebenen Flächen besiedeln, mit Wald in Geländedepressionen und in Tälern (Abb. 6-25c, d). Die **osteuropäischen** und **westsibirischen Vorkommen** erinnern an anthropogene Mähwiesen der feuchten nemoralen Zone, mit denen sie viele Arten gemeinsam haben, sodass sie von manchen Pflanzensoziologen in die Klasse Molinio-Arrhenatheretea gestellt werden (Ermakov et al. 1999, Doniță et al. 2003; Abb. 6-26a, b). Ihr Artenbestand trägt eher hygro- und meso- statt xerophytischen Charakter. Ihre Physiognomie unterliegt einer ausgeprägten jahreszeitlichen Rhythmik (Abb. 6-27). So beginnt der Vorfrühling (April) mit dem Erscheinen der ersten Frühjahrsblüher *Adonis vernalis*, *Anemone patens* und *Carex humilis* ganz ähnlich wie in den mitteleuropäischen Steppenwiesen der Ordnung Festucetalia valesiacae (z. B. im Naturschutzgebiet Garchinger Heide nördlich von München). Während des Höchststands der Vegetationsentwicklung im Juni bestimmen reichlich blühende Stauden wie *Filipendula vulgaris*, *Hypochaeris maculata*, *Phlomoides tuberosa*, *Salvia pratensis* und C_3-Gräser (vor allem das mit fedrigen Grannen ausgestattete „Feder-

gras" *Stipa pennata*, aber auch *Calamagrostis epigejos, Bromus erectus, Dactylis glomerata, Koeleria macrantha*) das Erscheinungsbild. Darunter mischen sich zahlreiche Hemikryptophyten wie *Trifolium-, Vicia-, Euphorbia-, Galium-* und *Ranunculus*-Arten. Ende Juli/Anfang August sind die meisten Arten bis auf wenige Spätsommerblüher bereits abgetrocknet. In Westsibirien ziehen sich die Wiesensteppen auf die nördlichen (feuchteren) Teile der Waldsteppenzone zurück, im hochkontinentalen **Ostsibirien** und der Mongolei kommen sie nur vereinzelt am Südrand der borealen *Larix sibirica*-Wälder auf noch knapp waldfähigen Standorten vor (mit *Helictotrichon hookeri*); sie entstehen dort nach Rodung von Wäldern und sind Sukzessionsstadien bei der Waldregeneration (Hilbig 1995).

Abb. 6-25 Beispiele für Waldsteppen-Ökotone: a = Expositions-Waldsteppe aus *Larix sibirica*-Wäldern auf den Schatt- und Niedriggrassteppen (mit *Stipa krylovii*) an den Sonnhängen (Khangai-Gebirge, Mongolei); b = Gebirgs-Waldsteppe im nördlichen Altai-Gebirge (bei Kumalyr; Russland) mit *Larix sibirica*; c = Waldsteppe aus hemiborealen Birkenwäldchen in Geländemulden und Niedriggrassteppen bei Barnaul, Westsibirien; d = *Nothofagus antarctica*-Waldsteppe an der Waldgrenze zur patagonischen Steppe (Punta Arenas, Chile); e = Übergang zwischen nemoralen Nadelwäldern aus *Pinus ponderosa* und intramontanen Prärien der Rocky Mountains (Crooked River, Oregon, USA; Foto H. Albrecht).

Ähnlich bunt und artenreich wie die südsibirischen sind die **chinesischen Wiesensteppen** (*multiflower meadows*) im Nordosten und Osten der Inneren Mongolei (Zhu 1993). Sie bestehen aus *Leymus chinensis* als dem dominanten Gras und aus zahlreichen Asteraceen (wie *Hypochaeris ciliata*, *Syneilesis aconitifolia*, *Ligularia*-Arten), Fabaceen (*Lathyrus* *quinquenervius*, *Trifolium lupinaster*, *Lespedeza*-Arten), Rubiaceen (*Galium verum*), Rosaceen (*Sanguisorba officinalis*), Ranunculaceen (*Thalictrum minus*, *Delphinium grandiflorum*) sowie vielen hochwüchsigen Geophyten (*Hemerocallis*, *Lilium*, *Veratrum*). Im Süden der Waldsteppenzone auf dem mittelchinesischen Lössplateau kommen in den Wiesensteppen

Abb. 6-26 Beispiele für Hochgrassteppen: a = südsibirische Wiesensteppe mit *Phlomoides tuberosa* und *Dactylis glomerata* (bei Khebula, Südsibirien); b = zentralasiatische Wiesensteppe mit viel *Galium verum* (gelb blühend, im Hintergrund *Larix sibirica*; bei Ulaanbaatar, Mongolei); c = Tall Grass Prairie im Herbst (aus *Bouteloua curtipendala* und *Andropogon gerardi* mit Fruchtständen von *Asclepias syriaca*; im Hintergrund ein sommergrüner Laubald aus *Quercus alba*, *Acer negundo* u. a.); d = *Rudbeckia hirta* und e = *Symphyotrichum* (*Aster*) *novae-angliae*, beide Asteraceae (westlich Madison, Minnesota, ASA; Fotos c, d, e J. Kollmann).

einige C$_4$-Gräser hinzu (Suttie & Reynolds 2003, Zhang et al. 2006) wie *Arundinella hirta, Pennisetum centrasiaticum* und*Themeda triandra* (Tribus Andropogoneae). Die zuletzt genannte Art ist im subtropischen Grasland Südafrikas häufig bestandsbildend (*rooigrass*; s. Abschn. 5.2.3.2.2) und wächst auch in Australien (*kangaroo grass*).

In **Nordamerika** bestimmt die Hochgrasprärie im Übergang zu den Eichen-Hickory-Wäldern, aber auch westlich der Waldsteppenzone als eigenständige Formation vor der Besiedlung durch die Europäer das Landschaftsbild des Ostens der Great Plains (Knapp et al. 1998). Ihr potenzielles Verbreitungsgebiet reicht von den kanadischen Provinzen Manitoba, Saskatchewan und Alberta über die US-Bundesstaaten Dakota, Nebraska, Kansas und Oklahoma bis in

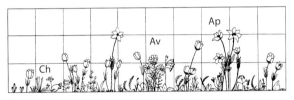

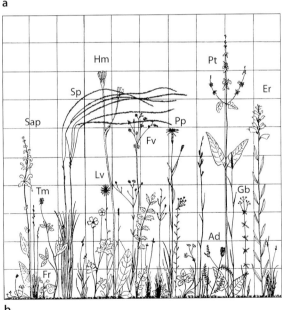

Abb. 6-27 Aspektwechsel in einer Wiesensteppe der Ukraine (aus Walter 1968). a = Frühlingsaspekt (Anfang April) mit *Anemone patens* (Ap), *Carex humilis* (Ch) und *Adonis vernalis* (Av); b = Frühsommeraspekt (Juni) mit *Salvia pratensis* (Sap), *Festuca rupicola* (Fr), *Trifolium montanum* (Tm), *Stipa pennata* (Sp), *Leucanthemum vulgare* (Lv), *Hypochaeris maculata* (Hm), *Filipendula vulgaris* (Fv), *Podospermum purpureum* (Pp), *Astragalus danicus* (Ad), *Phlomoides tuberosa* (Pt), *Galium boreale* (Gb), *Echium rubrum* (Er) u. v. a.

den Norden von Texas (Kucera 1992). Entlang dieses Nord-Süd-Gradienten verändert sich die Flora trotz ansonsten ähnlicher Phyiognomie und Struktur: C$_3$-Gräser werden nicht höher als etwa 1 m, haben ihren Schwerpunkt im kühlen, trockenen Norden und übertreffen dort die Photosyntheseleistung der C$_4$-Gräser (ab etwa dem 45. Breitengrad nordwärts; Abb. 6-28). Häufig sind *Elymus smithii, E. lanceolatus, Koeleria macrantha* und *Stipa spartea*. Die bis zu 2 m hohen C$_4$-Gräser wie *Andropogon gerardii, Panicum virgatum* und *Sorghastrum nutans* kommen zwar überall vor, werden aber bestandsbildend vor allem in den Hochgrassteppen des wärmeren, feuchteren Südens und Südostens, wo sie den C$_3$-Gräsern in der C-Akquisition überlegen sind (Abb. 6-26c); ihr Anteil an der Grasflora beträgt hier bis zu 80 % und sinkt im Norden auf unter 20 % (Teeri & Stowe 1976). Häufig sind farbenprächtige Stauden wie die Vertreter der Gattung *Aster, Coreopis, Echinacea, Helianthus, Heliopsis, Rudbeckia* und *Silphium* (alle Asteraceae) sowie zahlreiche Fabaceen (wie *Desmodium*), Lamiaceen (wie *Monarda*), Ranunculaceen (wie *Anemone, Thalictrum*) u. v. a. (Knapp 1965; Abb. 6-26d, e).

6.3.2.1.2 Niedriggrassteppen

Die Niedriggrassteppen (Kurzgrassteppen, „Short Grass Steppe", *true steppes*) sind mit einem Deckungsgrad zwischen 50 und 80 % lückiger als die Hochgrassteppen. Physiognomisch dominieren Horstgräser mit xerophytischen Merkmalen (Rollblätter, Behaarung, hellgraue Färbung der Pflanzenteile, ausgeprägte Kutikula usw.); dazwischen gedeihen kleinwüchsige Hemikryptophyten, Chamaephyten und Geophyten. Die Höhe der Vegetation variiert zwischen 0,5 und 1 m.

In **Eurasien** überwiegen Vertreter der Gattungen *Stipa* und *Festuca*, gemischt mit *Koeleria-, Poa-* (*P. angustifolia*) und *Elymus*-Arten. In Osteuropa und Westsibirien („**osteuropäisch-kasachische Steppenregion**"; Lavrenko & Karamysheva 1993) folgen auf die Hochgrassteppen der Waldsteppenzone südwärts zunächst krautreiche, dann krautarme Federgrassteppen mit *Stipa lessingiana, S. pulcherrima, S. zalesskii* und *S. capillata*. Im Unterwuchs sind *Festuca rupicola* und *F. valesiaca* häufig. Beide Arten charakterisieren auch die anthropozoogenen zentraleuropäischen Steppenrasen der Ordnung Festucetalia valesiacae (wie in den subkontinentalen Alpentälern (Vinschgau, Wallis). Für die südlichen Niedriggrassteppen ist das Auftreten von *Artemisia*-Arten wie *A. taurica* und *A. maritima* (Letztere auch ein Bestandteil der nemoralen Salzwiesen an der europäischen

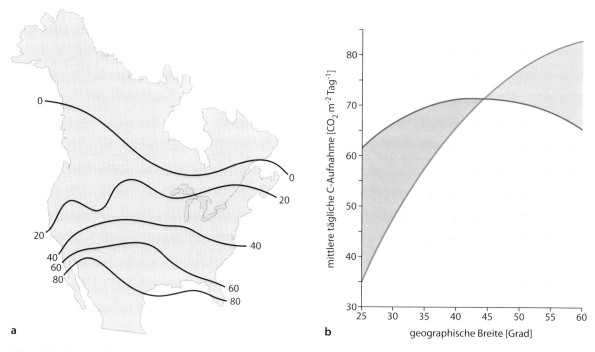

a   b

Abb. 6-28 Die Verbreitung der C_3- und C_4-Gräser in Nordamerika (a, in % aller Grasarten, nach Teeri & Stowe 1976) und Modell der täglichen C-Aufnahme von C_3- und C_4-Beständen in den nordamerikanischen Great Plains im Juli (b, aus Ehleringer 1978). Blau = C_4-Gräser, grün = C_3-Gräser. Im blauen Bereich sind die C_4-, im grünen die C_3-Gräser effizienter. Die Grenze liegt bei etwa 45° N.

Meeresküste) und der einzigen C_4-Grasgattung der Steppen nördlich der mittel- und zentralasiatischen Wüsten, nämlich *Cleistogenes* (*C. squarrosa*), charakteristisch. Zusammen mit einigen Chenopodiaceen wie dem bis 15 m tief wurzelnden Halbstrauch *Krascheninnikovia ceratoides* handelt es sich hierbei um Taxa, die ihren Verbreitungsschwerpunkt in den Wüstensteppen haben. Erwähnenswert sind die zahlreichen Geophyten der Gattungen *Tulipa*, *Gagea*, *Ornithogalum* und *Iris* sowie Therophyten. Östlich der Linie Altai–Tian Shan, in der hochkontinentalen, extrem winterkalten „**zentralasiatischen Steppenregion**" (Lavrenko & Karamysheva 1993) sind Niedriggrassteppen im Waldsteppen-Ökoton (mit *Larix sibirica* und *Pinus sylvestris*) und südlich davon weit verbreitet; dominierende Gräser sind *Agropyron cristatum*, *Festuca lenensis*, *Koeleria macrantha*, *Cleistogenes squarrosa* und *C. songorica* (C_4; beide durch Beweidung gefördert) sowie *Stipa krylovii* und *S. baicalensis* (Abb. 6-29a). Geophyten und Therophyten fehlen weitgehend; selbst *Allium*-Arten wie *A. polyrhizum* sind Hemikryptophyten. In beiden Steppenregionen sind Arten der Gattungen *Carex* (*C. pediformis*, *C. duriuscula*), *Dontostemon* (Brassicaceae), *Goniolimon* (Plumbaginaceae), *Potentilla* bzw. *Sibbaldianthe* (Rosaceae; häufig *S. bifurca*), *Orostachys*

(als hauswurzartige Crassulacee die einzige blattsukkulente Pflanze, die allerdings die Blätter im Winter abwirft; Abb. 6-30h) und *Oxytropis* (Fabaceae) regelmäßig anzutreffen. Wie in Kasachstan lassen sich auch die zentralasiatischen Steppen in eine Reihe von regionalen, pflanzengeographisch und standörtlich unterscheidbaren Subtypen untergliedern (s. z. B. für die Mongolei Zemmrich 2005).

In **Nordamerika** ist die **Shortgrass Prairie** (s. str., also ohne Mixed Grass Prairie; s. unten) auf den warmen und trockenen Südwesten zwischen etwa 41 und 32° S beschränkt; sie grenzt im Osten und Norden an die Mischgrasprärie (s. unten), im Westen an die Rocky Mountains und geht im Süden in die Chihuahua-Wüste über (Lauenroth & Burke 2008). Ungefähr 60 % der potenziell von dieser Formation eingenommenen Fläche (rund 280.000 km²) sind noch einigermaßen naturnah und werden extensiv beweidet (Lauenroth & Milchunas 1992). 40 % werden ackerbaulich genutzt (vorwiegend Weizen, Mais und Baumwolle). Bestandsbildend sind *Bouteloua gracilis* und *Buchloe dactyloides*, beides ausdauernde C_4-Gräser; häufig sind ferner *Aristida longiseta*, *Hilaria jamesii*, *Sporobolus cryptandrus* (alle C_4) sowie die mittelhohen C_3-Pflanzen *Elymus smithii*, *Koeleria macrantha* und *Stipa comata*. Unter den Dikotylen ist

Abb. 6-29 Beispiele für Niedriggras- und Wüstensteppen. a = Niedriggrassteppe aus *Stipa krylovii* (Hustai-Nationalpark, Mongolei); b = südpatagonische Niedriggrassteppe mit *Festuca gracillima* (Nationalpark Pali Aike, Chile); c = Wüstensteppe mit *Stipa caucasica* bei Kosh-Agach (Chuya-Becken, Altai, Russland); d = intramontane Palouse Prairie mit *Camassia quamash*, Asparagaceae, im Vordergrund (Foto H. Albrecht); e = Mixed Grass Prairie (Badlands, North Dacota, USA; Foto P. Poschlod).

Artemisia frigida zu erwähnen, ähnlich wie in den Niedriggrassteppen Asiens ein Beweidungszeiger. Häufige Begleiter sind die Arten der Gattungen *Asclepias* (Apocynaceae), *Dalea* (Fabaceae), *Linum* (Linaceae), *Oenothera* (Onograceae), *Oxytropis* (Fabaceae) u. v. a. Im Süden der Short Grass Steppe, wo die Winter mild sind, kommen Stammsukkulente wie *Cylindropuntia imbricata* vor. Struktur und Artenzusammensetzung variieren je nach Feuerfrequenz, Witterung und Beweidungsintensität durch Wild- bzw. Haustiere. Ein ausgeprägtes Standortsmosaik führt zu zahlreichen floristisch und physiogno-

misch unterschiedlichen Vegetationstypen (s. u. a. Lauenroth & Milchunas 1992).

Der Übergang zwischen Niedriggras- und Hochgrasprärien wird in Nordamerika als eigene Formation („**Mixed Grass Prairie**", Mischgrasprärie) behandelt (Clements 1920, Coupland 1992). Sie erstreckt sich von Nord nach Süd über etwa 16 Breitengrade (53°–37° N), also rund 1.800 km und ist demgemäß klimatisch und floristisch nicht homogen. Das nördliche, winterkalte, von C_3-Gräsern bestimmte Teilgebiet, die ursprüngliche Heimat des Bisons, umfasst rund 640.000 km² (Ricketts et al.

1999) und liegt in den US-Bundesstaaten North und South Dakota, Wyoming (im Nordosten), Montana sowie in den kanadischen Provinzen Alberta und Saskatchewan. Das südliche, wintermilde, von C_4-Gräsern geprägte Teilgebiet erstreckt sich über etwa 282.000 km^2 von Nebraska über Kansas und Oklahoma bis in den Südosten von Texas. Die Pflanzendecke ist zweischichtig: Unter einer oberen Schicht aus mittelhohen bis hohen Gräsern (wie *Elymus*, *Stipa*, *Sporobolus*) bilden zahlreiche Kräuter und Zwergsträucher eine untere Schicht. Im Norden dominieren die mittelhohen C_3-Gräser *Elymus lanceolatus*, *E. smithii*, *Stipa comata* und *S. spartea* über einer Schicht aus *Bouteloua gracilis*. Zahlreiche weitere Gräser und Grasartige entstammen den Gattungen *Calamagrostis*, *Calamovilfa*, *Carex*, *Koeleria* und *Poa* (C_3) sowie *Muhlenbergia* und *Sporobolus* (C_4). Typische Dikotyle sind u. a. *Anemone*, *Artemisia*, *Astragalus*, *Haplopappus*, *Linum*, *Phlox*, *Psoralea* und *Solidago*. Die Mischgrasprärie der südlichen Teilzone besteht – je nach Niederschlagssituation in wechselnder Artenzusammensetzung – aus *Andropogon gerardii*, *Aristida purpurea*, *Bouteloua curtipendula*, *Botriochloa saccharoides*, *Elymus smithii* und *Sporobolus cryptandrus* als hohe sowie aus *Buchloe hirsuta*, *B. dactyloides* und *Bouteloua gracilis* als niedrige Gräser (alle außer *Elymus* C_4). Zahlreiche weitere Gras- (wie *Hilaria*, *Koeleria*, *Panicum*, *Poa*, *Schizachyrium*, *Setaria*, *Stipa*) und Dikotylen-Gattungen (wie *Astragalus*, die Cactacee *Escobaria*, *Plantago*, *Psoralea*, *Solidago*) kommen hinzu. Zu den Mischgrasprärien Nordamerikas gehören schließlich auch die *Festuca*-Prärien („**Fescue Prairie**" aus *F. campestris* und *F. hallii*, früher zu *F. scabrella* zusammengefasst) in der nördlichen Waldsteppe Kanadas (mit *Populus tremuloides*-Hainen) und die innermontanen Prärieinseln im Gebiet der nemoralen Nadelwälder von British Columbia, Washington und Oregon aus verschiedenen *Elymus*-, *Festuca*- und *Stipa*-Arten („**Palouse Prairie**"; Abb. 6-29d).

Auf der Südhemisphäre kommen ausschließlich Niedriggrassteppen vor. Sie bestehen in **Patagonien** aus den etwa 30 cm hohen C_3-Horstgräsern *Festuca gracillima*- und *F. pallescens* (Soriano et al. 1983; León 1991; Abb. 6-29b). Hinzu treten einige *Stipa*-, *Poa*-, *Bromus*-, *Poa*- und *Rytidosperma*-Arten (südhemisphärisch; z. B. *R. virescens*). Zwischen der Matrix aus Horstgräsern steht eine Reihe weiterer, auch kleinwüchsiger Geophyten (wie *Sisyrhynchium*, *Olsynium*) und Hemikryptophyten (z. B. *Armeria maritima*). Vor allem an eher steinigen Hängen kommen Zwergsträucher wie *Adesmia boronoides*, *Berberis microphylla* und verschiedene *Senecio*-Arten vor. Ver-

breitet sind Hartpolster der Gattungen *Bolax*, *Nardophyllum* und *Azorella*. Die Nähe zu den Windheiden des magellanischen Moorlandes zeigt sich im Auftreten zahlreicher arktisch-subarktischer Strauchflechten wie *Thamnolia vermicularis*, *Cetraria islandica*, *C. ericetorum* u. a. Auf der Südinsel von **Neuseeland** kommen im Lee der Neuseeländischen Alpen kleinflächig Niedriggrassteppen vor, die sich aus den Horstgräsern *Festuca novae-zealandiae*, *Elymus rectisetus* und *Poa cita* zusammensetzen (Mark 1993).

6.3.2.1.3 Wüstensteppen
Im Übergang zu den Halbwüsten findet man bei jährlichen Niederschlägen von unter 200 mm die Wüstensteppen („Desert Grassland", „Desert Steppe") vor. Die Pflanzendecke ist noch von Gräsern geprägt, die aber kleinwüchsig (10–20 cm) sind und weit auseinander stehen. Der Deckungsgrad sinkt auf Werte unter 50 %. Im südlichen Kasachstan bestehen diese Steppen aus *Stipa orientalis* und *S. lessingiana* mit *Psathyrostachys juncea* (früher *Agropyron desertorum*), zahlreichen *Artemisia*-Arten und vielen Ephemeren, die sich im Frühjahr nach den winterlichen Regenfällen entwickeln (wie die Therophyten *Erophila*, *Alyssum*, *Valerianella* u. a.). In der zentralasiatischen Steppenregion werden die Wüstensteppen vornehmlich von *Stipa caucasica* und *S. tianschanica* gebildet (Abb. 6-29c). Häufig sind kleinwüchsige (wie *A. frigida*) sowie annuelle *Artemisia*-Arten (wie *A. scoparia*) und Chenopodiaceen (z. B. verschiedene *Salsola*-Arten) sowie die Tamaricacee *Reaumuria soongarica*, eine Salzpflanze. Bemerkenswert ist das konstante Vorkommen von Zwergsträuchern der Fabaceen-Gattung *Caragana*.

Die aus Nordamerika beschriebenen Wüstensteppen mit den C_4-Gräsern *Chondrosum eriopodum*, *Hilaria belangeri* und *Oryzopsis hymenoides* am Südrand der Niedriggrasprärie sind möglicherweise beweidungsbedingt und gehen tendenziell in einen (subtropischen) Trockenbusch aus *Prosopis*-Arten (Mesquite) und xerophytischen Zwergsträuchern (wie *Larrea tridentata*) über (Sims & Risser 2000). Die Vegetationstypen (Schmutz et al. 1992) erinnern eher an subtropisch-tropische Trockengebüsche als an ein nemorales Grasland, zumal auch das Klima in den weit nach Mexiko hineinreichenden Formationen trotz der Höhenlage ($\geq$ 1.000 m NN) eher warm- als kühl-gemäßigt ist.

Tab. 6-9 Floristische und strukturelle Unterschiede zwischen Hochgras-, Niedriggras- und Wüstensteppe (nach Angaben in [1-6] sowie Walter 1968, Walter & Breckle 1986).

	Hochgrassteppe	Niedriggrassteppe	Wüstensteppe
Artenzahl pro 100 m^2	50–80 (100)	30–50	< 30
Artenzahl pro 1 m^2	30–40	15–30	< 15
Bestandshöhe	(0,8) 1–1,5 (2,0)	0,5–0,8 (1,0)	< 0,5
Boden	meist Chernozem	meist Kastanozem	
oberird. Phytomasse (t ha^{-1})[7]	um 6	1–5,5	
unterird. Phytomasse (t ha^{-1})[7]	7–20	6–14	
oberird. Phytomasse (t ha^{-1})[9]	5–10	2–5	0,5–2
unterird. Phytomasse (t ha^{-1})[9]	15–20	15–30	17–18
wichtige Gräser[8]			
Europa (Ukraine)[1]	*Stipa pennata, Bromus erectus, Festuca rupicola, Carex humilis*	*Stipa capillata, Stipa zalesskii, Festuca rupicola, Festuca valesiaca, Koeleria macrantha*	*Stipa lessingiana, S. orientalis, S. sareptana, Agropyron cristatum, Psathyrostachys juncea, Festuca valesiaca*
Westsibirien, Kasachstan[2]	*Phleum phleoides, Helictotrichon hookeri, Calamagrostis epigejos, Stipa pennata, Carex pediformis*		
Ostsibirien, Mongolei, China[3]	*Helictotrichon hookeri*	*Stipa krylovii,* **Cleistogenes squarrosa,** *Koeleria macrantha, Festuca lenensis, Agropyron cristatum, Carex duriuscula*	*Stipa caucasica, S. tianschanica,* **Cleistogenes sqarrosa**
Nordamerika[4]	***Andropogon gerardii, Panicum virgatum, Sorghastrum nutans, (Schizachyrium scoparium)****, Elymus smithii, E. lanceolatus, Koeleria macrantha, Stipa spartea*	***Bouteloua gracilis, Buchloe dactyloides,*** *Elymus smithii, Koeleria macrantha, Stipa comata*	***Chondrosum eriopodum, Hilaria belangeri, Oryzopsis hymenoides***
Patagonien[5]	fehlt	*Festuca gracillima, F. pallescens*	fehlt
Neuseeland[6]	fehlt	*Festuca novae-zealandiae*	fehlt

[1] Doniţă et al. (2003), Karamyševa (2003); [2] Rachkovskaya & Bragina (2012); [3] Hilbig (1995); [4] Knapp (1965), Sims & Risser (2000); [5] Paruelo et al. (2007); [6] Mark (1993); [7] Nordamerika, Sims et al. (1978), Rice et al. (1998); [8] fett: C$_4$-Gräser; [9] nach Shalyt aus Lavrenko & Karamysheva (1993).

6.3.2.2 Überlebensstrategien von Steppenpflanzen

Zu den **Stressfaktoren**, denen Steppenpflanzen unterworfen sind, gehören zeitweilige Trockenheit sowie lang anhaltende und tiefe Fröste, außerdem Beweidung und Feuer (Letzteres wenigstens in den Langgrassteppen). Hinzu kommen unregelmäßige Dürreperioden, die zwar überall mehr oder minder stark auftreten, aber in Regionen mit einer ohnehin schon angespannten Wasserbilanz besonders einschneidende Effekte auf die Vegetation haben (van Wehrden et al. 2010). Pflanzen, die mit diesen schwierigen Bedingungen zurechtkommen, haben unabhängig von ihrem sonstigen Aussehen eines gemeinsam: Sie verlegen den größten Teil ihres Pflanzenkörpers in den Boden. Damit verzichten sie zeitweilig auf ihre Blattmasse und nehmen in Kauf, dass dieser Verzicht zulasten der Phytomasseproduktion geht (wie im Fall der Holzpflanzen, die nur als Klein-

Abb. 6-30 Einige Beispiele für Pflanzenfunktionstypen in Steppen. a = *Allium polyrhizum*, Amaryllidaceae (Geophyt in zentralasiatischen Wüstensteppen); b = *Artemisia frigida*, Asteraceae (ausläuferbildend, Überbeweidungszeiger); c = *Caragana microphylla*, Fabaceae (Chamaephyt; d = *Crambe tatarica*, Brassicaceae (Chamaephyt; Steppenroller in osteuropäischen Steppen); e = *Dracocephalum grandiflorum*, Lamiaceae (Gattung in Mittel- und Zentralasien weit verbreitet); f = *Festuca gracillima*, Poaceae (Horst-Hemikryptophyt); g = *Krascheninnikovia ceratoides*, Chenopodiaceae (salzverträglicher, tief wurzelnder Chamaephyt; Foto H. Albrecht); h = *Orostachys spinosa*, Crassulaceae (eine der wenigen Sukkulenten in nemoralen Steppen und Halbwüsten); i = *Phlomoides tuberosa*, Lamiaceae (hochwüchsige Staude in eurasiatischen Hochgrassteppen); k = *Rheum altaicum*, Polygonaceae (nemorale Wüstensteppenpflanze mit dicker Pfahlwurzel als Speicherorgan).

und Zwergsträucher überhaupt überleben können). Einige kompensieren den Verlust durch ein beschleunigtes Wachstum während der kurzen Vegetationszeit, eine Strategie, die durch die fruchtbaren, d. h. basenreichen Cherno- und Kastanozeme mit ihrer hohen Wasserspeicherleistung gefördert wird. Da im Gegensatz zu den Savannen die Vegetationszeit ja nicht nur durch Trockenheit, sondern auch durch tiefe Temperaturen im Winter begrenzt ist und das pflanzenverfügbare Porenwasser von dem intensiven Graswurzelsystem weitgehend vollständig aufgenommen wird (s. unten), haben Bäume (außer auf Spezialstandorten) keine dauerhafte Überlebenschance.

Wie in den Savannen dominieren auch in den Steppen ausdauernde **Horstgräser** mit Überdauerungsknospen knapp unter oder über der Bodenoberfläche. Diese Wuchsform hat den Vorteil, dass die empfindlichen Meristeme durch die dicht gepackten Sprosse und eine Tunika aus abgestorbenen Blättern (*standing dead*) gegen Austrocknung und winterliche Kälte (besonders in den schneearmen Gebieten) geschützt sind (Abb. 6-30a). Neben diesen Horst-Hemikryptophyten kommen auch rasenförmig wachsende Gräser (und Grasartige) mit unter- oder oberirdischen Ausläufern vor. Beispiele sind *Buchloe dactyloides*, *Panicum virgatum* und *Agropyron* spp. in den nordamerikanischen Prärien und verschiedene *Carex*-Arten (*Carex humilis, C. pediformis, C. duriuscula* u. a.) sowie der Rhizomgeophyt *Leymus chinensis* in Zentralasien; solche Pflanzen sind in der Lage, nach massiven Störungen wie Feuer oder intensiver Beweidung rasch Bestandslücken auszufüllen. Damit werden sie, ähnlich wie nicht schmackhafte oder giftige Pflanzen, zu Beweidungszeigern (s. Abschn. 6.3.2.4).

Wichtiger als die Samenbank für die Regeneration der Pflanzendecke nach Störung ist deshalb die Knospenbank, die z. B. in Hochgrasprärien mit zunehmender Feuerfrequenz bei Gräsern (Feuer oder Beweidung) ansteigt und Werte von über 1.000 Meristeme m^{-2} erreicht (Benson et al. 2004). Auch bleiben nicht in jedem Jahr genug Ressourcen für die Produktion von Samen übrig. Viele Steppenpflanzen fruchten deshalb nicht jährlich, sondern im Abstand von mehreren Jahren. Die Samen werden überwiegend durch den Wind ausgebreitet, wie im Fall der Federgräser der Gattung *Stipa* (Anemochorie). Ausbreitung im Verbund mit dem gesamten Fruchtstand ist häufig und erhöht die Chancen der Ansiedlung ("Steppenroller" wie *Crambe tatarica*; Abb. 6-30d).

Die Gräser unterscheiden sich hinsichtlich ihrer phänologischen Entwicklung, je nachdem, welchem C-Metabolismus sie angehören. Vermutlich wegen ihres höheren Wärmebedarfs treiben C_4-Gräser im Frühjahr erst einige Wochen nach den C_3-Gräsern aus. So kommt das C_4-Gras *Cleistogenes* in den zentralasiatischen Niedriggrassteppen vor allem dort zur Dominanz, wo die Vegetationszeit auf wenige Sommermonate (Juli, August) begrenzt ist (und die Beweidungsstärke hoch ist; Liang et al. 2002). In den nordamerikanischen Prärien werden durch frühe Beweidung und Feuer eher die spät austreibenden C_4-zulasten der C_3-Gräser gefördert.

Alle Horstgräser besitzen ein sog. „intensives" **Wurzelsystem** aus wenigen Hauptwurzeln und zahlreichen verzweigten Feinwurzeln, deren Länge aneinandergereiht mehrere Kilometer betragen kann. Es konzentriert sich horizontal auf die unmittelbare Umgebung der Pflanze und reicht bis in eine Tiefe von 0,8–1,0 m (Coupland & Johnson 1965; Abb. 6-31). Sein Trockengewicht übertrifft deshalb dasjenige der oberirdischen Phytomasse um das Fünf- bis Zehnfache. Im Winter und bei lang anhaltender Trockenheit sterben Blätter und Sprosse der Steppengräser ab, ohne dass die Pflanzen Schaden nehmen, sofern nur ihr Meristem an der Basis der Horste überlebt. Im Gegensatz zu den Gräsern besitzen die meisten Kräuter und hochwüchsigen Stauden ein weniger dichtes, eher „extensives" Wurzelsystem mit geringerem Feinwurzelanteil, das horizontal und vertikal ausgedehnter ist und auch die Feuchtigkeit in Bodentiefen von über 1 m noch nutzen kann. Da ihre Hauptwurzelmasse jedoch ebenfalls in den oberen 60–80 cm des Bodens konzentriert ist, konkurrieren die Dikotylen in dieser Tiefe mit den Gräsern um Wasser und Nährstoffe. Sie sind deshalb vor allem in den niederschlagsreicheren Gebieten mit Hochgras-

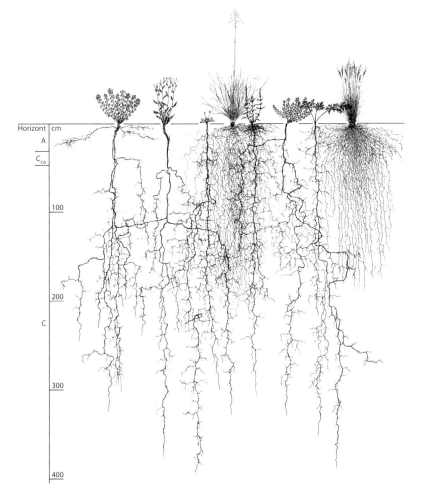

Abb. 6-31 Wurzelprofil eines Steppenrasens auf einem Regosol im pannonischen Raum. Von links nach rechts: *Cytisus hirsutus*, *Centaurea scabiosa*, *Taraxacum serotinum*, *Chrysopogon gryllus* (C_4), *Salvia nemorosa*, *Cytisus austriacus*, *Eryngium campestre*, *Stipa capillata* (aus Lichtenegger et al. 1997, reproduziert mit Genehmigung des Pflanzensoziologischen Instituts Klagenfurt). Die Gräser haben ein intensives, feinwurzelreiches Wurzelsystem, die Zwergsträucher und Kräuter besitzen Pfahlwurzeln, die sich erst unterhalb 50 cm Bodentiefe verzweigen. A = A_h-Horizont; C_{ca} = mit Calcium-Konkretionen durchsetzter C-Horizont.

Im Wurzelprofil: Horizont | cm; A; C_{ca}; 100; 200; C; 300; 400

steppen vertreten, wo die Gräser nicht das gesamte im Boden vorhandene Wasser verbrauchen können (Walter et al. 1994).

In den Niedriggrassteppen treten dagegen dikotyle krautige Pflanzen mit oberflächennahem Wurzelwerk zurück; stattdessen findet man solche mit Pfahlwurzeln, die 2–3 m tief reichen und sich erst dort verzweigen. Einige von ihnen haben rübenartig verdickte, der Wasser- und Assimilatspeicherung dienende Wurzeln wie der wilde Rhabarber (*Rheum*; Abb. 6-30k). Auch Chamaephyten mit ihren weit verzweigten Wurzeln sind in den trockeneren Steppenformationen häufiger, entweder als Halbsträucher mit verholzten Sprossbasen, wie die perennierenden *Artemisia*-Arten, oder als gänzlich verholzte Zwergsträucher, wie die Arten der Fabaceen-Gattungen *Caragana* und *Cytisus*. Einige Chamaephyten (z. B. *Symphoricarpus* in Nordamerika, manche *Artemisia*-Arten wie *A. frigida*; Abb. 6-30b) sind in der Lage, Polykormone zu bilden und können sich deshalb

wie ausläuferbildende Grasartige nach Störung in Bestandslücken ausbreiten.

6.3.2.3 Phytomasse und Primärproduktion

Spross- und Wurzelmasse (Trockengewicht) der Steppen variieren beträchtlich, einerseits zwischen den eurasiatischen und nordamerikanischen Formationen, andererseits zwischen Hochgras-, Niedriggras- und Wüstensteppen (Tab. 6-9). Je nach der Menge des Niederschlags weicht die oberirdische Phytomasse jährlich um das Zwei- bis Dreifache (oder mehr) vom langjährigen Mittel ab (Weaver 1954). Osteuropäische und westsibirische Hochgrassteppen kommen auf über 10 t ha^{-1} oberirdische Phytomasse, während Niedriggrassteppen 2–3 t ha^{-1} und Wüstensteppen 0,5–2 t ha^{-1} erreichen. Für Nordamerika werden rund 6 t ha^{-1} (Tallgrass Prairie), 2–5 t ha^{-1} (Mixed Grass Prairie) bzw. 1–2 t ha^{-1} (Shortgrass

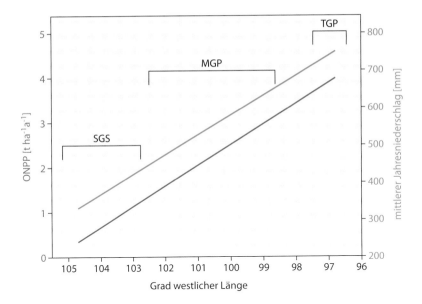

Abb. 6-32 Oberirdische Nettoprimär-produktion (ONPP) von Shortgrass Steppe (SGS), Mixed Grass Prairie (MGP) und Tallgrass Prairie (TGP) im Jahr 1994 und mittlerer jährlicher Niederschlag (1969–1993) an sieben Untersuchungsgebieten der Great Plains entlang des 41. Breitengrads von 105° bis 96° W (aus Lane et al. 1998, 2000, verändert).

Steppe) angegeben (Sims et al. 1978; Tab. 6-9). Hinzu kommt eine zwei- bis 20-mal so hohe unterirdische Phytomasse, sodass das Spross-Wurzel-Verhältnis des gesamten Pflanzenbestands zwischen 1:2 und 1:3 (Tallgrass Prairie) und 1:19 (Mixed Grass Prairie und Shortgrass Steppe) liegt (Sims et al. 1978). Aus diesen hohen Wurzelmengen und der in Abschn. 6.3.2.2 geschilderten Feinwurzelmasse der Gräser resultiert der hohe Anteil organischer Substanz (> 3 % im A_h von Cherno- und Kastanozem).

Ohne Beweidung durch Haustiere häuft sich im Lauf des Sommers und vor allem im Winter eine beträchtliche Menge an abgestorbenem Pflanzenma-terial an. In nordamerikanischen Prärien werden 0,6–4,5 t ha^{-1} stehende tote Phytomasse (*standing dead*) und 2,5–9 t ha^{-1} Streu (*litter*) erreicht. In einer Hochgrasprärie in Oklahoma fand man für beide Kompartimente zusammen rund 8 t ha^{-1} (Sims & Coupland 1979). Es ist deshalb kein Wunder, dass Hochgrassteppen regelmäßig von Feuer heimgesucht werden (s. Abschn. 6.3.2.5).

Die **Nettoprimärproduktion** (NPP) der Steppen bewegt sich zwischen 2 und 15 t ha^{-1} a^{-1}, wovon etwa 60–80 % auf die Wurzelmasse entfallen (Sims & Singh 1978). Am oberen Ende der Spanne liegen die Hochgrassteppen, die mit 10–15 t ha^{-1} a^{-1} ungefähr genau so viel produzieren wie die nemoralen Wälder, trotz einer 20- bis 30-fach geringeren Phytomasse (s. Tab. 6-4). Diese Leistungsfähigkeit erklärt sich dar-aus, dass Steppenpflanzen weitaus weniger atmende Gewebe versorgen müssen als Bäume. Generell wird die Nettoprimärproduktion der Steppen von der Niederschlagshöhe während des Jahres bzw. der Vegetationszeit bestimmt, erst in zweiter Linie vom Temperaturgeschehen und von der Nährstoffversor-gung (Wesche & Treiber 2012): Die Beziehung zwi-schen der oberirdischen Phytomasseproduktion und den Jahresniederschlägen ist linear und die Steigung konstant, wie sich am Beispiel der Great Plains deut-lich zeigen lässt (Lane et al. 1998, 2000); hier nimmt die NPP (oberirdisch) von 0,5 in der Niedriggras-steppe bis 4 t ha^{-1} a^{-1} in der Hochgrasprärie von West nach Ost zu (Abb. 6-32).

Neben den räumlichen Unterschieden der NPP zwischen den Steppentypen ist auch die klimatische Variabilität innerhalb derselben groß und wird eben-so wie diese von der jeweils verfügbaren Wasser-menge bestimmt (Knapp et al. 1998; Abb. 6-33). Im Allgemeinen liegt der interannuelle Variationskoeffi-zient des Niederschlags zwischen 30 und > 50 %; demgemäß schwankt auch die NPP zwischen den Jahren, nämlich in der Niedriggrassteppe Nordame-rikas von 0,05–0,3 t ha^{-1}, in der Hochgrasprärie zwi-schen 2 und > 6 t ha^{-1} (Lauenroth et al. 2012, Knapp et al. 1998b), in mongolischen Wüstensteppen von 0,02–0,06 t ha^{-1} (Wesche & Retzer 2005). Entspre-chend variiert auch das Erscheinungsbild der Pflan-zendecke. Folgt ein feuchtes auf ein oder zwei tro-ckene Jahre, kommen (vorübergehend) Therophyten mit langlebiger Samenbank im Boden zur Domi-nanz. Mehrjährige Dürrezeiten verschieben die Ve-getationsgrenzen zwischen Hochgras-, Niedriggras- und Wüstensteppen. So war und ist die Ausdehnung der nordamerikanischen Mischgrasprärien nicht konstant; sie wächst oder schrumpft je nach Nieder-schlagssituation (Weaver 1954).

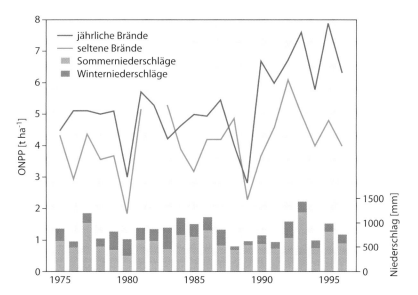

Abb. 6-33 Verlauf der oberirdischen Nettoprimärproduktion (ONNP) unterschiedlich häufig abgebrannter Tallgrass-Prairie-Flächen (Konza Prairie, Nordostkansas, USA) von 1975 bis 1996 im Vergleich zum Sommer- und Winter-Jahresniederschlag. Nach Knapp et al. (1998b), verändert.

6.3.2.4 Herbivorie

Alle Steppen wurden ursprünglich von **Großherbivoren** beweidet: in Nordamerika von Bisons (*Bison bison*), Hirschen (*Cervus canadensis*; Wapiti) und Gabelantilopen (*Antilocapra americana*), in Europa und Asien von Wildpferden (Tarpanen, *Equus ferus*) mit mehreren Unterarten (u. a. ssp. *przewalskii*) und Saiga-Antilopen (*Saiga tatarica*), in Patagonien von Guanakos (*Lama guanicoe*) und Pampashirschen (*Ozotoceros bezoarticus*). Die Wildpferde Eurasiens waren am Ende des 19. Jahrhunderts ausgestorben. Die Nachkommen von den wenigen Exemplaren, die in Zoos überlebten, werden heute wieder eingebürgert. Von der Saiga-Antilope gibt es noch etwa 40.000 Tiere (Russland, China, Mongolei, Kasachstan, Turkmenistan, Usbekistan, Ukraine); sie gelten aber nach den Gefährdungskategorien der Roten Listen der IUCN als „gefährdet" (ssp. *mongolica*) bzw. „vom Aussterben bedroht" (ssp. *tatarica*; www.wwf.de). In den Great Plains Nordamerikas dürften bis zum Beginn des 19. Jahrhunderts zehn bis 30 Millionen Bisons geweidet haben (Shaw 1995); nach ihrer Abschlachtung durch die europäischen Einwanderer zwischen 1830 und 1880 blieben nur einige Hundert übrig. Heute leben wieder rund 150.000 Exemplare in Schutzgebieten und auf Farmen (Gibson 2009).

Die einheimischen Weidetiere beeinflussen Struktur und Artenzusammensetzung sowohl durch ihr Fressverhalten als auch durch Tritt und Lagerung, obwohl ihre Dichte (Anzahl Tiere pro Flächeneinheit) sehr gering ist (Tab. 6-10). Selbst die höchste

angenommene Zahl von 30 Millionen Bisons vor 1.800 n. Chr. würde, unter Annahme einer gleichmäßigen Verteilung über die damals noch vorhandene Prärieffläche von rund 2 Mio. km² (ohne Palouse Prairie und Desert Steppe; Sims & Risser 2000), eine Beweidungsdichte von durchschnittlich nicht mehr als 0,15 Tiere pro Hektar ergeben. Die Dichte von Wildpferden, Antilopen und Guanakos dürfte noch weitaus geringer gewesen sein. Bisons werden als „Graslandingenieure" bezeichnet (Knapp et al. 1999); sie erhöhen den Nährstoffumsatz und vermindern über Urin und Kot den N-Verlust durch Feuer (Hobbs et al. 1991). Durch Tritt und Lagerung schaffen sie offene Stellen, die schwachwüchsigen Arten als Regenerationsnischen dienen. Im Vergleich zu Hausrindern bevorzugen Bisons C_4-Gräser und vermeiden C_3-Gräser, -Kräuter und -Sträucher bei der Futterwahl, sodass ein Mosaik aus krautreichen, wenig beweideten und krautarmen, stark beweideten und rasenartigen Flächen entsteht (Hartnett et al. 1996). Herbivore können also die Phytodiversität erhöhen, indem sie mehr Arten die Einwanderung und Etablierung ermöglichen, als durch Konkurrenz bzw. selektiven Fraß verloren gehen (Olff & Ritchie 1998; Kasten 6-11).

Die Reaktion der einzelnen Graslandarten auf Beweidung ist artspezifisch; sie wird durch Intensität und Frequenz des Phytomasseverlusts modifiziert. Bei Horstgräsern stimuliert Beweidung die Bildung neuer Sprosse aus den basalen Blattachseln und das Wachstum der Rhizome, sodass der Verlust ausgeglichen werden kann (Kompensation; s. Kasten 6-11). Dieser Mechanismus funktioniert allerdings nur dann, wenn ausreichend Nährstoff- und Wasserressourcen im Boden oder in den Speicherorganen vorhanden sind. Steppengräser mit ihrer großen unterirdischen Phytomasse haben diesbezüglich einen Vorteil. Auf nährstoffarmen und/oder trockenen Standorten ist die Schädigung der Pflanze nur auf längere Sicht kompensierbar, oder gar nicht, wenn die Beweidung, definiert über die Zahl der Weidetiere pro Flächeneinheit, zu intensiv war (Kasten 6-11). Bei konkurrierenden Steppengräsern gewinnen unter Beweidung diejenigen, die über die Aktivierung pflanzeninterner Vorräte den Verlust durch beschleunigtes Wachstum ausgleichen können (wie im Fall von *Leymus chinensis* im Vergleich zu dem weniger weideresistenten Horstgras *Stipa krylovii*; Van Staalduinen & Anten 2005). Solche Arten bezeichnet man als „regenerationsfreudig".

In den zentralasiatischen Steppen nehmen solche regenerationsfreudige Arten mit vegetativer Ausbreitung (wie *Artemisia frigida*, *Carex duriuscula*, *Cleistogenes squarrosa*, *Leymus chinensis*), weniger schmackhafte (z. B. *Artemisia santolinifolia* sowie der als Gewürz verwendete Estragon *A. dracunculus*), dornige Zwergsträucher (z. B. *Caragana* spp.) oder giftige Pflanzen (wie *Stellera chamaejasme*, Thymelaeaceae) zuungunsten der hochwüchsigen *Stipa*- und *Elymus*-Arten zu (Gunin et al. 1999). Reicht die Kompensation bei weiterer Erhöhung des Weidedruckes nicht mehr aus, um die Vegetationsdecke geschlossen zu halten, kann es bei den für alle semiariden Klimate typischen Starkregen oder heftigen Winden zu Wasser- oder Winderosion kommen.

Vor allem Niedriggrassteppen sind zeitweise von Überweidung durch domestizierte Großherbivoren betroffen, namentlich in halbnomadischen und nomadischen Weidesystemen (s. Abschn. 6.3.5). Denn die klimatisch bedingten starken Schwankungen der oberidischen Phytomasse verleiten dazu, nach einer Periode feuchter Jahre die Herden aufzustocken, um den Phytomasseüberschuss abzuschöpfen. Folgt dann eine Serie von Trockenperioden, finden die Tiere zu wenig Futter und die Beweidungsintensität pro Fläche steigt – mit den entsprechenden Folgen für Boden und Vegetation. Unter extremen Bedingungen, d. h. bei länger anhaltenden Trockenperioden und besonders kalten Wintern, kann es zu erheblichen Verlusten des Tierbestands kommen, wie sich im Fall der Mongolei gezeigt hat (Janzen 2005).

Eine funktionale Tiergruppe, die mikroskalig die räumliche Heterogenität vor allem der Niedriggras- und Wüstensteppen erhöht, sind die **herbivoren Kleinsäuger**. Zu ihnen gehören unter den Nagetieren (Rodentia) die altweltlichen Hamster (Familie Muri-

dae; verschiedene Gattungen der Unterfamilie Cricetinae), Wühlmäuse und Lemminge (Familie Muridae; Unterfamilie Microtinae), die südamerikanischen Kammratten (Unterfamilie Ctenomyidae, mit den Meerschweinchen verwandt) sowie die Erdhörnchen (Familie Sciuridae) mit den weltweit verbreiteten Zieseln (*Spermophilus*), den auf Nordamerika beschränkten Präriehunden (*Cynomys*) und den mit ihnen verwandten Murmeltieren (*Marmota*). Unter den Hasenartigen (Lagomorpha) sind vor allem die Pfeifhasen (Familie Ochotonidae, Gattung *Ochotona*) in Steppen weit verbreitet (zwei Arten in Nordamerika, 28 in Asien; Taxonomie nach Whitfield 1992). Ihnen allen ist gemeinsam, dass sie in Erdhöhlen leben und sich von Pflanzenteilen ernähren, wobei die Nahrungspräferenz je nach Tierart verschieden ist. Das Graben ihrer Baue und unterirdischen Gänge, die bis in den C-Horizont reichen können, fördert die Durchmischung des Bodens von unten nach oben, beschleunigt die Einarbeitung von organischem Material und erhöht die Wasserspeicherleistung. Das Anlegen von Nahrungsvorräten trägt zur Ausbreitung von Pflanzen bei und erhöht über die Kot- und Urinausscheidung der Tiere die N- und P-Gehalte in der unmittelbaren Umgebung ihrer Höhlen (Abb. 6-34).

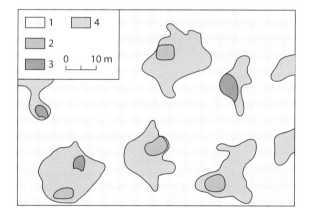

Abb. 6-34 Vegetationsmosaik im Gebiet einer Kolonie von Pfeifhasen (*Ochotona daurica*) in einer Niedriggrassteppe der Mongolei (aus Lavrenko & Karamysheva 1993, verändert). 1 = ungestörte Vegetation aus *Cleistogenes squarrosa*, *Koeleria macrantha*, *Stipa krylovii* u. a.; 2 = Vegetation im Zentrum junger Kolonien aus *Lappula squarrosa* (ruderal; Therophyt) sowie *Sibbaldianthe bifurca* und *Leymus chinensis* (beides niedrigwüchsige Pioniere mit vegetativer Ausbreitung); 3 = Vegetation im Zentrum alter Kolonien aus *Artemisia dracunculus*, *Echinops latifolius* und der Asteracee *Kalimeris hispida* (Regenerationsstadium); 4 = Vegetation der Peripherie der Kolonien aus *Leymus chinensis*, *Agropyron cristatum*, *Cleistogenes squarrosa* und *Kalimeris hispida* (Übergang zur ungestörten Vegetation).

In nordamerikanischen Prärien gelten die **Präriehunde** wegen ihrer vielfältigen Wirkung auf Vegetation und Boden als Schlüsselarten (Davidson & Lightfoot 2006). Sie bilden zeitlich und räumlich variable Kolonien aus bis zu 300 Bauen mit mehreren 100 Tieren ha⁻¹. Jeder Bau hat zwei Eingänge, eine Tiefe von 1–3 m, eine Länge von bis zu 15 m und

einen Durchmesser von 10–13 cm. Die Tiere ernähren sich von der oberirdischen Phytomasse, sodass eine Vegetation aus niedrigwüchsigen Gräsern und annuellen Kräutern entsteht. Im Einflussbereich der Präriehund-Populationen werden auf diese Weise 60–80 % der jährlichen oberirdischen Nettoprimärproduktion konsumiert, also deutlich mehr als von

---

Kasten 6-11

Herbivorie, Nettoprimärproduktion und Phytodiversität

Der Versuch, die Interaktionen zwischen Artendichte, Störung (= Wegnahme von Pflanzenmaterial durch Fraß oder Feuer; Grime et al. 1988) und Primärproduktion in den Grasländern der Erde zu beschreiben, hat zu einer Vielzahl von Modellen und Hypothesen geführt (Gibson 2009). Zwei dieser Hypothesen haben lang anhaltende kontroverse Diskussionen ausgelöst, nämlich die „Herbivore Optimization Hypothesis" (HOH; Dyer et al. 1982) und die „Intermediate Disturbance Hypothesis" (IDH; Wilson 1990).

In der **Herbivore Optimization Hypothesis** werden Auswirkungen der Beweidung zusammengefasst, die den Ertrag und die Futterqualität von Grasländern erhöhen bzw. verbessern. Dabei muss man zunächst davon ausgehen, dass Fraß grundsätzlich eine negative Wirkung auf die betroffenen Pflanzen hat (Ferraro & Oesterheld 2002); denn die abgefressenen Blätter und Sprosse fehlen der Pflanze und begrenzen ihre Photosyntheseleistung. Allerdings kann dieser Verlust mehr oder minder rasch teilweise oder gänzlich ausgeglichen („kompensiert") werden (Abb. 1). Kompensation ist eine positive Reaktion auf Verletzung durch Herbivore, bei der die beschädigten Pflanzen ihre Assimilat-Allokation verändern, um die Wirkung des angerichteten Schadens auf Wachstum und Reproduktion im Vergleich zu nicht-geschädigten Pflanzen zu minimieren. So wird bei Gräsern durch die Entfernung der Blätter und der Endknospe die austriebshemmende Wirkung des Pflanzenhormons Auxin beseitigt, sodass die bisher dormanten Knospen in den basalen Blattachseln und den Rhizomen aktiviert und neue Halme gebildet werden. Auch erhöht sich die Wachstumsgeschwindigkeit der abgebissenen Triebe. Die für beide Prozesse nötigen Ressourcen werden in Form von Aminosäuren und transportierbaren Proteinen aus Speicherorganen wie Wurzeln, Rhizomen oder Sprossbasen zur Verfügung gestellt.

In den meisten Grasländern funktioniert die Kompensation bei Gräsern am besten auf nährstoffreichen Böden. Allerdings sind auch Pflanzen auf unproduktiven Standorten in der Lage, eine Beschädigung durch Pflanzenfresser auszugleichen, wenn andere wachstumsbegrenzende Faktoren minimiert werden können. Das ist der Fall in Ökosystemen mit langer Beweidungsgeschichte (Koevolution von Grasland und Großherbivoren; Milchunas & Lauenroth 1993). Hier ist die Wachstumsgeschwindigkeit der Sprosse vor allem diko-

tyler Pflanzen durch äußere Einflüsse, wie eine dichte Streuschicht oder schattenwerfende Konkurrenten, reduziert und deshalb die optimale Nutzung der Ressourcen nicht möglich; Herbivorie kann deshalb bisher nicht genutzte Reserven (*storage effect*; s. Abschn. 3.1.2.4) vorübergehend mobilisieren (Hawkes & Sullivan 2001). Aus solchen Systemen sind auch Effekte von Überkompensation beschrieben, wobei als Antwort auf den Weidefraß mehr Phytomasse entsteht als vorher ohne Herbivorie gebildet wurde (Milchunas & Lauenroth 1993).

Die **Intermediate Disturbance Hypothesis** besagt, dass die größte Artendichte bei einer mittleren Beweidungsintensität auftritt. Sowohl mit zunehmender als auch mit abnehmender Störung sinken die Artenzahlen. Die Beziehung folgt also einer unimodalen Kurve (*hump-back curve*); sie beschreibt auf dem Gradienten der Beweidungsintensität das Gleichgewicht zwischen Einwanderung und Aussterben von Pflanzenarten innerhalb des regionalen Artenpools in einem humiden (waldfähigen) Grasland mittlerer bis guter

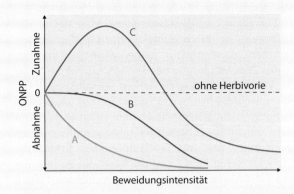

Abb. 1 Reaktionen von Pflanzen auf zunehmende Beweidungsintensität (nach Detling 1988, verändert). Die oberirdische Nettoprimärproduktion (ONPP) kann bei Beweidung abnehmen, wie im Fall von beweidungsempfindlichen Pflanzen (A). Sie kann aber auch zunächst durch Kompensation gleich bleiben und geht erst dann zurück, wenn die Intensität der Beweidung weiter steigt (B). Überkompensation (C) tritt dann auf, wenn die Pflanze als Reaktion auf den Tierfraß ihre Produktion erhöht.

Großherbivoren (5–30 %). Die Anreicherung von Nährstoffen um die Baue führt dazu, dass die Pflanzen proteinreicher sind als außerhalb, sodass Bisons, Wapitihirsche (*elks*) und Gabelantilopen bevorzugt in diesen Kolonien weiden. Solche positiven Interaktionen sind auch von anderen Kleinherbivoren bekannt (z. B. von *Ochotona pallasi* in der Mongolei;

Wesche et al. 2007). Es gibt aber auch wühlende Tiere mit ungünstigen Folgen für Großherbivoren. Ein Beispiel bilden die in zentralasiatischen Niedriggrassteppen lebenden Wühlmäuse (*Microtus brandti*) mit hoher Vermehrungsrate und entsprechend ausgeprägtem Turnover der Populationen (Zhang et al. 2003): Pflanzenfraß, offene Stellen und tiefgründige

Tab. 1 Effekte der Herbivorie kleiner und großer Wirbeltiere auf die Phytodiversität in verschiedenen Grasland-Typen (nach Olff & Ritchie 1998, verändert).

Feuchte	Nährstoffe	wachstums-begrenzende Ressourcen[1]	Herbivoren-Diversität[2]	Effekte auf die Phytodiversität				Netto-Effekt
				durch Aussterben[3]		durch Einwanderung[4]		
				große	kleine	große	kleine	
					Herbivoren			
trocken	arm	Wasser und Nährstoffe	selten, klein	– –	–	–	+	0/–
trocken	reich	Wasser	häufig, divers	– –	– –	+	+	–
feucht	arm	Nährstoffe und Licht	mittelhäufig, groß	++		+	+	++
feucht	reich	Licht	häufig, divers	+		+	+	+/–

[1] Bezogen auf unbeweidete Pflanzen; [2] Herbivore können selten, mittelhäufig oder häufig sein; ihre Gemeinschaft kann sich aus großen oder kleinen Herbivoren (herbivore Kleinsäuger) oder aus beiden zusammensetzen (divers); [3] + = die Artendichte steigt, weil keine Pflanzen aussterben; – = die Artendichte sinkt, weil mehr Pflanzen aussterben als einwandern; [4] + = die Artendichte steigt, weil Pflanzen aus dem lokalen Artenpool einwandern; – = die Artendichte sinkt, weil keine Arten einwandern.

Nährstoffversorgung und hoher NPP (anthropogene Wiesen und Halbtrockenrasen der feuchten nemoralen Zone, Grasland der immerfeuchten Subtropen, Hochgrassavannen, Hochgrassteppen der Waldsteppenzone; Olff & Ritchie 1998, Bakker et al. 2006).

In einem solchen Grasland entwickeln die dominanten, hochwüchsigen und strukturbildenden sog. Matrixgräser ohne Störung ein nahezu geschlossenes Kronendach, das im Winter bzw. in der Trockenzeit zu einer dichten Streuschicht zusammensinkt. Beweidung durch Großherbivore schwächt die konkurrenzstarken Gräser durch Tritt und Fraß; es entstehen offene Stellen, in denen sich niedrigwüchsige, konkurrenzschwache „Lückenbüßer" mit vorwiegend generativer Vermehrung (Sameneintrag durch Wind oder Tiere) ansiedeln können. Diese verschwinden wieder, wenn die Beweidung aufhört und sich die Vegetationsdecke schließt (Brache). Bei zu hohem Beweidungsdruck können weder die Matrixgräser noch die meisten Lückenbüßer den Verlust ihrer oberirdischen Organe rasch und effizient genug kompensieren; sie gehen zurück und machen wenigen regenerationsfreudigen Weideunkräutern Platz. Die Artendichte nimmt ab (Tab. 1). Die höheren Artenzahlen bei mittlerer

Beweidungsintensität beruhen also darauf, dass die Koexistenz von Pflanzen durch ein von den Weidetieren geschaffenes Kleinmosaik aus unterschiedlichen Mikrostandorten ermöglicht wird (*between-patch coexistence*; Roxburgh et al. 2004).

Im trockenen und weniger fruchtbaren Grasland wie in Niedriggrassteppen ist dieser Effekt kaum ausgeprägt (Milchunas et al. 1988, Olff & Ritchie 1998). Die Pflanzendecke ist meist lückiger als in den hochwüchsigen Steppen, Campos und Savannen und wird deshalb auch ohne Beweidung von einer Vielzahl verschiedener Arten besiedelt. Außerdem besteht der größte Teil der Phytomasse aus unterirdischen Organen, sodass die Großherbivoren unter den Säugetieren weniger Einfluss auf die Artenzusammensetzung haben als in produktiven Grasländern. Somit verändert sich die Artendichte zumindest bei niedriger Beweidungsintensität (der ökologischen Tragfähigkeit entsprechend) gegenüber unbeweideten Flächen wenig (Bakker et al. 2006; Tab. 1). Diese Situation ändert sich erst, wenn die Zahl der Weidetiere zu hoch wird; dann können die Pflanzen bei der schlechten Nährstoff- und Wasserverfügbarkeit ihren Verlust von Phytomasse nicht mehr kompensieren, und die Artendichte sinkt.

Tab. 6-10 Nettoprimärproduktion und Tierfraß in nicht beweideten Prärien Nordamerikas (in kJ pro m^2 und Vegetationszeit; aus Scott et al. 1979, verändert und ergänzt).

	Shortgrass Prairie	Mixed Grass Prairie	Tallgrass Prairie
oberirdisch			
Nettoprimärproduktion (NPP$_o$)	2.391	5.104	5.409
Pflanzengewebe (Beweidung durch Säugetiere)	2	7	88
Pflanzengewebe (Fraß von Arthropoden)	15	26	29
Pflanzensaft (saugende Tiere)	13	104	53
Pollen und Nektar	3	4	28
Samen (Vögel)	3	39	3
Samen (Säugetiere)	1	1	47
Samen (Arthropoden)	1	1	6
Bestandsabfall (Arthropoden)	6	42	102
Summe Verbrauch (in Klammern: % NPP$_o$)	44 (1,8)	221 (4,3)	356 (6,6)
unterirdisch			
Nettoprimärproduktion (NPP$_u$)	13.391	9.938	15.675
Fraß (vorwiegend Nematoden)	168	1.024	289
Pflanzensaft (saugende Tiere)	808	1.602	1.546
Summe Verbrauch (in Klammern: % NPP$_u$)	976 (7,3)	2.626 (26,4)	1.835 (11,7)

Durchfeuchtung der Böden entlang der Gänge fördem Therophyten und tiefwurzelnde Zwergsträucher mit geringem Futterwert zuungunsten der Futtergräser und -kräuter (Samjaa et al. 2000).

Schließlich sind auch zahlreiche **phytophage Invertebraten** für den Stoffumsatz in einer Steppe von Bedeutung. So konsumieren Nematoden(Fadenwürmer) zwischen 7 und 30 % der unterirdischen jährlichen Phytomasseproduktion in Niedriggrasprärien (Scott et al. 1979) und dürften damit auch den oberirdischen Aufwuchs begrenzen.

6.3.2.5 Feuer

Alle Hochgrassteppen werden regelmäßig von Feuer heimgesucht. Nach dendrochronologischen Untersuchungen in Oklahoma (Stambaugh et al. 2009) und Kansas (Allen & Palmer 2011) rechnet man mit einem durchschnittlichen Feuerintervall von zwei bis vier (sechs) Jahren vor der Ansiedelung der Europäer, ohne zwischen Wildfeuern und den von Indianern zu Jagdzwecken gelegten Bränden differenzieren zu können. Es ist anzunehmen, dass Wildfeuer vorwiegend im Sommer auftraten, zu einer

Zeit, in der die meisten Gewitter vorkommen und deshalb die Wahrscheinlichkeit besonders hoch ist, dass das Grasland sich durch Blitzschlag entzündet (Howe 1994). Offensichtlich ist das Mosaik aus Eichen-Hickory-Wäldern und Grasland (Waldsteppe) vor allem östlich des Mississippi bzw. nördlich des Missouri („Prairie Peninsula"; s. Abb. 6-22) bei Niederschlägen von über 750 mm (bis zu 1.200 mm) das Ergebnis regelmäßiger natürlicher und anthropogener Feuer, die trotz geringer Intensität (mit Temperaturen in der Regel von bis zu 400 °C; Gibson et al. 1990) in der Lage sind, die Bäume (vor allem *Tilia*, *Acer* und *Ulmus* mit dünner Rinde, weniger *Quercus*) zu schädigen (Anderson 2006). Ganz ähnlich dürfte die Situation auch in den Waldsteppen des westlichen Südsibirien und der Ukraine gewesen sein, wo früher Feuer (heute die Mahd) eine scharfe Grenze zwischen Grasland und Wald erzeugte. Die (inzwischen fast völlig verschwundenen) Hochgrassteppen der Waldsteppenzone des chinesischen Lössplateaus brannten im Pleistozän und im frühen Holozän bis etwa 8.000 Jahre BP regelmäßig und dann erst wieder ab ca. 4.000 BP mit dem Beginn der Ackerbaukultur (Xia & Shang Dynastie; Huang et al. 2006).

In Nordamerika sank die Feuerfrequenz nach der Etablierung der Viehzuchtbetriebe ab Mitte des 19. Jahrhunderts auf ein bis zwei Jahre. Denn die meisten Rancher brennen das Grasland jährlich im zeitigen Frühjahr ab (je nach geographischer Breite zwischen März und Mai); dadurch wird die isolierende Streu vom Vorjahr entfernt, die dunkel gefärbte Bodenoberfläche erwärmt sich und die Pflanzen beginnen eine bis drei Wochen früher auszutreiben, wodurch der Beginn der Beweidungszeit nach vorn verlegt werden kann (Peet et al. 1975). Selbst das Management der Prärie-Schutzgebiete legt Feuer aus ästhetischen Gründen (Tourismus im Sommer) vornehmlich vor Beginn der Hauptwachstumszeit oder im November. Dieses frühzeitige Abbrennen der Hochgrasprärien fördert die spät austreibenden C_4- und unterdrückt die C_3-Gräser, deren Entwicklung auf den von den winterlichen Niederschlägen noch feuchten Böden schon im zeitigen Frühjahr beginnt. Auch die dikotylen Kräuter und Stauden gehen zurück, weil die hochwüchsigen und konkurrenzstarken C_4-Gramineen den Pflanzenbestand dominieren (Howe 1994), jedenfalls bei geringem Beweidungsdruck. Die hohe Feuerfrequenz führt auf Dauer zu einem Absinken der N-Gehalte in der organischen Substanz mit höherem C/N-Verhältnis und geringerer mikrobieller Biomasse (Ojima et al. 1994). Damit wird die Vegetation strukturell und floristisch gleichförmiger als sie es mutmaßlich zu Zeiten der nordamerikanischen Indianer vor 1.800 n. Chr. war (Fuhlendorf & Engle 2001).

Dennoch nimmt die Bewaldung der Hochgrasprärien bei langen zeitlichen Abständen der Brände (15 bis 20 Jahre) kontinuierlich zu. Wie die zahlreichen Versuche mit unterschiedlichen Feuerfrequenzen gezeigt haben (Briggs et al. 2005, Knapp et al. 2008), erlauben selbst die einjährige Intervalle noch das Vordringen von Pioniergehölzen wie *Juniperus virginiana* und *Cornus drummondii*, vegetativ durch Wurzelbrut oder generativ, wenn der Samendruck aus benachbarten Wäldchen groß genug ist. Deshalb wird für das Management von Hochgrasprärien heute empfohlen, bei Feuerintervallen von zwei bis vier Jahren die abzubrennenden Flächen nach dem Zufallsprinzip auszusuchen und regelmäßig Sommerfeuer auf nicht beweideten Flächen einzuschieben, deren größere Phytomasse zu höheren Brandtemperaturen führt. Dadurch werden Jungpflanzen von Gehölzen vernichtet. In Kombination mit Beweidung durch Bisons lässt sich auf diese Weise die voreuropäische Heterogenität der Steppen am besten erhalten bzw. wiederherstellen (Collins & Calabrese 2012).

In den Niedriggrassteppen dürften natürliche Feuer dagegen eher selten sein, weil die Phytomasse in der Regel nicht für eine Entzündung durch Blitzschlag ausreicht. Experimentell erzeugte Brände in einer nordamerikanischen Niedriggrassteppe verringerten die Primärproduktion der Vegetation geringfügig und verschoben die Artenzusammensetzung zugunsten der Kräuter und zulasten der therophytischen Gräser (Scheintaub et al. 2009). In Patagonien, wo sich eine höhere natürliche Feuerfrequenz nur während der trockeneren (und wärmeren) Phase des Holozäns zwischen 12.000 und 5.000 Jahren BP nachweisen lässt (Huber et al. 2004), führen die heute ausschließlich anthropogenen Brände nach Ghermandi et al. (2004) zu einer Zunahme leicht brennbarer Zwerg- und Kleinsträucher wie *Mulinum spinosum* (Fabaceae) und *Fabiana imbricata* (Solanaceae).

6.3.3 Nemorale Trockengehölze

In **Nordamerika** kommen im südlichen und mittleren Teil des Gebiets der nemoralen Trocken-Kiefernwälder (s. Abschn. 6.2.3.3) im Übergang zu den nemoralen Halbwüsten und Wüsten sowie zu den Niedriggrassteppen und Mischgrasprärien niedrige Wälder und Gebüsche aus kleinwüchsigen *Pinus*- (pinyon) und *Juniperus*-Arten vor („Pinyon-Juniper Woodland"; Knapp 1965, West & Young 2000, Van Auken 2008; Abb. 6-35). Die Bestände werden 2–15 m hoch und stehen sehr locker, sodass sich die Kronen nicht berühren (*woodlands*). Die Ursache für diesen offenen Bewuchs ist ein ausgreifendes, oberflächennahes Wurzelsystem, dessen Durchmesser das Zwei- bis Dreifache des Kronendurchmessers beträgt; gleichwohl erreichen die Pfahlwurzeln mehrere Meter Tiefe. In den unteren Lagen dominieren *Juniperus*-, in den höheren Lagen im Anschluss an die Trocken-Kiefernwälder die *Pinus*-Arten. Weit verbreitet sind die Kiefern-Wacholder-Gehölze oberhalb 1.500–2.000 m NN in Arizona, Utah, Colorado und New Mexico bei Jahresniederschlägen von 300–400 mm und einer ausgesprochenen Sommertrockenheit (nemorales Winterregengebiet). Trotz ihres stark zersplitterten Vorkommens nehmen sie rund 170.000 km^2 ein. Zu den Pinyon-Kiefern gehören *Pinus edulis* (Colorado-Plateau und südliche Rocky Mountains), *P. monophylla* (Nevada) und *P. cembroides* (Texas, New Mexico). Unter den Wacholderarten sind *Juniperus osteosperma* und *J. monosperma* häufig (Abb. 6-35a). Der Unterwuchs besteht gewöhnlich aus Arten aus den angrenzenden Steppen, Halbwüsten und (im Westen) Hartlaubgehölzen. So sind

Rosaceae-Strauchgattungen wie *Amelanchier, Cerco-carpus, Cowania* und *Purshia* charakteristisch für den Norden und Westen, *Artemisia tridentata* (*sage brush*) für die Mitte und Horstgräser für den Nord-osten und Osten. Im Westen kommen immergrüne, strauchförmige Eichenarten aus dem Chaparral hinzu wie *Quercus dumosa.*

Die *Pinus-Juniperus*-Trockengehölze haben sich seit der europäischen Einwanderung erheblich ver-ändert. Die ursprüngliche savannenartige Struktur mit einem hohen Anteil an Gräsern verschwand wegen der intensiven Beweidung durch Rinder und der Unterdrückung von häufigen, aber leichten Gras-feuern zugunsten dichterer Bestände mit seltenen, aber heftigen Kronenfeuern (Gruell 1999). Vermut-lich sind die heute vorhandenen Trockengehölze räumlich ausgedehnter als zu Zeiten der indiani-schen Bevölkerung. Die heutigen Bestände zeichnen sich erosionsbedingt durch flachgründige Böden, oft mit nackten Gesteinsoberflächen, aus.

Auch in **Westasien** kommen vereinzelt und ent-lang der mittelasiatischen Gebirgszüge nemorale Trockengehölze vor. Sie sind von Kleinasien über das iranische und afghanische Hochland bis zum Westhi-malaya verbreitet, besetzen aber die hygrisch günsti-geren Hanglagen, während die Ebenen außerhalb der Flussauen von Halbwüsten, stellenweise auch von Niedriggrassteppen bedeckt sind. Auch hier sind Wacholderarten verbreitet und charakteristisch, je-denfalls dort, wo die jährlichen Niederschläge unter 300 mm fallen. Unter den *Juniperus*-Arten sind *J. ex-celsa, J. foetidissima* im Westen (z. B. in Kleinasien auf den Hängen um das Anatolische Becken mit seiner Steppen- und Halbwüsten-Vegetation und in Afgha-nistan und im Iran an den Südhängen des Elburz; Abb. 6-35b), *J. polycarpos* (vom Osten der Türkei bis zum Tian Shan) und *J. semiglobosa* (Tian Shan) zu erwähnen (Zohary 1973, Walter 1974, Mayer & Aksoy 1986, Frey & Probst 1986). Die lichten *Junipe-rus polycarpos*-„Woodlands" kommen z. B. im Kopet-Dag in Turkmenistan bei Jahresniederschlägen unter 150 mm vor (Popov 1994). Hier wie überall an der Trockengrenze des Waldes sind die Bestände durch Brennholzgewinnung und Beweidung drastisch zu-

Abb. 6-35 Beispiele für nemorale Trockengehölze. a = aus *Juniperus osteosperma* und *Pinus monophylla* (Eureka Valley, Kalifornien; Foto H. Albrecht); b = Trockengebüsche aus verschiedenen *Juniperus*-Arten (u. a. *J. foetidissima*; Georgien; Foto P. Steiger); c = *Ulmus pumila*-Bestand auf einer Blockhalde (Mongolei); d = *Austrocedrus chilensis*-Bestand (bei Bariloche, Argentinien; Foto F. Klötzli).

rückgegangen und haben Halbwüsten Platz gemacht. Auch in den breiteren Tälern des Karakorum, z. B. im Tal der Hunza, erscheinen gelegentlich ähnliche Vegetationskomplexe wie im südlichen trockenen Nemoral Nordamerikas. Hier sind die *Juniperus*- und *Pinus*-Haine an den Talflanken heimisch.

Im Vergleich zu Nordamerika fehlen auf den etwas feuchteren Standorten die Kiefern; stattdessen treten sommergrüne Gehölzfluren auf, die vor ihrer weitgehenden Zerstörung durch Überweidung (Ziegen), z. B. in Afghanistan, die natürliche Vegetation im nördlichen gebirgigen Landesteil bildeten (Freitag 1971). Sie bestehen aus Pistazien wie *Pistacia atlantica* und *P. vera*, gemischt mit der rot blühenden Fabacee *Cercis griffithii* sowie einer Reihe von *Amygdalus*- und *Ephedra*-Arten. Den Unterwuchs bilden zahlreiche Chamaephyten (wie verschiedene *Artemisia*-Arten) und krautige Hemikryptophyten (unter denen die Vertreter der Asteraceen-Gattung *Cousinia* besonders häufig sind) sowie die im niederschlagsreichen Frühjahr (April, Mai) reichlich blühenden Geophyten (*Allium*, *Anemone*, die „Steppenkerzen" *Eremurus*, ferner *Gagea*, *Iris*, *Tulipa*) und Therophyten (*Bromus* sowie die Brassicaceen *Aethionema*, *Malcolmia*, *Thlaspi* u. v. a., besonders zahlreich unter den Bäumen und Sträuchern). Diese sommergrünen Trockenwälder reichen in Form von schmalen Streifen und isolierten Beständen über Turkmenistan bis in die Hochgebirge von Karakorum, Pamir und Tian Shan. Sie sind dort auf felsige und steinige Standorte beschränkt, während sie unter dem nemoralen Winterregenklima in Afghanistan auch auf Lössböden vorkommen und dort die Steppen ersetzen.

Nemorale Trockenwälder gibt es auch im sommerfeuchten Klima Zentralasiens auf skelettreichen Böden. Hierzu gehören die Bestände aus *Ulmus pumila* (Abb. 6-35c). Der Baum ist Teil einer Gruppe von ostasiatisch-mongolisch-daurischen Buschwaldpflanzen, die zwischen den ostasiatischen Laubwaldpflanzen und zentralasiatischen Florenelementen vermitteln (Hilbig & Knapp 1983, Wesche et al. 2011). *Ulmus pumila* ist ein Phreatophyt; er wächst in der Mongolei in Talniederungen und an Hängen mit Grund- bzw. Hangwasserzug und ist außerhalb der Oasen (mit *Populus*-Arten; s. Abschn. 6.4.1) der einzige Laubbaum, der bis in die Wüstensteppen vordringt (s. Abschn. 6.3.3). Er ist mit einer Reihe von Gehölzarten wie *Ribes diacanthum*, *Spiraea hypericifolia* und *Cotoneaster melanocarpus* vergesellschaftet (Hilbig 1995, Dulamsuren et al. 2009).

In **Südamerika** kommen zwischen 36 und 44° S, im Grenzgebiet zwischen Argentinien und Chile, xerophytische, offene *Austrocedrus chilensis*-Bestände vor (Hueck 1966; Abb. 6-35d). Sie bilden den Übergang zwischen den immergrünen nemoralen *Nothofagus*-Wäldern im Westen und der patagonischen Halbwüste im Osten und sind die einzigen nemoralen Trockengehölze der Südhemisphäre. Das nemorale Winterregenklima ist durch eine sommerliche Trockenzeit von vier bis fünf Monaten und eine Jahresmitteltemperatur von 7–10 °C gekennzeichnet; im Winter bleiben die Monatsmittel der Temperatur während drei bis vier Monaten unter 5 °C. Die Jahresniederschläge liegen zwischen 400 und 1.000 mm.

6.3.4 Nemorale Wüsten und Halbwüsten

6.3.4.1 Nordamerika

Im Gegensatz zu Asien gibt es in **Nordamerika** keine Vollwüsten, bei denen sich der Pflanzenwuchs auf Trockentäler und Flussauen beschränkt. Vielmehr herrschen Zwergstrauch-Halbwüsten vor, deren Vegetation außerordentlich monoton und artenarm ist (Knapp 1965, West & Young 2000). Sie besteht im Wesentlichen aus Nanophanerophyten und Chamaephyten grauer bis graugrüner Färbung, die nur wenigen Familien, vor allem den Asteraceae, Rosaceae und Chenopodiaceae, angehören. Die Zahl der Gefäßpflanzenarten liegt um 20 pro 1.000 m². Mit rund 630.000 km² nehmen die Beifuß-Halbwüsten mit dem dominanten, bis 1 m hohen Kleinstrauch *Artemisia tridentata* (Wüstenbeifuß) die größten Flächen ein (s. unten; Abb. 6-36b; 6-38a). Beigemischt sind Vertreter der Asteraceen-Gattungen *Chrysothamnus*, *Gutierrezia* und *Haplopappus* sowie einige *Purshia*-Arten (Rosaceae). Im Norden kommen noch ausdauernde Horstgräser wie *Pseudoroegneria spicata* hinzu („Sagebrush Steppe"). In tief gelegenen, abflusslosen Senken finden sich Chenopodiaceen-Halbwüsten („Saltbush-Greasewood"), deren Artenzusammensetzung je nach Bodenfeuchtigkeit und Salzgehalt variiert: Verbreitet sind Bestände aus den Chamaephyten *Atriplex confertifolia* (auf trockenen Böden mit Karbonatkrusten) und *Sarcobatus vermiculatus* (Abb. 6-36f) an Salzstandorten. Ganz im Süden des Colorado-Plateaus vermitteln Halbwüsten aus der Rosacee *Coleogyne ramosissima* (*blackbrush*), einem gelb blühenden Strauch, mit *Yucca brevifolia* (*Joshua tree*; Abb. 4-9b) zu den tropisch-subtropischen Trockengebieten der Mojave-Wüste.

Artemisia tridentata ist ein malakophyller Kleinstrauch und in mehrerer Hinsicht ökologisch interessant:

Abb. 6-36 Einige Beispiele für nemorale Halbwüstenpflanzen. a = *Anabasis brevifolia*, Chenopodiaceae (Zentralasien); b = *Artemisia tridentata*, Asteraceae (Nordamerika); c = *Haloxylon ammodendron*, Chenopodiaceae (Zentralasien); d = *Mulinum spinosum*, Apiaceae (Patagonien); e = *Reaumuria soongarica*, Tamaricaceae (Asien); f = *Sarcobatus vermiculatus*, Sarcobataceae (Nordamerika); g = *Nitraria sibirica*, Nitrariaceae (Zentralasien) mit freigewehtem Stamm (g2) und Früchten (g1). Fotos a, g1 P. Karasch, b, f H. Albrecht.

- Die Pflanze zeigt einen saisonalen Blattdimorphismus (Smith et al. 1997): Im Frühjahr, also in der feuchten Jahreszeit, entwickeln sich große Blätter, die erst mit dem Einsetzen der sommerlichen Trockenheit absterben. Noch im späten Frühjahr werden zusätzlich kleine Blätter gebildet, welche Sommer, Herbst und Winter überleben und auf diese Weise eine ganzjährige Photosynthese ermöglichen.

- Das dimorphe Wurzelwerk mit weit streichenden, oberflächennahen Feinwurzeln und einer bis 3 m tief reichenden Pfahlwurzel ermöglicht es der Pflanze, Grund- und Niederschlagswasser gleichermaßen effizient zu nutzen. *Artemisia tridentata* ist außerdem ein Paradebeispiel für die Umverteilung von Wasser durch Aufnahme und Exsudation aus den Wurzeln (*hydraulic redistribution*; Caldwell et al. 1998): So wird Wasser nach Regenereignissen mit dem oberflächennahen Wurzelwerk aufgenommen und der nicht verbrauchte Überschuss an die trockenen tiefen Bodenschichten abgegeben (Ryel et al. 2004). Die Bodenfeuchtigkeit, die dadurch entsteht, hilft der malakophyllen, transpirationsaktiven Pflanze, die trockenen Sommer zu überleben. Das ist die Umkehr des Transportweges von unten nach oben (*hydraulic lift*), der unter manchen Savannen- und Wüstenbäumen der Tropen und Subtropen auftritt (s. z. B. Abschn. 3.3.3.2).

- Im Gegensatz zu vielen anderen Klein- und Zwergsträuchern ist *Artemisia* kein *resprouter*, also nicht in der Lage, nach Feuer wieder auszutreiben. Deshalb kann man Wermut-Halbwüsten durch wiederholtes Brennen rasch in ein trockenes Grasland aus Annuellen verwandeln, unter denen besonders die invasiven europäischen bzw. westasiatischen Gräser *Bromus tectorum* und *Taeniatherum caput-medusae* vertreten sind (s. 6.3.5.2). Beträchtliche Flächen der intramontanen Becken Nordamerikas sind auf diese Weise von Ranchern in Grasland umgewandelt worden (West & Young 2000).

- Die stark riechende und bitter schmeckende Pflanze enthält Kampfer, flüchtige Öle und verschiedene Terpenoide. Letztere dienen der Herbivoren-Abwehr; sie haben bakterizide Eigenschaften im Pansen von Wiederkäuern, sodass *Artemisia* von Rindern und Hirschen nicht gefressen wird, wohl aber von der einheimischen Antilopenart *Antilocapra americana* (Nagy & Tengerdy 1968). Einige der flüchtigen Verbindungen werden bei Fraß freigesetzt und regen bis zu einer Entfernung von 60 cm benachbarte Pflan-

zen derselben Art an, verstärkt Terpenoide zu ihrem Schutz zu bilden (Holopainen & Blande 2012).

6.3.4.2 Asien

Weitaus größer und vielseitiger sind die Wüsten und Halbwüsten **Asiens.** Sie lassen sich auf der Basis der russischen Literatur nach Walter & Box (1983a) in drei klimatisch und floristisch unterschiedliche Teilgebiete untergliedern (Abb. 6-37), nämlich:

a. in ein nördliches mittelasiatisches (kasachisch-dsungarisches) Teilgebiet, das von der unteren Wolga bis zum Altai und südlich etwa bis zum 45. Breitengrad reicht und ein eher gleichmäßig über das Jahr verteiltes Niederschlagsregime aufweist,

b. in ein südliches mittelasiatisches (irano-turanisches) Teilgebiet mit den Halbwüsten und Wüsten des turanischen Beckens (südliches Kasachstan, Usbekistan, Turkmenistan, höhere Lagen im Iran sowie nördliches Afghanistan) mit einem nemoralen Winterregenklima (feuchte, aber nur mäßig kalte Winter- und Frühjahrsmonate, trockene und heiße Sommer) und floristischen Beziehungen zum mediterranen Raum sowie

c. in ein zentralasiatisches (mongolisch-chinesisches) Teilgebiet östlich der Gebirgslinie Altai–Tian Shan mit den Halbwüsten und Wüsten der Mongolei und Nordchinas sowie dem trockensten nemoralen Wüstengebiet der Erde, dem Tarim-Becken in der chinesischen Provinz Xinjiang mit Sommerregen und floristischer Verwandtschaft mit dem ostasiatischen Raum.

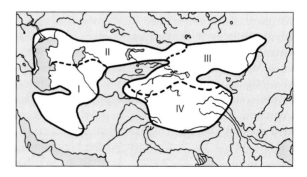

Abb. 6-37 Verbreitung der nemoralen Halbwüsten und Wüsten in Asien (nach Petrov aus Walter 1968). I = irano-turanisches Gebiet mit einem nemoralen Winterregenklima; II = kasachisch-dsungarisches Gebiet; III und IV = mongolisch-chinesisches (zentralasiatisches) Teilgebiet mit den tibetischen Hochgebirgswüsten (IV).

Das **kasachisch-dsungarische Teilgebiet** wird ähnlich wie die nordamerikanischen Beckenlandschaften von einer *Artemisia*-Zwergstrauch-Halbwüste beherrscht, die allein in Kasachstan potenziell etwa 300.000 km² einnimmt (Walter & Box 1983b). Die dominante Art ist der Chamaephyt *Artemisia terrae-albae*. Beigemischt sind einige weit verbreitete Chenopodiaceen wie *Krascheninnikovia ceratoides*, *Bassia prostrata* und *Anabasis aphylla*. Zahlreiche ephemere Geophyten (wie *Tulipa*, *Iris*, *Rheum tataricum*) und Therophyten (wie die Brassicaceen *Lepidium perfoliatum* und *Descurainia sophia*, eine hochwüchsige Ruderalpflanze, die in Mitteleuropa an Wegrändern und auf Schutt vorkommt) prägen den Aspekt der Halbwüsten im Frühjahr. Die Vegetation ist mit 20–30 cm Höhe niedriger als in Nordamerika. Die Phytomasse erreicht bis zu 33,2 t ha^{-1}, wovon gut 80 % unterirdisch leben; das entspricht einem Spross-Wurzel-Verhältnis von 1:4. Auf stärker versalzten Böden kommt *Anabasis salsa* zur Dominanz.

Das **irano-turanische Teilgebiet** zeichnet sich durch eine große Artenzahl und einen hohen Endemitenanteil aus (Walter & Box 1983c). Es enthält 246 Chenopodiaceen-, 160 Asterceen-, 148 Fabaceen- und 96 Brassicaceen-Arten. Besonders artenreich ist z. B. die Gattung *Artemisia* (> 100 Arten), *Calligonum* (67 von weltweit etwa 80), die zu den Polygonaceen gehört und aus sparrigen Sträuchern besteht, ferner die salzverträglichen Chenopodiaceen-Zwergsträucher *Salsola* (54) und *Anabasis* (20) sowie die auch in den tropisch-subtropischen Halbwüsten und Wüsten vertretene Gattung *Zygophyllum* (31; Zygophyllaceae). Die Vegetation wird in erheblichem Maß von den verschiedenen Subtraten bestimmt, die häufig mosaikartig miteinander verzahnt sind. So kommen auf gipshaltigen Böden endemitenreiche Zwergstrauch-Halbwüsten aus Zwerg- und Kleinsträuchern zahlreicher Familien vor, darunter einige Arten der Gattung *Haplophyllum* (Rutaceae), viele Asteraceae (*Artemisia*), Chenopodiaceae (*Anabasis*, *Nanophyton*), Lamiaceae, Tamaricaceae mit der von Mittel- bis Zentralasien verbreiteten Gattung *Reaumuria*, Zygophyllaceae (mit *Zygophyllum* und *Peganum*) u. a. (Beispiele in Abb. 6-36). Auffallend sind die mehrjährigen (hapaxanthen) Apiaceen der Gattung *Ferula*, die mannshoch werden können und eine rübenartige Pfahlwurzel entwickeln (Walter 1974). Salzpfannen werden von *Halocnemum strobilaceum* (Chenopodiaceae) besiedelt, einem Strauch, der auch in mediterranen Salzwiesen der Meeresküste vorkommt.

Landschaftlich besonders beeindruckend sind die Sandwüsten der Karakum und Kyzylkum, die mit einer Fläche von rund 500.000 km² weite Teile des turanischen Beckens beherrschen. Sie sind wegen der Frühjahrsniederschläge und der leichten Verfügbarkeit von Wasser in dem porösen Sand außerhalb der Wanderdünen keineswegs vegetationsfrei; vielmehr wachsen neben den üblichen Ephemeren auch zahlreiche Klein- und Zwergsträucher sowie Hemikryptophyten und Geophyten (Abb. 6-38b). Zu Letzteren gehört z. B. die bis 20 cm hoch werdende Segge *Carex physodes* mit langen unterirdischen Ausläufern. Die Flora besteht aus etwa 350 Arten, von denen 56 % endemisch sind. 143 sind Therophyten, 98 Frühlingsgeophyten (Walter 1974). Eine auffallende Erscheinung sind die 7–8 m hohen Nanophanerophyten *Haloxylon persicum* („Saksa'ul") und *Calligonum* div. sp. Bei beiden handelt es sich um Phreatophyten mit Grundwasseranschluss. Der Schwarze Saksa'ul *Haloxylon ammodendron* findet sich deshalb besonders häufig in Geländedepressionen mit versalzten Böden, wo er bis 14 m hohe Bestände bilden kann.

Eine Besonderheit im Süden des irano-turanischen Teilgebiets sind die Ephemerenwüsten (Walter 1974; Abb. 6-38b). Sie kommen auf Löss vor und reichen bis nach Afghanistan (Freitag 1971). Im März und April sind sie mit einem dichten Rasen aus *Carex pachystylis* (bzw. *Carex stenophylla* in den nördlichen Vorbergen des Hindukusch) und *Poa bulbosa* bedeckt, zwischen denen viele annuelle und geophytische Ephemere eingestreut sind. Mit Beginn der Trockenzeit (etwa Anfang bis Mitte Mai) verschwindet die oberirdische Phytomasse fast gänzlich. Die unterirdischen Organe der Pflanzen konzentrieren sich auf die oberen 20 cm des Bodens, weil das Regenwasser in das porenarme Substrat nicht tief eindringen kann. Daneben gibt es auch *Artemisia*- Zwergstrauch-Halbwüsten wie im Anatolischen Becken mit *A. santonicum* (Kürschner & Parolly 2012).

Das **mongolisch-chinesische Teilgebiet** ist insgesamt einheitlicher als das irano-turanische und deutlich artenärmer. Aber auch hier gibt es einige endemische Sippen auf Gattungs- und Artebene wie die Rosacee *Potaninia mongolica* (mit der südafrikanischen Gattung *Cliffortia* verwandt; Walter et al. 1983), *Brachanthemum* (eine mit *Chrysanthemum* verwandte Asteracee) und zahlreiche Arten (Zwergsträucher) der Gattungen *Caragana* und *Hedysarum* (Fabaceae) sowie *Nitraria* (*N. sibirica*, ein salzverträglicher Sandfixierer und Bildner von Kupstendünen; Abb. 6-36g) und *Allium*-Arten (wie *A. mongolicum*). Weit verbreitet sind in der Gobi die Zwergstrauch-Halbwüsten aus *Anabasis brevifolia* in Kieswüsten (Abb. 6-36a, 6-38c), aus *Caragana*-Zwergsträuchern (wie *C. pygmaea*, *C. bungei*) in Sand- und

Abb. 6-38 Beispiele für nemorale Halbwüsten. a = *Artemisia tridentata*-Halbwüste (Arco, Idaho; Foto U. Treter); b = Ephemeren-Halbwüste nördlich des Aralsees mit verschiedenen annuellen Chenopodiaceen (*Bassia*, *Kochia*) und fruchtenden Exemplaren des Geophyten *Rheum tataricum* (Foto S.-W. Breckle); c = Zwergstrauch-Halbwüste aus *Anabasis brevifolia* (Tal der Seen, Mongolei).

Felswüsten (Hilbig 1995, Van Werden et al. 2009). Überall anwesend ist die Tamaricacee *Reaumuria soongarica* (Abb. 6-36e) und einige Chenopodiaceen wie *Salsola passerina*. In Depressionen wachsen mehr oder minder dichte Bestände von Saksa'ul (*Haloxylon ammodendron*; Abb. 6-36c), vergesellschaftet mit annuellen Chenopodiaceen (wie *Kalidium gracile* und *Bassia dasyphylla*). Ansonsten sind die Ephemeren unter einem Klima mit trockenem Frühjahr eher selten. Auf sandigen Böden in der Umgebung von Salzseen fällt das salztolerante hochwüchsige Horstgras *Stipa splendens* auf.

Am niederschlagsärmsten innerhalb der asiatischen nemoralen Trockengebiete ist das Tarim-Becken. Es wird im Norden vom Tian Shan und seinen östlichen Ausläufern, im Westen von Pamir und Karakorum sowie im Süden vom Kunlun-Gebirge, der nördlichen Abgrenzung des Tibetischen Hochlands, gegen jedwedes regenbringendes Wettergeschehen abgeriegelt. Das Klima ist deshalb sehr niederschlagsarm mit Werten zwischen 60 mm im Westen (Kashgar) und um 24 mm im Osten (Ruoqiang). Das Gebiet liegt in einer Höhe zwischen 800 und 1.200 m NN und besteht im Wesentlichen aus der 337.000 km² großen Sandwüste Takla Makan mit bis zu 300 m hohen Dünen, deren äolische Sedimente

mit den seit rund fünf Mio. Jahren anhaltenden Nordostwinden herantransportiert und in der nur nach Osten offenen Schüssel abgelagert wurden (Sun & Liu 2006). Die Vegetation ist auf wenige Halophyten-Halbwüsten sowie auf lichte Pappelwälder aus *Populus euphratica* (mit *Tamarix ramosissima*) entlang der Flüsse und in der Umgebung der Oasen beschränkt. Bei beiden Baumarten handelt es sich um Phreatophyten, die mit ihren Wurzeln den tiefliegenden Grundwasserspiegel erreichen können (Gries et al. 2003) und deren generative Regeneration nur auf regelmäßig überfluteten Standorten möglich ist (Thevs et al. 2008). Wenn diese Wälder durch Übernutzung der Wasservorräte verschwinden, kann die Sandwüste in die Oasen vordringen (Bruelheide et al. 2003).

6.3.4.3 Südamerika

Halbwüsten treten in Patagonien bei jährlichen Niederschlägen von weniger als 150 mm auf (Paruelo et al. 1992). Sie nehmen den zentralen Teil Patagoniens („Distrito Central") ein und haben die größte Flächenausdehnung von allen Vegetationstypen Patagoniens. Klimatisch sind sie geprägt durch eine sommerliche Trockenzeit und heftige Föhnwinde, die bei den vorherrschenden Westwinden auf der Andenostseite ganzjährig auftreten (Cabrera 1978, Soriano et al. 1983). Die Vegetation ist eine Zwergstrauch-Halbwüste mit 20–50 % Deckung. Typisch sind Klein- und Zwergsträucher aus der Asteraceen-Gattung *Nassauvia* (*N. glomerulosa* und *N. ulicina*), die mit ihren 51 Arten ausschließlich in den Südanden und in Patagonien vorkommt. Im Süden tritt häufig *Mulguraea tridens* (Verbenaceae) auf. Im Übergang zu den subandinen Steppen („Distrito Occidental") besteht die Vegetation aus einer Mischung aus Dornpolsterpflanzen (*Mulinum spinosum*; Abb. 6-36d), Zwergsträuchern (*Senecio filaginoides* und *Adesmia volckmannii*) und Horstgräsern (*Stipa speciosa, S. humilis*). Die Degradation durch Beweidung spielt offenbar eine große Rolle: Deflation von feinem Material v. a. während der sommerlichen Trockenzeit kann die Bildung von Sanddünen begünstigen (z. B. am Ostende des Lago Argentino). Lediglich die in Patagonien ohnehin häufigen Hartpolsterpflanzen aus den Familien Apiaceae (*Bolax, Azorella*) und Asteraceae (*Nardophyllum*) sind durch die dicht gepackten Sprosse vor Ausblasung geschützt; sie profitieren eher noch davon, weil sie im Innern und im Lee des Polsters Flugsand und Staub akkumulieren.

6.3.5 Landnutzung

6.3.5.1 Ackerbau

Verglichen mit der feuchten nemoralen Zone sind die nemoralen Trockengebiete mit nur 2 % der Weltbevölkerung dünn besiedelt (Hornetz & Jätzold 2003). Dennoch ist die Veränderung der zonalen (und azonalen; s. Abschn. 6.4) Vegetation beachtlich und unter dem Aspekt einer nachhaltigen Ressourcennutzung häufig dramatisch. Am eindrucksvollsten zeigt sich dies am Beispiel des turanischen Beckens (Micklin 2007, Kostianoy & Kosarev 2010). Dort hat eine Neulandgewinnungsoffensive der Sowjetunion in den 60er Jahren des 20. Jahrhunderts mittels groß angelegter Bewässerungsprojekte für den Anbau von Baumwolle und Mais dazu geführt, dass der 1960 noch 67.100 km^2 große **Aralsee** (damals nach dem Kaspischen Meer, dem Oberen See in den USA bzw. Kanada und dem Victoriasee der viertgrößte See der Erde) bis 2009 auf rund 7.000 km^2 (= 10,4 %) geschrumpft ist (Breckle & Geldyeva 2012). Ursachen für diese „ökologische Katastrophe" (Létolle & Mainguet 1996) waren die exzessive Wasserentnahme aus den eigentlich wasserreichen Flüssen Amudarya

(Einzugsgebiet Tian Shan) und Syrdarya (Einzugsgebiet Pamir) für die bewässerungsintensive Baumwolle und das damit verbundene Missmanagement (undichte Kanäle, hohe Evaporation in Speicherbecken, Versalzung der Felder durch falsche Technik usw.).

Heute ist der ehemalige Seegrund eine Wüste („Aralkum"), die zu 70 % aus Salzböden (vorwiegend Solonchak) besteht; 20 % sind Sandflächen und 10 % Reste der ehemals ausgedehnten Feuchtgebiete mit einer als Tugay bezeichneten Pflanzendecke aus Röhrichten, Pappel-, Weiden- und Tamariskenbeständen sowie Salzwiesen (s. Abschn. 6.4.1), die vor allem in den ehemaligen Mündungsdeltas und Flussauen von Amudarya und Syrdarya vorkommen. Die derzeit noch spärliche Pioniervegetation der Salz- und Sandwüsten bietet kaum Schutz vor Deflation; so wird bei frühsommerlichen Gewitterstürmen salzhaltiger Staub ausgeblasen und vorwiegend südwestlich des ehemaligen Seebeckens auf landwirtschaftlichen Nutzflächen und Siedlungen deponiert. Aufforstungen mit salztoleranten Sträuchern (wie *Haloxylon ammodendron, Halocnemum strobilaceum* und verschiedenen einheimischen *Tamarix*-Arten) sollen die Vegetationsentwicklung beschleunigen und die Deflation vermindern (Wucherer et al. 2012).

Im Gebiet der **nemoralen Graslander** wurden Hochgras- und Mischgrassteppen in **Ackerland** umgewandelt, weil die fruchtbaren Lössböden und ausreichend Regen während der Wachstumsperiode (oberhalb der sog. agronomischen Trockengrenze mit Jahresniederschlägen von 200 mm; Hornetz & Jätzold 2003) gute Voraussetzungen für den Anbau von Marktfrüchten (s. unten) bieten (Abb. 6-39a). In Nordamerika verschwanden auf diese Weise bis heute rund 97 % der Hochgrasprärien (von ursprünglich rund 625.000 km^2; White et al. 2000), etwa 60 % der Mischgrasprärien und zwischen 20 und 80 % der Niedriggrassteppe (je nach Bundesstaat der USA; Sims & Risser 2000). Die Ausdehnung der Graslander der Great Plains dürfte vor der Besiedlung durch die Europäer zwischen 3 und 3,7 Mio. km^2 betragen haben. Hauptfeldfrüchte sind in erster Linie Weizen (Sommerweizen im winterkalten, Winterweizen im wintermilden Klima), ferner Körnermais (in Nordamerika), Sonnenblumen (Ukraine) sowie *Sorghum* und etwas Baumwolle (im Süden der USA; Bewässerungslandbau). Der Anbau erfolgt in Großbetrieben auf großen Schlägen und ist hochgradig kommerzialisiert und mechanisiert.

In den 30er Jahren des 20. Jahrhunderts entstanden in den USA durch Staubstürme (*dust bowls*) nach Dürreperioden erhebliche Bodenverluste; stellen-

Abb. 6-39 Landnutzung in nemoralen Trockengebieten: a = Ackerbau bei Edmonton, Kanada (Mischgrasprärie; Foto U. Treter); b = Mischherde aus Kaschmirziegen und Schafen in der Mongolei.

weise wurde der gesamte A_h-Horizont der Schwarzerdeböden erodiert. Außerdem fördert der großflächige Anbau einjähriger Kulturpflanzen mit regelmäßigem Umbruch der Ackerkrume den Abbau der organischen Substanz, zumal zur Regeneration der Wasservorräte Schwarzbrachen in die Fruchtfolge eingeschaltet wurden. Deshalb ist Ackerbau unter diesen Umständen nicht nachhaltig; denn er zerstört die von den ausdauernden Steppengräsern im Verbund mit wühlenden Bodentieren über Jahrtausende aufgebauten Humusvorräte. Er ist außerdem mit beträchtlicher Ertragsunsicherheit behaftet: Die für die Steppengebiete typische Unregelmäßigkeit des Witterungsablaufs sorgt in Trockenjahren für Ertragseinbrüche bei Mais und Weizen, wie sich z. B. im Sommer 2012 gezeigt hat. In den nördlichen Prärien kann es außerdem, ähnlich wie in den australischen Winterregengebieten, nach der Umwandlung von (transpirationsaktivem) Gras- in Ackerland zu Salzanreicherungen im Boden kommen (*dryland salinity*; Abrol et al. 1988; s. Abschn. 5.3.2.6).

6.3.5.2 Beweidung

In den nemoralen Grasländern sind zwei Beweidungssysteme vertreten, nämlich die mobile und die extensive stationäre Weidewirtschaft (Arnold 1997). Die **mobilen Weidesysteme** sind unter den Bezeichnungen Transhumanz (von Hirten durchgeführter Wechsel zwischen Sommer- und Winterweiden, feste Wohnsitze der Herdenbesitzer, Ackerbau), Halbnomadismus (saisonale Herdenwanderungen und feste Wohnsitze eines Teiles der Sippe mit etwas Ackerbau) und (Voll-)Nomadismus bekannt (die gesamte Sippe wandert; kein fester Wohnsitz; kein Ackerbau).

Die beweideten Flächen sind ausschließlich Naturweiden. Vermutlich entstand der **Nomadismus** zur Zeit der Domestizierung von Kamel und Pferd zwischen 1.500 und 1.100 v. Chr. im asiatischen Steppenraum (Wirth 1969). Die Tradition der „freien" Weidesysteme beruht also in den Trockengebieten der Alten Welt auf einer mehrere Tausend Jahre alten Kulturgeschichte. In der Neuen Welt hat es diese Form der Viehhaltung nie gegeben: Die amerikanischen Ureinwohner waren Jäger und betrieben in kleinem Maßstab Ackerbau von festen Wohnsitzen aus (in Nordamerika mit *Zea mays*, *Phaseolus* spp., *Cucurbita* spp. und *Helianthus* spp.; Hart 2008). Erst mit der Übernahme der von den spanischen Eroberern eingeführten und verwilderten Pferde Ende des 18. Jahrhunderts („Mustangs") begannen sie eine quasi-nomadische Lebensweise im Zusammenhang mit der Bisonjagd. In den Steppen und Halbwüsten Mittel- und Zentralasiens sind dagegen mobile Tierherden nach einer Phase der Kollektivierung während der Sowjetzeit heute wieder verbreitet. In der Regel handelt es sich um Halbnomadismus. Lediglich in der Mongolei haben sich viele Familien nach der Auflösung der staatlichen Betriebe als Vollnomaden selbstständig gemacht.

Auch bei der **extensiven stationären Weidewirtschaft** (*ranching*) stehen den Tieren (Schafe oder Rinder) überwiegend Naturweiden zur Verfügung (ggf. ergänzt durch Ansaaten eiweißreicher Futterleguminosen und -gräser); die Betriebe (*ranches*), deren Flächengröße je nach Klima- und Bodengunst zwischen 500 und 100.000 ha beträgt, führen eine kontrollierte Beweidung auf eingezäunten Koppeln durch. Extensive stationäre Weidesysteme mit Rindern sind in den noch verbliebenen Resten der nordamerikanischen Prärien üblich. Die Bestockungsdichte beträgt für Niedriggrasprärien etwa 0,05 Großvieheinheiten (GVE) ha^{-1} (1 GVE = eine Mutterkuh von rund 500 kg Lebendgewicht = fünf bis zehn Schafe), für Mischgrasprärien 0,08–0,1 und für Hochgrasprärien etwa 0,25 GVE (Pieper 2005). Für einen Bestand von 100 Tieren (Obergrenze von 95 % der Ranches im Mittleren Westen der USA) benötigt man im ersten Fall somit 2.000 ha, im zweiten 1.250–1.000 ha und im dritten 400 ha Weideland. Die von den Rindern aufgenommene Menge an Nahrung (Trockengewicht) beträgt selten mehr als 10–15 % der jährlichen oberirdischen Phytomasseproduktion (Coupland 1992). Der herbstliche Weiderest ist also erheblich und wird deshalb im Frühjahr abgebrannt. In den nemoralen Trockengebieten ist die extensive stationäre Weidewirtschaft auch für Patagonien charakteristisch (Schafe). In China ersetzt sie aufgrund politisch verordneter Maßnahmen wie Produktionssteigerung auch auf marginalen Standorten und Erhöhung der Zahl der Weidetiere zunehmend die mobilen Systeme (Sheehy & al. 2006).

Grundsätzlich ist in allen beweideten nemoralen Trockengebieten die Gefahr der **Degradation** durch Überweidung hoch. Das gilt auch für die extensiven stationären Weidesysteme, wo man eigentlich durch sorgfältige Weideführung (z. B. durch räumliche und zeitliche Rotation) Schäden an Vegetation und Boden reduzieren könnte. Unter Degradation verstehen wir den Prozess des Rückgangs der Bodenfruchtbarkeit durch eine nicht nachhaltige Bewirtschaftung, die den Abbau der organischen Substanz, Wind- bzw. Wassererosion und die Anreicherung toxischer Stoffe (wie Kochsalz) fördert. In den Steppen sinken Menge und Verfügbarkeit von Pflanzennährstoffen sowie (meistens) die oberirdische Nettoprimärproduktion (der landwirtschaftliche Ertrag und die Futterqualität des Aufwuchses); giftige oder ungenießbare Pflanzen nehmen zu (s. hierzu und zum umstrittenen Begriff Desertifikation unsere Ausführungen in Abschn. 4.4).

Ein Beispiel für dramatische und in äußerst kurzer Zeit ablaufende Degradationsprozesse durch Schafbeweidung bilden die Steppen Patagoniens (Endlicher 2006). In wenig mehr als 100 Jahren seit der Gründung der ersten Estancias (um 1870) hat sich das Artenspektrum durch zu hohe Bestockungsdichten (mehr als ein Schaf pro Hektar in Gebieten mit Niederschlägen von 300–400 mm) zugunsten von Zwergsträuchern und zuungunsten der Gräser verschoben, sodass die Vegetation vielerorts halbwüstenartigen Charakter annimmt. Besonders deutlich wird dies in den *Festuca pallescens*-Steppen am Fuß der Anden, wo Überbeweidung zu einer von *Muli-*

num spinosum geprägten Vegetation mit Halbwüsten-Charakter führte (Paruelo et al. 2007). Bei den ständig hohen Windgeschwindigkeiten, die über das Land fegen, wird zudem Feinerde ausgeblasen. Seit Beginn der Schafhaltung hat sich die Tragfähigkeit der Beweidung um 25–50 % verringert (Endlicher 2006). Im Verbund mit dem Verfall des Wollpreises mussten seit den 70er Jahren des 20. Jahrhunderts viele Betriebe aufgeben. So ging die Zahl der Schafe im argentinischen Teil von Patagonien von 25 Mio. (1977) auf 15 Mio. (1997) zurück.

Die Zunahme von Gehölzen zulasten der vom Weidevieh bevorzugten Gräser ist ein weit verbreitetes Phänomen in allen Trockengebieten der Erde (*bush encroachment*; s. auch Abschn. 4.4). Dass umgekehrt Beweidung auch manche Gräser zulasten der Zwergsträucher fördern kann, zeigt das in 6.3.4.1 schon erwähnte Beispiel des *Bromus tectorum*-Graslandes, das sich anstelle der *Artemisia tridentata*-Halbwüsten in Nordamerika bei stationärer Weidehaltung breitgemacht hat (Smith et al. 1997, West & Young 2000, Chambers et al. 2007). Das invasive, aus Mittelasien und dem mediterranen Raum stammende winterannuelle Gras ist perfekt an nemorale Winterregengebiete angepasst: Es produziert vor Einsetzen der sommerlichen Trockenzeit zahlreiche Samen (bis zu 18.000 m^{-2}), die im regenreichen Herbst keimen. Die Jungpflanzen überwintern und bilden in dieser Zeit ein intensives Wurzelsystem. Im Frühjahr entwickeln sich daraus dichte und hochwüchsige *Bromus*-Bestände, deren trockene Phytomasse sich im Sommer leicht entzündet. Durch die erhöhte Brandfrequenz und die Konkurrenzstärke von *Bromus* werden sowohl die perennierenden einheimischen Gräser als auch die ursprünglich dominanten *Artemisia*-Halbsträucher verdrängt. Da die Böden im Sommer keine Vegetationsbedeckung aufweisen, unterliegen sie der Winderosion.

Degradationsprozesse treten auch bei mobilen Weidesystemen auf, wie z. B. in der Mongolei mit ihren seit der „Wende" gemischten Tierherden aus Yaks (und den Hybriden mit Hausrindern), Kaschmirziegen, Schafen, Pferden und Baktrischen (Zweihöckrigen) Kamelen (Suttie 2005; Abb. 6-39b). Von Beginn des 20. Jahrhunderts an hat dort vor allem der Bestand der Kaschmirziegen von knapp 1,5 auf 8,9 Mio. Stück zugenommen, gefolgt von Schafen (von 5,7 auf 11,8 Mio.). Beide Tiergruppen wirken wegen ihrer scharfen Hufe und ihrem intensiven Fraßverhalten (tief angesetzter Verbiss) besonders zerstörerisch auf die Pflanzendecke ein (Ziegen als *browsers* beim Verbiss von Gehölzen, Schafe als *grazers* bei bodennahem Fraß). Regenerationsfreudige

Gräser und Grasartige (wie *Leymus chinensis*, *Carex duriuscula*) sowie dornige Zwergsträucher (wie *Caragana* spp.) werden zuungunsten der hochwüchsigen Horstgräser wie *Stipa* spp. gefördert (Hilbig 1995, Bazha et al. 2012); invasive Annuelle wie *Enneapogon desvauxii* wandern ein und der Bodenabtrag durch Wasser oder Wind nimmt zu (Sheehy et al. 2006). Um diesen Degradationsprozess aufzuhalten oder sogar rückgängig zu machen, hat sich in einer *Stipa grandis*-*Leymus chinensis*-Steppe der Inneren Mongolei ein Wechsel aus Beweidung (Schafe) und Mahd als geeignet erwiesen (Schönbach et al. 2011).

6.4 Azonale Vegetation

Im Folgenden werden nur Flussauen und Moore behandelt. Die Salzmarschen und Küstendünen wurden bereits in Abschn. 5.4.1.3 und 5.4.1.4 besprochen.

6.4.1 Flussauen

Flussauen sind das einzige Ökosystem der nemoralen Zone außerhalb der Hochgebirge, das einer natürlichen (nicht vom Menschen gesteuerten) Dynamik unterliegt. Der Wechsel zwischen Überflutung und Austrocknung, Sedimentabtrag und -akkumulation sowie hoch- und tiefstehendem Grundwasser bildet den Motor für eine störungsangepasste, einzigartige Tier- und Pflanzenwelt. Diese Dynamik kommt in dem von Junk et al. (1989) entwickelten *flood pulse concept* zum Ausdruck; es besagt, dass die wechselnden Wasserstände vor allen anderen Einflussfaktoren (wie Klima und Sedimentqualität) die Biota in einer Flussaue und somit auch alle biotischen (wie Populationsgrößen, Primär- und Sekundärproduktion, Stoffabbau) Vorgänge kontrollieren (vgl. Mitsch & Gosselink 2007). Die Überflutungsdynamik wird damit zum wichtigsten Standortfaktor; sie zu fördern ist das wichtigste Ziel bei der Renaturierung von Auenökosystemen (s. unten).

Flussauen begleiten die Flüsse und Ströme des Tieflandes als bis zu mehrere Kilometer breites Band. Sie sind ein Mosaik aus Pionier- und Klimaxwäldern und -gebüschen, offenen Staudenfluren mit ruderalem Charakter, Überflutungswiesen und Verlandungsmooren in abgeschnittenen Altwasserarmen. Die Vegetationsabfolge hängt u. a. von der Häufigkeit und Dauer der Überflutung, vom Ausmaß der Materialumlagerung (Sedimentation und Erosion), von der Qualität des umgelagerten Sediments (feinerdearmes Geröll, Sand, Schluff; nährstoffarm oder -reich), von der Fließgeschwindigkeit und der Menge des Wasserdurchflusses sowie von der Geländemorphologie der Umgebung (steiler Taleinschnitt, Ebene, Mündungsgebiet) ab. Physiognomie, Struktur und floristische Ausstattung der Flussauen gleichen sich auf der gesamten Nordhemisphäre:

So ist die Fließgeschwindigkeit im **Oberlauf** eines Flusses mit mehr als 5 ‰ Sohlgefälle (soweit er in einem Gebirge und nicht in der Ebene entspringt) hoch und dementsprechend überwiegt der Abtrag im Flussbett und an dessen Rand. Die Vegetation beschränkt sich auf Staudenfluren, die nach jedem Hochwasser erneut aufgebaut werden müssen und deshalb eher ephemeren Charakter tragen. Der Gehölzsaum besteht aus *Alnus*-Arten (in Europa *A. glutinosa* in Mittelgebirgen und *A. incana* im Hochgebirge; in Nordamerika *A. serrulata* und *Betula nigra*), die als *resprouter* nach Beschädigung der Stämme aus der Stammbasis rasch wieder austreiben können.

Im **Mittellauf** weist der Fluss nur noch ein Sohlgefälle von 5–0,5 ‰ auf. Materialabtrag und Sedimentation halten sich die Waage. Der Fluss ist breiter als im Oberlauf; das Flussbett besteht in der Regel aus anastomierenden Armen, ist also netzförmig, wobei bei Hochwasser immer andere Rinnen durchströmt werden. Die Flussaue kann mehrere Kilometer Breite erreichen, da sich das Gewässer meist in einem breiten Tal mit großräumiger Überflutungsmöglichkeit bewegt (Abb. 6-40). Auf den kaum bewachsenen Flussinseln aus Kies und Grobsand entwickeln sich während der Niedrigwasserphase vorübergehend ruderale Therophyten und Pionierpflanzen aus dem Einzugsgebiet. Am Rand der Flussarme treten Flussröhrichte auf, gefolgt von Weidengebüschen aus regenerationsfreudigen *Salix*-Arten (in Europa u. a. *S. purpurea* und *S. elaeagnos*; in Nordamerika u. a. *S. nigra* und *S. lucida*), die sowohl Überschüttung mit Sediment als auch Freilegung des Wurzelraumes durch Erosion mit einer raschen Aktivierung der zahlreichen Adventivknospen beantworten.

Diese Weidenaue (untere Weichholzaue) wird landeinwärts von 10–30 m hohen Wäldern aus baumförmigen Weiden und Pappeln abgelöst (obere Weichholzaue; Abb. 6-41b). Das meist sandige Substrat wird bei mittlerem Hochwasser regelmäßig überflutet und je nach Strömungsgeschwindigkeit aufsedimentiert oder erodiert, sodass sich lediglich ruderale Rhizom-Geophyten und Therophyten im Unterwuchs ansiedeln können; Arten der Feldschicht der sommergrünen Klimax-Laubwälder fehlen. Die

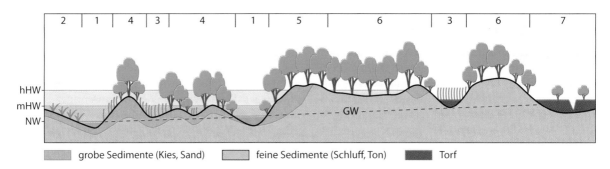

Abb. 6-40 Schematischer Querschnitt durch eine Flussaue der feuchten nemoralen Zone. 1 = Flussarme mit begleitendem Fluss-röhricht; 2 = Annuellenfluren (Zwergbinsen u. ä.); 3 = Röhrichte und Großseggenriede; 4 = Weichholzaue (*Salix* spp., *Populus* spp.); 5 = trockene Hartholzaue (*Pinus*, *Quercus*); 6 = feuchte Hartholzaue (*Quercus*, *Ulmus*, *Fraxinus*); 7 = Niedermoor (z. T. von Hang-wasser gespeist). NW = mittleres Niedrigwasser, mHW = mittleres Hochwasser; hHW = höchstes Hochwasser; GW = mittleres Grundwasser, zum Talrand hin ansteigend.

Vertreter der Gattung *Populus* (in Europa *P. alba* und *P. nigra*; in Nordamerika *P. deltoides* mit verschiedenen regionalen Unterarten) haben die Möglichkeit, sich durch Wurzelausläufer vegetativ und nicht nur generativ über ihre anemochoren Samen auszubreiten. Diese Doppelstrategie ist typisch für regelmäßig gestörte Lebensräume, in denen immer wieder Pionierstandorte entstehen. Sie tritt auch bei den Buschweiden auf, die sich nicht nur durch ihre (ebenfalls anemochoren) Samen vermehren, sondern auch dadurch, dass abgerissene Zweige und Wurzeln stromabwärts transportiert werden und sich nach ihrer Anlandung am Flussbettrand wieder bewurzeln.

An die Weichholzaue schließt die Hartholzaue an, deren Standort nur bei Spitzenhochwasser überflutet wird. Der Boden (ein mehrschichtiger Luvisol) ist feinkörnig, weil bei der geringen Fließgeschwindigkeit weitab vom Fluss lediglich schluffig-tonige Sedimente transportiert und abgelagert werden. Die Wälder bestehen aus weniger Hypoxie-toleranten Baumarten der Gattungen *Quercus*, *Fraxinus* und *Ulmus* als Grundstock (Abb. 6-41c); in Nordamerika kommen *Acer negundo*, *A. saccharinum* (Silberahorn) und *Platanus occidentalis* sowie *Aesculus*, *Carpinus*, *Gleditsia*, *Tilia* und andere häufige Gattungen der nemoralen sommergrünen Laubwälder vor (Ulmen-Silberahorn-Wald; Knapp 1965). Der Unterwuchs ist reich an Sträuchern (wie *Euonymus*, *Prunus* und *Ribes*), Lianen (wie der Wilde Hopfen *Humulus lupulus* in Europa, *Parthenocissus quinquefolia* in Nordamerika) und krautigen Pflanzen des üblichen Waldunterwuchses.

Im **Unterlauf** mit einem Gefälle unter 0,5 ‰ ist die erosive Kraft des fließenden Wassers beendet; hier wird nur noch Feinmaterial sedimentiert, und der Flusslauf bildet weit geschwungene Mäander. Die

Vegetation besteht überwiegend aus Pappelwäldern, mosaikartig unterbrochen von verlandeten Altwasserarmen mit Röhrichten und Seggenrieden (s. unten) sowie periodisch überfluteten Schlammbänken mit einer Zwergbinsen-Vegetation (z. B. *Blysmus*, *Butomus*, *Eleocharis* u. a.; Abb. 6-41a). Hartholzauen kommen in flussferner Lage ebenfalls vor. Im **Mündungsgebiet** macht sich schließlich der Rückstau des Meerwassers in einem Anstieg des Salzgehalts im Überflutungswasser und dem großflächigen Auftreten von Brackwasserröhrichten aus *Phragmites australis* bemerkbar.

In den nemoralen Trockengebieten fehlt die Hartholzaue. Stattdessen geht die Weichholzaue unmittelbar in die Waldsteppe, Steppe oder Halbwüste über. Die Gebüsche bestehen aus zahlreichen *Salix*-Arten auf flussnahen, meist kiesigen Standorten (wie *Salix* × *fragilis* in Mittelasien, *S. ledebouriana* in der Mongolei). Landeinwärts folgen Pappelbestände aus regional unterschiedlichen Arten (Knapp 1965, Walter & Box 1983c, Hilbig 1995, Thevs et al. 2008): *Populus nigra* und *P. alba* bilden ausgedehnte Pappelwälder entlang der wasserreichen Flüsse des Südsibirischen Tieflandes (wie am Ob). *Populus laurifolia* ist für die Flusstäler der Niedriggras- und Wüstensteppen-Region im Norden Zentralasiens charakteristisch (Abb. 6-41d). *P. euphratica* bildet gemeinsam mit *P. pruinosa* und *Tamarix ramosissima* die 13–15 m hohen sog. Tugay-Wälder der Flussauen in der Halbwüsten- und Wüstenregion im Süden Mittel- und Zentralasiens. Am Amudarya und Syrdarya sowie in deren Deltas besteht der Unterwuchs aus weiteren *Tamarix*-Arten sowie aus *Elaeagnus angustifolia* (Elaeagnaceae), der Ölweide, in deren Wurzelknöllchen die Luftstickstoff-bindenden Bakterien der Gattung *Frankia* leben; am Tarim-Fluss sind die Wälder mit

Abb. 6-41 Beispiele für nemorale Flussauen. a = Zwergbinsen-Vegetation mit *Butomus umbellatus* auf einer Schlammbank am Flussufer (Khumush, Südsibirien); b = Weichholzaue aus *Populus nigra* (Slowakei); c = Hartholzaue aus *Fraxinus excelsior* (Slowakei); d = Flussoase aus *Populus laurifolia*, im Vordergrund *Caragana bungei* (Altai, Russland).

Glycyrrhiza inflata (Süßholz) und *Halimodendron halodendron* (Salzstrauch; beide Fabaceae) vergesellschaftet. Auch im nordamerikanischen Präriegebiet dominieren Pappeln, nämlich *P.* × *acuminata* und *P. angustifolia*.

Flusstäler sind als Siedlungsräume und Verkehrswege schon seit Beginn der menschlichen Besiedlung stark von Nutzungseingriffen betroffen (Dynesius & Nilsson 1994, Nilsson et al. 2005). In der nemoralen Kulturlandschaft Europas wurden die meisten Flüsse etwa seit 1.800 n. Chr. für die Schifffahrt, die Energieerzeugung (Anlage von Staustufen) und zur Gewinnung von Siedlungsraum und landwirtschaft-

lichen Nutzflächen reguliert („begradigt") und eingedeicht. Damit ging die ökologische Funktion der Auen als Retentionsräume für Wasser und Feststoffe sowie als natürlicher Lebensraum für denjenigen Anteil der einheimischen Flora und Fauna ganz oder teilweise verloren, der auf die einzigartige Dynamik dieses Lebensraumes angewiesen ist. Die im wahrsten Sinn des Wortes einschneidenden Veränderungen, die der Flussausbau mit sich gebracht hat (Vertiefung der Flusssohle durch reduzierte Geschiebeführung und beschleunigte Fließgeschwindigkeit, Absinken des Grundwasserspiegels im gesamten Talraum, Austrocknung der Feuchtgebiete, Verlust der Überflutungsdynamik, Zunahme der Hochwasserfrequenz und -intensität im Unterlauf) versucht man heute, durch Renaturierungsmaßnahmen teilweise wieder rückgängig zu machen (Palmer et al. 2005, Lüderitz & Jüpner 2009). Die Verlegung von Deichen nach außen, die Beseitigung von Verbauungen am Fluss- ufer zur Förderung der Seitenerosion, der Einbau von Sohlschwellen zur Verringerung der Fließge- schwindigkeit, die Anlage von Seitengerinnen mit kontrolliertem Zulauf bei Hochwasser u. a. können langfristig dazu beitragen, dass sich in den renatu- rierten Flussabschnitten wieder eine Dynamik ein- stellt, die der ursprünglichen nahe kommt.

6.4.2 Moore

Geologisch wird mit dem deutschen Begriff Moor (engl. *peatland*) jede natürliche (d. h. an Ort und Stelle entstandene) Lagerstätte von Torf ($\geq 30\,\%$ totes organisches Material) mit einer Mindestmächtigkeit von 30 cm im entwässerten Zustand bezeichnet. Aus ökologischer Sicht spricht man von Mooren (engl. *mires*), wenn zum gegenwärtigen Zeitpunkt Boden, Tier- und Pflanzenwelt während des überwiegenden Teiles des Jahres durch Wasserüberschuss geprägt sind und biogene Sedimente (Torf, Kalk) gebildet werden (Joosten & Clarke 2002). Charakteristisch hierfür ist eine Reihe spezieller biotischer und abioti- scher Merkmale wie oberflächennaher Stand des Moorwasserspiegels, Dominanz helophytischer Ve- getation und moortypischer (tyrphobionter) Tiere. Je

---

Kasten 6-12

Klassifikation von Mooren

Bis heute gibt es keine weltweit akzeptierte einheitliche Klassifikation der Moore (Joosten & Clarke 2002). Die Ursa- che liegt darin, dass die Kriterien je nach Ziel der Klassifika- tion (Moornutzung oder -schutz, primär biotisch oder abio- tisch) und der Moorausstattung des jeweiligen Landes unterschiedlich gewichtet werden. So kann man Moore nach ihrer Entstehungsweise (s. unten), nach ihrem physikalisch- chemischen Zustand (Torf und/oder Moorwasser; Elektro- lytgehalt, pH, N- und P-Gehalt usw.), nach der botanischen Zusammensetzung (*Sphagnum*-Torf, Schilftorf usw.) und dem Zersetzungsgrad des Torfes, nach der Dauer, Rhythmik und Höhe der Überflutung mit Wasser und nach dessen Qua- lität (Grund- oder Regenwasser, karbonathaltiges oder - freies Wasser), nach der Art des Untergrundes (Fels, Locker- gestein, Schlamm usw.) und des Bewuchses (bewaldet, nicht bewaldet; Dominanz von Grasartigen, Zwergsträuchern), nach der Größe u. a. klassifizieren. Entsprechend unter- schiedlich fallen die Klassifikationssysteme aus (z. B. Cowar- din et al. 1979 für die USA, Racey et al. 1996 für Kanada, Botch & Masing 1983 für Russland, Succow & Joosten 2001 für Mitteleuropa; zusammenfassend bei Rydin & Jeglum 2006).

Im Folgenden verwenden wir die Klassifikation nach Succow & Joosten (2001) sowie Joosten & Clarke (2002), die auf den Kriterien Gestalt, Entstehungsweise sowie Che- mismus von Moorwasser und Torf beruht und nach unserer Ansicht auf alle nemoralen Moore anwendbar ist:

1. Grundwasser- oder Niedermoore:
   Von mineralischem, mehr oder minder elektrolytreichem Grundwasser gespeiste Moore in Talniederungen, Fluss- mündungen oder an Hängen mit austretendem Quell- wasser. Torfe gut bis wenig zersetzt, mäßig nährstoffarm (oligotroph) bis nährstoffreich (eutroph). Untergliederung

nach der Entstehungsweise (a–c sind topogene Moore in ebener Lage mit begrenztem Einfluss auf die Hydrologie des Einzugsgebiets; d–f sind soligene Moore, die wenig- stens teilweise am Hang liegen und somit den Wasserab- fluss des Einzugsgebiets beeinflussen):

a. Verlandungsmoore:
   Durch Verlandung (*terrestrialization*) von Standgewäs- sern entstandene Moore mit vom Gewässerchemismus abhängiger Torfqualität (saure, basenarme oder neu- trale, basenreiche Torfe). Vegetation: Schwingrasen bei sauren Gewässern mit Tendenz zur Entwicklung von Regenmooren (*quaking bog*), sonst Röhrichte, Groß- und Kleinseggenriede. Moorwälder aus *Pinus*, *Betula* oder *Alnus*.

b. Versumpfungsmoore:
   Versumpfung (*paludification*) von Talniederungen durch hochdrückendes Grundwasser (tektonisch bedingtes Absinken des Geländes, Anstieg des Meerwasserspie- gels in Meernähe, Rückstau, artesische Prozesse). Vege- tation: Seggenriede aus hochwüchsigen *Carex*-Arten, Moorwälder.

c. Überflutungsmoore:
   In oder am Rand von Flussauen gelegene Moore, die peri- odisch von Flusswasser überschwemmt werden. Der Torfkörper ist mit mineralischen Sedimenten schichten- förmig durchsetzt (Tortenstruktur). Die Vegetation besteht aus hochwüchsigen Röhrichten und Cyperaceen- Beständen oder Moorwäldern.

d. Durchströmungsmoore:
   Um helokrene Quellen mit flächigem Wasseraustritt in ebenem oder geneigtem Gelände entstanden; mächtige poröse, vom Moorwasser durchströmte Torfkörper (*per- colation fen*), die sich unterhalb der Quellen zu flächen-

nach Vollständigkeit und Ausprägung kann ein Moor mehr oder weniger stark anthropogen verändert sein. Zwischen völlig kultivierten und intensiv landwirtschaftlich genutzten Talniedermooren einerseits, denen man ihren Moorcharakter kaum mehr ansieht, und naturbelassenen, weitgehend unberührten Moorkomplexen andererseits gibt es alle denkbaren Übergänge.

Erwartungsgemäß nimmt der Flächenanteil der Moore mit steigender Humidität zu; außerdem sinkt der Abbau des Bestandsabfalls, je kühler die Sommer werden. Deshalb ist die kalt-gemäßigte (boreale) Zone besonders reich an Mooren (s. Abschn. 7.2.6). Aber auch unter nemoralen Klimabedingungen treten Moore auf: In hochozeanischen Gebieten (meernah oder im Luv von Gebirgen), in denen der Wasserüberschuss klimatisch bedingt ist, kommen schwerpunktmäßig ombrogene („durch Regenwasser entstandene") **Regenmoore** (*bog*) vor. Sie sind durch die Dominanz von Moosen der Gattung *Sphagnum* gekennzeichnet, die aufgrund ihrer biologischen Eigenschaften auch unter extrem sauren und nährstoffarmen Bedingungen wachsen können (Kasten 6-13). Regenmoore sind hinsichtlich ihres Wasser- und Nährstoffhaushalts überwiegend oder vollständig vom Niederschlag (= altgriech. *ombros*) und seinen Inhaltsstoffen abhängig; sie sind also ombrotroph. Vor ihrer Zerstörung durch Land- und Forstwirtschaft waren sie in West- und Nordwesteuropa (England, Irland, Belgien, Niederlande, Nordwest- und Süddeutschland) weit verbreitet. Am besten sind sie heute noch in der südlichen borealen Zone Kanadas, Nordeuropas (inkl. des europäischen Russlands) und Westsibiriens erhalten.

---

haft bedeutenden Niedermooren entwickeln können. Vegetation wie in 1a.

e. Hangquellmoore:
Um Quellen entstandene, meist kleine, von Wasser überrieselte Vermoorungen. Vegetation: meist Moorwälder.

f. Hartpolstermoore (*cushion bogs*):
Nur im äußersten Süden Südamerikas und in der alpinen Stufe der feuchttropischen Anden vorkommende Sonderform mineralischer Quellmoore, die in Feuerland und Südpatagonien große Flächen einnehmen können. Vegetation: Hartpolster aus *Astelia pumila* (Asteliaceae) und *Donatia fascicularis* (Donatiaceae).

2. Regenwassermoore (Regenmoore):
Überwiegend von elektrolyt- und nährstoffarmem Regenwasser gespeiste Moore in der nördlichen nemoralen und der südlichen borealen Klimazone mit regenreichen Sommern. Torfe kaum zersetzt, sauer, nährstoffarm; Moorwasser durch gelöste Huminsäuren dunkel gefärbt (dystroph). Vertikale Gliederung in eine obere, bis 1 m mächtige, biologisch aktive, torfbildende Schicht (Akrotelm) und eine darunter liegende, biologisch nicht aktive, torfakkumulierende Schicht (Katotelm) gegliedert (Ivanov 1981, Ingram 1983).

a. Hochmoore (Plateaumoore, *raised bogs*):
Entstehen in der Regel aus Verlandungsniedermooren durch Aufwölbung des Torfkörpers mehrere Meter über das Niveau des mineralischen Grundwassers (ombrotroph). Gliederung in Randlagg, Randgehänge und Hochmoorweite. Letztere ist im kontinentalen Klima (europäisches Russland) mit *Pinus sylvestris* locker bewaldet, sonst baumfrei und häufig in Bulten (*hummocks*) und Schlenken (*hollows*) gegliedert, die durch ungleichmäßiges Wachstum von *Sphagnum*-Arten bei lateralem Wasserfluss entstehen. Hochspezialisierte Flora (ombro-

traphent = vom Regenwasser ernährt): *Eriophorum, Rhynchospora, Carex, Sphagnum*.

b. Deckenmoore (*blanket bogs*):
Im hochozeanischen Klima vorwiegend Nordwesteuropas als 1–1,5 m mächtige Torfschicht die Landschaft unabhängig vom Relief überziehend. Vermutlich größtenteils nach anthropogener Entwaldung durch Geländeversumpfung entstanden. Vegetation ähnlich wie 2a, jedoch meist von Zwergsträuchern aus der Familie Ericaceae geprägt.

c. Planregenmoore:
Übergang zwischen Hoch- und Deckenmooren mit nur schwacher Aufwölbung des Torfkörpers und kaum ausgeprägtem Randgehänge. Vegetation wie bei 2a.

3. Mischtypen:
Charakteristisch für die boreale bzw. polare Zone über Permafrost.

a. Aapamoore (*aapa peatlands; string mires*):
Vorwiegend in der borealen Zone verbreitete Moore mit (meist höhenlinienparallelen) streifenförmigen Bulten (*strings*, zeitenweise mit Eiskern) und dazwischen liegenden Schlenken (*flarks*) mit Anschluss an das mineralische Grundwasser. Vegetation: Komplex aus 2a (Bulten, ombrotroph) und Kleinseggenrieden (minerotroph).

b. Palsenmoore (*paalsa bogs*):
Weiterentwicklung der Aapamoore zu mehrere Meter hohen Torfhügeln mit permanentem Eiskern (ombrotroph) in einem Niedermoor. Vorkommen ausschließlich in der nördlichen borealen Zone. Vegetation wie 3a.

c. Polygonmoore (*polygone mires*)
Analog zu Strukturböden aus mineralischem Material durch Auftau- und Gefriervorgänge entstandene Polygone in einer 20–30 cm mächtigen Torfschicht.

___Kasten 6-13_____

Biologie der Moorpflanzen

Moore sind für Pflanzen wegen der Kombination mehrerer ungünstiger Eigenschaften ein besonders extremer Lebensraum. Zu diesen Eigenschaften gehören Anoxie im Wurzelraum, Torfbildung und Nährstoffarmut (Rydin & Jeglum 2006). Um dem Sauerstoffdefizit zu entgehen, haben Moorpflanzen durch Aufweitung der Interzellularräume ein luftleitendes Gewebe ausgebildet, das von den Blättern über den Spross bis in die Rhizome und Wurzeln reicht. Eine Reihe von Arten wie *Carex lasiocarpa* und *Phragmites australis* kann deshalb bis zu 1 m tief wurzeln. Manche Bäume und Sträucher, wie die Arten der Gattung *Alnus*, sind zwar ebenfalls in der Lage, ihre atmenden Gewebe über Lentizellen am Stamm mit Luftsauerstoff zu versorgen; die Effizienz dieses Mechanismus ist aber wegen des starren Holzkörpers ziemlich eingeschränkt. Es verwundert deshalb nicht, dass die Wurzeln aller Gehölze nahe der Bodenoberfläche wachsen, wo die Chance größer ist, beim vorübergehenden Absinken des Moorwasserspiegels in den aeroben Bereich zu gelangen. Sofern die Mooroberfläche nicht gänzlich eben, sondern in Bulten und Schlenken gegliedert ist (s. Kasten 7-2), findet man Holzpflanzen immer auf den erhöhten Bulten.

Im Gegensatz zu Gräsern, Kräutern und einigen Zwergsträuchern wie *Andromeda* sind Gehölze allerdings nicht in der Lage, ihre Sprossachse mit dem wachsenden Torf nach oben zu verlagern. Nimmt die Torfbildungsrate zu, wird die Stammbasis überwachsen und die Pflanze stirbt ab. Nur bei sehr langsamer Torfakkumulation können Bäume und Sträucher einige Zeit überleben, weil sich dann die Enden ihrer Lateralwurzeln nach oben krümmen. Dennoch sind Bäume und Sträucher auf Mooren eher Indikatoren für einen Stillstand des Moorwachstums. Dieser muss nicht anthropogen sein; er kann auch durch natürliche Prozesse wie durch eine Klimaänderung oder eine Verschiebung des Torfkörpers ausgelöst werden.

Um mit den geringen Mengen an Nährstoffen in einem basenarmen Milieu auszukommen, stehen den Moorpflanzen einige Strategien zur Verfügung, die sie in unterschiedlichem Ausmaß nutzen. An erster Stelle steht die Effizienz der Nährstoffaufnahme. Hierzu werden entweder Karnivorie wie bei *Drosera*, *Utricularia* und *Sarracenia*, Symbiosen mit Pilzen (Mykorrhiza) wie bei den Zwergsträuchern der Ericaceae (*Andromeda*, *Vaccinium*, *Calluna*, *Chamaedaphne*), Symbiosen mit Bakterien (Aktinomyceten bei *Alnus* und *Myrica*) oder Halbparasitismus (wie bei *Melampyrum*) eingesetzt. An zweiter Stelle wird, wie bei vielen Gräsern und Grasartigen armer Standorte, der größte Teil (zwischen 40 und 80 %) der

Nährstoffe vor dem herbstlichen Absterben der Blätter und Sprosse in Sprossbasen oder Rhizome verlagert und bis zum Austreiben und zur Blüte (meist schon im zeitigen Frühjahr) bevorratet („Nutzungseffizienz"). Beispiele sind die Cyperaceen und Poaceen unter den Moorpflanzen.

Moore sind ähnlich wie die arktischen Tundren reich an Moosen. Die Artenzahlen erreichen in manchen Moorgebieten diejenigen der Gefäßpflanzen. So besteht die Vegetation der Aapamoore auf der Halbinsel Kola aus 130 Kormophyten- und 110 Moosarten, während dieses Verhältnis in den nordwesteuropäischen Hochmooren Russlands 350 zu 130 beträgt (Masing et al. 2008). Eine besondere Rolle spielt die Gattung *Sphagnum* (Torfmoos) in den Regenmooren. Torfmoose entwickeln eine dichte Vegetationsdecke mit drei bis zehn Moospflänzchen dm^{-2}, deren jährlicher Höhenzuwachs von 1–3 cm bei Bult- (z. B. *Sphagnum magellanicum*, *S. fuscum*) bzw. 3–16 cm bei Schlenken-Torfmoosen (z. B. *S. angustifolium*; nach verschiedenen Quellen aus Mitsch & Gosselink 2007) größer ist, als es die schlechte Nährstoff-

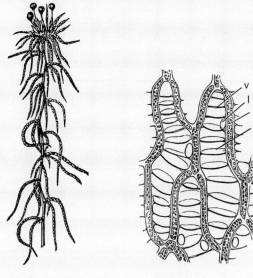

Abb. 1 Spross von *Sphagnum fimbriatum* (links, mit Sporangien) und Aufsicht eines Blattes von *S. palustre* mit chlorophyllhaltigen Zellen (a), Hyalinzellen (w) mit Versteifungsleisten (v) und Poren (l) für den Wassereintritt (aus Schimper 1898).

versorgung erwarten lässt. Die Ursache für diese hohe Wachstumsrate ist in den chemischen Eigenschaften der Zellwände zu finden. Sie enthalten ein pektinartiges Polymer aus Uronsäure (Verhoeven et al. 1997), das wie ein Ionenaustauscher wirkt: Die wenigen mit dem Niederschlag auf die Mooroberfläche auftreffenden Kationen werden gegen Protonen ausgetauscht. Damit bleibt für die höheren Pflanzen nur diejenige Menge an Nährstoffen übrig, die nicht von den Torfmoosen ausgefiltert wird. Die im Austausch abgegebenen Protonen lassen den pH-Wert weiter absinken und machen das Milieu noch zusätzlich unattraktiv für potenzielle Konkurrenten.

Die Polyuronsäuren und weitere phenolische Verbindungen (Tannine) konservieren die abgestorbenen Teile der *Sphagnum*-Sprosse unterhalb der lebenden Moosschicht. Vor allem die *Sphagnum*-Arten der Bulten sind reich an diesen Polymeren. Die Gerbstoffe sind auch dafür verantwortlich, dass Pflanzen und Tiere (sowie Moorleichen) über Jahrtausende gut konserviert werden, was archäologisch von besonderem Interesse ist (Averdieck et al. 1980)

Eine weitere Eigenschaft der *Sphagnum*-Arten ist ihre Fähigkeit, das 15- bis 20-Fache ihrer Biomasse (in abgetropftem Zustand) an Wasser aufzunehmen (Rydin & Jeglum 2006). Sie tun dies mithilfe ihrer toten, ringförmig elastisch versteiften sog. Hyalinzellen, die in den einzelligen Blättern der Moose abwechselnd mit den chlorophyllhaltigen lebenden Zellen in einem bestimmten, für die Identifikation der Arten wichtigen Muster angeordnet sind. Diese Hyalinzellen haben Poren, in die Wasser eindringen kann. Auf diese Weise wird, noch zusätzlich verstärkt durch die kompakte Anordnung der Seitenäste, das Moorwasser mit der wachsenden *Sphagnum*-Decke kapillar nach oben gesaugt. So kann sich die Hochmoorweite über den mineralischen Grundwasserspiegel der Umgebung und des Untergrundes hinausheben.

Abb. 2 Beispiele für Moorpflanzen: a = der sklero-(peino-)morphe Zwergstrauch *Andromeda polifolia*, Ericaceae, ist ein häufiger Bestandteil der Vegetation der Hochmoorweite; b = eine der häufigen, eher minerotrophgen *Sphagnum*-Arten (*S. papillosum*); c = *Scheuchzeria palustris*, Scheuchzeriaceae, die Blumenbinse, ist ein charakteristisches Element der Schlenken in Regenwassermooren; d = *Carex rostrata*, Cyperaceae, ein Verteter der sog. Großseggen in Seggenrieden der Niedermoore.

Wasserüberschuss kann aber auch durch Zufuhr von Grundwasser zustande kommen, z. B. in den Talniederungen großer Flüsse und Ströme und in den ehemaligen Schmelzwassertälern der eiszeitlich geformten Niederungen oder in Flussdeltas. Dort führt ein Anstieg oder Rückstau des flussbegleitenden Grundwasserstromes zu ausgedehnten Vermoorungen (Versumpfungsmoore). Bei der Verlandung von Seen entstehen Verlandungsmoore, in der Umgebung von Quellen an Hängen, an denen ein Grundwasserstrom ausstreicht, Hangquellmoore. Alle diese Moortypen (und einige weitere; s. Kasten 6-12) werden unter dem Begriff **Grundwasser-** oder **Niedermoore** (*fen*) zusammengefasst; sie sind geogen und minerotroph. Niedermoore werden von Cyperaceen und anderen Grasartigen beherrscht, unter denen die Vertreter der Gattungen *Carex* und *Juncus* eine herausragende Rolle spielen. Räumlich oft eng mit Niedermooren verbunden ist die **Süßwassermarsch** (*freshwater marsh*; Rydin & Jeglum 2006). Dabei handelt es sich um ständig oder zeitweise flach überflutete Standorte in der Umgebung von Gewässern ohne Torfauflage. Die Vegetation besteht meist aus hochwüchsigen Poaceen (wie *Phragmites australis*, *Glyceria*), Typhaceae und Cyperaceae. Die größten, heute noch gut erhaltenen europäischen Niedermoor- und Marschgebiete kommen im Grenzgebiet zwischen Weißrussland und der Ukraine (Polesye-Niederung um den Fluss Pripyat) sowie im Donau- und Wolgadelta (Kaspisches Meer) vor. Im nemoralen ostasiatischen Raum gibt es Niedermoore vor allem in der Mandschurei mit einer Gesamtfläche von 68.000 km^2 (An et al. 2007) und auf Hokkaido (Numata 1974). In Nordamerika finden sich großflächige (überwiegend bewaldete) Niedermoore im Nordosten von Minnesota und unzählige Kleinstmoore in nassen Senken der nördlichen Hoch- und Mischgrasprärien (*prairie potholes*).

Bei den **Regenmoore**n der südlichen borealen und nördlichen nemoralen Zone handelt es sich um mehr oder minder aufgewölbte Hoch- und Planregenmoore (Abb. 6-42a, 6-43a). Deren Zentrum, die Hochmoorweite, ist von einer Moosdecke aus *Sphagnum*-Arten bedeckt, in der auf den Bulten die nährstoffökologisch besonders genügsamen, rot (*S. magellanicum*, *S. capillifolium*) oder braun gefärbten Torfmoose (*S. fuscum*) dominieren. In den nassen Schlenken wachsen grüne Torfmoose wie *S. angustifolium*. Nur wenige Phanerogamen können in diesem extrem sauren (pH < 4, C/N-Verhältnis > 30; Succow & Joosten 2001), sauerstoffarmen und nährstoffarmen Milieu gedeihen (Kasten 6-13). Es sind ausnahmslos zirkumboreale Florenelemente, die sowohl in Nordamerika als auch in Europa und Asien vorkommen. Dazu gehören die Cyperaceen *Eriophorum vaginatum* (Cyperaceae), verschiedene *Carex*- (*C. limosa*, *C. magellanica*) und *Rhynchospora*-Arten (*R. alba*, *R. fusca*), karnivore Kräuter wie *Drosera* spp. (Droseraceae) und *Sarracenia purpurea* (Sarraceniaceae; einheimisch in Nordamerika und invasiv in britischen Regenmooren) sowie viele mykorrhizierte Zwergsträucher aus der Familie Ericaceae wie *Andromeda polifolia*, *Ledum palustre*, *Chamaedaphne calyculata*, *Kalmia* spp. (nur in Nordamerika), *Calluna vulgaris* und verschiedene *Vaccinium*-Arten. *Calluna*, *Ledum* und einige der *Vaccinium*-Arten (in Europa *V. myrtillus*, *V. vitis-idaea*, *V. uliginosum*) sind auf Regenmoore bzw. deren Randgehänge (s. Abb. 6-42a) mit gebremstem Torfwachstum, z. B. in weniger ozeanisch geprägten Gebieten Osteuropas und der Gebirge, beschränkt. Solche Moore sind locker bewaldet, in Europa überwiegend mit *Pinus sylvestris*, im Alpenvorland und den Karpaten auch mit *Pinus* × *rotundata* (vermutlich ein Hybridschwarm aus der ostalpinen Bergkiefer *P. mugo* und der westalpinen Hakenkiefer *P. uncinata*; Wisskirchen & Haeupler 1998; s. Kasten 6-14), in Nordamerika mit *Picea mariana*. Die lebende Phytomasse von Hochmooren liegt zwischen 12 (unbewaldet) und 40 t Trockengewicht ha^{-1} (bewaldet) bei einer Nettoprimärproduktion von 2–5 t ha^{-1} a^{-1} (Malmer 1975, Moore & Bellamy 1974, Lütt 1992) und einer Torfakkumulationsrate von 0,3–1,5 t ha^{-1} a^{-1} (10–20 % der NPP; nach verschiedenen Autoren in Succow & Joosten 2001).

Floristisch und standörtlich deutlich vielfältiger sind die **Niedermoore** (Abb. 6-42b, 6-43b) und Süßwassermarschen, deren Vegetation vom Chemismus des Moorwassers (Ca-, Mg- und K- sowie Karbonat-Gehalt) und des Torfkörpers (N- und P-Gehalt) abhängt (Abb. 6-42b). Vereinfacht kann man eutrophe, kalk-oligotrophe und sauer-oligotrophe Moorstandorte unterscheiden. Indikatoren für die Zuordnung sind pH, elektrische Leitfähigkeit und Ca^{++}-Gehalte des Moorwassers sowie das C/N-Verhältnis des Torfes. Eutrophe Standorte entwickeln sich unter dem Einfluss elektrolytreichen Grundwassers oder im Kontakt mit nährstoffreichen Fließ- und Standgewässern in Verlandungs- und Überflutungsmooren. Der Torfkörper ist in der Regel gut zersetzt; das C/N-Verhältnis liegt < 20. Sofern überflutet, wachsen hier Röhrichte aus *Phragmites australis*, *Typha latifolia* und *T. angustifolia*, *Schoenoplectus tabernaemontani*, in Nordamerika auch *Scirpus*-Arten, Seggenriede aus hochwüchsigen *Carex*-Arten (wie *Carex elata*, *C. acuta* u. v. a.) oder Moorwälder (in Europa und Asien aus *Alnus*-Arten; Abb. 6-43d), wenn sie weniger nass sind. In Neuseeland werden solche Standorte von den hochwüchsigen Restionaceen *Empodisma minus* und *Sporadanthus* spp. besiedelt (Campbell 1983; Abb. 6-43c). Kalk-oligotrophe Moorstandorte kommen in Regionen mit Karbonatgesteinen, sauer-oligotrophe in solchen mit Silikatgesteinen vor (C/N = 20–30). Erstere bestehen aus biogenem Karbonatschlamm oder karbonatreichem Torf (pH ≥ 7, limi-

tierender Nährstoff Phosphat), Letztere aus saurem, schlecht zersetztem Torf (pH ≤ 5, limitierende Nährstoffe N und P). Die Vegetation karbonatreicher Moorstandorte setzt sich aus Röhrichten (dominant: *Cladium mariscus* in Europa, *C. chinensis* in Ostasien; s. auch *C. mariscus* ssp. *jamaicense* in den Everglades Floridas, Abb. 5-36d) oder niedrigwüchsigen Cyperaceen (in Europa z. B. *Carex davalliana* und *Schoenus ferrugineus*), diejenige saurer Moorstandorte aus

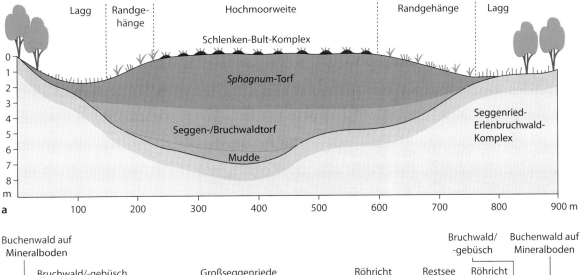

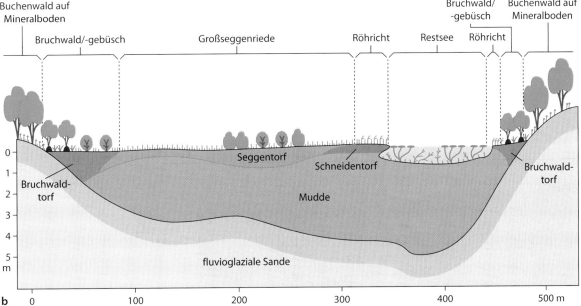

Abb. 6-42 Schematische Querschnitte durch ein Hochmoor im nordwestlichen Mitteleuropa (a) und ein mäßig nährstoffarmes, kalkhaltiges Verlandungsniedermoor mit Restsee in der Jungmoränenlandschaft Nordostdeutschlands (aus Succow & Jeschke 1986, verändert und ergänzt). Mudden sind Unterwassersedimente verschiedener Zusammensetzung (Organomudde, Kalkmudde u. a.). Ihr Vorkommen am Grund von Mooren weist auf deren Entstehung aus einem Gewässer hin. Die organischen Sedimente der Moorböden (Histosole) sind nach den Pflanzen benannt, aus denen sie entstanden sind (Schneidentorf aus der Schneide *Cladium mariscus*, einer hochwüchsigen calciphytischen Cyperacee; Seggentorf besteht überwiegend aus Resten von Großseggen wie *Carex rostrata*; Bruchwaldtorf enthält Holzreste von *Alnus glutinosa* und *Salix*-Arten).

der hochwüchsigen zirkumborealen Fadensegge *Carex lasiocarpa* oder Kleinseggen wie *Carex fusca* zusammen. Auf weniger nassen Böden kommen in Europa und Sibirien (z. B. in der Ob-Aue; Lapshina

2006) Moorwälder und -gebüsche aus *Betula-*, *Pinus-*, *Picea-*, *Salix-* und *Alnus*-Arten vor (Moorkiefernwälder aus *Pinus sylvestris* oder *P. × rotundata*, *Betula humilis*-Gebüsche u. v. m.; Abb. 6-43d). In Nordame-

Abb. 6-43 Beispiele für nemorale und hemiboreale Moore: a = randalpiner Moorkomplex mit Hochmoorinsel in Durchströmungsniedermoor (Pfrühlmoos, Süddeutschland); b = Blick in das weltweite größte Niedermoor (Vasyugan-Moor, Südsibirien) mit *Carex rostrata* und *Carex lasiocarpa*; c = Niedermoor mit *Sporadanthus* sp., Restionaceae (Neuseeland); d = Erlenbruchwald aus *Alnus glutinosa* (bei Nelidowo, Russland); e = Hartpolstermoor aus *Astelia pumila* (Asteliaceae; Feuerland, Argentinien; Foto H. Joosten).

rika besiedelt *Thuja occidentalis* ausgedehnte Moorgebiete z. B. in Minnesota (Lake-Agassiz-Ebene; Wright et al. 1992). Ihre Phytomasse (lebend) kann bis zu 100 t Trockengewicht ha^{-1}, die Nettoprimärproduktion bis zu 17 t ha^{-1} a^{-1} betragen (Schilfröhrichte; Kvet 1971), während die Torfakkumulationsrate wegen der günstigeren Lebensbedingungen für Mikroorganismen mit 0,1–1 t ha^{-1} a^{-1} deutlich niedriger liegt als in Regenmooren (nach verschiedenen Autoren aus Succow & Joosten 2001).

Für nordamerikanische Feuchtgebiete sind im ehemals vergletscherten, mittleren und nördlichen Teil der Prärien die sog. *prairie potholes* besonders typisch (Richardson 2000, Van Der Valk 2005). Es handelt sich dabei um meist abflusslose Geländesenken (Sölle) mit einer Größe von < 0,5–5 ha, die überwiegend auf Toteis zurückzuführen sind. Ihre Zahl dürfte vor der europäischen Einwanderung rund 12,6 Mio. betragen haben; das entspricht einer Fläche von rund 63.000 km^2. Im Zug der Umwandlung der Prärien in Ackerland wurden zwischen 35 % (South Dakota) und 90 % (Iowa) drainiert oder verfüllt. Die verbliebenen Sölle bilden immer noch ein bedeutendes Brutgebiet für Wasservögel. Ihre Vegetation besteht aus *Typha*-, *Carex*- und *Scirpus*-Arten, unter die sich zahlreiche kleinwüchsige Dikotyle wie *Parnassia palustris* und *Lysimachia thyrsiflora* mischen.

Eine Sonderstellung unter den Mooren nehmen die Feuchtgebiete des **magellanischen Moorlandes** in Feuerland und im Süden Patagoniens ein (Pisano 1983, Arroyo et al. 2005; Abb. 6-43e). Bei gleichmäßig über das Jahr verteilten Niederschlägen von 800–5.000 mm kommen ombrogene Regenmoore in windgeschützten und geogene Hartpolstermoore in windausgesetzten Lagen vor. Erstere bestehen aus einer geschlossenen Moosdecke aus *Sphagnum magellanicum* mit vorwiegend holantarktischen Gattungen wie *Marsippospermum grandiflorum* (Juncaceae) und *Tetroncium magellanicum* (Juncaginaceae), Letztere sind durch die Hartpolster *Donatia fascicularis* (Donatiaceae) und *Bolax caespitosa* (Apiaceae) mit nur geringem Moosanteil besiedelt. Die Hartpolster stellen offenbar eine Reaktion der Evolution auf extrem windverblasene Geländerücken in einem kühlen Klima mit ganzjähriger Vegetationszeit dar (Grootjans et al. 2010); sie treten (allerdings mit der Gattung *Azorella*) auch in tropischen Hochgebirgen oberhalb der Baumgrenze auf (s. Abschn. 4.5.4).

Moore sind in den europäischen Industrienationen der nemoralen Zone seit Beginn der landwirtschaftlichen Industrialisierung um die Mitte des 19. Jahrhunderts durch Entwässerung, Umbruch und Torfabbau erheblich zurückgegangen. In Europa dürfte der Verlust etwa 52 % betragen; von 617.000 km^2 sind 322.000 km^2 torfbildende Moore verschwunden (Joosten & Clarke 2002). In einigen moorreichen europäischen Ländern liegt der Verlust bei über 90 % (Deutschland, Niederlande, Großbritannien, Dänemark). Bedenkt man, dass aus Niedermooren unter Ackerkultur durch oxidativen Torfabbau klimaschädliche Gase in der Größenordnung von gut 10.000 kg CO_2-C-Äquivalente ha^{-1} a^{-1} (in Deutschland ca. 1,2 Mio. ha = 85 % der Torflagerstätten; Joosten & Clarke 2002) freigesetzt werden, die Niedermoore also von einer Stoffsenke zu einer klimabelastenden Stoffquelle geworden sind, wird deutlich, dass die Moorrenaturierung durch Wiedervernässung eine wichtige gesellschaftliche Aufgabe darstellt. Verfahren hierzu werden in vielen Moorgebieten der Erde erprobt und durchgeführt (Schumann & Joosten 2008).

6.5 Nemorale Hochgebirge

6.5.1 Einführung und Überblick

Von den weltweit 16,7 Mio. km^2 Hochgebirgen (definiert als Gebiete > 1.500 m NN und mit einer Hangneigung ≥ 2°; s. Kapos et al. 2000) liegen 44 % in den temperaten (warm-, kühl- und kaltgemäßigten) und polaren Zonen der Nordhemisphäre, davon 1,3 Mio. km^2 in Nordamerika, 0,6 Mio. km^2 in Europa, 1,4 Mio. km^2 im Vorderen Orient sowie 3,7 Mio. km^2 im mittel- und ostasiatischen Raum (einschließlich des Himalaya-Gebirgssystems) sowie 0,4 Mio. km^2 in der Russischen Föderation (Tab. 6-11, Abb. 6-44). Von den in Abschn. 1.3.4.3 aufgeführten hygrischen Hochgebirgstypen sind alle vier vertreten: Neben den vollhumiden Gebirgen (Typ A) gibt es teilaride Gebirge in aridem Umland mit einer unteren hygrischen und einer oberen thermischen Waldgrenze (Typ B), unbewaldete vollaride Gebirge in aridem Umland (Typ C) und teilhumide Gebirge mit Luv-Lee-Kontrast (Schroeder 1998).

Wie in den Subtropen (s. Abschn 5.5) ähnelt die etageale Vegetationsabfolge der nemoralen Hochgebirge der horizontalen, breitengradparallelen Zonierung. Der fortgeschrittenen Annäherung an die polare Zone entsprechend fehlt aber die subtropische Stufe aus lauro- oder sklerophyllen Wäldern; die Höhenzonierung besteht deshalb nur aus der (oreo-) nemoralen, oreoborealen, alpinen und nivalen Stufe. Dies gilt für die nordhemisphärischen Gebirge. Auf

Tab. 6-11 Nemorale Hochgebirge.

Region	Gebirge	höchster Gipfel	Meeres-höhe (m NN)	Gebirgs-typ[1]	Angaben bei
Nordamerika	Appalachen	Mt. Mitchell	2.037	vollhumid	Bliss 1963, Cogbill & White 1991, Box 2004a
	Kaskadengebirge	Mt. Rainier	4.392	teilhumid	Douglas & Bliss 1977
	Rocky Mountains	Mt. Elbert	4.399	teilhumid	Komárková 1979, Campbell 1997, Peet 2000, Bowman & Seastedt 2001, Box 2004b
Europa	Pyrenäen	Pico de Aneto	3.404	vollhumid	Ninot et al. 2007
	Alpen	Mont Blanc	4.807	vollhumid	Mayer 1974, Ozenda 1988, Burga et al. 2004
	Karpaten (Tatra)	Gerlachovský Štít	2.655	vollhumid	Szafer 1966, Coldea et al. 2004
	Kaukasus	Elbrus	5.642	teilhumid	Walter 1974, Narkhutsrishvili 1999, Volodicheva 2002, Narkhutsrishvili et al. 2004
	Süd-Ural	Jamantau	1.640	teilhumid	Gortschakowski 2004
Vorderer Orient	Pontisches Gebirge	Kaçkar Daği	3.937	teilhumid	Mayer & Aksoy 1986
	Elburz	Damavand	5.604	teilhumid	Noorozi et al. 2008
	Kopet-Dag	Kuh-e-Qutchan	3.191	teilarid	Walter et al. 1994
Mittelasien	Pamir	Kongur Tagh	7.579	vollarid	Walter et al. 1994
	Tian Shan-Gebirgssystem	Pik Pobeda	7.439	teilhumid	Walter et al. 1994
	Altai-Sayan-Gebirgssystem	Belucha	4.506	humid–teilarid	Shahgedanova et al. 2002, Pfadenhauer 2009, Ermakov & Zibzeev 2012
Zentralasien	Qinghai-Tibet-Hochebene		4.000–5.500	teilarid	Chang 1981, Miehe et al. 2011
	Kunlun Shan, Altun Shan und Nan Shan	Liushi Shan	7.167	teilarid	Dickoré 1991, Wang et al. 2002, Kürschner et al. 2005
	Qinling Shan	Taibai Shan	3.767	vollhumid	Chen 1987
Ferner Osten	Changbai Shan	Paito Shan	2.744	vollhumid	Chen 1987, Qian et al. 1999, Klötzli 2004f
	Sikhote-Alin	Tordoki-Jani	2.077	vollhumid	Grishin et al. 1996, Ivanov 2002
	Japanische Alpen	Yarigadake	3.190	vollhumid	Gansert 2004, Ohba 1974
	Daisetsusan	Asahidake	2.290	vollhumid	Ohba 1974, Sato & Grabherr 2004
Patagonien, Feuerland	Südanden	San Valentín	4.058	teilhumid	Freiberg 1985, Ferreyra et al. 1998, Hildebrand-Vogel et al. 1990
Neuseeland	Neuseeländische Alpen	Mt. Cook	3.764	vollhumid	Mark & Dickinson 1997

[1] Hygrische Hochgebirgstypen nach Abschn. 1.3.4.3.

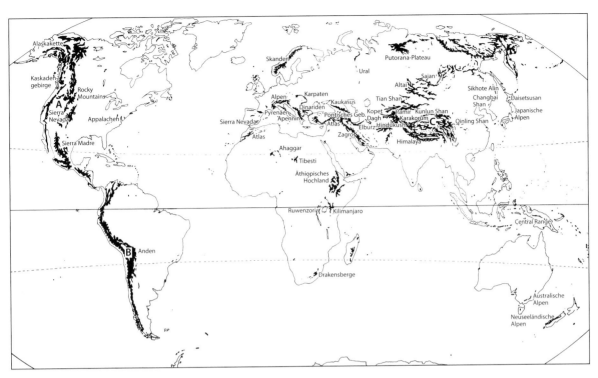

Abb. 6-44 Verbeitung der alpinen Stufe der Hochgebirge der Erde (aus Körner 1995, verändert und ergänzt, reproduziert mit Genehmigung von Springer Science & Business Media), mit Angabe der flächenhaft bedeutenden Hochländer: A = Great Basin, USA; B = Altiplano, Peru, Bolivien; C = Qinghai-Tibet-Hochebene, China.

der Südhalbkugel ist, wie in Abschn. 5.5 schon ausgeführt (s. auch Kasten 7-1), die boreale Stufe nicht ausgebildet. Hier wird die Waldgrenze von nemoralen sommer- oder immergrünen Wäldern gebildet, wobei die am höchsten steigenden Bäume jeweils eine eigene Krummholzstufe entwickeln. Die Zonierung der Formationen in den Gebirgen der Nordhemisphäre sieht deshalb folgendermaßen aus (Abb. 6-45):

- Planar bis mittelmontan: **oreonemorale Stufe** mit – je nach Humidität – sommer- bzw. immergrünen Laubwäldern, im nordwestlichen Nordamerika auch nemoralen Nadelwäldern, oder Steppen bzw. Halbwüsten; unterteilt in eine untere und eine obere (oreohemiboreale) Stufe.
- Hochmontan und subalpin: **oreoboreale Stufe** mit immergrünen (dunkle Gebirgstaiga) oder sommergrünen Nadelwäldern (helle Gebirgstaiga), unterteilt in eine untere (boreal-hochmontan) und eine obere oreoboreale Stufe. Die obere oreoboreale Stufe (= subalpine Stufe) bildet das Waldgrenzökoton, das zwischen Wald- und Baumgrenze liegt.
- **Alpine** (oreopolare) **Stufe**: Gras- und Zwergstrauchtundren oberhalb der Baumgrenze mit

zahlreichen Arten, die auch in den polaren Tundren gedeihen; unterteilt in die untere (vorwiegend mit Zwergsträuchern besiedelte) und mittlere alpine Stufe (Dominanz von Gräsern und Grasartigen) mit geschlossener Vegetationsdecke, gefolgt von der oberen (subnivalen) Stufe, vorwiegend mit Schuttvegetation.
- **Nivale Stufe**: Nur noch vereinzeltes Vorkommen von Blütenpflanzen, Moosen und Flechten. Sonst weitgehend vegetationsfrei.

Mit zunehmender Meereshöhe ändern sich Klima-, Boden- und Vegetationsmerkmale. So nimmt in allen nemoralen Gebirgen der Jahresniederschlag tendenziell von unten nach oben zu (im Mittel etwa um 40–50 mm pro 100 Höhenmeter; nach Lauscher 1976), allerdings je nach Lage in unterschiedlichem Ausmaß (Abb. 6-46). Ein Teil des Niederschlags fällt als Schnee, wobei die Schneedecke in der Regel von unten nach oben immer mächtiger wird und in den höheren Lagen länger liegen bleibt. In der alpinen Stufe ist die Schneeverteilung in Abhängigkeit vom Relief und der Länge der Aperzeit ein entscheidendes Merkmal für die Ausbildung der Pflanzendecke (s. Abschn. 6.5.4). Die Temperatur sinkt im Jahres-

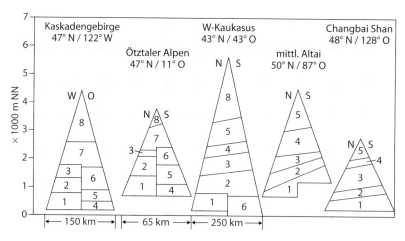

Abb. 6-45 Höhenstufen einiger nemoraler Gebirge: Kaskadengebirge, nordwestliches Nordamerika (nach einer Vorlage aus Schroeder 1998, ergänzt nach Douglas & Bliss 1977, Box 2004b): 1 = Feucht-Koniferenwald aus *Tsuga heterophylla* und *Pseudotsuga menziesii* (nemoral); 2 = dito, aus *Abies amabilis*, *A. procera* und *A. lasiocarpa*, Übergang zu 3; 3 = dunkle Gebirgstaiga aus *Abies lasiocarpa* und *Tsuga mertensiana* (oreoboreal); 4 = *Artemisia tridentata*-Halbwüste (nemoral); 5 = Trocken-Koniferenwald aus *Pinus ponderosa* (nemoral); 6 = oreo-hemiborealer Feucht-Koniferenwald (Übergang zu 3); 7 = alpine Wiesentundren (*Carex capitata*, *Festuca viridula*), Zwergstrauchheiden (mit *Cassiope mertensiana*) und Hochgebirgssteppen (*Kobresia myosuroides*, *Danthonia intermedia*); 8 = nivale Stufe.
Ötztaler Alpen (nach Ellenberg 1963): 1 = nemoraler Koniferenwald aus *Picea abies*; 2 = dunkle Gebirgstaiga aus *Pinus cembra*, *Picea abies* und *Larix decidua* (oreoboreal); 3 = Krummholz aus *Pinus mugo* oder *Alnus alnobetula* (oreoboreal); 4 = nemoraler sommergrüner Laubwald aus *Quercus pubescens*; 5 = untere dunkle Taiga aus *Picea abies* (oreoboreal); 6 = obere dunkle Taiga aus *Pinus cembra* und *Larix europaea* (oreoboreal); 7 = Wiesentundra (*Festuca* spp.) und Hochgebirgssteppen (*Carex curvula*, *Kobresia myosuroides*); 8 = nivale Stufe.
Westkaukasus (nach Walter 1994, Nakhutsrishvili et al. 2004): 1 = Hochgras- und Waldsteppe (nemoral); 2 = sommergrüner Laubwald aus *Fagus orientalis* (nemoral); 3 = dunkle Taiga aus *Abies nordmanniana* und *Picea orientalis* (oreoboreal); 4 = Krummholz aus *Fagus orientalis* und *Betula* spp., üppige Hochstaudenfluren und subalpine Wiesen (oreoboreal); 5 = krautreiche Wiesentundra aus *Festuca varia* und *Kobresia* spp. sowie Zwergstrauchtundren (subtropisch-alpiner Typ; s. Abschn. 6.5.4.5) aus *Rhododendron caucasicum*; 6 = sommergrüner kolchischer Laubwald mit Immergrünen (nemoral); 8 = nivale Stufe.
Mittlerer Altai (nach Kuminova aus Walter 1994, Pfadenhauer 2010): 1 = Hochgrassteppen und Waldsteppen mit *Larix sibirica* (nemoral); 2 = helle Gebirgstaiga aus *Larix sibirica* (oreoboreal); 3 = dunkle Gebirgstaiga aus *Pinus sibirica* (oreoboreal), nach oben weitständig mit *Betula nana* ssp. *rotundifolia* im Unterwuchs; 4 = alpine, krautreiche Wiesentundra aus *Carex ledebouriana* u. a. und Hochgebirgssteppen aus *Kobresia* spp.; 5 = nivale Stufe.
Changbai Shan (nach Chen 1987, Klötzli 2004f): 1 = sommergrüner Laubwald aus *Acer*, *Tilia*, *Quercus* (nemoral); 2 = wie 1, mit zunehmedem Anteil von *Pinus koraiensis* (oreohemiboreal); 3 = dunkle Taiga aus *Picea jezoensis* und *Abies nephrolepis* (oreoboreal), an der Obergrenze an trockenen Standorten *Larix gmelinii*; 4 = Krummholz aus *Betula ermanii* und *Pinus pumila*; 5 = Zwergstrauch- und Wiesentundra.

mittel um 0,6 °C pro 100 Höhenmeter, wobei die Spanne von 0,4 oder weniger (in wolkenarmen, kontinental geprägten Regionen) bis 0,8 °C reicht (in wolkenreichen ozeanischen Gebirgen; Nagy & Grabherr 2009). Dementsprechend nimmt die thermische Vegetationszeit um rund acht bis zehn Tage pro 100 Höhenmeter ab. Sie dauert in der alpinen Stufe (bezogen auf eine tägliche Mitteltemperatur von ≥ 5 °C) lediglich rund 70 bis 80 Tage (Körner 2003b; Tab. 6-12). In welcher Meereshöhe dieser Bereich anzutreffen ist, hängt wiederum von Form und Lage und des Gebirges ab: Größere Gebirgsmassive sind strahlungsreicher und im Sommer wärmer als isolierte, einzeln stehende Berge („Massenerhebungseffekt“; s. Abschn. 1.3.4.3); das Gleiche gilt für Hochgebirge im

Innern der Kontinente im Vergleich zu meernahen. So liegt beispielsweise die Baumgrenze in den kontinental getönten Zentralalpen um 200–300 m höher als in den wolkenreichen strahlungsärmeren (ozeanischen) Randalpen.

Diese klimazonale Höhenabfolge der Vegetation wird geländeklimatisch weiter differenziert: Wegen der höheren Oberflächentemperaturen steigen die Vegetationszonen an sonnseitigen Hängen um rund 200 m höher als an schattseitigen (entsprechend einer Temperaturdifferenz von etwas mehr als 1 °C). Hygrische Unterschiede zwischen Luv- und Lee-seitigen Lagen führen in manchen nemoralen Gebirgen zu einem expositionsbedingten Nebeneinander von Wäldern und Steppen. In der alpinen Stufe bewirkt

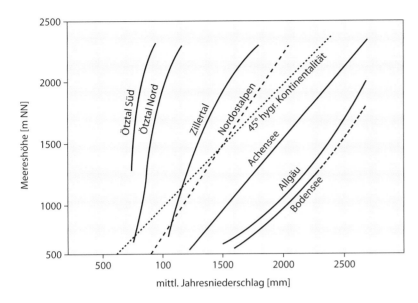

Abb. 6-46 Abhängigkeit der jährlichen Niederschlagsmenge von der
Meereshöhe in einigen Gebieten der
Ostalpen sowie Durchschnittswerte
der Nordostalpen und hygrische Kontinentalität (nach Turner 1961 aus Holtmeier 2000). Die hygrische Kontinentalität (nach Gams 1931) ergibt sich
aus dem Verhältnis von Meereshöhe
(m) und Jahresniederschlagsmenge
(mm). Bei Werten links dieser Linie ist
das Klima im hygrischen Sinn kontinental, bei Werten rechts der Geraden
ozeanisch. In den kontinentalen Ötztaler Alpen steigt die Niederschlagsmenge mit zunehmender Meereshöhe
kaum an.

ein durch frostdynamische Prozesse (z. B. Gefluk-
tion, Kryoturbation, Entwicklung von Strukturböden
und Eiskeilpolygonen; Näheres s. Abschn 8.1.3) her-
vorgerufenes Kleinrelief ein Mosaik aus Zwerg-
strauch-, Gras- und Moostundren auf thermisch und
hygrisch verschiedenen Mikrostandorten. Schließlich differenzieren äolische Vorgänge (Verfrachtung
von Feinmaterial mit dem Wind) und Massenbewegungen wie Muren, Bergstürze und bewegliche
Schutthalden die Pflanzendecke, indem sie immer
wieder neue Pionierstandorte hervorbringen und
Sukzessionen in Gang setzen. Aus dieser klima-,
relief- und substratbedingten Dynamik erklären sich
die hohen Artendichten der nemoralen Hochgebirge
(Tab. 6-14; s. Kasten 6-14).

6.5.2 Die oreonemorale und oreoboreale Stufe

In den **vollhumiden Gebirgen** und auf den Luvhängen der **teilhumiden Gebirge** besteht die untere
oreonemorale Stufe aus der jeweiligen zonalen
(nemoralen) Waldvegetation, südhemisphärisch aus
immergrünen (Lorbeer- und *Nothofagus*-Wälder),
nordhemisphärisch (bis auf den Nordwesten Nordamerikas mit Feucht-Koniferenwäldern) aus sommergrünen Laubwäldern, in denen mit steigender
Meereshöhe immer mehr Nadelbäume borealen
Charakters auftreten (obere oreonemorale Stufe). In
Europa gehören hierzu *Picea abies* sowie *Abies alba*
(im Westen) und *A. nordmanniana* (im Osten), in

Nordamerika *Picea rubens* und *Abies balsamea* (im
Osten) sowie *Picea engelmannii* und *Abies lasiocarpa*
u. a. (im Westen), in Ostasien zahlreiche *Picea-* und
Abies-Arten wie z. B. *Picea jezoensis*, *Abies nephrolepis*, *Abies fargesii* (Changbai Shan) und *A. mariesii*
(Japan). Solche mittelmontanen Mischwälder aus
Laub- und Nadelbäumen, die man in den Alpen als
Bergmischwälder bezeichnet, entsprechen den hemiborealen Wäldern an der Nordgrenze der feuchten
nemoralen Zone und werden deshalb von Ahti et al.
(1968) als „oreo-hemiboreal" bezeichnet (Abb.
6-47a). Die Zunahme der Nadelbäume nach oben ist
als Reaktion auf die abnehmende Dauer der Vegetationszeit zu verstehen: Der immergrüne Charakter
der Koniferen mit den kompakten, skleromorphen,
frostresistenten und langlebigen Assimilationsorganen (s. Abschn. 1.3.4.1) ist von Vorteil in einem
Klima mit – im Vergleich zum Tiefland – kürzeren
und kühleren Sommern, in denen die Zeit nicht ausreicht, um genügend neue Nadeln für eine positive
Stoffbilanz zu bilden.

An der Obergrenze der oreonemoralen Stufe fallen schließlich die sommergrünen Laubbäume komplett aus; lediglich einige kurzlebige, regenerationsfreudige Pionierbaumarten der Gattungen *Betula*
und *Alnus* sowie *Sorbus* (wie *S. aucuparia* in Europa,
S. matsumurana in Japan) steigen bis zur Waldgrenze
empor. Die nach oben anschließende oreoboreale
Stufe wird meist von immergrünen Nadelbäumen
der Gattungen *Abies*, *Picea* und *Pinus* eingenommen.
Diese während des ganzen Jahres im Innern dunklen
Wälder werden mit dem aus der russischen Terminologie stammenden Begriff „dunkle Taiga" belegt

(Abb. 6-47b). Da es sich hier um eine Gebirgs-Nadelwaldstufe handelt, sprechen wir von „**dunkler Gebirgstaiga**". In ostasiatischen Gebirgen schiebt sich zwischen diese und die alpinen Tundren ein Wald-gürtel ein, der aus *L. potaninii* (Qinling Shan) bzw. *L. gmelinii* (Changbai Shan) besteht. Da diese sommergünen Lärchen mehr Licht auf den Waldboden lassen, spricht man von „**heller Gebirgstaiga**". In der

Abb. 6-47 Beispiele für oreoboreale Wälder in den nemoralen Hochgebirgen. a = oreo-hemiborealer Bergmischwald (Šumava, Tschechien) mit *Fagus sylvatica*, *Abies alba* und *Picea abies*; b = dunkle Gebirgstaiga aus *Pinus sibirica* am Berg Sarlik (Altai) mit Hochstaudenflur im Vordergrund (*Veratrum lobelianum*, *Rhaponticum carthamoides*); c = helle Gebirgstaiga aus *Larix sibirica* mit hygrischer Unter- und thermischer Obergrenze (Südost-Altai, Russland); d = offener *Picea schrenkiana*-Wald zwischen Lawinenbahnen im Kungey Alatau, Kasachstan (Foto S.-W. Breckle); e = durch Borkenkäferbefall nach partiellem Windwurf abgestorbener und sich regenerierender oreoborealer *Picea abies*-Wald (Nationalpark Bayerischer Wald).

Feldschicht macht sich dieser Unterschied beim Lichtklima in der Artenzusammensetzung bemerkbar: Die helle Gebirgstaiga ist in der Regel artenreicher und enthält mehr lichtbedürftige Kormophyten, aber weniger azidophytische, schattenverträgliche Zwergsträucher und Moose, die in der dunklen Gebirgstaiga zur Dominanz gelangen. Ganz ähnlich ist die Situation übrigens bei der zonalen dunklen und hellen Taiga in der borealen Zone (s. Abschn. 7.2). Wenn der Mensch nicht eingreift, unterliegen oreoboreale Wälder denselben Regenerationsprozessen, wie wir sie später für die borealen Wälder besprechen (s. Abschn. 7.3.2; Kasten 7-3), ausgelöst durch Schädlingsbefall, Feuer oder Windwurf (Abb. 6-47e).

In den **teilariden Hochgebirgen** Mittel- und Zentralasiens wie im mittleren und östlichen Altai besteht der oreoboreale Waldgürtel zur Gänze aus *Larix sibirica*. Er grenzt nach unten an die nemorale Steppen- oder Halbwüsten-Vegetation an, hat also eine hygrische Untergrenze, der eine thermische Obergrenze gegen die Rasen der alpinen Stufe entspricht (Abb. 6-47c). Solche hygrischen Waldgrenzen

sind auch im Tian Shan (im Fall der sommergrünen kirgisischen Walnuss-Wildobst- und der *Picea schrenkiana*-Wälder; Abb. 6-47d) sowie in den teilariden Rocky Mountains und am Ostabfall des Kaskadengebirges weit verbreitet, wo die Prärien und Beifuß-Halbwüsten in nemorale Trockengehölze oder Trocken-Kiefernwälder übergehen. Diese Trockengrenzen sind, in ähnlicher Weise wie die thermische Waldgrenze in der subalpinen Stufe, als Waldgrenzökoton ausgebildet; es handelt sich meist um ein (wegen der Steilheit der Gebirgshänge schmales) Band einer Gebirgs-Waldsteppe.

Die oreoboreale Stufe ist durchgängig in nahezu allen humiden und teilhumiden nemoralen Hochgebirgen der Nordhemisphäre vorhanden. Sie fehlt lediglich im Elburz-Gebirge, wo oberhalb der tiefliegenden Wolkenkondensationszone zu wenige Niederschläge für die Ausbildung einer Gebirgstaiga fallen (Schroeder 1998) und deshalb die für die vollariden nemoralen Gebirge typischen Dornpolsterfluren auftreten. In der Mehrzahl der Gebirge beginnt die boreale Stufe bei etwa 1.400–1.500 m NN und

Tab. 6-12 Lage der Unter- und Obergrenze der borealen Nadelwaldstufe und wichtige Gehölzarten voll- und teilhumider (Luvseite) Gebirge.

Gebirge	boreal-hochmontan	boreal-subalpin
Nord-Appalachen	700–1.350 m	1.350–1.500 m
	Picea rubens, Abies balsamea	*Picea rubens, Abies balsamea*
Kaskadengebirge, Luv	1.300–1.800 m	1.800–2.000 m
	Abies lasiocarpa, Picea engelmannii, Tsuga mertensiana	*Abies lasiocarpa, Picea engelmannii, Tsuga mertensiana*
Ostalpen, Nordteil	1.400–1.800 m	1.800–2.000 m
	Picea abies, Pinus cembra, Larix decidua	*Pinus mugo, Alnus alnobetula*
Westkaukasus, Südseite	1.500–2.000 m	2.000–2.200 m
	Abies nordmanniana, Picea orientalis	*Fagus orientalis, Betula* spp.
Pontisches Gebirge	1.400–2.000 m	2.000–2.200 m
	Picea orientalis, Abies nordmanniana	*Pinus sylvestris, Rhododendron ponticum*
Qinling Shan	2.200–3.400 m	3.400–3.600 m
	Picea asperata, Abies chensiensis u. a.; oberhalb 3.200 m *Larix potaninii*	*Rhododendron* spp., *Salix* spp., *Quercus ilicifolia*
Changbai Shan	1.000–2.000 m	2.000–2.200 m
	Picea jezoensis, Abies nephrolepis, oberhalb 1.700 m *Larix gmelinii*	*Pinus pumila, Betula ermanii*
Daisetsusan	800–1.800 m	1.800–2.200 m
	Abies sachalinensis, Picea jezoensis	*Pinus pumila, Betula ermanii*

endet bei 1.800–2.000 m NN (Abb. 6-45). Abweichend davon liegt sie in den Nord-Appalachen, auf Hokkaido und im Changbai Shan, also an der Nordgrenze der nemoralen Laubwaldzone, um einige 100 m tiefer, jedoch an ihrer Südgrenze (z. B. im Qinling Shan) um rund 500 m höher. Darüber folgt das Waldgrenzökoton der oberen oreoborealen (subalpinen) Stufe, das rund 200 Höhenmeter einnimmt und an der Baumgrenze in die Tundren der alpinen Stufe übergeht (s. Abschn. 6.5.3).

In den **vollariden Gebirgen** kommen Wälder, wenn überhaupt, nur in unteren Lagen oder in Talauen vor. Eine für die Ausweisung einer oreoborealen Stufe diagnostisch wichtige Gebirgstaiga fehlt. Aus dem vereinzelten Auftreten von *Juniperus*-Offenwäldern im Pamir und *Juniperus sabina*- bzw. *J. pseudosabina*-Beständen im mongolischen Altai kann man auf eine theoretische Waldgrenze zwischen 2.800–3.200 m NN schließen. Ansonsten besteht die Vegetation aus Gebirgshalbwüsten und Gebirgssteppen (mit *Stipa caucasica* und *Festuca valesiaca*) sowie Dornpolster-Vegetation.

6.5.3 Das Waldgrenzökoton

Das nemorale Waldgrenzökoton (subalpin) nimmt den Raum zwischen Wald- und Baumgrenze ein (Abb. 6-48). Als **Waldgrenze** (*timberline*) wird die Obergrenze des geschlossenen Waldes bezeichnet. Als „geschlossenen Wald" bezeichnet man einen Bestand aus Bäumen, deren Kronen sich berühren oder überschneiden. Andernfalls handelt es sich um einen „Offenwald (*woodland*). Ein „Baum" ist ein Holzgewächs, das klar erkennbar aus einem Stamm und einer Krone besteht und mindestens drei Meter groß ist (s. Körner 2012). Die **Baumgrenze** (*treeline*) verbindet die höchsten Vorkommen von „Bäumen" (mit der eben genannten Definition). Wald- und Baumgrenze werden durch die Oberflächengestalt (trockene Geländerücken, feuchte Mulden), lokalklimatische Eigenschaften (Kaltluftströme) und Störungen (Lawinen u. a.) beeinflusst, sodass sie meist nicht geradlinig entlang der Isohypsen, sondern wellen- oder zapfenförmig verlaufen. Oberhalb der Baumgrenze gibt es vereinzelte Vorkommen von meist nur strauchförmig wachsenden Baumindividuen oder -gruppen, die es geschafft haben, sich in vorübergehend thermisch günstigen Klimaperioden oder im Schutz von Zwergsträuchern oder Felsen zu entwickeln. Sie verschwinden wieder, sobald sie aus dem Einflussbereich der warmen bodennahen Luftschicht (und der schützenden Schneedecke) herausgewach-

sen und ihre Kronen der kühleren und windigeren Atmosphäre ausgesetzt sind. Da das Baumwachstum primär durch niedrige Temperaturen im Wurzelraum begrenzt ist (Körner 2003b), sterben solche *outposts* ab, sobald der Schatten der eigenen Baumkrone die Bodentemperatur unter einen Schwellenwert von < 7 °C drückt. Die Obergrenze dieser Kleinbäume und Sämlinge wird als **Baumartengrenze** (*tree species line*) bezeichnet.

In Abschn. 1.3.4.3 sind wir bereits auf die ökologischen Bedingungen der Wald- und Baumgrenze in den Hochgebirgen der Erde eingegangen. Aus der Fülle der Literatur, die hierzu in den vergangenen Jahrzehnten gerade auch aus der kühl-gemäßigten Zone publiziert wurde, lässt sich die Situation zusammenfassend wie folgt beschreiben (s. auch Holtmeier 2000, 2009, Körner 2003b, 2012):

1. Im eher ozeanisch geprägten oder winterfeuchten (mehr oder minder schneereichen) Hochgebirgsklima (Appalachen, west-, mitteleuropäische und ostasiatische Hochgebirge) wird das Waldgrenzökoton von **Krummholz** beherrscht (Abb. 6-49a). Krummholz besteht aus 2–4 m hohen, mit biegsamen, bogenförmig aufsteigenden Stämmen ausgestatteten, strauchförmig wachsenden Gehölzen und belegt den Raum zwischen Wald- und Baumgrenze. Wenn Baumwuchs durch mechanische Einflüsse nicht (wie in regelmäßig von Lawinen und Steinschlag heimgesuchten Geländerinnen) oder noch nicht (als Pioniervegetation auf Schutthalden und Muren) möglich ist, kommen solche Gebüsche aber auch in tieferen Lagen vor. Die durch Schneedruck an den Boden gepressten Äste können sich bewurzeln, sodass Polykormone entstehen. Krummholz wird als Selektionsvorteil bei den in dieser Höhenlage häufigen mechanischen Störungen gedeutet; es ist charakteristisch für subtropische, nemorale und boreale Hochgebirge mit ausgeprägtem Winter und günstigen thermischen Bedingungen in Bodennähe und fehlt in den Tropen völlig (s. Abschn. 2.3). In schneereichen und feuchten Lagen handelt es sich um sommergrüne Laubsträucher, wie z. B. *Alnus alnobetula* (Grünerlengebüsche) an steilen Mergelhängen im Alpen- und Karpatenraum sowie in den zentralen Rocky Mountains (ssp. *sinuata*) und *Betula ermanii* im Sikhote-Alin und in den japanischen Gebirgen (hier mit *Alnus maximowiczii*). Auf den trockeneren Standorten dominieren Nadelgehölze, die in Europa (als *Pinus mugo*) und in Ostasien (als *Pinus pumila*) weitgehend die Physiognomie der subalpinen Stufe bestimmen. Ihr niedriger Wuchs ist genetisch bestimmt, also artspezifisch.

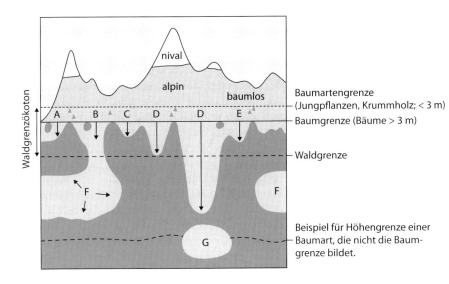

Abb. 6-48 Schematische Darstellung des Waldgrenzökotons (aus Körner 2012, geringfügig verändert). A–G kein Baumwuchs möglich: A = Rohboden (Fels), B = Kaltluftstrom, C = Schneetälchen, D = Lawinenbahnen, Schutthalden, E = Bergsturz, F = Feuer, Abholzung, Beweidung, G = nasse Flächen.

2. Wo die o. g. Krummholzarten fehlen, können auch Bäume unter den ungünstigen Bedingungen des Waldgrenzökotons buschförmigen Wuchs annehmen; die vielleicht bekanntesten Beispiele bilden *Nothofagus pumilio* an der Waldgrenze der Südanden und *N. menziesii* in Neuseeland (Abb. 6-49b). Hier wird der Wald mit steigender Meereshöhe immer niedriger, ohne seinen geschlossenen Charakter zu verlieren, und hört als Krummholz ziemlich unvermittelt am Rand der alpinen Vegetation auf. Oberhalb dieser Grenze findet man keine Jungpflanzen von Bäumen mehr; eine Baumartengrenze fehlt. Offensichtlich sind die *Nothofagus*-Arten nicht in der Lage, außerhalb ihres eigenen Schutzschirmes zu keimen und aufzuwachsen (Wardle 2008). Bemerkenswert ist, dass auch *Fagus* auf der Nordhemisphäre in schneereichen subalpinen Lagen Krummholzbestände bilden kann, wie *F. sylvatica* in hochozeanischen und wintermilden Ketten der West- und Südalpen (und in den Vogesen) und *F. orientalis* an den Nordhängen des Kaukasus. Selbst einige Arten der sonst eher weniger regenerationsfreudigen Nadelbäume können sich bei ausreichend hoher phänotypischer Plastizität unter den Bedingungen des Waldgrenzökotons vegetativ ausbreiten und Polykormone bilden, indem sich die dem Boden aufliegenden und von Streu bedeckten plagiotropen Seitenzweige bewurzeln; sie formen allerdings seltener als *Pinus mugo* oder *P. pumila* einen geschlossenen Krummholzgürtel, sondern bilden eher einzelne Gebüsche oder Gebüschgruppen („**Ablegergruppen**" nach Holtmeier 2000). Besonders die nordamerikanischen Wald-

grenzbäume *Abies lasiocarpa* und *Picea engelmannii* neigen (mehr als beispielsweise *Picea abies*) zur Ablegerbildung, sodass das Waldgrenzökoton der Rocky Mountains völlig von solchen *tree islands* bestimmt ist (Holtmeier 2000; Abb. 6-49e). Aber auch die Lärchen wie *Larix sibirica* im Altai können zwischen Wald- und Baumgrenze Ablegergruppen bilden.

3. In kontinental geprägten und/oder schneearmen Hochgebirgslagen wird Krummholz durch die niedriger wachsenden **subalpinen Zwergstrauchheiden** ersetzt (Abb. 6-49c). Diese bestehen überwiegend aus Arten der Ericaceae (wie *Rhododendron* und *Vaccinium*), Salicaceae (*Salix*), Betulaceae (*Betula nana*) und Cupressaceae (Zwergwacholder wie *Juniperus communis* var. *saxatilis* sowie *J. sabina* und *J. pseudosabina*). Ihre Bestandshöhe erreicht selten mehr als 1 m. Beispiele sind die *Rhododendron ferrugineum*-Heiden in den Zentralalpen sowie die Bestände aus *Betula nana* ssp. *rotundifolia* in den feuchteren zentralasiatischen Gebirgen (wie im Altai). In den ariden Hochgebirgen fehlen auch die Zwergstrauchheiden (s. Punkt 4), und die alpine Vegetation reicht bis in das Waldgrenzökoton hinab.

4. **Schneehöhe** und **-verteilung** (reliefabhängig) bestimmen Art und Anordnung der Vegetation. Subalpine Zwergstrauchheiden aus breitblättrigen sommer- und immergrünen Arten benötigen Schneeschutz, weil die beteiligten Arten von lang anhaltenden, tiefen Frösten (< –20 °C) geschädigt werden. Die Formationen entwickeln sich deshalb nur bis zu einer Vegetationshöhe, die der mittleren Mächtigkeit der Schneedecke entspricht. Auf

schneefreien, windverblasenen Kuppen und in Hochgebirgen mit wenig Schnee kommen dagegen Pflanzen zur Dominanz, deren Hauptverbreitung in der alpinen Stufe liegt (im Alpenraum z. B. die Windkanten-Spezialisten *Kobresia myosuroides* und *Loiseleuria procumbens* (Ericaceae; s. Abschn. 6.5.4). Nadelgehölze können unter Schnee von parasitischen Ascomyceten wie *Herpotrichia* spp. (Schneeschimmel), *Phacidium* u. a. geschädigt werden. Die Pilze befallen die Zweige und bringen Teile oder sogar die gesamte Pflanze zum Absterben. Sie vermehren sich vor allem dann, wenn die Schneedecke feucht und nicht zu kalt ist (nicht unter −5 °C) und erst spät im Jahr abschmilzt (Nierhaus-Wunderwald 1996). Dann besitzt Krummholz aus den sommergrünen Gehölzen *Alnus*, *Betula* und *Sorbus* einen Wettbewerbsvorteil.

5. In dieser Matrix aus Krummholz, Zwergstrauchheiden oder alpinem Grasland löst sich der geschlossene Wald der oreoborealen Stufe in einzelne Baumgruppen und Einzelbäume auf. Eine scharfe Waldgrenze ist entweder anthropogen, wird durch mechanische Störung (z. B. durch Feuer) hervorgerufen oder ist (als Krummholzgrenze) ein Phänomen in Gebieten, in denen Bäume in der Lage sind, Krummholz zu bilden (wie im Fall von *Nothofagus pumilio*; Abb. 6-49d; s. Punkt 2). Wie die Struktur im Einzelnen aussieht, hängt vom Relief und der **Frostresistenz** der beteiligten Gehölze ab. So besteht das Waldgrenzökoton in den winterfeuchten Rocky Mountains (Front Range, Colorado) aus z. T. windgeformten Ablegergruppen von *Abies lasiocarpa* und *Picea engelmannii* (Abb. 6-49e). Sie sind gürtel- oder inselfömig angeordnet und haben sich auf früh ausapernden (schneefrei werdenden) Geländekanten und flachen Rücken entwickelt, wo die Keimungsbedingungen günstiger sind als in den Senken mit hoher Schneedecke. Beide Arten gelten ähnlich wie *Larix gmelinii*, *L. sibirica*, *Pinus cembra*, *P. mugo*, *P. pumila*, *P. sibirica*, *P. sylvestris* und *Picea obovata* als besonders frostresistent; im Experiment liegt die Frosthärte ihrer Nadeln unter −70 °C (Bannister & Neuner 2001).

6. Die Vegetation des Waldgrenzökotons ist vielseitig, der Artenreichtum beträchtlich und oft größer als in der Gebirgstaiga darunter bzw. in den alpinen Tundren darüber. Zwergstrauchheiden sind nicht nur als selbstständige Formation im Waldgrenzökoton, sondern auch im Unterwuchs von Krummholz und Waldinseln weit verbreitet. Zahlreiche Arten der alpinen Stufe dringen an Sonder-

standorten, wie beispielsweise Bodenanrissen („Blaiken"), in die subalpine Stufe ein, wie in den nördlichen Kalkalpen viele Arten der alpinen Magerrasen. Bezeichnend für Waldgrenzökotone der nemoralen Hochgebirge ist auch das Auftreten von Hochstauden. Diese errreichen Wuchshöhen von 1–3 m und sind häufig mit *Alnus*-Beständen auf feuchten, basenreichen Böden assoziiert. In den Alpen gehören z. B. *Lactuca (Cicerbita) alpina* und *Adenostyles alliariae* dazu; im Kaukasus ist die bekannteste „subalpine Hochstaude" *Heracleum mantegazzianum*, die als invasive Art heute im europäischen Tiefland verbreitet ist; in den Japanischen Alpen ist als Beispiel die Apiacee *Angelica anomala* zu nennen. Offensichtlich sind die Pflanzen in der kühlen, nährstoffreichen (N_2-Fixation durch Aktinomyceten in den Erlenwurzeln) und offenen subalpinen Umgebung begünstigt, zumal sie in ihren kräftigen Rhizomen erhebliche Mengen an Nährstoffen zu speichern vermögen und damit auch ungünstige Jahre mit kurzer Vegetationszeit überstehen.

7. Das Waldgrenzökoton ist zeitlichen Veränderungen unterworfen, die durch die Variabilität des Klimas bedingt sind. Da die Vegetation auf eine Klimaänderung sehr langsam reagiert (an der thermischen Baumgrenze mit einer Verzögerung von 50 bis 100 Jahren; Körner 2012), ist das Baum-Krummholz-Zwergstrauch-Muster zum jetzigen Zeitpunkt kein Ergebnis des gegenwärtigen, sondern eines längst vergangenen Klimas. Unter Berücksichtigung der globalen Erwärmung in den letzten Jahrzehnten dürfte deshalb der globale, auf Messungen in den 90er Jahren des 20. Jahrhunderts beruhende Schwellenwert für das Baumwachstum (im Mittel 6,4 °C) um mindestens 0,3 K zu hoch sein (Körner 2012).

8. In vielen nemoralen (und subtropischen) Gebirgen ist die Vegetation der subalpinen Stufe durch den Menschen erheblich verändert worden. Deshalb ist die Rekonstruktion eines ungestörten, nur von wild lebenden Herbivoren und von Feuer geprägten Waldgrenzökotons kaum möglich. So sind die Wälder auf leicht zugänglichen Hängen der Alpen durch Holzeinschlag, Brandrodung und Beweidung verschwunden; stattdessen wurde der Flächenanteil von Legföhrengebüschen (*Pinus mugo*-Krummholz), Alpenrosenheiden (*Rhododendron* spp.; Pioniervegetation auf Brand- bzw. Brachflächen) und Grasland (Borstgrasrasen aus *Nardus stricta* auf Silikat- und Rostseggenrasen aus *Carex ferruginea* auf Karbonatböden) erweitert. Die Waldgrenze liegt deshalb im gesamten

Abb. 6-49 Beispiele für nemorale Waldgrenzökotone. a = Krummholz aus *Pinus mugo* mit einzelnen Bäumen aus *Picea abies* (Estergerbirge, Nordalpen); b = *Nothofagus pumilio*-Krummholz (Vulkan Llaima) mit Zwergsträuchern in der Feldschicht; c = Waldgrenzökoton aus *Larix sibirica* und Zwergstrauchheiden aus *Betula nana* ssp. *rotundifolia* (Khangai-Gebirge, Mongolei); d = *Nothofagus pumilio*-Waldgrenze (Darwin Range, Beaglekanal, Chile); e = Ablegergruppe aus *Abies lasiocarpa* an der Waldgrenze (Olympic Mountains, Washington, USA; ca. 1.600 m NN; Foto F. Klötzli).

Alpenraum um durchschnittlich 200 m niedriger, als klimatisch möglich wäre. Nur an wenigen, schwer zugänglichen Stellen ist das Waldgrenzökoton noch in ursprünglichem Zustand erhalten geblieben. Selbst in Hochgebirgen mit einer viel geringeren Bevölkerungsdichte als in Europa, wie in Mittel- und Zentralasien (Miehe et al. 1998), sind Wälder der oberen oreoborealen Stufe durch jahrtausendelange Beweidung, verbunden mit Holzeinschlag und Feuer, verschwunden und haben anthropogenen Zwergstrauchheiden, Hochgebirgssteppen oder gar Halbwüsten Platz gemacht. Natürliche Wiederbewaldungsvorgänge nach Nut-

zungsaufgabe gehen wegen des Gebirgsklimas äußerst langsam vonstatten oder sind, wie in den trockenen Hochgebirgen, in der absehbaren Zeit von zwei bis drei menschlichen Generationen überhaupt nicht zu erwarten.

6.5.4 Die alpine Stufe

6.5.4.1 Vorbemerkungen

Das Pflanzenleben der alpinen Stufe warm-, kühl- und kalt-gemäßigter Hochgebirge ist seit mehr als

100 Jahren Gegenstand intensiver ökologischer Forschung. Es ist deshalb nicht verwunderlich, dass wir heute gut über Flora, Vegetation und Überlebensstrategien von Hochgebirgspflanzen in einem stressreichen Umfeld unterrichtet sind. Eine ausführliche Darstellung (*Alpine Plant Life*) findet sich in Körner (2003; s. ferner Wielgolaski 1997a, Larcher 2001, Bowman & Seastedt 2001, Körner & Spehn 2002, Nagy et al. 2003, Burga et al. 2004, Nagy & Grabherr 2009).

Im Folgenden verstehen wir unter „alpin" ausschließlich die alpine Stufe nemoraler und borealer Hochgebirge als Lebensraum. Eine Sippe, deren Vorkommen auf die alpine Stufe beschränkt ist, wird als „alpin" bezeichnet (oder als „arktisch-alpin", sofern sie auch in der Arktis vorkommt). Ist sie weitgehend oder völlig auf die Alpen als Gebirgsraum beschränkt, kommt aber auch in der oreonemoralen und/oder oreoborealen Stufe vor, nennt man sie „alpisch". Die weltweite Verbreitung der alpinen Stufe und der größten Hochländer (über 3.000 m NN) sind in Abb. 6-44 dargestellt.

6.5.4.2 Klima und Boden

Das Klima ist in der alpinen Stufe von einer strengen Saisonalität; einem kurzen, kühlen Sommer folgt ein langer, meist strenger Winter. Im Durchschnitt variiert die Vegetationszeit 250 m über der Baumgrenze zwischen fünf (in Schneetälchen; s. unten) und zwölf Wochen (an sonnseitigen Hängen; Körner 2003b). Die Strahlungsflussdichte ist höher als im Tal, vor allem in kontinental geprägten Hochgebirgen, während dieser Effekt beispielsweise in den humiden Randalpen von der dichteren Bewölkung kompensiert wird. Im Allgemeinen ist der thermische Unterschied zwischen Tag und Nacht sowie zwischen Sommer und Winter größer als im Flachland; die Pflanzen müssen deshalb in den Hochlagen mit täglichem Frostwechsel vor allem im Frühjahr und Herbst zurechtkommen; auch erfolgt der Wechsel zwischen der winterlichen Ruhe- und der Vegetationszeit ziemlich abrupt, wie man das im Flachland sonst nur aus Gebieten mit kontinentalem Klima kennt. Für viele Pflanzen ist es deshalb vorteilhaft, wenn sie nach der Schneeschmelze sofort aktiv werden können („opportunistische Strategie"; s. Abschn. 6.5.4.4). Auf allen Standorten außerhalb der schattseitigen Hänge profitieren die Pflanzen davon, dass sich tagsüber die dunkle Bodenoberfläche erwärmt. Die meisten Pflanzen schmiegen sich deshalb mehr oder weniger eng an den Untergrund an und bauen

unter diesem günstigen Mikroklima eine erhebliche, dicht gepackte Blattmasse auf. So kann der Blattflächenindex eines *Loiseleuria procumbens*-Polsters den Wert 2 übersteigen und liegt damit im selben Größenbereich wie eine Mähwiese im Tiefland (Cernusca 1976).

Innerhalb der alpinen Stufe der temperaten Hochgebirge ist die standörtliche Heterogenität reliefbedingt außerordentlich hoch (Abb. 6-50): Sonnseitige Hänge sind gegenüber schattseitigen thermisch begünstigt, vor allem an Tagen mit geringer Bewölkung. Luv-seitige Hänge erhalten im Sommer mehr Niederschläge als Lee-seitige; im Winter wird der Schnee jedoch im Luv am Oberhang verblasen und verstärkt im Lee abgelagert. Schneefreie Kuppen („**Windkanten**") wechseln mit Mulden, in denen die Schneedecke erst spät im Jahr abschmilzt und die Vegetationszeit deshalb nur wenige Wochen beträgt („**Schneetälchen**"): Die Windkanten können nur von besonders frostharten Blütenpflanzen wie der Gämsheide *Loiseleuria procumbens* und ökologisch flexiblen Kryptogamen (vor allem Flechten) besiedelt werden. In Schneeböden gedeihen dagegen ausschließlich extrem kleinwüchsige, langsam wachsende, früh blühende Spalierweiden (*Salix* spp.), Rosettenpflanzen und Moose, die den Nachteil einer kurzen Vegetationszeit mit dem Vorteil eines immer gut wasserversorgten, vergleichsweise nährstoffreichen Standortes auszugleichen vermögen (Chionophyten). Schneetälchen sind charakteristisch für die humiden Hochgebirge der nemoralen und borealen Zone der Nordhemisphäre sowie der Arktis; sie fehlen in der trockenen nemoralen Zone und auf der Südhemisphäre.

Schließlich differenziert auch das Gestein die Vegetation beträchtlich. Anstehendes festes Gestein wird, sofern die Flächen nicht zu steil sind, von Pflanzen besiedelt, die auf der glatten Oberfläche ein Netz aus oberirdischen Kriechsprossen bilden können; in dessen Maschen sammelt sich organisches Feinmaterial. In den Kalkalpen entsteht auf diese Weise aus einem *Dryas octopetala*-Spalier ein Polsterseggenrasen aus *Carex firma*. Dagegen bilden die im Hochgebirge überaus häufigen Rohböden aus Gesteinsschutt (Schutthalden, Moränen, Gletschervorfelder) nährstoffökologisch und wegen ihrer ständigen Durchfeuchtung auch in klimatisch trockenen Lagen keinen ungünstigen Standort für Pflanzen. Deshalb wachsen hier neben Pionieren (wie dem auch in der polaren Moos- und Flechtentundra verbreiteten Steinbrech *Saxifraga oppositifolia*, s. Abschn. 8.2) ausschließlich Sippen mit einer weichen, transpirationsaktiven Oberfläche wie *Beckwithia* (= *Ranun-*

Tab. 6-13 Vergleich der Klimabedingungen zwischen arktisch-, temperat- und tropisch-alpinen Gebieten (nach Körner & Larcher 1988 aus Körner 2003b).

Gebiet[1]	arktisch	temperat			tropisch	
	A	B	C	D	E	F
geographische Breite	71° N	44° S	47° N	40° N	0/5° S	8° N/10° S
Meereshöhe (m NN)	5	1.600	2.600	3.500	4.400	4.100
Waldgrenze (m NN)	–	1.200	2.000	3.400	3.500	3.200
Vegetationszeit (Tage)	70	70–100	70–80	80	365	365
mittl. tägl. Globalstrahlung im Juli (A, C, D) bzw. Januar (B) und ganzjährig (E, F) (10^6 J m^{-2})	18,1	ca. 20	29,0	20,2	ca. 15	ca. 21,5
Tageslicht während der Vegetationszeit (h d^{-1})	24	16	15,5	15	ca. 12	ca. 12
mittl. Lufttemperatur des wärmsten Monats (°C)	+4	+4	+5	+8,5	+3	+3/+4
mittl. Bodentemperatur des wärmsten Monats (°C; 10–25 cm Bodentiefe)	+2,4	+8/+10	+7	+13	ca. +5	ca. +5

[1] A = Alaska (Barrow), B = Neuseeländische Alpen (ozeanisch), C = Zentralalpen (subkontinental), D = Rocky Mountains (Niwot Ridge, kontinental), E = Mt. Wilhelm, Papua-Neuguinea (humid) bzw. Izombamba (3.050 m NN, nur Einstrahlung), Ecuador, F = Anden in Peru und Venezuela (semiarid-semihumid).

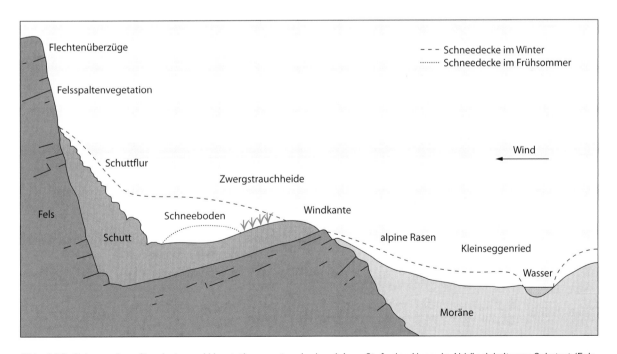

Abb. 6-50 Schema eines Standorts- und Vegetationsmusters in der alpinen Stufe der Alpen, in Abhängigkeit vom Substrat (Fels, Schutt, feinerdereiche Moräne, Feuchtigkeit), der Schneehöhe und der schneefreien Zeit (Aperzeit; nach Ellenberg 1963, verändert). Das Mosaik aus alpinen Zwergstrauchtundren, Schneetälchen, Rasen, Mooren und Windkanten ist vom Relief, der Schneeverteilung und der Dauer der Aperzeit abhängig.

culus) glacialis. Lediglich auf beweglichen Schutthalden unterliegen die Pflanzen einer mechanischen Zug- und Druckbelastung, der sie durch beträchtliche Regenerationsfreudigkeit, Kurzlebigkeit und Verstärkung des Wurzelwachstums begegnen.

In den humiden Hochgebirgen (und der arktischen Tundra; s. Kap. 8) unterscheiden sich Flora und Vegetation karbonatreicher und -armer Gesteine beträchtlich. Die Ursache liegt in physikalisch-chemischen Unterschieden zwischen Silikat- und Kalkverwitterungsböden; während karbonatarme Gneise, Amphibolite und Schiefer rasch verwittern und skelettarme Böden mit zunehmender Basenverlagerung entstehen (Dystric Cambisole), entwickelten sich aus dem harten Kalkstein und Dolomit in derselben Zeitspanne nur flachgründige, skelettreiche Rendzic Leptosole mit A_h-C-Profil (Zech et al. 2014). Bei der Wiederbesiedlung der eiszeitlich pflanzenarmen Gebiete aus den verschiedenen glazialen Refugien kam es zu einer Differenzierung in eine Karbonat- und eine Silikatflora mit entsprechenden Vikarianten bei den Pflanzengemeinschaften (z. B. in den Alpen in alpine Sauerboden- und Karbonatmagerrasen; s. Kasten 6-14).

6.5.4.3 Flora

Die Flora der alpinen Stufe dürfte weltweit aus etwa 8.000 bis 10.000 Arten bestehen, verteilt auf rund 100 Familien und annähernd 2.000 Gattungen (Körner 2003b). In der nemoralen und borealen Zone zählen zu den wichtigsten Familien Asteraceae, Poaceae und Cyperaceae, gefolgt von Brassicaceae, Caryophyllaceae und Rosaceae. Spalier- und Zwergsträucher rekrutieren sich aus Ericaceae, Salicaceae und Asteraceae. In der Regel entfallen in den einzelnen Gebirgen vergleichsweise wenig Arten auf die alpine Stufe; in ostasiatischen und nordamerikanischen Gebirgen besteht deren Flora im Schnitt aus 200 bis 300 Arten. Etwa die doppelte Zahl von 650 Arten (= 14 % der Gesamtartenzahl; Aeschimann et al. 2004) findet man oberhalb der Baumgrenze in den Alpen (s. Kasten 6-14) und annähernd ebenso viele in den mittelasiatischen Hochgebirgen (660 Arten = 12 % der Gesamtartenzahl; Agakhanjanz & Breckle 1995; Tab. 6-14). Die meisten Arten von allen nemoralen Hochgebirgen beherbergt die alpine Stufe im Kaukasus; mit durchschnittlich fünf Arten hat sie außerdem die artenreichsten Gattungen, gefolgt von Pamir (Tadschikistan) und dem Dsungarischen Alatau im Südwesten von Kasachstan. Die Gefäßpflanzen-Artendichte variiert in den Alpen zwischen vier bis fünf (in Mooren) und mehr als 40 (in alpinen Kalkmagerrasen) auf 16–25 m² (Grabherr et al. 1995).

Trotz beträchtlicher Distanz zwischen den nordhemisphärischen Hochgebirgen und der Arktis gibt es floristische Gemeinsamkeiten zwischen alpinen und polaren Tundren. Hierzu gehören viele der ohnehin kosmopolitisch verbreiteten Flechten wie *Cetraria islandica*, *Cladonia stellaris* u. a. sowie *Thamnolia vermicularis*, deren weiße, wurmförmige

Tab. 6-14 Phytodiversität eurasiatischer Gebirgsregionen (nach verschiedenen Quellen aus Agakhanjanz & Breckle 2002), sortiert nach der Anzahl der Arten. kA = keine Angaben.

Gebiet	Anzahl der Familien	Anzahl der Gattungen	Anzahl der Arten	Endemiten (%)	Artenzahl pro Gattung
Kaukasus, gesamt	155	1.286	6.350	25,2	4,93
Tadschikistan mit Pamir	116	994	4.513	14,2	4,54
Alpen	148	933	4.491	11,2	kA
Nordkaukasus	154	904	3.800	22,8	4,20
Altai-Sajan	123	kA	3.020	13,0	kA
West-Tian Shan	191	1.323	2.812	17,0	2,12
Zentralkaukasus	115	640	2.259	5,4	3,52
Dsungarischer Alatau	112	622	2.168	3,5	3,48
Kopet-Dag	kA	620	1.170	18,0	2,85

Thalli überall auf windausgeblasenen Flächen nord- und südhemisphärischer Hochgebirge von den Subtropen bis in die polare Zone anzutreffen sind. Zahlreiche zirkumpolare Arten wie *Eriophorum scheuchzeri* in Mooren, die Polsterpflanze *Silene acaulis*, die Spalierweide *Salix reticulata*, die Grastundren-Arten *Trisetum spicatum* und *Persicaria vivipara* sind ebenfalls in beiden Gebieten vorhanden. Gattungen wie *Kobresia* (Cyperaceae) und *Dryas* (Rosaceae) sind auf baumfreie Tundren beschränkt, andere wie *Cerastium* (Caryophyllaceae), *Pedicularis* (Orobanchaceae), *Papaver* (Papaveraceae), *Ranunculus* (Ranunculaceae) und *Saxifraga* (Saxifragaceae) haben dort ihren Schwerpunkt.

Dennoch sind die Unterschiede zwischen alpinen und polaren Tundren beträchtlich. Sie betreffen die ökologischen Bedingungen ebenso wie die Zusammensetzung der Flora. Zwar ist während des Sommers die Dauer der Einstrahlung im Hochgebirge kürzer als in der polaren Tundra, sodass häufiger Nachtfröste auftreten als in der Arktis und entsprechende Mechanismen gegen das nächtliche Durchfrieren des Pflanzengewebes entwickelt werden mussten (s. Abschn. 6.5.4.3); andererseits sind Südhänge thermisch begünstigt, mit der Konsequenz, dass krautreiche Wiesen (vorwiegend aus Cyperaceen wie *Carex sempervirens* in den Kalkalpen) in den nemoralen Hochgebirgen häufiger auftreten als in der Arktis, wo eine zwergstrauchdominierte niedrigwüchsige, moos- und flechtenreiche Tundra überwiegt. Außerdem verhindern das Gebirgsrelief und die Beschränkung des Permafrostes auf die nivale Stufe (jedenfalls unter dem spätholozänen Klima), dass sich eine für die Arktis typische sommerliche Auftauschicht mit großflächigen Vermoorungen in ebener Lage bilden kann.

Für den im Vergleich zur arktischen Tundra größeren Artenreichtum der alpinen Stufe nemoraler Hochgebirge ist, außer dem günstigeren Klima, die Nähe zu den nemoralen und subtropischen Floren verantwortlich. Beispielsweise beherbergen Alpen, Dinariden, Tatra und Kaukasus zusätzlich zu ihrem Grundstock aus holarktischen sowie gleichermaßen alpin und arktisch verbreiteten Taxa nicht wenige Sippen ursprünglich mediterran-nordafrikanischer Herkunft, die den arktischen Tundren ebenso fehlen wie all diejenigen, die aus Mittel- und Zentralasien während des Spät- und frühen Postglazials zugewandert sind (Ozenda 1988, Comes & Kadereit 2003, Kadereit et al. 2008; s. Kasten 6-14). Die beachtlich hohe Phytodiversität der alpinen Stufe hat aber noch eine Reihe weiterer Ursachen (Körner 2002). Lange schon bekannt ist die Förderung des Endemismus

durch Arealfragmentation von Sippen und nachfolgende Isolation der Teilareale auf den Gipfelregionen bei der Gebirgsbildung (s. in Frey & Lösch 2010). Zur Endemitenbildung hat zweifelsohne auch die Ausbreitungs- und Rückzugsdynamik der Gletscher beigetragen (wie im Fall der verschiedenen Arten des „Stängellosen Enzians" der *Gentiana*-Sektion *Ciminalis*; Hungerer & Kadereit 1998). Außerdem vermindern die geringe Größe der Pflanzen sowie die hohe Zahl verschiedener Mikrohabitate nebeneinander in Raum (nebeneinander auf kleinstem Raum) und Zeit (hintereinander durch regelmäßige natürliche Störung durch Bergstürze, Muren und die Gletscherdynamik) die Konkurrenz und verstärken Koexistenzmechanismen (z. B. Gigon 1981).

6.5.4.4 Überlebensstrategien alpiner Pflanzen

Lebenszyklus: Sieht man von lokal warmen und nährstoffreichen Standorten ab, verläuft das klonale Wachstum der meisten alpinen Graminoiden, Zwerg- und Spaliersträucher sowie Polsterpflanzen der Kürze der Vegetationszeit entsprechend sehr langsam. Ihre (überwiegend genetisch fixierte) Kleinwüchsigkeit erleichtert ihnen das Überleben in der thermisch begünstigten bodennahen Luftschicht. Ein Beispiel ist die Krummsegge (*Carex curvula*; Abb. 6-51a), die in den Zentralalpen auf skelettarmen karbonatfreien Böden ausgedehnte, niedrigwüchsige Hochgebirgssteppen bildet (Grabherr et al. 1978, Grabherr 1993, Frey et al. 2001). Sie treibt pro Jahr zwei neue Blätter, die eine Lebensdauer von zwei bis drei Jahren erreichen. Die alten Triebe formen einen Faserschopf, der fünf bis zehn Jahre persistiert und dazu beiträgt, das Meristem vor tiefen Temperaturen zu schützen. Das kurze Rhizom wächst im Durchschnitt 0,9 mm pro Jahr, sodass die Horste und Ausbreitungsringe bis zu 2.000 Jahre alt werden können (Steinger et al. 1996). Ein hohes Alter erreichen auch alpine Polsterpflanzen wie *Silene acaulis* und Spaliersträucher. Meist ist auch die Lebensdauer der Wurzeln bei alpinen Pflanzen höher als bei Sippen im Tal (Körner 2003b).

Als Reaktion auf die kurze Vegetationszeit wird der für die Reproduktion nötige Zeitraum verlängert, indem die Pflanzen ihre voll ausdifferenzierten Blütenknospen bis zum Ende der vorigen Vegetationszeit anlegen, überwintern und noch unter dem abschmelzenden Schnee („Glashauseffekt") die Blüten entwickeln (wie die *Soldanella*-Arten auf Schneeböden, Abb. 6-51b). Eine der am höchsten steigenden Blütenpflanzen der Alpen, *Beckwithia glacialis*,

─Kasten 6-14─────────────────────

Flora der Alpen

Die heutige Flora der Alpen besteht aus 4.491 Arten, verteilt auf 148 Familien (darunter die Asteraceae mit 557 und Poaceae mit 359 Arten) und 933 Gattungen (Aeschimann et al. 2004). 501 Arten sind in ihrem Vorkommen auf die Alpen beschränkt (endemisch); ein Drittel davon stammt aus den Gattungen *Androsace, Campanula, Dianthus, Festuca, Saxifraga, Galium, Gentiana, Knautia, Moehringia, Pedicularis, Phyteuma, Primula* und *Viola*. Lediglich drei monotypische Gattungen (*Berardia, Physoplexis* und *Rhizobotrya*) sind endemisch im Alpenraum. Besonders endemitenreich sind der Süd- und Ostrand des Alpenbogens, weil hier mehr glaziale Refugien als im zentral- und nordalpinen Bereich während des Pleistozäns eisfrei blieben („Nunatakker") und somit auch mehr Arten überdauern konnten (Reisigl & Pitschmann 1958, Tribsch & Schönswetter 2003). Die meisten Endemiten gedeihen heute in Felsspalten und auf Schutt unterhalb der klimatischen Waldgrenze, ein Hinweis auf die vergleichsweise günstigen thermischen Bedingungen, die während der Eiszeiten auf den Nunatakkern geherrscht haben dürften.

Rund 650 Arten kommen oberhalb der Baumgrenze vor (Ozenda 1988). Innerhalb der alpinen und nivalen Stufe sind sie aber nicht gleichmäßig verteilt; vielmehr nimmt die Artenzahl mit steigender Meereshöhe ab, nicht nur infolge zunehmender Standortungunst, sondern auch deshalb, weil die von Pflanzen besiedelbare Fläche mit Annäherung an die Gipfellagen sinkt. Die Abnahme beträgt im Schnitt 40 Arten pro 100 Höhenmeter, variiert aber in weitem Rahmen je nach Florenausstattung.

Die alpine Flora ist bunt zusammengewürfelt aus präglazialen (tertiären) Relikten, eiszeitlichen Zuwanderungen aus dem Norden, aus Asien und dem Mittelmeerraum und jungen, erst nach den Eiszeiten entstandenen Sippen – ein heterogenes Gemisch, das man nur aus seiner Geschichte heraus verstehen kann (Reisigl & Keller 1999, Comes & Kadereit 2003). So dürfte sich ein erster Grundstock von Arten im ausgehenden Tertiär gebildet haben, während das Klima langsam kühler wurde. Vor allem in den Gebirgen südlich des Alpenhauptkammes findet man noch Reste dieser Tertiärflora, häufig als konservative, genetisch erstarrte endemische Relikte. Sie konnten die Eiszeiten auf nicht vergletscherten Gebirgsstöcken überleben. Beispiele sind *Physoplexis comosa, Daphne petraea, Sesleria sphaerocephala*, alles Arten der Felsspalten- und Kalkschutt-Gesellschaften.

Tertiärer und frühpleistozäner Herkunft dürften viele Einwanderer aus zentralasiatischen Gebirgen und Steppen sowie aus dem mediterranen Raum sein. Auch sie überdauerten die mehrfach wiederkehrenden Vergletscherungen in den vor allem am Süd-, West- und Ostrand eisfrei gebliebenen Gebirgszügen, z. T. wohl auch in Kältesteppen des Tieflandes (etwa in Norditalien und Süddeutschland), die physiognomisch den heutigen Steppen Asiens ähnlich gewesen sein dürften. Ein solcher Einwanderer unter vielen anderen (wie *Androsace, Artemisia, Draba, Primula, Saussurea*) ist die Wappenpflanze der Alpen, *Leontopodium alpinum*, das Edelweiß, das von einer zentralasiatischen Ausgangssippe abstammt, die der heute dort weit verbreiteten *Leontopodium*-Art *L. ochroleucum* ähnlich war (Kadereit et al. 2008). Die Art ist postglazial vor den einwandernden Wäldern in die klimatisch baumfreien Rasen des Hochgebirges geflüchtet, wo sie heute in den alpinen Karbonatmager- (Seslerio-Caricetum sempervirentis, Caricetum firmae) und Nacktriedrasen (Elynetum myosuroides aus *Kobresia myosuroides*) vorkommt. Aus Zentralasien stammen auch

───────────────────────────────

kann sogar bis zu drei Blütengenerationen vorfabrizieren und so lange in Wartestellung halten, bis günstige Bedingungen die Reproduktion ermöglichen (in der nivalen Stufe oft nur alle zwei bis drei Jahre; Moser et al. 1977, Prock & Körner 1996; Abb. 6-51c). Ohnehin blühen die meisten Arten nicht jedes Jahr und verlassen sich auf asexuelle Fortpflanzung, wie im Fall der o. g. klonalen Taxa, oder sie erzeugen zusätzlich zu den Samen vegetative Propagulen in oder unter der Infloreszenz (Pseudovivipare; *Persicaria vivipara, Poa alpina*; s. Abb. 8-6h). Hapaxanthe (mehrjährige) Arten wie *Arabis alpina* auf Karbonatschutthalden blühen und fruchten erst nach fünf bis zehn Jahren vegetativen Wachstums. Offensichtlich handelt es sich bei allen früh blühenden alpinen Pflanzen um Opportunisten; sie blühen, sobald die Situation günstig ist. Mehr als die Hälfte sind allerdings Spätblüher. Sie entfalten ihre Blüten erst ab Mitte Juli oder im August; ihre Blütezeit ist photoperiodisch gesteuert. Möglicherweise zeigt sich hier ein Verhaltensmuster, das in einem Klima mit sehr kurzer Vegetationszeit evolutionsbiologisch bedingte Nachteile mit Vorteilen ausgleicht (Molau 1993): Die früh blühenden Taxa riskieren Pollenverlust und schlechte Bestäubung, haben aber ausreichend Zeit für die Samenreife; die spät blühenden Sippen werden effizient bestäubt, müssen aber das Risiko in Kauf nehmen, dass ihre Samen nicht reif werden. In einer Folge von Jahren ist je nach Witterungsverlauf der eine oder der andere Strategietyp erfolgreich.

Frost: Frost ist sicher der wichtigste Filter für Pflanzen bei der Besiedlung der alpinen Stufe temperater Hochgebirge (Körner 2003b). Seine selektive Wirdie Gattungen *Aconitum* und *Aquilegia*, die keine Steppenpflanzen sind und in den Alpen auch in tieferen Lagen vorkommen. Zur Krummholzregion gehören die beiden *Rhododendron*-Arten *R. hirsutum* und *R. ferrugineum*, die aus einer ostasiatischen Urform subtropischer Provenienz entstanden sein dürften. Vergleichsweise wenige Gattungen entwickelten sich in den mitteleuropäischen Gebirgen selbst. Beispiele sind *Adenostyles*, *Soldanella* und *Homogyne*. Mediterraner-nordafrikanischer Herkunft sind zahlreiche Arten der alpinen Kalk- und Silikatmagerrasen, z. B. die Gattungen *Anthyllis*, *Biscutella*, *Globularia*, *Sesleria* u. v. a.

Ausschließlich pleistozäner Herkunft sind Arten, die im Zuge der Vergletscherung des europäischen Raumes aus den nördlichen Breiten nach Süden wanderten und dort mit den Gebirgpflanzen in Kontakt kamen. Viele davon kommen heute sowohl in den Alpen oberhalb der Baumgrenze als auch in der europäischen Arktis vor, haben also ein arktisch-alpines Areal wie *Dryas octopetala* oder *Salix reticulata*. Einige haben sich aber auch inzwischen weiterentwickelt und sind in verschiedene Arten zerfallen. So entstand aus einer gemeinsamen Ausgangssippe in der Arktis *Salix polaris*, in den Alpen *S. retusa* (Ozenda 1988). Manche, vor allem azidophytische Arten wie *Betula nana*, konnten nach dem Rückzug der Gletscher nicht auf die ihnen zusagenden Standorte in den Zentralalpen einwandern, weil sie die Barriere der Kalkalpen nicht zu überwinden vermochten. Sie kommen heute außerhalb der Arktis nur in einigen Mooren des Alpenvorlandes reliktisch vor.

Auch innerhalb der Alpen kam es zu Differenzierungen auf verschiedenen taxonomischen Ebenen (Ozenda 1988). Die Ursache ist die geographische (schwer überbrückbare Täler, weit voneinander entfernte Refugialräume während des Glazials), geologische (Barrieren durch verschiedene Gesteine) und klimatische Isolation einzelner Gebirgsgruppen. Ein Beispiel ist die Differenzierung von *Jacobaea (Senecio) incana s. l.* in eine westalpine Subspecies *incana*, eine ostalpine *carniolica* und eine südalpine *insubrica*. Die Unterarten besiedeln ähnliche Standorte, nämlich bodensaure alpine Magerrasen („Curvuletum"), sind also vikariierend. Eine ganz ähnliche Aufspaltung in eine west- (*Pinus uncinata*) und in eine ostalpine Sippe (*Pinus mugo s. str.*, Legföhre) erfuhr *Pinus mugo s. l.* Überhaupt ist der floristische Unterschied zwischen West- und Ostalpen bemerkenswert hoch, sodass man fast von eigenen Florendistrikten sprechen kann.

Im Übrigen führte auch die Unterschiedlichkeit der Gesteine als physiologischer Isolationsfaktor zu einer Herausbildung von edaphischen Analogarten. Insbesondere in der oberen subalpinen und alpinen Stufe findet man häufig morphologisch und funktional (z. B. hinsichtlich des Ausbreitungsverhaltens) ähnliche (vikariierende) Sippen auf karbonatarmen und -reichen Gesteinen, manchmal sogar räumlich benachbart. Bekannte Beispiele sind *Rhododendron ferrugineum* (karbonatarm) und *Rhododendron hirsutum* (karbonatreich). Ihr Areal differenziert die karbonatischen Randalpen von den vorwiegend aus Gneisen oder Graniten bestehenden Zentralalpen. Ähnliche Artenpaare (in der Anordnung karbonatreich/-arm) sind: *Cerastium latifolium*/*C. uniflorum*, *Achillea atrata*/*A. erba-rotta* ssp. *moschata*, *Gentiana lutea*/*G. punctata*, *Gentiana clusii*/*G. acaulis*, *Scorzoneroides (Leontodon) montanus*/*L. helveticus* u. v. a. Dem entsprechen dann auch die Pflanzengemeinschaften: Pflanzengemeinschaften der alpinen Stufe auf karbonatfreien, basenarmen Böden (Caricetum curvulae) stehen solchen auf basen- und karbonatreichen Böden gegenüber (Seslerio-Caricetum sempervirentis). Ähnliche vikariante Pflanzengemeinschaften gibt es auf Schneeböden, auf Windkanten und auf Schutthalden.

kung auf die Artenzusammensetzung der alpinen Vegetation hängt von externen (Schneeschutz) und internen Faktoren (Lebens- bzw. Wuchsform, Entwicklungszustand, genetisch bedingte Frostempfindlichkeit des Gewebes) ab. Dabei sind weniger die einzelnen Frostereignisse relevant; so können Spät- und Frühfröste Blätter und Blüten schädigen, haben aber kaum Auswirkungen auf die Verteilung der Arten im Gelände. Viel bedeutender ist, wie sich alpine Pflanzen gegen anhaltende tiefe Temperaturen im Winter schützen. Wie im Fall von anderen Stressfaktoren unterscheidet man auch bei Frost Vermeidungs- und Resistenzstrategien.

Resistenz gegen tiefe Temperaturen wird bei alpinen Pflanzen auf osmotischem Weg (Gefrierpunkterniedrigung durch Einlagerung von osmotisch wirksamen Substanzen), durch sog. *supercooling* oder durch echte Gefriertoleranz (d. h. durch den Transport von Wasser aus den Zellen in die Interzellularräume mit Eisbildung im Apoplast) erreicht; die Mechanismen sind dieselben wie bei Pflanzen im Tiefland und in tropischen Hochgebirgen (s. auch Abschn. 2.3.3 und Kasten 6-2). Die Verträglichkeit von Frösten variiert beträchtlich (Tab. 6-15) und ist einer von mehreren Gründen für die lokale und regionale Verteilung der Arten im Gelände: So sind die höher wüchsigen Zwergsträucher wie die *Rhododendron*-, *Vaccinium*- und *Empetrum*-Arten weniger frosthart, sodass sie auf die eher ozeanisch getönten Hochgebirge beschränkt bleiben und in den kontinentalen (z. B. Tian Shan, Altai) fehlen; lokal kommen sie nur dort vor, wo sie von einer ausreichend hohen Schneedecke, die sie komplett einhüllt, vor tiefen Frösten geschützt sind (Abb. 6-50). Diese Schnee-

Abb. 6-51 Wuchsformen und Überlebensstrategien alpiner Pflanzen (Beispiele): a = *Carex curvula*, Cyperaceae (Horst-Graminoide; Ötztaler Alpen); b = *Soldanella alpina*, Primulaceae (früh blühende Rosettenpflanze in alpinen Rasen (Rosengarten, Italien); c = *Beckwithia* (= *Ranunculus*) *glacialis*, Ranunculaceae (eine der am höchsten steigenden Blütenpflanzen der Alpen; Ötztaler Alpen); d = *Loiseleuria procumbens*, Ericaceae (dichte Matten bildender Spalierstrauch an windausgesetzten Stellen; Ötztaler Alpen); e = *Raoulia* sp., Asteraceae (Weichpolsterpflanze der Neuseeländischen Alpen; Foto S.-W. Breckle); f = *Salix reticulata*, Salicaceae (Spalierweide mit auf der Bodenoberfläche kriechenden Stämmchen; Schneetälchen in den Ötztaler Alpen); g = *Thamnolia vermicularis* (arktisch-alpine, kosmopolitische Strauchflechte; Ötztaler Alpen).

Tab. 6-15 Organspezifische Gefriertoleranz (°C) einiger enthärteter und voll abgehärteter Pflanzen (in Klammern) in temperaten Hochgebirgen nach verschiedenen Autoren (s. Fußzeile) aus Körner (2003). – = keine Angaben.

Arten	Organtyp			
	Blatt	**Knospe**	**Stamm**	**Wurzel**
Zwergsträucher[1]				
Empetrum nigrum	–8 (–70)	–	– (–30)	– (–30)
Loiseleuria procumbens	–6 (–70)	– (–40)	–10 (–60)	– (–30)
Vaccinium vitis-idaea	–5 (–80)	– (–30)	–8 (–30)	– (–20)
Calluna vulgaris	–5 (–35)	– (–30)	–5 (–30)	– (–20)
Polsterpflanzen				
Saxifraga oppositifolia[2]	–10 (–196)	–	–19 (–196)	–25 (–196)
Silene acaulis[2]	–7 (–196)	–	–8 (–)	–11 (–196)
Carex firma[2]	–7 (–70)	–	–6 (–)	–8 (–70)

[1] Nach Larcher & Bauer (1981); [2] nach Larcher (1980) bzw. Kainmüller (1975).

decke muss allerdings im Frühjahr rasch abschmelzen, um die Vegetationsperiode nicht unter die erforderliche Mindestdauer von acht bis zehn Wochen zu verkürzen. Andernfalls hätte man es mit Schneeböden zu tun, auf denen nur noch Spalierweiden wachsen können. Die immergrünen dichten Matten aus *Loiseleuria procumbens* (Gämsheide; Europa, Ostasien und Nordamerika) und *Dracophyllum muscoides* (Neuseeland; beide Ericaceae) sowie der Spalierstrauch *Dryas octopetala* (Nordamerika, Europa) sind dagegen deutlich frosthärter; sie können zusammen mit arktisch-alpinen Flechten wie *Thamnolia vermicularis*, *Cetraria islandica* und *Cladonia stellaris* den Winter auf schneefreien, windausgesetzten Kuppen und Hangrücken selbst bei gefrorenem Boden überleben (Abb. 6-51d, g).

Zu den **Vermeidungsstrategien** gegenüber Frost gehört die Fähigkeit vieler alpiner Pflanzen, die jahreszeitliche Entwicklung ihrer frostempfindlichen Organe so zu steuern, dass diese nicht in eine Zeit hoher Frostwahrscheinlichkeit fällt. So wird beispielsweise die aktive Phase vieler krautiger Pflanzen dann gestartet, wenn die Temperatur hoch genug ist, unabhängig von der Tageslänge (opportunistisches Verhalten); sie wird aber grundsätzlich beendet, wenn das Tag-Nacht-Verhältnis eine kritische Größe unterschreitet, gleichgültig, ob die Wärmesituation noch Photosynthese zulässt oder nicht (Prock & Körner 1996). Die extrem frostharte Gämsheide *Loiseleuria procumbens* „erwacht" dagegen im Anschluss

an die Winterruhe erst nach dem Überschreiten einer bestimmten Tageslänge relativ spät im Jahr, wenn sichergestellt ist, dass der Boden aufgetaut ist; würde sie sich opportunistisch verhalten (wie *Beckwithia glacialis* und viele andere krautige Pflanzen; s. oben), müsste sie vertrocknen, weil der Wurzelraum trotz bereits günstiger Temperatur noch gefroren ist.

Eine Vermeidungsstrategie stellt auch die Verlagerung der Überdauerungsorgane in den Boden dar, um sie vor tiefen Temperaturen zu schützen; bei den meisten Hemikryptophyten der alpinen Stufe liegt das Meristem einschließlich der künftigen Blatt- und Blütenanlagen nicht auf, sondern (wie übrigens auch bei Savannen- und Steppengräsern in Trockengebieten) einige Zentimeter unter der Bodenoberfläche. Dadurch profitieren z. B. die Rosettenpflanzen gleichzeitig von der thermisch begünstigten bodennahen Luftschicht. Besonders effizient sind bei der Frostvermeidung (vermutlich auch bei der Frostresistenz, bezogen auf die teilimmergrünen Sprosse) die Arten der Gattung *Kobresia*; sie bilden alpine Rasen, vor allem in den schneearmen kontinentalen Hochgebirgen auf neutralen bis schwach sauren Böden. In den ozeanisch geprägten Hochgebirgen (Alpen) ist *K. myosuroides* auf windausgesetzte (also schneearme und deshalb extrazonal kontinentale) basenreiche Böden beschränkt.

Kasten 6-15

Lebens- und Wuchsformen der alpinen Stufe nemoraler Hochgebirge

Im Durchschnitt handelt es sich bei 60–70 % der alpinen Flora der nemoralen Hochgebirge um Hemikryptophyten. Zwischen 10 und 15 % sind Chamaephyten (Zwergsträucher), der Rest verteilt sich auf bienne (hapaxanthe) und annuelle Therophyten (ca. 5%) und Geophyten (ca. 5%). Die wichtigsten Wuchsformen sind (s. auch Körner 2003b; Abb. 6-51, 8-6):

1. **Horst-Graminoide** bilden kleine (z. B. _Carex curvula_, _Kobresia_ spp. _Festuca_ spp.) oder mittelhohe Horste (z. B. _Carex sempervirens_, _Chionochloa_, _Deschampsia_), die sich häufig klonal in Form dicht gepackter Sprosse (Phalanx) ausbreiten und dabei zunächst ringförmige Muster bilden, die später wieder zu einzelnen Horsten oder Individuen zerfallen. Vermutlich die wichtigste Wuchsform der alpinen Stufe weltweit.

2. **Aufrechte Zwergsträucher** besitzen entweder breite, hartlaubige (_Baccharis_-, _Gaultheria_-, _Rhododendron_-, _Vaccinium_- und _Arctostaphylos_-Arten) oder schmale, erikoide (_Empetrum_) bzw. kupressoide Blätter (_Cassiope_). Sie sind meist immergrün (sommergrüne Ausnahmen: _Vaccinium myrtillus_ mit assimilationsfähigem grünem Spross, _V. uliginosum_) und erreichen in der alpinen Stufe selten mehr als 30 cm Höhe. Die meisten Sippen dieser Wuchsform vertragen keine tiefen Temperaturen.

3. **Kriechende Zwergsträucher (Spaliersträucher)** können sommer- oder immergrün sein. Sie bilden flach dem Substrat aufliegende Matten von wenigen Zentimetern Höhe. Ihre Stämmchen und Äste liegen auf der Bodenoberfläche oder sind in der organischen Auflage eingebettet (Nutzung der thermisch günstigen Situation der bodennahen Luftschicht). Es handelt sich um eine ökologisch heterogene Gruppe: Karbonatpflanzen wie _Dryas_ spp. gehören ebenso dazu wie Azidophyten (_Loiseleuria procumbens_ an Windkanten) und die Spalierweiden _Salix herbacea_, _S. polaris_, _S. reticulata_, _S. retusa_, _S. serpyllifolia_, _Salix cascadensis_ als Schneeboden-Spezialisten.

4. Krautige **Ganz**- oder **Halbrosettenpflanzen** besitzen eine dem Boden anliegende oder teilweise vertikal aufge-

löste Blattrosette. Die Infloreszenzachsen sind gelegentlich gestaucht, sodass die Blüten in der Rosette zu sitzen scheinen. Beispiele sind die Arten der Gattungen _Androsace_, _Gentiana_, _Papaver_, _Primula_, _Ranunculus_, _Sempervivum_ (blattsukkulent) und _Viola_. Die meisten brauchen Schneeschutz im Winter, sind transpirationsaktiv und verhalten sich hinsichtlich ihres Lebenszyklus als Opportunisten.

5. **Polsterpflanzen** (Kissenpolster; im Gegensatz zu Dornpolstern; s. Kasten 5-9) kommen als Halbkugel- oder Flachpolster vor. Sie entstehen durch synchrones Sprosswachstum und besitzen eine einheitliche Oberfläche. Die Achsen sind verholzt oder krautig und liegen eng aneinander. Die Zwischenräume sind meist mit humifiziertem Bestandsabfall und eingewehtem Staub gefüllt. Die Pflanzen können damit Wasser und Nährstoffe speichern; sie schaffen sich ihren eigenen Boden und erhöhen damit ihre Nährstoff-Nutzungseffizienz, weil aus dem Polster kaum Material ausgetragen wird. Beispiele sind _Raoulia rubra_ (Asteraceae; Neuseeland), _Silene acaulis_ (Caryophyllaceae; zirkumpolar-alpin), _Carex firma_ (Kalkalpen), _Thylacospermum caespitosum_ (Caryophyllaceae; zentralasiatische Hochgebirge,) _Sibbaldia tetrandra_ (Rosaceae; Pamir) und _Ajania tibetica_ (Asteraceae).

6. **Strauchflechten** sind ein regelmäßiger Bestandteil der Vegetation in allen Hochgebirgen, wo die Wettbewerbsfähigkeit der Phanerogamen wegen Trockenheit und/oder Schneefreiheit im Winter herabgesetzt ist. Die meisten Gattungen (und Arten) sind weltweit verbreitet; so findet man die wurmförmige Strauchflechte _Thamnolia vermicularis_ sowohl in den Flechten- und Moostundren der Arktis als auch in den windgefegten Hochgebirgen Japans und Patagoniens. Häufige Flechten sind außerdem _Alectoria ochroleuca_, _Cladonia rangiferina_, _Cladonia stellaris_, _Cetraria islandica_ (als „Isländisches Moos" ein bekanntes Phytotherapeutikum gegen Bronchitis) u. v. a.

6.5.4.5 Vegetation

Der standörtlichen Heterogenität der alpinen Stufe und den klimatischen Unterschieden zwischen den Hochgebirgen der nemoralen und borealen Zone entspricht eine Vielzahl von Vegetationstypen. Allein in den Alpen kommen oberhalb der Baumgrenze mehr als 15 Verbände der pflanzensoziologischen Syntaxonomie vor (Ellenberg & Leuschner 2010). Diese Vielfalt lässt sich im Rahmen dieses Buches

nicht darstellen. Wir verweisen deshalb auf die in Abschn. 6.5.1 aufgeführte Literatur. Vier Formationen sind, allerdings mit unterschiedlicher Artenzusammensetzung, nahezu in allen nemoralen Hochgebirgen vertreten, nämlich krautreiche alpine Wiesentundren, Hochgebirgssteppen, Zwergstrauchtundren und Schuttvegetation (Abb. 6-52):

Krautreiche Wiesentundren sind vor allem in den eher ozeanischen süd- und mitteleuropäischen Hochgebirgen auf basenreichen Böden weit verbreitet (Abb. 6-52a, b); in den trockenen Gebirgssystemen Asiens findet man sie nur an Luvhängen (extrazonal) und an feuchten (azonalen) Sonderstandorten. Sie werden 30–40 cm hoch und bestehen aus mesophytischen Cyperaceen (wie *Carex sempervirens*, *C. ferruginea*), Poaceen (wie *Sesleria albicans*, *Festuca* spp.) und zahlreichen, auffällig blühenden Stauden und Rosettenpflanzen (wie hochwüchsige *Gentiana*-Arten, zahlreiche Asteraceen, z. B. *Hypochaeris*, in Asien *Dracocephalum*, *Saussurea* u. v. a.). Im Kaukasus dominieren Wiesen aus *Festuca varia*, *Nardus stricta* und verschiedenen *Kobresia*-Arten, im Altai aus *Carex ledebouriana* sowie *C. melanantha*, Letztere auch im West-Pamir (u. a. mit *Trisetum spicatum*, *Saxifraga hirculus*, als Moorsteinbrech ein Glazialrelikt im nördlichen Alpenvorland, *Swertia* und dem auch in den Alpen verbreiteten Schnittlauch *Allium schoenoprasum*). Die Artenzahlen sind mit über 40 auf 25 m^2 am höchsten unter den vier genannten Formationen. Die oberirdische lebende Phytomasse variiert zwischen 3 und 5 t ha^{-1}.

Hochgebirgssteppen ersetzen die Wiesentundren in den eher kontinental geprägten Hochgebirgen (Abb. 6-52c, d). Als dominante Graminoiden sind in erster Linie die holarktischen *Kobresia*-Arten zu nennen, von denen es rund 30 mit Verbreitungsschwerpunkt in Asien gibt; nur zwei kommen in Nordamerika und Europa vor (*K. myosuroides*, *K. simpliciuscula*). Sie bilden die zonale Vegetation der alpinen Stufe der südlichen Rocky Mountains, des Altai, der sibirischen Hochgebirge, des Tian Shan und des nemoralen Himalaya-Gebirgssystems (mit dem Tibetischen Hochland, dem Kunlun Shan und angrenzenden Ketten; s. Kürschner et al. 2005; Abb. 6-53). In den ozeanisch getönten Gebirgen Europas (Alpen, Pyrenäen usw.) und Nordamerikas (Kaskadengebirge) kommen sie nur extrazonal auf windgefegten, schneearmen Graten mit basischen oder schwach sauren Böden vor (mit *Kobresia myosuroides*). Ihre Vegetation besteht vorwiegend aus arktisch-alpinen Sippen, zu denen u. a. Gattungen wie *Antennaria*, *Arenaria* und *Lloydia* gehören. Die oberirdische lebende Phytomasse ist mit 1–2 t ha^{-1} Trockengewicht deutlich niedriger als bei den Wiesentundren.

Kobresia-Hochgebirgssteppen erreichen ihre größte zusammenhängende Fläche mit etwa 450.000 km^2 im Südosten des Tibetischen Hochlandes bei Jahresniederschlägen zwischen 400 und 800 mm in einer Höhe von 4.600–5.100 m NN (Miehe et al. 2008). Sie bestehen zu über 90 % aus *K. pygmaea*, der kleinsten unter den asiatischen *Kobresia*-Arten, die kaum mehr als 2 cm hoch wird und mittels ihres klonalen Wachs-

tums einen nahezu geschlossenen, festen, trittresistenten Rasen mit einem dichten Wurzelfilz bildet. Nur wenige Polster- und Rosettenpflanzen finden hier Platz (wie *Potentilla-*, *Androsace-*, *Primula-*, *Leontopodium-* und einige weitere *Kobresia*-Arten). Es ist nicht auszuschließen, dass es sich bei den *Kobresia pygmaea*-Matten, jedenfalls in den tieferen und feuchteren Lagen, um eine beweidungsbedingte „Pseudoklimax" anstelle von höherwüchsigen Wiesentundren handelt (Miehe et al. 2008), zumal die Flächen schon vor der Beweidung mit Haustieren (Yaks und Schafen; Brantingham et al. 2007) indigenen herbivoren Säugetieren wie Wildeseln, Kamelen und Antilopen als Nahrungsquelle dienten. Im trockeneren Nordwesten des Hochlandes (80–300 mm Jahresniederschlag) bedecken Hochgebirgssteppen eine Fläche von rund 800.000 km^2 zwischen 4.500 und 5.300 m NN, die mit weniger als 40 % Vegetationsbedeckung deutlich lückiger sind als die *Kobresia*-Rasen und vorwiegend aus *Stipa purpurea*, einigen Cyperaceen (*Carex*, *Kobresia*) und Flachpolstern aus *Arenaria bryophylla* und *Androsace tapete* bestehen (Miehe 2004).

Wegen der physiognomischen Ähnlichkeit könnte man versucht sein, auch die Krummseggenrasen aus *Carex curvula* zu den Hochgebirgssteppen zu stellen, zumal man Parallelen im Lebenszyklus von Nacktried und Krummsegge erkennen kann, wie z. B. die Bildung dichter Matten durch klonale Ausbreitung (Abb. 6-52e). Ihre Artengarnitur ist allerdings nicht vergleichbar; diejenige der bodensauren Caricetea curvulae erweist sich als azidophytisch und ist, ähnlich wie die der alpinen Wiesentundren, eher mediterran-alpiner als arktischer Herkunft (Grabherr 1993). Ihre floristische Verwandtschaft mit den ozeanisch verbreiteten Borstgrasrasen aus *Nardus stricta* auf ebenfalls basenarmen, ausgewaschenen Böden ist ein Hinweis auf ihre Eigenständigkeit innerhalb der alpinen Rasen der nordhemisphärisch-nemoralen Hochgebirge.

Eine Sonderstellung nehmen schließlich die Hochgebirgssteppen Neuseelands ein. Sie bestehen aus verschiedenen Arten der auf Australien und Neuseeland beschränkten Grasgattung *Chionochloa*, einem rund 1 m hohen Horstgras, das oberhalb des *Nothofagus*-Gürtels die alpine Stufe der Neuseeländischen Alpen beherrscht. Die Pflanzendecke kann eine oberirdische Phytomasse von mehr als 80 t ha^{-1} erreichen (Mark & Dickinson 1997).

Die **Zwergstrauchtundren** der nemoralen Hochgebirge können in vier verschiedene Vegetationstypen untergliedert werden, die sich floristisch und ökologisch deutlich voneinander unterscheiden,

Abb. 6-52 Beispiele alpiner Formationen der nemoralen Zone. a = alpine Wiesentundra 1 (Blaugras-Horstseggenrasen aus *Sesleria albicans* und *Carex sempervirens*, Karwendelgebirge, Alpen, Österreich); b = alpine Wiesentundra 2 (*Carex ledebouriana*-Wiesen, Altai, Russland); c = *Kobresia*-Hochgebirgssteppen 1 (aus *K. myosuroides*, Chuya-Kette, Altai, Russland); d = *Kobresia*-Hochgebirgssteppen 2 (aus *K. pygmaea*, Tibetanisches Hochland; Foto G. Miehe); e = Hochgebirgssteppe aus *Carex curvula* (Ötztaler Alpen, Österreich); f = alpine Zwergstrauchtundra 1 (mit *Arctostaphylos uva-ursi*, *Juniperus communis* var. *saxatilis* u. a.).

Abb. 6-52 (Fortsetzung) g = subalpin-alpine Zwergstrauchtundra 2 (aus *Baccharis tricuneata* und *Quinchamalium chilense*, Parque Nacional Conguillio, Chile); h = alpine Kalkschuttvegetation (Rosengarten, Italien); i = alpine Hochgebirgshalbwüste (mit Dornpolstern von *Oxytropis tragacanthoides*, Altai, Russland).

nämlich in einen polar-borealen (azidophytischen), einen polar-kontinentalen (basiphytischen), einen subtropisch-alpinen (azido- und basiphytischen) und einen südhemisphärischen Typ. Alle vertragen weniger Frost als die Hochgebirgssteppen und kommen deshalb in humiden und/oder in schneegeschützten Lagen vor. Der **polar-boreale** Typ bestimmt die Pflanzendecke in der Niederarktis auf sauren, basenarmen Böden (s. Abschn. 8.2.4.1) und strahlt von dort aus in die borealen und hemiborealen Hochgebirge aus. So sind die Skanden, der Ural, das Putorana-Gebirge in Sibirien und das Kaskadengebirge von Zwergstrauchtundren geprägt, in denen die Ericaceen dominieren (*Arctostaphylos* spp., *Vaccinium myrtillus*, *V. vitis-idaea*, *V. uliginosum*, *Empetrum nigrum*, oft in Kombination mit *Phyllodoce*- (wie *P. caerulea* in Europa) und *Cassiope*-Arten (Abb. 6-52f). Auf basenreichen Böden tritt ein von *Dryas*-Arten und einigen basiphytischen *Salix*-Arten (darunter *S. serpyllifolia*) geprägter **polar-kontinentaler Typ** auf; er besiedelt beispielsweise im Altai mit *Dryas oxyodonta* die Nordhänge und reicht bis in die subalpine Stufe hinab (hier innerhalb der subalpinen *Betula nana*-Gebüsche), ist ferner in der Arktis auf basischen Böden verbreitet, bildet in den Alpen mit *D. octopetala* die Pioniervegetation auf Karbonatge-

stein und bestimmt (ebenfalls mit *D. octopetala*, seltener mit *D. integrifolia*; s. auch Abschn. 8.2.1) zusammen mit *Carex rupestris* die „Fellfield"-Vegetation der südlichen Rocky Mountains (Komárková 1979). In den süd- und mitteleuropäischen Hochgebirgen und im Kaukasus wächst, meist in der subalpinen, seltener in der unteren alpinen Stufe, der **subtropisch-alpine Typ** der Zwergstrauchtundren aus *Rhododendron*-Arten (wie *R. ferrugineum* in den Alpen, *R. caucasicum* im Kaukasus), allerdings noch stärker an schneereiche Lagen gebunden als der polar-boreale Typ. Diese Frostempfindlichkeit der immergrünen, an laurophylle Gehölze erinnernden Sträucher ist ihrer Herkunft aus den subtropischen Hochgebirgen mit den reich entfalteten *Rhododendron*-Gebüschen geschuldet (Miehe 1989; Himalaya). Der **südhemisphärische Typ** der Zwergstrauchtundren ist erwartungsgemäß floristisch sehr eigenständig und auf Patagonien beschränkt (Freiberg 1985; Abb. 6-52g). Von den Ericaceen-Zwergsträuchern der Nordhalbkugel ist nur die Gattung *Empetrum* vertreten (als *E. rubrum*). Sonst dominieren die Chamaephyten *Gaultheria pumila* (Ericaceae) und *Baccharis tricuneata* (Asteraceae); sie formen zusammen mit der leuchtend orange blühenden Schoepfiacee *Quinchamalium chilense*, einigen *Senecio*-Arten, Vertretern

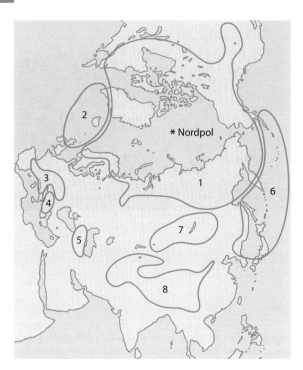

Abb. 6-53 Verbeitungsgebiete der *Kobresia*-Hochgebirgssteppen (nach Ohba 1974 aus Grabherr 1995, reproduziert mit Genehmigung von Springer Science & Business Media). Die Hochländer und Gebirgssysteme Mittel- und Zentralasiens (7, 8) bilden Diversitätszentren der Gattung *Kobresia*. In den stärker ozeanisch geprägten Hochgebirgen Europas (3, 4) sind *Kobresia*-Formationen auf Spezialstandorte (windausgesetzt, schneearm, basenreich) beschränkt. Der Kaukasus (5) nimmt eine Mittelstellung ein.

der in Südamerika häufigen Gattung *Adesmia* (Fabaceae) und den Hartpolsterpflanzen *Bolax* und *Azorella* (beide Apiaceae) ein farbenprächtiges Bild. Alpine Zwergstrauchheiden erreichen mit 10–20 t ha^{-1} die höchste lebende Phytomasse der vier Formationen; nur das *Chionophila*-Grasland Neuseelands liegt um das Zwei- bis Vierfache darüber (Mark & Dickinson 1997).

Die **Schuttfluren** haben ihre Hauptverbreitung vor allem in der oberen alpinen und der subnivalen Stufe der nemoralen Hochgebirge (Abb. 6-52h). Ihre Artenausstattung differiert zwischen den Gebirgsregionen je nach geographischer Lage und chemisch-physikalischer Qualität des Materials erheblich (z. B. Karbonat- und Silikatschuttfluren in den Alpen; s. Kasten 6-14). Dennoch gibt es einige Schuttpflanzen, wie *Saxifraga oppositifolia*, ein Erstbesiedler und Frühblüher auch in den hocharktischen Tundren, und *Oxyria digyna* (Polygonaceae), ein Pionier auf beweglichem Schutt, den man in nahezu allen Gebirgsregionen vorfindet (Abb. 8-6f). Allen Schuttfluren ist gemeinsam, dass sie größtenteils aus Polster- und Rosettenpflanzen (s. Kasten 6-15) bestehen. Nur in den trockenen (winterfeuchten) Hochgebirgen Mittelasiens kommen auch Dornpolsterfluren vor (Noorozi et al. 2008). In den humiden nemoralen Hochgebirgen weit verbreitete Gattungen sind z. B. *Androsace*, *Arenaria*, *Cerastium*, *Papaver*, *Ranunculus* und *Saxifraga* sowie die Grasgattungen *Poa* und *Trisetum*.

7

Die kalt-gemäßigte (boreale) Zone

7.1 Einführung

7.1.1 Lage und Übersicht

Mit rund 19,5 Mio. km² (= 13 % der Landoberfläche) ist die kalt-gemäßigte (boreale) Zone um etwa ein Drittel kleiner als die nemorale und geringfügig größer als die feuchttropische Zone. Da ein entsprechendes Klima (s. unten) auf der Südhalbkugel wegen der Steilheit des thermischen Gradienten zwischen tropischer Warmluft und der eisbedeckten Antarktis sowie wegen der geringen Landmasse nicht existieren kann (Weischet & Endlicher 2008), beschränkt sich die boreale Zone auf die Nordhemisphäre (s. Kasten 7-1). Dort bildet sie ein 700–2.000 km breites zirkumpolares Band, das polwärts in Form eines Waldgrenzökotons („Waldtundra") in die arktischen Tundren übergeht. Ihre Nordgrenze reicht sowohl im hochkontinentalen Klima Asiens mit den (im Vergleich zu meernahen Gebieten) wärmeren Sommern (Taimyr-Halbinsel in Sibirien) als auch in dem vom Golfstrom begünstigten Skandinavien bis zum 70. Breitengrad (Abb. 7-1); in ozeanisch geprägten Gebieten (nämlich im europäischen Teil Russlands, auf Island und im Westen Nordamerikas) fällt sie annähernd mit dem nördlichen Polarkreis (66°34') zusammen. Beidseitig der Beringstraße stoßen die arktischen Tundren dagegen weit nach Süden vor, bedingt durch die kalte oberflächennahe Meeresströmung des Oya-Stromes („Oya-Schio") aus dem Polarmeer, sodass die polare Waldgrenze hier nach Süden abknickt und in Alaska ebenso wie auf Kamchatka den 60. Breitengrad unterschreitet. Die Südgrenze der borealen Zone liegt an den Westseiten der Kontinente bei etwa 60° N (warmer Pazifischer bzw. Golfstrom); an den Ostseiten wird sie vom Oya-Schio in Asien bzw. vom Labradorstrom in Nordamerika (hier noch verstärkt vom „Kühlschrank" der

bis in den Juni zugefrorenen Hudson Bay; Treter 1993) bis zum 50. Breitengrad verschoben. Damit verzeichnen rund die Hälfte der Fläche Kanadas, ganz Alaska, der größte Teil Skandinaviens, der Norden des europäischen Russlands und Sibiriens sowie die Insel Sakhalin ein kalt-gemäßigtes Klima.

Einen nicht unwesentlichen Anteil an der borealen Zone haben **Gebirge**. So wird ein großer Teil Alaskas von der Brooks- (Mt. Chamberlin, 2.749 m NN) und der Alaskakette (mit dem 6.198 m hohen Mount McKinley) eingenommen. In Kanada sind es die nördlichen Gebirgszüge der Rocky Mountains mit dem Mackenzie-Gebirge, in Europa die Skanden, in Russland der nördliche und mittlere Ural, in Zentralsibirien das Putorana-Gebirge sowie östlich der Lena in Ostsibirien das Verkhoyansk-, Cerskij-, Moma- und Kolyma-Gebirge, allesamt nicht höher als 2.500 m NN, aber mit einer alpinen und nivalen Stufe ausgestattet. Mit etwa 24 % Flächenanteil (= rund 3,5 Mio. km²) sind auch die **Moore** ein bedeutender Bestandteil der kalt-gemäßigten Zone (Joosten & Clarke 2002); 87 % aller Moore weltweit finden sich innerhalb der borealen Waldländer und sind mit diesen eng verzahnt. Allein in Russland, wo der größte Teil des Westsibirischen Tieflandes vermoort ist, kommen 1,42 Mio. km² vor, weiterhin 1,24 Mio. km² in Kanada, vorwiegend südlich der Hudson Bay.

Die boreale Zone lässt sich nach Klima- und Bodenmerkmalen (s. unten) zwanglos in eine **nordamerikanische**, eine **europäische** (Island, Skandinavien und der europäische Teil Russlands bis zum Ural), eine **westsibirische** (vom Ural bis zum Yenisei), eine **zentralsibirische** (vom Yenisei bis zur Lena unter Einschluss des Beckens von Yakutsk), eine **ostsibirische** (östlich der Lena bis zum Beringmeer) und eine **ostasiatische** Region untergliedern (Tishkov 2002). Letztere umfasst die Halbinsel Kamchatka, die Umgebung des Ochotskischen Meeres bis zum Amur sowie die Insel Sakhalin. Die nordamerikanische Region kann man in ein schnee- und

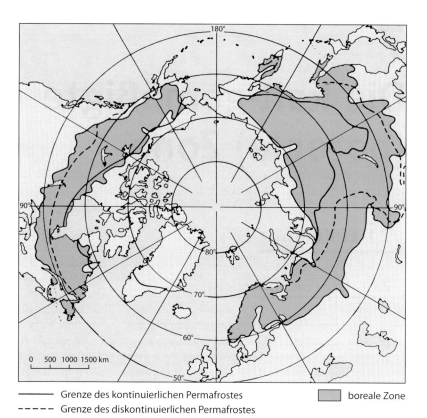

Abb. 7-1 Verbreitung der borealen Zone und Grenzen des kontinuierlichen und diskontinuierlichen Permafrostes (nach Hare & Ritchie 1972, Larsen 1980, Van Cleve et al. 1986 aus Treter 1993, verändert, reproduziert mit freundlicher Genehmigung von U. Treter und dem Bildungshaus Schulbuchverlage Westermann-Schroedel, Braunschweig).

——— Grenze des kontinuierlichen Permafrostes

- - - - - Grenze des diskontinuierlichen Permafrostes

▨ boreale Zone

niederschlagsreiches **ostkanadisches** (östlich des Hudson mit den Provinzen Quebec, Ontario und Neufundland), ein kontinentales, seenreiches **westkanadisches** (westlich des Hudson mit Lake Winnipeg, Lake Athabasca, Great Slave Lake, Great Bear Lake u. v. a.) und in ein **nordwestamerikanisches** Teilgebiet gliedern (mit Alaska und dem kanadischen Yukon Territory sowie den Hochgebirgen der nördlichen Rocky Mountains und der Alaskakette).

7.1.2 Klima und Boden

Die klimatischen Merkmale der borealen Zone sind erstens eine kurze Vegetationszeit (drei bis sechs Monate; Tab. 7-1; Abb. 7-2) mit kühlen Sommern, in denen lediglich einer bis drei Monate Mitteltemperaturen über 10 °C erreichen und die Mitteltemperatur des wärmsten Monats immer unter 20 °C liegt, und zweitens ein langer, kalter (Januarmittel außerhalb der ozeanischen Gebiete zwischen –10 und –30 °C) und schneereicher Winter mit durchschnittlichen Schneehöhen von 30–80 cm (s. Tab. 1-8, 7-1; Abb. 7-2; Treter 1993). Die boreale Nordgrenze (Baumgrenze des Waldgrenzökotons) fällt ungefähr mit der

10 °C-Isotherme, ihre Südgrenze mit der 18 °C-Juli-Isotherme zusammen. Die jährlichen Niederschläge variieren von 200–1.000 mm, überwiegend mit einem sommerlichen, seltener einem winterlichen Maximum (Letzteres nur in hochozeanischen Gebieten wie Westnorwegen, Island, Ostkanada; Abb. 7-2a, c); lediglich in Ausnahmefällen liegen sie darunter (um 150 mm wie im Regenschatten der Alaskakette im Norden Kanadas oder im hochkontinentalen Zentral- und Ostsibiren) oder darüber (bis nahe 1.500 mm wie in Teilen Ostkanadas, z. B. in Neufundland). Das Klima ist wegen der niedrigen Temperaturen selbst dann noch humid, wenn weniger als 400 mm Niederschlag fallen; in Gebieten mit Niederschlägen unter 250 mm und einer kurzen Trockenperiode im Frühsommer wie in Jakutien (Abb. 7-2g) wäre allerdings der Baumwuchs auch in der borealen Zone hygrisch eingeschränkt, würde das Defizit der klimatischen Wasserbilanz nicht durch sommerliches Schmelzwasser ausgeglichen werden (s. unten).

Innerhalb der borealen Zone gibt es also zwei ausgeprägte Klimagradienten, nämlich einen thermischen von Süd nach Nord und einen hygrischen von West nach Ost: Mit Annäherung an den Nordpol sinken die Jahresmitteltemperatur (ca. –0,6 °C pro Brei-

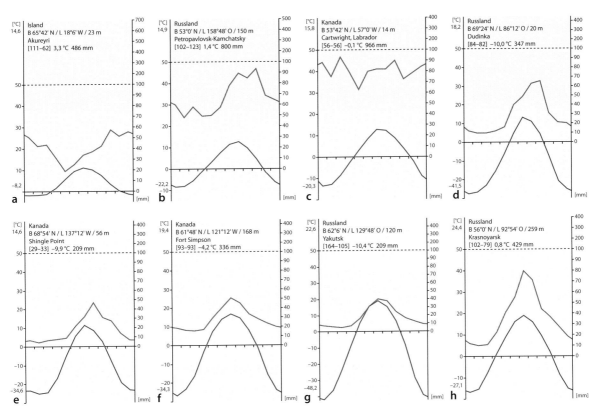

Abb. 7-2 Klimadiagramme der kalt-gemäßigten (borealen) Zone (aus Lieth et al. 1999). Die Diagramme a (Akureyri, Island; s. auch Diagramm Tromsö, Norwegen in Abb. 1-26), b (Petropavlovsk auf der Halbinsel Kamchatka, Russland) und c (Cartwright auf Labrador, Kanada) mit hohen Niederschlägen und relativ mildem Winter zeigen den ozeanischen Klimatyp; d (Dudinka vor der Yenisei-Mündung, Russland) und e (Shingle Point, Yukon Territory, Kanada) stammen aus dem Waldgrenzökoton, f (Fort Simpson, Kanada) aus der mittleren Taiga, h (Krasnoyarsk, Russland) aus der südlichen Taiga Sibiriens mit höherer Sommertemperatur; g (Yakutsk, Zentralsibirien) repräsentiert den hochkontinentalen Klimatyp.

tengrad), die Dauer der thermischen Vegetationszeit (ca. –0,3 Monate pro Breitengrad) und der Jahresniederschlag (ca. –10 mm pro Breitengrad). Breitengradparallel verläuft dagegen der Humiditätsgradient, der von der Herkunft und Reichweite feuchter Luftmassen (in Nordamerika vorwiegend aus dem subtropischen Süden, in Europa und Westasien mit der zyklonalen Westwinddrift, in Ostasien mit dem Monsun aus dem Südosten) und dem Ausmaß der Kontinentalität (im Innern der Kontinente Kältehoch im Winter, tiefer Luftdruck im Sommer) abhängt (Treter 1993): In Eurasien nimmt die Jahresamplitude der monatlichen Mitteltemperaturen (z. B. entlang des 60. Breitengrads) von West (St. Petersburg: 25,3 K) nach Ost (Yakutsk: 60,7 K) drastisch zu und sinkt bis zur pazifischen Küste wieder ab (Tigil, Kamchatka: 31,2 K); die Zahl der Tage mit Temperaturen unter -10 °C (als Indikator für die Dauer und Strenge des Winters) steigt kontinuierlich von null auf 160;

die Niederschläge sind in Jakutien am geringsten (< 200 mm) und an der norwegischen Küste am höchsten (> 800 mm). Im Jakutischen Becken (Dorf Oimyakon in der Region Verkhoyansk) wurden mit –71 °C die tiefste Temperatur und mit 103 °C die höchste Jahresamplitude der ständig bewohnten Gebiete der Erde gemessen (Shagdenova 2002b).

In Nordamerika ist das Ozeanitäts-Kontinentalitäts-Gefälle weniger stark ausgeprägt als in Eurasien: So variieren die Amplituden des jährlichen Temperaturverlaufs zwischen Sommer und Winter lediglich zwischen etwa 45 K im Nordosten Alaskas und 25–30 K in Labrador. Die meisten Niederschläge fallen mit über 1.000 mm im Osten Kanadas; dort werden aus dem Golf von Mexiko ungehindert subtropisch-tropische Luftmassen über die Ebenen des Kontinents herangeführt und durchmischen sich mit der arktisch-pazifischen Kaltluft (Treter 1993). Im Winter baut sich deshalb in Ontario, Quebec und

Tab. 7-1 Klimatische Merkmale borealer Subzonen (nach Tukhanen 1984, verändert). a = Zahl der Tage mit einer Mitteltemperatur von > 5 °C (Vegetationszeit); b = Summe aller monatlichen Mitteltemperaturen unter 0 °C („Frostsumme", in °C); c = potenzielle Evapotranspiration (mm; berechnet nach Thornthwaite (1948). Nach Süden nehmen Vegetationszeit und Evapotranspiration zu, die Frostsumme ab; Letztere steigt drastisch von der hochozeanischen bis zur hochkontinentalen Subzone an, während die Zahl der Tage mit Temperaturen über 5 °C sinkt.

boreale Subzonen (SZ)		hochozeanisch[1]	gemäßigt-ozeanisch[2]	gemäßigt-kontinental[3]	hochkontinental[4]
hemiarktisch	b	10–30	40–105	105–170	165–200
	c	370–400	325–370	325–360	320–345
nordboreal	a	110–155	110–140	100–125	100–120
	b	2–25	25–92	88–145	120–220
	c	400–475	360–435	350–415	350–415
mittelboreal	a	150–170	130–165	120–145	120–140
	b	0–15	15–74	72–105	100–185
	c	430–510	420–475	410–465	410–465
südboreal	a	165–220	150–180	140–165	135–150
	b	0–10	8–58	58–84	85–130
	c	480–550	460–525	460–520	455–510

[1] Sektoren O$_3$ und O$_2$; [2] Sektor O$_1$ und O/C; [3] Sektor C$_1$; [4] Sektoren C$_2$ und C$_3$ (Sektoren nach Tukhanen 1984).

Neufundland eine mächtige Schneedecke auf, die bis in den April erhalten bleibt. Klimatisch lässt sich somit die boreale Zone von Nord nach Süd (hemiarktisch = Waldtundra, Waldgrenzökoton, nord-, mittel- und südboreal) und von West nach Ost (hochozeanisch, gemäßigt ozeanisch, gemäßigt kontinental, hochkontinental) in verschiedene klimatische Subzonen unterteilen (Hämet-Ahti 1981, Tukhanen 1984; Tab. 7-1).

Neben der polaren Zone (s. Kap. 8) werden auch große Gebiete der borealen Zone von Dauerfrostboden (dauernd gefrorener Untergrund: **Permafrost**; Blümel 1999, Zepp 2003) geprägt (s. Abb. 7-10b). Man unterscheidet kontinuierlichen, diskontinuierlichen und sporadischen Permafrost (Abb. 7-3). Der kontinuierliche Permafrost mit einer durchgehenden Permafrosttafel (= Oberfläche des gefrorenen Bereichs) kann über 500 m dick sein; die Mächtigkeit der sommerlichen Auftauschicht (*active layer*) variiert zwischen etwa 0,2 und 3 m und hängt von der geographischen Breite, der Isolationswirkung von Vegetation und organischer Auflage sowie von der Bodenart ab (geringe Auftautiefe bei großen Wassermengen in Tonböden, hohe bei Sand und skelettreichen Böden). Nach Süden schließt eine Zone des diskontinuierlichen Permafrostes an; hier ist der gefrorene Untergrund nur 10–50 m mächtig und von

nicht gefrorenen Bereichen (= Talik, Pl. Taliki) unterbrochen. Am Südrand des Permafrost-Gebiets sind schließlich nur noch einzelne Linsen gefrorenen Untergrunds von wenigen Metern Dicke übrig (sporadischer Permafrost). Permafrost engt den Wurzelraum von Bäumen ein, verzögert die Streuzersetzung, staut Wasser, bestimmt Ausmaß sowie Geschwindigkeit der zyklischen Regeneration der borealen Wälder nach Feuer und ist für periglaziale (d. h. durch kalt-klimatische Bedingungen verursachte) Geländeformen wie Thermokarstseen, Palsenmoore und Eiskeilnetze verantwortlich.

Kontinuierlicher und diskontinuierlicher Permafrost reichen in der borealen Zone Ostsibiriens noch bis nahe 50° N (in der Umgebung der Hudson Bay bis 55°); in den übrigen Gebieten liegt die Südgrenze des Dauerfrostbodens zwischen 60° und 65° N (Abb. 7-1). In Nordamerika ist der kontinuierliche Permafrost vorwiegend auf die polare Zone, der diskontinuierliche auf die hemiarktische Waldtundra und die nördliche boreale Zone beschränkt. In Europa fehlt ein Dauerfrostboden außerhalb der Gebirge (Skanden, Ural) weitgehend, während er in Asien bis in die mittlere (Westsibirien) bzw. südliche boreale Subzone (Ostsibirien) reicht.

Entsprechend regional unterschiedlich sind die durch den Permafrost ausgelösten **Oberflächenfor-**

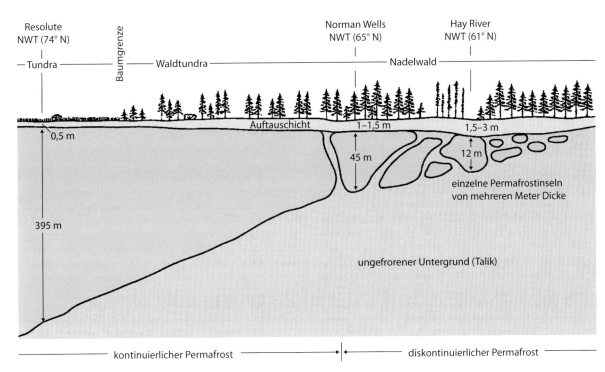

Abb. 7-3 Schematisches Profil durch die Permafrostzone in den Nordwest-Territorien (NWT) Kanadas (nach Brown 1970 aus Treter 1993, etwas verändert, reproduziert mit freundlicher Genehmigung von U. Treter und dem Bildungshaus Schulbuchverlage Westermann-Schroedel, Braunschweig). Das Waldgrenzökoton (Waldtundra) liegt auf kontinuierlichem, die nördliche Taiga (vorwiegend flechtenreicher immergrüner Nadelwald) auf diskontinuierlichem Permafrost.

men verteilt. Während Frostmusterböden, Fließerden und Eiskeilnetze auf die arktische Tundra beschränkt sind (s. Kap. 8), kommen Pingos sowohl in der arktischen als auch in der borealen Zone vor. Die nördliche boreale Zone zeichnet sich durch sog. Thermokarsterscheinungen aus. Dabei handelt es sich um Abschmelzvorgänge an der Oberfläche des Dauerfrostbodens, die entweder ohne menschlichen Einfluss durch Waldbrände, Windwürfe und im Rahmen einer nicht feuerbedingten zyklischen Walderneuerung (altersbedingtes Absterben von Wäldern; s. Abschn. 7.3.2) oder anthropogen durch Waldrodungen ausgelöst werden. Die durch diese Prozesse bedingte Erwärmung des Bodens lässt den Permafrost lokal auftauen. Es entstehen flache, manchmal wassergefüllte Senken (= Alas, Pl. Alasse), die im Lauf der Jahrhunderte wieder verlanden und sich erneut mit Wald bedecken können. Sie treten in Nordalaska, Nordkanada und besonders häufig im Jakutischen Becken auf, wo rund 50 % der Fläche aus Alassen bestehen, und erreichen eine Ausdehnung von bis zu 15 km sowie eine Tiefe bis zu 40 m (Weise 1983). Zu den Thermokarsterscheinungen gehört auch das Abschmelzen des Permafrostes durch das wärmere

Flusswasser an Prallufern entlang der großen borealen Ströme; die Ufer werden dadurch instabil und rutschen in den Fluss. Ein Indikator für diese „laterale Thermoerosion" sind die zum Fluss hin geneigten Bäume.

Die meisten **Böden** der borealen Zone sind im Holozän aus Lockergesteinen wie Löss, Moränen und fluvioglazialen Sedimenten unter einem humiden bis subhumiden, kalten Klima entstanden (Zech et al. 2014). Unter solchen Bedingungen werden leicht lösliche Stoffe ausgewaschen und in den Untergrund verlagert, sofern keine wasserstauenden Horizonte diesem Prozess entgegenstehen. Zudem begünstigt die schwer abbaubare, N-arme Streu der Nadelbäume und Zwergsträucher die Akkumulation von Rohhumus, aus dem niedermolekulare organische Säuren freigesetzt werden. Diese Säuren lösen als Komplexbildner die im Boden enthaltenen Sesquioxide und transportieren sie nach unten. Es entsteht ein weißgrau gefärbter Bleich- oder Eluvialhorizont unter den Humuspaketen, während sich im Unterboden mit steigendem pH ein dunkel bzw. braunrot gefärbter Anreicherungshorizont (Illuvialhorizont) bildet („Podzolierung"). Die auf diese Weise entstandenen **Pod-**

Kasten 7-1

Gibt es eine boreale Zone auf der Südhemisphäre?

In der Karte der effektiven Klimate nach Köppen/Trewartha (Trevartha & Horn 1980) ist das boreale „Schneeklima" (wärmster Monat > +10 °C, kältester < –3 °C; Klimatyp D) auf die Nordhemisphäre beschränkt (s. auch Troll & Paffen 1964, Walter et al. 1991, Lauer & Rafiqpoor 2002). Es fehlt auf der Südhalbkugel, wo die nemorale (kühl-gemäßigte) Zone nach der Köppen'schen Klassifikation direkt an die polare Zone („Eisklima" E nach Köppen/Trevartha) angrenzt, zu der außerhalb der Antarktis die Islas Wollaston am Kap Horn, die östliche Insel der Malvinen (Falkland-Inseln), Südgeorgien und die Kerguelen gehören (s. Kap. 8). Die Südspitze Südamerikas mit Südpatagonien und Feuerland liegt ab etwa dem 50. Breitengrad in einem feuchten, kühl-gemäßigten Regenklima, dessen Pflanzendecke schon in Abschn. 6.2 (feuchte nemorale Zone) besprochen wurde. Das Klima zeichnet sich durch mittlere bis hohe Jahresniederschläge aus und ist mit monatlichen Mitteltemperaturen von durchweg über 0 °C thermisch als hochozeanisch zu bezeichnen (Tab. 1).

Bei einem Vergleich der Vegetation dieses Gebiets mit derjenigen der borealen hochozeanischen Regionen der Nordhemisphäre wie z. B. Island, Nordwestnorwegen, Kamchatka und die Kurilen fallen einige physiognomische und floristische Gemeinsamkeiten auf (Haeupler 2009), wie die Kleinblättrigkeit der dominanten Bäume (*Nothofagus betuloides* sowie *N. pumilio* einerseits und *Betula pubescens* var. *pumila* andererseits), die scharfe Waldgrenze aus Südbuchen- bzw. Birkenkrummholz, das Vorkommen von Ericaceen-Zwergsträuchern im Waldunterwuchs (*Vaccinium* spp. und *Empetrum nigrum* auf der Nord-, *Gaultheria* spp. und *E. rubrum* auf der Südhalbkugel), die Häufigkeit von ombrogenen Mooren mit *Sphagnum magellanicum* und das Auftreten von Podzolen. Klimatisch zeichnen sich beide Regionen durch milde Wintertemperaturen aus, die auch auf der Nordhalbkugel im monatlichen Mittel selten unter –2 °C liegen. Auf diesen Gemeinsamkeiten beruht die von manchen Autoren vorgeschlagene antiboreale Zone mit Feuerland und Südpatagonien, die der borealen Zone der Nordhemisphäre entspricht (Tukhanen 1992, s. auch Richter 2001). Sie umfasst nicht nur die humiden, sondern auch die sub- und semiariden Steppen und Halbwüsten östlich des Andenraumes, sodass man im Gegensatz zur Nordhalbkugel ein „antiboreales Trockengebiet" definieren kann.

Thermisch unterscheiden sich die beiden hochozeanischen Regionen der Nord- und Südhalbkugel jedoch beträchtlich (Tab. 1). So liegen die Jahresmittelwerte der Lufttemperatur auf Feuerland deutlich höher als beispielsweise auf Island, und die Mitteltemperatur der Wintermonate unterschreitet niemals die 0 °C-Grenze. Längere Frostperioden, die sich aus den Daten der nordhemisphärischen Klimastationen ableiten lassen, sind aber ein wichtiges Merkmal des borealen Klimas und pflanzenökologisch von Bedeutung. Auch die Vegetation ist keineswegs so ähnlich, wie man auf den ersten Blick glauben möchte. So dominieren immergrüne Wälder aus *Nothofagus betuloides* mit einem Unterwuchs aus Laurophyllen wie *Drimys winteri*; sommergrün ist lediglich *N. pumilio* an der Waldgrenze. Moore und Podzole gibt es auch unter kühl-gemäßigten Klimabedingungen, und die winterliche Frostarmut ist eher ein Hinweis auf ein ozeanisches nemorales Klima.

Dementsprechend gehören Feuerland und Südpatagonien nach Schultz (2000) zu den Mittelbreiten mit ihrem kühl-gemäßigten Klima. Ebenso verfahren WWF und FAO; beide Organisationen benutzen Ökoregionen (s. Olson 2001) und stellen die Wälder im äußersten Süden Südamerikas und auf der Südinsel von Neuseeland als sog. *subpolar forests* zur Ökoregion *temperate broadleaved and mixed forests*, während die zonalen sommergrünen Birkenwälder in Fennoskandien als *Scandinavian mountain birch forests and grasslands* in die Ökoregion Tundra eingeliedert werden. In ähnlicher Weise teilt Bailey (2009) die borealen Nadelwälder einer *subarctic division* (innerhalb der *polar domain*) zu, während er die Birkenwälder ebenso wie die feuerländischen *Nothofagus*-Wälder innerhalb der ozeanischen *marine division* in eine *humid temperate domain* stellt (die ungefähr unserer kühl-gemäßigten Zone entspricht).

Es besteht also keine Veranlassung, eine antiboreale Zone auf der Südhemisphäre auszuweisen. In diesem Zusammenhang ist übrigens der oft gebrauchte Zusatz „subantarktisch" für die Wälder und Moore des südlichen Patagonien missverständlich, weil er analog zum Begriff subarktisch (= hemiarktisch) das Vorkommen eines Waldgrenzökotons impliziert.

---

zole gehören zu den häufigsten Bodentypen der borealen Zone; sie sind vor allem in der Mitte und im Osten Kanadas sowie in den borealen Wäldern Europas und Westsibiriens verbreitet. Unter Permafrost entstehen **Cryosole**, deren obere Horizonte von einem jahreszeitlichen Wechsel aus Auftauen und Gefrieren geprägt sind und deshalb vielfach Verwür-

gungen zeigen (Kryoturbation). In feuchteren Gebieten tragen sie ebenso wie die Podzole eine Rohhumusdecke aus schlecht zersetztem, saurem (pH < 5) organischem Material, das von den Zwergsträuchern intensiv durchwurzelt und von Pilzhyphen durchzogen ist; in den trockenen Gebieten Zentral- und Ostsibiriens können sie hingegen alkalische pH-Werte

Tab. 1 Klimadaten ausgewählter Stationen hochozeanischer Klimate der borealen Zone der Nordhemisphäre, der nemoralen Zone Feuerlands und der polaren Zone der Südhemisphäre. Daten aus www.globalbioclimatics.org. Da die in der Tabelle angegebenen Werte jeder Station unterschiedliche lange Zeiträume umfassen, sind sie nur eingeschränkt untereinander vergleichbar. Dennoch geben sie einen groben Anhaltspunkt zur Beurteilung der Unterschiede zwischen den Klimaten. Die Stationen liegen alle knapp über Meereshöhe. Zur besseren Vergleichbarkeit ist die geographische Breite angegeben.

Ort (geographische Breite)	mittlerer jährlicher Niederschlag (mm)	mittlere Jahrestemperatur (°C)	Zahl der Monate > 10 °C	Zahl der Monate < 0 °C	jährliches mittleres Temperaturmaximum (°C)	jährliches mittleres Temperaturminimum (°C)	Beobachtungszeit (T = Temperatur, N=Niederschlag)
hochozeanisch boreal nordhemisphärisch							
Höfn, Island (66°25' N)	535	3,6	1	3	6,2	1,0	T 1983–1994 N 1984–1994
Akureyri, Island (65°41' N)	457	3,8	2	4	6,6	1,0	T+N 1950–1980
Trondheim, Norwegen (63°27' N)	862	5,1	4	4	8,3	1,8	T+N 1989–1994
Tromsö, Norwegen (69°41' N)	1018	2,6	2	5	5,1	0,1	T 1930–1994 N 1919–1994
Matura Kuril, Russland (48°03' N)	1344	1,8	1	5	4,3	-0,8	T 1979–1994 N 1984–1994
hochozeanisch nemoral südhemisphärisch (Feuerland)							
Navarino, Chile (55°10' S)	449	5,9	0	0	8,9	2,7	T 1962–1975 N 1954–1975
Ushuaya, Argentinien (54°49' S)	583	5,6	0	0	9,9	1,8	T+N 1941–1950
Stanley, Falkland, UK (51°42' S)	681	5,6	0	0	9,0	2,2	T 1945–1970 N 1929–1970
Los Evangelistas, Chile (52°24' S)	2.570	6,4	0	0	8,9	4,3	T 1944–1960 N 1949–1960
hochozeanisch polar südhemisphärisch							
Kerguelen, Frankreich (49°25' S)	925	3,8	0	0	6,1	1,4	T+N 1977–1980
Südgeorgien, Argentinien (54°14' S)	1394	1,6	0	4	5,1	-1,6	T+N 1901–1950

aufweisen und leicht lösliche Salze anreichern. Der Schwerpunkt der Verbreitung der Cryosole liegt in der polaren Zone, in der Waldtundra Westkanadas und Alaskas sowie in der hellen Taiga. In der südlichen Taigazone mit günstigeren thermischen Bedingungen sind **Luvisole** bzw. **Albeluvisole** (wie in der hemiborealen Zone; s. Abschn. 6.2.1.2) weit verbreitet. Sie zeichnen sich durch Tonverlagerung (Lessivierung) aus, wobei bei den Albeluvisolen der tonärmere, helle Eluvialhorizont zungenförmig in den B_t-Horizont hineinragt. Albeluvisole weisen außerdem häufig Pseudogley-Merkmale auf, die ansonsten für die **Stagnosole** charakteristisch sind. Die organische Auflage ist bei Luvisolen biologisch aktiv, bei Albeluvisolen und Stagnosolen hingegen inaktiv (Rohhumus oder Moder), jedoch weniger dick als im Fall der Podzole (pH < 5). In den zahlreichen Senken der borealen Zone sind schließlich als azonale Bodentypen **Gleysole** (Böden, in denen das Grundwasser in geringer Tiefe ansteht und kapillar bis in den Oberboden aufsteigt) sowie **Histosole** (rein organische Böden der Moore, permanent nass) weit verbreitet.

7.1.3 Flora

Die dominanten Waldbäume der borealen Wälder sind immergrüne Koniferen der Gattungen *Abies*, *Picea* und *Pinus* (Tab. 7-2). Sie sind jeweils nur mit wenigen Arten vertreten (vgl. Mabberley 2008): Von 46 *Abies*-Arten haben nur vier, von 34 *Picea*-Arten nur sechs und von 110 *Pinus*-Arten nur drei (ohne das Krummholz *P. pumila*) den größten Teil ihres Areals in der kalt-gemäßigten Zone. Die meisten Vertreter der drei Gattungen sind in der warm- und kühl-gemäßigten Zone verbreitet, und hier vor allem in der oreonemoralen und oreoborealen Stufen der Hochgebirge, ein Hinweis auf die Entstehung dieser Gattungen in wärmeren Klimaten; nur einige wenige wie *Pinus contorta* in Nordamerika strahlen in das Gebiet der borealen Nadelwälder aus und kommen noch vereinzelt in der südlichen Taiga vor. Selbst von den extrem kälte- und feuerresistenten zehn *Larix*-

Tab. 7-2 Häufige Baumarten der borealen Waldländer (nach Hytteborn et al. 2005, Weber & Van Cleve 2005). Die Nomenklatur der Arten richtet sich nach www.theplantlist.org.

Gattung	Regionen[1]					
	Nordamerika (nicht differenziert)	**europäisch**	**westsibirisch**	**zentral-sibirisch**	**ostsibirisch**	**ostasiatisch**
Nadelhölzer						
Abies	*balsamea*	–	*sibirica*	*sibirica*	*sibirica*	*sachalinensis*
						nephrolepis
Picea	*glauca*	*abies*	*obovata*	*obovata*	*obovata*	*jezoensis*
	mariana	*obovata*				*glehnii*
						ajanensis
Pinus	*banksiana*	*sylvestris*	*sylvestris*	*sylvestris*	*sylvestris*	*sylvestris*
			sibirica	*sibirica*	*pumila*	*pumila*
Larix	*laricina*	*sibirica*[3]	*sibirica*	*gmelinii*	*gmelinii*	*gmelinii*
			czekanowskii	*czekanowskii*		
Laubhölzer						
Alnus[2]	*incana*	*glutinosa*	*glutinosa*	*hirsuta*	*hirsuta*	*hirsuta*
		incana	*incana*			*mandshurica*
Betula	*papyrifera*	*pendula*	*pendula*	*pendula*		*lanata*
				platyphylla	*platyphylla*	*platyphylla*
	occidentalis	*pubescens*	*pubescens*		*ermanii*	*ermanii*
	kenaica				*dahurica*	*dahurica*
Populus[4]	*tremuloides*	*tremula*	*tremula*	*tremula*	*tremula*	*tremula*
	balsamifera					

[1] Zur Abgrenzung s. Abb. 7-6; [2] strauchförmig wachsende Erlen (wie die vielen Kleinarten von *A. viridis*) sind nicht berücksichtigt; [3] fehlt in Fennoskandinavien; [4] vorwiegend in Flussauen wachsende Pappelarten wie *P. nigra*, *P. suaveolens* u. a. (ostsibirische und ostasiatische Region) nicht berücksichtigt.

Arten haben nur vier hier ihren Schwerpunkt (einschließlich *Larix czekanowskii*, einer Hybride aus *L. sibirica* und *L. gmelinii*); die übrigen sind, wie *Larix kaempferi* in Japan, Pflanzen der oberen Lagen nemoraler Hochgebirge. Auch die in den süd- und mitteleuropäischen Gebirgen verbreitete Europäische Lärche *Larix decidua* kommt in den Nadelwaldgebieten Nordeuropas nicht vor. Ähnlich ausgedünnt ist die Flora der sommergrünen Laubbäume. Klimaxbäume wie *Acer*, *Fagus*, *Quercus* u. a. fehlen völlig; als raschwüchsige, aber kurzlebige Pioniere können sich nur die Vertreter von *Alnus*, *Betula* und *Populus* (neben zahlreichen strauchförmig wachsenden Weiden) vorübergehend nach Feuer oder Erdrutschen halten. Die Klimaxvegetation bilden sie nur dort, wo sie gegen die Konkurrenz der Nadelbäume bestehen können, nämlich azonal in und am Rand von Feuchtgebieten (Moore, Flussauen usw.) oder zonal in extrem ozeanischem Klima (s. Abschn. 7.2.2).

Die Gefäßpflanzenflora des Waldunterwuchses borealer Wälder ist im Allgemeinen artenärmer als diejenige der nemoralen, aber spezialisierter: Lange Winter, mächtige Schneedecken und geringe, schwer verfügbare Nährstoffmengen in der organischen Auflage fördern sommer- und immergrüne Zwergsträucher und azidophytische Moose (Abb. 7-4, 7-5). Sieht man von den südlichen Randgebieten der Taiga ab, so dominieren auf den meisten Böden Pflanzen, die mithilfe einer symbiontischen Partnerschaft mit Pilzen (Mykorrhiza) in der Lage sind, die nährstoffarme und saure Streu aufzuschließen. Das sind in erster Linie Vertreter der Familie Ericaceae mit den Gattungen *Arctostaphylos*, *Empetrum*, *Ledum*, *Rhododendron* und *Vaccinium* sowie verschiedene *Pyrola*-Arten (früher Pyrolaceae), die alle ausnahmslos zirkumpolar verbreitet sind. In die üppige Feldschicht aus Moosen und Zwergsträuchern mischen sich einige saprophytische Orchideen, die, wie z. B. *Corallorhiza trifida*, nicht in der Lage sind, selbstständig Photosynthese zu betreiben und deshalb ihren Assimilatbedarf von Pilzen beziehen (Abb. 7-4d). Hinzu kommen weitere krautige Arten, unter denen die monotypische Gattung *Linnaea* mit *L. borealis* (Caprifoliaceae) sowie *Lysimachia* (= *Trientalis*) *europaea* in Eurasien und in Nordamerika (*Trientalis borealis*; beide Primulaceae) verbreitet sind (Abb. 7-4a, b). Graminoide kommen vor, besonders in der südlichen Taiga mit den dort dominierenden Luvi- und Albeluvisolen (Gattungen wie *Carex*, *Calamagrostis*).

Eine herausragende Stellung, sowohl hinsichtlich der Artenzahlen als auch der physiognomischen und stofflichen Bedeutung, nehmen Moose, Flechten und Pilze ein (Abb. 7-5). **Moose** bilden auf den Moder- und Rohhumusdecken von Cryosolen und Podzolen dichte, bis 15 cm hohe Bestände. Physiognomisch dominant sind Laubmoose, die in allen borealen Waldländern (und meist auch darüber hinaus in der nemoralen Zone beider Hemisphären) heimisch

Abb. 7-4 Beispiele für Phanerogamen in der Feldschicht borealer Wälder. a = *Linnaea borealis*, Caprifoliaceae; b = *Lysimachia europaea*, Primulaceae; c = *Cornus suecica*, Cornaceae; d = *Corallorhiza trifida*, Orchidaceae.

Abb. 7-5 Beispiele für Kryptogamen in der Feldschicht borealer Wälder. a = *Pleurozium schreberi* als Vertreter der „Federmoose", nach denen die kanadischen „Spruce-Feathermoss Forests" benannt werden; b = *Cladonia stellaris*, eine verbreitete Strauchflechte in borealen Wäldern und in Tundren; c = *Nephroma arcticum*, eine Laubflechte mit Luftstickstoff-bindenden Cyanobakterien.

sind, v. a. der Gattungen *Aulacomnium, Brachythecium, Dicranum, Drepanocladus, Hylocomium, Hypnum, Pleurozium, Polytrichum, Ptilium, Rhytidiadelphus*; hinzu treten zahlreiche Lebermoose (wie das Peitschenmoos *Bazzania trilobata*, das auch in den mitteleuropäischen feuchten Nadelwäldern vorkommt). Vor allem auf nährstoffarmen Sandböden und unter einem offenen Kronendach können lichtbedürftige **Strauchflechten** überhandnehmen; sie gehören überwiegend zu den Gattungen *Alectoria, Cetraria, Cladonia* (einschließlich der Untergattung *Cladina*), *Nephroma, Peltigera* sowie *Stereocaulon* und sind als Winternahrung für Rentiere unersetzlich (Crittenden 2000). Arten wie *Cetraria islandica* (Isländisch Moos), *Cladonia rangiferina* (Rentierflechte) und *C. stellaris* findet man nicht nur in den borealen, sondern auch in den oreoborealen Wäldern und den alpinen Tundren der nordhemisphärischen Hochgebirge. *Stereocaulon*-Arten und einige Vertreter der Gattungen *Nephroma* und *Peltigera* enthalten Cyanobakterien, die Luftstickstoff zu binden vermö-

gen; Flechtenmatten, die aus diesen Taxa bestehen, decken mit N_2-Fixationsraten von bis zu 20 kg N ha^{-1} a^{-1} bis zu 50 % des Stickstoffbedarfs der Gefäßpflanzen borealer Wälder ab (Crittenden 2000). Ein chemisches Produkt vieler Flechten ist Usninsäure (benannt nach der epiphytischen Bartflechte *Usnea* spp.), die aufgrund ihrer antibakteriellen Wirkung vermutlich der Verteidigung der Thalli gegen Mikroben dient und in der Medizin u. a. zur Behandlung von Hautkrankheiten eingesetzt wird (Cocchietto et al. 2002). Schließlich erreichen auch **Pilze** in borealen Wäldern beträchtliche Artenzahlen. Allein die Asco- und Basidiomyceten, die mit Bäumen über eine Ektomykorrhiza symbiontisch verbunden sind, dürften mehr als 6.000 Arten umfassen (Read et al. 2004). Als Lieferanten von Wasser und Nährstoffen für die Pflanzen sind sie Schlüsselorganismen in borealen Ökosystemen (s. Abschn. 7.3.1).

7.2 Vegetation

7.2.1 Überblick

Die Vegetation der borealen Zone ist trotz der gewaltigen räumlichen Ausdehnung in Nordamerika und Eurasien recht einheitlich (s. Abschn. 1.2.1; z. B. Larsen 1980, 1989 für die gesamte boreale Zone; für Nordamerika Knapp 1965, Walter et al. 1991, Elliott-Fisk 2000, Weber & Van Cleve 2005, für Nordeuropa Dierßen 1996, für Eurasien Walter et al. 1994, Shagdenova 2002a, Hytteborn et al. 2005; Abb. 7-6). Abgesehen von der alpinen Stufe der borealen Hochgebirge und den Mooren (s. unten) besteht sie aus Wäldern ("boreale Waldländer; Treter 1993). Deren Gesamtfläche beträgt etwa 14,8 Mio. km²; davon entfallen rund 30 % auf Kanada und 64 % auf Russland (*closed and open boreal woodlands*; Kuusela 1992). Trotz der nicht unerheblichen Holzentnahme in den letzten 150 Jahren (s. Abschn. 7.4) bilden diese borealen Waldländer auch heute noch das größte zusammenhängende Waldgebiet der Erde. Rund 80 % sind immergrüne Nadelwälder, die aus den Gattungen *Abies*, *Picea* und *Pinus* aufgebaut und im Innern ganzjährig lichtarm sind; sie werden deshalb als **dunkle Taiga** bezeichnet. An den hochozeanischen Rändern Eurasiens (Island, West- und Nordrand von Skandinavien, Kamtschatka) kommen zonal **sommergrüne Laubwälder** zumeist aus mehrstämmigen Individuen von *Betula pubescens* var. *pumila* bzw. *B. ermanii* vor. Im niederschlagsarmen (subhumiden) und extrem winterkalten Zentral- und Ostsibirien werden die immergrünen Nadelbäume von den sommergrünen, frostharten Lärchen *Larix gmelinii* und *L. sibirica* ersetzt; diese Waldbestände (**helle Taiga**) sind nicht nur wegen des Nadelabwurfs, sondern auch wegen des (permafrostbedingten) weiten Standes der Bäume lichtreicher als die dunkle Taiga und zeichnen sich deshalb durch mehr lichtbedürftige Straucharten im Unterwuchs aus. Alle borealen Wälder sind von regelmäßigen Störungen betroffen, zu denen an erster Stelle Wildfeuer gehören; aber auch Windwürfe und Bestandsvernichtung durch die zyklische Massenvermehrung phytophager Insekten treten häufig auf (s. Abschn. 7.3.2). Das Mosaik unterschiedlich alter Regenerationsphasen innerhalb eines Waldentwicklungszyklus stellt deshalb ein bedeutendes Strukturmerkmal der borealen Pflanzendecke dar.

Zwischen Wald und polarer Tundra ist ein Waldgrenzökoton ausgebildet, das als **Waldtundra** bezeichnet wird. Es zeigt eine gewisse physiognomische und ökologische Ähnlichkeit mit der Vegetation der subalpinen Stufe nemoraler Hochgebirge, weil in beiden Fällen zwischen Wald- und Baumgrenze unterschieden werden kann und Letztere thermisch bedingt ist; die Waldtundra unterscheidet sich aber vom oreoboreal-alpinen Ökoton dadurch, dass sie über einem Dauerfrostboden entwickelt ist. Sie erreicht in Kanada eine Breite bis zu 400 km und besteht dort aus parkartigen *woodlands* mit reichlich Flechtenunterwuchs.

Während die Vegetation der alpinen Stufe borealer Gebirge physiognomisch und floristisch der polaren Tundra nördlich der Baumgrenze entspricht und deshalb zusammen mit dieser in Kap. 8 besprochen wird, sind Feuchtgebiete als azonale Vegetation weit verbreitet und tragen, wie die **Flussauen** mit ihren Auwäldern und Gebüschen aus *Alnus*-, *Populus*- und *Salix*-Arten, einen eigenständigen Charakter. Einleitend haben wir schon auf den großen Flächenanteil der **Moore** hingewiesen. Die meisten Moorpflanzen haben deshalb ihr Hauptareal in der borealen Zone, sind also boreale (oft sogar zirkumboreale) Florenelemente wie einige der weit verbreiteten Wollgräser (*Eriophorum* spp., *Trichophorum* spp., Cyperaceae) und *Carex*-Arten (wie *C. limosa*, *C. lasiocarpa* u. v. a.). Dagegen handelt es sich bei der salz- und windbeeinflussten Vegetation entlang der borealen **Meeresküsten** um eine verarmte Variante der entsprechenden nemoralen Dünenheiden und Salzrasen (z. B. Thannheiser 1981), allerdings mit einigen vikariierenden Arten; so werden im borealen Fennoskandien und Island die subtropisch-nemorale Spülsaum-Pflanze *Cakile maritima* durch *C. edentula*, die Weißdünen-Art *Ammophila arenaria* durch *Leymus arenarius* (Strandroggen), das dominante Salzwiesen-Gras *Puccinellia maritima* durch *P. phryganodes* ersetzt (Dierßen 1996).

7.2.2 Sommergrüne boreale Laubwälder

In der von Nadelbäumen dominierten kalt-gemäßigten Zone haben nur solche Laubbäume eine dauerhafte Überlebenschance, die flexibel genug sind, um mit kurzer Vegetationszeit und niedrigen Temperaturen während der Wachstumsperiode zurechtzukommen. Hierzu gehören die Arten der Gattungen *Alnus*, *Betula* und *Populus*, die in der nemoralen Laubwaldzone von den langlebigen Klimaxbaumarten *Acer*, *Carya*, *Fagus*, *Quercus* u. a. auf Sonderstandorte (Flussauen, Moore) verdrängt werden. Ökophysiolo-

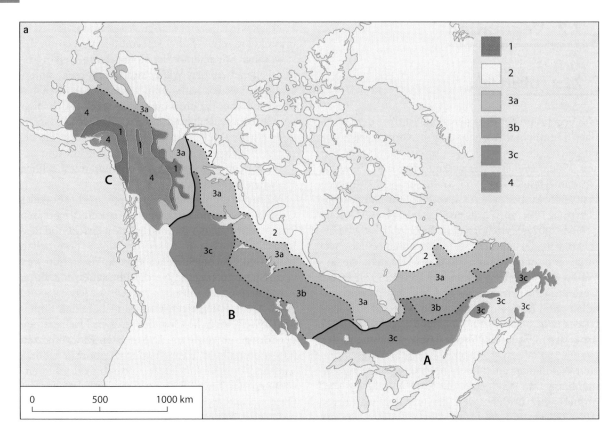

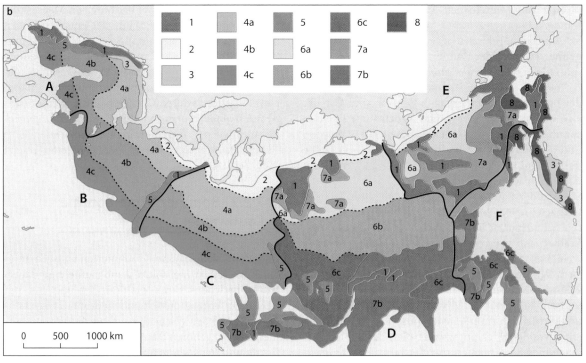

◄ **Abb. 7-6** a) Vegetationsgürtel der borealen Zone Nordamerikas (vereinfacht nach Vorlagen von Treter 1993, verändert und ergänzt nach Elliott-Fisk 2000). 1 = alpine Gebirgstundra; 2 = Waldtundra (Waldgrenzökoton); 3 = dunkle Taiga (a = nordboreal („Open Lichen Woodland"), b = mittelboreal, c = südboreal); 4 = dunkle Gebirgstaiga. A = ostkanadisches Teilgebiet (*Abies balsamea*), B = westkanadisches Teilgebiet, C = nordwestamerikanisches Teilgebiet. b) Vegetationsgürtel der borealen Zone Eurasiens (vereinfacht nach Vorlagen von Treter 1993, verändert und ergänzt nach Tishkov 2002). 1 = alpine Gebirgstundra; 2 = Waldtundra (Waldgrenzökoton); 3 = boreale Birkenwälder; 4 = dunkle Taiga (a = nordboreal, b = mittelboreal, c = südboreal); 5 = dunkle Gebirgstaiga; 6 = helle Taiga (a = nordboreal, b = mittelboreal, c = südboreal); 7 = helle Gebirgstaiga (a = nord- bis mittelboreal, b = südboreal); 8 = *Pinus pumila*-Gebüsche. A = fennoskandische Region, B = europäisch-russische Region (A und B werden meist zur europäischen Region zusammengefasst), C = westsibirische Region, D = zentralsibirische Region, E = ostsibirische Region, F = ostasiatische Region.

gisch zeichnen sie sich dadurch aus, dass sie Wasserüberschuss- (Hypoxie) und Kältestress tolerieren; sie sind außerdem in der Jugend lichtbedürftig, schnellwüchsig und erreichen mit 150 bis 200 Jahren nur ein bescheidenes Alter. Sie bilden große Mengen leichter Samen, die vom Wind ausgebreitet werden und somit überall präsent sind, breiten sich aber auch vegetativ aus (wie *Populus* durch unterirdische Ausläufer; „Wurzelbrut") oder sind zumindest in der Lage, nach dem alters-, feuer-, schädlings- oder frostbedingten Absterben der Stämme aus dem Wurzelhals wieder auszutreiben (*Alnus*, *Betula*; *resprouter*). Aufgrund dieses Verhaltensmusters gelten sie als Pionierbäume.

Folgende Typen sommergrüner borealer Laubwälder kann man unterscheiden (Abb. 7-7):

1. **Zonale boreale Birkenwälder Eurasiens**:
Da die Pionierlaubbäume im Gegensatz zu den Klimax-Koniferen mehr Zeit für die Blattentfaltung brauchen, können sie sich gegenüber ihren immergrünen Konkurrenten dort durchsetzen, wo sie von einem milden Winter und einer dadurch ggf. verlängerten Vegetationszeit profitieren. Das ist in den hochozeanischen Küstengebieten Skandinaviens und des europäischen Russlands der Fall, wo zonale Birkenwälder den borealen Nadelwald teilweise ersetzen (wie im Westen von Norwegen) und das Waldgrenzökoton zwischen Nadelwald und Tundra sowohl entlang der Eismeerküste als auch auf den Luvseiten borealer Hochgebirge (Skanden, Nordural) einnehmen (Dierßen 1996). Hier dominiert *Betula pubescens* var. *pumila*, eine niedrigwüchsige und kleinblättrige Form der Moorbirke (früher *B. tortuosa*). Aus den gleichen Gründen kommen sommergrüne

Wälder auch im Fernen Osten vor, wo sie wegen des (im Vergleich zu Nordwesteuropa gleicher Breitenlage) kälteren und kontinentaleren Klimas allerdings auf meerumspülte Halbinseln (Kamtchatka) und Inseln (Sakhalin, Kurilen) beschränkt sind (Krestov 2003, Dierßen 2004). Die dominante Baumart dort ist *Betula ermanii*, die auch in den semiborealen Hochgebirgen Ostasiens an der Waldgrenze auftritt (wie am Sikhote Alin im Fernen Osten und am Daisetsusan auf Hokkaido; s. Abschn. 6.5.3).

Der Unterwuchs der meist eher krüppelförmig wachsenden Wälder, die selten höher als 10 m werden (auf Kamchatka bis über 20 m), variiert je nach Standortbedingungen zwischen einer moosreichen Zwergstrauchvegetation auf Podzolen und einer kraut- und grasreichen Variante (in Skandinavien z. B. mit *Geranium sylvaticum*, auf Kamchatka z. B. mit *Actaea simplex* und *Clematis alpina* ssp. *ochotensis*) auf basenreichen Luvisolen (z. B. Wehherg et al. 2005). Unter den Zwergsträuchern kommen neben den Ericaeen niedrige Strauchbirken vor (*Betula nana* in Skandinavien, *B. nana* ssp. *rotundifolia* in Sibirien, *B. nana* ssp. *exilis* im Fernen Osten). Vergleichbare Laubwälder zonalen Charakters fehlen in der borealen Zone Nordamerikas vollständig.

2. **Boreale Pionierlaubwälder**:
Sommergrüne boreale Laubwälder kommen außerdem als Pioniervegetation nach Beseitigung der Nadelwälder durch Feuer, Schädlingsbefall oder Kahlschlag und auf Brachen (nach vorheriger Beweidung) vor und bilden ein (vorübergehendes) Waldentwicklungsstadium, bevor sich die Koniferen wieder durchsetzen (s. Abb. 7-14d, e). Diese borealen Pionierlaubwälder bestehen in Eurasien aus *Betula*-Arten (*B. pendula*, *B. pubescens* in Europa und Westsibirien, *B. platyphylla* in der mittel- und ostsibirischen sowie in der ostasiatischen Region) und aus *Populus tremula*, der Zitterpappel. Im westkanadischen und nordwestamerikanischen Teilgebiet der borealen Zone sind ausgedehnte Bestände aus *Populus tremuloides*, vergesellschaftet mit *Alnus alnobetula* ssp. *crispa* und *Betula papyrifera*, verbreitet, wobei die Pappel eher auf den warmen Süd-, die Birke auf den kühleren Nordhängen vorkommt; derartige Wälder fehlen im ostkanadischen Teilgebiet, weil dort wegen der hohen Niederschläge und des Schneereichtums Wildfeuer nur selten auftreten. Hier ist die Pappel gemeinsam mit *Betula papyrifera* der dunklen Taiga (aus *Abies balsamea*) mehr oder minder regelmäßig beigemischt.

Abb. 7-7 Beispiele für sommergrüne boreale Laubwälder: Birkenwälder aus *Betula pubescens* var. *pumila* (a = zwergstrauchreiche Ausbildung mit *Arctostaphylos uva-ursi*, Herbstfärbung, Finnmark, Norwegen; b = krautreiche Ausbildung mit *Geranium sylvaticum*, Island).

3. Azonale boreale Laubwälder:

Schließlich kommen einige der sommergrünen Pionierbaumarten auch im Umgriff von Gewässern und an besonders nährstoffreichen, feuchten Standorten vor. Entlang der Flüsse und Seen sind in der borealen Zone Europas vorwiegend *Alnus glutinosa*, nach Norden zunehmend *A. incana* verbreitet (ähnlich wie in Nasswäldern oreoborealer Gebirgslagen: Alpen), meist mit einem flussnahen Streifen aus verschiedenen *Salix*-Arten (wie *S. lanata*, *S. phylicifolia*). In Sibirien gibt es Flussauen aus *Populus suaveolens* und *Salix arbutifolia*, in Ostsibirien bilden *Alnus alnobetula* ssp. *hirsuta* und verschiedene Weidenarten Auwälder entlang von Yenisei und Lena; andere Erlenarten kommen

an der Waldgrenze der Gebirge vor (wie *Alnus maximowiczii* auf Sakhalin). In der kanadischen borealen Zone kommen Auwälder aus *Populus balsamifera*, *Alnus incana* und verschiedenen *Salix*-Arten vor.

7.2.3 Immergrüne boreale Nadelwälder (dunkle Taiga)

Die größte Fläche innerhalb der borealen Zone nehmen immergrüne boreale Nadelwälder ein. Die Wälder werden 20–25 m hoch und sind kaum geschichtet. In der Literatur werden sie als sehr einheitlich beschrieben, und in der Tat handelt es sich meist um

Abb. 7-8 Beispiele für immergrüne boreale Nadelwälder. a = nördliche Taiga in Westsibirien aus *Picea obovata*, *Larix czekanowskii* und *Betula* sp., im Unterwuchs *Betula nana* ssp. *rotundifolia* (Yenisei-Gebiet, Russland); b = südliche Taiga (Westsibirien, nahe Tomsk, Russland) aus *Abies sibirica*, *Betula pendula* und *Populus tremula* mit *Ribes petraeum* im Unterwuchs; c = fennoskandische Taiga mit *Picea obovata* und Zwergsträuchern in der Feldschicht (Finnland); d = flechtenreicher Nadelwald aus *Picea glauca*, im Vordergrund *Betula glandulosa* (Labrador, Kanada; Foto U. Treter); e = Waldmosaik im Yukon Territory (Nordwestkanada) mit *Picea glauca*-Wäldern und *Populus tremuloides*-Beständen entlang der Flüsse und als Pioniervegetation nach Störung (Foto U. Treter). Die Nadelbäume besitzen ausnahmslos schlanke Kronen.

monodominante Waldbestände, in denen eine oder wenige Koniferenarten dominieren (Abb. 7-8). Beim näheren Hinsehen entpuppt sich die dunkle Taiga allerdings als ein durchaus vielfältiges, horizontal gegliedertes Ökosystem mit einer zeitlich und räumlich variablen Artenzusammensetzung, die klein-

räumige (mikroskalige) Standortunterschiede (trockene Kuppen, feuchte Senken, intermediäre Hänge), großräumige (makroskalige) Klimagradienten (ozeanisch-kontinental, nördliche bis südliche Taiga-Subzone) und das mesoskalige Mosaik aus unterschiedlich alten Regenerationsphasen nach Feuer,

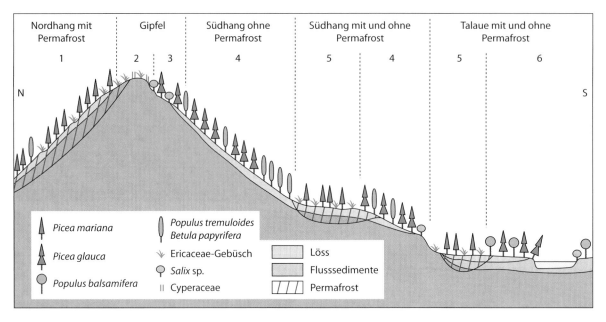

Abb. 7-9 Schematisierter Querschnitt durch eine boreale Landschaft in der Nähe von Fairbanks, Alaska, mit einem typischen Vegetationsmosaik in Abhängigkeit von Topographie, Boden und Exposition (nach Viereck et al. 1986, verändert). 1 = niedrigwüchsiger, offener *Picea mariana*-Bestand; 2 = alpine Tundra; 3 = alpines Waldgrenzökoton; 4 = *Picea glauca*-Wald; 5 = Moorbildung mit zwergstrauchreichem *Picea mariana*-Wald; 6 = Flussaue mit *Picea glauca* und *Populus balsamifera*. *P. mariana* steht immer auf den schlechteren, *P. glauca* auf den besseren Standorten. *Populus tremuloides* ist den Nadelwäldern als Pionier beigemischt, kann aber z. B. nach Feuer auch zur Dominanz gelangen. *Populus balsamifera* kommt nur in Flussauen mit basenreichen Böden vor.

Windwurf oder Schädlingsbefall (s. Abschn. 7.3) widerspiegelt (Abb. 7-9). So steigt der Anteil anspruchsvoller Waldbodenpflanzen von Nord nach Süd mit zunehmender Klimagunst, sodass die südliche Taiga-Subzone nicht nur artenreicher ist als die nördliche, sondern auch schon viele Taxa der nemoralen Laubwälder enthält. Innerhalb der Subzonen differiert die Vegetation der Feldschicht in Abhängigkeit von Bodenfeuchte und Basengehalt. So werden gut drainierte Kuppen- und Plateau-Lagen, beispielsweise in der mittleren Taiga-Subzone des europäischen Russlands, von Fichtenwäldern mit einer Zwergstrauch- und Moosdecke eingenommen, während in Hanglagen und Senken mit basenreichen Böden Kräuter und Gräser auftreten (Walter & Breckle 1994).

In der Optimalphase (s. Kasten 7-3) decken die Baumkronen der dunklen Taiga mehr als 80 % und es fällt nur wenig Licht auf den Boden. Deshalb besteht der Unterwuchs aus schattenverträglichen Pflanzen, zu denen z. B. die *Vaccinium*-Arten, vor allem aber die zahlreichen azidophytischen Moose gehören. Der Reichtum an Bryophyten ist deshalb nicht nur substrat-, sondern auch lichtbedingt. Nur dort, wo physiologisch flachgründige Böden vorherrschen

(über Permafrost, bei anstehendem Festgestein oder auf basenarmen Sanden) und die Durchwurzelbarkeit des Substrats eingeschränkt ist, stehen die Baumindividuen weiter auseinander und konkurrieren mit ihrem oberflächennahen Wurzelwerk um die geringen Mengen an Ressourcen. Dadurch entstehen niedrige, offene Wälder (*woodlands*), für die in Europa und Sibirien die Waldkiefer *Pinus sylvstris* charakteristisch ist. Dieser Baum hat eine einzigartig breite physiologische Valenz und kann, wie man auch an der Vegetation Mitteleuropas sieht (s. Ellenberg & Leuschner 2010), die feuchtesten, trockensten und nährstoffärmsten Standorte an den edaphischen Waldgrenzen besiedeln. In Nordamerika wird *P. sylvestris* in der südlichen Taiga von der ökologisch vergleichbaren Banks-Kiefer *Pinus banksiana* (*jack pine*) vertreten; in der nördlichen Taiga dominiert *Picea mariana*. Der Unterwuchs solcher *woodlands* besteht aus einer nahezu geschlossenen Decke aus Strauchflechten.

Traditionell werden die immergrünen Nadelwälder sowohl in Skandinavien (Cajander 1930, Arnborg 1990) als auch in Russland (Sukachev & Dylis 1964) und in Kanada (Rowe 1972) nach dominanten Arten bzw. Artengruppen differenziert, die in der

Strauch- und Feldschicht vorkommen und sich in ihrem ökologischen Verhalten unterscheiden („ökologische Artengruppen"). Diese Vorgehensweise ist in der borealen Zone mit ihrem kleinen Artenpool sinnvoll, weil sich die wenigen Sippen bestimmten Standorten eindeutiger zuordnen lassen, als es in artenreichen Vegetationszonen möglich wäre. Neben den Phanerogamen sind auch Moose und Flechten von Bedeutung für die Vegetationsgliederung.

1. **Zwergstrauch- und moosreicher immergrüner Nadelwald:**

   Dieser „Normaltyp" der dunklen Taiga (*closed coniferous forests* in Nordamerika) besteht in Skandinavien aus *Picea abies*, im russischen Teil Nordeuropas aus *P. obovata* und in Westsibirien bis knapp über den Yenisei hinaus aus einer Mischung von *Abies sibirica*, *Picea obovata* und *Pinus sibirica* (Abb. 7-8a, c). Letztere ist mit der alpischen Zirbelkiefer *Pinus cembra* eng verwandt und hat wie diese essbare Samen, die vom Tannenhäher (*Nucifraga caryocatactes*) dysochor ausgebreitet werden. *Betula pubescens*, *B. pendula* und *Populus tremula* sind mehr oder minder häufig beigemischt und als Rest der ehemaligen Pioniervegetation nach Feuer oder Kahlschlag zu deuten. In der ostasiatischen Region des Amurgebiets wird die dunkle Taiga von *Picea jezoensis* gebildet, auf Sakhalin und den Kurilen auch von *P. glehnii*; allerdings ist hier eine eindeutige Trennung zwischen zonaler Taiga und Gebirgstaiga wegen des ausgeprägten Reliefs nicht möglich (Treter 1993). In Ostkanada bestehen diese Wälder aus *Picea mariana* (*black spruce*), im Süden gemeinsam mit *Abies balsamea* (*balsam fir*), westlich des Hudson vorwiegend aus *P. glauca* (*white spruce*) mit regelmäßiger Beimischung von *P. mariana*. Hier kommt es zu einer Differenzierung zwischen den Baumarten, weil *P. mariana* die ungünstigen Standorte über Permafrost wie nordseitige Hänge und feuchte Senken bzw. Plateaus besiedelt. *P. glauca* wächst dagegen überall dort, wo die Nährstoffversorgung besser ist und die Böden nicht unter Staunässe leiden.

   Die Phanerogamenflora der Feldschicht besteht zu mehr als 50 % Deckung aus Ericaceen-Zwergsträuchern. Hierzu gehören beispielsweise *Vaccinium vitis-idaea* und *V. uliginosum* auf allen nordhemisphärischen Kontinenten, *V. myrtillus* in Eurasien, *V. myrtilloides*, *V. ovalifolium*, und *Gaultheria hispidula* in Nordamerika. Weit verbreitet und häufig sind ferner die Vertreter der Lycopodiaceae (*Lycopodium*, *Huperzia*) und einigen *Pyrola*- und *Orthilia*-Arten (Ericaceae). Durch große weiße Blüten und rote Früchte fallen die kleinwüchsigen, krautigen, Teppiche bildenden *Cornus*-Arten *C. canadensis* (Nordamerika) und *C. suecica* (Eurasien) auf (s. Abb. 7-4c). Bezeichnend ist eine dichte Decke aus pleurokarpen Moosen (*feathermoss*), allen voran *Hylocomium splendens*, *Pleurozium schreberi* und *Ptilium cristacastrensis*, nach denen die kanadische dunkle Taiga ihren Namen *spruce-feathermoss forest* erhalten hat (La Roi 1967, La Roi & Stringer 1976).

2. **Krautreicher immergrüner Nadelwald:**

   Diese wüchsigen Wälder, deren Verbreitungsschwerpunkt in der südlichen Taiga liegt, zeichnen sich durch eine Feldschicht aus zartblättrigen krautigen Pflanzen und eine Reihe von Sträuchern aus, die auch in den sommergrünen Laubwäldern der nemoralen Zone vorkommen und aufgrund ihrer Konstitution auf basenreichen Böden weit nach Norden vordringen können; man findet sie auch in den Auengebüschen und den borealen sommergrünen Laubwäldern (Abb. 7-8b). In Eurasien gehören hierzu beispielsweise *Carex digitata*, *Clematis alpina* ssp. *sibirica*, *Equisetum pratense*, *Melica nutans* und *Rubus saxatilis*, in Nordamerika z. B. *Actaea rubra*, *Mertensia paniculata* (eine blau blühende, *Symphytum*-ähnliche Boraginacee), *Viola macloskeyi*, *V. uniflora* sowie Gräser (*Calamagrostis*). Die Sträucher stammen u. a. aus den Gattungen *Lonicera*, *Ribes*, *Rosa* und *Viburnum*. Die Baumschicht besteht aus *Picea obovata* in Europa (*P. abies* in Skandinavien); in Westsibirien häufig mit *Abies sibirica*, in Nordamerika aus *Picea glauca* und *Abies balsamea*.

3. **Flechtenreicher immergrüner Nadelwald:**

   Offene (durchschnittlich etwa 500 Bäume pro ha), meist niedrigwüchsige (10–15 m hohe) Wälder mit einem dichten Teppich aus Strauchflechten der Gattungen *Cetraria*, *Cladonia* (wie *C. alpestris*, *C. mitis*, *C. rangiferina*, *C. stellaris*) und *Stereocaulon* sind in Nordamerika für zwei Gebiete der borealen Zone charakteristisch, nämlich erstens für die südliche Taiga (übergreifend auf die hemiboreale Zone), wo sie auf armen Sandböden vorkommen und von *Pinus banksiana* gebildet werden, und zweitens für die nördliche Taiga, die sie in Form eines *open lichen woodland* (Scott 1995) vorwiegend aus *P. mariana* oder *Picea glauca* nahezu komplett einnehmen (Abb. 7-8d). *P. banksiana* gilt als Pyrophyt (Johnson 1992); ohne Feuer bleiben die Zapfen geschlossen und die Samen behalten ihre Keimfähigkeit für mindestens zehn Jahre (Kronensamenbank; *serotiny*). Erst ab einer Temperatur oberhalb von 45 °C öffnen sie sich

und entlassen die Samen, die besonders reichlich auf Mineralboden ohne organische Auflage
keimen. Ähnlich verhält sich *Picea mariana*;
allerdings wird die Kronensamenbank der Schwarz-
fichte nur in den stammnahen Zapfen aufrechterhalten, während sich die Zapfen an den Zweigenden auch ohne Feuer öffnen (*semi-serotiny*).

Während der *Pinus banksiana*-Flechtenwald seine
europäische und sibirische Entsprechung in den
P. sylvestris-Beständen auf Binnendünen oder alluvi-
alem Sand findet, sind die *open lichen woodlands* aus
Picea mariana (nach Norden zunehmend) bzw.
P. glauca auf Nordamerika beschränkt (vorwiegend
auf Gebiete mit diskontinuierlichem Permafrost), wo
sie rund 1 Mio. km^2 bedecken (Larsen 1980). Ihr
Erscheinungsbild ist das einer aufgrund eiszeitlicher
Gletscher sanft gewellten Ebene, deren Kuppen und
Plateaus von einer geschlossenen Strauchflechten-
Decke mit lockerem Baumbestand aus unterschied-
lich alten, kleinwüchsigen Fichten eingenommen
werden. Zwischen den Flechten wachsen anspruchs-
lose Zwerg- (wie *Vaccinium vitis-idaea*) und Klein-
sträucher (häufig *Betula glandulosa*, die nordameri-
kanische Vikariante der eurasiatischen Zwergbirke
B. nana). In den Senken befinden sich Seen und
Moore; entlang der Fließgewässer gedeihen *Populus*-
Arten und *Betula papyrifera*. Die lichthungrigen
Flechten finden auf den trockenen Böden aus nährstoffarmem Sand oder Grus unter dem kalten Klima
der nördlichen Taiga optimale Wuchsbedingungen.
Sie bilden unter diesen Umständen nach einem
Feuerereignis innerhalb weniger Jahre eine dichte
Vegetationsschicht, die den Boden komplett bedeckt,
und erschweren dadurch die Keimung der *Picea*-
Samen (Kershaw 1977). Einmal etabliert, ist das *open
lichen woodland* also ein sich selbst erhaltendes Ökosystem, das seinen Charakter ggf. über Jahrtausende
nicht ändert (Morneau & Payette 1989, Treter 1995).
Diese Konstanz hat man auch in solchen Flechten-
wäldern festgestellt, die erst in den letzten 1.500 Jahren nach wiederholten (teils anthropogenen) Feuerereignissen, kombiniert mit Schädlingsbefall durch
die Raupen des Schmetterlings *Choristoneura fumiferana* (*spruce budworm*), aus zwergstrauch- und
moosreichen *Picea glauca*- bzw. *Abies balsamea*-Wäl-
dern entstanden sind (Payette et al. 2000, Jasinski &
Payette 2005, Girard et al. 2008). Sie zeigen bislang
keine Tendenz zur Rückentwicklung in den Ausgangszustand.

7.2.4 Sommergrüne boreale Nadelwälder (helle Taiga)

Als helle Taiga werden alle borealen Wälder bezeichnet, die aus sommergrünen Nadelbäumen der Gattung *Larix* (Lärche) bestehen (Abb. 7-10). Im Gegensatz zu den dichten immergrünen Nadelwäldern
dringt wesentlich mehr Licht durch das Kronendach,
weil die Nadeln erst zu Beginn der Wachstumsperiode gebildet werden und die Kronen lichtdurch-
lässiger sind als bei Tanne und Fichte. Als Reaktion
darauf ist häufig eine Strauchschicht aus lichtbedürftigen Gehölzen ausgebildet; auch in der Feldschicht
finden sich Arten, die eigentlich aus dem Offenland,
z. B. aus den Steppen, stammen und bis in die Lärchenwälder vordringen.

Obwohl eine der Lärchenarten (*Larix laricina*)
auch in Nordamerika vorkommt, fehlen dort sommergrüne boreale Nadelwälder. Reinbestände aus
Larix laricina gibt es nur auf nassen, torfigen Böden
am Rand von Mooren; ansonsten ist die Lärche lediglich mehr oder minder unregelmäßiger Bestandteil
der dunklen Taiga Kanadas und Alaskas, ohne zur
Dominanz zu kommen. In Eurasien gehören dagegen
sommergrüne Nadelwälder zu den besonders auffallenden und großflächig verbreiteten Formationen,
die (außerhalb der nemoralen und subtropischen
Hochgebirge) von drei Arten, nämlich *Larix sibirica*,
L. gmelinii und *L. czekanowskii*, aufgebaut werden.
Larix sibirica ist ein dominanter Baum im Süden
Sibiriens am Fuß des Altai- und des Sayan-Gebirgs-
systems sowie in der Mongolei, wo er (unter Beteiligung von *Betula platyphylla*) offene, artenreiche Wälder in der Waldsteppenzone formt. Wir haben auf
diesen Waldtyp bereits in Abschn. 6.3.2.1 hingewiesen; er ist pflanzensoziologisch beschrieben (als Rhy-
tidio rugosi-Laricetea sibiricae; Ermakov et al. 2000),
aufgrund seiner Artenzusammensetzung mit den
nemoralen ostasiatischen *Quercus mongolica*-Wäl-
dern verwandt (z. B. durch das Vorkommen dau-
risch-mandschurischer Florenelemente wie *Adeno-
phora sublata*, *Iris uniflora* u. v. a.) und gehört deshalb
noch in die hemiboreale Zone (Ermakov 2010). In
der nördlichen borealen Zone und im Waldgrenzökoton bildet *L. czekanowskii* unter Beteiligung von
Betula pendula und *Picea obovata* einen lichten Lärchenwald über kontinuierlichem Permafrost; die Bestände enthalten Sträucher aus der niederarktischen
Strauchtundra wie *Alnus alnobetula* ssp. *fruticosa*
und *Betula nana* ssp. *rotundifolia*.

Unter den extrem kontinentalen Klimabedingungen Zentral- und Ostsibiriens mit winterlichen mo-

Abb. 7-10 Beispiele für sommergrüne boreale Nadelwälder. a = helle Gebirgstaiga aus *Larix sibirica* mit kräftiger Verjüngung und einer Feldschicht aus Gräsern und Kräutern (Khangai-Gebirge, Mongolei); b = Helle Taiga aus *Larix gmelinii* auf einem Cryosol mit massivem Eis (nördlich Yakutsk; Foto P. Schad); c = ca. 450 Jahre altes Individuum von *Larix gmelinii* (68° N, Taimyr, Foto F.Schweingruber), d = nördlichstes Vorkommen von *Larix gmelinii* (Taimyr, ca. 72° N; Foto F. Schweingruber).

natlichen Mitteltemperaturen von unter –30 °C über zwei bis vier Monate, Jahresniederschlägen von unter 300 mm, frühsommerlicher Trockenheit, dünner Schneedecke und kontinuierlichem Permafrost besteht die Baumvegetation aus durchschnittlich 10–15 m hohen Dominanzbeständen von *Larix gmelinii* (= *L. dahurica*). Diese Art kann ein Alter von gut 500 Jahren erreichen (s. Abb. 7-10c), ist genetisch variabel und zerfällt in eine Reihe von Varietäten, die früher als eigenständige Arten behandelt wurden, wie var. *gmelinii* (= *L. cajanderi*, östlich der Lena) und var. *olgensis* (= *L. olgensis*, auf der koreanischen Halbinsel; s. z. B. Abaimov 2010). Die helle Taiga aus *L. gmelinii* umfasst eine Fläche von 2,05 Mio. km² (Gower & Richards 1990). Ihre Westgrenze liegt etwa 100 km östlich des Yenisei; im Osten stößt sie bis zum Majn bei etwa 170° O vor, wo sie in Form einer *Pinus*

pumila-Waldtundra in die arktische Tundra übergeht. Im Norden erreicht sie bei etwa 72° N die Waldgrenze, im Süden den Amur bei etwa 52° N. In den Gebirgen Ostsibiriens (Stanovoye-, Aldanskoye-, Kolymskoye-Kette östlich des Baikal, u. a.) bilden *Larix gmelinii*-Wälder die oreoboreale Stufe.

Die Lärchenwälder in diesem riesigen Gebiet sind erwartungsgemäß nicht einheitlich. Sie werden in drei geographisch und floristisch verschiedene Varianten unterteilt, nämlich in eine Variante mit *Pinus sylvestris* im Jakutischen Becken, eine Normalvariante, der auf basenreichen Böden auch *Betula platyphylla* beigemischt sein kann, und eine *Pinus pumila*-Variante (Krestov 2003). Letztere kommt im gebirgigen Nordosten vor und zeichnet sich durch einen weiten Stand der Lärchen aus; sie trägt einen mehr oder weniger dichten Unterwuchs aus der immergrünen Zwergkiefer *Pinus pumila*, die als Krummholz das Waldgrenzökoton zur polaren Zone und zur alpinen Stufe prägt (s. Abschn. 7.2.5), und enthält eine Reihe von arktischen Tundrenpflanzen wie *Arctous alpina*, *Cassiope tetragona* (beide Ericaceae), *Salix arctica* und andere polare Weidenarten sowie *Betula divaricata*, neben *B. nana* (Eurasien) und *B. glandulosa* (Nordamerika) eine weitere Zwergbirken-Art.

Außer diesen geographischen Varianten gibt es zahlreiche Ausbildungen, die von der Bodenfeuchte, der Basenversorgung, der Exposition und der Mächtigkeit der sommerlichen Auftauschicht abhängen. So können die Bestände unter günstigen Bedingungen (bei einer Auftautiefe von über 1 m) waldartig sein; auf ebenen Flächen und nordseitig, wo der sommerliche frostfreie Oberboden im Durchschnitt nur 20–60 cm mächtig ist, tragen sie dagegen eher den Charakter eines offenen Waldlandes. Die Ursache für den weiten Stand der Bäume ist wahrscheinlich nicht (nur) die erschwerte Verjüngung von *Larix* in dem dichten Kryptogamenbewuchs, sondern der eingeschränkte Wurzelraum; denn der hochliegende Permafrost zwingt die Lärchen zur Ausbildung eines flachen und weit ausstreichenden Wurzelwerkes mit dichter Durchwurzelung des Oberbodens und entsprechend intensiver Wurzelkonkurrenz zwischen den Baumindividuen (Kajimoto 2010). *Larix gmelinii* ist außerdem in der Lage, Adventivwurzeln am Stamm oberhalb des ursprünglichen Wurzeltellers zu bilden und auf diese Weise flexibel auf Lageveränderungen des Permafrostes zu reagieren (dito).

In Abhängigkeit von den Standortbedingungen variiert auch der Unterwuchs: Eine moos- und zwergstrauchreiche Ausbildung, wie man sie auch von der dunklen Taiga kennt, die in feuchten Lagen mit *Sphagnum*-Arten angereichert ist und Pflanzen bodensaurer Moore wie *Ledum palustre* und *Vaccinium uliginosum* enthält, wechselt mit Beständen ab, die eine überwiegend aus Strauchflechten bestehende Feldschicht aufweisen und deren Erscheinungsbild den *open lichen woodlands* Nordamerikas ähnelt. Grasreiche Varianten (mit *Calamagrostis purpurea*) sind vor allem in der südlichen hellen Taiga auf basenreichen Böden verbreitet und erinnern an die *Larix sibirica*-Wälder der südsibirischen Waldsteppen (s. oben). Für diese lichten Waldbestände ist auch eine (sommergrüne) Strauchschicht charakteristisch; sie besteht u. a. aus *Rhododendron dauricum*, *Betula divaricata*, *Alnus alnobetula* ssp. *fruticosa*, *Sorbaria sorbifolia* und *Rosa acicularis*.

In den vergangenen zwei Jahrzehnten wurden mehrere Ursachen für das großflächige Auftreten

von *Larix gmelinii*-Wäldern östlich des Yenisei diskutiert. Zunächst erstaunt, dass in einem frühsommerlich trockenen Klima überhaupt Waldwuchs möglich ist. Bei Niederschlägen unter 250 mm, wie sie z. B. im Bereich des Jakutischen Beckens auftreten, und einer sommerlichen Evapotranspiration, die zweimal so hoch ist wie die in derselben Zeit fallenden Niederschläge (z. B. Ohta et al. 2008), würde man gemäß der klimatischen Wasserbilanz selbst unter den kühlen Verhältnissen der borealen Zone noch Steppen erwarten. Dass dennoch Wälder vorkommen, dürfte der Wassernachlieferung aus dem oberflächlich auftauenden Permafrost zu verdanken sein (Sugimoto et al. 2002): Das Auftauwasser versorgt die Pflanzendecke während der Vegetationszeit unabhängig von den Niederschlägen, während im Winter überschüssiges Wasser in gefrorenem Zustand konserviert wird.

Als eine der Ursachen für die Dominanz von *Larix gmelinii* im hochkontinentalen Ostsibirien gilt ihre außerordentliche Toleranz gegenüber Frost (Gower & Richards 1990). Die sommergrüne, nährstoffökologisch genügsame Lärche ist den immergrünen Nadelbäumen nur dort überlegen, wo diese Fähigkeit in Gebieten mit tiefen Wintertemperaturen und einer kurzen (drei- bis viermonatigen), aber warmen Wachstumsperiode besonders zum Tragen kommt. So beschleunigt der für die Region typische abrupte Übergang vom kalten Winter in einen warmen Sommer den Wasserverlust der immergrünen Bäume bei noch gefrorenem Boden; besonders Fichte und Tanne, weniger die Waldkiefer mit ihrem transpirationsreduzierenden Nadelbau, geraten damit in Gefahr zu vertrocknen (Frosttrocknis; Tranquillini 1982). Es ist deshalb zu erwarten, dass *Larix* (und in eingeschränkter Weise auch *Pinus sylvestris*) mit den ostsibirischen Klimabedingungen besser zurechtkommt als die anderen borealen Nadelbäume.

Ein weiterer Faktor, der die Vorherrschaft von *Larix gmelinii* zuungunsten von *Abies* und *Picea* begünstigt, ist Feuer (Schulze et al. 2012). Als lichtbedürftiger Pionierbaum ist *Larix* für die Verjüngung (ähnlich wie *Pinus sylvestris*) stärker als die beiden Immergrünen auf offene Flächen angewiesen; gleichzeitig ist die Lärche feuertolerant, weil ihr Kambium in ausgewachsenem Zustand durch die dicke Borke gut vor Feuer geschützt wird (Wirth 2005). Fichte und Tanne gelten mit ihren vergleichsweise dünnen Borken dagegen als feuerempfindlich. Bei Intervallen von weniger als 200 Jahren zwischen Bränden mit bestandsvernichtender Wirkung (*stand replacing fires*) werden deshalb die Lärchen gefördert und Fichten und Tannen unterdrückt. Somit sind die Lärchenwälder Ostsibiriens auch ein Ergebnis höherer

Feuerfrequenz im hochkontinentalen Klima mit niederschlagsarmem Winter und einer frühsommerlichen Trockenheit. Häufige, nicht waldzerstörende Oberflächenfeuer verbessern außerdem die Regeneration der Lärchenbestände aus Samen (Sofronov & Volokitina 2010). Das seit einigen Jahrzehnten beobachtete Phänomen, dass immergrüne Nadelbäume in die Lärchenwälder von Westen und Süden her eindringen, ist vermutlich der allgemeinen Klimaerwärmung und dem Abschmelzen des Permafrostes zuzuschreiben (Kharuk et al. 2007).

7.2.5 Das boreale Waldgrenzökoton

Das boreale Waldgrenzökoton im hemiarktischen (= subarktischen) Übergangsgebiet zwischen Taiga und Tundra nimmt eine Breite von 50–300 km (s. Abb. 7-6) ein. Die Vegetation, ein Mosaik aus Offenland mit niederarktischem Gebüsch (Krummholz) und nordborealem Nadelwald (Abb. 7-11), wird auch als Waldtundra (*forest tundra*) bezeichnet. Sie besteht in Kanada aus verstreuten Gruppen von *Picea mariana*, *P. glauca* und *Larix laricina* (Letztere auf nassen Böden) in einer Matrix aus südarktischen, sommergrünen Sträuchern (z. B. *Alnus alnobetula* ssp. *crispa*, *Betula glandulosa* sowie verschiedenen *Salix*-Arten) und erreicht ihre größte Ausdehnung in Zentralkanada und Québec (Timoney et al. 1992, Payette 1983). Auf Island und in Skandinavien bildet *Betula pubescens* var. *pumila* die Wald- bzw. Baumgrenze, in Kamchatka *B. ermanii*. Die Birken wachsen mit zunehmender geographischer Breite bzw. Meereshöhe krummholzartig und bilden schließlich Spaliersträucher mit eng an die Bodenoberfläche angeschmiegten Ästen aus. Im europäischen Russland besteht die Waldtundra aus *Picea obovata*, östlich des Urals bis zum Yenisei aus *Larix sibirica* bzw. *L. czekanowskii* und noch weiter östlich aus *L. gmelinii*. Bis auf Ostsibirien, wo das subalpine und hemiarktische Waldgrenzökoton gleichermaßen von *Pinus pumila* eingenommen wird, herrschen in Europa, West- und Zentralsibirien ähnlich wie in Nordamerika südarktische Sträucher vor (wie *Betula nana* ssp. *rotundifolia*, *Alnus alnobetula* ssp. *fruticosa*, *Salix* spp.).

Zwischen dem Waldgrenzökoton der subalpinen Stufe (s. Abschn. 6.5.3) und demjenigen der hemiarktischen Zone gibt es einige Gemeinsamkeiten: Auch hier kann man zwischen einer Waldgrenze, einer Baumgrenze und einer Baumartengrenze unterscheiden, wobei die Ursachen für das polare Ende des Baumwachstums nicht nur, wie im Hochgebirge, die Dauer der Wachstumsperiode (105 bis 110

Tage mit einer Mitteltemperatur $\geq 5\,°C$) und eine Mindesttemperatur im Wurzelraum sind, sondern auch die Dicke der sommerlichen Auftauschicht über der Permafrosttafel und deren Dynamik. So dürfte der Grund für die nördliche Arealgrenze von *Pinus banksiana* in Kanada eine zu dünne *active layer* sein, die für die Ausbildung der Pfahlwurzeln, die für diese Baumart typisch sind, nicht ausreicht (Larsen 1980). Außerdem besteht zwischen Vegetation und Auftauschicht eine Wechselwirkung (Treter 1993; s. Abschn. 7.3): Kronenschatten, Rohhumusdecke und der Aufwuchs aus Flechten und Moosen verringern die Einstrahlung und den Wärmetransport in den Boden, sodass der Dauerfrost unter Wald im Lauf der Jahre ansteigt und die sommerliche Auftauschicht dünner wird (s. Abschn. 7.3.2). Dadurch wird die durchwurzelbare Zone immer mehr eingeengt und die Temperatur im Wurzelbereich sinkt. Bäume wie *Larix gmelinii*, die in der Lage sind, Adventivwurzeln zu bilden, verlagern ihre Wurzeln an oder gar über die Bodenoberfläche; generell werden die Wurzelteller horizontal ausgedehnt. Größere Bäume können sich dann oft nicht mehr aufrecht halten, sie stehen schief oder fallen um. So können Waldinseln in der Waldtundra verschwinden und neu entstehen, sobald der Permafrost einstrahlungsbedingt absinkt, der durchwurzelbare Bodenraum zunimmt und die Bodentemperatur steigt.

Gemeinsam ist beiden Waldgrenzökotonen auch die Fähigkeit aller Baumarten, Polykormone zu bilden, indem sich Zweige, die auf der Bodenoberfläche aufliegen, bewurzeln und anschließend neue Stämme bilden (Ablegergruppen; Holtmeier 2000). Solche krummholzartigen Wuchsformen, nicht nur bei den Birken, sondern auch bei den sonst keineswegs besonders regenerationsfreudigen Nadelbäumen vorkommen, sind typisch für das boreale Waldgrenzökoton. Auf diese Weise können *Picea*- und *Larix*-Klone sehr alt werden, weil sie sich immer wieder vegetativ erneuern. Ein Beispiel ist der Klon eines *Picea abies*-Exemplars in Mittelschweden, der anhand von fossilen Zapfenresten auf ein Alter von 9.550 Jahre BP datiert wurde (Öberg & Kullman 2011). Dieses Beispiel hat übrigens noch einen anderen, interessanten Aspekt; es zeigt, dass die Fichte offenbar in der Lage war, das Hochglazial in Skandinavien trotz Vergletscherung auf eisfreien Flächen, z. B. in Meeresnähe oder im Periglazialbereich, zu überleben und sich von dort nach dem Rückzug des Eises wieder auszubreiten; das traditionelle Modell der Ausbreitung borealer Baumarten über weite Distanzen aus südlichen und östlichen Refugien im Holozän ist deshalb ergänzungsbedürftig (Kullman

Abb. 7-11 Nördliches Waldgrenzökoton (Waldtundra) in Labrador, Kanada (a; Foto U. Treter) aus *Picea mariana*; die Bäume bilden eine Wipfel-Tischform (s. Holtmeier 2000); die Strauchschicht besteht aus *Betula glandulosa;* b = dito in Westsibirien mit *Picea obovata* und *Larix czekanowskii*; hier dominieren *Alnus alnobetula* ssp. *hirsuta* und *Betula nana* ssp. *rotundifolia* die Strauchschicht. Der Wald befindet sich vorzugsweise in Südexposition, während Nordhänge und Plateaulagen von der niederarktischen Tundra mit ihren Zwerg- und Kleinsträuchern eingenommen werden.

2008). Das gilt auch für andere boreale Waldbäume wie *Picea mariana* in Alaska (Anderson et al. 2006) sowie *Betula*- und *Alnus*-Arten in Nordeuropa und Sibirien (Binney et al. 2009). Offensichtlich gab es Überlebensräume für solche stresstoleranten und phänotypisch plastischen Pflanzen während der Hochglaziale nicht nur im wärmeren Süden, sondern auch in ihrem heutigen borealen Verbreitungsgebiet.

Die Waldtundra ist, wie die anschließende Klein- und Zwergstrauchtundra (s. Abschn. 8.2.4), ein von holozänen Klimaschwankungen betroffener Raum. Während der postglazialen Wärmezeit lagen Wald- und Baumgrenze um rund 100–300 km weiter nördlich als heute (mit erheblichen, auf lokale Besonderheiten zurückzuführenden Abweichungen; Larsen 1989) und zogen sich in der folgenden Abkühlungsphase (ab 4.000–3.000 Jahre BP) auf die heutige Position zurück (MacDonald et al. 2000, Payette et al. 2002). Vielleicht handelt es sich bei vereinzelten Waldvorkommen, die man heute noch weit nördlich des geschlossenen borealen Waldgürtels findet, um Relikte aus dieser Zeit, die sich in klimatisch und edaphisch begünstigten Lagen halten konnten. Ein solcher Waldrest ist der als Ary-Mas bezeichnete Lärchenwald aus *Larix gmelinii* am Fluss Khatanga bei 72° N zwischen Putorana-Gebirge und Taimyr-Halbinsel in Westsibiren (Walter & Breckle 1994, Kharuk et al. 2006), der als das nördlichste Waldgebiet der Erde gilt (Abb. 7-10d). Offensichtlich dringt die Lärche von dort aus seit der zweiten Hälfte des 20. Jahrhunderts nach Norden in die Tundra vor, während von Süden *Picea obovata* und *Pinus sibirica* einwandern.

Solche Beobachtungen einer „Rückeroberung" der niederarktischen Zwergstrauchtundra durch den Wald sind auch aus anderen (z. B. in Alaska; Lloyd et al. 2003), aber keineswegs aus allen Regionen des borealen Waldgrenzökotons bekannt geworden (Holtmeier & Broll 2007, Harsch et al. 2009). Standortbedingungen (windausgesetzte oder -geschützte Lagen, flach- oder tiefgründige Böden), Reproduktions-, Ausbreitungs- und Etablierungsverhalten der Waldgrenzbäume, Dichte und Höhe der Sträucher und Zwergsträucher als Konkurrenten, Eingriffe an der Waldgrenze durch den Menschen (z. B. Überbeweidung durch Rentierhaltung, s. Abschn. 7.4) u. a. modifizieren die Art und Weise, wie und in welcher Geschwindigkeit die Vegetation des Waldgrenzökotons auf eine Temperaturerhöhung reagiert. So war nur bei der Hälfte von 40 Studien, die an der polaren Waldgrenze durchgeführt wurden, ein Vorrücken der Baumgrenze polwärts seit Beginn des 20. Jahrhunderts feststellbar (Harsch et al. 2009); wohl aber traten nahezu überall strukturelle Veränderungen auf, wie etwa das Auswachsen von bisher nur als Krummholz vorhandenen Individuen zu Bäumen (s. Definition in Abschn. 6.5.3), z. B. im Fall von *Picea mariana* in Labrador (Gamache & Payette 2004), und die Verdichtung vorhandener Offenwälder (wie im Fall von *Picea glauca*-Beständen im Yukon Territory; Danby & Hik 2007). In Ostsibirien führte das trockenere und wärmere Klima der vergangenen Jahrzehnte zu einer Zunahme der Waldbrände, sodass 50 Mio. ha baumfreie Flächen entstanden und die Baumgrenze nach Süden zurückwich (Vlassova 2002). Somit erweist sich das polare Waldgrenzökoton als komplexes Gebilde, dessen Struktur und Artenzusammensetzung von einer Vielzahl sich gegenseitig verstärkender oder aufhebender Faktoren gesteuert werden. Seine Reaktion auf globale Klimaänderungen kann nicht als einfache lineare Beziehung eines beliebigen Merkmals dargestellt und prognostiziert werden (Chapin III et al. 2004).

7.2.6 Moore

Wie einleitend erwähnt, ist die kalt-gemäßigte Zone unter den Ökozonen der Erde besonders reich an Mooren (Joosten & Clarke 2002). Etwa 87 % aller Moorgebiete (im Sinn von *peatlands*; s. Rydin & Jeglum 2006), das sind 3,46 Mio. km^2, kommen in der borealen (einschließlich der hemiarktischen) Zone vor, davon 1,42 Mio. km^2 in Russland (Botch & Masing 1983, Masing et al. 2010) und 1,24 Mio. km^2 in Kanada (Zoltai & Pollett 1983). Die überwiegend borealen Länder Finnland und Schweden gehören zu den moorreichsten der Erde: 28 bzw. 16 % der jeweiligen Landesfläche nehmen Moore ein (Ruuhijärvi 1983, Sjörs 1983, Seppä 2002). Der größte zusammenhängende Moorkomplex der Welt, das Vasyugan-Moor mit einer Fläche von 52.700 km^2, liegt in Westsibirien zwischen Ural und Yenisei. In den borealen und hemiarktischen Mooren sind 270–370 Mrd. t Kohlenstoff gespeichert (Turunen et al. 2002); das sind 37–51 % der 730 Mrd. t C, die in der Atmosphäre als CO_2 vorhanden sind, und genauso viel, wie alle übrigen Lebensräume des Festlandes der Welt zusammen aufweisen (IPCC 2001). Jährlich werden in den kühl-temperierten Mooren im Durchschnitt rund 20–30 g C m^{-2} gebunden (= 70–100 Mio. t C; Rydin & Jeglum 2006).

Dieser hohe Anteil von torfbildenden Feuchtgebieten ist das Ergebnis eines kühl-feuchten Klimas, dessen Wasserüberschuss sich in hohen Grundwasserständen in den ebenen, abflussschwachen Räumen der borealen Zone manifestiert. Zur Vernässung trägt außerdem der Dauerfrostboden in der nördlichen Taiga und im borealen Waldgrenzökoton bei, wenn das Wasser auf dem gefrorenen Untergrund im flachen Gelände nicht abfließen kann. Nach der Lage im Temperatur- und Niederschlagsgradienten der borealen Zone bestehen die Moorgebiete der **mittleren** und **südlichen Taiga** entweder aus konzentrischen (gleichmäßig geformten) oder exzentrischen (nach einer Seite hin verzogenen) Plateauhochmooren (vor allem in Form des Schild- oder Kermi-Hochmoores; s. Kasten 7-2) in den eher ozeanischen Gebieten Europas und Ostkanadas und/oder aus

Versumpfungs- und Verlandungsniedermooren (s. Abschn. 6.4.2; zur Terminologie s. Kasten 6-12). Häufig sind beide Moortypen komplexartig miteinander verbunden, wie im Fall des Vasyugan-Moores, wo Hochmoore mit *Sphagnum fuscum*-Torfmoosdecken in Niedermoore eingebettet sind, deren Vegetation großflächig aus oligo- bis mesotrophen Seggenrieden aus *Carex lasiocarpa*, *C. rostrata* u. a. besteht (Solomeshch 2005). Die Moore können Torfmächtigkeiten von bis zu 8 m erreichen; ihre Entstehung begann in der holozänen Wärmeperiode des Atlantikums um etwa 7.000–6.000 Jahre BP (Kuhry & Turunen 2006). Je nach Nässe können sie weitgehend gehölzfrei (*fens*, *bogs*) oder mit Sträuchern bzw. Bäumen bewachsen sein (*swamps* in der amerikanischen Terminologie). Hochmoore tragen dann einen lockeren Baumbestand aus *Pinus sylvestris* (Eurasien) bzw. *Picea mariana* und (im Norden) *Larix laricina* (Kanada) mit kniehohem Strauchwerk aus *Ledum palustre* (Eurasien) bzw. *L. groenlandicum* (Kanada), *Chamaedaphne calyculata*, *Calluna vulgaris* und *Vaccinium*-Arten. Niedermoore können mit *Alnus*- oder *Betula*-Arten bewachsen sein.

Die **nördliche Taiga** ist das Gebiet der **Aapamoore** (Strangmoore; *string mires*; Abb. 7-12a, b). Sie sind vor allem in Skandinavien und in Nordosteuropa sowie im Tiefland der Hudson Bay (als *ribbed fen*) weit verbreitet, kommen aber auch in Westsibirien vor. In diesen Gebieten ist das Klima zu kalt (und zu trocken) für die Bildung von echten Hochmooren. Somit entstehen unter den nordborealen Klimabedingungen in Ebenen und Senken oft sehr ausgedehnte Niedermoore mit konkaver Oberfläche. Bereits bei kaum sichtbarem Gefälle (< 2° Neigung; Washburn 1979) entwickeln sich höhenlinienparallele, ombrotrophe Stränge, die wie die Bulten der Hochmoore wenige Dezimeter aus der Mooroberfläche herausragen und durch minerotrophe Rinnen (schwedisch „Flarks") voneinander getrennt sind (Abb. 7-12b). Die Stränge tragen eine Vegetation aus azidophytischen Moosen, Zwergbirken und Zwergsträuchern (in Skandinavien mit der für die Herstellung von Marmeladen beliebten Moltebeere *Rubus chamaemorus*) sowie aus Bäumen (*Pinus sylvestris* und *Betula*-Arten in Eurasien, *Larix laricina* in Nordamerika); die Rinnen sind von Seggenrieden besiedelt. Wie dieses Relief gebildet wird, ist umstritten (s. z. B. Moore & Bellamy 1974): Da Aapamoore nur im Nordboreal auftreten, liegt die Hypothese nahe, dass es sich um eine Erscheinung des Periglazials unter Frosteinwirkung handelt. So können Torfschollen über zeitweise oder permanent gefrorenem Untergrund hangabwärts wandern und dabei dach-

Kasten 7-2

Schildhochmoore

Wie wir in Kasten 6-12 bereits ausgeführt haben, zeichnet sich die Oberfläche vieler Hochmoore durch ein Mosaik aus Bulten (*hummocks*) und Schlenken (*hollows*) aus. Während die Bulten bis zu mehreren Dezimetern aus der Mooroberfläche herausragen und eine Vegetation aus extrem genügsamen, gegen Austrocknung weniger empfindlichen Moosen (wie *Sphagnum magellanicum, S. fuscum*) tragen, sind die wassergefüllten Schlenken geringfügig mineralstoffreicher und werden von besser wachsenden Torfmoosen und kleinen Cyperaceen besiedelt.

Dieser Bult-Schlenken-Komplex ist das Ergebnis eines autogenen, mooreigenen Prozesses, wie sich mittels einfacher Simulationsmodelle zeigen lässt (Swanson & Grigall 1988, Couwenberg & Joosten 2005). Er beginnt mit einem ungleichmäßigen Torfwachstum der die Mooroberfläche bedeckenden Moose und Phanerogamen, wodurch zunächst ein schwach ausgeprägtes Mikrorelief aus Erhebungen und Vertiefungen zustande kommt. Dieses Mikrorelief wird im Folgenden durch die zunehmende Aufwölbung des Moorkörpers und den damit steigenden lateralen Wasserabfluss im

Akrotelm weiter herausmodelliert: Weil der Torf unter den Erhebungen dichter gelagert und deshalb weniger wasserdurchlässig ist als derjenige unter den Vertiefungen, staut sich das abfließende Wasser am oberem Rand der Bulten und verstärkt dort die Schlenkenbildung, während am unteren Rand ein Erosionsprozess einsetzt, der die Bulten akzentuiert.

Dieser positive Rückkoppelungsprozess führt ab einem bestimmten Gefälle dazu, dass sich Bulten zu Strängen und Schlenken zu Rinnen zusammenschließen. Es entsteht ein konzentrisch oder exzentrisch angeordnetes, höhenlinienparalleles, streifenförmiges Muster. Bei hohem Wasserabfluss, z. B. nach der Schneeschmelze, werden solche Strukturen senkrecht zu den Höhenlinien durchbrochen, sodass die Oberflächenstruktur netzförmig erscheint und an die Polygonmoore der polaren Zone erinnert. Die Schlenken und Rinnen können Wasserlöcher (*pools*, Mooraugen) enthalten, die durch Erosion von Torf entstehen. Die Bezeichnung Kermi-Hochmoore bezieht sich auf das finnische Wort „Kermi" für Bulten (Dierßen 1996).

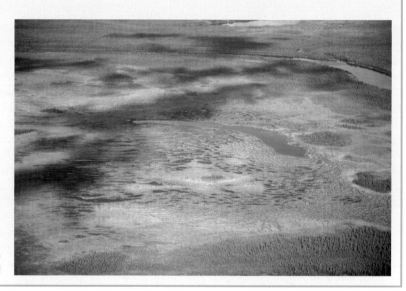

Abb. 1 Beispiel für Schild-(Kermi-) Hochmoore bei Kittilä, Finnland

ziegelartig übereinander geschoben werden (Schenk 1966). Die dadurch entstandenen, asymmetrischen Stränge (hangaufwärts flach, hangabwärts steil) werden durch vorübergehende oder permanente Eiskerne zusätzlich akzentuiert. Möglicherweise sind aber auch solche Prozesse beteiligt, die das Bult-Schlenken-System von Hochmooren hervorbringen und auf ungleichmäßiges Wachstum von Moorpflanzen (vor allem der Moosgattung *Sphagnum*) bei lateralem Wasserfluss zurückzuführen sind (s. u. a. Couwenberg & Joosten 2005; Kasten 7-2). Dann würde die Eisbildung in den Rinnen zu einer Akzentuierung des Reliefs führen und könnte die Stränge Hang auf- oder -abwärts verschieben (Koutaniemi 2000).

In der hemiarktischen Zone Skandinaviens und Kanadas, in Sibirien auch im Gebiet der nördlichen Taiga, entstehen über Permafrost durch Frosthebung in einer Niedermoormatrix Torfhügel bis zu mehre-

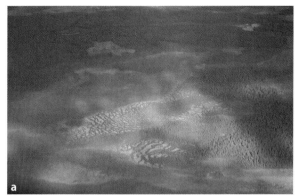

Abb. 7-12 Moore der nördlichen borealen und der hemiarktischen Teilzone. a = Aapamoor bei Kittilä, Finnland, mit der charakteristischen bandförmigen Anordnung von Strängen und Flarks; b = Stränge (mit *Pinus sylvestris*) und Flarks in einem Aapamoor in Nordfinnland, c = Palsenmoor (Finnmark, Norwegen); in den Senken wächst *Eriophorum angustifolium*, die Torfhügel sind von Zwergsträuchern bewachsen und unterliegen der Erosion.

ren Metern Höhe (**Palsen**; Abb. 7-12c). Sie enthalten im Innern einen permanenten Kern aus Segregationseis (Zepp 2003), der von einer rund 50 cm mächtigen, im Sommer trockenen Torfschicht vor dem Abschmelzen bewahrt wird. Die Torfhügel unterliegen (ähnlich wie Pingos; s. Abschn. 8.2) einer Dynamik aus Auf- und Abbau; werden sie zu hoch, zerfallen sie und werden an anderer Stelle neu gebildet.

7.3 Stoffhaushalt und Walddynamik

7.3.1 Stoffhaushalt

Die natürliche, d. h. durch keine anthropogene Holzentnahme gestörte, Dynamik der borealen Wälder von der Verjüngungs- bis zur Zerfallsphase wird in charakteristischer Weise von den zum Teil recht mächtigen organischen Auflagen aus Moder und Rohhumus bestimmt (Larsen 1980). Diese reichern sich überall dort an, wo Nässe und/oder Kälte, ver-

bunden mit einer Verlagerung von basischen Ionen und Sesquioxiden in tiefere Bodenschichten, den raschen Abbau der nährstoffarmen Streu verhindern. Die Dicke des schlecht zersetzten, von Pilzhyphen verklebten und intensiv durchwurzelten Materials nimmt somit von Süden nach Norden und innerhalb der ökologischen Reihe von trocken nach nass drastisch zu (Treter 1993; Tab. 7-3). So können die organischen Auflagen in *Picea mariana*-Wäldern im Norden Alaskas mehr als 50 cm dick werden (Dyrness et al. 1986); ihr Trockengewicht übertrifft dasjenige der oberirdischen lebenden Phytomasse um das Drei- bis Fünffache; in sibirischen Lärchenwäldern um das Zweifache (Prokushkin et al. 2006). In der südlichen Taiga und in den Laubwäldern der nemoralen Zone ist dagegen das Verhältnis von lebender zu toter Phytomasse umgekehrt; Erstere ist fünfmal so hoch wie diejenige der toten organischen Substanz (Tab. 7-3).

Die Akkumulation von Rohhumusdecken ist aber nicht nur von den Boden- und Klimabedingungen abhängig, sondern auch vom Alter des Waldbestands, denn die Mineralisierung der Streu geht außerordentlich langsam vonstatten. Während ein Blatt in tropischen Regenwäldern spätestens nach sechs Monaten in seine anorganischen Bestandteile

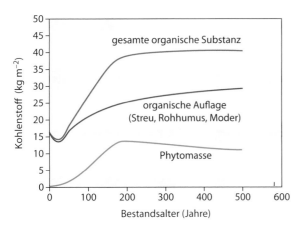

Abb. 7-13 Modell für die Akkumulation von Kohlenstoff in der organischen Auflage des Bodens und in der Phytomasse mit zunehmendem Bestandsalter in borealen Wäldern, unter der Annahme, dass sich sämtlicher Bodenkohlenstoff nur in der Auflage (L-, O_f- und O_h-Lage) und nicht im Mineralboden befindet (aus Kasischke et al. 1995, verändert). Während die Menge der organischen Auflage kontinuierlich ansteigt (bis zum Zusammenbruch des Waldes durch Feuer, Windwurf, Insektenkalamitäten), erreicht die Phytomasse ein Maximum im Alter von 200 bis 250 Jahren und nimmt dann wegen der steigenden Mortalität der Bäume wieder leicht ab. Die Kurve für die organische Auflage beginnt bei etwa 15 kg m^{-2}, weil beim Stand t = 0 der Bestandsentwicklung (nach einem Feuerereignis) noch Reste der organischen Substanz vorhanden sind. Der Rückgang am Beginn der Bestandsentwicklung erklärt sich aus den beschleunigten Mineralisiationsraten während der ersten Jahrzehnte der Waldentwicklung unter günstigen Nährstoffbedingungen.

zerlegt ist, dauert dieser Prozess in den borealen Wäldern der mittleren und nördlichen Taiga viele Jahrzehnte (Tab. 7-3). Ursachen für diese langsamen Abbauraten sind die geringe Menge und Artenzahl von Destruenten, insbesondere bei Bakterien und Bodenwühlern. Dem Waldbestand werden auf diese Weise mit steigendem Bestandsalter immer mehr Nährstoffe entzogen, weil der größte Teil der N- und P-Vorräte in organischen Komplexen gebunden und damit nicht pflanzenverfügbar ist. Darüber hinaus wirkt die anwachsende Humusdecke als Isolationsschicht, sodass die Strahlungswärme selbst in lockeren Altbeständen zunehmend weniger in den Boden eindringen kann. In Gebieten sowohl mit kontinuierlichem als auch mit diskontinuierlichem Permafrost steigt deshalb die Oberfläche des Dauerfrostbodens an und engt damit den Wurzelraum der Bäume weiter ein. Die oberirdische Nettoprimärproduktion borealer Wälder kulminiert deshalb bereits bei einem Bestandsalter zwischen 50 und 150 Jahren und nimmt danach kontinuierlich ab. Auch die Phyto-

masse des Waldbestands erreicht ihren Maximalwert im Alter von rund 200 Jahren und sinkt danach, weil dann die Mortalität bei den alten Bäumen steigt und den Zuwachs überkompensiert (Abb. 7-13).

Die Strategien, um mit Nährstoffmangel zurechtzukommen, sind im Wesentlichen dieselben wie in anderen nährstofflimitierten Ökosystemen, nämlich lange Lebensdauer der Blätter, kompakter Bau mit hohem Sklerenchymanteil und eine hohe Mineralstoff-Nutzungseffizienz (s. unten). So erreichen die Nadeln immergrüner borealer Koniferen mit fünf bis zehn Jahren die längste Lebensdauer aller Blattorgane von Bäumen; im Fall von *Picea mariana* sind es bis zu 25 Jahre. Entsprechend gering ist die jährliche Streuproduktion, die im Allgemeinen unter 1.000 kg ha^{-1} a^{-1} liegt (Tab. 7-3) und damit nur einen Bruchteil derjenigen sommergrüner Bäume beträgt. Weil mit der Streu nur wenige Nährstoffe dem Boden zugeführt werden, kann das Material zu entsprechend mächtigen Humusdecken akkumulieren.

Dass unter diesen Bedingungen überhaupt höhere Pflanzen leben können, ist weitgehend das Ergebnis ihrer Symbiose mit Pilzen (**Mykorrhiza**; Read et al. 2004). Alle Gehölze, viele krautige Pflanzen und einige Moose borealer Wälder beziehen Nährstoffe und Wasser entweder von Vertretern der sog. Höheren Ascomyceten (wie die meisten Ericaceen) oder von Basidiomyceten (Gehölze). Für die Mineralstoff- und Wasserversorgung der Koniferen ist die Ektomykorrhiza von Bedeutung (Dahlberg 2001); die Pilze bilden ein dichtes Myzelgeflecht an den Wurzelenden, das sich bis in die Interzellularen der Wurzelrinde fortsetzt („Hartig-Netz"). Bei der Ascomyceten-Mykorrhiza der Ericaceae dringen die Hyphen in die äußeren Zellen der Wurzelrinde ein und bilden intrazellular knäuelartige Strukturen (Endomykorrhiza; Cairney & Meharg 2003); in den tieferen Gewebsschichten werden diese Hyphenknäuel verdaut und dienen auf diese Weise als Nährstoffquelle für den pflanzlichen Partner. Mykorrhizapilze mobilisieren mit ihrem weit verzweigten Netz aus feinen Hyphen schwer lösliche und nicht pflanzenverfügbare Nährstoffe (Stickstoff und Phosphor) sowohl aus den mineralischen Komponenten des Bodens als auch aus der organischen Auflage mittels Exsudaten (Finlay 2004). Im Fall von Stickstoff entstehen neben mineralischen (Ammonium-Ionen) auch organische N-Verbindungen (Aminosäuren), die von den Pflanzen aufgenommen werden können (Näsholm et al. 2009). Die Blütenpflanzen stellen den Pilzen vor allem Kohlenhydrate in einem Ausmaß von 15–28 % der jährlichen Netto-Kohlenstofffixierung durch die autotrophen Pflanzen zur Verfügung (Finlay 2004);

da vor allem Basidiomyceten für die Bildung ihrer großen Fruchtkörper erhebliche C-Mengen benötigen, fruchten die Pilze erst im Herbst, also nach dem Ende der Wachstumsperiode ihrer pflanzlichen Partner, wenn deren Kohlenstoff in Speicherorgane verlagert wird und damit im Pflanzenkörper mobil ist.

Hohe **Nährstoff-Nutzungseffizienz** bedeutet, dass von borealen immergrünen Nadelbäumen für den jährlichen Holzzuwachs und die Bildung neuer Nadeln weitaus weniger Nährstoffe benötigt werden als z. B. von Sommergrünen: Sie brauchen im Schnitt knapp 4 kg Stickstoff, um 1.000 kg Trockenmasse zu

erzeugen, während die thermisch und edaphisch begünstigten, produktiveren sommergrünen Laubbäume hierfür fast 10 kg N benötigen (Cole & Rapp 1981). Der Preis für diesen geringeren Mineralstoffbedarf sind die (für Wälder) niedrige Nettoprimärproduktion und die Nährstoffarmut der Nadeln, deren N- bzw. P-Gehalt mit etwa 0,5 % (N) bzw. 0,06 % (P) des Trockengewichts nur rund ein Viertel des Gehalts von Blättern sommergrüner Laubbäume beträgt (2 % für N bzw. 0,14 % für P; Daten aus Cole & Rapp 1981). Dafür ist die Nadelmasse mit 12–14 t ha^{-1} um das Vier- bis Fünffache höher als die

Tab. 7-3 Phytomasse, oberirdische Nettoprimärproduktion (ONPP) und Nährstoffgehalte bzw. -mengen von Kompartimenten borealer Wälder im Vergleich zu einem nemoralen *Fagus sylvatica*-Bestand Mitteleuropas (kA = keine Angaben).

	Picea mariana[1]	Picea glauca[2]	Picea abies[3]	Larix gmelinii[4]	Betula papyrifera[5]	Fagus sylvatica[6]
Alter (Jahre)	130	134	126	174	77	122
Bestandsdichte (Stämme ha^{-1})	5.000	2.060	856	1.620	2.220	
Länge der Vegetationszeit (Tage)	60–80	kA	150	kA	kA	144
Baumhöhe (m)	13,7	kA	22,6	9	kA	kA
Phytomasse (t ha^{-1})						
Assimilationsorgane	14,2	12,5	8,1	0,6	2,4	3,1
Stämme, Äste und Zweige	99,0	155,5	201,1	27,1	95,0	270,9
Wurzeln	51,7	kA	46,0	9,8	kA	30,0
Boden[7]	a) 119,2 b) 47,5	a) + b) 74,3	a) 35,5	kA	a) 68,8 b) 280,1	a) 29,7 b) 190,0
Nährstoffgehalte (% Trockengewicht) der Assimilationsorgane (N, P)						
Stickstoff	0,50	0,68	kA	0,48[8]	2,16	2,74
Phosphor	0,06	0,09	kA	kA	0,22	0,14
Nährstoffmengen im Boden (kg ha^{-1})[7]						
Stickstoff	a) 710 b) 2.362	a) + b) 2.400–4.000	kA	kA	kA	a) 810 b) 7.340
Flüsse (kg ha^{-1} a^{-1})						
Streufall	534	155	kA	159	2.510	3.783
ONPP (Holz)	1.443	2.330	420	2.048	2.350	7.274
ONPP (Blätter, Nadeln)	147	1.330	kA	630	2.340	3.078
Umsatzdauer der Streu (Jahre)	223	48	54	kA	26	2–4

[1] Immergrüner zwergstrauch- und moosreicher Nadelwald aus *Picea mariana*, Alaska, nach Van Cleve aus Cole & Rapp (1981); [2] dito aus *Picea glauca*, Alaska, aus Van Cleve et al. (1983b); [3] dito aus *Picea abies*, Karelien, nach Kazimirov & Morozova aus DeAngelis et al. (1981); [4] zwergstrauchreicher *Larix gmelinii*-Wald (Untersuchungsfläche CR1830, Tura, Zentralsibirien), aus Kajimoto et al. (2010); [5] borealer sommergrüner Laubwald, Alaska, aus Cole & Rapp (1981); [6] Hainsimsen-Buchenwald, Deutschland, nach Ulrich aus Cole & Rapp (1981); [7] a = Streu + organische Auflage, b = organische Substanz im Mineralboden (Wurzelraum; 30 cm Bodentiefe); [8] aus Matsuura & Hirobe (2010).

Blattmasse von Bäumen borealer und nemoraler sommergrüner Laubwälder mit 2–3 t ha^{-1} (Tab. 7-3). Hinzu kommt die Fähigkeit der Koniferen, einen Teil der Nährstoffe aus den Assimilationsorganen vor deren Absterben entweder in Speicherorgane oder an die Zweigspitzen zur Unterstützung der Neubildung von Nadeln zu verlagern. Diese Retranslokation beträgt im Fall von *Picea mariana*- und *Picea glauca*-Wäldern in Alaska bei Stickstoff 27 %, bei Phosphor rund 80 % und bei Kalium 40 % (Van Cleve et al. 1983a).

7.3.2 Walddynamik

Neben Savannen, subtropischen Hartlaubgebüschen und subtropischen sowie nemoralen Trocken-Kiefernwäldern sind die meisten Gebiete des borealen Waldlandes von natürlichen, d. h. überwiegend durch Blitzschlag ausgelösten Feuerereignissen („Wildfeuern") geprägt. In Abhängigkeit vom Witterungsverlauf während des Jahres treten die Feuer nach kurzen (wenige Wochen dauernden) regenarmen Phasen im Sommer auf, wenn die organische Auflage mit der harzreichen, leicht entzündlichen Streu abgetrocknet ist. Am häufigsten sind Oberflächenfeuer (zur Terminologie s. Kasten 3-4), die mit 300–400 °C relativ kühl sind und den Waldbestand rasch durchqueren, ohne den Kronenbereich der Bäume zu erreichen. Dadurch verbrennt ein großer Teil der L- und O$_f$-Lage einschließlich der Wurzelmasse der Zwergsträucher und Gräser. Auch Sämlinge und Jungpflanzen des Waldunterwuchses sowie Bäume mit dünner Rinde wie Vertreter der Gattungen *Picea* und *Abies* werden geschädigt. *Pinus sylvestris*, *Larix gmelinii* und *L. sibirica* gelten dagegen als weitgehend feuerresistent, weil ihr Kambium von einer ausreichend dicken Borke geschützt ist (Schulze et al. 2012). Sie werden deshalb durch häufigere Brände gefördert. So sind viele *P. sylvestris*-Bestände in Fennoskandien und in Sibirien ein Ergebnis wiederholter Oberflächenfeuer in relativ kurzem Abstand (20 bis 40 Jahre; s. u.).

Während reine Kronenfeuer, bei denen der Brand ausschließlich die Baumkronen erfasst und nicht die Stämme und den Walduntergrund tangiert, allgemein selten auftreten, ist die Kombination aus Oberflächen- und Kronenfeuer häufiger. Dabei erfassen die Flammenzungen die unteren Äste der Bäume und klettern auf diese Weise in den Kronenbereich. Die mit 500–800 °C sehr heißen Brände und ihre lange Verweildauer zerstören die Waldvegetation komplett. Solche Kombinationsfeuer kommen dort vor, wo die Bäume immergrün und weit herab beastet sind (Johnson 1992); sie fehlen in der hellen Taiga, weil ausgewachsene Lärchen keine Seitenäste mehr besitzen. Zerstörerisch sind auch die Grundfeuer, die sich ohne sichtbare Flammen in der organischen Auflage ausbreiten. Entwässerte oder aufgrund natürlicher Prozesse ausgetrocknete Moore können auf diese Weise mehrere Jahre brennen. Die Wirkung auf die Vegetation ist ähnlich verheerend wie bei den Kombinationsfeuern, weil das Wurzelsystem der Pflanzen komplett abgetötet wird. Bei Grundfeuern fällt mit den abgestorbenen, aber nicht verbrannten Bäumen so viel totes organisches Material an, dass schon nach wenigen Jahren erneut heftige Brände auftreten können.

Anzahl der Feuer und Größe der abgebrannten Flächen hängen von der Witterungssituation ab und variieren erheblich, wie sich am Beispiel von Kanada zeigt (Stocks et al. 2002): Von 1959 bis 1997 brannten hier zwischen 2.000 (1963) und 75.000 km^2 (1989) boreales Waldland pro Jahr ab (= durchschnittlich 0,7 % der gesamten borealen Waldfläche Kanadas); von 1980 an stieg die von Feuern heimgesuchte Waldfläche kontinuierlich an, vermutlich als Reaktion auf die Klimaerwärmung (Murphy et al. 2000). Etwa 72 % aller Brände entstanden durch Blitzschlag und waren für rund 85 % der abgebrannten Fläche verantwortlich; der Rest (28 %) war anthropogen und wurde meist durch Unachtsamkeit ausgelöst. Nur 2–3 % der Feuer erreichten eine Größe von > 2 km^2, verursachten aber 97–98 % der jährlich abgebrannten Waldfläche, wobei die Flächenausdehnung der Brände zwischen 12 und 165 km^2 variierte und im Mittel mit knapp 100 km^2 anzusetzen ist (im Zeitraum von 1980–1999; Parisien et al. 2006). Ähnlich dürfte die Situation in Eurasien sein, wobei dort die Anzahl der Brände und die abgebrannte Fläche doppelt so hoch angesetzt werden müssen, weil auch das Gebiet doppelt so groß ist (Goldammer & Furayev 1996, Shvidenko et al. 2013). In Fennoskandien war der Anteil der vom Menschen verursachten Brände aus historischen Gründen mit 80–95 % schon immer sehr hoch, da Feuer traditionell eingesetzt wurde, um die Zugänglichkeit der ehemals von Fichten dominierten Wälder zu erhöhen und die Nutzbarkeit (Beweidung) zu verbessern (Zackrisson 1977, Hellberg et al. 2003). Die Konsequenz ist (trotz der seit 1800 reduzierten Brandhäufigkeit) ein nach wie vor unvermindert hoher Anteil von Pionierwäldern aus der feuerresistenten Waldkiefer oder aus Birke bzw. Pappel.

In der dunklen Taiga Alaskas und Kanadas betragen die Intervalle zwischen zwei Bränden im Durchschnitt 100 bis 300 Jahre, wobei für den flechtenreichen immergrünen *Picea mariana*-Wald 70 bis 100 und für die dunkle Taiga aus *P. glauca* 200 bis 300 Jahre angegeben werden (Dyrness et al. 1986). In den immergrünen borealen Nadelwäldern Eurasiens mit

den feuerempfindlichen Baumarten *Abies sibirica*, *Picea obovata* und *Pinus sibirica* dürfte dagegen der natürliche Feuerzyklus bei etwa 400 bis 500 Jahren liegen (Mollicone et al. 2002, Schulze et al. 2005; s.

Abb. 7-14 Beispiele für feuergeprägte boreale Waldländer. a = Altbestand aus *Pinus banksiana* mit reichlich brennbarem Totholz kurz vor Feuer (Labrador, Kanada; Foto U. Treter); b = frische Brandfläche in einem flechtenreichen Nadelwald aus *Picea mariana* (Labrador, Kanada; Foto U. Treter) mit Inseln aus überlebenden Fichten, die als Samenquelle für die Waldregeneration dienen; c = Massenaufwuchs von *Epilobium angustifolium* nach Feuer (Westsibirien); d = Pionierphase aus *Betula pendula* in der mittleren Taiga Westsibiriens (Yenisei-Gebiet); e = fortgeschrittene Pionierphase aus *Populus tremuloides*, in deren Schatten *Picea glauca* heranwächst (Yukon Territory, Kanada; Foto U. Treter); f = überwiegend feuerbedingtes Mosaik aus unterschiedlichen Regenerationsphasen im borealen Nadelwald Kanadas (Labrador, Kanada; Foto U. Treter; s. auch Abb. 7-8e).

Abb. 7-14). Nur die helle Taiga Zentral- und Ostsibiriens brennt mit einer Frequenz von etwa 100 bis 200 Jahren deutlich häufiger, und zwar überwiegend in Form von Oberflächenfeuer, wobei die Feuerintervalle in den südlichen Lärchenwäldern kürzer sind (70 bis 80 Jahre) als an der Waldgrenze (über 300 Jahre; Kharuk et al. 2011).

Für die Vegetation und ihre Dynamik sind die Feuerereignisse von einschneidender Bedeutung, weil sie den Nährstoffspeicher der organischen Auflagen aktivieren und häufig (wenn auch nicht immer und in unterschiedlichen Anteilen) den Baumbestand zerstören. Bis auf die flechtenreichen immergrünen Wälder Nordkanadas (s. unten) setzt die Vernichtung der Baumschicht (*stand replacing fire*) einen

Regenerationszyklus in Gang, der (vereinfacht) aus einer staudenreichen Initialphase, einer Übergangsphase aus sommergrünen Pionierbäumen, einer Optimal- und einer Terminalphase aus den Klimax-Koniferen besteht (Viereck 1973, Furayev et al. 1983, Bergeron & Dubuc 1989; zusammenfassend in Wein & MacLean 1983; Abb. 7-14, 7-15):

a. Die **Initialphase** ist durch die Massenvermehrung von *Epilobium angustifolium,* dem Schmalblättrigen Weidenröschen (*fireweed*), gekennzeichnet (Abb. 7-14c). Dieser zirkumpolar verbreitete, nährstoffbedürftige, perennierende Rhizom-Geophyt erzeugt bis zu 80.000 sehr leichte, mit fedrigen Anhängseln ausgestattete, anemochore Samen pro Quadratmeter mit Ausbreitungsdistanzen bis

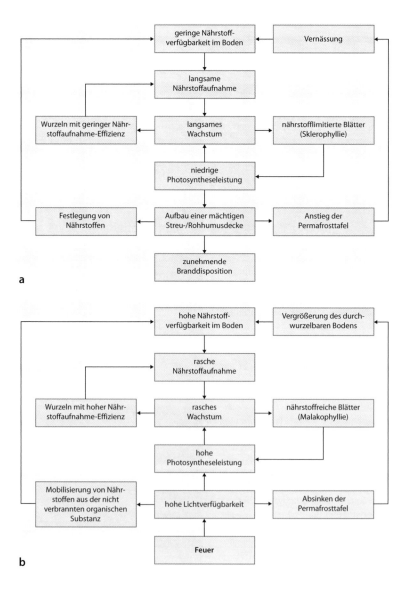

Abb. 7-15 Schema der Stoff- und Energieflüsse in einem borealen zwergstrauchreichen Nadelwald vor (a) und nach Feuer (b; nach Bryant & Chapin III 1986, verändert und ergänzt). Erläuterung im Text.

zu 100 km und Eigenschaften, die auf möglichst rasche und vollständige Keimung auf Mineralboden ausgerichtet sind (Sofortkeimer; keine Dormanz; Van Andel 1975, Broderick 1990). Ebenso effizient wie die generative ist die vegetative Ausbreitung des Weidenröschens; die Pflanzen bilden nach der Keimung ein schnell wachsendes (bis 1 m a^{-1}) Rhizomgeflecht, aus dessen Knospen sich innerhalb weniger Wochen neue Sprosse entwickeln. Deshalb kann *Epilobium* als *invader* (Rowe 1983; s. Kasten 3-4) auf frisch abgebrannten Flächen der borealen Waldländer rasch Dominanzbestände aufbauen. Da die Blüten reichlich Nektar bilden (Bertsch 1983), ist das Weidenröschen bei Imkern als Trachtpflanze sehr beliebt, und es ist deshalb nicht auszuschließen, dass Brände auch deshalb gelegt werden, um die Pflanze zu fördern.

b. Die **Übergangsphase** wird von *Betula*- und *Populus*-Arten gebildet, in Eurasien vornehmlich von *Betula pendula* und *P. tremula*. In Nordamerika dominiert *P. tremuloides*, während *Betula papyrifera* meist nur beigemischt ist (Abb. 7-14d, e). In Alaska und in der nordborealen Subzone Asiens kommen verschiedene Unterarten von *Alnus alnobetula* hinzu, die mithilfe ihrer symbiontischen N$_2$-Fixation die N-Versorgung auch der übrigen Pflanzen verbessern. Diese nährstoffökologisch anspruchsvollen Pioniere bilden ohne Störung durch den Menschen ein 80 bis 100 Jahre dauerndes Waldstadium, in dessen Schatten die Nadelhölzer aufwachsen können. Bei Dauerfrostboden führt weniger das Feuer mit seiner in der Regel kurzen Verweildauer, als vielmehr die Erwärmung des Bodens durch höhere Einstrahlung nach Beseitigung des Kronendaches zum Absinken der Permafrosttafel; dieser Vorgang erhöht das Bodenvolumen und verbessert die Bedingungen für Bodenlebewesen.

c. Mit zunehmendem Kronenschluss wechselt der Wald von der Übergangs- in die **Optimalphase**. Die im Schatten der Laubbäume aufgewachsenen Koniferen übernehmen die herrschende Rolle, während die kurzlebigen Birken und Pappeln altersbedingt abzusterben beginnen. Es entsteht der in Abschn. 7.2 beschriebene immer- oder sommergrüne Nadelwald mit einer mehr oder minder dicken Moos- und Zwergstrauchschicht. Nach entsprechend langen Zeiträumen, wenn der Wald in der **Terminalphase** angelangt ist, kann er erneut einem Feuer ausgesetzt sein.

Von diesem Schema gibt es zahlreiche Abwandlungen. Lange Abstände zwischen den Bränden können durch Windwurf oder Schädlingskalamitäten (s. u.) unterbrochen werden, wie beispielsweise in der dunklen Taiga Westsibiriens durch den Befall mit

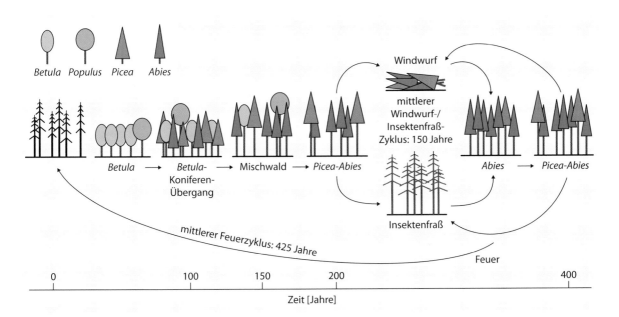

Abb. 7-16 Schema eines Waldentwicklungszyklus in der dunklen Taiga West- und Zentralsibiriens (nach Schulze et al. 2005, verändert). Der mittlere Feuerzyklus dauert rund 400 Jahre; er kann durch Windwurf oder Schädlingsbefall unterbrochen werden. Dann entwickelt sich vorübergehend ein ziemlich reicher *Abies sibirica*-Bestand.

Kasten 7-3

Walddynamik und räumliche Struktur

Nemorale und boreale Nadelwälder regenerieren sich nach Feuer, Windwurf, Insektenbefall oder Kahlschlag, indem sie mehrere Entwicklungsphasen (Initial-, Optimal-, Terminalphase) durchlaufen, deren Dauer, Artenzusammensetzung und Struktur von den beteiligten Baumarten, der Art der Störung und der Eingriffsstärke von Seiten des wirtschaftenden Menschen abhängt. So entsteht auf totholzfreien Kahlschlägen nach dem auch heute noch in vielen Waldländern der Erde üblichen Kahlhiebverfahren in der Initialphase aus Naturverjüngung, Ansaat oder Pflanzung ein strukturarmer, dichter, gleichaltriger Baumbestand, dessen Dichte mit zunehmendem Bestandsalter durch natürliche (intraspezifische Konkurrenz zwischen den Individuen) oder forstlich gesteuerte Stammzahlreduktion abnimmt. Erst in der Terminalphase der Waldentwicklung erreicht ein solcher Wald durch altersbedingten Zusammenbruch von Bäumen seinen höchsten Strukturreichtum (sofern der Mensch nicht vorher erntet); die Anzahl von Bestandslücken (*gaps*) und die Totholzmenge kulminieren (Oliver und Larson 1996).

Diesem „konventionellen Entwicklungsmodell" (Abb. 1a) steht der von Donato et al. (2012) als *precocious developmental model* bezeichnete Walderneuerungsprozess gegenüber, der für Naturwälder ohne menschlichen Eingriff die Regel sein dürfte. Dabei geht die Wiederbesiedlung der von Feuer, Windwurf oder Insektenbefall betroffenen Flächen entweder von noch intakten, benachbarten Wäldern oder von samenliefernden Einzelbäumen oder Baumgruppen aus, welche die Störung überlebt haben. Dabei werden die Diasporen weder gleichmäßig noch gleichzeitig über das Gebiet ausgestreut, sondern in Form räumlicher und zeitlich gestaffelter Muster. Auch die Keimung der Samen und die Wachstumsgeschwindigkeit der Jungbäume variieren in der zu besiedelnden Fläche, in Abhängigkeit von der Art der Störung (Menge des übrig gebliebenen Totholzes und dessen Zersetzungsgeschwindigkeit, Größe und Verteilung von Wurzeltellern bei Windwürfen) und damit von Zahl und Qualität der Keimungs- und Etablierungslücken sowie von einer Vielzahl stochastischer Einflussfaktoren wie Witterungsschwankungen, Herbivorie und intraspezifischer Konkurrenz (Swanson et al. 2011; Tab. 1). Dadurch entsteht im Lauf der ersten Jahrzehnte der natürlichen Waldentwicklung ein Mosaik aus unterschiedlich alten und hohen Baumgruppen, kleinen Waldinseln und offenen, baumfreien Flächen mit einem Unterwuchs aus Sträuchern, Kräutern und Gräsern (Abb. 1b, c; Abb. 2).

Der weitere Verlauf der Walderneuerung hängt davon ab, ob eine Baumart aus der Initialphase heraus einen geschlossenen Bestand aufbauen kann oder nicht. Kommt es zu einem derartigen Reinbestand (Abb. 1b), so entwickelt sich mit steigendem Alter und zunehmender Mortalität der für eine Terminalphase typische Strukturreichtum mit eigenen Merkmalen, die mit denjenigen der Initialphase wenig gemein haben (analoges alternatives Modell). Andernfalls setzt sich die anfängliche Komplexität über die Optimal- bis in die Terminalphase fort (homologes alternatives Modell; Abb. 1c). Beispiele für homologe strukturelle Komplexität sind Naturwälder aus langlebigen, in der Jugend lichtbedürftigen Pionierbäumen wie *Pseudotsuga menziesii* in Nord-

Tab. 1 Strukturmerkmale der Vegetation nach verschiedenen bestandesvernichtenden Störungen (nach Swanson et al. 2011).

Merkmale	Wildfeuer	Windwurf	Insektenbefall	Vulkanausbruch	Kahlschlag
lebende Bäume	selten bis variabel	variabel	variabel	vorwiegend randlich	meist fehlend
stehendes Totholz	häufig	variabel	häufig	häufig bis variabel	meist fehlend
liegendes Totholz	meist häufig	häufig	variabel bis häufig	häufig	selten
ungestörter Wald-unterwuchs	selten	häufig	häufig	selten	selten
räumliche Heterogenität der Verjüngung	hoch	variabel	hoch	hoch	niedrig
Dauer der Initialphase	variabel	variabel	lang	normalerweise lang	normalerweise kurz

Abb. 1 Die drei Modelle der Waldentwicklung nach bestandsvernichtender Störung von der Initial- über die Übergangs- bis zur Terminalphase (aus Donato et al. 2012, reproduziert mit Genehmigung von John Wiley & Sons). In a nimmt die räumliche Komplexität (dicke Linie) mit zunehmendem Bestandsalter zu und kulminiert in der Terminalphase, während sie in c über alle Phasen hinweg gleichmäßig hoch ist.

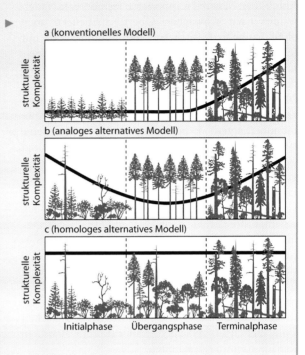

amerika (s. Abschn. 6.2.3.2) und *Fitzroya cupressoides* in Südchile (s. Abschn. 6.2.4.3); die Verteilung der Individuen in der Fläche entspricht derjenigen zu Beginn der Waldentwicklung.

Vermutlich ist die homologe strukturelle Komplexität weitaus häufiger als heute angenommen, weil sie in der forstlichen Praxis über viele Jahrzehnte hinweg durch Ausschluss von Wildfeuern und rigorose Aufforstung erfolgreich unterdrückt wurde (Donato et al. 2012). Sie zeigt sich in *Eucalyptus regnans*-Wäldern auf Tasmanien (Wood et al. 2010) ebenso wie in südskandinavischen Fichtenwäldern (Zenner et al. 2011). In Mitteleuropa findet man Hinweise auf eine strukturreiche Initialphase bei der Waldentwicklung nach Borkenkäferbefall in den Hochlagen des Nationalparks Bayerischer Wald (Abb. 2). Der positive Effekt, den eine natürliche Waldentwicklung nach Störung auf die strukturelle und floristische Biodiversität des Ökosystems Wald hat, lässt auch in Wirtschaftswäldern erzielen, indem die forstliche Betriebsweise zeitlich und räumlich entsprechend angepasst wird (Fischer 2011).

Abb. 2 Walderneuerung im Hochlagen-Fichtenwald des Nationalparks Bayerischer Wald (Blick vom Lusen) 20 Jahre nach Borkenkäferbefall. Man erkennt die fleckenweise, heterogene Verjüngung von *Picea abies*.

Borkenkäfern (*Pityogenes* spp.; Schulze et al. 2005; Abb. 7-16). Generell regenerieren sich boreale Nadelwälder nach schwachen Oberflächenfeuern auch ohne Laubholzphase, wenn der Baumbestand nur teilweise abgetötet wurde und ausreichend viele samenliefernde Bäume überlebt haben, wie im Fall der hellen Taiga aus *Larix gmelinii* (Kharuk et al. 2011). Auch die flechtenreichen Wälder Nordamerikas mit ihren Kombinationsfeuern unterliegen einer brandbedingten Erneuerung meist ohne eine zwischengeschaltete Laubholzphase. Hier verjüngt sich *Picea mariana* entweder vegetativ über Ablegergruppen oder generativ über Samen, die in den Lücken der meist nicht vollständig abgebrannten Flechtendecke aufwachsen (Treter 1995). Schließlich scheinen boreale Fichtenwälder außerhalb des Permafrostbereichs viele Jahrhunderte auch ohne Störungen durch Feuer bzw. Insektenfraß und ohne sichtbare Degradationserscheinungen (wie Wachstumsdepression) zu persistieren, wie Pollock & Payette (2010) mittels einer Radiokarbondatierung von Kohlenstoffpartikeln und dendrochronologischen Untersuchungen verschieden alter Baumbestände in Kanada nachweisen konnten.

Nicht in allen borealen Waldländern ist Feuer der einzige Störfaktor für die Waldentwicklung. Vor allem in Gebieten mit hoch anstehendem Permafrost oder mit Stauwasser und flachwurzelnden *Picea*-Arten leiten **Windwürfe** Regenerationsprozesse ein, die denjenigen nach Feuer ähneln. Allerdings werden solche Flächen in Naturwäldern häufig von denselben Koniferen wiederbesiedelt, die auch schon im Altbestand dominierten; die Samen keimen bevorzugt auf den Wurzeltellern und vermodernden Stämmen. Auch die zyklische Massenvermehrung von **phytophagen Insekten** kann große Waldbestände vernichten und Erneuerungsprozesse ähnlich wie nach Feuer in Gang setzen, weil sich der Oberboden nach Beseitigung des Kronendaches erwärmt und die organische Auflage sukzessive abgebaut wird. So werden die Tannenwälder aus *Abies balsamea* im feuchten Osten von Kanada, wo Brände wegen des humiden Klimas weniger häufig sind als in Westkanada, von der Raupe eines Schmetterlings aus der Familie der Wickler (Fam. Tortricinae) befallen (*eastern spruce budworm*, *Choristoneura fumiferana*), welche die Nadeln und Knospen der Bäume minieren und Tausende Hektar Wald zum Absterben bringen (Royama 1984). Die Populationen des Schmetterlings oszillieren im Abstand von durchschnittlich 35 Jahren. In gleicher Weise werden auch die zonalen sommergrünen borealen Laubwälder Fennoskandiens aus *Betula pubescens* var. *pumila* von Phytophagen

erneuert. Hier handelt es sich um die Nachtfalter *Epirrita autumnalis* und *Operophtera brumata* (Fam. Geometridae, Spanner), deren Raupen die Birken über ein oder mehrere Jahre kahl fressen und die Stämme, meist im Kombination mit Pilzinfektionen, zum Absterben bringen können, ohne dass der Wurzelstock Schaden nimmt (Tenow et al. 2005). Da vorwiegend ältere, bereits geschwächte und weniger widerstandsfähige Birkenbestände befallen werden, rechnet man mit einem Zyklus der Massenvermehrung von 60 bis 70 Jahren. Als *resprouter* regenerieren sich die Birken durch Stockausschläge.

Die zeitliche und räumliche Heterogenität von Feuer, Insektenfraß und Windwurf führen in den borealen Waldländern zu einem fluktuierenden Mosaik aus unterschiedlich alten, neben- und hintereinander ablaufenden Regenerationsphasen und ermöglichen die Koexistenz von Pflanzen unterschiedlichster Überlebensstrategien (Burton et al. 2008; Abb. 7-14f, 7-8e). Selbst die durch sehr große Feuerereignisse entstandenen, über 100 km² großen Brandflächen in Westkanada sind nicht einheitlich, weil Temperatur und Feuergeschwindigkeit variieren. So bleiben immer einzelne Waldinseln nahezu ungestört erhalten; sie sind als Diasporenquelle für die Wiederbesiedlung von Bedeutung. Unscharfe Übergänge zwischen den abgebrannten Flächen und den benachbarten Wäldern sind artenreicher als die aneinander grenzenden „reinen" Vegetationstypen. Die Abfolge der Phasen und ihre floristische und physiognomische Ausprägung sind hoch variabel und viel komplexer, als oben dargestellt; in Alaska kann man rund 30 unterschiedliche Regenerationszyklen unterscheiden (Chapin et al. 2006; Kasten 7-3).

7.3.3 Kohlenstoffbilanz und globale Erwärmung

Die borealen Waldländer enthalten mit 78 Pg (Petagramm) C in der lebenden Phytomasse und 230 Pg C im Boden (1 Pg = 10^9 t) rund 35 % des in allen Wäldern der Erde gebundenen Kohlenstoffs (Kasischke 2000, Pan et al. 2011). Sie gelten deshalb als Kohlenstoffsenken und bedeutendes Regulativ der durch Treibhausgase verursachten Klimaerwärmung. Allerdings sind die C-Vorräte ebenso wie die C-Aufnahmeraten abhängig von Störungen wie Feuer und Schädlingsbefall sowie von witterungsbedingten Schwankungen des Bodenwasserhaushalts. So werden durch ein bestandsvernichtendes Feuerereignis schlagartig rund drei Viertel des in der Biomasse gespeicherten Kohlenstoffs frei und als CO_2 in die

Tab. 7-4 Abschätzung der jährlichen Änderungen des Kohlenstoffvorrats einzelner Kompartimente borealer Waldgebiete (im Vergleich zu temperaten und tropischen) für die Perioden 1990–1999 und 2000–2007 (aus Pan et al. 2011, gekürzt). Negative Werte bedeuten Abnahme. SD = Standartabweichung.

Gebiet	Zeitraum	Phytomasse	Tot-holz	Streu	Boden	Holzernte	Änderung ± SD	Änderung pro Fläche
		Mio. t Kohlenstoff pro Jahr						t C ha^{-1} a^{-1}
Russland (Asien)	1990–1999	61	66	63	45	19	255±64	0,39
	2000–2007	69	97	43	42	13	264±66	0,39
Russland (Europa)	1990–1999	37	10	22	36	41	146±37	0,39
	2000–2007	84	19	35	35	26	199±50	1,21
Kanada	1990–1999	6	−24	14	6	23	26±7	0,11
	2000–2007	−53	16	19	7	21	10±3	0,04
Fennoskandien	1990–1999	13	0	3	38	11	65±16	1,12
	2000–2007	21	0	4	−10	13	27±7	0,45
Gesamt	1990–1999	**117**	**53**	**103**	**125**	**94**	**493±76**	**0,45**
	2000–2007	**120**	**132**	**101**	**74**	**73**	**499±83**	**0,44**
zum Vergleich:								
kühl- und warm-gemäßigte Zone	1990–1999	345	42	46	160	80	673±78	0,91
	2000–2007	454	42	45	156	80	777±89	1,03
Tropen	1990–1999	2.529	109	17	213	35	2.903±605	1,40
	2000–2007	2.376	98	13	226	36	2.740±718	1,38

Atmosphäre entlassen. Als Konsequenz global steigender Temperaturen scheint sich vor allem in den temperierten Klimazonen, zu denen auch die boreale gehört, eine Tendenz zur Zunahme von Feuerereignissen anzudeuten. So hat sich während der 80er und 90er Jahre des 20. Jahrhunderts die jährlich abgebrannte Fläche in den borealen Wäldern Kanadas von rund 11.000 km^2 (1959–1979) auf etwa 27.000 km^2 (1980–1997) mehr als verdoppelt (Stocks et al. 2002). Integriert über viele Jahre und über die Gesamtfläche borealer Waldländer bzw. ihrer Teilgebiete wird der feuer- und schädlingsbedingte CO$_2$-Verlust durch die C-Fixierung der nachfolgenden produktiven Pionierphase (zeitlich) ebenso wie durch diejenige benachbarter Waldgebiete (räumlich) in der Regel überkompensiert. Modellberechnungen (z. B. von Balshi et al. 2009) lassen vermuten, dass die zunehmenden C-Verluste durch Feuer teilweise dadurch ausgeglichen werden können, dass bei steigenden CO$_2$-Gehalten in der Atmosphäre ein Kohlenstoff-Düngungseffekt entsteht (*C-fertilization*).

Deshalb ist die C-Gesamtbilanz in borealen Waldländern nach wie vor positiv; es wird mehr C gebunden, als freigesetzt, wegen der ungünstigen Klimabedingungen allerdings deutlich weniger als in den warmen Zonen.

Dieser Sachverhalt zeigt sich bei einem Vergleich zwischen den verschiedenen borealen Teilgebieten, bezogen auf die beiden Dekaden 1990–1999 bzw. 2000–2007 (Tab. 7-4; Pan et al. 2011). Mit 0,45 bzw. 0,44 t ha^{-1} a^{-1} (abgeleitet aus der jährlichen Änderung der ökosystemaren C-Vorräte einschließlich lebender und toter Biomasse) speichern die borealen Waldgebiete nur rund die Hälfte nemoraler bzw. subtropischer und etwa ein Drittel tropischer Wälder (inklusive der Aufforstungen); bezogen auf die gesamte bewaldete Fläche erreichen sie trotz ihrer gewaltigen Flächenausdehnung von knapp 15 Mio. km^2 (s. Abschn. 7.2.1) mit 493 bzw. 499 Mio. t C a^{-1} nur rund 70 % der Speicherleistung temperater (673 bzw. 777 Mio. t a^{-1}) und knapp 20 % derjenigen tropischer Wälder (2.903 bzw. 2.740 Mio. t C a^{-1}). Die borealen

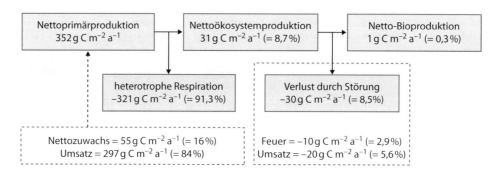

Abb. 7-17 Kohlenstoffflüsse in borealen Wäldern Kanadas unter menschlichem Einfluss (nach Stinson et al. 2011, verändert). Die Zahlen sind Mittelwerte aus den Jahren 1990–2008 in g m^{-2} a^{-1} und in % der Nettoprimärproduktion (352 g m^{-2} a^{-1} = 100 %). Die im Vergleich zu anderen Angaben (z. B. Malhi et al. 1999, Luyssert et al. 2007 in Tab. 2-5: 40–60 g C m^{-2} a^{-1}) geringe Netto-Ökosystemproduktion ist durch das hohe Alter der untersuchten Waldbestände zu erklären. Durch Feuer und Holzeinschlag wird so viel C exportiert, dass die Wälder im untersuchten Zeitraum nahezu C-neutral waren (Netto-Biomproduktion 1 g C m^{-2} a^{-1}).

Teilgebiete unterscheiden sich außerdem beträchtlich sowohl im Hinblick auf die Leistung der einzelnen Kompartimente als auch auf die Gesamtbilanz. So sanken die C-Gehalte der Totholzfraktion in den kanadischen Wäldern im Durchschnitt jährlich um 24 Mio. t (1990–1999), diejenigen der lebende Phytomasse um 53 Mio. t (2000–2007), zurückzuführen auf den Anstieg des von Feuer, Insektenfraß und Holzeinschlag betroffenen Flächenanteils (Kurz et al. 2008, Stinson et al. 2011). Entsprechend gering war die mittlere jährliche Zunahme der C-Speicherung in der borealen Zone Kanadas mit 0,11 (1990–1999) bzw. 0,04 t ha^{-1} (2000–2007), während die in der Biomasse gespeicherten C-Gehalte im europäischen Russland aufforstungsbedingt um jährlich 1,21 t ha^{-1} anstiegen (2000–2007). Bezogen auf die bewirtschafteten Wälder Kanadas (einschließlich aller Schutzgebiete; *managed forests*), die mit 2,3 Mio. km^2 rund 70 % der Waldfläche des Landes ausmachen, wird fast die gesamte Netto-Ökosystemproduktion (NEP) von 0,31 t ha^{-1} a^{-1} durch Feuer oder Holzernte aufgebraucht (Abb. 7-17).

7.4 Landnutzung

Die borealen Waldländer gehören mit meist weniger als fünf Einwohnern pro Quadratkilometer zu den am dünnsten besiedelten Räumen der Erde (Schultz 2000). Ursachen sind das ungünstige Klima mit einer kurzen Vegetationszeit und die dadurch eingeschränkte landwirtschaftliche Nutzbarkeit. Als traditionelle Nutzungsweisen sind Ackerbau (im Süden) und Viehhaltung, vorwiegend für den Eigenbedarf (Subsistenzwirtschaft), die Pelztierjagd, das Sammeln von Beeren sowie die halbnomadische Rentierhaltung in Eurasien zu nennen.

Ackerbau gibt es nur in der südlichen Taiga bis etwa 60° N (europäisches Russland, Sibirien) bzw. 55° N (Westkanada), wobei der Schwerpunkt auf denjenigen Feldfrüchten liegt, die mit den kurzen Wachstumsperioden von rund drei Monaten auskommen, wie Sommergerste, -hafer, -roggen (in Kanada auch Raps) und Kartoffeln sowie Gemüse im Subsistenzbetrieb (Treter 1993). Lediglich in Fennoskandien mit seinem vom Golfstrom begünstigten Klima und im Jakutischen Becken mit den zwar kurzen, aber sehr warmen Sommermonaten ist Ackerbau noch in der mittleren borealen Zone bis ca. 65° N möglich. Sonst beschränkt sich die agrarische Nutzung auf Viehhaltung (vorwiegend Rinder) mit Dauerweiden und Mähwiesen sowie Feldgras-Wirtschaft (Wechsel von Acker- und Futterbau mit dazwischen geschalteten Brachezeiten). Die Vegetation dieser Grünlandflächen wird im kontinentalen Zentralsibirien von Pflanzen der zentralasiatischen Steppen geprägt. In der hemiborealen und südlichen borealen Zone Finnlands und Schwedens entstanden die über Jahrtausende unregelmäßig genutzten ungedüngten Laubwiesen (mit artenreichen Grünlandgesellschaften), die sowohl zur Gewinnung von Futtergras als auch von Laubheu (durch „Schneiteln" von Bäumen mit eiweißreichem Blattwerk wie *Tilia* und *Corylus*) dienten (Dierßen 1996). Für die nordboreale Zone Fennoskandiens sind Feuchtwiesen des Verbands Calthion charakteristisch, die aus entwässerten Niedermooren hervorgegangen sind (aus *Deschampsia cespitosa* und zahlreichen Kräutern wie *Alchemilla*-

Arten, *Geranium sylvaticum* und *Persicaria vivipara*). Hier ist das sog. Waldbauerntum als besondere Form der Subsistenzwirtschaft auch heute noch verbreitet, wobei Landwirtschaft und Waldnutzung (Holz, Streu, Imkerei, Waldweide) im Betrieb eng miteinander verflochten sind (Treter 1993).

Eine Sonderform der Agrarwirtschaft ist die nomadische Weidewirtschaft mit **Rentieren** (*Rangifer tarandus*). Sie wird ausschließlich in Europa und Asien mit dem halbdomestizierten eurasischen Tundra-Ren (*R. tarandus* ssp. *tarandus*; Lappland, europäisches Russland, Sibirien) und dem europäischen Wald-Ren (*R. tarandus* ssp. *fennicus*; beschränkt auf Fennoskandien; Nowak 1999, Forbes et al. 2006) betrieben. Die in Nordamerika vorkommenden Rentiere wie das kanadische Wald-Karibu (*R. tarandus* ssp. *caribou*), das zwischen British Columbia und Neufundland lebt, und das Alaska-Karibu (*R. tarandus* ssp. *granti*) wurden nicht domestiziert. In Nordeuropa ist die Rentierhaltung vorwiegend jenseits des 64. Breitengrads verbreitet und wird vom Volksstamm der Sami ausgeübt (Treter 1993). Die Tiere weiden im Sommer in den Gebirgs- und nördlichen Küstentundren, wo sie sich von Gräsern und Kräutern ernähren. Im Winter werden sie in die südlicher und tiefer gelegenen nordborealen Nadelwälder getrieben, wo ihnen Strauchflechten als Hauptnahrungsquelle dienen. Örtlich kann es zur Überweidung kommen, wenn zu viele Tiere auf der trittempfindlichen Pflanzendecke gehalten werden. Das ist vor allem in den flechtenreichen Kiefernwäldern mit den stärker ortsfesten Wald-Rentieren der Fall; insbesondere *Cladonia stellaris* gilt als tritt- und beweidungsempfindlich, da diese Flechte für ihre Erneuerung 50 bis 80 Jahre benötigt. Bei Überweidung wird sie deshalb von der robusteren und regenerationsfreudigeren Strauchflechte *Stereocaulon paschale* ersetzt (Dierßen 1996).

In Sibirien gab es um 1990 noch rund 2,5 Mio. Rentiere (Wein 1999). Die Rentierwirtschaft wird seit dem Zusammenbruch des Kommunismus wieder in traditioneller Weise von Familienverbänden oder Sippengruppen der indigenen Völker wie Nenzen, Ewenken und Jakuten betrieben. Da jedes Tier im Durchschnitt 108 ha Fläche benötigt, bewirtschaftet ein solcher Verband oft 15.000–20.000 km² große Flächen (Wein 1999). Die Herden weiden im Sommer in den arktischen Tundren, im Winter in der Waldtundra und der nördlichen Taiga, wobei zwischen Sommer- und Winterweide viele 100 km zurückgelegt werden müssen.

Auch die **Pelztierjagd** ist in der borealen Zone ein nach wie vor wichtiger Wirtschaftszweig (Treter 1993). In Sibirien steht an erster Stelle der zu den Mardern (Mustelidae) gehörende Zobel (*Martes zibellina*), der neben Silberfuchs (einer schwarzen Farbvariante des Rotfuchses) und Eichhörnchen zu den wertvollsten Felllieferanten gehört. In Kanada wird von Trappern und Indianern auch heute noch dem Biber (*Castor canadensis*), der Bisamratte (*Ondatra zibethica*) und verschiedenen Mardern nachgestellt. Unter den **Waldbeeren** sind in Eurasien als wirtschaftlich bedeutsam einzustufen Preiselbeeren (*Vaccinium vitis-idaea*), in Mooren auch Moosbeeren (*V. oxycoccos*), in Kanada *Vaccinium macrocarpon* (*cranberry*) sowie verschiedene Blaubeeren (*wild blueberry*, z. B. *V. myrtilloides*, *V. angustifolium* u. a.) mit Jahresumsätzen von rund 50 Mio. USD (Kennedy & Mayer 2002).

In den vergangenen 150 Jahren ist die industriell betriebene Exploitation von Rohstoffen (Torf, Holz, Bodenschätze wie Öl, Erdgas und Buntmetalle) hinzugekommen. Die anscheinend unbegrenzten Vorräte in dem dünn besiedelten und unermesslich großen Raum der kalt-gemäßigten Zone haben dazu verleitet, die Ressourcen raubbauartig zu gewinnen, ohne die beträchtlichen negativen Konsequenzen für Vegetation, Tierwelt, Gewässer- und Luftqualität zu beachten, geschweige denn deren Folgen vor- oder nachsorgend zu verhindern oder auszugleichen (für Sibirien s. z. B. Groisman & Gutman 2013). Besonders die borealen Wälder reagieren wegen der kurzen Wachstumsperiode und wegen des gegen Erwärmung empfindlichen Permafrostes besonders sensibel auf Eingriffe, die nicht, wie Feuer, Windwurf und Insektenfraß, systemimmanent sind. Neu errichtete Industriegebiete mit Abbau und Verhüttung von Bodenschätzen, flächenextensive Tagebaue und Abraumhalden, Anlage und Erweiterung von Infrastruktureinrichtungen (Pipelines, Verkehrswege, Siedlungen) und überdimensionierte Stauhaltungen für die Stromerzeugung belasten mit ihren Auswirkungen (Schadstoffemissionen, Flächenverbrauch) die engere und weitere Umgebung meist irreversibel. So sind im Umkreis von Norilsk, der nördlichsten Großstadt der Erde mit reichen Kupfer und Nickel-Vorkommen und Verhüttung der Erze vor Ort, sowie in der Umgebung anderer Industriegebiete Sibiriens rund 20.000 km² Waldtundra und Taiga geschädigt (Groisman et al. 2013). In den Öl- und Gas-Pipelines Westsibirens werden jährlich bis zu 35.000 Lecks gezählt (u. a. verursacht durch den zunehmend schwindenden Permafrost; Shiklomanov & Strelitskiy 2013).

Auch die Flächennutzungen Torfabbau und Holzeinschlag waren bislang wenig nachhaltig. **Torfabbau** ist neben der Entwässerung für die land- und forstwirtschaftliche Nutzung (Gewinnung von Weideland und Aufforstungen) und dem Einstau von Talniederungen für die Energieerzeugung (Kanada) mitverantwortlich für den lokal erheblichen Verlust ökologisch intakter (torfbildender) Moore. So verblieben z. B. in Finnland nur rund 20 % der ursprünglich 96.000 km^2 umfassenden Moorfläche (Succow & Joosten 2001). Die Torfproduktion betrug 1998 in Kanada 1,1 Mio. t (ausschließlich für gärtnerische Zwecke), in Finnland 7,0 Mio. t (zur Erzeugung von elektrischer Energie) bzw. 0,4 Mio. t (Gartentorf; Jasinski 1999 in Mitsch & Gosselink 2007). Heute werden boreale Moore nach Torfabbau und Nutzungsaufgabe mit erheblichem Aufwand renaturiert (Wiedervernässung und Ansiedlung torfbildender Pflanzen; Rochefort & Lode 2006).

Die derzeit wichtigste Form der Landnutzung ist aber die **Holzwirtschaft**. Mit einem geschätzten Holzvorrat von insgesamt über 110 Milliarden m^3 umfassen die borealen Wälder etwa ein Drittel des Weltbestands (Treter 1993). In Kanada ist (wie heute auch in Sibirien) die industrielle Waldnutzung, die im Auftrag des Staates von privaten Gesellschaften durchgeführt wird, in den zugänglichen, d. h. durch Verkehrswege erschlossenen Gebieten (= etwa 20 % der Waldfläche) verbreitet. Noch bis in die zweite Hälfte des 20. Jahrhunderts hinein wurden großflächig Kahlschläge angelegt, von denen einer im westlichen Ontario rund 2.700 km^2 umfasste (Elliott-Fisk 2000) und damit die größten bekannten Brandflächen (ca. 165 km^2) um mehr als das 20-Fache übertraf. Die erwünschte Waldregeneration geht auf derartig großen Flächen nur sehr langsam vonstatten; sie wird zusätzlich durch Erosionsvorgänge verzögert. Heute wird in Kanada, ähnlich wie in Fennoskandien, eine nachhaltigere Form der Forstwirtschaft durch kleinflächigeren Einschlag und Aufforstung der abgeernteten Flächen betrieben (Canadian Forest Service o. J.). Etwa 5 % der kanadischen borealen Wälder (= 153.000 km^2) stehen unter Schutz (FAO 2005).

8
Die polare Zone

8.1 Einführung

8.1.1 Lage und Übersicht

Neben den Wüsten, Halbwüsten und der alpinen Stufe der Hochgebirge gehört die polare Zone zu den extremsten Lebensräumen der Erde. Vegetationsbegrenzend wirken sich die niedrigen Temperaturen im Sommer mit monatlichen Mitteltemperaturen durchweg unter 10 °C, die kurze Vegetationszeit von einem bis drei Monaten und die permafrostbedingten, jährlich wiederkehrenden Auftau- und Gefriervorgänge mit vertikalen und horizontalen Bodenbewegungen aus. Da unter diesen Bedingungen Bäume nicht mehr wachsen können, sind Arktis und Antarktis durch das Fehlen jeglichen Baumwuchses gekennzeichnet. Deshalb wird die Südgrenze der polaren Tundren durch die boreale Baumgrenze (*tree line*) gekennzeichnet und liegt, in Abhängigkeit von kalten und warmen Meeresströmungen sowie von der Kontinentalität, zwischen etwa 55° und 70° N bzw. um 55° S (s. Abb. 7-1; Abb. 8-1). Sie entspricht empirisch ungefähr der 10 °C-Isotherme der Monate Juli (Nordhalbkugel) bzw. Januar (Südhalbkugel).

Die Polargebiete nehmen mit rund 21 Mio. km² (davon 7,20 Mio. km² auf der Nord- und etwa 14 Mio. km² auf der Südhalbkugel) knapp 15 % der Festlandsfläche ein (Wüthrich & Thannheiser 2002, Walker et al. 2005b). Tundren als zonale Vegetation sind allerdings nur in der **Arktis** in nennenswertem Umfang vertreten; hier bedecken sie knapp 5 Mio. km², während die restlichen 2,3 Mio. km² entweder von permanentem Eis bedeckt und daher vegetationsfrei sind (vornehmlich in Grönland, der größten Insel der Welt, mit einer Eisfläche von rund 1,8 Mio. km²) oder von einer polaren Wüste eingenommen werden, in der nur wenige höhere Pflanzen wachsen können (0,1 Mio. km²; Tab. 8-1). In Eurasien besteht

die polare Zone aus einem rund 50–700 km breiten Streifen. Dieser nimmt in Nordnorwegen und auf der Halbinsel Kola einen schmalen küstennahen Saum ein, weil der Golfstrom die boreale Waldgrenze weit nach Norden ausgreifen lässt, und erreicht seine größte Ausdehnung im Gebiet der Taimyr-Halbinsel in Zentralsibirien östlich der Yenisei-Mündung sowie in Ostsibirien östlich des Verkhoyansk-Gebirges. Dieser Teil Ostsibirens (einschließlich der Halbinsel Kamchatka) wird zusammen mit Alaska (einschließlich der Inselgruppe der Aleuten) und einem Teil des kanadischen Yukon Territory als „Beringia" bezeichnet; dieser Name geht auf den schwedischen Pflanzengeograph Eric Hultén (1894–1981) zurück, dem die floristische Ähnlichkeit zwischen Ostsibirien und Alaska auffiel und der das Gebiet nach der Beringstraße benannte (Hultén 1937). Beringia war während der Hochglaziale (mit Ausnahme der Hochgebirge) kaum vergletschert (Frenzel et al. 1992) und gilt als Refugialraum für viele arktische Sippen. Während der Würmeiszeit mit einem um rund 100 m tiefer als heute gelegenen Meeresspiegel bestand eine Landbrücke zwischen beiden Kontinenten, über welche die Vorfahren der amerikanischen Ureinwohner aus Asien eingewandert sein dürften (Dixon 2001). Außer Alaska sind in Kanada der Norden des Yukon Territory und der Northwest Territories sowie das gesamte Nunavut Territory (mit dem kanadischen Archipel wie Baffin-, Victoria-, Ellesmere-Insel u. a.) und der Nordwestteil von Labrador arktisch. Zur Arktis gehören auch alle Inseln und Inselgruppen im Nordpolarmeer. Hierzu zählen das norwegische Archipel Svalbard mit der Hauptinsel Spitsbergen (im Deutschen heißt die gesamte Inselgruppe Spitzbergen; Kasten 8-2), Jan Mayen und die Bäreninsel (Bjørnøya), ferner die russischen Inseln und Inselgruppen Novaya Zemlya, Franz-Josef-Land (Zemlya Franca-Josifa), Severnaya Zemlya, die Neusibirischen Inseln (Novosibirskiye Ostrova) und die Wrangel-Insel (Ostrov Wrangelya), und schließlich Grön-

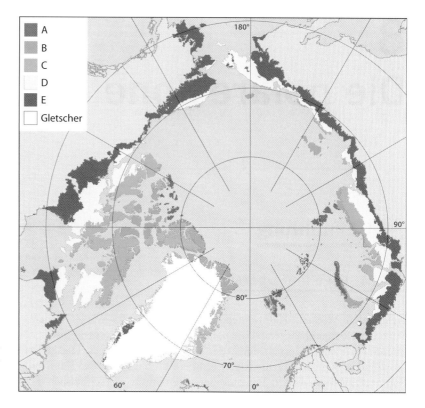

Abb. 8-1 Verbreitung der polaren
Zone und ihrer Subzonen (nach CAVM
Team 2003, verändert und ergänzt).
Die Subzonen sind: A = Hocharktis,
B = nördliche Mittelarktis, C = südli-
che Mittelarktis, D = nördliche Nieder-
arktis, E = südliche Niederarktis (nach
Elvebakk et al. 1999).

land, dessen Südspitze gerade noch boreal ist, sowie ein schmaler Küstensaum im Norden von Island. Das Festland der Arktis umschließt ein zentrales, etwa 14 Mio. km² umfassendes Binnenmeer, das Nordpolarmeer).

Nach CAVM-Team (2003; CAVM = Circumpolar Arctic Vegetation Map; s. Walker et al. 2002) werden die eisfreien Gebiete der Arktis nach klimatischen (vorwiegend thermischen) Kriterien in fünf Subzonen unterteilt (Tab. 8-1, Abb. 8-1; s. auch Yurtsev 1994 für Russland, Elvebakk et al. 1999 für Fennoskandien sowie Daniels et al. 2000 für Grönland und Nordamerika): Im Anschluss an das Waldgrenzökoton (hemi-arktische Subzone der borealen Zone; s. Abschn. 7.2.5) folgen von Süd nach Nord die Subzonen der südlichen und nördlichen niederarktischen Tundra (Subarktis), der südlichen und nördlichen mittelarktischen Tundra sowie der hocharktischen Tundra (= Frostschutzzone nach Wüthrich & Thannheiser 2002). Die von einer permanenten Eisschicht bedeckten Gebiete werden als Eiswüste bezeichnet. Die südliche und nördliche Niederarktis werden gelegentlich zur „Subarktis" zusammengefasst (z. B. Aleksandrova 1980). Tundren und Eiswüsten nehmen mit 2,6 Mio. km² rund 26 % der kanadischen und mit 1,9 Mio. km² etwa 11 % der russischen Landesfläche ein; zusammen mit Alaska (0,5 Mio. km²)

verteilt sich die polare Zone der Nordhemisphäre also zu 43 % auf Nordamerika, zu 30 % auf Grönland und zu 27 % auf Eurasien (einschließlich der äußerst geringen Flächenanteile im Norden von Island und Norwegen sowie der europäischen Inselgruppen Svalbard, Jan Mayen und Bäreninsel mit zusammen rund 1 %).

Die **Antarktis** besteht aus dem antarktischen Kontinent („Antarktika") sowie einigen vorgelagerten Inselgruppen (Bouvet Island, South Shetlands, South Orkneys), ferner den südlichsten Vorposten von Feuerland (Islas Wollaston), einigen flächenhaft unbedeutenden Inselgruppen im Südpolarmeer (z. B. South Georgia, South Sandwich Islands, Kerguelen, Macquarie u. a., s. Tab. 8-2). 60 % der Fläche von Antarktika, die einschließlich des vergletscherten Schelfes rund doppelt so groß wie Australien ist, liegen oberhalb von 2.000 m NN; die größten Höhen werden mit 4.300 m NN im Dronning Maud Land erreicht; die Eismächtigkeit beträgt stellenweise über 4 km (Blümel 1999). Nur knapp 0,3 % der Fläche sind nicht vergletschert. Das südhemisphärische Polargebiet wird in eine südliche, eine nördliche und eine subantarktische Subzone unterteilt (Kanda & Komárková 1997): Die südliche Subzone umfasst nahezu den gesamten antarktischen Kontinent und besteht aus einer Eiswüste. Die nördliche Subzone nimmt

Tab. 8-1 Merkmale der sechs arktischen Subzonen (nach CAVM-Team 2003 und Walker et al. 2005b, verändert und ergänzt).

Subzonen[1]	mittlere Juli-Temperatur (°C)[2]	sommerlicher Wärmeindex (°C)[3]	Höhe der Schichten[9] (cm)[4]	Deckung[9] (%)[4]	Phytomasse (t ha^{-1})[5]	Nettoprimärproduktion (t ha^{-1} a^{-1})[6]	Anzahl der Gefäßpflanzen (lokale Floren)[7]	Fläche (Mio. km^2)[8]
südliche Niederarktis (E)	9–12	20–35	MF 5–10 F 20–50 S bis 1 m	F 80–100 geschlossen	50–100	3,3–4,3	200–500	1,835
nördliche Niederarktis (D)	7–9	12–20	MF 5–10 F 10–40	F 50–80 ± geschlossen	30–60	2,7–3,9	125–250	1,506
südliche Mittelarktis (C)	5–7	9–12	MF 3–5 F 5–10 (–15)	F 5–50 offen	10–30	1,7–2,9	75–150	1,167
nördliche Mittelarktis (B)	3–5	6–9	MF 1–3 F < 5–10	F 5–25 MF bis 60	5–20	0,2–1,9	50–100	0,448
Hocharktis (A)	0–3	< 6	MF < 2	F < 5 MF bis 40	< 3	< 0,3	< 50	0,101
Eiswüste	≤ 0	≤ 0	–	–	–	–	0	2,144

[1] Nach Polunin (1951) und Yurtsev (1994), verändert; die Großbuchstaben bezeichnen die bioklimatischen Zonen nach Elvebakk et al. (1999); [2] nach Edlund (1990) und Matveyeva (1998); [3] Summe der monatlichen Mitteltemperaturen > 0 °C, modifiziert nach Young (1971); [4] nach Chernov & Matveyeva (1997); [5] ober- und unterirdisch, einschließlich totes Pflanzenmaterial, nach Bazilevich et al. (1997); [6] nach Bazilevich et al. (1997), ober- und unterirdisch; [7] hauptsächlich nach Young (1971); [8] berechnet aus Angaben von Walker et al (2005b); [9] MF = Moos-Flechten-Schicht, F = Feldschicht aus Zwergsträuchern, Gräsern und Kräutern; S = Strauchschicht.

einen schmalen, nicht von Eis bedeckten Küstenstreifen auf der antarktischen Halbinsel sowie den benachbarten Inselgruppen (South Georgia, South Orkneys, South Shetlands) ein und ist eine (allerdings moos- und flechtenreiche) Halbwüste. Die dritte, am weitesten nach Norden vorgeschobene Subzone wird als subantarktisch bezeichnet und besteht lediglich aus einigen hochozeanischen Inselgruppen (Islas Wollaston, Southern Sandwich Islands, Macquarie). Das Gebiet ist im Ganzen von Südpazifik und -atlantik (Südpolarmeer) umgeben. Der nächstgelegene Kontinent ist Südamerika; die Distanz zwischen der Antarktischen Halbinsel und Feuerland über die Drake-Passage beträgt ca. 1.300 km.

8.1.2 Klima

Die polare Zone weist ein ausgeprägtes solares und thermisches Jahreszeitenklima auf. In der Polarnacht, die je nach Breitenlage zwischen zwei Monaten (etwa bei 70° N bzw. S) und sechs Monate (an den Polen; 90° N bzw. S) dauert, sinken die **Temperaturen** selbst

in maritimen Gebieten (außer in der hochozeanischen subantarktischen Subzone der Südhemisphäre) bis weit unter den Gefrierpunkt ab. Damit treten im Januar als kältester Monat der Nordhalbkugel Mitteltemperaturen zwischen –20 °C (eher maritimes Klima) und –30 °C auf (in der Mitte Grönlands –40 °C, im Zentrum von Antarktika –60 °C als Ausdruck der klimatischen Kontinentalität), während im Sommer (Juli) in der arktischen Strauchtundra Durchschnittswerte von 10–12 °C erreicht werden (Abb. 8-2). Polwärts nehmen sowohl die Dauer der Vegetationszeit (Zahl der Monate ≤ 5 °C) als auch die Mitteltemperatur des wärmsten Monats kontinuierlich ab (Tab. 8-1); diese beträgt in der polaren Wüste nur noch 0–3 °C und sinkt im hochpolaren Eisklima des antarktischen Kontinents und Grönlands unter 0 °C (Abb. 8-2g). Die geringen Temperaturen sind nicht nur eine Folge des niedrigen Sonnenstandes (24° an den Polen, 47° am Polarkreis) und der Polarnacht, sondern auch der Strahlungsreflexion (Albedo) durch die schnee- und eisbedeckten Flächen. Die **Niederschläge** in den Polargebieten liegen in der Regel unter 400 mm und erreichen in kontinentaler Lage auch weniger als 200 mm, meist mit einem som-

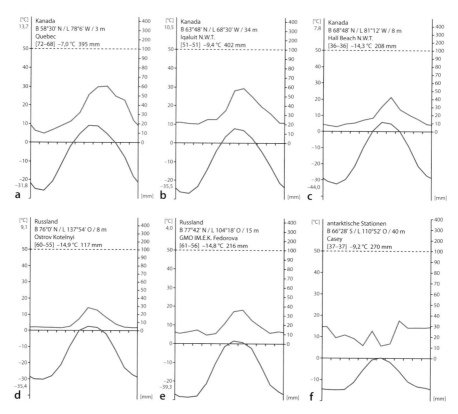

Abb. 8-2 Klimadiagramme der polaren Zone (aus Lieth et al. 1999). Das Diagramm a (Inukjuak, Quebec, Kanada) zeigt das Klima in der arktischen Strauchtundra (südliche Niederarktis); b (Iqaluit, Baffin Island, Kanada), c (Hall Beach, Melville Peninsula, Kanada) und d (Ostrov Kotelnyi, Russland) repräsentieren die Klimate der nördlichen Niederarktis sowie der südlichen und nördlichen Mittelarktis, e (Wetterstation GMO Im. E. K. Fedorova am Nordrand der Taimyr-Halbinsel, Russland) zeigt ein polares Halbwüstenklima (Hocharktis) und f (Casey, australische Forschungsstation im östlichen Teil der Antarktis) stammt aus der Eiswüste.

merlichen Maximum (Abb. 8-2). Trotzdem ist das Klima humid, weil die Evaporation wegen der niedrigen Temperaturen gering ist. Der größte Teil des Jahresniederschlags fällt als Schnee, wobei die Schneedecke aber im Mittel mit 20–40 cm wenig mächtig ist.

Wie in den Hochgebirgstundren der nemoralen Zone wird das zonale Klimageschehen in der Arktis durch das Relief modifiziert, wenn auch wegen des flachen Sonnenstandes weniger signifikant. So ist der thermische Unterschied zwischen Nord- und Südhang geringer als in den südlichen Klimazonen, verschwindet allerdings trotz des Polartages mit seiner 24-stündigen Rundum-Besonnung nicht gänzlich, weil die Sonne auch jenseits der Polarkreise mittags höher steht als um Mitternacht. Eine größere Bedeutung für den Wärmehaushalt der Pflanzendecke als die Exposition kommt jedoch der Hangneigung zu; denn die schräg einfallende Strahlung erwärmt Steilhänge besonders stark, während flache Hänge oder ebene Flächen thermisch in geringerem Ausmaß be-

günstigt sind. Weniger einstrahlungs- als hygrisch bedingt sind die Unterschiede zwischen Senken und Kuppen. So wird Schnee im Lee von Geländerücken akkumuliert und auf den Kuppen sowie im Luv weggeblasen, sodass sich ein Mosaik aus Windkanten-Vegetation und weniger frostresistenten Zwergstrauchheiden etablieren kann. Die feuchten, spät ausapernden Senken werden häufig von Schneetälchen-Vegetation oder Mooren eingenommen. Zusammen mit periglazialen Frostmusterböden und Solifluktionserscheinungen (s. unten) ergibt sich ein mikroskaliges Standortsmosaik, das sich auf die Vegetation differenzierend auswirkt und vor allem in der südlichen, mittleren und nördlichen Tundra eine gegenseitige Durchdringung hygrisch, nährstoffökologisch und thermisch unterschiedlich anspruchsvoller Pflanzengemeinschaften ermöglicht.

Von besonderer Bedeutung für die Pflanzendecke in der polaren Zone ist das Klima der bodennahen Luftschicht in den verschiedenen Jahreszeiten (Abb.

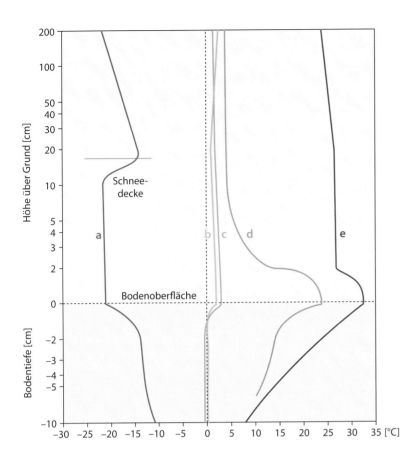

Schnee-
decke

Bodenoberfläche

Abb. 8-3 Temperaturgradient in der Atmosphäre und im Boden einer arktischen Tundra (Nähe Abisko, Nordschweden) zu verschiedenen Jahreszeiten (nach Rosswall et al. 1975, verändert): a = 23. Januar 1973 (Schneedecke knapp 20 cm hoch), b = 16. Oktober 1972 (Schneedecke wenige cm hoch), c = 15. Mai 1973 (Schneeschmelze), d = 14. Mai 1972 (früh einsetzender Frühling, Boden bereits 10–15 cm tief aufgetaut), e = 23. Juni 1973 (typischer Sommertag). Vor allem im Frühling nach der Schneeschmelze ist die bodennahe Erwärmung besonders ausgeprägt.

8-3). Im arktischen Sommer und bei entsprechender Inklination heizt sich die wegen des hohen Humusgehalts dunkel gefärbte Bodenoberfläche nach der Schneeschmelze auf. Eine geschlossene Pflanzendecke, beispielsweise aus Zwergsträuchern, kann die Wärme über Wochen hinweg speichern, weil während des polaren Sommers kaum nächtliche Ausstrahlungsverluste zu verzeichnen sind. Unmittelbar oberhalb der Vegetationsschicht sinkt die Lufttemperatur auf das Niveau der meteorologischen Messstationen (2 m über der Bodenoberfläche). Die Temperaturdifferenz beträgt in der Regel 3–5 °C und ist u. a. abhängig von der Höhe und Dichte der Pflanzendecke, der Hangneigung, der Windrichtung und -geschwindigkeit sowie der Farbe und Textur der Bodenoberfläche. Niedrigwüchsige Holzgewächse und vor allem Spaliersträucher (s. Kasten 6-15) können die günstigen Temperaturen an der Bodenoberfläche besonders effizient nutzen.

8.1.3 Frostmusterböden und Bodenentwicklung

Die polaren Landschaften werden im Periglazialbereich, der nicht mehr von Eis bedeckt ist, in dessen Morphodynamik aber die durch Frost gesteuerten Prozesse dominieren (Weise 1983), von **Frostmusterböden** geprägt („periglazialer Formenschatz"; Wüthrich & Thannheiser 2002). Hierzu gehören vor allem Frostschutthalden und Blockmeere, Textur- und Strukturböden, Fließerdeloben, und Pingos (Weise 1983, Blümel 1999, Schultz 2000, Zepp 2003; Abb. 8-4). Ihre Entstehung wird durch den halbjährigen Wechsel zwischen Auftauen und Gefrieren der zwischen 0,3 und 1,0 m mächtigen sommerlichen Auftauschicht (*active layer*) über Permafrost bewirkt. Drei frostdynamische, physikalische Prozesse sind dabei von Bedeutung (Zepp 2003):

a. Beim Gefrieren vergrößert sich das Volumen von Wasser um 9 Vol.-%; der dadurch entstehende **kryostatische Druck** presst das Bodenmaterial zur Seite und hebt die Bodenoberfläche an;

b. vor allem in feinporigen Sedimenten mit hoher Wasserleitfähigkeit wachsen Eiskörper im Untergrund durch Eisanlagerung auf Kosten des Bodenwassers (Bildung von **Segregationseis**);

c. bei starker und gleichzeitig rascher Abkühlung schrumpft das Volumen des Eises (**thermische Kontraktion**), und es kann sich ein Riss im Boden bilden.

Frostschutthalden und **Blockmeere** entstehen dadurch, dass Wasser in Gesteinsspalten und Haarrisse eindringt und der kryostatische Druck, der sich beim Gefrieren aufbaut, einzelne Gesteinsscherben absprengt oder ganze Blöcke zerlegt. Massengesteine wie Granit mit vorgegebenen Klüften zerfallen dadurch zu Blockmeeren. Frostschutthalden prägen vor allem die polaren Wüsten („Frostschuttzone"), wo der spärliche Bewuchs noch keine festigenden Eigenschaften besitzt. **Texturböden** bilden sich auf wassergesättigten, feinerderreichen Sedimenten (z. B. Geschiebemergel) durch Gefrieren von Wasser in (z. B. durch thermische Kontraktion entstandenen) Spalten. Durch wiederholtes Aufreißen der Spalten und erneutes Gefrieren entstehen Eiskeile, die zu einem Netz von Polygonen zusammenwachsen können („Polygonböden"). **Strukturböden** entwickeln sich im Gegensatz dazu in feinerde- **und** skelettreichen Böden, in denen größere Steine durch Frosthub (Gefrieren von Wasser an der Unterseite) an die Oberfläche und schließlich an den Rand der Polygone gelangen. Dort schließen sie sich zu Steinkreisen, im hängigen Gelände gravitationsbedingt zu Steinstreifen zusammen. **Lehmbeulen** (*mud pits*) sind das Ergebnis von Kryoturbation (s. unten), indem Feinmaterial nach oben gepresst wird und sich auf der Bodenoberfläche fleckenweise verteilt (Fleckentundra). **Thufure** (isländisch: Rasenhügel) nennt man vegetationsbedeckte Erdbülten geringer Höhe (in der Regel 0,3–1,0 m), die in flachem Gelände durch frostbedingte Druckwirkung und Aufpressung entstehen (Blümel 1999). Als **Pingos** (aus der Sprache der nordamerikanischen Inuit mit der Bedeutung Hügel) bezeichnet man einzeln stehende, ovale oder runde, konische Hügel mit einem Durchmesser von 20–700 m und einer Höhe bis zu 70 m. Sie enthalten einen von Mineralboden bedeckten Eiskern, der sich entweder beim Gefrieren von Taliki (s. Abschn. 7.1.2) oder eines von unten zufließenden Wasserstromes entwickelt. Die Bildung eines Pingos dauert mehrere 100 Jahre; er verschwindet wieder, wenn der Eiskern durch Erosion der mineralischen Deckschicht abtaut. Dann bleibt eine Hohlform zurück, wie man sie heute noch im ehemaligen Periglazial Mitteleuropas

findet. Bei **Solifluktion** (Bodenfließen) handelt es sich um eine hangabwärts gerichtete Fließbewegung von wassergesättigtem Lockersediment über Permafrost („Gelifluktion"). In der polaren Zone entwickeln sich häufig zungenförmige Gelifluktionsloben, die dachziegelartig übereinander liegen können.

Auch für die **Bodenbildung** in der polaren Zone ist der Wechsel zwischen Auftauen und Gefrieren über einem dauergefrorenen Untergrund von entscheidender Bedeutung (Zech et al. 2014). Vor allem in fein- und gemischtkörnigen Substraten kommt es zu frostbedingten Materialsortierungen und -umlagerungen, die unter dem Begriff **Kryoturbation** zusammengefasst werden und auf Unterschiede bei den Einfriertemperaturen, Korngrößen und Wassergehalten zurückzuführen sind. Auf diese Weise entstehen zusätzlich zu den oben beschriebenen Frostmusterböden vielfältig ineinander verschlungene Strukturen (Würgeböden; Zech et al. 2014). Dabei kann auch organisches Material in den Untergrund gelangen. Leitboden der polaren Zone ist deshalb der Permafrostboden, der entweder in einer organischen (Cryic Histosol) oder einer mineralischen Ausbildung (Cryosol) vorliegt. Da die tiefen Temperaturen chemische und biologische Prozesse verlangsamen, sind die Böden oft weniger ausdifferenziert als in den temperaten Zonen. Rohböden aus groben und feinen Lockergesteinen (Gelic Regosole) mit schwach differenziertem A-C-Profil sind aus diesem Grund vor allem in der nördlichen Mittelarktis und der Hocharktis weit verbreitet. Je nach Tiefe des Permafrostes handelt es sich um Cryosole oder um Turbic Leptosole bzw. Turbic Regosole, bei Salzakkumulation auch um Turbic Solonchake. Bei fortschreitender Verwitterung können sie einen Verbraunungshorizont tragen (Cambic Cryosole, Turbic Cambisole). Der gefrorene Untergrund wirkt außerdem als Stauschicht, sodass das Schmelz- und sommerliche Regenwasser nur lateral abfließen kann. In Senken und auf ebenen Flächen sind daher Reductaquic Cryosole weit verbreitet; vorzugsweise in der mittleren und südlichen Tundrenzone mit ihrer höheren pflanzlichen Produktion kommt es zu großflächigen Vermoorungen (Cryic Histosole). Der torfbildende Bewuchs besteht aus Laubmoosen der Gattungen *Tomenthypnum* und *Hypnum* sowie Cyperaceen der Gattungen *Carex* und *Eriophorum*. Eine Sonderform der Histosole sind die ornithogenen Böden (Wüthrich 1994). Sie entstehen unter der üppigen nitrophytischen Vegetation, die sich auf den Exkrementen, Nahrungsresten und Eierschalen von Vogelkolonien u. a. am Fuß von Felswänden sowie auf Gänseweiden entwickelt, und sind besonders phosphorreich.

Abb. 8-4 Beispiele für Frostmusterböden in der arktischen Tundra. a = Texturboden (Eiskeilpolygone; Svalbard); b = Strukturboden mit Steinkreisen (Island); c = Thufure (Island); d = Pingo im extrem kontinentalen Klima der borealen Zone nordöstlich von Yakutsk, entstanden aus einem Alas; der Oberboden besteht aus Seesedimenten (Foto P. Schad); e = Gelifluktionsloben (Schwedisch Lappland); f = durch Frost gehobenen und senkrecht gespaltene Steine ("Trollbrot"; Svalbard).

8.2 Flora und Vegetation der Antarktis

Die Antarktis unterscheidet sich von allen anderen Ökozonen der Erde durch ihre geringe Anzahl an Gefäßpflanzenarten (Kappen & Schroeter 2002; Tab. 8-2). Während die Inseln der subantarktischen Zone von einer mehr oder minder geschlossenen Pflanzendecke eingenommen werden (s. unten), gibt es in den eisfreien (maritimen) Küstengebieten des antarktischen Kontinents (Westküste der Antarktischen Halbinsel, South Orkney, South Shetland Islands) lediglich zwei Blütenpflanzenarten, die den südlichen Polarkreis überschreiten, nämlich das Gras *Deschampsia antarctica* und die Caryophyllacee *Colo-banthus quitensis* (Lewis Smith 2003, Parnikoza et al. 2011; Abb. 8-5). Beide Arten sind allerdings nicht auf die polaren Tundren und Wüsten beschränkt, sondern gedeihen auch in der nemoralen Zone Südamerikas (Patagonien, Feuerland) auf waldfreien Standorten der Tieflagen sowie in der alpinen Stufe der Anden mit Vorkommen, die bis nach Mittelamerika reichen (*C. quitensis* bis Mexiko). Während die Gattung *Deschampsia* mit ihren rund 30 Arten weltweit verbreitet ist und einige kosmopolitische Sippen beinhaltet (wie *D. cespitosa* und *D. flexuosa*), kommt *Colobanthus* (ca. 20 Arten) nur auf der Südhemisphäre vor und ist ein holantarktisches Florenelement (s. Abschn. 1.2.1).

Bei beiden Arten handelt es sich vermutlich um Relikte einer spätpliozänen Tundra, die sich mit zu-

Abb. 8-5 Die beiden einzigen Blütenpflanzenarten der südlichen und nördlichen antarktischen Zone: a = *Colobanthus quitensis*, Caryophyllaceae; b = *Deschampsia antarctica*, Poaceae. Fotos C. Lütz.

nehmender Vergletscherung der Antarktis entwickelt und während des Pleistozäns an wenigen eisfreien Stellen überdauert hat (Parnikoza et al. 2011). Offensichtlich gelang es nur *D. antarctica* und *C. quitensis*, mit den extremen Klimabedingungen (regelmäßiger Frostwechsel und Mitteltemperatur von über 0 °C nur im Januar) fertig zu werden und entsprechende Überlebensstrategien zu entwickeln: *D. antarctica* produziert Schutzproteine (*antifreeze proteins* = AFP), die das Gefrieren der Gewebeflüssigkeit im Apoplasten verhindern; *C. quitensis* verzögert das Einfrieren durch *supercooling* (Bravo & Griffith 2005). Beide Arten können noch bei Temperaturen unter 0 °C Photosynthese betreiben (*D. a.* bis −3 °C, *C. q.* bis −2 °C); die Hitzegrenze der Photosynthese liegt bei 25–30 °C (Lewis Smith 2003). Insofern unterscheiden sich beide Arten nicht von den arktischen Sippen in den nordpolaren Wüsten und Halbwüsten (s. Abschn. 8.3.3.2). Seit dem Ende des Würmglazials konnten sich keine weiteren Arten aus dem holantarktischen Artenpool dauerhaft etablieren; lediglich vom Menschen eingeschleppte Sippen wie *Poa annua* und *P. pratensis* bauten über einige Jahrzehnte an

thermisch bevorzugten Stellen (wie in der Umgebung vulkanischer Aktivität) kleinere Populationen auf (Kappen & Schroeter 2002).

Auf Antarktika (einschließlich der Antarktischen Halbinsel) leben vorwiegend Moose (104 Arten, davon 25 bis 30 Lebermoose) und Flechten (rund 360 Taxa). Der geringe Endemismus bei Moosen (6–7 %) und der relativ hohe bei Flechten (rund ein Drittel) lassen vermuten, dass der antarktische Kontinent von den meisten Bryophyten erst im Holozän besiedelt wurde, während viele Flechten das Pleistozän auf Nunatakkern (während der Hochglaziale eisfreie Gebirgsrücken) überlebten (Peat et al. 2006). Polster- und rasenbildende Moose wie *Bryum*, *Ceratodon*, *Andreaea* und *Chorisodontium* sind Erstbesiedler auf vegetationsfreiem Untergrund. Die Formation „antarktische Moos- und Flechtentundra" kann nach physiognomischen und floristischen Merkmalen in sieben Subformationen (SF) eingeteilt werden (Longton 1988), von denen die *short moss turf and cushion-*Subformation den größten Anteil umfasst.

Die Vegetation der subantarktischen Inseln wird in ähnlicher Weise wie das magellanische Moorland

Tab. 8-2 Zahl einheimischer Pflanzenarten in der Antarktis (nach Lewis Smith 1984 aus Kanda & Komárková 1997, ergänzt nach Peat et al. 2007).

Gebiet	Graminoide	Kräuter	Farne	Laubmoose	Lebermoose	Flechten
subantarktische Zone[1]	24	32	16	250	150	> 300
nördliche antarktische Zone[2]	1	1	0	100–115	27	ca. 350
südliche antarktische Zone[3]	0	0	0	20–30	1	ca. 90

[1] South Georgia, Prince Edward Islands, Crozet Islands, Kerguelen, Heard Island, McDonald Islands, Macquarie; [2] eisfreie Küstengebiete von Antarktika mit der Westküste der Antarktischen Halbinsel, einschließlich Bouvet Island, South Sandwich Islands, South Orkneys, South Shetlands; [3] Ostküste der Antarktischen Halbinsel und übrige Gebiete.

(s. Abschn. 6.4.2) in Feuerland und Südpatagonien von einem extrem ozeanischen Klima mit ganzjährig starken Westwinden geprägt. Dementsprechend ist das Erscheinungsbild der subantarktischen Tundra von Horstgräsern wie *Poa flabellata* (South Georgia), *P. foliosa* (Macquarie) sowie verschiedenen *Festuca*- und *Agrostis*-Arten, Hartpolstern wie *Azorella selago* (Kerguelen) und niedrig wachsenden Polsterpflanzen wie *Acaena magellanica* (Macquarie, Kerguelen, South Georgia) bestimmt (Walter et al. 1991). In früheren Zeiten diente u. a. der Kerguelen-Kohl *Pringlea antiscorbutica* (Brassicaceae) als Vitamin-C-Lieferant für Seefahrer. Die Vegetation der Inseln wurde durch eingeschleppte Wildkaninchen (*Oryctolagus cuniculus*; Macquarie) und Beweidung mit Rentieren (*Rangifer tarandus*; South Georgia) bzw. Rindern und Schafen (Kerguelen) teilweise zerstört und mit zahlreichen Adventivpflanzen europäischer Herkunft angereichert (Frenot et al. 2005); heute laufen Renaturierungsprojekte, um die ursprüngliche Vegetation an einigen Stellen wiederherzustellen (Leader-Williams et al. 1987, Raymond et al. 2011).

8.3 Flora und Vegetation der Arktis

8.3.1 Flora

Die Flora der Arktis gilt im Vergleich zu anderen Ökozonen als artenarm (Willig et al. 2003). So werden in der Karte der globalen Biodiversität der Gefäßpflanzen (Barthlott et al. 2007; Abb. 1-20) für die Tundren und polaren Eiswüsten weniger als 200 Arten pro Rasterfläche (10.000 km^2) angegeben, wohingegen z. B. in der feuchten nemoralen Zone auf derselben Fläche bis zu 2.000 Kormophyten-Arten vorkommen können. Nach der *Checklist of the Pan-arctic Flora* (Elven et al. o. J.) beträgt die Gesamtzahl jenseits der Baumgrenze (einschließlich der Grenzgebiete zur alpinen Stufe und zur borealen Zone) 2.043 Gefäßpflanzen-Arten, die sich auf 426 Gattungen und 91 Familien verteilen; besonders artenreiche Gattungen sind *Carex* (137), *Salix* (68), *Potentilla* (60), *Oxytropis* (46), *Draba* (44), *Papaver* (36), *Poa* (35), *Puccinellia* (32) und *Saxifraga* (31). Außerdem sind 530 Laubmoos-, 205 Lebermoos- und 1.080 Flechten-Arten und -Unterarten vorhanden (Callaghan et al. 2004a, Hoffmann & Röser 2009). Invasive Arten spielen keine Rolle; die wenigen Zuwanderer (knapp 4 % des Artenbestands) wie *Juncus bufonius*, *Bromus inermis*, *Poa annua*, *Stellaria media*, *Chenopodium album*, *Trifolium repens*, *Lappula squarrosa* und andere Ruderale können sich nur lokal an gestörten Plätzen in der Umgebung von Siedlungen halten.

Bei einem Vergleich der diversen Regionalfloren zeigt sich, dass die Artenzahlen mit zunehmender geographischer Breite entlang eines Gradienten der mittleren Juli-Temperatur nahezu linear sinken (etwa 25 Arten pro 1 °C, ca. 15 Arten pro Breitengrad: Rannie 1986; s. Tab. 8-1). So findet man beispielsweise in der südlichen Tundra der Taimyr-Halbinsel rund 250 Gefäßpflanzen, während in der Hocharktis des Kap Chelyuskin (Nord-Taimyr) nur noch 57 leben können (Chernov & Matveyeva 1997). Diese Reduktion gilt auch für Bryophyten (Taimyr – Chelyuskin von 200 auf knapp 100 Arten), trotz des allgemeinen Moosreichtums arktischer Ökosysteme, nicht dagegen für Flechten, die selbst in der Frostschuttzone noch mit nahezu denselben Artenzahlen vertreten sind wie weiter südlich. Besonders auffallend sind die Phytodiversitätsunterschiede zwischen den einzelnen Teilgebieten der Arktis (Takh et al. 2008a): Mit jeweils über 600 Arten sind Alaska, Nordeuropa und Ostsibirien artenreicher als beispielsweise die west- und zentralsibirischen sowie kanadischen polaren Gebiete. Stenochore, d. h. auf weniger als vier (von insgesamt 17 arktischen) Teilregionen beschränkte Taxa häufen sich im nördlichen Ostsibirien und in Alaska, also in Beringia, wo das Fehlen pleistozäner Eisbedeckung und reger Florenaustausch zwischen den Kontinenten die Entstehung endemischer Sippen gefördert haben mag. Immerhin sind rund 9 % der in der Arktis vorkommenden Gefäßpflanzenarten auf Beringia beschränkt, haben also ein „amphiberingisches" Areal. Hierzu gehören u. a. *Anemone multiceps*, *Oxytropis czukotica*, *Primula borealis* (s. Abb. 8-7) und *Saxifraga nudicaulis* (Ickert-Bond et al. 2009). Außerhalb von Beringia fehlen Endemiten weitgehend; die seltenen Ausnahmen existieren auf dem Niveau der Arten bzw. Unterarten. Solche Hotspots der Phytodiversität mit mehr als 80 Gefäßpflanzen finden sich kleinräumig z. B. im kanadischen Archipel (*arctic oasis*; Crawford 2008) auf wenigen Quadratkilometern umfassenden Flächen (Ellesmere und Devon Island); ihr Artenreichtum dürfte vermutlich ebenfalls auf ein im Vergleich zur Umgebung lokal weniger variables pleistozänes Klima zurückzuführen sein.

Im Kontrast zu dieser geringen Artenzahl in großem Maßstab steht eine beachtliche makroskalige Artendichte, die in den hochkontinentalen Teilgebie-

◄ **Abb. 8-6** Beispiele für arktische Pflanzen: a = *Carex bigelowii*, Cyperaceae; b = *Cassiope tetragona*, Ericaceae; c = *Cerastium alpinum*, Caryophyllaceae; d = *Dryas octopetala*, Rosaceae; e = *Empetrum nigrum*, Ericaceae; f = *Oxyria digyna*, Polygonaceae; g = *Papaver radicatum*, Papaveraceae; h =*Persicaria vivipara*, Polygonaceae; i = *Salix herbacea*, Salicaceae; k = *Salix lanata*; l = *Salix polaris*; m = *Saxifraga oppositifolia*, Saxifragaceae; n = *Saxifraga hirculus*.

ten der Arktis mit ihren besonders günstigen Sommertemperaturen kulminiert. So kann die Anzahl von Gefäßpflanzen-, Flechten- und Moosarten auf der zentralsibirischen Taimyr-Halbinsel in Probeflächen von 100 m² Größe bis zu 150, von 1 m² 40 bis 50 und von 0,1 m² immerhin noch 25 erreichen (nach Daten von Matveyeva in Callaghan et al. 2004a).

Rund 80 % der Tracheophyten und 90 % der Bryophyten findet man sowohl in Nordamerika als auch in Eurasien (zirkumarktische Florenelemente; Hultén & Fries 1986, Elven et al. o. J.). Die enge Verwandtschaft beider arktischer Teilgebiete erklärt sich aus dem Florenaustausch zwischen beiden Kontinenten sowohl über die hochglaziale Landbrücke zwischen Ostsibirien und Alaska als auch über die nordatlantische Engstelle via Grönland-Island-Fennoskandien. Bei rund 40 % der Gefäßpflanzenarten und vermutlich einem noch höheren Prozentsatz der Moose handelt es sich eigentlich um boreale Florenelemente; sie kommen außerhalb der borealen Wälder und Moore in der Niederarktis vor und fehlen weiter nördlich. Beispiele sind die *Vaccinium*-, *Arctostaphylos*- und *Empetrum*-Arten unter den Zwergsträuchern, viele Moose (wie *Hylocomium splendens*) und Flechten (wie *Cladonia rangiferina*).

An den übrigen 60 % der Gefäßpflanzen mit Verbreitungsschwerpunkt in den mittel- und hocharktischen Tundren haben besonders die Familien Asteraceae, Brassicaceae, Caryophyllaceae, Cyperaceae, Poaceae und Rosaceae einen größeren Anteil. Caryophyllaceen sind z. B. mit den Gattungen *Cerastium*, *Minuartia* und *Silene* vertreten, von denen einige Arten, wie die Polsterpflanze *Silene acaulis* und die Rosettenpflanze *Cerastium alpinum* (Abb. 8-6c), auch in den alpinen Tundren der nemoralen und borealen Hochgebirge anzutreffen sind. *C. alpinum* ist ein Beispiel für ein amphiatlantisches arktisches Florenelement (Abb. 8-7); solche Sippen kommen im Osten Nordamerikas, auf Grönland, Island, in Fennoskandien und zusätzlich oft in den Alpen, Karpaten und Pyrenäen vor und gelten als Beleg für einen transatlantischen Florenaustausch. Unter den Brassi-

caceen ist die Gattung *Draba* besonders artenreich: Von den rund 365 Arten (überwiegend nordhemisphärisch, ca. 70 aber auch im andinen Raum; Mabberley 2008) kommen über 40 Arten in der Arktis vor.

Den höchsten Anteil an der arktischen Flora mit 221 Arten haben die Poaceae. Auf Svalbard (Kasten 8-2) beispielsweise stellen sie 21 von 177 Arten, darunter typisch arktische Gattungen wie *Arctagrostis*, *Dupontia* und *Phippsia*. Die zuletzt genannte Gattung ist mit *P. algida* und *P. concinna* ein Bestandteil der polaren Wüsten und ein Beispiel für ein rein arktisches Florenelement, das in den Hochgebirgen der Nordhemisphäre (fast) vollständig fehlt (Abb. 8-7). Zirkumarktisch sind auch einige Arten aus der salztoleranten Gattung *Puccinellia* wie *P. vahliana*, die in küstennahen Salzwiesen vorkommen. Neben Gräsern und Zwerg- bzw. Spaliersträuchern prägen Cyperaceen physiognomisch arktische Pflanzengemeinschaften auf feuchten Standorten. Häufige Taxa sind z. B. *Carex bigelowii* (Abb. 8-6a) und *C. aquatilis* ssp. *minor* (früher *C. stans*). Unter den Wollgräsern bildet *Eriophorum vaginatum*, aus der nemoralen und borealen Zone als charakteristische Art der Hochmoorweite bekannt (s. Abb. 1-17), ausgedehnte Bestände auf nassen, ebenen Permafrostböden mit einer dünnen Auftauschicht (vorwiegend in Alaska und Chukotka, dem sibirischen Norden von Beringia); *E. scheuchzeri* (in den Alpen und Karpaten oberhalb der Baumgrenze in bodensauren Kleinseggenrieden; Abb. 8-9i) ist zirkumarktisch-alpin und eher in der mittleren bzw. nördlichen Tundrazone verbreitet.

Vor allem für diese beiden Zonen sind, ähnlich wie in der alpinen Stufe der nemoralen Hochgebirge (s. Abschn. 6.5.4), aufrechte, aber kleinwüchsige Zwerg- und dem Boden angeschmiegte Spaliersträucher charakteristisch (Abb. 8-6b, d, e, i, l; s. auch Abb. 6-51c). Sie entstammen den Ericaceen, wie *Cassiope tetragona*, *Loiseleuria procumbens* (arktisch-alpin; Pflanze silikatischer Windheiden in den Hochgebirgen) und *Phyllodoce caerulea*, den Rosaceen mit *Dryas octopetala* sowie *D. integrifolia* und den Salicaceae (*Salix arctica*, *S. herbacea*, *S. polaris*, *S. reticulata*). Einige sind obligate Karbonatpflanzen (*Dryas*), andere kommen nur auf silikatischem Gestein vor (*Loiseleuria*). Von den zahlreichen übrigen Pflanzenfamilien mit arktischen Taxa möchten wir die Polygonaceae (z. B. mit dem „Lebendgebärenden Knöterich" *Persicaria vivipara* und dem Alpensäuerling *Oxyria digyna*; Abb. 8-6h, f), die Saxifragaceae mit *Saxifraga oppositifolia* (Abb. 8-6m), *S. hirculus* (in den Mooren des nördlichen Alpenvorlandes ein stark

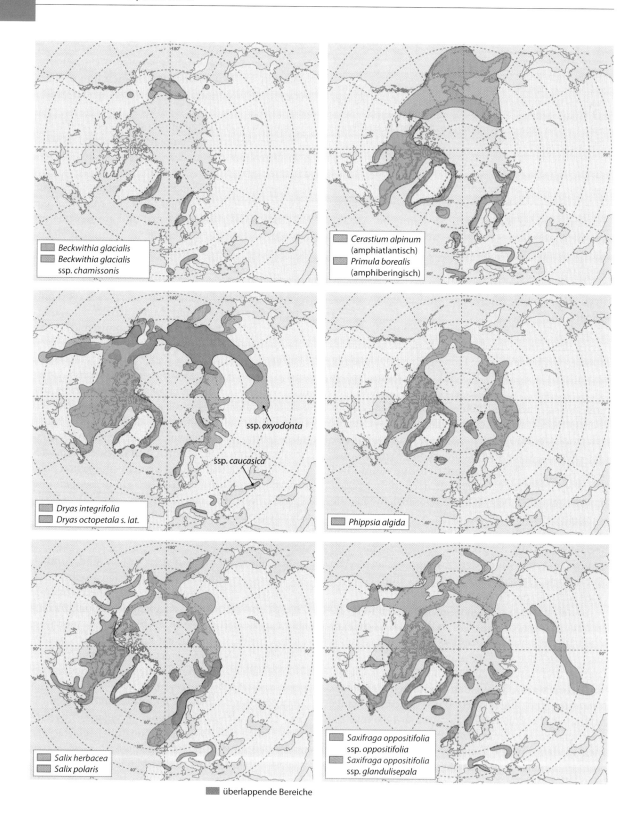

Beckwithia glacialis
Beckwithia glacialis ssp. chamissonis

Cerastium alpinum (amphiatlantisch)
Primula borealis (amphiberingisch)

ssp. oxyodonta
ssp. caucasica

Dryas integrifolia
Dryas octopetala s. lat.

Phippsia algida

Salix herbacea
Salix polaris

Saxifraga oppositifolia ssp. oppositifolia
Saxifraga oppositifolia ssp. glandulisepala

überlappende Bereiche

◀ **Abb. 8-7** Areale einiger arktischer Sippen (aus Hultén & Fries 1986, verändert). Arktisch-alpin sind *Beckwithia* (= *Ranunculus*) *glacialis*, *Cerastium alpinum*, *Dryas actopetala s. l.*, *Salix herbacea* und *Saxifraga oppositifolia*; amphiatlantisch ist *C. alpinum*, amphiberingisch sind *Beckwithia glacialis* ssp. *chamissonis* und *Primula borealis*; zirkumarktische Verbreitung hat *Phippsia algida*; von den beiden *Saxifraga oppositifolia*-Kladen ist ssp. *glandulisepala* auf Nordamerika und Ostsibirien beschränkt (amphiberingisch). Im Fall der zirkumarktischen Gattung *Dryas* überschneidet sich ein ganzen Norden sowie die Hochgebirge Asiens umfassendes Verbreitungsgebiet von *D. octopetala* s. lat. (das in zahlreiche kleine Teilareale aufgespalten ist) mit dem Areal von *D. integrifolia* in Alaska sowie Zentral- und Ostsibiren. Erläuterungen im Text.

gefährdetes Glazialrelikt; Abb. 8-6n), *S. cespitosa* (ein amphiatlantisches Taxon) und *S. flagellaris* mit spinnenbeinartigen Ausläufern sowie die Ranunculaceae erwähnen, zu deren Gattung *Ranunculus* neben vielen weiteren arktischen Arten der winzige *R. pygmaeus* und das arktisch-alpine Florenelement *Beckwithia* (= *Ranunculus*) *glacialis* (s. Abb. 6-51f) gehören.

Ein weit verbreitetes Merkmal vieler arktischer Sippen ist Allo-Polyploidie (Brochmann et al. 2004). Rund 65 % aller in der Arktis vorkommenden Arten sind polyploid, unter den arktischen Spezialisten sogar 74 %. Generell nimmt der Anteil polyploider Taxa von Süden nach Norden zu und ist in denjenigen Regionen besonders hoch, die nach dem Rückzug der Gletscher neu besiedelt werden mussten. So sind in Westkanada, Grönland und in der europäischen Arktis 87 % der Spezialisten polyploid, in Beringia dagegen nur 69 %. Vermutlich ist Polyploidie eine Konsequenz der durch die pleistozänen Klimaschwankungen erzwungenen Migrationen von Pflanzen, die auf diese Weise wiederholt in ungewöhnlichen Kombinationen miteinander in Kontakt kamen, und ein Vorteil in Lebensräumen mit extremen und hoch variablen Umweltbedingungen (Crawford 2008). Ein Beispiel ist die arktische Grasgattung *Dupontia*, die durch Hybridisierung und Polyploidisierung von *Poa*- und *Arctophila*-Arten entstanden sein dürfte (Brysting et al. 2004).

8.3.2 Herkunft des arktischen Artenpools

Zur Herkunft und Entwicklungsgeschichte des arktischen Artenpools wurde seit Hultén (1937) eine große Zahl von paläoökologischen und phylogeographischen Arbeiten publiziert (Übersicht bei Murray

1995, Abbott & Brochmann 2003, Tkach et al. 2008a, Hoffmann & Röser 2009; s. Kasten 8-1). Danach besteht heute kein Zweifel mehr darüber, dass sich der größte Teil der Taxa bereits im ausgehenden Pliozän (ca. 3–4 Mio. Jahre BP) aus Sippen der alpinen Stufe der jungen Faltengebirge und anderer Offenland-Lebensräume (Steppen) entwickelt hat und während des Abkühlungsprozesses nach Norden gewandert ist. Viele dieser phylogenetisch alten (prä-pleistozänen) Taxa sind diploid und morphologisch konservativ wie die Polygonaceen *Koenigia islandica*, ein sogar bipolar vorkommender Winzling, und *Oxyria digyna*, der Alpensäuerling, Letzterer ein Beispiel für Pflanzen, welche die Glazialzeiten in vielen, räumlich isolierten, eisnahen Refugien überlebten und genetisch entsprechend stark differenziert sind (Allen et al. 2012). Weitere Beispiele sind nach Tolmatchev (1966) *Cassiope tetragona*, *Diapensia lapponica*, *Dryas octopetala*, *Loiseleuria procumbens*, *Ranunculus pygmaeus* und *Saxifraga oppositifolia* (s. unten).

Fossile Reste von rezent in der Arktis weit verbreiteten Sippen wie *Cerastium*, *Draba*, *Dryas*, *Oxyria*, *Papaver*, *Saxifraga* (*S. oppositifolia*), *Silene* und *Stellaria* wurden in Sedimenten gefunden, die während des ausgehenden Tertiärs in heute arktischen Gebieten deponiert wurden (Bennike & Bøcher 1990, Matthews & Ovenden 1990; s. unten). Die Ausbreitungswege solcher Pflanzen kann man anhand des Haplotypen-Musters von Populationen der jeweiligen Sippe mittels DNA-Sequenzierung nachvollziehen (Kasten 8-1). Ein Beispiel dafür ist die cp-(Chloroplasten-)DNA-Sequenzanalyse von *Saxifraga oppositifolia*, dem sowohl in den Alpen als auch in der Hocharktis vorkommenden Roten Steinbrech (Abb. 8-8; Abbott et al. 2000). Danach ist diese Sippe ursprünglich in Zentralasien entstanden und von dort aus im Lauf des frühen Pleistozäns in die Taimyr-Region eingewandert. Hier spaltete sich die Art vor etwa 5,4–3,8 Mio. Jahren BP in zwei Linien auf, von denen sich die eine nach Osten, die andere nach Westen ausbreitete, bis sie in Grönland wieder aufeinandertrafen. Die westasiatisch-atlantische Linie besiedelte schließlich auch die süd- und mitteleuropäischen Hochgebirge. Da die Ausbreitung über die gesamte Arktis schon vor Beginn des Pleistozäns abgeschlossen war (fossile Funde von *S. oppositifolia* in Nordgrönland und im kanadischen Archipel), müssen die Populationen das Pleistozän an Ort und Stelle überdauert haben, ein Beleg für die zeitliche Kontinuität mancher arktischer Sippen. Dass solche Fernwanderungen auch noch in der jüngsten erdgeschichtlichen Vergangenheit abgelaufen sind, zeigt das Beispiel des arktisch-alpinen Florenelements

Beckwithia (= *Ranunculus*) *glacialis*. Die Sippe hat, ausgehend von den Ostalpen, erst nach dem Ende der Würmeiszeit einige europäische Gebiete der Arktis kolonisiert (Schönswetter et al. 2003).

Vor allem in der ostsibirischen Arktis stammen zahlreiche Taxa von Steppenpflanzen ab. Immerhin waren in den unvergletscherten Räumen östlich der Lena-Mündung während des letzten Hochglazials artenreiche Kältesteppen weit verbreitet, die Groß-säugern wie den Mammuts ausreichend Nahrung boten und mit den südlichen Grasländern in räumlicher Verbindung standen. Dadurch war es möglich, dass an Kälte prä-adaptierte Arten einer Gattung mehrmals im Verlauf des Pleistozäns und zu verschiedenen Zeiten nach Norden vordrangen, wo sie während der Interglaziale von ihrem Ursprungsgebiet isoliert wurden und sich eigenständig weiterentwickelten. So gehen die rund 28 arktischen Arten der

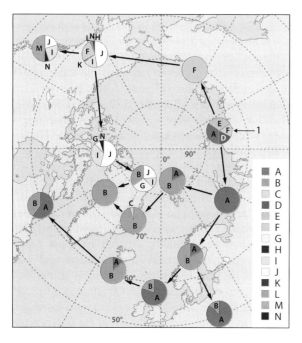

Abb. 8-8 Rekonstruktion der Evolution und Ausbreitungsgeschichte von *Saxifraga oppositifolia* anhand des cpDNA-Haplotypen-Musters (nach Abbott & Brochmann 2003 sowie Abbott & Comes 2004 aus Crawford 2004, verändert). Mit den Buchstaben A bis N sind die verschiedenen Haplotypen bezeichnet. D und E sind die basalen Haplotypen; sie treten nur in den Populationen der Taimyr-Halbinsel auf und stammen vermutlich aus Zentralasien (1). Die zwei cpDNA-Kladen mit den Haplotypen A und F dürften um 5,37–3,76 Mio. Jahren BP durch geographische Isolation entstanden sein. Die Populationen mit den Haplotypen A und B sind diploid und kommen in Westsibirien, Europa und Grönland vor (ssp. *oppositifolia*); die ostsibirischen und nordamerikanischen Populationen sind tetraploid (ssp. *glandulisepala*; s. Abb. 8-7).

Gattung *Artemisia* nicht auf eine, sondern auf mehrere Vorfahren zurück, deren Heimat die zentralasiatischen Steppen waren (Takh et al. 2008b).

Dagegen scheint die Entstehung von neuen Arten aus Einwanderern mittels einer adaptiven Radiation in der polaren Zone eine geringe Rolle zu spielen, obwohl die Voraussetzungen (neu besiedelbare Lebensräume nach dem Rückzug der Gletscher) eigentlich günstig gewesen wären. Lediglich in einigen wenigen Gattungen hat man bisher Hinweise auf Artneubildungen aus einer einzigen arktischen Sippe feststellen können, wie im Fall der auf Beringia beschränkten *Androsace*-Arten des Subgenus *Douglasia* (Schneeweiss et al. 2004): Deren Aufspaltung (Radiation) lässt sich auf einen Zeitraum von 3,89–0,91 Mio. Jahren BP datieren; bei den entstandenen Arten handelt es sich um Neoendemiten (s. Abschn. 1.2.2).

Schließlich wurde die Entwicklung von arktischen Sippen auch von der pleistozänen Dynamik des europäischen und nordamerikanischen Eisschildes bestimmt. Beim Vorrücken des Eises wurden vorher zusammenhängende Areale fragmentiert und die isolierten Populationen machten eine mehr oder minder eigenständige Entwicklung durch. Die Pflanzen wichen in Refugien am Rand der Gletscher oder auf Nunatakker aus. Die bedeutendsten Rückzugsgebiete für arktische Taxa bildeten Ostsibirien und Westalaska (Beringia). Während des Rückzugs der Gletscher breiteten sich diese Populationen wieder aus und gelangten, durch die Isolation genetisch verändert, miteinander in Kontakt, wobei es zur Hybridbildung kam. Auf diese Weise entstanden flexible, aus zahlreichen Sub-Populationen bestehende Taxa, die mit den rasch aufeinanderfolgenden Klimaschwankungen (acht bis neun glaziale Ereignisse innerhalb der letzten 0,9 Mio. Jahre) gut zurechtkamen (Crawford 2004).

Die Arten und Unterarten solcher Gattungen sind morphologisch schwer voneinander abzugrenzen, zumal sie dazu neigen, Hybridschwärme zu bilden. Ein Beispiel ist die Gattung *Dryas*, über deren Aufspaltung bis heute kein Konsens besteht (s. auch www.theplantlist.org); in einer AFLP-Analyse von 459 Pflanzen aus 52 Populationen mit 155 Markern (Skrede et al. 2006) blieben nur zwei Arten übrig, nämlich *D. octopetala s. l.* mit mehreren Unterarten in Eurasien (z. B. ssp. *oxyodonta* im Altai, ssp. *caucasica* im Kaukasus) und im Westen Nordamerikas sowie *D. integrifolia* in Kanada. Am Beispiel der Brassicaceen-Gattung *Draba* zeigt sich, dass die genetische Diversität der arktischen Sippen oft größer ist als nach morphologischen Kriterien zu vermuten wäre; innerhalb jeder der drei Arten *D. fladnizensis,*

Phylogeographie

Der Begriff Phylogeographie wurde erstmals von Avise at al. (1987) für eine Arbeitsrichtung verwendet, die mithilfe molekularbiologischer Methoden die phylogenetische und geographische Herkunft einzelner genetischer Linien eines Taxons aufdeckt; sie ist damit „ein Forschungsgebiet an der Schnittstelle von Biogeographie, Populationsgenetik und Phylogenetik und verbindet diese Disziplinen methodisch über den Einsatz molekularer Techniken" (Frey & Lösch 2010). Durch die Rekonstruktion der Phylogenie und Ermittlung von Divergenzzeiten anhand von DNA-Sequenzen kann man die Verbreitungsgeschichte vieler Sippen eruieren (Storch et al. 2013b). Die Phylogeographie verwendet hierfür nicht-kodierende DNA-Abschnitte des Zellkerns (ncDNA), der Chloroplasten (cpDNA) oder der Mitochondrien (mtDNA) als molekulare Marker. Nicht-kodierend bedeutet, dass sich diese Gene nicht auf den Phänotyp der Pflanzen auswirken. Das ist von Vorteil, weil sie schneller evolvieren und deshalb variabler sind als kodierende Sequenzen. mtDNA und cpDNA werden bei Pflanzen bevorzugt, weil sie im Gegensatz zur Zellkern-DNA bereits in hoher Kopienzahl vorliegen. Außerdem unterliegen sie keiner Rekombination (= Austausch von homologen DNA-Sequenzen), sodass sie immer haploid sind.

Neben dem stärker auflösenden Fingerprinting zur Erfassung der genetischen Variabilität (wie *amplified fragment length polymorphism* = AFLP) ist eine oft angewendete Technik die Sequenzanalyse (Storch et al. 2013b). Hierfür wird das DNA-Material zunächst amplifiziert (vermehrt) und anschließend mit speziellen Enzymen in einzelne Abschnitte zerlegt (sequenziert). Bei Pflanzen häufig verwendete Abschnitte sind die trnT-F-Region der cpDNA und die Cytochrom-b-Region der mtDNA. Die Nukleotid-Abfolgen solcher Abschnitte werden mittels mathematischer Verfahren (z. B. der *maximum parsimony*- oder der *maximum likelihood*-Methode) miteinander in Beziehung gesetzt. Beim Vergleich von Arten, Gattungen oder Familien spricht man im Ergebnis von einem Kladogramm, dessen Äste als Kladen (*clades*) bezeichnet werden (s. z. B. das Kladogramm der *Nothofagus*-Arten in Abb. 2, Kasten 1-5). Geht es um die genetischen Unterschiede bzw. Gemeinsamkeiten zwischen verschiedenen Populationen, wie im Fall des im Text behandelten Roten Steinbrechs *Saxifraga oppositifolia*, erhält man ein Phylogramm, das sich aus verschiedenen Haplotypen (= Varianten einer Nukleotid-Sequenz in einem bestimmten Chromosomenabschnitt oder in der mitochondrialen oder plastidären DNA; Storch et al. 2013a) zusammensetzt.

Da man nicht immer gleich an vergleichbares Frischmaterial aus entlegenen Gebieten kommt, bilden zur Gewinnung der genetischen Substanz Herbarien mit ihren Sammlungen aus aller Welt eine bedeutende und unverzichtbare Quelle. Unter diesem Aspekt ist es wichtig, dass Herbarien nicht nur als Aufbewahrungsorte von historischen Belegen verstanden werden, sondern auch als Lieferanten von Untersuchungsmaterial für die molekularbiologische Forschung.

D. nivalis und *D. subcapitata* gibt es offenbar zahllose „kryptische" Taxa, die sich weder morphologisch noch ökologisch voneinander unterscheiden und deren Entstehung auf intraspezifischen Kreuzungsbarrieren (Isolation der Populationen durch Selbstbestäubung und mangelnde Fertilität fremdbestäubter Nachkommen) beruht (Grundt et al. 2006).

Die überwiegend parallele Evolution arktischer Taxa aus nicht-arktischen Vorfahren, wie im Fall von *Artemisia*, das Vorkommen kryptischer Sippen wie bei *Draba* spp., das weitgehende Fehlen von Endemiten und die Seltenheit des Auftretens adaptiver Radiationen zeigen, dass die Florenentwicklung der nordhemisphärischen polaren Zone jung und noch längst nicht abgeschlossen ist (Hoffmann & Röser 2009). Damit steht die Arktis in scharfem Gegensatz zu den immerfeuchten Tropen mit ihrer Millionen Jahre andauernden klimatischen und phytogeographischen Kontinuität.

8.3.3 Vegetation

8.3.3.1 Übersicht

Physiognomie, Struktur und Artenzusammensetzung der Vegetation der nördlichen polaren Zone sind räumlich variabel und folgen einem komplexen Standortmuster aus Klimagefälle (Nord-Süd, ozeanisch-kontinental), Bodenfeuchte, Basenversorgung (Karbonat-, Silikatgesteine) und frostbedingten Erscheinungen (Struktur- und Texturböden). Dennoch können heute die meisten Pflanzengemeinschaften der Arktis zwanglos den ursprünglich nur für Europa geltenden Klassen Carici-Kobresietea, Loiseleurio-Vaccinietea, Salicetea herbaceae, Thlaspietea rotundifolii und Scheuchzerio-Caricetea zugeordnet werden, weil viele der arktischen Taxa zirkumarktisch verbreitet sind und vikariierende Arten gleiches oder ähnliches ökologisches bzw. soziologisches Verhalten zeigen. Für die pflanzensoziologische Klassifikation sind mehr als andernorts Moose und Flechten von Bedeutung, deren Artenzahl wenigstens mikroskalig diejenige der Phanerogamen weit übertrifft (Forbes 1994). Vor allem in den hocharktischen Halbwüsten und Wüsten sind Flechtensynusien (zum Begriff Synusie als eine Gemeinschaft gleicher Lebensformen s. Kratochwil & Schwabe 2001) weit verbreitet und ein Alleinstellungsmerkmal von Hochgebirgs- und Polarökosystemen (Bültmann 2005).

Für die einleitend erwähnte Vegetationskarte der nordhemisphärischen polaren Zone (CAVM-Team 2003; Walker et al. 2005a) wurden allerdings keine Syntaxa verwendet, sondern 15 (zonale, extrazonale und azonale) Vegetationstypen nach Literaturangaben aus einer Kombination von Wuchsformen (Zwergsträucher, Spaliersträucher, Kleinsträucher, horst- oder rasenförmig wachsende Grasartige usw.), dominanten Gattungen (*Carex*, *Luzula*, *Eriophorum*, *Sphagnum*) und Physiognomie (z. B. Moostundra, Grastundra, Wüste; räumliche Vegetationskomplexe) zusammengestellt. Sie lassen sich einzeln oder in Kombination den in Tab. 8-1 aufgeführten Subzonen zuordnen. Ihre Flächenausdehnung kann aus Satellitenbildern, u. a. aus dem Normalized Differenced Vegetation Index (NDVI), abgeleitet werden, der die Vitalität eines Pflanzenbestands aus seiner spektralen Reflexion im nahen Infrarot wiedergibt (Walker et al. 2005b). In Anlehnung an CAVM-Team (2003) sowie Thannheiser (1987), Daniels (1994), Matveyeva (1994), Yurtsev (1994), Dierßen (1996), Daniels et al. (2000) und Vonlanthen et al. (2008) unterscheiden wir vereinfacht die folgenden Formationen, die in einigermaßen ähnlicher Artenzusammensetzung überall in der Arktis vorkommen (Abb. 8-9; zur Terminologie der Subzonen s. Tab. 8-1):

1. **Niederarktische Klein- und Zwergstrauchtundren:**
   Diese aus aufrechten, sommergrünen (*Arctostaphylos alpina*, *Vaccinium myrtillus*, *V. uliginosum* ssp. *microphyllum*) und immergrünen Zwergsträuchern (*Empetrum nigrum*, *Ledum palustre* var. *decumbens*, *Vaccinium vitis-idaea*) bestehende Vegetation ist zonal in den Subzonen E (südliche Niederarktis im Anschluss an das boreale Waldgrenzökoton, in Ostsibirien mit vereinzelten Vorkommen von *Pinus pumila*) und D (nördliche Niederarktis) verbreitet (Tab. 8-1). In E (**Strauchtundra**) wird die dichte Pflanzendecke (80–100 % Deckung) aus 0,4–0,5 m hohen Zwergsträuchern von sommergrünen Kleinsträuchern (ca. 0,5–1,5 m hoch) wie *Betula nana* (Eurasien), *B. glandulosa* (Nordamerika), *Alnus alnobetula* agg. (ssp. *crispa* in Nordamerika, ssp. *fruticosa* in Asien) und

Salix-Arten (wie *S. glauca* in der gesamten Arktis, *S. pulchra* in Kanada, *S. lanata* in Eurasien u. a.; Abb. 8-9f) überragt. Die Kleinsträucher fehlen in Subzone D (**Zwergstrauchtundra**; Abb. 8-9e); dort ist die Vegetation vor allem auf trockenen Böden und in kontinental getönten Gebieten lückiger und flechtenreicher. Meist ist eine dicke Moosschicht aus überwiegend borealen Moos- (*Hylocomium*, *Aulacomnium* u. a.) und borealarktischen Flechtengattungen (wie *Cladonia* und *Alectoria*) ausgebildet. Grasartige und Kräuter treten zurück. Begleiter aus dem Unterwuchs borealer Wälder wie *Lycopodium* und *Huperzia* sind nicht selten und verweisen auf die zeitliche und räumliche Nachbarschaft der Formationen (s. Abschn. 7.2.5). In der unteren alpinen Stufe borealer Gebirge sind Zwergstrauchtundren weit verbreitet (z. B. Phyllodoco-Vaccinietum mit der Ericacee *Phyllodoce caerulea*; Dierssen 1996).

2. **Mittelarktische Zwerg- und Spalierstrauchtundren:**
   Die Vegetation besteht aus kleinen Zwerg- (*Cassiope tetragona*) und Spaliersträuchern (*Dryas octopetala* in Eurasien und Alaska, *D. integrifolia* in Kanada, *Rhododendron lapponicum*, *Loiseleuria procumbens* sowie den Spalierweiden *Salix arctica*, *S. polaris*, *S. rotundifolia* u. a.) in unterschiedlichen Mischungsverhältnissen und Dominanzstrukturen (Abb. 8-9d). Die Pflanzendecke ist ökologisch heterogen und zerfällt in mehrere Vegetationstypen. Im Allgemeinen besiedeln Zwerg- und Spalierstrauchtundren Kryoleptosole in der Mittelarktis (Subzonen B und C; Tab. 8-1) auf skelettreichen Böden. Sie sind in niederschlagsreichen Gebieten auf windverblasene, trockene Geländerücken und Kuppen beschränkt (Windkanten), während sie in niederschlagsärmeren, kontinental geprägten Räumen großflächig vorkommen und dann die zonale Vegetation bilden. Die Pflanzendecke ist offen (40–80 % Deckung, wovon rund die Hälfte auf Moose und Flechten entfällt) und niedrig (5–15 cm Bestandshöhe). Juncaceen (wie *Juncus*, *Luzula*), Cyperaceen (*Carex*, *Eriophorum*) und Poaceen (*Alopecurus*, *Poa*) sowie zahlreiche niedrige Kräuter (wie *Oxytropis*, *Persicaria*, *Ranunculus* und *Saxifraga*) sind regelmäßig beigemischt. Unter den Kryptogamen dominieren thermisch anspruchslose Moose und Flechten, wobei die Strauch- zugunsten von Laubflechten zurücktreten. Charakteristische Flechtengattungen sind *Cetraria*, *Cladonia*, *Sterocaulon* und *Thamnolia*. Auf basenreichen Böden bilden die artenreichen ***Dryas*-Heiden** (Klasse Carici rupestris-Kobresie-

tea) mit ihren vielen kleinwüchsigen, wind- und kälteresistenten Cyperaceen (wie *Kobresia myosuroides*, *Carex nardina*, *C. rupestris*) und zwergwüchsigen Moosen weithin die zonale Vegetation in der mittleren arktischen Subzone (z. B. auf Taimyr als Carici arctosibiricae-Hylocomietum; Matveyeva 1994). Den *Dryas*-Heiden stehen die artenärmeren azidophytischen Spalierstrauchtundren wie die **Loiseleuria-Heiden** (Klasse Loiseleurio-Vaccinietea, z. B. das aus Fennoskandien beschriebene Loiseleurio-Diapensietum mit der frosttoleranten Polsterpflanze *Diapensia lapponica*, Diapensiaceae; Dierssen 1996) gegenüber. Ihre Hauptverbreitung liegt in ozeanisch geprägten Gebieten.

Auch die **Schneetälchen-Vegetation** in spät ausapernden Geländemulden wird von Spaliersträuchern gebildet (Abb. 8-9h). Dabei handelt es sich allerdings um solche, die weniger frostresistent sind als *Dryas* bzw. *Loiseleuria* und die kurze Vegetationszeit durch rasche Aktivierung ihres Assimilatspeichers im Stamm unmittelbar nach Abtauen der Schneedecke sofort nutzen können. Die beteiligten Arten sind *Salix herbacea*, *S. polaris* oder *S. rotundifolia*. Bei längerer Aperzeit sind die Bestände reich an Graminoiden sowie Kräutern und nehmen einen wiesenartigen Charakter an (s. unten); dauert die Schneebedeckung länger, werden die Schneeböden überwiegend von Moos-Synusien, z. B. aus *Polytrichum sexangulare*, *Anthelia juratzkana* und *Pohlia drummondii*, eingenommen (Dierssen 1996).

Dryas- bzw. *Loiseleuria*-Heiden einerseits und Schneeboden-Vegetation andererseits stehen vor allem in ozeanischen Gebieten, wo der Unterschied zwischen trockenen Kuppen und feuchten, schneereichen Senken deutlicher ausfällt als in kontinental geprägten Landschaftsräumen, in enger räumlicher Beziehung (Abb. 8-10). Sie werden zusätzlich durch den Nord-Südhang-Gegensatz, Unterschiede in der Bodentextur und durch laufende periglaziale Prozesse wie Kryoturbation, Kammeisbildung und Bodenfließen modifiziert. Dadurch entsteht vor allem in gebirgigen Regionen ein vielfältiges Mosaik aus zonalen, azonalen und extrazonalen Vegetationstypen. Ein Beispiel ist das in Abb. 8-11 dargestellte idealisierte Profil der Vegetationstypen an einem Hang in Nord-Spitzbergen (Wüthrich & Thannheiser 2002). Es zeigt vereinfacht die räumliche Anordnung zonaler *Dryas*-Heiden, extrazonaler Halbwüsten-Vegetation (Fleckentundra; s. Punkt 4) sowie einiger azonaler Vegetationstypen (Schnee-

tälchen, Feuchtgebiete, Salzwiesen) einschließlich der Nitrophytenfluren aus der Grünalge *Prasiola crispa* sowie den Blütenpflanzen *Oxyria digyna*, *Cochlearia groenlandica* und *Angelica archangelica* unterhalb einer Seevogelkolonie (Wüthrich 1994; Abb. 8-9k).

3. **Arktische Grastundren:**

Die Standorte dieser von Graminoiden dominierten Pflanzendecke sind bezüglich der Textur homogen: Die Böden sind skelettarm und feinerdereich, sodass Gräser und Cyperaceen zuungunsten von Zwerg- und Spaliersträuchern gefördert werden. Ein breites hygrisches (trocken bis feucht) und nährstoffökologisches Spektrum (basenarm bis basenreich) führt allerdings zu mehreren physiognomisch und floristisch unterschiedlichen Pflanzengemeinschaften. So kommen zonal auf basenreichen, trockenen und gut drainierten Flächen in der südlichen Mittelarktis (C) niedrige **arktische Steppen** aus Arten wie *Kobresia myosuroides*, *Carex bigelowii*, *C. nardina* sowie diversen *Luzula*-Arten (wie *L. confusa*) und *Potentilla pulchella* vor; die Pflanzendecke wird in der Regel nicht höher als 10–15 cm und erreicht eine Deckung von 40–80 %. Beigemischt sind einige der unter Punkt 2 genannten Spaliersträucher sowie zahlreiche krautige Sippen, unter denen kleinwüchsige Rosettenpflanzen dominieren (wie *Cardamine*, *Draba*, *Papaver*, *Saxifraga*, *Stellaria* u. a.). Moose und Flechten (unter Letzteren z. B. die weltweit verbreitete Wurmflechte *Thamnolia vermicularis*) bilden eine eigene, wenn auch weniger dichte und hohe Vegetationsschicht als in den übrigen Grastundra-Typen. Die Bestände erinnern an *Kobresia*-Hochgebirgssteppen der nemoralen Zone.

In der nördlichen Mittelarktis (B) und der Hocharktis (A; Tab. 8-1) gibt es niedrigwüchsige **nordarktische Grastundren** mit relativ geringer Deckung (meist < 50 %), die von Gräsern (*Alopecurus alpinus*, *Dupontia fisheri*, *Deschampsia cespitosa*, *Poa arctica*) und *Luzula*-Arten dominiert werden (Abb. 8-9 c); dazwischen wachsen zahlreiche krautige Rosetten- und Polsterpflanzen sowie die Moose und Flechten der Schuttfluren (s. Punkt 4). In den wärmeren Subzonen D und E kommen azonal auf basenreichen, feuchten Böden (häufig Gelic Gleysole mit Thufuren oder Lehmbeulen) **arktische Wiesen** (Deckung 50–100 %, Bestandshöhe bis zu 40 cm; Abb. 8-9g) vor, die vorwiegend aus *Carex*-Arten, Zwerg- und Spaliersträuchern (hier auch *Salix reticulata*), Gräsern und bunt blühenden basiphytischen Kräutern (*Astragalus*,

Abb. 8-9 Beispiele arktischer Lebensräume und Pflanzenge-
meinschaften: a = Eiswüste (Svalbard, Norwegen); b = polare
Halbwüste aus *Luzula confusa* (Svalbard); c = nordarktische
Grastundra aus *Luzula confusa* (Svalbard); d = mittelarktische
Zwerg- und Spalierstrauchtundra aus *Cassiope tetragona* im
Vordergrund und *Dryas octopetala* im Hintergrund (Svalbard); e
= niederarktische Zwergstrauchtundra aus *Empetrum nigrum*
(Island); f = niederarktische Strauchtundra aus *Empetrum
nigrum* und *Salix lanata* (bei Abisko, Schweden).

Abb. 8-9 (Fortsetzung) g = arktische Wiesen mit *Persicaria vivipara* (blühend; bei Abisko, Schweden); h = hocharktische Halbwüsten (Fleckentundra) mit *Salix herbacea* in den Vertiefungen und dem Moos *Anthelia juratzkana* (graugrün) auf den Lehmbeulen (Island); i = arktisches Moor mit *Eriophorum scheuchzeri* (Svalbard); k = Vogelfelsen mit dichter nitrophytischer Vegetation unterhalb der Brutkolonien (Svalbard).

Chrysanthemum, Pedicularis, Persicaria, Senecio, Tofieldia u. v. a.) bestehen und pflanzensoziologisch zur Klasse Salicetea herbaceae gestellt werden. Dazwischen wachsen einzelne Klein- und Zwergsträucher der südarktischen Tundren. Schließlich gibt es in der nördlichen Mittelarktis (B) bis in die Hocharktis (A) auf den dort vorherrschenden kalten, im Sommer nassen Böden mit dünner Auftauschicht über Permafrost eine aus höherwüchsigen Cyperaceen (vornehmlich *Erio-*

phorum vaginatum und *Carex bigelowii* ssp. *lugens*) bestehende **Wollgrastundra**, deren Vorkommen auf die nicht vergletscherten Räume von Beringia beschränkt ist. Die mit bis zu 40 cm hochwüchsige und ziemlich geschlossene Pflanzendecke (80–100 % Deckung) enthält Klein- und Zwergsträucher (*Betula, Salix, Vaccinium* usw.), die sonst nur im Süden der Arktis gedeihen und als Hinweis auf das Fehlen einer Vergletscherung im Pleistozän gedeutet werden.

4. Hocharktische Halbwüsten und Schuttfluren:
Die spärliche, halbwüstenartige Pflanzendecke mit meist weniger als 10 % Phanerogamen-Deckung besteht aus kleinwüchsigen Polster- und Rosettenpflanzen (wie *Saxifraga oppositifolia*, *Draba*-Arten, *Oxyria digyna*, *Papaver radicatum*, *Potentilla hyperarctica* u. a.) sowie vereinzelten Poaceen (*Alopecurus alpinus*, *Phippsia*, *Luzula* u. a.). Flechten (*Caloplaca*, *Cetraria*, *Stereocaulon*, *Thamnolia* u. v. a.; Abb. 8-9b) sind häufig und können gemeinsam mit den Moosen (z. B. *Racomitrium*, *Pohlia*, *Bryum*) örtlich eine Vegetationsdeckung von nahezu 40 % erreichen. Ökologisch entsprechen die hocharktischen Schuttfluren den subnivalen der Hochgebirge (s. Abschn. 6.5.4.4) mit einer Vegetationszeit von vier bis sechs Wochen. In ozeanisch geprägten Gebieten kann man eine Karbonat- (Klasse Thlaspietalia rotundifolii) von einer Silikatschuttvegetation (Androsacetalia alpinae) unterscheiden (Dierssen 1996).

Die hocharktischen Halbwüsten und oft auch die Tundren der nördlichen arktischen Subzone werden in ebener Lage häufig von den in Abschn. 8.1.3 erläuterten periglazialen Frostmustern überlagert; das Gelände ist von einem System aus Textur- oder Strukturböden, Lehmbeulen und Thufuren überzogen, deren Substratunterschiede auf wenigen Metern Distanz ein auffallendes Vegetationsmuster aus unterschiedlich dicht besiedelten Flächen erzeugen („Fleckentundra"; s. Abb. 8-9h). Ein solcher Komplex ist in Abb. 8-12 wiedergegeben (Alexandrova 1988). Während in den Spalten

der Polygone ein Rasen aus Moos- und Flechtenarten gedeiht, werden die Polygonflächen, sofern sie nicht gänzlich vegetationsfrei sind, von einigen wenigen Gräsern (*Phippsia*) und Polsterpflanzen (*Papaver radicatum*, *Cerastium arcticum*) besiedelt, deren Deckung insgesamt nicht mehr als 7 % ausmacht. Die oberirdische Phytomasse der lebenden Pflanzenteile beträgt 129 g m⁻² (davon 6 g Blütenpflanzen, 40,0 g Moose, 52 g Laub- und

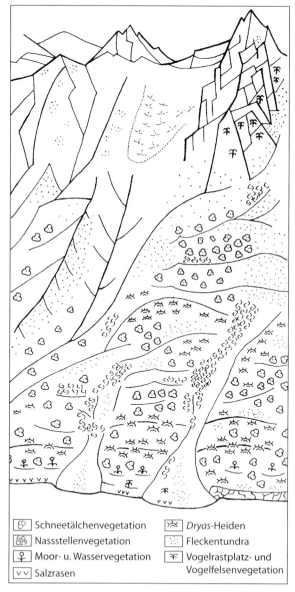

Schneetälchenvegetation	*Dryas*-Heiden
Nassstellenvegetation	Fleckentundra
Moor- u. Wasservegetation	Vogelrastplatz- und Vogelfelsenvegetation
Salzrasen	

Abb. 8-11 Idealisiertes Profil der Vegetationstypen in Nord-Svalbard (aus Wüthrich & Thannheiser 2002, reproduziert mit freundlicher Genehmigung von C. Wüthrich und D. Thannheiser sowie dem Bildungshaus Schulbuchverlage Westermann-Schroedel, Braunschweig).

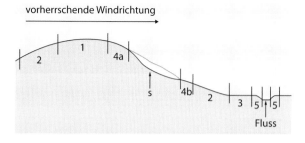

vorherrschende Windrichtung

Abb. 8-10 Schematisiertes mesoskaliges Geländeprofil mit fünf Standorten (nah Walker 2000, verändert): 1 = trockene, schneefreie, windexponierte Kuppen; 2 = „Normallagen" mit der jeweiligen zonalen Vegetation; 3 = feuchte bis nasse Standorte mit Feuchttundren oder Mooren; 4a = früh ausapernde, gut drainierte Standorte; 4b = spät ausapernde, schlecht drainierte Standorte (Schneetälchen); 5 = Flussufer; s = permanenter oder periodischer Schneerest. Dieses Standort- und Vegetationsmosaik wiederholt sich in allen Tundrengebieten der Arktis mit jeweils anderen Pflanzengemeinschaften.

Strauchflechten, 31 g Krustenflechten, 0,3 g Algen), die unterirdische Phytomasse (ausschließlich Wurzeln der Phanerogamen) 29 g m^{-2} und ist auf Rhizome und Wurzeln der Blütenpflanzen beschränkt (Spross-Wurzel-Verhältnis 0,21). Konkurrenz um Ressourcen findet hier nicht statt.

5. **Arktische Moore:**
Auf ebenen Flächen, von denen das sommerliche Auftauwasser des Permafrostes nicht ablaufen kann, und in der Umgebung der zahlreichen Thermokarstseen kommen Niedermoore vor, deren Vegetation aus einer üppigen Moosschicht sowie zahlreichen Cyperaceen besteht und die aufgrund ihrer Artenzusammensetzung mit den mitteleuropäischen Kleinseggenrieden (Scheuchzerio-Caricetea fuscae) nah verwandt sind. Die Moose sind die für basenreiche Seggenriede charakteristischen torfbildenden Laubmoose der Gattungen *Bryum, Calliergon, Cinclidium, Campylium, Drepanocladus* sowie *Meesia triquetra*, ein im nördlichen Alpenvorland äußerst seltenes Glazialrelikt. Die Cyperaceen sind durch verschiedene *Carex*-Arten wie *C. aquatilis* ssp. *minor, Carex chordorrhiza* (ebenfalls ein seltenes Glazialrelikt in Mittel-

europa), *C. bicolor* u. v. a. gekennzeichnet. Mit seinen auffallenden Fruchtständen bestimmt das Wollgras *Eriophorum scheuchzeri* oftmals den Sommeraspekt dieser Moore (Abb. 8-9i). Typisch für die Mittelarktis sind Polygonmoore in Flusstälern und Ästuaren mit einem Netzwerk aus Eiskeilen (Chernov & Metveyeva 1997). Die konkaven Polygone haben einen Durchmesser von 10–30 m und werden von einer schütteren, torfbildenden Vegetation aus Moosen und Cyperaceen eingenommen.

6. **Arktische Küstenvegetation:**
Trotz der Kombination aus rauem Klima und Salzeinfluss sind die Schlickküsten der Arktis erstaunlich dicht mit Vegetation bewachsen, wobei sich die Artenzusammensetzung in den verschiedenen Gebieten sehr ähnelt (Thannheiser 1991). Unter den Phanerogamen dominieren *Carex*-Arten wie *C. ursina, C. ramenskii* (Alaska, Yukon Territory) und *C. subspathacea* (zirkumpolar) sowie *Puccinellia phryganodes, Cochlearia officinalis* und *Stellaria humifusa* (Bliss 1993). Sand- und Kiesstrände sind von den zirkumpolaren Arten *Leymus mollis* (Poaceae), *Honckenya peploides* (Caryophyllaceae)

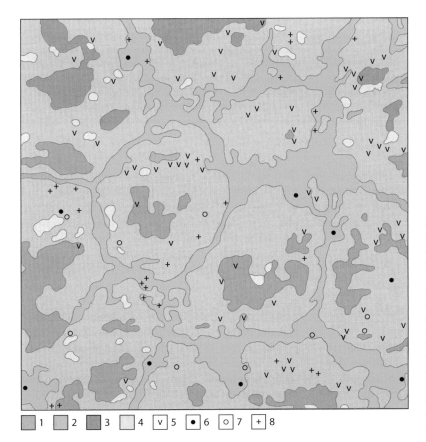

1 ■ 2 ■ 3 □ 4 v 5 ● 6 ○ 7 + 8

Abb. 8-12 Mikrokomplex in einer arktischen Halbwüste auf Zemlya Aleksandra (Zemlya Franca-Josifa; nach Aleksandrova 1988, verändert). 1 = Rasen aus Moosen und Flechten entlang der Schrumpfungsrisse (vorwiegend die Flechte *Cetraria delisei* und das Laubmoos *Ditrichum flexicaule*); 2 = Bewuchs aus Krustenflechten (z. B. mit *Ochrolechia frigida*); 3 = vegetationsfreie Bodenoberfläche; 4 = Polster der Laubflechte *Stereocaulon rivulorum*; 5 = *Phippsia algida*; 6 = *Papaver radicatum*; 7 = *Cerastium arcticum*; 8 = *Draba oblongata* und *D. pauciflora*.

___Kasten 8-2_____

Svalbard (Spitzbergen)

Neben Alaska, Grönland und der Taimyr-Halbinsel gehört Svalbard (= „kalte Kante" aus der Sprache der Wikinger) zu den am besten untersuchten Gebieten der Arktis (Thannheiser 1996, Thannheiser & Wüthrich 2004). Der Archipel, zwischen 74° und 81° N gelegen, umfasst rund 62.000 km² und gehört seit 1920 zu Norwegen. Er besteht aus der Hauptinsel Spitsbergen, deren Name („spitze Berge") von ihrem Entdecker, dem niederländischen Seefahrer Willem Barents (ca. 1550–1597) stammt, sowie den Inseln Nordaustlandet, Barentsøya, Edgeøya und einer Vielzahl weiterer kleinerer Inseln einschließlich Bjørnøya (der Bäreninsel). Der höchste Berg ist der Newtontoppen (1.712 m NN). Der Hauptort Longyearbyen am Ende des Adventfjorden ist nach dem Amerikaner John Munroe Longyear benannt, dessen „Arctic Coal Company" als erste Gesellschaft zu Beginn des 20. Jahrhunderts mit dem Abbau der dortigen Kohlevorkommen begann. An der Westküste von Spitsbergen liegt die internationale Arktisforschungsstation Ny-Ålesund.

Während im Westen und Nordosten der Inselgruppe alte präkambrische und altpaläozoische Metamorphite vorherrschen, deren scharfe Grate und Gipfel Anlass zur Namensgebung waren, dominieren im Osten und Süden spätpaläozoische Sandsteine und Schiefer mit Steinkohlevorkommen und mesozoische Sedimente mit weichen, oft plateauartigen Formen. Ein im Tertiär sedimentierter Abtragungsschutt („Molasse") im zentralen Becken Svalbards südlich des Isfjorden enthält Braunkohle mit gut erhaltenen Abdrücken einer tropisch-subtropischen Waldflora („arktotertiäre Flora"; s. Abschn. 1.2.1). Die Inselgruppe ist zu rund 60 % von Eis bedeckt; 25 % sind polare Wüste und Halbwüste, 15 % mittelarktische Zwergstrauch- und Grastundren. Die Mäch-

tigkeit des Permafrostes beträgt 150–300 m, die sommerliche Auftauschicht 0,8 bis > 2 m. Die Niederschlagsverteilung ist ungleichmäßig; sie erreicht im Westen (Luv) bis zu 400 mm und sinkt im Osten auf 150 mm. Der Golfstrom erwärmt die nach Westen offenen und selbst im Winter häufig eisfreien Fjorde und deren Umgebung, während der Osten auch im Sommer von Packeis umgeben ist.

Die Flora besteht aus 742 Flechtenarten (davon zwölf endemisch), 288 Laub- und 85 Lebermoosarten sowie 177 Gefäßpflanzenspezies (einschließlich der Unterarten), davon 21 Gräser und 17 *Carex*-Arten (Frisvoll & Elvebakk 1996, Øvstedal et al. 2011, www.savalbardflora.net). Die Vegetationskarte von Elvebakk (2005) führt 15 Pflanzengemeinschaften auf, die neben Halbwüsten (hochpolare Subzone A; s. Tab. 8-1) aus *Papaver radicatum* und *Luzula confusa* vorwiegend *Dryas octopetala*- und *Cassiope tetragona*-Zwergstrauchheiden in der südlichen mittelarktischen Subzone (C) sowie verschiedene Grastundren aus *Luzula confusa*, *L. nivalis* und *Poa alpina* in der nördlichen mittelarktischen Subzone (B) umfassen. Hinzu kommen Schneetälchen, Moore und Salzwiesen. Eine Besonderheit ist das Vorkommen einer arktischen Steppe (hier aus *Potentilla pulchella* und *Puccinellia angusta*) in dem nach Nordwesten offenen Wijdefjorden im Lee des Gebirges mit Tendenz zur Versalzung (*Puccinellia*). Trotz der beschränkten Größe des Archipels ist also die Standorts- und Vegetationsvielfalt außerordentlich hoch; die Ursachen liegen in den chemisch und physikalisch unterschiedlichen Gesteinen einerseits und dem steilen Niederschlags- und Temperaturgradienten andererseits. Der Archipel vermittelt somit auf kleinstem Raum einen umfassenden Eindruck der mittel- und hocharktischen Vegetation.

_____

und der Boraginacee *Mertensia maritima* bewachsen. Im Grunde handelt es sich hier um verarmte Ausbildungen der nemoralen (und borealen) Küstenvegetation.

8.3.3.2 Überlebensstrategien arktischer Pflanzen

8.3.3.2.1 Lebens- und Wuchsformen
Die Lebens- und Wuchsformen arktischer Phanerogamen unterscheiden sich nicht wesentlich von denjenigen der alpinen Stufe nemoraler Hochgebirge (s. Abschn. 6.5.4.4). Hier wie dort herrschen Horst-Graminoide, aufrechte Zwergsträucher, kriechende Zwergsträucher (Spaliersträucher), krautige Ganz-

und Halbrosettenpflanzen sowie Polsterpflanzen vor (s. Kasten 6-15). **Therophyten** sind selten, verdienen aber besondere Aufmerksamkeit; denn sie sind im arktischen Klima mehr als die Perennen auf einen raschen Durchlauf ihres Lebenszyklus und eine effiziente Reproduktion bei niedrigen Temperaturen angewiesen. So besteht ein Weg zum Reproduktionserfolg darin, die Samenkeimung bei niedrigen Temperaturen zu verhindern. Deshalb keimen die Samen z. B. der Polygonacee *Koenigia islandica* nur bei Temperaturen über 18 °C; darunter fallen sie in eine thermisch induzierte Dormanz und bilden eine persistente Samenbank (Heide & Gauslaa 1999). Diese wird erst dann aktiviert, wenn die Temperaturbedingungen günstig sind und eine rasche Entwicklung der Keimlinge wahrscheinlich ist. Dann bilden sich

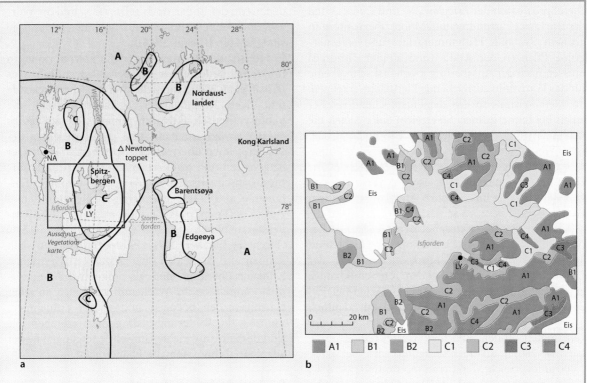

Abb. 1 a) Die arktischen Subzonen A, B und C (s. Tab. 8-1) auf dem Archipel Svalbard mit der Hauptinsel Spitsbergen (nach Thannheiser 1996 und Elvebakk 1997). Die Subzone C wird gelegentlich auch als innere arktische Fjordzone bezeichnet (Thannheiser 1996). LY = Longyearbyen, NA = Ny ≈lesund. b) Ausschnitt (Umgebung des Isfjorden) aus der Vegetationskarte von Elvebakk (2006), verändert. A1 = polare Wüsten und Halbwüsten (mit *Papaver radicatum*); B1 = nordarktische Grastundra auf karbonatreichen Böden (mit *Luzula nivalis*); B2 = nordarktische Grastundra auf karbonatarmen Böden (mit *Luzula confusa*); C1 = mittelarktische *Dryas*-Heiden auf karbonatreichen Böden; C2 = mittelarktische *Cassiope*-Heiden auf karbonatarmen Böden; C3 = Vegetation der Schuttfluren und Alluvionen (mit *Persicaria vivipara*); C4 = Moore. LY = Longyearbyen.

die Blüten innerhalb von rund drei Wochen nach der Samenkeimung, und bis zur Samenreife dauert es nur noch weitere zwölf Tage.

Die ruderalen Eigenschaften von Therophyten sind offensichtlich auch in thermisch ungünstigen Klimaten an gestörten Standorten wie Schutthalden, Flussalluvionen und Küsten noch von Vorteil. Im Gegensatz zu den Annuellen der wärmeren Zonen benötigen sie wegen der Kürze der Wachstumsperiode mehrere Jahre, bis sie ausreichend Assimilate angehäuft haben, um zu blühen und zu fruchten; wie die alpine Karbonatschuttpflanze *Arabis alpina* (Abschn. 6.5.4.4) sind sie hapaxanth (semelpar). Ein Beispiel hierfür bilden die Individuen arktischer Populationen des Sumpfgreiskrautes *Tephroseris palustris* (Asteraceae; Crawford 2008).

Die meisten **Hemikryptophyten** und **Chamaephyten** sind sommergrün, nicht nur Gräser und Kräuter, sondern auch Zwerg- und Spaliersträucher wie die niederarktischen *Vaccinium*-Arten *V. uliginosum* ssp. *microphyllum* und *V. myrtillus*. Selbst in der Hocharktis gibt es unter Schneeschutz noch sommergrüne Spalierweiden wie *Salix polaris* mit einer Blattlebensdauer von knapp drei Monaten (Kudo et al. 2001). Unter den Immergrünen erreichen die Blätter z. B. von *Cassiope tetragona* und *Loiseleuria procumbens* ein Alter von drei bis vier Jahren. Eine Mittelstellung nehmen die Halbimmergrünen ein, zu denen die Vertreter der Gattung *Dryas* sowie viele Cyperaceen gehören. *Dryas* produziert laufend neue Blätter, von denen die im Sommer gebildeten den Winter überleben und erst im Folgejahr durch neue

Assimilationsorgane ersetzt werden. Die assimilatreichen Sprossbasen der *Eriophorum-* und *Carex*-Arten der feuchten Grastundren und Moore überwintern in grünem Zustand. Halbimmergrüne und sommergrüne Pflanzen der Arktis (und alpiner Tundren) müssen nach der Ausaperung möglichst schnell eine für das Wachstum ausreichende Blattfläche erzeugen; ihr Metabolismus springt dementsprechend rascher an als bei Immergrünen. So erreicht *Salix polaris* die maximale Photosyntheseleistung bereits innerhalb einer Woche nach der Blattentfaltung bei Blatttemperaturen von 10–18 °C (Muraoka et al. 2002). Die Effizienz der C-Akquisition ist also vor allem bei den Holzpflanzen mit ihrem hohen Anteil an atmendem Gewebe groß.

Generell ist die Nettophotosynthese arktischer (und alpiner) Phanerogamen an niedrige Licht- und Temperaturbedingungen angepasst. So liegt der Lichtkompensationspunkt bei den von Semikhatova et al. (1992) untersuchten arktischen Arten bei 15–25 µmol Photonen m^{-2} sec^{-1} und damit deutlich unterhalb der für Offenland-(Sonnen-)pflanzen der gemäßigten Zonen üblichen Werte (20–40 µmol; Larcher 2001); die Lichtsättigung wird bei 800–1.000 µmol erreicht. Temperaturoptimum (12–18 °C, Kälte- (zwischen –6 und –3 °C) und Hitzegrenze der Photosynthese (38–42 °C, bezogen auf Sonnenpflanzen) liegen im Mittel um 5–10 °C niedriger als bei Pflanzen der übrigen Ökozonen (Larcher 2001). So gerät *Koenigia islandica* bereits bei Temperaturen über 24 °C (CO$_2$-Kompensationspunkt) unter Hitzestress. Somit sind die arktischen Sippen zwar perfekt an die polaren Bedingungen angepasst und können wegen ihrer geringen Ansprüche an Licht und Temperatur den Nachteil der kurzen polaren Vegetationszeit teilweise kompensieren; andererseits bewegt sich ihre C-Akquisition innerhalb eines schmalen temperatur- und lichtgesteuerten Sektors, sodass sie auf die gegenwärtige Temperaturerhöhung in der polaren Zone nicht mit einem Anstieg der Photosyntheseleistung reagieren (Starr et al. 2008).

Immergrüne haben den Vorteil, dass sie im Frühling unter dem Schnee bereits photosynthetisch aktiv sein können (Starr & Oberbauer 2003). Die Schneedecke ist dünn genug, um ausreichend Licht durchzulassen. Da grüne Pflanzen mehr Strahlungsenergie absorbieren als Schnee, erwärmen sie sich und bringen den Schnee in ihrer Umgebung zum Abschmelzen. Auf diese Weise entsteht ein Hohlraum, der wie ein kleines Gewächshaus um die Pflanzen ein günstiges Mikroklima schafft. Dies ermöglicht ihnen, noch vor dem Abtauen der Schneedecke zu assimilieren und verschafft ihnen auf diese Weise einen Vor-

sprung. Die Pflanzen können sogar schon Blätter bilden, wenn der Boden noch gefroren ist und die Wurzeln noch keine Nährstoffe aufzunehmen in der Lage sind (Chapin III et al. 1986).

Moose und **Flechten** sind in der polaren Zone ein funktional bedeutender Teil der Pflanzendecke (Jonasson et al. 2000); die stellenweise flächendeckende und dichte Kryptogamen-Vegetation erreicht eine photosynthetisch aktive Phytomasse, die auf bis zu 4 t ha^{-1} anwachsen kann und damit diejenige der Phanerogamen übertrifft. Sie speichert Wasser über längere Zeit und reguliert so den Wasser- und Wärmeaustausch zwischen Boden und Atmosphäre (Tenhunen et al. 1992). Dieser Erfolg ist nicht nur darauf zurückzuführen, dass Kryptogamen noch bei Temperaturen bis zu etwa –8 °C (Moose) bzw. –15 °C (Flechten; Larcher 2001) Photosynthese betreiben können und damit den Phanerogamen in extremen Klimaten überlegen sind; als poikilohydre Organismen können sie ihr Wachstum zusätzlich zu jeder beliebigen Zeit beenden und wieder aufnehmen, wenn es die Witterungsbedingungen erlauben. Sie sind deshalb an variable Umweltbedingungen besser adaptiert als homoiohydre Phanerogamen.

8.3.3.2.2 Nährstoffökologie

Erwartungsgemäß ist die Vegetation der Arktis Stickstoff- und Phosphor-limitiert, jedenfalls außerhalb des Einflussbereichs von Seevogelkolonien (s. unten). Diesem Defizit mit einer Erhöhung der **Nährstoffaufnahme**-Effizienz mittels Mykorrhiza zu begegnen, ist bei arktischen Pflanzen auf den kalten und oft auch nassen Böden kaum möglich. So liegt der Prozentsatz mykorrhizierter Sippen unter 10 %, obwohl besonders die P-Aufnahme durch die Symbiose mit Pilzen gesteigert werden könnte. Lediglich die Ericaceen-Zwergsträucher tragen die für die Vertreter dieser Familie typische Endomykorrhiza (wie in der borealen Zone, s. Abschn. 7.3.1); auch einige krautige Hemikryptophyten wie *Saxifraga oppositifolia* sind mit ektotropher Mykorrhiza infiziert. Vesikulär-arbuskuläre Mykorrhizen, die bei den meisten Gräsern und Kräutern der wärmeren Klimazonen verbreitet auftreten, fehlen vermutlich aus klimatischen Gründen (Kytöviita 2005). Allerdings können arktische Pflanzen ihren N-Bedarf durch die Aufnahme nicht nur mineralischer (vornehmlich NH$_4^+$), sondern auch (zu mehr als 50 %) organischer N-Verbindungen (Aminosäuren) decken, welche von Mikroorganismen mittels extrazellulärer Enzyme aus den N-haltigen Polymeren der organischen Substanz im Boden hergestellt werden (Schimel & Bennett 2004).

Wie die Vegetation in anderen nährstofflimitierten Ökosystemen zeichnen sich auch die arktischen Pflanzen durch eine interne **Nutzungseffizienz** aus. So verlagern vor allem die Sommer- und Halbimmergrünen wie *Salix polaris*, *Eriophorum vaginatum* und *Carex bigelowii* 50–90 % der P- und N-Gehalte ihrer Blätter im Herbst in Speicherorgane, bei Hemikryptophyten in Sprossbasen, Rhizome und/oder Wurzeln, bei Zwerg- und Spaliersträuchern in die Stämmchen (Shaver & Chapin III 1991, Berendse & Jonasson 1992). Diese Vorräte werden dann zu Beginn der Wachstumsperiode für die Bildung der neuen Assimilationsorgane zur Verfügung gestellt.

Eine für die Stickstoffversorgung der arktischen Kormophyten entscheidende Rolle spielen **Cyanobakterien**. Sie leben frei (asymbiontisch) in den üppigen Moosdecken der feuchten Grastundren und Moore oder sind Symbionten mancher Flechtengattungen wie *Nephroma*, *Peltigera* und *Stereocaulon*. Die gesamte N_2-Fixationsrate wird mit 0,2–2,5 kg N $ha^{-1} a^{-1}$ angegeben und entspricht damit ungefähr dem Mineralstickstoff-Eintrag über den Niederschlag (Chapin & Bledsoe 1992). Rechnet man eine jährliche Mineralisationsrate von 1–6 kg N $ha^{-1} a^{-1}$ hinzu (Nadelhoffer et al. 1992), kommt man auf ein jährliches N_{min}-Angebot von etwa 5–10 kg N ha^{-1}. Damit stehen die Tundren an unterster Stelle im Vergleich zu allen anderen Ökosystemen der Erde (N_2-Fixation in tropischen Regenwäldern bis zu 100 kg $ha^{-1} a^{-1}$, in temperaten Wäldern bis zu 15 kg $ha^{-1} a^{-1}$). Cyanobakterien gibt es auch in den arktischen Halbwüsten. Wo die Bodenoberfläche ständig oder zeitweise von Wasser überrieselt wird, bilden sie Krusten gemeinsam mit Flechten und Algen. Diese Kryptogamenkrusten sind für Gefäßpflanzen förderlich, weil sie das Nährstoffangebot verbessern, die Kryoturbation verringern und die Chancen für die Samenkeimung erhöhen (Gold & Bliss 1995).

Punktuell ist auch der Stickstoff- und Phosphoreintrag aus dem Meer durch Seevögel von Bedeutung. Eissturmvögel (*Fulmarus glacialis*), Raubmöwen (*Stercorarius* spp.), Alken und Lummen (wie der Papageitaucher *Fratercula arctica* und die Dickschnabellumme *Uria lomvia*) bevölkern während der sommerlichen Brutperiode in großen Kolonien (Vogelfelsen) die Küsten der arktischen Festländer und Inseln (Wüthrich & Thannheiser 2002). Da sie ihre Nahrung (Kleinfische, Krebse, Quallen und Plankton) ausschließlich aus dem Meer gewinnen, kommt es über ihre Exkremente („Guano") zu einem echten Nährstoffimport von außen. Die unmittelbar am Fuß steiler Vogelfelsen gelegene vegetationsfreie Zone kann mit über 60 g Orthophosphat kg^{-1} Boden belastet sein und ist damit rund 1.000-mal P-reicher als die humosen Auflagehorizonte ungedüngter Tundren; geringere Konzentrationen von etwa 5–10 g ermöglichen den indigenen Nitrophyten *Cochlearia groenlandica* und *Oxyria digyna* ein üppiges Wachstum (Wüthrich 1994).

8.3.3.2.3 Fortpflanzung

Asexuelle Reproduktion ist bei arktischen Taxa weit verbreitet. Die kurze Vegetationszeit, das reduzierte Potenzial für Insektenbestäubung, der lange arktische Winter und die permafrostbedingten Bodenstörungen fördern die Selektion von Sippen, die in der Lage sind, sich zusätzlich zur sexuellen Reproduktion vegetativ zu vermehren. Dabei werden die Propagulen (Fortpflanzungseinheiten) entweder an der Spitze von oberirdischen (Stolonen) bzw. unterirdischen Ausläufern (Rhizomen) oder als Brutkörper (Bulbillen) am Spross gebildet. An Stolonen und Rhizomen entstehen Tochterpflanzen durch Fragmentation, entweder allogen durch äußere Einwirkungen (Bodenbewegungen, fließendes Wasser) oder endogen durch vorprogrammiertes Absterben der Verbindung zur Mutterpflanze (Selbstklonierung). Im arktischen Umfeld bleibt diese Verbindung oft über mehrere Generationen bestehen, bis es zur Fragmentation kommt. Dadurch können die Ableger noch einige Jahre mit Assimilaten von der Mutterpflanze mitversorgt werden, bis sie sich endgültig verselbstständigen (wie bei *Carex bigelowii*; Jónsdóttir & Callaghan 1988).

Bulbillen entstehen bei arktischen (und alpinen) Pflanzen nicht durch Auswachsen der befruchteten Eizelle an der Mutterpflanze (wie bei Mangrovebäumen; echte Viviparie; s. Abschn. 2.2.2), sondern auf vegetative Weise anstelle oder aus Bestandteilen der Blüten (Pseudoviviparie). Bekannte Beispiele sind *Persicaria vivipara* (Abb. 8-6h), *Saxifraga cernua* und *Festuca vivipara*, Sippen, die sich überwiegend vegetativ fortpflanzen, ohne dass die sexuelle Vermehrung gänzlich ausgeschlossen ist. Die Bulbillen von *Persicaria* und *Saxifraga* werden im unteren Abschnitt der Infloreszenz gebildet; sie sind für arktische Verhältnisse üppig mit Reservestoffen ausgestattet und haben bessere Chancen, sich zu Jungpflanzen zu entwickeln, als Samen, weil sie ihren Stoffwechsel nicht für die Keimung umstellen müssen. Die Blüten im oberen Abschnitt des Sprosses sind meist steril, sodass es nur selten zur Samenbildung kommt. Offensichtlich reicht das geringe Ausmaß an sexueller Reproduktion aus, um die beträchtlich hohe genetische Diversität zwischen unterschiedlichen Populationen dieser weit verbreiteten Arten zu erklären

(Bauert 1996). Bei *Festuca vivipara* entstehen die Brutknospen anstelle der Blüten und wachsen, wie beim Alpenrispengras *Poa alpina*, noch an der Mutterpflanze zu Jungpflanzen aus. Die Pseudoviviparie von *Festuca* ist allerdings variabel und hängt von Temperatur und Tageslänge ab: Unter Langtagbedingungen (über 16 Stunden) und durchgängigen Temperaturen von mehr als 12 °C steigt die Anzahl fertiler Blüten in den Rispen (Heide 1988). Da *F. vivipara* genetisch nicht von den nächstverwandten *Festuca ovina*-Kleinarten zu unterscheiden ist, haben wir es hier mit einer Art zu tun, die ausschließlich morphologisch und ökologisch definiert werden kann und erst nacheiszeitlich adaptiv als Reaktion auf die arktischen Umweltbedingungen entstanden ist (Chiurugwi et al. 2011).

Die lebensfeindliche Umwelt zwingt arktische Ökotypen zu einer Reihe weiterer Adaptationen. So sind (wie *Koenigia*; s. oben) zahlreiche weitere Sippen in der Lage, eine permanente **Samenbank** aufzubauen, unter ihnen viele *Saxifraga*-Arten und Caryophyllaceen (Cooper et al. 2004). Die Samen einiger Arten wie die von *Carex bigelowii* können mehr als 200 Jahre in keimfähigem Zustand überleben. In den von Bodenstörungen (Kryoturbation, Solifluktion) und Klimaschwankungen betroffenen polaren Lebensräumen ist die Existenz einer Samenbank von Vorteil für die Regeneration der Vegetation.

Blüten- und **Samenbildung** folgen ähnlichen Mustern wie im alpinen Raum (s. Abschn. 6.5.4.4). Auch die arktische Flora teilt sich in früh und spät blühende Sippen auf. Erstere riskieren Pollenverlust und schlechte Bestäubung, haben aber ausreichend Zeit für die Samenentwicklung; Letztere sind in der Arktis häufig Selbstbestäuber, riskieren aber in ungünstigen Jahren, dass ihre Samen nicht ausreifen. Die früh blühenden Arten bilden ihre Blütenanlagen (Primordien) häufig bereits im Herbst des Vorjahres, also bei Tageslängen unter zehn Stunden; der Anstoß zur Blütenbildung erfolgt dann unmittelbar nach der Schneeschmelze unter Langtagbedingungen bei Temperaturen von 9–21 °C, sodass die Pflanzen oft schon nach wenigen Tagen in voller Blüte stehen (Crawford 2008). Bei der **Samenausbreitung** stehen Anemochorie und Zoochorie an erster Stelle; die Diasporen vieler Pflanzenarten können über der dünnen Schneedecke mit Winterstürmen weit verdriftet werden. Die Bulbillen von *Persicaria vivipara* werden u. a. von Weißwangengänsen (*Branta leucopsis*) endozoochor ausgebreitet (Bruun et al. 2008).

8.3.3.3 Kohlenstoffhaushalt

Die Phytomasse der arktischen Vegetation nimmt im Durchschnitt aller Pflanzengemeinschaften von der südlichen Niederarktis mit 50–100 t ha^{-1} in Strauchtundren bis zur Hocharktis mit < 3 t ha^{-1} ab. Entsprechend sinken sowohl Nettoprimärproduktion (von 3,3–4,3 auf < 0,3 t ha^{-1} a^{-1}; Tab. 8-3) als auch der Blattflächenindex (von 1–2 auf < 0,2). Das Spross-Wurzel-Verhältnis liegt zwischen 1 und 3; nur in den feuchten Grastundren und den arktischen Mooren ist das Trockengewicht der Wurzeln und Rhizome um ein Mehrfaches höher als dasjenige der oberirdischen Pflanzenteile, sodass die Werte auf 0,1–0,05 fallen (Bliss 2000). Der Anteil der Kryptogamen an der oberirdischen Phytomasse liegt mit bis zu 4 t Trockenmasse ha^{-1} je nach Vegetationstyp zwischen 50 und 200 %. Ihre Nettoprimärproduktion variiert von 0,1–1,0 t ha^{-1} a^{-1}.

An der Umsetzung der Phytomasse sind auch Herbivore beteiligt. Die von ihnen aufgenommene Phytomasse dürfte zwischen 5–10 % der Nettoprimärproduktion liegen und erreicht damit eine ähnliche Größenordnung wie in Savannen und Steppen, allerdings (bei einer durchschnittlichen Zoomasse von durchschnittlich nur 5 kg ha^{-1}) auf wesentlich niedrigerem Niveau (Schultz 2000). Wie in den Grasländern der tropischen und temperaten Zonen handelt es sich auch hier um Ungulaten (vorwiegend Rentiere der Gattung *Tarandus*), Lagomorphe (wie der Schneehase *Lepus timidus*) und Rodentia (vor allem die unter dem Begriff Lemming zusammengefassten Arten der Gattungen *Dicrostonyx*, *Lemmus* und *Synaptomys* aus der Gruppe der Wühlmäuse). Lemminge unterliegen erheblichen endogenen (dichteabhängigen) und exogenen (vom Nahrungsangebot gesteuerten) Populationsschwankungen in Zyklen von vier bis fünf Jahren (Batzli 1993); in Jahren höchster Dichte (> 200 Tiere ha^{-1}) konsumieren sie bis zu 25 % der oberirdischen Phytomasse (in Normaljahren < 0,1 % bei 1–5 Tieren ha^{-1}), im Sommer vorwiegend Graminoide, im Winter, wenn die Tiere unter dem Schnee leben, zu über 60 % Moose (Moen et al. 1993, Bliss 2000).

Die Abbauraten der anfallenden Streu sind niedrig; Sauerstoffarmut, tiefe Temperaturen, ein weites C/N-Verhältnis der abgestorbenen Blätter und Sprosse (> 60) sowie die kurze Vegetationszeit führen dazu, dass die Zersetzung der Streu 100 bis 1000 Jahre dauert. Da die Nettoprimärpoduktion seit dem Rückzug der Gletscher meist größer ist als der Abbau des Bestandsabfalls, nimmt die Kohlenstoffmenge im Boden der Grastundren und Moore jährlich um etwa

Tab. 8-3 Phytomasse und Nettoprimärproduktion verschiedener Formationen in der nordamerikanischen Arktis (zusammengestellt nach Angaben von Bliss 2000).

	hocharktische Wüste	hocharktische Halbwüste	mittelarktische Moore	mittelarktische Wollgrastundra	niederarktische Zwergstrauchtundra	niederarktische Strauchtundra
Phytomasse (t ha^{-1})						
Gefäßpflanzen oberirdisch	0,1	3,9	0,8	4,2	3,4	15,0
Gefäßpflanzen unterirdisch	0,01	0,6	43,7	65,6	kA[1]	kA[1]
Streu	0,1	_[2]	0,7	0,8	4,2	1,4
Kryptogamen	0,02	0,8	0,5	0,9	4,0	0,8
Nettoprimärproduktion (t ha^{-1} a^{-1})						
Gefäßpflanzen	< 0,02	0,05–0,25	1,0–1,8	1,5–2,0	1,3–1,8	2,5–4,0
Kryptogamen	< 0,01	0,03	0,1–0,4	0,25–1,00	0,25–0,50	0,05–0,25
Blattflächenindex (m^2 m^{-2})	kA[1]	0,1–0,2	0,5–1	0,5–1	1–2	1–2

[1] kA = keine Angabe; [2] Streu in oberirdische Phytomasse eingerechnet.

0,3–1,2 t ha^{-1}, in Zwergstrauchtundren um rund 0,23 t ha^{-1} zu (Oechel et al. 1993). Deshalb sind im Durchschnitt aller arktischen Tundren mehr als 90 % des organisch gebundenen Kohlenstoffes im Boden und nur weniger als 10 % in der lebenden Biomasse gebunden (McKane et al. 1997).

Hochgerechnet auf die Gesamtfläche dürften in arktischen Ökosystemen über 100 Milliarden Tonnen Kohlenstoff in der toten organischen Substanz der oberen 30 cm Boden gespeichert sein; bezogen auf das gesamte Permafrostgebiet der Nordhemisphäre beträgt der C-Pool 1.672 Mrd. t, davon rund 88 % im permanent gefrorenen Untergrund (0–100 cm Bodentiefe; Tarnocai et al. 2009). Durch den Anstieg der Temperatur, der in der Arktis mit 3–6 °C bis 2080 prognostiziert wird und vor allem im Herbst, Winter und Frühling wirksam wird (SWIPA 2011), dürften sich nicht nur die Vegetationsgürtel polwärts verschieben (wie im Fall des borealen Waldgrenzökotons schon einmal geschehen, nämlich während des postglazialen Klimaoptimums), sondern auch beträchtliche Mengen an CO_2 und CH_4 freigesetzt werden. Sowohl Modellrechnungen als auch laufende Beobachtungsreihen zeigen jedoch, dass die Tundren-Ökosysteme der Nordhemisphäre trotz des Temperaturanstiegs in den letzten 30 Jahren und des Rückgangs des Permafrostes immer noch eine C-Senke darstellen. So wurde in den Jahren 2000–2006 jährlich rund 110 Mio. t CO_2-C (± 190)

gebunden und gleichzeitig 19 Mio. t CH_4-C (± 10) freigesetzt, obwohl die Temperatur in 2000–2006 gegenüber 1990–1999 um 0,6 °C angestiegen ist (Alaska; McGuire et al. 2012). Inwieweit die Abgabe klimarelevanter Gase durch die temperaturbedingt erhöhte C-Akquisition der Vegetation und Förderung des Torfwachstums bei steigenden Niederschlägen bzw. zunehmender Ozeanität kompensiert wird, ist in einem so jungen, noch in Entwicklung befindlichen und räumlich äußerst komplexen Lebensraum wie der Arktis noch nicht absehbar (Sitch et al. 2007).

8.3.3.4 Anthropogener Einfluss

Die Arktis ist auch heute noch eine weitgehend unberührte Wildnis mit einer äußerst geringen Bevölkerungsdichte. Insgesamt dürften in den Nordpolargebieten nicht mehr als zwei Millionen Menschen leben. Die Landnutzung besteht aus der Jagd von Meeres- und Landwirbeltieren, der Schaf- (Grönland) und Rentierhaltung (Eurasien), der industriellen Fischerei und aus dem Abbau von Bodenschätzen (Gas, Kohle, Öl, Buntmetalle). Für die arktischen Ökosysteme ergeben sich daraus überwiegend punktuelle Belastungen (Wüthrich & Thannheiser 2002); sie konzentrieren sich auf die Umgebung der Siedlungen und Industrieanlagen sowie der Verkehrswege und Transportleitungen. Hierzu gehören z. B.

Abb. 8-13 Polygonmoor (Prudhoe Bay, Alaska) mit überfluteten Polygonzentren (a). Die Vegetation besteht aus verschiedenen *Carex*-Arten und Braunmoosen (b). Fotos F. Klötzli.

die Einträge von Nickel- und Kupfersalzen, die während der Verhüttungsprozesse frei werden und gasförmig oder als Stäube emittiert werden; in der Umgebung von Monchegorsk auf der russischen Kola-Halbinsel werden Bryophyten ab einer Konzentration von über 16 mg Ni kg^{-1} so stark geschädigt, dass die Moosdecken der betroffenen Tundren absterben und das Gelände ein wüstenartiges Aussehen annimmt (Kashulina et al. 1997). Solche Beeinträchtigungen können einen erheblichen Flächenumfang annehmen; so ist ein Strauchtundrengebiet im Umfang von 150–200 km^2 um die Industriestadt Vorkuta am Fuß des Nordurals vorwiegend durch Immissionen karbonathaltiger Stäube aus Kohlekraftwerken nahezu frei von Flechten und die ursprünglich dominierende Zwergbirke *Betula nana* wurde durch *Salix*-Arten ersetzt (Virtanen et al. 2002). Karbonateinträge gibt es auch entlang der Straßen in der kanadischen Arktis; sie erhöhen den pH im Oberboden und verändern die Artenzusammensetzung (Förderung der Graminoiden zuungunsten von Moosen, Zwergsträuchern und Flechten; Myers-Smith et al. 2006). Nach Unfällen mit Erdöl (*oil spills*) in den Ölfeldern der Prudhoe Bay in Nordalaska vor etwa 50 Jahren wurden Versuchsfelder mit Ölverschmutzungen angelegt. Je nach Standort lagen die natürlichen Erholungszeiten bei 30 Jahren und mehr.

Neben den chemischen sind auch mechanische Belastungen der Vegetation punktuell von Bedeutung (Forbes et al. 2001). So dauert es wegen des langsamen Wachstums der beteiligten Arten und der Kürze der Vegetationszeit mehrere Jahrzehnte bis Jahrhunderte, bis sich eine zerstörte Pflanzendecke in den Polargebieten regeneriert (Kashulina et al. 1997). Beispielsweise bleiben Fahrzeugspuren über lange

Zeiträume (bis zu 100 Jahre) sichtbar, weil das Befahren die Bodenstruktur zerstört und die Fahrrillen als Dränsystem wirken. Pflanzenarten mit erhöhtem Regenerationspotenzial wie Rhizomgräser und Weiden nehmen zu. Besonders dramatische Konsequenzen kann die Entfernung der Vegetationsdecke haben, beispielsweise beim Bau von Flugpisten, Straßen und Gebäuden; denn die fehlende Isolation lässt die Permafrosttafel absinken und begünstigt die irreversible Entwicklung von Thermokarstseen. Schließlich sind, wie in der borealen Zone (s. Abschn. 7.4), auch aus der Arktis Überweidungsphänomene durch zu große Rentierherden bekannt. Die halbdomestizierten Tiere, die sich im Sommer in den Tundren nördlich der polaren Baumgrenze aufhalten, können dort die Moos- und Flechtendecke schädigen und dadurch indirekt Graminoide und Sträucher fördern, wie sich am Beispiel der „Western Arctic Herd" aus importierten nordeuropäischen Rentieren in Alaska gezeigt hat (Joly et al. 2009).

Die wohl umfassendste Veränderung könnte die Arktis aber durch den Klimawandel erfahren (Wüthrich & Thannheiser 2002). Da die nordhemisphärischen Polargebiete ausnahmslos meernah liegen, beruht ihre Empfindlichkeit gegenüber einer Temperaturerhöhung hauptsächlich darauf, dass sich die Schnee- und Eisflächen im Nordpolarmeer und auf dem Festland verringern. Damit nimmt die Reflexion der Sonneneinstrahlung (Albedo) ab, die eisfreie Wasser- bzw. Landoberfläche erwärmt sich und verstärkt in Form einer positiven Rückkopplung den Trend der polaren Erwärmung. So ist die Lufttemperatur in der eurasiatischen Arktis seit 1881 (nach dem Ende der sog. Kleinen Eiszeit) um 1,35 °C angestiegen (Lugina et al. 2007) und dieser Trend scheint sich zu beschleunigen, wie der Anstieg in den letzten 30 Jahren um 0,6 °C pro Jahrzehnt erkennen lässt (McGuire et al. 2012). Im Allgemeinen reagiert die Vegetation der arktischen Tundren auf die günstigere thermische Situation und die Verlängerung der Wachstumsperiode mit einer Beschleunigung der phänologischen Entwicklung (z. B. früher einsetzende Blatt- und Blütenbildung), aber auch mit einer Erhöhung der Phytomasse. Im Modell (ArcVeg) kann man diesen Trend und seine Auswirkung auf die Vegetation simulieren (Goetz et al. 2011): In der Modellregion der Yamal-Halbinsel in Westsibirien nimmt die Phytomasse in Subzone E (niederarktische Zwergstrauchtundra) bei einem Anstieg von 2 °C in 50 Jahren um rund 50 % von 200 auf 400 g m^{-2} zu, ausgelöst vor allem durch die Wachstumssteigerung der immergrünen Zwergsträucher; in Subzone B (arktische Halbwüste) bewirkt die Temperaturzunahme ein beschleunigtes Wachstum bei den Moosen. In den arktischen Tundren der Subzonen C–E stieg die oberirdische Phytomasse von 1982–2010 um 20–26 % (Epstein et al. 2012; Verwendung des Normalized Difference Vegetation Index (NDVI) aus Satellitenbildern als Maß für die Vitalität, Dichte und Höhe der Pflanzendecke). Darüber hinaus dürfte es langfristig zu einer Verschiebung der Vegetationszonen kommen; Anzeichen für ein Vordringen der borealen Wälder und des Waldgrenzökotons in die niederarktische Strauchtundra gibt es bereits (s. Abschn. 7.2.5).

Da mathematische Modelle die komplexen arktischen Systeme mit ihren vielfältigen Rückkoppelungsmechanismen zwangsläufig vereinfachen müssen, können sie nicht alle möglichen Interaktionen zwischen den Kompartimenten in einer Zeitreihe befriedigend abbilden. Ihre Prognosen dürfen deshalb nicht darüber hinwegtäuschen, dass die Reaktion der arktischen Vegetation je nach Standort und Region sehr unterschiedlich ausfallen kann (Callaghan et al. 2004b), weil sie vom Umfang des regionalen und überregionalen Artenpools, von Isolationseffekten, Nährstoffgehalten und Bodenfeuchte, der klimatischen Variabilität usw. abhängt. Mögliche Veränderungen, die nicht in den Klimamodellen abgebildet werden, wie Bewölkungsdichte, räumliche und zeitliche Verteilung des Niederschlags, Mächtigkeit der Schneedecke u. a., verstärken oder vermindern den berechneten Klimaeffekt (Körner 2003). So hat sich z. B. auf dem hocharktischen Svalbard-Archipel binnen 72 Jahren (1936–2008) lediglich die Sukzession in Gletschervorfeldern beschleunigt, während eine Umschichtung der Artenzusammensetzung nicht zu beobachten war (Prach et al. 2010); denn die isolierte Lage der Inselgruppe lässt in der kurzen Zeitspanne keine Zuwanderung aus südlichen Tundren zu. Auf Geländerücken der Mittel- und Hocharktis, die zur Austrocknung neigen, dürfte eine Temperaturerhöhung wachstumsbremsende Effekte auf die dort gedeihenden *Dryas*-Heiden haben. Man wird deshalb weiterhin ein Langzeitmonitoring benötigen, um im Gelände die ablaufenden Veränderungen beobachten und interpretieren zu können.

Literaturverzeichnis

Abaimov, A.P., 2010: Geographical Distribution and Genetics of Siberian Larch Species. In Osawa, A., Zyryanova, O.A., Matsuura, Y., Kajimoto, T. & Wein, R.W. (eds.), Permafrost Ecosystems. Siberian Larch Forests. Ecological Studies 209, 41–58.

Abbadie, L., Gignoux, J., Le Roux, X. & Lepage, M. (eds.), 2006: Lamto. Structure, Functioning, and Dynamics of a Savanna Ecosystem. Ecological Studies 179, 415 pp.

Abbott, R.J. & Brochmann, C., 2003: History and evolution of the arctic flora: in the footsteps of Eric Hultén. Molecular Ecology 12, 299–313.

Abbott, R.J. & Comes, H.P., 2004: Evolution in the Arctic: a phylogeographic analysis of the circumarctic plant *Saxifraga oppositifolia* (Purple Saxifrage). New Phytologist 161, 211–224.

Abbott, R.J., Chapman, H.M., Crawford, R.M.M. & Forbes, D.G., 1995: Molecular diversity and derivations of populations of *Silene acaulis* and *Saxifraga oppositifolia* from the high Arctic and more southerly latitudes. Molecular Ecology 4, 199–207.

Abbott, R.J., Smith, L.C., Milne, R.I., Crawford, R.M.M., Wolff, K. & Balfour, J., 2000: Molecular analysis of plant migration and refugia in the Arctic. Science 289, 1343–1346.

Abe, M., Miguchi, H., Honda, A., Makita, A. & Nakashizuka, T., 2005: Short-term changes affecting regeneration of *Fagus crenata* after the simultaneous death of *Sasa kurilensis*. Journal of Vegetation Science 16, 49–56.

Abrol, I.P., Vadav, J.S.P. & Massoud, F.I., 1988: Salt-Affected Soils and their Management. FAO Soils Bulletin 39, http://www.fao.org/docrep/x5871e/x5871e00.htm#Contents, Abruf 2013.

Achard, F., Eva, H., Glinni, A., Mayaux, P., Richards, T. & Stibig, H. J., 1998: Identification of deforestation hot spot areas in the humid tropics. TREES Publications Series B, No.4, EUR 18079. Luxembourg: European Commission, 102 pp.

Ackerly, D.D., 2009: Evolution, origin and age of lineages in the Californian and Mediterranean floras. Journal of Biogeography 36, 1221–1233.

Acocks, J.P.H., 1988: Veld Types of South Africa. 3rd Edition. Botanical Research Institute, Pretoria, 146 pp.

Adam, P., 1990: Saltmarsh Ecology. Cambridge University Press. Cambridge, 461 pp.

Adam, P., 1994: Australian Rainforests. Oxford Biogeography Series No. 6 (Oxford University Press), 308 pp.

Adam, P., 1994: Saltmarsh and mangrove. In Groves, R.H. (ed.), Australian Vegetation. 2nd Edition. Cambridge University Press, Melbourne, pp. 395–435.

Adame, M.F., Neil, D., Wright, S.F. & Lovelock, C.E., 2010: Sedimentation within and among mangrove forests along a gradient of geomorphological settings. Estuarine, Coastal and Shelf Science 86, 21–30.

Adler, B.P., Seabloom, E.W., Borer, E.T., Hillebrand, H., Hautier, Y., Hector, A. et al., 2011: Productivity is a poor predictor of plant species richness. Science 333, 1750–1753.

Aeschimann, D., Lauber, K., Moser, D.M. & Theurillat, J.-P., 2004: Flora Alpina. 3 Bände. Haupt Verlag, Bern.

Agakhanjanz, O. & Breckle, S.-W., 1995: Origin and Evolution of the Mountain Flora in Middle Asia and Neighbouring Mountain Regions. In Chapin III, F.S. & Körner, C. (eds.), Arctic and Alpine Biodiversity. Ecological Studies 113, 63–80.

Agakhanjanz, O. & Breckle, S.-W., 2002: Plant Diversity and Endemism in High Mountains of Central Asia, the Caucasus and Siberia. In Körner, C. & Spehn, E.M. (eds.), Mountain Biodiversity. A Global Assessment. The Parthenon Publishing Group, Boca Raton, pp. 117–127.

Agakhanjanz, O.E. & Breckle, S.-W., 2004: Pamir. In Burga, C.A., Klötzli, F. & Grabherr, G. (Hrsg.),

Gebirge der Erde. Landschaft, Klima, Pflanzenwelt. Verlag Eugen Ulmer, Stuttgart, S. 151–157.

Ahmed, S., Compton, S.G., Butlin, R.K. & Gilmartin, P.M., 2009: Wind-borne insects mediate directional pollen transfer between desert fig trees 160 km apart. Proceedings of the National Academy of Science of the United States of Ame-rica 106, 20342–20347.

Ahti, T., Hämet-Ahti, L. & Jalas, J., 1968: Vegetation zones and their sections in northwestern Europe. Annales Botanici Fennici 5, 169–211.

Aleksandrova, V. D. 1980: The Arctic and Antarctic: Their Division into Geobotanical Areas. Cambridge University Press, Cambridge, 243 pp.

Alho, C.J.R., 2008: Biodiversity of the Pantanal: response to seasonal flooding regime and to environmental degradation. Brazilian Journal of Bio-logy 68, 957–966.

Allan, G.E. & Southgate, R.I., 2002: Fire regimes in the spinifex landscapes of Australia. In Bradstock, R.A., Williams, J.E. & Gill, A.M. (eds.), Flammable Australia. The Fire Regimes and Biodiversity of a Continent. Cambridge University Press, Cambridge, pp. 145–176.

Allaway, W.G., Curran, M., Hollington, L.M., Ricketts, M.C. & Skelton, N.J., 2001: Gas space and oxygen exchange in roots of *Avicennia marina* (Forssk.) Vierh. var. *australasica* (Walp.) Moldenke ex. N.C.Duke, the grey mangrove. Wetlands Ecology and Management 9, 211–218.

Allen, G.A., Marr, K.L., McCormick, L.J. & Hebda, R.J., 2012: The impact of Pleistocene climate change on an ancient arctic-alpine plant: multiple lineages of disparate history in *Oxyria digyna*. Ecology and Evolution 2, 649–665.

Allen, M.S. & Palmer, M.W., 2011: Fire history of a prairie/forest boundary: more than 250 years of frequent fire in an North American tallgrass prairie. Journal of Vegetation Science 22, 436–444.

Allen-Diaz, B., Standiford, R. & Jackson, R.D., 2007: Oak Woodlands and Forests. In Barbour, M.G., Keeler-Wolf, T. & Schoenherr, A.A. (eds.), Terrestrial Vegetation of California. University of California Press, Berkeley, pp. 313–338.

Almeida, L., Cleef, A.M., Herrera, A., Velasques, A. & Luna, I., 1994: El zacatonal alpino del Volcán Popocatépetl, Mexico, y su posición en las montañas tropicales de América. Phytocoenologia 22, 391-436.

Alongi, D.M., 2009: The Energetics of Mangrove Forests. Springer Science+Business Media B.V., New York, 216 pp.

Alpers, C.N. & Brimhall, G.H., 1988: Middle Miocene climatic change in the Atacama Desert, northern Chile: Evidence from supergene mineralization at La Escondida. Geology 100, 1640–1656.

Amezketa, E., 2006: An integrated methodology for assessing soil salinisation, a precondition for land desertification. Journal of Arid Environments 67, 594–606.

An, S., Li, H., Guan, B., Zhou, C., Wang, Z., Deng, Z., Zhi, Y., Liu, Y., Xu, C., Fang, S., Jiang, J. & Li, H., 2007: China's Natural Wetlands: Past Problems, Current Status, and Future Challenges. Ambio 36, 335–342.

Anagnostakis, S.L., 1987: Chestnut blight: the classical problem of an introduced pathogen. Mycologia 79, 1: 23–27.

Anderson, A.N., Cook, G.D. & Williams, R.J. (eds.), 2003: Fire in Tropical Savannas. The Kapalga Experiment. Ecological Studies169, 195 pp.

Anderson, F.A. (ed.), 2005: Coniferous Forests. Ecosystems of the World 6, 646 pp.

Anderson, J.A.R., 1963: The flora of peatswamp forests of Sarawak and Brunei. Gardens Bulletin Singapore 20, 131–228.

Anderson, L.L., Hu, F.S., Nelson, D.M., Petit, R.J. & Paige, K.N., 2006: Ice-age endurance: DNA evidence of a white spruce refugium in Alaska. Proceedings of the National Academy of Sciences, USA 103, 12447–12450.

Anderson, R.C., 2006: Evolution and origin of the Central Grassland of North America: climate, fire, and mammalian grazers. Journal of the Torrey Botanical Society 133, 626–647.

Andrade Lima, D., 1981: The caatinga dominium. Revista Brasileira de Botânica 4, 149–163.

Aoki, M., Yabuki, K. & Koyama, H., 1975: Micrometeorology and Assessment of Primary Production of a Tropical Rain Forest in West Malaysia. Journal of Agricultural Meteorology 31, 115–124.

Archibold, O.W., 1995: Ecology of World Vegetation. Chapman & Hall, London, 510 pp.

Arianoutsou, M. & Groves, R.H. (eds.), 1994: Plant-animal interactions in Mediterranean-type ecosystems. Kluwer Academic Publishers, Dordrecht, 182 pp.

Armesto, J.J., Arroyo, M.T.K. & Hinojosa, L.F., 2007: The Mediterranean Environment of Central Chile. In Veblen, T.T., Young, K.R. & Orme, A.R. (eds.), The Physical Geography of South America. Oxford University Press, New York, pp. 184–199.

Arnborg, T., 1990: Forest types of northern Sweden. Vegetatio 90, 1–13.

Arnold, A., 1997: Allgemeine Agrargeographie. Klett-Perthes, Gotha und Stuttgart, 247 S.

Aronson, J., 1992. Evolutionary biology of *Acacia caven* (Leguminosae, Mimosoideae). Intraspecific variation in fruits and seeds. Annals of the Missouri Botanical Garden 79, 958–968.

Arroyo, M.T.K., Zedler, P.H. & Fox, M.D. (eds.), 1995: Ecology and Biogeography of Mediterranean Ecosystems in Chile, California, and Australia. Ecological Studies 108, 455 pp.

Arroyo, M.T.K., Cavieres, L., Marticorena, C. & Muñoz-Schick, M., 1995: Convergence in the Mediterranean Floras in Central Chile and California: Insights from Comparative Biogeography. In Arroyo, M.T.K., Zedler, P.H. & Fox, M.D. (eds.), Ecology and Biogeography of Mediterranean Ecosystems in Chile, California, and Australia. Ecological Studies 108, 43–88.

Arroyo, M.T.K., Riveros, M., Peñalosa, A., Cavieres, L. & Faggi, A.M., 1996: Phytogeographic relationships and regional richness patterns of the cool temperate rainforest flora of southern South America. In Lawford, R.G., Alaback, P. & Fuentes, E.R. (eds.) High Latitude Rain Forests and Associated Ecosystems of the Western Coast of the Americas: Climate, Hydrology, Ecology and Conservation. Springer, New York, pp. 134–172.

Arroyo, M.T.K., Pliscoff, P., Mihoc, M. & Arroyo-Kalin, M., 2005: The Magellanic moorland. In Fraser, L.H. & Keddy, P.A. (eds.), The World's Largest Wetlands. Ecology and Conservation. Cambridge University Press, Cambridge, pp. 424–445.

Ashton, P.S., 1964: Ecological studies in the mixed Dipterocarp forests of Brunei state. Clarendon Press, Oxford, 25 pp.

Assis, A.C.C., Coelho, R.M., Pinheiro, E.S. & Durigan, G., 2011: Water availability determines physiognomy gradient in an area of low-fertility soils under Cerrado vegetation. Plant Ecology 212, 1135–1147.

Augustine, D.J. & McNaughton, S.J., 2004: Regulation of shrub dynamics by native browsing ungulates on East African rangeland. Journal of Applied Ecology 41, 45–58.

Austin, A.T. & Sala, O.E., 2002: Carbon and nitrogen dynamics across a natural precipitation gradient in Patagonia, Argentina. Journal of Vegetation Science 13, 351–360.

Averdieck, F.-R., Hayen, H. & Willkomm, H., 1980: Der Entwicklungsgang im zeitlichen Ablauf und „Moorarchäologie". In Göttlich, K.H. (ed.), Moor- und Torfkunde. 2. Auflage. E. Schweizerbart'sche Verlagsbuchhandlung (Nägele u. Obermiller), Stuttgart, 77–129.

Avise, J.C., Arnold, J., Ball, R.M., Bermingham, E., Lamb, T., Neigl, J.E., Reeb, C.A. & Saunders, N.C., 1987: Intraspecific phylogeography: The mitochondrial DNA bridge between population genetics and systematics. Annual Review of Ecology and Systematics 18, 489–522.

Axelrod, D.I., 1973: History of the Mediterranean Ecosystem in California. In Di Castri, F. & Mooney, H.A. (eds.), Mediterranean Type Ecosystems. Origin and Structure. Ecological Studies 7, 225–277.

Axelrod, D.I., 1975: Evolution and biogeography of Madrean-Thetyan sclerophyll vegetation. Annals of the Missouri Botanical Garden 62, 280–334.

Axelrod, D.I., 1985: Rise of the grassland biome, central North America. Botanical Review 51, 163–201.

Axelrod, D.I., Arroyo, M.T.K. & Raven, P.H., 1991: Historical development of the temperate vegetation in the Americas. Revista Chilena de Historia Natural 64, 413–446.

Ayyad, M.A. & Ghabbour, S.I., 1986: Hot deserts of Egypt and the Sudan. In Evenari, M., Noy-Meir, I. & Goodall, D.W. (eds.), Hot Deserts and Arid Shrublands. Ecosystems of the World 12B, 149–202.

Bagchi, R., Gallery, R.E., Gripenberg, S., Gurr, S.J., Narayan, L., Addis, C.E., Freckleton, R.P. & Lewis, O.T., 2014: Pathogens and insect herbivores drive rainforest plant diversity and composition. doi: 10.1038/nature12911.

Bailey, R.G., 2009: Ecosystem Geography. From Ecoregions to Sites. 2nd Edition. Springer, New York, 251 pp.

Baker, B., Diaz, H., Hargrove, W. & Hoffman, F., 2010: Use of Köppen-Trewartha climate classification to evaluate climatic refugia in statistically derived ecoregions for the People's Republic of China. Climatic Change 98, 113–131.

Baker, J.P. & Bunyavejchewin, S., 2009: Fire behavior and fire effects across the forest landscape of continental Southeast Asia. In Cochrane, M.A. (ed.), Tropical Fire Ecology. Climate Change, Land Use, and Ecosystem Dynamics. Springer Praxis Books, Chichester, pp. 311–334.

Bakker, E.S., Ritchie, M.E., Olff, H., Milchunas, D.G. & Knops, J.M.H., 2006: Herbivore impact on grassland plant diversity depends on habitat productivity and herbivore size. Ecology Letters 9, 780–788.

Balgooy, M.M.J. van, 1971: Plant-geography of the Pacific as based on a census of phanerogam genera. Blumea Suppl. 6, 1–222.

Balshi, M.S., McGuire, A.D., Duffy, P., Flannigan, M., Kicklighter, D.W. & Melillo, J., 2009: Vulnerability of carbon storage in North American boreal forests to wildfires during the 21st century. Global Change Biology 15, 1491–1510.

Balslev, H., Valencia, R., Paz y Miño, G., Christensen, H. & Nielsen, I., 1998: Species count of vascular plants in one hectare of humid lowland forest in Amazonian Ecuador. In Dallmeier, F. & Comiskey, J.A. (eds.), Forest biodiversity in North, Central and South America, and the Caribbean: Research and monitoring. UNESCO, Paris, pp. 585–594.

Balvanera, P., Pfisterer, A.B., Buchmann, N., He, J.-S., Nakashizuka, T., Raffaelli, D. & Schmid, B., 2006: Quantifying the evidence for biodiversity effects on ecosystem functioning and services. Ecology Letters 9, 1146–1156.

Bannister, P., 2007: A Touch of Frost? Cold Hardiness of Plants in the Southern Hemisphere. New Zealand Journal of Botany 45, 1–33.

Bannister, P. & Neuner, G., 2001: Frost Resistance and the Distribution of Conifers. In Bigras, F.J. & Colombo, S.J. (eds.); Conifer Cold Hardiness. Kluwer Academic Publishers, Dordrecht, pp. 3–21.

Barbour, M.G. & Billings W.D. (eds.), 2000: North American Vegetation. 2nd Edition. Cambridge University Press, Cambridge, 708 pp.

Barbour, M.G. & Minnich, R.A., 2000: Californian Upland Forests and Woodlands. In Barbour, M.G. & Billings, W.D. (eds.), North American Terrestrial Vegetation. 2nd Edition. Cambridge University Press, Cambridge, pp. 161–202.

Barbour, M.G., Keeler-Wolf, T. & Schoenherr, A.A. (eds.), 2007: Terrestrial Vegetation of California. University of California Press, Berkeley, 712 pp.

Bari, M.A & Smettem, K.R.J., 2006: A daily salt balance model for stream salinity generation processes following partial clearing from forest to pasture. Hydrolology and Earth System Science 10, 519–534.

Barnes, B.V., 1991: Deciduous forests of North America. In Röhrig, E. & Ulrich, B. (eds.), Temperate Deciduous Forests. Ecosystems of the World 7, 219–344.

Barreda, V. & Palazzesi, L., 2007: Patagonian Vegetation Turnovers during Paleogene-Early Neogene: Origin of Arid-Adapted Floras. The Botanical Review 73, 31–50.

Barry, R.G. & Chorley, R.J., 2003: Atmosphere, weather and climate. 8th Edition. Routledge, London-New York, 421 pp.

Bartels, B. & Hussain, S.S., 2011: Resurrection Plants: Physiology and Molecular Biology. In Lüttge, U., Beck, E. & Bartels, D. (eds.), Plant Desiccation Tolerance. Ecological Studies 215, 339–364.

Barthlott, W., Lauer, W. & Placke, A., 1996: Global distribution of species diversity in vascular plants: towards a world map of phytodiversity. Erdkunde 50, 317–328.

Barthlott, W., Porembski, S., Seine, R. & Theisen, I., 2004: Karnivoren. Biologie und Kultur fleischfressender Pflanzen. Verlag E. Ulmer, Stuttgart.

Barthlott, W., Mutke, J., Rafiqpoor, M. D., Kier, G. & Kreft, H., 2005: Global centers of vascular plant diversity. Nova Acta Leopoldina 92, 61–83.

Barthlott, W., Hostert, A., Kier, G., Küper, W., Kreft, H., Mutke, J., Rafiqpoor, M.D. & Sommer, J.H., 2007: Geographic patterns of vascular plant diversity at continental to global scales. Erdkunde 61, 305–315.

Baruch, Z., 2005: Vegetation-environment relationships and classification of the seasonal savannas in Venezuela. Flora 200, 49–64.

Battles, J.J., Armesto, J.J., Vann, D.R., Zarin, D.J., Aravena, J.C., Pérez, C. & Johnson, A.H., 2002: Vegetation composition, structure, and biomass of two unpolluted watersheds in the Cordillera de Piuchué, Chiloé Island, Chile. Plant Ecology 158, 5–19.

Batzli, G.O., 1993: Food selection in lemmings. In Stenseth, N.C. & Ims, R.A. (eds.), The Biology of Lemmings. Academic Press, London, San Diego, pp. 281–301.

Bauert, M.R., 1996: Genetic Diversity and Ecotypic Differentiation in Arctic and Alpine Populations of *Polygonum viviparum*. Arctic and Alpine Research 28, 190–195.

Baur, B., 2010: Biodiversität. Haupt-Verlag, Bern, 127 S.

Bazha, S.N., Gunin, P.D., Danzhalova, E.V., Yu, I., Drobyshev, Y.I. & Prishcepa, A.V., 2012: Pastoral degradation of Steppe Ecosystems in Central Mongolia. In Werger, M.J.A. & van Staalduinen, M.A. (eds.), Eurasian Steppes. Ecological Problems and Livelihoods in a Changing World. Springer, Dordrecht, pp. 289–319.

Bazilevich, N.I., Tishkov, A.A. & Vilchek, G.E.,1997: Live and dead reserves and primary production in polar desert, tundra and forest tundra of the former Soviet Union. In Wielgolaski, F.E. (ed.), Polar and Alpine Tundra. Ecosystems of the World 3, 509–539.

Beadle, N.C.W., 1981: The Vegetation of Australia. Gustav Fischer Verlag, Stuttgart-New York, 690 pp.

Beard, J.S., 1990: Plant life of Western Australia. Kangaroo Press, Kenthurst, 319 pp.

Beck, E., 1994: Cold tolerance in tropical alpine plants. In Rundel, P.W., Smith, A.P. & Meinzer, F.C. (eds.), Tropical alpine environments. Cambridge University Press, Cambridge, pp. 77–110.

Beckage, B., Platt, W.J. & Gross, L.J., 2009: Vegetation, Fire, and Feedbacks: A Disturbance-Mediated Model of Savannas. The American Naturalist 174, 805–818.

Beeftink, W.G., 1977: Salt marshes. In Barnes, R.S.K. (ed.), The Coastline. John Wiley & Sons, New York, pp. 93–121.

Beer, R., Kaiser, F., Schmidt, K., Ammann, B., Carraro, G., Grisa, E. & Tinner, W., 2008: Vegetation history of the walnut forests in Kyrgyzstan (Central Asia): natural or anthropogenic origin? Quaternary Science Reviews 27, 621–632.

Beerling, D.J. & Osborne, C.P., 2006: The origin of the savanna biome. Global Change Biology 12, 2023–2031.

Beerling, D.J., Osborne, C.P. & Chaloner, W.G., 2001: Evolution of leaf-form in land plants linked to atmospheric CO_2 decline in the late palaeozoic era. Nature 410, 352–354.

Behling, H., 1997: Late Quaternary vegetation, climate and fire history of the *Araucaria* forest and campos region from Serra Campos Gerais, Parana (South Brazil). Review of Palaeobotany and Palynology 97, 109–121.

Behling, H., 2002: South and Southeast Brazilian grasslands during Late Quaternary times: a synthesis. Palaeogeography, Palaeoclimatology and Palaeoecology 177, 19–27.

Behling, H., Pillar, V.D., Orlóci, L. & Bauermann, S.G., 2004: Late Quartenary *Araucaria* forest, grassland (campos), fire and climate dynamics, studied by high-resolution pollen, charcoal and multivariate analysis of the Cambará do Sul core in southern Brazil. Palaeogeography, Palaeoclimatology, Palaeoecology 203, 277–297.

Beierkuhnlein, C., 2001: Die Vielfalt der Vielfalt – Ein Vorschlag zur konzeptionellen Klärung der Biodiversität. Berichte der Reinhold-Tüxen-Gesellschaft 13, 103–118.

Beierkuhnlein, C., 2007: Biogeographie. Verlag Eugen Ulmer, Stuttgart.

Bell, D.T., Plummer, J.A. & Taylor, S.K., 1993: Seed Germination Ecology in Southwestern Western Australia. The Botanical Review 59, 24–73.

Belnap, J., & Lange, O.L. (eds), 2001: Biological Soil Crusts: Structure, Function, and Management. Ecological Studies 150, 503 pp.

Belsky, A.J., 1990: Tree/grass ratios in East African savannas: a comparison of existing models. Journal of Biogeography 17, 483–489.

Belsky, A.J., 1994: Influences of trees on savanna productivity: Tests of shade, nutrients, and tree-grass competition. Ecology 75, 922–932.

Bennike, O. & Bøcher, J., 1990: Forest-tundra neighbouring the North Pole: plant and insects remains from the Plio-Pleistocene Kap København Formation, North Greenland. Arctic 43, 331–338.

Benson, E.J., Hartnett, D.C. & Mann, K.H., 2004: Belowground bud banks and meristem limitation in tallgrass prairie plant population. American Journal of Botany 91, 416–421.

Benzing, D.H., 1980: The biology of the Bromeliads. Mad River Press, Eureca, California, 305 pp.

Benzing, D.H., 2004: Vascular Epiphytes. In Lowman, M.D. & Rinker, H.B. (eds.), Forest Canopies. 2nd Edition. Elsevier Academic Press, Burlington-San Diego, pp. 175–210.

Berendse, F. & Jonasson, S., 1992: Nutrient use and nutrient cycling in northern ecosystems. In Chapin III, F.S., Jefferies, R.L., Reynolds, J.F., Shaver, G.R. & Svoboda, J. (eds.), Arctic Ecosystems in a Changing Climate: an Ecophysiological Perspective. Academic Press, New York, pp. 337–356.

Beretta, E.J., 2003: Country Pasture Profiles: Uruguay. http://www.fao.org/ag/AGP/AGPC/doc/Counprof/uruguay/uruguay.htm.

Berg, C.C., 2004: Cecropiaceae (Snake Wood Family). In Smith, N., Mori, S.A., Henderson, A., Stevenson, D.W. & Heald, S.V. (eds.), Flowering Plants of the Neotropics. Princeton University Press, Princeton-Oxford, pp. 92–94.

Bergeron, Y. & Dubuc, M., 1989: Succession in the southern part of the Canadian boreal forest. Vegetatio 79, 51–63.

Bergmeier, E., 2004: Weidedruck-Auswirkungen auf die Struktur und Phytodiversität mediterraner Ökosysteme. Berichte der Reinhold-Tüxen-Gesellschaft 16, 109–119.

Berner, R.A., 1991: A model for atmospheric CO_2 over phanerozoic time. American Journal of Science 291, 339–375.

Bernhardt, K.-G., 1991: Die Waldformationen in Costa Rica. Natur und Museum 121, 289–301.

Bertrand, A., Robitaille, G., Castonguay, Y., Nadeau, P. & Boutin, R., 1997: Changes in ABA and gene expression in cold-acclimated sugar maple. Tree Physiology 17, 31–37.

Bertsch, A., 1983: Nectar production of *Epilobium angustifolium* L. at different air humidities; nectar sugars in individual flowers and the optimal foraging theory. Oecologia 59, 40–48.

Besler, H, 1992: Geomorphologie der ariden Gebiete. Wissenschaftliche Buchgesellschaft, Darmstadt, 189 S.

Bhagwat, S.A., Willis, K.J., Birks, H.J.B. & Whittaker, R.J., 2008: Agroforestry: a refuge for tropical biodiversity? Trends in Ecology and Evolution 23, 261–267.

Billings, W.D., 2000: Alpine Vegetation. In Barbour, M.G. & Billings, W.D. (eds.), North American Terrestrial Vegetation. 2nd Edition. Cambridge University Press, Cambridge, pp. 537–572.

Binney, H.A., Willis, K.J., Edwards, M.E., Bhagwat, S.A., Anderson, P.M., Andreev, A.A., Blaauw, M., Damblon, F., Haesaerts, P., Kienast, F., Kremenetski, K.V., Krivonogov, S.K., Lozhkin, A,V., MacDonald, G.M., Novenko, E.Y., Oksanen, P., Sapelko, T.V., Väliranta, M. & Vazhenina, L., 2009: The distribution of late-Quaternary woody taxa in northern Eurasia: evidence from a new macrofossil database. Quaternary Science Reviews 29, 2445–2464.

Blanckenburg, P. von, Cremer, H.-D. & Rehm, S., 1986: Handbuch der Landwirtschaft und Ernährung in den Entwicklungsländern. Bd. 3. Grundlagen des Pflanzenbaues in den Tropen und Subtropen. 2., vollständig neubearbeitete und erweiterte Auflage. Verlag E. Ulmer, Stuttgart, 490 S.

Blaschek, W., Ebel, S., Hackenthal, E., Holzgrabe, U., Reichling, J. & Schulz, V., 2006: HagerROM 2006. Hagers Handbuch der Drogen und Arzneistoffe. CD-ROM. Deutscher Apotheker Verlag, Stuttgart.

Blasco, F., 1983: The transition from open forest to savanna in continental southeast Asia. In Bourlière, F. (ed.), Tropical Savannas. Ecosystems of the World 13, 167–181.

Blaser, J., Carter, J. & Gilmour, D. (eds.), 1998: Biodiversity and sustainable use of Kyrgystan's walnut-fruit forests. IUCN, Gland, Switzerland and Cambridge, UK and Intercooperation, Bern, Switzerland, 182 pp.

Blažková, D., 1993: Phytosociological Study of Grassland Vegetation in North Korea. Folia Geobotanica & Phytotaxonomica 28, 247–260.

Bliss, L.C., 1963: Alpine Plant Communities of the Presidential Range, New Hamshire. Ecology 44, 678–697.

Bliss, L.C., 1993: Arctic Coastal Ecosystems. In Van der Maarel, E. (ed.), Dry Coastal Ecosystems. Vol. 2A Polar Regions and Europe. Ecosystems of the World 2A, 15–22.

Bliss, L.C., 2000: Arctic Tundra and Polar Desert Biome. In Barbour, M.G. & Billings, W.D. (eds.), North American Terrestrial Vegetation. 2nd Edition. Cambridge University Press, Cambridge, pp. 1–40.

Bloesch, U., 2008: Thicket clumps: a characteristic feature of the Kagera savanna landscape, East Africa. Journal of Vegetation Science 19, 31–44.

Blomstedt, C.K., Griffiths, C.A., Fredericks, D.P., Hamill, J.D., Gaff, D.F. & Neale, A.D., 2010: The resurrection plant *Sporobolus stapfianus*: An unlikely model for engineering enhanced plant biomass? Plant Growth Regulation 62, 217–232.

Blondel, J. & Aronson, J., 1995: Biodiversity and Ecosystem Function in the Mediterranean Basin: Human and Non-Human Determinants. In Davis, G.W. & Richardson, D.M. (eds.), Mediterranean-Type Ecosystems. The Function of Biodiversity. Ecological Studies 109, 43–119.

Blondel, J. & Aronson, J., 1999: Biology and Wildlife of the Mediterranean Region. Oxford University Press, Oxford, 328 pp.

Blossey, B., Skinner, L.C. & Taylor, J., 2001: Impact and management of purple loosestrife (*Lythrum salicaria*) in North America. Biodiversity and Conservation 10, 1787–1807.

Blume, H.-P., Brümmer, G.W., Horn, R., Kandeler, E., Kögel-Knabner, I., Kretzschmar, R., Stahr, K. & Wilke, B.-M., 2010: Scheffer/Schachtschabel: Lehrbuch der Bodenkunde. 16. Auflage. Spektrum Akademischer Verlag, Heidelberg, 570 S.

Blümel, W.D., 1999: Physische Geographie der Polargebiete. Teubner, Leipzig, 239 S.

Blüthgen, N., Schmit-Neuerburg, V., Engwald, S. & Barthlott, W., 2001: Ants as epiphyte gardeners: comparing the nutrient quality of ant and termite canopy substrates in a Venezuelan lowland rain forest. Journal of Tropical Ecology 17, 887–894.

Bogner, W., 1968: Experimentelle Prüfung von Waldbodenpflanzen auf ihre Ansprüche an die Form der Stickstoffernährung. Mitteilungen des Vereins für Forstliche Standortskunde und Forstpflanzenzüchtung 18, 3–45.

Böhmer, H.J., Wagner, H.H., Jacobi, J.D., Gerrish, G.C. & Mueller-Dombois, D., 2013: Rebuilding after collapse: evidence for long-term cohort dynamics in the native Hawaiian rain forest. Journal of Vegetation Science 24, 639–650.

Bohn, U., Neuhäusl, R., Gollub, G., Hettwer, C., Neuhäuslová, Z., Raus, T., Schlüter, H. & Weber, H., 2003: Karte der natürlichen Vegetation Europas.

Maßstab 1:2.500.000. Teil 1 Erläuterungstext mit CD-ROM, 655 S. Teil 2 Legende. Teil 3 Karten. Landwirtschaftsverlag, Münster.

Bohrer, C., 1998: Ecology and biogeography of an Atlantic montane forest in south-eastern Brazil. PhD-Dissertation, University of Edinburgh, Edinburgh.

Boland, D.J., Brooker, M.I.H., Chippendale, G.M., Hall, N., Hyland, B.P.M., Johnston, R.D., Kleinig, D.A., McDonald, M.W. & Turner, J.D., 2006: Forest Trees of Australia. 5th Edition. CSIRO Publishing, Collingwood, Australia.

Boldrini, I.I., 2009: A flora dos Campos do Rio Grande do Sul. In Pillar, V.P., Müller, S.C., Castilhos, Z.M.S. & Jaques, A.V.A. (eds.), Campos Sulinos. Conservação e uso sustentável da biodiversidade. Ministério de Meio Ambiente, Brasilia, pp. 63–77.

Bond, W.J., 2008: What Limits Trees in C4-Grasslands and Savannas? Annual Review of Ecology, Evolution and Systematics 39, 641–659.

Bond, W.J. & Keeley, J.E., 2005: Fire a sa global "herbivore": the ecoloy and evolution of flammable ecosystems. Trends in Ecology and Evolution 20, 387–394.

Bond, W.J. & Midgley, J.J., 2003: The evolutionary ecology of sprouting in woody plants. International Journal of Plant Sciences 164, 103–114.

Bond, W.J. & van Wilgren, B.W., 1996: Fire and Plants. Chapman & Hall, London.Bond, W.J., Midgley, G.F. & Woodward, F.I., 2003: What controls South African vegetation – climate or fire? South African Journal of Botany 69, 1–13.

Bond, W.J., Woodward, F.I. & Midgley, G.F., 2005: The global distribution of ecosystems in a world without fire. New Phytologist 165, 525–538.

Bonnemann, A. & Röhrig, E., 1972: Waldbau auf ökologischer Grundlage. P. Parey, Hamburg, 263 S.

Bornkamm, R., Essert, A., Küppers, M., Schmid, B. & Stöcklin, J., 1991: Liste populationsbiologisch relevanter Begriffe. In B. Schmid & J. Stöcklin (Hsg.), Populationsbiologie der Pflanzen. Birkhäuser Verlag, Basel-Boston-Berlin, S. 9–13.

Bosman, A.F., Van der Molen, P.C., Young, R. & Cleef, A.M., 1993: Ecology of a paramo cushion mire. Journal of Vegetation Science 4, 633–640.

Botch, M. & Masing, K.I., 1983: Mire Ecosystems of the U.S.S.R. In Gore, A.J.P. (ed.), Mires: Swamp, Bog, Fen and Moor. Ecosystems of the World 4B, 95–152.

Bouillon, S., Borges, A. V., Castañeda-Moya, E., Diele, K., Dittmar, T., Duke, N. C., Kristensen, E., Lee, S.Y., Marchand, C., Middelbrg, J.J., Rivera-Monroy, V.H., Smith III, T.J. & Twilley, R. R., 2008: Mangrove production and carbon sinks: a revision of global budget estimates. Global Biogeochemical Cycles, 22, GB2013.

Bowman, D.M.J.S. & Prior, L.D., 2005: Why do evergreen trees dominate the Australian seasonal tropics? Australian Journal of Botany 53, 379–399.

Bowman, W.D. & Seastedt, T.R. (eds.), 2001: Structure and Function of an Alpine Ecosystem (Niwot Ridge, Colorado). Oxford University Press, Oxford, 337 pp.

Box, E.O., 1996: Plant functional types and climate at the global scale. Journal of Vegetation Science 7, 309–320.

Box, E.O., 2004a: Appalachen. In Burga, C.A., Klötzli, F. & Grabherr, G. (Hrsg.), Gebirge der Erde. Landschaft, Klima, Pflanzenwelt. Verlag E. Ulmer, Stuttgart, S. 202–209.

Box, E.O., 2004b: Die Rocky Mountains (Felsengebirge) und andere Gebirge des westlichen Nordamerika. In Burga, C.A., Klötzli, F. & Grabherr, G. (Hsg.), Gebirge der Erde. Landschaft, Klima, Pflanzenwelt. Verlag E. Ulmer, Stuttgart, S. 186–201.

Box, E.O., Peet, R.K., Masuzawa, T., Yamada, I., Fujiwara, K. & Maycock, P.F. (eds.), 1995: Vegetation Science in Forestry. Global Perspective Based on Forest Ecosystems of East and Southeast Asia. Handbook of Vegetation Science 12/1, 663 pp (Kluwer Academic Publishers, Dordrecht).

Bradstock, R.A. & Cohn, J.S., 2002: Fire regimes and biodiversity in semi-arid mallee ecosystem. In Bradstock, R.A., Williams, J.E. & Gill, M.A. (eds.), Flammable Australia. The Fire Regimes and Biodiversity of a Continent. Cambridge University Press, Cambridge, pp. 238–258.

Bradstock, R.A., Williams, J.E. & Gill, A.M. (eds.), 2002: Flammable Australia. The Fire Regimes and Biodiversity of a Continent. Cambridge University Press, Cambridge, 462 pp.

Brantingham, P.J., Gao, X., Olsen, J.W., Ma, H.Z., Rhode, D., Zhang, H.Y. & Madsen, D.B., 2007: A short chronology for the peopling of the Tibetan Plateau. Developments in Quaternary Science 9, 129–150.

Braun, E.L., 1950: Deciduous forests of Eastern North America. The Blakiston Company, Philadelphia, 596 pp.

Braun-Blanquet, J., 1964: Pflanzensoziologie. 3. Auflage. Springer, Wien, 865 S.

Bravo, L.A. & Griffith, M., 2005: Characterization of antifreeze activity in Antarctic plants. Journal of Experimental Botany 56, 1189–1196.

Breckle, S.-W., 1997: Population studies on dominant and abundant tree species in the montane tropical rainforests of the Biological Reserve north of San Ramón (Sierra de Tilaran, Costa Rica). Tropical Ecology 38, 259–272.

Breckle, S.-W., 2007: Flora and Vegetation of Afghanistan. Basic and Applied Dryland Research 1, 155–194.

Breckle, S.-W. & Frey, W., 1974: Die Vegetationsstufen im Zentralen Hindukusch. Afghanistan Journal 1, 75–80.

Breckle, S.-W. & Geldyeva, G.V., 2012: Dynamics of the Aral Sea in Geological and Historical Times. In Breckle, S.-W., Wucherer, W., Dimeyeva, L.A. & Ogra, N.P. (eds.), Aralkum – a Man-Made Desert. Ecological Studies 218, 13–35.

Bredenkamp, G.J., Spada, F. & Kazmierczak, E., 2002: On the origin of northern and southern hemisphere grasslands. Plant Ecology 163, 209–229.

Bresinsky, A., Körner, C., Kadereit, J.W., Neuhaus, G. & Sonnewald, U., 2008: Strasburger. Lehrbuch der Botanik. 36. Auflage. Spektrum Akademischer Verlag, Heidelberg, 1176 S.

Briggs, J.M., Knapp, A.K., Blair, J.M., Heisler, J.L., Hoch, G.A., Lett, M.S. & McCarron, J.K., 2005: An Ecosystem in Transition: Causes and Consequences of the Conversion of Mesic Grassland to Shrubland. BioScience 55, 243–254.

Brinson, M.M., 1990: Riverine Forests. In Lugo, A.E., Brinson, M.M. & Brown, S. (eds.), Forested Wetlands. Ecosystems of the World 15, 87–141.

Britton, R.H. & Podlejski, V.D., 1981: Inventory and classification of the wetlands of the Camargue (France). Aquatic Botany 10, 195–228.

Brochmann, C., Brysting, A.K., Alsos, I.G., Borgen, L., Grundt, H.H., Scheen, A.-C. & Elven, R., 2004: Polyploidy in Arctic Plants. Biological Journal of the Linnean Societey 82, 521–536.

Brockmann-Jerosch, H. & Rübel, E., 1912: Die Einteilung von Pflanzengesellschaften nach ökologisch-physiognomischen Gesichtspunkten. Engelmann, Leipzig, 72 S.

Broderick, D.H., 1990: The biology of Canadian weeds. 93. *Epilobium angustifolium* L. (Onagraceae). Canadian Journal of Plant Science 70, 247–259.

Brooker, R.W. & Callaghan, T.V., 1998: The balance between positive and negative plant interactions and its relationship to environmental gradients: a model. Oikos 81, 196–207.

Brooks, M.L., D'Antonio, C.M., Richardson, D.M., Grace, J.B., Keeley, J.E., DiTomaso, J.M., Hobbs, R.J., Pellant, M. & Pyke, D., 2004: Effects of Invasive Alien Plants on Fire Regimes. BioScience 54, 677–688.

Brown, R.J.E., 1970: Permafrost in Canada. Its influence in northern development. University of Toronto Press, Toronto, 234 pp.

Brown, S., Schroeder, P. & Birdsey, R., 1997: Aboveground biomass distribution of US eastern hardwood forests and the use of large trees as an indicator of forest development. Forest Ecology and Management 96, 37–47.

Bruelheide, H., Jandt, U., Gries, D., Thomas, F.M., Foetzki, A., Buerkert, A., Wang, G., Zhang, X. & Runge, M., 2003: Vegetation changes in a river oasis on the southern rim of the Taklamakan Desert in China between 1956 and 2000. Phytocoenologia 33, 801–818.

Bruijnzeel, L.A., Scatena, F.N. & Hamilton, L.S. (eds.), 2010: Tropical Montane Cloud Forests. Cambridge University Press, Cambridge, 740 pp.

Brumme, R. & Khanna, P.K. (eds.), 2009a: Functioning and Management of European Beech Ecosystems. Ecological Studies 208, Springer Verlag Berlin-Heidelberg, 499 pp.

Brumme, R. & Khanna, P.K., 2009b: Stand, Soil and Nutrient Factors Determining the Functioning and Management of Beech Forest Ecosystems: A Synopsis. In Brumme, R. & Khanna, P.K. (eds.), Functioning and Management of European Beech Ecosystems. Ecological Studies 208, 459–490.

Brundrett, M.C., 2002: Coevolution of root and mycorrhizas of land plants. Tansley review no. 134. New Phytologist 154, 275–304.

Brünig, E.F., 1968: Der Heidewald von Sarawak und Brunei. Mitteilung der Bundesforschungsanstalt Forst- und Holzwirtschaft Reinbeck (Hamburg) 68, Band 1 und 2.

Brünig, E.F., 1990: Oligotrophic forested wetlands in Borneo. In Lugo, A.E., Brinson, M.M. & Brown, S. (eds.), Forested Wetlands. Ecosystems of the World 15, 299–334.

Bruun, H.H., Lundgren, R. & Philipp, M., 2008: Enhancement of local species richness in tundra by seed dispersal through guts of muskox and barnacle goose. Oecologia 155, 101–110.

Bryant, J.P. & Chapin III, F.S., 1986: Browsing-Woody Plant Interactions During Boreal Forest Plant Succession. In Van Cleve, K., Chapin III, F.S., Flanagan, P.W., Viereck, L.A. & Dyrness, C.T. (eds.), Forest Ecosystems in the Alaskan Taiga. Ecological Studies 57, 213–225.

Brysting, A.K., Fay, M.F., Leitch, I.J. & Aiken, S.G., 2004: One or more species in the arctic grass genus

Dupontia R. Br. (Poaceae)? A contribution to the Panarctic Flora project. Taxon 53, 365–382.

Bucci, S.J., Scholz, F.G., Goldstein, G., Meinzer, F.C., Hinojosa, J.A., Hoffmann, W.A. & Franco, A.C., 2004: Processes preventing nocturnal equilibration between leaf and soil water potential in tropical savanna woody species. Tree Physiology 24, 1119–1127.

Budke, J.C., Jarenkow, J.A. & Oliveira-Filho, A.T., 2008: Tree community features of two stands of riverine forests under different flooding regimes in Southern Brazil. Flora 203, 162–174.

Bullock, S.H., Mooney, H.A. & Medina, E. (eds.), 1995: Seasonal Dry Tropical Forests. Cambridge University Press, Cambridge, 450 pp.

Bültmann, H., 2005: Syntaxonomy of arctic terricolous lichen vegetation including a case study from Southeast Greenland. Phytocoenologia 35, 909–949.

Burga, C.A., Klötzli, F. & Grabherr, G. (Hrsg.), 2004: Gebirge der Erde. Verlag E. Ulmer, Stuttgart, 504 S.

Burns, B.R., 1993: Fire-induced dynamics of *Araucaria araucana-Nothofagus antarctica* forest in the southern Andes. Journal of Biogeography 20, 669–685.

Burton, P.J., Parisien, M.-A., Hicke, J.A., Hall, R.J. & Freeburn, J.T., 2008: Large fires as agents of ecological diversity in the North American boreal forests. International Journal of Wildland Fire 17, 754–767.

Busby, J.R. & Brown, M.J., 1994: Southern rainforests. In Groves, R.H. (ed.), Australian Vegetation. 2nd edition. Cambridge University Press, Cambridge, pp. 131–155.

Cabrera, A.L., 1971: Fitogeografía de la República Argentina. Boletín de la Sociedad Argentina de Botánica 14, 1–42.

Cabrera, A.L., 1978: La vegetación de la Patagonia y sus relaciones con la vegetación Altoandina y Puneña. In Troll, C. & Lauer, W. (Hrg.), Geoökologische Beziehungen zwischen der temperierten Zone der Südhalbkugel und den Tropengebirgen. Erdwissenschaftliche Forschung 11, 329–343.

Cabrera, A.L. & Willink, A., 1980: Biogeografia da America Latina. 2nd Edition. Organización de Estados Americanos, Serie Biología 13, Washington, USA. 122 pp.

Cairney, J.W.G. & Meharg, A.A., 2003: Ericoid mycorrhiza: a partnership that exploits harsh edaphic conditions. European Journal of Soil Science 54, 735–740.

Cajander, A.K., 1930: Wesen und Bedeutung der Waldtypen. Silva Fennica 15, 66 S.

Caldwell, M.M., Dawson, T.E. & Richards, J.H., 1998: Hydraulic lift: consequences of water efflux from the roots of plants. Oecologia 113, 151–161.

Callaghan, T.V., Björn, L.O., Chernov, Y., Chapin, T., Christensen, T.R., Huntley, B., Ims, R.A., Johansson, M., Jolly, D., Jonasson, S., Matveyeva, N., Panikov, N., Oechel, W., Shaver, G., Elster, J., Henttonen, H., Laine, K., Taulavuorie, K., Taulavuori, E. & Zöckler, C., 2004a: Biodiversity, Distributions and Adaptions of Arctic Species in the Context of Environmental Change. Ambio 33, 404–417.

Callaghan, T.V., Björn, L.O., Chernov, Y., Chapin, T., Christensen, T.R., Huntley, B., Ims, R.A., Johansson, M., Jolly, D., Jonasson, S., Matveyeva, N., Panikov, N., Oechel, W., Shaver, G. & Henttonen, H., 2004b: Effects on the Structure of Arctic Ecosystems in the Short- and Long-term Perspectives. Ambio 33, 436–447.

Campbell, B.M. (ed.), 1996: The Miombo in Transition: Woodlands and Welfare in Africa. Center for International Forestry Research (CIFOR), Bogor, Indonesia, 266 pp.

Campbell, B.M. & Werger, M.J.A., 1988: Plant form in the mountains of the Cape, South Africa. Journal of Ecology 76, 637–653.

Campbell, J.S., 1997: North American Alpine Ecosystems. In Wielgolaski, F.E. (ed.), Polar and Alpine Tundra. Ecosystems of the World 3, 211–261.

Canadell, J. & Zedler, P.H., 1995: Underground Structures of Woody Plants in Mediterranean Ecosystems of Australia, California, and Chile. In Arroyo, M.T.K., Zedler, P.H. & Fox, M.D. (eds.), Ecology and Biogeography of Mediterranean Ecosystems in Chile, California, and Australia. Ecological Studies 108, 177–210.

Canadell, J., Jackson, R.B., Ehleringer, J.R., Mooney, H.A., Sala, O.E. & Schulze, E.-D., 1996: Maximum rooting depth of vegetation types at the global scale. Oecologia 108, 583–595.

Canadian Forest Service, o.J.: The State of Canada's Forests 2004–2005. http://cfs.nrcan.gc.ca/ (aufgerufen 2013).

Cardelus, C.L., Colwell, R.K. & Watkins Jr, J.E., 2006: Vascular epiphyte distribution patterns: explaining the mid-elevation richness peak. Journal of Ecology 94, 144–156.

Carder, A.C., 1995: Forest Giants of the World. Past and Present. Fitzhenry and Whiteside, Markham, ON, Canada.

Carrick, P.J., 2003: Competitive and facilitative relationships among three shrub species, and the role of browsing intensity and rooting depth in the Succulent Karoo, South Africa. Journal of Vegetation Science 14, 761–772.

Carson, W.P. & Schnitzer, S.A. (eds.), 2008: Tropical forest community ecology. Wiley-Blackwell, Chichester, 517 pp.

Carson, W.P., Anderson, J.T., Leigh Jr, E.C. & Schnitzer, S.A., 2008: Challenges associated with testing and falsifying the Janzen-Connel hypothesis: a review and critique. In Carson, W.P. & Schnitzer, S.A. (eds.), Tropical forest community ecology. Wiley-Blackwell, Chichester, pp. 210–241.

Castro, A.A.J.F., Martins, F.R., Tamashiro, J.Y. & Shepherd, G.J., 1999: How rich is the flora of Brazilian cerrados? Annals of the Missouri Botanical Garden 86, 192–224.

Castro, M.de, Gallardo, C., Jylha, K. & Tuomenvirta, H., 2007: The use of a climate-type classification for assessing climate change effects in Europe from an ensemble of nine regional climate models. Climatic Change 81, 329–341.

Cauldwell, A.E. & Zieger, U., 2000: A reassessment oft he fire-tolerance of some miombo woody species in the Central Provine, Zambia. African Journal of Ecology 38, 138–146.

Cavieres, L.A., Peñaloza, A. & Arroyo, M.K., 2000: Altitudinal vegetation belts in the high-Andes of central Chile (33° S). Revista Chilena de Historia Natural 73, 331–344.

CAVM Team, 2003: Circumpolar Arctic Vegetation Map. Scale 1:7,500,000. Conservation of Arctic Flora and Fauna (CAFF) Map No. 1. U.S. Fish and Wildlife Service, Anchorage, Alaska (www.geobotany.uaf.edu; Aufruf 2013).

Cerling, T.E., Harris, J.M., MacFadden, B.J., Leakey, M.G., Quade, J., Eisenmann, V. & Ehleringer, J.R., 1997: Global vegetation change through the Miocene/Pliocene boundary. Nature 389, 153–158.

Cernusca, A., 1976: Bestandesstruktur, Bioklima und Energiehaushalt von alpinen Zwergstrauchbeständen. Oecologia Plantarum 11, 71–102.

Chambers, J.C., Roundy, B.A., Blank, R.R., Meyer, S.E. & Whittaker, A., 2007: What makes Great Basin sagebrush ecosystems invasible by *Bromus tectorum*? Ecological Monographs 77, 117–145.

Chandler, G.T., Crisp, M.D., Cayzer, L.W. & Bayer, R.J., 2002: Monograph of Gastrolobium (Fabaceae: Mirbelieae). Australian Systematic Botany 15, 619–739.

Chang, D.H.S., 1981: The vegetation zonation of the Tibetan Plateau. Mountain Research and Development 1981, 29–48.

Chapin III, F.S., McKendrick, J.D. & Johnson, D.A., 1986: Seasonal changes in carbon fractions in Alaskan tundra plants of differing growth form: implications for herbivory. Journal of Ecology 74, 707–731.

Chapin III, F.S., Callaghan, T.V., Bergeron, Y., Fukuda, M., Johnstone, J.F., Juday, G. & Zimov, S.A., 2004: Global Change and the Boreal Forest: Tresholds, Shifting States or Gradual Change? Ambio 33, 361–365.

Chapin III, F.S., Viereck, L.A., Adams, P., Van Cleve, K., Fastie, C.L., Ott, R.A., Mann, D. & Johnstone, J.F., 2006: Successional processes in the Alaskan boreal forest. In Chapin III, F.S., Oswood, M.W., Van Cleve, K., Viereck, L.A. & Verbyla, D.L. (eds.), Alaska's Changing Boreal Forest. Oxford University Press, New York, pp. 100–120.

Chapin, D.F. & Bledsoe, C.S., 1992: Nitrogen Fixation in Arctic Plant Communities. In Chapin III, F.S., Jefferies, R.L., Reynolds, J.F., Shaver, G.R., Svoboda, J. & Chu, E.W. (eds.), Arctic Ecosystems in a Changing Climate: An Ecophysiological Perspective. Academic Press, New York, pp. 301–320.

Chapman, A.D., 2009: Numbers of living species in Australia and the world. 2nd Edition. Australian Biodiversity Information Services, Toowoomba, Australia (http://www.environment.gov.au/biodiversity/abrs/publications/other/species-numbers/2009/index.html)

Chapman, V.J., 1976: Mangrove Vegetation. Verlag J.Cramer, Vaduz, 447 pp.

Charrouf, Z. & Guillaume, D., 2009: Sustainable Development in Northern Africa: The Argan Forest Case. Sustainability 2009, 1012–1022.

Cheek, M. & Jebb, M., 2001: Flora Malesiana, Series I. Seed Plants, Vol. 15, Nepenthaceae. Nationaal Herbarium Nederland, Leiden.

Chen, C., 1987: Standörtliche, vegetationskundliche und waldbauliche Analyse chinesischer Gebirgsnadelwälder und Anwendung alpiner Gebirgswaldbaumethoden im chinesischen fichtenreichen Gebirgsnadelwald. Dissertation Universität für Bodenkultur, Wien, 316 S.

Chernov, Y. I. & Matveyeva, N. V., 1997: Arctic ecosystems in Russia. In Wielgolaski, F. E. (ed.), Polar and Alpine Tundra. Ecosystems of the World 3, 361–507.

Chian, H., Yuan, X.-Y. & Chou, Y.-L., 2003: Forest Vegetation of Northeast China. In Kolbek, J., Šrůtek, M. & Box, E.O. (eds.), Forest Vegetation of Northeast Asia. Geobotany 28, 181–230.

Ching, K.K., 1991: Temperate Deciduous Forests in East Asia. In Röhrig, E. & Ulrich, B. (eds.), Temperate Deciduous Forests. Ecosystems of the World 7, 539–555.

Chiurugwi, T., Beaumont, M.A., Wilkinson, M.J. & Battey, N.H., 2011: Adaptive divergence and speciation among sexual and pseudoviviparous populations of *Festuca*. Heredity 106, 854–861.

Christensen, N.L., 2000: Vegetation of the Southeaster Coastal Plain. In Barbour, M.G. & Billings, W.D. (eds.), North American Terrestrial Vegetation. 2nd Edition. Cambridge University Press, Cambridge, pp. 397–448.

Chuvieko, E., Giglio, L. & Justice, C., 2008: Global characterization of fire activity: toward defining fire regimes from Earth observation data. Global Change Biology 14, 1488–1502.

Chytrý, M., Danihelka, J., Ermakov, N., Hájek, M., Hájková, P., Koči, M., Kubešová, S., Lustyk, P., Otýpková, Z., Popov, D., Roleček, J., Reznícková, M., Šmarda, P. & Valachovič, M., 2007: Plant species richness in continental southern Siberia: effects of pH and climate in the context of the species pool hypothesis. Global Ecology and Biogeography 16, 668–678.

Chytrý, M., Ermakov, N., Danihelka, J., Hájek, M., Hájková, P., Horsák, M., Koči, M., Kubešová, S., Lustyk, P., Otýpková, Z., Pelánková, B., Valachovič, M. & Zelený, D., 2012: High species richness in hemiboreal forests of the northern Russian Altai, southern Siberia. Journal of Vegetation Science 23, 605–616.

Clark, D.B., Palmer, M.W. & Clark, D.A., 1999: Edaphic factors and the landscape-scale distributions of tropical rain forest trees. Ecology 80, 2662–2675.

Clarke, C.J., George, R.J., Bell, R.W. & Hatton, T.J., 2002: Dryland salinity in south-western Australia: its origin, remedies, and future research directions. Australian Journal of Soil Research 40, 93–113.

Clarke, P.J., 1994: Coastal dune vegetation. In Groves, R.H. (ed.), Australian Vegetation. 2nd Edition. Cambridge University Press, Melbourne, pp. 501–521.

Clarke, P.J., Kerrigan, R.A. & Westphal, C.J., 2001: Dispersal potential and early growth in 14 tropical mangroves: do early life history traits correlate with patterns of adult distribution? Journal of Ecology 89, 648–659.

Cleef, A.M., 1981: The vegetation of the páramos of the Colombian Cordillera Oriental. Dissertationes Botanicae 61, 1–231.

Clements, D.R., DiTomaso, A., Jordan, N., Booth, B.D., Cardina, J., Doohan, D., Mohler, C.L., Mur-

phy, S.D. & Swanton, C.J., 2004: Adaptability of plants invading North American cropland. Agriculture, Ecosystems and Environment 104, 379–398.

Clements, F.E., 1920: Plant indicators. Carnegie Institution of Washington. Publication 290, Washington D.C.

Cocchietto, M., Skert, N., Nimis, P.L. & Sava, G., 2002: A review on usnic acid, an interesting natural compound. Naturwissenschaften 89, 137–146.

Cochrane, M.A. (ed.), 2009: Tropical Fire Ecology. Climate Change, Land Use, and Ecosystem Dynamics. Praxis Publishing, Chichester, 645 pp.

Cochrane, M.A. & Laurance, W.F., 2002: Fire as a large-scale edge effect in Amazonian forests. Journal of Tropical Ecology 18, 311–325.

Cochrane, M.A. & Ryan, K.C., 2009: Fire and fire ecology: Concepts and principles. In Cochrane, M.A. (ed.), Tropical Fire Ecology. Climate Change, Land Use, and Ecosystem Dynamics. Praxis Publishing, Chichester, pp. 25–62.

Codron, J., Lee-Thorp, J.A., Sponheimer, M., Codron, D., Grant, R.C. & de Rutter, D.J., 2006: Elephant (*Loxodonta africana*) diets in Kruger National Park, South Africa: spatial and landscape differences. Journal of Mammalogy 87, 27–34.

Codron, D., Lee-Thorp, J.A., Sponheimer, M. & Codron, J., 2007: Nutritional content of savanna plant foods: implications for browser/grazer models of ungulate diversification. European Journal of Wildlife Research 53, 100–111.

Coetsee, C., Bond, W.J. & February, E.C., 2010: Frequent fire affects soil nitrogen and carbon in an African Savanna by changing woody cover. Oecologia 162, 1027–1034.

Cogbill, C.V. & White, P.S., 1991: The altitude-elevation relationship for spruce-fir forest and treeline along the Appalachian mountain chain. Vegetation 94, 153–175.

Coldea, G., Klötzli, F., Burga, C.A. & Trümpi, R., 2004: Südost-Karpaten/Tatra-Gebirge. In Burga, C.A., Klötzli, F. & Grabherr, G. (Hsg.), Gebirge der Erde. Landschaft, Klima, Pflanzenwelt. Verlag E. Ulmer, Stuttgart, S. 104–114.

Cole D.T., 1979: Mimicry in *Lithops*. Aloe 17, 103–109.

Cole, D.W. & Rapp, M., 1981: Elemental cycling in forest ecosystems. In Reichle, D.E. (ed.), Dynamic properties of forest ecosystems. Cambridge University Press, Cambridge, pp. 341–409.

Collins, S.L. & Calabrese, L.B., 2012: Effects of fire, grazing and topopgraphic variation on vegetation structure in tallgrass prairie. Journal of Vegetation Science 23, 563–576.

Comes, H.P. & Kadereit, J.W., 2003: Spatial and Temporal Patterns in the Evolution of the Flora of the European Alpine System. Taxon 52, 451–462.

Condie, K.C. & Sloan, R.E., 1998: Origin and Evolution of Earth. Principles of Historical Geology. Prentice Hall, New Jersey, 498 pp.

Connel, J.H., 1971: On the role of natural enemies in preventing competitive exclusion in some marine animals and in rain forest trees. In den Boer, P.J. & Gradwell, G.R. (eds.), Dynamics of populations. Center for Agricultural Publication and Documentation, Wageningen, The Netherlands, pp. 298–312.

Coomes, D.A. & Bellingham, P.J., 2011: Temperate and Tropical Podocarps: How Ecologically Alike Are They? In Turner, B.L. & Cernusak, L.A. (eds.), 2011: Ecology of Podocarpaceae in Tropical Forests. Smithonian Contribution to Botany 95, 119–140.

Cooper, E.J., Alsos, I.G., Hagen, D., Smith, F.M., Coulson, S.J. & Hodkinson, I.D., 2004: Plant recruitment in the High Arctic: Seed bank and seedling emergence in Svalbard. Journal of Vegetation Science 15, 115–224.

Corlett, R.T. & Primack, R.B., 2008: Tropical rainforest conservation: a global perspective. In Carson, W.P. & Schnitzer, S.A. (eds.), Tropical forest community ecology. Wiley-Blackwell, Chichester, pp 442–457.

Corlett, R.T. & Primack, R.B., 2011: Tropical Rainforests. An Ecological and Biogeographical Comparison. 2nd Edition. Wiley-Blackwell, Chichester, 326 pp.

Cornelissen, J.H.C., Castro Diez, P. & Hunt, R., 1996: Seedling growth, allocation and leaf attributes in a wide range of woody plant species and types. Journal of Ecology 84, 755–765.

Cornelissen, J.H.C., Lavorel, S., Garnier, E., Diaz, S., Buchmann, N., Gurvich, D.E., Reich, P.B., ter Steege, H., Morgan, H.D., van der Heijden, M.G.A., Pausas, J.G. & Poorter, H., 2003: A handbook of protocols for standardized and easy measurement of plant functional traits worldwide. Australian Journal of Botany 51, 335–380.

Corradi, C., Kolle, O., Walter, K., Zimov, S. A., & Schulze, E. D., 2005: Carbon dioxide and methane exchange of a north-east Siberian tussock tundra. Global Change Biology 11, 1910–1925.

Cortina, J., Maestre, F.T., Ramírez, D., 2009: Innovations in semiarid restoration. The case of *Stipa tenacissima* L. steppes. In Bautista, S., Aronson, J. & Vallejo, V.R. (eds.), Land Restoration to Combat Desertification. Innovative Approaches, Quality Control and Project Evaluation. Fundación CEAM, Valencia, pp. 121–144.

Coupland, R.T., 1992: Mixed Prairie. In Coupland, R.T. (ed.), Natural Grasslands. Introduction and Western Hemisphere. Ecosystems of the World 8A, 151–182.

Coupland, R.T. & Johnson, R.E., 1965: Rooting Characteristics of Native Grassland Species in Saskatschewan. Journal of Ecology 53, 475–507.

Couwenberg, J. & Joosten, H., 2005: Self-organization in raised bog patterning: the origin of microtope zonation and mesotope diversity. Journal of Ecology 93, 1238–1248.

Cowan, P.J., 2007: Geographic usage of the terms Middle Asia and Central Asia. Journal of Arid Environments 69, 359–363.

Cowardin, L.M., Carter, V., Golet, F.C. & LaRoe, E.T., 1979: Classification of Wetlands and Deepwater Habitats of the United States. FWS/OBS-79/31, US Fish and Wildlife Service, Washington, DC., 103 pp.

Cowling, R.M. (ed.), 1992: The Ecology of Fynbos. Nutrients, Fire and Diversity. Oxford University Press, Cape Town, 411 pp.

Cowling, R.M. & Lamont, B.B., 1985: Variation in serotiny of three *Banksia* species along a climatic gradient. Australian Journal of Ecology 10, 345–350.

Cowling, R.M., Gibbs Russel, G.E., Hoffman, M.T. & Hilton-Taylor, C., 1989: Patterns of Plant Species Diversity in southern Africa. In Huntley, B.J. (ed.), Biotic diversity in southern Africa. Concepts and conservation. Oxford University Press, Cape Town, pp. 19–50.

Cowling, R.M., Pierce, S.M., Stock, W.D. & Cocks, M., 1994: Why are there so many myrmecochorous species in the Cape fynbos? In Arianoutsou, M. & Groves, R.H. (eds.), Plant-animal interactions in Mediterranean-type ecosystems. Kluwer Academic Publishers, Dordrecht, pp. 159–168.

Cowling, R.M., Rundel, P.W., Lamont, B.B., Arroyo, M.K. & Arianoutsou, M., 1996: Plant diversity in Mediterranean-climate regions. Trends in Ecology and Evolution 11, 362–366.

Cowling, R.M., Richardson, D.M. & Mustart, P.J., 1997a: Fynbos. In Cowling, R.M., Richardson, D.M. & Pierce, S.M. (eds.), Vegetation of Southern Africa. Cambridge University Press, Cambridge, pp. 99–130.

Cowling, R.M., Richardson, D.M. & Pierce, S.M. (eds.), 1997b: Vegetation of Southern Africa. Cambridge University Press, Cambridge, 615 pp.

Cowling, R.M., Esler, K.J. & Rundel, P.W., 1999: Namaqualand, South Africa – an overview of a unique winter-rainfall desert ecosystem. Plant Ecology 142, 3–21.

Cowling, R.M., Ojeda, F., Lamont, B.B., Rundel, P.W. & Lechmere-Oertel, R., 2005: Rainfall reliability, a neglected factor in explaining convergence and divergence of plant traits in fire-prone mediterranean-climate ecosystems. Global Ecology and Biogeography 14, 509–519.

Cox, C.B., 2001: The biogeographic regions reconsidered. Journal of Biogeography 28, 511–523.

Cox, C.B. & Moore, P.D., 2010: Biogeography. An Ecological and Evolutionary Approach. 8th Edition. John Wiley & Sons, 520 pp.

Cramer, M.D., Verboom, G.A. & Hawkins, H.J., 2009: The importance of nutritional regulation of plant water flux. Oecologia 161, 15–24.

Crane, P.R., Friis, E.M., & Pedersen, K.R., 1995: The origin and early diversification of angiosperms. Nature 374, 27–33.

Crawford, R.M.M., 2004: Long-term Plant Survival at High Latitudes. Biological Journal of Scotland 56, 1–23.

Crawford, R.M.M., 2008: Plants at the Margin. Ecological Limits and Climate Change. Cambridge University Press, Cambridge, 478 pp.

Crittenden, P.D., 2000: Aspects of the ecology of mat-forming lichens. Rangifer 20, 127–139.

Cronk, Q.C.B. & Fuller, J.L., 1995: Plant invaders. The threat to natural ecosystems. Chapman & Hall, London, 241 pp.

Crutzen, P.J., 2002: Geology of mankind. Nature 415, 23.

Crutzen, P.J. & Steffen, W., 2003: How long have we been in an anthropocene era? An Editorial Comment. Climatic Change 61: 251–257.

Cuatrecasas, J., 1968: Páramo vegetation and its life forms. In Troll, C. (ed.), Geo-ecology of the mountainous regions of the tropical Americas. Colloquium Geographicum 9, 163–186.

Culmsee, H., Leuschner, C., Moser, G. & Pitopang, R., 2010: Forest aboveground biomass along an elevational transect in Sulawesi, Indonesia, and the role of Fagaceae in tropical montane rain forests. Journal of Biogeography 37, 960–974.

Currie, D.J. & Paquin, V., 1987: Large-scale biogeographical patterns of species richness of trees. Nature 329, 326–327.

D'Antonio, C.M. & Vitousek, P.M., 1992: Biological invasions by exotic grasses, the grass/fire cycle, and global change. Annual Review of Ecology and Systematics 23, 63–87.

D'Herbès, J.-M., Valentin, C., Tongway, D.J. & Leprun, J.-C., 2001: Banded Vegetation Patterns and Related Structures. In Tongway, D.J., Valentin, C. & Seghieri, J. (eds.), Banded Vegetation Patterning in Arid and Semiarid Environments. Ecological Studies 149, 1–19.

Dahlberg, A., 2001: Community ecology of ectomycorrhizal fungi: an advancing interdisciplinary field. New Phytologist 150, 555–562.

Dai, L., Wang, Y., Su, D., Zhou, L., Yu, D., Lewis, B.J. & Qi, L., 2011: Major Forest Types and the Evolution of Sustainable Forestry in China. Environmental Management 48, 1066–1078.

Dallman, P.R., 1998: Plant Life in the World's Mediterranean Climates. University of California Press, Berkeley, 257 pp.

Danby, R.K. & Hik, D.S., 2007: Variability, contingency and rapid change in recent subarctic alpine tree line dynamics. Journal of Ecology 95, 352–363.

Daniels, F.J.A., 1994: Vegetation classification in Greenland. Journal of Vegetation Science 5, 781–790.

Daniels, F. J., Bültmann, H., Lünterbusch, C. & Wilhelm, M., 2000: Vegetation zones and biodiversity of the North-American Arctic. Berichte der Reinhold-Tüxen-Gesellschaft 12, 131–151.

Danser, B.H., 1928: The Nepenthaceae of the Netherlands Indies. Bulletin Jardin Botanique Buitenzorg 3, 249–438.

Dansereau, P., 1957: Biogeography: An Ecological Perspective. Ronald Publ., New York, 394 pp.

Darlington, J.P.E.C., 1994: Nutrition and evolution in fungus-growing termites. In Hunt, J.H. & Nalepa, C.A. (eds.), Nourishment and evolution in insect societies. Westview Press, Boulder, Colorado, pp. 105–130.

Davidson, A.D. & Lightfoot, D.C., 2006: Keystone rodent interactions: prairie dogs and kangaroo rats structure the biotic composition of a desertified grassland. Ecography 29, 755–765.

Davis, G.W. & Richardson, D.M. (eds.), 1995: Mediterranean-Type Ecosystems. The Function of Biodiversity. Ecological Studies 109, 366 pp.

De Lillis, M., 1991: An ecomorphological study of the evergreen leaf. Braun-Blanquetia 7, 127 pp.

De Oliveira, A.A. & Mori, S.A., 1999: A central Amazonian terra firme forest. I. High tree species richness on poor soils. Biodiversity and Conservation 8, 1219–1244.

De Simone, O., Müller, E., Junk, W.J. & Schmidt, W., 2002: Adaptions of Central Amazon Tree Species to Prolonged Flooding: Root Morphology and Leaf Longevity. Plant Biology 4, 515–522.

DeAngelis, D.L., Gardner, R.H. & Shugart, H.H., 1981: Productivity of forest ecosystems studies during IBP: the woodland dataset. In Reichle, D.E. (ed.), Dynamic Properties of Forest Ecosystems, Cambridge University Press, Cambridge, pp. 567–672.

Delcourt, H.R. & Delcourt, P.A., 2000: Eastern Deciduous Forests. In Barbour, M.G. & Billings, W.D. (eds.), North American Terrestrial Vegetation. 2nd Edition. Cambridge University Press, New York, pp 357–395.

Dell, B., Havel, J.J. & Malajczuk, N. (eds.), 1989: The Jarrah Forest. A complex mediterranean ecosystem. Kluver Academic Publishers, Dordrecht, 408 pp.

Dengler, J., 2005: Zwischen Estland und Portugal – Gemeinsamkeiten und Unterschiede der Phytodiversitätsmuster europäischer Trockenrasen. Tuexenia 25, 387–405.

Detling, J.K., 1988: Grasslands and Savannas: Regulation of Energy Flow and Nutrient Cycling by Herbivores. In Pomeroy, L.R. & Alberts, J.J. (eds.), Concepts of Ecosystem Ecology. Ecological Studies 67, 131–148.

Dezzeo, N., Chacón, N., Sanoja, E. & Picón, G., 2004: Changes in soil properties and vegetation charcteristics along a forest-savanna gradient in southern Venezuela. Forest Ecology and Management 200, 183–193.

d'Herbès, J.-M., Valentin, C., Tongway, D.J. & Leprun, J.-C., 2001: Banded Vegetation Patterns and Related Structures. In Tongway, D.J., Valentin, C. & Seghieri, J. (eds.), Bandes Vegetation Patterning in Arid and Semiarid Environments. Ecological Studies 149, 1–19.

Di Castri, F., 1973: Soil Animals in Latitudinal and Topographical Gradients of Mediterranean Ecosystems. In Di Castri, F. & Mooney, H.A. (eds.), 1973: Mediterranean Type Ecosystems. Origin and Structure. Ecological Studies 7, 171–190.

Di Castri, F., 1981: Mediterranean-Type shrublands of the World. In Di Castri, F., Goodall, D.W. & Specht, R.L. (eds.), Mediterranean-Type Shrublands. Ecosystems of the World 11, 1–52.

Di Castri, F. & Mooney, H.A. (eds.), 1973: Mediterranean Type Ecosystems. Origin and Structure. Ecological Studies 7, 405 pp.

Di Castri, F., Goodall, D.W. & Specht, R.L. (eds.), 1981: Mediterranean-Type Shrublands. Ecosystems of the World 11, 643 pp.

Dickoré, W.B., 1991: Zonation of Flora and Vegetation of the Northern Declivity of the Karakoram/Kunlun Mountains (SW Xinjiang China). GeoJournal 25, 265–284.

Diekmann, M., 2004: Sommergrüne Laubwälder der boreo-nemoralen Zone Nordeuropas. Tuexenia 24, 73–88.

Dierschke, H., 1994: Pflanzensoziologie. Grundlagen und Methoden. – Verlag E. Ulmer, Stuttgart, 683 S.

Dierschke, H., 2000: Phenological phases and phenological species groups of mesic beech forests and their suitability for climatological monitoring. Phytocoenologia 30, 469–476.

Dierschke, H., 2004: Sommergrüne Laubwälder (Querco-Fagetea s.lat.) in Europa – Einführung und Übersicht. Tuexenia 24, 13–17.

Dierschke, H. & Briemle, G., 2002: Kulturgrasland. Wiesen, Weiden und verwandte Staudenfluren. Verlag E. Ulmer, Stuttgart, 240 S.

Dierßen, K., 1996: Vegetation Nordeuropas. Verlag E. Ulmer, Stuttgart, 838 S.

Dierßen, K., 2004: Kamchatka. In Burga, C.A., Klötzli, F. & Grabherr, G. (Hrsg.), Gebirge der Erde. Verlag E. Ulmer, Stuttgart, S. 172–179.

Dierßen, K., Eischeid, I., Härdtle, W., Hagge, H., Kiehl, L., Körber, P., LütkeTwenhöven, F., Neuhaus, F. & Walter, J., 1991: Geobotanische Untersuchungen an den Küsten Schleswig-Holsteins. Berichte der Reinhold Tüxen-Gesellschaft 3, 129–155.

DiTomaso, J.M., 2000: Invasive weeds in rangelands: Species, impacts, and management. Weed Science 48, 255–265.

Dixon, E. J., 2001: Human colonization of the Americas: timing, technology and process. Quaternary Science Reviews 20, 277–299.

Doluchanov, A. & Nachucrišvili, G., 2003: Formation H Hygrophile thermophytische Laubmischwälder. In Bohn, U., Neuhäusl, R., Gollub, G., Hettwer, C., Neuhäuslová, Z., Raus, T., Schlüter, H. & Weber, H. (eds.), Karte der natürlichen Vegetation Europas. Maßstab 1:2.500.000. Landwirtschaftsverlag, Münster, S. 384–388.

Domec, J.-C., Scholz, F.G., Bucci, S.J., Meinzer, F.C., Goldstein, G. & Villalobos-Vega, R., 2006: Diurnal and seasonal variation in root xylem embolism in Neotropical savanna woody species: impact on stomatal control of plant water status. Plant, Cell and Environment 29, 26–35.

Domec, J.-C., Lachenbruch, B., Meinzer, F.C., Woodruff, D.R., Warren, J.M. & McCulloh, K.A., 2008: Maximum height in a conifer is associated with conflicting requirements for xylem design. Proceedings of the National Academy of Sciences of the United States of America 105, 12069–12074.

Donato, D.C., Campbell, J.L. & Franklin, J.F., 2012: Multiple succesional pathways and precocity in forest development: can some forests be born complex? Journal of Vegetation Science 23, 576–584.

Doniță, N., Karamyševa, Z.V., Borhidi, A. & Bohn, U., 2003: Formation L Waldsteppen (Wiesensteppen im Wechsel mit sommergrünen Laubwäldern) und Trockenrasen im Wechsel mit Trockengebüschen. In Bohn, U., Neuhäusl, R., Gollub, G., Hettwer, C., Neuhäuslová, Z., Schlüter, H. & Weber, H. (Hsg.), Karte der natürlichen Vegetation Europas 1: 2.500.000. Teil 1. Erläuterungstext. Landwirtschaftsverlag, Münster, S. 426–444.

Donoso, C., 1996: Ecology of *Nothofagus* Forests in Central Chile. In Veblen, T.T., Hill, R.S. & Read, J. (eds.), The ecology and biogeography of *Nothofagus* forests. Yale University Press, New Haven, pp. 271–292.

Donoso, C., Sandoval, V., Grez, R. & Rodríguez, J., 1993: Dynamics of *Fitzroya cupressoides* forests in southern Chile. Journal of Vegetation Science 4, 303–312.

Doppler, W., 1991: Landwirtschaftliche Betriebssysteme in den Tropen und Subtropen. Verlag E. Ulmer, Stuttgart, 216 S.

Dorn, R.I. & Krinsley, D., 2011: Spatial, temporal and geographic considerations of the problem of rock varnish diagenesis. Geomorphology 130, 91–99.

Dorneles, L.P.P. & Waechter, J.L., 2004: Fitosociologia do componente arbóreo na floresta turfosa do Parque Nacional da Lagoa do Peixe, Rio Grande do Sul, Brasil. Acta Botânica Brasileira 18, 815–824.

Douglas, G.W. & Bliss, L.C., 1977: Alpine and high subalpine plant communities of the North Cascades Ranges, Washington and British Columbia. Ecological Monographs 47, 113–150.

Drezner, T.D., 2008: Variation in age and height of onset of reproduction in the saguaro cactus (*Carnegiea gigantea*) in the Sonoran Desert. Plant Ecology 194, 223–229.

Drude, O., 1913: Die Ökologie der Pflanzen. Vieweg Verlag, Braunschweig.

Duckworth, J.C., Kent, M. & Ramsay, P.M., 2000: Plant functional types: an alternative to taxonomic plant community description in biogeography? Progress in Physical Geography 24, 515–542.

Ducousso, M., Béna, G., Bourgeois, C., Buyck, B., Eyssartier, G., Vincelette, M., Rabevohitra, R., Randrihasipara, L., Dreyfus, B. & Prin, Y., 2004: The last common ancestor of Sarcolaenaceae and Asian Dipterocarp trees was ectomycorrhizal before the India-Madagascar separation, about 88 million years ago. Molecular Ecology 13, 231–236.

Duhme, F. & Hinckley, T.M., 1992: Daily and seasonal variation in water relations of macchia shrubs and trees in France (Montpellier) and Turkey (Antalya). Vegetatio 99–100, 185–198.

Dulamsuren, C., Hauck, M. & Mühlenberg, M., 2005: Ground vegetation in the Mongolian taiga forest-steppe ecotone does not offer evidence for the human origin of grasslands. Applied Vegetation Science 8, 149–154.

Dulamsuren, C., Hauck, M., Nyambayar, S., Bader, M., Osokhjargal, D., Oyungerel, S. & Leuschner, C., 2009: Performance of Siberian elm (*Ulmus pumila*) on steppe slopes of the northern Mongolian mountain taiga: Drought stress and herbivory in mature trees. Environmental and Experimental Botany 66, 18–24.

Dümig, A., Schad, P., Kohok, M., Beyerlein, P., Schwimmer, W. & Kögel-Knabner, I., 2008a: A mosaik of nonallophanic Andosols, Umbrisols and Cambisols on rhyodacite in the southern Brazilian highlands. Geoderma 145, 158–173.

Dümig, A., Schad, P., Rumpel, C., Dignac, M.-F. & Kögel-Knabner, I., 2008b: *Araucaria* forest expansion on grassland in the southern Brazilian highlands as revealed by ^{14}C and δ^{13} studies. Geoderma 145, 143–157.

Duncan, R.R. & Carrow, R.N., 1999: Seashore *Paspalum*. The Environmental Turfgrass. John Wiley & Sons, New Jersey, 304 pp.

Dupont, L.M., Jahns, S., Marret, F. & Ning, S., 2000: Vegetation change in equatorial West Africa: time-slices for the last 150 ka. Palaeogeography, Palaeoclimatology, Palaeoecology 155, 95–122.

Duryea M.L., Kampf E., Littell, R.C. & Rodríguez Pedraza C.D., 2007: Hurricanes and the urban forest: II. Effects on tropical and subtropical tree species. Arboriculture & Urban Forestry 33, 98–112.

Dyer, M.L., Detling, J.K., Coleman, D.C. & Hilbert, D.W., 1982: The role of herbivores in grassland. In Estes, J.R., Tyrl, R.J. & Brunken, J.N. (eds.), Grasses and grassland communities: systematics and ecology. University of Oklahoma Press, Norman, pp. 255–295.

Dynesius, M. & Nisson, C., 1994: Fragmentation and Flow Regulation of River Systems on the Northern Third of the World. Science 266, 753–762.

Dyrness, C.T., Viereck, L.A. & Van Cleve, K., 1986: Fire in taiga communities of interior Alaska. In Van Cleve, K., Chapin III, F.S., Flanagan, P.W., Viereck, L.A. & Dyrness, C.T. (eds.), Forest ecosystems in the Alaskan taiga. Ecological Studies 57, 74–86.

Eccles, N.S., Esler, K.J. & Cowling, R.M., 1999: Spatial pattern analysis in Namaqualand desert plant communities: evidence for general positive interactions. Plant Ecology 142, 71–85.

Eckenwalder, J.E., 2009: Conifers of the World. The Complete Reference. Timber Press, Portland, 720 pp.

Edlund, S., 1990: Bioclimate zones in the Canadian Archipelago. In Harrington, C.R. (ed.), Canada's Missing Dimension: Science and History in the Canadian Arctic Islands. Canadian Museum of Nature, Ottawa, pp. 421–441.

Edwards, P.J. & Grubb, P.J., 1982: Studies of mineral cycling in a montane rain forest in New Guinea. IV. Soil characteristics and the division of mineral elements between the vegetation and soil. Journal of Ecology 70, 649–666.

Eeley, H.A.C., Lawes, M.J. & Piper, S.E., 1999: The influence of climate change on the distribution of indigenous forests in KwaZulu-Natal, South Africa. Journal of Biogeography 26, 595–617.

Eeley, H.A.C., Lawes, M.J. & Reyers, B., 2001: Priority areas for the conservation of subtropical indigenous forest in southern Africa: a case study from KwaZulu-Natal. Biodiversity and Conservation 10, 1221–1246.

eFloras, 2008. Published on the Internet http://www.efloras.org (accessed 27th of February 2012). Missouri Botanical Garden, St. Louis, MO & Harvard University Herbaria, Cambridge, MA.

Ehleringer, J.R., 1985: Annuals and perennials of warm deserts. In Cjabot, B.F. & Mooney, H.A. (eds.), Physiological Ecology of North American Plant Communities. Capman and Hall, New York, pp. 162–180.

Ehleringer, J.R. & Monson, R.K., 1993: Evolutionary and ecological aspects of photosynthetic pathway variation. Annual Review of Ecology, Evolution and Systematics 24, 411–439.

Ehleringer, J.R., Mooney, H.A., Gulmon, S.L. & Rundel, P.W., 1980: Orientation and its consequences for Copiapoa (Cactaceae) in the Atacama Desert. Oecologia 46, 63–67.

Eiten, G., 1972: The Cerrado Vegetation of Brazil. Botanical Review 38, 201–341.

Ellenberg, H. 1958: Wald oder Steppe? Die natürliche Pflanzendecke der Anden Perus. Umschau 1958, 645–681.

Ellenberg, H., 1959: Über den Wasserhaushalt tropischer Nebeloasen in der Küstenwüste Perus. Berichte des Geobotanischen Instituts, Stiftung Rübel, der ETH Zürich 1958, 47–74.

Ellenberg, H., 1962: Wald in der Pampa Argentiniens? Veröffentlichungen des Geobotanischen Instituts an der ETH Zürich, Stiftung Rübel, 37, 39–56.

Ellenberg, H., 1963: Vegetation Mitteleuropas mit den Alpen. 1. Auflage. Verlag E. Ulmer, Stuttgart, 943 S.

Ellenberg, H., 1975: Vegetationsstufen in perhumiden bis perariden Bereichen der tropischen Anden. Phytocoenologia 2, 368–387.

Ellenberg, H., 1979: Man's influence on tropical mountain ecosystems in South America. Journal of Ecology 67, 401–416.

Ellenberg, H., 1981: Ursachen des Vorkommens und Fehlens von Sukkulenten in den Trockengebieten der Erde. Flora 171, 114–169.

Ellenberg, H., 1985: Unter welchen Bedingungen haben Blätter sogenannte Träufelspitzen? Flora 176, 169–188.

Ellenberg, H. & Mueller-Dombois, D., 1967a: A Key to Raunkiaer Plant Life Forms with Revised Subdivisions. Berichte des Geobotanischen Instituts der ETH, Stiftung Rübel, 37, 56–73.

Ellenberg, H. & Mueller-Dombois, D., 1967b: Tentative Physiognomic-Ecological Classification of Plant Formations of the Earth. Berichte des Geobotanischen Instituts der ETH, Stiftung Rübel, 37, 21–55.

Ellenberg, H. & Leuschner, C., 2010: Vegetation Mitteleuropas mit den Alpen. 6. Auflage. Verlag E. Ulmer, Stuttgart, 1357 S.

Ellenberg, H., Weber, H.E., Düll, R., Wirth, V. & Werner, W., 2001: Zeigerwerte von Pflanzen in Mitteleuropa. 3. Auflage. Verlag Goltze, Göttingen, 262 S.

Elliott-Fisk, D.L., 2000: The Taiga and Boreal Forest. In Barbour, M.G. & Billings, W.D. (eds.), North America Terrestrial Vegetation. Cambridge University Press, Cambridge, pp. 41–73.

Ellis, R.P., Vogel, J.C. & Fuls, A., 1980: Photosynthetic pathways and the geographical distribution of grasses in South West Africa/Namibia. South African Journal 76, 307–314.

Elmqist, T. & Cox, P.A., 1996: The evolution of vivipary in flowering plants. Oikos 77, 3–9.

Elvebakk, A., 1997: Tundra diversity and ecological characteristics of Svalbard. In Wielgolaski, F.-E. (ed.), Polar and Alpine tundra. Ecosystems of the World 3, 347–359.

Elvebakk, A., 1999: Bioclimatic delimitation and subdivision of the Arctic. In Nordal, I. & Razzhivin, V.Y. (eds.), The Species Concept in the High North – A Panarctic Flora Initiative. The Norwegian Academy of Science and Letters, Oslo, Norway, pp. 81–112.

Elvebakk, A., 2005: A vegetation map of Svalbard on the scale 1:3.5 mill. Phytocoenologia 35, 951–967.

Elven, R., Murray, D.F., Razzhivin, V.Y. & Yurtsev, B.A., o.J.: Annotated Checklist of the Panarctic Flora (PAF). Vascular Plants. http://nhm2.uio.no/paf/ (Zugriff 2013).

Endlicher, W., 2006: Landschaftsstruktur und Degradationsprozesse in der argentinischen Pampa und in Patagonien. In Glaser, R. & Kremb, K. (Hrsg): Planet Erde – Nord- und Südamerika. Darmstadt, S. 219–231.

England, J.R. & Attiwill, P.M., 2006: Changes in leaf morphology and anatomy with tree age and height in the broadleaved evergreen species, *Eucalyptus regnans* F. Muell. Trees 20, 79–90.

Engler, A., 1882: Versuch einer Entwicklungsgeschichte der Pflanzenwelt seit der Tertiärperiode. Band I, II. W. Engelmann, Leipzig, 203, 333 S.

Enright, N.J. & Hill, R.S. (eds.), 1995: Ecology of the Southern Conifers. Smithsonian Institution Press, Washington.

Enright, N.J. & Ogden, J., 1995: The Southern Conifers – A Synthesis. In Enright, N.J, & Hill, R.S (eds.), Ecology of the Southern Conifers. Smithsonian Institution Press, Washington, pp. 271–287.

Enright, N.J., Hill, R.S. & Veblen, T.T., 1995: The Southern Conifers – An Introduction. In Enright, N.J. & Hill, R.S. (eds.), Ecology of Southern Conifers. Smithsonian Institution Press, Washington, pp. 1–9.

Enright, N.J., Ogden, J. & Rigg, L.S., 1999: Dynamics of forests with Araucariaceae in the western Pacific. Journal of Vegetation Science 10, 793–804.

Epstein, H.E., Raynolds, M.K., Walker, D.A., Bhatt, U.S., Tucker, C.J. & Pinzon, J.E., 2012: Dynamics of aboveground phytomass of the circumboreal Arctic tundra during the past three decades. Environmental Research Letters 7, 015506 (12 pp.).

Ermakov, N., 2010: Corresponding geographical types of hemiboreal forests in North Asia: peculiarities of ecology and genesis. Phytocoenologia 40, 29–40.

Ermakov, N. & Zibzeev, P.V., 2012: Alpine vegetation of the Altai (preliminary overview of the higher syntaxa). Berichte der Reinhold-Tüxen-Gesellschaft 24, 195–206.

Ermakov, N., Maltseva, T. & Makunina, N., 1999: Classification of Meadows of the South Siberian Uplands and Mountains. Folia Geobotanica 34, 221–242.

Ermakov, N., Dring, J. & Rodwell, J., 2000: Classification of continental hemiboreal forests of North Asia. Braun-Blanquetia 28, 131 pp.

Eskuche, U., 1973a: Pflanzengesellschaften der Küstendünen von Argentinien, Uruguay und Südbrasilien. Vegetatio 28, 201–250.

Eskuche, U., 1973b: Estudios fitosociológicos en el Norte de Patagonia. I. Investigacion de algunos factores de ambiente en comunidades de bosque y de chaparral. Phytocoenologia 1, 64–113.

Eskuche, U., 1999: Estudios fitosociológicos en el norte de la Patagonia. II. Los bosques del Nothofagion dombeyi. Phytocoenologia 29, 177–252.

Evenari, M., 1985: Adaptions of Plant and Animals to the Desert Environment. In Evenari, M., Noy-Meir, I. & Goodall, D.W. (eds.), Hot Deserts and Arid Shrubland. Ecosystems of the World 12A, 79–92.

Evrard, C, 1968: Recherches écologiques sur le peuplement forestier des sols hydromorphes de la Cuvette central congolaise. Publ. Inst. Agron. Congo Belge (INEAC), Ser. Sci. 110.

Ewald, J., 2003: The calcareous riddle: why are there so many calciphilous species in the Central European Flora? Folia Geobotanica 38, 357–366.

Facelli, J.M. & León, R.J.C., 1986: El establecimiento espontáneo de árboles en la Pampa. Un enfoque experimental. Phytocoenologia 14, 263–274.

Fajardo, A. & Gonzales, M.E., 2009: Replacement patterns and species coexistence in an Andean *Araucaria-Nothofagus* forest. Journal of Vegetation Science 20, 1176–1190.

Falkengren-Grerup, U. & Tyler, G., 1993: Experimental evidence for the relative sensitivity of deciduous forest plants to high soil acidity. Forest Ecology and Management 60, 311–326.

FAO (Food and Agricultural Organization of the United Nations) 2005: Global Forest Resources. Assessment 2005. FAO Forestry Paper 147, 320 pp.

FAO (Food and Agriculture Organization of the United Nations) 2010: Global Forest Resources Assessment 2010. Main report. FAO Forestry Paper 163, 340 pp.

Farjon, A., 1999: Plate 371. *Cryptomeria japonica*, Cupressaceae. Curtis Botanical Magazine 16, 212–228.

Farjon, A., 2010a: A Handbook of the world's conifers. Volume 1. Brill, Leiden, 526 pp.

Farjon, A., 2010b: A Handbook of the world's conifers. Volume 2. Brill, Leiden, 967 pp.

Farrington, P. & Salama R.B., 1996: Controlling dryland salinity by planting trees in the best hydrological setting. Land Degradation and Development 7, 183–204.

February, E.C. & Higgins, S.I., 2010: The distribution of tree and grass roots in savannas in relation to soil nitrogen and water. South African Journal of Botany 76, 517–523.

Fensham, R.J., Fairfax, R.J., Butler, D.W. & Bowman, D.M.J.S., 2003: Effects of fire and drought in a tropical eucalypt savanna colonized by rain forest. Journal of Biogeography 30, 1405–1414.

Ferraro, D. O. & Oesterheld, M., 2002: Effect of defoliation on grass growth. A quantitative review. Oikos 98, 125–133.

Ferreyra, M., Cingolani, A., Ezcurra, C. & Bran, D., 1998: High-Andean vegetation and environmental gradients in northwestern Patagonia, Argentina. Journal of Vegetation Science 9, 307–316.

Ferri, M., 1944: Transpiração de plantas permanentes dos cerrados. Boletim da Faculdade de Filosofia, Ciências e Letras USP 41. Botânica 4, 159–224.

Fichtler, E., Clark, D.A. & Worbes, M., 2003: Age and Long-term Growth of Trees in an Old-growth Tropical Rain Forest, Based on Analyses of Tree Rings and 14C. Biotropica 35, 306–317.

Fidelis, A., Delgado-Cartay, M.D., Blanco, C.C., Müller, S.C., Pillar, V.D. & Pfadenhauer, J., 2010a: Fire intensity and severity in Brazilian *Campos* grasslands. Interciencia 35, 739–745.

Fidelis, A., Müller, S.C., Pillar, V.D. & Pfadenhauer, J., 2010b: Population biology and regeneration of forbs and shrubs after fire in Brazilian Campos grasslands. Plant Ecology 211, 107–117.

Finckh, M., 1996: Die Wälder des Villarrica-Nationalparks (Südchile) – Lebensgemeinschaften als Grundlage für ein Schutzkonzept. Dissertationes Botanicae 259, 181 S.

Finckh, M. & Paulsch, A., 1995: *Araucaria araucana*. Die ökologische Strategie einer Reliktkonifere. Flora 190, 365–382.

Fine, P.V.A., Ree, R.H. & Burnham, R.J., 2008: The disparity in tree species richness among tropical, temperate and boreal biomes: the geographic area and age hypothesis. In Carson, W.P. & Schnitzer, S.A. (eds.), Tropical forest community ecology. Wiley-Blackwell, Chichester, pp. 31–45.

Finlay, R.D., 2004: Mycorrhizal fungi and their multifunctional roles. Mycologist 18, 91–96.

Fischer, A., 2011: Disturbances and biodiversity in forest ecosystems: A temperate zone perspective. Botanica Orientalis – Journal of Plant Science 8, 1–9.

Fischer, J., Brosi, B., Daily, G.C., Ehrlich, P.R., Goldman, R., Goldstein, J., Lindenmmayer, D.B., Manning, A.D., Mooney, H.A., Pejchar, L., Ranganathan, J. & Tallis, H., 2008: Should agricultural policies encourage land sparing or wildlife-friendly farming? Frontiers in Ecology and the Environment 6, 380–385.

Fites-Kaufman, J.A., Rundel, P., Stephenson, N. & Weixelman, D.A., 2007: Montane and Subalpine Vegetation of the Sierra Nevada and Cascade Mountains. In Barbour, M.G., Keeler-Wolf, T. & Schoenherr, A.A. (eds.), Terrestrial Vegetation of California. 3rd Edition. University of California Press, Berkeley, pp. 456–501.

Fittkau, E.J. & Klinge, H., 1973: On Biomass and Trophic Structure of the Central Amazonian Rain Forest Ecosystem. Biotropica 5, 1–14.

Flegenheimer, N. & Zárate, M., 1993: The archaeological record in Pampean loess deposits. Quaternary International 17, 95–100.

Fölster, H., Dezzea, N. & Priess, J.A., 2001: Soil-vegetation relationship in base-deficient premontane moist forest-savanna mosics of the Venezuelan Guayana. Geoderma 104, 95–113.

Forbes, B.C., 1994: The importance of bryophytes in the classification of human-disturbed high arctic vegetation. Journal of Vegetation Science 5, 877–884.

Forbes, B.C., Ebersole, J.J. & Strandberg, B., 2001: Anthropogenic Disturbance and Patch Dynamics in Circumpolar Arctic Ecosystems. Conservation Biology 15, 954–969.

Forbes, B.C., Bölter, M., Müller-Wille, L., Hukkinen, J., Müller, F., Gunslay, N. & Konstantinov, Y. (eds.), 2006: Reindeer Management in Northernmost Europe. Ecological Studies 184, 397 pp.

Fox, B.J. & Fox, M.D., 1986: Resilience of animal and plant communities to human disturbance. In Dell, B., Hopkins, A.J.M. & Lamont, B.B. (eds.), Resilience in Mediterranean-type ecosystems. Dr. W. Junk, Dordrecht, pp. 39–64.

Foxcroft, L.C., Richardson, D.M., Rejmánek, M. & Pyäek, P., 2010: Alien plant invasions in tropical and sub-tropical savannas: patterns, processes and prospects. Biological Invasions 12, 3913–3933.

Frahm, J.-P. & Frey, W., 2004: Moosflora. 4., neu bearbeitete und erweiterte Auflage. Verlag E. Ulmer, Stuttgart, 538 S.

Frankenberg, P., 1978: Lebensformen und Florenelemente im nordafrikanischen Trockenraum. Vegetatio 37, 91–100.

Franklin, J.F. & Dyrness, C.T., 1973: Natural Vegetation of Oregon and Washington. Oregon State University Press, Corvallis, 452 pp.

Franklin, J.F. & Halpern, C.B., 2000: Pacific Northwest Forests. In Barbour, M.G. & Billings, W.D. (eds.), North American Terrestrial Vegetation. 2nd Edition. Cambridge University Press, New York, pp 123–159.

Franklin, J.F., Spies, T.A., Van Pelt, R., Carey, A.B., Thornburgh, D.A., Berg, D.R., Lindenmayer, D.B., Harmon, M.E., Keeton, W.S., Shaw, D.C., Bible, K. & Chen, J., 2002: Disturbances and structural development of natural forest ecosystems with silvicultural implications, using Douglas-fir forests as an example. Forest Ecology and Management 155, 399–423.

Fraser, L.H. & Keddy, P.A. (eds.), 2005: The World's Largest Wetlands. Ecology and Conservation. Cambridge University Press, Cambridge, 488 pp.

Freiberg, H.-M., 1985: Vegetationskundliche Untersuchungen an chilenischen Vulkanen. Bonner Geographische Abhandlungen 70, 170 S.

Freiberg, M., 1999: The vascular epiphytes on a *Virola michelii* tree (Myristicaceae) in French Guiana. Ecotropica 5, 75–81.

Freitag, H., 1971: Die natürliche Vegetation Afghanistans. Vegetatio 22, 286–344.

Freitag, H., 1982: Mediterranean characters of the vegetation of the Hindukush Mts. and their relationship between sclerophyllous and laurophyllous forests. Ecologia Mediterranea 8, 381–388.

Frenot, Y., Chown, S.L., Whinam, J., Selkirk, P.M., Convey, P., Skotnicki, M. & Bergstrom, D.M., 2005: Biological invasions in the Antarctic: extent, impacts and implications. Biological Reviews 80, 45–72.

Frenzel, B., 1968: Grundzüge der pleistozänen Vegetationsgeschichte Nord-Eurasiens. Franz Steiner Verlag, Wiesbaden, 326 S.

Frenzel, B., Pécsi, M. & Velichko, A.A. (eds.), 1992: Atlas of paleoclimates and paleoenvironments of the Northern Hemisphere. Geographical Research Institute, Budapest & Gustav Fischer Verlag, Stuttgart.

Frey, W. & Lösch, R., 2010: Lehrbuch der Geobotanik. 3. Auflage. Spektrum Akademischer Verlag, Heidelberg, 600 S.

Frey, W. & Probst, W., 1986: A synopsis of the vegetation of Iran. In Kürschner, H. (ed), Contributios to the Vegetation of Southwest Asia. Beihefte zum Tübinger Atlas des Vorderen Orients, Reihe A (Naturwissenschaften) 24, 9–43.

Frey, W., Weppler, T. & Kürschner, H., 2001: Caricetum curvulae (Krummseggenrasen) – Lebensstrategieanalyse einer alpinen Pflanzengesellschaft. Tuexenia 21, 193–204.

Fridley, J.D., Peet, R.K., Wentworth, T.R. & White, P.S., 2005: Connecting fine- and broad-scale species-area relationships of southeastern U.S. flora. Ecology 86, 1172–1177.

Frisvoll, A. A. & Elvebakk, A., 1996: A catalogue of Svalbard plants, fungi, algae and cyanobacteria. 2. Bryophytes. In Elvebakk, A. & P. Prestud, P. (eds.), A catalogue of Svalbard plants, fungi, algae and cyanobacteria, pp. 57–172. Norsk Polarinstitutt, Oslo.

Frizell, B.S., 2009: Arkadien: Mythos und Wirklichkeit. Böhlau Verlag, Wien-Köln-Weimar, 188 S.

Frost, P.G.H. & Robertson, F., 1987: The ecological effects of fire in savannas. In Walker, B.H. (ed.), Determinants of tropical savannas. International Union of Biological Sciences Monograph Series No. 3, IRL Press, Paris, pp. 93–140.

Fuhlendorf, S.D. & Engle, D.M., 2001: Restoring heterogeneity on rangelands: ecosystem management based on evolutionary grazing patterns. Bioscience 51, 625–632.

Fujii, S., Kubota, Y. & Enoki, T., 2009: Resilience of stand structure and tree species diversity in subtropical forest degraded by clear logging. Journal of Forest Research 14, 373–387.

Fujimori, T., 1971: Primary productivity of a young *Tsuga heterophylla* stand and some speculations about biomass of forest communities on the Oregon Coast. U.S. Forest Service Research Paper PNBW-123, 1–11.

Fujiwara, K. & Box, E.O., 1994: Evergreen Broad-leaved Forests of the Southeastern United States. In Miyawaki, A., Iwatsuki, K. & Grandtner, M.M. (eds.), Vegetation in Eastern North America. University of Tokyo Press, Tokyo, pp. 273–312.

Furayev, V.V., Wein, R.W. & MacLean, D.A., 1983: Fire influences in *Abies*-dominated forests. In Wein, R.W. & MacLean, D.A. (eds.), The role of fire in in northern circumpolar ecosystems. Wiley, Chichester, pp. 221–232.

Furch, K. & Junk, W.J., 1997: Physicochemical Conditions in the Floodplains. In Junk, W.J. (ed.), The Central Amazon Floodplain. Ecology of a Pulsing System. Ecological Studies 126, 69–108.

Furley, P.A., 2007: Tropical Forests of the Lowland. In Veblen, T.T., Young, K.R. & Orme, A.R. (eds.),The Physical Geography of South America. Oxford University Press, New York, pp. 135–157.

Furley, P.A., Rees, R.M., Ryan, C.M. & Saiz, G., 2008: Savanna burning and the assessment of long-term fire experiments with particular reference to Zimbabwe. Progress in Physical Geography 32, 611–634.

Gaff, D.F., 1997: Mechanisms of Desiccation Tolerance in Resurrection Vascular Plants. In Basra, A.S. & Basra, R.K., Mechanisms of Environmental Stress Resistance in Plants. Harwood Academic Publ., Amsterdam, pp 43–58.

Galindo-Leal, C. & Câmara, I.G. (eds.), 2003: The Atlantic Forest of South America. Biodiversity Status, Threats, and Outlook. Island Press, Washington.

Gamache, I. & Payette, S., 2004: Height growth response of tree line black spruce to recent climate warming across the forest-tundra of eastern Canada. Journal of Ecology 92, 835–845.

Gams, H., 1931: Die klimatische Begrenzung von Pflanzenarealen und die Verteilung der hygrischen Kontinentalität in den Alpen. 1. Teil. Zeitschrift der Gesellschaft für Erdkunde Berlin 19/10, 321–346.

Gansert, D., 2004: Treelines of the Japanese Alps – altitudinal distribution and species composition under contrasting winter climates. Flora 199, 143–156.

García-Núñez, C., Rada, F., Boero, C., Gonzáles, J., Gallardo, M., Azókar, A., Liberman-Cruz, M., Hilal, M. & Prado, F., 2004: Leaf gas exchange and water relations in *Polylepis tarapacana* at extreme altitudes in the Bolivian Andes. Photosynthetica 42, 133–138.

Garibaldi, A. & Turner, N., 2004: Cultural Keystone Species: Implications for Ecological Conservation and Restoration. Ecology and Society 9, 1 (online). URL: http://www.ecologyandsociety.org/vol9/iss3/art1/

Garrity, D.P., Soekardi, M., Van Noordwijk, M., De La Cruz, R., Pathak, B.S., Gunasena, H.P.M., Van So, N., Hujun, G. & Majid, N.M., 1997: The *Imperata* grassland of tropical Asia: area, distribution, and typology. Agroforestry Systems 36, 3–29.

Gartner, B.L., Bullock, S.H., Mooney, H.A., Brown, V.B. & Whitbeck, J.L., 1990: Water transport properties of vine and tree stems in a tropical deciduous forest. American Journal of Botany 77, 742–749.

Gasparri, N.I. & Grau, H.R., 2009: Deforestation and fragmentation of Chaco dry forest in NW Argentina (1972–2007). Forest Ecology and Management 258, 913–921.

Gaston, K.J., 2000: Global patterns in biodiversity. Nature 405, 220–227.

Gäumann, E., 1935: Der Stoffhaushalt der Buche (*Fagus sylvatica*) im Lauf eines Jahres. Berichte der Schweizerischen Botanischen Gesellschaft 44, 157–334.

Gautreau, P., 2010: Rethinking the dynamics of woody vegetation in Uruguayan campos, 1800–2000. Journal of Historical Geography 36, 194–204.

Genaust, H., 1996: Etymologisches Wörterbuch der botanischen Pflanzennamen. 3., vollständig überarbeitete und erweiterte Auflage. Nikol Verlagsgesellschaft Hamburg, 701 S.

Gentry, A.H., 1991: The distribution and evolution of climbing plants. In Putz, F.E. & Mooney, H.A. (eds.), Biology of vines. Cambridge University Press, Cambridge, pp. 3–52.

Gentry, A.H., 1992: Tropical forest biodiversity: distribution patterns. Oikos 63, 19–28.

Gentry, A.H. & Dobson, C.H., 1987: Diversity and Biogeography of neotropical vascular epiphytes. Annals of the Missouri Botanical Garden 74, 205–233.

Ghazanfar, S.A. & Fisher, M. (eds.), 1998: Vegetation of the Arabian Peninsula. Geobotany 25, 362 pp.

Ghazoul, J. & Sheil, D., 2010; Tropical Rainforest. Ecology, Diversity, and Conservation. Oxford University Press, Oxford, 516 pp.

Ghermandi, L., Guthmann, N. & Bran, D., 2004: Early post-fire succession in northwestern Patagonia grasslands. Journal of Vegetation Science 15, 67–76.

Gianoli, E., 2004: Evolution of climbing habit promotes diversification in flowering plants. Proceedings of the Royal Society of London B 271: 2011–2015.

Gibson, A.C., 1996: Structure-Function Relations of Warm Desert Plants. Springer, Berlin-Heidelberg-New York, 215 pp.

Gibson, D.J., 2009: Grasses and Grassland Ecology. Oxford University Press, Oxford, 305 pp.

Gibson, D.J., Hartnett, D.C. & Merril, G.L.S., 1990: Fire temperature heterogeneity in contrasting fire prone habitats: Kansas tallgrass prairie and Florida sandhill. Bulletin Torrey Botanical Club 117, 349–356.

Gignoux, J., Mordelet, P. & Menaut, J.C., 2005: Biomass cycle and primary production. In Abbadie, L., Gignoux, J., Le Roux, X. & Lepage, M. (eds.),

Lamto: Structure, Functioning and Dynamics of a Savanna Ecosystem. Ecological Studies 179, 115–137.

Gigon, A., 1981: Koexistenz von Pflanzenarten, dargelegt am Beispiel alpiner Rasen. Verhandlungen der Gesellschaft für Ökologie 9, 165–172.

Gigon, A., 1987: A hierarchic approach in causal ecosystem analysis. The calcifuge-calcicole problem in alpine grasslands. Ecological Studies 61, 228–244.

Gigon, A. & Leutert, A., 1996: The dynamic keyhole-key model of coexistence to explain diversity of plants in limestone and other grasslands. Journal of Vegetation Science 7, 29–40.

Gilliam, F.S., 2007: The Ecological Significance of the Herbaceous Layer in Temperate Forest Ecosystems. BioScience 57, 845–858.

Gillison, A.N., 1983: Tropical Savannas of Australia and the Southwest Pacific. In Bourlière, F. (ed.), Tropical Savannas. Ecosystems of the World 13, 183–243.

Gillison, A.N., 1994: Woodlands. In Groves, R.H. (ed.), Australian Vegetation. 2nd Edition. Cambridge University Press, Cambridge, pp. 227–255.

Girard, F., Payette, S. & Gagnon, R., 2008: Rapid expansion of lichen woodlands within the closed-crown boreal forest zone over the last 50 years caused by stand disturbances in eastern Canada. Journal of Biogeography 35, 529–537.

Giri, C., Ochieng, E., Tieszen, L.L., Zhu, Z., Singh, A., Loveland, T., Masek, J. & Duke, N., 2010: Status and distribution of mangrove forests of the world using earth observation satellite data. Global Ecology and Biogeography DOI: 10.1111/j.1466-8238.2010.00584.x.

Glaser, B., 2007: Prehistorically modified soils of central Amazonia: a model for sustainable agriculture in the twenty-first century. Philosophical Transactions of the Royal Society B Biological Sciences 362, 187–196.

Goetz, S.J., Epstein, H.E., Bhatt, U.S., Gensuo, J.J., Kaplan, J.O., Lischke, H., Yu, Q., Buun, A., Lloyd, A.H., Alcaraz-Segura, D., Beck, P.S.A., Comiso, J.C., Raynolds, M.K. & Walker, D.A., 2011: Recent Changes in Arctic Vegetation: Satellite Observations and Simulation Model Predictions. In Gutman, G. & Reissell, A. (eds.), Eurasian Arctic Land Cover and Land Use in a Changing Climate. Springer, Dordrecht, pp. 9–36.

Gold, W.G. & Bliss, L.C., 1995: Water limitations and plant community development in a polar desert. Ecology 67, 1558–1568.

Goldammer, J.G., 1993: Feuer in Waldökosystemen der Tropen und Subtropen. Birkhäuser Verlag, Basel, 251 S.

Goldammer, J.G. & Furayev, V.V. (eds.), 1996: Fire in Ecosystems of Boreal Eurasia. Kluwer Academic Publishers, Dordrecht, 528 pp.

Goldblatt, P. & Manning, J.C., 2002: Plant Diversity of the Cape Region of Southern Africa. Annals of the Missouri Botanical Garden 89, 281–302.

Goldstein, G., Meinzer, F.C. & Rada, F., 1994: Environment biology of a tropical treeline species, Polylepis sericea. In Rundel, P.W., Smith, A.P. & Meinzer, F.C. (eds.), Tropical Alpine Environments: Plant Form and Function. Cambridge University Press, Cambridge, pp. 129–149.

Goldstein, G., Meinzer, F.C., Bucci, S.J., Scholz, F.G., Franco, A.C. & Hoffmann, W.A., 2008: Water economy of Neotropical savanna trees: six paradigms revisited. Tree Physiology 28, 395–404.

Gonzales, M.E., Veblen, T.T. & Sibold, J.S., 2005: Fire history of Araucaria-Nothofagus-forests in Villarrica National Park, Chile. Journal of Biogeography 32, 1187–1202.

Gonzáles-Rodríguez, A.M., Morales, D. & Jiménez, M.S., 2002: Leaf gas exchange characteristics of a Canarian laurel forest tree species (Persea indica (L.) K. Spreng.) under natural conditions. Journal of Plant Physiology 159, 695–704.

Gonzáles-Sampériz, P., Leroy, S.A.G., Carrión, J.S., Fernández, S., Garcá-Antón, M., Gil-Garcá, M.J., Uzquiano, P., Valero-Garcés, B. & Figueiral, I., 2010: Steppes, savannahs, forests and phytodiversity reservoirs during the Pleistocene in the Iberian Peninsula. Review of Palaeobotany and Palynology 162, 427–457.

Good, R., 1974: The Geography of the Flowering Plants. 4th Edition. Longman, London, 557 pp.

Gopal, B., 1987: Water hyacinth. Elsevier, Amsterdam, 471 pp.

Gornitz, V. (ed.), 2009: Encyclopedia of Paleoclimatology and Ancient Environment. Springer, Dordrecht, 1047 pp.

Gortschakovski, P.L., 2004: Ural. In Burga, C.A., Klötzli, F. & Grabherr, G. (Hsg.), Gebirge der Erde. Landschaft, Klima, Pflanzenwelt. Verlag E. Ulmer, Stuttgart, S. 135–143.

Gosling, W.D., Hanselman, J.A., Knox, C., Valencia, B.G. & Bush, M.B., 2009: Long-term drivers of change in Polylepis woodland ditribution in the central Andes. Journal of Vegetation Science 20, 1041–1052.

Gottsberger, G. & Silberbauer-Gottsberger, I., 2006: Life in the Cerrado. Vol. I. Origin, Structure, Dynamics and Plant Use. Reta Verlag, Ulm, 277 pp.

Gottschling, H., Amatov, I. & Lazkov, G., 2005: Zur Ökologie und Flora der Walnuss-Wildobst-Wälder in Süd-Kirgistan. Archiv für Naturschutz und Landschaftsforschung 44, 85–129.

Gower, S.T. & Richards, J.H., 1990: Larches: Deciduous Conifers in an Evergreen World. BioScience 40, 818–826.

Gowender, N., Trollope, W.S.W. & Van Wilgen, B.W., 2006: The effect of fire season, fire frequency, rainfall and management on fire intensity in savanna vegetation in South Africa. Journal of Applied Ecology 43, 748–758.

Grabherr, G., 1993: Caricetea curvulae. In Grabherr, G. & Mucina, L. (Hsg.), Die Pflanzengesellschaften Österreichs. Teil II. Natürlich waldfreie Vegetation. Gustav Fischer Verlag, Jena – Stuttgart – New York, S. 343–372.

Grabherr, G., 1995: Alpine vegetation in a global perspective. In Box, E.O., Peet, R.K., Masuzawa, T., Yamada, I., Fujiwara, K. & Maycock, P.F. (eds.), Vegetation Science in Forestry. Global Perspective Based on Forest Ecosystems of East and Southeast Asia. Handbook of Vegetation Science 12/1, 441–451.

Grabherr, G., 1997: The high-mountain ecosystems of the Alps. In Wielgolaski, F.E. (ed.), Polar and Alpine Tundra. Ecosystems of the World 3, 97–121.

Grabherr, G., Mähr, E. & Reisigl, H., 1978: Nettoprimärproduktion und Reproduktion in einem Krummseggenrasen (Caricetum curvulae) der Ötztaler Alpen, Tirol. Oecologia Plantarum 13, 227–251.

Grabherr, G., Gottfried, M., Gruber, A. & Pauli, H., 1995: Patterns and Current Changes in Alpine Diversity. In Chapin III, F.S. & Körner, C. (eds.), Arctic and Alpine Biodiversity. Ecological Studies 113, 167–181.

Graham, A., 2011: The age and diversity of terrestrial New World ecosystems through Cretaceous and Cenozoic time. American Journal of Botany 98, 336–351.

Granit, J., Jägerskog, A., Löfgren, R., Bullock, A., de Gooijer, G., Pettigrew, S & Lindström, A., 2010: Regional Water Intelligence Report Central Asia. Baseline Report. UNDP Water Governance Facility, Stockholm International Water Institute, 31 pp.

Grant, R.F., Hutyra, L.R., De Oliveira, R.C., Munger, J.W., Saleska, S.R. & Wofsy, S.C., 2009: Modeling the carbon balance of Amazonian rain forests: resolving ecological controls on net ecosystem productivity. Ecological Monographs 79, 445–463.

Gratani, L. & Bombelli, A., 1999: Leaf anatomy, inclination, and gas exchange relationships in evergreen sclerophyllous and drought semideciduous shrub species. Photosynthetica 37, 473–585.

Gratani, L. & Bombelli, A., 2001: Differences in leaf traits among Mediterranean broad-leaved evergreen shrubs. Annales Botanici Fennici 38, 15–24.

Graves, J.H., Peet, R.K. & White, P.S., 2006: The influence of carbon-nutrient balance on herb and woody plant abundance in temperate forest understories. Journal of Vegetation Science 17, 217–226.

Green, P.S., 2002: A revision of *Olea* L. (Oleaceae). Kew Bulletin 57, 91–140.

Green, T.G.A., Sancho, L.G. & Pintado, A., 2011: Ecophysiology of Desiccation/Rehydration Cycles in Mosses and Lichens. In Lüttge, U., Beck, E. & Bartels, D. (eds.), Plant Desiccation Tolerance. Ecological Studies 215, 89–120.

Green, T.G.A., Nash, T.H.III. & Lange, O.L., 2008: Physiological ecology of carbon dioxid exchange. In Nash, T.H.III (ed.), Lichen biology. 2nd Edition. Cambridge University Press, Cambridge, pp. 152–181.

Greller, A.M., 2004: A Review of the Temperate Broad-Leaved Evergreen Forest Zone of Southeastern North America: Floristic Affinities and Arborescent Vegetation Types. The Botanical Review 69, 269–299.

Greuter, W., 1991: Botanical diversity, endemism, rarity, and extinction in the Mediterranean area: an analysis based on the published volumes of Med-Checklist. Bot. Chron. 10, 63–79.

Grice, A.C., 2004: Weeds and the monitoring of biodiversity in Australian rangelands. Austral Ecology 29, 51–58.

Gries, D., Zeng, F., Foetzki, A., Arndt, S.K., Bruelheide, H., Thomas, F.M., Zhang, X. & Runge, M., 2003: Growth and water relations of *Tamarix ramosissima* and *Populus euphratica* on Taklamakan desert dunes in relation to depth to a permanent water table. Plant, Cell and Environment 26, 725–736.

Grime, J.P. 1986: Plant strategies and vegetation processes. John Wiley & Sons, Chichester, 222 pp.

Grime, J.P., Hodgson, J.G. & Hunt, R., 1988: Comparative Plant Ecology. Unwin Hyman Ltd., London, 742 pp.

Grisebach, A., 1838: Über den Einfluss des Klimas auf die Begrenzung der natürlichen Floren. Linnaea 12, 159–200.

Grishin, S.Y., Krestov, P. & Okitso, S., 1996: The subalpine vegetation of Mt. Vysokaya, central Sikhote-Alin. Plant Ecology 127, 155–172.

Groisman, P.Y. & Gutman, G. (eds.), 2013: Regional Environmental Changes in Siberia and Their Global Consequences. Springer, Dordrecht, 357 pp.

Groisman, P.Y., Gutman, G., Shvidenko, A.Z., Bergen, K.M., Baklanov, A.A. & Stackhouse Jr., P.W., 2013: Introduction: Regional Features of Siberia. In Groisman, P.Y. & Gutman, G. (eds.), Regional Environmental Changes in Siberia and Their Global Consequences. Springer, Dordrecht, pp. 1–17.

Grootjans, A., Iturraspe, R., Lanting, A., Fritz, C. & Joosten, H., 2010: Ecohydrological features of some contrasting mires in Tierra del Fuego, Argentina. Mires and Peat 6, 1–15.

Grosse, W., Büchel, H.B. & Lattermann, S., 1998: Root aeration in wetland trees and its ecophysiological significance. In Laderman, A.D. (ed.), Coastally Restricted Forests. Oxford University Press, New York, pp. 293–305.

Grove, A.T. & Rackham, O., 2001: The Nature of Mediterranean Europe. An Ecological History. Yale University Press, New Haven, London, 384 pp.

Groves, R.H. (ed.), 1994: Australian Vegetation. 2nd Edition. Cambridge University Press, Cambridge, 562 pp.

Groves, R.H., Beard, J.S., Deacon, H.J., Lambrechts, J.J.N., Rabonovitch, V. A., Specht, R.L. & Stock, W.D., 1983: Introduction: the origins and characteristics of Mediterranean ecosystems. In: Day, J.A. (ed.), Mineral nutrients in mediterranean ecosystems. South African National Scientific Programms Report N 71, CSIR, South Africa, pp. 1–17.

Grubb, P.J., 2003: Interpreting some outstanding features of the flora and vegetation of Madagascar. Perspectives in Plant Ecology, Evolution and Systematics 6, 125–146.

Gruell, G.E., 1999: Historical and Modern Roles of Fire in Pinyon-Juniper. USDA Forest Service Proceedings RMRS-P-9, 24–28.

Grundt, H.H., Kølner, S., Borgen, L., Rieseberg, L.H. & Brochmann, C., 2006: High biological species diversity in the arctic flora. Proceedings of the National Academy of Sciences of the United States of America 103, 972–975.

Gunin, P.D., Vostokova, E.A., Dorofeyuk, N.I., Tarasov, P.E. & Black, C.C., 1999: Vegetation Dynamics of Mongolia. Geobotany 26, 238 pp.

Gupta, R.K., 1986: The Thar Desert. In Evenari, M., Noy-Meir, I. & Goodall, D.W. (eds.), Hot Deserts and Arid Shrubland. Ecosystems of the World 12A, 55–99.

Gurewitch, J., Scheiner, S.M. & Fox, G.A., 2006: The Ecology of Plants. 2nd Edition. Sinauer Associates Publ., Sunderland, Massachusetts, 518 pp.

Gutte, P., 1985: Beitrag zur Kenntnis zentralperuanischer Pflanzengesellschaften IV. Die grasreiche Vegetation der alpinen Stufe. Wissenschaftliche Zeitschrift Karl-Marx-Universität Mathematisch-Naturwissenschaftliche Reihe 34, 357–401.

Gutte, P., 1988: Der anthropogene Einfluss in der Puna-Region Zentralperus. Flora 180, 31–36.

Gutterman, Y., 2002: Survival strategies of annual desert plants. Springer, Berlin-Heidelberg, 348 pp.

Haacks, M., 2003: Die Küstenvegetation von Neuseeland. Mitteilungen der Geographischen Gesellschaft in Hamburg 95, 269 S.

Hachfeld, B. & Jürgens, N., 2000: Climate patterns and their impact on the vegetation in a fog driven desert: The Central Namib Desert in Namibia. Phytocoenologia 30, 567–589.

Häckel, H., 2005: Meteorologie. 5., völlig überarbeite Auflage. Verlag E. Ulmer, Stuttgart, 447 S.

Haeupler, H., 1994: Das Zonobiom-Konzept von Heinrich Walter – Probleme seiner Anwendung am Beispiel von Florida, USA. Phytocoenologia 24, 257–282.

Haeupler, H., 2009: Konvergente Vegetation in hochozeanischen borealen Gebieten der Nord- und der Südhemisphäre. Forstarchiv 80, 289–296.

Hamann, A., Barbon, E.B., Curio, E. & Madulid, D.A., 1999: A botanical inventory of a submontane tropical rainforest on Negros Island, Philippines. Biodiversity and Conservation 8, 1017–1031.

Hämet-Ahti, L., 1981: The boreal zone and its biotic subdivision. Fennia 159, 69–75.

Hammond, E., Santoni, G.W., Nascimento, H.E.M., Hutyra, L.R., Vieira, S., Curran, D.J., van Haren, J., Saleska, S.R., Chow, V.Y., Carmago, P.B., Laurance, W.F. & Wofsy, S.C., 2008: Dynamics of carbon, biomass, and structure of two Amazonian forests. Journal of Geophysical Research 113, 1–20.

Han, J.G., Zhang, Y.J., Wang, C.J., Bai, W.M., Wang, Y.R., Han, G.D. & Li, L.H., 2008: Rangeland degradation and restoration management in China. The Rangeland Journal 30, 233–239.

Hancock, J.F., 2004: Plant Evolution and the Origin of Crop Species. 2nd Edition. CABI Publishing, Wallingford, 313 pp.

Hardham, A.R., 2005: Pathogen profile: *Phytophthora cinnamomi*. Molecular Plant Pathology 6, 589–604.

Härdtle, W., von Oheimb, G. & Westphal, C., 2003: The effects of light and soil conditions on the species richness of the ground vegetation of deciduous forests in northern Germany (Schleswig-Holstein). Forest Ecology and Management 182, 327–338.

Hare, F.K. & Ritchie, J.C., 1972: The boreal bioclimates. Geographical Review 62, 333–365.

Harper, D.A.T., 2009: Evolution and climate change. In Gornitz, V. (ed.), Encyclopedia of Paleoclimatology and Ancient Environment. Springer, Dordrecht, pp. 325–331.

Harrison, S.P., Prentice, I.C., Barboni, D., Kohfeld, K.E., Ni, J. & Sutra, J.-P., 2010: Ecophysiological and bioclimatic foundations for a global plant functional classification. Journal of Vegetation Science 21, 300–317.

Harsch, M.A., Hulme, P.E., McGlone, M.S. & Duncan, R.P., 2009: Are treelines advancing? A global meta-analysis of treeline response to climate warming. Ecology Letters 12, 1040–1049.

Hart, R.H., 2008: Land-Use History on the Shortgrass Steppe. In Lauenroth, W.K. & Burke, I.C. (eds.), Ecology of the Short Grass Steppe. A Long-Term Perspective. Oxford University Press, New York, pp. 55–69.

Hart, T.B., 1995: Seed, seedling and subcanopy survival in monodominant and mixed forests of Ituri Forest, Africa. Journal of Tropical Ecology 11, 443–459.

Hartnett, D.C., Hickman, K.R. & Walter, L.E.F., 1996: Effects of bison grazing, fire, and topography on floristic diversity in tallgrass prairie. Journal of Range Management 49, 413–420.

Hartnett, D.C., Potgieter, A.F. & Wilson, G.W.T., 2005: Fire effects on mycorrhizal symbiosis and root system architecture in southern African savanna grasses. African Journal of Ecology 42, 328–337.

Havel, J.J., 1971: The *Araucaria* forests of New Guinea and their regenerative capacity. Journal of Ecology 59, 203–214.

Hawkes, C.V. & Sullivan, J.J., 2001: The impact of herbivory on plants in different resource conditions: a meta-analysis. Ecology 82, 2045–2058.

Heckman, C.W., 1999: The Encroachment of Exotic Herbaceous Plants into the Olympic National Forest. Northwest Science 73, 264–276.

Hedberg, O., 1964: Features of the afro-alpine plant ecology. Acta Phytogeographica Suecica 49, 1–144.

Hedberg, O, 1986: Origins of the afroalpine flora. In Vuilleumier, F. & Monasterio, M. (eds.), High altitude tropical biogeography. Oxford University Press, New York, pp. 443–468.

Hedin, L.O., Brookshire, E.N.J., Menge, D.N.L. & Barron, A.R., 2009: The Nitrogen Paradox in Tropical Forest Ecosystems. Annual Reviews of Ecology, Evolution and Systematics 40, 613–635.

Heide, O.M., 1988: Environmental Modification of Flowering and Viviparous Proliferation in *Festuca vivipara* and *F. ovina*. Oikos 51, 171–178.

Heide, O.M. & Gauslaa, Y., 1999: Development strategies of *Koenigia islandica*, a high-arctic annual plant. Ecography 22, 637–642.

Hellberg, E., Hörnberg, G., Östlund, L. & Tackrisson, O., 2003: Vegetation dynamics and disturbance history in three deciduous forests in boreal Sweden. Journal of Vegetation Science 14, 267–276.

Hemp, A., 2006: The banana forests of Kilimanjaro: biodiversity and conservation of the Chagga homegardens. Biodiversity and Conservation 15, 1193–1217.

Henning, I., 1988: Zum Pampa-Problem. Die Erde 119, 25–30.

Henschel, J.R. & Seely, M.K., 2000: Long-term growth patterns of *Welwitschia mirabilis*, a long-lived plant of the Namib Desert (including a bibliography). Plant Ecology 150, 7–26.

Hensen, I., 1995: Die Vegetation von *Polylepis*-Wäldern der Ostkordillere Boliviens. Phytocoenologia 25, 235–277.

Hensen, I., 2002: Impacts of anthropogenic activity on the vegetation of *Polylepis* woodlands in the region of Cochabamba, Bolivia. Ecotropica 8, 183–203.

Heringer, E.P., Barroso, G.M., Rizzo, G.M. & Rizzini, C.T., 1977: A flora do cerrado. In Ferri, M.G. (ed.), IV. Simpósio sobre o Cerrado. Livraria Itatiaia Editora, Belo Horizonte, pp. 211–232.

Hermes, K., 1955: Die Lage der oberen Waldgrenze in den Gebirgen der Erde und ihr Abstand zur Schneegrenze. Kölner Geographische Arbeiten, Heft 5.

Herppich, W.B., Flach, B.M.T., von Willert, D.J. & Herppich, M., 1996: Field investigations of photosynthetic activity, gas exchange and water potential at different leaf ages of *Welwitschia mirabilis* during a severe drought. Flora 191, 59–66.

Herre, E.A., Jandér, K.C. & Machado, C.A., 2008: Evolutionary Ecology of Figs and their Associates:

Recent Progress and Outstanding Puzzles. Annual Review of Ecology, Evolution and Systematics 39, 439–458.

Herrera, C.M., 1992: Historical effects and sorting processes as explanations for contemporary ecological patterns: character syndromes in mediterranean woody plants. American Naturalist 140, 421–446.

Hertel, D. & Wesche, K., 2008: Tropical moist *Polylepis* stands at the treeline in East Bolivia: the effect of elevation on stand microclimate, above- and below-ground structure, and regeneration. Trees 22, 303–315.

Heusser, G.J., 1994: Paleoindians and fire during the late Quaternary in southern South America. Revista Chilena de Historia Natural 67, 435–442.

Heywood, V.H., Brummit, R.K., Culham, A. & Seberg, O., 2007: Flowering Plants of the World. Firefly Books, Ontario, Canada, 424 pp.

Hierro, J.L., Maron, J.L. & Callaway, R.M., 2005: A biogeographical approach to plant invasions: the importance of studying exotics in their introduced and native range. Journal of Ecology 93, 5–15.

Higgins, S.I., Bond, W.J. & Trollope, W.S.W., 2000: Fire, resprouting and variability: a recipe for tree-grass coexistence in savanna. Journal of Ecology 88, 213–229.

Higgins, S.J., Bond, W.J., February, E.C., Bronn, A., Euston-Brown, D.I.W., Enslin, B., Govender, N., Rademan, L., O'Regan, S., Potgieter, A.L.F., Scheiter, S., Sowry, R., Trollope, L. & Trollope, W.S.W., 2007: Effects of four decades of fire manipulation on woody vegetation structure in savanna. Ecology 88, 1119–1125.

Hilbig, W., 1995: The Vegetation of Mongolia. SPB Academic Publishing BV, Amsterdam, 258 pp.

Hilbig, W. & Knapp, H.D., 1983: Vegetationsmosaik und Florenelemente an der Wald-Steppen-Grenze im Chentej-Gebirge (Mongolei). Flora 174, 1–89.

Hildebrand-Vogel, R., 2002: Structure and dynamics of southern Chilean natural forests with special reference to the relation of evergreen versus deciduous elements. Folia Geobotanica 37, 107–128.

Hildebrand-Vogel, R. & Vogel, A., 1995: Evergreen broad-leaved forests of southern South America. In Box, E.O., Peet, R.K., Masuzawa, T., Yamada, I., Fujiwara, K. & Maycock, P.F. (eds.), Vegetation Science in Forestry. Handbook of Vegetation Science 12/1, 125–140.

Hildebrand-Vogel, R., Godoy, R. & Vogel A., 1990: Subantarctic-Andean *Nothofagus pumilio* forests. Vegetatio 89, 55–68.

Hill, R.S., 1995: Conifer Origin, Evolution and Diversification in the Southern Hemisphere. In Enright, N.J. & Hill, R.S. (eds.), Ecology of Southern Conifers. Smithsonian Institution Press, Washington, pp. 10–29.

Hill., R.S. & Dettmann, M.E., 1996: Origin and diversity of the genus *Nothofagus*. In: Veblen, T.T., Hill, R.S. & Read, J. (eds.) The ecology and biogeography of *Nothofagus* forests. pp. 403, Yale University Press, New Haven, CT, US, 11–24.

Hill., R.S. & Jordan, G.J., 1993: The evolutionary history of *Nothofagus* (Nothofagaceae). Australian Systematic Botany 6, 111–126.

Hobbs, N.T., Schimel, D.S., Owensby, C.E. & Ojima, D.J., 1991: Fire and grazing in a tallgrass prairie: contingent effects on nitrogen budgets. Ecology 72, 1374–1382.

Hobbs, R.J., 1998: Impacts of Land Use on Biodiversity in Southwestern Australia. In Rundel, P.W., Montenegro, G. & Jaksic, F.M. (eds.), Landscape Disturbance and Biodiversity in Mediterranean-Type Ecosystems. Ecological Studies 136, 81–106.

Hobbs, R.J., Groves, R.H., Hopper, S.D., Lambeck, R.J., Lamont, B.B., Lavorel, S., Main, A.R., Majer, J.D. & Saunders, D.A., 1995: Function of Biodiversity in the Mediterranean-Type Ecosystems of Southwestern Australia. In Davis, G.W. & Richardson, D.M. (eds,), Mediterranean-Type Ecosystems. The Function of Biodiversity. Ecological Studies 109, 233–284.

Hobohm, C., 2000: Biodiversität. Quelle und Meyer, Wiebelsheim, 214 S.

Hoch, G. & Körner, C., 2005: Growth, demography and carbon relations of *Polylepis* trees at the world's highest treeline. Functional Ecology 19, 941–951.

Hodgkinson, K.C., 2002: Fire regimes in *Acacia* wooded landscapes: effects on functional processes and biological diversity. In Bradstock, R.A., Williams, J.E. & Gill, M.A. (eds.), Flammable Australia. The Fire Regimes and Biodiversity of a Continent. Cambridge University Press, Cambridge, pp. 259–277.

Hoffmann, M.H. & Röser, M., 2009: Taxon recruitment of the arctic flora: an analysis of phylogenies. New Phytologist 182, 774–780.

Hoffmann, W.A. & Franco, A.C., 2003: Comparative growth analysis of tropical forest and savanna woody plants using phylogenetically independent contrasts. Journal of Ecology 91, 475–484.

Hoffmann, W.A., Schroeder, W. & Jackson, R.B., 2002: Positive feedback of fire, climate, and vegetation and the conversion of tropical savanna. Geophysical Research Letters 29, 2052.

Hoffmann, W.A., Orthen, B. & Franco, A.C., 2004: Constraints to seedling success of savanna and forest trees across the savanna-forest boundary. Oecologia 140, 252–260.

Hofstede, R.G.M., Mondragón Castillo, M.X. & Osorio, C.M.R., 1995: Biomass of Grazed, Burned, and Undisturbed Páramo Grasslands, Colombia. I. Aboveground Vegetation. Arctic and Alpine Research 27, 1–12.

Hofstetter, R. H., 1983: Wetlands in the United States. In Gore, A.J.P. (ed.), Mires: Swamp, Bog, Fen and Moor. Ecosystems of the World 4B, 201–244.

Hooijer, A., Page, S., Canadell, J.G., Silvius, M., Kwadijk, J., Wösten, H. & Jauhiainen, J., 2010: Current and future CO_2 emissions from drained peatlands in Southeast Asia. Biogeosciences 7, 1505–1514.

Holbrook, N.M., Whitbeck, J.L. & Mooney, H.A., 1995: Drought responses of neotropical dry forest trees. In Bullock, S.H., Mooney, H.A. & Medina, E. (eds.), Seasonal Dry Tropical Forests. Cambridge University Press, Cambridge, 243–276.

Holopainen, J.K. & Blande, J.D., 2012: Molecular Plant Volatile Communication. In López-Larrea, C. (ed.), Sensing in Nature. Springer Business & Media, New York, pp. 17–31.

Holstein, G., 1984: California riparian forests: deciduous islands in an evergreen sea. In Warner, R.E. & Hendrix, K.M. (eds.), California riparian systems: ecology, conservation, and productive management. University of California Press, Berkeley, pp. 2–22.

Holthuijzen, A.M.A. & Boerboom, J.H.A., 1982: The *Cecropia* seedbank in the Surinam lowland rainforest. Biotropica 14, 62–68.

Holtmeier, F.-K., 2000: Die Höhengrenzen der Gebirgswälder. Arbeiten aus dem Institut für Landschaftsökologie (Westfälische Wilhelms-Universität Münster) 8, 337 S.

Holtmeier, F.-K., 2009: Mountain Timberlines. Ecology, Patchiness, and Dynamics. 2nd Edition. Advances in Global Change Research (Springer Business & Media) 36, 438 pp.

Holtmeier, F.-K. & Broll, G., 2007: Treeline advance – driving processes and adverse factors. Landscape Online 1, 1–33.

Homewood, K. & Brockington, D., 1999: Biodiversity, conservation and development in Mkomazi Game Reserve, Tanzania. Global Ecology and Biogeography 8, 301–313.

Hooper, D.U., Chapin III, F.S., Ewel, J., Hector, A., Inchausti, P., Lavorel, S., Lawton, J.H., Lodge, D.M., Loreau, M., Naeem, S., Schmid, B., Setälä, H., Symstad, A.J., Vandermeer, J. & Wardle, D.A., 2005: Effects of biodiversity on ecosystem functioning: a consensus of current knowledge. Ecological Monographs 75, 3–35.

Hopper, S.D., 1979: Biogeographical Aspects of Speciation in the Southwest Australian Flora. Annual Review of Ecology and Systematics 10, 399–422.

Hopper, S.D., 1992: Patterns of plant diversity at the population and species level in south-west Australian Mediterranean ecosystems. In Hobbs, R.J. (ed.), Biodiversity of Mediterranean ecosystems in Australia. Surray Beatty, Perth, pp. 27–46.

Hornetz, B. & Jätzold, R., 2003: Savannen-, Steppen- und Wüstenzonen. Natur und Mensch in Trockenregionen. Westermann-Schulbuchverlag, Braunschweig, 305 S.

Horvat, I., Glavač, V. & Ellenberg, H., 1974: Vegetation Südosteuropas. G. Fischer Verlag, Stuttgart, 752 S.

Houlton, B.Z., Wang, Y.P., Vitousek, P.M. & Field, C.B., 2008: An unifying framework for dinitrogen fixation in the terrestrial biosphere. Nature 454, 327–330.

Howe, H.F., 1994: Response of early- and late-flowering plants to fire season in experimental prairies. Ecological Applications 4, 121–133.

Huang, C.C., Pang, J., Chen, S., Su, H., Han, J., Cao, Y., Zhao, W. & Tan, Z., 2006: Charcoal records of fire history in the Holocene loess-soil sequences over the southern Loess Plateau of China. Palaeogeography, Palaeoclimatology, Palaeoecology 239, 28–44.

Hubbell, S.P., 2001: The Unified Neutral Theory of Biodiversity and Biogeography. Princeton University Press, Princeton.

Hubbell, S.P., 2008: Approaching ecological complexity from the perspective of symmetric neutral theory. In Carson, W.P. & Schnitzer, S.A. (eds.), Tropical forest community ecology. Wiley-Blackwell, Chichester, pp. 143–159.

Huber, O., 1976: Pflanzenökologische Untersuchungen im Gebirgsnebelwald von Rancho Grande (Venezolanische Küstenkordillere). Dissertation Leopold-Franzens-Universität, Innsbruck, 127 S.

Huber, O., 1987: Neotropical savannas: their flora and vegetation. Trends in Ecology and Evolution 2, 67–71.

Huber, O., 1995: Vegetation. In Berry, P.E., Holst, B.K. & Yatskievych, K. (Eds.), Flora of the Venezuelan Guayana. Vol. I. Introduction. Missouri Botanical Garden, St. Louis and Timber Press, Portland, OR, pp. 97–160.

Huber, O., 2006: Herbaceous ecosystems on the Guayana Shield, a regional overview. Journal of Biogeography 33, 464–475.

Huber, U. & Markgraf, V., 2003: Holocene fire frequency and climate change at Rio Rubens bog, Southern Patagonia. In Veblen, T.T., Baker, W.L., Montenegro, G. & Swetnam, T.W., Fire Regimes and Climatice Change in Temperate Ecosystems of the Western Americas. Springer-Verlag, New York, 357–380.

Huber, U.M., Markgraf, V. & Schäbitz, F., 2004: Geographical and temporal trends in Late Quaternary fire histories of Fuego-Patagonia, South America. Quaternary Science Rviews 23, 1079–1097.

Huber, W., 1996: Untersuchungen zum Baumartenreichtum im „Regenwald der Österreicher" in Costa Rica. Carinthia II, 186, 95–106.

Hübl, E., 1988: Lorbeerwälder und Hartlaubwälder (Ostasien, Mediterraneis und Makronesien). Düsseldorfer Geobotanisches Kolloquium 5, 3–26.

Hubrig, M., 2004: Analyse von Tornado- und Downburst-Windschäden an Bäumen. Forst und Holz 59, 78–84.

Hueck, K., 1966: Die Wälder Südamerikas. Gustav Fischer Verlag, Stuttgart, 422 S.

Hueck, K. & Seibert, P., 1981: Vegetationskarte von Südamerika. 2. Auflage. Gustav Fischer Verlag, Stuttgart, 90 S.

Huggett, R.J., 2004: Fundamentals of Biogeography. 2nd Edition. Routledge, London-New York, 439 pp.

Hultén, E. 1937: Outline of the History of Arctic and Boreal Biota during the Quaternary Period. Bokförlags Aktiebolaget Thule, Stockholm.

Hultén, E. & Fries, M., 1986: Atlas of North European vascular plants north of the Tropic of Cancer. Koeltz, Königstein, 1172 pp.

Humboldt, A. von, 1806: Ideen zu einer Physiognomik der Gewächse. J.G. Cotta'sche Buchhandlung, Tübingen, 28 S.

Hungerer, K.B. & Kadereit, J.W., 1998: The phylogeny and biogeography of Gentiana L. sect. Ciminalis (Adans.) Dumort.: A historical interpretation of distribution ranges in the European high mountains. Perspectives in Plant Ecology, Evolution and Systematics 1, 121–135.

Hupfer, P. & Kuttler, W. (Hsg.), 2005: Witterung und Klima. Eine Einführung in die Meteorologie und Klimatologie. 11. Auflage. B.G. Teubner Verlag, Wiesbaden.

Husband, R., Herre, E.A., Turner, L., Gallery, R. & Young, P.W., 2002: Molecular diversity of arbuscular mycorrhizal fungi and patterns of host association over time and space in a tropical forest. Molecular Ecology 11, 2669–2678.

Huston, M.A., 1979: A General Hypothesis of Species Diversity. The American Naturalist 113, 81–101.

Huston, M.A., 1994: Biological Diversity. The coexistence of species on changing landscapes. Cambridge University Press, Cambridge, 681 pp.

Hutchins, H.E. & Lanner, F.M., 1982: The central role of Clark's Nutcracker in the dispersal and establishment of whitebark pine. Oecologia 55, 192–201.

Hytteborn, H., Maslov, A.A., Nazimova, D.I. & Rysin, L.P., 2005: Boreal Forests in Eurasia. In Anderson, F. (ed.), Coniferous Forests. Ecosystems of the World 6, 23–99.

IBGE (Instituto Brasileiro de Geografia e Estatístico), 2006: Censo Agropecuária. www.ibge.gov.br.

Ickert-Bond, S., Murray, D.F. & DeChaine, E., 2009: Contrasting Patterns of Plant Ditribution in Beringia. Alaska Park Science 8, 26–32.

Ihlenfeldt, H-D., 1994: Diversification in an arid world: The Mesembryanthemaceae. Annual Review of Ecology and Systematics 25, 521–546.

Imbert, D., Bonhême, I., Saur, E. & Bouchon, C., 2000: Floristics and structure of the Pterocarpus officinalis swamp forest in Guadeloupe, Lesser Antilles. Journal of Tropical Ecology 16, 55–68.

Ingram, H.A.P., 1983: Hydrology. In Gore, A.J.P., (ed.), Mires: Swamp, Bog, Fen and Moor. General Studies. Ecosystems of the World 4A, 67–158.

Ingram, S.W. & Nadkarni, N.M., 1993: Composition and distribution of epiphytic organic matter in a Neotropical cloud forest, Costa Rica. Biotropica 25, 370–383.

Ingrouille, M.J. & Eddie, B., 2006: Plants. Diversity and Evolution. Cambridge University Press, Cambridge, 456 pp.

IPCC, 2001: Climate Change 2001: The scientific basis. Cambridge University Press, Cambridge, 881 pp.

IPNI, 2004–2010: The International Plant Name Index. http://www.ipni.org/

Ismailova, D.M. & Nazimova, D.I., 2010: Long-Term Dynamics of Mixed Fir-Aspen Forests in West Sayan (Altai-Sayan Ecoregion). In Balzter, H. (ed.), Environmental Change in Siberia. Earth Observations, Field Studies and Modelling. Springer, Dordrecht, pp. 37–51.

Ito, I., 1990: Managed Grassland in Japan. In Breymeyer, A.I. (ed.), Managed Grassland. Regional Studies. Ecosystems of the World 17A, 129–148.

Itô, Y., 1997: Diversity of forest tree species in Yanbaru, the northern part of Okinawa Island. Plant Ecology 133, 125–133.

IUCN 2010: IUCN Red List of Threatened Species. Version 2010.4. http://www.iucnredlist.org/.

IUSS Working Group WRB, 2007: World reference base for soil resources 2006. First update 2007. World Soil Resource Reports No. 103. FAO, Rome.

IUSS Working Group WRB, 2007: World Reference Base for Soil Resources 2006. Erstes Update 2007. Deutsche Ausgabe. Übersetzt von Peter Schad. Bundesanstalt für Geowissenschaften und Rohstoffe, Hannover.

Ivanov, A., 2002: The Far East. In Shahgedanova, M. (ed.), The Physical Geography of Northern Eurasia. Oxford University Press, Oxford, pp. 422–447.

Ivanov, K.E., 1981: Water movements in mirelands. Academic Press, London, 276 pp.

Jackson, P.C., Cavelier, J., Goldstein, G., Meinzer, F.C. & Holbrook, N.M., 1995: Partitioning of water resources among plants of a lowland tropical forest. Oecologia 101, 197–203.

Jacob, M., Leuschner, C. & Thomas, F.M., 2010: Productivity of temperate broad-leaved forest stands differing in tree species diversity. Annals of Forest Science 67, 503 (9 pp.).

Jacobs, B.F., Kingston, J.D. & Jacobs, L.L., 1999: The origin of grass-dominated ecosystems. Annals of the Missouri Botanical Garden 86, 590–643.

Jäger, E.J., 1988: Möglichkeiten der Prognose synanthroper Pflanzenausbreitungen. Flora 180, 101–131.

Janssen, A., 1986: Flora und Vegetation der Savannen von Humaitá und ihre Standortbedingungen. Dissertationes Botanicae 93, 321 S.

Janzen, D.H., 1970: Herbivores and the number of tree species in tropical forests. American Naturalist 104, 501–528.

Janzen, J., 2005: Mobile livestock-keeping in Mongolia: present problems, spatial organization, interaction between mobile and sedentary population groups and perspectives for pastoral development. Senri Ethnological Studies 69, 69–97.

Jaramillo, C., Rueda, M.J. & Mora, G., 2006: Cenozoic plant diversity in the Neotropics. Science 311, 1893–1896

Jasinski, J.P. & Payette, S., 2005: The creation of alternative stable states in the southern boreal forest, Québec, Canada. Ecological Monographs 75, 561–583.

Jasinski, S.M., 1999: Peat. In Minerals Yearbook 1999: Volume I – Metals and Minerals. Minerals and Information, U.S. Geological Survey, Reston, VA.

Jeltsch, F., Weber, G.E. & Grimm, V., 2000: Ecological buffering mechanisms in savannas: A unifying theory of long-term tree-grass coexistence. Plant Ecology 151, 161–171.

Jeník, J., 1978: Roots and root systems in tropical trees: morphologic and ecologic aspects. In Tomlinson, P.B. & Zimmermann, M.H. (eds.), Tropical trees as living systems. Proceedings 4th Cabot Symposium Harvard Forest, Petersham 1976, Cambridge University Press, Cambridge, pp. 323–349.

Joffre, R., Rambal, S. & Ratte, J.P., 1999: The dehesa system of southern Spain and Portugal as a natural ecosystem mimic. Agroforestry Systems 45, 57–79.

Johansson, D., 1974: Ecology of vascular epiphytes in West African rain forest. Acta Phytogeographica Suecica 59, 129 pp.

Johnson, E.A., 1992: Fire and vegetation dynamics: Studies from the North American boreal forest. Cambridge University Press, Cambridge, 129 pp.

Johnson, R.W. & Burrows, W.H., 1994: *Acacia* open forests, woodlands and shrublands. In Groves, R.H. (ed.) Australian Vegetation. 2nd Edition. Cambridge University Press, Cambridge, pp. 257–290.

Johnson, R.W. & Tothill, J.C., 1985: Definition and broad geographic outline of savanna lands. In Tothill, J.C. & Mott, J.J. (eds.), Ecology and management of the world's savannas. Australian Academy of Sciences, Canberra, pp. 1–13.

Joly, K., Jandt, R.R. & Klein, D.R., 2009: Decrease of lichens in Arctic ecosystems: the role of wildfire, caribou, reindeer, competition and climate in north-western Alaska. Polar Research 28, 433–442.

Jonasson, S., Callaghan, T.V., Shaver, G.R. & Nielsen, L.A., 2000: Arctic Terrestrial Ecosystems and Ecosystem Function. In Nutall, M. & Callaghan, T.V. (eds.), The Arctic. Environment, People, Policy. Harwood Academic Publishers, Amsterdam, pp. 275–313.

Jones, M.B. & Humphries, S.W., 2002: Impacts of the C_4 sedge *Cyperus papyrus* L. on carbon and water fluxes in an African wetland. Hydrobiologia 488, 107–113.

Jones, M.B. & Muthuri, F.M., 1997: Standing biomass and carbon distribution in a papyrus (*Cyperus papyrus* L.) swamp on Lake Naivasha, Kenya. Journal of Tropical Ecology 13, 347–356.

Jónsdóttir, I.S. & Callaghan, T.V., 1988: Interrelationships between different generations of interconnected tillers of *Carex bigelowii*. Oikos 52, 120–128.

Jónsdóttir, I.S. & Callaghan, T.V., 1990: Intraclonal translocation of ammonium and nitrate nitrogen in *Carex bigelowii* Torr. ex Schwein. using 15N and nitrate reductase assays. New Phytologist 114, 419–428.

Joosten, H. & Clarke, D., 2002: Wise Use of Mires and Peatlands – Background and Principles including a Framework for Decision-Making. International Mire Conservation Group and International Peat Society, Saarijärvi, Finland, 304 pp.

Jordan, C.F., 1985: Nutrient Cycling in Tropical Forest Ecosystems. John Wiley, Chichester, 190 pp.

Jørgensen, S.E. (ed.), 2009: Ecoystem Ecology. Elsevier, Amsterdam, 521 pp.

Joseph, G.S., Seymour, C.L., Cumming, G.S., Cumming, D.H.M. & Mahlangu, Z., 2013: Termite mounds as islands: woody plant assemblages relative to termitarium size and soil properties. Journal of Vegetation Science 24, 702–711.

Juniper, B.E. & Mabberley, D.J., 2006: The Story of the Apple. Timber Press, Portland, 219 pp.

Junk, W.J. (ed.), 1997a: The Central Amazon Floodplain: Ecology of a Pulsing System. Ecological Studies 126, 525 pp.

Junk, W.J., 1997b: General Aspects of Floodplain Ecology with Special Reference to Amazonian Floodplains. In Junk, W.J. (ed.), The Central Amazon Floodplain. Ecology of a Pulsing System. Ecological Studies 126, 3–20.

Junk, W.J. & Nunes da Cunha, C., 2005: Pantanal: a large South American wetland at a crossroads. Ecological Engeneering 24, 391–401.

Junk, W.J. & Piedade, M.T.F., 1997: Plant life in the floodplain with special reference to the herbaceous plants. In Junk, W.J. (ed.), The Central Amazon Floodplain: Ecology of a Pulsing System. Ecological Studies 126, 14–185.

Junk, W.J. & Piedade, M.T.F., 2005: The Amazon River basin. In Fraser, L.H. & Keddy, P.A., The World's Largest Wetlands. Ecology and Conservation. Cambridge University Press, Cambridge, pp. 63–117.

Junk, W., Bayley, P.B. & Sparks, R.F., 1989: The Flood Puse Concept in River-Floodplain Systems. In Dodge, D.P. (ed.), Proceedings of th International Large River Symposium. Canadian Special Publication of Fisheries and Aquatic Sciences 106, 110–127.

Junk, W.J., Piedade, M.T.F., Wittmann, F., Schöngart, J. & Parolin, P. (eds.), 2010: Amazonian Floodplain Forests. Ecophysiology, Biodiversity and Sustainable Management. Ecological Studies 210, 615 pp.

Juntheikki, M.R., 1996: Comparison of tannin-binding proteins in saliva of Scandinavian and North American Moose (*Alces alces*). Biochemistry, Systematics and Ecology 24, 595–601.

Jürgens, N., 1986: Untersuchungen zur Ökologie sukkulenter Pflanzen des südlichen Afrikas. Mitteilungen aus dem Institut für Allgemeine Botanik Hamburg, 21, 139–365.

Jürgens, N., 2013: The Biological Underpinnings of Namibian Desert Fairy Circles. Science 339, 1618–1621.

Jürgens, N, Burke, A., Seely, M.K. & Jacobson, K.M., 1997: Desert. In Cowling, R.M., Richardson, D.M. & Pierce, S.M. (eds.), Vegetation of Southern Africa. Cambridge University Press, Cambridge, pp. 189–214.

Jürgens, N., Gotzmann, I.H. & Cowling, R.M., 1999: Remarkable medium-term dynamics of leaf succulent Mesembryanthemaceae shrubs in the winter-rainfall desert of northwestern Namaqualand, South Africa. Plant Ecology 142, 87–96.

Kadereit, G., Ball, P., Beer, S., Mucina, L., Sokoloff, D., Teege, P., Yaprak, A.E. & Freitag, H., 2007: A taxonomic nightmare comes true: phylogeny and biogeography of glassworts (*Salicornia* L., Chenopodiaceae). Taxon 56, 1143–1170.

Kadereit, G., Borsch, T., Weising, K. & Freitag, H., 2003: Phylogeny of Amaranthaceae and Chenopodiaceae and the evolution of C4 photosynthesis. International Journal of Plant Sciences 164, 959–986.

Kadereit, J.W., Licht, W. & Uhink, C.H., 2008: Asian relationships of the flora of the European Alps. Plant Ecology & Diversity 1,171–179.

Kainmüller, C., 1975: Temperaturresistenz von Hochgebirgspflanzen. Anzeiger der Mathematisch-naturwissenschaftlichen Klasse der Österreichischen Akademie der Wissenschaften Wien 7, 67–75.

Kajimoto, T., 2010: Root System Development of Larch Trees Growing on Siberian Permafrost. In Osawa, A., Zyryanova, O.A., Matsuura, Y., Kajimoto, T. & Wein, R.W. (eds.), Permafrost Ecosystems. Siberian Larch Forests. Ecological Studies 209, 303–330.

Kajimoto, T., Osawa, A., Usoltsev, V.A. & Abaimov, A.P., 2010: Biomass and Productivity of Siberian Larch Forest Ecosystems. In Osawa, A., Zyryanova, O.A., Matsuura, Y., Kajimoto, T. & Wein, R.W. (eds.), Permafrost Ecosystems. Siberian Larch Forests. Ecological Studies 209, 99–122.

Kalergis A.M., López, C.B., Becker, M.I., Diaz, M.I., Sein, J., Garbarino, J.A. & DeJoannes, A.D., 1997:

Modulation of Fatty Acid Oxidation Alters Contact Hypersensitivity to Urushiols: Role of Aliphatic Chain β-Oxidation in Processing and Activation of Urushiols. Journal of Investigative Dermatology 108, 57–61.

Kalwij, J.M., 2012: Review of "The Plant List, a working list of all plant species". Journal of Vegetation Science 23, 998–1002.

Kanda, H. & Komárková, V., 1997: Antarctic Terrestrial Vegetation. In Wielgolaski, F.E. (ed.), Polar and Alpine Tundra. Ecosystems of the World 3, 721–761.

Kapelle, M. & Horn, S.P. (eds.), 2005: Páramos de Costa Rica. Instituto Nacional de Biodiversidad, Costa Rica, 767 pp.

Kapos, V., Rhind, J., Edwards, M., Price, M.F. & Ravilious, C., 2000: Developing a map of the world's mountain forests. In Price, M.F. & Butt, N. (eds.), Forests in Sustainable Mountain Development: A State-of-Knowledge Report for 2000. CAB International, Wallingford, pp. 4–9.

Kappen, L. & Schroeter, B., 2002: Plants and Lichens in the Antarctic, Their Way of Life and Their Relevance to Soil Formation. In Beyer, L. & Bölter, M. (eds.), Antarctic Ice Free Coastal Landscape. Ecological Studies 154, 327–373.

Karamysheva, Z.V., 2003: Formation M Steppen. In Bohn, U., Neuhäusl, R., Gollub, G., Hettwer, C., Neuhäuslová, Z., Schlüter, H. & Weber, H. (Hsg.), Karte der natürlichen Vegetation Europas 1: 2.500.000. Teil 1. Erläuterungstext. Landwirtschaftsverlag, Münster, S. 445–462.

Karsten, U., 1995: Mangrovenalgen. Biologie in unserer Zeit 25, 51–58.

Kashulina, G., Reimann, C., Finne, T.E., Halleraker, J.H., Äyräs, M. & Chekushin, V.A., 1997: The state of the ecosystems in the central Barents Region: scale, factors and mechanisms of disturbance. The Science of the Total Environment 206, 203–225.

Kasischke, E.S., 2000: Boreal Eosystems in the Global Carbon Cycle. In Kasischke, E.S. & Stocks, B.J. (eds.), Fire, Climate Change, and Carbon Cycling in the Boreal Forest. Ecological Studies 138, 19–30.

Kasischke, E.S., Christensen Jr., N.L. & Stocks, B.J., 1995: Fire, global warming, and the carbon balance of boreal forests. Ecological Applications 5, 437–451.

Kauffman, S., Sombroek, W. & Mantel, S., 1998: Soils of rainforests. Characterization and major constraints of dominant forest soils in the humid tropics. In Schulte, A. & Ruhiyat, D. (eds.), Soils of

tropical forest ecosystems. Springer-Verlag, Berlin-Heidelberg-New York, pp. 9–20.

Kawollek, W. & Falk, H., 2005: Bibelpflanzen. Kennen und kultivieren. Verlag E. Ulmer, Stuttgart, 130 S.

Keddy, P., 2000: Wetland Ecology. Cambridge University Press, Cambridge, 614 pp.

Keddy, P. A., 2007: Plants and Vegetation. Origin, Processes, Consequences. Cambridge University Press, New York, 683 pp.

Keel, S.H.K. & Prance, G.T., 1979: Studies of the vegetation of a white-sand black-water igapó (Rio Negro, Brazil). Acta Amazonica 9, 645–655.

Keeley, J.E., 1995: Seed-Germination Patterns in Fire-Prone Mediterranean-Climate Regions. In Arroyo, M.T.K., Zedler, P.H. & Fox, M.D. (eds.), 1995: Ecology and Biogeography of Mediterranean Ecosystems in Chile, California, and Australia. Ecological Studies 108, 239–273.

Keeley, J.E., 2000: Chaparral. In Barbour, M.G. & Billings, W.D. (eds.), North American Terrestrial Vegetation. 2nd Edition. Cambridge University Press, Cambridge, pp. 203–253.

Keeley, J.E., 2006: Fire Management Impacts on Invasive Plants in the Western United States. Conservation Biology 20, 375–384.

Keeley, J.E. & Davis, F.W., 2007: Chaparral. In Barbour, M.G., Keeler-Wolf, T. & Schoenherr, A.A. (eds.), Terrestrial Vegetation of California. University of California Press, Berkeley, pp. 339–366.

Keeley, J.E. & Rundel, P.W., 2005: Fire and the Miocene expansion of C_4 grasslands. Ecology Letters 8, 683–690.

Keeley, J.E. & Swift, C.C., 1995: Biodiversity and Ecosystem Functioning in Mediterranean-Climate California. In Davis, G.W. & Richardson, D.M. (eds,), Mediterranean-Type Ecosystems. The Function of Biodiversity. Ecological Studies 109, 121–183.

Kellman, M. & Tackaberry, R., 1997: Tropical Environments. The functioning and management of tropical ecosystems. Routledge, London and New York, 380 pp.

Kellner, A., Ritz, C.M., Schlittenhardt, P. & Hellwig, F.H., 2011: Genetic differentiation in the genus *Lithops* L. (Ruschioideae, Aizoaceae) reveals a high level of convergent evolution and reflects geographic distribution. Plant Biology 13, 368–380.

Kelly, D. & Sork, V.L., 2002: Mast Seeding in Perennial Plants: Why, How, Where? Annual Review of Ecology and Systematics 33, 427–447.

Kelly, D.L., Tanner, E.V., Nic Lughadha, E.M. & Kapos, V., 1994: Floristics and biogeography of a rain forest in the Venezuelan Andes. Journal of Biogeography 21, 421–440.

Kelly, D.L., O'Donovan, G., Feehan, J., Murphy, S., Drangeid, S.O. & Marcano-Berti, L., 2004: The epiphyte communities of a montane rain forest in the Andes of Venezuela: patterns in the distribution of the flora. Journal of Tropical Ecology 20, 643–666.

Kennedy, A.D. & Potgieter, A.L.F., 2003: Fire season affects size and architecture of *Colophospermum mopane* in southern African savannas. Plant Ecology 167, 179–192.

Kennedy, G. & Mayer, T., 2002: Natural and Constructed Wetlands in Canada: An Overview. Water Quality Research Journal of Canada 37, 295–325.

Keppel, G., Buckley, Y.M. & Possingham, H.P., 2010: Drivers of lowland rain forest community assembly, species diversity and forest structure on islands in the tropical South Pacific. Journal of Ecology 98, 87–95.

Kerp, H. & Hass, H., 2009: Ökologie und Reproduktion der frühen Landpflanzen. Berichte der Reinhold-Tüxen-Gesellschaft 21, 111–127.

Kershaw, K.A., 1977: Studies on lichen dominated systems: an examination of some aspects of the northern boreal lichen woodlands in Canada. Canadian Journal of Botany 55, 393–410.

Kershaw, P. & Wagstaff, B., 2001: The Southern Conifer Family Araucariaceae: History, Status, and Value for Paleoenvironmental Reconstruction. Annual Reviews of Ecology and Systematics 32, 397–414.

Kessler, M., 1995: *Polylepis*-Wälder Boliviens: Taxa, Ökologie, Verbreitung und Geschichte. Dissertationes Botanicae 246, 303 S.

Kessler, M., 2002: The „*Polylepis* problem": where do we stand? Ecotropica 8, 97–110.

Kessler, M., 2004: Bolivianische Anden. In Burga, C.A., Klötzli, F. & Grabherr, G. (Hrsg.), Gebirge der Erde. Verlag E. Ulmer, Stuttgart, S. 456–463.

Kettle, C.J., 2010: Ecological considerations for using dipterocarps for restoration of lowland rainforest in Southeast Asia. Biodiversity and Conservation 19, 1137–1151.

Kharuk, V.I., Ranson, K.J., Im, S.T. & Naurzbaev, M.M., 2006: Forest-Tundra Larch Forests and Climatic Trends. Russian Journal of Ecology 37, 291–298.

Kharuk, V.I., Ranson, K. & Dvinskaya, M., 2007: Evidence of evergreen conifer invasion into larch dominated forests during recent decades in central Siberia. Eurasian Journal of Forest Research 10,163–171.

Kharuk, V.I., Ranson, K.J., Dvinskaya, M.L. & Im, S.T., 2011: Wildfires in northern Siberian larch dominated communities. Environmental Research Letters 6, 045208.

Kier, G. & Barthlott, W., 2001: Measuring and mapping endemism and species richness: a new methodological approach and its application on the flora of Africa. Biiodiversity and Conservatiopn 10, 1513–1529.

Kier, G., Mutke, J., Dinerstein, E., Ricketts T.H., Küper, W., Kreft, H. & Barthlott, W., 2005: Global patterns of plant diversity and floristic knowledge. Journal of Biogeography 32, 1–10.

Kier, G., Kreft, H., Lee, T.M., Jetz, W., Ibisch, P.L., Nowicki C., Mutke, J. & Barthlott, W., 2009: A global assessment of endemism and species richness across island and mainland regions. Proceedings of the National Academy of Science 106, 9322–9327.

Kinnaird, M.F. & O'Brian, T.G., 2007: The Ecology and Conservation of Asian Hornbills. University of Chicago Press, Chicago, 352 pp.

Kinzel, H., 1982: Pflanzenökologie und Mineralstoffwechsel. Verlag E. Ulmer, Stuttgart, 534 S.

Kitayama, K. & Aiba, S.-I., 2002: Ecosystem structure and productivity of tropical rain forests along altitudinal gradients with contrasting soil phosphorous pools on Mount Kinabalu, Borneo. Journal of Ecology 90, 37–51.

Klak, C., Reeves, G. & Hedderson, T., 2004: Unmatched tempo of evolution in Southern African semi-desert ice plants. Nature 427, 63–65.

Kleier, C. & Rundel, P.W., 2009: Energy balance and temperature relations of *Azorella compacta*, a high-elevation cushion plant of the central Andes. Plant Biology 11, 351–358.

Klein, R.M., 1984: Aspectos dinâmicos da vegetação do Sul do Brasil. Sellowia 36, 5–54.

Klinge, H. & Medina, E., 1979: Rio Negro caatingas and campinas, Amazone States of Venezuela and Brasil. In Specht, R.L. (ed.), Heathland and Related Shrubland of the World. A. Descriptive Studies. Ecosystems of the World 9a, 483–488.

Klink, C.A. & Moreira, A.G., 2002: Past and Current Human Occupation, and Land Use. In Oliveira, P.S. & Marquis, R.J. (eds.), The Cerrados of Brazil. Ecology and Natural History of a Neotropical Savanna. Columbia University Press, New York, pp. 69–88.

Klink, H.-J., 1973: Die natürliche Vegetation und ihre räumliche Ordnung im Puebla-Tlaxcala-Gebiet (Mexiko). Erdkunde 27, 213–225.

Klink, H.-J., Lauer, W. & Ern, H., 1973: Erläuterungen zur Vegetationskarte 1:200.000 des Puebla-Tlaxcala-Gebiets. Erdkunde 27, 225–229.

Klötzli, F. 1958: Zur Pflanzensoziologie des Südhanges der alpinen Stufe des Kilimandscharo. Berichte des Geobotanischen Forschungsinstituts Rübel Zürich 157, 33–59.

Klötzli, F., 1975a: Edellaubwälder im Bereich der südlichen Nadelwälder Schwedens. Berichte Geobotanisches Institut an der ETH Zürich, Stiftung Rübel 43, 23–53.

Klötzli, F., 1975b: Zur Waldfähigkeit der Gebirgs-Steppen Hoch-Semiens (Nord-Äthiopien). Berichte zur Naturkundlichen Forschung Südwestdeutschlands 34, 131–147.

Klötzli, F., 1980: Analysis of species oscillations in tropical grasslands in Tanzania due to management and weather conditions. Phytocoenologia 8, 13–33.

Klötzli, F., 1988: On the global position of the evergreen broad-leaved (non-ombrophilous) forest in the subtropical and temperate zones. Veröffentlichungen des Geobotanischen Instituts an der ETH Zürich, Stiftung Rübel 98, 169–196.

Klötzli, F., 2004a: Popocatépetl (Mexiko) – Hausvulkan von Mexiko City. In Burga, C.A., Klötzli, F. & Grabherr, G. (Hrsg.), Gebirge der Erde. Verlag E. Ulmer, Stuttgart, S. 450–455.

Klötzli, F., 2004b: Semien. Gebirge (Hochland Äthiopiens) – Gegensätze von Basaltwänden und Grasplateaus. In Burga, C.A., Klötzli, F. & Grabherr, G. (Hrsg.), Gebirge der Erde. Verlag E. Ulmer, Stuttgart, S. 391–400.

Klötzli, F., 2004c: Mount Tricora (Irian Jaya) – ein Felsblock in Papuasia. In Burga, C.A., Klötzli, F. & Grabherr, G. (Hrsg.), Gebirge der Erde. Verlag E. Ulmer, Stuttgart, S. 410–416.

Klötzli, F., 2004d: Kilimanjaro – Berg der Pracht, Berg der Götter. In Burga, C.A., Klötzli, F. & Grabherr, G. (Hrsg.), Gebirge der Erde. Verlag E. Ulmer, Stuttgart, S. 380–390.

Klötzli, F., 2004e: Karakorum (Hunza-Tal) – ein Schuttgebirge? In Burga, C.A., Klötzli, F. & Grabherr, G. (Hrsg.), Gebirge der Erde. Verlag E. Ulmer, Stuttgart, S. 315–324.

Klötzli, F., 2004f: Changbai Shan – Vulkan an Chinas Nordostgrenze. In Burga, C.A., Klötzli, F. & Grabherr, G. (Hrsg.), Gebirge der Erde. Verlag E. Ulmer, Stuttgart, S. 158–162.

Klötzli, F. & Burga, C.A., 2004: Atlas (hoher Atlas und Rif) – wo die Eurasiatische mit der Afrikanischen Platte kollidiert. In Burga, C.A., Klötzli, F. & Grabherr, G. (Hsg.), Gebirge der Erde. Landschaft, Klima, Pflanzenwelt. Verlag E. Ulmer, Stuttgart, S. 271–279.

Klötzli, F., Dietl, W., Marti, K., Schubiger-Bosshard, C. & Walther, G.-R., 2010: Vegetation Europas. Das Offenland im vegetationskundlich-ökologischen Überblick unter besonderer Berücksichtigung der Schweiz. Hep Verlag, Bern, 1190 S.

Knapp, A.K., Briggs, J.M., Hartnett, D.C. & Collins, S.L. (eds.), 1998a: Grassland Dynamics. Long-term Ecological Research in Tallgrass Prairie. Oxford University Press, New York, 364 pp.

Knapp, A.K., Briggs, J.M., Blair, J.M. & Rice, C.W., 1998b: Patterns and Controls of Aboveground Net Primary Production in Tallgrass Prairie. In Knapp, A.K., Briggs, J.M., Hartnett, D.C. & Collins, S.L. (eds.), Grassland Dynamics. Long-term Ecological Research in Tallgrass Prairie. Oxford University Press, New York, pp. 193–221.

Knapp, A.K., Fay, P.A., Blair, J.M., Briggs, J.M., Collins, S.L., Hartnett, D.C., Johnson, L.C. & Towne, E.G., 1999: The Keystone Role of Bison in North American Tallgrass Prairie. BioScience 49, 39–50.

Knapp, A.K., McCarron, J.K., Silletti, A.M., Hoch, G.A., Heisler, J.L., Lett, M.S., Blair, J.M., Nriggs, J.M. & Smith, M.D., 2008: Ecological Consequences of the Replacement of Native Grassland by *Juniperus virginiana* and Other Woody Plants. In Van Auken, O.W. (ed.), Western North American *Juniperus* Communities. A Dynamic Vegetation Type. Ecological Studies 196, 156–169.

Knapp, R., 1965: Die Vegetation von Nord- und Mittelamerika und der Hawaii-Inseln. Gustav Fischer Verlag, Stuttgart, 373 S.

Knapp, R., 1973: Die Vegetation von Afrika. G. Fischer Verlag, Stuttgart, 626 S.

Knöss, W., Reh, K. & Bodemann, S., 2011: Pflanzliche Arzneimittel in Deutschland – Tonica und Stärkungsmittel. Zeitschrift für Phytotherapie 32, 164–166.

Koch, W.G., Sillett, SC., Jennings, G.M. & Davis, S.D., 2004: The limits to tree height. Nature 428, 851–854.

Koch, Z. & Corrêa, M.C., 2002: Araucária: A Floresta do Brasil Meridional. Olhar Brasileiro Editora, Curitiba, Brazil.

Koechlin, J., Guillaumet, J.-L. & Morat, P., 1974: Flore et végétation de Madagascar. J. Cramer, Vaduz, 687 pp.

Kohler, A., 1970: Geobotanische Untersuchungen an Küstendünen Chiles zwischen 27 und 42 Grad südl. Breite. Botanische Jahrbücher 90, 55–200.

Köhler, L., Tobón, C., Frumau, K.F.A. & Bruijnzeel, L.A., 2007: Biomass and water storage of epiphytes in old-growth and secondary montane rain forest stands in Costa Rica. Plant Ecology 193, 171–184.

Kolbek, J., Šrůtek, M. & Box E.O. (eds.), 2003: Forest Vegetation of Northeast Asia. Geobotany 28, 462 pp. (Kluwer, Dordrecht).

Komárková, V., 1979: Alpine vegetation of the Indian Peaks area, Front Range, Colorado Rocky Mountains. 2 volumes. J. Cramer, Vaduz, 591 pp.

Köppen, W., 1931: Grundriss der Klimakunde. Verlag De Gruyter, Berlin, 388 S.

Körner, C., 1995: Alpine Plant Diversity: A global Survey and Functional Interpretations. In Chapin III, F.S. & Körner, C. (eds.), Arctic and Alpine Biodiversity. Patterns, Causes and Ecosystem Consequences. Ecological Studies 113, 45–62.

Körner, C., 2002: Mountain biodiversity, its causes and function: an overview. In Körner, C. & Spehn, E.M. (eds.), Mountain Biodiversity. A Global Assessment. The Parthenon Publishing Group, Boca Raton, pp. 3–20.

Körner, C., 2003a: Carbon limitation in trees. Journal of Ecology 91, 4–17.

Körner, C., 2003b: Alpine Plant Life. Functional Plant Ecology of High Mountain Ecosystems. 2nd Edition. Springer-Verlag, Berlin-Heidelberg-New York, 344 pp.

Körner, C., 2006: Significance of temperature in plant life. In Morison, J.I.L. & Morecroft, M.D. (eds.), Plant Growth and Climate Change. Blackwell Publ., Oxford, pp. 48–69.

Körner, C., 2009: Response of Humid Tropical Trees to Rising CO_2. Annual Review of Ecology, Evolution, and Systematics 40, 61–79.

Körner, C., 2012: Alpine Treelines. Functional Ecology of the Global High Elevation Tree Limits. Springer, Basel, 220 pp.

Körner, C. & Larcher, W., 1988: Plant life in cold climates. Symposium Society Experimental Biology 42, 25–57.

Körner, C. & Paulsen, J., 2004: A world-wide study of high altitude treeline temperatures. Journal of Biogeography 31, 713–732.

Körner, C. & Spehn, E.M. (eds.), 2002: Mountain Biodiversity. A Global Assessment. The Parthenon Publishing Group, New York-London, 336 pp.

Korotchenko, I. & Peregrym, M., 2012: Ukrainian Steppes in the Past, at Present and in the Future. Werger, M.J.A. & van Staalduinen, M.A. (eds.), Eurasian Steppes. Ecological Problems and Livelihoods in a Changing World. Springer, Dordrecht, 173–196.

Korpel, S., 1995: Die Urwälder der Westkarpaten. G. Fischer Verlag, Stuttgart, 310 S.

Kostianoy, A.G. & Kosarev, A.N. (eds.), 2010: The Aral Sea Environment. Springer, Berlin-Heidelberg, 500 pp.

Kotanen, P.M. & Rosenthal, J.P., 2000: Tolerating herbivory: does the plant care if the herbivore has a backbone? Evolutionary Ecology 14, 537–549.

Kotze, D.J. & Lawes, M.J., 2007: Viability of ecological processes in small Afromontane forest patches in South Africa. Austral Ecology 32, 294–304.

Koutaniemi, L., 2000: Twenty-one years of string movements on the Liippasuo aapa mire, Finland. Boreas 28, 521–530.

Kowarik, I., 2010: Biologische Invasionen: Neophyten und Neozoen in Mitteleuropa. 2. Auflage. Verlag E. Ulmer, Stuttgart, 492 S.

Kratochwil, A. & Schwabe, A., 2001: Ökologie der Lebensgemeinschaften. Biozönologie. Verlag E. Ulmer, Stuttgart, 756 S.

Kress, W.J., 1989: The Systematic Distribution of Vascular Epiphytes. In Lüttge, U. (ed.), Vascular Plants as Epiphytes. Evolution and Ecophysiology. Ecological Studies 76, 234–261.

Krestov, P., 2003: Forest vegetation of easternmost Russia (Russian Far East). In Kolbek, J., Šrůtek, M. & Box, E.O. (eds.), Forest Vegetation of Northeast Asia. Kluwer, Dordrecht, pp. 93–180.

Kricher, J., 2011: Tropical Ecology. Princeton University Press, Princeton and Oxford, 632 pp.

Krömer, T., Kessler, M., Gradstein, S.R. & Acebey, A., 2005: Diversity patterns of vascular epiphytes along an elevational gradient in the Andes. Journal of Biogeography 32, 1799–1809.

Kruger, F.J., Mitchell, D.T. & Jarvis, J.U.M. (eds.), 1983: Mediterranean-Type Ecosystems. The Role of Nutrients. Ecological Studies 43, 552 pp.

Krutzsch, W., 1989: Paleogeography and historical phytogeography (paleochorology) in the Neophyticum. Plant Systematic and Evolution 162, 5–61.

Kubitzki, K. & Ziburski, A., 1994: Seed dispersal in flood plain forests of Amazonia. Biotropica 26, 30–43.

Kucera, C.L., 1992: Tall-Grass Prairie. In Coupland, R.T. (ed.), Natural Grasslands. Introduction and Western Hemisphere. Ecosystems of the World 8A, 227–268.

Küchler, A.W., 1972: The Oscillations of the Mixed Prairie in Kansas. Erdkunde 26, 120–129.

Kudo, G., Molau, U. & Wada, N., 2001: Leaf-Trait Variation of Tundra Plants along a Climatic Gradient: An Integration of Responses in Evergreen and Deciduous Species. Arctic, Antarctic, and Alpine Research 33, 181–190.

Kuhry, P. & Turunen, J., 2006: The Postglacial Development of Boreal and Subarctic Peatlands. In Wieder, R.K. & Vitt, D.H. (eds.), Boreal Peatland Ecosystems. Ecological Studies 188, 25–46.

Kuiper, L.C., 1994: Architectural analysis of Douglas-fir forests. PHD thesis, Wageningen Agricultural University, 186 pp.

Kullman, L., 2008: Early postglacial appearance of tree species in northern Scandinavia: review and perspective. Quaternary Science Reviews 27, 2467–2472.

Kummerow, J., 1981: Structure of Roots and Root Systems. In di Castri, F., Goodall, D.W. & Specht, R.L. (eds.), Mediterranean-Type Shrublands. Ecosystems of the World 11, 269–288.

Kunzmann, L., 2007: Araucariaceae (Pinopsida): aspects in palaeobiogeography and palaeobiodiversity in the Mesozoic. Zoologischer Anzeiger 246, 257–277.

Kürschner, H., 1986: The subalpine thorn-cushion formation of western South-West Asia: ecology, structure and zonation. Proceedings of the Royal Society of Edinburgh. Section B. Biological Sciences 89, 169–179.

Kürschner, H., 1998: Biogeography and Introduction to Vegetation. In Ghazanfar, S.A. & Fisher, M. (eds.), Vegetation of the Arabian Peninsula. Geobotany 25, 63–98.

Kürschner, H. & Parolly, G., 2012: The Central Anatolian Steppe. In Werger, M.J.A. & van Staalduinen, M.A. (eds.), Eurasian Steppes. Ecological Problems and Livelihoods in a Changing World. Springer, Dordrecht, pp. 149–171.

Kürschner, H., Herzschuh, U. & Wagner, D., 2005: Phytosociological studies in the north-eastern Tibetan Plateau (NW-China) – a first contribution to the subalpine scrub and alpine meadow vegetation. Botanische Jahrbücher für Systematik, Pflanzengeschichte und Pflanzengeographie 126, 273–315.

Kurz, W.A., Stinson, G., Rampley, G.J., Dymond, C.C. & Neilson, E.T., 2008: Risk of natural disturbances makes future contribution of Canada's forests to the global carbon cycle highly uncertain. Proceedings of the National Academy of Sciences of the United States of America 105, 1551–1555.

Kutschera, L., Lichtenegger, E., Sobotik, M. & Haas, D., 1997: Die Wurzel, das neue Organ. Ihre Bedeutung für das Leben von *Welwitschia mirabilis* und anderen Arten der Namib sowie von Arten angrenzender Gebiete mit Erklärung des geotropen Wachstums der Pflanzen. Pflanzensoziologisches Institut, Klagenfurt, 94 S.

Kuusela, K., 1992: The boreal forests: An overview. FAO-Publication Unasylva 170, http://www.fao.org/docrep/u6850e/u6850e00.htm#Contents.

Kvet, J., 1971: Growth analysis approach to the production ecology of reed-swamp communities. Hidrobiologia 12, 15–40.

Kytöviita, M.-M., 2005: Asymmetric symbiont adaption to Arctic conditions could explain why high Arctic plants are non-mycorrhizal. FEMS Microbiology Ecology 53, 27–32.

La Roi, G.H., 1967: Ecological studies in the boreal spruce-fir forest of the North American taiga. Ecological Monographs 37, 229–253.

La Roi, G.H. & Stringer, M.H.L., 1976: Ecological studies in the boreal spruce-fir forest of the North American taiga. II. Analysis of the bryophyte flora. Canadian Journal of Botany 54, 619–643.

Lacerda, L.D. (ed.), 2002: Mangrove Ecosystems. Function and Management. Springer, Berlin-Heidelberg-New York, 292 pp.

Lacerda, L.D., Araújo, D.S.D. & Maciel, N.C., 1993: Dry coastal ecosystems of the tropical Brazilian coast. In Van Der Maarel, E. (ed.), Dry Coastal Ecosystems. Ecosystem of the World 2B, 477–493.

Lähteenoja, O., Ruokolainen, K., Schulam, L. & Alvarez, J., 2009: Amazonian floodplains harbour minerotrophic and ombrotrophic peatlands. Catena 79, 140–145.

Lambers, H., Shane, M.W., Cramer, M.D., Pearse, S.J. & Veneklaas, E.J., 2006: Root Structure and Functioning for Efficient Acquisition of Phosphorus: Matching Morphological and Physiological Traits. Annals of Botany 98, 693–713.

Lamont, B.B., Hopkins, A.J.M. & Hnatjuk, R.J., 1984: The flora – composition, diversity, and origins. In Pate, J.S. & Beard, J.S. (eds.), Kwongan. Plant life of the sandplain. University of Western Australia Press, Nedlands, pp. 27–50.

Lane, D.R., Coffin, D.P. & Lauenroth, W.K., 1998: Effects of soil texture and precipitation on aboveground net primary productivity and vegetation structure across the Central Grassland region of the United States. Journal of Vegetation Science 9, 239–250.

Lane, D.R., Coffin, D.P & Lauenroth, W.K., 2000: Changes in grassland canopy structure across a precipitation gradient. Journal of Vegetation Science 11, 359–368.

Lang, G., 1994: Quartäre Vegetationsgeschichte Europas. Methoden und Ergebnisse. G. Fischer Verlag, Jena, 462 S.

Lange, O.L., 1959: Untersuchungen über Wärmehaushalt und Hitzeresistenz mauretanischer Wüsten- und Savannenpflanzen. Flora 147, 595–651.

Lange, O.L., 2001: Photosynthesis of Soil-Crust Biota as Dependent on Environmental Factors. In Belnap, J. & Lange, O.L. (eds.), Biological Soil Crusts: Structure, Function, and Management. Ecological Studies 150, 217–240.

Lange, O.L., Green, T.G.A., Melzer, B., Meyer, A. & Zellner, H., 2006: Water relations and CO_2 exchange of the terrestrial lichen *Teloschistes capensis* in the Namib fog desert: measurements during two seasons in the field and under controlled conditions. Flora 201, 268–280.

Lanner, R., 2007: The Bristlecone Book: A Natural History of the World's Oldest Trees. Mountain Press Publishing Company, Missoula, 117 pp.

Lapshina, E.D., 2006: Die Vegetation der Moore in der Obaue im Süden der Waldzone Westsibiriens. Phytocoenologia 36, 421–463.

Larcher, W., 1980: Klimastress im Gebirge – Adaptationstraining und Selektionsfilter für Pflanzen. Rheinisch-Westfälische Akademie der Wissenschaften (Düsseldorf) Naturwissenschaftliche Vorträge 291, 49–88.

Larcher, W., 2001: Ökophysiologie der Pflanzen. 6., neu bearbeitete Auflage. Verlag E. Ulmer, Stuttgart, 408 S.

Larcher, W. & Bauer, H., 1981: Ecological significance of resistance to low temperature. Encyclopedia of Plant Physiology 12A(1), 403–437.

Larkum, A.W.D., Orth, R.J. & Duarte, C.M. (eds.), 2006: Seagrasses: Biology, Ecology and Conservation. Springer, Dordrecht, 692 pp.

Larsen, J.A., 1980: The boreal ecosystem. Academic Press, New York, 500 pp.

Larsen, J.A., 1989: The northern forest border in Canada and Alaska: biotic communities and ecological relationships. Ecological Studies 70, 255 pp.

Latz, P.K., 1995: Bushfires and Bush Tucker: Aboriginal Plant Use in Central Australia. IAD Press, Alice Springs, 400 pp.

Lauenroth, W.K. & Burke, I.C. (eds.), 2008: Ecology of the Short Grass Steppe. A Long-Term Perspective. Oxford University Press, New York, 522 pp.

Lauenroth, W.K. & Milchunas, D.G., 1992: Short-Grass Steppe. In Coupland, R.T. (ed.), Natural Grasslands. Introduction and Western Hemisphere. Ecosystems of the World 8A, 183–226.

Lauenroth, W.K., Burke, I.C. & Morgan, J.A., 2008: The Shortgrass Steppe: The Region and Research Sites. In Lauenroth, W.K. & Burke, I.C. (eds.), Ecology of the Short Grass Steppe. A Long-Term Perspective. Oxford University Press, New York, pp. 3–13.

Lauenroth, W.K., Milchunas, D.G., Sala, O.E., Burke, I.C. & Morgan, J.A., 2012: Net Primary Production in the Shortgrass Steppe. In Lauenroth, W.K. & Burke, I.C. (eds.), Ecology of the Short Grass Steppe. A Long-Term Perspective. Oxford University Press, New York, pp. 270–305.

Lauer, W., 1973: Zusammenhänge zwischen Klima und Vegetation am Ostabfall der mexikanischen Meseta. Erdkunde 27, 192–213.

Lauer, W., 1988: Zum Wandel der Vegetationszonierung in den Lateinamerikanischen Tropen seit dem Höhepunkt der letzten Eiszeit. In Buchholz, H.J. & Gerold, G. (Hrsg.) Jahrbuch der Geographischen Gesellschaft zu Hannover, Lateinamerikaforschung. Geographischen Gesellschaft, Hannover, pp 1–45.

Lauer, W. & Rafiqpoor, M.D., 2002: Die Klimate der Erde. Eine Klassifikation auf der Grundlage der ökophysiologischen Merkmale der realen Vegetation. Franz Steiner Verlag, Stuttgart, 271 S.

Lauscher, F., 1976: Weltweite Typen der Höhenabhängigkeit des Niederschlags. Wetter und Leben 28, 80–90.

Lavrenko, E.M., Karamysheva, Z.V., Borisova, I.V., Popova, T.A., Guricheva, N.P. & Nikulina, R.I., 1993: Steppes of the former Soviet Union and Mongolia. In Coupland, R.T (ed.), Natural Grasslands. Eastern Hemisphere and Résumé. Ecosystems of the World 8B, 3–59.

Le Houérou, H.N., 1981: Impact of Man and his Animals on Mediterranean Vegetation. In di Castri, F., Goodall, D.W. & Specht, R.L. (eds.), Mediterranean-Type Shrublands. Ecosystems of the World 11, 479–521.

Le Houérou, H.N., 1986: The desert and arid zones of northern Africa. In Evenari, M., Noy-Meir, I. & Goodall, D.W. (eds.), Hot Deserts and Arid Shrublands. Ecosystems of the World 12B, 101–147.

Le Houérou, H.N., 1989: The Grazing Land Ecosystem of the African Sahel. Ecological Studies 75, 282 pp.

Le Houérou, H.N., 1990: Global change: vegetation, ecosystems and land use in the southern Mediterranean Basin by the mid twenty-first century. Israel Journal of Botany 39, 481–508.

Le Houérou, H.N., 1997: Climate, flora and fauna changes in the Sahara over the past 500 million years. Journal of Arid Environments 37, 619–647.

Leader-Williams, N., Lewis Smith, R.I. & Rothery, P., 1987: Influence of introduced reindeer on the vegetation of South Georgia: Results from a Long-Term Exclusion Experiment. Journal of Applied Ecology 24, 801–822.

League, B.L. & Horn, S.P., 2000: A 10 000 year record of Páramo fires in Costa Rica. Journal of Tropical Ecology 16, 747–752.

Lebrun, J.-P. & Stork, A. L., 2003: Tropical African flowering plants. Ecology and distribution, vol. 1, Annonaceae-Balanitaceae. Conservatoire et Jardin Botaniques de la ville de Genève.

Lebrun, J.-P., 2001: Introduction à la flore d'Afrique. Cirad, Ibis Press, Paris, 155 pp.

Lee, D.Y., 2008: Mangrove macrobenthos: Assemblages, services, and linkages. Journal of Sea Research 59, 16–29.

Lehmann, C.E.R., Archibald, S.A., Hoffmann, W.A. & Bond, W.J., 2011: Deciphering the distribution of the savanna biome. New Phytologist 191, 197–209.

Leigh, J.H., 1994: Chenopod shrublands. In Groves, R.H. (ed.) Australian Vegetation. 2nd Edition. Cambridge University Press, Cambridge, pp. 345–367.

Leigh Jr., E.G., 2008: Tropical forest ecology: sterile or virgin for theoreticians? In Carson, W.P. & Schnitzer, S.A. (eds.), Tropical forest community ecology. Wiley-Blackwell, Chichester, pp. 121–142.

Leigh Jr., E.G., Davidar, P., Dick, C.W., Puyravaud, J.-P., Terborgh, J., ter Steege, H. & Wright, S.J., 2004: Why Do Some Tropical Forests Have So Many Species of Trees? Biotropica 36, 447–473.

Leite, P.F., 2002: Contribuição ao conhecimento fitoecológico do Sul do Brasil. Ciência & Ambiente 24, 51–73.

León, R.J.C., 1991: Rio de la Plata Grasslands. In Coupland, R.T. (ed.), Natural grasslands: Introduction and Western Hemisphere. Ecosystems of the World. Vol 8A, 369–376, 380–387.

Lerch, G., 1991: Pflanzenökologie. Akademie Verlag, Berlin, 535 S.

Leser, H., Mosimann, T., Meier, S., Egner, H., Schlesinger, D., Paesler, R. & Neumair, T., 2011: DIERCKE Wörterbuch Geographie. Ausgabe 2011. Westermann Schulbuchverlag, Braunschweig, 1132 S.

Létolle, R & Mainguet, M., 1996: Der Aralsee. Eine ökologische Katastrophe. Springer-Verlag, Berlin-Heidelberg, 517 S.

Lewis Smith, R.I., 1984: Terrestrial Plant Biology of the sub-Antarctic and Antarctic. In Laws, R.M. (ed.), Antarctic Ecology. Vol. 1. Academic Press, New York, pp. 61–162.

Lewis Smith, R.I., 2003: The enigma of Colobanthus quitensis and Deschampsia antarctica in Antarctica. In: Huiskes, A.H.L., Gieskes, W.W.C., Rozema, J., Schorno, R.M.L., van der Vies, S.M. & Wolff, W.J. (eds.), Antarctic Biology in a Global Context., Backhuys, Leiden, pp. 234–239.

Li, C., Juntilla, O. & Palva, E.T., 2004: Environmental regulation and physiological basis of freezing tolernace in woody plants. Acta Physiologicae Plantarum 26, 213–222.

Li, C., Zhong, Z., Geng, Y. & Schneider, R., 2010: Comparative studies on physiological and biochemical adaption of Taxodium distichum und Taxodium ascendens seedlings to different soil water regimes. Plant Soil 329, 481–494.

Liang, C., Michalk, D.L. & Millar, G.D., 2002: The ecology and growth patterns of Cleistogenes species in degraded grasslands of eastern Inner Mongolia, China. Journal of Applied Ecology 39, 584–594.

Lichtenegger, E., Kutschera, L., Sobotik, M. & Haas, D., 1997: Bewurzelung von Pflanzen in verschiedenen Lebensräumen. Spezieller Teil. Stapfia 49, 55–331.

Lieberei, R. & Reisdorff, C., 2007: Nutzpflanzenkunde. 7., vollständig überarbeitete und erweiterte Auflage. Georg Thieme Verlag, Stuttgart-New York, 476 S.

Lieberman, D., Lieberman, R., Peralta, R. & Hartshorn, G.S., 1996: Tropical forest structures and composition on a large scale altitudinal gradient in Costa Rica. Journal of Ecology 84, 137–152.

Lieth, H. & Werger, M.J.A. (eds.), 1989: Tropical Rain Forest Ecosystems. Ecosystems of the World 14B, 713 pp.

Lieth, H. & Whittaker, R.H. (eds.), 1975: Primary Productivity of the Biosphere. Springer-Verlag, Heidelberg, 339 pp.

Lieth, H., Berlekamp, J., Fuest, S. & Riediger, S., 1999: Climate Diagram World Atlas (CD-ROM). Backhuys Publ., Leiden.

Lieth, H., Garcia Surce, M. & Herzog, B. (eds.), 2008: Mangroves and Halophytes. Tasks of Vegetation Science 43, 1–220.

Lin, C.P., Huang, J.P., Wu, C.S., Hsu, C.Y. & Chaw, S.M., 2010: Comparative Chloroplast Genomics Reveals the Evolution of Pinaceae Genera and Subfamilies. Genome Biology and Evolution 2, 504–517.

Lin, T.-C., Hamburg, S.P., Lin, K.-C., Wang, L.-J., Chang, C.-T., Hsia, Y.-J., Vadeboncoeur, M.A., Mabry McMullen, C.M. & Liu, C.-P., 2011: Typhoon Disturbance and Forest Dynamics: Lessons from a Northwest Pacific Subtropical Forest. Ecosystems 14, 127–143.

Lind, E.M. & Morrison, M.E.S., 1974: East African Vegetation. Longman Group Ltd., London, 257 pp.

Linder, H.P., 2003: The radiation of the Cape flora, southern Africa. Biological Review 78, 597–638.

Linder, H.P., 2005: Evolution of diversity: the Cape flora. Trends in Plant Science 10, 536–541.

Linder, H.P. & Hardy, C.R., 2004: Evolution of the species-rich Cape flora. Philosophical Transactions of the Royal Society London B 359, 1623–1632.

Liu, Z., Pagani, M., Zinniker, D., DeConto, R., Huber, M., Brinkhuis, H., Shah, S.R., Leckie, R.M. & Pearson, A., 2009: Global Cooling During the Eocene-Oligocene Climate Transition. Science 323, 1187–1190.

Lloyd, A.H., Rupp, T.S., Fastie, C.L. & Starfield, A.M., 2003: Patterns and dynamics of treeline advance on the Seward Peninsula, Alaska. Journal of Geophysical Research 107, No. D2, 8161.

Lo Gullo, M.A. & Salleo, S., 1988: Different strategies of drought resistance in three Mediterranean sclerophyllous trees growing in the same environmental conditions. New Phytologist 108, 267–276.

Lo Gullo, M.A., Salleo, S. & Rosso, R., 1986: Drought Avoidance Strategy in *Ceratonia siliqua* L., a Mesomorphic-leaved Tree in the Xeric Mediterranean Area. Annals of Botany 58, 745–756.

Loehle, C., 1988: Tree life history: the role of defenses. Canadian Journal of Forest Research 18, 209–222.

Longino, J. & Nadkarni, N., 1990: A comparison of ground and canopy leaf litter ants (Hymenoptera, Formicidae) in a neotropical montane forest. Psyche 97, 81–94.

Longton, R.E., 1988: Biology of Polar Bryophytes and Lichens. Cambridge University Press, Cambridge, 391 pp.

López-Pujol, J., Zhang, F.-M. & Ge, S., 2006: Plant biodiversity in China: richly varied, endangered, an in need of conservation. Biodiversity and Conservation 15, 3983–4026.

Loris, K., Jürgens, N. & Veste, M., 2004: Zonobiom III: Die Namib-Wüste im südwestlichen Afrika (Namibia, Südafrika, Angola). In Walter, H. & Breckle, S.-W., Ökologie der Erde, Band 2. Spezielle Ökologie der Tropischen und Subtropischen Zonen. 3. Auflage. Spektrum Akademischer Verlag, Heidelberg, pp. 441–513.

Lösch, R., 1990: Kannenpflanzen. Insektenfressende Standortsspezialisten und biogeographische Indikatoren. Biologie in unserer Zeit 20, 26–32.

Lösch, R., 2003: Wasserhaushalt der Pflanzen. 2., unveränderte Auflage. Quelle & Meyer Verlag, Wiebelsheim, 595 S.

Losos, E. & Leigh, E.G. (eds.), 2004: Tropical Forest Diversity and Dynamism: Findings from a Large-Scale Plot Network. University of Chicago Press, 645 pp.

Lotan, J.E. & Critchfield, W.B., 1990: *Pinus contorta* Dougl. ex Loud. In Burns, R.M. & Honkala, B.H. (eds.), Silvics of North America. 1. Conifers. Agricultural Handbook 654. USDA Forest Service, Washington D.C., pp. 302–315.

Louppe, D., Ouattara, N. & Coulibaly, A., 1995: The effect of brush fires on vegetation: the Aubreville fire plots after 60 years. Commonwealth Forest Review 74, 288–292.

Lourival, R., Drechsler, M., Watts, M.E., Game, E.T, & Possingham, H.P., 2011: Planning for reserve adequacy in dynamic landscapes; maximizing future representation of vegetation communities under flood disturbance in the Pantanal wetland. Diversity and Distributions 17, 297–310.

Lubke, R.A., Avis, A.M., Steinke, T.D. & Boucher, C., 1997: Coastal Vegetation. In Cowling, R.M., Richardson, D.M. & Pierce, S.M. (eds.), Vegetation of Southern Africa. Cambridge University Press, Cape Town, pp. 300–321.

Lüderitz, V. & Jüpner, R., 2009: Renaturierung von Fließgewässern. In Zerbe, S. & Wiegleb, G. (eds.), Renaturierung von Ökosystemen in Mitteleuropa. Spektrum Akademischer Verlag, Heidelberg, S. 95–124.

Ludwig, F., de Kron, H., Prins, H.H.T. & Berendse, F., 2001: Effects of nutrients and shade on tree-grass interactions in an East African savanna. Journal of Vegetation Science 12, 579–588.

Ludwig, J.A., Tongway, D.J., Freudenberger, D., Noble, J. & Hodgkinson, K. (eds.), 1997: Landscape ecology, function and management: principles from Australia's rangelands. CSIRO Publishing, Melbourne, 162 pp.

Lugina, K.M., Groisman, P.Y., Vinnikov, K.Y., Koknaeva, V.V. & Speranskaya, N.A., 2007: Monthly surface air temperature time series area-averaged over the 30-degree latitudinal belts of the globe, 1881–2006. In Trends: a compendium of data on global change. Carbon Dioxide InformationAnalysis Center, Oak Ridge National Laboratory, US Department of Energy, Oak Ridge.

Lugo, A.E., 2008: Visible and invisible effects of hurricanes on forest ecosystems: an international review. Austral Ecology 33, 368–398.

Lugo, A.E. & Zimmerman, J.K., 2002: Ecological life histories. In Vozzo, J.A. (ed.), Tropical Tree Seed Manual. USDA Forest Service Agriculture Handbook 721, 191–213.

Luo, Y., Wang, X., Zhang, X., Booth, T.H. & Lu, F., 2012: Root:shoot ratios across China's forests: Forest type and climatic effects. Forest Ecology and Management 269, 19–25.

Lüpnitz, D., 1998: Gondwana. Die Pflanzenwelt von Australien und ihr Ursprung. Palmengarten der Stadt Frankfurt am Main, Sonderheft 28, 120 S.

Luteyn, J.L., 1999: Páramos: a checklist of plant diversity, geographical distribution and botanical literature. Memoirs of the New York Botanical Garden 84.

Lütt, S., 1992: Produktionsbiologische Untersuchungen zur Sukzession der Torfstichvegetation in Schleswig-Holstein. Mitteilungen der Arbeitsgemeinschaft Geobotanik von Schleswig-Holstein und Hamburg 43, 250 S.

Lüttge, U. (ed.), 2007: *Clusia*: a woody neotropical genus of remarkable plasticity and diversity. Ecological Studies 194, 273 pp.

Lüttge, U., 2008a: Physiological Ecology of Tropical Plants. 2nd Edition. Springer, Berlin-Heidelberg, 458 pp.

Lüttge, U., 2008b: Stem CAM in arborescent succulents. Trends in Ecology and Evolution 22, 139–148.

Luyssaert, S., Inglima, I., Jung, M., Richardson, A.D., Reichsstein, M., Papale, D., Piao, S.L., Schulze, E.-D., Wingate, L., Matteucci, G., Aragao, L., Aubinet, M., Beer, C., Bernhofer, C., Black, K.G., Bonal, D., Bonnefond, M., Chambers, J., Ciais, P., Cook, B., Davis, K.J., Dolman, A.J., Gielen, B., Goulden, M., Gracea, J., Granier, A., Grelle, A., Friffis, T., Grünwald, T., Guidolotti, G., Hanson, P.J., Harding, R., Hollinger, D.Y., Hutyra, L.R., Kolaria, P., Kruijt, B., Kutsch, W., Lagergren, F., Laurila, T., Law, B.E., Le Maire, G., Lindroth, A., Loustau, D., Malhi, Y., Mateus, J., Migliavacca, M., Misson, L., Montagnani, L., Moncrieff, J., Moors, E., Munger, J.W., Nikinmaa, E., Ollinger, S.V., Pita, G., Rebmann, C., Roupsard, O., Saigusa, N., Sanz, M.J., Seuffert, G., Sierra, C., Smith, M.L., Tang, J., Valentini, R., Vesala, T. & Janssens, I.A., 2007: CO_2 balance of boreal, temperate, and tropical forests derived from a global database. Global Change Biology 13, 2509–2537.

Lytkina, L.P. & Isaev, A.P., 2010: Forest Fires. In Troeva, E.I., Isaev, A.P., Cherosov, M.M. & Karpov, N.S. (eds.), The Far North: Plant Biodiversity and Ecology of Yakutia. Springer, Dordrecht-Heidelberg-London-New York, pp. 265–269.

Mabberley, D.J., 2008: Mabberley's Plant-Book. 3rd Edition. Cambridge University Press, Cambridge, 1021 pp.

MacDonald, G.E., 2004: Cogongrass (*Imperata cylindrical*) – Biology, Ecology, and Management. Critical Reviews in Plant Sciences 23, 367–380.

MacDonald, G.M., Velichko, A.A., Kremenetski, C.V., Borisova, O.K., Goleva, A.A., Andreev, A.A., Cwynar, L.C., Riding, R.T., Forman, S.L., Edwards, T.W.D., Aravena, R., Hammarlund, D., Szeicz, J.M. & Gattaulin, V.N., 2000: Holocene treeline history and climate change across northern Eurasia. Quaternary Research 53, 302–311.

MacMahon, J.A., 2000: Warm Deserts. In Barbour, M.G. & Billings, W.D. (eds.), North American Terrestrial Vegetation. 2nd Edition. Cambridge University Press, Cambridge, pp. 285–322.

Mägdefrau, K., 1968: Paläobiologie der Pflanzen. 4. Auflage. VEB Gustav Fischer Verlag, Jena, 549 S.

Mai, D.H., 1995: Tertiäre Vegetationsgeschichte Europas. Methoden und Ergebnisse. VEB Gustav Fischer Verlag, Jena, 691 S.

Mainguet, M., 1991: Desertification. Natural background and human mismanagement. Springer, Berlin, 305 pp.

Malhi, Y., Baldochi, D.D. & Jarvis, P.G., 1999: The carbon balance of tropical, temperate and boreal forests. Plant, Cell and Environment 22, 715–740.

Malhi, Y., Nobre, A.D., Grace, J., Kruijt, B., Pereira, M.G.P., Culf, A. & Scott, S., 1998: Carbon dioxide transfer over a Central Amazonian rain forest. Journal of Geophysical Research 103, 1593–1612.

Malloch, A.J.C., 1997: Influence of salt spray on dry coastal vegetation. In Van der Maarel, E. (ed.), Dry Coastal Ecosystems. General Aspects. Ecosystems of the World 2C, 411–420.

Malmer, N., 1975: Development of bog mires. In Hasler, A.D. (ed.), Coupling of Land and Water Systems. Ecological Studies 10, 85–92.

Mangen, J.M., 1993: Ecology and vegetation of Mt. Tricora, New Guinea (Irian Jaya/Indonesia). Travaux Scientifiques du Musee National d'Histoire Naturelle de Luxembourg, 216 pp.

Manos, P.S., 1997: Systematics of *Nothofagus* (Nothofagaceae) based on RDNA spacer sequences (ITS): Taxonomic congruence with morphology and plastid sequences. American Journal of Botany 84, 1137–1155.

Mares, M.A., Morello, J. & Goldstein, G., 1985: The Monte Desert and Other Subtropical Semi-arid Biomes of Argentina, with Comments on their Relation to North American Arid Areas. In Evenari, M., Noy-Meir, I. & Goodall, D.W. (eds.), Hot Deserts and Arid Shrublands. Ecosystems of the World 12A, 203–237.

Mark, A.F. & Dickinson, K.J.M., 1997: New Zealand alpine ecosystems. In Wielgolaski, F.E. (ed.), Polar and Alpine Tundra. Ecosystems of the World 3, 311–347.

Mark, A.F., 1993: Indigenous grasslands of New Zealand. In Coupland, R.T (ed.), Natural Grasslands. Eastern Hemisphere and Résumé. Ecosystems of the World 8B, 361–410.

Markgraf, V., Romero, E. & Villagran, C., 1996: History and paleoecology of South American *Nothofagus* forests. In Veblen, T.T., Hill, R.S. & Read, J. (eds.), Ecology and Biogeography of *Nothofagus* Forests. Yale University Press, New Haven, pp. 354–386.

Markley, J.L., McMillan, C. & Thompson, G.A., 1982: Latitudinal differentiation in response to chilling temperatures among populations of three mangroves, *Avicennia germinans*, *Laguncularia racemosa*, and *Rhizophora mangle*, from the western tropical Atlantic and Pacific Panama. Canadian Journal of Botany 60, 2704–2715.

Marques, M.C.M., Roper, J.J. & Salvalaggio, A.P.B., 2004: Phenological patterns among plant lifeforms in a subtropical forest in southern Brazil. Plant Ecology 173, 203–213.

Martin, K. & Sauerborn, J., 2006: Agrarökologie. Verlag E. Ulmer, Stuttgart, 297 S.

Martin, C.E. & von Willert, D.J., 2000: Leaf Epidermal Hydathodes and the Ecophysiological Consequences of Foliar Water Uptake in Species of *Crassula* from the Namib Desert in Southern Africa. Plant Biology 2, 229–242.

Martínez, M.L. & Psuty, N.P. (eds.), 2004: Coastal Dunes. Ecology and Conservation. Ecological Studies 171, 386 pp.

Masing, V., Botch, M. & Läänelaid, A., 2010: Mires of the former Soviet Union. Wetlands Ecology and Management 18, 397–433.

Matsuura, Y. & Hirobe, M., 2010: Soil Carbon and Nitrogen, and Characteristics of Soil Active Layer in Siberian Permafrost Region. In Osawa, A., Zyryanova, O.A., Matsuura, Y., Kajimoto, T. & Wein, R.W. (eds.), Permafrost Ecosystems. Siberian Larch Forests. Ecological Studies 209, 149–163.

Matteucci, S., 1987: The vegetation of Falcón State, Venezuela. Vegetation 70, 67–91.

Matthews. J.V. & Ovenden, L.E., 1990: Late Tertiary plant macrofossils from localities in Arctic/Subarctic North America: a review of the data. Arctic 43, 364–392.

Mattick, F., 1964: Übersicht über die Florenreiche und Florengebiete der Erde. In Melchior, H. (Hsg.), Englers Syllabus der Pflanzenfamilien. II. 12. Auflage. Gebr. Borntraeger, Berlin.

Matveyeva, N. V., 1994: Floristic classification and ecology of tundra vegetation of the Taymyr Peninsula, northern Siberia. Journal of Vegetation Science 5, 813–828.

Matveyeva, N. V., 1998: Zonation in Plant Cover of the Arctic. Russian Academy of Sciences, Proceedings of the Komarov Botanical Institute, No. 21, 220 pp. (in russisch).

Mayaux, P., Holmgren, P., Achard, F., Eva, H., Stibig, J.-J. & Branthomme, A., 2005: Tropical forest cover change in the 1990s and options for future monitoring. Philosophical Transactions of the Royal Society B 360, 373–384.

Mayer, H., 1974: Die Wälder des Ostalpenraums. Gustav Fischer Verlag, Stuttgart, 344 S.

Mayer, H., 1984: Wälder Europas. Gustav Fischer Verlag, Stuttgart, 691 S.

Mayer, H. & Aksoy, H., 1986: Wälder der Türkei. Gustav Fischer Verlag, Stuttgart, 290 S.

Mayle, F.E, Beerling, D.J., Gosling, W.D. & Bush, M.B., 2004: Responses of Amazonian ecosystems to climatic and atmospheric carbon dioxide changes since the Last Glacial Maximum. Philosophical Transactions of the Royal Society, London, Ser. B Biological Sciences 359, 499–514.

Mazzoleni, S., di Pasquale, G., Mulligan, M., di Martino, P. & Rego, F. (eds.), 2004: Recent Dynamics of the Mediterranean Vegetation and Landscape. John Wiley & Sons, Chichester, 306 pp.

McGuire, A.D., Christensen, T.R., Hayes, D., Heroult, A., Euskirchen, E., Yi, Y., Kimball, J.S., Koven, C., Lafleur, P., Miller, P.A., Oechel, W., Peylin, P. & Williams, M., 2012: An assessment of the carbon balance of arctic tundra: comparisons among observations, process models, and atmospheric inversions. Biogeosciences Discussions 9, 4543–4594.

McGuire, J.A., 2008: Ectomycorrhizal associations function to maintain tropical monodominance. In Siddiqui, Z.A., Akhtar, M.S. & Futai, K. (eds.), Mycorrhizae: Sustainable Agriculture and Forestry. Springer, Dordrecht, pp. 287–302.

McKane, R.B., Rastetter, E.B., Shaver, G.R., Nadelhoffer, K.J., Giblin, A.E., Laundre, J.A. & Capin III, F.S., 1997: Climatic Effects on Tundra Carbon Storage Inferred From Experimental Data and a Model. Ecology 78, 1170–1187.

McLoughlin, S., 2001: The breakup history of Gondwana and its impact on pre-Cenozoic floristic provincialism. Australian Journal of Botany 49, 271–300.

McQueen, J.C., Tozer, W.C. & Clarkson, B.D., 2006: Consequences of Alien N_2-Fixers on Vegetation Succession in New Zealand. In Allen, R.B. & Lee, W.G. (eds.), Biological Invasions in New Zealand. Ecological Studies 186, 295–306.

Meadows, M.E. & Linder, H.P., 1993: A palaeoecological perspective on the origin of Afromontane grasslands. Journal of Biogeography 20, 345–355.

Médail, F., 2009: Mediterranean. In Jørgensen, S.E. (ed.), Ecosystem Ecology. Elsevier, Amsterdam, pp 319–330.

Medina, E., 1995: Diversity of life forms of higher plants in neotropical dry forests. In Bullock, S.H., Mooney, H.A. & Medina, E. (eds.), Seasonal Dry Tropical Forests. Cambridge University Press, Cambridge, pp. 221–242.

Medina, E. & Silva, J.F., 1990: Savannas of northern South America: a steady state regulated by water-fire interactions on a background of low nutrient availability. Journal of Biogeography 17, 403–413.

Meimberg, H., 2002: Molekular-systematische Untersuchungen an den Familien Nepenthaceae und Ancistrocladaceae sowie verwandter Taxa aus der Unterklasse Caryophyllidae s. l. Dissertation Ludwig-Maximilians-Universität München.

Meimberg, H., Wistuba, A., Dittrich, P. & Heubl, G., 2001: Molecular phylogeny of Nepenthaceae based on cladistic analysis of plastid *trnK* intron sequence data. Plant Biology 3, 154–175.

Mendelssohn, I.A. & McKee, K.L., 2000: Saltmarshes and Mangroves. In Barbour, M.G. & Billings, W.D. (eds.), North American Terrestrial Vegetation. 2nd Edition. Cambridge University Press, Cambridge, 501–536.

Mendonça, R.C. de, Felfili, J.M., Walter, B.M.T., Silva Junior M.V. da, Rezende, A.V., Filgueiras, T.S. & Nogueira, P.E., 1998: Flora vascular do cerrado. In Sano, S.M. & Almeida, S.P. (eds.), Cerrado: Ambiente e Flora. Embrapa, Planaltina DF., pp. 289–556.

Meng, S.X., Lieffers, V.J., Reid, D.E.B., Rudnicki, M. & Jin, M., 2006: Reducing stem bending increases the height growth of tall pines. Journal of Experimental Botany 57, 3175–3182.

Menzel, A., 2003: Plant phenological anomalies in Germany and their relation to air temperature and NAO. Climatic Change 57, 243–263.

Meurk, C.D., 1995: Evergreen broadleaved forests of New Zealand and their bioclimatic definition. In Box, E.O., Peet, R.K., Masuzawa, T., Yamada, I., Fujiwara, K. & Maycock, P.F. (eds.), Vegetation Science in Forestry. Handbook of Vegetation Science 12/1, 151–197.

Meusel, H. & Schubert, R., 1971: Beiträge zur Pflanzengeographie des West-Himalayas. Flora 160, 137–194, 373–432, 573–606.

Meusel, H., Jäger, E. & Weinert, E., 1965–1992: Vergleichende Chorologie der zentraleuropäischen Flora. 4 Bände. VEB G. Fischer-Verlag, Jena.

Meyers Großes Universallexikon 1983: Luxusausgabe in 15 Bänden. Bibliographisches Institut, Mannheim.

Micklin, P., 2007: The Aral Sea Desaster. Annual Review of Earth and Planetary Sciences 35, 47–72.

Middleton, B.A., 2009: Effects of Hurrican Katrina on the Forest Structure of *Taxodium distichum* Swamps of the Gulf Coast, USA. Wetlands 29, 80–87.

Midgley, J.J., Cowling, R.M., Seydack, A.H.W. & van Wyk, G.F., 1997: Forest. In Cowling, R.M., Richardson, D.M. & Pierce, S.M. (eds.), Vegetation of South Africa. Cambridge University Press, Cambridge, pp. 278–299.

Miehe, G., 1989: Vegetation patterns on Mount Everest as in influenced by monsoon and föhn. Vegetatio 79, 21–32.

Miehe, G., 2004a: Himalaya. In Burga, C.A., Klötzli, F. & Grabherr, G. (Hsg.), Gebirge der Erde. Landschaft, Klima, Pflanzenwelt. Verlag E. Ulmer, Stuttgart, S. 325–348.

Miehe, G., 2004b: Hochland von Tibet. In Burga, C.A., Klötzli, F. & Grabherr, G. (Hsg.), Gebirge der Erde. Landschaft, Klima, Pflanzenwelt. Verlag E. Ulmer, Stuttgart, S. 349–359.

Miehe, G. & Miehe, S., 1994: Zur oberen Waldgrenze in tropischen Gebirgen. Phytocoenologia 24, 53–110.

Miehe, G. & Miehe, S., 2000: Comparative high mountain research on the treeline ecotone under human impact. Erdkunde 54, 34–50.

Miehe, G., Miehe, S., Jiang, H. & Tsewang, O., 1998: Forschungsdefizite und -perspektiven zur Frage der potentiellen Bewaldung in Tibet. Petermanns Geographische Mitteilungen 142, 115–164.

Miehe, G., Miehe, S. & Schlütz, F., 2002: Vegetationskundliche und palynologische Befunde aus dem

Mukinath-Tal (Tibetischer Himalaya, Nepal). Erdkunde 56, 268–285.

Miehe, G., Miehe, S., Vogel, J., Sonam, C. & Duo, L., 2007: Highets Treeline in the Northern Hemisphere Found in Southern Tibet. Mountain Research and Development 27, 169–173.

Miehe, G., Miehe, S., Kaiser, K., Jianquan, L. & Zhao, X., 2008: Status and Dynamics of the Kobresia pygmaea Ecosystem on the Tibetan Plateau. Ambio 37, 272–279.

Miehe, G., Miehe, S., Bach, K., Nölling, J., Hanspach, J., Reudenbach, C., Kaiser, K., Wesche, K., Mosbrugger, V., Yang, Y.P. & Ma, Y.M., 2011: Plant communities of central Tibtan pastures in the Alpine Steppe/*Kobresia pygmaea* ecotone. Journal of the Arid Environments 75, 711–723.

Miehe, S., 1988: Vegetation Ecology of the Jebel Marra Massif in the Semiarid Sudan. Dissertationes Botanicae 113, 171 pp.

Milchunas, D.G. & Lauenroth, W.K., 1993: Quantitative effects of grazing on vegetation and soils over a global range of environments. Ecological Monographs 63, 327–366.

Milchunas, D.G., Sala, O.E. & Lauenroth, W.K., 1988: A generalized model of the effects of grazing by large herbivores on grassland community structure. American Naturalist 132, 87–106.

Miles, L., Newton, A.C., DeFries, R.S., Ravilious, C., May, I., Blyth, S., Kapos, V. & Gordon, J.E., 2006: A global overview of the conservation status of tropical dry forests. Journal of Biogeography 33, 491–505.

Miller, J.T., Andrew, R.A. & Maslin, B.R., 2002: Towards an understanding of variation in the Mulga complex (*Acacia aneura* and relatives). Conservation Science Western Australia 4, 19–35.

Miller, K.G., Fairbanks, R.G. & Mountain, G.S., 1987: Tertiary oxygen isotope synthesis, sea level history and continental margin erosion. Paleoceanography 2, 1–19.

Mills, L.S., Soulé, M.E. & Doak, D.F., 1993: The keystone-species concept in ecology and conservation. BioScience 43, 219–224

Milton, S.J., Yeaton, R.I., Dean, W.R.J. & Vlok, J.H.J., 1997: Succulent karoo. In Cowling, R.M., Richardson, D.M. & Pierce, S.M. (eds.), Vegetation of Southern Africa. Cambridge University Press, Cambridge, pp. 131–166.

Minden, V., Hennenberg, K.J., Porembski, S. & Böhmer, H.J., 2010: Invasion and management of alien *Hedychium gardnerianum* (kahili ginger, Zingiberaceae) alter plant species composition of a mon-

tane rainforest on the island of Hawai'i. Plant Eology 206: 321–333.

Minnich, R.A., 2007: Southern California Conifer Forests. In Barbour, M.G., Keeler-Wolf, T. & Schoenherr, A.A. (eds.), Terrestrial Vegetation of California. University of California Press, Berkeley, pp. 502–538.

Miriti, M.N., 2006: Ontogenetic shift from facilitation to competition in a desert shrub. Journal of Ecology 94, 973–979.

Misra, R., 1983: Indian Savannas. In Bourlière, F. (ed.), Tropical Savannas. Ecosystems of the World 13, 151–166.

Mitsch, W.J. & Gosselink, J.G., 2007: Wetlands. 4th Edition. John Wiley& Sons, New York, 920 pp.

Mitsch, W.J., Gosselink, J.G., Anderson, C.J. & Zhang, L., 2009: Wetland Ecosystems. John Wiley & Sons, Hoboken, 295 pp.

Mittermeier, R.A., Gil, P.R., Hoffman, M., Pilgrim J, Brooks, T., Mittermeier, C.G., Lamoreux, J. & da Fonseca, G.A.B., 2004: Hotspots Revisited: Earth's Biologically Richest and Most Threatened Terrestrial Ecoregions. Cemex, Conservation International and Agrupacion Sierra Madre, Monterrey, México.

Miyawaki, A., 1980–1989: Vegetation of Japan. 10 Volumes. Shibundo, Tokyo.

Miyawaki, A., 1979: Vegetation und Vegetationskarten auf den Japanischen Inseln. In Miyawaki, A. & Okuda, S. (eds.), Vegetation und Landschaft Japans. Bulletin Yokohama Phytosociological Society Japan 16, 49–70.

Miyawaki, A., 1980: Vegetation of Japan. 1. Yakushima. Shibundo, Tokyo, 376 pp.

Miyawaki, A., Okuda, S., Fujiwara, R. & Kitagawa, M., 1994: Handbook of Japanese Vegetation. Shibundo, Tokyo, 910 pp.

Moe, S.R., Mobaek, R. & Narmo, A.K., 2009: Mound building termites contribute to savanna vegetation heterogeneity. Plant Ecology 202, 31–40.

Moen, J., Lundberg, P.A. & Oksanen, L., 1993: Lemming Grazing on Snowbed Vegetation during a Population Peak, Northern Norway. Arctic and Alpine Research 25, 130–135.

Molau, U. 1993: Relationships between flowering phenology and and life history strategies in tundra plants. Arctic and Alpine Research 25, 391–402.

Moles, A.T., Warton, D.I., Warma, L., Swenson, N.G., Laffan, S.W., Zanne, A.E., Pitman, A., Hemmings, F.A. & Leishman, M.R., 2009: Global patterns in plant height. Journal of Ecology 97, 923–932.

Mollicone, D., Achard, F., Marchesini, L.B., Federici, S., Laipold, M., Roselini, S., Schulze, E.D. & Valentini, R., 2002: A new remote sensing based approach to determine forest fire cycle: case study of the central Siberia *Abies* dominated taiga. Tellus 54B, 688–695.

Monasterio, M., 1986: Adaptive strategies of *Espeletia* in the Andean desert páramo. In Vuilleumier, F. & Monasterio, M. (eds.), High altitude tropical biogeography. Oxford University Press, New York, pp. 49–80.

Monson, R.K. & Smith, S.D., 1982: Seasonal water potential components of Sonoran desert plants. Ecology 63, 113–123.

Montague, C.L. & Wiegert, R.G., 1990: Salt marshes. In Myers, R.L. & Ewel, J.J. (eds.), Ecosystems of Florida. University of Central Florida Press, Orlando, pp. 481–516.

Montenegro, G., Ginocchio, R., Segura, A., Keely J.E. & Gómez, M., 2004: Fire regimes and vegetation responses in two Mediterranean-climate regions. Revista Chilena de Historia Natural 77, 455–464.

Moore, M.R. & Perry, R.A., 1970: Vegetation of Australia. In Moore, M.R. (ed.), Australian Grasslands. Australian National University Press, Canberra, pp. 59–73.

Moore, P.D. & Bellamy, D.J., 1974: Peatlands. Springer, New York, 221 p.

Morais, H.C., Diniz, I.R. & Baumgarten, L., 1995: Padrões de produção de folhas e sua utilização por larvas de Lepidoptera em um Cerrado de Brasilia. Revista Brasileira de Botânica 18, 163–170.

Morat, P., 1993: Our knowledge of the flora of New Caledonia: endemism and diversity in relation to vegetation types and substrates. Biodiversity Letters 1, 72–81.

Mordelet, P., Menaut, J.-C. & Mariotti, A., 1997: Tree and grass rooting patterns in an African humid savanna. Journal of Vegetation Science 8, 65–70.

Moreira, A.G., 2000: Effects of Fire Protection on Savanna Structure in Central Brazil. Journal of Biogeography 27, 1021–1029.

Moreira, M.Z., Scholz, F.G., Bucci, S.J., Sternberg, L.S. Goldstein, G., Meinzer, F.C. & Franco, A.C., 2003: Hydraulic lift in a Neotropical savanna. Functional Ecology 17, 573–581.

Morello, J., 1958: La Provincia fitogeográfica del Monte. Opera Lilloana 2, 1–155.

Moreno, J.M. & Oechel, W.C. (eds.), 1995: Global Change and Mediterranean-Type Ecosystems. Ecological Studies 117, 527 pp.

Morin, X., Fahse, L., Scherer-Lorenzen, M. & Bugmann, H., 2007: Tree species richness promotes productivity in temperate forests through strong complementarity between species. Ecology Letters 14, 1211–1219.

Morley, R.J., 2000: Origin and Evolution of Tropical Rain Forests. John Wiley & Sons, Chichester, 362 pp.

Morneau, C. & Payette, S., 1989: Postfire lichen-spruce woodland recovery at the limit of the boreal forest in northern Québec. Canadian Journal of Botany 67, 2770–2782.

Morton, S.R., Stafford Smith, D.M., Dickman, C.R., Dunkerley, D.L., Friedel, M.H., McAllister, R.R.J., Reid, J.R.W., Roshier, D.A., Smith, M.A., Walsh, F.J., Wardle, G.M., Watson, I.W. & Westoby, M., 2011: A fresh framework of the ecology of arid Australia. Journal of Arid Environments 75, 313–329.

Moser, W., Brzoska, W., Zachhuber, K. & Larcher, W., 1977: Ergebnisse des IBP-Projekts „Hoher Nebelkogel 3184 m". Sitzungsberichte der Österreichischen Akademie der Wissenschaften (Wien), Mathematisch-Naturwissenschaftliche Klasse Abt. I 186, 387–419.

Mott, J.J. & Groves, R.H., 1994: Natural and derived grasslands. In Groves, R.H. (ed.), Australian Vegetation. Cambridge University Press, Cambridge, pp. 369–392.

Mouillot, F. & Field, C.B., 2005: Fire history and the global carbon budget: a 1×1 fire history reconstruction for the 20th century. Global Change Biology 11, 398–420.

Moyersoen, B., 1993: Ectomicorrizas y micorrizas vésiculo-arbusculares en Caatinga Amazónica del Sur de Venezuela. Scientia Guaianae 3, 80 pp.

Mucina, L., 1997: Conspectus of classes of European vegetation. Folia Geobotanica 32, 117–172.

Mucina, L. & Geldenhuys, C.J., 2006: Afrotemperate, Subtropical and Azonal Forests. In Mucina, L. & Rutherford, M.C. (eds.), The Vegetation of South Africa, Lesotho and Swaziland. Strelitzia 19, 585–614.

Mucina, L. & Rutherford, M.C. (eds.), 2006: The Vegetation of South Africa, Lesotho and Swaziland. Strelitzia 19. South African National Biodiversity Institute, Pretoria, 807 pp.

Mucina, L., Grabherr, G., Ellmauer, T. & Wallnöfer, S., 1993: Die Pflanzengesellschaften Österreichs. Teil I–III. G. Fischer-Verlag, Jena.

Mucina, L., Hoare, D.B., Lötter, M.C., du Preez, P.J. et al., 2006: Grassland Biome. In Mucina, L. & Rutherford, M.C. (eds.), The Vegetation of South Africa, Lesotho and Swaziland. Strelitzia 19, 349–436.

Mueller-Dombois, D. & Ellenberg, H., 1974: Aims and Methods of Vegetation Ecology. John Wiley & Sons, New York-London-Sydney-Toronto, 547 pp.

Mueller-Dombois, D. & Fosberg, F.L., 1998: Vegetation of the Tropical Pacific Islands. Springer, New York, 733 pp.

Müller, N., 2005: Biologischer Imperialismus – zum Erfolg von Neophyten in Großstädten der alten und neuen Welt. Artenschutzreport 18, 49–63.

Müller-Hohenstein, K, 1993: Auf dem Weg zu einem neuen Verständnis von Desertifikation – Überlegungen aus der Sicht einer praxisorientierten Geobotanik. Phytocoenologia 23, 499–518.

Muraoka, H., Uchida, M., Mishio, M., Nakatsubo, T., Kanda, H. & Koizumi, H., 2002: Leaf photosynthesis characteristics and net primary production of the polar willow (*Salix polaris*) in a High Arctic polar semi-desert, Ny-Ålesund, Svalbard. Canadian Journal of Botany 80, 1193–1202.

Murphy, P.J., Mudd, J.P., Stocks, B.J., Kasischke, E.S., Barry, D., Alexander, M.E. & French, N.H.F., 2000: Historical Fire Records in the North American Boreal Forest. In Kasischke, E.S. & Stocks, B.J. (eds.), Fire, Climate Change, and Carbon Cycling in the Boreal Forest. Ecological Studies 138, 274–288.

Murray, D.F., 1995: Causes of Arctic Plant Diversity: Origin and Evolution. In Chapin III, F.S. & Körner, C. (eds.), Arctic and Alpine Biodiversity. Ecological Studies 113, 21–32.

Myers, N., Mittermeier, R.A., Mittermeier, C.G., da Fonseca, G.A.B. & Kent, J., 2000: Biodiversity hotspots for conservation priorities. Nature 403, 853–858.

Myers-Smith, I.H., Arnesen, B.K., Thompson, R.M. & Chapin III, F.S., 2006: Cumulative impact on Alaskan arctic tundra of a quarter century of road dust. Ecoscience 13, 503–510.

Nadelhoffer, K.J., Giblin, A.E., Shaver, G.R. & Linkins, A.E., 1992: Microbial Processes and Plant Nutrient Availability in Arctic Soils. In Chapin III, F.S., Jefferies, R.L., Reynolds, J.F., Shaver, G.R., Svoboda, J. & Chu, E.W. (eds.), Arctic Ecosystems in a Changing Climate: An Ecophysiological Perspective. Academic Press, New York, pp. 281–300.

Nadkarni, N.M., Lawton, R.O., Clark, K.L., Matelson, T.J. & Schaefer, D.A., 2000: Ecosystem ecology and forest dynamics. In: Nadkami, N.M., Wheelwright, N.T. (eds.), Monteverde: Ecology and conservation of a tropical cloud forest. Oxford University Press, New York, pp. 303–350.

Nadkarni, N.M., Schaefer, D., Matelson, T.J. & Solano, R., 2002: Comparison of arboreal and terrestrial soil characteristics in a lower montane forest, Monteverde, Costa Rica. Pedobiologia 46, 24–33.

Nagy, J.G. & Tengerdy, R.P., 1968: Antibacterial action of essential oils of *Artemisia* as an ecological factor: II. Antibacterial action of the volatile oils of *Artemisia tridentata* (big sagebrush) on bacteria from the rumen of mule deer. Applied and Environmental Microbiology 16, 441–444.

Nagy, L. & Grabherr, G., 2009: The Biology of Alpine Habitats. Oxford University Press, Oxford-New York, 376 pp.

Nagy, L., Grabherr, G., Körner, C. & Thompson, D.B.A. (eds.), 2003: Alpine Biodiversity in Europe. Ecological Studies 167, 477 pp.

Nair, P.K.R., 1993: An Introduction to Agroforestry. Kluwer Academic Publishers, Dordrecht, 520 pp.

Nakamura, Y. & Krestov, P.V., 2005: Coniferous Forests of the Temperate Zone of Asia. In Andersson, F. (ed.), Coniferous Forests. Ecosystems of the Wolrd 6, 163–220.

Nakhutsrishvili, G., 1999: The vegetation of Georgia (Caucasus). Braun-Blanquetia 15, 5–74.

Nakhutsrishvili, G., Burga, C.A. & Trümpi, R., 2004: Kaukasus. In Burga, C.A., Klötzli, F. & Grabherr, G. (Hsg.), Gebirge der Erde. Landschaft, Klima, Pflanzenwelt. Verlag E. Ulmer, Stuttgart, S. 124–134.

Nano, C.E.M. & Clarke, P.J., 2008: Variegated desert vegetation: Covariation of edaphic and fire variables provides a framework for understanding mulga-spinifex coexistence. Austral Ecology 33, 848–862.

Napp-Zinn, K., 1966: Anatomie des Blattes. I. Blattanatomie der Gymnospermen. Gebr. Bornträger, Berlin-Nikolassee, 369 S.

Napp-Zinn, K., 1974: Anatomie des Blattes. II. Blattanatomie der Angiospermen. A. Entwicklungsgeschichtliche und topographische Anatomie des Angiospermenblattes. 2. Lieferung. Gebr. Bornträger, Berlin-Stuttgart, 1424 S.

Napp-Zinn, K., 1984: Anatomie des Blattes. II. Blattanatomie der Angiospermen. B. Experimentelle und ökologische Anatomie des Angiospermenblattes. 1. Lieferung. Gebr. Bornträger, Berlin-Stuttgart, 1–519.

Näsholm, T., Kielland, K. & Ganeteg, U., 2009: Uptake of organic nitrogen by plants. New Phytologist 182, 31–48.

Neff, C. & Frankenberg, P., 1995: Zur Vegetationsdynamik im mediterranen Südfrankreich. Erdkunde 49, 232–244.

Nehring, S. & Hesse, K.-J., 2008: Invasive alien plants in marine protected areas: the *Spartina anglica* affair in the European Wadden Sea. Biological Invasions 10, 937–950.

Neiff, J.J., 2001: Humedales de la Argentina: sinopsis, problemas y perspectivas futuras. En Cirelli, A.F. (ed.): El Agua en Iberoamérica. Funciones de los humedales, calidad de vida y agua segura. Publ. CYTED, pp. 83–112.

Neumann, G. & Römheld, V., 2007: The release of root exudates as affected by the plant physiological status. In Pinto, R., Varanini, Z. & Nannipieri, Z. (eds.), The rhizosphere; biochemistry and organic substances at the soil–plant interface. 2nd Edition. CRC Press, Boca Raton, pp. 23–72.

Nicolle, D., 2006: A classification and census of regenerative strategies in the eucalypts (*Angophora*, *Corymbia* and *Eucalyptus* – Myrtaceae) with special reference to the obligate seeders. Australian Journal of Botany 54, 391–407.

Nierhaus-Wunderwald, D., 1996: Pilzkrankheiten in Hochlagen, Biologie und Befallsmerkmale. Wald und Holz 10, 18–24.

Niklas, K.J., 1997: The evolutionary biology of plants. The University of Chicago Press, Chicago-London, 499 pp.

Nilsson, C., Reidy, C.A., Dynesius, M. & Revenga, C., 2005: Fragmentation and Flow Regulation of the World's Large River Systems. Science 308, 405–408.

Nilsson, S.-G. & Baranowski, R., 1997: Habitat predictability and the occurrence of wood beetles in old-growth beech forests. Ecography 20, 491–498.

Ninot, J.M., Carrillo, E., Font, X., Carreras, J., Ferré, A., Masalles, R.M., Soriano, I. & Vigo, J., 2007: Altitude zonation in the Pyrenees. A geobotanic interpretation. Phytocoenologia 37, 371–398.

Nixon, K.C., 2006: Global and Neotropical Distribution and Diversity of Oak (genus *Quercus*) and Oak Forests. In Kappelle, M. (ed.), Ecology and Conservation of Neotropical Montane Oak Forests. Ecological Studies 185, 3–13.

Nobel, P.S., 1977a: Water Relations and Photosynthesis of a Barrel Cactus, *Ferocactus acanthodes*, in the Colorado Desert. Oecologia 27, 117–133.

Nobel, P.S., 1977b: Water relations of flowering of *Agave deserti*. Botanical Gazette 138, 1–6.

Nobel, P.S., 1980: Morphology, nurse plants, and minimum apical temperatures for young *Carnegiea gigantea*. Botanical Gazette 141, 188–191.

Nobel, P.S., 1988: Environmental biology of agaves and cacti. Cambridge University Press, Cambridge, 270 pp.

Noroozi, J., Akhani, H. & Breckle, S.-W., 2007: Biodiversity and phytogeography of the alpine flora of Iran. Biodiversity and Conservation 17, 493–521.

North, G.B., Brinton, E.K. & Garrett, T.Y., 2008: Contractile roots in succulent monocots: convergence, divergence and adaption to limited rainfall. Plant, Cell and Environment 31, 1179–1189.

Noss, R.F. (ed.), 2000: The Redwood Forest. Island Press, Washington D.C., 339 pp.

Nowak, R.M., 1999: Walker's Mammals of the World. Vol. 1 + 2. 6th Edition. The Johns Hopkins University Press, Baltimore, 2015 pp.

Noy-Meir, I., 1973: Desert ecosystems: environment and producers. Annual Review of Ecology and Systematics 4, 25–51.

Numata, M., 1974: The flora and vegetation of Japan. Kodansha, Tokyo, 294 pp.

Nuzzo, V., 1999: Invasion pattern of the herb garlic mustard (*Alliaria petiolata*) in high quality forests. Biological Invasions 1, 169–179.

NWS, 2011: Tropical cyclone definitions. National Weather Service Instruction 10-604, National Weather Service, NOAA (www.nws.noaa.gov).

O'Connor, T.G. & Bredenkamp, G.J., 1997: Grassland. In Cowling, R.M., Richardson, D.M. & Pierce, S.M. (eds.), Vegetation of Southern Africa. Cambridge University Press, Cambridge, pp. 215–257.

O'Connor, T.G., Goodman, P.S. & Clegg, B., 2007: A functional hypotheses of the threat of local extirpation of woody plant species by elephant in Africa. Biological Conservation 136, 329–345.

Oberdorfer, E., 1960: Pflanzensoziologische Studien in Chile – ein Vergleich mit Europa. Flora et Vegetatio Mundi 2, 208 S.

Oberdorfer, E., 2001: Pflanzensoziologische Exkursionsflora für Deutschland und die angrenzenden Gebiete. 8. Auflage. Verlag E. Ulmer, Stuttgart, 1056 S.

Öberg, L. & Kullman, L., 2011: Ancient Subalpine Clonal Spruce (*Picea abies*): Sources of Postglacial Vegetation History in the Swedish Scandes. Arctic 64, 183–196.

Oechel, W.C., Strain, B.R. & Odening, W.R., 1972: Tissue Water Potential, Photosynthesis, ^{14}C-Labelled Photosynthate Utilization, and Growth in the Desert Shrub *Larrea divaricate* Cav. Ecological Monographs 42, 127–141.

Oechel, W.C., Hastings, S.J., Vourlitis, G., Jenkins, M., Riechers, G. & Grulke, N., 1993: Recent change of Arctic tundra ecosystems from a net carbon dioxide sink to a source. Nature 361, 520–523.

Ogden, J. & Stewart, G.H., 1995: Community Dynamics of the New Zealand Conifers. In Enright, N.J,

& Hill, R.S (eds.), Ecology of the Southern Conifers. Smithsonian Institution Press, Washington, pp. 81–119.

Ogureeva, G.N., Gorčakowskij, P.L. & Bohn, U., 2003: Formation F.4 Winterlinden-Stieleichenwälder (*Quercus robur, Tilia cordata, z. T. Acer platanoides, A. campestre, Ulmus glabra*). In In Bohn, U., Neuhäusl, R., Gollub, G., Hettwer, C., Neuhäuslová, Z., Raus, T., Schlüter, H. & Weber, H. (eds.), Karte der natürlichen Vegetation Europas. Maßstab 1:2.500.000. Landwirtschaftsverlag, Münster, S. 300–309.

Ohba, T., 1974: Vergleichende Studien über die alpine Vegetation Japans. Phytocoenologia 1, 339–401.

Ohta, T., Maximov, T.C., Dolmand, A.J., Nakai, T., Van der Molen, M.K., Kononov, A.V., Maximov, A.P., Hiyama, T., Iijima, Y., Moors, E.J., Tanaka, H., Tobai, T. & Yabuki, H., 2008: Interannual variation of water balance and summer evapotranspiration in an eastern Siberian larch forest over a 7-year period (1998–2006). Agricultural and Forest Meteorology 148, 1941–1953.

Ojima, D.S., Schimel, D.S., Parton, W.J. & Owensby, C.E., 1994: Long- and short-term effects of fire on nitrogen cycling in tallgrass prairie. Biogeochemistry 24, 67–84.

Okitsu, S., 2003: Forest vegetation of northern Japan and the southeren Kurils. In Kolbek, J., Šrůtek, M. & Box, E.O. (eds.), Forest Vegetation of Northeast Asia. Kluwer Academic Publ., Dordrecht, pp. 231–261.

Oldemann, R.A.A., 1989: Dynamics in Tropical Forests. In Holm-Nielsen, L.B., Nielsen, I.C. & Balslev, H. (eds.), Tropical Forests. Botanical Dynamics, Speciation and Diversity. Academic Press, London, pp. 3–21.

Olff, H. & Ritchie, M.E., 1998: Effects of herbivores on grassland plant diversity. Trends in Ecology and Evolution 13, 261–265.

Oliveira, P.S. & Marquis, R.J. (eds.), 2002: The Cerrados of Brazil. Columbia University Press, New York, 398 pp.

Oliveira-Filho, A.T. & Fontes, M.A.L., 2000: Patterns of Floristic Differentiation among Atlantic Forests in Southeastern Brazil and the Influence of Climate. Biotropica 32, 793–810.

Oliveira-Filho, A.T. & Ratter, J.A., 2002: Vegetation Physiognomies and Woody Flora of the Cerrado Biome. In Oliveira, P.S. & Marquis, R.J. (eds.), The Cerrados of Brazil. Columbia University Press, New York, pp. 91–120.

Oliver, C.D. & Larson, B.C., 1996: Forest stand dynamics. McGraw-Hill, New York, 467 pp.

Olson, D.M., Dinerstein, E., Wikramanayake, E.D., Burgess, N.D., Powell, G.V.N., Underwood, E.C., D'Amico, J.A., Itoua, I., Strand, H., Morrison, J.C., Loucks, C.J., Allnutt, T.F., Ricketts, T.H., Kura, Y., Lamoreux, J.F., Wettengel, W.W., Hedao, P. & Kassem, K.R., 2001: Terrestrial ecoregions of the world: a new map of life on earth. Bioscience 51, 933–938.

Orchard, A.E. & Maslin, B.R., 2003: Proposal to conserve the name *Acacia* (Leguminosae: Mimosoideae) with a conserved type. Taxon 52, 362–363.

Ortega-Baes, P. & Godínes-Alvarez, H., 2006: Global diversity and conservation priorities in the Cactaceae. Biodiversity and Conservation 15, 817–827.

Ostertag, R., Silver, W.L. & Lugo, A.E., 2005: Factors affecting mortality and resistance to damage following hurricanes in a rehabilitated subtropical moist forest. Biotropica 37, 16–24.

Otieno, D.O., K'Otuto, G.O., Jákli, B., Schröttle, P., Maina, J.N., Jung, E. & Onyango, J.C., 2011: Spatial heterogeneity in ecosystem structure and productivity in a moist Kenyan savanna. Plant Ecology 212, 769–783.

Otsamo, R., 2000: Secondary forest regeneration under fast-growing forest plantations on degraded *Imperata cylindrica* grasslands. New Forests 19, 69–93.

Ovalle, C., Avendaño, J., Aronson, J. & Del Pozo, A., 1996: Land occupation patterns and vegetation structure in the anthropogenic savannas (espinales) of Central Chile. Forest Ecology and Management 86, 129–139.

Ovalle, C., Dep Pozo, A., Casado, M.A., Acosta, B. & Miguel, J.M. de, 2006: Consequences of landscape heterogeneity on grassland diversity and productivity in the Espinal agroforestry system of central Chile. Landscape Ecology 21, 585–594.

Overbeck, G.E. & Pfadenhauer, J., 2007: Adaptive strategies to fire in subtropical grasslands in southern Brazil. Flora 202, 27–49.

Overbeck, G.E., Müller, S.C., Fidelis, A., Pfadenhauer, J., Pillar, V.D., Blanco, C.C., Boldrini, I.I., Both, R. & Forneck, E.D., 2007: Brazil's neglected biome: The South Brazilian Campos. Perspectives in Plant Ecology, Evolution and Systematics 9, 101–116.

Ovington, J.D., 1983: Introduction. In Ovington, J.D. (ed.), Temperate broad-leaved evergreen forests. Ecosystems of the World 10, 1–4.

Øvstedal, D.O., Tønsberg, T. & Elvebakk, A., 2011: The lichen flora of Svalbard. Sommerfeltia 33, 3–393.

Owen-Smith, R.N., 1987: Pleistocene Extinctions: The Pivotal Role of Megaherbivores. Paleobiology 13, 351–362.

Owen-Smith, R.N., 1992: Megaherbivores. The Influence of Very Large Body Size on Ecology. Cambridge Studies in Ecology, Cambridge, 388 pp.

Ozenda, P., 1975: Sur les étages de végétation dans les montagnes du Bassin Méditerranéen. Documents de Cartographie Ecologique 16, 1–32.

Ozenda, P., 1988: Die Vegetation der Alpen im europäischen Gebirgsraum. G. Fischer Verlag, Stuttgart, 353 S.

Ozenda, P., 2004: Flore et Végétation du Sahara. 3ᵉ Edition. CNRS Éditions; Paris, 662 p.

Page, S., Hoscilo, A., Wösten, H., Jauhiainen, J., Silvius, M., Rieley, J., Ritzema, H., Tansey, K., Graham, L., Vasander, H. & Limin, S., 2009: Restoration Ecology of Lowland Tropical Peatlands in Southeast Asia: Current Knowledge and Future Research Directions. Ecosystems 12, 888–905.

Page, S.E., Rieley, J.O. & Banks, C.J., 2011: Global and regional importance of the tropical peatland carbon pool. Global Change Biology 17, 798–818.

Paijmans, K, 1976: New Guinea Vegetation. Elsevier, Amsterdam-Oxford-New York, 212 pp.

Palmer, A.R. & Hoffman, M.T., 1997: Nama-karoo. In Cowling, R.M., Richardson, D.M. & Pierce, S.M. (eds.), Vegetation of Southern Africa. Cambridge University Press, Cambridge, pp. 167–188.

Palmer, M.A., Bernhardt, E.S., Allan, J.D., Lake, P.S., Alexander, G., Brooks, S., Carr, J., Clayton, S., Dahm, C.N., Follstad Shah, J., Galat, D.L., Loss, S.G., Goodwin, P., Hart, D.D., Hasset, B., Jenkinson, R., Kondolf, G.M., Lave, R., Meyer, J.L., O'Donnel, T.K., Pagano, L. & Sudduth, E., 2005: Standards for ecologically successful river restoration. Journal of Applied Ecology 42, 208–217.

Palmer, M.W., Arévalo, J.R., del Carmen Cobo, M. & Earls, P.G., 2003: Species richness and soil reaction in a northeastern Oklahoma landscape. Folia Geobotanica 38, 381–389.

Pan, Y., Birdsey, R.A., Fang, J., Houghto, R., Kauppi, P.E., Kurz, W.A., Phillips, O.L., Shvidenko, A., Lewis, S.L., Canadell, J.G., Ciais, P., Jackson, R.B., Pacala, S.W., McGuire, A.D., Piao, S., Rautiainen, A., Sitch, S. & Hayes, D., 2011: A Large and Persistent Carbon Sink in the World's Forests. Science 333, 988–993.

Parisien, M.-A., Peters, V.S., Wang, Y., Little, J.M., Bosch, E.M. & Stocks, B.J., 2006: Spatial patterns of forest fires in Canada, 1980–1999. International Journal of Wildland Fire 15, 361–374.

Parnikoza, I., Kozeretska, I. & Kunakh, V., 2011: Vascular Plants of the Maritime Antarctic: Origin and Adaptions. American Journal of Plant Sciences 2, 381–395.

Parolin, P., 2001: Seed expulsion in fruits if Mesembryanthema (Aizoaceae): a mechanistic approach to study the effect of fruit morphological structures on seed dispersal. Flora 196, 313–322.

Parolin, P., De Simone, O., Haase, K., Waldhoff, D., Rottenberger, S., Kuhn, U., Kesselmeier, J., Kleiss, B., Schmidt, W., Piedade, M.T.F. & Junk, W.J., 2004: Central Amazonian Floodplain Forests: Tree Adaptions in a Pulsing System. The Botanical Review 70, 357–380.

Parsons, R.F., 1994: Eucalypt scrubs and shrublands. In Groves, R.H. (ed.), Australian Vegetation. Cambridge University Press, Cambridge, pp. 291–319.

Parsons, W.T. & Cuthbertson, E.G., 2001: Noxious Weeds of Australia. 2ⁿᵈ Edition. CSIRO Publishing, Collingwood, 705 pp.

Pärtel, M., 2002: Local plant diversity patterns and evolutionary history at the regional scale. Ecology 83, 2361–2366.

Paruelo, J.M., Jobbággy, E.G., Oesterheld, M., Golluscio, R.A. & Aguiar, M.R., 2007: The Grasslands and Steppes of Patagonia and the Rio de la Plata Plains. In Veblen, T.T., Young, K.R. & Orme, A.R. (eds.), The physical geography of South America. Oxford University Press, Oxford, 232–248.

Pasquet-Kok, J., Creese, C. & Sack, L., 2010: Turning over a lew "leaf": multiple functional significances of leaves versus phyllodes in Hawaiian *Acacia koa*. Plant, Cell and Environment 33, 2084–2100.

Pass, G.J., Mclean, S., Stupans, I. & Davies, N.W., 2002: Microsomal metabolism and enzyme kinetics of the terpene *p*-cymene in the common brushtail possum (*Trichosurus vulpecula*), koala (*Phascolarctus cinereus*) and rat. Xenobiotica 32, 383–397.

Paton, A.J., Brummitt, N., Govaerts, R., Harman, K., Hinchcliffe, S., Allkin, B. & Lughadha, E.N., 2008: Towards Target 1 of the Global Strategy for Plant Conservation: a working list of all known plant species – progress and prospects. Taxon 57, 602–611.

Paul, G.S. & Yavitt, J.B., 2011: Tropical Vine Growth and the Effects on Forest Succession: A Review of the Ecology and Management of Tropical Climbing Plants. Botanical Review 77, 11–30.

Pauli, H. & Gottfried, M., 2004: Sierra Nevada (Spanien) – Refugium der Hochgebirgsvegetation. In Burga, C.A., Klötzli, F. & Grabherr, G. (Hsg.), Gebirge der Erde. Landschaft, Klima, Pflanzenwelt. Verlag E. Ulmer, Stuttgart, 263–270.

Pausas, J.G., Keeley, J.E. & Verdú, M., 2006: Inferring differential evolutionary processes of plant persistence traits in Northern Hemisphere Mediterranean fire-prone ecosystems. Journal of Ecology 94, 31–39.

Pausas, J.G., Lovet, J., Rodrigo, A. & Vallejo, R., 2008: Are wildfires a disaster in the Mediterranean basin? – A review. International Journal of Wildland Fire 17, 713–723.

Payette, S., 1983: The forest tundra and present treelines of the Northern Québec-Labrador Peninsula. In Morriset, P. & Payette, S. (eds.), Tree-Line Ecology: Proceedings of the Northern Québec Treeline Conference. Centre d'études nordique, Université Laval, Quebec, pp. 3–23.

Payette, S., Bhiry, N., Delwaide, A. & Simard, M., 2000: Origin of the lichen woodland at its southern range limit in eastern Canada; the catastrophic impact of insect defoliators and fire on the spruce-moss Forest. Canadian Journal of Forest Research 30, 288–305.

Payette, S., Eronen, M. & Jasinski, J.J.P., 2002: The circumpolar tundra–taiga interface. Late Pleistocene and Holocene Changes. Ambio, Special Report, 12, 15–22.

Peat, H.J., Clarke, A. & Convey, P., 2007: Diversity and biogeography of the Antarctic flora. Journal of Biogeography 34, 132–146.

Peet, M., Anderson, R.C. & Adams, M. S., 1975: Effect of fire on big bluestem production. American Midland Naturalist 94, 15–26.

Peet, R.K., 1981: Changes in Biomass and Production during Secondary Forest Succession. In West, D.C, Shugart, H.H. & Botkin, D.B. (eds.), Forest Succession. Concepts and Application. Springer, New York, pp. 324–388.

Peet, R.K., 2000: Forests and Meadows of the Rocky Mountains. In Barbour, M.G. & Billings, W.D. (eds.), North American Terrestrial Vegetation. 2nd Edition. Cambridge University Press, Cambridge, pp. 75–121.

Pemadasa, M.A., 1990: Tropical grasslands of Sri Lanca and India. Journal of Biogeography 17, 395–400.

Pfadenhauer, J., 1979: Die Ökologie einiger verbreiteter Dünenpflanzen in Rio Grande do Sul (Südbrasilien) im Hinblick auf ihre Eignung für den Dünenbau. Botanische Jahrbücher 100, 414–436.

Pfadenhauer, J., 1990: Tropische und subtropische Moore. In Göttlich, K.-H. (Hrsg.), Moor- und Torfkunde. 3. vollständig überarbeitete, ergänzte und erweiterte Auflage. E. Schweizerbart'sche Verlagsbuchhandlung, Stuttgart, S. 102–113.

Pfadenhauer, J., 2009: Anmerkungen zur Vegetation des russischen Altai. Berichte der Reinhold Tüxen-Gesellschaft 21, 211–225.

Pfadenhauer, J. & Castro Boechat, S., 1981: Vegetation und Ökologie eines Sphagnum-Moores in Südbrasilien. Plant Ecology 44, 177–187.

Phillips, O., Martínez, V., Arroyo, L., Baker, T.R., Killeen, T., Lewis, S.L., Malhi, Y., Mendoza, A.M., Neill, D., Vargas, P.N., Alexiades, M., Cerón, C., Di Fiore, A., Erwin, T., Jardim, A., Palacios, W., Saldias, M. & Vinceti, B., 2002: Increasing dominance of large lianas in Amazonian forests. Nature 418, 770–774.

Picket, S.T.A. & Thompson, J.N., 1978: Patch dynamics and the design of nature reserves. Biological Conservation 13, 27–37.

Piedade, M.T.F., Junk W.J. & Long S.P., 1991: The productivity of the C_4 grass Echinochloa polystacha on the Amazon floodplain. Ecology 72, 1456–1463.

Pieper, R.D., 2005: Grasslands of central North America. In Suttie, J.M., Reynolds, S.G. & Batello, C. (eds.), Grasslands of the World. Plant Production and Protection Series (FAO, Rome) 34, 221–263.

Pillar, V.D. & Quadros, F.L.F., 1997: Grassland-forest boundaries in Southern Brazil. Coenoses 12, 119–126.

Pisano, E., 1983: The Magellanic tundra complex. In Gore, A.J.P. (ed.), Mires: Swamp, Bog, Fen and Moor. Ecosystems of the World 4B, 295–329.

Plana, V., 2004: Mechanisms and tempo of evolution in the African Guineo-Congolian rainforest. Philosophical Transactions of the Royal Society B Biological Sciences 359, 1585–1594.

Podwojewski, P., Poulenard, J., Zambrana, T. & Hofstede, R., 2002: Overgrazing effects on vegetation cover and properties of volcanic ash soil in the páramo of Llangahua and La Esperanza (Tungurahua, Ecuador). Soil Use and Management 18, 45–55.

Pollmann, W., 2001: Vegetationsökologie und Dynamik temperierter Nothofagus alpina-Wälder im südlichen Südamerika (Chile, Argentinien). Dissertationes Botanicae 348, 278 S.

Pollock, S.L. & Payette, S., 2010: Stability in the patterns of long-term development and growth of the Canadian spruce–moss forest. Journal of Biogeography 37, 1684–1697.

Polunin, N., 1951: The real Arctic: suggestions for its delimitation, subdivision and characterization. Journal of Ecology 39, 308–315.

Pomeroy, D.E., Bagine, R.K. & Darlington, J.P.E.C., 1991: Fungus-growing termites in East African Savannas. In Kayanja, F.I.B. & Edroma, E.L. (eds.), African wild research and management. International Council of Scientific Unions, Kampala, UG, pp. 41–50.

Poorter, L. & Rozendaal, D.M.A., 2008: Leaf size and leaf display of thirty-eight tropical tree species. Oecologia 158, 35–46.

Popp, M., 1995: Salt Resistance in Herbaceous Halophytes and Mangroves. Progress in Botany 56, 416–429.

Popov, K.P., 1994: Trees, Shrubs, and Semishrubs in the Mountains of Turkmenistan. In Fet, K. & Atamuradov, K.I. (eds.), Biogeography and Ecology of Turkmenistan. Kluwer Academic Publishers, Dordrecht, pp. 173–186.

Porembski, S., 2007: Tropical inselbergs: habitat types, adaptive strategies and diversity patterns. Revista Brasileira de Botanica 30, 579–586.

Pott, A. & Pott, V.J., 2004: Features and conservation of the Brazilian Pantanal wetland. Wetlands Ecology and Management 12, 547–552.

Pott, R., 1995: Die Pflanzengesellschaften Deutschlands. 2. Auflage. Verlag E. Ulmer, Stuttgart, 622 S.

Pott, R., Hüppe, J. & Wildbret de la Torre, W., 2003: Die kanarischen Inseln: Natur- und Kulturlandschaften. Verlag E. Ulmer, Stuttgart, 320 S.

Power, M.E., Tilman, D., Estes, J.A., Menge, B.A., Bond, W.J., Mills, L.S., Daily, G., Castilla, J.C., Lubchenko, J. & Paine, R.T., 1996: Challenges in the quest for keystones. BioScience 46, 609–620.

Powers, R.F., Adams, M.B., Joslin, J.D. & Fiske, J.N., 2005: Non-Boreal Coniferous Forests of North America. In Andersson, F. (ed.), Coniferous Forests. Ecosystem of the World 6, 221–292.

Prach, K., Košnar, J., Klimešova, J. & Hais, M., 2010: High Arctic vegetation after 70 years: a repeated analysis from Svalbard. Polar Biology 33, 635–639.

Prati, D. & Bossdorf, O., 2004: Allelopathic inhibition of germination by *Alliaria petiolata* (Brassicaceae). American Journal of Botany 91, 285–288.

Prentice, I.C., Bondeau, A., Cramer, W., Harrison, S.P., Hickler, T., Lucht, W., Sitch, S., Smith, B. & Sykes, M.T., 2007: Dynamic global vegetation modelling: quantifying terrestrial ecosystem responses to large-scale environmental change. In J. Canadell, L. Pitelka & D. Pataki (eds.), Terrestrial ecosystems in a changing world. Springer, Berlin, pp 175–192.

Pretzsch, H., 2005: Diversity and Productivity in Forests: Evidence from Long-Term Experimental Plots. In Scherer-Lorenzen, M., Körner, C. & Schulze, E.-D. (eds.), Forest Diversity and Function: Temperate and Boreal Systems. Ecological Studies 176, 41–64.

Prieto, A.R., 1996: Late Quaternary Vegetational and Climatic Changes in the Pampa Grassland of Argentina. Quaternary Research 45, 73–88.

Prock, S. & Körner, C., 1996: A cross-continental comparison of phenology, leaf dynamics and dry matter allocation in arctic and temperate zone herbaceous plants from contrasting altitudes. Ecological Bulletin 45, 93–103.

Proctor, J., 1983: Mineral nutrients in tropical forests. Progress in Physical Geography 7, 422–431.

Proctor, M.C.F. & Tuba, Z., 2002: Poikilohydry and homoiohydry: antithesis or spectrum of possibility? New Phytologist 156, 327–349.

Prokushkin, A.S., Knorre, A.A., Kirdyanov, A.V. & Schulze, E.D., 2006: Productivity of Mosses and Organic Matter Accumulation in the Litter of *Sphagnum* Larch Forest in the Permafrost Zone. Russian Journal of Ecology 37, 225–232.

Průša, E., 1985: Die böhmischen und mährischen Urwälder – ihre Struktur und Ökologie. Academia Verlag der Tschechoslowakischen Akademie der Wissenschaften, Praha, 578 S.

Pugnaire, F.I & Valladares, F. &. (eds.), 2007: Functional Plant Ecology. CRC Press, Boca Raton, 724 pp.

Pütz, N., 2002: Contractile roots. In Waisel, Y., Eshel, A. & Kafkafi (eds.), Plant Roots. The Hidden Half. 3rd Edition. Marcel Dekker, New York, pp. 975–987.

Pyankov, V.I., Gunin, P.D., Tsoog, S. & Black, C.C., 2000: C_4 plants in the vegetation of Mongolia: their natural occurence and geographical distribution in relation to climate. Oecologia 123, 15–31.

Qian, H., White, P.S., Klinka, K. & Chourmouzis, C., 1999: Phytogeographical and community similarities of the alpine tundras of Changbaishan Summit, China, and Indian Peaks, USA. Journal of Vegetation Science 10, 869–882.

Qian, H., Yuan, X.-Y. & Chou, Y.-L., 2003: Forest vegetation of northeast China. In Kolbek, J., Šrůtek, M. & Box, E.O. (eds.), Forest Vegetation of Northeast Asia. Kluwer Academic Publ., Dordrecht, pp. 181–230.

Qiu, Y.-L., Lee, J., Bernasconi-Quadroni, F., Soltis, D.E., Soltis, P., Zaanis, M., Zimmer, E.A., Chen, Z., Savolainen, V. & Chase, M.W., 1999: The earliest angiosperms. Nature 402, 404–407.

Qiu, Y.-L., Li, L., Wang, B., Chen, Z., Knoop, V., Groth-Malonek, M., Dombrovska, O., Lee, J., Kent, L., Rest, J., Estabrook, G.F., Hendry, T.A., Taylor, D.W., Testa, C.M., Ambros, M., Crandall-Stotler, B., Duff, R.J., Stech, M., Frey, W., Quandt, D. & Davis, C.C., 2007: The deepest divergences in land plants inferred from phylogenomic evidence. Proceedings of the National Academy of Sciences of the United States of America (PNAS) 103, 15511–15516.

Quézel, P., 1965: Le végétation du Sahara du Tschad à la Mauritanie. G. Fischer Verlag, Stuttgart, 333 pp.

Quézel, P., 1978: Analysis of the flora of Mediterranean and Saharan Africa. Annals of the Missouri Botanical Garden 65, 479–534.

Quézel, P., 1985: Definition of the Mediterranean region and origin of its flora. In Gomez-Campo, C. (ed.), Plant conservation in the Mediterranean area. Dr. W. Junk, Dordrecht, pp. 9–24.

Quézel, P., 2004: Large-scale Post-glacial Distribution of Vegetation Structures in the Mediterranean Region. In Mazzoleni, S., di Pasquale, G., Mulligan, M., di Martino, P. & Rego, F. (eds.), Recent Dynamics of the Mediterranean Vegetation and Landscape. John Wiley & Sons, Chichester, pp. 3–12.

Quézel, P. & Médail, F., 2003: Ecologie et Biogéographie des forêts du bassin méditerranéen. Elsevier, Paris, 573 pp.

Racey, G.D., Harris, A.G., Jeglum, J.K., Foster, R.F. & Wickware, G.M., 1996: Terrestrial nd wetland ecosites of Northwestern Ontario. NWST Fieldguide, FG-02, 1–94.

Rachkovskaya, E.J. & Bragina, T.M., 2012: Steppes of Kazakhstan: Diversity and Present State. In Werger, M.J.A. & van Staalduinen, M.A. (eds.), Eurasian Steppes. Ecological Problems and Livelihoods in a Changing World. Springer, Dordrecht, pp. 103–148.

Rada, F., Goldstein, G., Azocar, A. & Meinzer, F., 1985: Freezing avoidance in Andean rosette plants. Plant, Cell and Environment 8, 501–507.

Rada, F., García-Núñez, C., Boero, C., Gallardo, M., Hilal, M., González, J., Prado, F., Liberman-Cruz, M. & Azócar, A., 2001: Low-temperature resistance in *Polylepis tarapacana*, a tree growing at the highest altitudes in the world. Plant, Cell and Environment 24, 377–381.

Rademacher, P., Khanna, P.K., Eichhorn, J. & Guericke, M., 2009: Tree Growth, Biomass, and Elements in Tree Components of three Beech Sites. In Brumme, R. & Khanna, P.K. (eds.), Functioning and Management of European Beech Ecosystems. Ecological Studies 208, 105–136.

Ralph, C. P., 1978: Observations on *Azorella compacta* (Umbelliferae), a tropical Andean cushion plant. Biotropica 10, 62–67.

Ramberg, L., Hancock, P., Lindholm, M., Meyer, T., Ringrose, S., Sliva, J., Van As, J. & Van der Post, C., 2006: Species diversity of the Okavango Delta, Botswana. Aquatic Sciences 68, 310–337.

Rambo, B., 1956: A fisionomia do Rio Grande do Sul. Livraria Selbach, Porto Alegre, 456 p.

Ramia, M., 1974: Estudio ecológico del modulo experimental de Mantecal. Boletín Sociedad Venezolana de Ciencias Naturales 3, 117–142.

Ramirez, C., Correa, M., Figueroa, H. & San Martin, J., 1985: Variación del hábito y habitat de *Nothofagus antarctica* en el centro sur de Chile. Bosque 6, 55–73.

Rannie, W.F., 1986: Summer Air Temperature and Number of Vascular Species in Arctic Canada. Arctic 39, 133–137.

Rasingam, L. & Parathasarathy, N., 2009: Tree species diversity and population structure across major forest formations and disturbance categories in Little Andaman Island, India. Tropical Ecology 50, 89–102.

Ratter, J.A., 1992: Transitions between cerrado and forest vegetation in Brazil. In Furley, P.A., Proctor, J. & Ratter, J.A. (eds.), Nature and Dynamics of Forest-Savanna Boundaries. Chapman & Hall, London, pp. 417–429.

Rauh, W., 1978: Die Wuchs- und Lebensformen der tropischen Hochgebirgsregionen und der Subantarktis, ein Vergleich. In Troll, C. & Lauer, W. (Hsg.), Geoökologische Beziehungen zwischen der temperaten Zone der Südhalbkugel und den Tropengebirgen. Franz Steiner-Verlag, Wiesbaden, S. 62–92.

Rauh, W., 1985: The Peruvian-Chilean Deserts. In Evenari, M., Noy-Meir, I. & Goodall, D.W. (eds.), Hot Deserts and Arid Shrublands. Ecosystems of the World 12A, 239–267.

Rauh, W., 1986: The arid region of Madagascar. In Evenari, M., Noy-Meir, I. & Goodall, D.W. (eds.), Hot Deserts and Arid Shrublands. Ecosystems of the World 12B, 361–377.

Rauh, W., 1988: Tropische Hochgebirgspflanzen. Wuchs- und Lebensformen. Springer-Verlag, Berlin-Heidelberg, 206 S.

Raunkiaer, C., 1910: Statistik der Lebensformen als Grundlage für die biologische Pflanzengeographie. Beihefte Biologisches Centralblatt 27 II, 171–206d.

Raus, T. & Bergmeier, E., 2003: Formation J Mediterranean sclerophyllous forests and scrub. In Bohn,

U., Neuhäusl, R., Gollub, G., Hettwer, C., Neuhäuslová, Z., Raus, T., Schlüter, H. & Weber, H.,
2003: Karte der natürlichen Vegetation Europas.
Maßstab 1:2.500.000. Landwirtschaftsverlag, Münster, pp. 347–358.

Raven, P.H., 1963: Amphitropical relationships in the
floras of North and South America. The Quarterly
Review of Biology 38, 151–177.

Raven, P.H., 1973: The Evolution of Mediterranean
Floras. In Di Castri, F. & Mooney, H.A. (eds.),
Mediterranean Type Ecosystems. Origin and Stru-
cture. Ecological Studies 7, 213–224.

Raven, P.H. & Axelrod, D.J., 1974: Angiosperm biogeography and past continental movements. Annals
of the Missouri Botanical Garden 61, 539–673.

Rawitscher, F., 1948: The water economy of the vegetation of the Campos Cerrados in southern Brazil.
Journal of Ecology 36, 237–268.

Rawitscher, F. & Rachid, M., 1946: Troncos subterrâ-
neos de plantas brasileiros. Annais Academia Brasileira de Ciencias 18, 261–280.

Raymond, B., McInnes, J., Dambacher, J.M., Way, S.
& Bergstrom, D.M., 2011: Qualitative modelling
of invasive species eradication on subantarctic
Macquarie Island. Journal of Applied Ecology 48,
181–191.

Read, D., Leake, J.R. & Perez-Moreno, J., 2004:
Mycorrhizal fungi as drivers of ecosystem processes in heathland and boreal forest biomes. Canadian Journal of Botany 82, 1243–1263.

Read, J. & Sanson, G.D., 2003: Characterizing sclerophylly: the mechanical properties of a diverse
range of leaf types. New Phytologist 160, 81–99.

Rebelo, A.G., Boucher, C., Helme, N., Mucina, L. &
Rutherford, M.C., 2006: Fynbos Biome. In
Mucina, L. & Rutherford, M.C. (eds.), The Vegeta-
tion of South Africa, Lesotho, and Swaziland. Stre-
litzia 19. South African National Biodiversity
Institute, Pretoria, pp. 52–219.

Redondo-Gómez, S., Mateos-Naranjo, E., Figueroa,
M.E. & Davy, A.J., 2010: Salt stimulation of growth
and photosynthesis in an extreme halophyte,
Arthrocnemum macrostachyum. Plant Biology 12,
79–87.

Rees, M. & Hill, R.L., 2001: Large-scale disturbances,
biological control and the dynamics of gorse
populations. Journal of Applied Ecology 38, 364–
377.

Rehder, H., 1976: Nutrient turnover studies in alpine
ecosystems. Oecologia 22, 411–423.

Reich, P.B., Walters, M.B. & Ellsworth, D.S., 1997:
From tropics to tundra: global convergence in
plant functioning. Proceedings of the National

Academy of Sciences of the United States of America (PNAS) 94, 13730–13734.

Reid, J.B., Hill, R.S., Brown, M.J. & Hovenden, M.J.
(eds.), 2005: Vegetation of Tasmania. Australian
Biological Resources Study, Canberra, 456 pp.

Reif, A., 1997: Waldnutzung in Neuseeland. Allgemeine Forst- und Jagdzeitung 168, 6–12.

Reille, M., 1992: New pollen-analytical researches in
Corsica: the problem of *Quercus ilex* L. and *Erica
arborea* L.; the origin of *Pinus halepensis* Miller
forests. New Phytologist 122, 359–378.

Reille, M., Andrieu, V. & de Beaulieu, J.-L., 1996: Les
grands traits de l'histoire de la végétation des montagnes méditerranéennes occidentales. Ecologie
27, 153–169.

Reisigl, H. & Keller, R. 1999: Alpenpflanzen im
Lebensraum. Alpine Schutt- und Rasenvegetation.
2. Auflage. Spektrum Akademischer Verlag, Heidelberg, 149 S.

Reisigl, H. & Pitschmann, H., 1958: Obere Grenzen
der Flora und Vegetation in der Nivalstufe der
zentralen Ötztaler Alpen (Tirol). Vegetatio 8, 93–
129.

Rejmánek, M., Richardson, D.M., Higgins, S.I., Pit-
cairn, M.J. & Grotkopp, E., 2005a: Ecology of Invasive Plants: State of the Art. In Mooney, H.A.,
Mack, R.N., McNeely, J.A., Neveille, L.E., Schei,
P.J. & Waage, J.K. (eds.), Invasive Aliens Species. A
New Synthesis. Island Press, Washington, pp.
104–162.

Rejmánek, M., Richarson, D.M. & Pyšek, P., 2005b:
Plant invasions and invasibility of plant communities. In Van der Maarel, E. (ed.), Vegetation Ecology. Blackwell Publ., Oxford, pp. 332–355.

Ribeiro, M.C., Metzger, J.P., Martensen, A.C., Pon-
zoni, F.J. & Hirota, M.M., 2009: The Brazilian
Atlantic Forest: How much is left, and how is the
remaining forest distributed? Implications for
conservation. Biological Conservation 142, 1141–
1153.

Rice, B. & Westoby, M., 1999: Regeneration after fire
in *Triodia* R. Br. Australian Journal of Ecology 24,
563–572.

Rice, A.H., Pyle, E.H., Saleska, S.R., Hutyra, L.,
Palace, M., Keller, M., De Camargo, P.B., Portilho,
K., Marques, D.F. & Wofsy, S.C., 2004: Carbon
Balance and vegetation dynamics in an old-
growth Amazonian forest. Ecological Applications
14 Supplement, 555–571.

Rice, C.W., Todd, T.C., Blair, J.M., Seastedt, T.R.,
Ramundo, R.A. & Wilson, G.W.T., 1998: Below-
ground Biology and Processes. In Knapp, A.K.,
Briggs, J.M., Hartnett, D.C. & Collins, S.L. (eds.),

1998a: Grassland Dynamics. Long-term Ecological Research in Tallgrass Prairie. Oxford University Press, New York, pp. 244–264.

Richards, J.H. & Caldwell, M.M., 1987: Hydraulic lift: substantial nocturnal water transport between soil layers by *Artemisia tridentata* roots. Oecologia 73, 486–489.

Richards, P.W., 1996: The tropical rain forest. 2nd Edition Cambridge University Press, Cambridge, 575 pp.

Richardson, B.A., 1999: The bromeliad microcosm and the assessment of faunal diversity in a neotropical forest. Biotropica 31, 321–336.

Richardson, C.J., 2000: Freshwater Wetlands. In Barbour, M.G. & Billings, W.D. (eds.), North American Terrestrial Vegetation. 2nd Edition. Cambridge University Press, Cambridge, pp. 449–499.

Richardson, C.J. (ed.), 2008: The Everglades Experiment. Lessons for Ecosystem Restoration. Ecological Studies 201, 698 pp.

Richardson, C.J. & Huvane, J.K., 2008: Ecological status of the Everglades: environmental and human factors that control the peatland complex on the landscape. In Richardson, C.J. (ed.), The Everglades experiments. Lessons for ecosystem restoration. Ecological Studies 201, 13–58.

Richardson, D.M., Cowling, R.M., Bond, W.J., Stock, W.D. & Davis, G.W., 1995: Links between Biodiversity and Ecosystem Function in the Cape Floristic Region. In Davis, G.W. & Richardson, D.M. (eds.), Mediterranean-Type Ecosystems. The Function of Biodiversity. Ecological Studies 109, 285–333.

Richardson, D.M., Macdonald, I.A.W., Hoffmann, J.H. & Henderson, L., 1997: Alien plant invasions. In Cowling, R.M., Richardson, D.M. & Pierce, S.M. (eds.), Vegetation of Southern Africa. Cambridge University Press, Cambridge, pp. 535–570.

Richardson, D.M., Pyšek, P., Rejmánek, M., Barbour, M.G., Panetta, F.D. & West, C.J., 2000: Naturalization and invasion of alien plants: concepts and definitions. Diversity and Distributions 6, 93–107.

Richter, M., 2001: Vegetationszonen der Erde. Klett-Perthes, Gotha und Stuttgart, 448 S.

Ricketts, T.H., Dinerstein, E., Olson, D.M., Loucks, C.J., Eichbaum, W., DellaSala, D., Kavanagh, K., Hedao, P., Hurley, P.T., Carney, K.M., Abell, R. & Walters, S., 1999: Terrestrial Ecoregions of North America. A Conservation Assessment. Island Press, Washingtn D. C., 483 pp.

Rikli, M., 1913: Florenreiche. In Handwörterbuch der Naturwissenschaften, IV, 776–857. G. Fischer-Verlag, Jena.

Rivas-Martínez, S., Fernando-Gonzales, F., Loidi, J. & Lousa, M., 2001: Syntaxonomical checklist of vascular plant communities of Spain and Portugal to association level. Itinera Geobotanica 14, 1–341.

Rochefort, L. & Lode, E., 2006: Restoration of Degraded Boreal Peatlands. In Wieder, R.K. & Vitt, D.H. (eds.), Boreal Peatland Ecosystems. Ecological Studies 188, 381–423.

Rodá, F., Retana, J., Gracia, C.A. & Bellot, J. (eds.), 1999: Ecology of Mediterranean Evergreen Oak Forests. Ecological Studies 137, 373 p.

Rodwell, J.S. (ed.), 1991: British Plant Communities. Vol. 1. Woodlands and Scrubs. Cambridge University Press, Cambridge, 395 pp.

Röhrig, E. & Ulrich, B. (eds.), 1991: Temperate Deciduous Forests. Ecosystems of the World 7, 635 p. (Elsevier, Amsterdam).

Röhrig, E., 1991: Biomass and Productivity. In Röhrig, E. & Ulrich, B. (eds.), Temperate Deciduous Forests. Ecosystems of the World 7, 165–174.

Roig, F.A., Anchorena, J., Dollenz, O., Faggi A.M. & Méndez, E., 1985: Las comunidades vegetales de la Transecta Botánica de la Patagonia Austral. Primera parte: La vegetacion del area continental. In: Boelke, O., Moore, D.M. & Roig, F.A. (eds.), Transecta botánica de la Patagonia Austral. Consejo Nacional de Investigaciones Cientificas y Téchnicas, Buenos Aires, pp. 350–456.

Romero, E.J., 1986: Fossil evidence regarding the evolution of *Nothofagus* Blume. Annals of the Missouri Botanical Garden 73, 276–283.

Rooke, T., Danell, K., Bergström, R., Skarpe, C. & Hjältén, J., 2004: Defense traits of savanna trees – the role of shoot exposure to browsers. Oikos 107, 161–171.

Roos, M. C., Keßler, P. J. A., Robbert Gradstein, S. and Baas, P., 2004: Species diversity and endemism of five major Malesian islands: diversity-area relationships. Journal of Biogeography 31, 1893–1908.

Rosenkranz, F., 1951: Grundzüge der Phänologie. Fromme, Wien, 69 S.

Rossiter-Rachor, N.A., Setterfield, S.A., Douglas, M.M., Hutley, L.B., Cook, G.D. & Schmidt, S., 2009: Invasiv *Andropogon gayanus* (gamba grass) is an ecosystem transformer of nitrogen relations in Australian savanna. Ecological Applications 19, 1546–1560.

Rosswall, T., Flower-Ellis, J.G.K., Johansson, L.G., Jonsson, S., Ryden, B.E. & Sonesson, M., 1975: Stordalen (Abisko), Sweden. In Rosswall, T. & Heal, O.W. (eds.), Structure and Function of Tundra Ecosystems. Ecological Bulletin (Stockholm) 20, 265–294.

Rötzer, T., Würländer, R. & Häckel, H., 1997: Umwelt- und Agrarklimatologischer Atlas von Bayern. Deutscher Wetterdienst, Offenbach (CD-ROM-Fassung).

Rowe, J.S., 1972: Forest regions of Canada. Department of the Environment, Canadian Forestry Service Ottawa, Publ. No. 1.300, 172 pp.

Rowe, J.S., 1983: Concepts of Fire Effects on Plant Individuals and Species. In Wein, R.W. & MacLean, D.A. (eds.), The Role of Fire in Northern Circumpolar Ecosystems. John Wiley & Sons, Chichester, 135–154.

Roxburgh, S.H., Shea, K. & Wilson, J.B., 2004: The intermediate disturbance hypothesis: patch dynamics and mechanisms of species coexistence. Ecology 85, 359–371.

Roy, J., Saugier, B. & Mooney, H.A., 2001: Terrestrial global productivity. Academic Press, San Diego, 528 pp.

Royama, T., 1984: Population dynamics of the spruce budworm *Choristoneura fumiferana*. Ecological Monographs 54, 429–462.

Royo Pallarés, O., Berretta, E.J. & Maraschin, G.E., 2005: The South American Campos ecosystem. In Suttie, J.M., Reynolds, S.G. & Batello, C. (eds.), Grasslands of the World. Plant Production and Protection Series (FAO) 34, 171–219.

Rull, V., 2007: Holocene global warming and the origin of the Neotropical Gran Sabana in the Venezuelan Guayana. Journal of Biogeography 34, 279–288.

Rull, V., 2009: New palaeoecological evidence for the potential role of fire in the Gran Sabana, Venezuelan Guayana, and implications for early human occupation. Vegetation History and Archaeobotany 18, 219–224.

Rundel, P.W., 1998: Landscape Disturbance in Mediterranean-Type Ecosystems.: An Overview. In Rundel, P.W., Montenegro, G. & Jaksic, F.M. (eds.), Landscape Disturbance and Biodiversity in Mediterranean-Type Ecosystems. Ecological Studies 136, 3–22.

Rundel, P.W., 2011: The diversity and biogeography of the alpine flora of the Sierra Nevada, California. Madroño 58, 153–184.

Rundel, P.W. & Boonpragop, K., 1995: Dry forest ecosystems of Thailand. In Bullock, S.H., Mooney, H.A. & Medina, E. (eds.), Seasonally Dry Tropical Forests. Cambridge University Press, New York, pp. 93–123.

Rundel, P.W. & Gibson, A.C., 1996: Ecological Communities and Processes in a Mojave Desert Ecosystem Rock Valley, Nevada. Cambridge University Press, Cambridge, 369 pp.

Rundel, P.W., Dillon, M.O. & Palma, B., 1996: The vegetation and flora of Pan de Azúcar National Park in the Atacama Desert of Northern Chile. Gayana Botánica 53, 295–315.

Rundel, P.W., Montenegro, G. & Jaksic, F.M. (eds.), 1998: Landscape Disturbance and Biodiversity in Mediterranean-Type Ecosystems. Ecological Studies 136, 447 pp.

Rundel, P.W., Villagra, P.E., Dillon, M.O., Roig-Juñent, S. & Debandi, G., 2007: Arid and Semi-Arid Ecosystems. In Veblen, T.T., Young, K.R. & Orme, A.R. (eds.), The Physical Geography of South America. Oxford University Press, New York, pp. 158–183.

Runge, M. & Rode, M., 1991: Effects of soil acidity on plant associations. In Ulrich, B. & Sumner, M.E. (eds.), Soil Acidity. Springer, Berlin, pp. 401–411.

Runkle, J.R., 1982: Patterns of disturbance in some old-growth mesic forests of eastern North America. Ecology 63, 1533–1546.

Ruschel, A.R., Guerra, M.P., Moerschbacher, B.M. & Nodari, R.O., 2005: Valuation and characterization of the timber species in remnants of the Alto Uruguay River ecosystem, southern Brazil. Forest Ecology and Management 217, 103–116.

Russel-Smith, J., Stanton, P.J., Edwards, A.C. & Whitehead, P.J., 2004a: Rain forest invasion of eucalypt-donated woodland savanna, Iron Range, north-eastern Australia: I. Successional processes. Journal of Biogeography 31, 1293–1303.

Russel-Smith, J., Stanton, P.J., Edwards, A.C. & Whitehead, P.J., 2004b: Rain forest invasion of eucalypt-donated woodland savanna, Iron Range, north-eastern Australia: II. Rates of landscape change. Journal of Biogeography 31, 1305–1316.

Russow, R., Veste, M., Breckle, S.-W., Littmann, T. & Böhme, F., 2008: Nitrogen Input Pathways into Sand Dunes: Biological Fixation and Atmospheric Nitrogen Deposition. In Breckle, S.-W., Yair, A. & Veste, M. (eds.), Arid Dune Ecosystems. The Nizzana Sands in the Negev Desert. Ecological Studies 200, 319–336.

Rust, J., Singh, H., Rana, R.S., McCann, T., Singh, L., Anderson, K., Sarkar, N., Nascimbene, P.C., Stebner, F., Thomas, J.C., Kraemer, M.S., Williams, C.J., Engel, M.S., Sahni, A. & Grimaldi, D., 2010: Biogeographic and evolutionary implications of a diverse paleobiota in amber from the early Eocene of India. Proceedings of the National Academy of Science of the United States of America (PNAS) 107, 18360–18365.

Rutherford, M.C., Mucina, L. & Powrie, L.W., 2006: Biomes and Bioregions of Southern Africa. In

Mucina, L. & Rutherford, M.C. (eds.), The Vegetation of South Africa, Lesotho and Swaziland. Strelitzia 19, 31–51.

Ruthsatz, B., 1977: Pflanzengesellschaften und ihre Lebensbedingungen in den Andinen Halbwüsten Nordwest-Argentiniens. Dissertationes Botanicae 39, 168 S.

Ruthsatz, B., 1983: Der Einfluss des Menschen auf die Vegetation semiarider bis arider tropischer Hochgebirge am Beispiel der Hochanden. Berichte der Deutschen Botanischen Gesellschaft 96, 535–576.

Ruthsatz, B., 1995: Vegetation und Ökologie tropischer Hochgebirgsmoore in den Anden Nord-Chiles. Phytocoenologia 25, 185–234.

Ruthsatz, B., 2012: Vegetation ecology of high Anderan peatlands of Bolivia. Phytocoenologia 42, 133–179.

Ruuhijärvi, R., 1983: The Finnish mire types and their regional distribution. In Gore, A.J.P. (ed.), Mires: Swamp, Bog, Fen and Moor. Ecosystems of the World 4B, 47–67.

Ryan, C.M. & Williams, M., 2011: How does fire intensity and frequency affect miombo woodland tree population and biomass? Ecological Applications 21, 48–60.

Ryan, M.G., Phillips, N. & Bond, B.J., 2006: The hydraulic limitation hypothesis revisited. Plant Cell and Environment 29, 367–381.

Rydin, H. & Jeglum, J., 2006: The Biology of Peatlands. Oxford University Press, New York, 343 pp.

Ryel, R.J., Leffler, A.J., Peek, M.S., Ivans, C.Y. & Caldwell, M.M., 2004: Water conservation in *Artemisia tridentata* through redistribution of precipitation. Oecologia 141, 335–345.

Rzedowski, J., 2006: Vegetación de México. 1ra Edición digital. Comisión Nacional para el Conocimiento de la Biodiversidad, México, 504 pp.

Rzóska, J., 1974: The Upper Nile swamps, a tropical wetland study. Freshwater Biology 4, 1–30.

Saenger, P., 2002: Mangrove Ecology, Silviculture and Conservation. Kluwer Academic Publishers, Dordrecht-Boston-London, 360 pp.

Safford, H.D., 1999: Brazilian Páramos I. An introduction to the physical environment and vegetation of the *campos de altitude*. Journal of Biogeography 26, 693–712.

Sage, R.F., 2004: The evolution of C_4 photosynthesis. New Phytologist 161, 341–370.

Sakai, A., Paton, D.M. & Wardle, P., 1981: Freezing resistance of trees of the south temperate zone, especially subalpine species of Australasia. Ecology 62, 563–570.

Sakai, S., Harrison, R.D., Momose, K., Kuraji, K., Nagamasu, H., Yasunari, T., Chong, L. & Nakashizuka, T., 2006: Irregular droughts trigger mass flowering in a seasonal tropical forests in Asia. American Journal of Botany 93, 1134–1139.

Sala, O.E., Lauenroth, W.K. & Parton, W.J., 1992: Long-term soil water dynamics in the shortgrass steppe. Ecology 73, 1175–1181.

Sampaio, E.V.S.B., 1995: Overview of the Brazilian caatinga. In Bullock, S.H., Mooney, H.A. & Medina, E. (eds.), Seasonal Dry Tropical Forests. Cambridge University Press, Cambridge, pp. 35–63.

Sankaran, M., Ratnam, J. & Hanan, N.P., 2004: Tree-grass coexistence in savannas revisited – insights from an examination of assumptions and mechanisms invoked in existing models. Ecology Letters 7, 480–490.

Sarmiento, G., 1984: The ecology of neotropical savannas. Harvard University Press, Cambridge, 235 pp.

Sarmiento, G., 1996: Biodiversity and water relations in tropical savannas. In Solbrig, O.T., Medina, E. & Silva, J.F. (eds), Biodiversity and Savanna Ecosystem Processes. Springer, Berlin, pp. 61–75.

Sarmiento, G. & Monasterio, M., 1983: Life forms and phenology. In Boulière, F. (ed.), Tropical Savannas. Elsevier, Amsterdam, pp. 79–108.

Sarmiento, L. & Ataroff, M., 2004: Nordanden (Venezuela). In Burga, C.A., Klötzli, F. & Grabherr, G. (Hrsg.), Gebirge der Erde. Landschaft, Klima, Pflanzenwelt. Verlag E. Ulmer, Stuttgart, S. 425–435.

Sarr, D.A., Hibbs, D.E. & Huston, M.A., 2005: A hierarchical perspective of plant diversity. The Quarterly Review of Biology 80, 187–212.

Satake, Y., Hara, H., Watari S. & Tominari, T., 1989: Wild flowers of Japan: woody plants. Volumes 1 and 2. Heibonsha Publishers, Tokyo, 305 pp. and 318 pp.

Sato, K. & Grabherr, G., 2004: Daisetsuzan – die grünen Berge N-Japans. In Burga, C.A., Klötzli, F. & Grabherr, G. (Hrsg.), Gebirge der Erde. Landschaft, Klima, Pflanzenwelt. Verlag E. Ulmer, Stuttgart, S. 163–171.

Satoo, T., 1970: A Synthesis of Studies by the Harvest Method: Primary Production Relations in the Temperate Deciduous Forests of Japan. In Reichle, D.E. (ed.), Analysis of Temperate Forest Ecosystems. Ecological Studies 1, 55–72.

Savadogo, P., Tigabo, M., Sawadogo, L. & Odén, P.C., 2009: Herbaceous phytomass and nutrient concentrations of four grass species in Sudanian savanna woodland subjected to recurrent early fire. African Journal of Ecology 47, 699–710.

Sax, D.F., 2002: Native and naturalized plant diversity are positively correlated in scrub communities of California and Chile. Diversity and Distribution 8, 193–210.

Scarano, F.R., 2002: Structure, Function and Floristic Relationships of Plant Communities in Stressful Habitats Marginal to the Brazilian Atlantic Rainforest. Annals of Botany 90, 514–524.

Scarascia-Mugnozza, G., Bauer, G.A., Persson, H., Matteucci, G. & Masci, A., 2000: Tree biomass, growth and nutrient pools. In Schulze, E.-D. (ed.), Carbon and Nitrogen Cycling in European Forest Ecosystems. Ecological Studies 142, 49–62.

Scatena, F.N., Bruijnzeel, L.A., Bubb, P. & Das, S., 2010: Setting the stage. In Bruijnzeel, L.A., Scatena, F.N. & Hamilton, L.S. (eds.), Tropical Montane Cloud Forests. Cambridge University Press, Cambridge, pp. 3–13.

Schatz, G.E., 2001: Generic Tree Flora of Madagascar. Royal Botanic Gardens, Kew, UK.

Scheintaub, M. R., Derner, J. D., Kelly, E. F., & Knapp, A. K., 2009: Response of the shortgrass steppe plant community to fire. Journal of Arid Environments 73, 1136–1143.

Scheiter, S. & Higgins, S.I., 2007: Partitioning of Root and Shoot Competition and the Stability of Savannas. The American Naturalist 170, 587–601.

Schemske, D.W., Mittelbach, G.G., Cornell, H.V., Sobel, J.M. & Roy, K., 2009: Is there a Latitudinal Gradient in the Importance of Biotic Interactions? Annual Review of Ecology, Evolution and Systematics 40, 245–269.

Schenk, E., 1966: Zur Entstehung der Strangmoore und Aapamoore der Arktis und Subarktis. Zeitschrift Geomorphologie N.F. 10, 345–368.

Schenk, H.J. & Jackson, R.B., 2002: Rooting depths, lateral root spreads and below-ground/above-ground allometries of plants in water-limited ecosystems. Journal of Ecology 90, 480–494.

Schickhoff, U., 1994: Die Verbreitung der Vegetation im Kaghan-Tal (Westhimalaya, Pakistan) und ihre kartographische Darstellung im Maßstab 1:150000. Erdkunde 48, 92–110.

Schieferstein, B. & Loris, K., 1992: Ecological investigations on lichen fields of the Central Namib. I. Distribution patterns and habitat conditions. Vegetatio 98, 113–128.

Schimel, J.P. & Bennett, J., 2004: Nitrogen Mineralization: Challenges of a Changing Paradigm. Ecology 85, 591–602.

Schimper, A.W.F., 1898: Pflanzen-Geographie auf physiologischer Grundlage. G. Fischer Verlag, Jena.

Schlesinger, W.H., Raikes, J., Hartley, A.E. & Cross, A.F., 1996: On the spatial pattern of soil nutrients in desert ecosystems. Ecology 77, 364–374.

Schmid, M., 1974: Végétation du Vietnam. Le massif sud-Annamitique et les regions limitrophes. Mém. ORSTOM 74, 1–107.

Schmidt, I., Leuschner, C., Mölder, A. & Schmidt, W., 2009: Structure and composition of the seed bank in monospecific and tree species-rich temperate broad-leaved forests. Forest Ecology and Management 257, 695–702.

Schmidt, W., 2009: Vegetation. In Brumme, R. & Khanna, P.K. (eds.), Functioning and Management of European Beech Ecosystems. Ecological Studies 208, 65–86.

Schmiedel, U, & Jürgens, N., 1999: Community structure on unusual habitat islands: quartz-fields in the Succulent Karoo, South Africa. Plant Ecology 142, 57–69.

Schmithüsen, J., 1956: Die räumliche Ordnung der chilenischen Vegetation. Bonner Geographische Abhandlungen 17, 1–89.

Schmithüsen, J., 1968: Allgemeine Vegetationsgeographie. 3., neu bearbeitete und erweiterte Auflage. Verlag Walter der Gruyter & Co., Berlin, 463 S.

Schmithüsen, J., Hanle, A. & Hegner, R., 1976: Atlas zur Biogeographie. Bibliographisches Institut Mannheim-Wien-Zürich.

Schmutz, E.M., Smith, E.L., Ogden, P.R., Cox, M.L., Klemmedson, J.O., Norris, J.J. & Fierro, L.C., 1992: Desert Grassland. In Coupland, R.T. (ed.), Natural Grasslands. Introduction and Western Hemisphere. Ecosystems of the World 8A, 337–362.

Schneeweiss, G.M., Schönswetter, P., Kelso, S. & Niklfeld, H., 2004: Complex Biogeographic Patterns in *Androsace* (Primulaceae) and Related Genera: Evidence from Phylogenetic Analyses of Nuclear Internal Transcribed Spacer and Plastid trnL-F Sequences. Systematic Biology 53, 856–876.

Schnelle, F., 1955: Pflanzen-Phänologie. Akademische Verlagsgesellschaft Geest & Portig, Leipzig, 299 S.

Schnitzer, S.A., Dalling, J.W. & Carson, W.P., 2000: The impact of lianas on tree regeneration in tropical forest canopy gaps: evidence for an alternative pathway of gap-phase regeneration. Journal of Ecology 88, 655–666.

Scholes, R.J. & Archer, S.R., 1997: Tree-grass interactions in savannas. Annual Review of Ecology and Systematics 28, 517–544.

Scholes, R.J. & Walker, B.H., 1993: An African Savanna: Synthesis of the Nylsvley Study. Cambridge University Press, Cambridge, 318 pp.

Scholes, R.J., 1997: Savanna. In Cowling, R.M., Richardson, D.M. & Pierce, S.M. (eds.), Vegetation of Southern Africa. Cambridge University Press, Cambridge, pp. 258–277.

Scholz, U., 2003: Die feuchten Tropen. 1. korrigierter Nachdruck. Westermann Schulbuchverlag, Braunschweig, 173 S.

Schönbach, P., Wan, H., Gierus, M., Bai, Y., Müller, K., Lin, L., Susenbeth, A. & Taube, F., 2011: Grassland responses to grazing: effects of grazing intensity and management system in an Inner Mongolian steppe ecosystem. Plant and Soil 340, 103–115.

Schönswetter, P., Paun, O., Tribsch, A. & Niklfeld, H., 2003: Out of the Alps: colonization of Northern Europe by East Alpine populations of the Glacier Buttercup *Ranunculus glacialis* L. (Ranunculaceae). Molecular Ecology 12, 3373–3381.

Schönwiese, C.-D., 2013: Klimatologie. 4., überarbeitete und aktualisierte Auflage. Verlag E. Ulmer, Stuttgart, 489 S.

Schreiber, K.-F., 1977: Wärmegliederung der Schweiz 1:200.000 mit Erläuterungen. Grundlagen der Raumplanung, Bern, 69 S.

Schroeder, F.-G., 1998: Lehrbuch der Pflanzengeographie. Verlag Quelle & Meyer, Wiesbaden, 457 S.

Schultz, J. 1988: Die Ökozonen der Erde. Verlag E. Ulmer, Stuttgart, 488 S.

Schultz, J., 2000: Handbuch der Ökozonen. Verlag E. Ulmer, Stuttgart, 577 S.

Schultz, J., 2008: Die Ökozonen der Erde. 4., völlig neu bearbeitete Auflage. Verlag E. Ulmer, Stuttgart, 368 S.

Schulze, E.D., Mooney, H.A., Sala, O.E., Jobbágy, E., Buchmann, N., Bauer, G., Canadell, J., Jackson, R.B., Loreti, J., Oesterheld, M. & Ehleringer, J.R., 1996: Rooting system, water availability, and vegetation cover along an aridity gradient in Patagonia. Oecologia 108, 503–511.

Schulze, E.-D., Beck, E. & Müller-Hohenstein, K., 2002: Pflanzenökologie. Spektrum Akademischer Verlag, Heidelberg-Berlin, 846 S.

Schulze, E.-D., Wirth, C., Mollicone, D. & Ziegler, W., 2005: Succession after stand replacing disturbances by fire, wind throw, and insects in the dark Taiga of Central Siberia. Oecologia 146, 77–88.

Schulze, E.-D., Wirth, C., Mollicone, D., von Lüpke, N., Ziegler, W., Achard, F., Mund, M., Prokushkin, A. & Scherbina, S., 2012: Factors promoting larch dominance in central Siberia: fire versus growth performance and implications for carbon dynamics at the boundary of evergreen and deciduous conifers. Biogeosciences 9, 1405–1421.

Schulze, I.-M., Bolte, A., Schmidt, W. & Eichhorn, J., 2009: Phytomass, Litter and Net Primary Production of Herbaceous Layer. In Brumme, R. & Khanna, P.K. (eds.), Functioning and Management of European Beech Ecosystems. Ecological Studies 208, 155–181.

Schumann, M. & Joosten, H., 2008: Global Peatland Restoration. Manual. Version Februar 2008. http://www.imcg.net/media/download_gallery/books/gprm_01.pdf (aufgerufen Februar 2013).

Schuster, M., Duringer, P., Ghienne, J.-F., Vigneaud, P., Mackaye, H.T., Likius, A. & Brunet, M., 2006: The Age of the Sahara Desert. Science 311, 821.

Schütt, P., Weisgerber, H., Schuck, H.J., Lang, K.J., Stimm, B. & Roloff, A. (Hrsg.), 2004: Lexikon der Nadelbäume. Nicol-Verlagsgesellschaft Hamburg, 639 S.

Schwabe, A. & Kratochwil, A., 2004: Festucetalia valesiacae communities and xerothermic vegetation complexes in the Central Alps related to environmental factors. Phytocoenologia 34, 329–446.

Schweinfurth, U., 1957: Die horizontale und vertikale Verbreitung der Vegetation im Himalaya. Bonner Geographische Abhandlungen 25, 1–372.

Scott, G.A.J., 1995: Canada's Vegetation. A World Perspective. McGill-Queen's University Press, Montreal & Kinston, 361 pp.

Scott, J.A., French, N.R. & Leetham, J.W., 1979: Patterns of consumption in grasslands. In French, N.R. (ed.), Perspectives in Grassland Ecology. Ecological Studies 32, 89–105.

Sebald, O., 1956: Über Wachstum und Mineralstoffgehalt von Waldpflanzen in Wasser- und Sandkulturen bei abgestufter Azidität. Mitteilungen der Württembergischen Forstlichen Versuchsanstalt 13, 3–83.

Seibert, P., 1996: Farbatlas Südamerika. Landschaften und Vegetation. Verlag E. Ulmer, Stuttgart, 288 S.

Seibert, P. & Menhofer, X., 1991: Die Vegetation des Wohngebiets der Kallawaya und des Hochlands von Ulla-Ulla in den bolivianischen Anden. Teil I. Phytocoenologia 20, 145–276.

Seibert, P. & Menhofer, X., 1992: Die Vegetation des Wohngebiets der Kallawaya und des Hochlands von Ulla-Ulla in den bolivianischen Anden. Teil II. Phytocoenologia 20, 289–438.

Semikhatova, O.A., Gerasimenko, T.V. & Ivanova, T.I., 1992: Photosynthesis, Respiration, and Growth of Plants in the Soviet Arctic. In In Chapin III, F.S., Jefferies, R.L., Reynolds, J.F., Shaver, G.R., Svoboda, J. & Chu, E.W. (eds.), Arctic Ecosystems in a Changing Climate: An Ecophysiological Perspective. Academic Press, New York, pp. 169–192.

Seppä, H., 2002: Mires of Finland: Regional and local controls of vegetation, landforms, and long-term dynamics. Fennia 180, 43–60.

Shaffer, G.P., Gosselink, J.G. & Hoeppner, S.S., 2005: The Mississippi River alluvial plain. In Fraser, L.H. & Keddy, P.A. (eds.), The World's Largest Wetlands. Ecology and Conservation. Cambridge University Press, Cambridge, pp. 272–315.

Shagdenova, M. (ed.), 2002a: The Physical Geography of Northern Eurasia. Oxford University Press, Oxford, 571 pp.

Shagdenova, M., 2002b: Climate at Present and in the Historical Past. In Shagdenova, M. (ed.), The Physical Geography of Northern Eurasia. Oxford University Press, Oxford, pp. 70–102.

Shagdenova, M., Mikhailov, N., Larin, S. & Bredikhin, A., 2002: The Mountains of Southern Siberia. In Shagdenova, M. (ed.), The Physical Geography of Northern Eurasia. Oxford University Press, Oxford, pp. 314–349.

Shakeri, Z., Mohadjer, M.R.M., Simberloff, D., Etemad, V., Assadi, M., Donath, T.W., Otte, A. & Eckstein, R.L., 2012: Plant community composition and disturbance in Caspian *Fagus orientalis* forests: which are the main driving factors? Phytocoenologia 41, 247–263.

Shaver, G.R. & Chapin III, F.S., 1991: Production: biomass relationships and element cycling in contrasting Arctic vegetation types. Ecological Monographs 61, 1–31.

Shaw, J.H., 1995: How many bison originally populated western rangelands? Rangelands 17, 148–150.

Sheehy, D.P., Thorpe, J. & Kirychuk, B., 2006: Rangeland, Livestock and Herders Revisited in the Northern Pastoral Region of China. USDA Forest Service Proceedings RMRS-P-39, 62–82.

Shiklomanov, N.I. & Strelitskiy, D.A., 2013: Effect of Climate Change on Siberian Infrastructure. In Groisman, P.Y. & Gutman, G. (eds.), Regional Environmental Changes in Siberia and Their Global Consequences. Springer, Dordrecht, 155–170.

Shmida, A., 1985: Biogeography of the desert flora. In Evenari, M., Noy-Meir, I. & Goodall, D.W. (eds.), Hot Deserts and Arid Shrublands. Ecosystems of the World 12A, 23–77.

Shmida, A., Evenari, M. & Noy-Meir, I., 1986: Hot Desert Ecosystems: An Integrated View. In Evenari, M., Noy-Meir, I. & Goodall, D.W. (eds.), Hot Deserts and Arid Shrublands. Ecosystems of the World 12B, 379–387.

Shrestha, B.B., 2003: *Quercus semecarpifolia* Sm. in the Himalayan Region: Ecology, exploitation and threats. Himalayan Journal of Sciences 1, 126–128.

Shreve, F., 1951: Vegetation of the Sonoran desert I. Carnegie Institute of Washington Publ. 591, 1–192.

Shreve, F. & Wiggins, I.L., 1964: Vegetation and Flora of the Sonoran Desert. Vol. 1. Stanford University Press, Stanford, 840 pp.

Shvidenko, A.Z., Gustafson, E., David McGuire, A., Kharuk, V.I., Schepaschenko, D.I., Shugart, H.H., Tchebakova, N.M., Vygodskaya, N.N., Onuchin, A.A., Hayes, D.J., McCallum, J., Maksyutov, S., Mukhortova, L.V., Soja, A.J., Belelli-Marchesini, L., Kurbatova, J.A., Oltchev, A.V., Parfenova, E.I. & Shuman, J.K., 2013: Terrestrial Ecosystems and Their Change. In Groisman, P.Y. & Gutman, G. (eds.), 2013: Regional Environmental Changes in Siberia and Their Global Consequences. Springer, Dordrecht, pp. 171–249.

Siebert, B.D., Newman, D.M.R. & Nelson, D.J., 1968: The chemical composition of some arid zone pasture species. Tropical Grassland 2, 31–40.

Sileshi, G.W., Arshad, M.A., Konaté, S. & Nkunika, P.O.Y., 2010: Termite-induced heterogeneity in African savanna vegetation: mechanisms and patterns. Journal of Vegetation Science 21, 923–937.

Silvertown, J.W., 2005: Demons in Eden: The Paradox of Plant Diversity. University of Chicago Press, Chicago, 185 pp.

Simon, M.F., Grether, R., Queiroz, L.P., Skema, C., Pennington, R.T. & Hughes, C.E., 2009: Recent assembly of the Cerrado, a neotropical plant diversity hotspot, by in situ evolution of adaptations to fire. Proceedings of the National Academy of Sciences of the United States of America (PNAS) 106, 20359–20364.

Simonin, K.A., Santiago, L.S. & Dawson, T.E., 2009: Fog interception by *Sequoia sempervirens* (D. Don) crowns decouples physiology from soil water deficit. Plant, Cell and Environment 32, 882–892.

Simpson, D. & Sanderson, H., 2002: 434. Eichhornia crassipes. Curtis's Botanical Magazine 19, 28–34.

Sims, P.L. & Coupland, R.T., 1979: Producers. In Coupland, R.T. (ed.), Grassland Ecosystems of the World. Analysis of Grasslands and their Uses. Cambridge University Press, Cambridge, pp. 49–72.

Sims, P.L. & Risser, P.G., 2000: Grasslands. In Barbour, M.G. & Billings, W.D. (eds.), North American Terrestrial Vegetation. 2nd Edition. Cambridge University Press, Cambridge, 323–356.

Sims, P.L. & Singh, J.S., 1978: The structure and function of the western North American grasslands. III. Net primary production, turnover and efficiencies of energy capture and water use. Journal of Ecology 66, 573–597.

Sims, P.L., Singh, J.S. & Lauenroth, W.K., 1978: The structure and function of ten western North American grasslands. Journal of Ecology 66, 251–285.

Sinclair, A.R.E. & Fryxell, J.M., 1985: The Sahel of Africa: ecology of a disaster. Canadian Journal of Zoology 63, 987–994.

Singh, V.P. & Odaki, K., 2004: Mangrove Ecosystems. Structure and Function. Scientific Publishers, Jodhpur, India, 297 pp.

Sioli, H., 1975: Tropical Rivers as Expressions of their Terrestrial Environments. In Golley, F.B. & Medina, E. (eds.), Tropical Ecological Systems. Trends in Terrestrial and Aquatic Research. Ecological Studies 11, 275–288.

Sitch, S., McGuire, A.D., Kimball, J., Gedney, N., Gamon, J., Engstrom, R., Wolf, A., Zhuang, Q., Clein, J. & McDonald, K.C., 2007: Assessing the carbon balance of circumpolar arctic tundra using remote sensing and process modelling. Ecological Applications 17, 213–234.

Sitte, P., Weiler, E.W., Kadereit, J.W., Bresinsky, A. & Körner, C., 2002: Strasburger. Lehrbuch der Botanik. 35. Auflage. Spektrum Akademischer Verlag, Heidelberg.

Sjörs, H., 1948: Myrvegetation i Bergslagen. Acta Phytogeographica Suecica 21, 299 S.

Sjörs, H., 1983: Mires of Sweden. In Gore, A.J.P. (ed.), Mires: Swamp, Bog, Fen and Moor. Ecosystems of the World 4B, 69–94.

Skarpe, C. & Hester, A.J., 2008: Plant Traits, Browsing and Grazing Herbivores, and Vegetation Dynamics. In Gordon, I.J. & Prins, H.H.T. (eds.), The Ecology of Browsing and Grazing. Ecological Studies 195, 217–261.

Skrede, I., Eidesen, P.B., Portela, R.P. & Brochmann, C., 2006: Refugia, Differentiation and postglacial migration in arctic-alpine Eurasia, exemplified by the mountain avens (*Dryas octopetala* L.). Molecular Ecology 15, 1827–1840.

Slatyer, R.O., 1965: Measurements of precipitation interception by an arid plant community (*Acacia aneura* F.Muell.). Arid Zone Research 25, 181–192.

Slik, J.W.F., Poulsen, A.D., Ashton, P.S., Cannon, C.H., Eichhorn, K.A.O., Kartawinata, K., Lanniari, I., Nagamasu, H., Nakagawa, M., Nieuwstadt, M.G.L. van, Payne, J., Purwaningsih, Saridan, A., Sidiyasa, K., Verburg, R.W., Webb, C.O. & Wilkie,

P., 2003: A floristic analysis of the lowland dipterocarp forests of Borneo. Journal of Biogeography 30, 1517–1531.

Smelansky, I.E. & Tishkov, A.A., 2012: The Steppe Biome in Russia: Ecosystem Services, Conservation Status, and Actual Challenges. In Werger, M.J.A. & van Staalduinen, M.A. (eds.), Eurasian Steppes. Ecological Problems and Livelihoods in a Changing World. Springer, Dordrecht, pp. 45–101.

Smit, G.N. & Rethman, N.F.G., 1998: Root biomass, depth distribution and relations with leaf biomass of *Colophospermum mopane* in a southern African savanna. South African Journal of Botany 64, 38–43.

Smit, G.N. & Rethman, N.F.G., 2000: The influence of tree thinning on the soil water in a semi-arid savanna of southern Africa. Journal of Arid Environments 44, 41–59.

Smith, C.H., 2005: Alfred Russel Wallace, past and future. Journal of Biogeography 32, 1509–1515.

Smith, C.T., 1970: Depopulation of the Central Andes in the 16th century. Current Anthropology 2, 453–460.

Smith, N., Mori, S.A., Henderson, A., Stevenson, D.W. & Heald, S.V. (eds.), 2004: Flowering Plants of the Neotropics. Princeton University Press, Princeton-Oxford, 594 pp.

Smith, P. & Allen, Q., 2004: Field Guide to the Trees and Shrubs of the Miombo Woodlands. Royal Botanical Garden, Kew, 176 pp.

Smith, S.D., Monson, R.K. & Anderson, J.E., 1997: Physiological Ecology of North American Desert Plants. Springer, Berlin-Heidelberg, 286 pp.

Sofronov, M.A. & Volokitina, A.V., 2010: Wildfire Ecology in Continuous Permafrost Zone. In Osawa, A., Zyryanova, O.A., Matsuura, Y., Kajimoto, T. & Wein, R.W. (eds.), Permafrost Ecosystems. Siberian Larch Forests. Ecological Studies 209, 59–82.

Solbrig, O.T., 1996: The Diversity of the Savanna Ecosystem. In Solbrig, O.T., Medina, E. & Silva, J.F. (eds.), Biodiversity and Savanna Ecosystem Processes. Ecological Studies 121, 1–27.

Solomeshch, A.I., 2005: The West Siberian Lowland. In Fraser, L.H. & Keddy, P.A. (eds.), The World's Largest Wetlands. Ecology and Conservation. Cambridge University Press, Cambridge, pp. 11–62.

Song, Y.-C., 1983: Die räumliche Ordnung der Vegetation Chinas. Tuexenia 3, 131–157.

Song, Y.-C., 1988: The essential characteristics and main types of the broadleaved evergreen forest in China. Phytocoenologia 16, 105–123.

Song, Y.-C., 1995: On the global position of the evergreen broad-leaved forests of China. In Box, E.O., Peet, R.K., Masuzawa, T., Yamada, I., Fujiwara, K. & Maycock, P.F. (eds.), Vegetation Science in Forestry. Handbook of Vegetation Science 12/1, 69–84.

Soriano, A., Volkheimer, W., Walter, H., Box, E.O., Marcolina, A.A., Vallerini, J.A., Movia, C.P., León, R.J.C., Gallardo, J.M., Rumboll, M., Canevari, M., Canevari, P. & Vasina, W.G., 1983: Deserts and Semi-Deserts of Patagonia. In West, N.E. (ed.), Temperate Deserts and Semi-Deserts. Ecosystems of the World 5, 423–460.

Soriano, A., León, R.J.C., Sala, O.E., Lavado, R.S., Deriegibus, V.A., Cauhépé, M.A., Scdaglia, O.A., Velásquez, C.A. & Lemcoff, J.H., 1992: Rio de la Plata grasslands. In Coupland, R.T. (ed.), Natural grasslands: Introduction and Western Hemisphere. Ecosystems of the World. Vol 8A, 367–407.

Spaargaren, O.C. & Deckers, J., 1998: The world reference base for soil resources. An introduction with special reference to soils of tropical forest ecosystems. In Schulte, A. & Ruhiyat, D.E. (eds.), Soils of tropical forest ecosystems: characteristics, ecology and management. Springer, Berlin, pp. 21–28.

Spalding, M., Kainuma, M. & Collins; L., 2010: World Atlas of Mangroves. Earthscan, London, 336 pp.

Specht, R.L., 1981: Major vegetation formations in Australia. In Keast, A. (ed.), Ecological Biogeography of Australia. Dr. W. Junk Publishers, Den Haag, pp. 163–298.

Specht, R.L. & Specht, A., 2002: Australian Plant Communities. Oxford University Press, Oxford, 492 pp.

Squeo, A., Rada, F., Azocar, A. & Goldstein, G., 1991: Freezing tolerance and avoidance in high tropical Andean plants: is it equally represented in species with different plant height? Oecologia 86, 378–382.

Stahl, E., 1893: Regenfall und Blattgestalt. Ein Beitrag zur Pflanzenbiologie. Annales du Jardin Botanique de Buitenzorg 11, 98–182.

Stambaugh, M.C., Guyette, R.P., Godfrey, R., McMurry, E.R. & Marschall, J.M., 2009: Fire, drought, and human history near the western terminus of the Cross Timbers, Wichita Mountains, Oklahoma, USA. Fire Ecology 5, 51–65.

Starr, G. & Oberbauer, S.F., 2003: Photosynthesis of arctic evergreens under snow: implications for tundra ecosystem carbon balance. Ecology 84, 1415–1420.

Starr, G., Oberbauer, S.F. & Ahlquist, L.E., 2008: The Photosynthetic Response of Alaskan Tundra Plants to Increased Season Length and Soil Warming. Arctic, Antarctic and Alpine Research 40, 181–191.

Steenis, C.G.G.J. van, 1972: The Mountain Flora of Java. E.J. Brill, Leiden.

Steinger, T., Körner, C. & Schmid, B., 1996: Long-term persistence in a changing climate: DNA analysis suggests very old ages of clones of alpine *Carex curvula*. Oecologia 105, 94–99.

Steinke, L.R., Premoli, A.C., Souto, C.P. & Hedrén, M., 2008: Adaptive and Neutral Variation of the Resprouter *Nothofagus antarctica* Growing in Distinct Habitats in North-Western Patagonia. Silva Fennica 42, 177–188.

Stephenson, N.L., 2000: Estimated ages of some large giant sequoias: General Sherman keeps getting younger. Madroño 47, 61–67.

Stevens, G.C. & Fox, J.F., 1991: The causes of treeline. Annual Review of Ecology and Systematics 22, 177–191.

Stevens, P.F., 2001 onwards: Angiosperm Phylogeny Website. http://www.mobot.org/MOBOT/research/APweb.

Steward G.A. & Beveridge A.E., 2010: A review of New Zealand kauri (*Agathis australis* (D. Don) Lindl.): its ecology, history, growth and potential for management for timber. New Zealand Journal of Forestry Science 40, 33–59.

Stewart, R.J., Toma, Y., Fernández, F.G., Nishiwaki, A., Yamada, T. & Bollero, G., 2009: The ecology and agronomy of *Miscanthus sinensis*, a species important to bioenergy crop development, in its native range in Japan: a review. Global Change Biology Bioenergy 1, 126–153.

Stinson, G., Kurz, W.A., Smyth, C.E., Neilson, E.T., Dymond, C.C., Metsaranta, J.M., Boisvenue, C., Rampley, G.J., Li, Q., White, T.M. & Blains, D., 2011: An inventory-based analysis of Canada's managed forest carbon dynamics, 1990 to 2008. Global Change Biology 17, 2227–2244.

Stinson, K.A., Campbell, S.A., Powell, J.R., Wolfe, B.E., Callaway, R.M., Thelen, G.C., Hallett, S.G., Prati, D. & Klironomos, J.N., 2006: Invasive plant suppresses the growth of native tree seedlings by disrupting belowground mutualisms. PLOS Biology 4, 727–731.

Stocker, O., 1935: Assimilation und Atmung westjavanischer Tropenbäume. Planta 24, 402–445.

Stocker, O., 1972: Der Wasser- und Photosynthese-Haushalt von Wüstenpflanzen der mauretanischen Sahara. III. Kleinsträucher, Stauden und Gräser. Flora 161, 46–110.

Stocks, B.J., Mason, J.A., Todd, J.B., Bosch, E.M., Wotton, B.M., Amiro, B.D., Flannigan, M.D., Hirsch, K.G., Logan, K.A., Martelll, D.L. & Skinner, W.R., 2002: Large forest fires in Canada, 1959–1997. Journal of Geophysical Research 108, NO. D1, 8149.

Stoll, P. & Newbery, D.M., 2005: Evidence of species-specific neighborhood effects in the Dipterocarpaceae of a Bornean rain forest. Ecology 86, 3048–3062.

Storch, V., Welsch, U. & Wink, M., 2013a: Evolution – genetische und zellbiologische Grundlagen. In Storch, V., Welsch, U, & Wink, M. (Hsg.), Evolutionsbiologie. 3. überarbeitete und aktualisierte Auflage. Springer-Spektrum, Heidelberg, S. 220–305.

Storch, V., Welsch, U. & Wink, M., 2013b: Molekulare Evolutionsforschung: Methoden, Phylogenie, Merkmalsevolution und Phylogeographie. In Storch, V., Welsch, U, & Wink, M. (Hsg.), Evolutionsbiologie. 3. überarbeitete und aktualisierte Auflage. Springer-Spektrum, Heidelberg, S. 305–416.

Stork, N.E. & Turton, S.M. (eds.), 2008: Living in a Dynamic Tropical Forest Landscape. Blackwell Publ., Malden-Oxford-Carlton, 632 pp.

Strakhov, N.M., 1967: Principles of lithogenesis. Vol. 1. Consultants Bureau, New York, Oliver & Boyd, Edinbourgh-London, 245 pp.

Stuart, S.A., Choat, B., Martin, K.C., Holbrook, N.M. & Ball, M.C., 2006: The role of freezing in setting the latitudinal limits of mangrove forests. New Phytologist 173, 576–583.

Stuessy, T.F., Marticorena, C., Rodriguez, R., Crawford, D.J. & Silva, M., 1992: Endemism in the vascular flora of the Juan Fernandez Islands. Aliso 13, 297–307.

Succow, M. & Jeschke, L., 1986: Moore in der Landschaft. Verlag Harri Deutsch, Frankfurt, 268 S.

Succow, M. & Joosten, H. (Hsg.), 2001: Landschaftsökologische Moorkunde. 2., völlig neu bearbeitete Auflage. E. Schweizerbart'sche Verlagsbuchhandlung (Nägele u. Obermüller), Stuttgart, 622 S.

Sugimoto, A., Yanagisawa, N., Naito, D., Fijita, N. & Maximov, T.C., 2002: Importance of permafrost as a source of water for plants in east Siberian taiga. Ecological Research 17, 493–503.

Sukachev, V.N. & Dylis, N.V., 1964: Fundamentals of forest biogeocoenology. Oliver and Boyd, Edinburgh, 672 pp.

Sun, J. & Liu, T., 2006: The Age of Taklimakan Desert. Science 312, p. 1621.

Sundberg, M.D., 1986: A comparison of stomatal distribution and length in succulent and non-succulent desert plants. Phytomorphology 36, 53–66.

Suttie, J.M. & Reynolds, S.G. (eds.), 2003: Transhumant Grazing Systems in Temperate Asia. Plant Production and Protection Series (FAO, Rome) 31, 331 pp.

Suttie, J.M., 2005: Grazing Management in Mongolia. In Suttie, J.M., Reynolds, S.G. & Batello, C. (eds.), Grasslands of the World. Plant Production and Protection Series (FAO, Rome) 34, 265–304.

Suzuki, E. & Tsukahara, J., 1987: Age Structure and Regeneration of Old Growth *Cryptomeria japonica* Forests on Yakushima Island. The Botanical Magazine Tokyo 100, 223–241.

Swanson, D.K. & Grigal, D.F., 1988: A simulation of mire patterning. Oikos 53, 309–314.

Swanson, M.E., Franklin, J.F., Beschta, R.L., Crisafulli, C.M., DellaSala, D.A., Hutto, R.L., Lindenmayer, D.B. & Swanson, F.J. 2011: The forgotten stage of forest succession: early successional ecosystems on forest sites. Frontiers in Ecology and Environment 9, 117–125.

Swenson, U., Hill, R.S. & McLoughlin, S., 2001: Biogeography of *Nothofagus* supports the sequence of Gondwana break-up. Taxon 50, 1025–1041.

Swift, M.J., Heal, O.W. & Anderson, J.M., 1979: Decomposition in terrestrial ecosystems. University of California Press, Berkeley and Los Angeles, 372 pp.

SWIPA (Snow, Water, Ice, and Permafrost in the Arctic Assessment), 2011: Executive Summary, Arctic Monitoring and Assessment Program (AMAP) Secretariat, Oslo, Norway, 16 pp., available at: www.amap.no.

Szafer, W. (ed.), 1966: The Vegetation of Poland. Pergamon Press, Oxford, 738 pp.

Takh, N.V., Röser, M. & Hoffmann, M.H., 2008: Range size variation and diversity distribution in the vascular plant flora of the Eurasian Arctic. Organisms, Diversity and Evolution 8, 251–266.

Takhtajan, A.L., 1986: Floristic regions of the world. University of California Press, Berkeley, 522 pp.

Tang, C.Q. & Ohsawa, M., 1997: Zonal transition of evergreen, deciduous, and coniferous forests along the altitudinal gradient on a humid subtropical mountain, Mt. Emei, Sichuan. Plant Ecology 133, 63–78.

Tang, C.Q. & Ohsawa, M., 2009: Ecology of subtropical evergreen broad-leaved forests of Yunnan, southwestern China as compared to those of southwestern Japan. Journal of Plant Research 2009, 335–350.

Tarnocai, C., Canadell, J.G., Schuur, E.A.G., Kuhry, P., Mazhitova, G. & Zimov, S., 2009: Soil organic carbon pools in the northern circumpolar permafrost region. Global Biogeochemical Cycles, Vol. 23, GB2023.

Teeri, J.A. & Stowe, L.G., 1976: Climatic patterns and the distribution of C_4 grasses in North America. Oecologia 23, 1–12.

Tenhunen, J.D., Lange, O.L., Hahn, S., Siegwolf, R. & Oberbauer, S.F., 1992: The Ecosystem Role of Poikilohydric Tundra Plants. In Chapin III, F.S., Jefferies, R.L., Reynolds, J.F., Shaver, G.R., Svoboda, J. & Chu, E.W. (eds.), Arctic Ecosystems in a Changing Climate: An Ecophysiological Perspective. Academic Press, New York, pp. 213–237.

Tenow, O., Bylund, H., Nilsen, A.C. & Karlsson, P.S., 2005: Long-Term Influence of Herbivores on Northern Birch Forests. In Wielgolaski, F.E., Karlsson, P.S., Neuvonen, S. & Thannheiser, D. (eds.), Plant Ecology, Herbivory, and Human Impact in Nordic Mountain Birch Forests. Ecological Studies 180, 165–181.

Ter Steege, H., Pitman, N., Sabatier, D., Castellanos, H., Van der Hout, P., Daly, D.C., Silveira, M., Phillips, O., Vasquez, R., Van Andel, T., Duivenvoorden, J., De Oliveira, A.A., Ek, R., Lilwah, R., Thomas, R., Van Essen, J., Baider, C., Maas, P., Mori, S., Terborgh, J., Vargas, P.N., Mogollón, H. & Morawetz, W., 2003: A spatial model of tree α-diversity and tree density for the Amazon. Biodiversity and Conservation 12, 2255–2277.

Terborgh, J., 1986: Keystone plant resources in the tropical forest. In Soulé, M.E. (ed.), Conservation biology: the science of scarcity and diversity. Sinauer, Sunderland, Massachusetts, pp. 330–344.

Terborgh, J., 1992: Diversity and the tropical rainforest. Scientific American Library, W.H. Freeman, New York, 242 pp.

Terral, J.-F., Alonso, N., Buxó I Capdevila, R., Chatti, N., Fabre, L., Fiorentino, G., Marinval, P., Pérez Jordá, G., Pradat, B., Rovira, N. & Alibert, P., 2004: Historical biogeography of olive domestication (*Olea europaea* L.) as revealed by geometrical morphometry applied to biological and archaeological material. Journal of Biogeography 31, 63–77.

Thannheiser, D., 1981: Die Küstenvegetation Ostkanadas. Münstersche Geographische Arbeiten 10, 201 S.

Thannheiser, D., 1987: Die Vegetationszonen in der westlichen kanadischen Arktis. Hamburger Geographische Studien 43, 159–177.

Thannheiser, D., 1991: Die Küstenvegetation der arktischen und borealen Zone. Berichte der Reinhold-Tüxen-Gesellschaft 3, 21–42.

Thannheiser, D., 1996: Spitzbergen. Ressourcen und Erschließung einer hocharktischen Inselgruppe. Geographische Rundschau 48, 268–274.

Thannheiser, D. & Wüthrich, C., 2004: Spitzbergen (Svalbard). In Burga, C.A., Klötzli, F. & Grabherr, G. (Hrsg.), Gebirge der Erde. Verlag E. Ulmer, Stuttgart, S. 240–248.

Theron, G.K., Schweickerdt, H.G. & Van der Schijff, H.P., 1968: x' Anatomiese studie vam *Plinthus karooicus* Verdoorn. Tydsk. Natuurvetensk. 1968, 69–104.

Thevs, N., Zerbe, S., Peper, J. & Succow, M., 2008: Vegetation and vegetation dynamics in the Tarim River floodplain of continental-arid Xinjiang, NW China. Phytocoenologia 38, 65–84.

Thiéry, J.-M., d'Herbès, J.-M. & Valentin, C., 1995: A model simulating the genesis of banded vegetation patterns in Niger. Journal of Ecology 83, 497–507.

Thomas, H., 1997: Drought resistance in plants. In Basra, A.S. & Basra, R.K., Mechanisms of Environmental Stress Resistance in Plants. Harwood Academic Publ., Amsterdam, pp. 1–42.

Thomas, W. W., 1999: Conservation and monographic research on the flora of tropical America. Biodiversity and Conservation 8, 1007–1015.

Thompson, J., Brokaw, N., Zimmerman, J.K., Waide, R.B., Everham III, E.M., Lodge, D.J., Taylor, C.M., Garcia-Montiel, D. & Fluet, M., 2002: Land use history, environment, and tree composition in a tropical forest. Ecological Applications 12, 1344–1363.

Thompson, J.D., 1991: The Biology of an Invasive Plant. What makes *Spartina anglica* so successful? BioScience 41, 393–401.

Thompson, J.D., 2005: Plant Evolution in the Mediterranean. Oxford University Press, Oxford, 293 pp.

Thompson, K. & Hamilton, A.C., 1983: Peatlands and swamps of the African continent. In Gore, S.J.P. (ed.), Mires: Swamp, Bog, Fen and Moore. Ecosystems of the World 4B, 331–374.

Thornthwaite, C.W., 1948: An approach toward a rational classification of climate. Geographical Review 38, 55–94.

Tielbörger, K. & Kadmon, R., 2000: Temporal environmental variation tips the balance between facilitation and interference in desert plants. Ecology 81, 1544–1553.

Tielbörger, K. & Kadmon, R., 2008: Effects of Shrubs on Annual Plant Populations. In Breckle, D.-W.,

Yair, A. & Veste, M. (eds.), Arid Dune Ecosystems. The Nizzana Sands in the Negev Desert. Ecological Studies 200, 385–400.

Timmermann, T., Joosten, H. & Succow, M., 2009: Restaurierung von Mooren. In Zerbe, S. & Wiegleb, G. (eds.), Renaturierung von Ökosystemen in Mitteleuropa. Spektrum Akademischer Verlag, Heidelberg, S. 55–93.

Timoney, K.P., La Roi, G.H., Zoltai, S.C. & Robinson, A.L., 1992: The high subarctic forest-tundra of northwestern Canada: position, width, and vegetation gradients in relation to climate. Arctic 45, 1–9.

Tinley, K.L., 1982: The Influence of Soil Moisture Balance on Ecosystem Patterns in Southern Africa. In Huntley, B.J. & Walker, B.H. (eds.), Ecology of Tropical Savannas. Ecological Studies 42, 175–192.

Tishkov, A., 2002: Boreal Forests. In Shagdenova, M. (ed.), The Physical Geography of Northern Eurasia. Oxford University Press, Oxford, pp. 216–233.

Tkach, N.V., Röser, M. & Hoffmann, M.H., 2008a: Range size variation and diversity distribution in the vascular plant flora of the Eurasian Arctic. Organisms, Diversity & Evolution 8, 251–266.

Tkach, N.V., Hoffmann, M.H., Röser, M., Korobkov, A.A. & von Hagen, K.B., 2008b: Parallel evolutionary patterns in multiple lineages of arctic *Artemisia* L. (Asteraceae). Evolution 62,184–198.

Tng, D.Y.P., Williamson, G.J., Jordan, G.J. & Bowman, D.M.J.S., 2012: Giant eucalypts – globally unique fire-adapted rain-forest trees? New Phytologist 196, 1001–1014.

Toldi, O., Tuba, Z. & Scott, P., 2009: Vegetative desiccation tolerance: Is it a goldmine for bioengineering crops? Plant Science 176, 187–199.

Tolmatchev, A.I., 1966: Die Evolution der Pflanzen in arktisch-Eurasien während und nach der quaternären Vereisung. Botanisk Tidsskrift 62, 27–36.

Tomlinson, P.B., 1986: The Botany of Mangroves. Cambridge University Press, Cambridge, 413 pp.

Tongway, D.J., Valentin, C. & Seghieri, J. (eds.), 2001: Banded Vegetation Patterning in Arid and Semiarid Environments. Ecological Studies 149, 251 pp.

Torquebiau, E.F., 1986: Mosaic patterns in dipterocarp rain forest in Indonesia, and their implications for practical forestry. Journal of Tropical Ecology 2, 301–325.

Tosi, J.A. Jr., 1969: Mapa ecológica. República de Costa Rica. Segun la classificación de zonas de vida del mundo del Holdridge. Centro Scientífico Tropical, San José.

Trabaud, L., 1981: Man and Fire: Impacts on Mediterranean Vegetation. In di Castri, F., Goodall, D.W. & Specht, R.L. (eds.), Mediterranean-Type Shrublands. Ecosystems of the World 11, 523–537.

Tranquillini, W., 1982: Frost-drought and its ecological significance. In Lange, O.L., Nobel, P.S., Osmond, C.B. & Ziegler, H. (eds.), Encyclopedia of Plant Physiology, Vol. 12B, Springer, Berlin, pp. 379–400.

Trapnell, C.G., 1959: Ecological results of woodland burning experiments in Northern Rhodesia. Journal of Ecology 47, 129–168.

Treter, U., 1993: Die borealen Waldländer. Westermann, Braunschweig, 210 pp.

Treter, U., 1995: Fire-induced succession of lichenspruce woodland in Central Labrador-Ungava, Canada. Phytocoenologia 25, 161–183.

Trewartha, G.T. & Horn, L.H., 1980: An introduction to climate. McGraw-Hill, New York, 416 pp.

Treydte, A.C., van Beeck, L., Ludwig, F. & Heitkönig, I.M.A., 2008: Improved quality of beneath-canopy grass in South African savannas: Local and seasonal variation. Journal of Vegetation Science 19, 663–670.

Tribsch, A. & Schönswetter, P., 2003: Patterns of Endemism and Comparative Phylogeography Confirm Palaeoenvironmental. Evidence for Pleistocene Refugia in the Eastern Alps. Taxon 52, 477–497.

Troll, C., 1936: Termitensavannen. In Louis, H. & Panzer, W. (Hrsg.), Länderkundliche Forschung. Festschrift Norbert Krebs. J. Engelhorn Nachf., Stuttgart, S. 275–312.

Troll, C., 1948: Der asymetrische Vegetations- und Landschaftsaufbau der Nord- und Südhalbkugel. Göttinger Geographische Abhandlungen 1, 11–27.

Troll, C., 1958: Zur Physiognomie der Tropengewächse. Jahresberichte der Gesellschaft von Freunden und Förderern der Rheinischen Friedrich-Wilhelms-Universität, Bonn.

Troll, C., 1959: Die tropischen Gebirge. Bonner Geographische Abhandlungen 25, 93 S.

Troll, C., 1968a: Das Pampaproblem in landschaftsökologischer Sicht. Erdkunde 22, 152–155.

Troll, C., 1968b: The Cordilleras of the Tropical Americas. Aspects of Climatic, Phytogeographical and Agrarian Ecology. Colloquium Geographicum 9, 15–56.

Troll, C. & Paffen, K.H., 1964: Karte der Jahreszeitenklimate der Erde. Erdkunde 18, 5–28.

Trollope, W.S.W., 1990: Veld management with specific reference to game ranching in the grassland

and savanna areas of South Africa. Koedoe 33, 77–87.

Tukhanen, S., 1984: A circumboreal system of climatic-phytogeographical regions. Acta Botanica Fennica 127, 1–50.

Tukhanen, S., 1992: The climate of Tierra del Fuego from a vegetation geographical point of view and its ecoclimatic counterparts elsewhere. Acta Botanica Fennica 145, 1–64.

Turner, B.L. & Cernusak, L.A. (eds.), 2011: Ecology of Podocarpaceae in Tropical Forests. Smithonian Contribution to Botany 95, 207 pp.

Turner, H., 1961: Die Niederschlags- und Schneeverhältnisse. Mitteilungen der Forstlichen Bundes-Versuchsanstalt Mariabrunn 59, 265–315.

Turner, I.M., 1994: Sclerophylly: primarily protective? Functional Ecology 8, 669–675.

Turner, I.M., 2001a: The Ecology of Trees in the Tropical Rain Forest. Cambridge University Press, Cambridge, 298 pp.

Turner, I.M., 2001b: Rainforest Ecosystems, Plant Biodiversity. In Levin, S.A. (ed.), Encyclopedia of Biodiversity, Vol. 5, Academic Press, San Diego, pp. 13–23.

Turner, J.S. & Picker, M.D., 1993: Thermal ecology of an embedded dwarf succulent from southern Africa (*Lithops* spp: Mesembryanthemaceae). Journal of Arid Environments 24, 361–385.

Turton, S.M., 2008: Landscape-scale impacts of Cyclone Larry on the forests of northeast Australia, including comparisons with previous cyclones impacting the region between 1858 and 2006. Austral Ecology 33, 409–416.

Turunen, J., Tommpo, E., Tolonen, K. & Reinikainen, A., 2002: Estimating carbon accumulation rates of undrained mires in Finland – application to boreal and subarctic regions. Holocene 12, 69–80.

Tyler, G. & Ström, L., 1995: Differing Organic Acid Exudation Pattern Explains Calcifuge and Acidifuge Behaviour of Plants. Annals of Botany 75, 75–78.

Uebelhör, K., 1984: Struktur und Dynamik von *Nothofagus*-Urwäldern in den Mittellagen der valdivianischen Anden. Forstliche Forschungsberichte München 58, 230 S.

UNEP, 1992: World Atlas of Desertification. Edward Arnold. London.

Urquhart, G.R., 1999: Long-term Persistence of *Raphia taedigera* Mart. Swamps in Nicaragua. Biotropica 31, 565–569.

Ustin, S.L. & Gamon, J.A., 2010: Remote sensing of plant functional types. New Phytologist 186, 795–816.

Valencia, R., Balslev, H. & Paz Y Miño, G., 1994: High tree alpha-diversity in Amazonian Ecuador. Biodiversity and Conservation 3, 21–28.

Valiela, I., Bowen, J.L. & York, J.K., 2001: Mangrove Forests: One of the World's Threatened Major Tropical Environments. Bioscience 51, 807–815.

Van Andel, J., 1975: A study of the population dynamics of the perennial plant species *Chamaenerion angustifolium* (L.) Scop. Oecologia 19, 329–337.

Van Auken, O.W. (ed.), 2008: Western North American *Juniperus* Communities. A Dynamic Vegetation Type. Ecological Studies 196, 311 pp.

Van Cleve, K. & Viereck, L.A., 1981: Forest Succession in Relation to Nutrient Cycling in the Boreal Forest of Alaska. In West, D.C., Shugart, H.H. & Botkin, D.B. (eds.), Forest Succession. Concepts and Application. Springer, New York, pp. 185–211.

Van Cleve, K., Oliver, L., Schlentner, R., Viereck, L.A. & Dyrness, C.T., 1983a: Productivity and nutrient cycling in taiga forest ecosystems. Canadian Journal of Forest Research 13, 747–766.

Van Cleve, K.V., Viereck, L.A. & Dyrness, C.T., 1983b: Dynamics of a black spruce ecosystem in comparison to other forest types: a multi-disciplinary study in interior Alaska. In Wein, R.W., Riewe, R.R. & Methven, I.R., 1983: Resources and dynamics of the boreal zone. Association of Canadian Universities for Northern Studies, Ottawa, pp. 148–166.

Van Cleve, K., Chapin III, F.S., Flanagan, P.W., Viereck, L.A. & Dyrness, C.T. (eds.), 1986: Forest Ecosystems in the Alaskan Taiga. Ecological Studies 57, 230 pp.

Van der Ham, R.W.J.M., Jagt, J.W.M., Renkens, S. & van Konijnenburg-van Cittert, J.H.A., 2010: Seedcone scales from the upper Maastrichtian document the last occurrence in Europe of the Southern Hemisphere conifer family Araucariaceae. Palaeogeography, Palaeoclimatology, Palaeoecology 291, 469–473.

Van der Maarel, E. (ed.), 1993a: Dry Coastal Ecosystems. Polar Regions and Europe. Ecosystems of the World 2A, 600 pp. (Elsevier, Amsterdam).

Van der Maarel, E. (ed.), 1993b: Dry Coastal Ecosystems. Regional Studies. Ecosystems of the World 2B, 616 pp. (Elsevier, Amsterdam).

Van der Maarel, E. (ed.), 1997a: Dry Coastal Ecosystems. General Aspects. Ecosystems of the Wold 2C, 713 pp. (Elsevier, Amsterdam).

Van der Maarel, E., 1997b: Biodiversity: from babel to biosphere management. Special Features in Biosystematics and Biodiversity (Uppsala) 2, 60 pp.

Van der Plas, F., Howison, R., Reinders, J., Fokkema, W. & Olff, H., 2013: Functional traits of trees on and off termite mounds: understanding the origin of biotically-driven heterogeneity in savannas. Journal of Vegetation Science 24, 227–238.

Van der Valk, A.G., 2005: The prairie potholes of North America. In Fraser, L.H. & Keddy, P.A. (eds.), The Wold's Largest Wetlands. Ecology and Conservation. Cambridge University Press, Cambridge, pp. 393–423.

Van de Vijver, C.A.D.M., Poot, P. & Prins, H.H.T., 1999: Causes of increased nutrient concentrations in post-fire regrowth in an East African savanna. Plant and Soil 214, 173–185.

Van Pelt, R., 2001: Forest Giants of the Pacific Coast. Global Forest Society, Vancouver and San Francisco, 200 pp.

Van Pelt, R. & Franklin, J.F., 2000: Influence of canopy structure on the understory environment in tall, old growth, conifer forests. Canadian Journal of Forest Research 30, 1231–1245.

Van Rheede van Oudtshoorn, K. & Van Rooyen, M.W., 1999: Dispersal biology of desert plants. Springer, Berlin-Heidelberg, 242 pp.

Van Staalduinen, M.A. & Anten, N.P.R., 2005: Differences in the compensatory growth of two co-ocurring grass species in relation to water availability. Oecologia 146, 190–199.

Van Werden, H., Wesche, K. & Miehe, G., 2009: Plant communities of the southern Mongolian Gobi. Phytocoenologia 39, 331–376.

Van Wehrden, H., Hanspach, J., Ronnenberg, K. & Wesche, K., 2010: The inter-annual climatic variability in Central Asia – a contribution to the discussion on the importance of environmental stochasticity in drylands. Journal of Arid Environments 74, 1212–1215.

Van Wilgen, B.W., Richardson, D.M., Kruger, F.-J. & van Hensbergen, H.J. (eds.), 1992: Fire in South African mountain Fynbos: ecosystem, community and species response at Swartsboskloof. Ecological Studies 93, 325 pp.

Vareschi, V., 1962: La quema como factor ecologico en los llanos. Sociedad Venezolana de Ciencias Naturales 23, 9–26.

Vareschi, V., 1980: Vegetationsökologie der Tropen. Verlag E. Ulmer, Stuttgart, 293 S.

Veblen, T.T., 2007: Temperate Forests of the Southern Andean Region. In Veblen, T.T., Young, K.R. & Orme, A.R. (eds.), The Physical Geography of South America. Oxford University Press, New York, pp. 217–231.

Veblen, T.T., Ashton, D. H. & Schlegel, E. M., 1979: Tree regeneration strategies in a lowland *Nothofagus*-dominated forest in south-central Chile. Journal of Biogeography 6, 329–340.

Veblen, T.T., Burns, B.R., Kitzberger, T., Lara, A. & Villalba, R., 1995: The ecology of the conifers of Southern South America. In Enright, N.J. & Hill, R.S. (eds.), Ecology of the southern conifers. Smithsonian Institution Press, Washington D.C., pp. 120–155.

Veblen, T.T., Hill, R.S. & Read, J. (eds.), 1996: The Ecology and Biogeography of *Nothofagus* Forests. Yale University Press, New Haven and London, 403 pp.

Veblen, T.T., Armesto, J.J., Burns, B.R., Kitzberger, T., Lara, A., León, B. & Young, K.R., 2005: The coniferous forests of South America. In: Andersson, F.A. (ed.) Coniferous Forests. Ecosystems of the World 6, 701–725.

Veblen, T.T., Young, K.R. & Orme, A.R. (eds.), 2007: The Physical Geography of South America. Oxford University Press, New York, 361 pp.

Veldman, J.W. & Putz, F.E, 2011: Grass-dominated vegetation, not species-diverse natural savanna, replaces degraded tropical forests on the southern edge of the Amazon Basin. Biological Conservation 144, 1419–1429.

Venter, F.J. & Gertenbach, W.P.D., 1986: A Cursory Review of the Climate and Vegetation of the Kruger National Park. Koedoe 29, 139–148.

Verdú, M., Dávila, P., García-Fayos, P., Flores-Hernández, N. & Valiente-Banuet, A., 2003: "Convergent" traits of Mediterranean woody plants belong to pre-mediterranean lineages. Biological Journal of the Linnaean Society 78, 415–427.

Verhoeven, J.T.A. & Liefveld, W.M., 1997: The ecological significance of organochemical compounds in *Sphagnum*. Acta Botanica Neerlandica 46, 117–130.

Vescovi, E., Ammann, B., Ravazzi, C. & Tinner, W., 2010: A new Late-glacial and Holocene record of vegetation and fire history from Lago del Greppo, northern Apennines, Italy. Vegetation History and Archaeobotany 19, 219–233.

Veste, M. & Littmann, T., 2006: Dewfall and its Geo-ecological Implication for Biological Surface Crusts in Desert Sand Dunes (North-western Negev, Israel). Journal of Arid Land Studies 16, 139–147.

Vieira, S, De Camargo, P.B., Selhorst, D., da Silva, R., Hutyra, L., Chambers, J.Q., Brown, I.F., Higuchi, N., Santos, J., Wofsy, S.C., Trumbore, S.E. & Martinelli, L.A., 2004: Forest structure and carbon dynamics in Amazonian tropical rain forest. Oecologia 140, 468–479.

Viereck, L.A., 1973: Wildfire in the Taiga of Alaska. Quaternary Research 3, 465–495.

Viereck, L.A., Van Cleve, K. & Dyrness, C.T., 1986: Forest Ecosystem Distribution in the Taiga Environment. In Van Cleve, K., Chapin III, F.S., Flanagan, P.W., Viereck, L.A. & Dyrness, C.T. (eds.), Forest Ecosystems in the Alaskan Taiga. Ecological Studies 57, 22–43.

Villagrán, C., 1980: Vegetationsgeschichtliche und pflanzensoziologische Untersuchungen im Vicente-Pérez-Rosales-Nationalpark (Chile). Dissertationes Botanicae 54, 165 S.

Villamagna, A.M. & Murphy, B.R., 2010: Ecological and socio-economic impacts of invasive water hyacinth (*Eichhornia crassipes*): a review. Freshwater Biology 55, 282–298.

Villar, R. & Merino, J., 2001: Comparison of leaf construction costs in woody species with differing leaf life-span in contrasting ecosystems. New Phytologist 151, 213–226.

Virtanen, T., Mikkola, K., Patova, E. & Nikula, A., 2002: Satellite image analysis of human caused changes in the tundra vegetation around the city of Vorkuta, north-European Russia. Environmental Pollution 120, 647–658.

Vitousek, P.M. & Sanford, R.L., 1986: Nutrient cycling in moist tropical forest. Annual Review of Ecology and Systematics 17, 137–167.

Vitousek, P.M., Mooney, H.A., Lubchenco, J. & Melillo, J.M., 1997: Human Domination of Earth's Ecosystems. Science 277, 494–499.

Vlassova, T.K., 2002: Human impacts on the tundra-taiga zone dynamics: The case of the Russian lesotundra. Ambio 12, 30–36.

Volkov, I., Banavar, J.R., He, F., Hubbell, S.P. & Maritan, A., 2005: Density dependence explains tree species abundance and diversity in tropical forests. Nature 438, 658–661.

Volodicheva, N., 2002: The Caucasus. In Shahgedenova, M. (ed.), The Physical Geography of Northern Eurasia. Oxford University Press, Oxford, pp. 350–376.

Von Oheimb, G. & Härdtle, W., 2009: Selection harvest in temperate deciduous forests: impact on herb layer richness and composition. Biodiversity and Conservation 18, 271–287.

Von Oheimb, G., Westphal, C., Tempel, H. & Härdtle, W., 2005: Structural pattern of a near-natural beech forest (*Fagus sylvatica*) (Serrahn, North-east Germany). Forest Ecology and Management 212, 253–263.

Von Willert, D.J., 1994: *Welwitschia mirabilis* Hook. fil. – das Überlebenswunder der Namibwüste. Naturwissenschaften 81, 430–442.

Von Willert, D.J., Eller, B.M., Werger, M.J.A. & Brinckmann, E., 1990: Desert succulents and their life strategies. Vegetatio 90, 133–143.

Von Willert, D.J., Eller, B.M., Werger, M.J.A., Brinckmann, E. & Ihlenfeldt, H.-D., 1992: Life strategies of succulents in deserts with special reference of the Namib desert. Cambridge University Press, Cambridge, 340 pp.

Von Willert, D.J., Armbrüster, N., Drees, T. & Zaborowski, M., 2005: *Welwitschia mirabilis*: CAM or not CAM – what is the answer? Functional Plant Biology 32, 389–395.

Vonlanthen, C.M., Walker, D.A., Raynolds, M.K., Kade, A., Kuss, P., Daniels, F.J.A. & Matveyeva, N.V., 2008: Patterned-Ground Plant Communities along a bioclimate gradient in the High Arctic, Canada. Phytocoenologia 38, 23–63.

Wagner, W.L., Herbst, D.R. & Sohmer, S.H., 1990: Manual of the flowering plants of Hawai'i. University of Hawai'i Press and Bishop Museum Press, Honolulu, Vol. 1: 1-988, Vol. 2: 989–1853.

Waldhoff, D. & Furch, B., 2002: Leaf morphology and anatomy in eleven tree species from Central Amazonian floodplains (Brazil). Amazoniana 17, 79–94.

Walker, B.H. & Noy-Meir, I., 1982: Aspects of the stability and resilience of savanna ecosystems. In Huntley, B.J. & Walker, B.H. (eds.), Ecology of Tropical Savannas. Ecological Studies 42, 556–590.

Walker, D.A., 2000: Hierarchical subdivision of Arctic tundra based on vegetation response to climate, parent material and topography. Global Change Biology 6, 19–34.

Walker, D. A., Gould, W. A., Maier, H. A. & Raynolds, M. K., 2002: The Circumpolar Arctic Vegetation Map: AVHRR-derived base map, environmental controls and integrated mapping procedures. International Journal of Remote Sensing 23, 2552–2570.

Walker, D.A., Elvebakk, A., Talbot, S.S. & Daniels, F.J.A., 2005a: The Second International Workshop on Circumpolar Vegetation Classification and Mapping: a tribute to Boris A. Yurtsev. Phytocoenologia 35, 715–725.

Walker, D.A., Raynolds, M.K., Daniels, F.J.A., Einarsson, E., Elvebakk, A., Gould, W.A., Katenin, A.E., Kholod, S.S., Markon, K.J., Melnikov, E.S., Moskalenko, N.G., Talbot, S.S., Yurtsev, B.A. & the other members of the CAVM Team, 2005b: The Circumpolar Arctic vegetation map. Journal of Vegetation Science 16, 267–282.

Walker, J. & Gillison, A.N., 1982: Australian savannas. In Huntley, B.J. & Walker, B.H. (eds.), Ecology of Tropical Savannas. Ecological Studies 42, 5–24.

Walter, H., 1960: Grundlagen der Pflanzenverbreitung. I. Standortlehre. 2., umgearbeitete Auflage. Verlag E. Ulmer, Stuttgart, 566 S.

Walter, H. 1962: Plant associations in the humid tropics of India as affected by climate with special reference to periods of drought in the monsoon region. UNESCO/NS/HT/106 B, 17 pp., http://unesdoc.unesco.org/images/0015/001532/153293eb.pdf.

Walter, H., 1967: Das Pampaproblem in vergleichend ökologischer Betrachtung und seine Lösung. Erdkunde 21, 181–202.

Walter, H., 1968: Die Vegetation der Erde in ökophysiologischer Betrachtung. II: Die gemäßigten und arktischen Zonen. G. Fischer Verlag, Stuttgart, 1001 S.

Walter, H., 1973: Vegetation der Erde in öko-physiologischer Betrachtung. Band I. Die tropischen und subtropischen Zonen. 3., stark umgearbeitete Auflage. VEB G. Fischer Verlag, Jena, 743 S.

Walter, H., 1974: Die Vegetation Osteuropas, Nord- und Zentralasiens. G. Fischer Verlag, Stuttgart, 452 pp.

Walter, H. & Box, E.O., 1983a: Overview of Eurasian continental deserts and semi-deserts. In West, N.E. (ed.), Temperate deserts and semi-deserts. Ecosystem of the World 5, 3–7.

Walter, H. & Box, E.O., 1983b: Semi-deserts and deserts of Central Kazakhstan. In West, N.E. (ed.), Temperate deserts and semi-deserts. Ecosystem of the World 5, 43–78.

Walter, H. & Box, E.O., 1983c: Middle Asian deserts. In West, N.E. (ed.), Temperate deserts and semi-deserts. Ecosystem of the World 5, 79–104.

Walter, H. & Breckle, S.-W., 1999: Vegetation und Klimazonen. 7., völlig neu bearbeitete und erweiterte Auflage. Verlag E. Ulmer, Stuttgart, 544 S.

Walter, H. & Breckle, S.-W., 2004: Ökologie der Erde, Band 2. Spezielle Ökologie der Tropischen und Subtropischen Zonen. 3. Auflage. Spektrum Akademischer Verlag, Heidelberg, 764 S.

Walter, H. & Lieth, H., 1960–1967: Klimadiagramm-Weltatlas. G. Fischer Verlag, Stuttgart.

Walter, H. & Medina, E., 1969: La temperatura del suelo como factor determinante para la caracterización de los pisos subalpinos y alpinos en los Andes de Venezuela. Boletin de la Sociedad Venezolana de Ciencias Naturales 28, 201–210.

Walter, H. & Straka, H., 1970: Arealkunde. Floristisch-historische Geobotanik. Verlag E. Ulmer, Stuttgart, 478 S.

Walter, H. & Walter, E., 1953: Das Gesetz der relativen Standortskonstanz; das Wesen der Pflanzengemeinschaften. Berichte der Deutschen Botanischen Gesellschaft 66, 228–236.

Walter, H., Harnickell, E. & Mueller-Dombois, D., 1975: Klimadiagramm-Karten der einzelnen Kontinente und die ökologische Klimagliederung der Erde. G. Fischer Verlag, Stuttgart.

Walter, H., Box, E.O. & Hilbig, W., 1983: The deserts of Central Asia. In West, N.E. (ed.), Temperate deserts and semi-deserts. Ecosystem of the World 5, 193–236.

Walter, H., Breckle, S.-W., Hager, J., Loris, K. & Miehe, G., 1991: Ökologie der Erde. Band 4. Gemäßigte und arktische Zonen außerhalb Euro-Nordasiens. G. Fischer Verlag, Stuttgart, 586 S.

Walter, H., Breckle, S.-W., Agachajanz, O. & Rahmann, M., 1994: Ökologie der Erde. Band 3. Spezielle Ökologie der Gemäßigten und Arktischen Zonen Euro-Nordasiens. 2. Auflage. G. Fischer Verlag, Stuttgart-Jena, 726 S.

Walther, G.-R., 2002: Weakening of Climate Constraints with Global Warming and its Consequences for Evergreen Broad-Leaved Species. Folia Geobotanica 37, 129–139.

Wang, C.W., 1961: The Forests of China. Maria Moors Cabot Foundation Publication Series No. 5, Harvard University, Cambridge, 313 pp.

Wang, G., Zhou, G., Yang, L. & Li, Z., 2002: Distribution, species diversity and life-form spectra of plant communities along an altitudinal gradient in the northern slopes of Qilianshan Mountains, Gansu, China. Plant Ecology 165, 169–181.

Wang, X.H., Kent, M. & Fang, X.F., 2007: Evergreen broad-leaved forest in Eastern China: Its ecology and conservation and the importance of resprouting in forest restoration. Forest Ecology and Management 245, 76–87.

Ward, D., Ngairorue, B.T., Kathena, J., Samuels, R. & Ofran, Y., 1998: Land degradation is not a necessary outcome of communal pastoralism in arid Namibia. Journal of Arid Environments 40, 357–371.

Ward, J.D., 2009: The Biology of Deserts. Oxford University Press, Oxford, 339 pp.

Ward, J.D. & Corbett, I., 1990: Towards an age of the Namib. In Seely, M.K. (ed.), Namib Ecology. 25 Years of Namib research. Transvaal Museum Monograph 7, 17–26.

Ward, J.D., Seely, M.K. & Lancaster, N., 1983: On the antiquity of the Namib. South African Journal of Science 79, 175–183.

Warda, H.-D., 1998: Das große Buch der Garten- und Landschaftsgehölze. Bruns Pflanzen GmbH, Bad Zwischenahn, 864 S.

Wardle, P., 1991: Vegetation of New Zealand. Reprint 2002. The Blackburn Press, Caldwell, 672 pp.

Wardle, P., 1998: Comparison of alpine timberlines in New Zealand and the Southern Andes. Royal Society of New Zealand Miscellaneous Publications 48, 69–90.

Wardle, P., 2008: New Zealands Forest to Alpine Transitions in Global Context. Arctic, Antarctic, and Alpine Research 40, 240–249.

Waring, R.H. & Franklin, J.F., 1979: Evergreen Coniferous Forests of the Pacific Northwest. Science 204, 1380–1386.

Waring, R., Nordmeyer, A., Whitehead, D., Hunt, J., Newton, M., Thomas, C. & Irvine, J., 2008: Why is the productivity of Douglas-fir higher in New Zealand than in its native range in the Pacific-Northwest, USA? Forest Ecology and Management 255, 4040–4046.

Warner, R.R. & Chesson, P.L., 1985: Coexistence mediated by recruitment fluctuations: A field guide to the storage effect. The American Naturalist 125, 769–787.

Washburn, A.L., 1979: Geocryology. A survey of periglacial processes and environments. Edward Arnold, London, 406 pp.

Watson, F.D. & Eckenwalder, J.E., 1993: Cupressaceae Bartlett: redwood or cypress family. In Flora of North America north of Mexico. Editorial Committee (eds.), Flora of North America, Vol. 2. Oxford University Press, Oxford, pp. 399–422.

Watson, L. & Dallwitz, M.J., 1992 onwards: The grass genera of the world: descriptions, illustrations, identification, and information retrieval; including synonyms, morphology, anatomy, physiology, phytochemistry, cytology, classification, pathogens, world and local distribution, and references. Version: 18th December 2012. http://delta-intkey.com.

WBGU (Wissenschaftlicher Beirat der Bundesregierung Globale Umweltveränderungen) 2000: Welt im Wandel – Erhaltung und nachhaltige Nutzung der Biosphäre (Jahresgutachten). Springer, Berlin, 482 S.

Weaver, J.E., 1954: North American Prairie. Johnsen Publishing Company, Lincoln, 357 pp.

Webb, L.J., 1958: Cyclones as an ecological factor in tropical lowland rainforest, north Queensland. Australian Journal of Botany 6, 220–230.

Webb, L.J. & Tracy, J.G., 1994: The rainforests of northern Australia. In Groves, R.H. (ed.), Australian Vegetation. 2nd Edition. Cambridge University Press, Cambridge, pp. 87–129.

Webb, S., 2008: Megafauna demography and late Quaternary climatic change in Australia: A predisposition to extinction. Boreas 37, 329–345.

Weber, H., 1958: Die Páramos von Costa Rica und ihre pflanzengeographische Verkettung mit den Hochanden Südamerikas. Abhandlungen der Mathematisch-Naturwissenschaftlichen Klasse der Akademie der Wissenschaften und der Literatur Jg. 1958, 194 S.

Weber, M.G. & Van Cleve, K., 2005: The Boreal Forests of North America. In Anderson, F. (ed.), Coniferous Forests. Ecosystems of the World 6, 101–130.

Wehherg, J., Thannheisser, D. & Meier, K.-D., 2005: Vegetation of the Mountain Birch Forest in Northern Fennoscandia. In Wielgolaski, F.E., Karlsson, P.S., Neuvonen, S. & Thannheiser, D. (eds.), Plant Ecology, Herbivory, and Human Impact in Nordic Mountain Birch Forests. Ecological Studies 180, 35–52.

Wein, N., 1999: Sibirien. Klett-Perthes, Gotha und Stuttgart, 248 S.

Wein, R.W. & MacLean, D.A. (eds.), 1983: The role of fire in northern circumpolar ecosystems. John Wiley & Sons, New York, 322 pp.

Weischet, W., 1978: Die ökologisch wichtigen Charakteristika der Kühl-gemässigten Zone Südamerikas mit vergleichenden Anmerkungen zu den tropischen Hochgebirgen. In Troll, C. & Lauer, W., Geoökologische Beziehungen zwischen der temperierten Zone der Südhalbkugel und den Tropengebirgen. Proceedings of the Symposium of the International Geographical Union, Nov. 21–23, 1974 Mainz; F. Steiner Verlag Wiesbaden, S. 255–280.

Weischet, W. & Endlicher, W., 2008: Einführung in die Allgemeine Klimatologie. 7., vollständig neu bearbeitete Auflage. Gebr. Borntraeger Verlagsbuchhandlung, Berlin-Stuttgart, 342 S.

Weise, O.R., 1983: Das Periglazial. Geomorphologie und Klima in gletscherfreien, kalten Regionen. Gebrüder Bornträger, Berlin-Stuttgart, 199 S.

Weising, K., Nybom, H., Wolff, K. & Kahl, G., 2005: DNA Fingerprinting in Plants. Principles, Methods, and Applications. 2nd Edition. CRC Press, Boca Raton, 472 pp.

Weller, G. & Holgren, B., 1974: The Microclimates of the Arctic Tundra. Journal of Applied Meteorology 13, 854–862.

Welling, A. & Palva, E.T., 2006: Molecular control of cold acclimation in trees. Physiologia Plantarum 127, 167–181.

Went, F.W., 1948: Ecology of desert plants I. Ecology 29, 242–353.

Went, F.W., 1949: Ecology of desert plants II. Ecology 30, 1–13; 26–38.

Werger, M.J.A., 1986: The Karoo and Southern Kalahari. In Evenari, M., Noy-Meir, I. & Goodall, D.W. (eds.), Hot Deserts and Arid Shrublands. Ecosystems of the World 12B, 283–359.

Werger, M.J.A. & van Staalduinen, M.A. (eds.), 2012: Eurasian Steppes. Ecological Problems and Livelihoods in a Changing World. Springer, Dordrecht, 565 pp.

Wesche, K. & Retzer, V., 2005: Is degradation a major problem in semi-desert environments of the Gobi region in southern Mongolia? Erforschung biologischer Ressourcen der Mongolei (Martin-Luther-Universität, Halle) 9, 133–146.

Wesche, K. & Treiber, J., 2012: Abiotic and Biotic Determinants of Steppe Productivity and Performance – A View from Central Asia. In Werger, M.J.A. & van Staalduinen, M.A. (eds.), Eurasian Steppes. Ecological Problems and Livelihoods in a Changing World. Springer, Dordrecht, pp. 3–43.

Wesche, K., Miehe, G. & Kaeppeli, M., 2000: The Significance of Fire for Afroalpine Ericaceous Vegetation. Mountain Research and Development 20, 340–347.

Wesche, K., Nadrowski, K. & Retzer, V., 2007: Habitat engineering under dry conditions: The impact of pikas (Ochotona pallasi) on vegetation and site conditions in southern Mongolian steppes. Journal of Vegetation Science 18, 665–674.

Wesche, K., Cierjacks,A., Assefa, Y., Wagner, S., Fetene, M. & Hensen, I., 2008: Recruitment of trees at tropical alpine treelines: Erica in Africa versus Polylepis in South America. Plant Ecology & Diversity 1, 35–46.

Wesche, K., Walther, D., von Wehrden, H. & Hensen, I., 2011: Trees in the desert: Reproduction and genetic structure of fragmented Ulmus pumila forests in Mongolian drylands. Flora 206, 91–99.

West, N.E. (ed.), 1983a: Temperate Deserts and Semi-Deserts. Ecosystems of the World 5, 522 pp. (Elsevier, Amsterdam).

West, N.E., 1983b: Overview of the North American Temperate Deserts and Semi-Deserts. In West, N.E. (ed.), Temperate Deserts and Semi-Deserts. Ecosystems of the World 5, 321–330.

West, N.E. & Young, J.A., 2000: Intermountain Valleys and Lower Mountain Slopes. In Barbour, M.G. & Billings, W.D. (eds.), North American Terrestrial Vegetation. 2nd Edition. Cambridge University Press, Cambridge, 255–284.

Wester, S., Mendieta-Leiva, G., Nauheimer, L., Wanek, W., Kreft, H. & Zotz, G., 2011: Physiological diversity and biogeography of vascular epiphytes at Rio Changuinola, Panama. Flora 206, 66–79.

Westhoff, V. & van der Maarel, E., 1978: The Braun-Blanquet approach. In Whittaker, R.H. (ed.), Classification of Plant Communities. Dr. W. Junk, Den Haag, pp. 287–399.

Wheatbelt Development Commission, 2011: Wheatbelt: a region in profile. www.wheatbelt.wa.gov.au.

Whelan, R.J., Rodgerson, L., Dickman, C.R. & Sutherland, E.F., 2002: Critical life cycles of plants and animals: developing a process-based understanding of population changes in fire-prone landscapes. In Bradstock, R.A., Williams, J.E. & Gill, A.M. (eds.), Flammable Australia. The Fire Regimes and Biodiversity of a Continent. Cambridge University Press, Cambridge, pp. 94–124.

White, F., 1983: The vegetation of Africa. A descriptive Memoir to Accompany the UNESCO/AETFAT/UNSO Vegetation Map of Afrika. UNESCO, Paris, 356 pp.

White, M.E., 1990: The flowering of Gondwana. Princeton University Press, Princeton, New Jersey, 256 pp.

White, R., Murray, S. & Rohweder, M., 2000: Pilot analysis of global ecosystems: grassland ecosystem technical report. World Resources Institute, Washington, DC.

Whitfield, P. (Hsg.), 1992: Das große Weltreich der Tiere. Marshall Ed., London, 600 S.

Whitford, W.G., 2002: Ecology of Desert Systems. Academic Press, London, 343 pp.

Whitmore, T.C., 1975: The tropical rain forest of the Far East. Clarendon Press, Oxford, 282 pp.

Whitmore, T.C., 1984: Tropical Rain Forests of the Far East. 2nd Edition. Clarendon Press, Oxford, 352 pp.

Whitmore, T.C., 1993: Tropische Regenwälder. Eine Einführung. Spektrum Akademischer Verlag Heidelberg-Berlin-New York, 275 S.

Whitmore, T.C., 1998: An Introduction to Tropical Rain Forests. 2nd Edition. Oxford University Press, Oxford-New York-Tokyo, 282 pp.

Whittaker, C., Pammenter, N.W. & Berjak, P., 2008: Infection of the cones and seeds of Welwitschia *mirabilis* by *Aspergillus niger* var. *phoenicis* in the Namib-Naukluft Park. South African Journal of Botany 74, 41–50.

Whittaker, R.H., 1970: Communities and Ecosystems. The Macmillan Company, London, 162 pp.

Whittaker, R.H., 1972: Evolution and measurement of species diversity. Taxon 12, 213–251.

Whittaker, R.H. & Woodwell, G.M., 1968: Dimension and production relations of trees and shrubs in the Brookhaven Forest, New York. Journal of Ecology 56, 1–25.

Whittaker, R.H. & Woodwell, G.M., 1969: Structure, production and diversity of the oak-pine forest at Brookhaven, New York. Journal of Ecology 57, 155–174.

Wiegand, K., Saltz, D. & Ward, D., 2006: A patch-dynamics approach to savanna dynamics and woody plant encroachment – Insights from an arid savanna. Perspectives in Plant Ecology, Evolution and Systematics 7, 229–242.

Wielgolaski, F.E. (ed.), 1997: Polar and Alpine Tundra. Ecosystems of the World 3, 920 pp. (Elsevier, Amsterdam).

Williams, R.J. & Costin, A.B., 1994: Alpine and subalpine vegetation. In Groves, R.H. (ed.), Australian Vegetation. 2nd Edition. Cambridge University Press, Melbourne, pp. 467–500.

Willig, M.R., Kaufman, D.M. & Stevens, R.D., 2003: Latitudinal Gradients of Biodiversity: Pattern, Process, Scale, and Synthesis. Annual Review of Ecology, Evolution and Systematics 34, 273–309.

Willis, K.J. & McElwain, J.C., 2002: The evolution of plants. Oxford University Press, Oxford-New York, 392 pp.

Willner, W., 2002: Syntaxonomische Revision der Südmitteleuropäischen Buchenwälder. Phytocoenologia 32, 337–453.

Wilson, J. B., 1990: Mechanisms of species coexistence: twelve explanations for Hutchinson's "paradox of the plankton": evidence from New Zealand plant communities. New Zealand Journal of Ecology 13, 17–42.

Wilson, J.B., Peet, R.K., Dengler, J. & Pärtel, M., 2012: Plant species richness: the world records. Journal of Vegetation Science 23, 796–802.

Wing, S.L. & Boucher, L.D., 1998: Ecological aspects of the Cretaceous flowering plant radiation. Annual Review of Earth and Planetary Sciences 26, 379–421.

Wirth, C., 2005: Fire Regime and Tree Diversity in Boreal Forests: Implications for the Carbon Cycle. In Scherer-Lorenzen, M., Körner, C. & Schulze, E.-D. (eds.), Forest Diversity and Function. Ecological Studies 176, 309–344.

Wirth, E., 1969: Das Problem der Nomaden im heutigen Orient. Geographische Rundschau 21, 41–50.

Wirth, V. & Düll, R., 2000: Farbatlas Flechten und Moose. Verlag E. Ulmer, Stuttgart, 320 S.

Wisskirchen, R. & Haeupler, H. (Hrsg.), 1998: Standardliste der Farn- und Blütenpflanzen Deutschlands. Verlag E. Ulmer, Stuttgart, 765 S.

Witkowski, E.T.F. & Lamont, B.B., 1991: Leaf specific mass confounds leaf density and thickness. Oekologia 88, 486–493.

Wittig, R., Hahn-Hadjali, K., Krohmer J. & Müller, J., 2000: Nutzung, Degradation und Regeneration von Flora und Vegetation in westafrikanischen Savannenlandschaften. Berichte der Reinhold Tüxen-Gesellschaft 12, 263–281.

Wittig, R., König, K., Schmidt, M. & Szarzynski, J., 2007: A Study of Climate Change and Anthropogenic Impacts in West Africa. Environmental Science and Pollution Research 14, 182–189.

Woinarski, J.C.Z., Risler, J. & Kean, L., 2004: Response of vegetation and vertebrate fauna to 23 years of fire exclusion in a tropical eucalyptus open forest, Northern Territory, Australia. Austral Ecology 29, 156–176.

Wood, S.W., Hua, Q., Allen, K.J. & Bowman, D.M.J.S., 2010: Age and growth of a fire prone Tasmanian temperate old growth forest stand dominated by *Eucalyptus regnans*, the world's tallest angiosperm. Forest Ecology and Management 260, 438–447.

Wood, T.G. & Sands, W.A., 1978: The role of termites in ecosystems. In Brian, M.V. (ed.), Production ecology of ants and termites. Cambridge University Press, Cambridge, pp. 245–292.

Woodward, S.A., Vitousek, P.M., Matson, K., Hughes, F., Benvenuto, K. & Matson, P.A., 1990: Use of the exotic tree *Myrica faya* by native and exotic birds in Hawaii Volcanoes National Park. Pacific Science 44, 88–93.

Worbes, M., 1986: Lebensbedingungen und Holzwachstum in zentralamazonischen Überschwemmungswäldern. Scripta Geobotanica 17, 112 S.

Worbes, M., 1997: The forest ecosystems of the floodplains. In Junk, W.J. (ed.), The Central Amazon Floodplain: Ecology of a pulsing system. Ecological Studies 126, 223–266.

Wright, B.R. & Clarke, P.J., 2009: Fire, aridity and seed banks. What does seed bank composition reveal about community processes in fire-prone desert? Journal of Vegetation Science 20, 663–674.

Wright, H.E. Jr., Coffin, B.A. & Aaseng, N.E. (eds.), 1992: The patterned peatlands of Minnesota. University of Minnesota Press, Minneapolis, 327 pp.

Wright, I.J., Reich, P.B., Westoby, M., Ackerly, D.D., Baruch, Z., Bongers, F., Cavender-Bares, J., Chapin, F.S., Cornelissen, J.H.C., Diemer, M., Flexas, J., Garnier, E., Groom, P.K., Gulias, J., Hikosaka, K., Lamont, B.B., Lee, T., Lee, W., Lusk, C., Midgley, J.J., Navas, M.-L., Niinemets, Ü., Oleksyn, J., Osada, N., Poorter, H., Poot, P., Prior, L., Pyankov, V.I., Roumet, C., Thomas, S.C., Tjoelker, M.G., Veneklaas, E. & Villar, R., 2004: The world-wide leaf economics spectrum. Nature 428, 821–827.

Wright, S.J., 2002: Plant diversity in tropical forests: a review of mechanisms of species coexistence. Oecologia 130, 1–14.

Wright, S.J., Muller-Landau, H.C., Condit, R. & Hubbell, S.P., 2003: Gap-dependent recruitment, realized vital rates, and size distributions of tropical trees. Ecology 84, 3174–3185.

Wu, J.Y. (ed.), 1980: Vegetation Cover of China. Scientific Publication Co., Beijing, 1375 pp.

Wucherer, W., Breckle, S.-W., Kaverin, V.S., Dimeyeva, L.A. & Zhamantikov, K., 2012: Phytomelioration in the Northern Aralkum. In Breckle, S.-W., Wucherer, W., Dimeyeva, L.A. & Ogra, N.P. (eds.), Aralkum – a Man-Made Desert. Ecological Studies 218, 343–386.

Wüthrich, C., 1994: Die biologische Aktivität arktischer Böden mit spezieller Berücksichtigung ornithogen eutrophierter Gebiete (Spitzbergen und Finnmark). Physiogeographica (Basel) 17, 222 S.

Wüthrich, C. & Thannheiser, D., 2002: Die Polargebiete. Westermann Schulbuchverlag, Braunschweig, 299 S.

Xu, X., Hirata, E. & Shibata, H., 2004: Effect of Typhoon disturbance on fine litterfall and related nutrient input in a subtropical forest on Okinawa Island, Japan. Basic and Applied Ecology 5, 271–282.

Yates, M.J., Verboom, G.A., Rebelo, A.G. & Cramer, M.D., 2010: Ecophysiological significance of leaf size variation in Proteaceae from the Cape Floristic Region. Functional Ecology 24, 485–492.

Yazaki, Y., Mariko, S. & Koizumi, H., 2004: Carbon dynamics and budget in a *Miscanthus sinensis* grassland in Japan. Ecological Research 19, 511–520.

York, R.A., Battles, J.J., Eschtruth, A.K. & Schurr, F.G., 2011: Giant Sequoia (*Sequoiadendron giganteum*) Regeneration in Experimental Canopy Gaps. Restoration Ecology 19, 14–23.

Yoshino, M.M., 1978: Altitudinal vegetation belts of Japan with special reference to climatic conditions. Arctic and Alpine Research 10, 449–456.

Young, S. B., 1971: The vascular flora of St. Lawrence Island with special reference to floristic zonation in the arctic regions. Contributions from the Gray Herbarium 201, 11–115.

Yule, C.M., 2010: Loss of biodiversity and ecosystem functioning in Indo-Malayan peat swamp forests. Biodiversity and Conservation 19, 393–409.

Yurtsev, B. A., 1994: Floristic division of the Arctic. Journal of Vegetation Science 5, 765–776.

Zackrisson, O., 1977: Influence of forest fires on the North Swedish boreal forest. Oikos 29, 22–32.

Zahran, M.A. & Willis, A.J., 2009: The Vegetation of Egypt. 2nd Edition. Springer Science+Business Media B.V., 437 pp.

Zech, W., Schad, P. & Hintermaier-Erhard, G., 2014: Böden der Welt: Ein Bildatlas. 2. Auflage. Springer Spektrum, Berlin-Heidelberg, 152 S.

Zedler, J.B. & Kercher, S., 2005: Wetland Resources: Status, Trends, Ecosystem Services, and Restorability. Annual Review of Environment and Resources 30, 39–74.

Zeilhofer, P. & Schessl, M., 1999: Relationship between vegetation and environmental conditions in the northern Pantanal of Mato Grosso, Brazil. Journal of Biogeography 27, 159–168.

Zemmrich, A., 2005: Die Steppengliederung der Mongolei aus Sicht der russischen und mongolischen Geobotanik. Archiv für Naturschutz und Landschaftsforschung 44, 17–35.

Zenner, E.K., Lahde, E. & Laiho, O., 2011: Contrasting the temporal dynamics of stand structure in even- and uneven-sized *Picea abies* dominated stands. Canadian Journal of Forest Research 41, 289–299.

Zepp, H., 2003: Geomorphologie. Eine Einführung. 2. durchgesehene Auflage. Ferdinand Schöningh, Paderborn-München-Wien-Zürich, 354 S.

Zhang, J.-T., Ru, W. & Li, B., 2006: Relationships between vegetation and climate on the loess plateau in China. Folia Geobotanica 41, 151–163.

Zhang, K., Xu, X., Wang, Q. & Liu, B., 2010: Biomass, and carbon and nitrogen pools in a subtropical evergreen broad-leaved forest in eastern China. Journal of Forest Research 15, 274–282.

Zhang, Y., Chen, H.Y.H. & Reich, P.B., 2012: Forest productivity increases with eveness, species richness and trait variation: a global meta-analysis. Journal of Ecology 100, 742–749.

Zhang, Z., Pech, R., Davis, S., Shi, D., Wan, X. & Zhong, W., 2003: Extrinsic and intrinsic factors determine the eruptive dynamics of Brandt's voles *Microtus brandti* in Inner Mongolia, China. Oikos 100, 299–310.

Zhu, T.-C., 1993: Grasslands of China. In Coupland, R.T (ed.), Natural Grasslands. Eastern Hemisphere and Résumé. Ecosystems of the World 8B, 61–82.

Zimmerman, J.K., Thompson, J. & Brokaw, N., 2008: Large tropical forest dynamic plots: testing explanations for the maintenance of species diversity. In Carson, W.P. & Schnitzer, S.A. (eds.), Tropical forest community ecology. Wiley-Blackwell, Chichester, pp. 98–117.

Zobel, M., Van der Maarel, E. & Dupré, C., 1998: Species pool: the concept, its determination and significance for community restoration. Applied Vegetation Science 1, 55–66.

Zohary, D. & Hopf, M., 2000: Domestication of Plants in the Old World. 3rd Edition. Oxford University Press, New York, 316 pp.

Zohary, D. & Spiegel-Roy, P., 1975: Beginnings of Fruit Growing in the Old World. Science 187, 319–327.

Zohary, M, 1937: Die verbreitungsökologischen Verhältnisse der Pflanzen. I. Die antitelechorischen Erscheinungen. Beihefte zum Botanischen Zentralblatt A56, 1–155.

Zohary, M., 1973a: Geobotanical Foundations of the Middle East. Vol. 1. G. Fischer Verlag, Stuttgart, 340 pp.

Zohary, M., 1973b: Geobotanical Foundations of the Middle East. Vol. 2. G. Fischer Verlag, Stuttgart, 739 pp.

Zoltai, S.C. & Pollett, F.C., 1983: Wetlands in Canada: their classification, distribution, and use. In Gore, A.J.P. (ed.), Mires: Swamp, Bog, Fen and Moor. Ecosystems of the World 4B, 245–268.

Zotz, G., 2004: How prevalent is crassulacean acid metabolism among vascular epiphytes? Oecologia 138, 184–192.

Zotz, G., 2007: Johansson revisited: the spatial structure of epiphyte assemblages. Journal of Vegetation Sciences 18, 123–130.

Stichwortverzeichnis

Seitenzahlen: Bei der Nennung mehrerer Seiten verweisen **fette Zahlen** auf Seiten, in denen ein Fachausdruck definiert, eingehend behandelt wird oder für das Textverständnis von Bedeutung ist. *Kursive Seitenzahlen* verweisen auf Abbildungen oder Tabellen. Wird zu einem Stichwort auf derselben Seite sowohl Text- als auch Abbildungs- bzw. Tabelleninformation geliefert, wird nur auf den Text verwiesen.

Begriffe: Fremdsprachige Fachbegriffe sowie Pflanzennamen sind kursiv geschrieben.

Verzeichnis der Gattungen und Arten

Vegetation der Erde

(für Legende siehe Abb. 1-30)

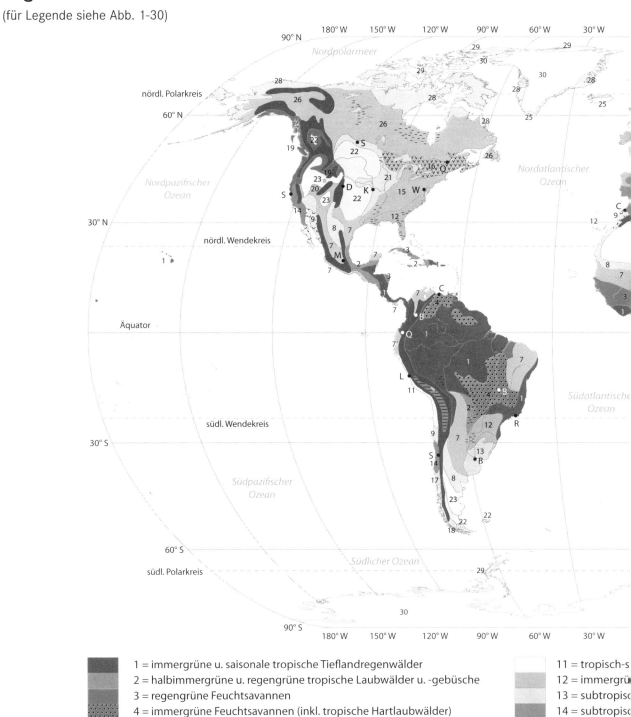

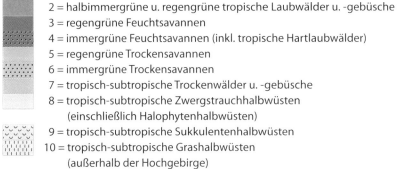

1 = immergrüne u. saisonale tropische Tieflandregenwälder
2 = halbimmergrüne u. regengrüne tropische Laubwälder u. -gebüsche
3 = regengrüne Feuchtsavannen
4 = immergrüne Feuchtsavannen (inkl. tropische Hartlaubwälder)
5 = regengrüne Trockensavannen
6 = immergrüne Trockensavannen
7 = tropisch-subtropische Trockenwälder u. -gebüsche
8 = tropisch-subtropische Zwergstrauchhalbwüsten
    (einschließlich Halophytenhalbwüsten)
9 = tropisch-subtropische Sukkulentenhalbwüsten
10 = tropisch-subtropische Grashalbwüsten
    (außerhalb der Hochgebirge)

11 = tropisch-s
12 = immergrü
13 = subtropisc
14 = subtropisc
15 = sommergr
16 = hemibore
17 = immergrü
18 = immergrü
19 = immergrü
20 = nemorale
21 = immer- u.
22 = Misch- u.